Chemie der Pflanzenschutz- und Schädlingsbekämpfungsmittel
Herausgegeben von R. Wegler · Band 2

Chemie der Pflanzenschutz- und Schädlings- bekämpfungsmittel

Band 2

Fungizide · Herbizide · Natürliche Pflanzenwuchsstoffe
Rückstandsprobleme

Herausgegeben von R. Wegler

Mit 24 zum Teil farbigen Abbildungen

Springer-Verlag Berlin Heidelberg GmbH 1970

Professor Dr. Richard Wegler

Farbenfabriken Bayer AG

ISBN 978-3-7091-2028-6 ISBN 978-3-7091-4184-7 (eBook)
DOI 10.1007/978-3-7091-4184-7

Ursprünglich erschienen bei Springer-Verlag Berlin Heidelberg New York 1970
Softcover reprint of the hardcover 1st edition 1970

Library of Congress Catalog Card Number 79-88711.

Titel-Nr. 1613

Vorwort

Die chemische Schädlingsbekämpfung ist eine verhältnismäßig junge Wissenschaft. Sie hat sich rasch entwickelt, und ihre Bedeutung wächst noch immer. Zunächst war ihr Ziel allein die Bekämpfung von Schadinsekten im Pflanzenbau. Heute gehören die Niederhaltung oder die Verhütung von durch Pilze verursachten Pflanzenkrankheiten ebenso zum chemischen Pflanzenschutz wie die Vernichtung unerwünschter Pflanzen. Insektizide, speziell Akarizide, finden zunehmend Anwendung in der Hygiene, im Vorratsschutz und in der Veterinärmedizin, hier z. B. zur Bekämpfung von Zecken. Es sei an die Anwendung von DDT zur Bekämpfung von Malaria-Stechmücken erinnert, wofür der Nobelpreis verliehen wurde.

Nach vielen Seiten weitet sich der Pflanzenschutz aus. Einige neuere Anwendungen chemischer Verbindungen fallen nicht mehr unter die ursprüngliche Definition des Begriffes „Pflanzenschutz". Genannt seien etwa die *pflanzlichen Wuchshemmstoffe,* oft den Herbiziden nahe verwandt; hier verschiebt sich die Grenze zu den *Hormonen* des Pflanzenwuchses. Einige natürlich vorkommende Wuchsstoffe werden in diesem Werk eingehender behandelt. Im Brennpunkt der neueren Entwicklung stehen Stoffe, welche das Blühen beeinflussen, den Fruchtabfall verhindern, die Frostresistenz erhöhen oder auf andere Weise zum Nutzen von Kulturpflanzen verwendet werden sollen. Auf dem Gebiet der *Insektizide* ist die Situation ähnlich. Hier kamen zu den klassischen Insektiziden die Lockstoffe, die Juvenil-Hormone und andere Substanzen, wie z. B. Chemosterilantien, die allerdings bis heute erst geringe Verwendung gefunden haben. Nur die in ihrer chemischen Konstitutionsaufklärung am weitesten fortgeschrittenen *Sexual-Lockstoffe* der Insekten werden im vorliegenden Buch im Band 1 behandelt. Möglicherweise befaßt sich in Zukunft der sog. „integrierte" Pflanzenschutz, welcher sich chemischer und natürlicher Bekämpfungsmethoden zugleich bedient, mehr mit diesen Grenzgebieten. Die Anwendungsmöglichkeiten sind aber aus vielerlei Gründen örtlich begrenzt oder können nur bei wenigen Schädlingsarten angewandt werden.

Die enormen Erfolge, die der chemische Pflanzenschutz erringen konnte, sind aus der modernen Land- und Volkswirtschaft nicht mehr wegzudenken. Die Diskussionen über etwaige schädliche Nebenwirkungen auf Pflanzen und Umwelt haben zu lebhaften, oft leidenschaftlichen Stellungnahmen geführt, ohne daß indessen solche Aussprachen immer mit der nötigen Sachkenntnis stattgefunden haben. Heute liegen genaue Anweisungen über die Anwendung von Pflanzenschutzmitteln vor, und das „Rückstandsproblem" (diese unpräzise Bezeichnung hat sich bedauerlicherweise eingebürgert) darf als weitgehend geklärt angesehen werden.

Die *Forschung* auf dem Gebiet des chemischen Pflanzenschutzes liegt in Deutschland fast ausschließlich in den Händen der chemischen Großindustrie. Dementsprechend gibt es fast keine Lehrbücher oder zusammenfassende Darstellungen. Wir haben versucht, diese Lücke zu schließen. Dem Studenten wie dem jungen Chemiker in der Industrie soll diese Übersicht die Einarbeitung erleichtern, dem Spezialisten Rat und Hilfe bieten.

Trotz umfassender Untersuchungen wissen wir bis heute wenig über die biochemische Wirkung von Insektiziden und Fungiziden. Auf dem Teilgebiet der Herbizide kennt man in einigen Fällen Wirkungsmechanismen, ohne indessen die grundlegende Frage der Selektivität gelöst zu haben. Die Suche nach neuen Mitteln ist daher noch immer weitgehend eine Frage der Empirie. Der Grundlagenforschung bietet sich somit ein weites Feld. Ihre Ergebnisse mögen zu neuen Arbeitshypothesen führen, zu neuen Wirkstoffen und neuen Anwendungsgebieten.

Wir haben versucht, aus der Fülle des Tatsachenmaterials heraus größere Zusammenhänge zu sehen. Wie überall in der Industrieforschung sind nicht alle Forschungsergebnisse veröffentlicht worden. Unsere Zusammenstellung mußte sich daher vorwiegend an die in den Handel gekommenen Produkte halten. Zur Abrundung haben wir aber eine Fülle von Patenten berücksichtigt, auch wenn diese nicht zu Handelsprodukten führten, denn die in ihnen niedergelegten Erfahrungen über Wirkungen und Nebenwirkungen dürften möglicherweise mehr biochemische und physiologisch-chemische Rückschlüsse gestatten als eine Aufzählung nur jener Präparate, die nicht nur wirksam, sondern auch preisgünstig sind.

Chemiker und Biologen haben sich hier als *Autoren* zusammengefunden. Sie haben sich bemüht, das Material vergleichsweise einheitlich darzubieten, doch jeweils stets in solcher Form, wie es den besonderen Notwendigkeiten ihrer speziellen Fachrichtungen entspricht. So schien es beispielsweise wünschenswert, dem Gebiet der phosphororganischen Insektizide eine kurze, chemische Einleitung vorauszuschicken, denn nur diese ermöglicht es, das besondere Verhalten der entsprechenden Präparate zu verstehen und zu begründen. Auch an anderer Stelle wurden, wenn die Erfordernisse vorlagen, spezielle wissenschaftliche Grundlagen eingeschoben. So entstanden Abschnitte, die nicht nur aktuelle Fragen behandeln, sondern auch den künftigen Entwicklungen dienlich sein werden. Erwähnt seien etwa die Themen Rückstandsbestimmung, Umwandlung der Produkte in Pflanzen und im Boden und ähnliche. Die Biologie wurde überall berücksichtigt, wo es zum Verständnis unerläßlich schien.

Vielfach sind, beispielsweise bei den Herbiziden und Fungiziden, *Versuchsprodukte* berücksichtigt worden. Dies geschah, um eventuelle, spätere Handelsprodukte frühzeitig zu erfassen und richtungsweisende Tendenzen der Forschung aufzuzeigen. Bei den phosphororganischen Insektiziden dagegen haben wir auf die Berücksichtigung von Versuchsprodukten verzichtet, denn es gibt bereits viele vorzüglich wirksame Verbindungen; neue Produkte scheinen lediglich dann aussichtsreich, wenn sie nicht nur entscheidend besser sind, sondern auch neue Anwendungsbereiche erschließen.

Die in der wissenschaftlichen Literatur oft gebräuchliche Anführung von Patenten ohne Angabe der Erfinder erschien uns, verglichen mit der Zitierung von Publikationen und ihren Autoren, ungerecht. Deshalb wurden soweit wie möglich bei den Patenten die Firma und die Erfinder angegeben. Da die Patente in den einzelnen Ländern nach verschiedenen Methoden registriert werden und Gültigkeit aufweisen, wurde bewußt stets das Einreichungsdatum als das in den meisten Ländern eigentliche Prioritäts- und das Veröffentlichungsdatum angegeben. Da es nicht möglich ist, für die einzelnen Verbindungen die Patente aus allen Ländern anzuführen, obwohl sie sich z. T. in Inhalt und Umfang etwas unterscheiden, wurde Patenten in deutscher und englischer Sprache der Vorzug gegeben. Mitunter lagen entsprechende Patente noch nicht vor, und es mußte auf Anmeldungen in anderen Ländern mit rascheren Veröffentlichungen zurückgegriffen werden. Wenn möglich, wurden stets die Grundpatente aus dem Land der anmeldenden Firma benannt. Deutsche Auslegeschriften wurden ohne Rücksicht auf später tatsächlich erfolgte oder noch nicht zum Patent führende Erteilung herangezogen, denn letzten Endes stellen sie wichtige Veröffentlichungen dar.

Den Autoren dieses Buches möchte ich meinen herzlichen Dank für gute Zusammenarbeit und fristgemäße Ablieferung ihrer Manuskripte aussprechen. Großer Dank gebührt Frau Dr. *Middendorf* für kritische Durchsicht der biologischen Angaben des gesamten Buches. Speziellen Dank schulde ich meiner Chefsekretärin, Frau *Hentsch-Pardey*, für unermüdliche Mitarbeit bei der Literatur-Überprüfung und Organisation des Buches. Dem Springer-Verlag schulden wir Dank für das Verständnis unserer Wünsche.

Mein Dank gilt nicht zuletzt den Farbenfabriken Bayer für die vielfache Unterstützung bei der Abfassung dieses Buches. Ohne die hier vorliegende jahrzehntelange Erfahrung und Dokumentation auf dem Gebiet des Pflanzenschutzes wäre eine Bewältigung des lawinenartig anschwellenden Stoffes nicht möglich gewesen.

Firmen, die mich durch Zusendung von Literatur unterstützt haben, danke ich herzlich und möchte zu gleicher Zeit die Bitte an alle richten, mir weiterhin Prospektmaterial und wissenschaftliche Veröffentlichungen zukommen zu lassen, damit sie evtl. später berücksichtigt werden können.

Der Herausgeber

Inhalt Band 2

Fungizide

I. Allgemeiner Teil: Fungi und Fungizide

Wesen, Einteilung, Prüfungsmethoden und Geschichte der Fungizide

F. Grewe unter Mitarbeit von *P. E. Frohberger*, *H. Scheinpflug* und *H. Kaspers*

II. Spezieller Teil: Chemie der Fungizide

H. Schlör

Herbizide

R. Wegler und *L. Eue*

Natürliche Pflanzenwuchsstoffe – Phytohormone

W. Draber und *R. Wegler*

Rückstände von Pflanzenschutzmitteln in Nahrung und Umwelt

Analytische, toxikologische und gesetzliche Fragen

H. Frehse

Inhalt Band 1

Einführung

Zur wirtschaftlichen Bedeutung des Pflanzenschutzes

H. H. Cramer

Entwicklung neuer Pflanzenschutzmittel

W. Bartels

Handelsformen von Pflanzenschutz- und Schädlingsbekämpfungsmitteln

O. Telle

Insektizide

Allgemeines über Biologie und Prüfung der Insektizide und Akarizide

G. Unterstenhöfer

Zur Beeinflussung der Resistenzentwicklung

G. Unterstenhöfer

Natürlich vorkommende Insektizide

U. Claussen

Chlorkohlenwasserstoffe

H. Röchling, K. H. Büchel, R. A. E. Galley, W. Klein und *F. Korte*

Carbamate

E. Böcker unter Mitarbeit von *W. Draber*

Insektizide Phosphorsäureester

Christa Fest und *K.-J. Schmidt*

Weitere Insektizide verschiedener Stoffklassen

K. H. Büchel

Bodeninsektizide

B. Homeyer

Chemosterilantien

K. H. Büchel

Insekten-Repellents

K. H. Büchel

Insekten-Sexuallockstoffe

K. Eiter

Akarizide

K. Sasse und *G. Unterstenhöfer*

Nematizide und Vogel- bzw. Säugetierabschreckmittel

Nematizide

B. Homeyer

Chemische Produkte gegen Schäden durch Vögel und Säugetiere

G. Hermann

Rodentizide

E. Enders

Mitarbeiter

Bartels, W., Dr.	Farbenfabriken Bayer AG Pflanzenschutz Präparate-Entwicklung 5090 Leverkusen-Bayerwerk
Böcker, E., Dr.	Farbenfabriken Bayer AG Wissenschaftliches Laboratorium der ZW-Abteilung 5090 Leverkusen-Bayerwerk
Büchel, K. H., Dr.	Farbenfabriken Bayer AG Chemisch wissenschaftliches Laboratorium Abteilung Pflanzenschutz 5600 Wuppertal-Elberfeld, Postfach 21
Claussen, U., Dr.	Farbenfabriken Bayer AG Wissenschaftliches Hauptlaboratorium 5090 Leverkusen-Bayerwerk
Cramer, H. H., Dr.	Farbenfabriken Bayer AG Pflanzenschutz Beratung 5090 Leverkusen-Bayerwerk
Draber, W., Dr.	Farbenfabriken Bayer AG Chemisch wissenschaftliches Laboratorium Abteilung Pflanzenschutz 5600 Wuppertal-Elberfeld, Postfach 21
Eiter, K., Dr.	Farbenfabriken Bayer AG Wissenschaftliches Hauptlaboratorium 5090 Leverkusen-Bayerwerk
Enders, E., Dr.	Farbenfabriken Bayer AG Wissenschaftliches Laboratorium der A-Fabrik 5090 Leverkusen-Bayerwerk
Eue, L., Dr.	Farbenfabriken Bayer AG Pflanzenschutz Biologische Forschung 5090 Leverkusen-Bayerwerk
Fest, Christa, Dr.	Farbenfabriken Bayer AG Chemisch wissenschaftliches Laboratorium Abteilung Pflanzenschutz 5600 Wuppertal-Elberfeld, Postfach 21

Frehse, H., Dr.	Farbenfabriken Bayer AG Pflanzenschutz Biologische Forschung 5090 Leverkusen-Bayerwerk
Frohberger, P. E., Dr.	Farbenfabriken Bayer AG Pflanzenschutz Biologische Forschung 5090 Leverkusen-Bayerwerk
Galley, R. A. E., Dr.	Shell Research Ltd. Woodstock Agricultural Research Centre Sittingbourne, Kent, England
Grewe, F., Dr.	Farbenfabriken Bayer AG Pflanzenschutz Biologische Forschung 5090 Leverkusen-Bayerwerk
Hermann, G., Dr.	Farbenfabriken Bayer AG Pflanzenschutz Biologische Forschung 5090 Leverkusen-Bayerwerk
Homeyer, B., Dr.	Farbenfabriken Bayer AG Pflanzenschutz Biologische Forschung 5090 Leverkusen-Bayerwerk
Kaspers, H., Dr.	Farbenfabriken Bayer AG Pflanzenschutz Biologische Forschung 5090 Leverkusen-Bayerwerk
Klein, W., Dr.	Institut für ökologische Chemie der Gesellschaft für Strahlenforschung mbH München 5201 Schloß Birlinghoven
Korte, F., Prof. Dr.	Institut für ökologische Chemie der Gesellschaft für Strahlenforschung mbH München 5201 Schloß Birlinghoven und Organisch-Chemisches Institut der Universität Bonn 5300 Bonn, Meckenheimer Allee 168
Röchling, H., Dr.	Farbwerke Hoechst AG, Hauptlaboratorium 6230 Frankfurt/Main-Höchst
Sasse, K., Dr.	Farbenfabriken Bayer AG Wissenschaftliches Hauptlaboratorium 5090 Leverkusen-Bayerwerk
Scheinpflug, H., Dr.	Farbenfabriken Bayer AG Pflanzenschutz Biologische Forschung 5090 Leverkusen-Bayerwerk
Schlör, H., Dr.	Farbenfabriken Bayer AG Chemisch wissenschaftliches Laboratorium Abteilung Pflanzenschutz 5600 Wuppertal-Elberfeld, Postfach 21

Schmidt, K.-J., Dr.	Farbenfabriken Bayer AG Chemisch wissenschaftliches Laboratorium Abteilung Pflanzenschutz 5600 Wuppertal-Elberfeld, Postfach 21
Telle, O.	Farbenfabriken Bayer AG Pflanzenschutz Biologische Forschung 5090 Leverkusen-Bayerwerk
Unterstenhöfer, G., Prof. Dr.	Farbenfabriken Bayer AG Pflanzenschutz Biologische Forschung 5090 Leverkusen-Bayerwerk
Wegler, R., Prof. Dr.	Farbenfabriken Bayer AG Leiter der Pflanzenschutzforschung 5600 Wuppertal-Elberfeld, Postfach 21 und 5090 Leverkusen-Bayerwerk

Fungizide

I. Allgemeiner Teil: Fungi und Fungizide

Wesen, Einteilung, Prüfungsmethoden und Geschichte der Fungizide

*F. Grewe**

Farbenfabriken Bayer AG, Leverkusen, Pflanzenschutz Biologische Forschung

Inhalt

* Für die kritische Durchsicht des Manuskriptes sowie für ergänzende Beiträge bin ich *P. E. Frohberger* (Beizmittel und Bodenfungizide), *H. Scheinpflug* (Reis-Krankheiten) und *H. Kaspers* aus der Pflanzenschutz Biologischen Forschung zu Dank verpflichtet.

1. Fungizide und Pflanzenkrankheiten

Unter Fungiziden (lat. *fungus* = der Pilz, *caedo* = ich töte) versteht man anorganische oder organische Chemikalien oder der Biochemie zugehörende Substanzen (Antibiotika), welche die Entwicklung von Pilzen hemmen oder völlig unterbinden. Die nur das Wachstum hemmenden Substanzen pflegt man „Fungistatika“ zu nennen, während „Fungizide“ im eigentlichen Wortsinne zu der zweiten, Pilze abtötenden Gruppe gerechnet werden. In den folgenden Ausführungen soll diese Trennung nicht berücksichtigt werden unter anderem deshalb, weil die fungistatische oder fungizide Wirkung einer Substanz häufig eine Frage der angewendeten Konzentration ist. Diese aber wird sehr wesentlich von der „Verträglichkeit“ bestimmt. Das bedeutet, daß zahlreiche „Fungizide“ nur fungistatisch wirksam werden können, weil höhere, nämlich fungizide Konzentrationen von der zu behandelnden Wirtspflanze nicht ohne Schädigung vertragen werden.

Die Wissenschaft von den zum Schutz der Kulturpflanzen verwendeten Fungiziden ist ein Teil der Phytopharmazie [1)], der Lehre vom Aufbau, der Anwendung und Wirkungsweise der Pflanzenschutzmittel oder Phytotherapeutika überhaupt. Phytopharmazie und Phytiatrie (d. h. die Lehre von der pflanzenärztlichen Kunst) faßt man unter dem Begriff „*Phytomedizin*“ zusammen, einem Wissensgebiet, das parallel zur Humanmedizin und Veterinärmedizin die Beschäftigung mit der kranken Pflanze, den Pflanzenkrankheiten und den Heilmitteln zu ihrer Bekämpfung zum Inhalt hat [2)]. Der Begriff „Phytomedizin“ soll auf die Dauer den bisher gängigen Begriff „Pflanzenschutz“ ersetzen, weil dieser den Inhalt des Wissensgebietes nicht klar genug umreißt [3)].

Mit Schädigern seiner Kulturpflanzen hat der Mensch seit frühester Zeit zu kämpfen. Am meisten wissen wir dabei aus älterer Zeit über tierische Schädiger, vor allem über Insekten, weil sie der Beobachtung leicht zugänglich und die Folgen ihrer Tätigkeit wahrhaft augenscheinlich sind. Wir neigen heute dazu, die durch Insektenfraß hervorgerufenen Schäden an Pflanzen nicht mehr zu den Pflanzenkrankheiten im engeren Sinne zu rechnen. Sofern es sich um parasitische Krankheiten handelt, sind Pilze, Bakterien oder Viren die Erreger. Die Beobachtung ihrer Entwicklung und ihres Verhaltens ist dem unbewaffneten Auge nicht möglich. Es besteht aber kein Zweifel daran, daß Brand-, Rost- und Mehltau-Krankheiten auch schon in frühester Zeit vorkamen [4)]. Die wichtigsten Symptome dieser pilzparasitären Erkrankungen werden auch schon sehr früh im Schrifttum erwähnt, ohne daß ihre Aetiologie den Beobachtern klar war. Völlige Klarheit darüber haben wir erst seit der Mitte des 19. Jahrhunderts durch die grundlegenden Arbeiten des deutschen Arztes *Anton de Bary*, der Krankheitssymptome an der Wirtspflanze und Entwicklungskreislauf des pilzlichen Erregers von der Infektion des Wirtes durch die Spore bis zur Bildung neuer Sporen in ihrem kausalen Zusammenhang erkannte.

Um diese Zeit trat in Westeuropa (1844 in Irland) eine Pflanzenkrankheit auf, die tiefgreifende Folgen hatte. Durch die Kraut- und Knollenfäule der Kartoffel, verursacht durch den Pilz *Phytophthora infestans*, (vgl. Abb. 3 und 4) geriet z. B. die von der Kartoffel sehr abhängige Bevölkerung Irlands in schwere Hungersnöte. Massenauswanderungen von Iren nach Nord-

amerika, in den gleichen Kontinent, aus dem diese Krankheit kam, waren u. a. die Folgen dieses epidemischen Auftretens. 1916 hat der Ausbruch der gleichen Krankheit in Mitteleuropa zu dem berüchtigten „Kohlrübenwinter" 1916/17 geführt. Als direkte und indirekte Folge dieser Kartoffelkrankheit (und der ihr nachfolgenden Influenza-Epidemie) sind nach Schätzungen etwa so viele Menschen zugrunde gegangen, wie in den verlustreichen Kämpfen um Verdun im ersten Weltkrieg gefallen sind.
Ein Vergleich dieser beiden Seuchenzüge läßt einen interessanten Unterschied erkennen: Die in den Jahren 1843 und 1844 in Amerika zuerst aufgetretenen und in den Folgejahren auch in Westeuropa ausbrechenden Epidemien fanden den Landwirt hilflos vor. Er verfügte über kein Mittel, mit dem er die Krankheit hätte bekämpfen können. Ebenso wenig waren die biologischen Kenntnisse vom Erreger und seiner Entwicklung an der Kartoffel vorhanden. Erst 1861 bestätigte *Anton de Bary* die pilzparasitäre Ursache der Krankheit, und 1882 fand der Franzose *Millardet* die Möglichkeit der Bekämpfung der Blattfallkrankheit der Reben mit einer Mischung aus Kupfersulfat und Kalk, der sog. Bordeauxbrühe (vgl. II. Teil, S. 47). Er veröffentlichte seine Beobachtungen 1885. Der Erreger der Blattfallkrankheit, auch falscher Mehltau der Reben genannt, *Plasmopara viticola* ist ein naher Verwandter der *Phytophthora infestans*. Seit *Millardet* hat sich die Bordeauxbrühe nicht nur zur Bekämpfung der *Plasmopara*, sondern auch im Kampf gegen die Kartoffel-*Phytophthora* bewährt. Sie ist damit das erste fungizide Pflanzenschutzmittel von weltweiter Bedeutung geworden und ist es bis heute geblieben.
Im Jahre 1916, mitten im ersten Weltkrieg, stand dieses Mittel aber den Landwirten nicht zur Verfügung. Kupfer war ein kriegswichtiges Metall, Kupfersulfat zur Herstellung der Bordeauxbrühe war nicht zu haben. Erst knapp zwanzig Jahre später, nach der Entdeckung der fungiziden Wirkung der Salze der Dithiocarbamidsäuren durch US-Forscher [5)], stand ein brauchbarer Ersatz für das Kupfersulfat zur Verfügung (vgl. II. Teil, S. 59ff.). Was moderne Fungizide zu leisten vermögen, konnten wir in jüngster Vergangenheit an einer weiteren pilzparasitären Epidemie beobachten: Der Erreger des Tabakblauschimmels *Peronospora tabacina*, wiederum ein Verwandter der *Phytophthora* und *Plasmopara*, breitete sich, 1958 aus Amerika nach England verschleppt, seit 1959 auf dem europäischen Festland aus und drang in zwei bis drei Jahren über ganz Europa hinweg nach Osten bis in den Vorderen Orient und nach Süden bis nach Nordafrika vor. Die Krankheit, die ohne sorgfältige Bekämpfung in feuchten Sommern die Tabakpflanzen völlig zerstört und damit den Tabakanbau unmöglich macht, ist inzwischen zwar in ganz Europa und im Orient endemisch, sie hat aber ihren Schrecken für den Tabakanbauer verloren, weil sie biologisch genau bekannt und mit organischen Fungiziden wie Maneb und Propineb, Metallsalzen von Alkylenbisdithiocarbamidsäuren, sicher bekämpfbar ist (vgl. II. Teil, S. 66).

2. Wirkungsweise der Fungizide

Bei der pilzparasitären Erkrankung einer Kulturpflanze, z. B. der Erkrankung der Kartoffelpflanze durch den Pilz *Phytophthora infestans* (vgl. Abb. 1 u. 2), stehen sich zwei verschiedene Organismen gegenüber: Die — in ihrer Entwicklungsstufe hochstehende — grüne, autotrophe Kartoffelpflanze und der niedrig-stehende, chlorophyll-freie heterotrophe Pilz.
Es handelt sich hier, wie bei fast allen pilzlichen Erkrankungen, um einen echten Parasitismus, wobei der Parasit im Regelfall seinen Wirt schwer schädigt und endlich tötet. Für den Parasitismus ist es kennzeichnend, daß der Parasit deutlich spezialisiert, d. h. auf einen bestimmten Wirt angewiesen ist. Von Sonderfällen abgesehen, gelangt der pilzliche Parasit von außen, d. h. aus dem umgebenden Luftraum (Sproß und Blätter) oder aus dem Boden (Wurzeln) auf den (und später in den) Wirt, wobei er sich seiner Reproduktionsorgane, durchweg der Sporen, bedient. Die Sporen keimen, und der Pilz dringt vermittels seiner Keimschläuche in das Wirtsgewebe ein. Im Wirtsgewebe wächst der Pilz als Pilzgeflecht, Myzel, weiter und bezieht die zu seiner Entwicklung notwendigen organischen Nährstoffe

aus den Wirtszellen, die dabei durch pilzspezifische Enzyme und Stoffwechselprodukte geschädigt werden und zugrunde gehen. Nach Ablauf einer bestimmten Zeit schreitet der Parasit bei dafür günstigen Witterungsbedingungen zur Reproduktion. Er bildet Sporen aus, die wiederum auf andere Wirtspflanzen übergehen können. Dort läuft der hier — sehr grob vereinfacht und verallgemeinert — geschilderte Prozeß aufs neue ab (vgl. die Darstellung einiger wichtiger Pilzkrankheiten S. 25ff.).

In den meisten Fällen (Ausnahmen bilden die echten Mehltaupilze, vgl. S. 27) kommt eine Keimung der Sporen und das anschließende Eindringen der Keimschläuche in das Wirtsgewebe nur zustande, wenn außer den notwendigen Temperaturen genügend Feuchtigkeit vorhanden ist. Bei den weiter oben bereits genannten drei Pilzarten ist dazu sogar das Vorhandensein von tropfbar flüssigem Wasser notwendig. Soll, bei für die Entwicklung des Schadpilzes günstigen Witterungsverhältnissen, eine Infektion durch die Sporen des Pilzes verhindert werden, dann muß rechtzeitig vor der Ankunft der Sporen das Schutzmittel, hier also das Fungizid, auf die zu schützenden Organe — Blätter, Stengel, Früchte oder in den Wurzelraum — ausgebracht werden. Die Aufgabe des Fungizids ist es, die Pilzspore am Keimen zu hindern oder aber die schon gekeimte Spore samt Keimschlauch (bei Bodenpilzen das Myzel) vor dessen Eindringen in das Wirtsgewebe abzutöten. Bei dieser in der Phytomedizin heute noch meist angewendeten Bekämpfungsmethode handelt es sich um eine *protektive*, d. h. vorbeugende Maßnahme. Man nennt deshalb in dieser Art angewendete Fungizide protektive Fungizide.

Fungizide müssen ebenso wie Therapeutika der Human- und Veterinär-Medizin selektiv wirken, d. h. sie sollen den Erreger an der Entwicklung hindern oder ihn abtöten, ohne den Wirt zu schädigen. Ganz allgemein ist in der Phytomedizin bei der Bekämpfung von pilzlichen Krankheitserregern die dem Phytopharmazeuten gestellte Aufgabe schwieriger zu erfüllen als in der Humanmedizin: Mensch und Bakterium z. B. sind systematisch sehr viel weiter voneinander entfernt als Wirtspflanze und hochspezialisierter parasitischer Pilz. So sind denn auch die älteren, anorganischen Fungizide wie Schwermetallsalze oder deren Komplexe sowie elementarer Schwefel und Polysulfide als allgemein toxische Substanzen sehr wenig selektiv und führen zu Schädigungen der Wirtspflanzen. Trotz der großen Vorteile, die auf dem geringen Preis und der langen Lebensdauer solcher anorganischer Fungizide beruhen, werden sie zunehmend mehr von sehr spezifischen, pflanzenschonenden organischen Fungiziden verdrängt.

Die Wirkung protektiver Fungizide auf den oberirdischen Organen grüner Pflanzen kommt dadurch zustande, daß Fungizide und Pilzsporen, gelegentlich auch Sporenkeimschläuche oder schon weiter entwickeltes Myzel, miteinander in Kontakt kommen. Da es sich im Unterschied zu Insekten z. B. bei Pilzsporen in der Regel nicht um selbstbewegliche (und selbständige) Organismen handelt, muß das Fungizid die Oberfläche der zu schützenden Pflanzenorgane dicht und gleichmäßig bedecken. Entsprechend dem Wachstumsrhythmus ist die Ausbringung oft zu wiederholen, um für alle nachgewachsenen Organe die erwähnte gleichmäßige Bedeckung so lange aufrechtzuerhalten, als Gefahr durch Neuzuflug von Pilzsporen oder Nachschubbedarf für den durch Regen abgewaschenen Belag besteht. Man verteilt deswegen protektive Fungizide als möglichst kleinteilige

Pulver in trockener Form als Stäube oder mit Hilfe von Wasser als Trägermittel auf dem Pflanzenbestand.
Für die dabei optimale Größe der Teilchen des fungiziden Wirkstoffes läßt sich keine allgemein gültige Vorschrift geben. Sie ist u. a. abhängig von der Stabilität des Wirkstoffes gegen Oxydation, Hydrolyse und Licht. Je kleiner die Teilchen, desto größer ist die Oberfläche im Verhältnis zu ihrer Masse, desto höher auch die Empfindlichkeit gegen Hydrolyse und Zerstörung durch das Licht.
Bei einigen Fungiziden weiß man, daß mit hoher Wahrscheinlichkeit nicht das intakte Molekül, sondern dessen Abbauprodukte den fungiziden Effekt haben. So werden z. B. Zineb (Äthylenbisdithiocarbamidsaures Zink) und ihm nahe verwandte Substanzen zunächst oxydativ zum Äthylenthiurammonosulfid abgebaut, das dann zu sehr labilen Isothiocyanaten verändert wird, die wahrscheinlich die eigentlichen Träger der fungitoxischen Wirkung sind (vgl. II. Teil, S. 67). Das ursprünglich ausgebrachte Zineb ist also nur das pflanzenverträgliche, relativ stabile Depot, aus dem sich das wirksame Agens über längere Zeit in kleinen Mengen entwickelt.

Die Aufbereitung fungizider Wirkstoffe zu einer anwendungsfähigen Form, ihre Formulierung, ist inzwischen ein wichtiger Teil der Entwicklung fungizider Phytotherapeutika geworden. Akute Wirkung, Dauerwirkung, Netzvermögen, Regenfestigkeit müssen zu einem optimalen Kompromiß vereinigt werden. Mit zunehmender Beachtung der auf Nahrungsmitteln verbleibenden Rückstände von Pflanzenschutzmitteln kann keineswegs eine allzu lange Wirkungsdauer als Ideal angestrebt werden. Für jeden fungiziden — auch insektiziden oder herbiziden — Wirkstoff muß in enger Zusammenarbeit zwischen Chemiker, Physiker und Biologen die optimale, dem Wesen des Wirkstoffes zugepaßte Formulierung gesucht werden.

Soll eine Substanz fungizid wirken, d. h. die Spore eines Pilzes abtöten, dann genügt es nicht, wenn sie nur mit der Spore in Kontakt kommt, sie muß auch in das Innere der Spore eindringen können. Über die hierzu notwendigen chemischen Voraussetzungen bestehen noch keine klaren Vorstellungen. Als Beispiel erwähnt sei das Captan (vgl. II. Teil, S. 108). Sein Erfinder war davon überzeugt, in der

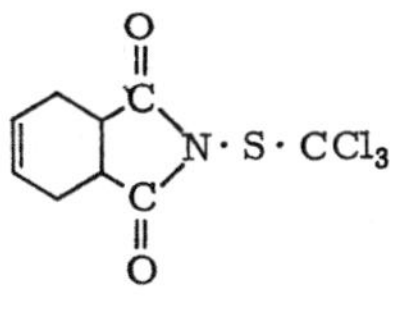

Gruppierung —S—CCl_3 die toxiphore Gruppe vor sich zu haben. Andere aber vertreten die Auffassung, ([6], S. 73) daß der Tetrahydrophthalimid-Teil des Moleküls insbesondere die Gruppierung

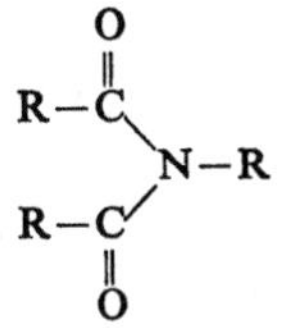

die toxiphore Substanz sei, während die Gruppierung —S—CCl_3 als lipophile sogenannte „shaped charge“ das Eindringen des Gesamtmoleküls in das Sporeninnere bewerkstelligen soll. Die Mehrzahl der Forscher neigt aber der ursprünglichen Meinung *Kittlesons* zu (vgl. auch II. Teil, S. 109). Auf Einzelheiten kann nicht eingegangen werden. Es sei auf die Spezialliteratur [6] hingewiesen sowie auf den chemischen Teil dieser Darstellung. Ganz allgemein darf angenommen werden, daß die Reaktion der toxiphoren Gruppen einer fungiziden Substanz mit Sulfhydril-Gruppen essentieller Enzymsysteme der Pilze ein durchgreifendes Prinzip fungizider Wirkung darstellt.

3. Einteilung der Fungizide

Bei dem Versuch, einen Überblick über die Vielfalt der als fungizid wirksam bekannt gewordenen Substanzen zu gewinnen, sind mehrere Einteilungsprinzipien möglich. Die für eine chemisch geordnete Übersicht sich anbietende Einteilung nach anorganischen und organischen Verbindungen sowie Stoffen biotischen Ursprungs ist im chemischen Teil dieser Darstellung verwendet worden. Für unsere einleitende biologische Übersicht erscheint es aber zweckmäßig, die Gruppierung nach der Wirkungsart und der Anwendungsart zugrunde zu legen.

a) Die Wirkungsart der Fungizide

Die meisten der heute gebräuchlichen Fungizide müssen vorbeugend angewendet werden, doch sind auch in der Phytotherapie bereits Mittel verfügbar, die eine bereits ausgebrochene Krankheit heilen können. Ihre Zahl wird sich ohne Zweifel in der nächsten Zukunft stark vermehren.

α) Protektive Fungizide

Zu den älteren, auch heute noch bedeutenden Fungiziden gehören das Kupfersulfat, bzw. die unter seiner Verwendung hergestellte Bordeauxbrühe sowie Komplexe des Kupfers, wie das Kupferoxychlorid. Protektiv wirksam sind auch der elementare Schwefel und Polysulfid-Präparate (Calcium- und Barium-polysulfid) sowie von den neueren organischen Verbindungen die Salze der Dithiocarbamidsäuren (Zineb, Maneb, Propineb) und das Captan.
Sie alle müssen auf die Wirtspflanzen aufgebracht sein, bevor der Kontakt zwischen Kulturpflanzen und Sporen phytopathogener Pilze erfolgt. Wenn erst das aus der Spore sich entwickelnde Pilzmyzel in die Pflanzenorgane eingewachsen ist, der Pilz also das parasitische Verhältnis zu seinem Wirt hergestellt hat, ist der pilzliche Schädiger durch rein protektive Mittel nicht mehr erreichbar. Der Schaden ist gesetzt, die von der *Plasmopara* z. B. befallene junge Weinbeere ist verloren, das von der *Phytophthora* befallene Blatt fällt für die weitere Ernährung der Pflanze aus. Damit ist aber der Schaden noch nicht vollständig erfaßt: Der Kartoffelbestand lädt sich nach einer ersten Infektionswelle gewaltig mit neuen Sporen auf, die sich nach Abschluß der Entwicklung des Pilzes in den Blättern auf deren Oberfläche bilden (Krautfäule). Die zweite Infektionswelle geht mit wesent-

lich verstärkter Intensität über das Kartoffelfeld her. Ein voller Bekämpfungserfolg kann nicht mehr erreicht werden. Der Landwirt läuft hinter der Krankheit her, bis er die Ernte einbringt.
Dabei stellt sich meist heraus, daß der Pilz, hier also die *Phytophthora infestans*, auch die Kartoffelknollen bereits befallen hat (Braunfäule). Der Schaden ist bei der Ernte nicht immer äußerlich sichtbar. Bei der Lagerung der Kartoffeln aber, vor allem unter Bedingungen erhöhter Luftfeuchte in einer Erdmiete, wächst der Pilz in der Knolle weiter, und in Fällen hohen Ausgangsbefalls kommt es meist unter Mitwirkung weiterer Pilze und Bakterien zum völligen Zusammenbruch solcher Mieten.
Die Phytomedizin hat sich schon sehr früh bemüht, durch sorgfältiges Studium der Entwicklungsbedingungen der Parasiten sowie der Anfälligkeit der Wirte die Bekämpfungsmaßnahmen gezielter zu gestalten. So sind für die Entwicklung der *Phytophthora infestans* ganz bestimmte Temperatur- und Feuchteverhältnisse im Kartoffelbestand nötig. Diese Bedingungen wiederum stehen in deutlicher Abhängigkeit von der Witterung. Durch eine entsprechende Wetterprognose gelingt es, den Landwirt bei bevorstehender Infektionsgefahr zu warnen. Er hat dann dafür zu sorgen, daß rechtzeitig vorher ein Fungizid in seinem Kartoffelbestand ausgebracht wird.
Die bekannte Unsicherheit einer Wetterprognose und deren regional meist eng begrenzte Gültigkeit deckt sofort die Schwierigkeiten des Warnsystems auf. Auch die zusätzliche sorgfältige Beobachtung der Entwicklung des Erregers aus den Stadien seiner Winterruhe zu infektionsbereiten Stadien kann kein absolut sicheres Warnsystem begründen. Im Falle der *Phytophthora infestans* wird der Pilz meist mit dem Pflanzgut aufs Feld gebracht. Die erste Entwicklung des Pilzes und die erste Sporulation an den Pflanzen sind schwierig festzustellen, ihre Ausschaltung ist deshalb praktisch nicht möglich. Erfolgreicher ist das Warnsystem bei der *Plasmopara viticola*, dem Erreger des falschen Mehltaus der Reben, und bei *Venturia inaequalis*, dem Erreger des Apfelschorfs. Hier ist eine Beobachtung der Winterruhe der Erregerpilze an überwinternden und infizierten Blättern der vorangegangenen Vegetationszeit verhältnismäßig leicht möglich. Winzer und Obstbauer können also zuverlässig zumindest über den Termin unterrichtet werden, zu dem die Gefahr einer Inokulation beginnt. Da in beiden Fällen auch sehr gut bekannt ist, welche Witterungsvoraussetzungen für eine Infektion, d. h. ein Eindringen der Erreger in den Wirt, erforderlich sind, kann der Landwirt abschätzen, ob eine ernste Gefahr vorhanden ist, und seine Maßnahmen danach einrichten. Entscheidend wichtig bleibt es immer, eine erste größere Infektion und damit die Aufladung des Bestandes mit Erregern zu verhindern. Sicherheit steht deswegen stets der Überlegung der möglichen Einsparung einer Bekämpfungsmaßnahme voran. Manche Maßnahme wird sich nachträglich als überflüssig herausstellen. Die dafür aufgewendeten Mittel verursachen unnötige Kosten, sie gehen zu Lasten der Rendite beim Anbau einer Kulturpflanze.
Es ist leicht einzusehen, daß die Sicherheit und Wirtschaftlichkeit der Bekämpfung einer pilzparasitären Erkrankung zunimmt, wenn Mittel zur Verfügung stehen, mit denen eine Bekämpfung noch möglich ist, nachdem eine Infektion stattgefunden hat. Solche Mittel müssen dem Pilz in die Wirtsgewebe nachwandern können, um ihn dort noch zu erfassen und abzutöten, zumindest aber seine Weiter-

entwicklung aufzuhalten, um die Neuausbildung von Sporen zu verhindern. Substanzen mit der Fähigkeit, in das pflanzliche System einzudringen, werden als *systemische* Fungizide bezeichnet. Man trennt bei diesen Stoffen solche, die das gesamte pflanzliche System erfassen, als eigentlich systemische Fungizide von denen, die nur Teile der Pflanzen erreichen, locosystemische Fungizide.

β) Locosystemische Fungizide

Sie wirken in der Wirtspflanze „in loco applicationis", d. h. sie dringen nur in *die* Organe oder deren Teile ein, die mit dem Stoff *unmittelbar* in Berührung kamen. Dabei kann die Wirkung auf den pilzlichen Parasiten unterschiedlich sein: Der Pilz kann in seiner Entwicklung gestört oder abgetötet werden, solange er sich noch im Inneren des Wirtsgewebes befindet, in der Zeit also zwischen Infektion und Reproduktion, d. h. bevor er an der Oberfläche der Wirtsorgane wieder Sporen ausbildet. Diesen Zeitraum nennt man die Inkubationszeit. Mittel dieser Wirkungsart nennen wir *curativ*. Sie werden vor allem bei solchen phytopathogenen Pilzen wirksam werden können, deren Entwicklung im Wirtsgewebe sehr oberflächennahe verläuft, wie das z. B. bei *Venturia inaequalis*, dem Erreger des Apfelschorfs, der Fall ist.

Das Myzel dieses Pilzes entwickelt sich zwischen der Oberhaut, Epidermis, und einer dünnwandigen Schutzschicht über der Epidermis, der Kutikula. Diese Kutikula wird z. B. leicht von manchen organischen Quecksilberverbindungen durchwandert. Sie erreichen das auf und in der Epidermis wachsende Pilzmyzel und töten es, solange es noch jung ist. Von solchen organischen Quecksilberverbindungen sind Salze des Phenylquecksilbers auch heute noch die am meisten angewendeten curativen Chemotherapeutika (vgl. II. Teil, S. 144ff.). Dem Ersatz dieser sehr toxischen Quecksilberverbindungen gilt schon seit langer Zeit das Bemühen der Phytopharmazie. Erste Erfolge wurden bisher z. B. mit Salzen des Dodecylguanidins (Dodine) erzielt, ohne daß mit ihnen die Wirksamkeit der Quecksilberverbindungen voll erreicht worden wäre (vgl. II. Teil, S. 70 und [7]).

Schwieriger wird die Bekämpfung dann, wenn der Parasit seine Inkubation beendet hat und zur Sporulation, d. h. zur Neuausbildung von Sporen, geschritten ist. Mittel, die in diesem Stadium der Entwicklung noch wirksam sind, werden *eradicative* (d. h. austilgende) Fungizide genannt. Die genannten curativen organischen Quecksilberverbindungen sind als Eradicativa nicht mehr sicher wirksam. Sie töten zwar bereits gebildete Sporen, räumen aber das Pilzmyzel im Blatt in diesem fortgeschrittenen Entwicklungszustand nicht mehr vollständig aus. Bei starkem Befall und dadurch weithin zerstörter Kutikula dringt das Präparat ins Blatt ein, und es kommt zu einer Intoxikation mit nachfolgender Abstoßung der Blätter. Der entsprechende Rückgang im Sporenangebot ist zwar ein großer Erfolg, er geht aber auf Kosten der Wirtspflanze, die schwer geschädigt wird. Noch schwieriger ist das curative oder gar eradicative Eingreifen bei solchen Pilzerkrankungen, deren Erreger vollends tief im Inneren des Blattgewebes (Mesophyll) wachsen, wie das bei den Erregern der Krautfäule der Kartoffeln, *Phytophthora infestans*, oder der Blattfallkrankheit der Reben, *Plasmopara viticola*, der Fall ist. Gegen diese Erreger curativ oder eradicativ wirksame Fungizide sind bisher der pflanzenärztlichen Praxis nicht angeboten worden, erste Möglichkeiten zeich-

nen sich aber ab. So wirken gewisse p-Dimethylaminophenyldiazo-Verbindungen (vgl. II. Teil, S. 100) curativ gegen *Phytophthora infestans*, sind aber unter Feldbedingungen nicht genügend beständig (hohe Lichtempfindlichkeit).
Gute eradicative Erfolge konnten gegen echte Mehltau-Pilze erzielt werden. Die Erreger echter Mehltau-Erkrankungen sind durch solche Mittel besonders leicht zu fassen, denn sie wachsen auf der Oberfläche der Wirtsorgane und treiben nur Senker (Haustorien) in das Gewebe vor (vgl. Abb. 8). Durch Anwendung von Abkömmlingen des 2,3-Dimercaptochinoxalins z. B. (Thiochinox und Oxythiochinox) können vom Gurkenmehltau, *Erysiphe cichoracearum* befallene Gurkenpflanzen vom Pilz gesäubert werden (vgl. II. Teil, S. 128/129 u. [8])).

γ) Systemische Fungizide

Überraschenderweise wurden neuerdings gerade gegen solche auf der Oberfläche der Wirtspflanzen wachsenden Erreger im eigentlichen Sinne systemische Fungizide bekannt. Diese Stoffe können der Pflanze über die Wurzel zugeführt werden und werden über die Wasserleitungsbahnen in der gesamten Wirtspflanze verteilt. Der große Vorteil solcher Systemika oder echten Chemotherapeutika sind der fortlaufend vorhandene Schutz der neuzuwachsenden Organe und die einfache Anwendungsform. Begrenzende Eigenschaften sind der häufig nicht ausreichend sichere chemotherapeutische Index (d. h. das Verhältnis zwischen fungizid wirksamer und für die Wirtspflanze sicher verträglicher Konzentration) und die hohen Anforderungen an die Stabilität im Boden. Als gegen echte Mehltaupilze voll systemisch wirksam wurden inzwischen einige Aminale (vgl. II. Teil, S. 97) und Abkömmlinge des Benzimidazols (Benlate® = Du Pont 1991, [Gruppenbezeichnung Benomyl], Thiabendazol, Fuberidazol, sowie das Methyrimol (PP 675) der I. C. I.) bekannt (vgl. II. Teil, S. 117, 124/125 u. 118).
Das eigentliche Einsatzgebiet der systemischen Fungizide ist aber die Heilung echt systemischer Erkrankungen, d. h. solcher, bei denen der Erreger im Inneren, vorzüglich in den Leitungsbahnen der Wirtspflanzen wächst, so daß er mit ektotherapeutischen Mitteln überhaupt nicht erreichbar ist. Zu diesen Krankheiten gehören die Welkekrankheiten, die z. B. durch Pilze der Arten *Fusarium oxysporum* oder *Verticillium albo-atrum* ausgelöst werden. Durch die von den Parasiten in das Wirtsgewebe abgegebenen Toxine und auch mechanisch durch Verstopfung der Wasserleitungsbahnen kommt es zu Schädigungen, die schließlich zu einem völligen Verwelken und Absterben der Wirtspflanzen führen. Wirksame Mittel gegen solche Welkekrankheiten sind bisher unbekannt. Man weiß, daß Wuchsstoffe, also Substanzen von der Art der β-Indolessigsäure (Heteroauxin), α-Naphthylessigsäure und substituierte Phenoxyalkylcarbonsäuren, wie 2,4-D (= 2,4-Dichlorphenoxyessigsäure), wirksam sind. Diese Stoffe sind aber keine Fungizide und werden, soviel man weiß, auch nicht im Inneren der Wirtspflanze zu solchen abgebaut. Ihre Wirkung gegen die Welkeerreger muß eine indirekte sein, indem sie z. B. den Wirtsstoffwechsel so verändern, daß die Erreger sich nicht entwickeln können.
Neben der Einteilung der Fungizide nach ihrer Wirkungsart trennt man diese auch nach Anwendungsart und -ort. Diese Einteilung ist eine mehr äußerliche, sie soll aber hier erwähnt werden, weil sie häufig benutzt wird.

b) Anwendungsart und Anwendungsort der Fungizide

Bisher war stets von Fungiziden die Rede, die auf die oberirdischen, grünen Teile der zu schützenden Wirtspflanzen aufgebracht werden. Man hat sich angewöhnt, bei solchen Präparaten von *Blattfungiziden* zu reden. Es können aber auch Pflanzenteile schutzbedürftig sein, die sich im Boden befinden oder in den Boden gebracht werden, wie Knollen, Zwiebeln oder Samen. Die Behandlung solcher Organe mit Fungiziden pflegt man als „Beizung" zu bezeichnen, die dabei angewendeten Mittel bzw. deren Zubereitungen als *Beizmittel.*

Schließlich können fungizide Wirkstoffe dem Boden direkt zugeführt werden, um dort lebende pilzliche Schädiger auszuschalten und sie besonders am Angriff auf Wurzeln und Keimlinge zu hindern. Bei solchen Fungiziden pflegt man von *Bodenfungiziden* zu sprechen.

α) Blattfungizide

Entspr. Substanzen wurden schon behandelt. Die Stäube oder Spritzmittel (sie werden neuerdings auch mit sehr geringen Mengen pflanzenverträglicher Mineralöle ausgebracht) werden auf den Pflanzen verteilt. Als Blattfungizide haben nur solche Wirkstoffe Aussicht auf Einführung in die Praxis, die ausreichend beständig sind, d. h. also dem Einfluß der Witterungsfaktoren ausreichend lange widerstehen. Darüber hinaus müssen sie für die Wirtspflanzen ungefährlich sein, wobei z. B. hinsichtlich der Verträglichkeit gegenüber Früchten, vor allem gegenüber der Fruchtschale bei Kernobst-Früchten, hohe Anforderungen gestellt werden. Substanzen, die neben dem äußeren Aussehen (Glätte und Farbe der Fruchtschale) Geruch oder Geschmack des Erntegutes nachteilig beeinflussen oder gar gesundheitsschädliche Rückstände auf dem Erntegut hinterlassen, sind nicht brauchbar. An diesen Forderungen scheitern viele in ihrer fungiziden Potenz sehr interessante Wirkstoffe.

β) Beizmittel

Beizmittel sind Aufbereitungen fungizider Wirkstoffe, die auf das „Beizgut" (Samen, Knollen, Zwiebeln) so aufgebracht werden können, daß sie entweder direkt (primäre Beizwirkung) oder erst nach Aussaat oder Pflanzung unter Mitwirkung der Bodenfeuchtigkeit ihre Wirkung entfalten können (sekundäre Beizwirkung). Diese Beizmittel haben die Aufgabe, entweder die dem Beizgut äußerlich anhaftenden Krankheitserreger abzutöten (z. B. Abtötung der Sporen des Erregers des Weizensteinbrandes *Tilletia tritici* am Weizenkorn) oder aber als Keimlingsschutzmittel das im Boden liegende Saat- oder Pflanzgut vor dem Angriff bodenbürtiger pilzlicher Krankheitserreger zu schützen (z. B. Schutz von Baumwoll-Keimlingen oder Kartoffelkeimen vor dem Erreger der Umfallkrankheit der Baumwolle oder der Schwarzbeinigkeit der Kartoffelpflanzen *Rhizoctonia solani*, der im übrigen ein sehr weitverbreiteter [ubiquitärer] und sehr unspezifischer [polyphager] Erreger von Pflanzenkrankheiten ist).

Als fungizide Wirkstoffe für Beizmittel wurden ursprünglich Schwermetallsalze oder Oxide, z. B. Kupfersulfat, Kupfercarbonat, Kupfer(I)-oxid und Quecksilber(II)-chlorid („Sublimat") verwendet. Die Mängel dieser anorganischen

Mittel liegen in ihrer nicht immer sicheren und auf wenige Erreger beschränkten Wirksamkeit, ihrer teilweisen Pflanzenunverträglichkeit bzw. in ihrer Giftigkeit für den Menschen.

Von den Metallverbindungen haben sich die des *Quecksilbers* als für die weitere Entwicklung am interessantesten erwiesen. Die große industrielle Entwicklung quecksilberhaltiger Beizmittel begann 1915 mit der Einführung des Uspulun® durch die Farbenf. vorm. Fr. Bayer. Dieses auf Basis von Chlorphenolquecksilber aufgebaute Präparat (vgl. II. Teil, S. 145) hatte *Wesenberg* (Farbenf. vorm. Fr. Bayer) bei seinen Bemühungen um eine Ablösung des Quecksilberchlorids aufgefunden[1,7]. Es wurde der Ausgangspunkt für eine intensive Forschung, die schließlich in Aryl-Hg-Salzen (z. B. Phenylquecksilberacetat vgl. II. Teil, S. 144) und in Alkoxyalkyl-Hg-Salzen (z. B. Methoxyäthyl-quecksilber-silicat = Ceresan®-Trockenbeize [vgl. II. Teil, S. 144]) zu hochwirksamen, heute noch als Standard-Mittel dienenden Präparaten ihre Krönung fanden.

Neben organischen Quecksilber-Präparaten werden in neuerer Zeit zunehmend organische, metallhaltige und auch metallfreie, Wirkstoffe verwendet. Darunter sind als Blattfungizide schon länger bekannte Substanzen (wie TMTD = Tetramethylthiuramdisulfid, Maneb, Captan, Metall-Komplexe des 8-Oxychinolins, PCNB und HCB), aber auch neuere Stoffe zu finden wie COBH (= Ceredon®) und DAS (= Dexon®) (vgl. II. Teil, S. 100. Sie unterscheiden sich von den organischen Quecksilberverbindungen durch ihre geringere Wirkungsbreite und z. T. durch eine ausgesprochene Wirkungsspezifität. Wegen ihres besonderen Wirkungsmechanismus sind sie aber durchweg bessere Keimlingsschutzmittel gegen bodenbürtige Krankheitserreger. COBH und DAS haben systemische Eigenschaften, dringen über den Samen und die Wurzel in den Keimling ein und schaffen so von innen her einen länger dauernden Schutz. Sie wirken gegen bodenbürtige, Jungpflanzen und Keimlinge befallende („Umfall-Krankheiten") Pilze der Gattungen *Pythium*, *Aphanomyces* und *Phytophthora*. Sie sind also keine „Universal"-Beizmittel mehr wie die organischen Quecksilberverbindungen. Die zunehmende Sorge um die kumulative Toxizität der Quecksilberverbindungen ist der Grund für die Suche nach ungiftigen, besonders bei Getreide als Beizmittel verwendbaren Fungiziden, wobei unter Umständen durch Kombinationen mehrerer Wirkstoffe ein möglichst hoher Grad von „Universalität" erreicht werden soll (z. B. Voronit®, eine Kombination aus 2(2'-Furyl)benzimidazol (Fuberidazol) und Hexachlorbenzol (vgl. II. Teil, S. 125). Fuberidazol hat gleichfalls systemische Eigenschaften. Es schützt den Keimling vor allem gegen Infektionen durch *Fusarium*-Arten, wobei die dazu nötigen Aufwandmengen noch unter denen gebräuchlicher Quecksilberverbindungen liegen. Bei höheren Aufwandmengen wirkt Fuberidazol auch systemisch gegen andere phytopathogene Pilze. Neuerdings ist es gelungen, ein weiteres schon lange angestrebtes Ziel zu erreichen: Einige samenbürtige pilzliche Erkrankungen wie Weizen- und Gerstenflugbrand (*Ustilago tritici* und *U. nuda*) waren bisher mit den klassischen Beizmitteln nicht bekämpfbar. In Abkömmlingen des Oxathiins und auch des Benzimidazols (vgl. das erwähnte Benomyl) wurden systemisch wirkende Mittel aufgefunden, die imstande sind, in das Samenkorn und von dort in den Keimling einzudringen und den Erreger dort abzutöten oder am Wachstum im Wirtsgewebe zu hindern (vgl. II. Teil, S. 104 u. 117).

Bei der Formulierung der Wirkstoffe zu Beizmitteln unterscheidet man vier Typen: Naß-, Trocken-, Schlämm- (= Slurry) und Feucht-Beizmittel.
Bei den *Naßbeiz-Mitteln* wird das Beizgut für einige Zeit in die Beizmittel-Lösungen eingetaucht oder damit überbraust (Tauch- und Benetzungs-Verfahren). Anschließend muß das Beizgut sorgfältig zurückgetrocknet werden. Dieses Zurücktrocknen wurde durch das sogenannte Kurznaßbeizverfahren überflüssig. Dabei wird das Saatgut nur mit soviel Beizflüssigkeit intensiv vermischt, wie das Beizgut aufnehmen kann.
Bei den *Trockenbeiz-Mitteln* werden trockene Beizpulver, zumeist in vollautomatisch dosierenden Beizgeräten, mit dem Beizgut innig gemischt und auf die Samen „aufgerieben". Die Trockenbeizung stellte lange Zeit die am häufigsten angewendete Art der Beizmittel-Applikation dar. Später wurde das *Schlämmbeiz-Verfahren* („Slurry"-Verfahren) angewendet, wobei man wäßrige Suspensionen (also nicht Lösungen) fungizider Wirkstoffe nach Art der Kurznaßbeizverfahren appliziert.
Feuchtbeiz-Mittel sind echte Lösungen fungizider Wirkstoffe, die in nur sehr geringen Aufwandmengen auf das Saatgut gebracht werden.

γ) Bodenfungizide

Bei den weiter oben unter Beizmittel bereits erwähnten Fungiziden „Ceredon" und vor allem „Dexon" handelt es sich um Stoffe, die auch dem Boden zugeführt werden können, um dort lebende Pilze direkt zu bekämpfen, wobei durch die systemische Eigenschaft dieser Stoffe eine Aufnahme in die Jungpflanzen erfolgt und dadurch ein länger dauernder Schutz eintritt. Ältere als Bodenfungizide angewendete Substanzen waren meist solche, die wegen ihres hohen Dampfdruckes im Boden in die Gasphase übergehen und damit den Boden auch außerhalb der direkt behandelten Zone entseuchen.
Zu dieser Stoffklasse gehören z. B. das Formaldehyd, Chlorpikrin, DD (Gemisch aus 1,3- und 1,2-Dichlorpropan) und ähnliche (vgl. II. Teil, S. 55 u. 57). Prinzipiell ähnlich wirken Stoffe, die als solche wenig flüchtig im Boden zu flüchtigen Substanzen abgebaut werden. Zu Stoffen dieser Wirkungsart gehört das Natriumsalz der Monomethyl-dithiocarbamidsäure (Vapam®) (vgl. II. Teil, S. 60). Von den als Blattfungizide bekannten Substanzen werden zahlreiche auch als Bodenfungizide verwendet. Von ihnen können die Salze der Alkylen-bisdithiocarbamidsäuren (Zineb, Maneb, Propineb) wahrscheinlich auch im Boden zu flüchtigen Substanzen (Isothiocyanaten) abgebaut werden. Die meisten der zuerst genannten einfacher gebauten Bodenfungizide sind durchweg breitwirkende Substanzen, die eine große Zahl verschiedenartigster Organismen schwer schädigen oder abtöten. Nach ihrer Anwendung ist im allgemeinen eine Wartezeit (Karenzzeit) zwischen Behandlung und Aussaat bzw. Bepflanzung einzuhalten. Eine kostensparende Pflanzloch- oder Furchen-Behandlung ist bei Fungiziden dieser Wirkungsart nicht möglich.
Die Anwendungsform der Bodenfungizide ist je nach Wirkstoff sehr unterschiedlich. Meist werden die Präparate flüssig auf den Boden gebracht und eingearbeitet, in Abständen in den Boden injiziert oder als trockene Pulver oder Granulate in den Boden gebracht. Ausreichend pflanzenverträgliche Präparate (Captan, „Dexon") können auch zusammen mit dem Saatgut ausgebracht werden, wobei Spezialmaschinen benutzt werden, die es gestatten, Saatgut und fungizides Bodenbe-

handlungsmittel in variablen Mengen in einem Arbeitsgang in den Boden (Drillfurchen oder Pflanzlöcher) zu bringen.
Alle bisher bekannten fungiziden Bodenentseuchungs-Verfahren und die dazu verwendeten Fungizide sind bisher nicht voll befriedigend, u. a. deshalb, weil eine Behandlung des Bodens fast immer hohe Aufwandmengen an wirksamer Substanz erfordert, so daß das Verfahren oft unwirtschaftlich ist.

4. Die Prüfung von Fungiziden (Test-Methoden)

Das älteste, schon Anfang des 19. Jahrhunderts (durch *Prevost* 1807) benutzte Test-Verfahren besteht darin, Testsubstanz und Pilz in Form seiner Sporen in Wasser zusammenzubringen und unter dem Mikroskop die Keimung der Pilzsporen zu beobachten. Diese Methode ist in vielfältiger Abwandlung heute überall im Gebrauch und wird, da die zu untersuchenden Mischungen von Fungizid und Sporen auf Objektträger aufgetropft werden, als *Objektträger-Sporenkeim-Test* bezeichnet. In abgewandelter Form werden die im Wasser meist unlöslichen Test-Substanzen mit Spritzgeräten auf Objekt-Träger aufgespritzt und nach Abtrocknung der Beläge mit Sporenaufschwemmungen in Wasser besetzt. In Amerika hat man dieses Verfahren standardisiert, in Einzelheiten wird es aber in den Laboratorien vielfach abgewandelt [9)]. Es handelt sich hier um eine typische *„in vitro"-Methode*, weil Testorganismus und Testsubstanz unabhängig vom Wirt in einem flüssigen Medium (Wasser) zusammengebracht werden.
Für die Beurteilung der fungiziden Potenz von Blattfungiziden ist das Verfahren prinzipiell brauchbar, soweit die akute fungizide Potenz eines Stoffes gegenüber dem verwendeten Testpilz beurteilt werden soll. Die Mängel des Verfahrens liegen darin, daß die Auswahl der Testpilze durchweg nicht nach deren Bedeutung als Erreger wirtschaftlich wichtiger Pflanzenkrankheiten erfolgt. Es ist vielmehr die Möglichkeit der bequemen Anzucht im Laboratorium und die Fähigkeit, große Mengen von Sporen hoher Keimfähigkeit zu produzieren, das wichtigste Auswahlprinzip für den Testpilz. Darüberhinaus ist die Mitwirkung der grünen Wirtspflanze (mit ihren gasförmigen und flüssigen Exkreten) an der Aktivierung vieler, vor allem praktisch wasserunlöslicher Substanzen von nicht zu unterschätzender Bedeutung. Immerhin ist der Sporenkeim-Test zumindest bei der Prüfung von Blattfungiziden zuverlässiger als der vielfach noch benutzte *Agarplatten-Test oder Nährboden-Test*. Bei diesen Testverfahren werden die zu prüfenden Substanzen in gelöster oder homogen suspendierter Form einem Nähragar kurz vor dessen Verfestigung zugesetzt und die Mischungen in Petrischalen ausgegossen. Diese werden dann beimpft — entweder mit Sporen oder aber häufiger mit Myzel des Testpilzes — und das Wachstum des Pilzes beurteilt. Dieser Test wurde ursprünglich entwickelt für die Prüfung solcher Fungizide, die zur Behandlung von Holz, Textilfasern, Leder oder ähnlichem Gut vorgesehen waren. Bei diesen Objekten erfolgt der Angriff des Pilzes meist durch sein Myzel, während es sich bei Blattfungiziden darum handelt, auf die Wirtspflanze gelangte Sporen des Pilzes am Keimen und Eindringen des Keimschlauches in das Wirtsgewebe zu hindern.
Der Agarplatten-Test kann bei der Suche nach Bodenfungiziden eine gewisse Hilfe leisten, obwohl nach neueren Erfahrungen eine verbindliche Aussage über

die Wirksamkeit einer Substanz im Boden nicht ohne dessen Mitwirkung getroffen werden kann. Die Adsorptivkräfte des Bodens, sein Wassergehalt und seine Wasserführung sind entscheidend wichtig. Bei Einschaltung des Bodens können wiederum, falls es sich nicht um einen sterilen Boden handelt, zahlreiche bakterielle und pilzliche Mikroorganismen die Testsubstanzen unterschiedlich und nicht voraussehbar angreifen, so daß auch in einem natürlichen, also nicht vorher steril gemachten Boden, eine zuverlässige Aussage über die Potenz eines Stoffes nicht sicher möglich ist.

Generell gilt es schon in sehr frühem Prüf-Stadium solche Tests zu verwenden, bei denen außer Testsubstanz und Pilz auch das dritte Medium im Spiel ist, also das Blatt der grünen Pflanze bei Blattfungiziden, der Boden und das zu schützende Pflanz- oder Saatgut bei Bodenfungiziden und Beizmitteln. Die Bedeutung dieser Testmethode wird von *Woodcock* (1959) betont: „Selective toxicity ... faces a difficult task in the chemistry of fungicides where often much of the chemical structure-toxicity data have been obtained only on the two component fungus-fungicide system ... information is obviously needed on the three component fungus-plant-fungicide systems“ [10]. Solche Testmethoden werden als *„in vivo“-Verfahren* bezeichnet. Ihr Aussagewert für das Verhalten der Testsubstanz unter praktischen Verhältnissen steigt entscheidend, wenn als Test-Pilze solche verwendet werden, die später auch im Freiland bekämpft werden sollen. Im Gewächshaus läßt sich unter kontrollierten Bedingungen (Temperatur, Luftfeuchte, Licht) an jungen Kulturpflanzen, die vorher mit Konzentrationsreihen der Testsubstanzen behandelt (bespritzt oder bestäubt) wurden, nach deren Inokulation mit den Sporen der Testpilze eine sehr zuverlässige Aussage über die Potenz einer neuen Substanz in Relation zu einer bekannten, feldwirksamen Verbindung treffen. Diese erste Aussage betrifft allerdings nur die akute Wirkung des neuen Stoffes. Seine Stabilität auf der Pflanze, seine Wirkungsdauer, d. h. also seine Widerstandsfähigkeit gegen die Atmosphärilien läßt sich erst nach weiteren speziellen Prüfungen beurteilen. Bei solchen Untersuchungen ist auch die für den neuen Stoff am besten geeignete Aufbereitungsform, seine Formulierung, zu erarbeiten.

Bei der Prüfung von Blattfungiziden werden heute z. B. unter möglichst standardisierten Bedingungen angezogene Tomaten-Pflanzen als Wirte für den Erreger der Kraut- und Knollenfäule der Kartoffeln und Braunfäule der Tomaten, *Phytophthora infestans*, junge Rebpflanzen als Wirte für den Erreger der Blattfallkrankheit *Plasmopara viticola*, Apfelsämlinge als Wirte für den Erreger des Apfelschorfs *Venturia inaequalis* und den Erreger des Apfelmehltaus *Podosphaera leucotricha*, Gurkenpflanzen als Wirte für den Erreger des Gurkenmehltaus *Erysiphe cichoracearum* benutzt, um nur einige wichtige, weltweit verbreitete und ökonomisch bedeutsame pilzparasitäre Pflanzenkrankheiten zu erwähnen. Auch bei nahe verwandten Pilzen werden häufig sehr unterschiedliche Reaktionen auf ein und dieselbe Substanz beobachtet. Die Prüfung darf sich also nicht immer nur auf einen typischen Vertreter einer Gruppe von Pilzen beschränken, wenn andere Formen dieser Gruppe Pflanzenkrankheiten hoher ökonomischer Bedeutung verursachen. Vielfach handelt es sich bei den Testpilzen um streng obligate Parasiten, deren Anzucht nur — oder aber zumindest mit praktischer Aussicht auf Erfolg, d. h. auf ausreichende Sporenproduktion — auf den zugehörigen

Wirtspflanzen möglich ist. Die Ausbildung von Biotypen oder Rassen mit unterschiedlichem Ansprechen auf fungizide Stoffe kompliziert weiterhin die Situation. Insgesamt aber hat die zunehmende Verwendung moderner in vivo-Testmethoden die Aussagefähigkeit der Prüfung so verbessert, daß wirklich interessante Chemikalien dem Phytopathologen — oder besser Phytopharmazeuten — nicht mehr entgehen. Auch bei der Prüfung von Beizmitteln haben die derzeit gebräuchlichen Methoden die Sicherheit der Aussage beträchtlich erhöht. Die Verwendung verseuchten oder künstlich inokulierten Saatgutes, seine Behandlung mit den entsprechend aufbereiteten Prüfsubstanzen und die Aussaat und weitere Kultur unter kontrollierten Bedingungen im Gewächshaus geben einen hohen Grad von Sicherheit. In manchen Fällen allerdings, z. B. bei der Prüfung gegen den Erreger des Weizenflugbrandes *Ustilago tritici*, ist ein beträchtlicher Aufwand an Zeit und damit an Platz erforderlich, weil das behandelte Saatgut bis zur Ährenbildung kultiviert werden muß, um das Ergebnis sicher beurteilen zu können. Hier wären Untersuchungen mit dem Ziel der Möglichkeit einer Beurteilung der Wirkung zu einem früheren Zeitpunkt der Entwicklung der Weizenpflanze von hohem praktischem Interesse.
Stets muß die Entscheidung über die wirkliche Brauchbarkeit einer neuen Substanz im Feldversuch fallen. Erst hier läßt sich sicher beurteilen, ob der neue Stoff nicht nur in seiner Wirkung genügt, sondern auch in seinen Nebenwirkungen Vorteile vor bereits bekannten Präparaten hat, wobei die verschiedenen Klimaten in sehr unterschiedlicher Weise das Ergebnis beeinflussen.

5. Geschichte der Fungizide

Den Feinden seiner Kulturpflanzen, den tierischen sowohl wie den pflanzlichen, sieht sich der Mensch schon seit frühester Zeit konfrontiert: „since man came down from the trees and settled on the land“ wie es *Horsfall* ausgedrückt hat [6]. Diese Feinde zwangen ihn, sich zu wehren, wenn er auf die Dauer dem ungeheuren Vermehrungspotential dieser durchweg niederen Organismen nicht unterliegen wollte. Bei den Insekten war ihm das auch zu frühester Zeit, zumindest mit mechanischen Mitteln, leichter möglich als bei den Pilzen, die seiner unmittelbaren Beobachtung nicht zugänglich waren. Aus ältesten, vorchristlichen Zeiten wissen wir, daß der Schwefel als reinigende Substanz bekannt war und verwendet wurde. Er wird schon von Homer in der Ilias und Odyssee erwähnt. Die erste sicher verbürgte Anwendung des Schwefels als fungizides Pflanzenschutzmittel stammt aber erst aus dem Beginn des 19. Jahrhunderts, als in England *Forsyth* eine Schwefelverbindung herstellte, die uns heute als *Schwefelkalkbrühe* (Calciumpolysulfid) geläufig ist, um damit Mehltauerkrankungen an Obstbäumen bekämpfen zu lassen. In weiterem Verlauf wurde Schwefelkalkbrühe industriell hergestellt, und die Bemühungen, eine trockene Zubereitung ähnlicher Wirkungsart herzustellen, führten zur Entwicklung von Bariumpolysulfid (Solbar® der Farbenf. vorm. Fr. Bayer [1924]). Die Schwefelkalkbrühe war lange Zeit, und ist es zum Teil heute noch, ein wichtiges Fungizid im Obstbau. Sie wurde aber in jüngerer Zeit zunehmend von spritzfähigen Zubereitungen des elementaren Schwefels, den sog. *Netzschwefeln* abgelöst, deren Handhabung in der großen Praxis einfacher und deren Pflanzenverträglichkeit durchweg besser ist als die der

Polysulfide. Neben dem Schwefel hat schon sehr früh das Kupfer und seine Salze, vor allem das Sulfat, als fungizides Pflanzenschutzmittel Anwendung gefunden. Fast zur gleichen Zeit wie *Forsyth* in England die Schwefelkalkbrühe erkannte *Prévost* in Frankreich das Kupfersulfat als wirksames Beizmittel gegen den Weizensteinbrand. Seine zentrale, auch heute noch sehr bedeutende Stellung als Fungizid erhielt das Kupfer aber erst 1882, als der französische Botaniker *Millardet* „zufällig“, d. h. durch richtige Deutung seiner Beobachtung, erkannte, daß ein Gemisch aus Kupfersulfat und gelöschtem Kalk, welches zur Abschreckung von Dieben auf die Rebstöcke gebracht war, diese vor der Blattfallkrankheit *Plasmopara viticola* geschützt hatte. Das Ergebnis seiner Studien über diese Mischung veröffentlichte er 1885, es war das Geburtsjahr der „*Bordeaux-Brühe*“. Vierzig Jahre früher hätte diese Entdeckung Irland vor Hungersnöten bewahren können, die durch die Zerstörung des Grundnahrungsmittels dieser Insel, der Kartoffel, durch die *Phytophthora infestans*, die Kraut- und Knollenfäule ausgelöst wurden. Seit Beginn der 30iger Jahre unseres Jahrhunderts hat die chemische Industrie sich bemüht, dem Landwirt Kupferfertigpräparate in die Hand zu geben, welche die stets frisch zuzubereitende Bordeaux-Brühe ablösen sollten. Kupferoxychlorid, basisches Kupfersulfat, basisches Kupfercarbonat und Kupfer(I)-oxid sind seitdem in weitem Gebrauch. Die volle Wirksamkeit der Bordeaux-Brühe haben alle diese Präparate bei kupfergleicher Anwendung zunächst nicht erreichen können. Erst durch die Verwendung besonderer Hilfsmittel bei der Formulierung und eine verbesserte Fällungstechnik dieser Kupferkomplexe ist es gelungen, die Wirkung der Bordeaux-Brühe bei kupfergleicher Anwendung einzustellen (vgl. dazu [7], S. 68).

Von Verbindungen anderer Metalle waren und sind vornehmlich solche des Quecksilbers von hoher Bedeutung als Fungizide. 1910 hatte der deutsche Phytopathologe *Hiltner* das als Bakterizid bekannte Quecksilber(II)-chlorid zur Beizung des Saatgutes gegen den Schneeschimmel (*Fusarium nivale*) des Getreides empfohlen. Die Bemühungen, diese sehr giftige und wenig pflanzenverträgliche Substanz zu ersetzen, führten *Wesenberg* in Elberfeld zum *Chlorphenolquecksilber* (vgl. II. Teil, S. 145). Auf seine Arbeiten gestützt wurde 1915 von den Farbenf. vorm. Fr. Bayer in Elberfeld das „Uspulun“ als Beizmittel auf den Markt gebracht. Es fand weltweite Verbreitung und war, soweit erkennbar, überhaupt das erste in großem Maßstab von der chemischen Industrie hergestellte Fungizid für die Landwirtschaft. Die weitere Beschäftigung mit organischen Quecksilberverbindungen führte zu den Arylquecksilbersalzen und den Alkoxyäthyl-quecksilberverbindungen (vgl. II. Teil, S. 143/144), die in den dreißiger Jahren unseres Jahrhunderts als Ceresan®-Marken der damaligen I.G. Farbenindustrie, Leverkusen, ihren Weg in die Welt nahmen. Ihre hohe Bedeutung als universale, d. h. praktisch gegen alle dem Saatgut äußerlich anhaftenden Erreger pilzlicher Pflanzenkrankheiten wirksame Beizmittel ist auch heute noch nicht ernsthaft angegriffen.

Die Mitte der dreißiger Jahre unseres Jahrhunderts brachte eine entscheidende Wende. Nachdem das 1930 gefundene und 1932 zum ersten Mal als fungizides Pflanzenschutzmittel eingesetzte Salicylsäureanilid (Shirlan®) (vgl. II. Teil, S. 93) als erstes vollorganisches, metallfreies Fungizid bekannt war, befaßte sich nur wenig später *Martin* in England wahrscheinlich als erster mit *Dithiocarbamaten*, vor allem mit *Thiuramen*, die als Vulkanisationsbeschleuniger schon industriell hergestellt wurden. Mit Thiuramen und später auch mit Salzen der Dithiocarbamidsäuren als Fungizide testeten im Laboratorium und auch im Freiland, wiederum in England, weitere Phytopathologen (*Montgomery*; *Moore* und *Shaw*; *Marsh*), wobei die ersten Feldversuche wahrscheinlich in den Jahren 1934 und 1935 durchgeführt wurden. Die Ergebnisse gegen den Erreger des Apfelschorfs *Venturia inaequalis* waren nach Meinung der Prüfer für eine weitere Bearbeitung nicht ermutigend, die Wirkung stand hinter der der Schwefelkalkbrühe zurück. Während all dieser Arbeiten war den Phytopathologen ein Patent unbekannt geblieben, das *Tisdale* und *Williams* für Dupont 1931 angemeldet hatten und das am 11. 4. 1934 als US-Patent 1972691 erteilt wurde. Unter Schutz gestellt wurde die fungizide und bakterizide Wirkung von Dithiocarbamaten, also von Metallsalzen der Dithiocarbamidsäure, und von Thiuramen, wie Tetramethylthiuramdisulfid (TMTD). Dieses Patent war nicht nur den schon genannten englischen Autoren unbekannt geblieben, sondern auch in Amerika erfolgte seine Ausnutzung erst etwa 10 Jahre später, als nach den Arbeiten von *Goldsworthy*, *Green* u. *Smith* (1943) [11] sowie von *Hamilton* u. *Weaver* (1943) [12] vor allem das Eisen(III)-salz der Dimethyldithiocarbamidsäure, Ferbam, als sehr wirksames Fungizid zur Bekämpfung des Apfelschorfs in Amerika bekanntgeworden war.

Das erste in die obstbauliche Praxis der Welt eingeführte Thiuram-Präparat, und damit das erste vollorganische Fungizid überhaupt, war das Pomarsol® der damaligen I.G. Farbenindustrie AG, Leverkusen. Ihm lag ein Deutsches Reichs-Patent von *Günzler*, *Heckmanns* und *Urbschat* zugrunde, das diese im Juni 1934 angemeldet hatten. Es wurde im Februar 1937 erteilt [13]. Vor der Anmeldung, also im Sommer 1933, waren erste Versuche im Freiland mit TMTD-Formulierungen durchgeführt worden. Bereits im Jahre 1934, also im Jahre der Anmeldung des oben genannten Patentes, wurde ein auf TMTD-Basis von der damaligen I.G. Farbenindustrie, Leverkusen, hergestelltes Spritzmittel unter der Versuchsbezeichnung Ob 33 im größten geschlossenen deutschen Kernobst-Anbaugebiet Deutschlands, im Alten Land, von *Loewel* im Feldversuch geprüft. 1935 wurde die Prüfung mit einer veränderten Formulierung als Ob 65 fortgesetzt, um schließlich 1936, wiederum in der Formulierung abgeändert, als Ob 72 zur Praxisreife zu gelangen. Schon die ersten Feldprüfungen im Jahre 1934 mit Ob 33 hatten die Brauchbarkeit des TMTD als Bekämpfungsmittel des Apfelschorfs bewiesen. Es war mit dem ab 1938 „Pomarsol" genannten TMTD-Spritzmittel (= Ob 72 = Ob 65 = Ob 33) zum ersten Mal möglich, die Kombination Schwefelkalkbrühe-Bleiarsen abzulösen und damit nicht nur ein voll pflanzenverträgliches Schorf-Fungizid bereitzustellen, sondern auch die für die Bienen durch Schwefelkalkbrühe-Bleiarsen gegebene Gefahr zu beseitigen. Den ersten Bericht über seine Versuche hat *Loewel* zusammen mit *Lüttgau* 1936 [14] veröffentlicht, 1938 folgte eine ausführlichere Darstellung [15]. 1939 schließlich war das TMTD-Präparat „Pomarsol" bereits fest in den Spritzplan für den Obstbau eingebaut [16].

Damit dürften die genannten deutschen Forscher die ersten gewesen sein, die ein Dithiocarbamidsäure-Derivat als fungizides Pflanzenschutzmittel im Freiland geprüft und in die Praxis eingeführt haben. Auch das Patent von *Günzler* et al. sowie die Veröffentlichungen von *Loewel* sind — ähnlich wie das von *Tisdale* und *Williams* — unbekannt geblieben und werden auch jetzt noch bei der Darstellung der Geschichte der Dithiocarbamate durch amerikanische Autoren wie *Horsfall* [6]

und neuerdings durch *McCallan* [17] nicht erwähnt. Schon in früheren Veröffentlichungen [7,18] war auf den hier geschilderten Sachverhalt hingewiesen worden. In den Vereinigten Staaten von Nordamerika hat das dem Pomarsol als Wirkstoff zugrunde liegende TMTD lange Zeit nur als fungizides Beizmittel eine Rolle gespielt. Als Blattfungizid wurde es erst sehr viel später (Ende der 50iger Jahre) „entdeckt". In Fortsetzung seiner Arbeiten mit Thiuramen und bei der Beschäftigung mit organischen Arsenverbindungen als Fungizide wurde 1949 das Bis-(dimethyldithiocarbamidsaure)-methylarsin (Urbacid®) von *Urbschat* (Farbenfabriken Bayer, Leverkusen) aufgefunden (vgl. II. Teil, S. 151). Neben einer gegenüber TMTD deutlich gesteigerten fungiziden Potenz gegen den Erreger des Apfelschorfs weist die Substanz nach den Beobachtungen von *Heckmanns* einen bisher noch nicht (und noch nicht wieder) festgestellten Effekt auf die Farbe und Schale der Apfelfrüchte auf. Das Urbacid, allein oder in Kombination mit TMTD und Ziram (Dimethyldithiocarbamidsaures Zink) als Tuzet®, hat deswegen als farbverstärkendes Obstbaufungizid hohes Interesse gefunden [19].
Der entscheidende Durchbruch der *Dithiocarbamat-Fungizide* zur Weltgeltung erfolgte aber erst durch die Entdeckung der fungiziden Wirkung von Metallsalzen der Alkylenbisdithiocarbamidsäuren durch *Hester* (Roehm u. Haas) in Amerika (1943). Bis in die Mitte der 50iger Jahre waren Zineb (Dithane® Z 78) und Maneb die meist bearbeiteten und untersuchten Fungizide (vgl. II. Teil, S. 65/66). Die gelegentlich in der Literatur vertretene Meinung, daß nach diesen Stoffen weitere noch wirksamere Substanzen aus dieser Stoffgruppe nicht mehr zu erwarten seien, ist inzwischen auch überholt: Das von Roehm und Haas in Amerika entwickelte Mancozeb sowie das von den Farbenfabriken Bayer 1963 als Antracol® eingeführte Propineb [18] haben vor Maneb und Zineb deutliche Vorteile gezeigt. In der großen Praxis (Kartoffel-, Wein-, Hopfen- und Obstbau) treten sie an die Stelle ihrer älteren Vorgänger und verdrängen das Kupfer immer mehr.
Noch als in den Vereinigten Staaten von Nordamerika die Bedeutung der Dithiocarbamate als Fungizide weithin unbekannt war, wurde dort in den *chlorierten Chinonen* 1940—1943 durch U.S. Rubber Co. eine weitere neue Gruppe organischer, metallfreier Fungizide entdeckt (vgl. II. Teil, S. 104). Tetrachlor-p-benzochinon (Chloranil) hat wegen seiner hohen Lichtempfindlichkeit als Blattfungizid keine Rolle spielen können, hat aber als Beizmittel für Leguminosensamen eine große Bedeutung erlangt. Das 2,3-Dichlor-1,4-naphthochinon (Dichlone) ist lichtbeständiger, hat aber wegen seiner nicht überall ausreichenden Pflanzenverträglichkeit als Blattfungizid gleichfalls keine große Rolle spielen können. Auch einigen Imidazolin-Abkömmlingen, von denen das 2-Heptadecyl-2-imidazolin als Acetat (Glyodin) (Union Carbide Chemical Co.) das wichtigste ist (vgl. II. Teil, S. 114), ist eine entscheidende Bedeutung unter den organischen Fungiziden nicht zugekommen. Die fungizide Wirkung wurde 1946 im Boyce-Thompson Institut in USA von *McCallan* und *Wellmann* erkannt. Weder durch die Chinone noch durch das Glyodin war die überragende Stellung der Dithiocarbamate angegriffen. Das änderte sich erst, als 1951 durch *Kittleson*, wieder in den Vereinigten Staaten (Standard Oil Development Co.), die fungizide Wirksamkeit von Umsetzungsprodukten des Perchlormethylmercaptans, vor allem solchen mit Tetrahydrophtalimid und Phthalimid bekannt wurde (vgl. II. Teil, S. 108/109). Captan und Folpet (Orthocide® und Ortho-Phaltan® der Chevron Chemical Co.) haben inzwischen

auf weiten Gebieten, vor allem aber im Obstbau und Weinbau, die Bisdithiocarbamate als fungizide Mittel der Wahl abgelöst. Vor allem das Captan zeichnet sich durch eine hervorragende Pflanzenverträglichkeit aus und gestattet bei sehr sicherer Wirkung gegen den Erreger des Apfelschorfs die Produktion vorzüglicher Apfelqualitäten.

Das *Perchlormethylmercaptan* als völlig neue fungizide toxiphore Gruppe regte eine große Zahl von Synthesen an. Erwähnt seien die Arbeiten der Schweizer Forscher, die Perchlormethylmercaptan mit Methansulfonsäureanilid umsetzten (1955) und zu Produkten kamen, von denen das Mesulfan® der Firma Geigy als Mittel gegen Apfelschorf im Handel war (vgl. II. Teil, S. 94). Zu wirtschaftlich bedeutenden Produkten führten die Arbeiten der Farbenfabriken Bayer in Leverkusen, bei denen Dimethylaminosulfanilid zunächst mit Perchlormethylmercaptan (Bayer 22027) umgesetzt wurde. Das einschlägige Patent wurde 1955 angemeldet. 1960 wurde ein entscheidender Fortschritt erzielt, als im Perchlormethylmercaptan ein Chlor-Atom gegen Fluor ausgetauscht wurde. Es entstand als bisher wichtigstes Präparat dieser Reihe das Dichlofluanid (Euparen®) der Farbenfabriken Bayer, mit dessen Hilfe eine bisher nicht erreichte Wirkung gegen den Erreger der Grauschimmel-Fäulen an Erdbeeren und Weintrauben *Botrytis cinerea* erzielt werden konnte (vgl. II. Teil, S. 95 [20]).

In dem gleichen Zeitraum (1952—1960) wurden in der Gruppe der aromatischen Azo-Verbindungen wiederum durch die Farbenfabriken Bayer zwei sehr spezifisch gegen bodenbürtige *Phycomyceten* wirksame Verbindungen als Beizmittel und Bodenfungizide entwickelt, das COBH (Ceredon)[21] und das DAS (Dexon) (vgl. II. Teil, S. 99/100). Sie besitzen bei einem sehr hohen Wirkungsgrad nur ein sehr begrenztes Wirkungsspektrum. Durch Kombination mit anderen fungizid wirksamen Stoffen wie TMTD, PCNB oder organischen Quecksilberverbindungen wird das Wirkungsspektrum verbreitert. Als spezifisch, vor allem gegen den Erreger des Apfelschorfs wirksame Verbindung erschien 1962 das von Merck in Deutschland entwickelte Delan® (Dithianon), ein Dicyano-dithio-anthrachinon. Die Substanz ist auch wirksam gegen den Erreger der Blattfallkrankheit der Reben *Plasmopara viticola,* hat sich in dieser Indikation aber nicht durchsetzen können (vgl. II. Teil, S. 105).

Von jüngeren Entwicklungen, die nach 1960 bekannt wurden, seien hier genannt das fungizid sehr breit wirksame *Tetrachlor-isophthalonitril* der Diamond Alkali Co. (USA) (Daconil®) (vgl. II. Teil, S. 91), das aber wegen einer bei vielen Kulturpflanzen nicht ausreichenden Pflanzenverträglichkeit die darauf gesetzten Hoffnungen nicht ganz erfüllt hat, und zwei Abkömmlingen des Benzimidazols, das Thiabendazol (Merck USA) (vgl. II. Teil, S. 124) und das Fuberidazol (Voronit) der Farbenfabriken Bayer. Beide Substanzen haben über das Saatgut, also als Beizmittel appliziert, deutlich systemische Eigenschaften, wodurch z. B. der Getreidemehltau *Erysiphe graminis* deutlich eingedämmt werden kann. Von entscheidender Wichtigkeit beim Fuberidazol ist dessen hohe Wirksamkeit gegen *Fusarium*-Arten, die bisher selbst von Quecksilberverbindungen nicht ganz erreicht wurde. Der Ersatz des Quecksilbers ist vor allem bei den Blattfungiziden ein dringendes Anliegen. Phenylquecksilberacetat — und andere Arylquecksilbersalze — waren bis in die jüngste Vergangenheit die einzigen Stoffe, mit denen der Apfelschorf noch nach zustandegekommener Infektion bekämpft werden konnte (curativ wirkende Fungizide). Das weiter oben schon erwähnte Glyodin hat nur eine sehr schwache curative Wirkung. Sie ist aber schon deutlich verstärkt beim Dodine (American Cyanamid Co.) vorhanden, einem Dodecylguanidinacetat, das 1956 bekannt wurde (Melprex®, Cyprex®) (vgl. II. Teil, S. 70). 1959 wurde von Farbenfabriken Bayer in Leverkusen das Fungilon® gefunden (vgl. II. Teil, S. 116), ein Methyl-phenyl-dodecyl-benzimidazolium-Salz, das als curatives Schorfbekämpfungsmittel ausreichend wirksam ist. Seine großtechnische Darstellung bereitet allerdings Schwierigkeiten. Es scheint, als ob durch neuerdings bekanntgewordene Abkömmlinge des Benzimidazols mit systemisch fungiziden Eigenschaften ein erfolgversprechender Fortschritt bei der Entwicklung curativ verwendbarer Blattfungizide getan sei. Weiter unten wird noch darauf zurückzukommen sein.

Als chemische Fortentwicklung von Arylquecksilbersalzen darf man die analogen *Salze des Zinns* betrachten. Triphenylzinn-Salze bzw. dessen Hydroxid (vgl. II. Teil, S. 149) wurden als Fungizide bereits 1951 bekannt [22]. Seit 1957 ist in Deutschland (Farbwerke Hoechst) das Triphenylzinn-Acetat im Gebrauch (Brestan®) [23]. Daneben wird in England und USA das Hydroxid verwendet. Die Arylzinn-Salze sind aber wegen ihrer ungenügenden Pflanzenverträglichkeit in ausdauernden Kulturen (Wein, Kernobst) nicht brauchbar.

Alle bisher besprochenen organischen Blattfungizide sind nicht oder nur wenig wirksam gegen eine besondere Gruppe von blattparasitären Pilzen, die zur Familie der *Erysiphaceae* gehörend als echte Mehltaupilze bezeichnet werden. Ihre Entwicklung vollzieht sich auf der Oberfläche der Wirtspflanzen, deren Gewebe durch Absenker, Haustorien, angezapft werden. Gegen diese Gruppe von Schädigern sind Schwefel und anorganische Schwefelverbindungen, wie Polysulfide, wirksam. Sie werden auch heute noch in großem Maßstab, z. B. als Netzschwefel, eingesetzt. Die erste organische, gegen echte Mehltaupilze wirksame Substanz war das von Roehm u. Haas in USA aufgefundene Dinocap, das, 1934 aufgefunden, zunächst als Akarizid eingeführt wurde (Karathane®). Seine fungizide Wirksamkeit gegen echte Mehltaupilze wurde erst 1949 in USA beschrieben (vgl. II. Teil, S. 79). In nächster chemischer Verwandtschaft zu ihm steht das in Deutschland (Farbwerke Hoechst) entwickelte Binapacryl, das 1962 gleichfalls zunächst wegen seiner akariziden Eigenschaften in den Pflanzenschutz eingeführt und dessen fungizide Eigenschaften später erkannt wurden (Acricid®) (vgl. II. Teil, S. 80).

Eine chemisch völlig neuartige Gruppe organischer Akarizide und Mehltaufungizide stellen die *Chinoxaline* dar, deren Wirksamkeit als Akarizide und Mehltaufungizide bei den Farbenfabriken Bayer in Leverkusen erkannt wurde (vgl. II. Teil, S. 128). Das zu dieser Gruppe gehörende Chinomethionat wurde als Morestan® 1964 eingeführt. Auf dem Gebiet der gegen echte Mehltaupilze wirksamen Fungizide geht die Entwicklung sehr stürmisch weiter. Hier bestand ein großer Nachholbedarf einerseits, und andererseits lassen die bisher bekannten Stoffe vor allem bezüglich ihrer Pflanzenverträglichkeit immer noch Wünsche offen. Als bemerkenswert sei hier die Tatsache erwähnt, daß in der Gruppe der Aminale, wieder bei Bayer in Leverkusen, Substanzen gefunden wurden (Imugan®), die nicht wie die vorhergenannten gleichzeitig auch eine akarizide Wirkung haben und sich durch sehr hohe spezifische Wirksamkeit gegen Erysiphaceen bei sehr guter Pflanzenverträglichkeit auszeichnen [24] (vgl. II. Teil, S. 97).

Gleichfalls gegen echte Mehltaupilze, vor allem gegen den Erreger des Apfelmehltaus *Podosphaera leucotricha*, wirksame Stoffe wurden 1966 bei den Farbenfabriken Bayer in N-substituierten Phthalimiden aufgefunden [25] (vgl. II. Teil, S. 111). Auch diese Stoffe zeichnen sich vor allem bei empfindlichen Apfelsorten durch gute Pflanzenverträglichkeit aus und haben ebenso wie die Aminale keine oder nur eine schwache akarizide Wirkung.
Bei einigen Vertretern aus der Gruppe der Aminale muß eine systemische Wirksamkeit angenommen werden. Dafür spricht unter anderem die sehr langdauernde Wirksamkeit in auffällig niedrigen Konzentrationen sowie die Wirkung auf der Unterseite der Blätter, die vom Spritzmittel nicht getroffen werden.
Die Entwicklung systemischer Fungizide galt und gilt noch immer als ein Hochziel fungizider Forschung. In der Patent-Literatur werden schon seit langer Zeit Stoffe beschrieben, denen fungizid-systemische Eigenschaften zukommen sollen, ohne daß bis in die jüngste Vergangenheit einer von ihnen (gegen blattparasitäre Pilze) praktisch Bedeutung erlangt hätte. Eine als systemische Fungizide wirklich praktisch brauchbare Gruppe stellen von US Rubber in Amerika aufgefundene Abkömmlinge des Oxathiins dar, mit deren Hilfe es möglich geworden ist, den bisher mit chemischen Mitteln nicht erfaßbaren Flugbrand des Weizens und der Gerste durch Beizung des Getreides zu bekämpfen. Das US amerikanische Patent wurde 1966 erteilt, das Präparat ist unter der Bezeichnung Vitavax® zur Zeit in breiter Prüfung (vgl. II. Teil, S. 104). Es ist bemerkenswert, daß sowohl das Vitavax® als auch das damit chemisch nahe verwandte Plantvax® sehr spezifisch wirksame Fungizide sind. Sie wirken im wesentlichen gegen pilzliche Krankheitserreger aus der Gruppe der Basidiomyceten, wozu sowohl die schon genannten Flugbrandkrankheiten als auch die Erreger der Rostkrankheiten des Getreides (und anderer Kulturpflanzen) gehören. Es fehlt den Oxathiinen jegliche Wirkung gegen die *Phycomyceten*, zu denen so wichtige Pflanzenkrankheitserreger wie die schon mehrfach genannten *Phytophthora infestans*, *Plasmopara viticola* und *Pseudoperonospora humuli* gehören. Nachdem schon seit längerer Zeit bekannt ist, daß Vertreter der als Chemotherapeutika gegen bakterielle Infektionen wirksamen Sulfonamide auch Pflanzenkrankheiten, wie z.B. Rostkrankheiten, bekämpfen können, wurde durch das 1965 bei Bayer aufgefundene Phenylmercaptomethansulfonamid ein Weg eröffnet, durch Applikation auf die Blätter oder durch Zufuhr über die Wurzeln die systemisch gewordene Infektion durch den Erreger der Hopfenperonospora, *Pseudoperonospora humuli*, zu bekämpfen [26]. Die Substanz wirkt über die Wurzeln auch gegen den Erreger der Braunfäule der Tomaten, *Phytophthora infestans*. 1967 bekannt gewordene Abkömmlinge des Benzimidazols, vor allem der 1-(Butylcarbamoyl)-2-benzimidazol-carbaminsäure-methylester („Benlate“ = Du Pont 1991) (vgl. II. Teil, S. 117) ist wiederum gegen Phycomyceten wie *Phytophthora* und *Plasmopara* völlig unwirksam, hat aber sonst ein Wirkungsspektrum, das deutlich breiter ist als das der bisher genannten systemischen Fungizide [27, 28].
Abschließend sollen hier noch Fungizide erwähnt werden, die einer bisher vor allem wegen ihrer insektiziden Eigenschaften bekanntgewordenen Stoffgruppe angehören, den organischen Phosphorverbindungen [29]. Am längsten in die Praxis eingeführt ist das 1960 als PFU 26 bekanntgewordene Triamphos (Philips-Duphar, Holland), ein Dimethylamino-phosphoryl-amino-phenyltriazol (Wepsyn®)

(vgl. II. Teil, S. 133). Die Verbindung wirkt gegen echte Mehltaupilze, hat aber den Nachteil einer hohen Warmblütertoxizität. Sie hat eine gewisse Bedeutung zur Bekämpfung des Rosenmehltaus, weil die als Emulsionskonzentrat vorliegende Formulierung auf Rosenblättern keine unerwünschten Spritzflecken hinterläßt. Gleichfalls gegen echte Mehltaupilze wirksam ist das 1966 bekanntgewordene Dowco 199 oder M 2452 (Dow Chemical Co.), ein Diäthoxy-thio-phosphoryl-phthalimid (vgl. II. Teil, S. 134). Die Verbindung wirkt auch gegen Nichtmehltaupilze, wie den Erreger des Apfelschorfs *Venturia inaequalis*, und zeichnet sich durch sehr geringe Giftigkeit aus. Von zunehmender Bedeutung werden organische Phosphorverbindungen zur Bekämpfung von Reiskrankheiten, von denen der rice-blast, ausgelöst durch *Piricularia oryzae*, die wirtschaftlich wichtigste Erkrankung ist. *Piricularia* wurde bisher vorzüglich mit organischen Quecksilberverbindungen bekämpft. Sie wirken sowohl protektiv als auch curativ, haben aber den Nachteil der hohen Giftigkeit. Seit 1967 wird in Japan das Kitazin® (Ihara Noyaku K. K.), ein Thiophosphorsäure-O,O-diäthyl-S-benzylester (vgl. II. Teil, S. 131) verwendet. Cerezin®, ein Thiophosphorsäure-O-methyl-O-cyclohexyl-S-parachlorphenyl-ester (1965) und Hinosan®, ein Dithiophosphorsäure-O-äthyl-S,S-diphenyl-ester (1967) wurden von den Farbenfabriken Bayer als protektiv und curativ gegen *Piricularia* wirkende Substanzen erkannt und eingeführt (vgl. II. Teil, S. 131/132). Es ist besonders auffällig, daß die genannten Organophosphate gegen andere phytopathogene Pilze keine oder nur eine sehr geringe Wirkung haben. Am Beispiel der *Piricularia oryzae* wird besonders deutlich, wie durch sehr spezifisch wirksame Substanzen polytoxische Wirkstoffe wie die organischen Quecksilberverbindungen verdrängt wurden. Diese Entwicklung wird sicherlich auch bei anderen pilzparasitären Erkrankungen bemerkbar werden. Die Phytomedizin bewegt sich damit in eine Richtung, die in der Humanmedizin schon sehr viel früher sichtbar geworden ist.

In den gut 50 Jahren, die seit der Einführung des Uspulun vergangen sind, haben die organischen Fungizide eine erstaunliche Entwicklung genommen. Ähnlich wie bei den Insektiziden und Herbiziden sind die wichtigsten Fortschritte in den letzten 35 Jahren gemacht worden. Die Entdeckung der Dithiocarbamate steht am Anfang dieser großartigen Entwicklung.

Es ist nicht verwunderlich, daß nach den großen Erfolgen mit *Antibiotika* in der Humanmedizin auch in der Behandlung von Pflanzenkrankheiten nach Einsatzmöglichkeiten für solche Substanzen gesucht wurde. Von den sehr zahlreichen inzwischen bekannt gewordenen Antibiotika sollen nachfolgend nur einige wenige genannt werden, mit denen Erfahrungen in der Phytomedizin vorliegen.

Das *Streptomycin* (aus *Streptomyces griseus*) wird vor allem zur Bekämpfung des bakteriellen Feuerbrandes („fire blight") bei Birnen und Äpfeln benutzt. Die Pflanzenverträglichkeit ist, vor allem nach mehrmaliger Anwendung, nicht ohne jede Bedenken, die Wirkung nicht immer befriedigend. Der Einsatz gegen pilzliche Krankheitserreger hat keine praktische Bedeutung.

Das *Cycloheximid* oder Actidion®, gleichfalls aus Kulturen von *Streptomyces griseus* gewonnen, hat eine sehr viel breitere Wirksamkeit und wirkt auch gegen zahlreiche pflanzenpathogene Pilze, wobei es auch eine systemische Wirksamkeit entfaltet. Seine sehr hohe Warmblütertoxizität (LD_{50} Ratte per os < 1 mg/kg) schließt es aber von einer breiten Anwendung aus.

Von größerer praktischer Bedeutung ist offenbar das sehr viel weniger giftige Blasticidin S® (aus *Streptomyces griseochromogenus*), das eine sehr gute Wirkung gegen die wichtige Reiskrankheit *Piricularia oryzae* hat. Präparate auf Basis Blasticidin S sind seit 1961 in Japan auf dem Markt und hatten 1965 bereits einen nennenswerten Anteil am Markt gewonnen. Auch hier geht die Suche nach neuen Substanzen weiter, wobei vor allem japanische Forscher in vorderster Front stehen. Aus ihrer Arbeit wurde in jüngster Zeit das Kasugamycin® (aus *Streptomyces kasugaensis*) entwickelt, das gleichfalls gegen *Piricularia oryzae* angewandt vor „Blasticidin S" den Vorzug einer guten Pflanzenverträglichkeit besitzt.

6. Einige wichtige pilzparasitäre Pflanzenkrankheiten

An wenigen Beispielen wichtiger pilzlicher Pflanzenkrankheiten sei dem Leser eine Vorstellung davon vermittelt, was Pflanzenkrankheiten sind. Der Phytopharmazeut, also der Biologe, der in enger Zusammenarbeit mit dem synthetisierenden Chemiker neue Phytopharmazeutika entwickeln soll, braucht natürlich eine gründliche Kenntnis vom Wesen dieser Krankheiten. Er muß die Entwicklung der Erreger, ihre Biologie, genau kennen und sich mit den Bedingungen vertraut machen, unter denen Wirtspflanzen erkranken können. Erst auf der Grundlage dieser Kenntnisse ist ein erfolgreicher Einsatz der Phytopharmazeutika möglich. Als Vertreter wichtiger, weltweit verbreiteter Pflanzenkrankheiten sollen hier kurz dargestellt werden:

a) Die Kraut- und Knollenfäule der Kartoffeln und Braunfäule der Tomaten (*Phytophthora infestans* de By.)
b) Der Apfelschorf (*Venturia inaequalis* (Cooke) Aderh.)
c) Der Apfelmehltau (*Podosphaera leucotricha* (Ell. u. Ev.) Salm)
d) Der Grauschimmel der Erdbeeren (*Botrytis cinerea* Pers.)
e) Der Steinbrand des Weizens (*Tilletia caries* (DC) Tul., *T. foetida* (Wallr.) Liro)
f) Der Flugbrand des Weizens und der Gerste (*Ustilago nuda tritici* Schaffn. und *U. nuda hordei* Schaffn.)
g) Pflanzenkrankheiten, die durch Bodenpilze verursacht werden.
h) „Rice-blast" (Blattfleckenkrankheit) des Reises (*Piricularia oryzae* Cav.)

a) Die Kraut- und Knollenfäule der Kartoffeln (*Phytophthora infestans* de By.)

Die *Phytophthora* gehört zu den niederen Pilzen, von denen man in der Gruppe der *Phycomyceten* (= Algenpilze) zahlreiche Vertreter als Erreger von Pflanzenkrankheiten vorfindet. *Phytophthora infestans* wird zur Familie der *Pythiaceae* oder auch zur Familie der *Peronosporaceae* gestellt. Beide sind sehr nahe miteinander verwandt. Bei feuchtem Wetter im Juni/Juli beobachtet man an den Blättern der Kartoffelpflanzen, vornehmlich an den Blattspitzen, braune nekrotische Flecke (Abb. 1, s. S. 28). Bei hoher Luftfeuchtigkeit im Bestand sind blattunterseits an der Grenze zwischen braunem und unversehrt grünem Gewebe feine weiße watteähnliche Beläge zu sehen. Es handelt sich dabei um die Sporangienträger des Pilzes, die aus den Spaltöffnungen der Blätter herauswachsen (vgl. Abb. 2, s. S. 29). Das braunverfärbte Blattgewebe ist bereits vom Pilz abgetötet. An den verzweigten Sporangienträgern befinden sich mehrere Sporen, hier Sporangien genannt, die je nach den Temperaturverhältnissen direkt mit einem Keimschlauch keimen oder aber mehrere begeißelte sich aktiv bewegende Zoosporen entlassen. Auf Blätter verweht schwimmen die Zoosporen in Wassertropfen bis zu mehreren Stunden umher, werfen dann ihre Geißeln ab, verkapseln sich und keimen mit einem Keimschlauch, der in das Blattgewebe eindringt, um dort zu einem Myzel auszuwachsen. Nach 6 bis 12 Tagen, abhängig von der Temperatur (Inkubationszeit), ist die Entwicklung im Blatt abgeschlossen. Aus den Spaltöffnungen der Blätter wachsen die Sporangienträger wieder heraus, und der Zyklus kann von neuem beginnen. Entscheidend wichtig für die Entwicklung der *Phytophthora* ist genügend hohe Luftfeuchtigkeit und für die Infektion tropfbar flüssiges Wasser auf den Blättern. Optimal sind niedere Temperaturen von 12–14°C.

So erklärt es sich, daß bei feucht-kühlem Sommerwetter die Krankheit seuchenhaften Charakter annimmt und vor allem früh reifende Sorten befällt, die schon rechtzeitig geschlossene Bestände bilden. Ohne vorbeugende Bekämpfung durch geeignete Fungizide geht der Kartoffelbestand zugrunde (vgl. Abb. 3, s. S. 29). Der Ausfall der befallenen Blätter als Assimilationsorgane führt, vor allem bei frühzeitig eingetretenem Befall, zu schweren Ernteverlusten. Darüber hinaus aber befällt der Pilz auch die Knollen, die unter Braunverfärbung und unter Mitwirkung anderer Pilze und Bakterien völlig verfaulen (Kohlrübenwinter 1916/17!) (vgl. Abb. 4, s. S. 30).

Die geschlechtliche Fortpflanzung des Pilzes, die durchweg für die Überwinterung pathogener Pilze von Bedeutung ist, war lange Zeit unbekannt. Sie kommt erst zustande, wenn zwei sexuell verschiedenwertige Myzelien des Pilzes zusammentreffen (vgl. Abb. 2, Sektor unten!). Aus der dabei entstehenden typischen derbwandigen Oospore entwickelt sich bei Eintritt günstiger Witterungsverhältnisse ein Keimschlauch, der an seiner Spitze *ein* Zoosporangium ausbildet. Die Weiterentwicklung verläuft dann so, wie es weiter oben für die auf asexuellem, vegetativem Wege gebildeten Zoosporangien geschildert wurde.

Der Pilz überdauert, zumindest in Europa, die ungünstige Jahreszeit in den Knollen, die – entweder als auf dem Felde liegen gebliebene Reste der vorjährigen Ernte oder aber durch die zur Pflanzung verwendeten Knollen – als Ausgangsorte für die Ansteckung der grünen Pflanze dienen.

In die nächste Verwandtschaft der *Phytophthora infestans* gehören die Erreger der Blattfallkrankheit der Reben *Plasmopara viticola*, der Hopfenperonospora *Pseudoperonospora humuli* sowie des Tabakblauschimmels *Peronospora tabacina.*

b) Der Apfelschorf (*Venturia inaequalis* (Cooke) Aderh.)

Im Frühsommer werden an den Blättern der Apfelbäume olivgrün-braune samtige Beläge beobachtet. Diese Befallsstellen trocknen später aus und verfärben sich braun. Stark befallene Blätter fallen ab, so daß bei hoher Befallsintensität die Apfelbäume im Sommer schon eine sehr schüttere Belaubung zeigen. Der Pilz geht auch auf die Früchte über, bildet dort schwarz-braune Flecken, die zusammenfließen und die Fruchtschale zum Aufreißen bringen können (vgl. Abb. 5, s. S. 30). Solche Früchte reifen nicht aus oder faulen auf dem Lager. Sie sind wertlos und unverkäuflich.

Die olivgrünen-braunen Flecke auf den Blättern werden von zahlreichen Sporenträgern und Sporen (Konidien) des Pilzes *Venturia inaequalis* gebildet, der in der ungeschlechtlichen Nebenfruchtform auch *Fusicladium dendriticum* (Wallr.) Fuck. genannt wird (vgl. Abb. 6, s. S. 31). Die Sporen oder Konidien entwickeln sich aus dem Myzel des Pilzes, das zwischen Kutikula und Epidermis wächst. Sie besorgen die Verbreitung des Pilzes während der Vegetationszeit. Für das Zustandekommen einer Infektion ist, abhängig von der Temperatur, eine vielstündige Befeuchtung der Blätter (oder Früchte) notwendig. Zeiten hoher Infektionsgefahr sind daher längerdauernde sommerliche Regenperioden oder Nebelnässen. Die ungünstige Jahreszeit überdauert der Pilz in den infizierten Blättern, die am Boden überwintern. In diesen Blättern läuft auch der Sexualprozeß ab, als dessen Ergebnis sich Perithecien genannte Behälter bilden. In diesen Behältern finden sich wiederum zahlreiche schlauchförmige Sporenbehälter, Asci genannt, in denen die Wintersporen, Ascosporen, ausgebildet werden (vgl. Abb. 6, untere Hälfte). Nach einer ausreichend langen Ruhezeit und bei günstigem Wetter im Frühjahr reißen die Perithecien auf, und aus den Asci werden die unter Druck stehenden Ascosporen ausgeschleudert. Sie gelangen auf die ersten Blätter, keimen dort, und die Keimschläuche dringen in das Blattgewebe ein. Aus dem sich in den Blättern entwickelnden Myzel bilden sich die schon oben genannten Sommersporen (Konidien), die dann weitere Ansteckungen auslösen.

Entscheidend im Kampf gegen den Apfelschorf ist die möglichst vollständige Verhinderung der von den Ascosporen (Wintersporen) ausgelösten primären Infektion. Durch sorgfältige Beobachtung der Perithecien- und Ascosporen-Reifung ist es möglich, den Zeitpunkt einer ersten möglichen Infektion vorauszusagen. Durch einen solchen in wichtigen Obstbaugebieten aufgebauten Warndienst, der auch die durch die Sommersporen gegebenen Infektionsmöglichkeiten einschließt,

kann der Obstbauer in seinen Bemühungen entscheidend unterstützt werden und unnötige Fungizidbehandlungen einsparen.
Venturia inaequalis gehört zu den höheren Pilzen. Nach den für diese Pilzgruppe typischen Wintersporenbehältern, den Asci, wird die Gruppe *Ascomyceten* genannt. Die Gattung *Venturia* gehört zu der durch diese Gattung gekennzeichneten Familie der *Venturiaceae*.
Nächste Verwandte des Apfelschorferregers sind die Erreger des Birnenschorfes *Venturia pirina* (= *Fusicladium pirinum*) und des Pfirsichschorfs und Kirschenschorfs *Venturia cerasi* (*F. cerasi*).

c) Der Apfelmehltau (*Podosphaera leucotricha* (Ell. u. Ev.) Salm)

Von echten Mehltauarten befallene Pflanzenorgane bieten Befallsbilder dar, die sich in ganz charakteristischer Weise von den durch Nichtmehltaupilze verursachten Befallsbildern unterscheiden: Als typisch bieten sich auf Blättern, jungen Trieben und Früchten weiße mehlige Beläge dar (vgl. Abb. 7, s. S. 32), die sich bei Schütteln der befallenen Organe leicht abstäuben lassen. Bei stärkerem Befall ist das Längenwachstum des Triebes sistiert, die Blätter sind deformiert und sterben schließlich unter Vertrocknen ab. Bei dem abstäubbaren weißen Belag handelt es sich um die Sommersporen oder Konidien des Apfelmehltaus. Diese Sporen werden in Massen von dem auf der Oberhaut der befallenen Pflanzenorgane wachsenden Myzel des Pilzes gebildet. Der Kontakt zwischen Pilzmyzel und Wirtsgewebe wird durch Senker, sogenannte Haustorien, hergestellt. Mit diesen Senkern entnimmt der streng obligat parasitische Pilz seiner Wirtspflanze die notwendigen Nährstoffe (vgl. Abb. 8, s. S. 32).
Im Unterschied zu den bisher besprochenen pilzlichen Parasiten ist für die Keimung der Sporen der echten Mehltauarten tropfbar flüssiges Wasser auf der Blattoberfläche hinderlich. Die Keimung und Infektion gehen am sichersten und schnellsten vor sich, wenn hohe Temperaturen (20–25°C) vorliegen und eine Schicht von Wasserdampf unmittelbar an der Blattoberfläche eine hohe relative Luftfeuchte schafft. Solche Verhältnisse werden am häufigsten eintreten, wenn im Frühjahr und Frühsommer nach hohen Lufttemperaturen bei Tage über Nacht eine solche Abkühlung eintritt, daß der Taupunkt auf der Blattoberfläche gerade erreicht wird. Der Apfelmehltau ist deswegen eine typische Erkrankung warmer Trockengebiete. Durch die starke Verbreitung hochanfälliger Sorten (z. B. Jonathan) ist der Apfelmehltau aber auch in Gebieten mit ozeanischem Klima ein sehr gefährlicher Schädiger der Apfelkulturen. Da vorwiegend junge Organe (Blätter und Triebe) befallen werden, muß die vorbeugende Anwendung von mehltauwirksamen Fungiziden bald nach dem Austrieb der Bäume beginnen und in regelmäßigen Abständen so lange fortgesetzt werden, wie Triebzuwachs vorhanden ist.
Auch *Podosphaera leucotricha* gehört zur Gruppe der *Ascomyceten*, weil auch in seinem Entwicklungsgang nach einem Sexualprozeß Asci als Behälter von Ascosporen auftreten. Diese Wintersporen spielen aber für die Überwinterung des Pilzes keine Rolle. Diese vollzieht sich in den Knospen, in welche das Myzel hineinwächst, solange die Knospenschuppen noch nicht dicht geschlossen sind. Die echten Mehltaupilze gehören innerhalb der *Ascomyceten* alle zur Familie der *Erysiphaceae*, die fast nur pflanzenpathogene Gattungen enthält. Nächster Verwandter des Apfelmehltaus ist der Weißdornmehltau *Podosphaera oxyacanthae*. Zahlreiche pflanzenpathogene Arten gehören zu den Gattungen *Sphaerotheca* (Rosen-, Hopfen- und Erdbeermehltau), *Erysiphe* (Getreide- und Gurkenmehltau) und *Uncinula* (Rebenmehltau *Uncinula necator* = *Oidium Tuckeri*).
Es darf angenommen werden, daß die vor allem im Obstbau zu beobachtende starke Zunahme der echten Mehltaukrankheiten u. a. verursacht wurde durch den Übergang von Schwefel oder Polysulfide enthaltenden Spritzmitteln gegen den Apfelschorf auf organische Fungizide wie Dithiocarbamate oder Captan. Bei der weiter oben geschilderten Notwendigkeit sehr häufiger Spritzungen würde der Einsatz eradikativ und systemisch wirkender Mehltaumittel einen großen Fortschritt im Kampf gegen diese gefährliche Gruppe phytopathogener Pilze bedeuten. Bei der Darstellung der Geschichte der Fungizide wurde auf die bei diesem Bestreben sich andeutenden Erfolge hingewiesen.

d) Der Grauschimmel der Erdbeeren (*Botrytis cinerea* Pers.)

Früchte aller Reifestadien (weiße, rosa, rote Früchte) der Erdbeeren, ja auch schon die grünen Früchte zeigen braune Flecken. Die Flecken dehnen sich schnell über große Teile der Fruchtoberfläche aus, und bei feuchtwarmem Wetter überziehen sich die Früchte mit einem im typischen Fall mausgrauen Rasen (vgl. Abb. 9, s. S. 33). Solche Früchte sind ungenießbar, sie dürfen auch

Abb. 1. Blatt der Kartoffel mit *Phytophthora*-Blattnekrosen

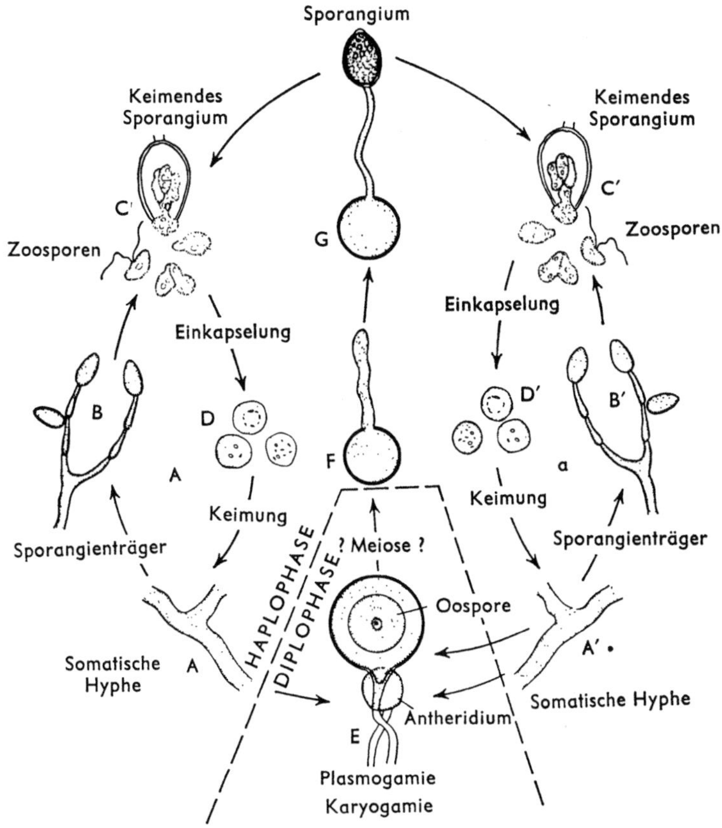

Abb. 2. Lebenszyklus von *Phytophthora infestans* (aus C. J. Alexopoulos: Einführung in die Mykologie, Abb. 58, S. 125. Stuttgart: G. Fischer 1966)

Abb. 3. Kartoffelbestand mit starkem *Phytophthora*-Befall (rechts) neben einer durch Fungizidbehandlung (Kupferoxychlorid) geschützten Parzelle (links)

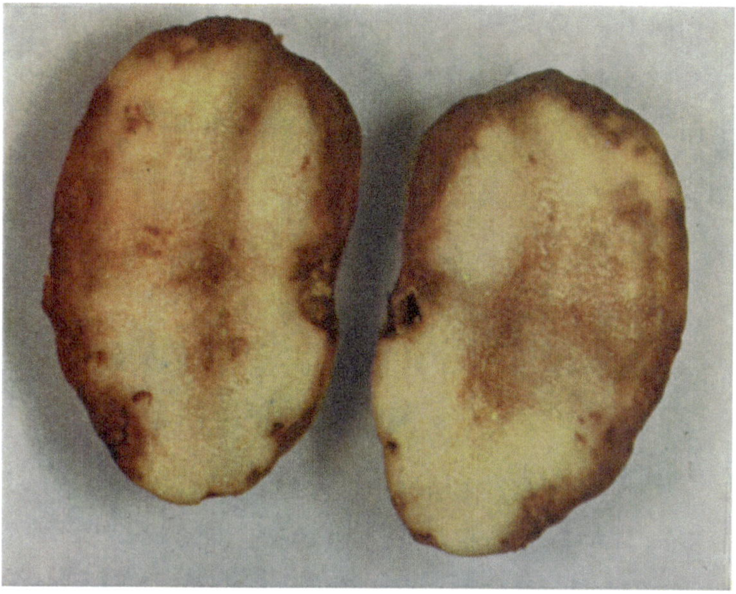

Abb. 4. Von *Phytophthora* befallene Kartoffelknolle

Abb. 5. Vom Apfelschorf (*Venturia inaequalis*) befallene Blätter und Früchte des Apfelbaumes

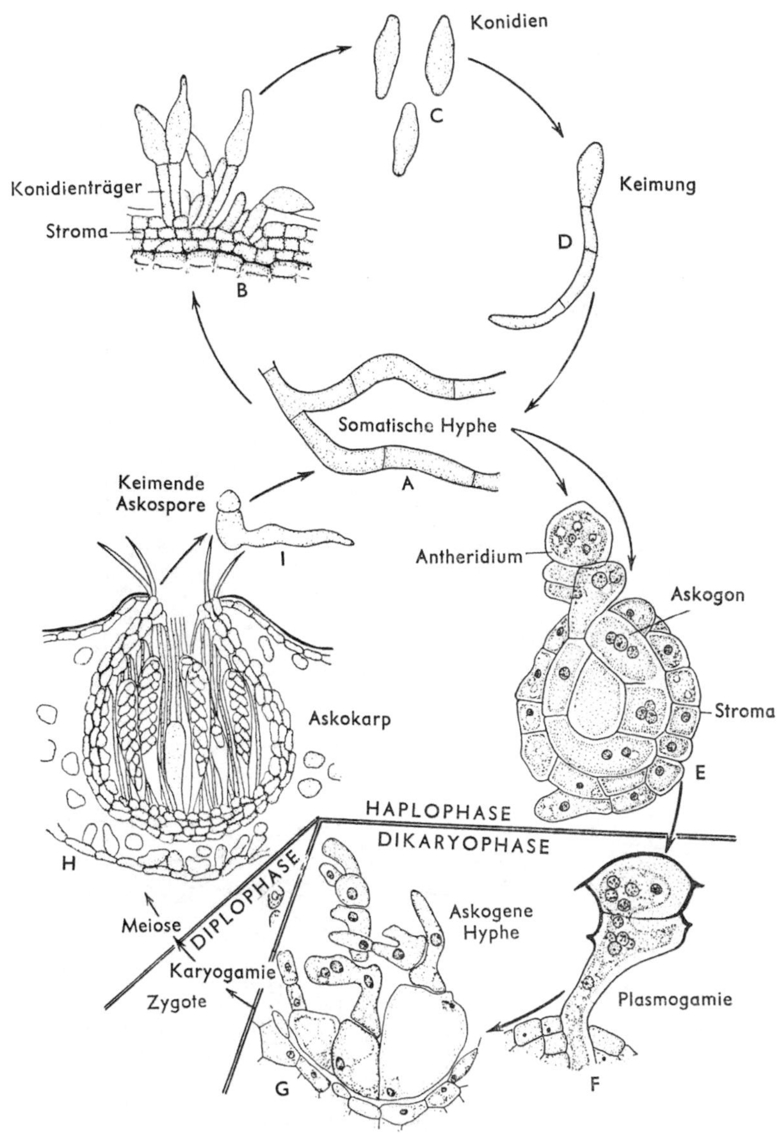

Abb. 6. Lebenszyklus von *Venturia inaequalis* (aus C. J. Alexopoulos: Einführung in die Mykologie, Abb. 134, S. 307. Stuttgart: G. Fischer 1966)

Abb. 7. Von Mehltau (*Podosphaera leucotricha*) befallener Apfeltrieb

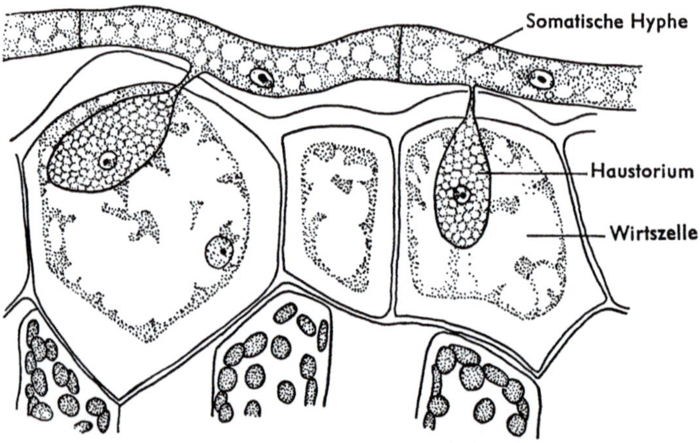

Abb. 8. *Erysiphe cichoracearum D. C.* (Gurkenmehltau). Myzel (Hyphe) und Haustorien im Wirtsgewebe (aus C. J. Alexopoulos: Einführung in die Mykologie, Abb. 108 A, S. 237. Stuttgart: G. Fischer 1966)

Abb. 9. Von Graufäule (*Botrytis cinerea*) befallene Erdbeere (unten) neben gesunden Früchten

Abb. 10. Weizensteinbrand. Oben: Gesunde Ähren; unten: Steinbrand-Ähren

Abb. 11. Weizensteinbrand. Unten: Gesunde Weizenkörner; oben: Steinbrand-Butten

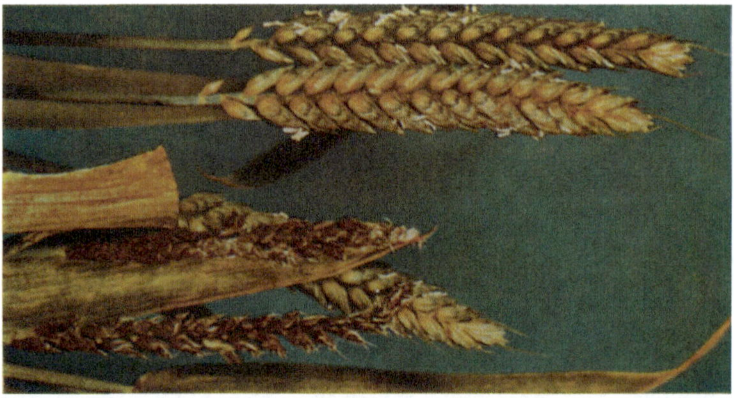

Abb. 12. Weizenflugbrand. Oben: Gesunde Ähren in Blüte; unten: Flugbrand-Ähren

Abb. 13. *Pythium ultimum* an Erbsen

A Natürlich verseuchte Komposterde
B Die gleiche Komposterde thermisch sterilisiert
C Sterilisierte Komposterde künstlich mit *Pythium ultimum* inokuliert

I Saatgut ungebeizt
II Saatgut mit gebräuchlicher Quecksilberbeize behandelt
III Saatgut mit Keimlingsschutzmittel gebeizt

Abb. 14. Rice blast, Blattfleckenkrankheit des Reises (*Piricularia oryzae*).
Oben Blattflecken; unten Symptome an Rispen und Körnern

nicht mit gesunden Früchten zusammen verpackt oder gelagert werden, da die gesunden Beeren sehr schnell infiziert werden.
Der Erreger dieser Krankheit ist der Pilz *Botrytis cinerea* Pers. Die Sporen des Pilzes finden sich überall in Pflanzenbeständen, wo der Pilz auf totem oder absterbendem organischem Material wächst und sporuliert.
Die Infektion der wachsenden Pflanze, d. h. vor allem der Früchte, geschieht schon zur Blütezeit, wobei wahrscheinlich absterbende Staubgefäße und Blütenkronblätter die bevorzugten Orte des Eindringens für den Pilz sind.
Die Bekämpfung mit wirksamen Fungiziden, vor allem mit Euparen® (vgl. II. Teil, S. 95), muß deswegen mit beginnender Blüte einsetzen. Die Spritzungen sind während der Hauptblütezeit noch ein- oder zweimal zu wiederholen.
Der gleiche Pilz richtet auch an anderen Kulturpflanzen beträchtliche Schäden an, so vor allem an Weintrauben. Hier ist der frühe Befall der noch unreifen, sauren Beeren als „Sauerfäule" besonders gefürchtet. Beim Übergehen auf den Traubenstiel entwickelt sich die „Stielfäule", als deren Folge die Trauben zu Boden fallen („Bodentrauben"). Auch hier wird Euparen mit Erfolg eingesetzt.

e) Der Steinbrand des Weizens (*Tilletia caries* (DC) Tul., *Tilletia foetida* (Wallr.) Liro)

Der Weizensteinbrand, auch Stink-, Schmierbrand, Normalsteinbrand, „bunt", „stinking smut" oder „carie du blé" genannt, kann durch zwei obligat parasitische Pilzarten verursacht werden, die man zu den *Basidiomyceten* zählt. (*Tilletia caries* (DC) Tul. = *T. tritici* (Bjerk.) Winter und *Tilletia foetida* (Wallr.) Liro = *T. laevis* Kühn = *T. foetens* (Bjerk. u. Curt.)). Befallene Wirtspflanzen zeigen in der vegetativen Phase nur ein wenig verändertes Erscheinungsbild. In der Regel erreichen die kranken Pflanzen nur zwei Drittel ihrer normalen Höhe. Wenn die kranke Ähre aus der obersten Blattscheide herausgeschoben wird, hat sie noch ein völlig normales Aussehen. Zur Zeit der Weizenblüte vermißt man aber das Hervortreten der Staubgefäße aus den kranken Ähren, die sich dunkler und blaugrün verfärben und die Ährchen abspreizen. Aus den Samenanlagen entwickeln sich anstelle normaler Weizenkörner ähnlich geformte, aber gedrungenere, dunklere und glanzlose Brandbutten, die in ihrem Inneren zwei bis vier Mill. Chlamydosporen enthalten (vgl. Abb. 10 u. 11, s. S. 33 u. 34). Die Wandung der Brandbutten ist im reifen Zustand hart (Steinbrand). Der Inhalt riecht nach Trimethylamin (Stinkbrand). Beim Drusch werden die Butten zerschlagen, die Sporen stäuben aus und überziehen die Oberfläche der gesunden Weizenkörner. Auf dem Saatgut können die Sporen jahrelang infektiös bleiben. Nach der Aussaat keimen die Sporen — am besten bei Temperaturen zwischen 5 und 10°C, die in der Regel beim üblichen Aussaattermin des Winterweizens gegeben sind, — aus und können die jungen Weizenkeimlinge infizieren. Diese samenbürtige Keimlingsinfektion ist die häufigste. Es ist aber auch eine bodenbürtige Infektion möglich, wenn die Saat innerhalb weniger Wochen nach einer Bodenverseuchung mit Sporen, in den Boden gelangt. Der Pilz wächst bis zum Vegetationskegel der jungen Weizenpflanze und macht sich erst wieder auffällig bemerkbar, wenn er die Samenanlagen in der Ähre zerstört. Bei starker Verseuchung des Saatgutes treten häufig 50 bis 80% kranke Ähren auf, die einen entsprechenden Ertragsausfall bedeuten. Aber auch schon wenige Befallsprozente machen den Weizen für die menschliche Ernährung unbrauchbar. So bedeutet auch schon ein sehr geringer Besatz des Weizens mit Steinbrand eine erhebliche Qualitätsminderung.
Bei regelmäßiger Beizung des Weizens ist hoher Steinbrandbefall selten geworden, obwohl die Krankheit keineswegs ausgestorben ist. Die Beizung mit Saatgutdesinfektionsmitteln ist gegen den Weizensteinbrand in der Regel voll wirksam. Infektionsfähige Sporen im Boden vermögen aber den jungen Keimling noch zu infizieren, wenn er aus dem 1 bis 3 mm großen Beizhof am Korn herausgewachsen ist.
Die gebräuchlichen Weizenbeizmittel verhindern die Sporenkeimung der *Tilletia*-Arten. Es ist aber auch denkbar, daß neue Mittel den relativ komplizierten Infektionsvorgang, mit seinen zahlreichen physiologischen Prozessen, an irgendeiner Stelle blockieren, ohne die Sporenkeimung zu verhindern. Diese Möglichkeit darf bei der Eignungsprüfung neuer Mittel nicht ganz außer acht gelassen werden.

f) Der Flugbrand des Weizens und der Gerste (*Ustilago nuda tritici* Schaffn. u. *Ustilago nuda hordei* Schaffn.)

Der Flugbrand, auch „loose smut", „charbon nu" oder „chárbon des nudo" genannt, wird ebenfalls durch obligat parasitische Pilze verursacht, die zur Gruppe der mikroskopischen *Basidiomyceten* gehören [*Ustilago nuda tritici* Schaffn. = *U. tritici* (Pers.) Rostr. *Ustilago nuda hordei* Schaffn. = *U. nuda* (Jens) Rostr.]. Zur Blütezeit bildet er in den Ähren auffällige schwarze Sporenlager aus, wobei jedes Ährchen in eine wenig differenzierte Brandmasse umgewandelt wird (vgl. Abb. 12, s. S. 34). Bei trockenem Wetter stäuben die Sporen aus, gelangen in offene Getreideblüten, keimen aus und dringen mit ihren Infektionshyphen in den Fruchtknoten ein. Äußerlich ist dem reifen Korn die Infektion nicht anzusehen. Auch Lagerfähigkeit und Keimfähigkeit bleiben unbeeinflußt. Nach der Aussaat wird, bei der Quellung und Keimung der Weizen- und Gerstenkörner im Boden, auch das Myzel wieder aktiv, wächst in die embryonale Ährenanlage, wird mit dieser beim Wachstum der Wirtspflanze mit hochgetragen und setzt später beim Heranreifen der Ähren mit der Sporenbildung ein. Die übrigen Pflanzenteile lassen den Befall kaum erkennen. Manchmal ist der Wuchs um 20% niedriger, und das oberste Blatt neigt zu vorzeitiger Vergilbung. Die Witterungsbedingungen zur Zeit der Blüte beeinflussen — ein ausreichendes Sporenangebot vorausgesetzt — den Infektionserfolg. Unter optimalen Infektions- und Entwicklungsbedingungen für den Parasiten sind 10 bis 50% Befall mit einem entsprechenden Ertragsausfall keine Seltenheit. Häufiger und von größerer praktischer Bedeutung sind in Europa die wirtschaftlichen Einbußen der Züchter und Saatgutvermehrer, denen bereits durch einen Flugbrandbefall von 0,02% im Bestand die Anerkennung als Saatgut versagt wird.

Die direkte Bekämpfung des Weizen- und Gerstenflugbrandes bereitet besondere Schwierigkeiten und ist wegen der Lage des Pilzes im Inneren des Getreidekornes mit den üblichen Getreidebeizmitteln mit protektivem oberflächendesinfizierendem Effekt nicht zu erreichen. Hier wird eine echte innertherapeutische (systemische) Wirkung verlangt. Sie ist nur möglich mit der allerdings aufwendigen und diffizilen Warm- oder Heißwasserbehandlung und bei Sommergerste auch durch Kurznaßbeizung mit Methanol (Ustilgon), wobei dem Präparat in verschlossenen Plastiksäcken 24 Std. lang Gelegenheit gegeben werden muß, auf das Saatgut einzuwirken. Neuerdings kann damit gerechnet werden, daß die Systemika Vitavax (vgl. II. Teil, S. 104) und vielleicht auch Benlate (vgl. II. Teil, S. 117) der Praxis als einfach anzuwendende Trockenbeizmittel für Sommer- und Winterweizen und -gerste zur Verfügung gestellt werden können.

g) Pflanzenkrankheiten, die durch Bodenpilze verursacht werden

Obwohl zahlreiche verschiedene Kulturpflanzen, wie z. B. Baumwolle, Mais, Erbsen (vgl. Abb. 13, s. S. 35), Bohnen, Futter- und Zuckerrüben, Bananen, Melonen und Nelken durch eine große Anzahl verschiedener Bodenpilze, wie z. B. *Rhizoctonia*, *Pythium*, *Fusarium*, *Aphanomyces*, *Phytophthora* und *Verticillium* schwer geschädigt und sogar abgetötet werden können, haben die Krankheitserscheinungen und ihre Bekämpfung vieles gemeinsam. Sie sollen in diesem Rahmen kurz gemeinsam abgehandelt werden.

Die Erreger sind meist fakultative Parasiten, die im Boden auf geeigneten Pflanzenrückständen auch längere Zeit saprophytisch leben können und bei Nahrungsmangel in Dauerformen übergehen, die z. B. durch Samen- oder Wurzelexsudate geeigneter Wirtspflanzen wieder aktiviert werden können. Sie bringen die Samen zum Faulen oder greifen den Keimling an, sobald er aus dem Samen hervortritt, was meist schwere Schäden und oft ein baldiges Absterben zur Folge hat. Mit zunehmendem Alter geht die Anfälligkeit der Sämlinge gegen die Keimlingskrankheiten („seedling blight", „damping off", „fonte des semis") oder die Schwarzbeinigkeit („black leg", „pied noire", „soreshin") oder den Wurzelbrand zurück, ohne jedoch zu einer völligen Resistenz zu führen. Spätere Infektionen ergeben meist einen Teilbefall des Wurzelwerkes oder der Stengelbasis oder führen zu toxinbedingter Welke. Die Folgen können starke Wuchs- und Ertragsbeeinträchtigungen sein oder auch ein völliger Ausfall der Wirtspflanze. Die wirtschaftlichen Schäden sind bedeutend.

Zur Bekämpfung phytopathogener Bodenpilze sind Hygienemaßnahmen sehr wertvoll. Eine dazu gehörende gesunde Fruchtfolge z. B. steht aber vielfach im Gegensatz zu den Erfordernissen einer rationellen Betriebsführung. In solchen Fällen, die im modernen Pflanzenbau immer zahlreicher werden, müssen andere Wege zur Bekämpfung von Schadpilzen im Boden gewählt werden.

Die Saatgutbeizung mit Keimlingsschutzmitteln – wie z. B. Ceredon-T® und Dexon – (vgl. II. Teil, S. 100) kann auf Grund einer gewissen systemischen Wirkung dieser Mittel die Keimpflanzen für 10 bis 14 Tage immunisieren. Ist bis zu diesem Entwicklungsstadium eine ausreichende natürliche Altersresistenz erreicht, so ist diese extrem preiswerte Schutzmaßnahme ausreichend. Sind noch spätere Infektionen in erheblichem Umfange zu erwarten, so ist eine Bodenbehandlung angezeigt. Der Mittelaufwand und damit die Behandlungskosten können besonders bei größeren Reihenabständen in den Kulturen verhältnismäßig niedrig gehalten werden, wenn eine Band-, Furchen- oder Pflanzlochbehandlung mit nicht phytotoxischen Mitteln wie Dexon oder PCNB durchgeführt wird. Den dauerhaftesten Schutz bietet natürlich eine Ganzflächenbehandlung mit anschließender tiefer Einarbeitung des Mittels in den Boden. Dabei können dann auch solche Mittel wie z. B. Vapam oder Methylsenföl Verwendung finden, die, als universelle Bodenentseuchungsmittel eingesetzt, die Einhaltung einer Karenzzeit zum Abbau der Phytotoxizität erfordern.

h) „Rice blast" (Blattfleckenkrankheit des Reises) *(Piricularia oryzae* Cav.*)*

Die Krankheitssymptome zeigen sich an Blättern, Stengeln und Rispen von Reispflanzen. Es kann zu erheblichen Ertragsausfällen kommen. Der Erreger, der Pilz *Piricularia oryzae* Cav. gehört zu den *Fungi imperfecti* und bildet als Fruktifikationsorgane nur Konidiosporen, eine asexuelle Nebenfruchtform, aus. Je nach dem Angriffsort des Pilzes und dem Stadium, in dem sich die Reispflanzen bei der Infektion befinden, werden verschiedene englische Bezeichnungen für die Krankheit verwendet: z. B. „Leaf blast" = Blattflecken, die zum Absterben der befallenen Blätter führen können; „Ear blast" = Infektionen an der Rispe oder Teilen der Rispe; „Neck blast" = Befall der Rispenbasis, wodurch die Rispe abknickt und keine oder anormale Körner gebildet werden; „Node blast" = Abknicken der Halme an den Nodien (vgl. Abb. 14, s. S. 36).

Piricularia oryzae verbreitet sich durch Konidiosporen, die bei feuchter Witterung in Massen gebildet und vom Wind über weite Strecken transportiert werden können. In Gebieten mit längerer Unterbrechung der Reiskultur im Lauf des Jahres werden zu Beginn der Anbausaison Konidiosporen auf Sämlingen aus infizierten Samen, auf Ernterückständen, im Felde gelagertem Stroh und befallenen Gräsern gebildet.

Wenn das ganze Jahr hindurch ständig Reis angebaut wird, stehen häufig Kulturen verschiedenen Alters nebeneinander, so daß hier die Übertragung der Krankheit durch die sich ständig bildenden Konidien leicht vor sich gehen kann.

Optimale Infektionsbedingungen bestehen dann, wenn auf den Pflanzen tropfbar flüssiges Wasser vorhanden ist, die Temperatur 24°C beträgt und Dunkelheit herrscht. Unter diesen Bedingungen haftet die Infektion bereits nach 6 bis 8 Std., d. h., daß die auf der Pflanze befindlichen Konidiosporen ausgekeimt sind und am Ende eines jeden Keimschlauches ein Appressorium gebildet haben, von dem Infektionshyphen durch die Kutikula in die Epidermiszellen eingedrungen sind. Der Pilz kann sich dann unabhängig von den auf der Pflanze sitzenden Pilzorganen im Gewebe der Pflanze weiterentwickeln. Die Inkubationszeit dauert etwa 4 bis 6 Tage. Bereits 1 bis 2 Tage nach dem Sichtbarwerden der ersten Symptome beginnt der Pilz wieder Konidiosporen in großen Massen zu bilden.

Die gegen *Piricularia oryzae* hauptsächlich verwendeten Bekämpfungsmittel (vgl. Seite 24) sind in der Lage, die Pflanze vor einer Infektion zu schützen (protektive Wirkung), können aber auch eine bereits haftende Infektion stoppen und den Pilz im Inneren der Pflanze abtöten (curative Wirkung).

7. Einige wichtige Erreger pilzparasitärer Pflanzenkrankheiten

(mit deutschen und englischen Bezeichnungen für die von ihnen ausgelösten Krankheiten)

Alternaria solani	Dörrfleckenkrankheit der Kartoffel und Tomate	Early blight
Botrytis allii	Grauschimmelfäule der Zwiebel	Neck rot of onion

Einige wichtige Erreger pilzparasitärer Pflanzenkrankheiten (Fortsetzung)

Botrytis cinerea	Grauschimmelfäule, Botrytisfäule der Erdbeeren und Weintrauben	Grey mould
Ceratocystis ulmi	Ulmensterben	Dutch elm disease
Cercospora beticola	Blattfleckenkrankheit der Rüben	Leaf spot of beet
Cercospora musae	Bananenfleckenkrankheit	Sigatoka disease of bananas
Cladosporium carpophilum	Pfirsichschorf	Peach scab
Cladosporium cucumerinum	Gurkenkrätze	Cucurbit scab, Gummosis
Cladosporium fulvum	Braun- oder Samtfleckigkeit der Tomate	Leaf mould of tomatoes
Clasterosporium carpophilum	Schrotschußkrankheit des Steinobstes	Shot–hole of stone fruit trees
Claviceps purpurea	Mutterkorn des Roggens	Ergot
Coccomyces hiemalis	Sprühfleckenkrankheit an Kirschen	Cherry leaf spot
Colletotrichum lindemuthianum	Brennfleckenkrankheit der Bohnen	Bean anthracnose
Diplocarpon rosae (*Marssonina rosae*)	Blattfleckenkrankheit der Rose, Sternrußtau bei Rosen	Black spot of roses
Erysiphe cichoracearum	Echter Mehltau an Gurken	Powdery mildew of cucurbits
Erysiphe graminis	Getreidemehltau	Mildew of cereals
Exobasidium vexans	Blasenkrankheit an Tee	Blister blight of tea
Fusarium culmorum	Stengelgrundfäule	Foot rot
Fusarium oxysporum f. lycopersici	Welkekrankheit der Tomaten	Tomato wilt
Fusarium oxysporum f. cubense	Panamakrankheit bei Bananen	Panama wilt disease of bananas
Fusarium nivale (*Calonectria graminicola*)	Schneeschimmel des Getreides	Snow mould
Fusicladium cerasi	Kirschenschorf	Cherry scab
Gymnosporangium sabinae	Birnengitterrost	Pear rust
Helminthosporium gramineum	Streifenkrankheit der Gerste	Stripe disease of barley
Hemileia vastatrix	Kaffeerost	Coffee rust
Monilia fructigena (*Sclerotina fructigena*)	Monilia-Fruchtfäule bei Steinobst	Brown rot, Blossom wilt
Mycena citricolor (= *Omphalia flavida*) (= *Stilbum flavidum*)	Schwarzblättrigkeit, Amerikanische Blattkrankheit an Kaffee	Eye Spot
Mycosphaerella musicola (= *Cercospora musae*)	Bananenfleckenkrankheit	Sigatoka disease of bananas
Peronospora tabacina	Blauschimmelkrankheit an Tabak	Blue mould of tobacco
Phoma betae	Wurzelbrand der Rüben	Dry heart rot of beet
Phragmidium mucronatum	Rosenrost	Leaf rust of roses
Phytophthora cactorum	Apfelkragenfäule	Collar rot
Phytophthora infestans	Kraut- und Knollenfäule der Kartoffeln, Braunfäule der Tomaten	Potato blight, late blight
Piricularia oryzae	Brusone-Krankheit am Reis	Rice blast
Plasmopara viticola	Peronosporakrankheit der Reben (Blattfallkrankheit, Lederbeerenkrankheit)	Downy mildew of vine

Einige wichtige Erreger pilzparasitärer Pflanzenkrankheiten (Fortsetzung)

Podosphaera leucotricha	Apfelmehltau	Powdery mildew of apples
Pseudoperonospora humuli	Hopfen-Peronospora	Downy mildew of hops
Pseudopeziza tracheiphila	Roter Brenner der Reben	Red fire disease, Red rot of vine
Puccinia glumarum (= *P. striiformis*)	Gelbrost des Weizens	Yellow rust
Puccinia graminis	Schwarzrost	Stem rust, Black rust
Sphaerotheca humuli	Hopfenmehltau	Hop powdery mildew
Sphaerotheca mors uvae	Amerikanischer Stachelbeermehltau	American gooseberry mildew
Sphaerotheca pannosa	Rosenmehltau	Rose powdery mildew
Stereum purpureum	Milch- und Bleiglanz des Stein u. Kernobstes	Silver leaf
Synchytrium endobioticum	Kartoffelkrebs	Wart disease of potatoes
Taphrina deformans	Kräuselkrankheit des Pfirsichs	Peach leaf curl
Tilletia tritici (= *Tilletia caries*)	Stinkbrand, Weizensteinbrand	Bunt of wheat, Stinking smut of wheat
Uncinula necator (= *Oidium tuckeri*)	Echter Mehltau des Weinstockes	Powdery mildew of vine
Ustilago avenae	Offener Haferflugbrand	Loose smut of oat
Ustilago nuda	Gerstenflugbrand	Loose smut of barley
Ustilago tritici	Weizenflugbrand	Loose smut of wheat
Venturia cerasi (= *Fusicladium cerasi*)	Kirschen- und Pfirsichschorf	Cherry scab
Venturia inaequalis (= *Fusicladium dendriticum*)	Apfelschorf	Apple scab
Venturia pirina (= *Fusicladium pirinum*)	Birnenschorf	Pear scab
Verticillium albo-atrum	Verticilliumwelke, Welkekrankheit der Kartoffel, Baumwolle und anderer Kulturpflanzen	Wilt disease of tomatoes, Potato wilt, cotton wilt

8. Lehrbücher über Pflanzenkrankheiten (Phytopathologie) und Fungizide

Die folgende Aufstellung von Lehrbüchern und größeren Übersichtswerken zum Thema allgemeine Phytopathologie und Mykologie, spezielle Phytopathologie und Chemie und Wirkungsweise der Fungizide soll dem Leser, der tiefer eindringen möchte, eine erste Orientierung ermöglichen. In den nachfolgend genannten Werken ist zahlreiche Spezialliteratur zitiert, so daß der Interessierte sich von dort aus leicht über den Stand des Wissens auf Spezialgebieten unterrichten kann.

a) Allgemeine Phytopathologie und Mykologie

Sorauer, P.: Handbuch der Pflanzenkrankheiten. 2. Band: Die pflanzlichen Parasiten. 1. Teil, 5. Auflage. Berlin: Parey 1928. 2. Teil, 5. Auflage. Berlin: Parey 1932.

Gäumann, E.: Pflanzliche Infektionslehre, 2. Auflage. Basel: Birkhäuser 1951.

Braun, H., u. *E. Riehm:* Krankheiten und Schädlinge der Kulturpflanzen und ihre Bekämpfung, 8. Auflage. Berlin-Hamburg: Parey 1957.

Walker, J. Ch.: Plant Pathology, 1. edition. New York-Toronto-London: McGraw-Hill 1950.

Wood, R. K. S.: Physiological Plant Pathology. Oxford-Edinburgh: Blackwell Scientific Publications 1967.

Alexopoulos, J. C.: Einführung in die Mykologie (Deutsch von *Marie L. Farr*). Stuttgart: G. Fischer 1966.

b) Spezielle Phytopathologie

Kotte, W.: Krankheiten und Schädlinge im Obstbau und ihre Bekämpfung, 3. Auflage. Berlin-Hamburg: Parey 1958.

— Krankheiten und Schädlinge im Gemüsebau und ihre Bekämpfung, 3. Auflage. Berlin-Hamburg: Parey 1960.

Pape, H.: Krankheiten und Schädlinge der Zierpflanzen und ihre Bekämpfung, 4. Auflage. Berlin-Hamburg: Parey 1955.

c) Chemie und Wirkungsweise der Fungizide

Martin, H.: Die wissenschaftlichen Grundlagen des Pflanzenschutzes (Übersetzung der 5. englischsprachigen Auflage von *K.-J. Schmidt*). Weinheim: Verlag Chemie 1967.

Spencer, E. Y.: Guide to the chemicals used in crop protection. Publication 1063, Canada Department of Agriculture 1968.

Martin, H. (Ed.): Pesticide Manual. Basic information on the chemicals used as active components of pesticides. First edition. British Crop Protection Council, May 1968.

Torgeson, D. C. (Ed.): Fungicides. An advanced treatise. Vol. 1: Agricultural and industrial applications, environmental interactions. Vol. 2: Chemistry and Physiology, 1968 (in Vorbereitung). New York-London: Academic Press 1967.

Horsfall, J. G.: Principles of fungicidal action. Waltham, Mass.: Chronica Botanica Company 1956.

9. Literatur

1) *Grewe, F.:* Pflanzenarzt *20*, 121 (1967).

2) *Braun, H.:* Geschichte der Phytomedizin. Berlin 1965.

3) *Mühle, E.:* Pflanzenarzt *20*, 115 (1967).

4) *Horsfall, J. G.:* Am. J. Botany *43*, 532 (1956).

5) *Tisdale, W. H.*, and *J. Williams:* US-Patent Nr. 1972691, angemeldet 26. 5. 1931, erteilt 11. 9. 1934.

6) *Horsfall, J. G.:* Principles of fungicidal action. Waltham, Mass. 1956.

7) *Grewe, F.:* Pflanzenschutz-Nachr. „Bayer" *18*, Sonderheft, 45 (1965).

8) —, u. *H. Kaspers:* Pflanzenschutz-Nachr. „Bayer" *18*, 1 (1965).

9) American Phytopathological Society: Phytopathology *33*, 627 (1943).

10) *Woodcock, D.:* The relation of chemical-structure to fungicidal activity. In: Plant Pathology. Problems and Progress, 1908—1958, S. 267. Madison: University of Wisconsin Press 1959.

11) *Goldsworthy, M. C., E. L. Green*, and *M. A. Smith:* J. Agr. Res. *66*, 277 (1943).

12) *Hamilton, J. M.*, and *L. O. Weaver:* Phytopathology *33*, 5 (1943).

13) I. G. Farbenindustrie, Leverkusen, *H. Günzler, F. Heckmanns* u. *E. Urbschat* (1937): DRP. 642532, 30. 6. 1934/18. 2. 1937.

14) *Loewel, E. L.*, u. *W. Lüttgau:* Dtsch. Imkerführer *10*, Nr. 12 (1936).

15) — Gartenbauwiss. *11*, 208 (1938).

16) — Die Obstbaumspritzung, 3. Aufl. In: Grundlagen u. Fortschritte im Garten- und Weinbau. Stuttgart: Ulmer 1939.

17) *McCallan, S. E. A.:* History of Fungicides. In: Fungicides, Vol. 1. An advanced treatise (*D. C. Torgeson*, ed.). New York-London: Academic Press 1967.

18) *Grewe, F.:* Pflanzenschutz-Nachr. „Bayer" *20*, 581 (1967).

19) Farbenfabriken Bayer, Leverkusen, *E. Urbschat, F. Heckmanns*, u. *W. Bonrath:* (1952) DBP. Nr. 833271, 6. 4. 1949/31. 1. 1952.

20) *Grewe, F.:* Pflanzenschutz-Nachr. „Bayer" *21*, 147 (1968).

21) *Frohberger, P.-E.:* Phytopath. Z. *27*, 427 (1956).

22) *Van der Kerk*, (1951): DBP. 950970 (31. 5. 52/12. 4. 56, Niederländ. Prior. vom 9. 6. 51).

23) *Härtel* u. *Baumann* (1957): Farbwerke Hoechst, DAS 1021627 ,11. 9. 56/27. 12. 57.

24) Farbenfabriken Bayer, Leverkusen, *Malz, Dörken* u. *Grewe* (1966): Belg. Pat. Nr. 701322, 13. 7. 67/15. 1. 68 (Dtsch. Prior. 14. 7. 66).

25) — *Grewe, Schrader, Meiser* u. *Kaspers* (1966): Belg. Pat. Nr. 699169, 29. 5. 67/29. 11. 67 (Dtsch. Prior. 31. 5. 66).

26) — *Schlör* u. *Grewe* (1966), DAS 1227891, 12. 3. 65/3. 11. 66.

27) Du Pont de Nemours (1966/1967): Niederländ. Patent 6706331, 5. 5. 67/7. 11. 67 (USA-Prior. vom 6. 4. 66).

28) *Delp, C. J.*, and *H. L. Klopping:* Plant Disease Rep. *52*, 95 (1968).

29) *Scheinpflug, H.*, u. *H. F. Jung:* Pflanzenschutz-Nachr. „Bayer" *21*, 79 (1968).

II. Spezieller Teil: Chemie der Fungizide

H. Schlör *

Farbenfabriken Bayer AG, Wuppertal-Elberfeld, Chemisch wissenschaftliches Laboratorium, Abteilung Pflanzenschutz

Inhalt

* Für Durchsicht, Korrekturen und zahlreiche Anregungen bin ich den Herren *R. Cölln*, *P. E. Frohberger*, *F. Grewe* und *R. Wegler* Dank schuldig.

1. Anorganische Fungizide

Allgemeines

Einfache Verbindungen aus dem Bereich der anorganischen Chemie werden schon seit frühester Zeit dazu verwandt, Pflanzen vor Pilzbefall und bakteriellen Erkrankungen zu schützen. Schon sehr lange als Fungizide verwendet werden der

Schwefel und Schwefelverbindungen, wie Sulfide und Polysulfide sowie einfache Metallsalze. Die wirtschaftliche Bedeutung der anorganischen Fungizide ist auch heute noch sehr groß.

1.1. Metall-Verbindungen

In der ersten bis dritten Nebengruppe, der vierten und fünften Hauptgruppe und der sechsten bis achten Nebengruppe des Periodensystems finden sich Metalle, deren Verbindungen verwertbare fungizide Wirkung besitzen. Es handelt sich um die folgenden Elemente:

Gruppe	1.N	2.N	3.N	4.H	5.H	6.N	7.N	8.N
Element						Cr	Mn	Fe Co Ni
	Cu	Zn			As			
	Ag	Cd	Seltene					Os
		Hg	Erden	Pb				

Wöber berichtet über Untersuchungen[220], in denen er die fungiziden Eigenschaften von Metallsalzen mit der Stellung im Periodensystem in Zusammenhang bringt. Andere Autoren dehnten die Untersuchungen aus und berichteten über die Abhängigkeit der fungistatischen Wirkung von der Elektronegativität der Metallkationen[126]. Besonders wirksam sollen Silber- und Osmium-Verbindungen sein[119]. — Über neuere Untersuchungen mit Radioisotopen gibt *Miller* Einzelheiten an[131].

a) Kupfer-Verbindungen

Den anorganischen Kupfer-Verbindungen kommt die größte praktische Bedeutung zu. Sie werden heute noch im Wein-, Kartoffel-, Tomaten- und Bananenanbau sowie in anderen tropischen Großkulturen in größerem Umfang eingesetzt. Sie besitzen ein breites fungizides Wirkungsspektrum, sind aber teilweise phytotoxisch, was sich jedoch nicht bei allen Pflanzen in gleichem Maße bemerkbar macht.

Kupfersulfat

Kupfersulfat, $CuSO_4 \cdot 5\,H_2O$, eine der bekanntesten anorganischen Verbindungen, wird aus Kupferoxid und verd. Schwefelsäure oder aus Kupfer und konz. Schwefelsäure unter Luftzutritt dargestellt. Daneben gibt es andere Herstellungsverfahren.

Das blaue, ehem. Kupfervitriol oder Blaustein genannte, kristallwasserhaltige Salz ist in Wasser leicht löslich, insbesondere in der Wärme[162]:

Temp.	0°	20°	40°	60°	80°	100°C
g $CuSO_4 \cdot 5\,H_2O$/100 g H_2O	31,6	42,3	56,9	77,4	118,0	203,2

Die fungiziden Eigenschaften wurden schon 1807 von *Prévost* entdeckt. Kupfersulfat diente früher zur Saatgutbehandlung, wirkte jedoch phytotoxisch; es wird daher hauptsächlich zur Herstellung der sogenannten

Bordeaux-Brühe

verwandt. Die Anwendung dieser Mischung geht auf *Millardet* zurück, der sich mit dem „falschen Mehltau“ an Reben (*Plasmopara viticola*) beschäftigte[119]. Er beschrieb im Jahre 1885 die Herstellung einer Kupferkalkbrühe, die in den Weinbaugebieten um Bordaux mit Erfolg eingesetzt wurde[129] und daher „Bordeaux-Brühe“ genannt wird. Bei der Zugabe von gebranntem Kalk zu Kupfersulfat-Lösung findet eine Umsetzung statt, die meist wie folgt formuliert wird:

$$CuSO_4 + Ca(OH)_2 \longrightarrow Cu(OH)_2 + CaSO_4$$

Es bestanden jedoch vielfach Zweifel an der Richtigkeit dieser Formulierung, da bei der Reaktion von Calciumhydroxid mit überschüssigem Kupfersulfat zunächst eine Verbindung mit der wahrscheinlichen Zusammensetzung

$$4\,CuO \cdot SO_3 \cdot 3\,H_2O$$

entstehen soll. Nach *Martin* scheint die obige Reaktionsgleichung zuzutreffen, wenn man ein volles Mol Calciumoxid bzw. Calciumhydroxid auf ein Mol Kupfersulfat in wäßriger Lösung einwirken läßt[115]. Bei anderen Mischungsverhältnissen werden Doppelsalze verschiedener Art erhalten. Bei Anwesenheit von überschüssigem Calciumhydroxid fällt beispielsweise ein basisches Kupfersalz der Formel

$$[Ca(OH)_2]_3 \cdot CuSO_4$$

an. Um den Winzern das Einwiegen und Mischen abzunehmen, werden von der Industrie basische Kupfersalze in fester Form in den Handel gebracht.

Kupferoxychlorid

Von Bedeutung ist das Kupferoxychlorid, auch basisches Kupferchlorid genannt oder Cupravit® (Ob 21) (Farbenfabriken Bayer AG) mit der Zusammensetzung

$$3\,Cu(OH)_2 \cdot CuCl_2 \cdot x\,H_2O\,.$$

Es wird — wie die Bordeaux-Brühe — gegen die Reben- und Hopfen-Peronospora und gegen die Kraut- und Knollenfäule an Kartoffeln und Tomaten eingesetzt, außerdem in beschränktem Umfang in tropischen Großkulturen gegen die Blattkrankheit des Tees (*Exobasidium vexans*), die Bananenfleckenkrankheit und gegen den Kaffeerost.

Basisches Kupfercarbonat (Malachit)

Der Malachit, $Cu(OH) \cdot Cu_3CO_3$, wurde früher allgemein zur Saatgutbehandlung im Getreidebau und als Spritzmittel gegen Blattkrankheiten verwandt. Heute spielt er nur noch in einigen außerdeutschen Ländern eine beschränkte Rolle. Herstellung:

$$2\,CuSO_4 + 2\,Na_2CO_3 + H_2O \longrightarrow Cu(OH)_2 \cdot CuCO_3 + 2\,Na_2SO_4 + CO_2$$

Derartige Mischungen werden auch „Burgunderbrühe“ genannt. Eine ähnliche Verbindung wird, ausgehend von 2 Mol Kupfersulfat und 11 Mol Ammoniumcarbonat, unter der Bezeichnung „Cheshunt Compound“ dargestellt. Hierbei entsteht intermediär lösliches Cuprammoniumcarbonat mit $[Cu(NH_3)_2]^{2+}$-Ionen. Nach der Applikation werden die Cuprammonium-Lösungen abgebaut, und es entstehen basische Kupferniederschläge. Die Mischungen werden bei der Bewässerung von Böden oder Saatgut eingesetzt und sind gegen Auflaufkrankheiten („damping off“) wirksam [19].
Ein basisches Sulfat wird in den USA unter der Bezeichnung „Fixed Coppers“ gehandelt.
In Analogie zu den Cuprammonium- und Kupferammin-sulfaten stehen die Hydrazinium-sulfate.

Kupfer-dihydrazinium-sulfat

Das $[Cu(N_2H_5)_2](SO_4)_2$ wurde auch unter den Bezeichnungen „Mathieson 466“ oder Omazine® (Olin Mathieson Chem. Corp.) bekannt. Es wird aus Kupfersulfat und Dihydraziniumsulfat dargestellt. Die Verbindung, die unter anderem gegen Rosenmehltau wirksam ist, wird in der Praxis nur wenig angewandt.
LD_{50}: 590 mg/kg Ratte p. o. akut [118].
Auch die Kupfer-dihydrazinium-Lösungen zersetzen sich nach der Applikation langsam, wobei das freiwerdende Hydrazin stark reduzierend wirkt und die Cu^{2+}-Ionen bis zum Metall überführt werden. Ähnliche Reduktionsvorgänge spielen sich auch bei Bordeaux-Brühen ab, denen Sulfitablaugen oder Melasse zugesetzt worden sind. Dabei findet eine Reduktion des Bordeaux-Niederschlages zu Kupfer(I)-oxid statt. Nach *Martin* soll jedoch hierbei kein Verlust an fungizider Wirkung eintreten [117].

Kupfer(I)-oxid

Nach Untersuchungen von *Horsfall* [81] ist das Cu_2O selbst ein wirksames Fungizid. Es ist unter den Bezeichnungen „Rotkupfer“, Yellow Cuprocide® (Rohm and Haas) und Perenox® (Plant Protection Ltd.) bekannt geworden. Cu_2O ist nicht giftig und wird als Saatschutzmittel und auch gegen Blattpilze (*Phytophthora*) angewandt. Die Herstellung kann durch Reduktion von Kupfer(II)-salzen in alkalischem Medium oder durch elektrolytische Oxydation von metallischem Kupfer geschehen. Kupfer(I)-oxid ist praktisch unlöslich in Wasser und organischen Lösungsmitteln, löst sich aber in verdünnten Mineralsäuren und in Ammoniakwasser. Es kommt als dispergierbares Pulver mit einem Kupfergehalt von 50 % oder mehr in den Handel.

Zur Wirkung der Kupferfungizide

Die Kupferverbindungen dienen als protektive Fungizide. Sie verhüten oder vermindern Infektionen durch Pilzsporen auf der bespritzten Blattoberfläche. Mit dem Wirkungsmechanismus haben sich zahlreiche Autoren befaßt [119]. Allgemein wird angenommen, daß die fungizide Wirkung auf dem Vorhandensein von löslichem Kupfer beruht. Nach *Horsfall*, *Marsh* und *Martin* [82] besitzt kom-

plex gebundenes Kupfer — z. B. in Kupfer-Glycin-Komplexen — eine höhere fungizide Wirksamkeit als das Cu^{2+}-Ion in Kupfersulfat-Lösungen. Der Grund dürfte in einer höheren Lipoidlöslichkeit liegen. Die Zellwände der Pilzsporen werden somit leichter durchdrungen; anschließend findet dann im Zellinnern eine Dissoziation statt, und die Kupfer-Ionen dürften wahrscheinlich in den Stoffwechsel des Pilzes eingreifen und die Sporenkeimung verhindern.
Da jedoch die Differenz zwischen fungizider und phytotoxischer Konzentration gering ist, kann ein großes Angebot an löslichem Kupfer auch pflanzenschädigend wirken. (Vgl. auch [1]).

b) Zink-Verbindungen

Im Gegensatz zu der sehr großen wirtschaftlichen Bedeutung, die die Zinksalze von einigen organischen Verbindungen für den Pflanzenschutz besitzen (vgl. z. B. auf S. 61, 65, 66 und 68 über die Zinksalze von Alkylamidodithiokohlensäure-Derivaten), sind die Zinksalze anorganischer Säuren nur von untergeordneter Wichtigkeit. Sie werden im allgemeinen nicht ohne Zusätze als Fungizide verwendet. Mischungen mit anderen Metallsalzen werden jedoch benutzt, so das

Zinksulfat-Kalk-Gemisch

die „Zink-Bordeaux-Brühe", die von *Roberts* und *Pierce* bei Pfirsichen gegen *Xanthomanos pruni* empfohlen wurde [161].

Kupfer-Zink-ammonium-silicat-Gemisch

Dieses Gemisch wurde unter dem Namen Coposil® bekannt [178]. Andere Zinksalz-Mischungen sind auf S. 50 angegeben.

c) Cadmium-Verbindungen

Cadmiumsalze werden ebenfalls bevorzugt in Mischungen eingesetzt. Jedoch findet das Cadmiumchlorid ($CdCl_2$) unter der Bezeichnung „Caddy" begrenzte Anwendung als Fungizid.

d) Quecksilber-Verbindungen

Im Gegensatz zu den Organo-quecksilber-Fungiziden (s. S. 137), die zu den metall-organischen Verbindungen gehören und in denen mindestens ein Kohlenstoffatom direkt an das Metall gebunden ist, sind die anorganischen Quecksilber-Verbindungen als Fungizide nur von untergeordneter Bedeutung. Dies gilt auch für das $HgCl_2$.

Quecksilber(II)-chlorid

$HgCl_2$ (Sublimat) besitzt eine kräftige bakterizide Wirkung, was schon lange bekannt ist. *Hiltner* fand dann eine Wirksamkeit gegen den Schneeschimmel (*Fusarium nivale*) bei Roggen [74]. Es wurde daher unter der Bezeichnung Fusariol® (Chem. Werke Marktredwitz) im Jahre 1915 als Saatgutbeizmittel in den Handel gebracht. Auch fand es im Kartoffelanbau begrenzt Anwendung, die jedoch durch die starke Phytotoxizität eingeschränkt wurde. Dazu kommt die hohe Toxizität gegenüber Warmblütern. LD_{50}: 37 mg/kg Ratte p. o. [118]. Sublimat ist in kaltem Wasser mäßig löslich (5,4% bei 20 °C), in heißem Wasser löslich, ebenso in Alkohol [118].

Quecksilber(I)-chlorid

Sehr viel schwerer löslich und auch weniger giftig ist das Hg_2Cl_2 oder Calomel. Aber auch hier engt die starke Phytotoxizität die Anwendungsmöglichkeiten ein. Es dient daher praktisch nur zur Bodendesinfektion und in begrenztem Umfang als Fungizid für Rasenflächen.

e) Derivate der Seltenen Erden

Während des Ersten Weltkrieges wurde in Deutschland nach einem Ersatz für Kupfersulfat gesucht. *Appel* empfahl damals Gemische von Sulfaten der Seltenen Erden aus der Cer-Gruppe als Fungizide [9]. Diese fielen bei der Glühstrumpfherstellung als Nebenprodukte an und wurden unter der Bezeichnung „Perozid" bekannt. Sie konnten sich jedoch nicht auf dem Markt durchsetzen, nachdem Kupfersulfat für Bordeaux-Brühen wieder zugänglich geworden war. Ihre gute fungizide Wirkung geht auch aus neueren Untersuchungen hervor [131, 133].

f) Chrom-Verbindungen

Einige Chromsalze sowie einige Chromsäure-Derivate besitzen fungizide Eigenschaften. Von *Harry* et al. [71] wurden

Kupfer-Zink-chromate

synthetisiert. Bekannt wurden das „Crag Fungicide 658" der Union Carbide Chem. Co. und das „Miller 658 Fungicide" (Miller Chem. and Fert. Corp.). Die Zusammensetzung der Präparate soll der Formel

$$15\ CuO \cdot 10\ ZnO \cdot 6\ CrO_3 \cdot 24\ H_2O$$

entsprechen. Sie werden als Fungizide im Kartoffel-, Tomaten-, Kürbis- und Erdnuß-Anbau eingesetzt. Die Verbindungen sind in fungizid wirksamen Konzentrationen nicht phytotoxisch. LD_{50}: 6160 mg/kg Ratte p. o. [118].

Cadmium-Calcium-Kupfer-Zink-sulfate-chromate

Sie wurden unter den Bezeichnungen „Crag Turf Fungicide" und „Fungicide 531" von der Union Carbide Chemicals Co. herausgebracht. Sie dienen speziell als Fungizide für Rasenflächen und sind der genannten Firma geschützt [232].

g) Mangan-Verbindungen

Über das Mangansalz der Äthylen-bisdithiocarbamidsäure s. S. 66

Kaliumpermanganat

$KMnO_4$ wurde oft als Fungizid vorgeschlagen. *Guozdenović* empfahl die Zumischung von Permanganaten zur Bordeaux-Brühe [69]. Diese Spritzlösung soll gegen den echten und falschen Mehltau an Reben gut wirksam sein, wobei das Permanganat gegen den ersteren und das Kupfer-Ion gegen den letzteren wirken. Gelegentlich ist auch eine Zumischung von Kaliumpermanganat zu Netzschwefel zur Bekämpfung von *Oidium* an Reben empfohlen worden. Ein Nachteil ist, daß Kaliumpermanganat bei Kontakt mit organischen Substanzen rasch abgebaut und das Mangan reduziert wird [119]. Die fungiziden Eigenschaften des Permanganats sollen auf seiner oxydierenden Wirkung beruhen.

Unter den Mangan(II)-salzen ist das Mangan-carbamidat, $Mn(-O-CO-NH_2)_2$, oder „Trimanoe" als Fungizid von geringerer Bedeutung.

h) Nickel-Verbindungen

An Nickel(II)-salzen ist Nickelchlorid, $NiCl_2$, zu erwähnen. Es wird im Teeanbau gegen die Blattkrankheit des Tees (*Exobasidium vexans*) eingesetzt und ist dort das Standard-Mittel geworden. Die Wirkung ist besser als die der bisher verwandten Kupferpräparate.
Darüber hinaus werden Nickelsalze in Kombination mit Zineb (s. S. 65) — z. B. im Subitan® — zur Bekämpfung des Gelbrostes an Weizen verwendet.

1.2. Schwefel und Schwefel-Verbindungen

a) Der Schwefel

Neben den anorganischen Kupfer-Verbindungen stellt der Schwefel das zweite große „klassische Fungizid" dar, das schon seit vielen Jahrzehnten weltweit verwendet wird. Bereits 1803 gab *Forsyth* [54] ein Rezept für ein schwefelhaltiges Spritzgemisch an, und bald danach wurden Schwefel-Seifen-Brühen zur Bekämpfung des Pfirsich-Mehltaus empfohlen. Als dann um die Mitte des 19. Jahrhunderts im Weinbau die Oidium-Krankheit (*Oidium tuckeri*) in die europäischen Anbaugebiete eingeschleppt wurde und zu schweren wirtschaftlichen Schäden führte, wurde Schwefel von *Duchartre* als Gegenmittel angegeben [119]. Da Schwefel ungiftig für Mensch und Warmblüter ist und zudem billig zu beschaffen war, setzte er sich als Fungizid rasch durch. Seine Anwendung und seine Wirksamkeit sind weitgehend an eine optimale Teilchengröße gekoppelt. Weiterhin ist die richtige Anwendungsform oder Zurichtung — heute allgemein als „Formulierung" bezeichnet[a] — entscheidend.

---

[a] Das Wort „Formulierung" ist eine unglückliche und mißverständliche Übersetzung des englischen Ausdrucks „formulation".

Folgende Anwendungsformen sind für den Schwefel geeignet (vgl. die Angaben in Teil I):

a) Puder, die sich leicht verstäuben lassen und trotzdem an der Blattoberfläche gut haften und nicht von der Pflanze fortgeweht werden. In Weinbergen wird der „Weinbergschwefel" (Schwefelblume, Ventilatorschwefel) noch verbreitet eingesetzt.

b) Spritzpulver oder „wettable powder". Hierbei setzt man der Wirksubstanz (hier dem Schwefel) ein oberflächenaktives Netzmittel zu. Damit ist ein einfaches Einrühren in Wasser, feine Verteilung und die Möglichkeit einer Ausbringung mit Spritzgeräten gegeben.

c) Die Verflüchtigung bzw. Verdampfung von Schwefel. Eine besondere Zubereitung entfällt. So wird der Weinbergschwefel vorwiegend auf den Boden gebracht. Der Schwefel kann auch auf Heißwasserrohre von Gewächshäusern aufgestrichen oder durch Überleiten von heißer Luff oder Wasserdampf verflüchtigt werden (Verfahren nach *Rupprecht* [163])).

Für die praktische Anwendung besitzt der *Netzschwefel* die größte Bedeutung. Der Netzschwefel „Bayer" wird als fungizides Spritzmittel in 0,2- bis 0,7%iger Konzentration in wäßriger Suspension angewandt. Die Größe der Schwefelpartikel liegt zwischen 1 und 10 μ. Größere Teilchen sind für Spritzpulver weniger geeignet, kleinere sind — vermutlich durch eine zu schnelle Oxydation — phytotoxisch und von zu geringer Wirkungsdauer [212]). Schwefel wird hauptsächlich gegen echte Mehltauarten eingesetzt, z. B. gegen Apfelmehltau, Oidium der Rebe und andere echte Mehltaupilze. Außerdem besitzt er akarizide Wirkung. Andererseits hat Schwefel eine Reihe Nachteile. Bei lang anhaltenden, feucht-warmen Wetterperioden treten oft Pflanzenschäden ein. Es bilden sich dann sog. „Verbrennungen". Die Schäden werden nach *Turell* auf eine Erniedrigung der „kritischen Temperatur" zurückgeführt, von der ab die Früchte durch Adsorption des Sonnenlichtes geschädigt werden [201]). So treten im Zitronenanbau in Gegenwart von Schwefel schon bei niedrigeren Temperaturen Schadbilder auf, die sonst erst bei höheren Temperaturen beobachtet werden. Ebenfalls temperaturabhängig ist die durch die Schwefeldioxid-Bildung bedingte Phytotoxizität des Schwefels.

b) Calciumpolysulfide

An anorganischen Schwefelverbindungen sind wasserlösliche Polysulfide in Anwendung. So das $CaS \cdot S_x$, auch Schwefelkalk-Brühe oder „eau grison" genannt. *Grison* — und schon vorher *Forsyth* (s. S. 51) — kochte 1852 zur Darstellung eine Suspension von gelöschtemKalk und Schwefel in Wasser. 1905 wurde die „Schwefelkalk-Milch" von *Parrott* et al. [146]) als protektives Fungizid empfohlen. Neben einer fungiziden Wirkung gegen echten Mehltau kommt dem Präparat akarizide Wirkung zu: auch San-José-Schildläuse wurden schon vor Jahrzehnten mit Schwefelkalk-Brühen bekämpft. Nachteile des Schwefelkalks sind seine korrosiven Eigenschaften und der hohe Wassergehalt, der die Transportkosten erhöht. Eine Entwässerung führt jedoch zu weitgehenden Zersetzungen. Als weiterer Nachteil ist die durch die Reaktionsfähigkeit des Schwefelkalks bedingte Unverträglichkeit mit zahlreichen anderen Pflanzenschutzmitteln zu nennen.

c) Bariumpolysulfide

Etwas stabiler und dadurch in der Anwendung günstiger sind die entsprechenden Bariumpolysulfide, die ebenfalls schon seit langer Zeit im Handel sind. Ein seit

1924 bekanntes Produkt in fester Form ist das Solbar® der Farbenfabriken Bayer[266]. Es wird vorwiegend gegen Obstschorf und Mehltau angewandt, außerdem liegt wieder eine Wirkung gegen Spinnmilben vor. Bariumpolysulfide sind wasserlöslich und auch bei niedrigen Temperaturen wirksam. Bei höheren Temperaturen dagegen und bei langen Trockenperioden ist wiederum die Gefahr einer Pflanzenschädigung gegeben.
Die Herstellung der Erdalkalipolysulfide ist technisch durch Lösen von Schwefel in den Hydroxid-Suspensionen unter Druck in Abwesenheit von Luft möglich. Bariumpolysulfid kann auch durch Schmelzen von Bariumsulfat oder Bariumoxid mit Kohle und Schwefel erhalten werden.

d) Zur Wirkung des Schwefels und der Polysulfide

In zahlreichen Untersuchungen bemühte man sich, die Wirkungsweise des Schwefels und der Polysulfide auf Pilze zu erklären [119]. Nachdem angenommen worden war, durch langsame Luftoxydation entstandenes Schwefeldioxid sei für die fungiziden Eigenschaften verantwortlich [112], wandte man sich von dieser Ansicht bald ab und sah im Schwefel selbst und im Schwefeldampf den Träger fungizider Wirkung. Hierbei kommt dem Dampfdruck des Schwefels, der bei 30,4°C $3{,}96 \cdot 10^{-6}$ Torr beträgt, Bedeutung zu. Mischt man Schwefel mit dunklen, Licht absorbierenden Stoffen wie Lampenruß und dergleichen, so werden, durch Erhöhung des Dampfdrucks bedingt, die fungiziden Eigenschaften verstärkt. Auch Schwefelwasserstoff, der nach *Martin* bei einer Hydrolyse — also der Reaktion des Schwefels mit Wasser — zuerst entsteht [116], wird nach *Miller* et al. nicht als bestimmendes fungitoxisches Agens angesehen [131, 132]. Dagegen soll nach *Horsfall* der Schwefel, der ebensogut wie Sauerstoff in die Pilzzelle gelangen könne, mit dem Sauerstoff als Wasserstoff-Akzeptor konkurrieren [78] und die Redoxvorgänge in der Zelle stören. Auch beim Schwefelkalk beruht die fungizide und protektive Wirkung auf dem elementaren Schwefel, der sich durch die Zersetzung der Polysulfide nach dem Spritzen bildet.

2. Organische Fungizide

Allgemeines

Organische Fungizide sind durchweg sehr spezifisch wirksam. Es ist geradezu das Ziel der modernen Forschung und Synthese, Stoffe zu erfinden und zu entwickeln, die möglichst nur den Schadpilz und nicht die Wirtspflanze beeinträchtigen.
Organische Fungizide gibt es seit über fünfzig Jahren. Aus einem historischen Überblick von *Horsfall* [79] geht hervor, daß das Jahr 1913 einen Meilenstein in der Geschichte der Fungizide darstellt. Damals berichtete der deutsche Phytopathologe *Riehm* über eine metall-organische Verbindung — und zwar das „Chlorphenolquecksilber" (s. S. 145) der Farbenfabriken vorm. Friedrich Bayer u. Co. — als Beizmittel gegen Weizensteinbrand. Seine Veröffentlichung war der erste Bericht [160] über die erfolgreiche amtliche Prüfung eines von der chemischen Industrie hergestellten Pflanzenschutzmittels in Deutschland [61].

Etwa zwanzig bis dreißig Jahre später setzte eine neue Entwicklung ein. Obwohl gerade in diesen Jahren unter der Initiative namhafter Forscher die präparative Chemie der metall-organischen Verbindungen einen Auftrieb erlebte (s. S. 137), versuchte man trotzdem, im Pflanzenschutz die Metall-Verbindungen zu ersetzen; dabei handelte es sich sowohl um die anorganischen Metall-Verbindungen wie auch um die metall-organischen Verbindungen, die — wie die Organo-quecksilber- und die Organo-arsen-Verbindungen — schon eine beachtliche wirtschaftliche Bedeutung erlangt hatten. Einer der Gründe ist in dem schwer zu lösenden Rückstandsproblem zu suchen, das für alle Metall-Verbindungen besteht, besonders für die Quecksilber- und Arsen-Präparate. Auf den Pflanzenoberflächen können sich nämlich merkliche Metallrückstände ansammeln. Man fordert aber heute in weiten Grenzen eine Sicherheit dafür, daß auch unter ungünstigen Bedingungen keine Schädigungen für Mensch und Tier durch Pflanzenschutzmittel-Rückstände auftreten können. Bei Saatgutbeizmitteln sind die Gefahren viel geringer, weil behandeltes Saatgut nicht als Nahrungsmittel verwendet wird. Deshalb sind die Organo-quecksilber-Verbindungen in der Saatgut- und Bodenbehandlung auch noch weit verbreitet. Wie aus Rückstandsanalysen hervorgeht, erscheinen z. B. im reifen Getreidekorn die Beizmittel-Wirkstoffe nur noch in homöopathischen Dosen. Wegen der Gefahren für den Anwender versucht man aber auch in diesem Anwendungssektor sich metallfreier Präparate zu bedienen. Etwa seit Beginn der dreißiger Jahre beschäftigten sich daher die Firmen Du Pont und I. G. Farbenindustrie mit der Entwicklung metallfreier organischer Fungizide. Dabei prüfte man zunächst schwefelhaltige Verbindungen, die schon als Vulkanisationsbeschleuniger Verwendung fanden (vgl. hierzu die Angaben von *Martin* [121)]). Es waren dies die Dithiocarbamidsäure-Derivate, die auf fungizide und insektizide Eigenschaften hin untersucht wurden und die auch heute noch zu den wichtigsten, großtechnisch produzierten Fungiziden gehören [198)]. (Näheres s. in Teil I.)

Die nun zu besprechenden organischen Verbindungen sind im allgemeinen nach den Grundsätzen des *Beilstein*schen Handbuchs geordnet. Aus Gründen der Übersichtlichkeit werden jedoch einzelne wichtige Wirkstoffgruppen geschlossen abgehandelt. Ebenso sind die fungizid wirksamen Organophosphor-Verbindungen und die metall-organischen Verbindungen in besonderen Abschnitten zusammengefaßt.

2.1. Acyclische Verbindungen

a) Aliphatische Kohlenwasserstoffe

Halogen, Nitroso- und Nitro-Gruppen enthaltend

Die in diese Gruppe fallenden Präparate zeichnen sich — sofern es sich nicht um langkettige Verbindungen handelt — durch einen hohen Dampfdruck und eine entsprechende Flüchtigkeit aus. Diese Eigenschaften lassen sich in vielen Fällen ausnützen. Die Verbindungen werden oft als Räucher- oder Begasungsmittel ausgebracht und eignen sich auch zur schnell wirksamen Desinfektion und Bekämpfung von pflanzenschädigenden Pilzen in geschlossenen Räumen.

1-Chlor-3-brom-1-propen

Die Verbindung $ClCH=CH—CH_2Br$ wurde im Jahre 1952 von der Shell Development Co. unter der Bezeichnung CBP - 55® eingeführt [234]. Sie dient als Räuchermittel zur Bekämpfung von Bodenpilzen und Nematoden (s. S. 60). Die durch Umsetzung von 1,3-Dichlorpropen und Alkalibromid erhältliche Verbindung wird als 55%iges technisches Produkt ausgebracht und enthält noch andere bromierte und chlorierte C_3-Kohlenwasserstoffe; der Siedebereich liegt daher zwischen 130 und 180°C und das spezifische Gewicht zwischen 1,36 und 1,40 [118]. Die Verbindung ist giftig; für Säugetiere, die während 4 h einer Chlorbrompropen-Atmosphäre ausgesetzt gewesen sind, liegt die letale Konzentration in der Gasphase bei 260 ppm.
Das zur Darstellung als Vorprodukt benötigte 1,3-Dichlorpropen wird in technischem Maßstab aus einem Gemisch von Propen, Allylchlorid und Chlor bei 500°C erhalten [364]; auch 1,3-Dichlorpropen oder Telone® wird zur Desinfektion des Bodens verwandt. Eine Mischung von 1,3-Dichlorpropen und 1,2-Dichlorpropan wurde unter der Bezeichnung „DD" bekannt. Sie ist fungizid und insbesondere nematizid wirksam [363] (vgl. auch [365]).

1-Chlor-2-nitro-propan

Chlornitropropan, $Cl—CH_2—CH(NO_2)—CH_3$, auch NIA 5961® oder Lanstan® (Niagara Chemical Division) benannt, ist ebenfalls eine leichtflüchtige Verbindung [242]. Sie wird als breit wirksames Bodenfungizid gegen Auflaufkrankheiten („damping off") in Baumwollpflanzungen in einer Konzentration von 50 g/m³ Boden eingesetzt. Eine Wartezeit muß nicht eingehalten werden. Der Wirkstoff wird als 25%iges Spritzpulver („wettable powder") oder als emulgierbares Konzentrat verwendet.

Dampfdruck bei 81—82°C: 25 Torr; Wasserlöslichkeit bei 20°C: 0,88%; Inhalationstoxizität: 2,51 mg/l Luft töten Ratten in 10 min [118].

2-Chlor-1-nitro-propan

Die isomere Verbindung

$$NO_2-CH_2-\underset{\displaystyle Cl}{\underset{|}{CH}}-CH_3$$

wird in einer Patentschrift der FMC Corporation als systemisches Bakterizid und Fungizid beansprucht [256], das gegen Xanthomonas-, Pythium-, Phytophthora-, Fusarium- und Rhizoctonia-Arten wirksam ist.

Chlorpikrin

Trichlornitromethan oder Nitrochloroform ($Cl_3C—NO_2$), auch unter der Bezeichnung Picfume® (Dow Chemical Co.) geführt, wurde zuerst 1908 als Insektizid vorgeschlagen; später spielte es während des Ersten Weltkrieges eine beachtliche Rolle als tränenreizender und lungenschädigender Kampfstoff. Nach *Stark* ist Chlorpikrin wirksam gegen zahlreiche bodenbürtige pathogene Pilze [185]. Es wirkt auch nematizid und herbizid. Allerdings ist es sehr unangenehm zu handhaben, und infolge der Flüchtigkeit ist eine gute Abdeckung des Bodens erforderlich. Außerdem ist eine Wartezeit einzuhalten. Die Verbindung wird aus Pikrinsäure und freies Chlor enthaltender Javellescher Lauge [50] oder aus Calciumpikrat, Hypochlorit und Wasserdampf dargestellt [118].

Siedepunkt: 112—113°C; Dichte: 1,66 g/ml; Dampfdruck bei 25°C: 23,8 Torr; Inhalationstoxizität: 0,8 mg/l Luft töten Säugetiere in 30 min.

Die Gefährlichkeit des Chlorpikrins wird jedoch durch die schon bei niedrigen Konzentrationen erfolgende Schleimhautreizung herabgesetzt, so daß sogar die Verbindung anderen Begasungsmitteln als Warnstoff beigegeben wird.

Leicht löslich in organischen Lösungsmitteln; Wasserlöslichkeit: 0,227% bei 0°C.

Weitere Halogen-alkane und -alkene

Außer den genannten halogenierten und nitrierten Alkyl-Verbindungen sind noch bekannt geworden:

Tetrachloräthylen als Fungizid; durch γ-Bestrahlung wird daraus Decachloroctatetraen erhalten, das als Saatgutbeizmittel Verwendung finden kann [361];

Tetrajodäthylen, das zum Schutz von Früchten vor Schimmel dient;

Heptachlorpropan oder „Chemagro 29957“, das als Nematizid, Herbizid und Fungizid bekannt wurde.

b) Alkohole, Mercaptane, Äther und Thioäther

auch Sulfoxide, Sulfone und Disulfide

Methanol (Methylalkohol)

Methanol wird zur Bekämpfung des Gerstenflugbrandes verwandt und ist der Wirkstoff des Naßbeizmittels Ustilgon®. Gerste verträgt nach *Wagner* eine Tauchbeizung mit Methanol bis zu 50 Std. ohne Schaden [206]. Das Verfahren eignet sich insbesondere zur Beizung von Sommergerste und soll günstiger sein als die sonst übliche Warm- oder Heißwasserbeizung [207].

Hexachlorisopropanol

Die Verbindung CCl_3—CH(OH)—CCl_3 wurde im Jahre 1964 von der ACC unter der Bezeichnung „GC-2266“ als gegen Obstschorf und Braunfäule an Äpfeln, Birnen, Pfirsichen, Aprikosen und Kirschen wirksames Fungizid eingeführt [196]. Sie ist auch in einem Anwendungspatent der Allied Chemical Corp. genannt [244].

Die Herstellung ist nach mehreren Verfahren möglich. Beschrieben sind die Reduktion von Hexachloraceton mit Lithium-alanat [58], oder auch mit 1-Benzyl-1,4-dihydro-nicotinsäureamid in Formamid bei Raumtemperatur nach *Dittmer* und *Fouty* [47].

Technisch kann die Verbindung nach *Haszeldine* et al. aus Natrium-trichloracetat und Chloral unter Kohlendioxid-Abspaltung erhalten werden [327].

Die formal ähnlich gebaute Verbindung:

$$CCl_3-CCl_2-CH_2-OH$$

wird ebenfalls als Fungizid genannt. Sie ist gegen *Piricularia oryzae*, den Erreger der Brusone-Krankheit des Reises, gut wirksam [355].

Bis-[1,2,2-trichloräthyl]-sulfoxid

Das in Patenten geschützte $CHCl_2—CHCl—SO—CHCl—CHCl_2$ [245] wird von der Chemagro Corporation (USA) unter der Bezeichnung „Chemagro 4497" als Saatgut- und Boden-Fungizid zum Schutz von Gemüse und Feldfrüchten empfohlen. Das Wirkungsspektrum soll Pythium-, Rhizoctonia-, Helminthosporium- und Ustilago-Arten einschließen.

Die Substanz wird als 50%iges Spritzpulver und als 2,5%iger Staub angeboten. Die Handhabung muß jedoch vorsichtig geschehen, da das Präparat hautreizend ist. Es werden folgende Toxizitätswerte angegeben [4]:

		Oral LD_{50} mg/kg	Intraperitoneal LD_{50} mg/kg	Dermal LD_{50} mg/kg
Ratte	♂	225	7,5	300
	♀	235	8,2	—
Maus	♂	—	9,0	—
	♀	—	10,0	—
Meerschweinchen	♂	135	13,0	—

Divinyl-sulfon

$CH_2{=}CH{-}SO_2{-}CH{=}CH_2$ wird von der Stauffer Chemical Co. als Fungizid und Bakterizid beansprucht [248].

c) Oxo-Verbindungen

Formaldehyd

Formaldehyd wurde schon 1895 durch *Geuther* [59] als Saatgut-Desinfiziens eingeführt. Es wirkt stark fungizid und bakterizid, jedoch ohne protektive Wirkung. Über die Wirkung auf Pilzsporen nahm *Hailer* an, daß Formaldehyd mit den Aminogruppen des Sporenprotoplasmas reagiert [68]. Die Anwendung als Saatgut- und Boden-Desinfiziens wird durch die Phytotoxizität des Formaldehyds eingeschränkt.
Formaldehyd ist meist als 30—40%ige wäßrige Lösung („Formalin") im Handel, der zur Polymerisations-Verzögerung Methanol beigegeben wird.

Dichlortetrafluoraceton

$CClF_2—CO—CClF_2$ wurde als „Stauffer N-3 412" bekannt, es besitzt systemisch-fungizide Wirkung. (Vgl. auch die auf S. 71 genannten Verbindungen.)

d) Carbonsäuren und deren Derivate

einschließlich Thio-Verbindungen

Sorbinsäure [13]

Die Sorbinsäure, $CH_3—CH{=}CH—CH{=}CH—COOH$, oder trans-trans-2,4-Hexadiensäure ist infolge ihrer fungistatischen und fungiziden Wirksamkeit und ihrer physiologischen Unbedenklichkeit von größerer Bedeutung. Die im Jahre 1859 durch *von Hofmann* aus Vogelbeeren isolierte und heute großtechnisch aus Keten und Crotonaldehyd in Gegenwart von Borfluorid und nachherige Behandlung mit verdünnter Schwefelsäure oder aus Sorbinaldehyd und Sauerstoff erhältliche Verbindung wird hauptsächlich zur Lebensmittelkonservierung verwandt. Im Pflanzenschutz dient Sorbinsäure zum Schutz von Gemüse und Obst vor Schimmel- und Hefepilzen. Sorbinsäure wird vom Säugetier genau wie andere Fettsäuren abgebaut [105]. LD_{50}: 7360 mg/kg Ratte p. o. akut [55].

Acetylendicarbonsäure-diamid

Die Verbindung $H_2N—CO—C{\equiv}C—CO—NH_2$ wurde unter den Bezeichnungen Cellocidin®, Cellomate® und Serometo® von japanischen Firmen herausgebracht. Sie ist besonders wirksam gegen *Hypochnus sasakii*, eine Reiskrankheit die in Gebieten Asiens mit hoher Luftfeuchtigkeit zu großen Verlusten führt. Die Verbindung, die aus Acetylendicarbonsäure-diestern und Ammoniak erhalten werden kann, ist in Wasser nur wenig löslich. Die Fischtoxizität ist gering, was für Reisanbauländer wichtig ist.
LD_{50}: 85 mg/kg Maus p. o.

1,2-Dicyano-1,2-dichloräthylen

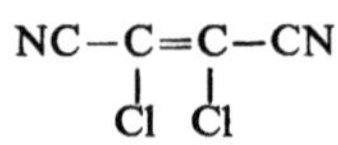

wurde unter der Bezeichnung „Rohm and Haas 38 888" als Fungizid bekannt.

N-Cyanäthyl-chloracetamid

Das $Cl—CH_2—CO—NH—CH_2—CH_2—CN$ besitzt systemisch-fungizide Eigenschaften. Es wird auch als Udonkor® bezeichnet und in einem Patent der Nippon Soda K. K. (Japan) genannt [356]. Hervorgehoben wird eine gute Wirkung gegen Mehltau. Die Herstellung erfolgt durch Umsetzung von 2-Cyanoäthylamin mit Chloracetylchlorid in Dichlorpropan als Lösungsmittel.

2-Propen-1,1-diol-diacetat

$CH_2{=}CH—CH(O—CO—CH_3)_2$, auch als Allylidendiacetat bezeichnet, wurde mit dem Namen „Shell SD 345" als Fungizid bekannt. LD_{50}: 250 mg/kg Ratte p. o. akut [55].

Kupfer-nitrodithioacetat

Das fungizid wirksame $(O_2N-CH_2-CS-S-)_2Cu$ besitzt auch die Bezeichnung „GC 308" [55].

Zink-nitrodithioacetat

Die entsprechende Zink-Verbindung $(O_2N-CH_2-CS-S-)_2Zn$ wurde als „GC 629" bekannt.

e) Abkömmlinge der Kohlensäure

Die Kohlensäure-arylester sind in später folgenden Abschnitten aufgeführt. In einer Übersichtsarbeit von *Nase* sind die wichtigsten fungitoxischen Wirkstoffe auf der Basis von Kohlensäure und Thiokohlensäure-Derivaten zusammengestellt und zahlreiche Literaturstellen angegeben [136].

Dithiokohlensäure-Derivate

Schwefelkohlenstoff

Schwefelkohlenstoff, CS_2, der als Anhydrid der Dithiokohlensäure aufgefaßt werden kann, wurde schon 1872 als Insektizid zur Bekämpfung der Reblaus eingeführt. Dazu wurde der Boden rings um die infizierten Rebstöcke mit Schwefelkohlenstoff versehen. Auf Grund des billigen Preises und der guten insektiziden Wirkung nahm der Verbrauch rasch zu. Schwefelkohlenstoff übt auch eine fungizide Wirkung aus [120]. Er dient hauptsächlich als Bodenbehandlungsmittel, wobei ihm sein Diffusionsvermögen und sein hoher Dampfdruck zustatten kommen. Andererseits bewirkt die Leichtflüchtigkeit, daß ein großer Teil bei der Anwendung verlorengeht, was sich auch durch Abdecken der Bodenoberfläche nicht ganz vermeiden läßt. Ein weiterer schwerwiegender Nachteil ist, daß die schon bei 46°C siedende Verbindung leicht entflammt und dann unter starker Hitzeentwicklung brennt. Sowohl der Transport, wie auch die Anwendung von Schwefelkohlenstoff sind daher mit zusätzlichen Kosten und Risiken belastet. Zum „Ausräuchern" von Getreidespeichern wird Tetrachlorkohlenstoff beigemischt, um die Feuer- und Explosionsgefährlichkeit herabzusetzen. Schwefelkohlenstoffdämpfe sind giftig, beim Einatmen stellen sich zunächst Schwindelgefühl und Brechreiz ein. Man versucht daher, an Stelle von Schwefelkohlenstoff solche Verbindungen einzusetzen, die nach der Applikation unter langsamer Zersetzung Schwefelkohlenstoff abspalten. Ein Beispiel hierfür ist das aus Kaliumsulfid und Schwefelkohlenstoff erhältliche Kaliumtrithiocarbonat. Unter der Einwirkung von Kohlendioxid bildet sich zunächst Trithiokohlensäure, die dann allmählich in Schwefelwasserstoff und Schwefelkohlenstoff zerfällt:

$$K_2CS_3 + CO_2 + H_2O \rightleftharpoons K_2CO_3 + H_2CS_3$$
$$H_2CS_3 \downarrow H_2S + CS_2$$

Cadmium-propylxanthogenat

$(C_3H_7{-}O{-}CS{-}S{-})_2Cd$, das Cadmiumsalz der O-Propyl-dithiokohlensäure, ist unter der Bezeichnung Cadenax® (Toa Agricultural Chem. Co./Japan) im Handel. Es wird hauptsächlich zur Bekämpfung einer bakteriellen Reiserkrankung (verursacht durch *Xanthomonas oryzae*) angewandt.

Einfache Thio- und Dithio-carbamidsäure-Derivate

wie Salze, Ester, Thiurame und Thiuram-(di)sulfide

In diese Gruppe fällt eine Reihe großtechnisch produzierter Fungizide. Auf ihre Bedeutung wurde schon hingewiesen (s. S. 54; vgl. insbes. die Angaben im Teil I,

Abschnitt 5 über die Geschichte der Fungizide). Einen Überblick über das Gebiet geben ferner die Veröffentlichungen von *Thorn* und *Ludwig* [197], von *Scheuerer* [168] und von *Summers* [188].

Die Dithiocarbamidsäure (Amido-dithiokohlensäure) hat die Formel:

$$H_2N-C{\genfrac{}{}{0pt}{}{\nearrow\!\!\!\!\nearrow S}{\searrow SH}}$$

Von Interesse sind die N-Alkyl- und die beständigeren N,N-Dialkyl-Derivate mit niederen Alkyl-Gruppen.

Einzelne Abkömmlinge der Dithiocarbamidsäure sind entsprechend dem *Beilstein*-Ordnungsprinzip an anderen Stellen eingeordnet. Man vergleiche hierzu die Abschnitte: „DDCB" (s. S. 90); Abschnitt über Mercaptothiazol-Derivate (s. S. 121); Dazomet (s. S. 126); Terracur® (s. S. 127); Milneb® (s. S. 127).

Natrium-methyldithiocarbamidat

$$CH_3-NH-\overset{\overset{\displaystyle S}{\|}}{C}-SNa\cdot 2\,H_2O\,.$$

Kurzbezeichnung („common name"): Metam (auch Metham).

Die auch „SMDC" oder „N-869" genannte Verbindung wurde im Jahre 1954 durch die Stauffer Chemical Co. unter der Bezeichnung Vapam® herausgebracht [238]. Sie dient in größerem Umfang als Bodenfungizid mit breitem Wirkungsspektrum, dabei ist gleichzeitig eine sehr gute Nematodenwirkung vorhanden. Zur Gruppe der Nematoden (Fadenwürmer) gehören als Phytoparasiten die „Wurzelälchen", kleine Würmer von etwa 1 mm Länge, die die Wurzeln zerstören. Früher hat man den durch Nematoden eingetretenen Schaden als „Bodenmüdigkeit" falsch gedeutet. Hinzu kommt, daß auch pilzliche Infektionen von den durch Nematoden verletzten Wurzeln ausgehen, so die Baumwollwelke (*Fusarium vasinfectum*). Metam ist von einer bestimmten Konzentration ab phytotoxisch und kann daher auch als kurzfristig wirksames Herbizid dienen [212], was z. B. in Gewächshäusern von Bedeutung ist: Man „reinigt" den Boden von unerwünschten Pilzen, bekämpft Nematoden und Unkräuter und kann nach kurzer Wartezeit den Boden neu bepflanzen.

Metam wird aus Methylamin, Schwefelkohlenstoff und Natriumhydroxid erhalten:

$$CH_3-NH_2+CS_2+NaOH+H_2O \longrightarrow CH_3-NH-\overset{\overset{\displaystyle S}{\|}}{C}-SNa\cdot 2H_2O$$

In verdünnten wäßrigen Lösungen tritt allmählich Zersetzung ein, wobei vermutlich Methylsenföl entsteht [118]. Säuren und Schwermetalle begünstigen die Zersetzung, indem sich zunächst die freie Methyl-dithiocarbamidsäure bildet und dann der Zerfall im Sinne der Reaktion:

$$CH_3-NH-\overset{\overset{\displaystyle S}{\|}}{C}-SH \longrightarrow CH_3-N=C=S+H_2S$$

durch Abfangen des Schwefelwasserstoffs als Metallsulfid beschleunigt wird.

In den USA und in Canada kommt Metam als 31%ige Lösung in den Handel.
LD_{50}: 285 mg/kg Maus p. o., 820 mg/kg Ratte p. o. Wasserlöslichkeit: 72,2 g/100 ml bei 20°C.

Natrium-dimethyldithiocarbamidat

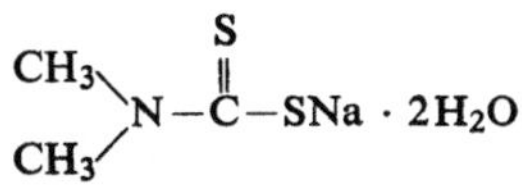

Das Natriumsalz der Dimethylamido-dithiokohlensäure ist auch unter den Bezeichnungen „P 666“, „NaDMDT“ oder ‚Diram‘® bekannt. Es läßt sich aus Dimethylamin, Schwefelkohlenstoff und Natriumhydroxid in Wasser darstellen und wird als leicht wasserlösliches Salz erhalten:

$$(CH_3)_2NH + CS_2 + NaOH \longrightarrow (CH_3)_2N-\overset{\overset{\displaystyle S}{\|}}{C}-SNa + H_2O$$

Die Verbindung ist ein breit wirksames Saatgutbeizmittel, sie läßt sich zur Applikation flüssig zubereiten (LD_{50}: Ratte p. o. 2500 mg/kg).
Das dem Natriumsalz entsprechende Ammonsalz ist ebenfalls im Handel, es wird unter der Bezeichnung Diram A® geführt.
Die Alkalisalze sind jedoch praktisch nur zur Saatgut- und Bodenbehandlung geeignet, als protektive Blattfungizide sind sie auf Grund ihrer für diesen Anwendungszweck zu großen Wasserlöslichkeit und ihrer alkalischen Reaktion nur wenig brauchbar. Man ist deshalb zu schwerer löslichen Salzen, z. B. zu den folgenden Zink- und Eisensalzen übergegangen.

Zink-dimethyldithiocarbamidat

$$[(CH_3)_2N-\overset{\overset{\displaystyle S}{\|}}{C}-S]_2Zn$$

Kurzbezeichnung: Ziram

Diese Verbindung wurde ursprünglich als Vulkanisationsbeschleuniger für Kautschuk entwickelt, befindet sich aber seit den dreißiger Jahren als wichtiges Fungizid in weltweiter Anwendung. Sie wird unter den Handelsbezeichnungen Zerlate® und Milban® von der Du Pont, unter Fuklasin® von der Schering AG und unter Pomarsol Z® oder Zinkcarbamat Bayer von den Farbenfabriken Bayer AG angeboten. Die nicht phytotoxische Verbindung ist ein protektives Fungizid für den Obst-, Wein- und Gemüsebau.
Ziram wird durch Versetzen einer wäßrigen Lösung von Natrium-dimethyldithiocarbamidat mit einem wasserlöslichen Zinksalz erhalten; es fällt hierbei als schwerlösliches Salz aus (in 1 l Wasser lösen sich bei 25°C nur 0,065 g). Es kommt meistens als Netzpulver in den Handel, so ist z. B. Zerlate® ein 76%iges „wettable powder“ [118]. Hunde können ohne Schaden 5 mg/kg täglich über einen längeren Zeitraum aufnehmen [77].

Eisen-dimethyldithiocarbamidat

$$[(CH_3)_2N-\overset{S}{\overset{\|}{C}}-S]_3Fe$$

Kurzbezeichnung: Ferbam

Das dreiwertige Eisensalz der Dimethyldithiocarbamidsäure, das in den dreißiger Jahren von der Firma Du Pont entwickelt wurde, ist insbes. in den USA als Fungizid unter dem Handelsnamen Fermate® bekannt geworden. Mit diesem Präparat wurden die Arbeiten und Erkenntnisse von *Tisdale* und *Williams* [225] wirtschaftlich genutzt. Ferbam wird hauptsächlich in amerikanischen Obstbaugebieten in breitem Umfang gegen den Apfelschorf (apple scab) angewandt.
Die Herstellung erfolgt durch Ausfällen aus wäßriger Lösung entsprechend dem vorstehend beschriebenen Zinksalz.

Die Verbindung ist — was ein Nachteil für die Praxis darstellt — schwarz gefärbt. Die Toxizität entspricht etwa der der vorgenannten Zinkverbindung. Wasserlöslichkeit: 0,12 g/l bei Raumtemperatur.

Nickel-dimethyldithiocarbamidat

$$[(CH_3)_2N-\overset{S}{\overset{\|}{C}}-S-]_2Ni$$

Im Gegensatz zum Zink- und Eisen-Salz wird das Nickel-Salz der Dimethyldithiocarbamidsäure nur begrenzt verwendet. Es dient unter der Bezeichnung Sankel® (Sankyo K. K. und Mikasa, Japan) als Bakterizid, das speziell gegen *Xanthomonas oryzae*, eine in Ostasien auftretende Reiskrankheit, gut wirksam ist. Die Verbindung wird als Spritzpulver mit einem Wirkstoffgehalt von 65% angeboten und ist weder für Fische noch für Säugetiere giftig. LD_{50}: Ratte p. o. oberhalb von 5200 mg/kg.

Von großer Bedeutung als Fungizide sind neben den Metallsalzen der Dimethyldithiocarbamidsäure die sog. Thiuram-Derivate, und zwar die Thiuram-sulfide:

$$R_2N-\overset{S}{\overset{\|}{C}}-S-\overset{S}{\overset{\|}{C}}-NR_2\,,$$

die als Anhydrosulfide der Dithiocarbamidsäure aufzufassen sind, und die Thiuram-disulfide mit der allgemeinen Formel:

$$R_2N-\overset{S}{\overset{\|}{C}}-S-S-\overset{S}{\overset{\|}{C}}-NR_2$$

Tetramethyl-thiuramdisulfid

$$(CH_3)_2N-\overset{S}{\overset{\|}{C}}-S-S-\overset{S}{\overset{\|}{C}}-N(CH_3)_2$$

Kurzbezeichnungen (common names): Thiram und TMTD

Diese wohl wichtigste Verbindung wurde — wie die vorher genannten Substanzen — in den dreißiger Jahren von den Firmen Du Pont und I.G. Farbenindustrie bearbeitet. Sie diente zuerst als Vulkanisationsbeschleuniger, wurde dann aber

von *Tisdale*, *Flenner* und *Williams* als Fungizid und Bakterizid erkannt [198, 225] und fand in den USA zunächst als Beizmittel Verwendung. Es wurde unter den Handelsnamen Arasan®, Tersan® (Du Pont) und Nomersan® (Plant Protection Ltd.) vertrieben. Im Jahre 1934 meldeten *Günzler*, *Heckmanns* und *Urbschat* (I.G. Farbenindustrie) ein Patent an, das die Verwendung von Tetramethyl-thiuramdisulfid zur Bekämpfung des Obstschorfes enthält [269]. Das Patent wurde 1937 erteilt und TMTD in demselben Jahr in die Praxis eingeführt. Die Bedeutung dieses Patents liegt in der erstmalig beschriebenen Anwendung einer *metallfreien* organischen Verbindung als Blattfungizid. Das Präparat wurde in Deutschland unter der Bezeichnung Pomarsol® (I.G. Farbenindustrie) bekannt; es wird als protektives Fungizid gegen Schorf, Schrotschußkrankheit und Grauschimmel der Erdbeeren (*Botrytis cinerea*) eingesetzt. Als Saatgutbeizmittel (z. B. „Kartoffelbeize 5647") und breit wirksames Bodenbehandlungsmittel dient es insbes. zur Bekämpfung samen- und bodenbürtiger Keimlings-, Stengelbasis- und Wurzelkrankheiten.
TMTD wird durch schonende Oxydation eines Alkalisalzes der Dimethyldithiocarbamidsäure mit z. B. Wasserstoffperoxid, Chlor oder Luft dargestellt.

LD_{50}: 750 mg/kg Ratte p. o. Die Reizwirkung auf Haut und Schleimhäute bei der Anwendung ist für empfindliche Personen hinderlich. Auch für Vögel ist die Verbindung giftig: Hennen, die 35 ppm des Präparats mit ihrer Nahrung zugefüttert erhalten, vermindern die Eiablage oder stellen sie ganz ein [208]. TMTD ist in Wasser fast unlöslich, in Alkohol wenig löslich und in Chloroform und Aceton gut löslich.

Tetramethyl-thiuramdisulfid wird auch in Kombination mit anderen Fungiziden angewandt. Ein bekanntes *Kombinationspräparat* wird unter der Bezeichnung Tuzet® von den Farbenfabriken Bayer angeboten. Es kommt als Spritzpulver in den Handel und enthält:

40% TMTD
20% Ziram (s. S. 61)
20% Urbacid® (s. S. 151)

Tuzet — auch als Monzet® bezeichnet — ist eine fungizide Mischung mit großer Wirkungsbreite. Es ist auch in tropischen Kulturen gut eingeführt. So ist es im Reisanbau gegen *Hypochnus sasakii* und in Kaffee-Plantagen gegen *Omphalia* gut wirksam.
Ein weiteres wichtiges Kombinationspräparat ist Ceredon T®, das neben TMTD noch Benquinox enthält und auf S. 99 beschrieben wird. Dem TMTD in der Wirkung etwa vergleichbar ist das früher von der BASF eingeführte Dipyrrolidylthiuramdisulfid (Lutiram®). Das Produkt ist aber heute ohne Bedeutung, es wird deswegen an dieser Stelle nur wegen des Zusammenhanges mit TMTD erwähnt.

Tetraäthyl-thiuramdisulfid

Es handelt sich hier um das Äthyl-Analoge des unter 2.152.6 beschriebenen Disulfids:

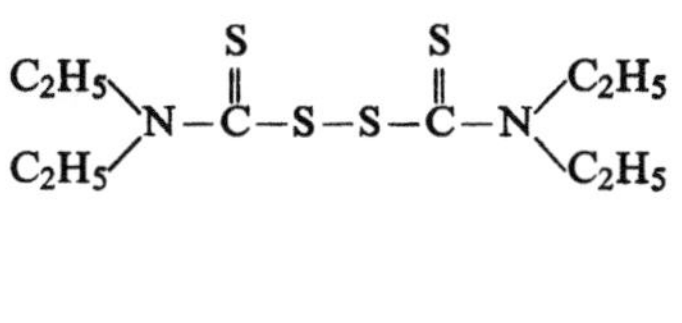

Die von Du Pont auch als „Fungicide 4472" bezeichnete Verbindung ist zurückgezogen worden. Sie hat eine stärkere Nebenwirkung gegen Spinnmilben als TMTD und besitzt eine gute fungizide Wirkung, war jedoch von geringerer praktischer Bedeutung als das Tetramethyl-Derivat. Tetramethyl-thiuramdisulfid dient ebenfalls als Vulkanisationsbeschleuniger und wurde unter der Bezeichnung Antabus® als Alkohol-Entwöhnungsmittel bekannt; es blockiert vermutlich im Organismus den oxydativen Abbau des Äthylalkohols auf der Acetaldehyd-Stufe [69].

Sonstige Thiuram-Derivate

Tetramethyl-thiuramoxid besitzt nach *Klöpping* und *van der Kerk* hohe fungizide Wirksamkeit [96]. Der Verbindung kommt jedoch keine Thiuramoxid-Struktur zu, sondern nach *White* [218] ist die richtige Bezeichnung Dimethylcarbamoyl-dimethylthiocarbamoyl-sulfid mit der Formel:

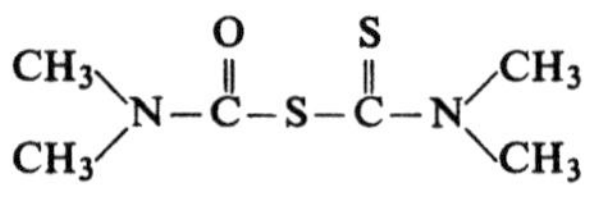

Tetramethyl-thiurammonosulfid („TMTM"):

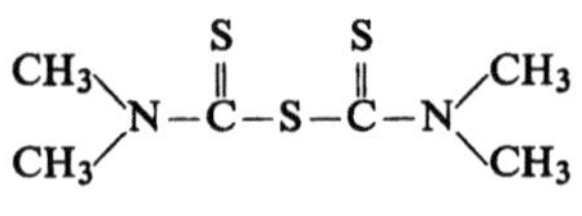

kommt in seiner Bedeutung als Fungizid dem entsprechenden Disulfid (s. S. 62) nicht gleich. Es dient jedoch als Vorprodukt für das breiter wirksame

Dimethyl-carbamoyl-dimethylthiocarbamoyl-disulfid

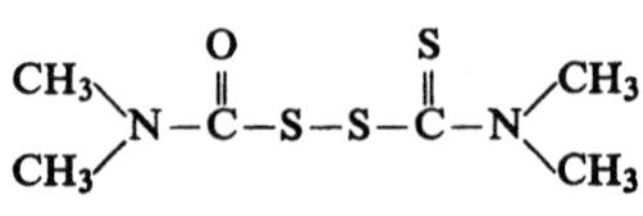

das aus dem Monosulfid durch Oxydation mit Luftsauerstoff in Gegenwart von Distickstofftetroxid erhalten wird [252]. Das genannte Disulfid wurde als „Niagara 9130" bekannt.

Derivate der Äthylen- und Propylen-1,2-bisdithiocarbamidsäure

Die Dithiocarbamidsäuren primärer Amine der Formel:

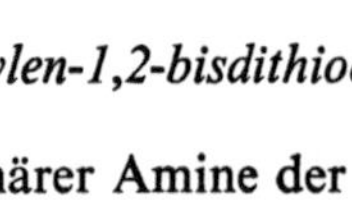

sind allgemein nur wenig beständig [212]. Geht man aber zu den Bis-dithiocarbamidsäuren des Äthylendiamins (bzw. dessen Derivaten) über, so verbessert sich die Beständigkeit.

Dinatrium-äthylen-1,2-bisdithiocarbamidat

Zuerst aus dieser Reihe bekannt geworden ist das

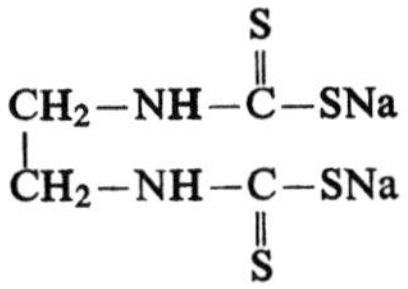

Kurzbezeichnung: Nabam

Das leicht wasserlösliche Salz ist unter den Bezeichnungen Dithane D-14® (Rohm and Haas Co.), Parzate® (Du Pont) und „DSE“ bekannt. Das entspr. Diammoniumsalz heißt auch Amobam® (Roberts). Nabam dient vor allem als Bodenfungizid, wobei Wasserlöslichkeit und nicht zu lange Beständigkeit erwünscht sind. Die Verbindung wurde von *Hester* aus Äthylendiamin, Schwefelkohlenstoff und Natronlauge erhalten [226]:

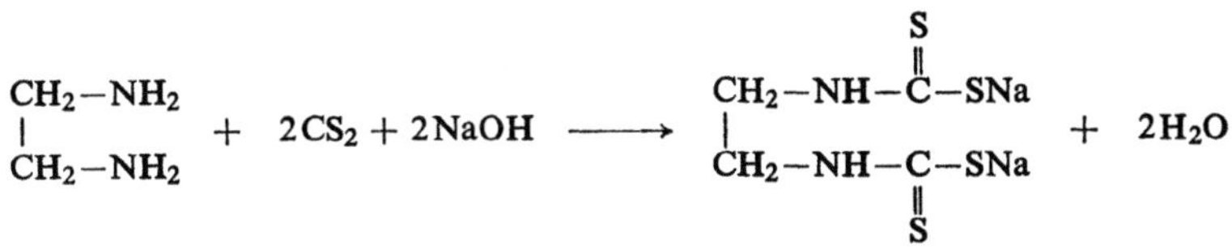

Die fungizide Wirkung beschrieben zuerst *Dimond, Heuberger* und *Horsfall* im Jahre 1943 [44]. LD_{50}: 395 mg/kg Ratte p. o. Die Verbindung soll jedoch — wie Versuche an Ratten gezeigt haben — eine Kropfbildung auslösen oder begünstigen [181].

Zink-äthylen-1,2-bisdithiocarbamidat

Als Blattfungizid hat Nabam keine größere Rolle gespielt, wohl aber die daraus durch Zugabe von Zinksulfat erhältliche Zinkverbindung [73],

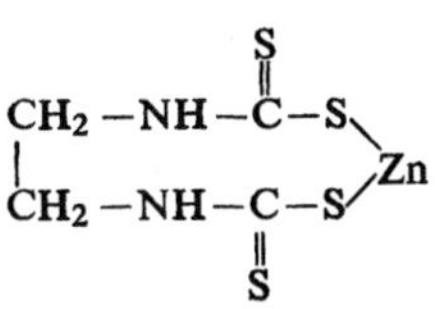

Kurzbezeichnung: Zineb

Weiterhin sind die Handelsnamen Dithane Z-78® (Rohm und Haas), Parzate Zineb® (Du Pont) und Lonacol® (Farbenfabriken Bayer AG) in Gebrauch. Die Verbindung dient weltweit als protektives Blattfungizid z. B. gegen *Phytophthora infestans*, die Kraut- und Knollenfäule der Kartoffeln und die Braunfäule der Tomaten; aber auch gegen Obstschorf, gegen die Bananenfleckenkrankheit und gegen Peronospora im Weinbau wird Zineb angewandt. Als Saatgutbeizmittel ist die Wirksamkeit weniger gut, als Bodenbehandlungsmittel ist Zineb jedoch wirksam.

LD_{50}: 5200 mg/kg Ratte p. o. Löslichkeit: In Wasser schwerlöslich, in Pyridin löslich.

Mangan-äthylen-1,2-bisdithiocarbamidat

Zineb wird zunehmend von der entspr. Mangan-Verbindung verdrängt,

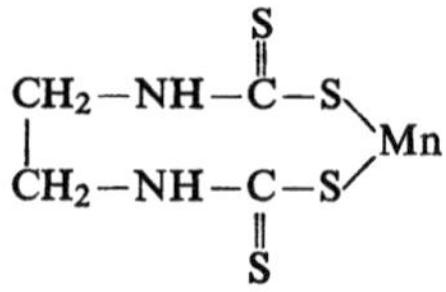

Kurzbezeichnung: Maneb

Weitere bekannte Namen für die Verbindung sind: Manzate® (Du Pont), Dithane M-22® (Rohm and Haas Co.) und Maneb-Spritzpulver „Bayer". Maneb wurde 1950 von Du Pont eingeführt und dieser Firma geschützt [229, 235]. Es wird seither in großem Maß als Blattfungizid zur Bekämpfung der Kraut- und Knollenfäule der Kartoffel, der Hopfen- und Reben-Peronospora, des Roten Brenners (*Pseudopeziza tracheiphila*) und anderer Blattkrankheiten angewandt. Auch als breit wirksames Bodenbehandlungsmittel und als Saatgutbeizmittel wird Maneb gebraucht. Die Darstellung erfolgt aus Nabam und Mangansulfat in wäßriger Lösung, das schwerlösliche Maneb fällt dann aus. Die Toxizität entspricht etwa der des *Zineb* und des Ziram.
Eine Koordinationsverbindung von Maneb und Zink-Ionen ist als Mancozeb (Kurzbezeichnung), „Fore" oder Dithane M 45® (Rohm and Haas Co.) im Handel. Mancozeb soll wegen seiner besseren Stabilität eine noch bessere Wirkung als Maneb oder Zineb besitzen. Im Bananenanbau ist Mancozeb gegen *Cercospora musae* wirksam.
Wie weiterhin aus mehreren Untersuchungen hervorgeht, geben Zineb und Maneb sowohl mit Ammoniak wie mit Aminen stabile Additionsverbindungen [168, 277, 311, 317]. Die Addukte sollen sich durch besonders günstige Eigenschaften auszeichnen.

Zink-propylen-1,2-bisdithiocarbamidat

Die Umsetzung von 1,2-Diaminopropan mit Schwefelkohlenstoff und Laugen führt zu Derivaten der Propylen-1,2-bisdithiocarbamidsäure. Man erhält dann eine geringfügige Verschiebung des Wirkungsspektrums und eine noch bessere fungizide Wirkung. Das Patent trägt die Namen *Lehmann*, *Grewe* und *Lautenschlager* (Farbenfabriken Bayer)[255]. Ein wichtiges Präparat aus dieser Gruppe ist das Zinkpropylen-1,2-bisdithiocarbamidat

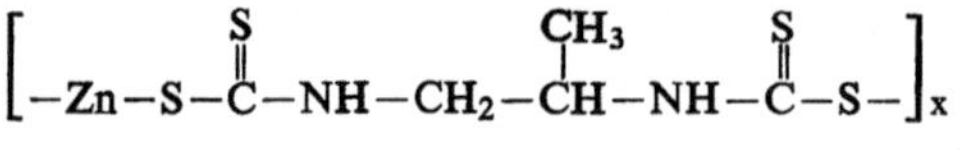

Kurzbezeichnung: Propineb (früher auch Mezineb oder Methylzineb)

Die als Antracol® (Farbenfabriken Bayer) bekannte Verbindung wurde im Jahre 1963 in den Handel gebracht. Sie besitzt nach Arbeiten von *Grewe* [62] eine große Bedeutung für den Weinbau [60], den Hopfenbau, den Obstbau sowie den Feld- und Gemüsebau [62]. Sie hat sich auch in Kulturen der tropischen Zone bewährt, so z. B. in Tee-, Tabak- und Bananen-Plantagen [152]. Das Präparat zeichnet sich durch sehr gute Wirkung gegen *Phytophthora infestans* (die Kraut- und Knollenfäule der Kartoffeln und Tomaten), *Plasmopara viticola* (die Peronospora-Krankheit der Reben), *Pseudoperonospora humuli* (die Hopfen-Peronospora), *Helminthosporium oryzae* (eine Blattfleckenkrankheit des Reises) und *Peronospora tabacina* (die Blauschimmelkrankheit des Tabaks) [141] aus. Die Verbindung verfügt über eine große Haftfestigkeit und Regenbeständigkeit. Sie wird auch im Zierpflanzenbau eingesetzt.

LD_{50}: 8 500 mg/kg Ratte ♂ p. o., über 2500 mg/kg Katze p. o. (weitere Toxizitätswerte s. [62]). Besondere Aufmerksamkeit hat man dem Rückstandsproblem gewidmet. Ob nach der Anwendung von Antracol Wirkstoff-Rückstände in und auf den Pflanzen verbleiben, läßt sich durch kolorimetrische und polarographische Analysenmethoden feststellen [204]. Auf diese Weise lassen sich noch Wirkstoffgehalte bis herab zu etwa 0,3 bis 0,6 ppm erfassen.

Durch Mischfällungen hergestellte Kombinationen aus dem Zink- und Mangan-Salz der 1,2-Propylen-bisdithiocarbamidsäure übertreffen die entsprechenden Einzelsalze nochmals und sind besser wirksam als die Zink-Mangan-Mischsalze der Äthylenbisdithiocarbamidsäure [61].
Auch von den Derivaten der Alkylen-1,2-bisdithiocarbamidsäure sind die entsprechenden *Thiuram-sulfide und -disulfide* bekannt und untersucht worden. (Obwohl zu den heterocyclischen Verbindungen gehörig, werden diese Präparate hier aufgeführt.)

Äthylenthiuram-monosulfid

Man vermutet nun, daß beim Abbau von Zineb, Maneb oder Propineb zunächst diese Thiuram-sulfide und -disulfide entstehen, die dann weiter zu Isothiocyanaten abgebaut werden. Im Gegensatz zu den Thiuram-Derivaten der Dialkyldithiocarbamidsäure sind nach *Frank* und *Grewe* bei diesen Thiuramen die Disulfide weniger wirksam als die Monosulfide [297, 299]; z. B. besitzt das Hexahydro-1,3,6-thiadiazepin-2,7-dithion, das Äthylenthiuram-monosulfid

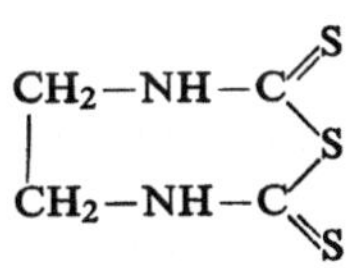

oder „Ae(E)TM" sehr gute fungizide Eigenschaften. Es wird somit angenommen, daß die fungizide Wirkung von Nabam, Zineb und Maneb auf der des Äthylenthiuram-monosulfids beruht [119], sofern man nicht die aus dem Sulfid durch Umlagerung entstehende 2-Isothiocyanato-äthyldithiocarbamidsäure:

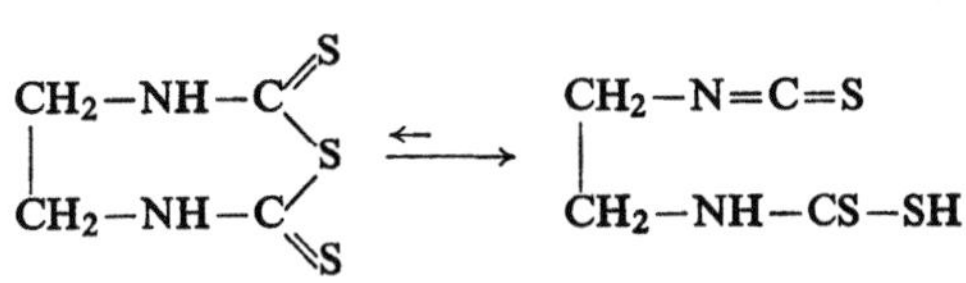

als eigentlichen Wirkstoff annimmt. Nach Ansicht von *Rich* und *Horsfall* dagegen läuft der Abbau von Äthylen-bis-dithiocarbamidaten bis zum N,N'-Äthylenthioharnstoff:

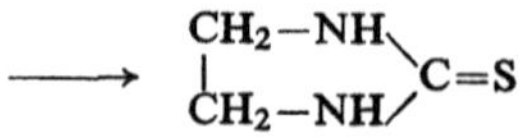

weiter [159]. Letztere, leicht darstellbare Verbindung [124] ist selbst kein Fungizid. Die genannten Autoren nehmen nun an, daß der Abbau erst im Innern der Zelle eintritt und der Äthylenthioharnstoff am Wirkungsort entsteht. Als biologisch aktives Umwandlungsprodukt bzw. Bruchstück würde er dann in das biologische Geschehen eingreifen.

Äthylen-1,2-bis-(thiocarbamoyl-dimethylthiocarbamoyl-disulfid)

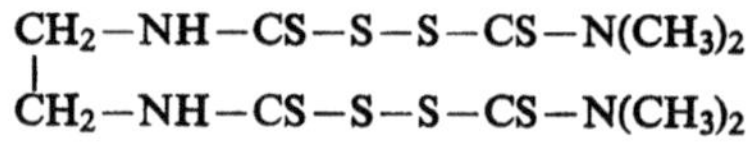

Dieses „gemischte Thiuramdisulfid“, das von der Äthylen-bis-dithiocarbamidsäure und der Dimethyl-dithiocarbamidsäure ausgehend erhalten wird, ist in der Literatur als Fungizid unter den Namen „Tecoram“ oder „B 56“ angegeben [55].

Polyäthylenthiuram(di)sulfide

Unter der Bezeichnung Thioneb® (Du Pont) befindet sich „Polyäthylenthiuramsulfid“ im Handel [55]; Polyäthylenthiuramdisulfide sind als Polyram® (BASF) und „PÄTD“ bekannt geworden.
Unter der Kurzbezeichnung Metiram und den weiteren Namen Polyram-Combi®, „NIA 9102“ und Thiumet® gibt es außerdem ein Additionsprodukt aus Zineb und Polyäthylenthiuramdisulfid, das von der Badischen Anilin- & Soda-Fabrik auch „Zinkaktiviertes Polyäthylenthiuramdisulfid“ genannt wird [281]. Die Konstitution der genannten Produkte liegt noch nicht eindeutig fest. (LD_{50} von Metiram: 6400 mg/kg Ratte p. o. [118].)

Zur Wirkungsweise der Dithiocarbamidsäure-Derivate

Aus mehreren Veröffentlichungen geht hervor [119], daß der Träger der fungiziden Wirkung der Dialkyl-dithiocarbamidsäure-Derivate im Dialkyl-dithiocarbamidat-Anion selbst liegt. Auch in neueren Untersuchungen wurde dies wieder bestätigt. So konnten *Pianka*, *Edwards* und *Smith* an 94 Derivaten der Dimethyl-dithiocarbamidsäure zeigen, daß nur solche Verbindungen eine gute Wirksamkeit gegen den Apfelschorf (*Venturia inaequalis*) besitzen, bei denen ein geringer Energieaufwand zur Abspaltung des fungitoxischen Ions

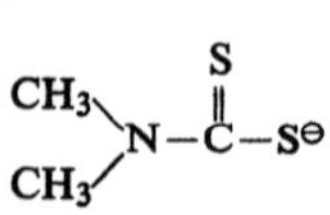

genügt [150].

Die Autoren wiesen dies mit einem Kupfertest nach: Hierzu wurden die zu untersuchenden Präparate bei 40°C — also unter relativ milden Bedingungen — in wäßrigem Alkohol als Lösungsmittel mit einer Kupferacetat-Lösung versetzt. Ein Farbwechsel nach braun zeigte jeweils an, ob ein Dimethyldithiocarbamidat-Anion abgespalten und danach mit Kupfer(II)-Ionen ein schwerlösliches Salz gebildet worden war. Hierbei zeigte es sich, daß diejenigen Präparate eine positive Farbreaktion geben, die auch eine gute fungizide Wirksamkeit gegen den Apfelschorf besitzen.

Anders als bei den *Dialkyl*-dithiocarbamidsäure-Derivaten liegen die Verhältnisse bei den Verbindungen, die aus primären Aminen und Schwefelkohlenstoff erhalten wurden, also bei den *Monoalkyl*-dithiocarbamidsäure- und den Äthylen-bisdithiocarbamidsäure-Derivaten. Bei den beiden letzteren bleibt ein Wasserstoffatom am Stickstoff, und diese Verbindungen können — wie beim Vapam® gezeigt — zu Senfölen zerfallen, oder — wie beim Äthylenthiuram-monosulfid vermutet — sich in Senföle umlagern. Es ist somit verständlich, daß die Gruppe von Pilzen, gegen die Thiram und die Metallsalze der Dimethyl-dithiocarbamidsäure besonders toxisch wirken, sich nach *Heuberger* [72] von den Pilzen unterscheidet, gegen die Nabam und Zineb besonders wirksam sind.

Thiocyansäure- und Isothiocyansäure-Derivate

Nachdem — wie dargelegt — das fungitoxisch wirksame Prinzip der Monoalkyldithiocarbamidate und der Äthylen-bisdithiocarbamidate in den Alkylsenfölen gesehen wird, ist es naheliegend, daß man auch die Thiocyansäure- und Isothiocyansäure-Verbindungen eingehend geprüft hat.

Methylisothiocyanat (Methylsenföl)

$CH_3-N=C=S$ Kurzbezeichnung: Metifume

Diese Verbindung, auch Trapex® oder Morton EP 161 E® (Morton Chemical Co.) genannt, dient als Bodenbegasungsmittel. Sie zeichnet sich durch einen hohen Dampfdruck aus und besitzt als Bodenfungizid ein breites Wirkungsspektrum. Hinderlich bei der Anwendung ist die auf Augen und Schleimhäute ausgeübte Reizwirkung. LD_{50}: 97 mg/kg Ratte p. o. Dampfdruck bei 20°C: 20,7 Torr, Fp 35°C, Kp 119°C bei 670 Torr.
Unter der Bezeichnung Vorlex® oder „EP-162" der Morton Chem. Comp. versteht man eine Lösung von Methylisothiocyanat in einem chlorierten C_3-Kohlenwasserstoff. Vorlex® wurde durch die Morton Chem. Comp. als Bodendesinfiziens eingeführt. Es wird als Lizenzpräparat von der Schering AG produziert. Das Präparat ist wirksam gegen Bodenpilze und Nematoden und — von einer bestimmten Aufwandmenge ab — gegen Unkräuter und Bodeninsekten.

Methylendithiocyanat

$$N{\equiv}C-S-CH_2-S-C{\equiv}N$$

Die durch Umsetzung von Methylenchlorid mit Alkali-rhodanid in Gegenwart eines Jodids erhältliche Verbindung wird von japanischer Seite [350] als Fungizid genannt.
Thiocyansäure-Derivate (Rhodanide) sind häufig fungizid wirksam.
Die aus Senfölen entstehenden Präparate Mylon® und Terracur® finden sich bei den heterocyclischen Verbindungen, s. S. 126/127.

Guanidin-Derivate

n-Dodecyl-guanidin-acetat

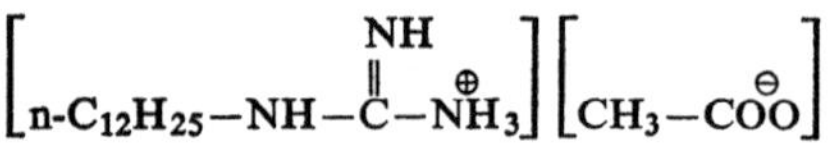

Kurzbezeichnung: Dodine

Die auch als Laurylguanidin-acetat, Melprex®, „Exp. Fungicide 5223", „AC 5223" oder Cyprex® 65-W der American Cyanamid Co. bezeichnete Verbindung wurde 1956 von der genannten Firma eingeführt. Das Präparat ist ein spezifisches Schorfmittel, das eine protektive und spürbar curative Wirkung besitzt. Da die Verbindung bei einigen Obstsorten keine ausreichende Verträglichkeit zeigt, soll die Anwendung nur in der Vorblütezeit geschehen [61].
Die Herstellung der Verbindung gelingt nach *Paden* et al. aus Dodecylamin, Cyanamid und Essigsäure [179, 227]:

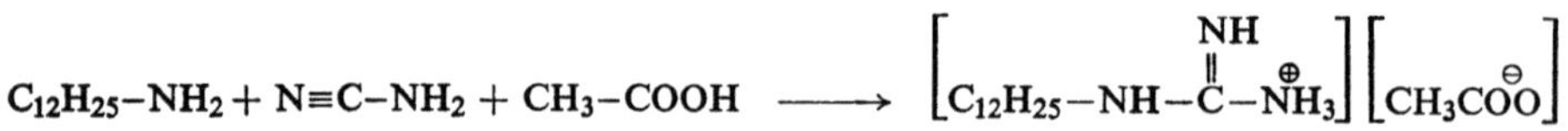

Wesentlich für die fungizide Wirksamkeit ist der $C_{12}H_{25}$-Rest.
Über Untersuchungen, die mit ^{14}C-markiertem Dodine zur Klärung der Wirkung auf Venturia-Arten durchgeführt wurden, berichtete *Miller* [130, 131].

LD_{50}: 1000 mg/kg Ratte p. o. Löslichkeit: Löslich in Alkoholen und wäßrigen Säuren.

Die Alkylsulfate des Dodecylguanidins besitzen ebenfalls gute fungizide Wirkung [359]. Zur Darstellung geht man von S-Alkylisothiouroniumalkylsulfaten aus, die ihrerseits aus Thioharnstoff und Dialkylsulfaten erhältlich sind, und Dodecylamin [359]:

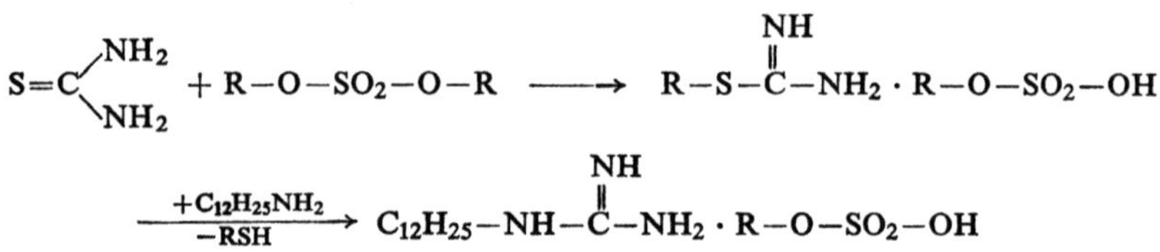

1,1'-Hexamethylen-bis-(5-hexyl-biguanid)

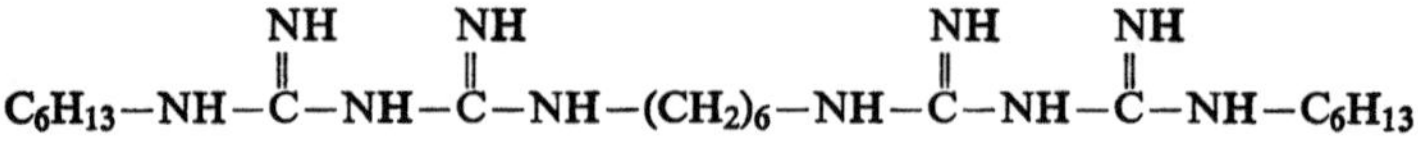

Die Verbindung wird von der Firma Sterling Drug als Pflanzen-Fungizid und -Bakterizid in einem Patent beansprucht [334].

Additions-Verbindungen von Guanidin-Derivaten mit Perhalogenaceton

Diese Substanzgruppe soll nach einem Patent der Stauffer Chemical Co. eine hohe systemische fungizide Wirkung besitzen. Besonders genannt werden [253]:

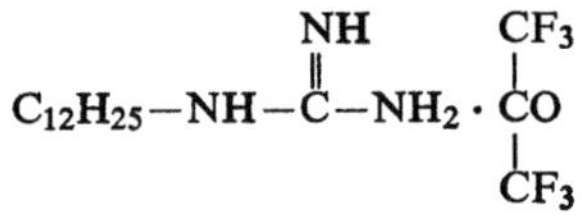

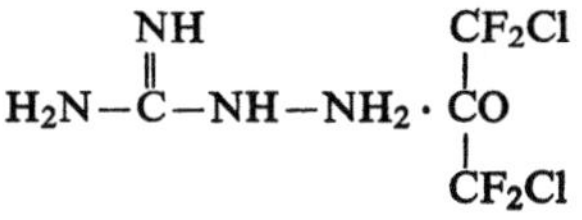

(S. S. 57).

f) Sulfonsäuren, Amidosulfonsäuren und Derivate

Im Gegensatz zur aromatischen und heterocyclischen Reihe sind unter den Alkylsulfonsäuren und deren Amido-Derivaten nur wenige fungizid wirksame Präparate anzutreffen.

Bis-(N-methyl-dichlorfluormethylsulfenamido)-sulfon

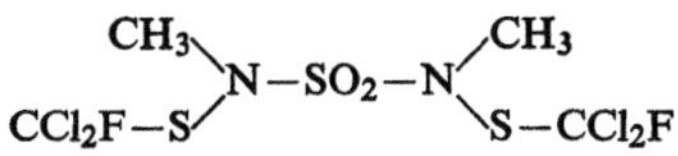

Diese Verbindung wird in einem Patent neben analogen Verbindungen genannt [322], die gegen Verticillium- und Fusarium-Arten wirksam sind, aber auch insbesondere als Saatgutbeizmittel gegen *Tilletia tritici* und als Bodenbehandlungsmittel gegen Rhizoctonia-, Fusarium-, Pythium- und Thielaviopsis-Arten eingesetzt werden können.
Die fungizide Wirkung dürfte insbesondere auf der Gruppierung:

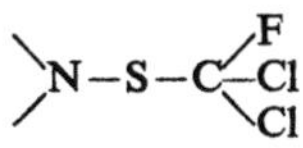

beruhen (vgl. die Angaben auf S. 95 über die Wirkung des Dichlofluanid oder Euparen®).
Ähnliche Verbindungen mit der Gruppierung

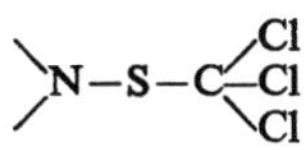

werden in den Abschnitten auf S. 108/109 behandelt.

g) Amine und Ammonium-Verbindungen

Amine und Ammonium-Verbindungen werden häufig als Fungizide und Bakterizide verwandt. Sie werden in zunehmendem Maße in tropischen Kulturen geprüft und für diesen Zweck insbesondere von japanischen Firmen bearbeitet.

2-Aminobutan

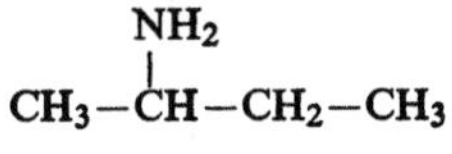

sek.-Butylamin

oder „2-AB“ wurde durch die Eli Lilly Co. unter der Bezeichnung Tutane® als Fungizid bekannt. Auch die Pennsalt Chem. Co. besitzt ein Verwendungspatent auf die Verbindung [326], die vornehmlich in Ananas- und Bananenkulturen eingesetzt werden soll. Die Verbindung reizt die Augen und die Haut.

LD_{50}: 380 mg/kg Ratte p. o. Löslichkeit: In Wasser und in organischen Lösungsmitteln löslich. Kp 63° C unter Normaldruck.

Dimethyl-didecyl-ammonium-bromid

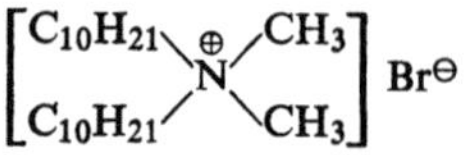

auch „Deciquam" oder „DDAB" genannt, wird als gegen Apfelschorf protektiv und kurativ wirksame Verbindung bezeichnet, die jedoch von einigen Apfelsorten schlecht vertragen wird. Ähnliche Präparate wurden von der Firma Hoffmann-La Roche u. Co. bearbeitet [329]. So besitzt das Methyl-allyl-didecyl-ammonium-bromid:

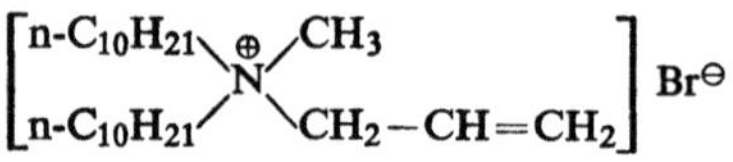

als Breitspektrum-Fungizid eine gute Wirkung gegen zahlreiche Pilzarten und ist auch im Hygienesektor von Interesse.
Den aliphatischen quarternären Ammonium-Verbindungen entsprechen die von der Badischen Anilin- & Soda-Fabrik bearbeiteten Morpholinium-Derivate (s. S. 122/123).

2-(n-Dodecylamino)-äthyl-guanidin-sulfat

$$n\text{-}C_{12}H_{25}-NH-CH_2-CH_2-NH-\overset{\overset{NH}{\|}}{C}-NH_2\cdot H_2SO_4$$

Durch einen Bericht der Long Ashton Agricultural and Horticultural Research Station wurden die fungiziden Eigenschaften der Verbindung bekannt [7]. Das Produkt trägt die Bezeichnung „GS 11777".

2.2. Isocyclische Verbindungen

a) Isocyclische Kohlenwasserstoffe

gegebenenfalls Halogene und/oder Nitro-Gruppen enthaltend

Diphenyl

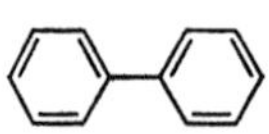

(Biphenyl)

Diese Verbindung wird zwar nicht als Pflanzenschutzmittel im üblichen Sinne angewandt, sie dient jedoch in ausgedehntem Maße zur Hemmung der Schimmelbildung auf Obst und insbesondere auf Citrus-Früchten. Diphenyl wurde im Jahre 1944 von *Ramsey* et al. zur Imprägnierung von Verpackungsmaterial für Citrus-Früchte empfohlen [154].
Diphenyl wird durch pyrolytische Dehydrierung von Benzol dargestellt.

LD_{50}: 3280 mg/kg Ratte p. o. akut. Dampfkonzentrationen von über 0,005 mg/l Luft werden vom Menschen nicht ohne Schaden längere Zeit ertragen [118].

Hexachlorbenzol

Das „*HCB*" wurde als Saatbeizmittel von *Yersin* [223] eingeführt. Es wirkt speziell gegen Ansteckung des Weizenkeims durch Weizensteinbrand (*Tilletia tritici*), und zwar nicht nur gegen die samenbürtige, sondern auch gegen die bodenbürtige Infektion. Es wird in großem Umfang angewandt, vielfach auch zusammen mit anderen Fungiziden.
Die Verbindung muß jedoch in relativ hoher Aufwandmenge ausgebracht werden. Dasselbe gilt auch für die Halogennitrobenzole.
Die Verbindung wird durch Chlorieren von Benzol in Gegenwart geeigneter Katalysatoren dargestellt.
Die in Wasser und kaltem Äthanol praktisch unlösliche Substanz gilt als ungiftig, jedoch sollen bei chronischer Aufnahme über einen längeren Zeitraum Lebervergrößerungen entstehen.

2,3,5,6-Tetrachlor-nitrobenzol

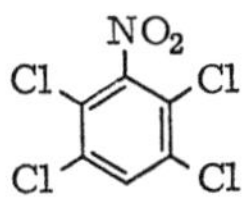

Kurzbezeichnung: Tecnazen

Die früher von der I. G. Farbenindustrie (Werk Hoechst) bearbeitete Verbindung besitzt auch die Bezeichnungen „TCNB", Myfusan®, Fusarex®, Folosan DB-905® (Bayer Agriculture Ltd.) und wird als selektives Fungizid gegen die Trockenfäule (*Fusarium coeruleum*) an Kartoffelknollen eingesetzt. Nach *Brown* soll das Präparat auch das Austreiben von gelagerten Kartoffeln verhindern [29].
Die Verbindung wird durch Nitrieren von 1,2,4,5-Tetrachlorbenzol dargestellt.

Toxizität: 215 mg/kg an Mäuse täglich verfüttert, geben keine Krankheitserscheinungen [118].
Löslichkeit: Wasserunlöslich; in Benzol, Schwefelkohlenstoff und Chloroform leichtlöslich.

Pentachlornitrobenzol

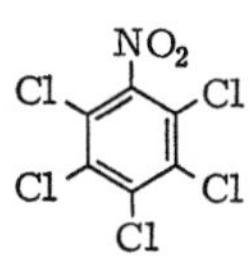

Die auch als „PCNB", „Quintozen", Brassicol®, Tritisan® (Farbwerke Hoechst AG), Folosan®, Botrilex®, Terraclor® (Olin Mathieson Chem. Corp.) und Tilcarex® (Bayer Agriculture Ltd.) bezeichnete Verbindung wurde um 1930 von der I. G. Farbenindustrie, Werk Hoechst, als Fungizid entwickelt. Pentachlornitrobenzol wirkt als Saatgutbeizmittel und Bodenbehandlungsmittel speziell gegen Weizensteinbrand. Außerdem wird eine Wirkung gegen Rhizoctonia-Arten, gegen die Kohlhernie (*Plasmodiophora brassicae*) und gegen Botrytis-Erkrankungen an Salatpflanzen angegeben.

Man erhält die Verbindung durch Chlorieren von Nitrobenzol mit Chlor in Chlorsulfonsäure bei 60 bis 70°C mit Jod als Katalysator.

LD_{50}: Oberhalb von 12000 mg/kg Ratte p. o. Die Verbindung gleicht in ihren Eigenschaften dem Tetrachlornitrobenzol (vgl. S. 73). Zum Rückstandsproblem siehe [52].

Trichlordinitrobenzol

Unter der Bezeichnung „Chemagro 2635" ist ein Gemisch von 80% 1,2,4-Trichlor-3,5-dinitrobenzol und 20% 1,2,3-Trichlor-4,6-dinitrobenzol auf dem Markt:

80 %: 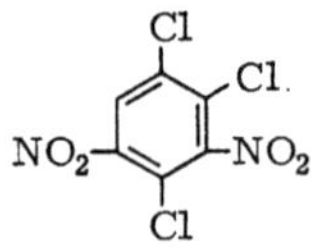 und 20 %: 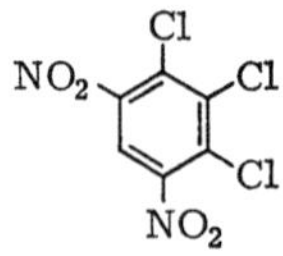

Die Herstellung gelingt durch Nitrieren der isomeren Trichlorbenzole. Die Mischung wurde von der Chemagro Corp. als Bodenfungizid eingeführt, das insbesondere gegen Rhizoctonia-Arten und ähnliche pathogene Pilze wirkt, die Auflaufkrankheiten („damping-off") und Wurzelfäule verursachen. Das Gemisch ist in Aceton, Dioxan und aromatischen Lösungsmitteln löslich.
LD_{50}: 425 mg/kg Ratte ♀ p. o.

1,3,5-Trichlor-2,4,6-trinitrobenzol

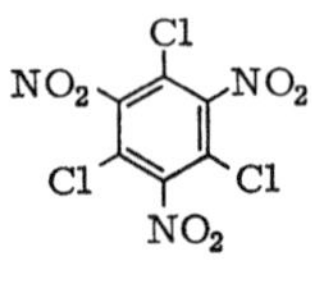

Die auch Bulbosan® (Farbwerke Hoechst) genannte Verbindung wurde schon vor längerer Zeit von der I. G. Farbenindustrie entwickelt [119]. Sie ist gut wirksam gegen *Cladosporium fulvum* an Tomaten. LD_{50}: 10000 mg/kg Ratte p. o. [196].

1-Chlor-2,4-dinitro-naphthalin

Diese Verbindung besitzt die Bezeichnung „Gorsatox" und hat die Formel:

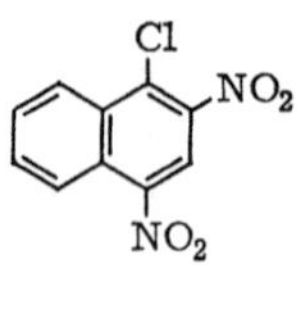

Sie wurde von *Soenen* und *Werotte* [182] als Blattfungizid erkannt, das gegen die Krautfäule der Kartoffel, Reben-Peronospora und gegen Apfelschorf gut wirksam ist. Die Verbindung ist jedoch etwas phytotoxisch und wirkt hautreizend, was die Anwendung einschränkt.

Zur Darstellung werden 1-Hydroxy-2,4-dinitro-naphthalin und Tosylchlorid in Gegenwart von N,N-Diäthyl-anilin umgesetzt.

b) Hydroxyl-Verbindungen und Derivate

einschließlich analoge Schwefel-Verbindungen

Monohydroxy-Verbindungen

Einfache Phenole und Benzylalkohole. Über Phenolcarbonsäure-anilid (Salicylanilid) s. S. 93.

2,4,5-Trichlorphenol

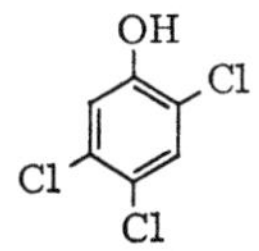

Die Verbindung wird auch unter der Bezeichnung Preventol I® (Gen. Aniline) in der Literatur als Fungizid geführt [55]. Sie hat außer zur Blumenzwiebelbeizung im Pflanzenschutz selbst keine größere Bedeutung erlangt; dagegen wird sie als Vorprodukt zur Darstellung insektizider und fungizider Phosphor- und Phosphonsäureester verwandt.

Auch das isomere 2,4,6-Trichlorphenol ist als Fungizid ohne größere Bedeutung.

Pentachlorphenol

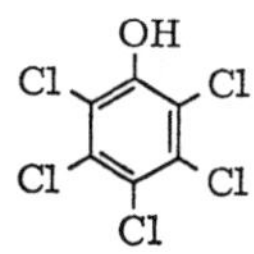

Pentachlorphenol, auch als „PCP", „Penta", „Penchlorol", Dowicide® und Dowicide G® (Dow Chem. Corp.), sowie als Santophen 20® und Santobrite® (Monsanto Chemical Co.) bezeichnet, wird seit längerer Zeit in breitem Umfang als Holzschutzmittel angewandt. Es schützt Holz vor Fäulnispilzen, Termiten und holzbohrenden Insekten. Pentachlorphenol ist stark phytotoxisch, so daß es auch als Herbizid dient. Anwendung als selektives Herbizid im Reis.

Die Darstellung erfolgt durch Chlorieren von Phenol in Gegenwart eines Katalysators. Die bei 191 °C schmelzende Verbindung kann mit Wasserdampf destilliert werden.

Pentachlorphenol ist hautreizend, die Dämpfe verursachen beim Einatmen heftiges Niesen. LD_{50}: 210 mg/kg Ratte p. o. akut [118].

Das Barium-Salz:

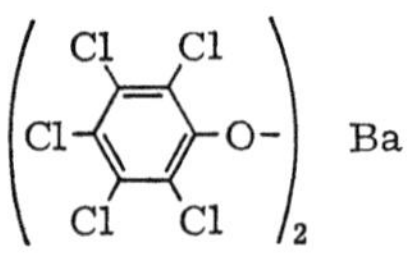

auch „5 B" genannt, wird von japanischen Firmen (Nissan und Mitsui) zur Bekämpfung der durch *Piricularia oryzae* verursachten Reiskrankheit (Brusone-Krankheit, „rice blast") herausgebracht; es ist protektiv und curativ wirksam. LD_{50}: 1000 mg/kg Maus p. o.

2-Methyl-3,4,5,6-tetrachlorphenol

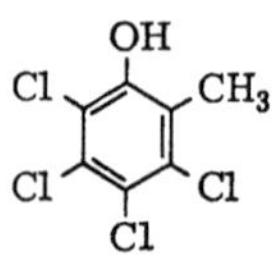

Tetrachlor-o-kresol

Wie Versuche im Apfelanbau gezeigt haben, besitzt die Verbindung eine gute fungizide Wirkung. Die von der Firma Fisons Pest Control hergestellte Substanz unterdrückt die Sporenbildung bei *Gloeosporium perennans* [37].

2-Hydroxydiphenyl

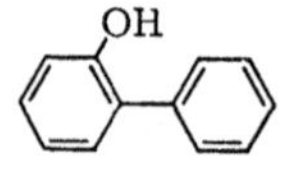

auch Dowicide 1® (Dow Chemical Corp.) oder „Orthoxenol" genannt, wird wie Diphenyl (s. S. 72) als Fungizid zur Imprägnierung von Verpackungsmaterial für Obst verwandt. Auch Holzkisten für Obsttransport (insbes. Citrus-Früchte) und Saatgutkästen werden mit Hydroxydiphenyl behandelt. Das Natriumsalz (Dowicide A®) ist ebenfalls im Handel.
Über Pharmakologie und Toxikologie der Verbindung haben *Hodge* et al. berichtet [76].

Pentachlorbenzylalkohol

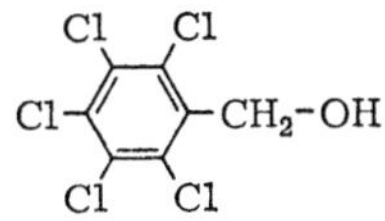

Die als Blastin® bekannte Verbindung wird von den japanischen Firmen Sankyo K. K. und Dainihon herausgebracht. Sie besitzt als mindertoxisches Fungizid Interesse und wird gegen die Brusone-Krankheit der Reispflanzen („rice blast") eingesetzt [340]. Sie ist protektiv und curativ wirksam. Es bilden sich jedoch pflanzenschädigende Rückstände im Boden. Konzentrationen von über 10 ppm in Wasser sind fischgiftig. LD_{50}: 3600 mg/Maus p. o. akut.

2-Hydroxymethyl-bicyclo-[1,2,2]-heptan

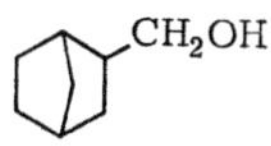

Die Verbindung, die auch als ein Derivat des Hexahydrobenzylalkohols aufgefaßt werden kann, besitzt systemisch-fungizide Eigenschaften. Sie wurde von der Union Carbide Corp. unter der Bezeichnung „Experimental Chemotherapeutant 1207" entwickelt.

Monohydroxy-Derivate: Phenol-äther und -ester, Benzylester

Phenoxyessigsäure

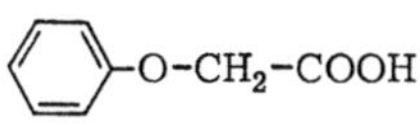

Die Phenoxyessigsäure wird zwar in der Literatur als Fungizid aufgeführt [55], jedoch kommt ihr keine größere Bedeutung zu. Ein Derivat, das Pentachlorphenoxy-N-methyl-acetamid:

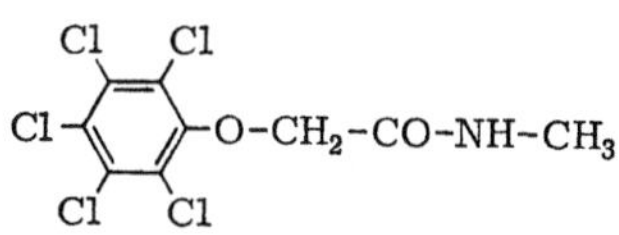

wird von der Nihon Noyaku K. K. (Japan) als nicht phytotoxisches Reisfungizid gegen *Piricularia oryzae* bezeichnet [339].

4-Chlor-3,5-dimethyl-phenoxy-äthanol

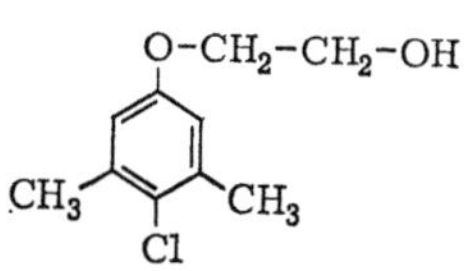

Stoddard und *Dimond* machten auf die systemisch-fungiziden Eigenschaften der Verbindung aufmerksam [186], die dann von der Union Carbide Chemicals Co. unter der Bezeichnung „Experimental Chemotherapeutant 1182“ in den Handel gebracht wurde. Die Verbindung ist gegen die Nelken-Welke wirksam; sie soll auch Virus-Infektionen bei Pfirsichen verhindern. Die Verbindung wird durch Chlorieren von 3,5-Xylenol mit Sulfurylchlorid und Umsetzung des Zwischenproduktes mit Äthylenchlorhydrin erhalten:

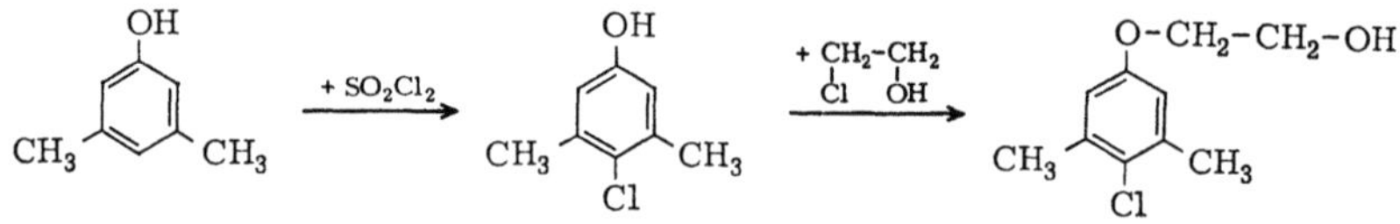

Ähnliche Phenoläther werden von der Firma Asahi (Japan) beansprucht [344]. So wirkt z. B. das Pentachlorphenylpolyoxyäthylen:

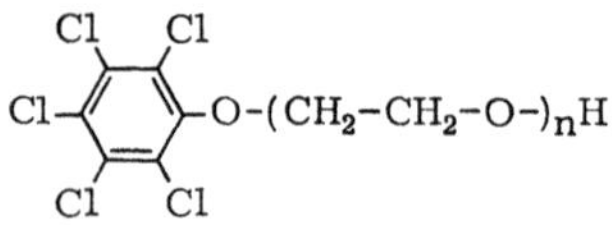

als Reisfungizid gegen *Piricularia* und *Pseudomonas oryzae*. Ebenfalls als Reisfungizid wird

4-Methylbenzyl-acetat

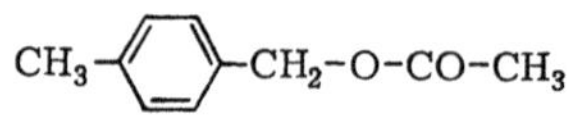

von der japanischen Firma Ihara Noyaku K. K. beansprucht [346], auch hier soll eine gute fungizide Wirkung gegen *Piricularia oryzae* vorliegen.

3-Methylphenyl-acetat

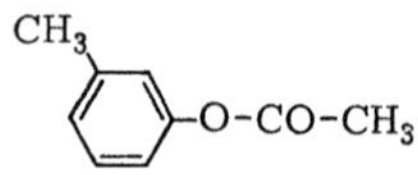

auch m-Kresyl-acetat oder „Cresatin“ genannt, eine flüchtige Verbindung, wird als Mehltaubekämpfungsmittel für tropische Kulturen angegeben [119].

Pentachlorphenyl-acetat

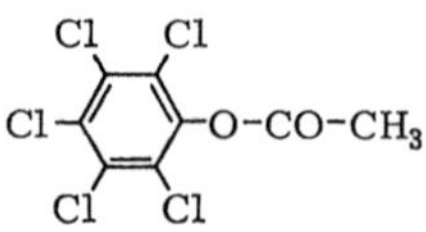

Im tropischen Bereich verwandt, wird die Verbindung unter der Bezeichnung Rabucon® von der japanischen Firma Kureha hergestellt [5]. Wirksamkeit gegen *Piricularia oryzae* curativ und protektiv werden angegeben. Konzentrationen über 8,6 ppm sind fischgiftig. LD_{50}: 5000 mg/kg Maus p. o.

2,4-Dinitro-6-alkyl-phenole

Große Bedeutung als Fungizide haben die Ester des 2,4-Dinitro-6-alkyl-phenols erlangt. Mit der fungitoxischen Wirkung dieser Verbindungen befaßten sich *Rich* und *Horsfall* [158] sowie *Kirby* und *Frick* [92,93].

Alkyl-(2,4-dinitro-6-alkylphenyl)-carbonate

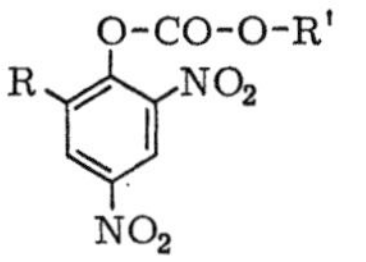

(Vgl. [136])

Aus dieser Reihe wurden mehrere Verbindungen bekannt, die sowohl eine fungizide als auch eine insektizide und akarizide Wirkung besitzen.

Bekannt sind die Präparate:

„Dinoterbon" (Murphy) mit	$R = (CH_3)_3C-$	und $R' = C_2H_5$
„Dinobuton"	$R = \begin{matrix} CH_2 \\ C_2H_5 \end{matrix} \rangle CH-$	$R' = C_3H_7$
„Dinopenton"	$R = \begin{matrix} CH_3 \\ C_3H_7 \end{matrix} \rangle CH-$	$R' = C_3H_7$
„Dinocton"	$R = \begin{matrix} CH_3 \\ C_6H_{13} \end{matrix} \rangle CH-$	$R' = CH_3$

und der dem „Dinocton" entsprechende Thioester:

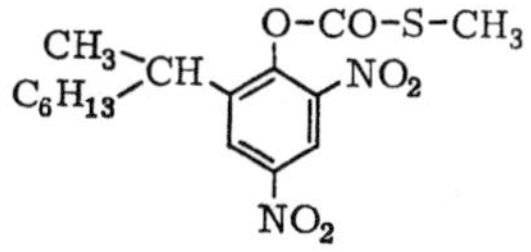

„MC 1143" (Murphy),
„Dinosulfon"

2,4-Dinitro-6-(2-octyl)-phenyl-crotonsäureester

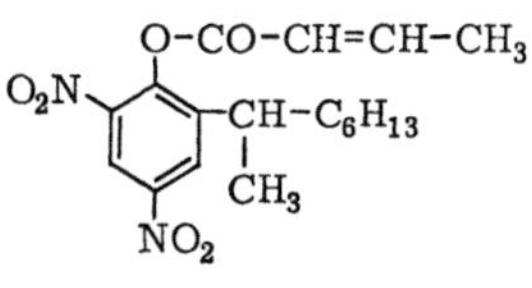

Kurzbezeichnung: Dinocap

Die Verbindung, schon seit längerer Zeit von größerer Bedeutung, hat die Handelsnamen *Karathane*®, Arathane® (Rohm and Haas Co.), „Cr 1639“ und Mildex® (Lavacide Products). Sie wurde zuerst 1934 von der Rohm and Haas Co. als Akarizid eingeführt, dann von *Rich* und *Horsfall*[158] und von *Sprague*[184] als Fungizid erkannt. *Dinocap* ist die erste organische, speziell gegen echte Mehltaupilze wirksame Verbindung; sie wird gegen den Apfelmehltau und gegen den Mehltau an Zierpflanzen eingesetzt, daneben ist eine gute Spinnmilben-Wirkung vorhanden.

Die Darstellung dieser wirtschaftlich bedeutsamen Verbindung gelingt durch Nitrieren von Isooctylphenol und nachherige Veresterung mit Crotonylchlorid[179]:

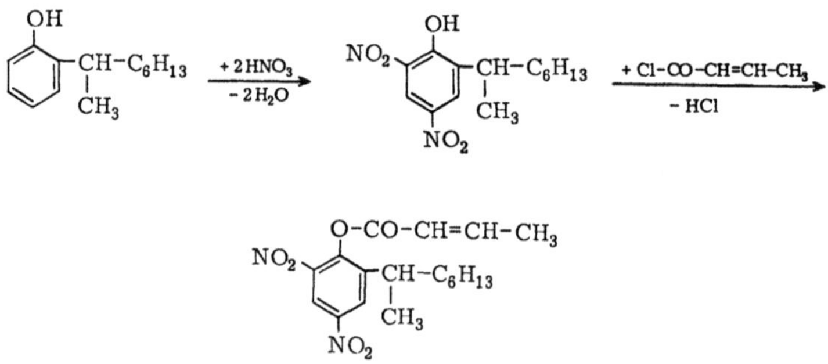

LD$_{50}$: 980 mg/kg Ratte ♂ p. o., 1190 mg/kg Ratte ♀ p. o. Hunde, die über ein Jahr 50 ppm Dinocap im Futter erhielten, zeigten keine Gewichtsabnahme.

Wie neuerdings berichtet wurde[188], soll die oben angegebene Formel für Dinocap nicht zutreffend sein; vielmehr liegt nach Untersuchungen britischer Forschungsinstitute ein Gemisch der Crotonsäureester von sechs verschiedenen Phenolen vor. Wie weiterhin angenommen wird, soll die hohe Aktivität des Dinocap gegen Mehltau durch die Anwesenheit der Ester von 4-Alkyl-2,6-dinitrophenolen:

R = C_2H_5 bzw. C_3H_7
R' = C_5H_{11} bzw. C_4H_9

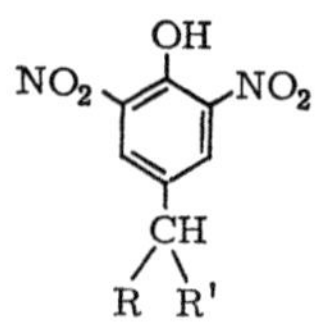

bedingt sein.

Die hohe Wirksamkeit der 4-Alkyl-2,6-dinitrophenylester wurde inzwischen auch von *Fieldgate* und *Woodcock* bestätigt[366].

Der Acrylsäureester des 2,6-Dinitro-4-octylphenols wurde unter der Bezeichnung „MC 2209“ (Murphy Chem. Co.) bekannt. Wie Versuche gezeigt haben, ist der genannte Ester gut wirksam gegen Apfelmehltau und Apfelschorf[394].

2,4-Dinitro-6-(2-butyl)-phenyl-3′,3′-dimethylacrylsäureester

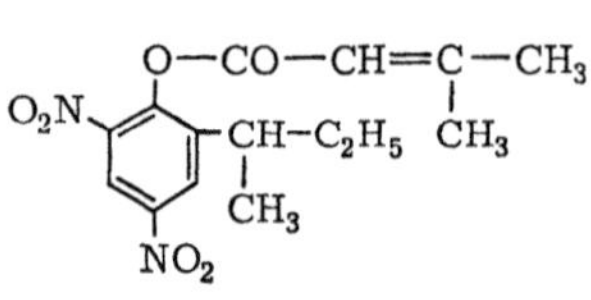

Kurzbezeichnung: Binapacryl

Die Verbindung, die die Handelsnamen Acricid®, „HOE 2784“ (Farbwerke Hoechst), „Niagara 9044“ und Morocide® (Niagara) führt, wurde ebenfalls zunächst als gegen Spinnmilben wirksam erkannt. Bei den Farbwerken Hoechst wurde dann auch eine gute fungizide Wirkung gegen echte Mehltaupilze festgestellt, worüber *Reichner*, *Habicht*, *Härtel* und *Emmel* berichtet haben [157]. Die Verbindung hinterläßt nach *Maier-Bode* keine nachweisbaren Rückstände in Obst [113]. LD_{50}: 161 ± 25 mg/kg Ratte p. o., 1350 ± 340 mg/kg Kaninchen percutan.

4-Chlorphenyl-vinylsulfonsäureester

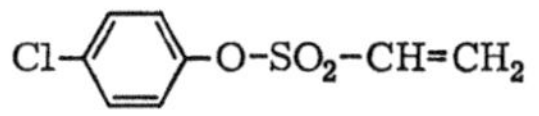

Die Verbindung wurde durch Arbeiten von *Distler* (Badische Anilin- & Soda-Fabrik) bekannt [46, 286]. Sie läßt sich in guten Ausbeuten durch Umsetzung von 2-Chloräthan-sulfonsäurechlorid und 4-Chlorphenol in Gegenwart von wäßriger Natronlauge in einem bestimmten pH-Bereich darstellen:

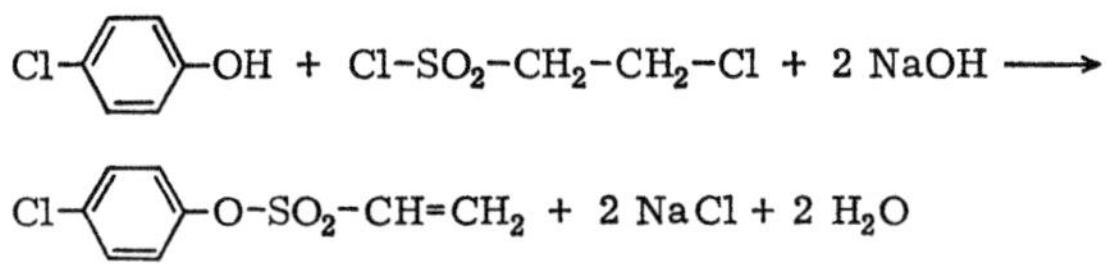

Es wird meist in einem zweiphasigen Lösungsmittel-Gemisch gearbeitet. Die erhaltenen Vinylsulfonsäure-arylester besitzen gute fungizide Eigenschaften. Im Basformid® wird 4-Chlorphenyl-vinylsulfonsäureester zusammen mit dem Insektizid „Aldrin“, einem chlorierten isocyclischen Kohlenwasserstoff, für einen speziellen Zweck verwendet: Das Aldrin tötet die Blattschneiderameisen und der Vinylsulfonsäureester die Pilze, welche sich die Ameisen als Nahrungsquelle züchten.

Monothiol-Verbindungen und Derivate

Thiophenole, Thioäther, Thioester, Sulfoxide, Sulfone und Thiocyansäure-Derivate

Phenylmercapto-methansulfonamid

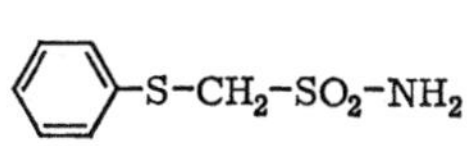

Die Verbindung wurde durch ein Patent der Farbenfabriken Bayer AG bekannt [318]. Sie besitzt gute Wirksamkeit gegen Phytophthora-, Peronospora- und

Venturia-Arten. Sie ist systemisch, protektiv und curativ wirksam. Von entscheidender Bedeutung ist ihre systemische Wirksamkeit gegen Phycomyceten, wie *Phytophthora infestans* und *Pseudoperonospora humuli* (Hopfen-Peronospora). LD_{50}: Ca. 800 mg/kg Ratte p. o.
Die Darstellung gelingt durch Umsetzen von Thiophenol, Chlormethansulfonamid und Natronlauge in Wasser:

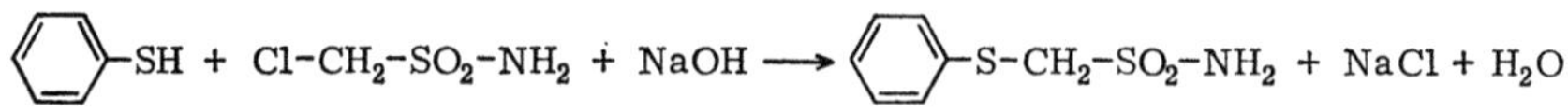

Vinyl-(1,2,3,4,7,7-hexachlorbicyclo-(2,2,1)-hept-2-en-5-yl)-sulfon

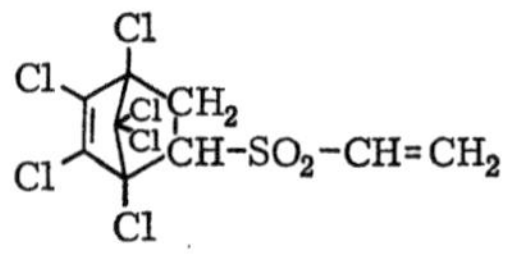

Die auch „Hooker 1575" benannte Verbindung soll gute fungizide Wirkung gegen *Phytophthora infestans* und *Sclerotium rolfsii* besitzen, auch ist ein nematizider Effekt vorhanden. Sie wird in einem Patent der Hooker Chem. Corp.[310] genannt. Zur Darstellung dient die Dien-Addition von Divinylsulfon an Hexachlorcyclopentadien.

Pentachlorphenylthiolkohlensäure-äthylester

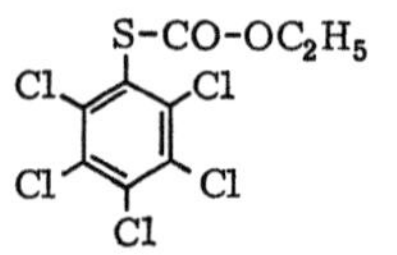

In die Reihe der fungizid wirksamen Kohlensäureester (vgl. [136]) gehört auch dieser Ester des Pentachlorthiophenols, der in einem Patent der Pennsalt Chemical Corp. beschrieben wird[240].

1-Methyl-1-nitro-2-(rhodanphenyl)-äthylen

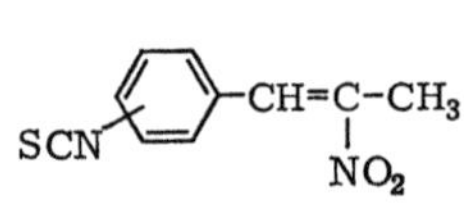

Die Verbindung wird unter dem Handelsnamen Suchirosaido® von der Nihon Kayaku K. K. (Japan) geführt. Sie dient als Fungizid gegen echte Mehltaupilze an Zierpflanzen. Die Herstellung:

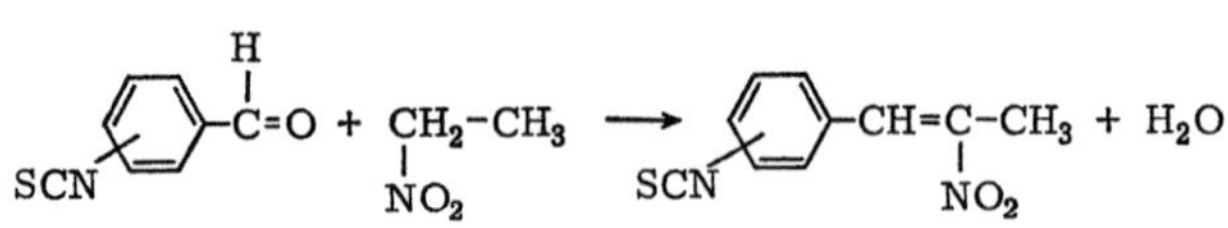

Das Präparat kommt als 25%iges Spritzpulver in den Handel.

2-Chlor-3-(p-tolylsulfonyl)-propionitril

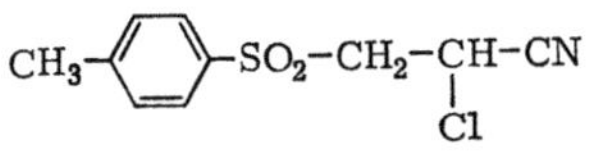

„Monsanto CP 30 249"

Die Substanz wird als Fungizid und Bakteriostatikum bezeichnet.

3,4-Dichlorbenzylrhodanid

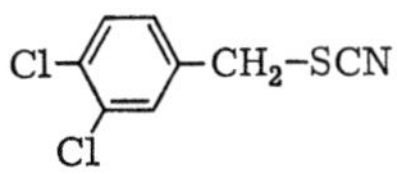

wird als Wirkstoff in fungiziden Zubereitungen von der Ihara Noyaku K. K. (Japan) in einem Patent beansprucht [354]. Das Präparat soll in einer Konzentration von 500 ppm als Reisfungizid eingesetzt werden.

2,4-Dinitrophenyl-thiocyanat

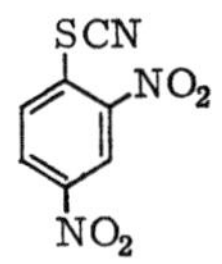

Die Verbindung wurde als „2817-W", Nirit® (Farbwerke Hoechst) und „DRB" bekannt. Sie ist im Jahre 1945 von *Staudermann* zur Behandlung des falschen Mehltaus der Reben (*Plasmopara viticola*) und des Schorfs an Kernobst eingeführt worden [122] und ist heute noch begrenzt in Anwendung.
Das Präparat wird aus 1-Chlor-2,4-dinitrobenzol und Ammoniumrhodanid dargestellt:

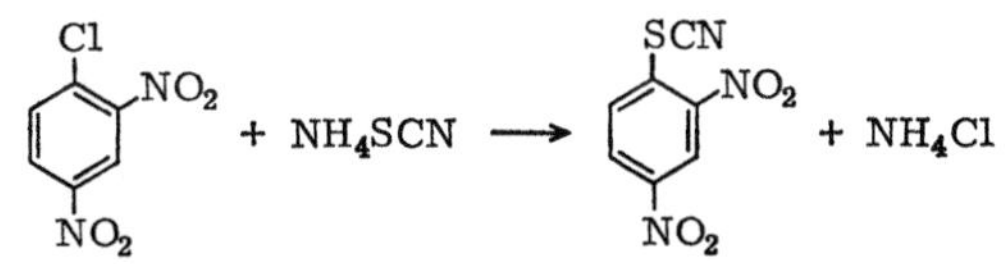

Die Verbindung kann Hautallergien hervorrufen.
Ähnliche Verbindungen haben in den letzten Jahren *Black* und *Summers* dargestellt [20, 188]. Einzelne Präparate besitzen eine gute fungizide Wirkung; so die Verbindung:

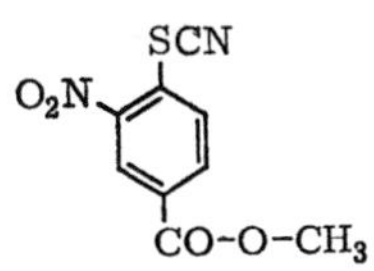

mit der *Alternaria solani* an Tomaten in Gewächshäusern bekämpft werden kann [187].

Dihydroxy-Verbindungen und Derivate
einschließlich schwefelanaloge Verbindungen

Bis-(5-chlor-2-hydroxyphenyl)-methan

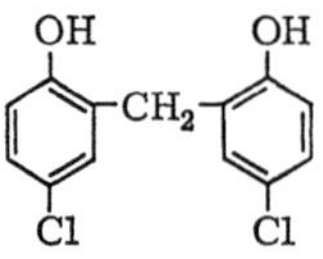

Kurzbezeichnung: Dichlorphen

Die auch als „G 4" bezeichnete Verbindung ist ein wirksames Fungizid und Bakterizid [114, 118, 119].

Das Hauptanwendungsgebiet von Dichlorphen ist der Schutz von Textilstoffen aus Baumwolle gegen Schimmelbildung und Fäulnis. Die Verbindung, mit der sich vor allem *Marsh, Butler* und *Clark* [114] beschäftigt haben, wird durch Kondensation von 4-Chlorphenol und Formaldehyd dargestellt [267]. LD_{50}: 2000 mg/kg Hund p. o.

Bis-(2-hydroxy-3,5,6-trichlorphenyl)-methan

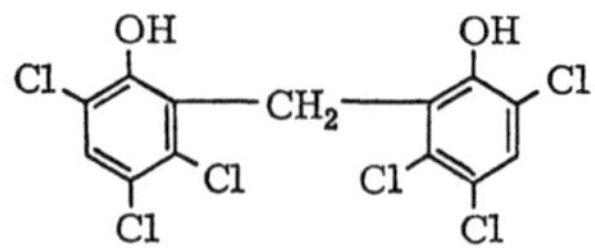

Das sog. G-11®, „Nabac", „Isobac" und „Hexachlorophen" (Nationwide Chemical Co.) wird hauptsächlich gegen Auflaufkrankheiten als Bodenfungizid eingesetzt und ist gegen Rhizoctonia-Arten wirksam.

Hydrochinon

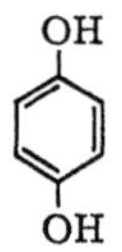

wird in einem Patent der japanischen Firma Sankyo als Bodenfungizid beansprucht [345]. Das freie Hydrochinon sowie dessen Metall- oder Ammonium-salze sollen gegen Fusarium- und Pythium-Arten wirksam sein.

1,4-Dichlor-2,5-dimethoxybenzol

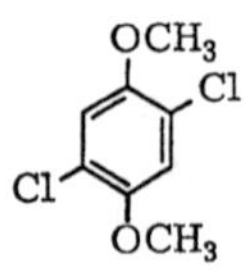

wurde als Demosan® (Du Pont), „Soil Fungicide 1823" und „Chloroneb" bekannt. Es dient als gegen *Rhizoctonia* und *Pythium* gut wirksames Bodenbehandlungsmittel und wirkt leicht systemisch. Eine Karenzzeit ist nicht erforderlich. Es wird zur Baumwollsaat-Behandlung angewandt. LD_{50}: Über 5000 mg/kg Ratte p. o.

Bis-(2-hydroxy-5-chlorphenyl)-sulfid

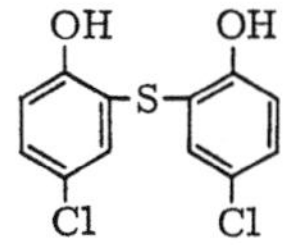

Über die fungizide Wirkung der Verbindung, die auch die Bezeichnung „CR 305" besitzt, wurde schon von *Horsfall* berichtet [80]. Auch die Firma C. F. Boehringer Söhne hat sich mit diesem Präparat befaßt [298]. Es zeigt als Fungistaticum gute Wirkung gegen den Apfelschorf. Hinderlich bei der Anwendung ist, daß die Verbindung Rauhschaligkeit der Früchte verursacht [119].

Die analoge Verbindung Bis-(2-hydroxy-3,5-dichlorphenyl)-sulfid:

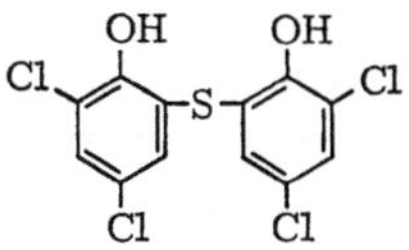

wird in einem Anwendungspatent der Firma Ihara Noyaku K. K. (Japan) beansprucht [337]. Sie dient in Form ihrer Blei-, Nickel-, Kobalt-, Mangan-, Kupfer-, Cadmium- und Zink(II)-salze als gegen *Piricularia oryzae* wirksames Reisfungizid.

Die genannten Präparate sind auch im Hygienesektor als Desinfektionsmittel von Bedeutung [88]. Die Darstellung kann durch Umsetzung der Halogenphenole mit Schwefeldichlorid in Gegenwart von Aluminiumchlorid geschehen [268].

Formal hierher gehören noch die nachstehend beschriebenen *Thiocyansäure-Derivate* (Rhodanide):

2-Chlor-p-xylyldithiocyanat

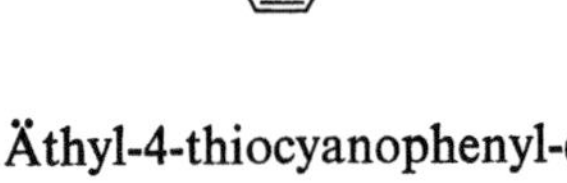

Die Verbindung wurde unter der Bezeichnung „DAC 1200" der Diamond Alkali Co. als Fungizid bekannt.

Äthyl-4-thiocyanophenyl-carbonat

Die in einem Patent der Firma Geigy erwähnte Verbindung [304] soll eine ausgezeichnete fungizide Wirkung besitzen. Dasselbe gilt für Derivate, die in 3-Stellung eine Methyl- bzw. in 6-Stellung eine Isopropyl-Gruppe tragen [136]:

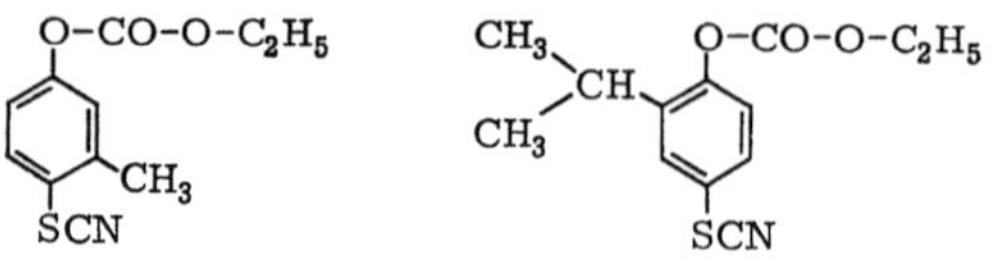

Trihydroxy- und Polyhydroxy-Verbindungen (einschl. schwefelanaloge Verbindungen)

2,4-Dimethoxy-7-hydroxy-9,10-dihydrophenanthren

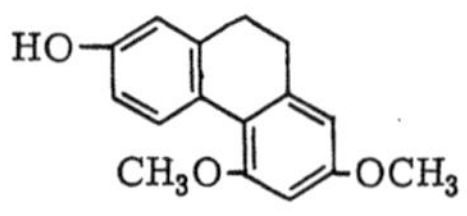

Orchinol

Die Substanz läßt sich aus Orchideen isolieren. Orchinol ist zwar kein Handelspräparat, ist jedoch wissenschaftlich von Interesse. Es gehört zur Gruppe der von *Cruickshank* beschriebenen sogenannten Phytoalexine [39]. Bei letzteren handelt es sich um eine Gruppe von *Abwehrstoffen*, die die Pflanzenzelle nach Infektion mit pathogenen oder auch nicht pathogenen Pilzen synthetisiert. Die Phytoalexine üben eine fungistatische Wirkung aus. Eine Resistenz in Form von Abwehrnekrosen von höheren Pflanzen gegen pilzliche Parasiten dürfte in vielen Fällen auf der Bildung von Phytoalexinen durch die Wirtspflanze beruhen.

N-(6-Chlor-n-hexyl)-thiocarbamidsäure-S-(3,4-dimethoxyphenyl)-ester

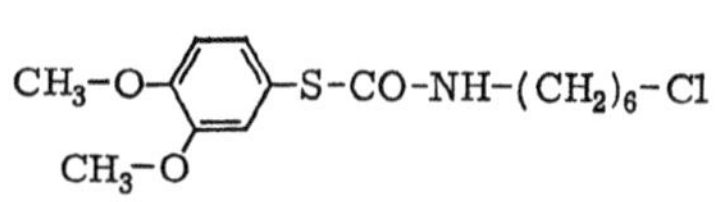

Die Verbindung wird in einem Patent [259] beansprucht. Sie wirkt gegen Reispflanzen befallende Pilze, z. B. gegen *Piricularia oryzae.*

c) Oxo-Verbindungen

Aldehyde, Ketone und Chinone

Pentachlorbenzaldoxim

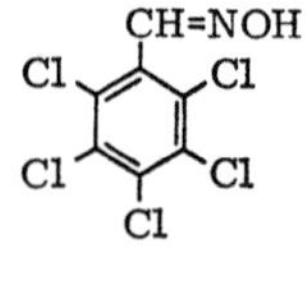

Die Verbindung besitzt den Handelsnamen Minokol® und die Bezeichnung „S-45862“ und wird von der Firma Sumitomo Kagaku (Japan) als speziell gegen *Piricularia oryzae* wirksames Reisfungizid herausgebracht. LD_{50}: Über 20 g/kg Maus p. o.

(2-Dimethylamino-äthyl)-o-hydroxyphenyl-keton

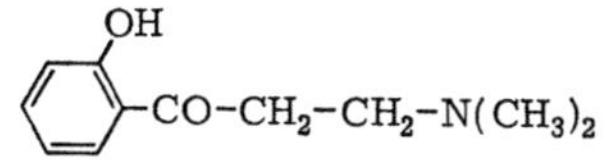

Das Hydrochlorid der obigen Verbindung trägt die Bezeichnung „S 92" der Montecatini (Italien). Von derselben Firma wurden noch weitere Präparate aus der Reihe der 2-Aminoäthyl-phenyl-ketone dargestellt, die alle fungizide Eigenschaften aufweisen. Dies gilt z. B. auch für die α-Naphthyl-Verbindung, die insbesondere gegen *Uromyces appendiculatus* systemisch wirksam ist [147, 188]:

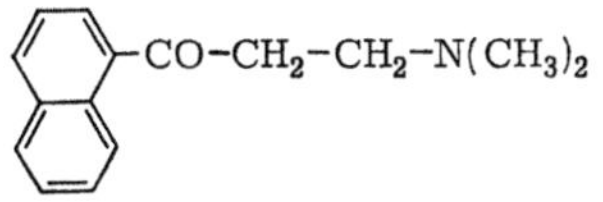

p-Hydroxyphenyläthyl-2,4,6-trihydroxyphenyl-keton

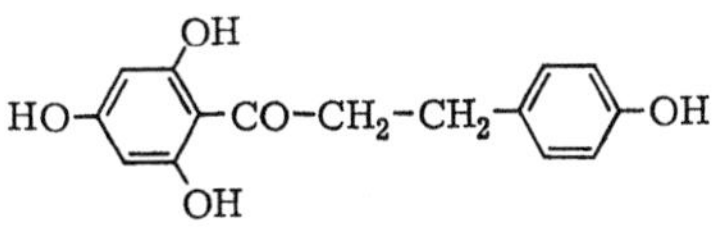

Die Verbindung wurde unter der Bezeichnung „Phloretin" als Schorfhemmstoff aus Apfelblättern bekannt. Durch die Bildung von „Phloretin" erzielen geeignete Wirtspflanzen Schorfresistenz (vgl. Orchinol, S. 86).

Decachlortetracyclodecanon

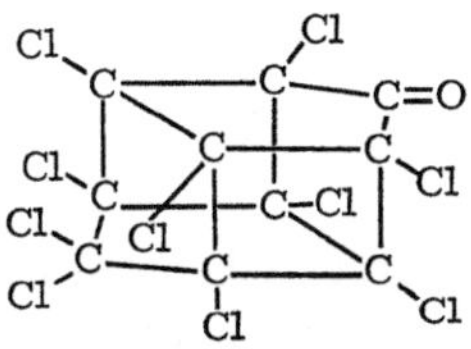

Die Verbindung besitzt sowohl insektizide als auch fungizide Eigenschaften und wirkt gegen Apfelschorf und echten Mehltau; sie hat noch den Namen „Kepone" und „GC-1189" (Allied Chem. Corp.) und wurde von der genannten Firma im Jahre 1958 eingeführt. Über die Struktur haben *McBee* et al. berichtet [125].

Das Ringketon wird durch Kondensation von 2 Molen Hexachlorcyclopentadien in Gegenwart von Schwefeltrioxid und nachfolgende partielle Hydrolyse dargestellt:

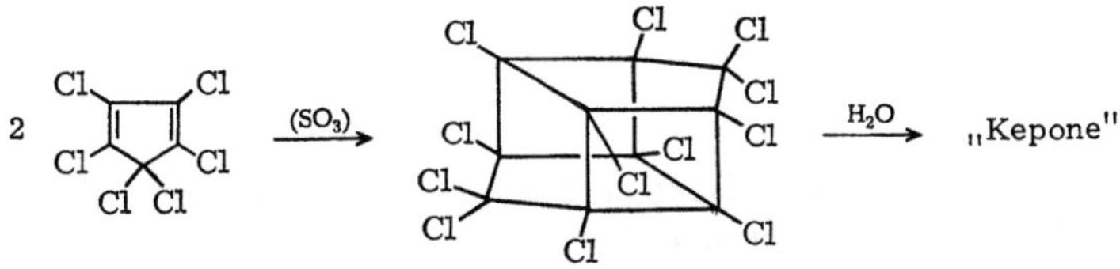

LD$_{50}$: 95 mg/kg Ratte ♂ p. o. Löslichkeit: Wasserunlöslich, in Aceton löslich. Sublimationspunkt: Ca. 350°C.

Octachlorcyclohexenon

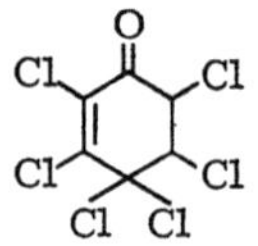

Die Substanz läßt sich als Saatgut-Fungizid verwenden, jedoch ist die Verbindung phytotoxisch[212]

p-Chinonoxim-Derivate

mit der allgemeinen Formel:

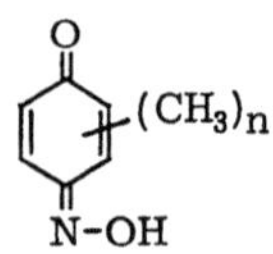

werden von der Firma U.S. Rubber Co. bearbeitet und sind in einem Patent genannt[321]. Eine Bedeutung hat das 2,5-Dimethyl-Derivat, auch „D 198" genannt:

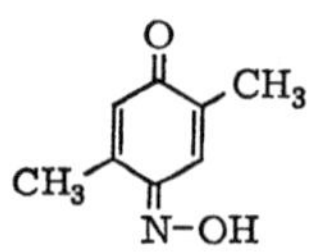

das im Jahre 1964 von der Naugatuck Chemical Comp. zur Boden- und Saatgut-Behandlung eingeführt wurde und im Baumwoll-, Bohnen-, Erdnuß-, Zuckerrüben- und Feldfrüchte-Anbau Verwendung finden soll[196]. Das Präparat besitzt gute Wirkung gegen Rhizoctonia- und Pythium-Arten. *LD*$_{50}$: 4000 mg/kg Ratte p. o.

Tetrachlor-p-benzochinon

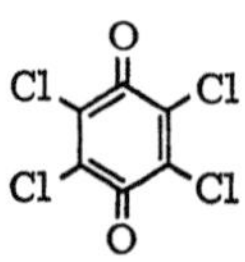

Kurzbezeichnung: Chloranil

Das Produkt trägt den Handelsnamen Spergon®. Die fungiziden Eigenschaften wurden 1937 von *Cunningham* und *Sharvelle* entdeckt[40]. Das Produkt, von der

Firma U.S. Rubber Co. in den Handel gebracht [367], dient vorzugsweise als Saatgutbeizmittel, z. B. für Erbsensaat. Die Verbindung soll ihre biologische Aktivität dadurch entfalten, daß sie in Oxydations-Reduktions-Vorgänge eingreift und die Carboxylasen hemmt [118]. Die Verbindung muß — verglichen mit Organoquecksilber-Saatgutbeizmitteln — in relativ hoher Aufwandmenge eingesetzt werden.
Die Herstellung gelingt durch Oxydation von Trichlorphenol mit Chromsäure oder durch Behandlung von Phenol mit Salzsäure und Kaliumchlorat. Das Tetrachlorchinon wird von gleichzeitig mitentstehendem Trichlorchinon durch Ausnutzung der größeren Wasserlöslichkeit des letzteren getrennt.
Chloranil zersetzt sich langsam am Licht. LD_{50}: 4000 mg/kg Ratte p. o. Das Produkt sublimiert unterhalb des Schmelzpunktes von 290°C.

2,3-Dichlor-naphthochinon-(1,4)

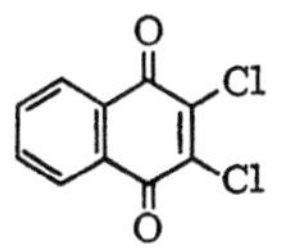

Kurzbezeichnung: Dichlone

Die Verbindung ist seit den vierziger Jahren als Phygon® (U.S. Rubber Co.) im Handel. Die Verbindung wurde von *ter Horst* und *Felix* eingeführt [83]. Sie ist lichtbeständiger als das Chloranil, dient aber wie letzteres hauptsächlich als Saatgutbeizmittel. Als Blattfungizid wird Dichlone gegen Apfelschorf angewandt. Ferner findet die Verbindung in tropischen Zonen Verwendung, z. B. im Citrus- und Kaffeebau.
Ein Nachteil von Dichlone liegt in seiner Phytotoxizität bei bestimmten Apfelsorten. Auch Leguminosensaat wird dadurch beeinträchtigt, daß Dichlone gegenüber Stickstoff-bindenden Bakterien toxisch ist.
Zur Herstellung wird 1,4-Diamino-naphthalinsulfonsäure in Gegenwart von Eisen chloriert.
Dichlone ist nur in wenigen Lösungsmitteln löslich, z. B. in Xylol und in o-Dichlorbenzol.

Fütterungsversuche an Ratten zeigten, daß Gaben von 1580 ppm Dichlone über zwei Jahre ohne Schaden aufgenommen werden können [118]. Die Verbindung kann jedoch — insbesondere bei höheren Temperaturen — Hautallergien hervorrufen.

d) Carbonsäuren und Derivate

einschließlich Nitrile. Über Salicylsäureanilid s. S. 93.

Benzoesäure-(phenyl-dicyano)-methylester

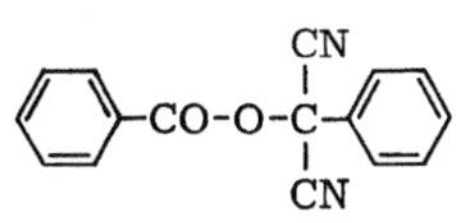

Die Verbindung wird in einem Patent der American Cyanamid Co. zur Bekämpfung von Apfelschorf, Mehltau und Tomatentrockenfäule beansprucht [315].

Dimethyldithiocarbamidsäure-benzoyloxymethylester

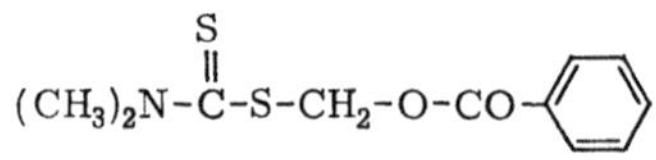

Dieser auch „DDCB" genannte Benzoesäureester wurde von der Firma Montecatini (Italien) untersucht [243]. Er eignet sich zur Botrytis-Bekämpfung im Erdbeeranbau [3]. Die Wirkung dürfte vorwiegend auf der Dimethyldithiocarbamidsäure-Gruppe beruhen (vgl. S. 59).

Benzhydroxamsäure

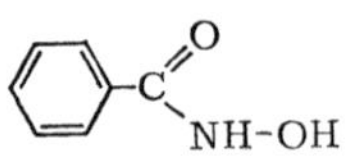

Die Benzhydroxamsäure sowie deren Derivate und Metallsalze sind wirksame Fungizide [260]. Sie dienen vor allem als Saatgutbeizmittel gegen den schwer bekämpfbaren Haferflugbrand. Benzhydroxamsäure wird aus Benzoylchlorid und Hydroxylamin dargestellt. LD_{50}: 2500 mg/kg Ratte p. o.

Hexahydrobenzhydroxamsäure

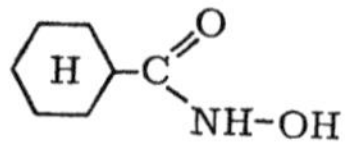

Hydroxamsäuren sind allgemein starke Fungizide. Dies gilt auch für die Hexahydrobenzhydroxamsäure. Sie besitzt als gegen Säugetiere mindertoxisches Fungizid Interesse als Saatgutbeizmittel und wird in einem Patent genannt [261]. Auch hier erfolgt die Anwendung vorteilhaft als Metall-Salz, und zwar als Natrium-, Calcium-, Mangan- oder Zink-Salz.

Kupfer-bis-3-phenylsalicylat

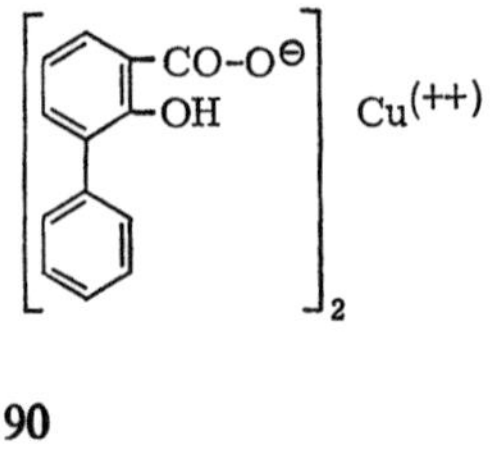

Die Verbindung wurde 1949 durch die Dow Chemical Co. als Fungizid eingeführt und dient zur Desinfektion von Gewächshaustischen und Saatgut-Kästen. Sie wird aus dem Natriumsalz der Phenylsalicylsäure und Kupfersulfat dargestellt.

Tetrachlor-isophthalodinitril

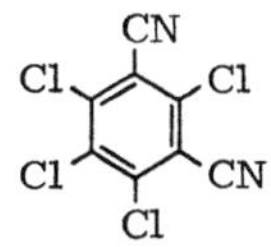

Die Verbindung hat auch die Bezeichnungen Daconil®, Dac 2787® (Diamond Alkali Comp.) und Forturf®. Sie ist ein breit wirksames Blattfungizid, das allerdings für ausdauernde Kulturen, wie Kernobst oder Reben, phytotoxisch ist. Sie dient ferner als Bodenbehandlungsmittel mit breitem Wirkungsspektrum [15]. In Kombination mit Captan (s. S. 108) wird sie auch zur Saatgut-Beizung und in Kombination mit Dexon® (s. S. 100) zur Bodenbehandlung im Baumwollanbau empfohlen.
Weiterhin wird das Präparat zur Bekämpfung von *Rhizoctonia* und *Botrytis cinerea* im Gewächshaus benutzt und dient außerdem zur Behandlung von Rasenflächen gegen Pilzerkrankungen.

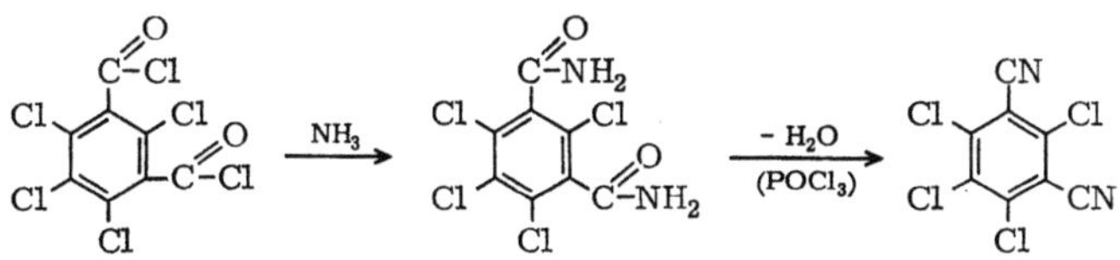

Die Darstellung kann aus Tetrachlor-isophthaloylchlorid und Ammoniak in Dioxan und nachfolgende Wasserabspaltung aus dem Diamid mit Phosphoroxychlorid erfolgen [332].

Pentachlormandelsäurenitril

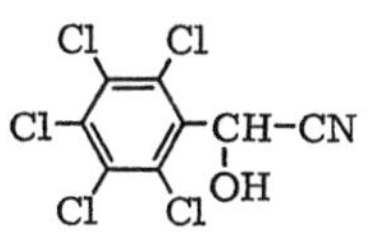

Die Verbindung wird von drei japanischen Firmen unter dem Namen Oryzon® als spezielles Reis-Fungizid gegen *Piricularia oryzae* herausgebracht [5].

2,3,6-Trichlorphenylessigsäure

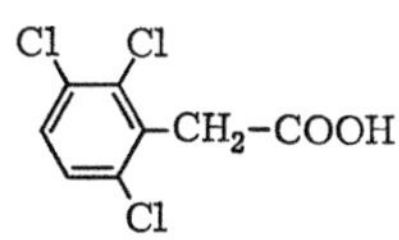

Die auch „TCPA“ und Fenac® (Hooker Chemical Corp.) genannte Verbindung ist als Herbizid bekannt. Sie kann jedoch auch als systemisch wirksames Fungizid gegen Erkrankungen von Laubbäumen Verwendung finden, wie gegen das Ulmensterben [264]. Das Produkt besitzt auf den amerikanischen Kontinent beschränktes Interesse.

e) Sulfonsäure-Derivate

Benzolsulfonsäure-(2'-nitroalkenyl)-phenyl-ester

mit der allgemeinen Formel

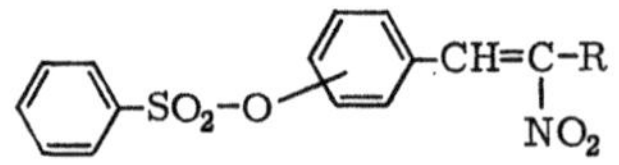

werden von der Firma Nihon Kayaku K. K. (Japan) bearbeitet. Sie hemmen das Wachstum von pathogenen Pilzen und sind gegen *Piricularia oryzae* wirksam [352].

f) Amine

Cycloalkylamin-Derivate

N-(5,6-Dihydro-dicyclodipentadienyl-6)-N',N'-di-n-propyl-harnstoff

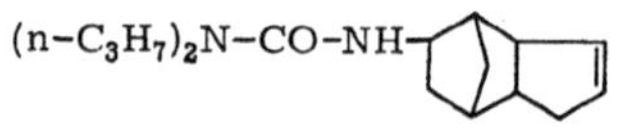

Bicyclische Harnstoff-Derivate besitzen oft eine herbizide Wirkung, doch sind auch fungizide Vertreter aus dieser Reihe bekannt. Statt der Dimethylamino-Gruppe bei den Herbiziden stehen hier meist etwas längere Alkyl-Reste am Stickstoff, so z. B. n-Propyl-Reste bei der vorliegenden Verbindung. Letztere ist gut wirksam gegen die Peronospora-Krankheit der Reben (*Plasmospora viticola*) und gegen den falschen Mehltau des Hopfens (*Pseudoperonospora humuli*). Die Verbindung wird in einem Patent der Farbwerke Hoechst beansprucht [303].

2,6-Bis-dimethylaminomethyl-cyclohexanon

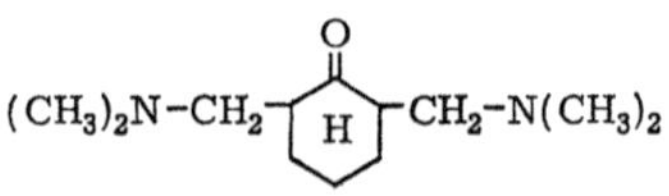

Die Verbindung wird unter der Bezeichnung Metasol® NM-1 von der Metalsalts Corp. herausgebracht. Sie dient als Fungizid speziell im Saatschutz, außerdem ist ein nematizider Effekt vorhanden.

Arylamine

Anilin-, Naphthylamin-Derivate usw

2,6-Dichlor-4-nitroanilin

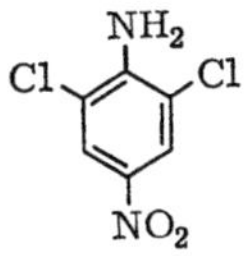

Kurzbezeichnungen: Dicloran, Dichloran

Unter den Namen Allisan® (Boots Pure Drug Co.), Botran® (Upjohn Co.), „U-2069“, „DCNA“ und „Al-50“ wurde diese Verbindung als selektives Fungizid zur Bodenbehandlung und gegen Blattpilze bekannt. Von der Firma Boots Pure Drug Co. wurde das Präparat im Jahre 1959 eingeführt und von *Clark* et al. beschrieben[32,33]. Es ist gegen *Botrytis* (Salatfäule) besonders wirksam, sodann wird eine gute Wirkung gegen Lagerkrankheiten an Beerenobst (Sclerotinia- und Rhizopus-Arten) erwartet. Die Verbindung wird auch im Zierpflanzen-Anbau benutzt.
Die Herstellung gelingt durch direkte Chlorierung von p-Nitroanilin.
Bei Fütterungsversuchen an Hunden wurde keine chronische Toxizität festgestellt.
LD_{50}: Oberhalb von 10000 mg/kg Ratte p. o.

Salicylanilid

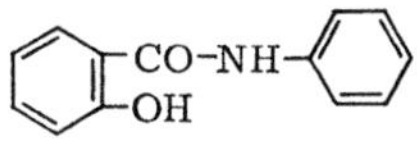

Die protektiv-fungiziden Eigenschaften von Salicylanilid oder Shirlan® der Imperial Chemical Industry haben *Fargher* et al. gefunden[49]. Später erkannte man eine gute Wirksamkeit gegen die Braunfleckigkeit der Tomaten (*Cladosporium fulvum*) und gegen bestimmte Mehltau-Arten. Als „Direkt-Fungizid“ ist die Verbindung nur in alkalischer Lösung wirksam; sie ist dann jedoch etwas phytotoxisch[118].
Die für Mensch und Tier relativ harmlose Substanz wird durch Kondensation von Salicylsäure und Anilin dargestellt.

Das dem Salicylanilid (und dem noch zu besprechenden Vitavax®, vgl. S. 104) ähnliche 2-Methylbenzoesäureanilid, auch als „BAS 3050F“ (BASF) bezeichnet, wurde als gegen *Rhizoctonia solani* wirksames Kartoffelbeizmittel befunden.

N-(Trichlormethylthio)-methansulfonsäure-anilid

Vergleiche hierzu: Abschnitt über Captan (s. S. 108), Abschnitt über Versuchsprodukt „Bayer 22027“ und Perchlormethylmercaptan (s. S. 94/95), Abschnitt über Dichlofluanid (Euparen®) (s. S. 95).

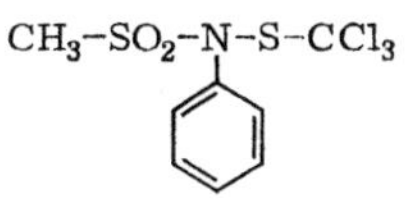

Dieses Versuchsprodukt aus der noch zu besprechenden Reihe der Perchlormethylmercaptan-Derivate wurde unter der Bezeichnung Norsulfan® oder „G-24505“ der J. R. Geigy S.A. als Fungizid bekannt und von *Waeffler* [205] beschrieben. Eine beschränkte Bedeutung erreichte das p-Chlor-Derivat:

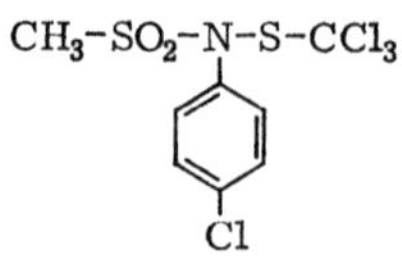

das den Namen Mesulfan® trägt und eine Zeitlang zur Bekämpfung des Apfelschorfs verwandt wurde.

N-(1,2,2,2-Tetrachloräthylthio)-methansulfonsäure-anilid

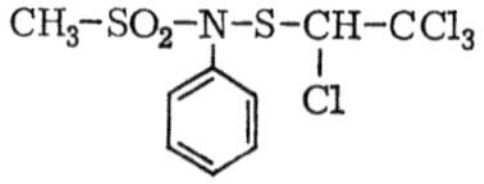

Vgl. hierzu Abschnitt über Captafol (s. S. 110).

Die von *Sasse* und *Wegler* entwickelte Verbindung wurde von *Frohberger* und *Grewe* als gutes Fungizid erkannt, das besondere Vorteile zur Bekämpfung von Rostkrankheiten des Getreides besitzt [305].

N,N-Dimethyl-N′-phenyl-N′-trichlormethylthio-sulfamid

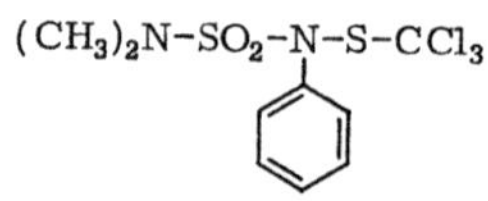

Es handelt sich um ein Fungizid mit großer Wirkungsbreite. Die von *Kühle*, *Wegler* und *Grewe* (Farbenfabriken Bayer AG) bearbeitete Verbindung [272], auch als „Bayer 22027“ bekannt, stellt ein wichtiges Versuchsprodukt aus der Reihe der Trichlormethylthio-Verbindungen dar. Nachdem nämlich mit den später abzuhandelnden Verbindungen Captan und Phaltan (s. S. 108/109) der Standard Oil Comp. durch die Einführung der Trichlormethylthio-Gruppe:

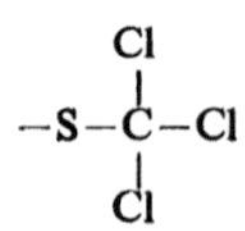

effektvolle Fungizide erhalten worden waren, bemühte man sich, diese Gruppe an andere Verbindungen anzuknüpfen. Nach zahlreichen Versuchen erwies sich das Dimethylamidosulfanilid

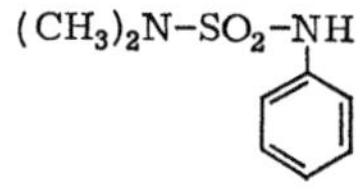

als ein geeignetes Vorprodukt für wirksame Substanzen. Durch Umsetzung des Sulfanilids mit Perchlormethylmercaptan, welches nach einem alten Verfahren von *Rathke* [155] heute großtechnisch aus Schwefelkohlenstoff und Chlor in Gegenwart von Jod dargestellt wird

$$CS_2 + 3\,Cl_2 \xrightarrow{(J_2)} Cl-\underset{Cl}{\overset{Cl}{C}}-S-Cl + SCl_2$$

erhält man dann die oben formulierte Verbindung, deren Synthese sich somit wie folgt skizzieren läßt:

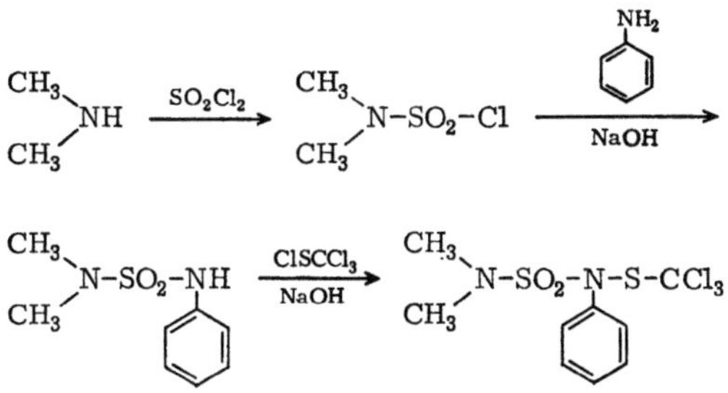

Die Entwicklung blieb nicht bei diesem Präparat stehen. Mit der Entdeckung des Fluordichlormethan-sulfenylchlorids, das nach *Petrov* und *Nejemseva* aus Perchlormethylmercaptan und wasserfreier Flußsäure erhalten wird [149]:

$$Cl-\underset{Cl}{\overset{Cl}{C}}-S-Cl \xrightarrow{HF} F-\underset{Cl}{\overset{Cl}{C}}-S-Cl$$

stand ein neues Vorprodukt zur Verfügung. Mit ihm wurde die folgende Verbindung dargestellt.

N,N-Dimethyl-N'-phenyl-(N'-fluordichlormethylthio)-sulfamid

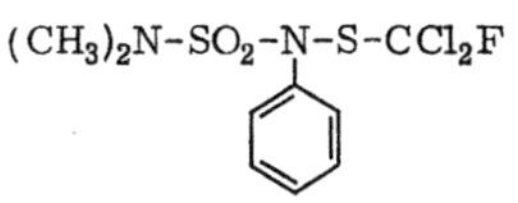

Kurzbezeichnung: Dichlofluanid

Die Substanz, die die Bezeichnungen Euparen®, Euparen neu®, Euparen F®, „Bayer 47531“ und „DFTS“ trägt, wurde von *Klauke*, *Kühle*, *Grewe* und *Kaspers*

(Farbenfabriken Bayer) erarbeitet [306], worüber in der Literatur berichtet wurde [61, 103, 368]. Bei Untersuchungen in vielen Ländern zeigte es sich, daß die Monofluordichlormethylthio-Verbindung ein Optimum an fungizider Potenz aufweist, während höher fluorierte Derivate wieder weniger wirksam sind. Das Euparen stellt ein breit wirksames Fungizid dar, dessen Schwerpunkt bei der Wirkung gegen *Botrytis cinerea* liegt. Letztere ist im Weinbau als Trauben- und Stielfäule und im Erdbeerbau als Grauschimmel von großer Bedeutung. Außerdem wirkt das Präparat gegen echte Mehltauarten, z. B. eradikativ (d. h. gegen sichtbaren Befall) bei Rosenmehltau und gewinnt somit im Zierpflanzen-Anbau an Bedeutung. Von Interesse ist auch die Anwendung im Obstbau [99]. Beachtliche Nebenwirkungen werden gegen Apfelmehltau und gegen Spinnmilben erzielt.

Die Verbindung wird von der Haut nicht resorbiert und besitzt keine hautreizenden Eigenschaften. Auch die Inhalation führt zu keinen Vergiftungserscheinungen. Im Fütterungsversuch über 4 Monate an Ratten wurden täglich bis zu 1000 ppm im Futter ohne Schaden vertragen [103]. LD_{50}: > 2500 mg/kg Ratte p. o. [368].

Kühle, *Klauke* und *Grewe* haben versucht, die Zusammenhänge zwischen der Struktur und der biologischen Wirkung aufzuhellen [103]. Da wie beim Captan (s. S. 108) angenommen werden darf, daß die Molekel mit den Mercapto-Gruppen von Enzymen reagieren [144], hat man zur Klärung dieser Frage die Reaktion zwischen verschiedenen Trihalogenmethylthio-Verbindungen und 4-Nitrothiophenol als Modell-Versuch herangezogen. Es wurden die Reaktionsgeschwindigkeiten gemessen und festgestellt, daß diejenigen Trihalogenmethylthio-Derivate, die rasch mit 4-Nitrothiophenol reagieren, im allgemeinen eine gute fungizide Wirkung aufweisen. Da jedoch nicht alle Versuche eine befriedigende Übereinstimmung zeigten, kann man nach Ansicht der Autoren über den Wirkungsmechanismus noch keine endgültigen Aussagen machen.

Von den Derivaten des Euparen ist die 4-Methylphenyl-Verbindung von Interesse:

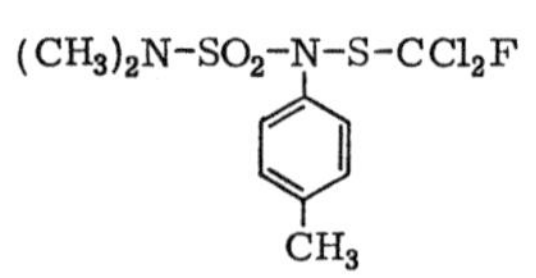

Sie zeigt eine gegenüber Euparen verstärkte Wirkung bei echten Mehltaupilzen und Spinnmilben und ist an empfindlichen Kernobstsorten etwas verträglicher [369]. Auch als Saatgutbeizmittel ist die Verbindung wirksam.

Malachitgrün

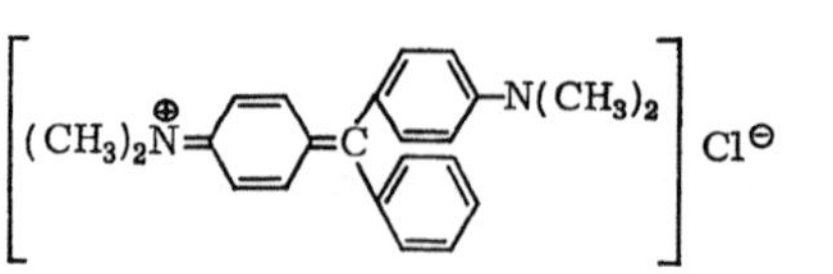

Der bekannte, aus Benzaldehyd und N,N-Dimethylanilin und nachherige Oxydation mit Bleidioxid in saurer Lösung erhältliche Farbstoff findet zur Bekämpfung von *Fusarium*-Krankheiten an Gräsern in Rasenflächen Verwendung [18].
LD_{50}: 75 mg/kg Kaninchen p. o. [196].

N-(4-Isopropylphenyl)-carbamidsäure-4-chlorpentinylester

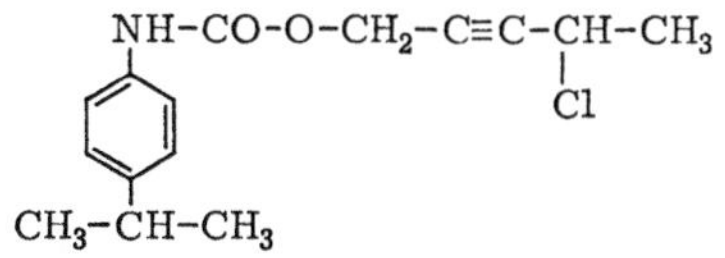

Die gute fungizide Wirkung der Verbindung wurde durch Arbeiten von *Steinbrunn* et al. bekannt [293]. Der Ester wirkt insbes. ausgezeichnet gegen *Plasmopara viticola*.

Über weitere Arylcarbamidsäure-Derivate mit fungizider Wirkung vgl. [136]

N-Formyl-N′-3,4-dichlorphenyl-trichloracetaldehydaminal

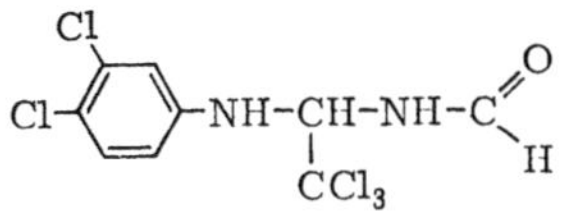

Kurzbezeichnung: Chloraniformethan

Die aus einem Patent der Farbenfabriken Bayer seit 1968 bekannte Verbindung [263] heißt auch Imugan® und besitzt eine sehr gute — auch systemische — Wirkung gegen echte Mehltaupilze, Zur Darstellung wird zunächst Formamid an Chloral addiert [51]:

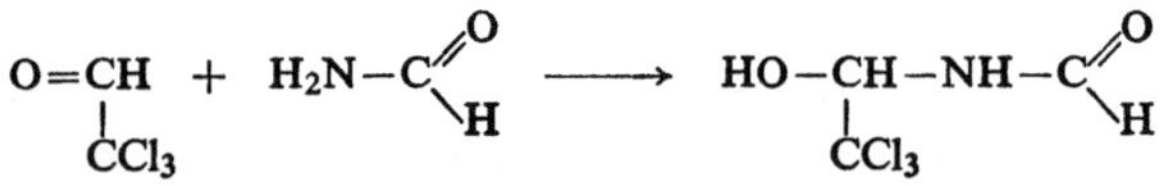

Anschließend setzt man das Addukt mit 3,4-Dichlorphenylisocyanat um:

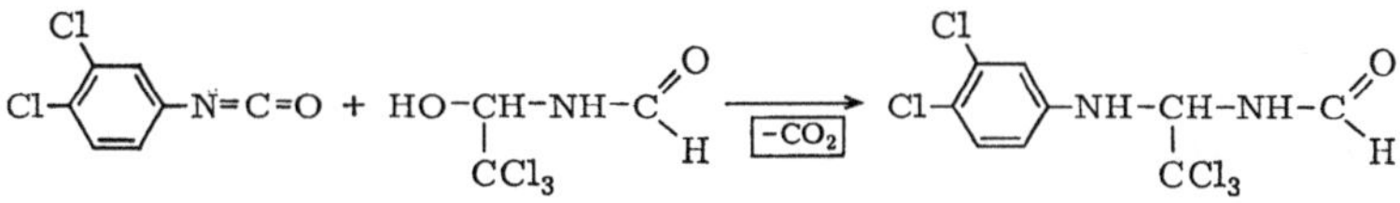

Hierbei findet nur primär eine Addition zu einem Carbamidsäureester statt; sekundär erhält man nach Arbeiten von *Dörken* und *Schrader* unter sofortiger Abspaltung von Kohlendioxid ein Trichloracetaldehyd-aminal [302]. — LD_{50}: Ca. 1000 mg/kg Ratte p. o.

Arylalkylamin-Derivate

Bis-methyl-2,4-dichlorbenzyl-4-dodecylbenzyl-ammonium-chlorid

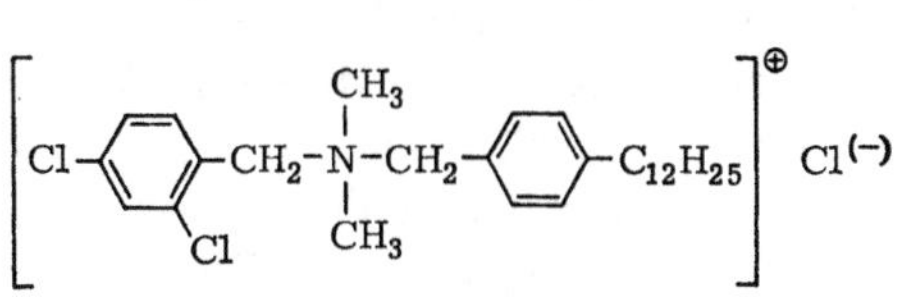

Die Substanz wird gegen Apfelschorf (*Venturia inaequalis*) und Xanthomonas-Arten empfohlen. Die Verbindung wurde von der Firma Rohm and Haas Co. bearbeitet [294].

Chloramphenicol (Chloromycetin)

Das 2-Dichloracetamido-1-p-nitrophenyl-propan-diol-(1,3)

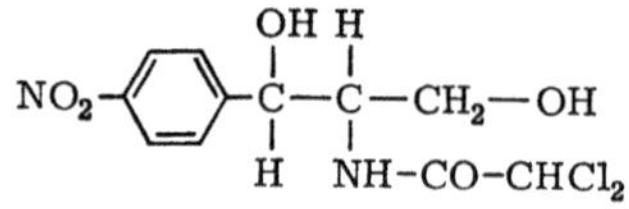

wird zusammen mit Phenyl-quecksilber-acetat (s. S. 144) unter der Bezeichnung Shirahagen® von der Sankyo K. K. (Japan) herausgebracht. Chloramphenicol hat als Antibiotikum schon vor längerer Zeit Eingang in die Medizin gefunden und wird nun auch im Pflanzenschutz — bevorzugt in tropischen Kulturen — eingesetzt. Es wirkt als Bakterizid gegen *Xanthomonas oryzae*, eine Bakterienerkrankung des Reises. Es hat sich insbesondere in Japan eingebürgert, zur Verbreiterung des Wirkungsspektrums Antibiotika mit metall-organischen Verbindungen — im vorliegenden Präparat mit Phenyl-quecksilber-acetat — als Gemisch einzusetzen.

L-threo-3-Phenylserin

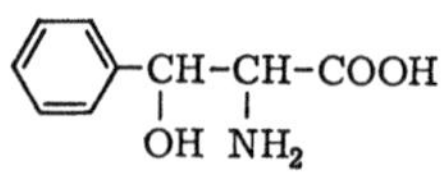

Die Verbindung wird von der Firma Hoffmann-La Roche (Schweiz) herausgebracht und wirkt — wie Versuche an Gurkensämlingen gezeigt haben — gegen die Gurkenkrätze (*Cladosporium cucumerinum*). Phenylserin ist ein Auxin-Antagonist, dessen Wirkungsmechanismus aufgeklärt wurde [2].

Aryl-harnstoff-Derivate

1,1′-o-Phenylen-bis-(3,3′-äthoxycarbonyl-thioharnstoff)

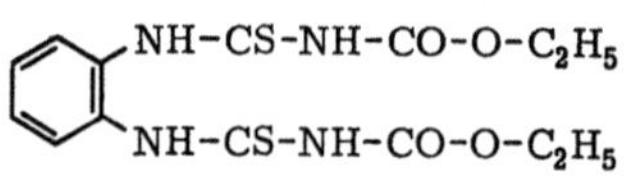

Das Präparat wurde von der japanischen Firma Nihon Soda K. K. entwickelt. Es trägt die Bezeichnungen „Fungizid F 35“ und Topsin®. Wie aus einer offengelegten Patentanmeldung zu ersehen ist, besitzt die Verbindung bei niedriger Warmblütertoxizität eine ausgezeichnete Wirkung gegen die durch *Piricularia* verursachte Reiskrankheit [395]. Auch die Schwarzfleckenkrankheit (Anthracnose) an Gurken und die Blattfleckenkrankheit von Zuckerrüben läßt sich erfolgreich bekämpfen. Endlich wird der Verbindung auch eine systemische Wirksamkeit zugeschrieben. Die Darstellung erfolgt durch Umsetzen von Äthoxycarbonyl-isothiocyanat und 1,2-Diaminobenzol bei Raumtemperatur:

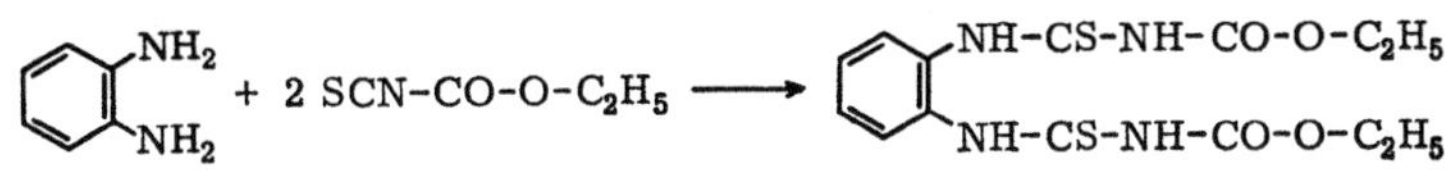

g) Hydrazo- und Azo-Verbindungen, Hydroxylamin-Derivate

Vgl. hierzu die Hydroxamsäuren auf S. 90 und die Hydrazin-Derivate auf S. 102 und 122.

Chinon-semicarbazon

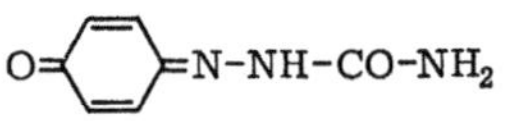

Die Verbindung wurde unter der Bezeichnung „Boots RD 8684" als Fungizid genannt.

Chloracetaldehyd-2,4-dinitrophenylhydrazon

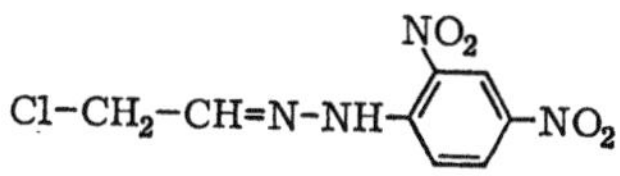

Das von der Firma Olin Mathieson unter „OM 1763" eingeführte Produkt ist für den Obstbau interessant. Die Verbindung wird als Blattfungizid im Apfel-, Pfirsich- und Kirschen-Anbau eingesetzt. LD_{50}: 1460 mg/kg Kaninchen p. o. akut.

Capronsäure-phenylhydrazid

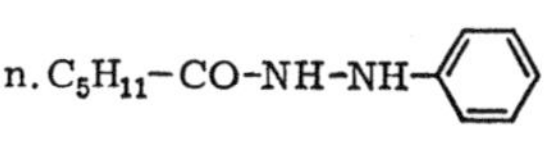

Die Substanz wird in einem Patent der Firma Schering AG [309] beansprucht. Sie wirkt protektiv und curativ gegen echten Mehltau. Außerdem ist ein akarizider Effekt vorhanden.

Chinonoxim-benzoylhydrazon

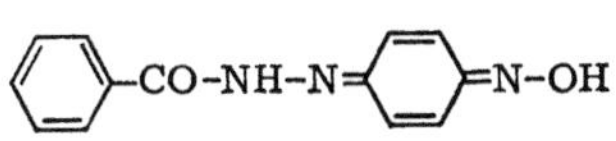

Kurzbezeichnung: Benquinox

Die Verbindung, auch „COBH", „Bayer 15080" oder, als Saatgutbeizmittel formuliert, Cerenox® und später Ceredon® (Farbenfabriken Bayer) genannt, wurde im Jahre 1955 durch *Frohberger* als Saatgutbeizmittel eingeführt [56, 273]. Sie ist hochwirksam gegen die durch *Pythium*-Arten hervorgerufenen Auflaufkrankheiten zahlreicher Kulturpflanzen, wie Wurzelbrand, Schwarzbeinigkeit oder Umfallkrankheit. Die Wirkung gegen samenbürtige Getreidekrankheiten ist weniger interessant, weil sie von anderen bekannten Mitteln übertroffen wird. Das Präparat eignet sich auch zur Beizung von Baumwoll-, Rüben-, Erbsen- und Bohnen-Saat. Die Verbindung wird nach *Borsche* [24] aus Benzoylhydrazin und Nitrosophenol, das dabei wie ein Chinonmonoxim reagiert, dargestellt [148]:

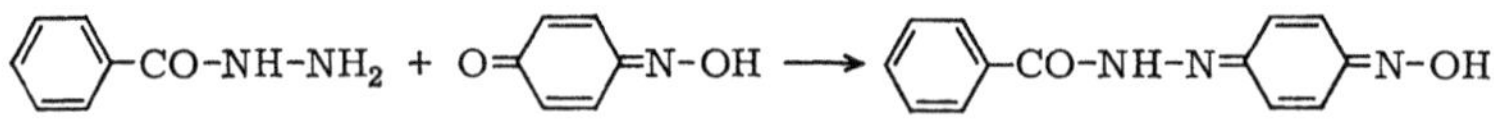

LD_{50}: Ca. 100 mg/kg Ratte p. o.

Kombinationen des Benquinox mit anderen Wirkstoffen sind im Handel. So ist z. B. Ceredon T® (Farbenfabriken Bayer AG) ein Gemisch mit Tetramethylthiuramdisulfid (s. S. 62) und wird gegen samen- und bodenbürtige Keimlingskrankheiten bei Rüben, Leguminosen und Gemüsesämereien eingesetzt. Ceredon-Spezial® enthält Phenyl-quecksilber-chlorid (s. S. 145) beigemischt und wird gegen Auflaufkrankheiten bei Futter- und Zuckerrüben, Leguminosen, Lein und Mais angewandt.

p-Dimethylaminophenyl-diazosulfonsaures Natrium

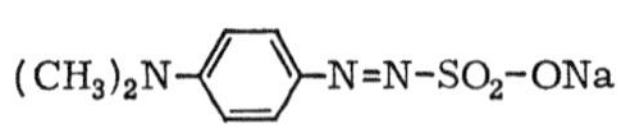

Das Präparat trägt die Bezeichnungen „DAS" und „Bayer 22555" und heißt als Handelspräparat Dexon®. Es wurde von *Urbschat* chemisch und von *Frohberger* biologisch bearbeitet und den Farbenfabriken Bayer in einem Patent geschützt [275]. Es ist außerordentlich wirksam gegen Phycomyceten, wie Pythium-, Aphanomyces- und Phytophthora-Arten, und zur Beizung wie zur Bodenbehandlung geeignet. Die Verbindung wird durch Diazotieren von p-Amino-dimethylanilin und nachfolgende Umsetzung mit Natriumsulfit dargestellt [203]:

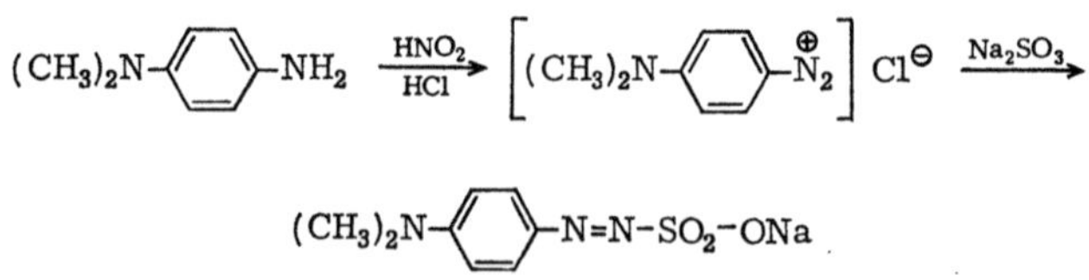

LD_{50}: 60—75 mg/kg Ratte p. o., ca. 150 mg/kg Meerschweinchen p. o. Wasserlöslichkeit: 2 bis 3%, hydrolysenbeständig [118].

p-Hydroxyphenyl-azoformamid

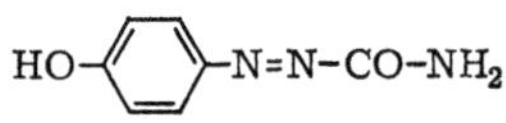

Diese Verbindung der Boots Pure Drug Co. dient als Saatgutbeizmittel [320]. Ein Gemisch, das 15% des Präparates und 5% Hexachlorbenzol enthält, befindet sich in breiter Prüfung. LD_{50}: Oberhalb von 2000 mg/kg Ratte p. o. akut.

1-Phenylthiosemicarbazid

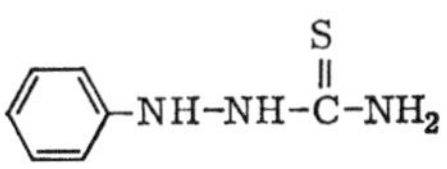

Nach *Pluijgers* und *Kaars Sijpesteijn* soll bei diesem Produkt eine systemisch-fungizide Wirkung vorliegen [151].

2.3. Heterocyclische Verbindungen

a) Verbindungen mit einem Sauerstoff- oder Schwefel-Ringatom

2-Methyl-5-acetyl-5,6-dihydro-1,4-pyrandion-(4,6)

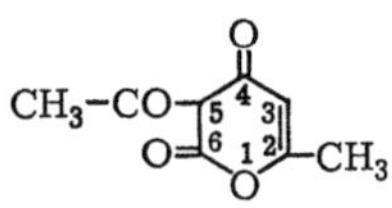

Die als Dehydracetsäure („DHA") bekannte Verbindung wurde von *Wolf* als Fungizid erkannt [222] und von der Dow Chemical Comp. in den Handel gebracht. Das Präparat verhindert Schimmelwachstum auf Früchten und Gemüse und dient auch zur Imprägnierung von Verpackungsmaterial. Es soll ferner insektizide Eigenschaften besitzen [118].
Die Verbindung wird durch Kochen von Acetessigester mit Natriumbicarbonat dargestellt.

LD_{50}: 1000 mg/kg Ratte p. o. akut. Zur Aufklärung der chronischen Toxizität wurden Untersuchungen von *Spencer* et al. [183] durchgeführt.

3-Äthyl-6-methoxy-8-hydroxy-3,4-dihydroisocumarin

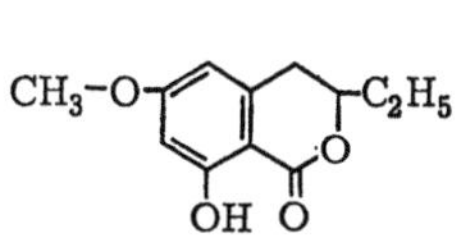

Diese Verbindung gehört — wie das schon besprochene Orchinol (s. S. 86) — zur Gruppe der Phytoalexine und ist als Fungistatikum von wissenschaftlichem Interesse, wie aus einer Veröffentlichung von *Cruickshank* [39] hervorgeht. Das Präparat wird aus Karotten isoliert.

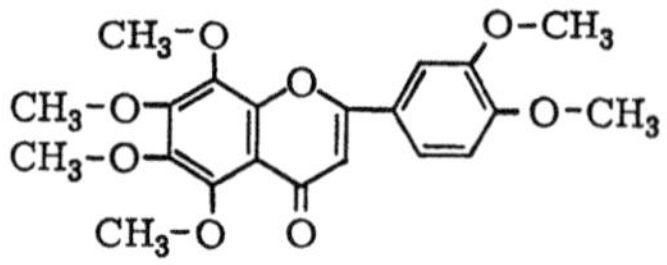

Nobiletin

Ebenfalls fungistatische Wirkung besitzt das zu den Flavonen gehörende und aus Mandarinenschalen isolierte, formal ähnliche Nobiletin [17], eine schon seit 1938 bekannte Verbindung.

3,3,4,4-Tetrachlor-tetrahydrothiophen-1,1-dioxid

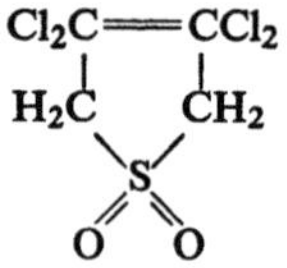

Das Präparat wurde als „DAC 649" im Gemisch mit Pentachlornitrobenzol (s. S. 73) zur Saatgutbeizung und als breit wirksames Bodenbehandlungsmittel, das keine Wartezeit erfordert, herausgebracht. LD_{50}: 112 mg/kg Ratte p. o. akut.

N-Phenyl-N'-(1,1-dioxo-3-thiolan)-hydrazin

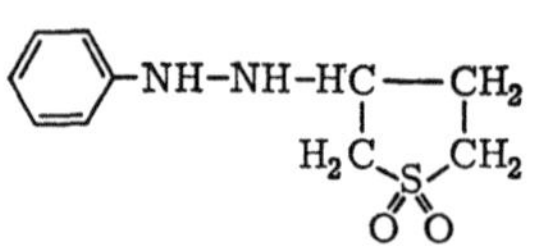

Die Verbindung wird unter der Bezeichnung „Fisons NC 918" als eradikativ und systemisch wirksames Fungizid gegen Rostkrankheiten beschrieben.
LD_{50} des Hydrochlorids: 800 mg/kg Ratte ♂ p. o. akut [118].

2,3,6,7-Tetrachloro-4a,8a-epoxy-1,2,3,4,4a,8a-hexahydro-1,4-methanonaphthalin-dion-(5,8)

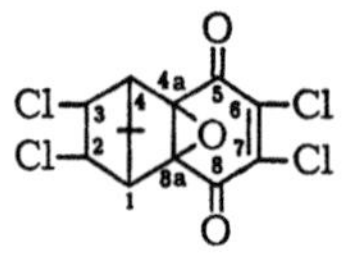

Die Verbindung wurde unter der Bezeichnung „Shell SD 7231" als Blattfungizid bekannt. LD_{50}: Oberhalb von 5000 mg/kg Ratte p. o. akut [55].

Griseofulvin

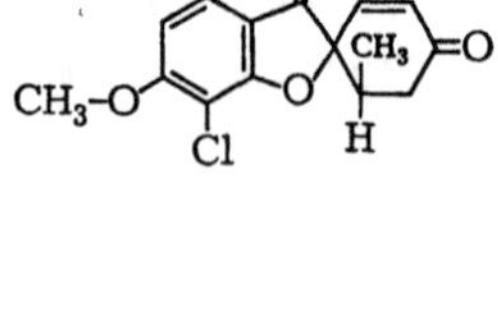

Oxford, *Raistrick* und *Simonart* [145], eine englische Forschergruppe, isolierten 1939 das Antibioticum Griseofulvin als Stoffwechselprodukt von *Penicillium griseofulvum*. *Grove* et al. klärten später die Struktur auf [65]. Im Zusammenhang mit der Spirostruktur der Verbindung soll der sogenannte „Curling"-Effekt stehen. In einem bestimmten Konzentrationsbereich angewandt, bewirkt das Präparat die Kräuselung („Curling") der Keimschläuche gewisser Pilzarten. Hierbei ergab sich nach *Brian*, daß nur die Pilze angegriffen werden, die chitinöse Zellwände besitzen [28]. Griseofulvin wirkt systemisch und wird auch im Saft behandelter Pflanzen gefunden. Es kann gegen die Dörrfleckenkrankheit der Tomaten, gegen *Botrytis* an Salatpflanzen und gegen Mehltau bei Gerste angewandt werden. Die Verbindung ist jedoch vorläufig noch teuer, wodurch die Anwendung eingeschränkt wird.
Zur Struktur und zur Synthese von Griseofulvin liegen Angaben von *Stork* und *Tomasz* vor [379].
Gegen die Verwendung von Griseofulvin im Pflanzenschutz bestehen auch toxikologische Bedenken. Neuere biologische Arbeiten über Griseofulvin hat *Miller* zusammengestellt [131].
Sublimationspunkt: 210°C ohne Zersetzung. Löslichkeit: Löslich in Dimethylformamid, sonst im allg. schwerlöslich.

Kasugamycin

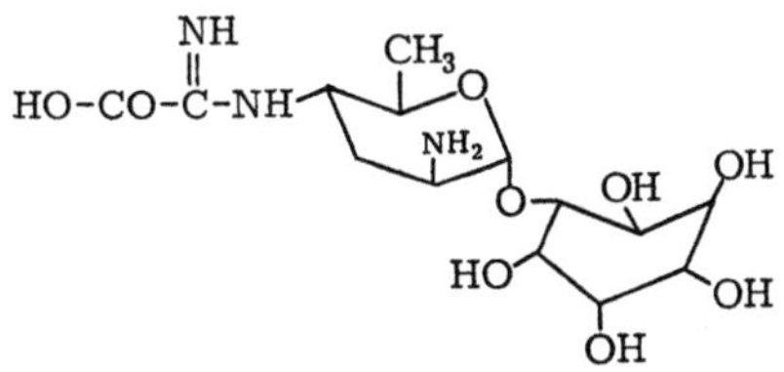

Kasugamycin, ebenfalls ein Antibioticum, wurde von *Umezawa* aus einer Kultur von *Streptomyces kasugaensis* gewonnen [338]. Es wirkt speziell gegen die Brusone-Krankheit des Reises (*Piricularia oryzae*).
Die Synthese der auch „Kasumin" genannten Verbindung gelang im Jahre 1968 *Nakajima* u. Mitarb. [135]. „Kasumin" wird von der Firma Hokko (Japan) in den Handel gebracht.

Mucochlorsäureanhydrid

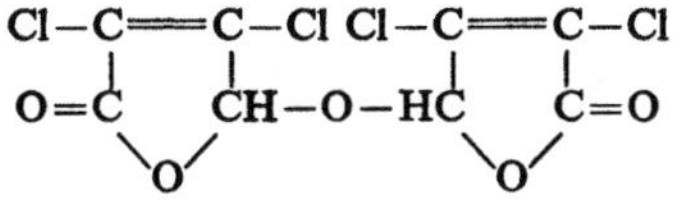

Mit der Chemie dieser Verbindung, die auch als ein Bis-furanoyl-äther-Derivat aufgefaßt werden kann, hat sich *Mowry* befaßt [134]. Im Jahre 1956 führte dann die Allied Chemical Corp. unter der Bezeichnung „GC-2466" das Produkt als gegen

Apfelschorf wirksames Blattfungizid und als Saatschutzmittel ein [239]. Die Darstellung gelingt durch Wasserabspaltung aus Mucochlorsäure:

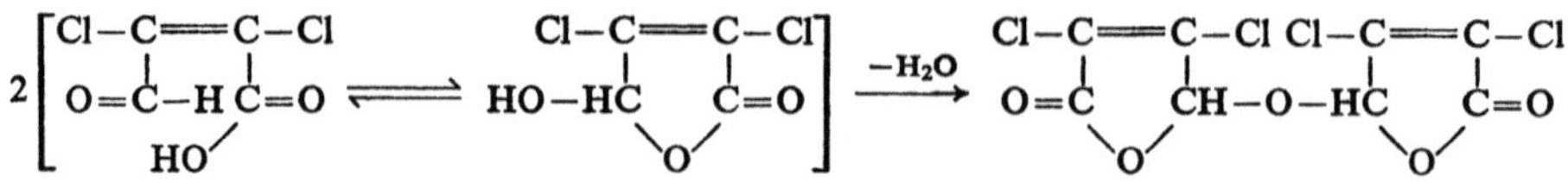

LD$_{50}$: Ca. 2000 mg/kg Ratte p. o.

b) Verbindungen mit zwei oder mehreren Sauerstoff- oder Schwefel-Ringatomen

2,3-Dihydro-6-methyl-1,4-oxathiin-5-carbonsäure-anilid

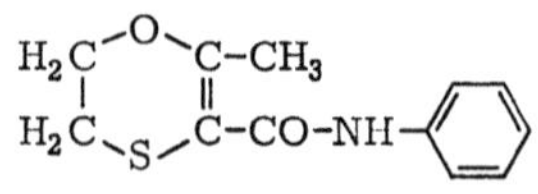

Diese Verbindung wurde im Jahre 1966 durch ein Patent der U.S. Rubber Comp. bekannt [246] und besitzt die Namen Vitavax® und „D 735". Es ist ein sehr wirksames systemisches Fungizid, das sich zur Saatgut- und Bodenbehandlung gegen verschiedene Brand- und Rost-Krankheiten eignet. Eine besonders interessante Wirkung wird nach Angaben von *Tate* und *von Schmeling* gegen den Weizen- und Gersten-Flugbrand erzielt [191].
Das Präparat kann ausgehend von Acetessigsäure-anilid durch Chlorierung, nachfolgende Kondensation mit 2-Oxyäthylmercaptan im schwach alkalischen Bereich und endlich durch Ringschluß-Reaktion mit gleichzeitiger Wasserabspaltung in Gegenwart von Säuren erhalten werden:

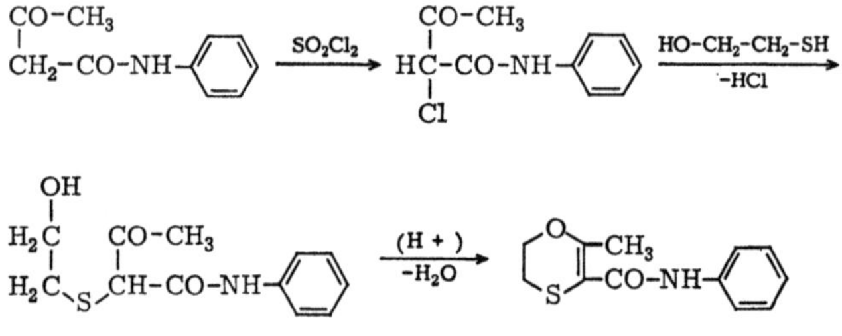

LD$_{50}$: 3200 mg/kg Ratte p. o.

Durch Oxydation erhält man das unter den Bezeichnungen Plantvax® und „F 461" bekannt gewordene cyclische Sulfon [171]:

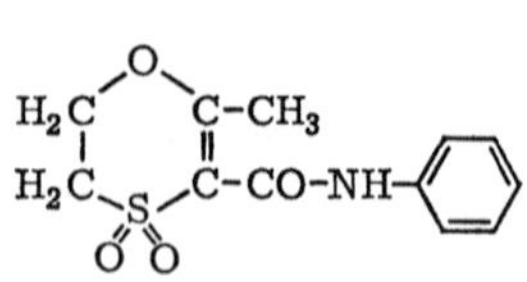

Auch bei dieser Verbindung ist ein systemischer Effekt vorhanden. Sie eignet sich bevorzugt als Spritzmittel zur Bekämpfung von Getreiderost-Krankheiten (Puccinia-Arten), gegen „Bleiglanz" (*Stereum purpureum*) an Obstbäumen und als Saatgut- und Bodenbehandlungsmittel. LD_{50}: 2000 mg/kg Ratte p. o. akut [171].
Im Jahre 1967 wurde auch das dem Vitavax entsprechende 2-Aminobiphenyl-Derivat mit der Formel:

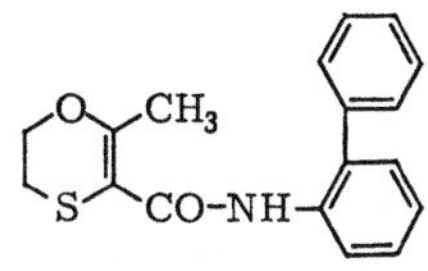

bekannt [48]. Das neue, systemisch wirksame Fungizid trägt die Bezeichnung „F 427". Es soll ein breiteres Wirkungsspektrum als Vitavax besitzen. Besonders gehemmt werden Basidiomyceten und Aspergillus-Arten [48].

2,3-Dicyano-1,4-dithia-anthrachinon

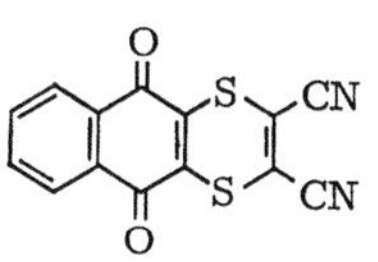

Kurzbezeichnung: Dithianon

Die Verbindung wurde unter dem Handelsnamen Delan® von der E. Merck AG im Jahre 1962 eingeführt [279] und auch unter der Bezeichnung „Stauffer MV-119 A" bekannt. Das Präparat wird als mindertoxisches Fungizid sowohl als Beizmittel eingesetzt, wie auch als gut wirksames Blattfungizid gegen Obstschorf [111] und gegen Krankheiten im Kaffee-, Kakao- und Citrusbau angewandt.
Delan wird nach dem „Bähr-Verfahren" [11] auf folgendem Wege dargestellt [295]: An Cyanwasserstoff wird Schwefelkohlenstoff addiert, das Dithiokohlensäurecyanid dimerisiert sich in Dimethylformamid als Lösungsmittel sofort unter Abgabe von Schwefel, und das entstandene Dimercapto-maleinsäuredinitril wird endlich mit 2,3-Dichlor-1,4-naphthochinon umgesetzt:

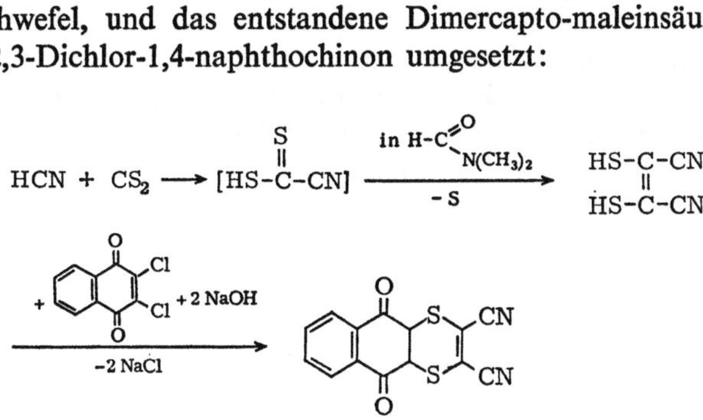

LD_{50}: 1015 mg/kg Ratte p. o. Die Verbindung kann jedoch Hautreizungen verursachen; sie wird in flüssiger Formulierung ausgebracht.

5-Chlor-4-phenyl-1,2-dithiolon-(3)

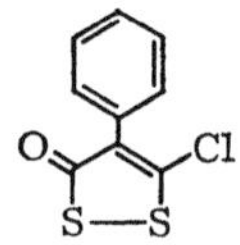

Die auch „Hercules 3944" benannte Verbindung ist als breit wirksames Boden- und Saatgut-Fungizid von der Hercules Incorporated herausgebracht worden [241]. Nach der Anwendung des Präparates ist keine Karenzzeit erforderlich.
Die Synthese gelingt auf folgendem Wege [53,241]: Cumol wird mit Schwefel und anschließend mit Chlor behandelt, das dann erhaltene Sulfoniumchlorid wird mit Wasser zu „Hercules 3944" hydrolysiert:

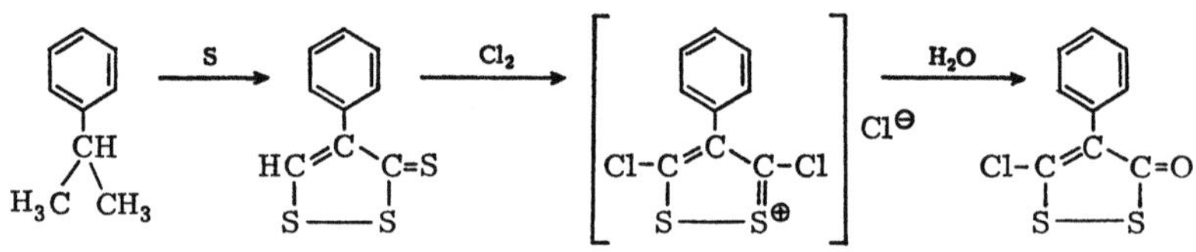

Auch die 4-p-Tolyl-Verbindung wird entsprechend dargestellt und ist als Fungizid bekannt.

LD_{50} von „Hercules 3944": 10000 mg/kg Kaninchen p. o. akut.
Das Präparat „Hercules 3944 X" ist ein Gemisch. Es enthält: 30% „Hercules 3944", 40% Captan, s. S. 108, 20% Hexachlorbenzol, s. S. 73.

1,2,5-Trithiacycloheptadien-3,4,6,7-tetranitril

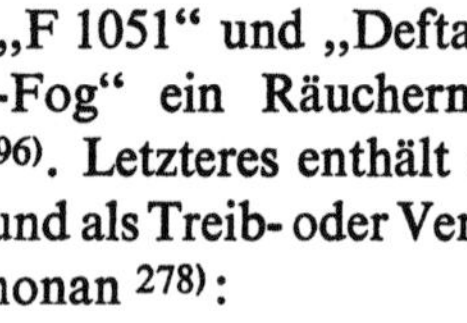

Die Verbindung wird in einer Patentschrift der Firma E. Merck AG genannt [254] und trägt die Bezeichnungen „F 1051" und „Deftan". Bekannt wurde außerdem unter dem Namen „Deftan-Fog" ein Räuchermittel, das als Gewächshaus-Fungizid empfohlen wird [27,196]. Letzteres enthält neben dem eigentlichen „Deftan"-Wirkstoff noch Schwefel und als Treib- oder Vernebelungsmittel 3,7-Dinitroso-1,3,5,7-tetraazabicyclo(3,3,1)-nonan [278]:

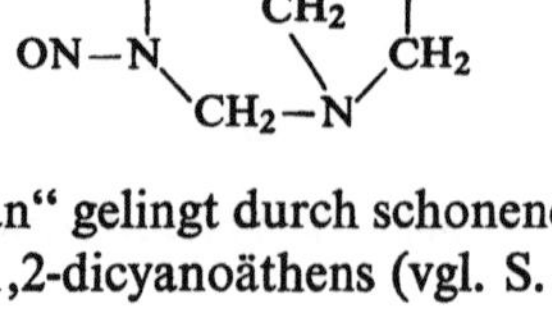

Die Darstellung von „Deftan" gelingt durch schonende Oxydation des Dinatriumsalzes des 1,2-Dimercapto-1,2-dicyanoäthens (vgl. S. 105):

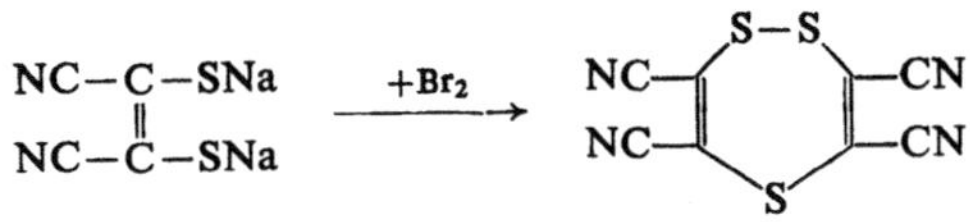

LD$_{50}$: 340 mg/kg Maus p. o. [196].

3-Hydroxypterocarpin

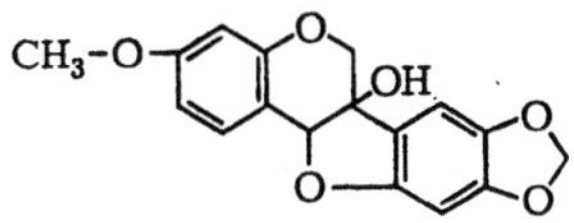

Die auch „Pisatin" genannte Verbindung gehört wie Orchinol (s. S. 86) und das auf S. 101 angegebene Isocumarin-Derivat zur Gruppe der Phytoalexine. Pisatin besitzt als Versuchspräparat Interesse [39]. Es wirkt fungistatisch und kann aus Gartenerbsen und grünen Bohnen isoliert werden.

Streptomycin

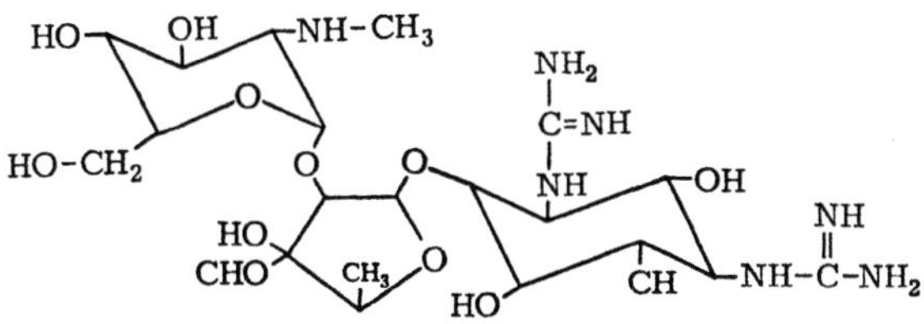

Dieses 1944 von *Waksman* isolierte Antibioticum [209] (zur Konfiguration vgl. [380]) besitzt stark basische Eigenschaften und ist meist als Sulfat oder Hydrochlorid im Handel. Es besitzt nur eine geringe Toxizität gegen echte Pilze, wirkt aber sowohl gegen grampositive wie gramnegative Bakterien. Erfolge mit dem Präparat wurden bei der Bekämpfung der bakteriellen Maiswelke (*Xanthomonas stewarti*) und insbesondere des Feuerbrandes der Birnen und Äpfel (*Erwinia amylovora*) erzielt. Streptomycin spielt ferner eine bedeutende Rolle bei der Bekämpfung bakterieller Infektionen an Tabakpflanzen. Die Verbindung wirkt etwas systemisch, jedoch werden die hierfür notwendigen Konzentrationen durch die Phytotoxizität eingeschränkt.
Streptomycin wird heute industriell hergestellt. Man kann es aus *Streptomyces bikiensis* und *Streptomyces mashuensis* erhalten. Der Preis wird jedoch einer breiten Anwendung im Pflanzenschutz im Wege stehen.
LD$_{50}$: 9000 mg/kg Maus p. o.

Phyllomycin

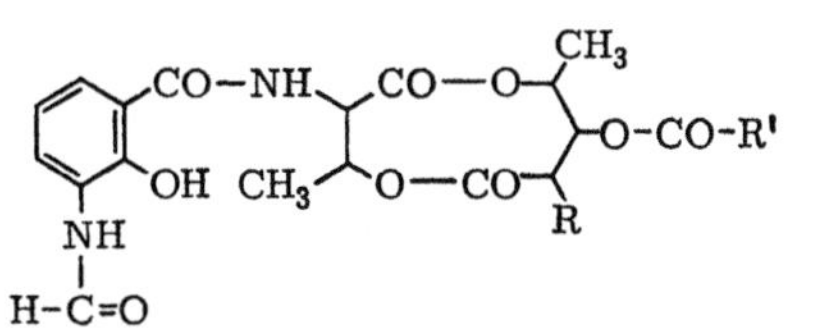

Phyllomycin C: R = R' = C_4H_{10}
Phyllomycin D: R = R' = C_6H_{14}

Dieses Antibioticum wurde bei den Farbenfabriken Bayer geprüft [280,375]. Es ist wirksam gegen *Phytophthora infestans* und *Alternaria solani* an Tomaten, gegen *Pseudoperonospora humuli* an Hopfen, *Piricularia oryzae* an Reis und *Omphalia flavida* an Kaffee [375]. Auch diese Verbindung wirkt etwas systemisch, sie ist jedoch für den praktischen Einsatz noch zu teuer.

c) Verbindungen mit einem Stickstoff-Ringatom

5-Ringe

N-Trichlormethylthio-tetrahydrophthalimid

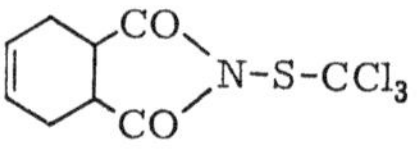

Kurzbezeichnung: Captan

Mit der Einführung dieser unter den Handelsnamen Orthocide®, „SR 406“ und Flit 406® bekannten Verbindung im Jahre 1949 durch die Standard Oil Development Co. wurde den organischen Fungiziden eine große Neubelebung zuteil.

Captan wurde zuerst von *Kittleson* beschrieben [94]. In dem der Veröffentlichung entsprechenden Patent [231] beanspruchte man die Umsetzung einer sehr großen Zahl von Acyl-NH-Verbindungen mit Perchlormethylmercaptan. Damit fallen unter das Patent viele andere Verbindungen mit der Gruppierung:

$$>N-S-CCl_3,$$

die jedoch nicht alle eine gute fungizide Wirkung zeigen. (Vgl. S. 71, 93, 94, 95, 109 und 124 und die Angaben im Allgemeinen Teil I, S. 20).

Captan wird als nicht phytotoxisches Blattfungizid wegen seiner guten protektiven Wirkung insbesondere im Kernobstbau angewandt. Der Schwerpunkt liegt bei der Bekämpfung der Venturia-Arten (Schorf-Krankheiten). Aber auch als Saatgutbeizmittel und breit wirksames Bodenbehandlungsmittel wird Captan eingesetzt, es zeichnet sich insbesondere durch eine gute Wirkung gegen Pythium-Arten aus.
Die Herstellung der für die Praxis wichtigen Verbindung verläuft auf folgendem Wege: Ausgehend von Butadien und Maleinsäureanhydrid erhält man durch eine Diels-Alder-Addition Tetrahydrophthalsäureanhydrid; mit Ammoniak wird daraus das Imid hergestellt, welches dann mit Perchlormethylmercaptan zu Captan umgesetzt wird [231]:

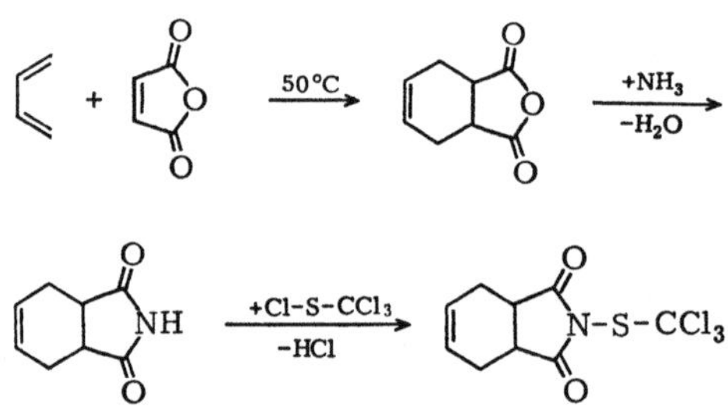

Über die Herstellung des Perchlormethylmercaptans wurde auf S. 95 berichtet.

LD_{50}: 9000 mg/kg Ratte p. o. akut. Hunde, die während 66 Wochen 300 mg technischen Wirkstoff pro kg pro Tag zugefüttert erhielten, zeigten keine Vergiftungserscheinungen. Die Verbindung kann jedoch Hautreiz verursachen. Captan ist in Wasser und vielen organischen Lösungsmitteln schwerlöslich, löst sich jedoch mäßig in chlorierten Kohlenwasserstoffen [118].

Zur Wirkung des Captan[119] wird von *Hochstein* und *Cox* angenommen[75], daß Captan bei der Decarboxylierung von Brenztraubensäure mit der Carboxylase in Reaktion tritt und dem Coenzym Thiaminpyrophosphat den Platz streitig macht. Nach *Owens* und *Blaak* soll die Captan-Molekel mit freien Mercapto-Gruppen vieler Enzyme reagieren[144], worüber auch *Liu* und *Fishbein* berichtet haben[106]. *Lukens* und *Sisler* begründen die Aktivität der Verbindung mit der reduktiven Abspaltung von Thiophosgen[110]. Neuerdings wird dieser unter physiologischen Bedingungen ablaufende Vorgang wie folgt formuliert[109]:

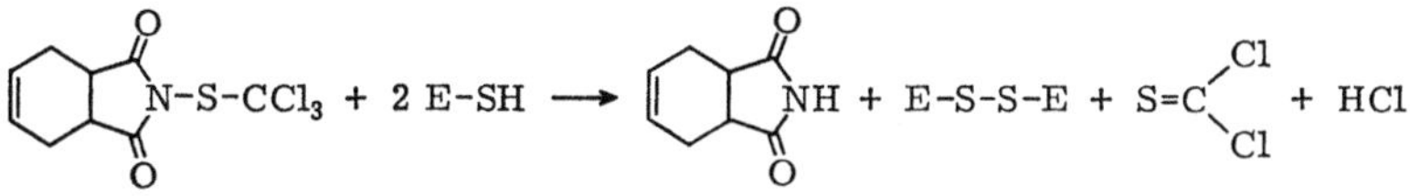

Das Mercapto-Enzym (E−SH) geht dabei in das entsprechende Disulfid (E−S−S−E) über. Weiterhin wird dazu festgestellt, daß für fungitoxische Verbindungen vom Typ:

$$R-S-CCl_3$$

eine reaktive R—S-Bindung erforderlich sei. Diese Reaktivität wird von der R-Gruppe beeinflußt. Sodann erleichtert eine lipophile R-Gruppe die Durchdringung der Zellwände und damit das Vordringen der noch intakten Molekel an ihren Wirkungsort.

N-Trichlormethylthio-phthalimid

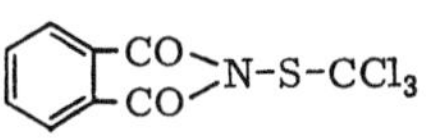

Kurzbezeichnung: Folpet

Die meist Phaltan® (California Chemical Co.) genannte Verbindung wurde — wie das oben besprochene Captan — zuerst von *Kittleson* beschrieben[94,231]. Folpet fand in jüngerer Zeit Beachtung und Anwendung als sog. Spät-Spritzmittel[61], das die durch Gloeosporium-Arten hervorgerufene Lagerfäule der Äpfel verhindert oder einschränkt. Im Weinbau dient es zur Bekämpfung des falschen Mehltaus der Reben (*Plasmopara viticola*). Im Getreidebau wendet man die Verbindung ebenfalls gegen Blatterkrankungen an. Sie dient aber auch als breit wirksames Bodenbehandlungsmittel.
Die Darstellung von Folpet durch Umsetzung von Phthalimidkalium mit Perchlormethylmercaptan:

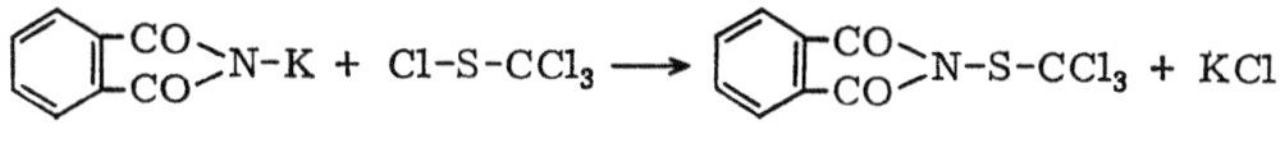

kann nicht wie beim Captan in wäßrigem Medium vorgenommen werden, da das Phthalimid-Salz zu schwer löslich ist. Man muß daher im organischen Lö-

sungsmittel arbeiten; auf Grund dieser etwas schwierigeren Darstellung ist auch Folpet später als Captan in den Handel gekommen.
LD_{50}: Oberhalb von 10000 mg/kg Ratte p. o.

N-(1,1,2,2-Tetrachloräthylthio)-tetrahydrophthalimid

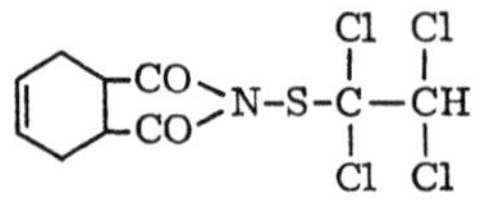

Kurzbezeichnung: Captafol

Das Präparat kam unter der Bezeichnung Difolatan® (California Chemical Company — Ortho Division) 1961 in den Handel. Es wurde von *Thomas jr.* et al. beschrieben [195] und ist ein protektiv gut wirksames Blattfungizid. Daneben ist es noch als breit wirksames Bodenbehandlungsmittel, das keine Karenzzeit erfordert, im Gebrauch.

Die Darstellung der Verbindung entspricht der des Captan (s. S. 108). Man geht aus von Tetrahydrophthalimid und 1,1,2,2-Tetrachloräthansulfenchlorid. Letzteres kann aus Trichloräthylen und Schwefeldichlorid in Gegenwart von Benzoylperoxid oder bei geeigneter Belichtung erhalten werden [330]:

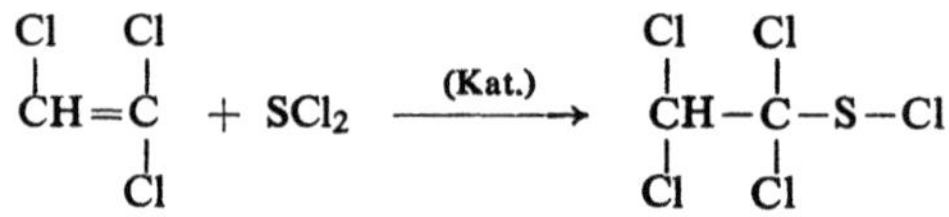

Auch von Bis-(1,1,2,2-tetrachloräthyl)-disulfid aus läßt sich (nach Arbeiten der Hooker Chemical Corporation) durch Chlorierung in Gegenwart von Eisen(III)-chlorid das Sulfenchlorid darstellen [385]:

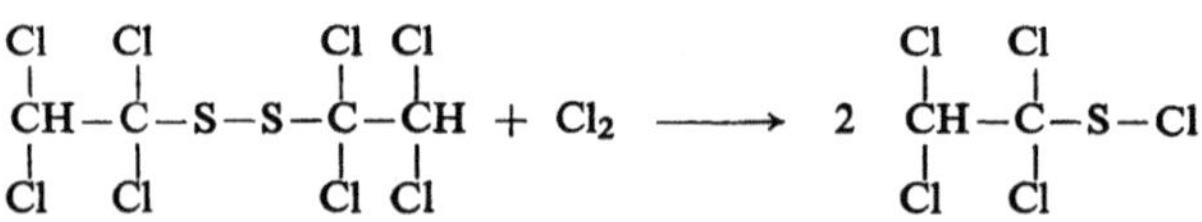

In entsprechender Weise wurden bei den Farbenfabriken Bayer schon früher auch andere Polyhalogenäthan-sulfenchloride erhalten [386] und mit Phthalimidkalium (oder dessen Tetrahydro-Derivat) zu fungizid wirksamen Präparaten umgesetzt; als Beispiel sei die Verbindung

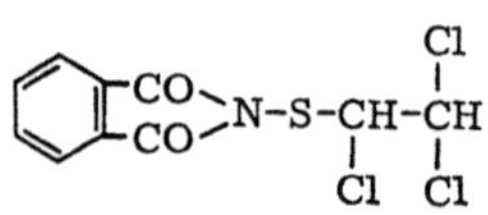

angegeben [388].
LD_{50} von Captafol: 4600 mg/kg Ratte p. o.
Setzt man an Stelle des Tetrachloräthan-sulfenchlorids 1-Chlor-1-nitroäthan-sulfenchlorid mit Tetrahydrophthalimid-kalium um, so gelangt man ebenfalls zu einem fungiziden Wirkstoff, dem N-(1-Chlor-1-nitroäthylthio)-tetrahydrophthalimid:

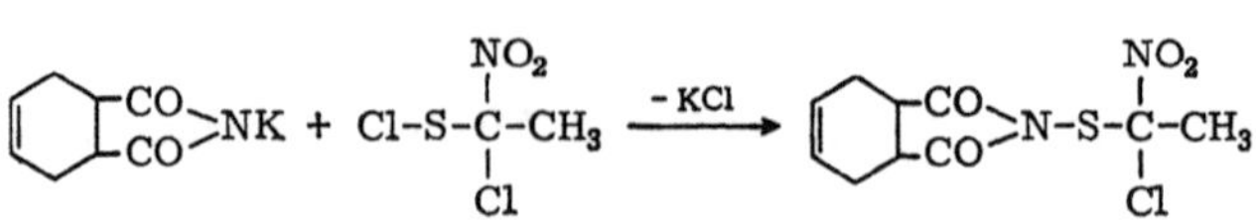

Diese Verbindung und weitere N-(1-Halogeno-1-nitroalkylthio)-dicarboximide werden in einem Patent der Chevron Recherche Société beansprucht[335].

N-(3-Nitrophenyl)-itaconimid

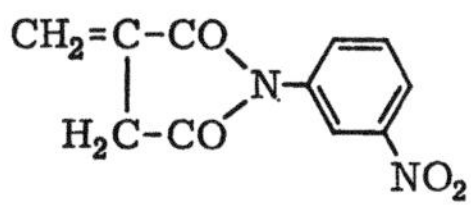

Die Verbindung wurde von der Firma Naugatuck Chemicals unter der Bezeichnung „B 720" herausgebracht. Sie soll als Saatgut-, Boden- und Blattfungizid Verwendung finden. — LD_{50}: 2500 mg/kg Ratte p. o.[118].

Die entsprechende Verbindung, die an Stelle der Nitro-Gruppe Chlor enthält:

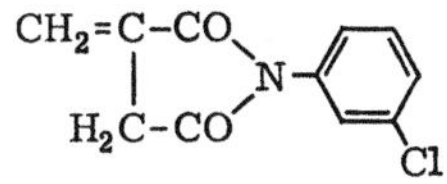

ist ebenfalls als Fungizid bekannt und trägt die Bezeichnungen „BL 1135" oder „Naugatuck C 333".

N-4-Chlorphenylmercaptomethyl-phthalimid

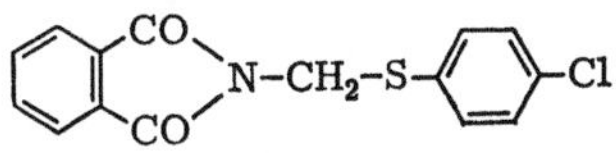

Das aus N-Chlormethyl-phthalimid und Natrium-4-chlorthiophenolat erhältliche Produkt stellt ein wenig toxisches Fungizid mit schmalem Wirkungsspektrum dar. Es ist speziell gegen echten Mehltau wirksam und wird in einem Patent der Farbenfabriken Bayer genannt[358].

N-Hydroxyphthalimid-O-sulfonyl-Verbindungen

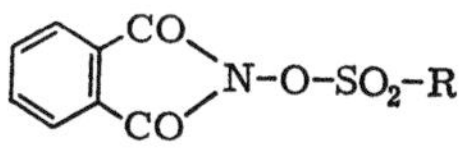

R = Alkyl (z. B. $-CH_3$)
Halogenalkyl (z. B. $-CH_2Cl$)
Aryl (z. B. $-C_6H_5$)
Dialkylamido (z. B. $-N(CH_3)_2$)

Sie wurden von *Kühle* und *Wegler* bearbeitet[387]. Es sollte der Ersatz von $S-CCl_3$ im Folpet durch andere reaktionsfähige Reste untersucht werden. Einige Präparate zeigen gute Wirksamkeit gegen den Erreger des Apfelschorfs.

Die Verbindungen sind zur Klärung der Struktur des Phthalyloxims auch von theoretischem Interesse. Die Darstellung ist, von Phthalylchlorid und Hydroxylamin ausgehend, möglich. Das zunächst erhaltene N-Hydroxyphthalimid läßt sich mit Sulfosäurechloriden in Gegenwart von Pyridin als Säurebindemittel zum gewünschten Produkt umsetzen:

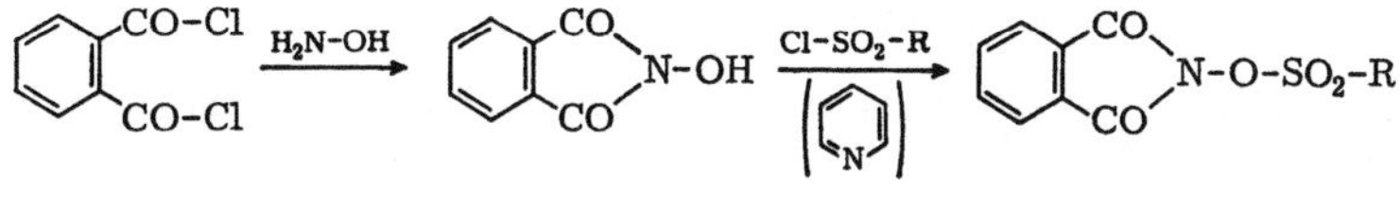

6-Ringe

N-Lauryl-isochinolinium-bromid

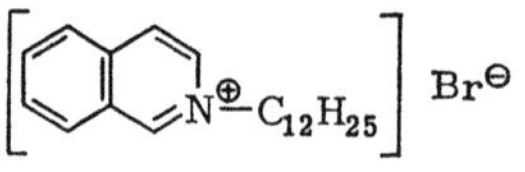

Die Verbindung wird unter den Bezeichnungen „Isothan" und „Isothan Q 15" als Fungizid genannt [55].

1,2-Dihydro-6-äthoxy-2,2,4-trimethyl-chinolin

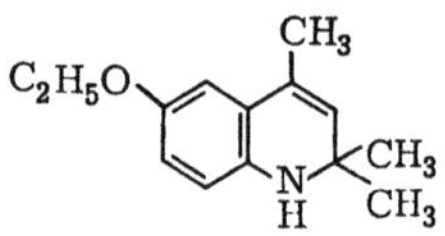

Das Präparat trägt die Kurzbezeichnung Ethoxyquin und wird auch Stop-Scald® (Monsanto) genannt. Es dient zur Behandlung von geernteten Äpfeln und Birnen zwecks Verbesserung des Lagerungs-Verhaltens.

8-Hydroxychinolin

Die Verbindung ist bakterizid und fungizid gut wirksam und wird im Pflanzenschutz in kleinerem Rahmen angewandt. So ist z. B. „Chinosol" das Sulfat des 8-Hydroxychinolins:

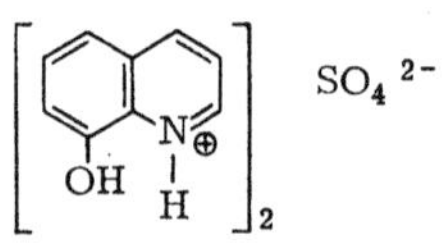

dessen systemisch-fungizide Eigenschaften von *Fron* beschrieben wurden [57]. Auch können Welkekrankheiten — z. B. im Getreideanbau — mit „Chinosol" behandelt werden [118].
Das Kupfersalz des 8-Hydroxychinolins wird als Komplex formuliert:

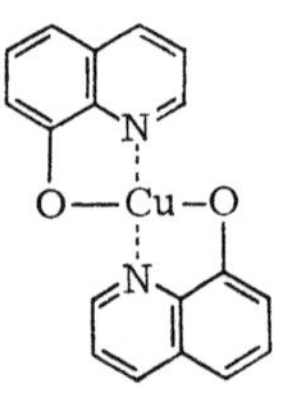

Die Verbindung wird kurz „Kupferoxinat" genannt und dient zur Imprägnierung von Kisten, Lebensmittelkörben, Erntegut-Behältern usw. Nach *Mason* soll sie zur Bekämpfung von Pflanzenkrankheiten Verwendung finden können [123]. Endlich wird sie auch in beschränktem Umfang zur Saatgutbeizung eingesetzt.

Aus toxikologischen Untersuchungen soll hervorgehen, daß in sehr hohen Dosen 8-Hydroxychinolin und dessen 5-Nitro-Derivat Blasentumoren an Ratten verursachen kann [26,34,70].

Pyridin-2-thiol-1-oxid

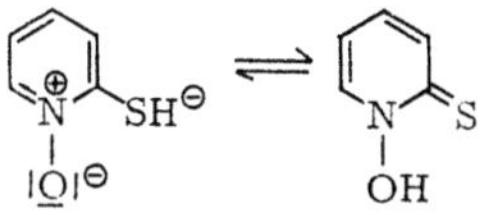

Das auch als „Pyridinthion", „PTO" und Omadine® (Olin Mathieson Chemical Corp.) bezeichnete Präparat wurde von der genannten Firma als Fungizid mit breitem Wirkungsspektrum und auch systemischen Eigenschaften entwickelt. Es soll gegen zahlreiche Blattkrankheiten wirksam sein. Empfohlen wurde die Anwendung gegen Apfelschorf und gegen die Blattkräuselkrankheit des Pfirsichs.
Zur Darstellung bedient man sich der Umsetzung von 2-Brompyridin-N-oxid mit Natriumhydrogensulfid oder Thioharnstoff. Die Verbindung liegt in einer tautomeren Form als Thiono-oxim-Derivat vor.

3-(2-Methylpiperidino)-propyl-3,4-dichlorbenzoat

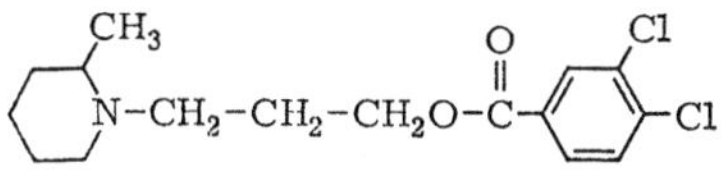

Die Verbindung trägt die Kurzbezeichnung Piperalin, sodann die Namen Pipron® (Eli Lilly Co.) und „EL-211". Sie wird vornehmlich gegen echten Mehltau an Zierpflanzen angewandt. LD_{50}: 2500 mg/kg Ratte p. o.[55].

9-(p-n-Hexyloxyphenyl)-10-methyl-acridinium-chlorid

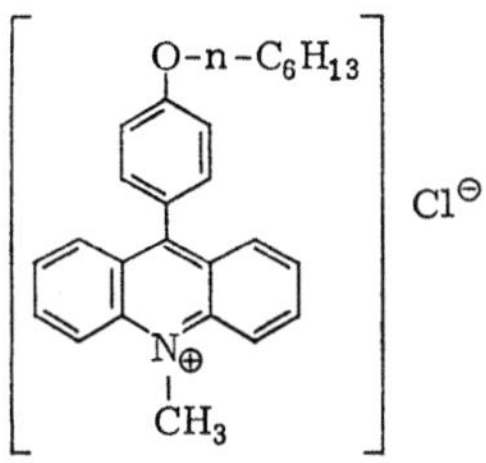

Unter den Bezeichnungen „EP-166" (Morton Chemical Co.), „PAC" und „Acrizane" (Abbott Laboratories) wurde die Verbindung als protektives Fungizid und als Bakterizid bekannt. Sie ist gegen zahlreiche pflanzliche Pathogene wirksam. LD_{50}: 1250 mg/kg Maus p. o. akut [118].

3-[2-(3,5-Dimethyl-2-oxocyclohexyl)-2-hydroxyäthyl]-glutarimid

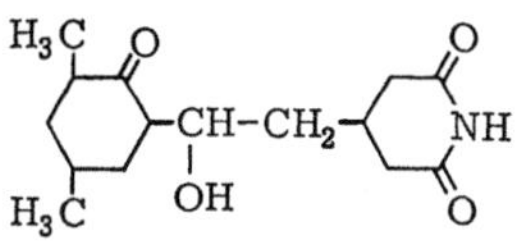

Das auch „Cycloheximid“ oder Acti-dione® (Upjohn Co.) genannte Antibioticum wurde im Jahre 1946 durch *Whiffen*, *Bohonos* und *Emerson* isoliert [217]. „Cycloheximid“ wird als Nebenprodukt bei der Streptomycin-Herstellung gewonnen. Es ist ein gegen viele pflanzenschädigende Pilze wirksames Fungizid. Eine spezielle Wirkung gegen den Stengelrost an Weizen wurde bekannt [211]. Ferner eignet sich die Verbindung zur Vorbeugung und Heilung des Cytospora-Krebses bei Pfirsichbäumen [219]. Jedoch sind Konzentrationen über etwa 50 ppm phytotoxisch [119]. Außerdem wird die Anwendung durch den Preis und die hohe Warmblütertoxizität stark eingeschränkt. LD_{50}: 2,5 mg/kg Ratte p. o. akut, 60 mg/kg Affe p. o. [118]. Löslichkeit: In Wasser mäßig und in Isopropanol oder Chloroform leicht löslich.

3-[Hydroxy-bis-(p-chlorphenyl)-methyl]-pyridin

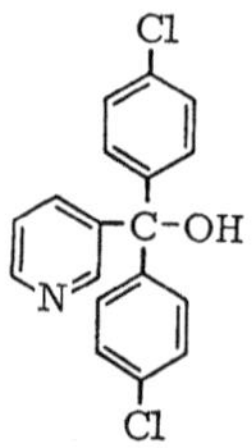

Das Produkt wurde 1967 unter der Bezeichnung „EL-241“ bekannt. Es hat sich als Versuchspräparat der Eli Lilly Co. zur Bekämpfung des echten Mehltaus im Gemüse- und Obstbau bewährt [194]. Besonders gute Erfolge wurden in Kürbis-Anpflanzungen erzielt.

2,6-Dichlor-3,5-dicyano-4-phenyl-pyridin

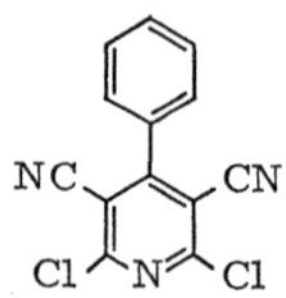

Die auch als „Pyridinitrile“ bezeichnete Verbindung geht auf Arbeiten von *Mohr*, *Niethammer*, *Lust* und *Schneider* (E. Merck AG) zurück [301]. Sie besitzt trotz geringer Warmblütertoxizität gute fungizide Eigenschaften.
LD_{50}: Oberhalb von 5 g/kg Ratte p. o.

d) Verbindungen mit zwei Stickstoff-Ringatomen

5-Ringe

2-Heptadecyl-2-imidazolin-acetat

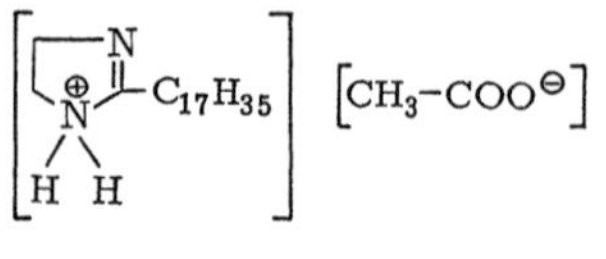

Kurzbezeichnung: Glyodin

Die Verbindung wurde durch Arbeiten von *Law, Wellman* und *McCallan* bekannt [215,230]. Sie trägt noch die Namen Crag Fruit Fungicide 341® (Union Carbide Chem. Co.) und Glyoxide® (Pittsburgh Plate Glass Co.). Sie dient als protektives Blattfungizid und ist auch curativ gegen Apfelschorf wirksam, jedoch ist die Verbindung nicht voll pflanzenverträglich [61,118].

Die Darstellung beginnt mit Äthylstearat und Äthylendiamin. Das daraus entstehende N-(2-Aminoäthyl)-stearinamid wird beim Erhitzen durch Ringschluß in das Imidazolin-Derivat überführt [118]:

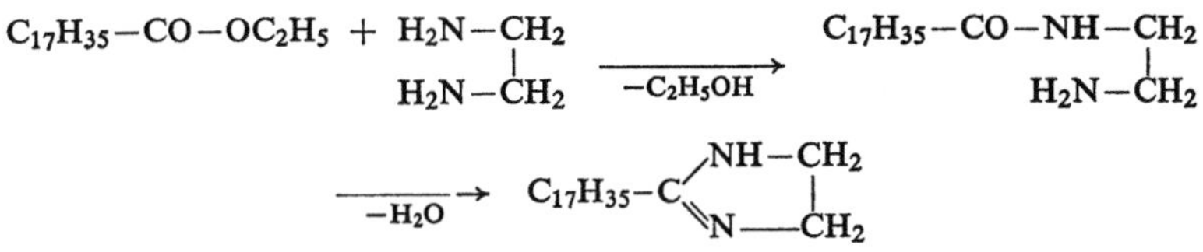

Durch Salzbildung mit Essigsäure wird dann Glyodin erhalten.

Löslichkeit: Schwerlöslich in Wasser, Aceton und Toluol, leichtlöslich in Isopropanol [118].

Die formal ähnliche Verbindung:

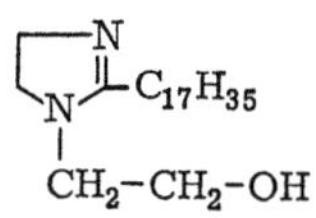

das 1-Hydroxyäthyl-2-heptadecyl-imidazolin, ist als Fungicide 337® der Union Carbide bekannt geworden [55].

1-[o-Chlorphenyl-bis-(phenyl)-methyl]-imidazol

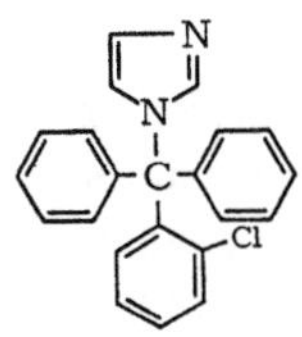

Triarylmethyl-imidazole zeigen eine gute fungistatische Wirksamkeit gegen echten Mehltau (z. B. gegen *Erysiphe cichoracearum*) und gegen *Phytophthora infestans* [389,390]. Ein besonderes Wirkungsmaximum zeigen solche Verbindungen, die nur einen elektronegativen Substituenten in einem der Phenylringe besitzen [391,392]. Die Präparate besitzen außerdem eine sehr gute systemische Wirksamkeit gegen humanpathogene Pilze und Hefen bei lokaler und auch bei oraler Applikation [393].

1-Phenyl-3,5-dimethyl-4-nitroso-pyrazol

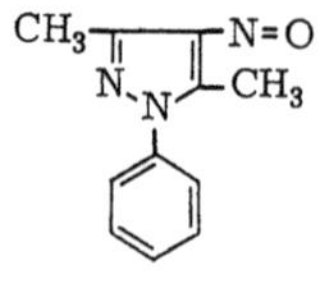

Die fungiziden Eigenschaften dieser auch „J 55" benannten Verbindung wurden durch *McNew* und *Sundholm* bekannt[127]. Sie hemmt das Keimen von Pilzsporen bei in-vitro-Testen, ist jedoch als Blattschutzmittel angeblich zu weitgehend wasserlöslich[118]. Eine systemische Wirkung ist vorhanden. Die Darstellung der Verbindung gelingt durch Kondensation von Phenylhydrazin und Isonitrosoacetylaceton. Die Verbindung scheint Dermatitis zu verursachen[55]. Das entsprechende 1-(4-Chlorphenyl)-Derivat wurde unter „J 49" als Blattfungizid genannt.
Das 1-(4-Sulfonamidophenyl)-Derivat dagegen soll sich als Saatschutzmittel eignen. Der auch mit „36 L" bezeichneten Verbindung:

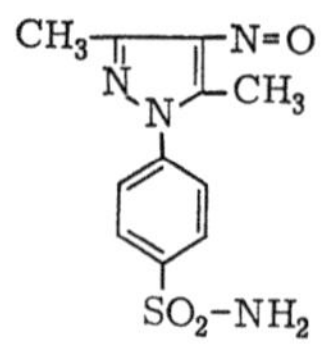

werden systemische Eigenschaften zugeschrieben[118].

Tris-(1-dodecyl-3-methyl-2-phenyl-benzimidazolium)-ferricyanid

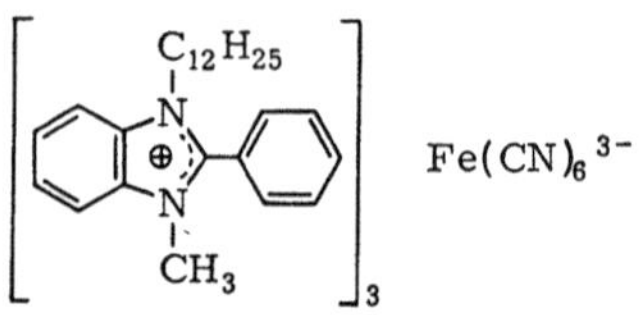

Diese Verbindung, auch „Bayer 32394" genannt, wurde als Fungilon® durch *Grewe*, *Kaspers* und *Wiegand* (Farbenfabriken Bayer AG) zur Schorfbekämpfung mit betont curativer Wirkung eingeführt[61,291]. Gegen Mehltauarten ist Fungilon schwach wirksam. LD_{50}: 500 mg/kg Ratte p. o. akut[118].
Die Darstellung von 1-Dodecyl-3-methyl-2-phenyl-benzimidazolium-Salzen ist wie folgt möglich: Aus N-Methyl-o-phenylendiamin und Benzaldehyd erhält man in Gegenwart von entspr. Oxydationsmitteln ein Benzimidazol-Derivat[87]:

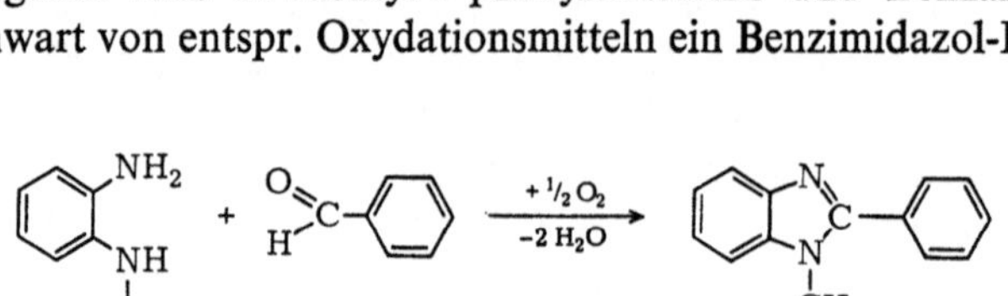

Setzt man letzteres mit Dodecylbromid um, so gelangt man zum 1-Dodecyl-3-methyl-2-phenyl-benzimidazolium-bromid [276]:

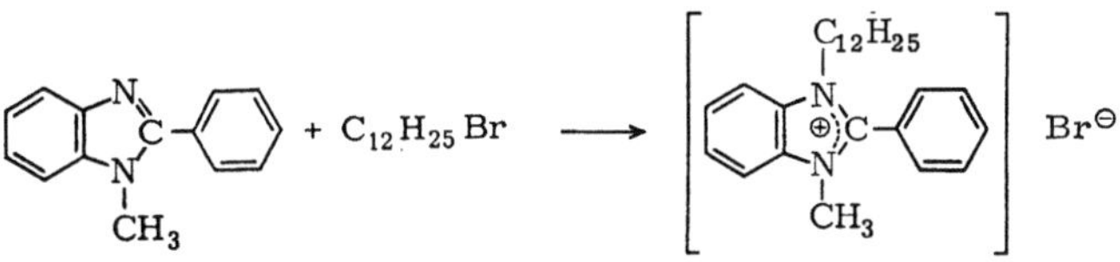

Vom Bromid ausgehend, können noch weitere Derivate dargestellt werden. Wesentlich zur Vermeidung von Pflanzenschäden durch quartäre Salze ist das Vorhandensein eines schwerlöslichen Salzes. (Siehe oben im Fungilon das $Fe(CN)_6^{3-}$-Anion.)

1-(N-Butylcarbamoyl)-2-(methoxy-carboxamido)-benzimidazol

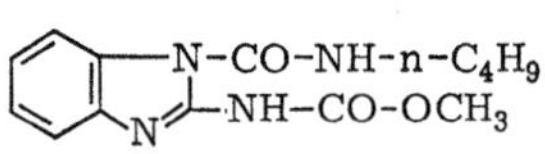

Kurzbezeichnung: Benomyl

Unter der Bezeichnung Fungicide 1991 (Benlate®) der Firma Du Pont wurde diese Verbindung im Jahre 1967 als sehr aussichtsreiches systemisches Fungizid mit breitem Wirkungsspektrum bekannt [357]. Besonders gute Ergebnisse wurden in Apfelkulturen bei der Bekämpfung des echten Mehltaus und des Schorfs erzielt [43]; ebenso liegt eine gute Wirksamkeit gegen Cercospora-Arten und gegen Botrytis-Erkrankungen im Wein- und Erdbeer-Anbau vor. Das Rückstandsproblem wird intensiv bearbeitet [376]. LD_{50}: 9590 mg/kg Ratte p. o.

Aus im Jahre 1969 bekannt gewordenen Versuchsergebnissen ist zu entnehmen, daß man bei Benlate mit niedrigen Aufwandmengen beachtliche Erfolge erzielen kann. Das Produkt dürfte daher eine große wirtschaftliche Bedeutung gewinnen. Der Verbindung soll auch eine chemosterilisierende Wirkung gegenüber Spinnmilben zukommen.

Die technische Darstellung kann vom o-Diaminobenzol ausgehen, das mit Cyancarbamidsäuremethylester zur Reaktion gebracht wird [396]. Das erhaltene Zwischenprodukt wird sodann mit n-Butylisocyanat umgesetzt, wobei man in guter Ausbeute Benlate erhält:

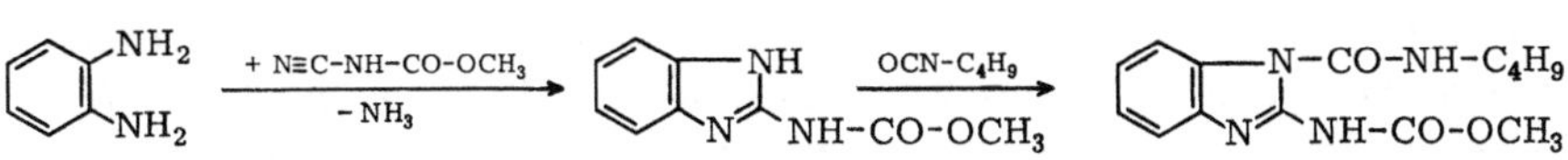

6-Ringe

1-n-Dodecyl-2-methyl-1,4,5,6-tetrahydro-pyrimidin

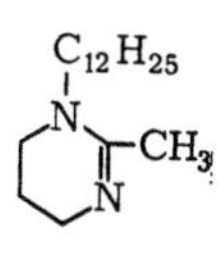

Das auch als „TD-225 FS“ oder „Pennsalt TD 225“ bezeichnete Präparat dient als Fungizid und Bakterizid gegen den durch *Erwinia amylovora* verursachten Feuerbrand („fire blight“) bei Äpfeln, Birnen und Kirschen.

2-Dimethylamino-4-hydroxy-5-butyl-6-methylpyrimidin

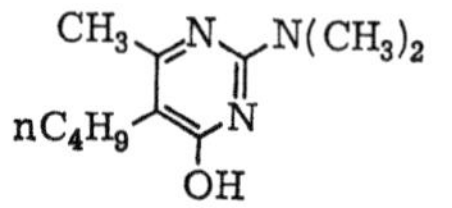

Kurzbezeichnung: Methyrimol

Für dieses neue, auch „PP 675“ genannte systemische Fungizid der Imperial Chemical Industries liegen Angaben von *Elias* et al. vor[362]. Die Verbindung ist protektiv und eradikativ gegen eine durch *Sphaerotheca fuliginea* bedingte Erkrankung (Gurkenmehltau) von Gurken und Melonen wirksam. Das Präparat wird vorteilhaft dem Boden zugesetzt [8] und wird dann von den Pflanzenwurzeln aufgenommen und im Säftestrom zu den Blättern transportiert. Auf diese Weise behandelte Gurkenanpflanzungen sollen bis zu sechs Wochen mehltaufrei bleiben. Rückstandsprobleme sollen nicht auftreten, und die Einhaltung einer Karenzzeit soll nicht erforderlich sein.

LD_{50}: Über 4000 mg/kg Ratte ♀ p. o.[362]. Löslichkeit: Löslich in Chloroform; das Hydrochlorid ist auch wasserlöslich.

Die entsprechende 2-Äthylamino-Verbindung wird „PP 149“ genannt und ist speziell gegen Getreidemehltau-Arten wirksam.

Phenazin-5-oxid

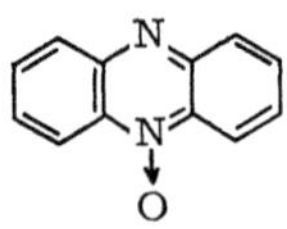

Für diese Verbindung besitzen die N. V. Philips' Gloeilampenfabrieken [285] und die Shell Chemical Co. [333] Patente, die die nematizide, akarizide, fungizide und herbizide Anwendung beanspruchen. Außerdem wird das als Phenazin W. P.® bezeichnete Präparat als Reisbakterizid gegen *Xanthomonas oryzae* von der Meiji Seika K. K. (Japan) in den Handel gebracht.

2,5-Di-(trichlormethyl)-3,6-dichlor-pyrazin

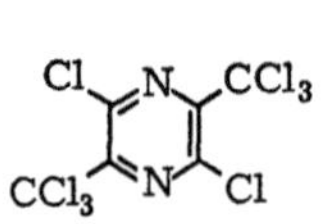

Diese Verbindung wird von der japanischen Firma Toyo Koatsu K. K. als Reisfungizid genannt, das gegen *Piricularia oryzae* und *Hypochnus sasakii* wirksam sein soll [348].

Tetrachlorchinoxaline

und zwar die 2,3,5,6- und 2,3,5,8-Tetrachlor-Verbindung

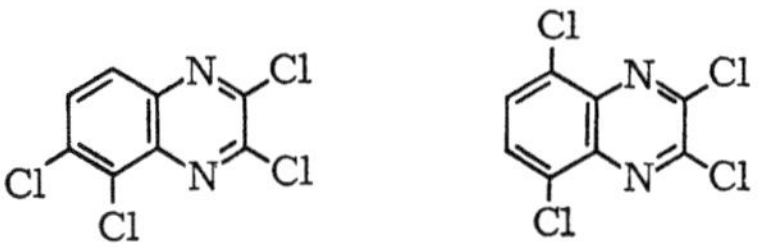

sind nach *Sasse*, *Wegler*, *Scheinpflug* und *Jung* (Farbenfabriken Bayer AG) Fungizide mit großer Wirkungsbreite und besonderem Interesse für die Bekämpfung von Reiskrankheiten [307].

Phenyl-äthyl-barbitursäure

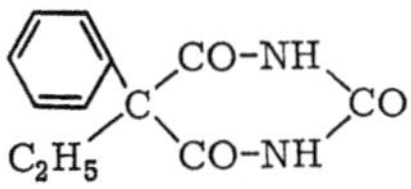

Die Verbindung, seit langem als Schlaf- und Beruhigungsmittel sowie als Antikonvulsivum und starkes Hypnotikum in der Medizin von Bedeutung (Luminal®, „Phenobarbitone"), soll als systemisches Fungizid gegen echten Mehltau an Gurken und Kürbissen wirksam sein [224]. Dasselbe gilt für andere Barbitursäure-Derivate [192, 188].

2-n-Octylmercapto-1,4,5,6-tetrahydropyrimidin-hydrobromid

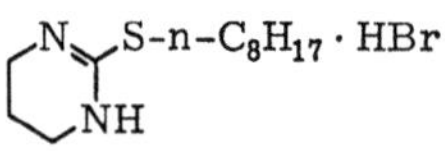

I

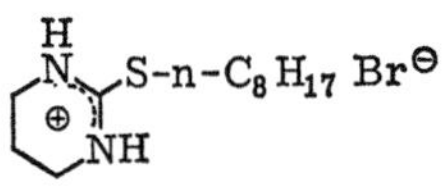

II

Die in einem Patent der Firma Pfizer u. Co. (USA) genannte Verbindung, die als Pyrimidinium-Salz zutreffender in der Form II wiedergegeben werden kann, besitzt gute systemische Wirkung [324] So werden Mehltau und Rost an Bohnenpflanzen vollständig unterdrückt, wenn das Präparat drei Tage vor der Infizierung auf den Boden gebracht wird. Die Darstellung der Verbindung geht von 1,3-Diaminopropan und Schwefelkohlenstoff aus. Das zunächst erhaltene 2-Mercapto-tetrahydropyridimin wird anschließend mit n-Octylbromid in das gewünschte Produkt überführt [324]:

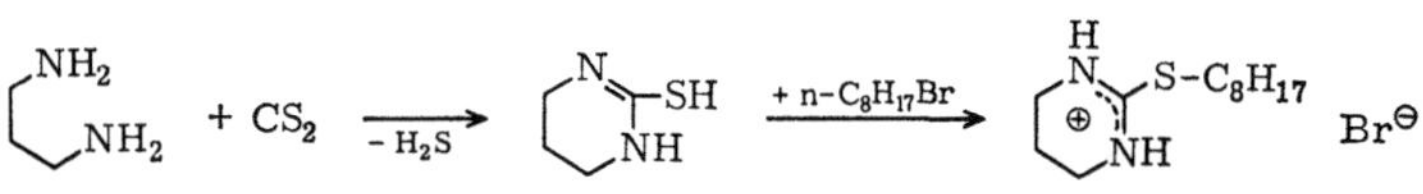

e) Verbindungen mit drei und mehr Stickstoff-Ringatomen

2,4,6-Trichlor-s-triazin

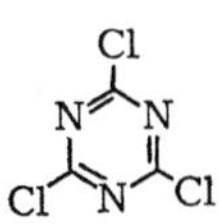

Diese als Cyanursäurechlorid bekannte und durch Trimerisation von Chlorcyan erhältliche Verbindung wurde unter der Bezeichnung „GC 3521“ als Fungizid erwähnt, besitzt aber hauptsächlich als Vorprodukt zur Darstellung von Fungiziden und auch Herbiziden Interesse, so für die Herstellung der folgenden Substanz.

2,4-Dichlor-6-(o-chloranilino)-s-triazin

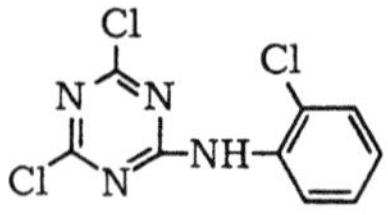

Kurzbezeichnung: Zinochlor

Die meist nur mit „Triazin“ bezeichnete Verbindung hat noch die Namen B-622® (Ethyl Corporation), Dyrene® (Chemagro Corporation) und Kemate®. Auf die Eignung als Blattfungizid haben zuerst *Wolf* et al. im Jahre 1955 hingewiesen [221]. Die Verwendung ist der Ethyl Corporation geschützt [236]. Dyrene wurde ursprünglich im Kartoffel- und vor allem im Tomatenanbau benutzt [4], wird aber neuerdings speziell gegen Pilz-Mischinfektionen in Rasenflächen und im Zierpflanzenanbau verwendet.
Die Herstellung erfolgt aus Cyanurchlorid und o-Chloranilin (zur Darstellung in Wasser als Dispergiermittel siehe [370]):

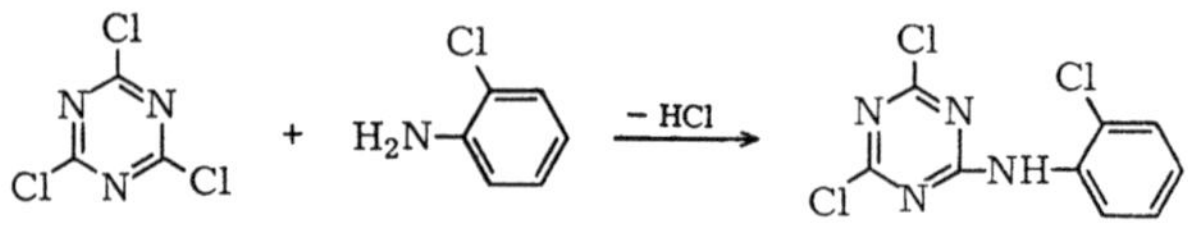

Das als Vorprodukt benötigte Cyanurchlorid wird nach *Huemer* (Deutsche Gold- u. Silber-Scheideanstalt) aus HCN und Chlor dargestellt [179,237].

LD_{50}: 2710 mg/kg Ratte ♀ p. o. akut, 400 mg/kg Kaninchen [4]. Die Verbindung wirkt hautreizend.
Löslichkeit: Unlöslich in Wasser, löslich in organischen Lösungsmitteln.

Es sind weitere zahlreiche Triazin-Verbindungen als Fungizide geprüft worden, jedoch war in vielen Fällen keine ausreichende Pflanzenverträglichkeit vorhanden.

Tris-monohalogenmethyl-s-triazine

mit der allgemeinen Formel:

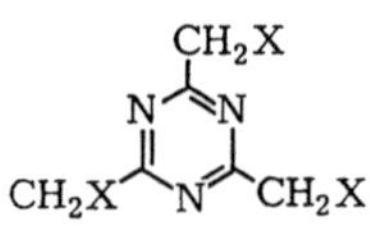

X = F, Cl

werden von der japanischen Firma Ishihara Sangyo als für Pflanzen und Tiere harmlos bezeichnet, wobei speziell die Tris-chlormethyl- und die Tris-fluormethyl-Verbindung genannt sind [351]. Die fungizide Wirksamkeit der Präparate gegen Sphaerotheca- und Cladosporium-Arten wird hervorgehoben.

1-(3-Chlorallyl)-3,5,7-triaza-1-azonia-adamantan-chlorid

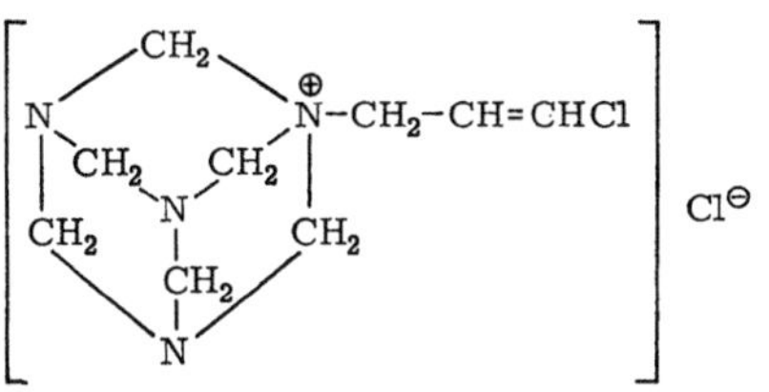

Die Verbindung wurde unter dem Namen „Dowco 184“ (Dow Chemical Co.) als Fungizid genannt. Sie ist sehr leicht wasserlöslich. LD_{50}: 2–3 g/kg Hühnerkücken p. o. akut [55].

f) Verbindungen mit einem oder mehreren Sauerstoff- oder Schwefel-Ringatomen und einem Stickstoff-Ringatom

5-Ringe

2-Thiono-4-oxo-thiazolidin

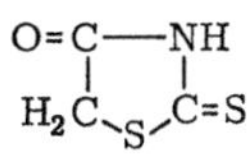

I

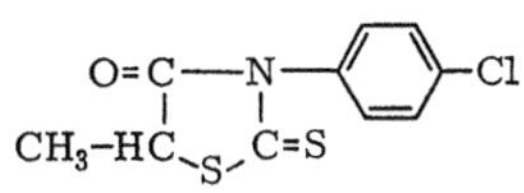

II

Diese als „Rhodanin“ bezeichnete Verbindung I hat als gegen *Alternaria solani* (Blattfleckenkrankheit bei Kartoffeln und Tomaten) wirksames Fungizid keine größere Bedeutung erzielt. Das gilt auch für das 3-(p-Chlorphenyl)-5-methyl-Derivat II, das im Jahre 1952 von der Stauffer Chemical Co. unter der Bezeichnung „N-244“ eingeführt wurde. Es hemmt die Sporenkeimung von *Alternaria solani* und *Sclerotinia fructicola* [118].
Die Darstellung der Verbindung II erfolgt durch Kondensation von α-Chlorpropionsäure und dem Ammoniumsalz der 4-Chlor-dithiocarbanilsäure:

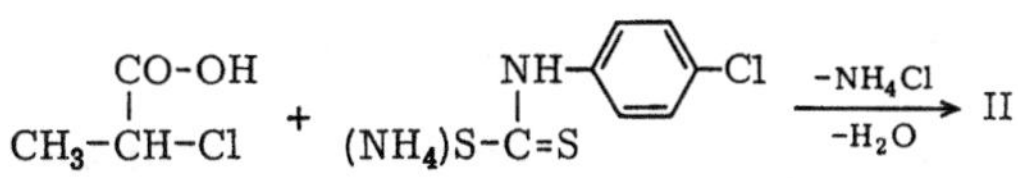

LD_{50}: 690 mg/kg weiße Maus ♂ p. o. akut [118].

3,5-Dichlor-4-cyano-isothiazol

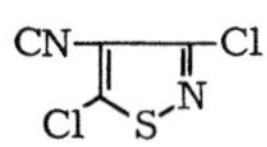

Die Verbindung wird von der japanischen Firma Takeda Seiyaku K. K. in einem Patent beansprucht [353]; sie soll gegen *Piricularia oryzae* und *Xanthomonas oryzae* sowie gegen *Phytophthora infestans, Ustilago zeae, Rhizoctonia solani* und *Alternaria kikuchiana* wirksam sein.

2-Hydroxyäthyl-ammonium-benzthiazolmercaptid-(2)

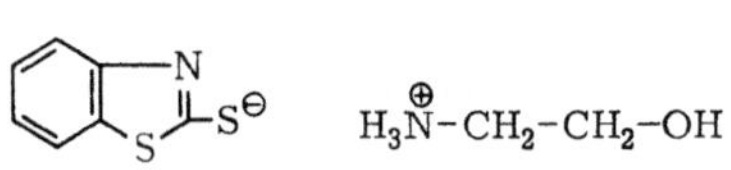

Dieses Benzthiazol-Derivat wurde unter der Bezeichnung Vancide 20-S® der Firma Vanderbilt als Fungizid bekannt [55].

Zink-bis-(5-chlor-benzthiazolmercaptid-(2))

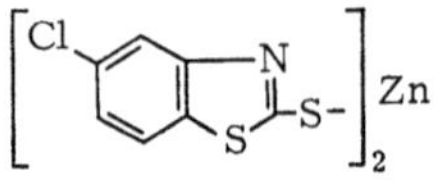

Das Präparat wird unter der Bezeichnung Vancide 30-W® als Fungizid aufgeführt [55]. LD_{50}: 3000 mg/kg Ratte p. o. akut.

6-Diäthylaminoäthoxy-2-dimethylamino-benzthiazol-Dihydrochlorid

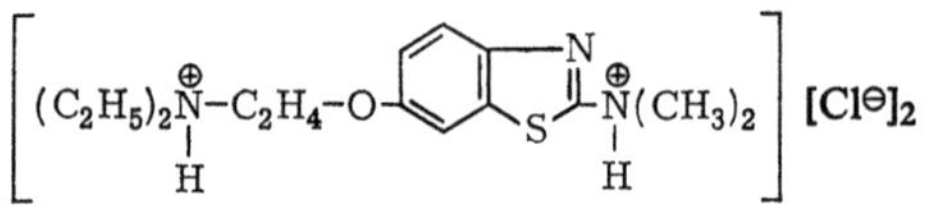

Die auch „Ro 2-2453" genannte Verbindung besitzt fungizide Eigenschaften. Löslichkeit: Löslich in Wasser und Alkohol.

3-Benzylidenamino-4-phenylthiazolin-2-thion

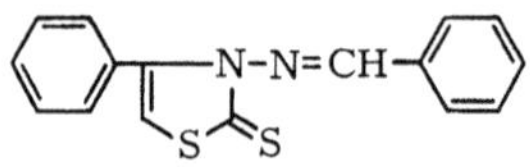

Die Verbindung wird unter den Bezeichnungen „Selzion", „TF 114" und Celdion® von der Takeda Seiyaku K. K. (Japan) hergestellt. „Celdion" dient als Reisbakterizid gegen *Xanthomonas oryzae* [6]. Das Präparat soll mindertoxisch und nur wenig fischgiftig sein.

N-Fluordichlormethylthio-2-aminobenzthiazol

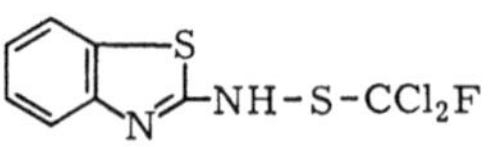

(Vgl. Abschnitt über „Dichlofluanid" S. 95). Dieses Präparat der Farbenfabriken Bayer wurde speziell als gegen *Piricularia oryzae* wirksames Reisfungizid patentiert [212,312].

3-Methyl-4-o-chlorphenylhydrazono-isoxazolon-(5)

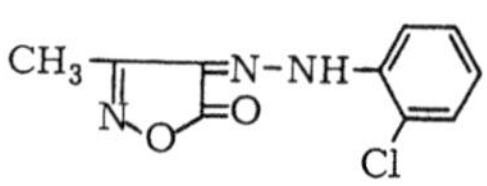

Kurzbezeichnung: Drazoxolon

Die auch „PP 781" (Imperial Chemical Industries) oder Milcol® genannte Verbindung wirkt vorzüglich gegen echte Mehltaupilze und wird vorwiegend im Obstbau angewandt [30,156]; der Wirkungsmechanismus ist unbekannt [188].

6-Ringe

N-Cyclododecyl-morpholinium-acetat

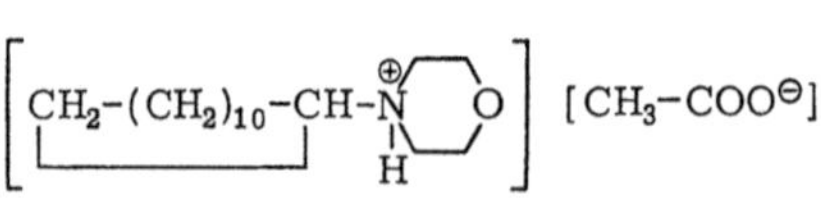

Das „Dodacin" oder Mehltaumittel F 238® der BASF [308] soll gegen *Sphaerotheca pannosa*, den Rosenmehltau, gut wirksam sein.

Das 2,6-Dimethyl-Derivat der obigen Verbindung entstammt ebenfalls der BASF und wurde als Fungizid zur Bekämpfung von *Erysiphe cichoracearum* bei Gurken und Melonen erprobt, wobei in Gewächshaus-Versuchen gute Ergebnisse erzielt wurden.

Die N-Tridecyl-Verbindung mit der Formel

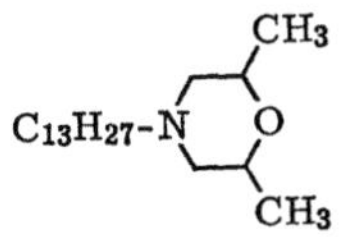

Kurzbezeichnung: Tridemorph, Calixin® (BASF)

soll gut wirksam gegen Getreidemehltau sein. Bei einer Aufwandmenge von 0,5 bis 0,75 l/ha erzielt man im Gerstenanbau beachtliche Mehrerträge.
Allgemein wurde festgestellt, daß Tetrahydro-1,4-oxazine mit größeren N-ständigen cycloaliphatischen oder langkettigen Alkylgruppen oft sehr gute fungizide Wirkung gegen echte Mehltauarten aufweisen, z. B. gegen den Gerstenmehltau, den Gurken-, Rosen-, Stachelbeer-, Schwarzwurzel- und Apfelmehltau. Hierüber wurde von *König*, *Pommer* und *Sanne* ausführlich berichtet [98].
Die Synthese der Tetrahydro-1,4-oxazin-(Morpholin)-Derivate ist in guter Ausbeute durch dehydratisierende Cyclisierung von Bis-(2-hydroxyalkyl)-aminen möglich.

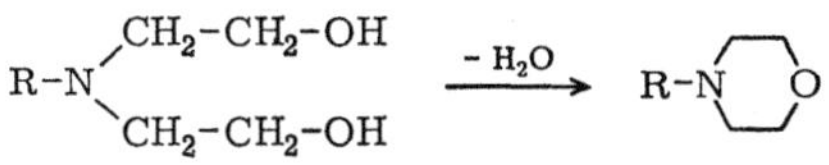

N-(3-Morpholinopropyl)-dithiocarbamidsäure-äthylester

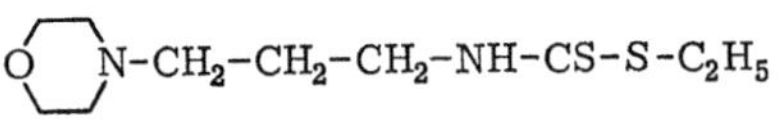

(Vgl. die auf S. 59ff. genannten Produkte).

Die Verbindung besitzt nicht nur ausgezeichnete protektive, sondern auch gute systemische fungizide Wirksamkeit. Sie wird in einem Patent der Farbenfabriken Bayer genannt [290].

4-Methyl-2,3,5,10-tetrahydro-3,5,10-trioxo-naphthalino-1,4-thiazin

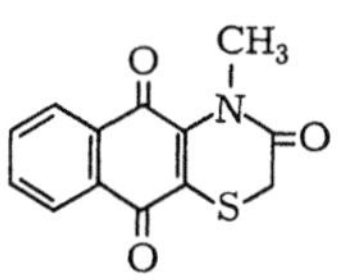

Das Präparat wird als Fungizid auch „Olin Mathieson E. F. 2789" genannt [55].

4-Phenyl-4-(3-pyridyl)-3-oxatricyclononan

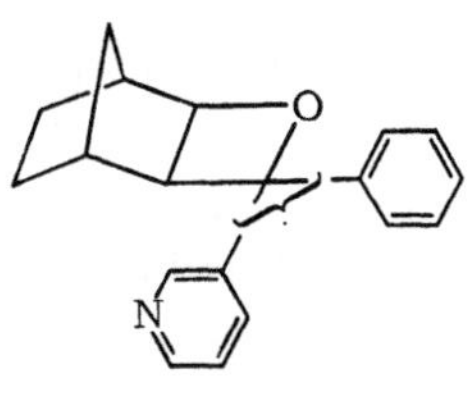

Die seit 1967 bekannte Verbindung der Union Carbide Corporation trägt die Bezeichnung „UC 23271“. Das Produkt ist sehr gut wirksam gegen den Mehltau bei Äpfeln, Bohnen und Gurken und soll sich auch gegen den Rosenmehltau bewährt haben. Es läßt sich auch in den Boden einarbeiten oder als Saatgutbeizmittel verwenden; dabei wurde eine gute Wirksamkeit gegen Rhizoctonia- und Sclerotinia-Arten festgestellt [383].
Die Darstellung erfolgt durch photochemische Cycloaddition von 3-Benzoylpyridin an Bicyclo-2,2,1-hepten-2.
Die Verbindung soll ungiftig sein.

g) Verbindungen mit einem oder mehreren Sauerstoff- oder Schwefel-Ringatomen und mehreren Stickstoff-Ringatomen

5-Ringe

3-Trichlormethyl-5-äthoxy-1,2,4-thiadiazol

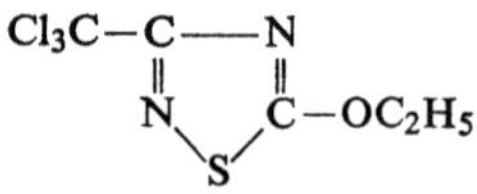

Die auch „Terrazole“ oder „Olin Mathieson 2424“ genannte Verbindung wird als gegen Pythium-, Rhizoctonia- und Fusarium-Arten wirksames Bodenbehandlungsmittel herausgebracht. Nach der Anwendung ist keine Karenzzeit erforderlich.

Ebenfalls von der Olin Mathieson Chemical Corporation stammt das

3-Trichlormethyl-5-methylamino-1,2,4-thiadiazol

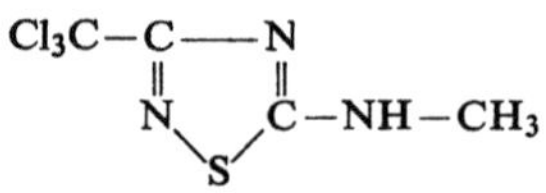

Das Präparat wird in einem Patent der genannten Firma sowohl als Bodenfungizid wie auch als Blattschutzmittel beansprucht [247].

2-(4-Thiazolyl)-benzimidazol

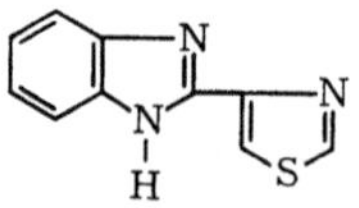

Die kurz „Thiabendazol“ oder auch „Metasol XPTZ-1“ der Firma Merck and Co. (USA) benannte Verbindung wird gegen samenbürtige Krankheiten der Baumwolle und gegen Auflaufkrankheiten („damping off“) als Bodenfungizid eingesetzt. Sie hat systemische Eigenschaften und wirkt auf diesem Wege gegen Getreidemehltau. LD_{50}: 3300 mg/kg Ratte p. o. akut.

2-(2'-Furyl)-benzimidazol

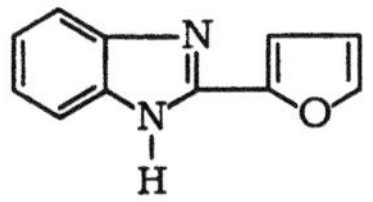

Kurzbezeichnung: Fuberidazol (früher Furidazol)

Das Präparat besitzt weiterhin die Bezeichnungen „FBI" oder „Bayer 33172". Fuberidazol ist als Saatgutbeizmittel besonders wirksam gegen Fusarium-Arten (z. B. *Fusarium nivale*, Erreger des Schneeschimmels an Weizen und Roggen) und übertrifft hierin sogar die quecksilber-organischen Verbindungen [176] (vgl. S. 137).

Fuberidazol, mit dem sich besonders *Frohberger* und *Wiegand* (Farbenfabriken Bayer AG) beschäftigten [314], ist neben Hexachlorbenzol (S. 73) eine Komponente im quecksilber-freien Trockenbeizmittel Voronit®, das seit 1965 breiten Eingang in die landwirtschaftliche Praxis gefunden hat.

LD_{50} von Fuberidazol: 1100 mg/kg Ratte ♂ p. o. Erhalten die Versuchstiere bis zu 60 mg/kg Fuberidazol über 2 Monate 5mal wöchentlich verabreicht, so treten keine Beeinflussung der Gewichte von Leber, Niere, Nebenniere und Schilddrüse auf [91]. Fuberidazol-Rückstände in Getreidekörnern lassen sich UV-spektroskopisch ermitteln [382].

Die Verbindung kann nach mehreren Verfahren dargestellt werden. So erhält man nach *Weidenhagen* aus o-Phenylen-diamin, Furfurol und Kupfer(II)-acetat als Oxydationsmittel in wäßrigem Methanol das gewünschte 2-(2'-Furyl)-benzimidazol [213]:

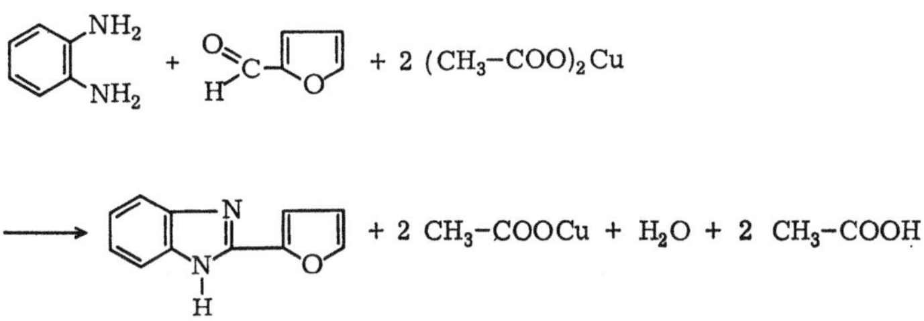

Das entstandene Kupfer(I)-salz bildet mit dem Imidazol-Derivat zunächst einen schwerlöslichen Komplex, der aber mit Schwefelwasserstoff gespalten werden kann.

Halogen-nitro-2,1,3-benzthiadiazole

Eine Forschungsgruppe der N. V. Philips-Duphar hat sich mit der Chemie der 2,1,3-Benzthiadiazole befaßt und gefunden, daß einzelne Derivate herbizide, andere aber fungizide Eigenschaften aufweisen. So besitzen die Verbindungen:

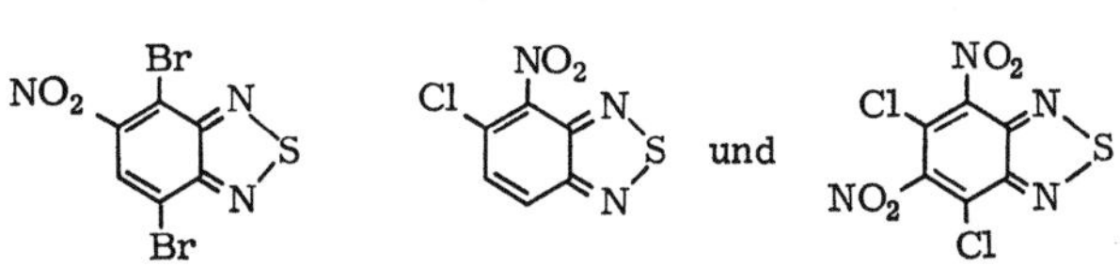

eine sehr gute Wirkung gegen *Phytophthora infestans,* worüber *van Daalen* et al. ausführlich berichtet haben [41].

2-Phenyl-4-trichlormethylthio-5-oxo-1,3,4-oxadiazolin

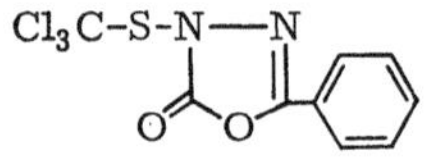

Diese Verbindung wurde von der französischen Firma Rhône Poulenc entwikkelt [331]. Sie wurde unter der Bezeichnung „Trichlazone" als Fungizid mit breitem Wirkungsspektrum zur Bekämpfung des Apfel- und Birnenschorfes sowie der Lagerfäule bei Kernobst bekannt. Die Verbindung ist gut pflanzenverträglich und mindertoxisch für Warmblüter [104].

6-Ringe und höhere Ringe

3,5-Dimethyl-tetrahydro-1,3,5-thiadiazinthion-(2)

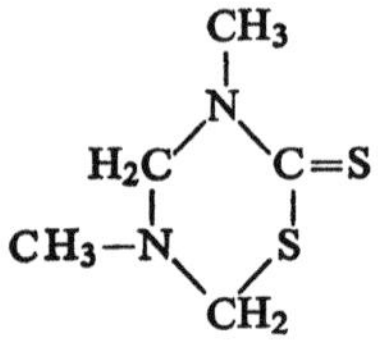

Kurzbezeichnungen: Dazomet, DMTT.
Vgl. Abschnitt S. 60.

Die Verbindung wurde 1952 unter den Bezeichnungen Mylone® (Union Carbide Chem. Co.), „N-521" (Stauffer Chem. Co.), Basamid® und „Drozine" als Bodenbehandlungsmittel mit breitem Wirkungsspektrum bekannt. Sie schützt vor Pythium- und Rhizoctonia-Befall und besitzt außerdem nematizide Wirkung. Die Verbindung wird nach *Bodendorf* [21] aus dem Methylammonium-Salz der Methyldithiocarbamidsäure und Formaldehyd dargestellt:

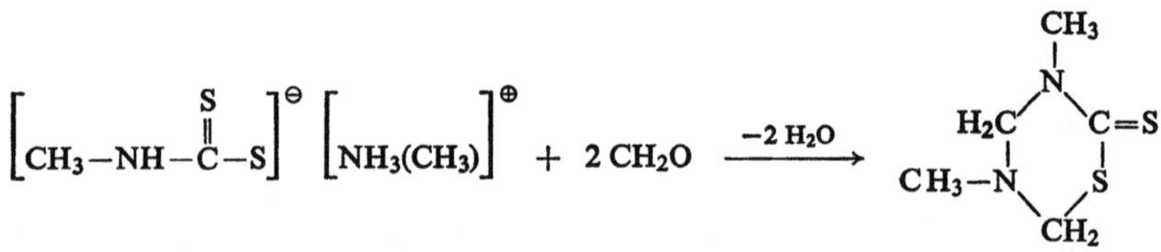

Im Boden findet dann ein Zerfall in Methylsenföl, Formaldehyd und Methylamin statt. (Die fungizide Wirkung des Formaldehyds bzw. Methylsenföls wurde auf den S. 57 bzw. 69 besprochen.)

LD_{50}: 650 mg/kg Ratte p. o. akut. Löslichkeit: In warmem Wasser mäßig, in Aceton und Chloroform leicht löslich. Auf Grund hohen Dampfdrucks und leichten Zerfalls eignet sich das Präparat als Räuchermittel.

3-Methyl-5-carboxymethyl-tetrahydro-1,3,5-thiadiazinthion-(2)

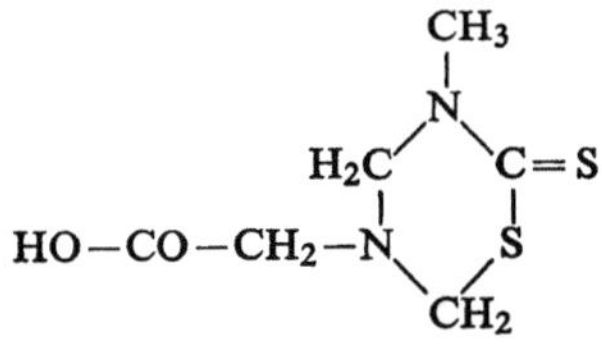

Die Verbindung wurde 1959 unter den Bezeichnungen Terracur® und „Thiodiazinthion" von den Farbenfabriken Bayer als Nematizid eingeführt [288]. Gleichzeitig ist eine gute Wirkung gegen Bodenpilze gegeben. Die Darstellung erfolgt — entsprechend dem Mylone — aus Natriummethyldithiocarbamidat, Aminoessigsäure und Formaldehyd. Das Präparat kam als Natriumsalz in den Handel.

LD_{50}: Ca. 1000 mg/kg Ratte p. o. Löslichkeit: Mäßig löslich in Wasser, leicht löslich in Aceton, Dioxan und Dimethylformamid. Dampfkonzentrationen von 1 mg/l Luft werden von Ratten während 4 h ohne Schaden vertragen.

3,3'-Äthylen-bis-(tetrahydro-4,6-dimethyl-1,3,5-thiadiazinthion-(2))

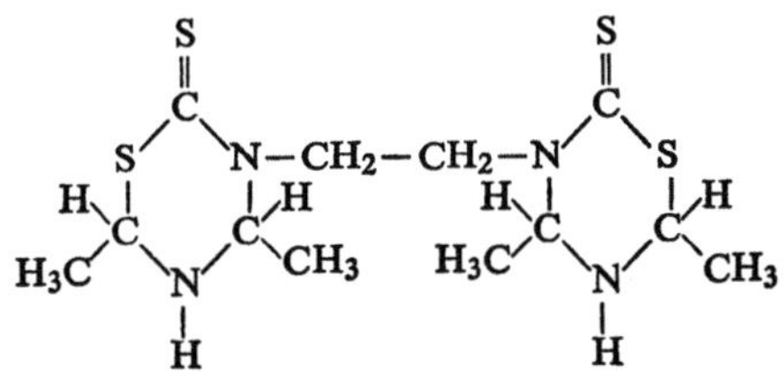

Die Verbindung wurde unter den Bezeichnungen „Du Pont Fungicide 328", „Milneb" und Banlate® von Du Pont eingeführt. Sie besitzt ein breites Wirkungsspektrum und wird gegen Apfelschorf, Blauschimmel des Tabaks und Krautfäule der Kartoffeln angewandt. Die Darstellung ist durch Erwärmen von Äthylendiamin mit Schwefelkohlenstoff am Rückfluß in Gegenwart von Ammoniak und anschließender Umsetzung des Reaktionsgemisches mit Acetaldehyd möglich [343]:

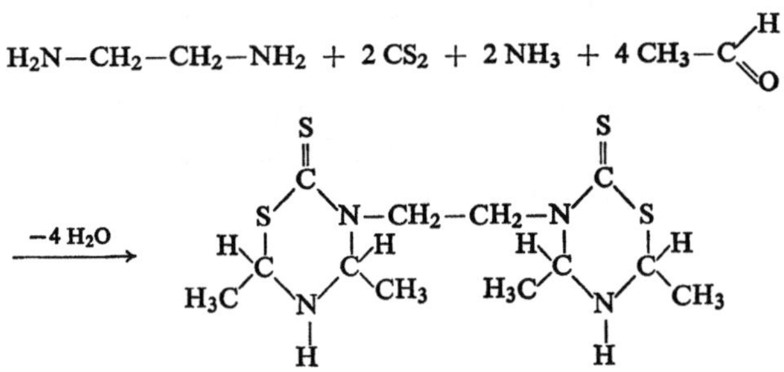

LD_{50}: Ca. 5000 mg/kg Ratte p. o. akut [55]. Löslichkeit: In Wasser und den üblichen organischen Lösungsmitteln nur mäßig löslich. In Gegenwart von Luft und Wasser findet langsame Zersetzung statt.

6-Methyl-chinoxalin-2,3-cycl.-dithiolcarbonat

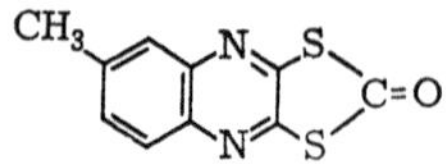

Kurzbezeichnung: Chinomethionat

Die Verbindung wurde 1965 von den Farbenfabriken Bayer unter den Bezeichnungen „Bayer 36205“ oder Morestan® herausgebracht; weitere Namen sind „Oxythioquinox“ und „Oxythio chinox“. Bei systematischen Untersuchungen von *Sasse*, *Wegler*, *Unterstenhöfer* und *Grewe* in der Reihe der 2,3-disubstituierten Chinoxaline [166] stieß man auf diese Verbindung, die sich — neben einem sehr guten akariziden Effekt auch im tropischen Bereich [89] — durch eine gute Wirkung gegen echte Mehltaupilze auszeichnet [287]. Das Hauptanwendungsgebiet von Chinomethionat ist der Kernobstbau. Das Präparat wird hier vor allem gegen den Apfelmehltau angewandt, der durch *Podosphaera leucotricha* verursacht wird (Einzelheiten siehe *Grewe* und *Kaspers* [64]). Weiterhin wirkt die Verbindung im Weinbau gegen den echten Rebenmehltau, hervorgerufen durch *Uncinula necator*, sowie im Gurkenbau gegen durch Erysiphe-Arten verursachte Pflanzenkrankheiten. Endlich kommt dem Präparat auch im Zierpflanzenanbau (z. B. gegen den Rosenmehltau) und im Tabak- und Teebau Bedeutung zu. Die Substanz läßt sich in entsprechender Aufbereitung auch verschwelen und wird in dieser Form (Morestan-Räucherdosen) in Gewächshäusern gegen echten Mehltau und Rote Spinne verwendet.

Zur Darstellung geht man vom o-Toluylendiamin aus, das seinerseits durch Reduktion des entsprechenden Nitrotoluidins zugänglich ist. Das Diamin wird mit Oxalsäure (oder Oxalylchlorid) kondensiert und anschließend mit Thionylchlorid in das 6-Methyl-2,3-dichlorchinoxalin überführt; dann folgt die Umsetzung mit Natriumhydrogensulfid zum 6-Methyl-2,3-dimercapto-chinoxalin.

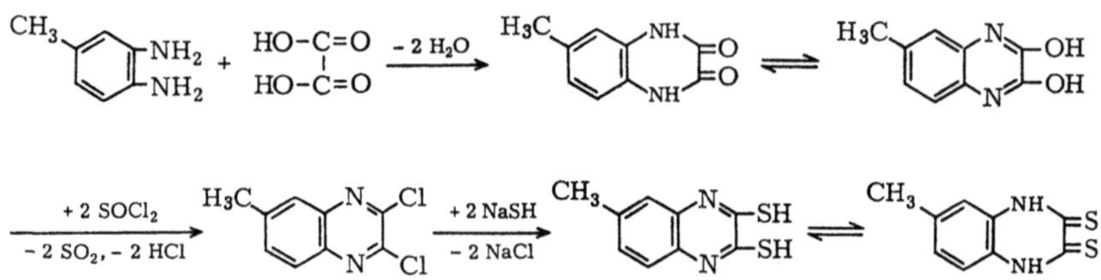

Derartige 2,3-Dimercapto-chinoxaline sind Ausgangsprodukte für akarizid und fungizid wirksame Verbindungen [165]. Die Umsetzung der letztformulierten Verbindung mit Phosgen liefert Morestan:

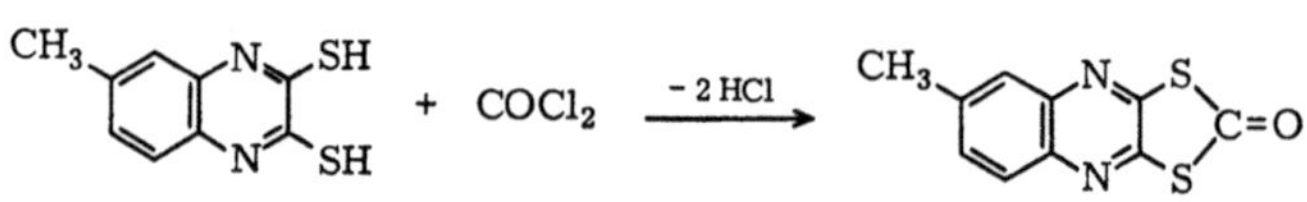

LD_{50}: 2500 mg/kg Ratte ♂ p. o., > 1000 mg/kg Ratte ♂ butan [64]. Löslichkeit: Mäßig löslich in Wasser und löslich in Dioxan und Dimethylformamid. In alkalisch-wäßrigem Medium tritt Hydrolyse ein.

Chinoxalin-2,3-cycl.-trithiocarbonat

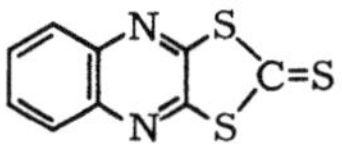

Kurzbezeichnung: Chinothionat, auch Thioquinox

Die Verbindung besitzt außer den oben angegebenen „common names" die Namen Eradex®, „Bayer 30686" und „Thiochinox". In Österreich wird auch die Bezeichnung „Morestan" mitverwendet, die ansonsten nur für das Chinomethionat (s. S. 128) üblich ist.

Chinothionat eignet sich vorzüglich als Spritzmittel für den Obstbau und besitzt nach *Unterstenhöfer* eine ausgezeichnete akarizide Wirkung [202]. Daneben ist eine gute fungizide Wirksamkeit vorhanden [61, 166]. Die Verbindung hat chemisch große Ähnlichkeit mit dem Chinomethionat. Auch die Synthese verläuft entsprechend; man geht von o-Phenylendiamin aus. Das als Zwischenprodukt erhältliche 2,3-Dimercapto-chinoxalin liefert dann mit Thiophosgen Chinothionat:

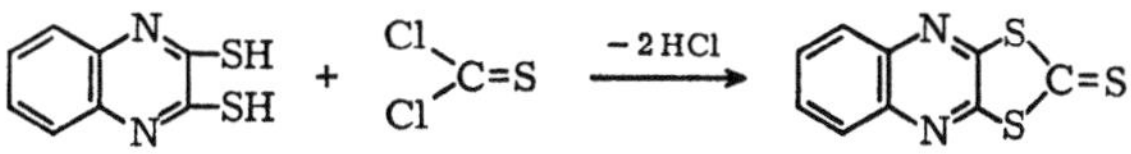

LD_{50}: 1800 mg/kg Ratte p. o. akut.

Über den Wirkungsmechanismus der 2,3-Dimercapto-chinoxalin-Derivate liegen nur wenige Angaben vor [166]. Nach *Sasse* et al. besitzen die Acylderivate des 2,3-Dimercapto-chinoxalins, wie z. B. Chinomethionat oder Chinothionat, eine auffällige Reaktionsbereitschaft gegenüber Amino-Gruppen, was vermutlich im biologischen Geschehen eine Rolle spielt. Auch könnte die aus den Derivaten durch Hydrolyse frei werdende Dithiol-Verbindung im tierischen wie pflanzlichen Organismus Metallionen — wie z. B. Fe^{2-}- oder Mg^{2-}-Ionen — abfangen. Es wurde außerdem festgestellt, daß die Gesamtstruktur des Moleküls mit dessen physikalischen wie chemischen Eigenschaften für die biologische Wirkung verantwortlich ist. So ist die Trithiocarbonat-Gruppe allein nicht entscheidend, da beispielsweise die Verbindung

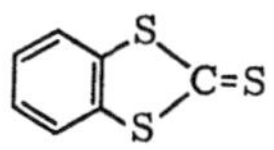

völlig wirkungslos ist.

Gliotoxin

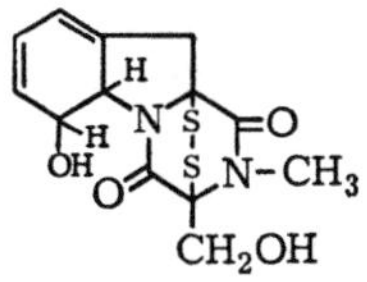

Diese stark fungitoxische Verbindung wurde 1936 durch *Weindling* und *Emerson* [214] isoliert. Die Struktur konnten dann 1958 *Bell* et al. aufklären [16]. Die fungizide Wirkung wird mit der Disulfid-Brücke erklärt; die Verbindung wirkt als Komplexbildner.
Gliotoxin, eine sehr instabile Verbindung, wird durch Chloroform-Extraktion aus Pilzkulturen (z. B. von *Aspergillus fumigatus*) gewonnen.

Blasticidin S

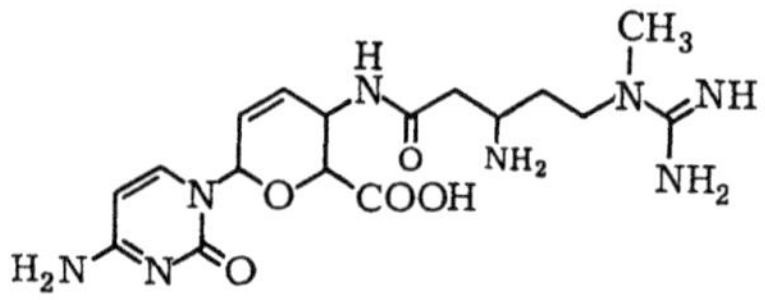

Zur Struktur vergleiche *Yonehara* et al. und *Seto* et al. [377, 378].

Blasticidin S hat seit wenigen Jahren insbes. auf dem japanischen Markt große Verkaufserfolge zu verzeichnen. Es hat sich bei der Bekämpfung der durch *Piricularia oryzae* verursachten Brusone-Krankheit des Reises gut bewährt. Die Verbindung, über deren Biogenese Angaben von *Seto* et al. vorliegen [378], wird aus *Streptomyces griseochromogenes*-Kulturen gewonnen. Einzelne Verfahren gehen auf *Sumiki* und *Umezawa* [336] und auf *Fukunaga* et al. [325] zurück. Der Gestehungspreis des Blasticidins konnte durch Produktionsausweitung laufend gesenkt werden. Heute wird die Verbindung großtechnisch dargestellt; die Produktionskapazität lag 1965 bei etwa 100 Jahrestonnen.

Über theoretische Arbeiten, die sich mit der Wirkung des Blasticidins gegen *Piricularia oryzae* befassen, siehe [119] und [190]. Neuere Arbeiten bis zum Jahre 1966 werden von *Yonehara* et al. und von *Seto* et al. zitiert [377, 378].
LD_{50}: 33—50 mg/kg Maus p. o. akut. Fischgiftigkeit liegt schon bei Konzentrationen von 0,5 ppm Blasticidin in Wasser vor.

2.4. Phosphor-organische Verbindungen

a) Allgemeines

Unter „Phosphor-organischen Verbindungen" im engeren Sinne werden nur solche Verbindungen verstanden, in denen der Phosphor direkt mit einem Kohlenstoff-Atom verknüpft ist[b]. Jedoch werden aus Vereinfachungsgründen auch Derivate der Phosphorsäure ohne C—P-Verknüpfung bei den Phosphor-organischen Verbindungen abgehandelt.

b) Phosphorsäureester

Die Phosphorsäureester, sowie ihre Schwefel-Analoga, dürften die für den chemischen Pflanzenschutz wichtigste Stoffklasse überhaupt darstellen. Die Phosphorsäureester wurden zu Beginn des 20. Jahrhunderts zunächst von *Michaelis*

[b] Zur Geschichte, Einteilung, Nomenklatur usw. siehe Einzelheiten in dem Beitrag von *Fest* u. *Schmidt*, s. Band 1, 1. Teil dieses Werkes.

in Deutschland und *Arbusow* in Rußland bearbeitet, gewannen jedoch ihre weltweite Bedeutung ab etwa 1940 in erster Linie durch die Arbeiten von *Schrader.*

Zur Geschichte der Phosphorsäureester siehe insbes. [175] und [107], zur Bedeutung als Insektizide siehe die Monographie [173] und zur Chemie der P-Verbindungen siehe [164] und [384]. In neuerer Zeit gewannen nun die Phosphorsäureester auch als Fungizide Interesse [167].

Thiolphosphorsäure-O-methyl-O-cyclohexyl-S-4-chlorphenyl-ester

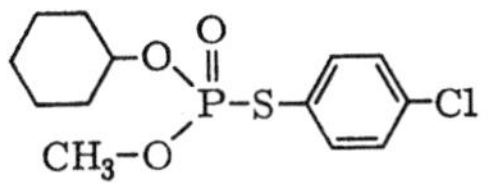

Die Verbindung, bezeichnet als „Bayer 54362" und Cerezin® (Farbenfabriken Bayer und Nitokuno/Japan), wurde im Jahre 1965 durch Arbeiten von *Scheinpflug, Jung* und *Schrader* bekannt [167, 316]. Sie kann als Reisfungizid die bisher üblichen Quecksilber-Verbindungen ersetzen und zeichnet sich durch protektive und curative Wirkung gegen *Piricularia oryzae,* den Erreger der Brusone-Krankheit aus. Daneben liegt eine insektizide Wirkung gegen Reiszikaden vor.

Die Verbindung wird durch Einwirkung von 4-Chlorbenzolsulfensäurechlorid auf Methylcyclohexyl-phosphit erhalten:

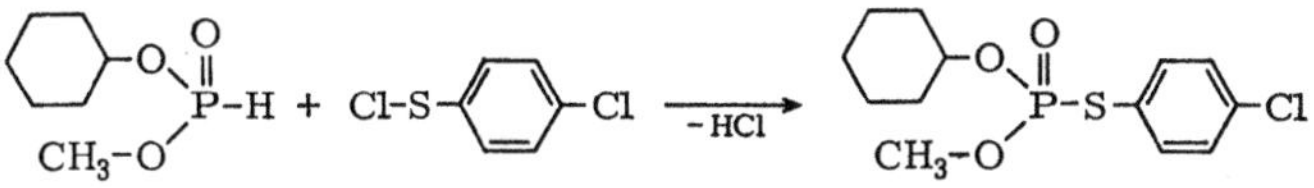

Das Vorprodukt kann technisch auf folgende Art dargestellt werden: Durch Umsetzung von Cyclohexanol mit Phosphortrichlorid bildet sich Cyclohexyl-dichlorphosphit, das durch Verseifung mit Wasser und nachfolgende Behandlung mit Ammoniak in das Ammonsalz der cyclohexyl-phosphorigen Säure überführt wird; letzteres gibt mit Chlorameisensäure-methylester unter Abspaltung von Kohlendioxid Methyl-cyclohexyl-phosphit [374]:

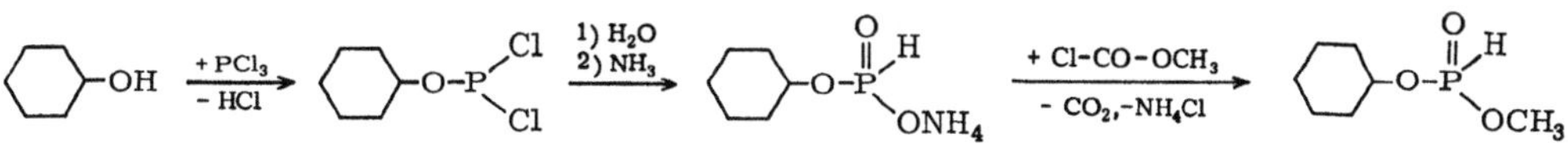

LD_{50}: 160 mg/kg Ratte p. o. akut.

Thiolphosphorsäure-O,O-diäthyl-S-benzylester

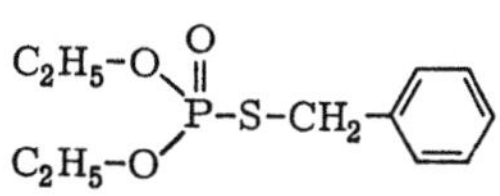

Diese Verbindung wurde unter der Bezeichnung Kitazin® 1967 von der Ihara Noyaku K. K. als ein gegen *Piricularia oryzae* und *Hypochnus sasakii* wirksames Reisfungizid herausgebracht [250]. Kitazin läßt sich aus dem Ammonium- oder Alkali-Salz der O,O-Diäthyl-thiophosphorsäure und Benzylchlorid in einfacher Weise in wäßriger Lösung darstellen:

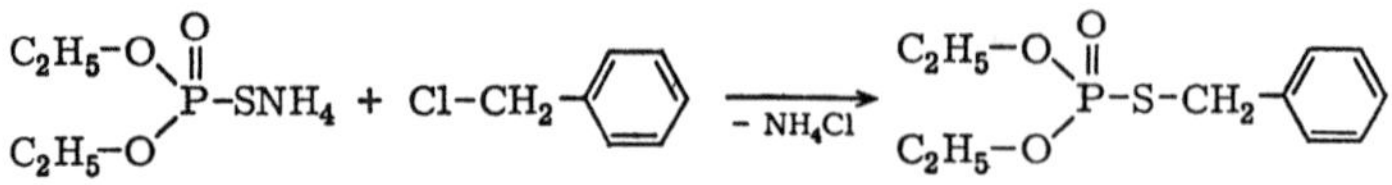

In Patenten der Ihara Noyaku K. K. werden weitere Darstellungsweisen und die Beimischung von Alkylthiocyanaten zu Kitazin beansprucht [347]. Die Farbenfabriken Bayer besitzen für den genannten Phosphorsäureester in einer Reihe von Ländern ebenfalls Anwendungspatente [258]. LD_{50}: 235 mg/kg Maus p. o.

Dithiolphosphorsäure-O-butyl-S-äthyl-S-benzylester

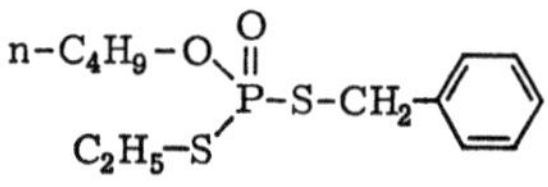

Der Phosphorsäureester wird von der Firma Sumitomo Kagaku (Japan) unter der Bezeichnung Conen® ebenfalls als spezifisches Reisfungizid angeboten [360]. LD_{50}: 118 mg/kg Maus p. o.

Thiolphosphorsäure-O,O-diäthyl-S-[(α-naphthyl)-methyl]-ester

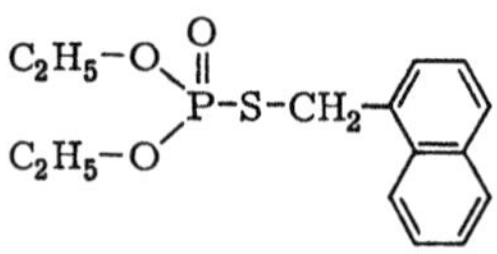

Die Verbindung wurde durch ein Patent der Farbenfabriken Bayer bekannt [323]. Sie besitzt bei ausgezeichneter Pflanzenverträglichkeit eine gute Wirkung gegen die Brusone-Krankheit des Reises. Zur Darstellung wird das Ammonium-Salz der O,O-Diäthyl-thiolphosphorsäure mit 1-Chlormethylnaphthalin, (z. B. in Methyl-äthyl-keton als Lösungsmittel) umgesetzt.

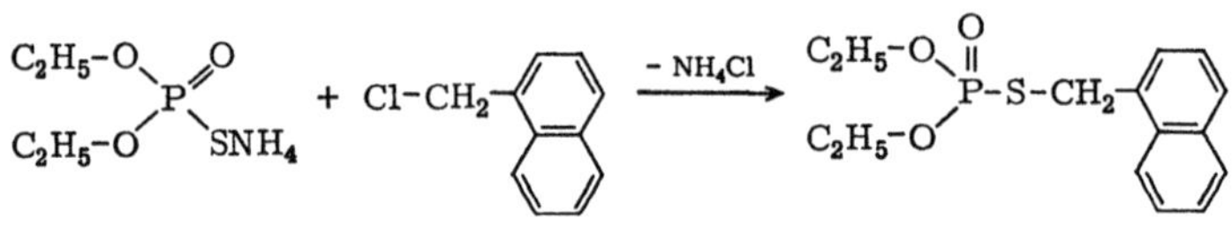

Dithiolphosphorsäure-O-äthyl-S,S-diphenylester

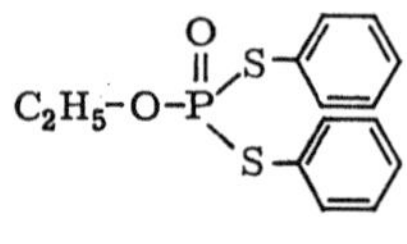

Das seit 1966 im Handel befindliche Präparat trägt die Bezeichnungen „Bayer 78418" und Hinosan® (Farbenfabriken Bayer AG und Nitokuno/Japan). Es besitzt eine sehr gute curative und protektive Wirkung gegen *Piricularia oryzae* [167]. Ferner ist Hinosan gegen *Pellicularia sasakii* wirksam. Die durch eine Patentschrift von *Schrader*, *Mannes* und *Scheinpflug* (Farbenfabriken Bayer) [262] seit 1967 bekannte Verbindung wird durch Umsetzung von Phosphorsäure-äthylester-dichlorid mit Thiophenol in Gegenwart eines Chlorwasserstoff-Acceptors dargestellt:

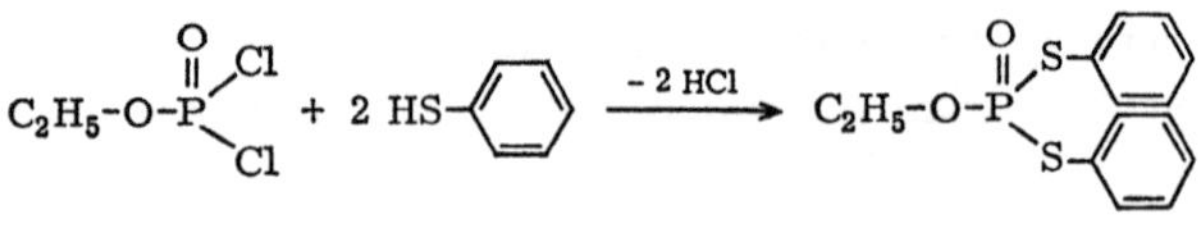

LD$_{50}$: 218 mg/kg Maus p. o. akut. Hinosan-Rückstände in Reis lassen sich gaschromatographisch bestimmen[381].

Trimethyl-tetrathiophosphat

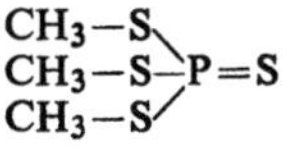

Der Ester zeichnet sich durch relativ hohen Dampfdruck aus und kann zur Bodenbehandlung dienen. Ihm wird insbes. eine gute Wirkung gegen Pythium-Arten (Erreger bodenbürtiger Keimlings- und Wurzelkrankheiten) zugeschrieben[177].

Thionothiolphosphorsäure-O,O-diäthyl-S-methylester

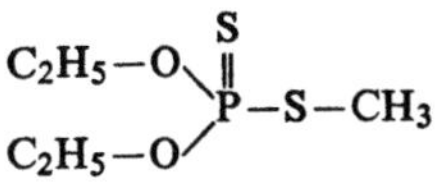

Die in einem Patent der Farbenfabriken Bayer genannte Verbindung besitzt als spezifisch gegen *Rhizoctonia solani* wirksames Bodenfungizid Interesse[257]. *LD*$_{50}$: 156 mg/kg Ratte p. o. akut.

c) Phosphorsäureester-amide

Einen Überblick über fungizid wirksame Monothio- und Dithio-phosphorsäureester-amide geben zwei in den Jahren 1967/68 erschienene Veröffentlichungen von *Mel'nikov* und *Mel'nikov* mit *Grapov*[128, 371]. Praktische Bedeutung haben nur wenige Verbindungen erreicht.

Thionothiolphosphorsäure-O-methyl-S-[(N-äthyl)-carbonamidomethyl]-ester

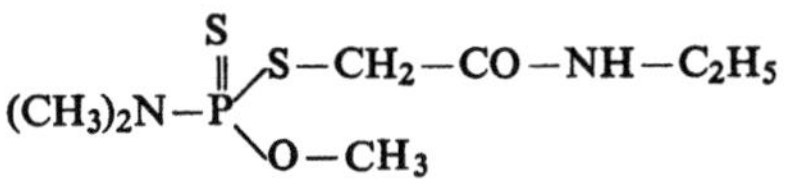

Die Verbindung wurde durch Arbeiten von *Mandelbaum* und die erwähnten Veröffentlichungen als Fungizid bekannt[128, 371].

Phosphorsäure-pentachlorphenylester-bis-dimethylamid

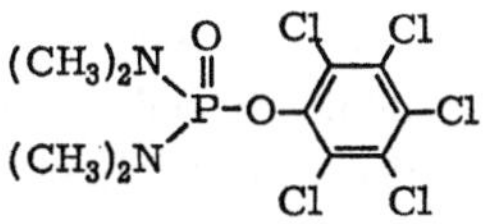

Dieses Präparat wurde im Jahre 1966 unter der Bezeichnung „Th 184-F" als Versuchs-Fungizid von der Firma Thompson-Hayward herausgebracht.

5-Amino-3-phenyl-(1,2,4)-triazol-(1)-yl-phosphorsäure-bis-dimethylamid

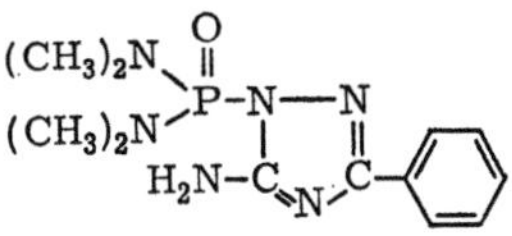

Kurzbezeichnung: Triamphos

Die fungiziden und insektiziden Eigenschaften dieser Verbindung, die unter den Namen Wepsyn® (Thompson-Hayward), „Wepsin", „WP 155" (N. V. Philips Duphar), Wepsyn 155®, „PFU-25" und „Triamid" bekannt wurde, wurden 1960 von *van den Bos*, *Koopmans* und *Huisman* beschrieben [25]. Triamphos wird gegen echte Mehltaupilze im Zierpflanzenanbau und im Apfelbau eingesetzt [313].
Die Darstellung der Verbindung gelingt durch Umsetzung des Natriumsalzes vom entsprechenden Amino-phenyl-triazol mit Phosphorsäure-bis-(dimethylamido)-chlorid:

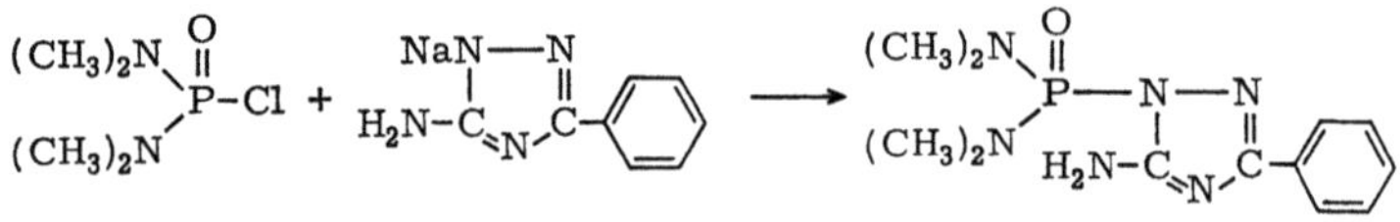

Das Produkt ist in neutralen wäßrigen Dispersionen stabil, hydrolysiert jedoch in Mineralsäuren. LD_{50}: 20 mg/kg Albinoratte ♂ p. o., 1500–3000 mg/kg Kaninchen dermal akut.

5-Anilino-3-alkyl-(1,2,4)-triazol-(1)-yl-phosphorsäure-bis-dimethylamid

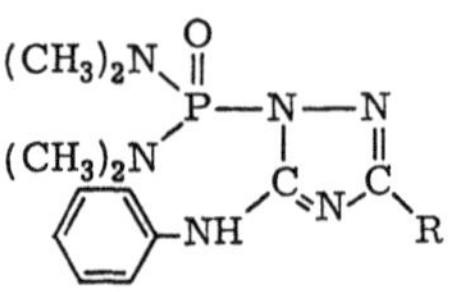

R = H oder Alkyl-Gruppen (C_1-C_6)

Über die gute fungizide Wirkung dieser Verbindungen gegen den echten Mehltau des Apfels, der Gurke und der Gerste sowie über die Wirkung gegen Blattläuse und Spinnmilben haben 1967 *Tempel* und *Meltzer* berichtet [193].

N-(Diäthoxy-thiophosphoryl)-phthalimid

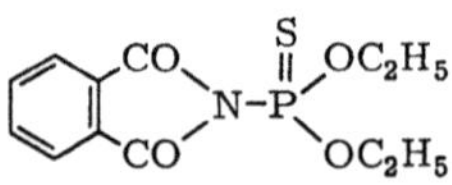

Die Verbindung, „Dowco 199" und „M 2452" genannt, wird in einem Patent der Dow Chemical Co. beansprucht [328], nähere Angaben haben dazu *Tolkmith* und *Senkbeil* gemacht [200]. Das Präparat zeichnet sich durch eine sehr gute Wirkung gegen echte Mehltaupilze aus. Es kann sowohl im Obst- wie im Zierpflanzen-Anbau verwendet werden; auch gegen Obstschorf wird eine gute Wirkung erzielt. Bei empfindlichen Apfelsorten (z. B. Golden Delicious) sind allerdings Fruchtberostungen festgestellt worden.
Zur Darstellung kann Phthalimid-kalium mit Thionophosphorsäure-diäthylesterchlorid in 1-Methyl-pyrrolidon-(2) als Lösungsmittel umgesetzt werden:

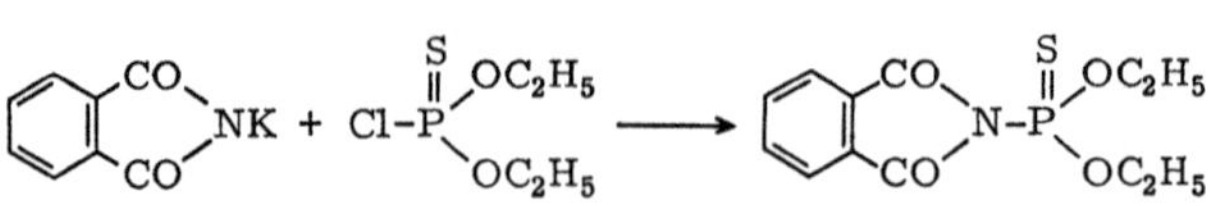

Bessere Ausbeuten liefert jedoch ein anderer Weg: Phthalsäureanhydrid ergibt mit Thionophosphorsäure-diäthylester-amid und Natriumhydrid in einem inerten Lösungsmittel das gewünschte Produkt [143]:

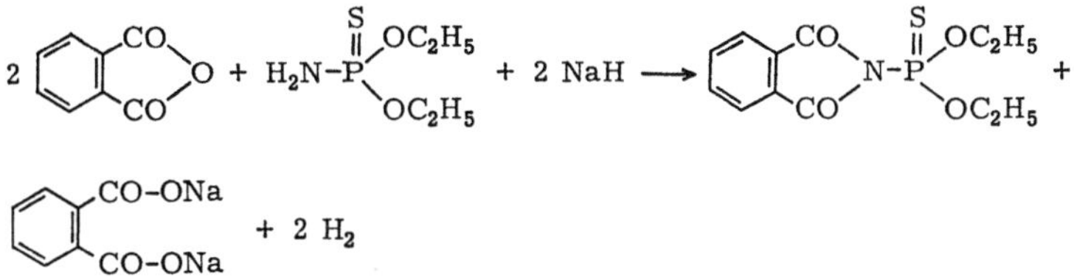

LD_{50}: Ca. 5000 mg/kg Ratte p. o. akut.

N-(S,S-Diäthyl-trithiophosphoryl)-phthalimid

Von den genannten Autoren (wie auch von *Osborne* und *Wasco* [143]) wurde eine weitere Verbindung als fungizid besonders wirksam herausgestellt. Es ist dies das folgende Phthalimid-Derivat:

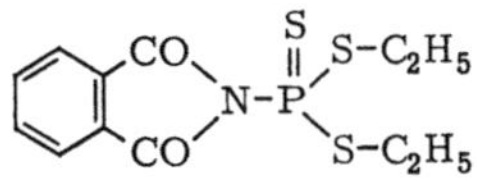

Das Präparat soll sich durch eine beachtliche Wirkung gegen *Phytophthora infestans* auszeichnen [200].

d) Phosphorigsäureester und Derivate

Aus dieser Gruppe sind einige Verbindungen speziell als Reisfungizide von Interesse.

Dibenzylphosphit

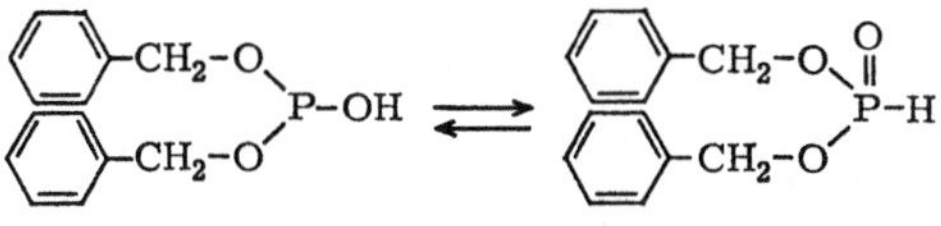

Das Produkt wird von der Ihara Noyaku K. K. als ein auch gegen *Piricularia oryzae* wirksames Fungizid beansprucht [341].

e) Phosphonsäureester und Derivate

Diäthylamido-benzolthionophosphonsäure-2-methylimidazolid

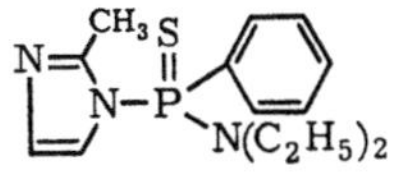

Die Verbindung kommt in zwei spiegelbildlich isomeren Formen vor, die beide isoliert werden konnten. Beide Formen besitzen, wie 1967 von *Tolkmith* und *Mussell* berichtet wurde, dieselbe gute fungizide Wirkung [199]. Dagegen sind sie in ihrer Warmblütertoxizität unterschiedlich; so betragen die akuten oralen LD_{50}-Werte für weiße Mäuse für das d-Isomere 316 mg/kg und für das l-Isomere 147 mg/kg. Zur Struktur und fungiziden Wirkung der Substanzen ist von Interesse, daß der Ersatz des Restes

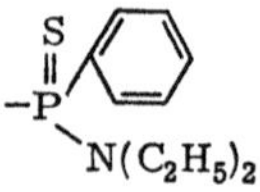

durch die Triphenylmethyl-Gruppe ebenfalls zu fungitoxischen Verbindungen führt; denn die Verbindung

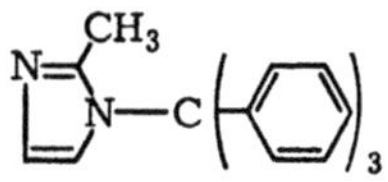

besitzt annähernd dieselbe fungizide Aktivität [199] (vgl. S. 115).

4-(O-Methyl-benzolthionophosphonoxy)-benzaldehyd-phenylhydrazon

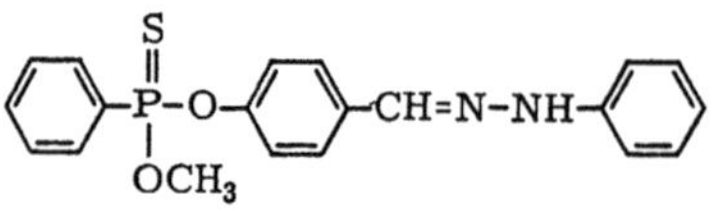

Dieser Phosphonester erscheint in einem Patent der japanischen Firma Nissan Kagaku K. K. [349] und soll speziell gegen *Piricularia oryzae* wirksam sein.

Benzolthiolphosphonsäure-O-methyl-S-benzylester

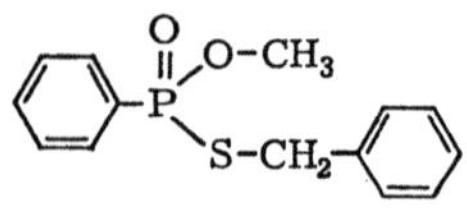

Die Verbindung wurde 1967 unter den Bezeichnungen Inejin® und „Inezin" (Nissan Kagaku K. K.) bekannt. Sie besitzt gute curative und protektive Wirkung gegen *Piricularia oryzae*. Das Präparat kann nach einem Patent der Farbenfabriken Bayer [282] auf folgendem Wege erhalten werden: Das nach bekannten Verfahren erhältliche Benzolthionophosphonsäure-O-methylester-chlorid wird mit Natronlauge verseift und anschließend mit Benzylchlorid umgesetzt:

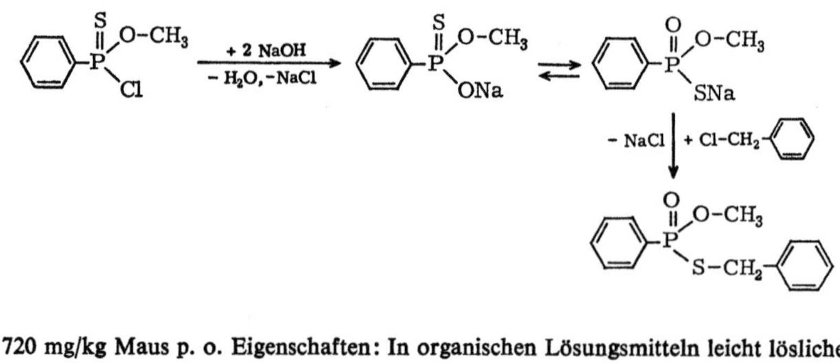

LD_{50}: 720 mg/kg Maus p. o. Eigenschaften: In organischen Lösungsmitteln leicht lösliches Öl.

Benzolthionophosphonsäure-O-methyl-O-nitromethylester

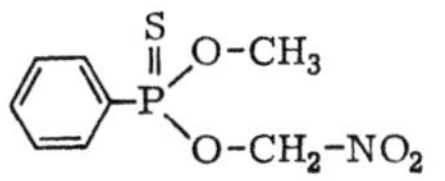

Auch dieser Phosphonester besitzt gute fungizide Wirkung gegen *Xanthomonas* und *Piricularia oryzae* [342].

2.5. Metall-organische Verbindungen[c]

Durch die Arbeiten hervorragender Forscher, wie *Gilman* (USA), *Nesmejanow* (UdSSR), *Schlenk*, *Wittig*, *Ziegler* (Deutschland) und anderer, erlangten die metall-organischen Verbindungen sowohl für die präparative wie auch für die theoretische Chemie allgemeines Interesse. Zahlreiche Organo-metall-Derivate haben als Zwischenprodukte technische Bedeutung erlangt.
Eine sehr ausführliche Darstellung älterer, präparativ wichtiger Arbeiten findet sich in dem Werk von *Krause* und *von Grosse* [101], neuere Veröffentlichungen wurden von *Coates* zusammengestellt [35]. Von letzterem stammen auch theoretische Betrachtungen über die Metall-Kohlenstoff-Bindung. Die metall-organische Bindung nimmt eine Mittelstellung zwischen der unpolaren („homöopolaren") Bindung und der salzartigen Ionen-Bindung ein.

Metall-organische Verbindungen besitzen schon seit Jahrzehnten große Bedeutung für den chemischen Pflanzenschutz. Auf die besonders wichtigen Organo-quecksilber-Verbindungen wurde bereits hingewiesen. Wegen der schwierigen Rückstandsprobleme sind dennoch, trotz leichter Zugänglichkeit und teilweise ausgezeichneter fungizider Wirkung der metallorganischen Präparate, die metallfreien organischen Verbindungen in stetem Vordringen.

a) Quecksilber-organische Verbindungen

Quecksilber-organische Verbindungen werden heute noch in großem Umfang zur Saatgut-Behandlung angewandt. Wenn auch ihre Bedeutung in der Landwirtschaft zurückgeht, so werden trotzdem die seit 1913 im Handel befindlichen Aryl-quecksilber-Verbindungen (vgl. Uspulun®, s. S. 145) noch weltweit zur Saatgutbeizung verwandt, häufig auch in Kombination mit anderen Fungiziden.

Niederalkyl-quecksilber-Verbindungen

Allgemeines

Die Niederalkyl-quecksilber-Verbindungen der allgemeinen Formel:

$$R{-}Hg{-}X \qquad \text{bzw.} \quad (R{-}Hg)^{\oplus}X^{\ominus}$$

R = niedere Alkyl-Gruppe
X = einwertiger Säurerest

zählen zu den wirksamsten Fungiziden. In ihnen ist eine Alkyl-Gruppe mit einer Kohlenstoff-Metall-Bindunge fest an das Quecksilber gebunden. (Zur Quecksilber-Kohlenstoff-Bindung siehe [36].)

---

[c] In dieser Gruppe sind nur solche Verbindungen aufgeführt, die mindestens eine *Metall-Kohlenstoff-Bindung* enthalten. Befinden sich dagegen zwischen Metall und Kohlenstoff noch andere Elemente (z. B. Sauerstoff- oder Schwefel-Atome), so liegt keine metall-organische Bindung vor.

Die ebenfalls gut darstellbaren Dialkyl-quecksilber-Verbindungen

$$R-Hg-R$$

mit zwei metall-organischen Bindungen scheiden für den Pflanzenschutz wegen ihrer außergewöhnlichen Giftigkeit aus.

Im Gegensatz zu den später zu besprechenden Alkoxyalkyl- und Aryl-quecksilber-Verbindungen (s. S. 143 und 144) sind die Alkyl-quecksilber-Salze erst seit etwa 1930 präparativ direkt zugänglich. Ältere Verfahren benutzten meist den Umweg über die erwähnten Dialkyl-Verbindungen, die mit anorganischen Quecksilber(II)-salzen die gewünschten Produkte ergeben:

$$R-Hg-R + HgX_2 \longrightarrow 2\,R-Hg-X$$

Slotta und *Jacobi* dagegen stellten aus Alkyl-magnesium-bromiden (Grignard-Verbindungen) und Quecksilber(II)-bromid in trockenem Äther Alkyl-quecksilber-bromide dar [180]:

$$R-Mg-Br + HgBr_2 \longrightarrow R-Hg-Br + MgBr_2$$

Heute wird vielfach das inzwischen gut zugängliche, wasserfreie Tetrahydrofuran als Lösungsmittel angewandt, an Stelle der Bromide können dann auch die entsprechenden — in Äther schlecht löslichen — Chloride verwandt werden [170]:

$$R-Mg-Cl + HgCl_2 \longrightarrow R-Hg-Cl + MgCl_2$$

Die Alkyl-quecksilber-halogenide sind in Wasser schwer lösliche, kristalline Verbindungen; da sie jedoch trotz eines relativ hohen Schmelzpunktes leicht flüchtig und sehr giftig sind, muß ihre Handhabung vorsichtig geschehen. Durch Versetzen der Halogenide mit Kalium- oder Natrium-hydroxid erhält man die Alkyl-quecksilber-hydroxide [180]:

$$R-Hg-X + KOH \longrightarrow R-Hg-OH+KX$$

Letztere sind stark hautätzend. Sie können durch Umsetzung mit geeigneten Säuren, wie Essigsäure, Schwefelsäure oder Salpetersäure, in wasserlösliche Salze überführt werden, die entweder selbst als Fungizide verwandt oder aber als Zwischenprodukte in andere Alkyl-quecksilber-Derivate überführt werden können.
Zur Darstellung der wasserlöslichen Alkyl-quecksilber-Salze gibt es noch andere Verfahren. So können nach *Klös* und *Schacht* (Farbenfabriken Bayer) alkyl-sulfinsaure Salze mit Quecksilber(II)-salzen umgesetzt werden [274]:

$$R-SO_2Na + HgX_2 \longrightarrow R-SO_2-Hg-X + NaX$$

Die alkyl-sulfinsauren Quecksilbersalze zerfallen in die gewünschten Alkyl-quecksilber-Verbindungen und Schwefeldioxid:

$$R-SO_2-Hg-X \longrightarrow R-Hg-X + SO_2$$

Allerdings verläuft die Umsetzung in der Praxis weniger übersichtlich, da die durch partielle Hydrolyse entstehende Sulfinsäure wie auch das abgespaltene Schwefeldioxid in geringem Maße zu Nebenreaktionen führen können. Trotzdem hat sich das Sulfinat-Verfahren in der Praxis bewährt (vgl. auch [292] zur Darstellung der Vorprodukte).

Formal entspricht der oben angegebenen Zersetzung der alkyl-sulfinsauren Quecksilbersalze eine in der UdSSR gefundene Reaktion. Nach *Ojldekop* und *Majer* erhält man aus Quecksilber(II)-propionat in Gegenwart von UV-Licht oder Bis-propionyl-peroxid als Katalysator unter Abspaltung von Kohlendioxid Äthyl-quecksilber-propionat [142]:

$$(C_2H_5-COO-)_2Hg \xrightarrow{[Kat.]} C_2H_5-Hg-O-CO-C_2H_5 + CO_2$$

Wie von *Klös*, *Schlör* und *Schmidt* (Farbenfabriken Bayer) gefunden wurde, läßt sich die Reaktion gefahrlos auf die Darstellung von Methyl-quecksilber-acetat übertragen, wenn man in Gegenwart von Peressigsäure arbeitet [300]:

$$(CH_3-COO-)_2Hg \xrightarrow{[CH_3-CO-OOH]} CH_3-Hg-O-CO-CH_3 + CO_2$$

Die gewünschte Verbindung wird dabei in guter Ausbeute erhalten.

Bei der Synthese der Niederalkyl-quecksilber-Salze muß zunächst darauf geachtet werden, daß kein Dialkyl-quecksilber als hochtoxisches Nebenprodukt entsteht. Ferner sollten die Alkyl-quecksilber-chloride und -bromide ebenfalls umgangen werden, da sie auf Grund ihrer Flüchtigkeit und Giftigkeit gefährlich werden können. Dies gilt insbesondere für die Methyl-quecksilber-halogenide [212]. Hinzu kommt noch, daß die Alkyl-quecksilber-halogenide auf Grund ihres geringen Dissoziationsgrades und ihrer relativen Schwerlöslichkeit — insbesondere in Wasser — für einen Säurerest-Austausch wenig geeignet sind. So läßt sich z. B. Methyl-quecksilber-benzoat nicht direkt aus Methyl-quecksilber-chlorid und Natrium-benzoat darstellen, da das Gleichgewicht der Reaktion:

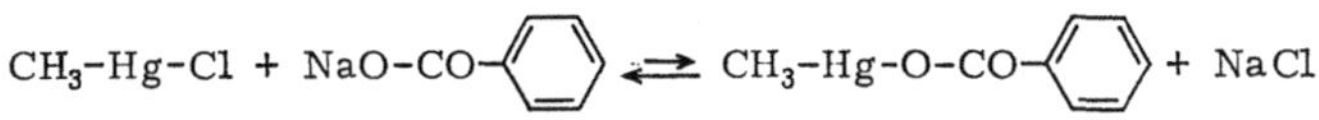

weitgehend auf seiten der Ausgangsprodukte liegt [169]. Umgekehrt kann man durch Zugabe von Natriumchlorid zu Methyl-quecksilber-benzoat in wäßrig-alkoholischer Suspension Methyl-quecksilber-chlorid erhalten, wobei die Leichtflüchtigkeit des letzteren im offenen System noch eine zusätzliche Verschiebung des Gleichgewichts bedingt. Für die Praxis bedeutet dies auch, daß eine noch relativ harmlose Alkyl-quecksilber-Verbindung durch die Anwesenheit von Kochsalz unter geeigneten Bedingungen zum heimtückischen Gift werden kann.

Methyl-quecksilber-cyanid

Die Verbindung CH_3—Hg—CN wird auch Methyl-mercuri-nitril genannt und ist unter der Bezeichnung Chipcote® von der Firma Chipman Chem. Co. im Jahre 1957 zur Saatgutbehandlung eingeführt worden. Sie besitzt ausgezeichnete fungizide Wirkung und wird auf Grund ihrer Wasserlöslichkeit in wäßriger Lösung angewandt.

Die Darstellung ist durch Umsetzung von Methyl-quecksilber-hydroxid mit HCN möglich.

Die bei 95°C schmelzende Verbindung ist auch in vielen organischen Lösungsmitteln gut löslich. Sie soll bei Zimmertemperatur einen wahrnehmbaren, aber niedrigen Dampfdruck besitzen [118]. Methyl-quecksilber-cyanid ist sehr giftig. Auf die Haut gebracht, wirkt es blasenziehend. Die Anwendung darf daher nur unter strengen Vorsichtsmaßnahmen geschehen [55,118].

Äthyl-quecksilber-chlorid

Die Verbindung C_2H_5—Hg—Cl wird von mehreren Firmen zur Herstellung von Saatgutbeizmitteln benutzt und wurde von der Firma Du Pont unter den Bezeichnungen

Granosan 2%® und Ceresan 2%® herausgebracht. (Die Bezeichnung „Ceresan" wird als Folge der Nachkriegsereignisse im Ausland auch von anderen Firmen benützt.) Äthyl-quecksilber-chlorid dient zum Teil noch als Saatgut-Behandlungsmittel im Erdnuß-, Baumwoll- und Erbsenanbau und ist fungizid sehr gut wirksam. Die Darstellung ist nach den Angaben auf S. 138 entweder direkt (z. B. nach [180]) oder aber durch Umsetzung leicht wasserlöslicher Äthyl-quecksilber-Salze (Acetat, Sulfat, Nitrat) mit Kochsalz möglich, wobei das in Wasser schwerer lösliche Äthyl-quecksilber-chlorid ausfällt:

$$(C_2H_5-Hg)^{\oplus}(CH_3-COO)^{\ominus} + NaCl \longrightarrow C_2H_5-Hg-Cl + CH_3-COONa$$

Äthyl-quecksilber-chlorid ist äußerst giftig und wegen seiner Flüchtigkeit gefährlich. Dampfdruck bei 25°C: $14{,}1 \times 10^{-4}$ Torr [55]; Fp: 192°C.

Seit einiger Zeit wird von Du Pont in den USA das — verglichen mit dem Chlorid — schwerer flüchtige und daher weniger gefährliche Bis-(äthyl-quecksilber)-phosphat:

$$(C_2H_5-Hg^+)_2(HPO_4^{2-})$$

unter den Bezeichnungen Lignasan®, „EMP" und „New Improved Ceresan" herausgebracht. Es ist ein wasserlösliches Saatgutbeizmittel.

Methyl-quecksilber-cyanoguanidin

$$CH_3-Hg-NH-\underset{\substack{\parallel \\ NH}}{C}-NH-CN$$

(Mit dieser Formel soll nicht festgelegt werden, daß das Quecksilber am vorgezeichneten $-NH-$ gebunden ist)

Die Verbindung wird als Wirkstoff des Feuchtbeizmittels Panogen® der Firma Casco (Schweden) als flüssiges Saatgutbeizmittel vertrieben. Es wird im Getreide-, Flachs-, Baumwoll- und Zuckerrüben-Anbau eingesetzt und besitzt eine sehr gute fungizide Wirkung, wobei das Präparat vornehmlich in der Gasphase wirksam ist. Trotzdem ist es weit weniger flüchtig als die Methyl-quecksilber-halogenide.
Die Darstellung gelingt durch Umsetzung von Methyl-quecksilber-hydroxid mit Dicyandiamid:

$$CH_3-Hg-OH + H_2N-\underset{\substack{\parallel \\ NH}}{C}-NH-CN \xrightarrow{-H_2O} CH_3-Hg-NH-\underset{\substack{\parallel \\ NH}}{C}-NH-CN$$

Panogen ist giftig und muß vorsichtig gehandhabt werden. Über die Toxizität liegen Einzelangaben von *Swensson* vor [189]. Dampfdruck bei 35°C: $6{,}5 \times 10^{-5}$ Torr. Wasserlöslichkeit bei Raumtemperatur: 2,17 g/100 ml [118].

Methyl-quecksilber-8-hydroxychinolat

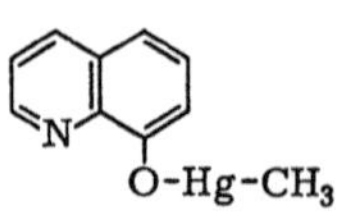

Diese Verbindung ist in dem Saatgutbeizmittel Ortho LM® (California Chem. Co., Ortho Div.) enthalten. Sie wird als wirksames Fungizid gegen samenbürtige Getreidekrankheiten angewandt. LD_{50}: 72 mg/kg Maus p. o.

Bis-(methyl-quecksilber)-sulfat

$$(CH_3-Hg^+)_2SO_4^{2-}$$

Diese Methyl-quecksilber-Verbindung wurde vorübergehend als Wirkstoff für die Ceresan-Universal-Feuchtbeize®, Ceresan flüssig® und Cerewet® benutzt. Sie wird nach dem Sulfinat-Verfahren der Farbenfabriken Bayer hergestellt (s. S. 138 und [274]).

Bis-(methyl-quecksilber)-sulfat ist in Lösung und auch in der Gasphase äußerst wirksam gegen samenbürtige Erkrankungen des Getreides, von Rüben, Kartoffeln und Blumen-Zwiebeln. Das Präparat ist auf Grund seiner relativ geringeren Flüchtigkeit weit weniger gefährlich als die entsprechenden Methyl-quecksilber-halogenide.

N-Äthyl-quecksilber-p-toluolsulfanilid

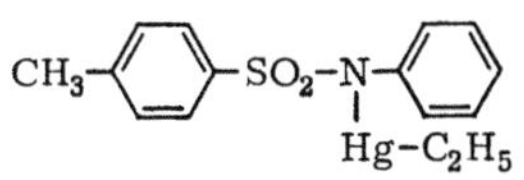

Die Verbindung wird von Du Pont seit 1948 zur Herstellung der Saatgutbeizmittel Ceresan M®, Ceresan M2X®, Granosan M® und Granosan M2X® benutzt, die eine gute Wirkung gegen samenbürtige Pilze besitzen [228].

Die Darstellung wird nach Literatur-Angaben [118] so vorgenommen, daß aus Tetraäthyl-blei, Quecksilberoxid und Essigsäure zunächst Äthyl-quecksilber-acetat erhalten wird. Letzteres wird dann mit p-Toluol-sulfonanilid in Gegenwart von Lauge umgesetzt:

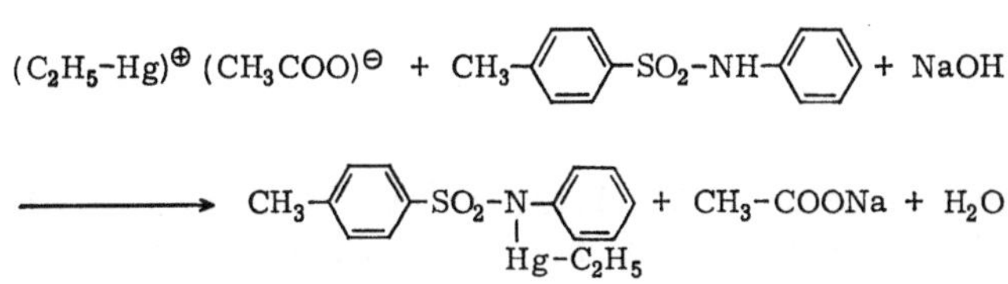

Die Warmblüter-Toxizität des Produkts entspricht etwa der von Sublimat [118]. Löslichkeit: Unlöslich in Wasser, löslich in Aceton und Chloroform. Die Flüchtigkeit der Verbindung ist gering.

N-Alkyl-quecksilber-1,2,3,6-tetrahydro-3,6-endomethano-3,4,5,6,7,7-hexachlor-phthalimid

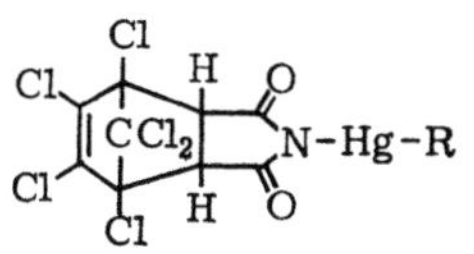

R = CH_3, C_2H_5

Die Methyl- und die Äthyl-Verbindung werden von der Velsicol Chem. Corp. als eradizierende und protektive Fungizide herausgebracht [233]. Dabei dient die

erstere unter der Bezeichnung Memmi® zur Behandlung von Weizen- und Baumwoll-Saatgut, ferner gegen Pilzerkrankungen von Rasenflächen und von Zierpflanzen. Die Äthyl-Verbindung (Bezeichnungen Emmi®, „50-CS-46" und „PX-332") wird außerdem gegen echten Mehltau und Schorf angewandt.
Die Verbindungen werden ausgehend von Hexachlorcyclopentadien und Maleinsäure-anhydrid erhalten, das Addukt wird dann mit Ammoniak ins Imid überführt, welches man — in Form des Natrium-Salzes — mit einem geeigneten Alkyl-quecksilber-Salz umsetzt:

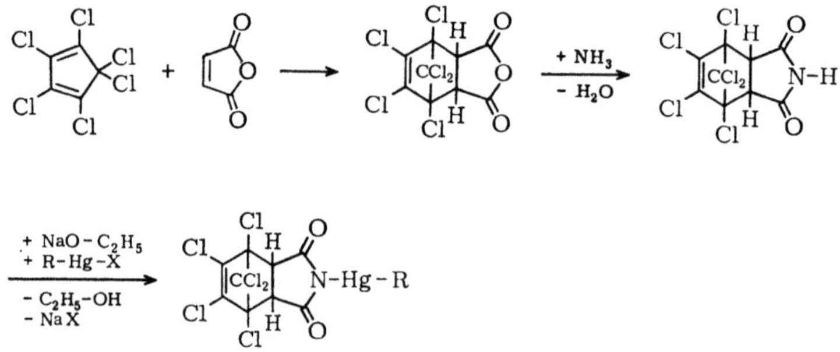

LD_{50}: 150 mg/kg Ratte p. o. akut [118].
Die entsprechende N-Phenyl-quecksilber-Verbindung wurde — ebenfalls durch die Velsicol Chem. Corp. — unter der Bezeichnung Phimm® bekannt.

Äthyl-quecksilber-thiosalicylat

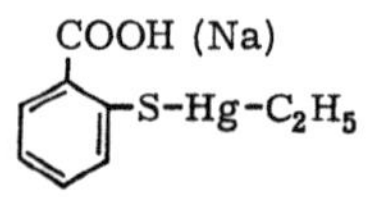

Die Verbindung wurde unter den Bezeichnungen Elcide 73®, Merthiolate® (Eli Lilly Co.) und Thimerosal® als Saatschutzmittel eingeführt. Die Darstellung gelingt in einfacher Weise aus Thiosalicylsäure und Äthyl-quecksilber-Salz in alkalischer Lösung, wie überhaupt allgemein $(R\text{-}Hg)^{\oplus}$-Ionen mit Schwefelwasserstoff, Thiophenolen oder Alkylmercaptanen bevorzugt reagieren:

$$(R-Hg)^+ + H-S-R' + (OH)^- \longrightarrow R-Hg-S-R' + H_2O \qquad \begin{array}{l} R = \text{Alkyl, Aryl} \\ R' = \text{H, Alkyl, Aryl} \end{array}$$

So erhält man z. B. aus löslichen Äthyl-quecksilber-Salzen und 2,3-Dihydroxypropylmercaptan das

Äthyl-quecksilber-2,3-dihydroxypropylmercaptid

$$C_2H_5-Hg-S-CH_2-\underset{|}{\overset{OH}{C}}H-\overset{OH}{\underset{|}{C}}H_2\ ,$$

das — im Gemisch mit Äthyl-quecksilber-acetat — ebenfalls unter der Bezeichnung „Ceresan“ als Saatgutbeizmittel im Getreide-, Reis- und Baumwoll-Anbau von Du Pont in den USA eingeführt wurde.

Alkoxyalkyl-quecksilber-Verbindungen

Methoxyäthyl-quecksilber-acetat

Alkoxyalkyl-quecksilber-Verbindungen sind schon lange bekannt. Bereits 1913 berichteten *Schoeller*, *Schrauth* und *Essers* [172], daß beim Einleiten von Äthylen in eine Aufschlämmung von Quecksilber(II)-acetat in Methanol Methoxyäthyl-quecksilber-acetat entsteht:

$$CH_3OH + CH_2{=}CH_2 + Hg(-O-CO-CH_3)_2 \longrightarrow CH_3-O-CH_2-CH_2-Hg-O-CO-CH_3 + CH_3-COOH$$

Das Acetat kann als leicht wasserlösliches Zwischenprodukt zur Darstellung anderer Methoxyäthyl-quecksilber-Salze Verwendung finden. Es wird aber teilweise auch selbst als Beizmittel-Wirkstoff eingesetzt, z. B. im Panogen Metox®, Täyssato® und Mercuran® (Delmar Chemical Corp.).

Die wasserlöslichen Alkoxyalkyl-quecksilber-Verbindungen müssen auf Grund ihrer hautschädigenden Wirkung vorsichtig gehandhabt werden.
Die Metall-Kohlenstoff-Bindung ist in den Alkoxyalkyl-quecksilber-Verbindungen viel weniger stabil als in den einfachen Alkyl- und Aryl-quecksilber-Salzen. In Umkehrung der obigen Bildungsgleichung kann man durch Zugabe von konzentrierter Salzsäure zu Methoxyäthyl-quecksilber-Salzen wieder Äthylen freisetzen. Die Art der Kohlenstoff-Quecksilber-Bindung in den genannten Verbindungen ist mit Hilfe von Kernresonanz-Spektren untersucht worden [38].

Methoxyäthyl-quecksilber-chlorid

$CH_3—O—CH_2—CH_2—Hg—Cl$ spielt als Wirkstoff für Flüssig- bzw. Feucht-Beizmittel eine große Rolle. Mit der Einführung in die landwirtschaftliche Praxis etwa im Jahre 1930 hat sich insbesondere *Bonrath* (I. G. Farbenindustrie) beschäftigt [22]. Methoxyäthyl-quecksilber-chlorid ist fungizid sehr gut wirksam; es dient als Wirkstoff in der Ceresan-Universal-Naßbeize® der Farbenfabriken Bayer gegen die Streifenkrankheit der Gerste, den Steinbrand des Weizens, den Schneeschimmel des Roggens, den Flugbrand des Hafers, gegen die Auflaufkrankheiten bei Rüben und Leguminosen und zur Beizung von Kartoffeln und Blumenzwiebeln und -knollen. Das Präparat ist auch der Wirkstoff der Ceresan-Universal-Feuchtbeize®, die für die Beizung in besonderen Feuchtbeiz-Geräten vorgesehen ist. Weitere Handelsformen sind die Naßbeizen Agallol® und Aretan®.
Methoxyäthyl-quecksilber-chlorid wird durch Umsetzung des Acetats (Darstellung s. o. und [172]) mit Natriumchlorid erhalten, es fällt aus einer kühl gehaltenen wäßrigen Lösung zum größten Teil aus:

$$[CH_3-O-C_2H_4-Hg]^+[CH_3-COO]^- + NaCl \longrightarrow CH_3-O-C_2H_4-Hg-Cl + [(CH_3-COO]^-Na^+$$

Das Chlorid ist bei Raumtemperatur noch zu etwa 5% wasserlöslich, wodurch es sich gut als Naßbeizmittel eignet. LD_{50}: 40 mg/kg Ratte p. o. akut.

Methoxyäthyl-quecksilber-silicat

Die Verbindung CH_3—O—CH_2—CH_2—Hg-Silicat wird wegen ihrer geringen Wasserlöslichkeit als Trockenbeize verwandt. So enthält z. B. die Ceresan-Universal-Trockenbeize® der Farbenfabriken Bayer Methoxyäthyl-quecksilber-silicat neben Hexachlorbenzol und wird als Saatbeize für alle Getreidearten, für Mais, Rüben und Hülsenfrüchte angeboten. Sie verfügt über eine große Wirkungsbreite.
Die Darstellung erfolgt durch Umsetzung von Methoxyäthyl-quecksilber-acetat oder -sulfat mit Natriumsilicat, wobei das in Wasser schwer lösliche Produkt ausfällt. Es ist gegenüber Alkalien stabil. LD_{50}: 75 mg/kg Ratte p. o. akut.
Kombinationspräparate aus der „Ceresan"-Reihe der Farbenfabriken Bayer enthalten außer Methoxyäthyl-quecksilber-silicat noch Anthrachinon zum Schutz vor Krähenfraß (Ceresan-Morkit®), ein weiteres Präparat enthält zum Anthrachinon noch zusätzlich γ-Hexachlorcyclohexan gegen Drahtwurmfraß (Ceresan-Gamma M®).

Methoxyäthyl-quecksilber-benzoat

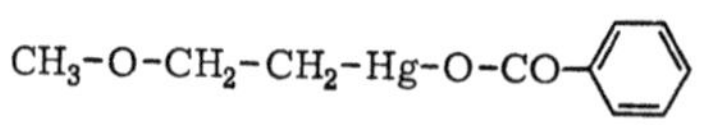

Das Präparat wurde unter dem Namen „Caspan" (Tapazol/Israel) als Fungizid bekannt[140]. Es wurden damit Versuche in Gurken-Anbaugebieten durchgeführt.

Aryl-quecksilber-Verbindungen

Phenyl-quecksilber-acetat

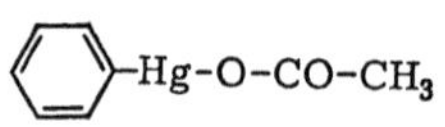

Phenyl-quecksilber-acetat dürfte mit zu den bekanntesten Verbindungen der metall-organischen Chemie zählen. Es gibt mehrere Synthesewege. Am häufigsten wird das „Merkurierungs-Verfahren" nach *Dimroth*[45] angewandt, das sich auch für die betriebliche Praxis eignet[97]:

Die Verbindung wird von mehreren Firmen als Fungizid herausgebracht. Bekannte Namen sind z. B.: „PMA", „PMAC", „PMAS", „Ceresan-Trockenbeize", Uspulun secco®, Tillantin®, Quecksilber-Spritzmittel Bayer® (Farbenfabriken Bayer) und Tag HL-331® (California Spray Chem. Corp.). Das Präparat besitzt einen curativen und einen eradikativen Effekt gegen den Apfelschorf und wird zur Vorblütespritzung eingesetzt. Weiterhin ist es als breit wirksames Fungizid für die Tropen von Interesse und wird als Ceresan-Slaked-Lime® zur Bekämpfung von Reis-Krankheiten — verursacht durch *Piricularia* und *Hel-*

minthosporium oryzae — und von Citrus-Krankheiten verwandt. Phenyl-quecksilber-acetat war der erste Wirkstoff des Trockenbeizmittels Ceresan® der I. G. Farbenindustrie. „Ceresan" ist seit 1929 im Handel (heute noch im Ausland). Mit seiner Einführung haben sich insbes. *Schepss*, *Taube* und *Bonrath* beschäftigt[174, 397].

Wasserlöslichkeit: 0,438 g/l bei Raumtemperatur. Löslich in organischen Lösungsmitteln. Dampfdruck bei 35 °C: 9×10^{-6} Torr[373]. LD_{50}: 40 mg/kg Ratte p. o. [85].
Die analoge Verbindung Phenyl-quecksilber-propionat wird in der Literatur unter der Bezeichnung Metasol P-6® als Beizmittel geführt[55].

Phenyl-quecksilber-chlorid

Phenyl-quecksilber-chlorid oder „PMC" ist extrem schwer wasserlöslich und daher so wenig phytotoxisch, daß es auch als Blattspritzmittel gegen *Venturia inaequalis*, den Erreger des Apfelschorfs, eingesetzt werden kann. Ferner findet die Verbindung als Beizmittel Verwendung. So enthält z. B. das Trockenbeizmittel Ceredon Spezial® (Farbenfabriken Bayer AG) neben „Benquinox" (s. S. 99) noch Phenyl-quecksilber-chlorid.
Die Verbindung kann durch Umsetzung von Phenyl-quecksilber-acetat mit Natriumchlorid erhalten werden. Die bekannte Synthese von *Nesmejanow* dagegen geht vom Anilin aus, das mit salpetriger Säure zum Diazonium-Salz umgesetzt wird. Letzteres gibt mit Sublimat ein Doppelsalz, das dann mit Kupfer unter Stickstoffabgabe Phenyl-quecksilber-chlorid liefert[137]:

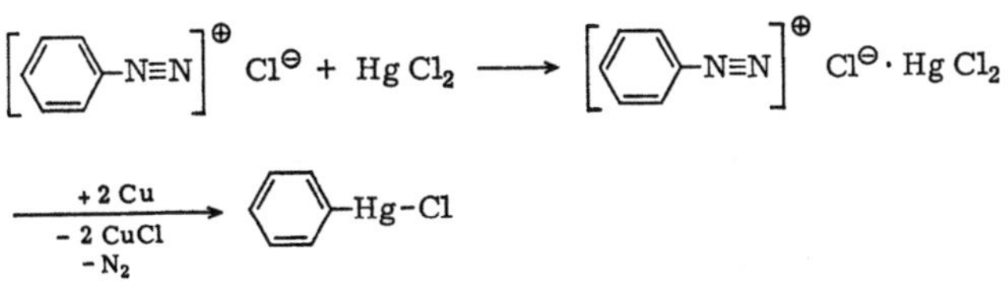

Ausführliche Angaben zur *Nesmejanow*-Synthese finden sich in einer Übersichtsarbeit von *Reutow*[372].

LD_{50}: 40 mg/kg Ratte p. o. Löslichkeit: Phenyl-quecksilber-chlorid ist nur in organischen Lösungsmitteln löslich.
Das analoge Phenyl-quecksilber-jodid oder „PMJ" spielt als Reisfungizid noch eine beschränkte Rolle.

„o-Chlorphenol-quecksilber-sulfat"

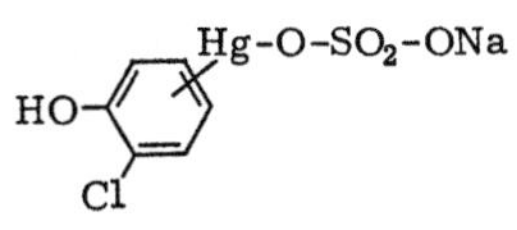

Auf die historische Bedeutung dieser Verbindung, die aus o-Chlorphenol und Quecksilber(II)-sulfat erhältlich ist und von *Riehm* 1913 als Saatgut-Naßbeizmittel eingeführt worden ist, wurde bereits hingewiesen (vgl. S. 53). Das Produkt wurde in zwei Reichspatenten geschützt[265] und als Uspulun® in vielen Ländern bekannt[216]. Seine Bedeutung lag darin, daß auf Grund der Arbeiten von *Wesenberg* das viel zu phytotoxische Quecksilber(II)-chlorid durch eine saatgutverträgliche organische — wenn auch metall-organische — Verbindung abgelöst werden konnte[63]. Uspulun wurde später durch die Präparate der „Ceresan“-Reihe überholt, wenn auch in einigen Ländern das gut eingeführte Warenzeichen Uspulun beibehalten wurde.

o-Nitrophenol-quecksilber-hydroxid

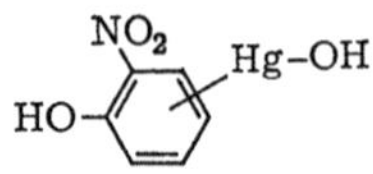

Das Präparat wurde im Jahre 1924 als Uspulun Trockenbeize® (Farbenfabriken vorm. Friedrich Bayer u. Co.) bekannt und war bis zur Ablösung durch die „Ceresan“-Trockenbeizmittel im Handel.

Kresyl-quecksilber-cyanid

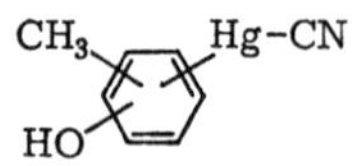

Auch hier handelt es sich um ein älteres Präparat, das früher größere Bedeutung besaß; es wurde 1920 als Germisan® von der Saccharin-Fabrik AG herausgebracht.

Phenyl-quecksilber-trihydroxyäthyl-ammonium-lactat

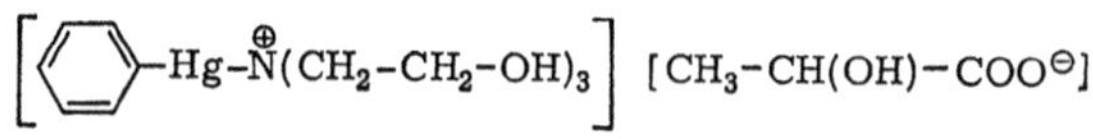

Dieses Produkt wird unter den Bezeichnungen Puratized Agr. Spray® und „Puratized N5E“ (Gallowhur Chem. Corp.) in der Literatur als curatives Fungizid gegen Obstschorf geführt[55]. Es wurde außerdem durch Arbeiten von *Howard* et al. als Wirkstoff mit eradikativem Effekt bekannt[84].

Phenyl-quecksilber-ureid

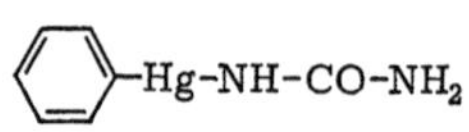

Dieses Phenyl-quecksilber-Derivat des Harnstoffs wird unter dem Namen Leytosan® (F. W. Berk u. Co.) als Fungizid geführt[55].

Zum Wirkungsmechanismus der Organo-quecksilber-Verbindungen

Vergleiche hierzu auch die Angaben von *Martin* ([119] und insbesondere [120], daselbst s. S. 475/476) Nach Arbeiten von *Walker* sind Phenyl-quecksilber-chlorid und Allyl-quecksilber-chlorid gegen das Protozoon *Colpidium colpada* toxischer als Quecksilber(II)-chlorid[210]. Es kann daraus geschlossen werden, daß die Organo-quecksilber-Verbindungen vom Typ

$$R-Hg-X$$

auf Grund ihrer höheren Lipoidlöslichkeit leichter an den Wirkungsort innerhalb der Sporen gelangen können.
Nach anderen Theorien (z. B. von *Daines* [42]) soll dagegen das metallische Quecksilber der eigentliche Wirkstoff sein. Diese Ansicht unterstützt *Booer* [23] dadurch, daß er eine Wechselwirkung von Organo-quecksilber-Verbindungen mit den Tonen des Bodens annimmt, wobei zunächst Aryl- oder Alkyl-quecksilber-Tone entstehen. Letztere sollen sich dann zu Diaryl- bzw. Dialkyl-quecksilber und Quecksilber-Tonen umsetzen, wobei die Quecksilber-Tone zum Teil in einer Gleichgewichtsreaktion durch Basenaustausch (der Begriff „Base" wird hier nach *Brönsted* angewandt) in Quecksilber(II)-salze (z. B. das Chlorid oder Sulfat) übergehen. Die Salze würden dann zu Quecksilber(I)-Verbindungen und Quecksilbermetall reduziert; ein Teil des Quecksilber(I)-salzes disproportioniert jedoch zu Quecksilber(II)-Verbindungen und Metall, wonach dann das Quecksilber(II)-salz von neuem reduziert wird. Im Endeffekt würde sich also Quecksilber anreichern, während die Dialkyl- und Diaryl-quecksilber-Verbindungen langsam verdampfen und sich dadurch der Reaktionsfolge entziehen. Metallisches Quecksilber dürfte dann vermutlich über die Dampfphase mit den Mercapto-Gruppen einiger Enzyme in Reaktion treten. Ebenfalls werden selbstverständlich auch Quecksilber-Salze mit Mercapto-Gruppen reagieren, wobei sich im Falle von Quecksilber-(I)-salzen und Organo-quecksilber-Salzen noch Folgereaktionen anschließen.

b) Bor-organische Verbindungen

Nachdem anorganische Bor-Verbindungen schon seit langer Zeit als milde antiseptische Mittel in der Medizin, der Kosmetik und der Lebensmittel-Konservierung im Gebrauch sind, lag es nahe, auch organische Bor-Verbindungen auf ihre fungizide Wirkung zu prüfen.

Triphenyl-bor

Die Substanz wird als Koordinations-Verbindung mit Stickstoffbasen wie Ammoniak, Triäthylamin, Pyridin usw.:

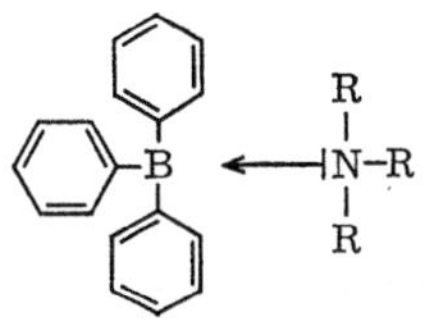

in einem Patent der Minnesota Mining and Mfg. Co. beansprucht [249]. Das Produkt soll gegen bodenbürtige Pilze (z. B. Pythium und Rhizoctonia) wirksam sein und sich als Saatschutzmittel eignen.

c) Zinn-organische Verbindungen

Allgemeines

Zinn-organische Verbindungen werden schon seit sehr langer Zeit in mehreren Ländern bearbeitet. Einen Überblick über das Gebiet aus chemischer Sicht geben Zusammenfassungen von *Luijten* und *van der Kerk* [108], von *Ingham* et al. [86], von *Neumann* [139] und von *Schicke*, *Appel* und *Schröder* [388] (über ältere Arbeiten siehe [101]).

Von Interesse als Fungizide sind insbesondere Verbindungen des Typs

$$R_2SnX_2 \quad \text{und} \quad R_3SnX.$$

Die mit dem Zinn-Atom direkt verbundenen Alkyl- oder Aryl-Reste R besitzen eine große Haftfestigkeit am Metallatom, während die bevorzugt anionischen Reste X relativ leicht austauschbar sind. Zur Darstellung werden zunächst Tetraalkyl- oder Tetraaryl-zinn-Verbindungen benötigt, die durch Austausch-Synthesen über magnesium-, lithium-, natrium- oder aluminium-organische Zwischenprodukte bequem zugänglich sind [108, 139]. Hieraus kann man dann mit Zinn (IV)-chlorid in einer Komproportionierungs-Reaktion nach *Kozeschkow* [100] Dialkyl- und Diaryl-zinn-dichloride bzw. Trialkyl- oder Triaryl-zinn-chloride erhalten:

$$R_4Sn + SnCl_4 \longrightarrow 2\,R_2SnCl_2$$
$$3\,R_4Sn + SnCl_4 \longrightarrow 4\,R_3SnCl$$

Diese Verbindungen sind als Zwischenprodukte gut geeignet, da sich das Chlor gegen zahlreiche andere nucleophile Reste austauschen läßt. Teilweise besitzen diese Produkte aber auch selbst eine fungizide, herbizide oder sogar insektizide Wirksamkeit; so ist z. B. Tri-(4-chlorphenyl)-zinn-chlorid:

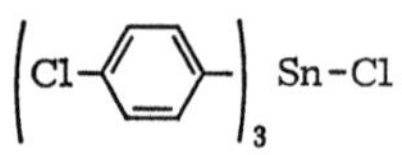

gegen Motten wirksam [296], andere Triphenyl-zinn-Derivate wirken gegen Kartoffelkäfer [31] und gegen Hausfliegen [10].
Allerdings sind insbesondere die Trialkyl-zinn-chloride mit niederem Alkyl-Rest leicht flüchtig und giftig und müssen daher vorsichtig gehandhabt werden. Über die Toxikologie der Organozinn-Verbindungen geben Arbeiten von *Klimmer* Auskunft [95]. Bei allen Organo-Zinn-Fungiziden ist das Rückstandsproblem besonders zu beachten.

Tripropyl-zinn-acetat

Über die fungizide Wirkung dieser Verbindung gegen Alternaria- und Erysiphe-Arten an Karotten wird in der Literatur berichtet [138].
Das Produkt kann durch Umsetzung von Tripropyl-zinn-chlorid mit Kaliumhydroxid in Äther bei guter Durchmischung und nachfolgender Behandlung des erhaltenen Hydroxids mit Eisessig erhalten werden [108]:

$$(C_3H_7)_3Sn-Cl \xrightarrow[-KCl]{+KOH} (C_3H_7)_3Sn-OH \xrightarrow[-H_2O]{+CH_3-COOH} (C_3H_7)_3Sn-O-CO-CH_3$$

Bis-(tri-n-butyl-zinn)-oxid

Die Verbindung hat die Bezeichnungen Butinox® (Osmose), TBTO® (Metal and Thermit Corp.), „C-Sn-9“, bioMeT TBTO® (Metal and Thermit Corp.). Sie hat eine gute fungizide und bakterizide Wirkung.
Das Produkt wird nach einem technischen Verfahren der Farbwerke Hoechst aus n-Tributyl-zinn-chlorid und konzentrierter Natronlauge in Benzol im Zweiphasen-

System bei guter Durchmischung dargestellt, das entstehende Wasser wird mit überschüssigem Benzol laufend abdestilliert [284]:

$$2\,(n\text{-}C_4H_9)_3SnCl + 2\,NaOH \longrightarrow (n\text{-}C_4H_9)_3Sn{-}O{-}Sn(n\text{-}C_4H_9)_3 + 2\,NaCl + H_2O$$

LD_{50}: 200 mg/kg Ratte p. o. akut. Löslichkeit: In Wasser fast unlöslich, in organischen Lösungsmitteln leicht löslich. Kp 180°C bei 2 Torr.

Dibutyl-zinn-disalicylat

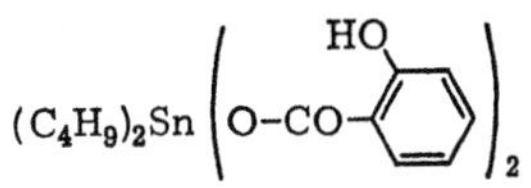

Das Produkt wird von der Dow Chemical Co. als gegen *Phytophthora infestans* wirksames Fungizid beansprucht [251]. Zur Darstellung wird Dibutyl-zinn-dichlorid mit der doppelt molaren Menge Natrium-salicylat in Tetrahydrofuran umgesetzt.

Triphenyl-zinn-hydroxid

Die Verbindung wurde unter den Bezeichnungen TPTH® (Thompson-Hayward), duTER®, „ENT 28 009“ und „Fentin-hydroxid“ bekannt. Sie ist gut wirksam gegen *Piricularia oryzae* an Reis und Cercospora-Arten an tropischen Kulturpflanzen, sowie gegen *Phytophthora infestans* an Kartoffeln.
Die Darstellung erfolgt durch Umsetzung von Triphenyl-zinn-chlorid mit konz. Kalilauge in einem geeigneten organischen Dispersionsmittel bei guter Durchmischung [108]:

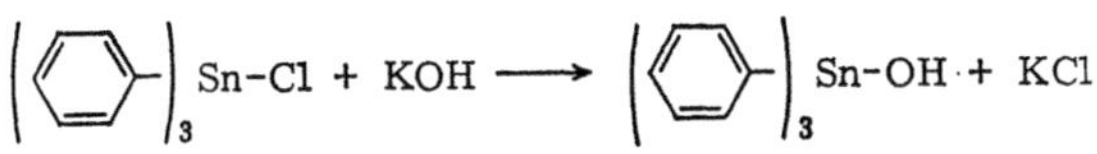

Die Verbindung wurde auch von *Krause* und *Pohland* schon vor längerer Zeit dargestellt [102].

LD_{50}: 511 mg/kg Maus p. o. akut[55]. Löslichkeit: Wasserunlöslich; löslich in Alkoholen, Ketonen und Tetrahydrofuran.

Triphenyl-zinn-acetat

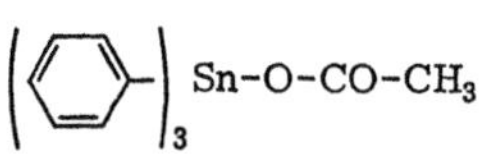

Kurzbezeichnung: Fentin-acetat

Fentin-acetat besitzt als Fungizid im Pflanzenschutz größere Bedeutung; es hat die Handelsbezeichnungen Brestan® (Farbwerke Hoechst), „TPHTA“, „Hoe 2871“, GC 6936® und Thompson-Hayward TPTA®. Auf den Erkenntnissen von *van der Kerk* und *Luijten* aufbauend, daß den Trialkyl- und Triaryl-zinn-Salzen eine gute fungizide Wirkung zukommt [90,271], suchte *Härtel* nach solchen Verbindungen, die bei optimaler Wirkung nur wenig phytotoxisch sind [67]. Diesen Erfordernissen entsprachen am besten die Triphenyl-zinn-Verbindungen, wobei sich dann das Acetat als am besten geeignet erwies [118]. „Brestan" ist insbesondere gegen *Cercospora beticola*, die Blattfleckenkrankheit der Rübe, wirksam, sodann auch gegen Blattkrankheiten von Kartoffeln, Sellerie, Erbsen und Bohnen. Außerdem läßt es sich noch im Reis- und Erdnuß-Anbau einsetzen. Durch die Beimischung von Maneb und Zineb läßt sich nach *Brückner*, *Czech* und *Härtel* (Farbwerke Hoechst) die Anwendungsbreite noch erheblich erweitern [289]. Triphenyl-zinn-acetat kann aus dem Hydroxid (s. o.) und Eisessig dargestellt werden [108].

LD_{50}: 125 mg/kg Ratte p. o., 13 mg/kg intraperitoneal und 18 mg/kg intravenös [118]. Die Verbindung ist nur wenig hautgiftig [118]. Löslichkeit: Wasserunlöslich; genügend löslich in organischen Lösungsmitteln.

Triphenyl-decyl-phosphonium-(triphenyl-brom-chlor-stannat)

Die Verbindung hat die Kurzbezeichnung „Decafentin" und erscheint in einem Patent der Firma Boehringer und Sohn [319]. Sie wird dort wie folgt formuliert:

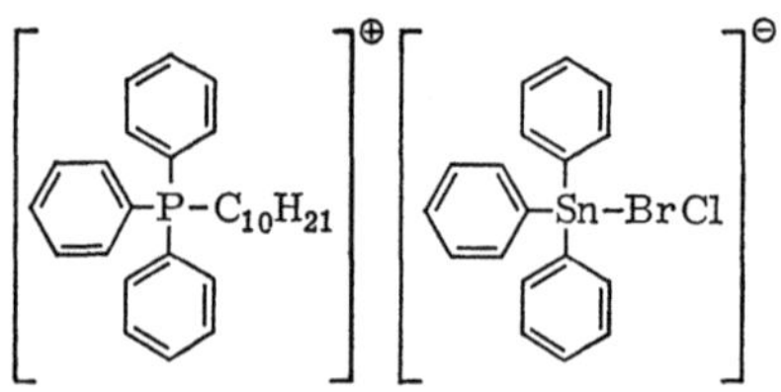

Sie soll sich zur Bekämpfung von *Phytophthora infestans* und *Cercospora beticola* eignen, besitzt aber außerdem bakteriostatische und algizide Wirkung.

d) Arsen-organische Verbindungen

Organische Arsen-Verbindungen sind z. T. fungizid gut wirksam, wenn sie auch im allgemeinen die fungizide Wirkung der Organoquecksilber-Präparate nicht erreichen. Hinsichtlich der Herstellbarkeit sind sie den Quecksilber-Verbindungen unterlegen. Da bei beiden Verbindungsklassen in der landwirtschaftlichen Anwendung Schwierigkeiten hinsichtlich der Rückstände auftreten, werden auch die Fungizide auf Basis Organo-arsen-Verbindungen in zunehmendem Maße durch metallfreie organische Präparate ersetzt.

Methanarsonsaures Eisen-Ammonium-Salz

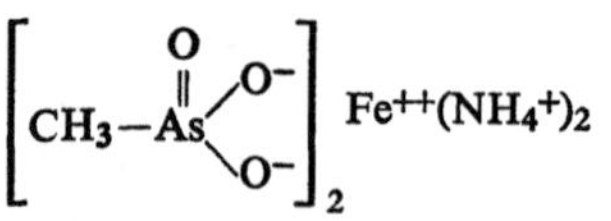

Dieses Salz der Methanarsonsäure — früher als „Methylarsinsäure" bezeichnet — findet unter dem Namen „Neoasozin" als Reisfungizid Verwendung; es ist gut wirksam gegen *Hypochnus sasakii*.

Die Darstellung der Methanarsonate erfolgt durch Umsetzung von Methylhalogenid mit einem Salz der arsenigen Säure; so erhält man z. B. aus Methyljodid und Natriumarsenit das Dinatrium-Salz der Methanarsonsäure [153]:

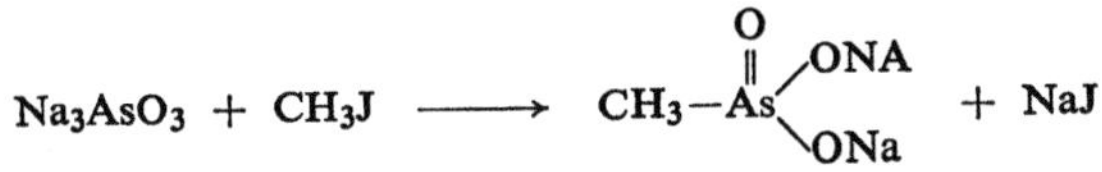

Methyl-arsin-sulfid

Das Produkt CH_3—As=S trägt die Namen „MAS", Urbasulf® und, als Beizmittel formuliert, auch das Warenzeichen Rhizoctol®. Methyl-arsin-sulfid wurde 1931 als Saatgut-Desinfektionsmittel für Getreide beschrieben. Seine Wirksamkeit als Keimlingsschutzmittel und Bodenbehandlungsmittel, besonders gegen die Bodenpilz-Gattung *Rhizoctonia*, hat 1958 bei den Farbenfabriken Bayer *Frohberger* erkannt [283]. Die Verbindung eignet sich als Saatgut- und Bodenfungizid besonders für den Baumwollanbau und ist im Rhizoctol-Kombi® mit Benquinox (s. S. 99) kombiniert.
Methyl-arsin-sulfid wird durch Reduktion von Dinatrium-methanarsonat (s. o.) mit Schwefeldioxid und nachfolgende Umsetzung des Methyl-arsin-oxids mit Schwefelwasserstoff nach einem alten Verfahren erhalten [12]:

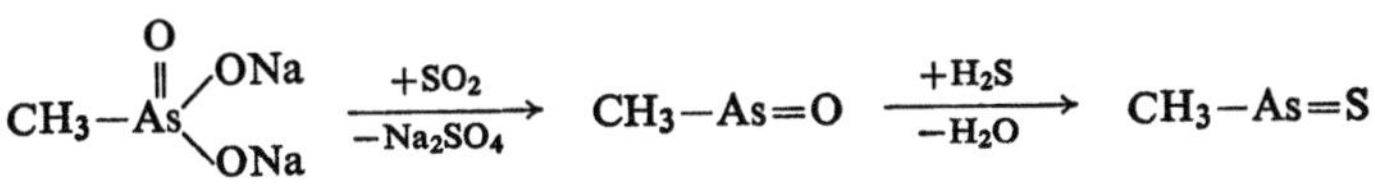

LD_{50}: 100 mg/kg Ratte p. o., 1400 mg/kg Kaninchen dermal [118]. Löslichkeit: Löslich in Schwefelkohlenstoff und Dimethylformamid, sonst schwer löslich.

Methyl-arsin-bis-(dimethyldithiocarbamidat)

Die Verbindung, mit der sich insbesondere *Urbschat*, *Heckmanns* und *Bonrath* befaßten, wurde unter dem Namen Urbacid® bekannt [270]. Die Farbenfabriken Bayer haben sie als Kombinationspräparat mit TMTD und Ziram unter der Bezeichnung Tuzet® im Jahre 1953 eingeführt (vgl. S. 63). „Tuzet" ist sehr gut wirksam gegen Obstschorf (*Venturia inaequalis* und *Venturia pirina*) [61]. Auch gegen die durch *Hypochnus sasakii* verursachte Reiskrankheit und gegen Krankheiten im Kaffee-Anbau hat sich das Produkt bewährt. „Urbacid" als „Tuzet"-Komponente bewirkt bei Äpfeln eine sehr erwünschte Vertiefung der Fruchtfarbe bei Rot- und Gelb-Tönen.
„Urbacid" läßt sich durch Umsetzung von Methyl-dichlor-arsin und dimethyldithiocarbamidsaurem Natrium darstellen [212]:

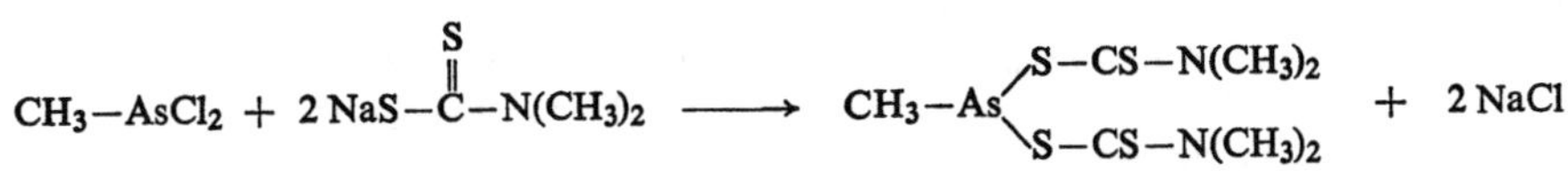

Das Vorprodukt Methyl-dichlor-arsin wird aus Methyl-arsin-oxid (s. o.) und Chlorwasserstoff dargestellt [14].

LD_{50}: 100 mg/kg Ratte p. o. akut. Löslichkeit: Löslich in den meisten organischen Lösungsmitteln.

3. Literatur

a) Autorenregister

1) *Amos, A.:* J. Agr. Sci. *2*, 257 (1907).
2) *van Andel, O. M.:* Nature *211*, 326 (1966).
3) Anonym, vorgetragen auf dem Internationalen Symposium zu Gent (3. 5. 1966).
4) Anonym, Firmenschrift der Chemagro Corporation (Januar 1966).
5) Anonym, Chem. Industrie XIX, S. 136 (März 1967).
6) Anonym, Chem. Industrie *1967*, 83.
7) Anonym, Long Ashton Agr. Hort. Res. Sta. Annu. Rep. *1964*, 127.
8) Anonym, World Crops, Juni *1968*, 82.
9) *Appel, O.:* Flugbl. Biol. Reichsanstalt *63*, Berlin (1917).
10) *Ascher, K. R. S., J. Moscowitz* u. *S. Nissim:* Zinn u. seine Verw., Nr. 73, S. 8 (1967).
11) *Bähr, G.:* Angew. Chem. *68*, 525 (1956).
12) *v. Baeyer, A.:* Liebigs Ann. Chem. *107*, 279 (1858).
13) *Beilstein, F. K.:* Handbuch der Organ. Chemie, *H 2*, 483, E I 209, II 452, III 1456.
14) — Handbuch der Organ. Chemie, *H 4*, E I 574, III 1797.
15) *Bell, A. A.*, and *R. R. Muse:* Plant Disease Reptr. *49*, 323 (1965).
16) *Bell, M. R., J. R. Johnson, B. S. Wildi*, and *R. B. Woodward:* J. Am. Chem. Soc. *80*, 1001 (1958).
17) *Ben-Aziz, A.:* Science (Washington) *155*, 1026 (1967).
18) *Bennett, F. T.:* J. Board greenkeeping Res. *3*, 79 (1933).
19) *Bewley, W. F.:* J. Minist. Agr. *28*, 653 (1921).
20) *Black, A. L.*, and *L. A. Summers:* Australian J. Chem. *20*, 2293 (1967).
21) *Bodendorf, K.:* J. Prakt. Chem. *126*, 233 (1930).
22) *Bonrath, W.:* Nachr. Schädlingsbekämpf. *10*, 23 (1935).
23) *Booer, J. R.:* Ann. Appl. Biol. *31*, 340 (1944).
24) *Borsche, W.:* Liebigs Ann. Chem. *343*, 186 (1905).
25) *v. d. Bos, B. G., M. J. Koopmans* et *H. O. Huisman:* Rec. Trav. Chim. *79*, 807 (1960).
26) *Boyland, E.*, and *G. Watson:* Nature *177*, 837 (1956).
27) *Bremer, H. G.:* Z. Pflanzenkrankh. Pflanzenschutz *70*, 321 (1963).
28) *Brian, P. W.:* Ann. Botany Lond. *13*, 59 (1949).
29) *Brown, W.:* Ann. Appl. Biol. *34*, 422 (1947).
30) *Byrde, R. J. W.*, and *C. W. Harper:* Rep. Agr. Hort. Res. Stn. Univ. Bristol *1966*, 151.
31) *Byrdy, S., Z. Ejmocki* u. *Z. Eckstein:* Zinn u. seine Verw., Nr. 71, S. 11 (1966).
32) *Clark, N. G., A. F. Hams, D. J. Higgons*, and *H. A. Stevenson:* Chem. Ind. (London) *1960*, 572.
33) — and *A. F. Hams:* J. Sci. Food Agr. *12*, 751 (1961)
34) *Clayson, D. B.* et. al.: Brit. J. Cancer *12*, 222 (1958).
35) *Coates, G. E.:* Organo-Metallic Compounds, 2nd ed. London: Methuen & Co. 1960.
36) —, Organo Metallic Compounds, 2nd ed. p. 76 and 80. London: Methuen & Co. 1960.
37) *Corke, A. T. K.:* Ann. Appl. Biol. *60*, 241 (1967).
38) *Cotton, F. A.*, and *J. R. Leto:* J. Am. Chem. Soc. *80*, 4823 (1958).
39) *Cruickshank, I. A. M.:* World Rev. Pest Contr. *5*, 161 (1966).
40) *Cunningham, H. S.*, and *E. G. Sharvelle:* Phytopathology *30*, 4 (1940).
41) *van Daalen, J. J., J. Daams, H. Koopman* et *A. Tempel:* Rec. Trav. Chim. *86*, 1159 (1967).
42) *Daines, R. H.:* Phytopathology *26*, 90 (1936).
43) *Delp, C. J.*, and *H. L. Klopping:* Plant Disease Reptr. *52*, 95 (1968).
44) *Dimond, A. E., J. W. Heuberger*, and *F. G. Horsfall:* Phytopathology *33*, 1095 (1943).
45) *Dimroth, O.:* Liebigs Ann. Chem. *446*, 148 (1926).
46) *Distler, H.:* Angew. Chem. *77*, 291 (1965).
47) *Dittmer, D. C.*, and *R. A. Fouty:* J. Am. Chem. Soc. *86*, 91 (1964).
48) *Edington, L. V.* et al.: Phytopathology *57*, 1256 (1967).
49) *Fargher, R. G.* et al.: Mem. Shirley Inst. *9*, 37 (1930).
50) *Fauveau, J.*, et *F. M. Lang:* Chim. Ind. (Paris) *67*, 67 (1952).

51) *Feist, F.:* Ber. *45*, 956 (1912).
52) *Feuersenger, M.:* Angew. Chem. *73*, 77 (1961).
53) *Fields, E. K.:* J. Am. Chem. Soc. *77*, 4255 (1955).
54) *Forsyth, W.:* A Treatise on the Culture and Management of Fruit Trees, 2nd ed. p. 358. London 1803.
55) *Frear, D. E. H.:* Pesticide Index, 3rd State College/Pa. 1965.
56) *Frohberger, P. E.:* Phytopathology Z. *27*, 427 (1956).
57) *Fron, G.:* Rev. Pat. veg. *23*, 131 (1936).
58) *Geiger, M., E. Usteri* u. *Ch. Gränacher:* Helv. Chim. Acta *34*, 1343 (1951).
59) *Geuther, Th.:* referiert im Biol. Zbl. *25*, 879 (1896).
60) *Goeldner, H.:* Pflanzenschutz-Nachr. Bayer *20*, 600 (1967).
61) *Grewe, F.:* Rückblick auf 25 Jahre Fungizidforschung. Pflanzenschutz-Nachr. Bayer *18*, Sonderheft (1965).
62) — Pflanzenschutz-Nachr. Bayer *20*, 581 (1967).
63) — Pflanzenarzt (Wien) *20*, 121 (1967).
64) —, u. *H. Kaspers:* Pflanzenschutz-Nachr. Bayer, *18*, 1 (1965).
65) *Grove, J. F., J. McMillan, T. C. P. Mulholland,* and *M. A. Th. Rogers:* J. Chem. Soc. *1952*, 3977.
66) *Guozdenović, F.:* Abstract in Z. Pflanzenkrankheiten *12*, 242 (1902).
67) *Härtel, K.:* Angew. Chem. *70*, 135 (1958) u. *76*, 304 (1964).
68) *Hailer, E.:* Biochem. Z. *125*, 69 (1921).
69) *Hald, J.* et al.: Acta Pharmacol. Toxicol. *4*, 311 (1948).
70) *Hall, R. A.* et al.: Toxicol. Appl. Pharmacol. *8*, 343 (1966).
71) *Harry, J. B., R. H. Wellmann, F. R. Whaley, H. W. Thurston,* and *W. A. Chandler:* Contrib. Boyce Thompson Inst. *15*, 195 (1948).
72) *Heuberger, J. W.:* Phytopathology *37*, 439 (1947).
73) —, and *T. F. Manns:* Phytopathology *33*, 1113 (1943).
74) *Hiltner, L.:* Prakt. Blätter f. Pflanzenbau u. Pflanzenschutz *18*, 65 (1915).
75) *Hochstein, P. E.,* and *C. E. Cox:* Am. J. Botany *43*, 437 (1956).
76) *Hodge, H. C.* et al.: J. Pharmacol. Exptl. Therap. *104*, 202 (1952).
77) — et al.: J. Pharmacol. Exptl. Therap. *118*, 174 (1956).
78) *Horsfall, J. G.:* Principles of Fungicidal Action, p. 166. Waltham/Mass.: Chronica Botanica Company 1956.
79) — Principles of Fungicidal Action, p. 2. Waltham/Mass.: Chronica Botanica Company 1956.
80) — Principles of Fungicidal Action, p. 185. Waltham/Mass.: Chronica Botanica Company 1956.
81) —, and *J. M. Hamilton:* Phytopathology *25*, 21 (1935).
82) —, *R. W. Marsh,* and *H. Martin:* Ann. Appl. Biol. *24*, 867 (1937).
83) *ter Horst, W. P.,* and *E. L. Felix:* Ind. Eng. Chem. *35*, 1255 (1943).
84) *Howard, F. L., S. B. Locke,* and *H. L. Keil:* Proc. Am. Soc. Hort. Sci. *45*, 131 (1947).
85) *Hunter, D.* et al.: Quart. J. Med. *9*, 193 (1940).
86) *Ingham, R. K., S. D. Rosenberg,* and *H. Gilman:* Chem. Rev. *60*, 459 (1960).
87) *Jerchel, D., H. Fischer* u. *M. Kracht:* Liebigs Ann. Chem. *575*, 162 (1952).
88) —, u. *H. Oberheiden:* Angew. Chem. *67*, 147 (1955).
89) *Johnson, R. B.:* Florida Entomologist *49*, 225 (1966).
90) *van der Kerk, G. J. M.,* and *J. G. A. Luijten:* J. Appl. Chem. (London) *4*, 314 (1954) u. *6*, 49, 56 (1956).
91) *Kimmerle, G.:* Farbenfabriken Bayer AG, Inst. f. Toxikologie, unveröffentlicht.
92) *Kirby, A. H. M.:* World. Rev. Pest Contr. *5*, 30 (1966).
93) —, and *E. L. Frick:* Nature *182*, 1445 (1958).
94) *Kittleson, A. R.:* Science (Washington) *115*, 84 (1952).
95) *Klimmer, O. R.:* Angew. Chem. *70*, 135 (1958) u. *76*, 305 (1964).
96) *Klöpping, H. L.,* et *G. J. M. van der Kerk:* Rec. Trav. Chim. *70*, 917 (1951).
97) *Kobe, K. A.,* and *P. F. Lueth:* Ind. Eng. Chem. *34*, 309 (1942).
98) *König, K. H., E. H. Pommer* u. *W. Sanne:* Angew. Chem. *77*, 327 (1965).
99) *Kolbe, W.:* Erwerbsobstbau *8*, 225 (1966).
100) *Kozeschkow, K. A.:* Ber. *62*, 996 (1929).

101) *Krause, E.*, u. *A. v. Grosse:* Die Chemie der metall-organischen Verbindungen. Berlin: Verlag Borntraeger 1937.

102) —, u. *R. Pohland:* Ber. *57*, 540 (1924).

103) *Kühle, E., E. Klauke* u. *F. Grewe:* Angew. Chem. *76*, 807 (1964).

104) *Lacroix, L., R. Boesch* u. *R. Leblanc:* 6. Internat. Pflanzenschutz-Kongreß, Wien, 1967. Abstracta, S. 331.

105) *Lang, K.:* Arzneimittel-Forsch. *10*, 997 (1960).

106) *Liu, M. K.*, u. *L. Fishbein:* Experientia *23*, 81 (1967).

107) *Lorenz, W.*, u. *K. Sasse:* Pflanzenschutz-Nachr. Bayer *21*, 5 (1968).

108) *Luijten, J. G. A.*, and *G. J. M. van der Kerk:* Investigations in the field of Organotin Chemistry. Greenford/England: Tin Research Institute 1955.

109) *Lukens, R. J.:* J. Agr. Food Chem. *14*, 365 (1966).

110) —, and *H. D. Sisler:* Phytopathology *48*, 235 (1958).

111) *Lust, S.:* 6. Internat. Pflanzenschutz-Kongreß, Wien 1967. Abstracta, S. 349.

112) *Mach, E.*, u. *K. Portele:* Weinlaube *16*, 433 (1884).

113) *Maier-Bode, H.:* 6. Internat. Pflanzenschutz-Kongreß, Wien 1967. Abstracta, S. 192.

114) *Marsh, P. B.*, and *M. L. Butler:* Ind. Eng. Chem. *38*, 701 (1946) u. *41*, 2176 (1949) (mit *B. S. Clark*).

115) *Martin, H.:* Ann. Appl. Biol. *19*, 98 (1932).

116) — J. Agr. Sci. *20*, 32 (1930).

117) — Ann. Appl. Biol. *20*, 342 (1933).

118) — Guide to the Chemicals used in Crop Protaction, 4. Aufl., London/Ontario/Canada 1961 mit Nachtrag von *E. Y. Spencer* 1964.

119) — (Übersetzung von *K. J. Schmidt*): Die wissenschaftlichen Grundlagen des Pflanzenschutzes, 5. Aufl., Kapitel 7, S. 195—265. Weinheim: Verlag Chemie 1967.

120) — (Übersetzung von *K. J. Schmidt*): Die wissenschaftlichen Grundlagen des Pflanzenschutzes, 5. Aufl., Kapitel 13 u. 14, S. 461—508. Weinheim: Verlag Chemie 1967.

121) — J. S. E. Agric. Coll., Wye, *33*, 38 (1934).

122) —, and *H. Shaw:* B.I.O.S. Report 1095 (1946).

123) *Mason, C. L.:* Phytopathology *38*, 740 (1948).

124) *Matolcsy, G.:* Chem. Ber. *101*, 522 (1968).

125) *McBee, E. T.* et al.; J. Am. Chem. Soc. *78*, 1511 (1956).

126) *McCallan, S. E. A.*, and *F. Wilcoxon:* Contrib. Boyce Thompson Inst. *6*, 479 (1934).

127) *McNew, G. L.*, and *N. K. Sundholm:* Phytopathology *39*, 721 (1949).

128) *Mel'nikov, N. N.:* Chim. v. sel'sk. choz. (UdSSR) *5*, 20 (1967).

129) *Millardet, A.*, and *W. Gayon:* J. Agr. Prat. *49*, 513, 707 (1885) u. *51*, 698, 728, 765 (1887).

130) *Miller, L. P.:* Phytopathology *50*, 646 (1960).

131) — Pest Articles and News Summaries, Sect. *B 14*, 239 (1968).

132) —, *S. E. A. McCallan*, and *R. M. Weed:* Contrib. Boyce Thompson Inst. *17*, 151 (1953).

133) —, and *N. Russakow:* Phytopathology *54*, 900 (1964).

134) *Mowry, D. T.:* J. Am. Chem. Soc. *72*, 2535 (1950).

135) *Nakajima, M., H. Shibata, K. Kitahara, S. Takahashi*, and *A. Hasegawa:* Tetrahedron Letters *1968*, 2271.

136) *Nase, B.:* Z. Chem. *8*, 96 (1968).

137) *Nesmejanow, A. N.:* Ber. *62*, 1010 (1929).

138) *Netzer, D.*, and *R. Katzir:* Plant Disease Reptr. *50*, 594 (1966).

139) *Neumann, W. P.:* Angew. Chem. *75*, 225 (1963).

140) *Nitzany, F. E.:* Phytopathology *56*, 1386 (1966).

141) *Özbas, O.:* Pflanzenschutz-Nachr. Bayer *20*, 611 (1967).

142) *Ojldekop, J. A.*, u. *N. A. Majer:* Dokl. Akad. Nauk SSSR *131*, 1096 (1960).

143) *Osborne, D. W., H. O. Senkbeil*, and *J. L. Wasco:* J. Org. Chem. *31*, 192 (1966).

144) *Owens, R. G.*, and *G. Blaak:* Contrib. Boyce Thompson Inst. *20*, 459, 475 (1960).

145) *Oxford, A. E., H. Raistrick*, and *P. Simonart:* Biochem. J. *33*, 240 (1939).

146) *Parrott, P. J.* et al.: New York State Agr. Exp. Sta., Bull. 262 (1905).

147) *Pellegrini, G., A. Bugiani* u. *I. Tenerini:* Phytopathol. Z. *52*, 37 (1965).

148) *Petersen, S., W. Gauss* u. *E. Urbschat:* Angew. Chem. *67*, 217 (1955).

149) *Petrov, K. A.*, u. *A. A. Nejemseva:* Zh. Obshch. Khim. *29*, 3401 (1959).

150) *Pianka, M., J. D. Edwards,* and *C. B. F. Smith:* J. Sci. Food Agr. *17,* 407 (1966).
151) *Pluijgers, C. W.,* u. *A. Kaars Sijpesteijn:* Ann. Appl. Biol. *57,* 465 (1966).
152) *von Prahl, H.:* Pflanzenschutz-Nachr. Bayer *20,* 617 (1967).
153) *Quick, A. J.,* and *R. Adams:* J. Am. Chem. Soc. *44,* 809 (1922).
154) *Ramsey, G. B.* et al.: Botan. Gaz. *106,* 74 (1944).
155) *Rathke, B.:* Ber. *3,* 859 (1870).
156) *Read, W. H.:* World Rev. Pest Contr. *5,* 45 (1966).
157) *Reichner, K., H. Habicht, K. Härtel* u. *L. Emmel:* Angew. Chem. *74,* 994 (1962).
158) *Rich, P.,* and *J. G. Horsfall:* Phytopathology *39,* 19 (1949).
159) *Rich, S.,* and *J. G. Horsfall:* Science (Washington) *120,* 122 (1954).
160) *Riehm, E.:* Mitt. aus d. Kaiserl. Biolog. Anstalt f. Land- u. Forstwirtschaft, H. 14, April 1913, S. 8.
161) *Roberts, J. W.,* and *L. Pierce:* Phytopathology *22,* 415 (1932).
162) *Römpp, H.:* Chemie-Lexikon, 6. Aufl., Bd. II, Spalte 3539 (1966).
163) *Rupprecht, G.:* Angew. Botan. *3,* 253 (1921).
164) *Sasse, K.:* Organische Phosphorverbindungen, in Houben-Weyl: Methoden der Organ. Chemie, Bd. 12/1 und 12/2. Stuttgart: Georg Thieme 1963/64.
165) — Höfchen-Briefe *13,* 197 (1960).
166) —, *R. Wegler, G. Unterstenhöfer* u. *F. Grewe:* Angew. Chem. *72,* 973 (1960).
167) *Scheinpflug, H.,* u. *H. F. Jung:* Pflanzenschutz-Nachr. Bayer *21,* 79 (1968).
168) *Scheuerer, G.:* Fortschr. Chem. Forsch. *9,* 254 (1967).
169) *Schlör, H.:* Farbenfabriken Bayer AG, unveröffentlicht.
170) —, u. *H. Klös:* Farbenfabriken Bayer AG, unveröffentlicht.
171) *v. Schmeling, B.,* and *M. Kulka:* Science (Washington) *152,* 659 (1966).
172) *Schoeller, W., W. Schrauth,* u. *W. Essers:* Ber. *46,* 2866 (1913).
173) *Schrader, G.:* Die Entwicklung neuer insektizider Phosphorsäure-Ester, 3. Aufl. Weinheim: Verlag Chemie 1963.
174) — Beiträge zur hundertjährigen Firmengeschichte 1863—1963, S. 108. Leverkusen: Farbenfabriken Bayer AG 1963.
175) — Pflanzenschutzberichte (Wien) *36,* Sondernummer (1967).
176) *Schuhmann, G.:* Nachrbl. Deut. Pflanzenschutzdienst (Berlin) *20,* 1 (1968).
177) *Scott, C. B., J. W. Jale,* and *S. Heshimoto:* J. Agr. Food Chem. *8,* 303 (1960).
178) *Sessions, A. C.:* Ind. Eng. Chem. *28,* 287 (1936).
179) *Sittig, M.:* Pesticide Production Processes 1967. Park Ridge (N. J./USA): Noyes Development Corp.
180) *Slotta, K. H.,* u. *K. R. Jacobi:* J. Prakt. Chem. (2) *120,* 272 (1929).
181) *Smith, R. B.* et al.: J. Pharmacol. Exptl. Therap. *109,* 159 (1953).
182) *Soenen, A.,* et *L. Werotte:* Agricultura (Louvain) *4,* 241 (1956).
183) *Spencer, H. C.* et al.: J. Pharmacol. Exptl. Therap. *99,* 57 (1950).
184) *Sprague, R.:* Rev. Appl. Mycology *30,* 475 (1951).
185) *Stark, F. L.:* Cornell Univ. Agr. Expt. Sta. Mem. 278 (1948).
186) *Stoddard, E. M.,* and *A. E. Dimond:* Phytopathology *41,* 337 (1951).
187) *Summers, L. A.:* Australian J. Chem. *18,* 1695 (1965).
188) — Rev. Pure Appl. Chem. *18,* 1 (1968).
189) *Swensson, A.:* Acta Med. Scand. *143,* 365 (1952).
190) *Takeuchi, S.* et al.: Antibiot. Ser. A *11,* 1 (1958).
191) *Tate, D. H.,* u. *B. v. Schmeling:* 6. Internat. Pflanzenschutz-Kongreß, Wien 1967. Abstracta, S. 321.
192) *Tempel, A.,* and *A. Kaars Sijpesteijn:* Nature *213,* 215 (1967).
193) —, u. *J. Meltzer:* 6. Internat. Pflanzenschutz-Kongreß, Wien 1967. Abstracta, S. 323.
194) *Thayer, P. L., D. H. Ford,* and *H. R. Hall:* Phytopathology *57,* 833 (1967).
195) *Thomas, W. D. jr., P. H. Eastburg.* and *M. D. Bankuti:* Phytopathology *52,* 754 (1962).
196) *Thomson, W. T.:* Agricultural Chemicals, Book IV: Fungicides. Davis, Calif.: Thomson Publications 1967.
197) *Thorn, G. D.,* and *R. A. Ludwig:* The Dithiocarbamates and Related Compounds. Amsterdam u. New York: Elsevier Publishing Comp. 1962.
198) *Tisdale, W. H.,* and *A. L. Flenner:* Ind. Eng. Chem. *34,* 501 (1942).

199) *Tolkmith, H.*, u. *D. R. Mussell:* 6. Internat. Pflanzenschutz-Kongreß, Wien 1967. Abstracta S. 329.
200) —, *H. O. Senkbeil*, and *D. R. Mussell:* Science (Washington) *155*, 85 (1967).
201) *Turell, F. M.:* Plant Physiol. *25*, 13 (1950).
202) *Unterstenhöfer, G.:* Höfchen-Briefe *13*, 207 (1960).
203) *Urbschat, E.:* Angew. Chem. *72*, 981 (1960).
204) *Vogeler, K.:* Pflanzenschutz-Nachr. Bayer *20*, 525 (1967).
205) *Waeffler, R., R. Gasser, A. Margot*, u. *H. Gysin:* Experientia *11*, 265 (1955).
206) *Wagner, F.:* Angew. Chem. *71*, 85 (1959).
207) — 6. Internat. Pflanzenschutz-Kongreß, Wien 1967. Abstracta, S. 335.
208) *Waibel, P. E., B. S. Pomeroy*, and *E. L. Johnson:* Science (Washington) *121*, 401 (1955).
209) *Waksman, S. A.:* Science (Washington) *118*, 259 (1953).
210) *Walker, E.:* Biochem. J. *22*, 292 (1928).
211) *Wallen, V. R.:* Plant Disease Reptr. *39*, 124 (1955).
212) *Wegler, R.:* Farbenfabriken Bayer AG, unveröffentlicht.
213) *Weidenhagen, R.:* Ber. *69*, 2271 (1936).
214) *Weindling, R.*, and *O. H. Emerson:* Phytopathology *26*, 1068 (1936).
215) *Wellmann, R. H.*, and *S. E. A. Mc Callan:* Contrib. Boyce Thompson Inst. *14*, 151 (1946).
216) *Wesenberg, G.:* Nachr. Schädlingsbekämpf. *13*, 103 (1938).
217) *Whiffen, A.* et al.: J. Bacteriol. *52*, 610 (1946).
218) *White, R. W.:* Can. J. Chem. *32*, 867 (1954).
219) *Williams, R. E.*, and *A. W. Helton:* Plant Disease Reptr. *51*, 834 (1967).
220) *Wöber, A.:* Z. Pflanzenkrankh. *30*, 51 (1920).
221) *Wolf, C. N., P. H. Schuldt*, and *M. M. Baldwin:* Science (Washington) *121*, 61 (1955).
222) *Wolf, P. A.:* Food Technol. *4*, 294 (1950).
223) *Yersin, H.* et al.: Compt. Rend Acad. Agr. France *31*, 24 (1945).
224) *Zaracovitis, C.:* Nature *206*, 954 (1965).

b) Patentregister

Die Patente sind nach Ländern und Nummern geordnet. In Klammern gesetzte Zeitangaben hinter den Patentnummern bezeichnen, soweit bekannt, das Anmelde- und Veröffentlichungsdatum. Ist nur eine Angabe gemacht, handelt es sich um den Zeitpunkt der Veröffentlichung.

1. Amerikanische (US-) Patente

225) A. P. 1972961 (26. 5. 31/11. 9. 34), E. I. du Pont de Nemours and Co. / *W. H. Tisdale* u. *J. Williams.*
226) A. P. 2317765 (20. 8. 41/27. 4. 43), Rohm and Haas Co. / *F. W. Hester.*
227) A. P. 2425341 (12. 8. 47), American Cyanamid Co. / *J. H. Paden* u. *A. F. MacLean.*
228) A. P. 2452595 (2. 11. 48), 2481438 (6. 9. 49), E. I. du Pont de Nemours and Co. / *Dw. F. Mowery.*
229) A. P. 2504404 (12. 6. 46/18. 4. 50), E. I. du Pont de Nemours and Co. / *A. L. Flenner.*
230) A. P. 2540170 (6. 2. 51), 2540171 (6. 2. 51), Union Carbide and Carbon Corp. / *G. H. Law, R. H. Wellman* u. *B. W. Kiff.*
231) A. P. 2553770 (28. 4. 49/22. 5. 51), Standard Oil Development Co. / *A. R. Kittleson.*
232) A. P. 2573739 (18. 12. 47/6. 11. 51), Union Carbide and Carbon Corp. / *R. F. Whaley.*
233) A. P. 2598562 (27. 5. 52), Velsicol Chem. Corp. / *M. Kleiman.*
234) A. P. 2695859 (28. 7. 52/30. 11. 54), Shell Development Co. / *F. B. Hilmer.*
235) A. P. 2710822 (13. 1. 53/14. 6. 55), E. I. du Pont de Nemours and Co. / *D. R. V. Golding* u. *B. L. Richards Jr.*
236) A. P. 2720480 (11. 10. 55), Ethyl Corporation / *C. N. Wolf.*
237) A. P. 2753346 (3. 7. 56), Deutsche Gold- u. Silber-Scheideanst. / *H. Huemer.*
238) A. P. 2766554 (28. 7. 54/16. 10. 56), Stauffer Chem. Co. / *St. C. Dorman* u. *A. B. Lindquist Jr.*

239) A. P. 2861919 (13. 11. 56/25. 11. 58), Allied Chemical Corp. / *E. E. Gilbert.*

240) A. P. 2923727 (29. 12. 55/2. 2. 60), Pennsalt Chemical Corp. / *Cl. R. Neumoyer.*

241) A. P. 3031372 (24. 2. 59/24. 4. 62), Hercules Powder Comp. / *K. Brack.*

242) A. P. 3078209 (31. 10. 60/19. 2. 63), FMC Corporation / *J. R. Willard* u. *E. G. Maitlen.*

243) A. P. 3126405 (17. 7. 59/24. 3. 64), Montecatini Societa Generale / *G. Losco* u. *G. Rossi.*

244) A. P. 3134710 (14. 9. 61/26. 5. 64), Allied Chemical Corp. / *E. E. Gilbert.*

245) A. P. 3249495 (17. 1. 64/3. 5. 66), Chemagro Corporation / *P. C. Aichenegg* u. *C. D. Emerson* (vgl. auch A. P. 3290380).

246) A. P. 3249499 (26. 4. 65/3. 5. 66), U.S. Rubber Comp. / *B. v. Schmeling, M. Kulka, D. S. Thiara* u. *W. A. Harrison.*

247) A. P. 3260588 (1. 7. 63/12. 7. 66), Olin Mathieson Chemical Corp. / *H. A. Schroeder.*

248) A. P. 3268391 (3. 9. 64/23. 8. 66), Stauffer Chem. Co. / *D. R. Baker* u. *S. L. Giolito.*

249) A. P. 3268401 (15. 6. 64/23. 8. 66), Minnesota Mining and Mfg. Co. / *H. A. Birnbaum* u. *H. L. Anderson.*

250) A. P. 3274051 (27. 7. 64/20. 9. 66), Ihara Noyaku K. K. (Japan) / *M. Kado, T. Tsuboi, T. Maeda* u. *E. Yoshinaga.*

251) A. P. 3284290 (1. 5. 63/8. 11. 66), Dow Chemical Co. / *D. R. Mussell.*

252) A. P. 3318763 (24. 2. 64/9. 5. 67), R. T. Vanderbilt Co. / *L. A. Brooks* u. *R. T. O'Shangnessy.*

253) A. P. 3320229 (26. 8. 63/16. 5. 67), Stauffer Chem. Co. / *K. Szabo* u. *A. H. Freiberg.*

2. Belgische Patente

254) Belg. P. 577776 (16. 4. 59), E. Merck AG.

255) Belg. P. 611960 (27. 6. 62), Farbenfabriken Bayer AG / *H. Lehmann, F. Grewe* u. *W. Lautenschlager.*

256) Belg. P. 648786, FMC Corporation / *J. W. Bushong.*

257) Belg. P. 648813 (4. 12. 64), Farbenfabriken Bayer AG / *G. Schrader* u. *P. E. Frohberger.*

258) Belg. P. 655301 (5. 5. 65), Farbenfabriken Bayer AG / *H. Scheinpflug, H. F. Jung* u. *G. Schrader.*

259) Belg. P. 658618 (17. 5. 65), Farbenfabriken Bayer AG / *K. Goliasch, H. Pelster* u. *H. Scheinpflug.*

260) Belg. P. 660891 (10. 9. 65), Farbenfabriken Bayer AG / *E. Urbschat* u. *P. E. Frohberger.*

261) Belg. P. 681922, Farbenfabriken Bayer AG / *P. E. Frohberger, E. Kühle* u. *E. Urbschat.*

262) Belg. P. 686048 (27. 2. 67), Farbenfabriken Bayer AG / *G. Schrader, K. Mannes* u. *H. Scheinpflug.*

263) Belg. P. 701322 (15. 1. 68), Farbenfabriken Bayer AG / *H. Malz, F. Grewe, A. Dörken* u. *H. Kaspers.*

3. Canadische Patente

264) Can. P. 764943, Hooker Chemical Corp.

4. Deutsche Patente u. Auslegeschriften

265) D. R. P. 234851 (25. 3. 10/9. 2. 11), 312281 (5. 4. 14), Farbenfabriken vorm. Friedrich Bayer & Co.

266) D. R. P. 399137 (22. 6. 20/19. 7. 24), Farbenfabriken vorm. Friedrich Bayer & Co. / *H. Karstens* u. *Ch. Hansen.*

267) D. R. P. 503256, 506989, 513387, 513388 (26. 3. 27/29. 7. 30), I. G. Farbenindustrie AG / *M. Weiler, B. Wenk* u. *H. Stötter.*

268) D. R. P. 583055 (13. 1. 32/17. 8. 33), I. G. Farbenindustrie AG / *F. Muth.*

269) D. R. P. 642532 (30. 6. 34/18. 2. 37), I. G. Farbenindustrie AG / *H. Günzler, F. Heckmanns* u. *E. Urbschat.*

270) D. B. P. 833271 (6. 4. 49/31. 1. 52), Farbenfabriken Bayer AG / *E. Urbschat, F. Heckmanns* u. *W. Bonrath.*

271) D. B. P. 950970 (9. 6. 51/12. 4. 56), C. I. Folkner, Greenford/Engl. (Anmelder) / *G. J. M. van der Kerk* (Erfinder).

272) D. B. P. 975295 (8. 4. 55/20. 9. 56), Farbenfabriken Bayer AG / *E. Kühle, R. Wegler* u. *F. Grewe.*
273) D. A. S. 1001854 (23. 2. 53/31. 1. 57), Farbenfabriken Bayer AG / *E. Urbschat* u. *P E. Frohberger.*
274) D. A. S. 1003733 (15. 10. 55/7. 3. 57), Farbenfabriken Bayer AG / *H. Klös* u. *W. Schacht.*
275) D. A. S. 1028828 (20. 1. 56/24. 4. 58), Farbenfabriken Bayer AG / *E. Urbschat* u. *P. E. Frohberger.*
276) D. A. S. 1040752 (1. 12. 56/9. 10. 58), Farbenfabriken Bayer AG / *Ch. Wiegand* u. *M. Brömmelhues.*
277) D. A. S. 1057814 (10. 1. 56/21. 5. 59), Gebr. Borchers AG / *H. Reisener* u. *H. Schüler.*
278) D. A. S. 1058895 (30. 1. 58/4. 6. 59), E. Merck AG / *E. Jacobi* u. *H. Bremer.*
279) D. A. S. 1060655 (26. 10. 57/2. 7. 59), E. Merck AG / *A. v. Schoor, E. Jacobi, S. Lust* u. *H. Flemming.*
280) D. A. S. 1061964 (13. 7. 57/23. 7. 59), Farbenfabriken Bayer AG / *G. Schmidt-Kastner, J. Schmid, F. Grewe* u. *V. Flück.*
281) D. A. S. 1076434 (17. 8. 57/25. 2. 60), Badische Anilin- & Soda-Fabrik AG / *O. Flieg* u. *H. Windel.*
282) D. A. S. 1072245 (24. 6. 57/31. 12. 59), Farbenfabriken Bayer AG / *G. Schrader* (vgl. auch D. A. S. 1114490).
283) D. A. S. 1079886 (15. 4. 58/14. 4. 60), Farbenfabriken Bayer AG / *P. E. Frohberger* u. *E. Urbschat.*
284) D. A. S. 1084722 (23. 6. 59/7. 7. 60), Farbwerke Hoechst AG / *Chr. Dörfelt* u. *H. Gelbert.*
285) D. A. S. 1094036 (6. 2. 59/1. 12. 60), N. V. Philips' Gloeilampenfabrieken / *J. C. Overeem* u. *J. D. Bijloo.*
286) D. A. S. 1094735 (18. 7. 59/15. 12. 60), Badische Anilin- & Soda-Fabrik AG / *H. Distler.*
287) D. A. S. 1100372 (16. 12. 58/23. 2. 61), Farbenfabriken Bayer AG / *F. Grewe, K. Sasse* u. *R. Wegler.*
288) D. A. S. 1120801 (10. 8. 57/28. 12. 61), Farbenfabriken Bayer AG / *E. Urbschat* u. *B. Homeyer.*
289) D. A. S. 1127140 (9. 4. 60/5. 4. 62), Farbwerke Hoechst AG / *H. Brückner, M. Czech* u. *K. Härtel.*
290) D. A. S. 1134243 (8. 9. 60/2. 8. 62), Farbenfabriken Bayer AG / *K. Schwarzer, J. George, A. Hausweiler* u. *V. Flück.*
291) D. A. S. 1134855 (14. 10. 59/16. 8. 62), Farbenfabriken Bayer AG, / *F. Grewe, H. Kaspers* u. *Ch. Wiegand.*
292) D. A. S. 1145168 (10. 3. 59/14. 3. 63), Farbenfabriken Bayer AG / *H. Lehmann* u. *H. Klös.*
293) D. A. S. 1148409 (29. 10. 60/9. 5. 63), Badische Anilin- & Soda-Fabrik AG / *G. Steinbrunn, E. Flickinger, H. Stummeyer* u. *E. H. Pommer.*
294) D. A. S. 1148805 (6. 6. 61/16. 5. 63), Rohm and Haas Co. / *Ch. P. Lo.*
295) D. A. S. 1158056 (31. 12. 60/28. 11. 63), E. Merck AG / *H. Hahn, G. Mohr* u. *A. v. Schoor.*
296) D. A. S. 1161076 (30. 8. 60/9. 1. 64), Farbenfabriken Bayer AG / *H. Schlör* u. *K. Langheinrich.*
297) D. A. S. 1163792 (24. 7. 62/27. 2. 64), Farbenfabriken Bayer AG / *A. Frank, G. Spielberger, F. Grewe* u. *H. Kaspers.*
298) D. A. S. 1164153 (23. 1. 62/27. 2. 64), C. F. Boehringer u. Söhne / *H. G. Rey* u. *P. Rieckmann.*
299) D. A. S. 1174758 (14. 4. 60/30. 7. 64), Farbenfabriken Bayer AG / *A. Frank* u. *F. Grewe.*
300) D. A. S. 1177638 (29. 1. 63/10. 9. 64), Farbenfabriken Bayer AG / *H. Klös, H. Schlör* u. *K. J. Schmidt*
301) D. A. S. 1182896 (2. 4. 63/3. 12. 64), E. Merck AG / *G. Mohr, K. Niethammer, S. Lust* u. *G. Schneider.*
302) D. A. S. 1186467 (25. 1. 63/4. 2. 65), Farbenfabriken Bayer AG / *A. Dörken* u. *G. Schrader.*
303) D. A. S. 1188588 (31. 8. 63/11. 3. 65), Farbwerke Hoechst AG / *H. Frensch* u. *H. Boesenberg.*
304) D. A. S. 1191628 (9. 5. 62/22. 4. 65), J. R. Geigy AG / *K. Gubler* u. *E. Knüsli.*
305) D. A. S. 1193037 (10. 11. 59/20. 5. 65), Farbenfabriken Bayer AG / *K. Sasse, R. Wegler, P. E. Frohberger* u. *F. Grewe.*

306) D. A. S. 1193498 (4. 11. 60/26. 5. 65), Farbenfabriken Bayer AG / *E. Klauke, E. Kühle, F. Grewe* u. *H. Kaspers.*
307) D. A. S. 1194631 (9. 11. 63/10. 6. 65), Farbenfabriken Bayer AG / *K. Sasse, R. Wegler, H. Scheinpflug* u. *H. Jung.*
308) D. A. S. 1198125 (24. 11. 61/5. 8. 65), Badische Anilin- & Soda-Fabrik AG / *K. H. König, E. H. Pommer, W. Sanne* u. *H. Stummeyer.*
309) D. A. S. 1199540 (27. 12. 63/26. 8. 65), Schering AG / *H. E. Freund* u. *K. Röder.*
310) D. A. S. 1201115 (12. 1. 62/16. 9. 65), Hooker Chemical Corp / *E. D. Weil.*
311) D. A. S. 1202266 (6. 10. 61/7. 10. 65), Badische Anilin- & Soda-Fabrik AG / *H. Windel.*
312) D. A. S. 1204014 (12. 10. 63/28. 10. 65), Farbenfabriken Bayer AG / *H. Scheinpflug, H. F. Jung, E. Klauke* u. *E. Kühle.*
313) D. A. S. 1209355 (24. 4. 58/20. 1. 66), N. V. Philips' Gloeilampenfabrieken / *M. J. Koopmans, J. Meltzer, H. O. Huisman, B. G. van den Bos* u. *K. Wellinga.*
314) D. A. S. 1209799 (14. 5. 64/27. 1. 66), Farbenfabriken Bayer AG / *P. E. Frohberger* u. *Ch. Wiegand.*
315) D. A. S. 1211753 (31. 8. 65/3. 3. 66), American Cyanamide Co. / *G. Lamb.*
316) D. A. S. 1213664 (19. 10. 63/31. 3. 66), Farbenfabriken Bayer AG / *H. Scheinpflug, H. F. Jung* u. *G. Schrader.*
317) D. A. S. 1226361 (27. 3. 65/6. 10. 66), Badische Anilin- & Soda-Fabrik AG / *G. Windel* u. *E. H. Pommer.*
318) D. A. S. 1227891 (12. 3. 65/3. 11. 66), Farbenfabriken Bayer AG / *H. Schlör* u. *F. Grewe.*
319) D. A. S. 1227905 (18. 12. 63/3. 11. 66), C. H. Boehringer Sohn / *L. Schröder, Kl. Thomas* u. *D. Jerchel.*
320) D. A. S. 1231051 (16. 9. 63/22. 12. 66), Boots Pure Drug Co. / *A. F. Hams, J. R. Housley* u. *J. Collyer.*
321) D. A. S. 1233197 (30. 9. 64/26. 1. 67), U.S. Rubber Comp.
322) D. A. S. 1239297 (17. 2. 66/27. 4. 67), Farbenfabriken Bayer AG / *E. Kühle, E. Klauke, P. E. Frohberger* u. *H. Scheinpflug.*
323) D. A. S. 1250429 (10. 6. 66/21. 9. 67), Farbenfabriken Bayer AG / *R. Cölln* u. *H. Scheinpflug.*
324) D. A. S. 1272618 (24. 12. 58/11. 7. 68), Chas. Pfizer u. Co. (USA) / *Ph. N. Gordon.*

5. *Englische Patente*

325) E. P. 978632 (9. 6. 60/23. 12. 64), Japan. Antibiotic Research Assoc. / *K. Fukunaga* et al.
326) E. P. 994125 (26. 10. 62/2. 6. 65), Pennsalt Chem. Co. / *H. L. Lindaberry.*
327) E. P. 1019891 (21. 3. 61/9. 2. 66), National Research Development Corp. / *R. N. Haszeldine, J. L. Farmer* u. *H. Goldwhite.*
328) E. P. 1034493 (21. 12. 64/29. 6. 66), Dow Chemical Co.
329) E. P. 1061457 (16. 10. 64/15. 3. 67), Hoffmann-La Roche u. Co.
330) E. P. 1071996 (3. 2. 66/14. 6. 67), Chevron Research Co.

6. *Französische Patente*

331) F. P. 1337286 (19. 6. 62/13. 9. 63), Rhône Poulenc S. A. / *J. Metivier* u. *R. Boesch.*
332) F. P. 1397521 (30. 4. 65), Diamond Alkali Co. / *R. D. Battershell* u. *H. Bluestone.*
333) F. P. 1451606, Shell Chemical Co.
334) F. P. 1463818 (9. 4. 64/21. 11. 66), Sterling Drug Inc. / *R. A. Cutler* u. *S. Schalit.*
335) F. P. 1491694 (31. 8. 66/3. 7. 67), Chevron Recherche Soc. / *G. K. Kohn* u. *G. E. Fenyes.*

7. *Japanische Patente u. Auslegeschriften*

336) Jap. A. S. 60/27098, *Y. Sumiki* u. *H. Umezawa.*
337) Jap. A. S. 63/11645, Ihara Noyaku K. K.
338) Jap. A. S. 63/70718, Zaidan Hojin Biseibutsu K. K. [d. h.: Forschungs-Ges. f. Mikrobiologie (Japan)].
339) Jap. A. S. 65/24798 (20. 11. 63/29. 10. 65), Nihon Noyaku K. K.

[340] Jap. A. S. 65/27753 (1. 11. 63/7. 12. 65), Dainippon u. Sankyo K. K.
[341] Jap. A. S. 66/10639 (14. 2. 64/13. 6. 66), Ihara Noyaku K. K.
[342] Jap. A. S. 66/11559, Nissan Kagaku K. K.
[343] Jap. A. S. 66/15578 (12. 10. 63/2. 9. 66), Sankyo K. K.
[344] Jap. A. S. 66/16399 (9. 2. 61/16. 9. 66), Asahi Electro-Chemical Co. (Japan).
[345] Jap. A. S. 66/18114 (25. 8. 64/18. 10. 66), Sankyo K. K.
[346] Jap. A. S. 66/20959 (5. 2. 64/7. 12. 66), Ihara Noyaku K. K.
[347] Jap. A. S. 67/1541 (19. 3. 64/25. 1. 67), Ihara Noyaku K. K. *M. Kado* (vgl. auch Jap. A.S. 67/7160).
[348] Jap. A. S. 67/2439 (18. 11. 64/2. 2. 67), Toyo K. K.
[349] Jap. A. S. 67/4160 (27. 10. 64/21. 2. 67), Nissan Kagaku K. K.
[350] Jap. A. S. 67/4249 (27. 2. 64/22. 2. 67), Sumitomo K. K.
[351] Jap. A. S. 67/6830, Ishihara Sangyo K. K.
[352] Jap. A. S. 67/6834 (8. 9. 64/18. 3. 67), Nihon Kayaku K. K.
[353] Jap. A. S. 67/6840 (31. 3. 65/18. 3. 67), Takeda Seiyaku K. K.
[354] Jap. A. S. 67/7158 (3. 10. 63/23. 3. 67), Ihara Noyaku K. K.
[355] Jap. A. S. 68/7336 (31. 5. 66/19. 3. 68), Mitsubishi Chem. Ind. Co. (Japan).

8. *Niederländische Patente*

[356] Niederl. P. 6610214 (20. 7. 66/23. 1. 67), Nippon Soda K. K. (Japan).
[357] Niederl. P. 6706331 (5. 5. 67/7. 11. 67), E. I. du Pont de Nemours and Co.
[358] Niederl. P. 6707436 (29. 5. 67/1. 12. 67), Farbenfabriken Bayer AG / *F. Grewe, G. Schrader, H. Kaspers* u. *W. Meiser*.
[359] Niederl. P. 6712161 (5. 9. 67/11. 3. 68), Farbenfabriken Bayer AG / *E. Kühle, F. Grewe* u. *H. Kaspers*.
[360] Niederl. P. 6717383 (20. 12. 67/21. 6. 68), Sumitomo Kagaku (Japan).

9. *Russische Patente*

[361] UdSSR. P. 179547 (14. 12. 64/1. 8. 66), *L. M. Kogan* et al.

Nachtrag

[362] *Elias, R. S., M. C. Shephard, B. K. Snell,* and *J. Stubbs:* Nature *219*, 1160 (1968).
[363] *Lear, B., S. T. Miyagawa, D. E. Johnson,* and *C. B. Atlee jr.:* Plant Disease Reptr. *50*, 611 (1966).
[364] A. P. 2430326 (4. 11. 47), Shell Development Co. / *H. A. Cheney* u. *S. H. McAllister*.
[365] *Moje, W.* in: Advances in Pest Control Research, Vol. III, p. 182, New York 1960.
[366] *Fieldgate, D. M.*, and *D. Woodcock:* J. Sci. Food Agr. *19*, 388 (1968).
[367] A. P. 2349771 (23. 5. 44), 2349772 (23. 5. 44), U.S. Rubber Comp. / *W. P. ter Horst*.
[368] *Grewe, F.:* Pflanzenschutz-Nachr. Bayer *21*, 147 (1968).
[369] *Kaspers, H.*, u. *F. Grewe:* 6. Internat. Pflanzenschutz-Kongreß, Wien 1967. Abstracta, S. 345.
[370] F. P. 1512682 (24. 2. 67/9. 2. 68), Farbenfabriken Bayer AG
[371] *Mel'nikov, N. N.*, u. *A. F. Grapov:* Zh. vses. Khim. Obshchestva (UdSSR) *13*, 291 (1968).
[372] *Reutov, O. A.:* Angew. Chem. *72*, 198 (1960).
[373] *Phillips, G. F., B. E. Dixon,* and *R. G. Lidzey:* J. Sci. Food Agr. *10*, 604 (1959).
[374] D. A. S. 1216278 (29. 6. 63/12. 5. 66), Farbenfabriken Bayer AG / *R. Cölln*.
[375] *Schmidt-Kastner, G.:* Liebigs Ann. Chem. *668*, 122 (1963).
[376] *Delp, C. J.:* Vortrag auf dem 1. Internat. Kongreß f. Pflanzenpathologie, London 1968.
[377] *Yonehara, H.*, and *N. Otake:* Tetrahedron Letters *1966*, 3785.
[378] *Seto, H., I. Yamaguchi, N. Otake,* and *H. Yonehara:* Tetrahedron Letters *1966*, 3793.
[379] *Stork, G.*, and *M. Tomasz:* J. Am. Chem. Soc. *86*, 471 (1964).
[380] *Dyer, J. R.*, and *A. W. Todd:* J. Am. Chem. Soc. *85*, 3896 (1963).
[381] *Vogeler, K.:* Pflanzenschutz-Nachr. Bayer *21*, 321 (1968).
[382] *Vogeler, K.:* Pflanzenschutz-Nachr. Bayer *21*, 326 (1968).
[383] *Sousa, A. A., H. W. Spurr, Jr.* and *D. R. Arnold:* Phytopathology *58*, 108 (1968).

384) Chemie der Pflanzenschutz- und Schädlingsbekämpfungsmittel, Bd. Insektizide Phosphorsäureester, bearbeitet von *Chr. Fest* u. *J. K. Schmidt*. Berlin/Heidelberg/New York: Springer-Verlag.

385) D. A. S. 1220852 (21. 10. 63/14. 7. 66), Hooker Chemical Corp. / *E. D. Weil*, *E. J. Geering* u. *K. J. Smith*.

386) D. A. S. 1197877 (26. 9. 59/5. 8. 65), Farbenfabriken Bayer AG / *K. Sasse* u. *E. Wegler*.

387) *Kühle, E.*, u. *R. Wegler:* Liebigs Ann. Chem. *616*, 183 (1958).

388) *Schicke, P.*, *K. R. Appel*, u. *L. Schröder:* Pflanzenschutzberichte (Wien) *38*, 189 (1968).

389) *Tolkmith, H.* et al.: Science (Washington) *158*, 1462 (1967).

390) A. P. 3321366 (15. 11. 65/23. 5. 67), Dow Chemical Co. / *D. R. Mussell* u. *H. Tolkmith*.

391) Belg. P. 721378 (25. 9. 68), Farbenfabriken Bayer AG. / *K. H. Büchel*.

392) Belg. P. 727488 (27. 1. 69), Farbenfabriken Bayer AG. / *K. H. Büchel*, *E. Regel*, *F. Grewe* u. *H. Scheinpflug*.

393) Belg. P. 720801 (13. 9. 68), Farbenfabriken Bayer AG. / *K. H. Büchel*, *E. Regel* u. *M. Plempel*.

394) *Byrde, R. J. W.* et al.: Long Ashton Agric. and Hortic. Res. Station Ann. Rep. *1967*, 123.

395) D. O. S. 1806123 (30. 10. 68/4. 6. 69), Nippon Soda K. K. / *T. Noguchi* et al.

396) Südafrik. Pat. 67/6589, E. I. du Pont de Nemours and Co. / *Ch. de Witt Adams* u. *R. Schlatter*.

397) *Frohberger, P. E.:* Pflanzenschutz-Nachr. Bayer *22*, 23 (1969).

Herbizide

Herbizide

R. Wegler

Farbenfabriken Bayer AG

und *L. Eue*

Farbenfabriken Bayer AG, Leverkusen, Pflanzenschutz Biologische Forschung

Inhalt

Einleitung

Die Notwendigkeit des Pflanzenschutzes begann für den Menschen mit dem systematischen Anbau von Kulturpflanzen. Während die Bekämpfung von Insekten und Pilzerkrankungen erst mit Hilfe chemischer Mittel in neuerer Zeit möglich wurde, ist eine rein mechanische Beseitigung von Unkräutern bereits seit Jahrtausenden üblich. Ein Wechsel von Kulturen mit nachfolgender Bodenbearbeitung, seit Jahrhunderten z. B. in Deutschland geübt, ferner die Saatgutreinigung, trugen wesentlich zur Niederhaltung von Schäden durch *Unkräuter* bei.

Das Spezialproblem örtlicher *totaler Pflanzenvernichtung* wurde mit fortschreitender Zivilisation immer größer und schwieriger lösbar, ich denke hier an die Beseitigung von Pflanzenwuchs auf Industriegelände, Eisenbahnanlagen, Sportplätzen, Parkwegen usw. Erst recht spät, d. h. Ende des 19. Jahrhunderts, begann man, sich der pflanzenschädigenden Wirkung einiger anorganischer Chemikalien, wie Kupfer- oder Eisen(II)-sulfat, zur Totalvernichtung von Pflanzen zu bedienen. Eine restlose Unkrautvernichtung, d. h. in speziellen Fällen die völlige Vernichtung allen Pflanzenwachstums, konnte mit anorganischen Chemikalien in der Folgezeit — vorwiegend zwischen dem 1. und 2. Weltkrieg — nachdem einige besonders wirksame Verbindungen, wie z. B. Natriumchlorat und Natriumarsenit, aufgefunden worden waren, befriedigend gelöst werden. Aber die Anwendung anorganischer Verbindungen brachte einige Nachteile mit sich. Die wasserlöslichen Salze des Natriumchlorats sind in ihrer Wirkung zu sehr abhängig vom Klima bzw. Wetter. Auch ist Natriumchlorat zusammen mit organischem Material feuergefährlich, und selbst die mit ihm behandelten Flächen können feuergefährlich werden. Natriumarsenit andererseits ist giftig und gibt Anlaß zu unerwünschten Arsen-Rückständen im Boden. Davon abgesehen sind die Aufwandmengen meist hoch, die Mittel folglich unrentabel.

Die Entdeckung *selektiv wirkender*, meist organischer Verbindungen zur Vernichtung von Unkräutern (selektive Herbizide) eroberte diesen Bereich des Pflanzenschutzes endgültig der Chemie. Die Rationalisierung der Erzeugung landwirtschaftlicher Produkte hatte zu großen Monokulturen geführt, und hier nun waren die Vorbedingungen zur Anwendung von selektiven, d. h. die Kulturpflanzen schonenden Herbiziden gegeben. Die in der landwirtschaftlichen Großerzeugung am weitesten fortgeschrittenen USA waren der Einführung selektiver Herbizide besonders aufgeschlossen. Die starke Konkurrenz in der landwirtschaftlichen Erzeugung mit Zwang zur Ertragssteigerung, Einsparung von Pflanzgut und Samen, förderte folgerichtig die Niederhaltung von Unkräutern, um Ernteausfälle zu vermeiden. Die Verteuerung der menschlichen Arbeitskraft, zum Teil auch die Verknappung der Arbeitskräfte (besonders in zivilisierten Ländern), waren kräftige Promotoren für die Einführung von vorwiegend selektiven Herbiziden unter Ausschaltung einer manuellen oder rein mechanischen Unkrautbeseitigung.

Im Zuge der Rationalisierung des Anbaues von großen Monokulturen mußten viele Arbeitsvorgänge maschinell durchgeführt werden. Kartoffeln, Baumwolle oder auch Getreide können nur noch mit Erntemaschinen wirtschaftlich geerntet werden. Eine maschinelle Ernte, z. B. von Baumwolle oder Kartoffeln, bedingt aber die Vorbehandlung der Kulturpflanzen. Die Baumwolle muß mit sog. *Ent-*

blätterungsmitteln, die Kartoffelpflanze mit sog. Krautabtötungs- und Austrocknungsmitteln vorbehandelt werden. Erst dann können Maschinen relativ einfach die Baumwollkapseln pflücken oder die Kartoffelknollen ernten. Die Kartoffelkrautabtötung und -austrocknung unterdrückt außerdem eine Pilzinfektion durch faulendes Gewebe. Krautabtötungsmittel und Entblätterungsmittel sind Sonderformen der Herbizide, und zwar fast stets sog. Kontaktherbizide, also Verbindungen, welche im Kontakt mit den Blättern ihre spezielle Wirkung entfalten.

Große Monokulturen fördern die Entwicklung bestimmter Unkräuter. So wurde die Bekämpfung von Unkräutern z. B. in Getreidekulturen immer dringlicher. Da das Ernten des Getreides mit *Mähdreschern* erst relativ spät geschehen kann — das Getreide muß *vollreif* sein —, führt dies zur Aussaat einiger früh reifender und samender Unkräuter. Der Mähdrusch begünstigt aber nicht nur die Verbreitung der frühreifen Unkräuter, sondern der Unkräuter allgemein, da Spreu und Unkrautsamen auf dem Feld bleiben und nicht wie früher mit dem Erntegut abtransportiert werden. Das hat zwangsläufig eine weitere Steigerung der Anwendung von selektiven Herbiziden im Getreidebau zur Folge.

Die fortschreitende Entwicklung gestattet es, schon *mit der Aussaat* wirksame, selektive Herbizide in einem Arbeitsgang in oder auf den Boden zu bringen (*Vorauflauf-* und *Voraussaat-Herbizide*) oder vor dem Auflaufen der Kulturpflanzen schon aufgelaufene Unkräuter zu beseitigen (*Vorauflauf-* und *Kontakt-Herbizide*). Selektiv wirkende Herbizide erlauben auch die nachträgliche Anwendung von Herbiziden bei schon im fortgeschrittenen Wachstum befindlichen Kulturpflanzen. Große Garten- und Gewächshaus-Kulturen förderten in den letzten Jahrzehnten die Entwicklung kurzwirksamer Totalherbizide, welche nach einer Ernte und vor der Neubenutzung des wertvollen Garten- oder Gewächshausbodens angewandt werden.

Höhere Anforderungen an *Wiesen* bzw. Viehweiden oder auch Gartenrasen waren der Einführung selektiver Herbizide, welche die Gräser schonen, in gleicher Weise förderlich. So können auch giftige Unkräuter in Weideland durch selektive Herbizide entfernt werden. Verbindungen mit wachstumshemmender Wirkung gestatten es u. a., das unerwünschte, rasche Wachstum von Rasen und Hecken niederzuhalten.

Die künstliche Bewässerung großer Landstriche erfordert die Niederhaltung von *Wasserpflanzen*. Gleichartige Probleme treten in Entwässerungsgräben und Schiffahrtsstraßen, besonders Kanälen mit stehendem Wasser, auf und verlangen speziell wirksame Mittel gegen Wasserpflanzen. Ein Spezialgebiet ist die Beseitigung von Algen, vorwiegend an Schiffsrümpfen.

War in den Jahren bis 1960 das Gebiet der Insektizide — zum Teil auch das der Fungizide — besonders eindrucksvoll in seiner Entwicklung, und war der Weltumsatz an Insektiziden wesentlich größer als der der Herbizide, änderte sich dieses Bild allmählich, aber stetig zugunsten der Herbizide. Schon 1966 hatten die Herbizide in einigen nordischen Ländern die Insektizide wertmäßig übertroffen. Der Anstieg des Herbizid-Verbrauchs ist in fast allen Ländern stärker als der von Fungiziden und selbst von Insektiziden. 1968 sind in den USA wertmäßig mehr Herbizide verkauft worden als Insektizide und Fungizide zusammen.

Auf dem Gebiet der Insektizide wird die Forschung sehr stark beeinflußt durch die Suche nach neuen Substanzen, die gegen Insekten, welche Resistenzerscheinungen zeigen, wirken. Die Forschung hat aber in den letzten Jahren wenig prinzipiell neuartige Insektizide aufgefunden. Ganz anders liegen die Verhältnisse bei der Forschung nach Herbiziden. Zwar gibt es bis heute noch nicht ernsthaft das Problem resistent gewordener Unkräuter, wohl aber eine Vermehrung schwer bekämpfbarer, bisher vielleicht weniger wichtiger Unkräuter. Das zwingt die Forschung zur Suche nach neuen Herbiziden mit einem anderen Wirkungsspektrum und zur Anwendung von Herbizid-Kombinationen mit einem breiteren Wirkungsspektrum. Zudem machen sich neue Unkräuter in früher nicht befallenen Ländern und Gebieten breit. In einem Falle glaubt man auch schon, innerhalb einer Gattung (Hahnenfuß) Resistenzerscheinungen feststellen zu können. Wenngleich die Resistenzentwicklung nur sehr langsam fortschreitet, könnte sie doch mit der Zeit zusätzliche Probleme aufwerfen. Die Suche nach neuen Herbiziden stellt an den Chemiker und Biologen immer größere Anforderungen. Die durch natürliche Auslese übrig gebliebenen Unkräuter sind durchweg biologisch viel vitaler als die hochgezüchteten Kulturpflanzen.

Forderungen nach extrem niedrigen *Pflanzenschutzmittelrückständen* erschweren heute in nennenswerter Weise die Forschung bzw. die Neueinführung von Insektiziden und zum Teil auch von Fungiziden, da besonders erstere meist relativ giftig sind und das Erntegut mitunter noch wenige Wochen vor der Ernte behandelt werden muß. Bei Herbiziden tritt dieses Problem zwar auch, aber nicht im gleichen Maß hindernd auf. Einmal sind fast ausnahmslos die praktisch herbizid wirkenden Verbindungen (Natriumarsenit ausgenommen) für Warmblüter sehr wenig toxisch, zum anderen geschieht die Anwendung der Herbizide vorwiegend vor oder kurz nach der Aussaat sowie im ersten Entwicklungsstadium einer Kulturpflanze, kaum aber später.

Trotzdem müssen auch für Herbizide Rückstandsbestimmungen vorgelegt werden, und auch für Herbizide sind Höchstmengen im Erntegut festgelegt (in der Bundesrepublik: Höchstmengen-Verordnung — Pflanzenschutz ab 1. 1. 1968).

Wird eine Pflanze von einem Herbizid nicht geschädigt, so kann die Ursache dafür recht verschiedenartig sein. Meist nimmt die nicht geschädigte Pflanze das Herbizid weder durch die Wurzel noch durch die Blätter auf. Es liegt also größtenteils eine physikalisch-chemische Selektivität vor. Andererseits kann die Pflanze in der Lage sein, das aufgenommene Herbizid besonders rasch abzubauen, so daß sie nicht geschädigt wird. In beiden Fällen treten ernsthafte Rückstandsprobleme als Folge der Anwendung selektiver Herbizide nicht auf. Dies ist vielfach ein Vorteil der Herbizid-Forschung gegenüber der Insektizid- oder Fungizid-Forschung.

Allerdings bilden die Rückstände von Herbiziden im Boden mitunter ein ernsthaftes Problem. Man versucht, dieser Schwierigkeit zu begegnen, indem man schwer abbaubare Wirkstoffe in möglichst geringen Aufwandmengen benutzt und sie dafür mit weniger persistenten Wirkstoffen kombiniert. Außerdem empfiehlt sich nach einiger Zeit ein Wechsel der Herbizide sowie der Kulturen.

Der größte Ansporn zur Forschung auf dem Herbizidgebiet liegt aber ohne Zweifel in dem noch verhältnismäßig geringen Prozentsatz an mit Herbiziden behandelten Anbauflächen und in den dadurch noch bedingten großen Ertragsminderungen durch Unkräuter begründet. Selbst in den großen Monokulturen zivili-

sierter Länder werden immer noch nennenswerte Anteile der Nutzflächen nicht gegen Unkräuter behandelt. Gerade die zivilisierten Länder aber werden sich in naher Zukunft einer noch größeren Vermeidung von Ernteverlusten befleißigen müssen, um der weltweiten Ernährungsunterbilanz begegnen zu können.
In den USA wurden bis 1965 nur 40–50% aller Anbauflächen (ohne Wald und Weiden) mit Herbiziden behandelt. Nur einzelne Kulturen weisen einen wesentlich höheren Anteil an mit Herbiziden behandelter Fläche auf, z. B. die Zuckerrohrplantagen. 1969 wurden in den USA allerdings einige Monokulturen schon zu über 80% mit selektiven Herbiziden behandelt. Die Schäden durch Unkräuter in den USA werden auf 2,4 Mrd. Dollar geschätzt. Die Ertragsverluste schwanken von 8% für Baumwolle bis 10% für Mais und bis 12% für Leguminosen und 25% für Erdbeeren. Die Schäden durch Unkräuter in der übrigen Welt sind prozentual erheblich größer und werden für Baumwolle im gesamten amerikanischen Kontinent auf 250 Mill. Dollar geschätzt. In unterentwickelten Ländern entstehen im Baumwollbau durch Unkräuter Verluste von 30–50%. Der Weltverlust durch Unkräuter an der Baumwollerzeugung wurde auf 0,975 Mill. t = 590 Mill. Dollar angesetzt. Die Weizenernteverluste nur durch Unkräuter sollen in der Welt einen Betrag von 2,4 Mrd. Dollar erreichen. Für Mais werden durch Unkraut bedingte Verluste auf über 2,2 Mrd. und für Zuckerrohr auf 1,47 Mrd. Dollar geschätzt. Zur Beseitigung dieser großen Verluste sind eine weitere Steigerung der Herbizid-Herstellung und die Entwicklung neuer selektiver Herbizide notwendig. 1967 betrug der Verkaufswert an Herbiziden in den USA 450 Mill. $, der für Insektizide 301 Mill. $ und für Fungizide 56 Mill. $.
Für 1968 betragen die noch nicht genau vorliegenden Verkaufswerte 505 Mill. $ für Herbizide, 335 Mill. $ für Insektizide und 60 Mill. $ für Fungizide.
Die Schätzungswerte für 1969 betragen 575 Mill. $ für Herbizide, 375 Mill. $ für Insektizide und 65 Mill. $ für Fungizide.
Umgekehrt können neue Selektiv- und Totalherbizide die ganze Landwirtschaft beeinflussen, indem sie alte, erprobte Verfahren des Ackerbaus ändern oder überflüssig machen. Die Bearbeitung der Kartoffeln durch wiederholtes Häufeln und Abschleppen erübrigt sich durch selektive Herbizide, da solche Arbeiten im wesentlichen der Unkrautbekämpfung dienen. Im modernen Kartoffelbau werden die Kartoffeln nach dem Legen angehäufelt und kurz vor dem Durchbruch mit einem Herbizid behandelt. Auch im Rübenbau glaubt man, durch den Einsatz von Herbiziden auf das Hacken verzichten zu können, wenngleich diese Anbaumethode noch nicht so breit Eingang in die Praxis gefunden hat wie beim Kartoffelbau. Das Wechselspiel zwischen Herbiziden und Ackerbaumethoden wird auch in Zukunft noch viele Anregungen zur Neugestaltung der Feldbearbeitung und zur Änderung alter Anbaumethoden ergeben.
Die Herbizid-Entwicklung hat einen wesentlichen Anstoß von seiten des natürlichen Pflanzenwuchsstoffes 3-Indolylessigsäure und daran anschließend durch verwandte synthetische Verbindungen mit Wuchsstoff- und in höheren Konzentrationen Herbizid-Eigenschaften (wie 2,4-Dichlorphenoxyessigsäure) erhalten. Die weitere Forschung auf dem Gebiet der natürlichen, pflanzlichen Wuchsstoffe zeigte aber, daß recht unterschiedliche Verbindungsklassen als Pflanzenhormone vorkommen und daß diese Verbindungen recht verschiedenartige Funktionen im Rahmen des Pflanzenwachstums erfüllen. Eine Vielzahl von natürlichen Vorgängen

wie Blüte, Reife der Früchte, Abfall der Früchte und Blüten, Ruheperiode der Pflanzen usw. werden durch natürliche Pflanzenhormonsysteme gesteuert. Einige solche Wirkstoffe sind nicht nur isoliert, sondern wie bei den Gibberellinen und Cytokininen sowie dem Dormin in ihrer Konstitution aufgeklärt worden. Wenn auch diese Forschungsrichtung zur Entdeckung natürlicher Pflanzenhormone noch am Anfang steht, öffnen sich doch dem Chemiker schon heute Wege, um diese Verbindungen zu synthetisieren oder ähnliche Verbindungen aufzubauen. Ein Ziel dieser Forschungsrichtung ist es, Einfluß auf das biochemische Geschehen der Pflanze zu nehmen und bestimmte Vorgänge in ihrem Ausmaß oder in ihrem Zeitablauf zu steuern.

Offensichtlich ist es aber nicht nur durch echte Pflanzenhormone möglich, hier Eingriffe vorzunehmen, sondern, wie einige Anhaltspunkte zeigen, vermögen auch ganz andersartige Verbindungen das biochemisch-physiologische Geschehen in der Pflanze zu beeinflussen. Synthetische Verbindungen ohne Verwandtschaft zu Phytohormonen sind in der Lage, den Zucker-, Stärke- oder den Eiweißgehalt einzelner Pflanzen zu verändern. Die Anwendungsgebiete für Wachstumsregulatoren breiten sich rasch aus, und schon 1969 wurden in Amerika für 20 Mill. Dollar Wachstumsregulatoren verkauft. Der Hauptanteil, 13 Mill. Dollar, entfällt dabei auf Maleinsäurehydrazid. Doch sind zahlreiche andere Verbindungen ebenfalls schon Handelsprodukte oder befinden sich im aussichtsreichen Versuchsstadium. Neben der Halmverkürzung bei Getreide wird bei Sojabohnen das Längenwachstum gedrosselt. Auch bei Reis versucht man, das Längenwachstum zu beeinflussen. Bei Sojabohnen wird unter Kürzung des Längenwachstums eine stärkere Verzweigung angestrebt. Im Tabakbau ist Maleinsäurehydrazid zur Verhinderung von unerwünschten Seitentrieben schon in großer Anwendung.

Einige Herbizide zeigen, in geringen Mengen angewandt, ebenfalls wachstumsregulierende Eigenschaften, z. B. bei Zuckerrohr reduzieren sie das Blühen und bewirken einen erhöhten Zuckergehalt. Andere Wuchsstoffe werden schon zur Fruchtausdünnung herangezogen.

Die Anwendung einfacher synthetischer Verbindungen zur Hemmung des Stengelwachstums beim Getreide, das zur Verdickung der Stengel führt und eine erhöhte Düngemittelgabe ermöglicht, ist in Europa schon eine klassische Methode geworden.

Es ist zu erwarten, daß ein neuer Zweig des „Pflanzenschutzes" von vielleicht großer, praktischer Bedeutung entsteht: die „Pflanzenbeeinflussung".

Literatur

Allgemeine Literatur über Herbizide:

Audus, L. J.: The Physiology and Biochemistry of Herbicides. London-New York: Academic Press 1964.

Beran, F., u. *J. Neururer:* Z. Pflanzenkrankh. Pflanzenschutz *74*, Heft 5, 317 (1967).

Crafts, A. S.: The Chemistry and Mode of Action of Herbizides. New York-London: Interscience Publishers Inc. 1961.

Cramer, H. H.: Pflanzenschutz und Welternte. Pflanzenschutz-Nachrichten „Bayer" *20* [1], 1 (1967).

Frear, D. E. H.: Chemistry of the Pesticides. Toronto-New York-London: D. Van Nostrand Company, Inc. 1955.
Frear, D. E. H.: Pesticide Index. College Science Publishers, P. O. Box 798, State College, P. A. 1965.
Fryer, J. D., and *S. A. Evans:* Weed Control Handbook. Oxford-Edinburgh: Blackwell Scientific Publications 1968.
Fürst, H. von: Chemie und Pflanzenschutz. Deutscher Verlag der Grundstoffindustrie 1962.
Hassal, K. A.: World Crop Protection, Vol. 2: Pesticides. London: Iliffe Books Ltd. 1969.
Johnson, O., *N. Krog*, and *J. L. Poland:* Chemical Week Report, June 1, 1963.
Klingman, G. C.: Weed Control as a Science. New York-London: John Wiley & Sons Inc. 1961.
Kurth, H.: Chemische Unkrautbekämpfung, 2., 3. u. 4. Aufl. Jena: VEB Gustav Fischer Verlag 1963, 1967, 1968.
Martin, H.: Guide to the Chemicals Used in Crop Protection. Ottawa: Roger Duhamel, F. R. S. C. Queen's Printer and Controller of Stationery 1961.
Martin, H.: The Scientific Principles of Crop Protection, 5. ed. London: Edward Arnold (Publishers) Ltd. 1964. (Übers. n. K. J. Schmidt: Die wissenschaftlichen Grundlagen des Pflanzenschutzes. Weinheim: Verlag Chemie 1967).
Martin, H.: Pesticide Manual, Brit. Crop Protection Council 1968.
Metcalf, R. L.: Advances in Pest Control Research, Vol. 1—8. New York-London: Interscience Publishers 1958—1968.
Osborne, D. J.: Nature *219*, 564 (1968).
Schmitt, N.: Über 100 Jahre Unkrautbekämpfung. Z. Pflanzenkrankh. Pflanzenschutz *76*, Heft 5, 282 (1969).
Schwartz, H., and *J. B. Skaptason:* Chemical Weed Control in Cotton. Utrecht (Nederland): Schotanus en Jens Utrecht, N. V. 1965.
Sittig, M.: Pesticide Production Processes 1967. Chemical Process Review, No. 5, June 1967, Noyes Development Corp., Mill Road at Grand Avenue, Park Ridge, New Jersey 07656, USA.
Spencer, E. Y.: Guide to the Chemicals Used in Crop Protection. Ottawa: Roger Duhamel, F. R. S. C. Queen's Printer and Controller of Stationery 1968.
Stapley, J. H., and *F. C. H. Gayner:* World Crop Protection, Vol. 1: Pests and Diseases. London: Iliffe Books Ltd. 1969.
Tieleke, H.: Pflanzenschutzmittel. Berlin: Akademie-Verlag 1967.
Wain, R. L., and *F. Wightman:* The Chemistry and Mode of Action of Plant Growth Substances. London: Butterworths Scientific Publications 1956.
Woodford, E. K., and *S. A. Evans:* Weed Control Handbook. Oxford: Blackwell Scientific Publications 1965.
Herbicide Handbook of the Weed Society of America, 1. ed. Geneva-New York: W. F. Humphrey Press Inc. 1967.
Residue Reviews, Vol. 23. Berlin-Heidelberg-New York: Springer 1968.
Literaturübersichten, neue Herbizide usw.: Weed abstracts. Central Sales Branch, Commonwealth Agricultural Bureaux, Farnham Royal, Bucks, England.

1. Einteilung der Herbizide

Die Gliederung des Abschnittes erfolgt weitgehend nach chemischen Gesichtspunkten. Nur so schien ein Ordnungsprinzip möglich (S. 165ff.). Die Vielzahl der jährlich neu bekannt werdenden Herbizide läßt sich ohne Zweifel nur nach chemischen Gesichtspunkten nachträglich einordnen.

Zur Einteilung wurde das Beilstein-Prinzip [1)] gewählt. Eine strenge Durchführung dieses Ordnungsprinzips erwies sich aber als nicht möglich, ohne biologisch bedingte Zusammenhänge zu stören. Beruht eine herbizide Wirkung aller Erfahrung nach auf einer bestimmten chemischen Gruppierung, z. B. einer Carboxyl- oder der Harnstoffgruppe, so wird diese Verbindungsklasse, quer durch die ganze Chemie, bei den funktionellen Gruppen behandelt. Biologisch durch oxydativen Abbau in Phenoxyessigsäuren übergehende β-Phenoxyalkanole oder deren Ester aber werden

bei den Alkoholen angeführt. Die Estergruppe, d. h. die Carbonsäurekomponente, ist hier biologisch fast bedeutungslos. Bei den Carbonsäuren findet sich also kein Hinweis. Ester von herbiziden Carbonsäuren werden aber nur bei entsprechenden Carbonsäuren abgehandelt. Wenn eine Verbindung besonders wichtig ist und historisch am Anfang der Entwicklung steht oder sehr eingehend untersucht wurde, wird sie innerhalb einer Verbindungsklasse vorgezogen und am Anfang besprochen.
Die für den Biologen und Landwirt zur Kennzeichnung notwendig erscheinenden *general names* oder *common names* werden bei den wichtigen Handelsprodukten angeführt, obwohl sie in der chemischen Klassifizierung nur neuen, z. T. unsinnigen und nichtssagenden Ballast darstellen. Handelsbezeichnungen bekannterer Natur werden ebenfalls genannt, aber meist auf die einführenden oder Entdeckerfirmen beschränkt. Wirkstoffkombinationen werden nur in Ausnahmefällen erwähnt.
Die allgemeine Beschreibung der *Wirkungsweise und Anwendung* der Herbizide, ebenso die zugrunde liegenden Tests für die Auffindung von herbiziden Wirksubstanzen wurden von biologischer Seite übernommen*. Aus der Vielzahl von Anwendungsmöglichkeiten werden nur besonders bedeutungsvolle Indikationen erwähnt. Die kennzeichnende Wirkungsweise ist, soweit bekannt, stichwortartig bei den wichtigen Herbiziden angeführt (Blattherbizid mit Kontakt- oder systemischer Wirkung, Bodenherbizid usw.).
Für die Anwendung wichtige Daten, wie die LD_{50} oder auch die Wasserlöslichkeit, werden genannt. LD_{50}-Werte der Literatur schwanken mitunter sehr. Die in diesem Buch aufgeführten Werte stammen aus *Hubert Martin* „Guide to the Chemicals Used in Crop Protection“[2] und aus dem „Weed Control Handbook“, *E. K. Woodford* u. *S. A. Evans*[3]. Die in Klammern wiedergegebenen Werte sind der Veröffentlichung von *E. F. Edson, D. M. Sanderson* and *D. N. Noakes*[4] entnommen. Um die sehr unterschiedlichen Angaben der LD_{50}-Werte zu veranschaulichen, wurden z. T. auch Werte aus dem „Herbicide Handbook of the Weed Society of America“[5] angegeben [in eckige Klammern gesetzt].
Der *Patentliteratur* wurde besondere Aufmerksamkeit geschenkt. Die Entwicklung der Herbizide ist fast ausschließlich der Forschung in der Industrie oder jener durch Forschungsinstitute, welche einer Anwendung nahestehen, zu verdanken. Dementsprechend sind die wichtigsten Erfindungen weitgehend zuerst in Patenten niedergelegt. Die heute schon fast unübersehbare Patentliteratur konnte natürlich nur stark gekürzt angeführt werden. Oft sind wichtige Erfindungen von mehreren Firmen unabhängig in verschiedenen Ländern gemacht und angemeldet worden. Es wurde — ohne Gewähr — versucht, die geschichtliche Entwicklung festzuhalten (z. T. sind bei neuen Herbiziden endgültige Entscheidungen noch gar nicht möglich). Die Abkürzung der Patente geschah in Übereinstimmung mit dem Chemischen Zentralblatt.
Die in den Literaturangaben genannten Zeitschriften wurden zumeist abgekürzt nach *M. Pflücke* und *A. Hawelek*[6].
Biologische Erkenntnisse über die tieferen *Ursachen* der herbiziden Wirkung sind neuester Natur und mitunter noch sehr lückenhaft, z. T. noch unsicher. Teilweise wurden sie angeführt, sonst sei auf Spezialwerke wie *Audus*[7] verwiesen. — Literatur wurde bis 1. 11. 1969 berücksichtigt.

2. Unterscheidung der Herbizide nach ihrer Anwendung und Wirkungsweise

Anfangs hat man versucht, die Herbizide nach ihrer Wirkung zu ordnen. Der geschichtlichen Entwicklung entsprechend lag nichts näher, als zunächst zwischen selektiv und total wirkenden Herbiziden zu unterscheiden, was zu den Gruppenbezeichnungen „Totalherbizide“ und „Selektive Herbizide“ führte. Diese Gruppierung kann aber für eine ausreichende Einteilung der Wirkstoffe nicht verwendet werden, da sich bei der Weiterentwicklung der Herbizide sehr bald zeigte, daß

* Vgl. Abschnitte 2 u. 3.

bestimmte Chemikalien sowohl als Totalherbizide wirken als auch zur selektiven Unkrautbekämpfung dienen können. Die unterschiedlichen Möglichkeiten sind im wesentlichen oft nur eine Frage der aufzuwendenden Wirkstoffmenge pro Flächeneinheit und des Anwendungszeitpunktes.
Auf der Suche nach einer sinnvollen Unterteilung der Herbizide war der nächste Schritt, sich am *Wirkungsmechanismus* zu orientieren. Hierbei wurde unterschieden zwischen solchen Herbiziden, die über die Wurzeln die Vernichtung der Pflanzen herbeiführen, und solchen, die auf die grünen, oberirdischen Teile der Pflanzen wirken, wobei die oberirdischen Pflanzenteile den Wirkstoff aufnehmen. Man unterscheidet so zwischen *Bodenherbiziden*, die meist über einen längeren Zeitraum ihre Wirksamkeit im Boden behalten, und *Blattherbiziden.* Aber auch diese Einteilung ergibt Schwierigkeiten, da sich bei der genaueren Untersuchung herausstellte, daß es eine Reihe Wirkstoffe gibt, die sowohl über den Boden als auch über die Blätter ihre Wirkung entfalten können.
Bei den Blattherbiziden ging man sehr früh zu einer weiteren Unterteilung über, die im Wirkungsmechanismus begründet liegt. Es gibt eine Reihe von Wirkstoffen, welche diejenigen Pflanzenteile vernichten, die direkt mit den Wirkstoffen in Berührung kommen. Für diese Gruppe von Herbiziden wurde die Bezeichnung „*Kontaktherbizide*" geprägt. Im Gegensatz zu dieser Gruppe stehen Chemikalien, die von den grünen Teilen der Pflanzen, vornehmlich den Blättern, aufgenommen und in der Pflanze transportiert werden, ohne zunächst lokale Schäden zu verursachen. Da die chemische Unkrautbekämpfung in Forschung und Technik im wesentlichen im angloamerikanischen Sprachraum vorangetrieben wurde, bezeichnet man die in den Pflanzen beweglichen Herbizide als „*translocated herbicides*". Im deutschen Sprachgebrauch werden diese „translocated herbicides" meist als „Wuchsstoffe"* bezeichnet, richtiger ist die Bezeichnung „*systemische Herbizide*", denn nicht alle systemischen Herbizide sind Wuchsstoffe. Es muß allerdings eingeräumt werden, daß die Wuchsstoffe die weitaus größte Gruppe der systemischen Herbizide bilden. Mit der Entwicklung der Dipyridylium-Abkömmlinge wurde auch dieses Ordnungsprinzip durchbrochen, da diese Wirkstoffe sowohl eine starke Kontaktwirkung besitzen als auch in der Pflanze transportiert werden.
Um diesen Schwierigkeiten aus dem Wege zu gehen, haben wir uns entschlossen, die Einteilung der Herbizide nach rein chemischen Gesichtspunkten vorzunehmen und die biologische Wirkungsart nur zusätzlich anzugeben.
Bei der Besprechung der Herbizide werden Bezeichnungen (über die Anwendung) verwendet, die einiger Erklärungen bedürfen. Hierbei soll wie ursprünglich zwischen den beiden großen Anwendungsgebieten der Totalherbizide und der selektiven Herbizide unterschieden werden.

Totalherbizide

Wir unterscheiden eine Behandlung des unkrautfreien Bodens und eine Behandlung eines vorhandenen Pflanzenbestandes. Bei Anwendung von Totalherbiziden sollte in jedem Fall erreicht werden, daß die z. B. im Frühjahr behandelte Fläche

* Für besonders schlecht halten wir die Bezeichnung „Hormonpräparate".

unkrautfrei bleibt oder bei späterer Behandlung der vorhandene Unkrautbestand abstirbt. Für die Behandlung des unkrautfreien Bodens werden Bodenherbizide eingesetzt. Für die Beseitigung eines vorhandenen Pflanzenbestandes benutzt man entweder Kontaktherbizide oder systemische Herbizide, wobei bestimmte Wirkstoffe beider Herbizidgruppen auch eine Bodenwirkung auf Dauer entfalten können.

Bei der Unkrautbekämpfung in Gewässern ist das Ziel die Vernichtung der Überwasserpflanzen, der Schwimmpflanzen und der Unterwasserpflanzen. Die Applikation erfolgt in diesem Falle meist ins Wasser. Die Anwendung der Totalherbizide zeigt Schema I.

Totalherbizid-Anwendung	auf	Wasser	Boden- und Blattherbizide, mit oder ohne Dauerwirkung
		Boden	Bodenherbizide mit Dauerwirkung
		Pflanzenbestand	Kontaktherbizide und systemische Herbizide, beide mit oder ohne Dauerwirkung

Schema I

Meist werden in der Praxis als Totalherbizide Mischungen von Herbiziden mit unterschiedlichem Wirkungsmechanismus benutzt, wobei die Zusammensetzung je nach Art des Pflanzenbestandes schwankt.

Selektive Herbizide

Beim Gebrauch von *selektiven Herbiziden* ist der Zeitpunkt der Anwendung von großer Bedeutung. Bei sehr vielen Herbiziden, die zur selektiven Unkrautbekämpfung benutzt werden, liegt *keine echte* Selektivität vor und bei unsachgemäßer Anwendung können diese Herbizide erhebliche Schäden an der Kulturpflanze hervorrufen. So sind die Aufwandmenge pro Flächeneinheit und der Entwicklungszustand der Kulturpflanze entscheidend! Bezogen auf den Entwicklungszustand der Kulturpflanze unterscheiden wir drei Anwendungstermine:

1. Vor der Aussaat
2. Nach der Aussaat, aber vor dem Auflaufen der Kulturpflanze
3. Nach dem Auflaufen

Da sich die im englischen Sprachgebrauch üblichen Bezeichnungen für diese drei Termine vielfach in der fremdsprachlichen Literatur, auch in der deutschen, finden, sollen sie hier angeführt werden:

1. pre-sowing = Vorsaat
2. pre-emergence = Vorauflauf
3. post-emergence = Nachauflauf

Zu allen drei Terminen können Bodenherbizide, Kontaktherbizide oder systemische Herbizide eingesetzt werden, wobei die Wahl des Herbizides von dem Entwicklungszustand des Unkrautes abhängig ist. Im Schema II soll dies verdeutlicht werden.

Termin	Entwicklungszustand Kulturpflanze	Entwicklungszustand Unkraut	Herbizid
1. Vorsaat (pre-sowing)	nicht gesät	nicht gekeimt oder nicht aufgelaufen	Bodenherbizid
	nicht gesät	aufgelaufen	Kontaktherbizid
	nicht gesät	aufgelaufen	system. Herbizid
2. Vorauflauf (pre-emergence)	gesät, aber noch nicht aufgelaufen	nicht aufgelaufen	Bodenherbizid
	gesät, aber noch nicht aufgelaufen	aufgelaufen	Kontaktherbizid
	gesät, aber noch nicht aufgelaufen	aufgelaufen	system. Herbizid
3. Nachauflauf (post-emergence)	aufgelaufen	nicht aufgelaufen	Bodenherbizid
	aufgelaufen	aufgelaufen	Kontaktherbizid
	aufgelaufen	aufgelaufen	system. Herbizid

Schema II

Bei der Anwendung von Bodenherbiziden kann es aus unterschiedlichen Gründen erforderlich sein, daß das Herbizid nach der Ausbringung in den Boden eingearbeitet wird. Bei der Anwendung zum Zeitpunkt der Nachauflaufbehandlung unterscheiden wir noch zwischen einer allgemeinen Behandlung, d. h. auch die Kulturpflanze wird mitbehandelt, und einer Unterblattbehandlung, hierbei darf die Kulturpflanze nicht direkt mit dem Herbizid in Berührung kommen. In diesem Falle arbeitet man zwischen den Reihen der Kulturpflanzen mit abgedeckten Spritzdüsen.

Für die Ausbringung der Herbizide benötigt man in den meisten Fällen *Trägerstoffe*, um verhältnismäßig geringe Wirkstoffmengen auf großen Flächeneinheiten gleichmäßig zu verteilen. Diese Trägerstoffe können flüssig oder fest sein. Benutzt man feste Trägerstoffe, so wird man das Herbizid zunächst innig mit dem Trägerstoff vermischen, und je nach der Feinheit des Trägerstoffes erhält man Stäube oder Granulate, die entsprechend ausgebracht werden. Ausgesprochene Blattherbizide eignen sich nicht für die Ausbringung als Granulate. Bei den flüssigen Trägerstoffen kann es sich um organische Lösungsmittel handeln, in den meisten Fällen nimmt man aber Wasser. Meist genügt die Verwendung eines Trägerstoffes allein nicht, sondern es sind Zusätze von Emulgatoren oder Suspensionsmitteln, abhängig von den physikalischen Eigenschaften der Wirkstoffe, notwendig. Die verkaufsfertigen Herbizide werden in besonderen Zubereitungen gehandelt und lassen sich meist leicht lösen oder bilden mit Wasser gute Emulsionen oder Suspensionen (s. Sonderabschnitt: Handelsformen von Pflanzenschutz- und Schädlingsbekämpfungsmitteln, Bd. I, S. 41).

3. Teste zur Prüfung von Herbiziden

Folgende Anwendungsweisen sind zu unterscheiden:

1. Einarbeitung in den Boden vor der Saat (pre-sowing)
2. Anwendung vor dem Auflaufen der Kulturpflanzen und der Unkräuter (pre-emergence)
3. Anwendung nach dem Auflaufen der Kulturpflanzen und der Unkräuter (post-emergence)

Die Präparate bei 1 und 2 müssen also eine Wirkung über die Wurzeln oder auf das keimende Saatgut haben, müssen Bodenherbizide sein. Bei Anwendung 3 werden die Präparate ihre Wirkung vornehmlich über die oberirdischen Teile der Unkräuter entfalten, man spricht von Blattherbiziden mit Kontakt- oder systemischer Wirkung. Wir können also Bodenherbizide und Blattherbizide unterscheiden, und die Tests zur Prüfung dieser gesuchten Eigenschaften sind entsprechend aufgebaut.

1. Test:

Gesucht werden Verbindungen, die die Keimung von Samen verhindern oder Keimlinge über die Wurzeln zum Absterben bringen.
Saatschalen werden mit Erde gefüllt, eine Auswahl von Kulturpflanzen und Unkräutern wird eingesät und danach mit den zu testenden Verbindungen in verschiedenen Konzentrationen behandelt. Die Auswahl der Testpflanzen variiert bei den einzelnen Prüfstellen sehr stark. Gebräuchlich sind:

Kulturen

a) Monocotyledoneae:	Gerste (*Hordeum sativum*)
	Hafer (*Avena sativa*)
	Hirse(*Andropogon sorghum saccharatum*)
	Mais (*Zea mays*)
	Reis (*Oryza sativa*)
	Weizen (*Triticum aestivum*)
	Zwiebel (*Allium cepa*)
b) Dicotyledoneae:	Baumwolle (*Gossypium spec.*)
	Bohne (*Phaseolus vulgaris*)
	Buchweizen (*Fagopyrum esculentum*)
	Erbse (*Pisum sativum*)
	Gurke (*Cucumis sativus*)
	Klee (*Trifolium repens*)
	Lein (*Linum usitatissimum*)
	Möhre (*Daucus carota*)
	Rettich (*Raphanus sativus*)
	Sojabohne (*Glycine soja*)
	Zuckerrübe (*Beta vulgaris saccharifera*)

Unkräuter

Abb. 1. Ackerfuchsschwanz (*Alopecurus myosuroides*)

1 Pflanze etwa 1/3 nat. Größe
2 Ähre, nat. Größe
3 blühendes Ährchen
4 reifes Ährchen, von der Schmalseite und im Querschnitt betrachtet
5 Samenkorn, von den inneren Deckspelzen umgeben, etwa 3fach vergr.
6 dasselbe, nat. Größe Orig.-Zeichn.

[Aus: E. Korsmo: Unkräuter im Ackerbau der Neuzeit, Abb. 176, S. 188. Berlin: Springer 1930]

Abb. 2

1 Sauerampfer (*Rumex sp.*)
2 Hederich (*Raphanus raphanistrum*)
3 Löwenzahn (*Taraxacum officinale*)
4 Ackersenf (*Sinapis arvensis*)
5 Wegerich (*Plantago major*)

[Aus: Bayer-Pflanzenschutz-compendium 1954]

Abb. 3

1 Giersch (*Aegopodium podagraria*)
2 Duwock (*Equisetum palustre*)
3 Pestwurz (*Petasites officinalis*)
4 Klappertopf (*Alectorolophus sp.*)

[Aus: Bayer-Pflanzenschutz-compendium 1954]

Abb. 4

1 Hahnenfuß, kriechender (*Ranunculus repens*)
2 Ackerschachtelhalm (*Equisetum arvense*)
3 Ampfer, krauser (*Rumex crispus*)
4 Kamille, falsche (*Matricaria inodora*)
5 Kamille, echte (*Matricaria chamomilla*)
6 Brennessel, kleine (*Urtica urens*)
7 Brennessel, große (*Urtica dioica*)

[Aus: Bayer-Pflanzenschutz-compendium 1954]

Abb. 5

1 Gänsedistel (*Sonchus arvensis*)
2 Vogelknöterich (*Polygonum aviculare*)
3 Kornrade (*Agrostemma githago*)
4 Ackerwinde (*Convolvulus arvensis*)
5 Ackerdistel (*Cirsium arvense*)

[Aus: Bayer-Pflanzenschutz-compendium 1954]

Unkrautpflanzen, die für Tests benutzt werden:

Unkräuter

a) Monocotyledoneae:	Ackerfuchsschwanz (*Alopecurus myosuroides*)
	Bluthirse (*Digitaria sanguinalis*)
	Deutsches Weidelgras (*Lolium perenne*)
	Futterhirse (*Setaria italica*)
	Grüne Borstenhirse (*Setaria viridis*)
	Hühnerhirse (*Echinochloa crus galli*)
	Schafschwingel (*Festuca ovina*)
	Trespe (*Bromus spec.*)
	Wiesenlieschgras (*Phleum pratense*)
b) Dicotyledoneae:	Ackersenf (*Sinapis arvensis*)
	Ackerwinde (*Convolvulus arvensis*)
	Franzosenkraut (*Galinsoga parviflora*)
	Gänsefuß (*Chenopodium album*)
	Hohlzahn (*Galeopsis spec.*)
	Kamille-Arten (*Matricaria; Anthemis*)
	Klatschmohn (*Papaver rhoeas*)
	Klettenlabkraut (*Galium aparine*)
	Kleine Brennessel (*Urtica urens*)
	Knöterich-Arten (*Polygonum spec.*)
	Kresse (*Lepidium sativum*)
	Rauhhaar-Amaranth (*Amaranthus retroflexus*)
	Ehrenpreis-Arten (*Veronica spec.*)
	Vogelmiere (*Stellaria media*)
	Wicken-Arten (*Vicia spec.*)

Diese Kulturpflanzen und Unkräuter sind nur Beispiele, und gelegentlich mögen noch weitere Pflanzen in die Tests mit einbezogen werden. Die Zusammensetzung in den einzelnen Tests ist stark variabel. In den ersten Tests bedient man sich meist 4–10 Arten, wobei immer Vertreter der *Dicotyledoneae* und *Monocotyledoneae* berücksichtigt werden.

Nach der Behandlung werden die Saatschalen unter weitgehend konstanten Bedingungen gehalten und normal gegossen oder beregnet. Die Entwicklung der einzelnen Arten wird 3–5 Wochen beobachtet und in bestimmten Zeitabständen die Wirkung der Produkte auf die Entwicklung der Pflanzen, d. h. die Phytotoxizität, festgehalten. Die Feststellung der Schädigung wird meist in Prozenten im Vergleich zur unbehandelten Kontrolle ausgedrückt. Diese Beurteilung ist rein subjektiv, bietet aber bei geübtem Personal eine sichere Aussagemöglichkeit über die herbizide Wirkung der Präparate. Bei der Beurteilung geht man von zwei Gesichtspunkten aus:

1. Es werden die Prozente an gekeimten Samen im Vergleich zur unbehandelten Kontrolle festgestellt.
2. Wenn die Keimung nicht beeinflußt wird und die Samen normal keimen, dann stellt man den Grad der Schädigung fest, z. B.:
   Leichte Blattschäden oder leichte Wachstumsverzögerung = 20%
   Deutliche Schäden mit starken Nekrosen oder Vergilbungen, starke Hemmung = 40%

Schwere Schäden, einzelne Partien sterben ab, oder nur sehr mangelhafte Entwicklung = 60%
Pflanzen teilweise abgestorben oder ganze Pflanzen abgestorben = 80%
Alle Pflanzen nach der Keimung abgestorben = 100%.

Bei der Gesamtbeurteilung werden beide Punkte berücksichtigt und das Ergebnis wird in *einer* Angabe zusammengefaßt.
Bei in ihrer Wirkung völlig unbekannten Verbindungen beginnt man mit einer oder zwei verschiedenen Aufwandmengen, z. B. 20 kg/ha oder 20 und 4 kg/ha. Zeigt sich eine Wirkung, so wird der Test erweitert wiederholt. Meist wird die Anzahl der zu berücksichtigenden Kulturen und Unkräuter vermehrt. Die Aufwandmenge wird stärker gestaffelt und bekannte Herbizide werden in die Prüfung einbezogen, um Vergleichsmöglichkeiten zu haben.
Für die Behandlung muß der zu prüfende Wirkstoff in eine geeignete Aufbereitung gebracht werden, um eine gleichmäßige Verteilung des Wirkstoffes auf der Erdoberfläche der Saatschale zu gewährleisten. Zur Herstellung einer zweckmäßigen Wirkstoffzubereitung löst man den Wirkstoff in einem (meist wassermischbaren) organischen Lösungsmittel (z. B. Aceton, Dimethylformamid), gibt einige Tropfen Emulgator zu (z. B. Tween 20) und verdünnt das Konzentrat mit Wasser auf eine gewünschte Konzentration. Die gewonnene Lösung, Emulsion oder Dispersion wird entweder mit einem Spritzgerät gleichmäßig auf die Saatschale ausgespritzt oder durch Gießen gleichmäßig verteilt. Die Aufwandmengen werden auf Kilogramm pro Hektar berechnet.
Läßt sich von einem Wirkstoff keine Lösung, Emulsion oder Dispersion auf dem vorbeschriebenen Weg herstellen, dann wird der Wirkstoff mit Kaolin, Dispergierhilfsmitteln und gegebenenfalls Netzmitteln gemischt und sehr fein gemahlen. Man erhält so ein sog. „Spritzpulver", das mit Wasser eine hinreichend stabile Suspension liefert, die dann in üblicher Weise auf die Saatschalen verteilt wird.
Die beschriebene Testmethode wird oft als unzureichend angesehen, wenn flüchtige Stoffe angewandt werden. Um diesen Unsicherheitsfaktor auszuschalten, werden geeignete Konzentratmengen mit der Erde innig vermischt, bevor diese in die Saatschalen eingefüllt wird. Man kann auch, wie es vielfach geschieht, die Saatschalen bis zum Durchbruch der ersten Keimlinge 3—5 Tage abdecken, um einen Wirkstoffverlust weitgehend zu vermeiden.

2. Tests im Gewächshaus:

Gesucht werden Verbindungen, die junge Pflanzen vernichten, wenn die oberirdischen Teile (Blätter und Stengel) mit den Präparaten in Berührung kommen. Hierbei kann die Vernichtung durch Kontaktwirkung, Verbrennung der getroffenen Teile, oder durch Aufnahme in die Pflanze und Störung des Stoffwechselhaushaltes erfolgen. Auch in diesen Test werden Kulturpflanzen und Unkräuter, die unter Test 1 genannt wurden, einbezogen. Da die verschiedenen Pflanzen unterschiedliche Keimungs- und Entwicklungszeiten haben, werden die einzelnen Arten oft getrennt angezogen, bevor sie zusammen gespritzt werden. Die Behandlung geschieht, wenn die Pflanzen die ersten echten Blätter entwickelt haben. Gelegentlich werden ältere Pflanzen, die meist widerstandsfähiger sind, gespritzt, um die zu prüfenden Substanzen erschwerten Bedingungen zu unterziehen. Bei erster Prüfung wird an 4—10 Arten getestet.

Zur Spritzung werden die Lösungen, Emulsionen bzw. Dispersionen in der unter Test 1 beschriebenen Weise zubereitet.

Bei der Behandlung berechnet man die auszubringende Menge nach der Fläche, auf der die Pflanzen zur Behandlung aufgestellt werden; dabei werden die Angaben in Kilogramm pro Hektar gemacht. Vielfach wird in den ersten Tests auch ohne genaue Angabe der Aufwandmenge pro Hektar gearbeitet. In diesen Fällen geht man stets von einer bestimmten Konzentration, der „Spritzlösung", aus und spritzt die Pflanzen „tropfnaß". Unter tropfnaß versteht man, daß alle Pflanzenteile so gut benetzt sind, daß die Spritzbrühe von den Blättern abtropft.

Die so behandelten Pflanzen werden über einen längeren Zeitraum, 3—5 Wochen, beobachtet. Die Schädigung durch die zu prüfenden Substanzen wird in Prozent zur nur mit Wasser gespritzten Kontrolle angegeben.

Die Schäden können durch Kontaktwirkung verursacht werden (Blattherbizid mit Kontaktwirkung):

Einzelne Verbrennungsflecken = 10%
Blattverbrennungsflecken und Blattrandschäden = 20%
Einzelne Blätter abgestorben = 60%
Blätter- und Stengelteile abgestorben = 80%
Pflanze total abgestorben = 100%

Starke Kontaktherbizide finden nicht nur als Unkrautmittel Verwendung, sondern können z. B. auch zur Vernichtung, d. h. Austrocknung von Kartoffelkraut zur Erleichterung der mechanischen Ernte von Bedeutung sein.

Ähnliche Schadbilder können auftreten, wenn eine Störung über den Stoffwechsel erfolgt (Blattherbizid mit systemischer Wirkung) z. B.:

Blattaufhellungen an Blattnerven oder Interkostalfeldern = 10%
Blattrandschäden und beginnende Vergilbung = 20%
Einzelne Blätter abgestorben = 60%
Blätter- und Stengelteile abgestorben = 80%
Pflanzen total abgestorben = 100%

Auch diese Beurteilung ist rein subjektiv. Das Personal lernt sehr schnell, den Schädigungsgrad zu beurteilen, und Vergleiche mit bekannten Herbiziden sind sehr gut möglich, zumal die unbehandelten Kontrollen und die mit bekannten Herbiziden behandelten Pflanzen zum Vergleich zur Verfügung stehen.

Ähnlich wie in Test 1 beginnt man auch hier mit einer oder zwei Aufwandmengen, um dann in einem erweiterten Test zusätzliche Pflanzenarten einzubeziehen und die Aufwandmengen stärker zu variieren. Der beschriebene Test erlaubt nicht nur die Feststellung, ob die Substanzen phytotoxisch und damit möglicherweise Herbizide sind, sondern an der Reaktion der Pflanzen läßt sich leicht ablesen, ob die Substanzen wuchsstoffähnliche Eigenschaften besitzen. *Wuchsstoffeigenschaften* äußern sich z. B. bei Tomaten durch Blatteinrollen. Außerdem reagieren manche Pflanzen, z.B. Tomaten und Hohlzahnarten, mit *Luftwurzelbildung* (siehe Abb. 6); Bohnen und Baumwolle bilden spitzausgezogene Blätter; Senf, Franzosenkraut und Brennesseln zeigen starke Stengelverdrehungen. Wenn man die behandelten Pflanzen lange genug beobachtet (mindestens 3 Wochen), erkennt man auch sehr gut Substanzen, die das Wachstum der Pflanzen hemmen, ohne sie zu vernichten. Besonders gute Indikatorpflanzen hierfür sind Bohnen. Wenn man vor der Behandlung den Haupttrieb zwischen den Primärblättern entfernt, treiben die Pflanzen normalerweise aus den Achseln der Primärblätter aus. Dieser Austrieb unterbleibt nach Behandlung mit stärkeren Hemmstoffen, z. B. Maleinsäurehydrazid. Die Verhinderung des Austriebes aus Blattachseln nach dem Ausgeizen des Tabaks ist ein Anwendungsgebiet für diese Substanzen. Auch Getreide oder Gräser zeigen Hemmstoffe an. Die Pflanzen bleiben praktisch in ihrem Längenwachstum stehen und färben sich oft dunkelgrün. Hemmstoffe spielen z. B. bei der Behandlung von Straßenrändern im Rahmen der Unkrautbekämpfung eine bedeutende Rolle (siehe Maleinsäurehydrazid).

Abb. 6. Luftwurzelbildung am Ackerhohlzahn

Schließlich sei noch auf zwei besondere Beobachtungen hingewiesen. Gelegentlich reagieren Bohnen oder Baumwolle nach der Spritzung mit Blattabwurf. Verbindungen, die eine solche Reaktion bei den Pflanzen auslösen, müssen als *Defoliantien* (*Entblätterungsmittel*) bei Baumwolle unter Freilandbedingungen geprüft werden.

Kontaktherbizide verbrennen oft sehr schnell nur die Blätter, ohne daß die Pflanzen absterben. Die Pflanzen treiben dann nach einer gewissen Zeit neu aus. Wenn eine solche Blattaustrocknung sehr rasch nach der Behandlung eintritt, sind Verbindungen, die diese Eigenschaft haben, als Erntehilfsmittel geeignet. Diese sogenannten *Desiccants* (*Austrocknungsmittel*) sind erwünscht zur mechanischen Ernte von Leguminosensamen, z. B. Klee oder Luzerne.

3. Erste Freilandtests:

Die zuvor beschriebenen Tests gestatten es, im Gewächshaus Reihenuntersuchungen mit einer großen Anzahl von Verbindungen durchzuführen. Sie ermöglichen ferner einen sehr genauen Wirkungsvergleich chemisch verwandter Substanzen, so daß man für die aufwendigere Prüfung im Freiland eine Vorauswahl treffen kann. Es sei aber ausdrücklich darauf verwiesen, daß sich die im Gewächshaus gewonnenen Erkenntnisse, vor allem was die Aufwandmengen pro Hektar betrifft, nicht ohne weiteres auf die Freiland- und Feldbedingungen übertragen lassen. Die Aufwandmengen im Gewächshaus geben nur grobe Anhaltspunkte. Diese Erscheinung findet ihre Erklärung darin, daß die im Gewächshaus angezogenen Pflanzen sehr viel „weicher" sind als die in der Natur aufwachsenden Pflanzen und daher auf Kontaktherbizide viel stärker reagieren. Andererseits stehen die Pflanzen im Gewächshaus unter optimalen Bedingungen (gute Ernährung, beste Wasserversorgung, optimale Temperatur), so daß sie in der Lage sind, Störungen im Stoffwechsel besser zu überwinden.
Zur Freilandprüfung nimmt man die im Gewächshaus gewonnenen Erkenntnisse als Anhaltspunkte, zusammen mit Relationen, die man vom Verhalten bewährter Herbizide kennt. Geprüft wird an möglichst vielen Kulturen, die man in je 1—2 Reihen nebeneinander aussät. Es stehen dann auf einer Breite von 2 m etwa 6—12 Kulturen. Zur Beurteilung der Unkrautwirkung benutzt man meist die vorhandene natürliche Verunkrautung. Wenn diese nicht ausreicht, kann man durch Aussäen von Unkrautsamen für ausreichenden Unkrautbesatz sorgen.

Um bei einer Behandlung möglichst viele Informationen über eine Substanz zu erlangen, bedient man sich *logarithmischer Spritzgeräte* [8–10]. Mit diesen Geräten kann man, von einer Anfangskonzentration der Spritzbrühe ausgehend, kontinuierlich zu einer Endkonzentration abfallend spritzen. Hierbei ergeben sich viele Variationsmöglichkeiten, die einmal von der Wahl des Gerätes abhängig sind und zum anderen von der Kombination der zu verwendenden Behälter.
Als Beispiel soll das rückentragbare Gerät von *H. G. van der Weij* dienen. Die Spritzbreite beträgt 1 bzw. 2 oder 4 m, die Länge der zu behandelnden Strecke ca. 25 m. Auf dieser Strecke ergeben sich nachstehende Relationen der Aufwandmenge:

z. B. 10 kg/ha abfallend auf 1 kg/ha
5 kg/ha abfallend auf 1 kg/ha
4 kg/ha abfallend auf 2 kg/ha

und andere mehr. Man kann von beliebigen Anfangskonzentrationen ausgehen und in den angegebenen Relationen verdünnen. Aus den Kurven, die den Geräten beigegeben sind, läßt sich für jeden Punkt der Strecke die Aufwandmenge bestimmen. Man kann auf diese Weise genau feststellen, welche Aufwandmenge einer Substanz man benötigt, um eine spezielle Unkrautart zu vernichten, und welche Kulturen diese Aufwandmenge, oder ein Mehrfaches davon, ohne Schaden überstehen.
Nach dieser Methode arbeiten z. B. das USDA (United States Department of Agriculture) in Beltsville und die amerikanischen Universitäten in Cornell (NY) und Davis (Kalifornien).
Die zweite Möglichkeit besteht darin, mit festen Aufwandmengen, wieder bei einer Vielzahl von Kulturen, zu arbeiten. Es empfiehlt sich hierbei, mindestens drei Aufwandmengen pro Substanz

zu nehmen, die möglichst um jeweils 100% voneinander abweichen, jedoch keineswegs weniger als um 50% differieren, also 2—4—8 kg/ha oder 2—3—4,5 kg/ha.
Sowohl die logarithmische Spritzmethode wie auch das Arbeiten mit festen Aufwandmengen pro Flächeneinheit ermöglichen die Prüfung bei pre- und post-emergence-Anwendung.

Erst wenn man sich aus diesen ersten Freilandversuchen darüber Klarheit verschafft hat, bei welchen Kulturpflanzenarten die Substanz möglicherweise als Herbizid verwendet werden kann, geht man zu speziellen Versuchen mit enger gestaffelten Aufwandmengen über. Hierbei muß dann für post-emergence anzuwendende Substanzen auch die Empfindlichkeit der Kulturpflanze in verschiedenen Entwicklungsstadien geprüft werden.
Bei pre-emergence anzuwendenden Substanzen kann die Bodenart, der Humusgehalt und die Witterung nach der Behandlung von entscheidender Bedeutung sein. Bei der weiteren Prüfung von Bodenherbiziden empfiehlt es sich daher, neben den enger gestaffelten Aufwandmengen auch *unterschiedliche Böden* in die Versuche einzubeziehen. Für die Wirkung der meisten pre-emergence-Herbizide ist Regen oder künstliche Bewässerung nach der Behandlung erforderlich. Um von diesen zufälligen Witterungsbedingungen unabhängig zu sein, sollten pre-emergence-Herbizide bei der weiteren Ausprüfung flach in der oberen Bodenschicht eingearbeitet werden. Weiterhin muß in diesen erweiterten Feldtests geprüft werden, welcher Termin zwischen Aussaat und Auflaufen der Kulturpflanzen für die Wirkung der zu prüfenden Herbizide der optimalste ist. Zusätzliche Versuche müssen sich über Gebiete mit *verschiedenem Klima* und unterschiedlicher Bodenbeschaffenheit erstrecken. Nach Beurteilung dieser erweiterten Feldversuche, wobei die *Ernteergebnisse* ein wichtiges Kriterium sind, können Großversuche begonnen werden, wobei letztere meist über mehrere Jahre durchgeführt werden müssen.

Literatur

1. Einteilung der Herbizide — 2. Unterscheidung der Herbizide nach ihrer Anwendung und Wirkungsweise — 3. Teste für die Prüfung von Herbiziden

1) *Beilstein:* Handbuch der organischen Chemie. Berlin-Heidelberg-New York: Springer.
2) *Martin, H.:* Guide to the Chemicals Used in Crop Protection. Ottawa: Roger Duhamel, F. R. S. C. Queen's Printer and Controller of Stationery 1961.
3) *Woodford, E. K.,* and *S. A. Evans:* Weed Control Handbook. Oxford: Blackwell Scientific Publications 1965.
4) *Edson, E. F., D. M. Sanderson,* and *D. N. Noakes:* World Review of Pest Control, Vol. 5, No. 3, Autumn 1966.
5) Herbicide Handbook of the Weed Society of America. Geneva - New York: W. F. Humphrey Press Inc. 1967.
6) *Pflücke, M.,* u. *A. Hawelek:* Periodica Chimica. Berlin: Akademie-Verlag GmbH und Weinheim: Verlag Chemie.
7) *Audus, L. J.:* The Physiology and Biochemistry of Herbicides. London-New York: Academic Press 1964.
8) *Pfeiffer, R., R. T. Brunskill,* and *G. S. Hartley:* A variable dosage sprayer for agricultural experiments. Nature *176*, 472 (1955).
9) *Day, B. E.:* A simplified logarithmic plot sprayer. Weeds *6*, 441 (1958).
10) *Weij, H. G. van der:* Gerät lieferbar durch Firma Stichting arbeidszorg, EDE-Holland.

4. Anorganische Herbizide

Die anorganischen Herbizide seien nur kurz besprochen. Zwar werden noch beachtenswerte Mengen an anorganischen Chemikalien als Herbizide angewandt, doch gehen die Mengen, verglichen mit den organischen Herbiziden, laufend zurück. Anorganische Chemikalien eignen sich vorwiegend zur totalen Unkrautbekämpfung. (Es gibt nur wenige anorganische Herbizide, wie z. B. Kalkstickstoff oder Kaliumcyanat, welche Selektivität zeigen.)
Die *Entwicklung der chemischen Unkrautbekämpfung* setzte mit anorganischen Chemikalien um die Jahrhundertwende ein. Zu dieser Zeit stellte die chemische Industrie einige anorganische Verbindungen für die verschiedensten Zwecke in großen Mengen und daher billig her. Verschiedene Sulfate und Schwefelsäure waren schon 1895 als pflanzenschädigend erkannt worden. Kupfersulfat, in geringen Konzentrationen schon seit 1807 als Fungizid im Pflanzenschutz in Anwendung, war das erste Herbizid. Bald wurde auch Eisen(II)-sulfat eingesetzt [1]. Erst 15 Jahre später folgten Schwefelsäure und Ammoniumsulfat [2] sowie Sulfamidsäure.

4.1. Schwefelsäure und andere Säuren

Die Schwefelsäure dient seit 1910 als Herbizid, doch gehen die ersten Beobachtungen ihrer herbiziden Wirkung auf das Jahr 1874 zurück [21]. Sie wird wegen ihres niedrigen Preises immer noch in einigen Ländern (USA, Holland, England) benutzt. Obwohl vorwiegend als Totalherbizid wirksam, ist bei niedrigen Konzentrationen auch eine selektive Anwendung in Zwiebeln und Kohl möglich. Infolge der Gefährlichkeit der konz. Säure und der hohen Korrosion durch verdünnte Säure wird die herbizide Verwendung laufend geringer, zumal die Ausbringung nur mit verbleiten Geräten möglich ist.
Zahlreiche *andere Säuren* werden gleichfalls nur noch begrenzt angewendet.

4.2. Sulfamidsäure

NH_2-SO_3H als Ammoniumsalz (Sulfamidsäure, Amidosulfonsäure)
Common name: *AMS*. Handelsname: *Ammate X*®, (Du Pont) 1945. LD_{50}: 3900 (4000–4400) mg/kg Ratte p. o. akut. Wasserlöslichkeit der freien Säure: 14,7 g/100 ml bei 0°C, von Ammoniumsulfamat: 60 % bei 30°C. Wirkungsweise: Kontaktherbizid mit systemischer Wirkung. Anwendungsweise: Spritzung 10%ig in Wasser. Anwendungsgebiet: Gehölzbekämpfung, Verhinderung von Stockausschlag.
Patente [3]. Literatur [19].

4.3. Sulfate

a) Eisen(II)-sulfat

$FeSO_4 \cdot 7H_2O$ als Abfallprodukt der eisenverarbeitenden Industrie seit langem leicht und billig zugänglich, ist von begrenzter selektiver Wirkung gegen breit-

blättrige Pflanzen. Die herbizide Wirkung ist mäßig. Auch hier liegt die erste Mitteilung über eine herbizide Wirkung schon aus dem Jahre 1851 vor[21].
LD_{50}: 5000 mg/kg Ratte. Wasserlöslichkeit: 15 g/100 ml bei 0°C. Anwendungsweise: 10%ig gießen oder mit Sand gemischt ausstreuen 100 kg/ha. Anwendungsgebiet: Moosbekämpfung in Zierrasen.

b) Ammoniumsulfat

$(NH_4)_2SO_4$ ist ebenfalls von mäßiger herbizider Wirkung. Anwendung hauptsächlich als Dünger.

c) Kainit, Kaliumchlorid-magnesiumsulfat

$KCl \cdot MgSO_4 \cdot 3H_2O$ hat eine Zeitlang als Herbizid eine Rolle gespielt, wird aber heute vornehmlich als Düngemittel verwandt. Es wirkt als Blattherbizid gegen breitblättrige Unkräuter.

4.4. Rhodanide

a) Ammoniumrhodanid

NH_4SCN ist als Herbizid von geringer Bedeutung. Die Mischung mit Aminotriazol verstärkt dessen Wirkung beträchtlich und findet als *Weedazol TL*® (Amchem Prod. Ltd.) Anwendung zur Bekämpfung von Gräsern, z. B. Quecke, Schilf u. a. (s. auch S. 343).

b) Natriumrhodanid = Natriumthiocyanat

NaSCN ist ähnlich wirksam wie das Ammoniumsalz. Rhodanverbindungen werden in der Pflanze transportiert.

4.5. Kaliumcyanat

KOCN wirkt selektiv gegen breitblättrige Pflanzen mit nicht wachsüberzogenen Blättern[4] und gegen Fingerhirse[5] sowie in Zwiebeln, wobei es rasch im Boden zerfällt[6]. Es kam zuerst durch die American Cyanamid Co. in den Handel. Als *Bulpur*® wird es gegen Unkräuter in Zwiebeln eingesetzt. LD_{50}: 850 mg/kg Maus p. o. akut. Wasserlöslichkeit: 65 g/100 ml bei 10°C.

4.6. Cyanamide

a) Calciumcyanamid

CaNCN ist seit etwa 1905 als sog. Kalkstickstoff als Dünger und Herbizid in Anwendung[7]. Es ist herbizid besonders wirksam gegen keimende Samen und als Blattherbizid. Aus diesen Gründen findet es vorwiegend im Herbst oder Frühjahr als Bodenherbizid zur Totalvernichtung aller Pflanzen Anwendung; ferner dient es, in geringerem Maße, zusammen mit Na_2SiF_6 als Entblätterungsmittel (Defoliant)[8]. Es zeichnet sich aus durch langsamen Zerfall im Boden zu Harnstoff, welcher als Stickstoffdünger wirksam ist. Eine post-emergence-Anwendung erfolgt im Getreide[9]; die Anwendung auf Weiden ist möglich[7]. Für die Wirkung als Herbizid benötigt $CaCN_2$ Feuchtigkeit. LD_{50}: 1000 mg/kg Ratte p. o. akut.

b) Natriumcyanamid [5, 6]

wird als Defoliant und als Herbizid nur begrenzt angewandt. Es ist dort von Vorteil, wo Feuchtigkeit fehlt, da es hygroskopisch ist.

4.7. Chlorate

a) Natriumchlorat

$NaClO_3$ gehört zu den wichtigen anorganischen Herbiziden. Auch andere Salze der Chlorsäure werden, wenn auch in wesentlich geringerem Maß, benutzt. Die erste Verwendung erfolgte etwa 1900 [10–12]. Es handelt sich um ein Totalherbizid und Defoliant. Es besitzt einen großen Nachteil: Bei Berührung mit organischem Material wird dieses leicht brennbar und explosiv. Ein Zusatz von Phosphaten, Boraten oder Carbonaten vermindert die Gefahr. Auch andere Zusätze werden gemacht [13, 14]. Die Wirkung geht über Blatt und Wurzel. Starke Niederschläge nach der Anwendung vermindern die Wirkungsdauer. LD_{50}: 1200—5000 mg/kg Ratte p. o. akut. Wasserlöslichkeit: 79 g/100 ml bei 0°C.

b) Magnesiumchlorat

$Mg(ClO_3)_2$, *Margon*®, *Ortho MC*®, wirkt als Defoliant für Baumwolle. LD_{50}: 5250 mg/kg Ratte p. o. akut.

4.8. Borate

Natriumborat ($Na_2B_4O_7 \cdot 10\ H_2O$). Common name: *Borax*. Handelsname: *Borascu*® (U.S. Borax Co.). LD_{50}: 2000—5000 mg/kg. Wasserlöslichkeit: 5,1 g/100 ml bei 20°C. (Auch ein Borat mit 4 H_2O ist im Handel als *Polybor*®).

Anwendungsgebiet: Borate, wie Natriumborat, dienen als Totalherbizide auf Bahn- und Industrieanlagen. Vielfach werden Kombinationen mit araliphatischen Harnstoffen und mit Natriumchlorat benutzt, da die Borate hier flammhemmend wirken. Die Borate haben Dauerwirkung [15–17].

Patente über Borax enthaltende Herbizide [18]. Literatur [15–17].

4.9. Arsenverbindungen

a) Natriumarsenit

$NaAsO_2$ (Niagara Chemical Div.), 1901 eingeführt, ist in Deutschland als Herbizid verboten. Es besitzt eine LD_{50} von 10—50 mg/kg Ratte p. o. akut. Meist wird es im Gemisch mit Arsentrioxid benutzt. Natriumarsenit dient speziell als Baumwollentblätterungsmittel und nur zum Teil noch zur Krautabtötung bei Kartoffeln. Zur Bekämpfung submerser Wasserpflanzen benötigt man 4 ppm.

b) Arsentrioxid

As_2O_3 allein wird ebenfalls verwendet und als Totalherbizid pre- und postemergence eingesetzt. Es wirkt selbst gegen Bäume; ferner als Entblätterungsmittel.

c) Arsensäure

$H_3AsO_4 \cdot {}^1/_2 H_2O$ ist viel weniger wirksam als das Arsenit. In der Literatur finden sich über die Giftigkeit der Arsensäure außerordentlich widersprechende Angaben. Sie schwanken von 10—2000 mg/kg Ratte p. o. akut, nach neuer Literatur zwischen 48 und 100 mg/kg. Anwendung zur Baumwollentblätterung.

d) Calciumarsenat

ist ein pre-emergence-Herbizid zur Bekämpfung von *Digitaria sanguinalis* (Bluthirse) in Zierrasen.

Arsen in organischen Verbindungen s. organische Arsenverbindungen.

4.10. Schwermetall-Salze

Kupfersulfat

$CuSO_4 \cdot 5H_2O$ wirkt als Schwermetallgift und zusätzlich als Fungizid. 1896 wurde es als erstes Herbizid von dem Franzosen *Bonard* eingesetzt, ursprünglich zur Unkrautbekämpfung im Getreide. Es ist ein Blattherbizid gegen mono- und dikotyle Unkräuter; Aufwandmenge zur Algenbekämpfung 1 ppm. LD_{50}: 300 mg/kg Ratte p. o. akut. Wasserlöslichkeit: 31,6 g/100 ml bei 0°C.
Über die biologische Wirkungsweise, speziell der anorganischen Herbizide, orientiert die Zusammenstellung „The Physiology and Biochemistry of Herbicides" von *L. J. Audus* [20].

Literatur

4. Anorganische Herbizide

1) *Bolley, H. L.:* Rept. N. Dakota Agr. Exp. Stat. *11*, 48 (1911).
2) *Blackman, G. E.:* Ann. Appl. Biol. *19*, 204 (1932).
3) A. P. 2277744 (15. 8. 40/31. 3. 42), DuPont / *M. E. Cupery* u. *A. P. Tanberg*.
4) *Beatty, R. H.*, and *B. H. Davis:* Proc. Northeast. States Weed Control Conf. 1951, p. 161.

5) *Nutter, E. C.*, and *J. F. Cornman:* Experiments in Crabgrass Control with Potassium Cyanate. Proc. Northeastern States Weed Control Conf. 1950, p. 225.

6) *Hedlin, W. A.:* Chemical weed control in onions. Proc. Am. Soc. Hort. Sci. *51*, 501 (1948).

7) *Sturkie, D. G.:* J. Am. Soc. Agronomy *29*, 803 (1937).

8) *Marcovitch, S.:* J. Econ. Entomol. *38*, 395 (1945).

9) *Gould, C. S.*, *R. A. Briggs*, and *D. E. Wolf:* Three Years Results with Calcium Cyanamid as a pre-emergence Treatment on Corn. Proc. Northeast. States Weed Control Conf. 1950, p. 205.

10) *Robbins, W. W.*, *A. S. Crafts*, and *R. N. Raynor:* Weed Control. New York: McGraw-Hill Book Co. 1942, ref. C. A. *37*, 1222[5].

11) *Hurd-Karrer, A. M.:* U. S. Dept. Agr. Techn. Bull. 1940, p. 648.

12) A. P. 2733982 (29. 9. 52/7. 2. 56), Western Electro Chemical Co. / *J. C. Schumacher.*

13) D. B. P. 694450 (14. 6. 36/4. 7. 40), C. H. Boehringer / *E. Schauffele.*

14) D. B. P. 764609 (23. 2. 41/13. 1. 44), IG. Farbenindustrie AG / *W. Moslat.*

15) *Crafts, A. S.*, u. *R. N. Raynor:* Hilgardia *10*, 343 (1936).

16) *Wang, L. H.*, u. *L. J. Klotz:* Hilgardia *12*, 1 (1938).

17) *Crafts, A. S.*, *H. D. Bruse*, and *R. N. Raynor:* Calif. Agr. Exp. Stat. Bull. *648*, 13 (1941).

18) A. P. 2551705 (— / 8. 5. 51), Union Oil Co. of California / *R. A. Rogers*, ref. C.A. *45*, 8194g.

19) Herbicide Handbook of the Weed Society of America, p. 16. Geneva - New York: W. F. Humphrey Press Inc. 1967.

20) *Audus, L. J.:* The Physiology and Biochemistry of Herbicides. London-New York: Academic Press 1964.

21) *Schmitt, N.:* Z. Pflanzenkrankh. Pflanzenschutz *76*, 282 (1969).

5. Organische Herbizide

Wenngleich fast unter allen Verbindungsklassen der organischen Chemie phytotoxische Vertreter bekannt geworden sind, nehmen die Kohlenwasserstoffe hinsichtlich ihrer Pflanzenverträglichkeit doch eine Sonderstellung ein. Nur in hohen Dosen zeigen sie pflanzenschädigende Wirkungen. Mineralöle mit einem Gehalt an aromatischen Kohlenwasserstoffen waren und sind in hohen Konzentrationen als Totalherbizide und z. T. als selektive Herbizide in Umbelliferen wie Möhren, Fenchel und Sellerie in begrenzter Anwendung. Die mangelnde Wirkung einfacher Kohlenwasserstoffe ist wahrscheinlich auf die fehlende Möglichkeit zurückzuführen, mit Enzymen zu reagieren oder als Antagonisten für lebensnotwendige Bausteine der Pflanzen aufzutreten.

5.1. Kohlenwasserstoffe, Sulfone sowie einige Ketone*

Unter den *gesättigten aliphatischen* Kohlenwasserstoffen wurden bisher kaum Herbizide gefunden. Wohl aber weist das *Äthylen* wachstumsregulierende Eigenschaften auf. Chlorierte Kohlenwasserstoffe wirken sehr häufig auf das Pflanzenwachstum „narkotisch". 1967 kam ein chlorierter bicyclischer Kohlenwasserstoff als Herbizid in den Handel:

* Einige Ketone werden hier besprochen, da viele Patente Kohlenwasserstoffe und Ketone zugleich beanspruchen.

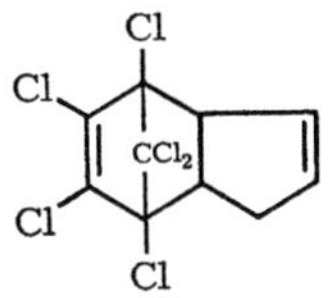

4,5,6,7,8,8-Hexachlor-3a,4,7,7a-tetrahydro-4,7-methanoinden
Handelsname: *Bandan*®
(Velsicol Chemical Corp.) 1967

LD_{50}: 504—577 mg/kg Ratte p. o. akut. Wirkungsweise: Pre-emergence.
Anwendungsgebiet: Gegen Digitaria auf Weiden.
Literatur: [16]

Aromatische Chlorkohlenwasserstoffe sind einige Male als Herbizide in der Patentliteratur beschrieben[1], z. B. das 1,2,3-Trichlorbenzol.
Im Kern mehrfach chloriertes Benzylchlorid weist ausgesprochene phytotoxische Eigenschaften auf[2]. Die Firma Monsanto hat im *Randox T*® im Kern 3fach chlorierte Benzylchloride in Kombination mit Chloressigsäure-diallylamid als Herbizid registrieren lassen (s. auch bei Randox T unter Carbonsäuren).
LD_{50}: 3160 mg/kg Ratte p. o. akut.
Chlorierte oder nitrierte Benzalchloride[3]. Chlorierte Benzotrichloride[4].

Bis 1968 ist lediglich ein Versuchsherbizid bekanntgeworden:

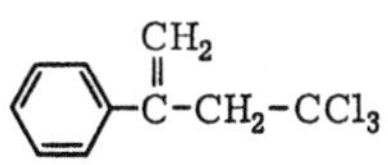

α-(2,2,2-Trichloräthyl)-styrol
Versuchsprodukt
Dow 221
(Dow Chemical Co.)

Anwendungsgebiet: Selektiv in Reis gegen einjährige Gräser (Hirsearten).
Patente[14, 17]. Literatur[15].

Nitrierte aromatische Kohlenwasserstoffe und *Phenylmethylsulfone*, speziell *Methyl-2-nitro-4-chlorphenylsulfon*[5], zeigen ebenfalls phytotoxische Eigenschaften.

Dinitro-phenyl-methylsulfon[6].

Eine Nitrogruppe, z. B. in Styrolen, ist oft von positivem Einfluß auf die phytotoxische Wirkung, ebenso eine Anhäufung von Halogensubstitutionen[12].

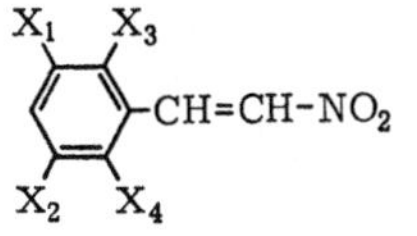

X_1, X_2 = H, Halogen;
X_3, X_4 = Halogen.

In β-Stellung substituierte Äthylvinylsulfone vgl.[13].

Als Vertreter der *aromatisch-cyclo-aliphatischen* Kohlenwasserstoffe haben erst in jüngster Zeit einige Derivate des *Hydrindans* mit und ohne zusätzliche Keton- oder Nitrogruppen in der Literatur größere Bedeutung als Herbizide gefunden.

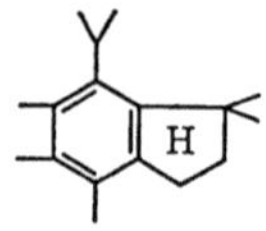 7)

Ähnliche Verbindungen mit Äthylketo-Resten oder Nitrogruppen sind gleichfalls als herbizid wirksam patentiert worden [8–10].
Für *Addukte von Styrolen,* z. B. p-Chlormethylstyrol an Hexachlorocyclopentadien, wurde eine herbizide Wirksamkeit bekannt [11].
Auch substituierte Tetraline sind als Herbizide patentiert [18].

Literatur

5. Organische Herbizide

5.1. Kohlenwasserstoffe, Sulfone sowie einige Ketone

1) A. P. 3285729 (30. 11. 62/15. 11. 66), Hooker Chemical Corp. / *E. D. Weil.*
2) Beobachtungen der Farbenfabriken Bayer AG.
3) Jap. P. Anm. 6826/67 (2. 4. 64/18. 3. 67, Jap. Prior. 2. 4. 64), Ihara Noyaku K. K.
4) Russ. P. 179553 (4. 4. 63/Mai 66), *V. P. Lobov* et al.
5) D. A. S. 1258651 (30. 9. 63/11 1. 68), Shell Internat. Research Maatschappij / *K. H. G. Pilgram* u. *Fr. W. A. K. Korte.*
6) F. P. 1442292 (28. 9. 64/9. 5. 66, Dtsch. Prior. 30. 9. 63), Shell Internat. Research Maatschappij N. V.
7) Belg. P. 670183 (27. 9. 65/28. 3. 66, Am. Prior. 28. 9. 64), L. Givaudan & Cie. S. A. / *T. F. Wood* u. *W. S. Evans.*
8) Belg. P. 670184 (27. 9. 65/28. 3. 66, Am. Prior. 29. 9. 64), L. Givaudan & Cie. / *T. F. Wood* u. *N. E. Achuff.*
9) Belg. P. 670185 (27. 9. 65/28. 3. 66, Am. Prior. 28. 9. 64), L. Givaudan & Cie. / *T. F. Wood* u. *J. T. Angiolini* (Selekt. Pre-emergence-Herbizid).
10) Belg. P. 670186 (27. 9. 65/28. 3. 66, Am. Prior. 28. 9. 64), L. Givaudan & Cie. / *T. F. Wood* u. *J. T. Angiolini.*
11) A. P. 3378580 (18. 3. 65/16. 4. 68, Am. Prior. 26. 11. 62), Dow Chemical Co. / *C. W. Roberts* u. *D. H. Haigh.*
12) A. P. 3309191 (26. 11. 63/14. 3. 67, Am. Prior. 25. 5. 61 u. 3. 6. 63), Hooker Chemical Corp. / *E. D. Weil* u. *J. Linder.*
13) Russ. P. 196813 (7. 2. 66/31. 5. 67), Organic Chem. Inst. Acad. Sciences USSR / *E. N. Prilezhaeva* u. *E. S. Shapiro.*
14) A. P. 3373011 (10. 10. 63/12. 3. 68, Am. Prior. 14. 5. 62), Dow Chemical Co. / *D. R. Mussell.*
15) *Datta, S. K., R. T. Bantilan,* and *J. K. Park:* Nature *221*, 64 (1969).
16) *Martin, H.:* World Review of Pest Control, Vol. *8* (1), (1969), Suppl. Guide to new compounds.
17) A. P. 3425821 (3. 3. 67/4. 2. 69, Am. Prior. 27. 6. 66), Dow Chemical Co. / *L. R. Morris.*
18) A. P. 3442640 (22. 11. 66/4. 5. 69), Givaudan Corp. / *T. F. Wood* u. *N. E. Achuff.*

5.2. Alkohole und Äther

5.2.1. Aliphatische Alkohole

a) Monoalkohole

Alkohole sind zwar Zellgifte, doch sind sie in niedriger Konzentration meist zu wenig pflanzenschädigend, um als Herbizide in Frage zu kommen.

Allylalkohol ist in der Literatur mehrmals als Herbizid genannt worden, ohne daß ihm bis heute ein durchschlagender Erfolg beschieden gewesen ist [1]. Er findet zur Bodensterilisation gegen Unkrautsamen in hohen Konzentrationen begrenzte Anwendung (Shell Chem. Co.).

Halogenierte Alkohole sind fast durchweg phytotoxischer. Chlorderivate des Allylalkohols sind lang wirkende Herbizide.

Trichloräthylalkohol [2]

b) Diole

Polyjod-diole sind in letzter Zeit als Defoliants bzw. Herbizide patentiert worden:

$HOCH_2-CJ=CJ-CH_2OH$ [3] $HOCH_2-CJ=CJ-CJ=CJ-CH_2OH$ [4]

Die biologisch oft aktive Trifluormethyl-Gruppe ist in einigen Versuchsprodukten enthalten.

90% 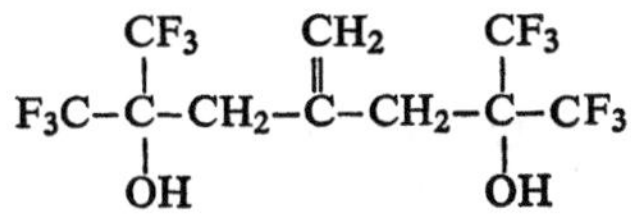

Versuchsprodukt
ACD - 10614
(Allied Chem. Corp.)

und

10% 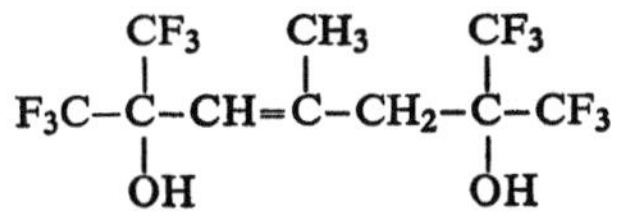

Anwendungsweise: Pre-emergence. Anwendungsgebiet: In Getreide.
Patente [5–8]. Literatur [9].

Die Gruppierung $CF_3-\overset{|}{\underset{|}{C}}-CF_3$ kommt in einigen neuen Versuchsherbiziden vor, z. B. im

2-Amino-hexafluor-propanol-2

Versuchsprodukt
ER 3757
(Esso Research u. Eng. Co.)

Anwendungsweise: Pre-emergence. Anwendungsgebiet: Gegen Dikotyledonen.
Patente [10, 11].

Aliphatische Thioalkohole sind in Form ihrer Ester stärker herbizid wirksam als die entsprechenden Alkohole [12].

c) Cyclo-aliphatische Alkohole

Ein cyclisch-aliphatischer Alkohol soll in Rußland als Herbizid im Verkauf sein. Näheres ist nicht bekannt.
Patente [47].

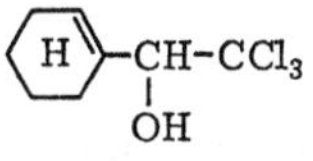

Efiram 518

Weitere Präparate sind:

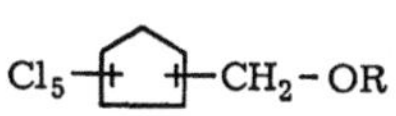 [48]

R = H oder Acyl

Epoxide des Norbornens scheinen eine auch dem vielfach chlorierten Norbornen eigene herbizide Wirkung aufzuweisen.

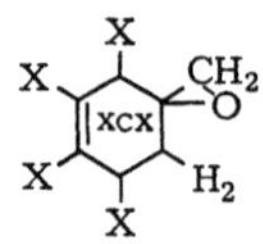

X = Cl, Br, F [45]

5.2.2. Aromatisch-aliphatische Alkohole

(Ätheralkohole, Äther, Alkoholsulfonate und Ester von Alkoholen)

a) Benzylalkohole und Derivate

Unter den herbiziden Alkoholen sind in der Patentliteratur häufig Vertreter chlorierter Benzyläther und der Phenoxyäthanole als Herbizide bekanntgeworden. Möglicherweise werden erstere in der Pflanze oder im Boden zu den entsprechenden chlorierten Benzoesäuren (s. dort), letztere zu den entsprechenden Phenoxyessigsäuren abgebaut. Beide Abbauprodukte sind starke Herbizide.

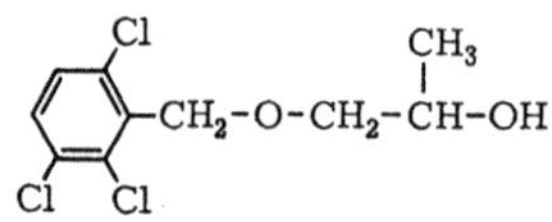

2,3,6-Trichlorbenzyl-oxyisopropanol
Common name: *2,3,6 TBP*
Handelsname: *Tritac*®
(Hooker Chemicals Corp.) 1961

LD_{50}: >3160 mg/kg Ratte p. o. akut. Wasserlöslichkeit: 0,0073 g/100 ml bei 25°C. Wirkungsweise: Systemisches Blattherbizid und Wurzelherbizid. Anwendungsweise: Post-emergence. Anwendungsgebiet: Gegen mehrjährige, tiefwurzelnde, breitblättrige Unkräuter in nicht bebautem Land.

Patente [13–15]. Literatur [16].

Auch die Schwefelsäureester entsprechender Alkohole sind Herbizide [13, 23, 54].

Verwandte Verbindungen sind:

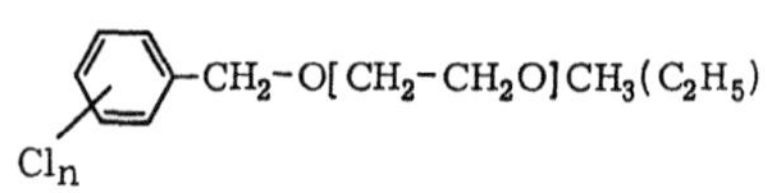

[17, 18], ähnliche Verbindungen [19].

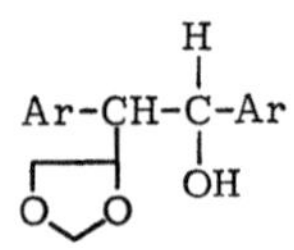

[20]

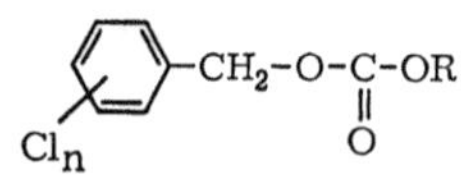

[21, 22]

Betr. Polyhalogen-benzyloxyalkylsulfate vgl. [23].

Für die Zwecke der Kartoffelkeimhemmung beim Lagern, speziell bei Saatkartoffeln, wurde von den Farbenfabriken Bayer 1948 für einige Jahre der Wuchshemmstoff α-Menaphthyl-methyläther in den Handel gebracht. Die Wirkung ist ähnlich der für den gleichen Zweck verwendeten α-Naphthylessigsäure-methyl- oder -äthylester, aber besser reversibel.

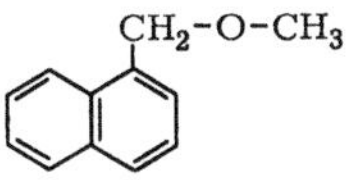

1-Methyl-naphthyl-methyläther
Common name: *meter*
Handelsname: *Belvitan K*®
(Farbenfabriken Bayer AG) 1948

Wirkungsweise: Hemmt das Wachstum. Anwendung: Bestäuben von Kartoffeln zum Verhindern des Auskeimens von lagernden Kartoffeln.

Patente [24]. Literatur [49, 50].

Offensichtlich ist hier ein oxydativer Abbau zur α-Naphthoesäure nicht Ursache der Keimhemmung, sondern dem Molekül als Ganzes eigen. Belvitan K ist vorwiegend über die Dampfphase wirksam, und die Keimhemmung ist nach Belüftung der Kartoffeln reversibel.

b) Thiobenzylalkohol-Derivate

Thiobenzylalkoholderivate (s. auch bei Carbamidsäureester) [25], Pentachlorthiobenzyl-alkohol [26]. An dieser Stelle sei auch ein anderes Thiol erwähnt: Phenylhydrazin-propanthiol [27].

c) Phenoxyäthanole, Äther und Ester

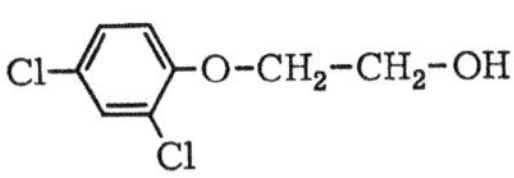

2,4-Dichlorphenoxyäthanol
Versuchsprodukt (1967)
Patente [28–30]. Literatur [31].

Phenoxyäthanolester haben eine spezielle Bedeutung als „latente" Herbizide. Möglicherweise wirken sie über eine Phenoxyessigsäure, die durch Oxydation entsteht.

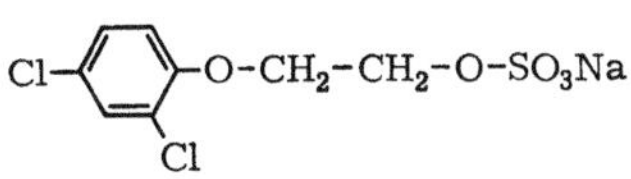

2,4-Dichlorphenoxyäthyl-sulfonsaures Natrium
Common name: *SES, sesone, disul-Natrium, 2,4-DES-Na*
Handelsname: *Sesone*®, *Crag-Sesone*®, *Amchem-Sesone*® (Amchem), *Crag-Herbicide 1*® (Union Carbide Chem. Co.) 1951

LD_{50}: 1400 (700—1400) [1230] mg/kg Ratte p. o. akut. Wasserlöslichkeit: 26,5% bei 25°C. Wirkungsweise: Bodenherbizid. Anwendungsweise: Pre-emergence gegen keimende Unkräuter, Mono- und Dikotyledonen.

Anwendungsgebiet: Die Verbindung dringt — wohl infolge ihres stark anionoiden Charakters — nur sehr schwer in die Pflanze durch die Blätter ein. SES ist daher kein Blattherbizid wie 2,4-D. Im Boden wird aber SES durch Bakterien langsam in 2,4-D verwandelt. SES kann deshalb in stehenden Kulturen benutzt werden und schädigt nur die keimenden Unkräuter. Anwendung in Erdbeeren, besonders aber in Spargel, Blumenzwiebeln, Baumschulen und anderen tiefer wurzelnden Kulturen.

Patente [32–35]. Literatur [36, 37].

Ein Dichlorpropionsäureester des 2,4,5-Trichlorphenoxyäthanols enthält zusätzlich eine herbizid wirksame Esterkomponente und ist so auch gegen Gräser wirksam (s. auch 2,2-Dichlorpropionsäure).

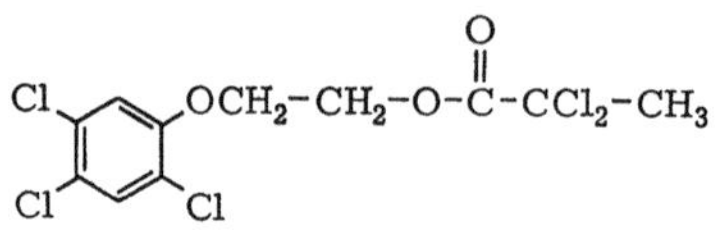

2,4,5-Trichlor-phenoxyäthanol-dichlorpropionat
Common name: *erbon, ASA*
Handelsname: *Baron®*, *Erbon R®*

Wasserlöslichkeit: Unlöslich. Wirkungsweise: Kontaktherbizid mit systemischer Wirkung. Anwendungsgebiet: Gegen Mono- und Dikotyledonen (wie Sesone). Patente [38,39]. Literatur [51,52].

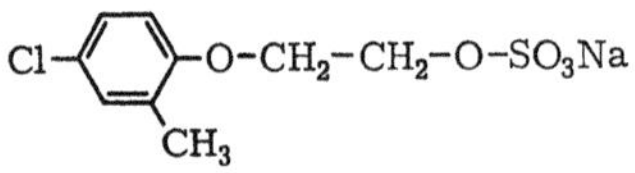

2-Methyl-4-chlorphenoxyäthanol-sulfonsäureester
Common name: *MCPES*

Anwendungsgebiet: Ähnliche Wirkung wie Sesone, aber geringere Bedeutung. Patente [40]. Literatur [53].

Auch das Natriumsalz des 2-(2,4,5-Trichlorphenoxy)äthylsulfats wird als *2,4,5-TES-Natrium* gelegentlich benutzt.

Es sind noch zahlreiche weitere Ester des 2,4-Dichlorphenoxyäthanols und ähnlicher Phenoxyäthanole bekanntgeworden, die aber nur ganz geringe Anwendung finden. Immer noch werden neuartige Ester, Acetale bzw. andere „Depot"-formen patentiert, ohne daß derartigen Produkten bisher größere Bedeutung zugekommen wäre. Z. B. sind der Benzoesäureester des 2,4-Dichlorphenoxyäthanols (2,4-DEB) wie auch entsprechende Verbindungen des 2,4,5-Trichlorphenoxyäthanols und einige andere Ester und Äther in geringem Maß in Anwendung.

Ungesättigte Säureester chlorierter Phenoxyäthanole: [41]

Auch höhere Glykoläther zeigen herbizide Wirkung [42]:

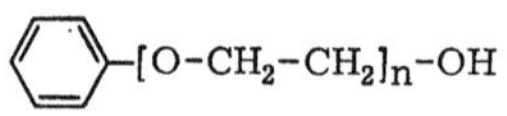

42)

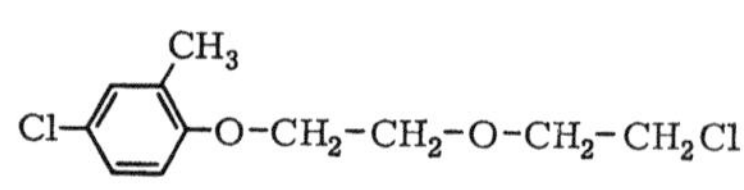

43)

SO_3H im Acylrest: z. B.

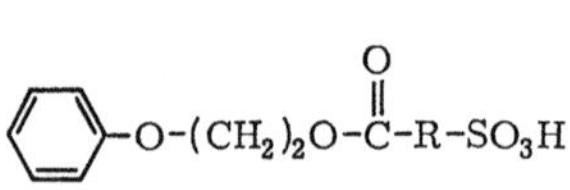

44)

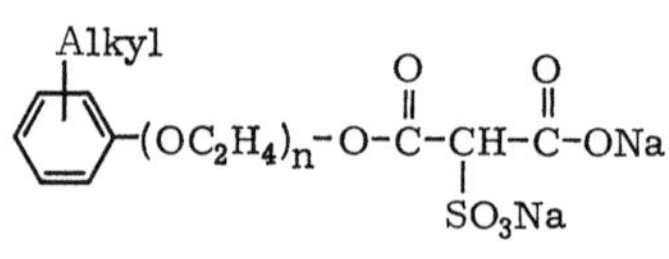

44)

Als Beispiel für Äther bzw. Thioäther heterocyclischer Thioalkohole diene der Thioäther des Mercaptobenzthiozols [46].

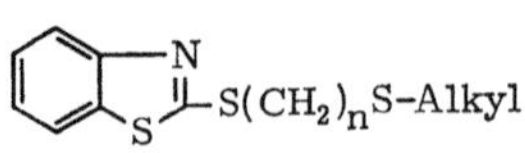

46)

Literatur

5. Organische Herbizide

5.2. Alkohole und Äther

1) *Vorsatz, E.:* Wiss. Z. Univ. Jena *15*, Nr. 3, 445 (1966).
2) Russ. P. 184561 (15. 3. 65/17. 9. 66), *Yu. V. Shcheglov* u. a.
3) A. P. 3342582 (8. 1. 64/19. 9. 67), Pennsalt Chemicals Corp. / *H. Iserson* u. *H. Q. Smith.*
4) A. P. 3268598 (21. 8. 63/23. 8. 66), Pennsalt Chemicals Corp. / *H. Iserson.*
5) D. A. S. 1221625 (4. 12. 62/28. 7. 66, Am. Prior. 5. 12. 61), Allied Chemical Corp. / *M. H. Litt* u. *G. J. Schmitt.*
6) = F. P. 1345812 (29. 11. 62/4. 11. 63, Am. Prior. 5. 12. 61).
7) = Belg. P. 625425 (28. 11. 62/15. 3. 63, Am. Prior. 5. 12. 61).
8) = E. P. 964755 (23. 11. 62/22. 7. 64, Am. Prior. 5. 12. 61).
9) Research Report prepared for the 20. Ann. Meeting Southern Weed Conf. 1967, p. 30.
10) F. P. 1506174 (27. 12. 66/6. 11. 67, Am. Prior. 3. 1. 66), Esso Research and Engineering Co. / *M. Stanley* u. *J. Brois.*
11) = Niederl. P. Anm. 6700050 (3. 1. 67/4. 7. 67).
12) A. P. 3372179 (15. 7. 65/5. 3. 68), Monsanto Co. / *F. B. Zienty* u. *A. A. Schleppnik.*
13) A. P. 3006967 (4. 2. 59/31. 10. 61), Hooker Chemical Corp. / *J. S. Newcomer, E. D. Weil, E. Dorfman* u. *J. Linder.*
14) A. P. 3252783 (2. 3. 64/24. 5. 66), Hooker Chemical Corp. / *J. S. Newcomer, E. D. Weil, E. Dorfman* u. *J. Linder.*
15) A. P. 3154399 (4. 8. 61/27. 10. 64, Am. Prior. 4. 2. 59 u. 11. 4. 61), Hooker Chemical Corp. / *E. D. Weil, J. Linder, E. Dorfman* u. *J. S. Newcomer.*
16) 22. Annual Research Report, North Central Weed Control Conf. 1965, p. 11.
17) D. A. S. 1211020 (19. 11. 62/17. 2. 66, Am. Prior. 24. 11. 61), Hooker Chemical Corp. / *E. Dorfman.*
18) A. P. 3223516 (5. 10. 64/14. 12. 65, Am. Prior. 16. 7. 58), Allied Chemical Corp. / *E. E. Gilbert* u. *C. N. Yiannios.*
19) A. P. 3338703 (2. 5. 64/29. 8. 67, Am. Prior. 4. 2. 59 u. 19. 7. 61), Hooker Chemical Corp. / *E. D. Weil, J. Linder, E. Dorfman* u. *J. S. Newcomer.*
20) A. P. 3344148 (29. 10. 65/26. 9. 67), Olin Mathieson Chemical Corp. / *H. J. Dietrich* u. *J. V. Karabinos.*
21) A. P. 3124608 (22. 11. 60/10. 3. 64), Monsanto Chemical Co. / *R. M. Schisla* u. *R. van Gaertner.*
22) A. P. 3253012 (11. 6. 62/24. 5. 66, Am. Prior. 13. 12. 58), Hooker Electrochemical Corp. / *J. S. Newcomer, E. D. Weil, E. Dorfman* u. *J. Linder.*
23) A. P. 3328454 (12. 8. 63/27. 6. 67), Hooker Chemical Corp. / *E. D. Weil.*
24) D. B. P. 810199 (4. 12. 48/31. 5. 51), Farbenfabriken Bayer AG / *R. Wegler* u. *A. Moenikes.*
25) A. P. 2990265 (23. 12. 57/27. 6. 61), Monsanto Chemical Co. / *P. C. Hamm* u. *K. L. Godfrey.*
26) A. P. 3258325 (21. 5. 64/28. 6. 66, Am. Prior. 1. 6. 62), Pennsalt Chemicals Corp. / *F. E. Lawlor* u. *J. C. Popoff.*
27) A. P. 3397235 (29. 8. 66/13. 8. 68), Dow Chemical Co. / *L. Levine.*
28) Ital. P. 553902 (11. 11. 55/4. 1. 57), Montecatini / *G. Pellegrini, P. Scrivani* u. *A. Muggiani* / ref. C. A. *53*: 639c.
29) Jap. P. Anm. 912/60 (12. 12. 56/18. 2. 60), Mitsui Kagaku Kogyo K. K.
30) A. P. 2958595 (31. 10. 56/1. 11. 60, Ital. Prior. 11. 11. 55), Montecatini / *G. Pellegrini, P. Scrivani* u. *A. Bugiani.*
31) *Picco, D.:* Atti della giornata del diserbo chimico Verona, 20. 3. 1966. Notiziario sulle Malattie delle Pianta 1966, H. 74—75 (III Serie H. 1—2) S. 79.
32) A. P. 2573769 (6. 11. 51), Union Carbide & Carbon Corp. / *J. A. Lambrech*, ref. C. A. *46*: P 5087e.
33) A. P. 2852548 (9. 6. 55/16. 9. 58, Dtsch. Prior. 14. 6. 54), Henkel & Cie. GmbH / *W. Gündel* u. *H. Linden* (Darstellungspatent).
34) D. B. P. 967826 (15. 6. 54/5. 12. 57), Henkel & Cie. GmbH / *W. Gündel* u. *H. Linden* (Darstellungspatent).

35) E. P. 798476 (13. 6. 55/23. 7. 58, Dtsch. Prior. 14. 6. 54), Henkel & Cie. / *W. Gündel* u. *H. Linden.*
36) *King, L. D.* et al.: Contrib. Boyce Thompson Inst. *16*, 191 (1950).
37) *Finn, T. P.:* Agr. Chem. *9*, 53 (1951).
38) D. A. S. 1051277 (5. 4. 54/26. 2. 59), Dow Chemical Co. / *H. F. Brust* u. *H. O. Senkbeil.*
39) = A. P. 2754324 (6. 4. 53/10. 7. 56).
40) A. P. 2708675 (3. 11. 52/17. 5. 55), Dow Chemical Co. / *H. R. Slagh.*
41) A. P. 3244742 (30. 12. 60/5. 4. 66), Monsanto Co. / *J. E. Katon* u. *L. A. Miller.*
42) D. B. P. 873174 (2. 11. 48/26. 2. 53), Henkel & Cie. / *B. Blaser, W. Gündel* u. *A. Kirstahler.*
43) Jap. P. Anm. 11474/66 (6. 5. 64/25. 6. 66), Sankyo Co., Ltd.
44) A. P. 3272613 (4. 9. 62/13. 9. 66), Union Oil Co. of California / *D. C. Young.*
45) A. P. 3298815 (8. 7. 64/17. 1. 67, Am. Prior. 8. 7. 64), Monsanto Co. / *V. Mark.*
46) F. P. 1439642 (8. 7. 65/12. 4. 66, Engl. Prior. 14. 7. 64), Monsanto Chemicals Ltd.
47) Russ. P. 169356 (29. 6. 64/Juni 65), *Sh. Mamedov* u. a.
48) A. P. 3321291 (2. 8. 65/23. 5. 67, Am. Prior. 10. 8. 62), Hooker Chemical Corp. / *E. D. Weil.*
49) *Grewe, F.:* Über die Wirkungsweise des Belvitan K unter besonderer Berücksichtigung seiner fungistatischen Wirksamkeit. Höfchen-Briefe 2, H. 1, 37 (1949).
50) Belvitan K als Keimhemmungsmittel bei Saatkartoffeln. De Pootaardappelhandel *13*, 4 (1959).
51) Herbicide Handbook of the Weed Society of America, p. 276. Geneva - New York: W. F. Humphrey Press Inc. 1967.
52) *Fryer, J. D.,* and *S. A. Evans:* Weed Control Handbook, p. 77 u. 370. Oxford-Edinburgh: Blackwell Scientific Publications 1968.
53) *Kurth, H.:* Chemische Unkrautbekämpfung, S. 80. 4. Aufl. Jena: VEB Gustav Fischer Verlag 1968.
54) A. P. 3429687 (2. 12. 66/25. 2. 69, Am. Prior. 12. 8. 63), Hooker Chemical Corp. / *E. D. Weil.*

5.3. Aldehyde und Ketone

5.3.1. Aliphatische Aldehyde und Ketone

Von den einfachen, aliphatischen *Aldehyden* weist nur das Acrolein herbizide Eigenschaften auf. Die Verbindung ist von der Shell als Herbizid gegen Wasserpflanzen empfohlen worden. Die Wirkung wird mit der Möglichkeit der Anlagerung von zellwichtigen SH-Gruppen an die Doppelbindung und an die Aldehydgruppen erklärt.

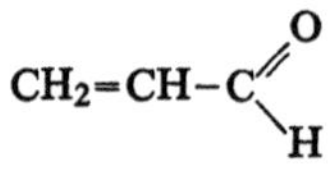

Acrylaldehyd
Common name: *acrolein*
Handelsname: *Aqualin-Herbicide*® (Shell)

LD_{50}: 46 mg/kg. Wasserlöslichkeit: 25%. Anwendungsweise: Wasserherbizid. Anwendungsgebiet: Bekämpfung von submersen Wasserpflanzen.
Patente [1,2]. Literatur [3].

Unter den hochchlorierten *Ketonen* befinden sich Herbizide mit sehr beschränkter Anwendung.

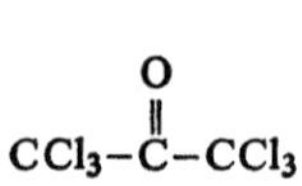

Hexachloraceton
Common name: *HCA*

LD_{50}: 1290 mg/kg Ratte p. o. akut. Wirkungsweise: Blattherbizid. Anwendungsweise: Post-emergence gegen Monokotyledonen. Anwendungsgebiet: Blattaustrocknungsmittel oder als Totalherbizid in Mischung mit phytotoxischen Erdölen. Das Präparat ist von geringer Bedeutung.
Patente [4,5]. Literatur [15,16].
Entsprechende Brom-chloracetone s. [6].

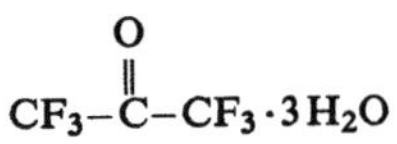

Hexafluoraceton
Versuchsprodukt
(Allied Chem. Corp.)
Common name: *HFA*

LD_{50}: 190 mg/kg Ratte p. o. akut. Anwendungsgebiet: Totalherbizid.
Patente [7]. Literatur [17].

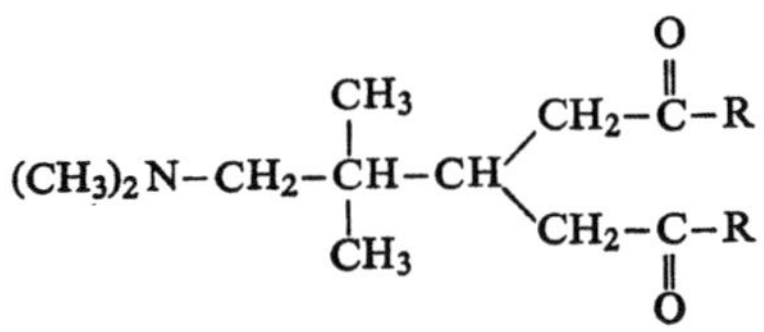

Zu dieser Verbindung vgl. [8].

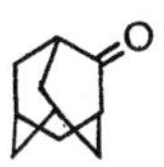

Adamanton ist von der Du Pont als Herbizid zum Patent angemeldet worden [9].

5.3.2. Aromatische Aldehyde und Ketone

Die *aromatischen Aldehyde* werden als Sonderabschnitt später getrennt behandelt. Sie sind höchstwahrscheinlich nur Vorstufen der herbizid wirksamen, aromatischen Carbonsäuren oder wirken in Form der Oxime und Aldimine als leicht in die Nitrile übergehend, wobei letztere die Grundlage der Wirksamkeit darstellen. Chlorierte Chinone, speziell Naphthochinone sind vorwiegend als Fungizide bekannt. Einige Verbindungen zeigen aber auch herbizide Potenz.

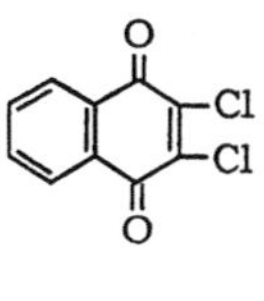

2,3-Dichlor-1,4-naphthochinon
Common name: *dichlone*
Handelsname: *Phygon XL-50®*
(US. Rubber Co.)

LD_{50}: 1500 mg/kg Ratte p. o. akut. Anwendung: Herbizid gegen submerse Wasserpflanzen und Algen.

Patente [10]. Literatur [18].

Tetrachlorchinon ist ein Photosynthese-Hemmstoff [19].

Als Ketone seien noch angeführt:

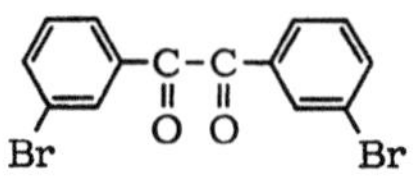

11)

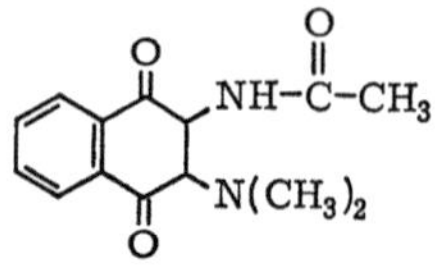

Herbizid im Reis 12)

Weitere bicyclische Ketone, einfach chloriert, sind als Herbizide gegen Digitaria patentiert, z. B.:

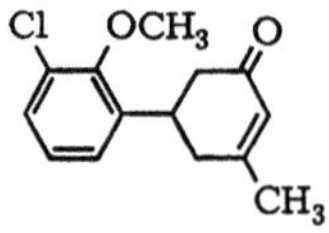

13)

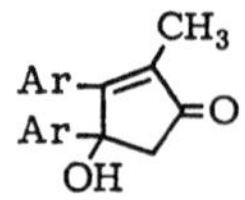

14)

Literatur

5. Organische Herbizide

5.3. Aldehyde und Ketone

1) E. P. 869088 (8. 1. 60/31. 5. 61), Shell Res. / *K. J. Eaton* u. *J. Malone.*
2) F. P. 1206869 (20. 5. 58/31. 8. 59), Shell Res. (N. V. Bataafsche Petroleum) / *J. v. Overbeck.*
3) *Austin, W. G. L.:* Outlook Agr. *4* (1), 35 (1964).
4) A. P. 2635117 (12. 5. 49/14. 4. 53), Allied Chemical & Dye Corp. / *C. Woolf* u. *E. E. Gilbert* (Darstellungspatent).
5) A. P. 2764497 (24. 1. 55/25. 9. 56), Shell Development Co. / *T. F. Mika* u. *R. D. Sullivan* (Anwendung als Herbizid mit Pentachloraceton).
6) A. P. 3351665 (12. 5. 64/7. 11. 67), Allied Chemical Corp. / *E. E. Gilbert* u. *B. S. Farah.*
7) E. P. 1026036 (15. 9. 64/14. 4. 66, Am. Prior. 25. 9. 63), Allied Chemical Corp. / *W. J. Cunningham.*
8) A. P. 2969359 (24. 3. 58/24. 1. 61, Am. Prior. 25. 1. 56), Rohm & Haas / *P. L. de Benneville.*
9) A. P. 3257456 (4. 5. 64/21. 6. 66, Am. Prior. 10. 6. 63 u. 22. 12. 59), DuPont / *G. W. Smith.*
10) Jap. P. Anm. 18520/66 (10. 8. 63/24. 10. 66, Jap. Prior. 10. 8. 63), Takeda Chem.
11) A. P. 3013079 (18. 1. 57/12. 12. 61), *D. E. Pearson* u. *H. W. Pope.*
12) Jap. P. Anm. 19360/66 (10. 8. 63/9. 11. 66), Takeda Chem. Ind. Ltd. (Herbizid in Reis).
13) A. P. 3273992 (6. 2. 62/20. 9. 66), Food Machinery and Chemical Corp. / *G. R. Treves, K. L. Hill* u. *K. P. Dorschner.*
14) E. P. 1052951 (21. 3. 62/30. 12. 66), Imperial Chemical Industries Ltd. / *F. L. C. Baranyovits* u. *J. E. Downes.*
15) *Thomson, W. T.:* Agricultural Chemicals — Book II Herbicides, p. 205. Davis (California): The Simmons Publishing Company 1964.
16) Agr. Chem. *13* (5), 42 u. 109 (1958).
17) *Thomson, W. T.:* Agricultural Chemicals — Book II Herbicides, p. 206. Davis (California): The Simmons Publishing Company 1964.
18) *Fryer, J. D.,* and *S. A. Evans:* Weed Control Handbook, pp. 94 u. 426. Oxford — Edinburgh: Blackwell Scientific Publications 1968.
19) *Zweig, G., J. E. Hitt,* and *D. H. Cho:* J. Agr. Food Chem. *17,* 176 (1969).

5.4. Phenolderivate

5.4.1. Phenole, Thiophenole sowie ihre Ester

Unter den Phenolen finden sich die ältesten Herbizide, die zudem auch selektiv wirken. Fast alle Phenole sind Zellgifte. Die Phytotoxizität wird durch Substituenten, welche den sauren Phenolcharakter verstärken, meist erhöht (NO_2, Cl). Alkylgruppen ergeben weiterhin eine Wirksamkeitssteigerung, die vermutlich auf einem besseren Eindringen in die Pflanzenzellen beruht. Die allgemeine Zellgiftigkeit derartiger Verbindungen macht sich auch in einer insektiziden, speziell akariziden sowie in einer starken fungiziden Wirkung bemerkbar. Letztere Eigenschaften treten besonders nach Zurückdrängung einer herbiziden Wirkung durch Veresterung der OH-Gruppen mit längeren, meist ungesättigten Carbonsäuren hervor (s. bei Akariziden, Bd. 1, und Fungiziden).

2,4-Dinitro-6-methylphenol, auch *2,4-Dinitro-o-kresol* genannt, ist wohl das älteste synthetische Insektizid: *Antinonnin*® der Farbenfabriken Bayer 1892! Es ist wirksam gegen Nonnenraupen im Forst und wurde später auch gegen zahlreiche andere Schadinsekten, speziell gegen deren überwinternde Stadien (Eier und Larven) als sog. *DNOC* angewandt. Infolge der pflanzenschädigenden Wirkung kann es fast ausschließlich im Winter und im Vorblütenstadium benutzt werden. Als Herbizid wurde es erst sehr viel später (1934) herangezogen.

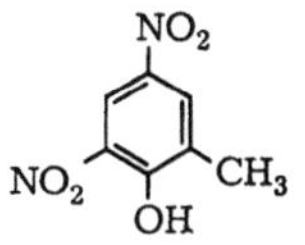

2,4-Dinitro-6-methylphenol
bzw. Ammonium- und Aminsalze.
Common name: *DNC*, *DNOC*
Handelsname: *Sinox*®
(G. Truffaut et Cie.) 1934

LD_{50}: 25—40 mg/kg Ratte p. o. akut. Wirkungsweise: Blattherbizid mit Kontaktwirkung mit raschem Wirkungseintritt und geringer Wirkung als Bodenherbizid. Näheres s. im folgenden. Anwendungsweise: In Form von Ammonium- oder Aminsalzen. Anwendungsgebiet: Selektives Herbizid in Getreide und Lein. Gegen breitblättrige Unkräuter. Patente[3].

DNOC ist das erste organische Herbizid und noch heute Verkaufsprodukt sehr vieler Firmen. Nach einer Zeit großer Bedeutung ging seine Verwendung als typisches Kontaktherbizid (Ätzmittel) wegen einiger Nachteile in der Anwendung stark zurück (Gelbfärbung mit Hautaffinität, zu hohe Giftigkeit für Mensch und Tier, spez. Bienen). In jüngerer Zeit gewinnt DNOC als Ergänzungsherbizid für einige durch Wuchsstoffherbizide schwer bekämpfbare Unkräuter, die sich stark vermehrt haben, wieder an Bedeutung. Das Ammoniumsalz des DNOC ist besonders wirksam[1,2]. Ammoniumsalze nehmen bei vielen sauren Herbiziden eine Sonderstellung ein, da sie offenbar besonders gut von den Pflanzen aufgenommen werden.

Spezielle Wirkung zeigen DNOC und ähnliche Produkte (z. B. Dinoseb (s. unten)) gegen breitblättrige Unkräuter. Wurzelunkräuter werden von DNOC nicht erfaßt. Wirkung: Gegen schwer bekämpfbare Samenunkräuter, wie Vogelmiere, Klettenlabkraut, Kamille, Knöterich, Ehrenpreis, Taubnessel und Saatwucherblume, selektiv im Getreide, Lein, Weinbau, Mais, oft in Kombination mit Wuchsstoffherbiziden. 2,4-Dinitro-o-kresol wird auch als *Acetat* angewandt und kann dann in organischen Lösungsmitteln gelöst werden.

Die herbizide Wirkung aller Dinitroalkylphenole scheint auf einer Entkoppelung der oxydativen Phosphorylierung zu beruhen. Auf diese Weise unterbleibt die Bildung energiereicher Phosphate in der Pflanze. Nach *Wain*[4] wirken auch andere

Phenole (s. das im folgenden beschriebene 2,6-Dihalogen-4-cyanophenol) als Entkoppler der oxydativen Phosphorylierung. Da aber auch *2,6-Dichloranisol* herbizid wirksam ist [5], könnte auch noch ein anderer Reaktionsmechanismus für die herbizide Wirkung von Phenolen in Frage kommen. Außerdem sind Phenole Fällungsmittel für Eiweiß, was wohl auch z. T. ihre akarizide Wirksamkeit erklärt.

Den Einfluß größerer Alkylgruppen im Dinitrophenol untersuchte *Crafts* [6, 63]. Dinitrophenole mit höheren Alkylresten wirken z. T. etwas schwächer herbizid, sind aber selektiver [7] und ergeben bessere Löslichkeiten (z. B. Aminsalze in Erdöl).

o- und p-Phenylphenole sind besonders eingehend untersucht worden. Die Wirkung der mono- und dinitrierten Verbindungen steht in Beziehung zu ihrem pK-Wert (4—7). Lediglich bei dreimal nitrierten o-Phenylphenolen fehlt eine entsprechende Übereinstimmung. Sie wird mit einer sterischen Behinderung der OH-Gruppe erklärt [8].

Von den vielen als Herbizide patentierten Phenolen (Nitro-, meist Dinitro- und Chlorphenole) werden im folgenden nur einige erwähnt, speziell solche, die praktisch wichtig sind.

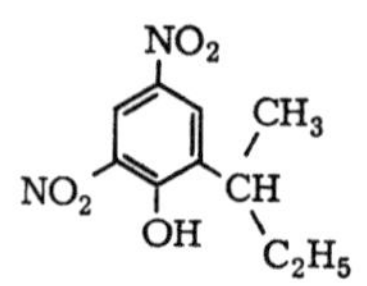

2,4-Dinitro-6-sec.-butylphenol
Common name: *dinoseb, DNBP*
Handelsname: *Premerge*®
(Dow Chemical Co.) 1945

LD_{50}: 37—60 mg/kg Ratte p. o. akut, z. T. werden niedrigere Werte angegeben. Wasserlöslichkeit: 100 ppm. Wirkungsweise: Kontaktherbizid, geringe Wirkung als Bodenherbizid. Anwendungsweise: Post-emergence als freies Phenol, Aminsalze. Anwendungsgebiet: Selektiv in Getreide, Lein, Bohnen, Erbsen, Weinbau, Citrus. Ölformulierungen zur Krautabtötung bei Kartoffeln.
Patente [9]. Literatur [84].

In Form des Acetates ist die Verbindung unter dem Common name *Dinoseb-Acetat* in Gebrauch = *Aretit*® (Farbwerke Hoechst) 1958.
LD_{50}: 55 mg/kg Ratte p. o. akut [10, 11].

Das Acetat des 2,4-Dinitro-6-tert.butylphenols ist im Handel:

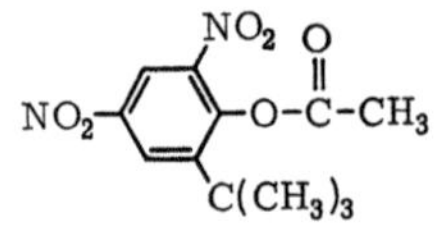

2,4-Dinitrophenol-6-tert. butylacetat
Versuchsprodukt P 1108
(Murphy) 1965
Common name: *dinoterb-acetat*

LD_{50}: 62 mg/kg Ratte p. o. akut. Wirkungsweise: Kontaktherbizid. Anwendungsweise: Pre-emergence. Anwendungsgebiet: In Baumwolle und Leguminosen.
Patente (Phenol) [9]. Literatur [13].

Ester des 2,4-Di-tert.-butyl-6-chlorphenols sind ebenfalls stark pflanzenschädigend und vernichten speziell Hirsearten in Zierrasen [14].

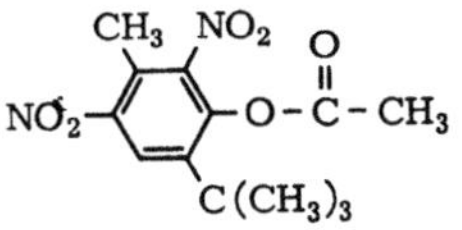

2,4-Dinitro-3-methyl-6-tert.-butylphenolacetat
Versuchsprodukt
(Murphy Chem. Co.) 1964
Common name: *medinoterb-acetat*

LD_{50}: 42 mg/kg Ratte p. o. akut. Wasserlöslichkeit: <10 ppm. Wirkungsweise: Kontaktherbizid. Anwendungsweise: Pre-emergence. Anwendungsgebiet: Selektiv in Zuckerrüben, Baumwolle und Leguminosen.
Patente [15,16]. Literatur [17], siehe auch Dinoterb-Acetat[9,13].

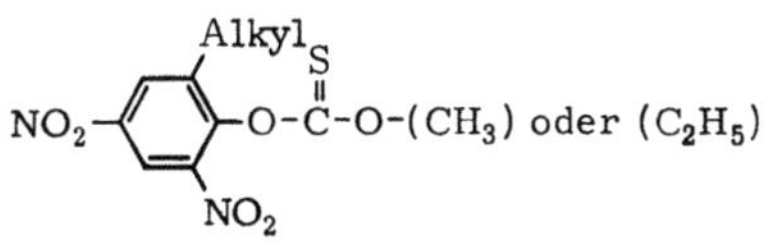 [12]

2,4-Dinitro-6-sec.-amylphenol ist als *DNAP* im Handel. Wirkungsweise und Anwendung wie Dinoseb.
2,4-Dinitro-6-phenylphenol ist ein Versuchsprodukt [8].
In jüngster Zeit [18] wurden in der Gruppe der o-Nitro-o'-halogen-substituierten Phenole Herbizide gefunden. Das Halogen kann auch durch die Trifluormethylgruppe ersetzt werden[18]. Die Pflanzenphytotoxizität erhöht sich meist bei Einführung mehrerer Halogenatome.

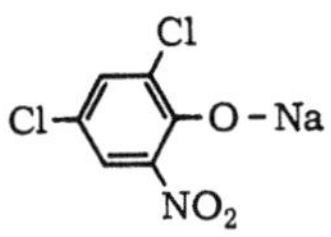

Versuchsprodukt
1966 in Japan
Anwendung: Speziell gegen *Galium* (Labkrautarten)

2-Alkoxymethyl-4-nitro-6-chlorphenole wurden 1968 als Herbizide patentiert [87].

Größere Bedeutung als Herbizid hat das Pentachlorphenol.

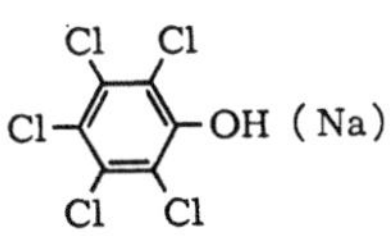

Pentachlorphenol
Common name: *PCP*

LD_{50}: 210 [27—80] mg/kg Ratte p. o. akut. Wasserlöslichkeit: 20—25 ppm bei 20°C. Wirkungsweise: Kontaktherbizid und Bodenherbizid gegen Mono- und Dikotyledonen. Anwendungsweise: Pre- und post-emergence. Anwendungsgebiet: Selektiv, als Granulat in Sojabohnen und in Wasserreis nach dem Verpflanzen. PCP ist fischgiftig! Es wird auch als Entblätterungsmittel im Baumwollbau eingesetzt. Anwendung zum Abtöten von Kartoffelkraut.
Patente [19]. Literatur [18].

p-Phenyl-phenol [20] wirkt gegen breitblättrige Unkräuter. Literatur über nitrierte Phenylphenole als Herbizide[8], über chlorierte Phenylphenole s. [87]. Entsprechende,

in 2,6 sowie in 4' chlorierte Verbindungen sind herbizid besonders wirksam [21] und z. T. Versuchsprodukte. Auch 4-Chlor-2-aminophenol soll herbizid wirksam sein [22].
Die herbizide Wirkung der Chloressigsäure mit der eines Nitrochlorphenols wird kombiniert in einem Versuchsprodukt der Chemagro Corp. ausgenutzt. Es wirkt gegen Dikotyledonen im Post-emergence-Verfahren in Mais und Bohnen:

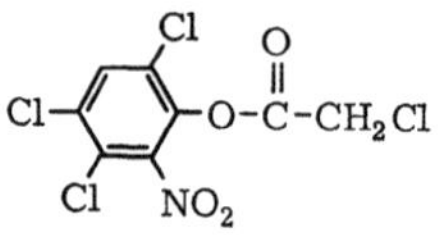

Versuchsprodukt
6976
(Chemagro Corp.)

In den letzten Jahren ist wieder ein sehr bedeutendes Herbizid aus der Phenolreihe bekanntgeworden. Hier ist die die Azidität verstärkende Nitrogruppe durch eine CN-Gruppe ersetzt, aber die Phenolgruppe ebenfalls orthosubstituiert.

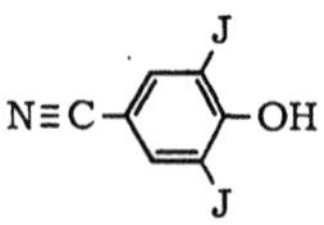

3,5-Dijod-4-hydroxy-benzonitril
Common name: *ioxynil*
Handelsname: *Certrol*® (Amchem Prod. Ltd.)
Actril® (May and Baker) 1964

LD_{50}: (110—118) mg/kg Ratte p. o. akut; Li-Salz 305 mg/kg Ratte p. o. Wasserlöslichkeit: 50 ppm. Wirkungsweise: Blattherbizid mit Kontaktwirkung und geringer systemischer Wirkung sowie geringer Wirkung als Bodenherbizid. Gegen Dikotyledonen. Anwendungsweise: Post-emergence. Ester- und Salz-Formulierungen 0,25—1 kg/ha. Anwendungsgebiet: Hohe Potenz gegen breitblättrige Unkräuter und selektiv in Getreide. Auch Mischungen mit Phenoxycarbonsäuren. Ergänzt 2,4-D und bekämpft z. T. von 2,4-D nicht erfaßte Unkräuter wie Kamille und Ehrenpreis. Darstellung: Jodieren von 4-Hydroxy-benzaldehyd mit nachfolgender Wasserabspaltung aus dem entsprechenden Oxim.
Patente [23–27, 35–39]. Literatur [83].
Die entsprechende *Brom*verbindung ist ebenfalls ein starkes Herbizid.

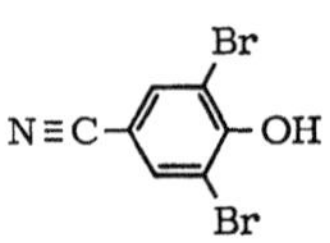

3,5-Dibrom-4-hydroxy-benzonitril
Anwendung als Alkali- oder Aminsalz
Common name: *bromoxynil*
Handelsname: *Brominil*® (Amchem Products) 1963,
Buctril® (May and Baker)

LD_{50}: 190—260 mg/kg, teilweise wird es als giftiger bezeichnet. Wasserlöslichkeit: Weniger als 0,02% (130 ppm bei 25°C). Wirkungsweise: Blattherbizid mit Kontakt- und geringer systemischer Wirkung. Anwendungsweise: Post-emergence. Anwendungsgebiet: Bromoxynil ist teilweise wirksam gegen 2,4-D-resistente breitblättrige Unkräuter und selektiv in Getreide. Darstellung: Bromieren des 4-Oxybenzaldehyds, Umsetzung zum Oxim und anschließende Wasserabspaltung.
Patente s. Ioxynil.

Über *3,5-Dichlor-4-hydroxy-benzonitril* s. [36].

Über die herbizide Wirkung des *3,5-Dijod-4-hydroxy-benzonitrils* und der entsprechenden Dibromverbindung hat erstmals 1963 *R. L. Wain* an der Universität London berichtet [4, 28, 29]. Unabhängig von *Wain* hat man offensichtlich bei der Firma May und Baker [30, 31] (hier zuerst als Molluskizid eingesetzt) und auch bei Amchem [32] die herbizide Wirkung dieser Verbindungen gefunden [33, 34].
Die Hauptbedeutung des Ioxynils liegt in der Bekämpfung von gegen Phenoxy-alkyl-carbonsäuren resistenten breitblättrigen Unkräutern, welche sich stark vermehren (Kamille und Ehrenpreis). Es wird fast ausschließlich in Kombination mit 2,4-D, 2,4-DP, MCPP und MCPA angewandt. Die Wirkungsweise ist im Gegensatz zu 2,6-Dichlorbenzonitril (s. bei Nitrilen) post-emergence, speziell bei jüngeren Pflanzen. — Die Chlor- und Jodverbindungen weisen auch eine Wirkung gegen bestimmte Schneckenarten auf und wurden wohl zuerst für deren Bekämpfung dargestellt [86].
Ursache der herbiziden Wirkung ist eine Entkoppelung der oxydativen Phosphorylierung [40–42]. Im Licht ist die Wirkung von Ioxynil 10mal stärker als unter Lichtausschluß [43]. Die Hemmung der Photosynthese durch Ioxynil scheint ein komplexer Vorgang zu sein [43, 44]. Radikalartige Zwischenstufen werden für die Hemmung verantwortlich gemacht. Diese Zwischenstufen sollten aber bei der 3,5-Dibromverbindung weitgehend entfallen [45], obwohl diese hochwirksam ist.
Über die herbizide Wirkung des Ioxynils in Feldversuchen berichten zahlreiche zusammenfassende Arbeiten [4, 33, 42, 45].
Über *Zusammenhänge zwischen Konstitution und Wirkung* substituierter 4-Cyanphenole sind mehrere größere Arbeiten erschienen [46–49]. 3,5-Dijod-4-hydroxybenzonitril ist als Mol gerechnet wirksamer als die Dibromverbindung, aber in Gramm gerechnet nur wenig wirksamer. Halogen in 3-Stellung erhöht die Wirksamkeit gegenüber der in 2-Stellung. 2,5-Dihalogen-Verbindungen sind aber noch gut herbizid wirksam. Bei 3facher Halogen-Substitution ist das Optimum an herbizider Wirksamkeit erreicht, wenn eine 3,5-Substitution vorliegt. Die Cyangruppe kann (mit Wirkungsabfall) durch andere Elektronen abziehende Gruppen ersetzt werden, z. B. durch

$$CH{=}NO\underset{\underset{O}{\|}}{C}{-}R > CH{=}NOH > C\overset{\diagup H}{\underset{\diagdown O}{}} > \underset{\underset{S}{\|}}{C}{-}NH_2 > \underset{\underset{O}{\|}}{C}{-}NH_2 > COOCH_3 > COOH > CH_2OH$$

CH_2CN anstelle von CN gibt keine herbizide Wirkung.
CN und OH in 1,4-Stellung liefern ein Maximum an herbizider Wirkung. Die Hydroxylgruppe darf nicht fehlen: 3,5-Dichlorbenzonitril wirkt nur sehr schwach herbizid (s. aber 2,6-Dichlorbenzonitril bei Nitrilen). OH kann nicht durch NH_2 oder NH-Alkyl usw. ersetzt werden. 3-Hydroxy-benzonitril ist ein schwaches Herbizid [50].
Ester des Ioxynils und Bromoxynils dienen ebenfalls (in geringem Ausmaß) als Herbizide, z. B. der n-Octan-carbonsäureester des 3,5-Dibrom-4-hydroxy-benzonitrils. LD_{50}: 260 mg/kg Ratte p. o.
Patente [51].

Acetale des Ioxynils [52]. *Carbamate* [53].
4-Cyan-2,6-dijodphenyl-N-methylcarbamat ist als Versuchsprodukt bekanntgeworden [54] (Ciba AG) *C-10725.*
Patente [55].
Die hohe herbizide Wirkung des Ioxynils regte vielfach an, Verbindungen herzustellen, die in der Pflanze in das wirksame Nitril zerfallen können. So zerfällt

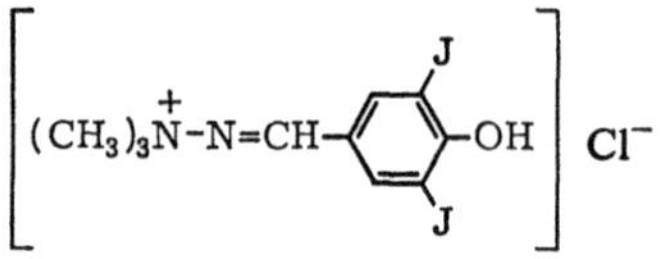

leicht in Dijod-oxybenzonitril und Trimethylaminohydrochlorid [56].
Auch das Oxim des 4-Oxy-3,5-dijodbenzaldehyds und Urethane der Oxyverbindung liefern *Ioxynil* und entfalten eine dementsprechende herbizide Wirkung [57].
Aber auch Oximäther des 3,5-Dibrom-4-hydroxybenzaldehyds, die augenscheinlich nicht so leicht in das Nitril übergehen können, sind als Versuchsprodukte der Ciba bekanntgeworden, z. B. das 3,5-Dibrom-4-hydroxy-O-2,4-dinitrophenylbenzaldoxim:

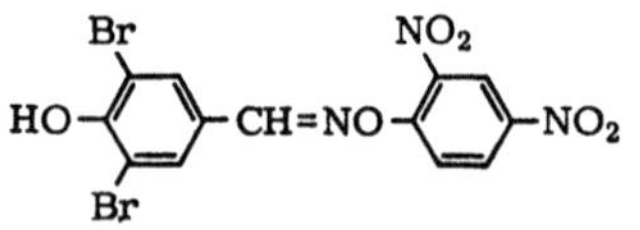

Versuchsprodukt C 9122
(Ciba) 1967
Common name: *bromophenoxim* [58, 59]

Es hat, wie schon erwähnt, nicht an Versuchen gefehlt, in Ioxynil die Elektronen abziehende Nitrilgruppe durch entsprechend wirkende andere Gruppen zu ersetzen, z. B. durch die Carbonsäureestergruppierung [60, 61].
Die Firma Shell hat die Nitrilgruppe gegen Methylsulfon ausgetauscht und auch bei dieser Verbindung gute herbizide Wirkung gefunden.
Von anderer Seite wurde die SO_2F-Gruppe an Stelle der Nitrilgruppe in Phenole eingeführt. Patente [90]. Literatur [91]. Sowohl die Mono- als auch die Dichlorverbindungen weisen neben herbiziden auch austrocknende Eigenschaften auf.
Heterocyclische Oxyverbindungen s. bei Oxypyridinen S. 347.

5.4.2. Phenoläther

Phenoläther zeigen häufig eine deutlich herbizide Wirkung, obwohl ein Zerfall in die Phenole wenig wahrscheinlich ist. Das einfache 2,6-Dichloranisol [5, 62] ist seit längerer Zeit als schwaches Herbizid bekannt. In jüngster Zeit (1966) sind in Japan einige nitrierte Diphenyläther als selektive Reisherbizide wichtig geworden. Die herbizide Wirkung nitrierter Diphenyläther beruht auf einer Photosynthesehemmung.

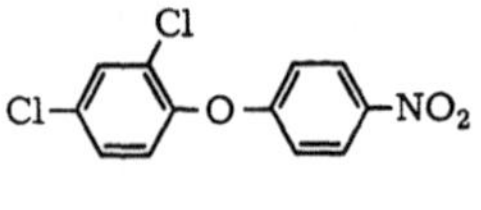

2,4-Dichlorphenyl-4′-nitrophenyläther
Common name: *NIP, nitrofen*
Handelsname: *Tok E 25®* (Rohm & Haas) 1961

LD_{50}: 3050 mg/kg Ratte p. o. Wirkungsweise: Blattherbizid mit Kontaktwirkung und Bodenherbizid. Anwendungsweise: Post-emergence und pre-emergence als

Emulsion oder Granulat. Anwendungsgebiet: Herbizid gegen keimende Unkräuter in Reis, Erbsen, Möhren, Kohlarten.
Patente [64, 65].
Mitsui Chemical Industry Ltd./Japan brachte die entsprechende 2,4,6-Trichlorverbindung als *MO 338* bzw. *CNP* in den Handel [66, 73, 74, 92, 93, 97]. Anwendungsweise: Pre- und post-emergence.
Der 2,4-Dichlor-6-fluorphenyl-4'-nitrophenyläther ist 1968 von derselben Firma als *MO 500* eingeführt worden und soll sich durch eine, verglichen mit NIP und MO 338, deutlich bessere Wirkung gegen *Echinochloa crus galli* (Hühnerhirse) und *Eleocharis palustris* (gemeine Sumpfsimse) — wichtige Unkräuter im Reis — auszeichnen. MO 338 und MO 500 sind in Japan wichtige Handelsprodukte [88, 89].
Weitere zahlreiche *nitrierte Diphenyläther* wurden in Patenten erwähnt und sind z. T. schon Handelsprodukte geworden, Rohm & Haas schreiben dem 3-Methyl-4'-nitro-diphenyläther eine besonders gute herbizide Wirkung mit hoher Selektivität in Reis zu. Diese Verbindung (Versuchsprodukt H 314) wirkt nicht nur pre-emergence, sondern auch gegen bereits gekeimte Unkräuter und Gräser, während NIP speziell gegen keimende Unkräuter wirksam ist, weshalb Kombinationen angewandt werden.

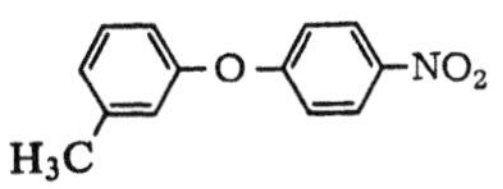

3-Methyl-4'-nitro-diphenyläther
Versuchsprodukt
H 314
(Rohm & Haas) 1967

Anwendungsweise: Post-emergence. Anwendungsgebiet: Fischungiftiges Reisherbizid gegen bereits gekeimte Unkräuter und Gräser in Wasserreis. Patente [67]; s. auch andere Isomere [68].

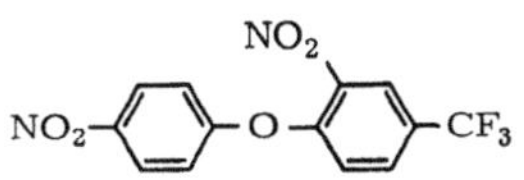

2,4'-Dinitro-4-trifluormethyl-diphenyläther
Common name: *fluorodifen*
Handelsname: *Preforan*®
(Ciba Corp.) 1966

LD_{50}: 10000 mg/kg Ratte p. o. akut. Wasserlöslichkeit: 400 ppm. Anwendungsweise: Pre- und post-emergence. Anwendungsgebiet: Unkrautbekämpfung in Baumwolle, Mais, Sojabohnen und Erdbeeren.
Patente [69, 70, 94]. Literatur [71].

Von japanischer Seite wurden Untersuchungen über chemische Konstitution und Wirkung von nitrierten Diphenyläthern unter Lichteinfluß durchgeführt. Ist ein Phenylrest in o-Stellung substituiert, tritt eine herbizide Wirkung nur unter Lichteinfluß auf. Zahlreiche andere Diphenyläther entfalten ihre Wirkung auch im Dunkeln [95].
Diphenyläther mit einer Nitrilgruppe s. [96]. Weitere Diphenyläther, z. B. mit der SF_3-Gruppe in beiden Phenylresten nitriert und z. T. chloriert s. [72–75].

Auch entsprechende *Thiophenoläther* sind als Herbizide bekannt [76].

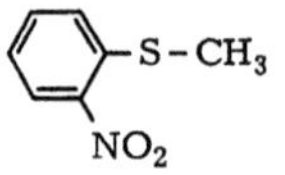

Versuchsprodukt
CP 13936
(Monsanto Chem. Co.) 1966

Anwendungsweise: Pre-emergence. Anwendungsgebiet: Selektive Unkrautbekämpfung im Spinat. Patente [77, 78]. Literatur [85].

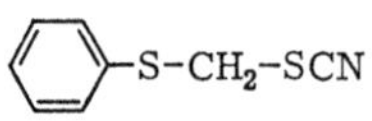

Über dieses Versuchsprodukt s. [79].

Phenolacetale

Im Anschluß an die Phenoläther sei eine Verbindung erwähnt, deren Wirkung nicht durch das Entstehen von 2,4-Dichlorphenoxyessigsäure erklärt werden kann, für die aber offensichtlich doch die 2,4-Dichlorphenol-Struktur maßgeblich ist:

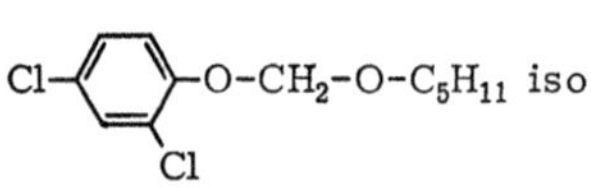

soll seit 1965 in Rußland als Herbizid unter dem Namen *Efiram 193* in Erprobung sein [80].

5.4.3. Diphenole

Diphenole wurden in Form ihrer Ester mehrfach für eine herbizide Anwendung patentiert, z. B. Dioxydiphenylester [81, 82].

Über Heterocyclen mit einer Hydroxylgruppe siehe z. B. bei Chlorpyridinolen (6-Ring-Verbindungen mit 1 N).

Literatur

5. Organische Herbizide

5.4. Phenolderivate

1) *Crafts, A. S.*, u. *H. G. Reiber:* Hilgardia *16,* 487 (1946).
2) *Fugg, G. E.:* Ann. Appl. Biol. *35,* 315 (1948).
3) E. P. 425295 (29. 5. 33/28. 2. 35, Franz. Prior. 4. 6. 32), George Truffaut & Cie.
4) *Wain, R. L.:* Nature *200,* 28 (1963), ref. C. A. *60,* 1046d.
5) A. P. 2777762 (16. 11. 53/15. 1. 57), Dow Chemical Co. / *B. V. Toornman.*
6) *Crafts, A. S.:* Science *101,* 417 (1945).
7) *Blackman, G. E.:* Ann. Appl. Biol. *19,* 204 u. 443 (1932).
8) *Cheng, H. M., M. Eto, S. Kuwatsuka,* and *Y. Oshima:* Agr. Biol. Chem. (Tokyo) *32,* Nr. 3, 345 (1968) (Weed Abstr. *17,* 339 (1968)).
9) A. P. 2192197 (3. 9. 36/5. 3. 40), Dow Chemical Co. / *L. E. Mills* u. *B. L. Fayerweather.*
10) D. A. S. 1088757 (27. 12. 57/8. 9. 60), Farbwerke Hoechst AG / *O. Scherer, K. Reichner* u. *H. Frensch.*
11) D. A. S. 1103072 (14. 10. 59/23. 3. 61), Farbwerke Hoechst AG / *O. Scherer, K. Reichner, H. Frensch* u. *M. Czech.*
12) D. A. S. 1214041 (25. 5. 61/7. 4. 66, Engl. Prior. 30. 5. 60), Fabriek van chemische Producten Vondelingenplaat N. V. / *K. van den Boogart* (Totalherbizid).
13) *Emery, G. A., C. B. F. Smith* u. *D. H. Bartlett:* 2. E. W. R. C. Columa Conf. 1965, p. 141, 2. Symposium über neue Herbizide, Paris 1965, p. 141, Ed. Essor, Paris.

[14] A. P. 2807639 (11. 5. 55/24. 9. 57), Dow Chemical Co. / *H. B. Rickert.*

[15] E. P. 1080282 (22. 6. 63, 12. 7. 63 u. 20. 11. 63/23. 8. 67), Murphy Chemical Co. Ltd. / *M. Pianka* u. *J. Edward.*

[16] s. auch Niederl. P. Anm. 6407085 (22. 6. 64/23. 12. 64, Engl. Prior. 22. 6. 63, 20. 11. 63, 28. 1. 64).

[17] *Bartlett, D. H.*, et al.: Journées Internationales d'Études sur le Désherbage Sélectif en Cultures de Betteraves, p. 341. Marly-Le-Roi, 9.—10. 3. 1967.

[18] *Wain, R. L.*, and *D. B. Harper:* Nature *213*, 1155 (1967).

[19] A. P. 2131259 (28. 4. 37/29. 9. 38), Dow Chemical Corp. / *W. C. Stoesser.*

[20] Jap. P. Anm. 3916/66 (25. 12. 63/5. 3. 66) Toa Synthetic Chem. Ind. Ltd.

[21] *Cheng, H. M., M. Eto, S. Kuwatsuka*, and *Y. Oshima:* Agr. Biol. Chem. (Tokyo) *32*, Nr. 3, 353 (1968) (Weed Abstr. *17*, 389 (1968).

[22] Russ. P. 180851 (5. 2. 65/Okt. 66), *P. A. Novek-Khlebnikov* u. *I. D. Chernyshev.*

[23] D. A. S. 1266563 (16. 7. 63/18. 4. 68), Scherico Ltd. / *R. D. Hart* u. *H. E. Harris.*

[24] F. P. 88313 (24. 9. 64/12. 12. 66, Engl. Prior. 24. 9. 63 u. 17. 12. 63), May & Baker Ltd., Zusatz zu F. P. 1375311 (24. 9. 63/7. 9. 64, Engl. Prior. 24. 9. 62, 9. 1. 63 u. 28. 3. 63), May and Baker Ltd. / *B. J. Heywood* u. *W. G. Leeds*, ref. C. A. *62*, 3982g.

[25] Belg. P. 636416 (21. 8. 63/21. 2. 64, Am. Prior. 30. 8. 62), Scherico Ltd. / *R. D. Hart* u. *H. E. Harris*, ref. C. A. *61*, 11939f.

[26] A. P. 3272795 (24. 5. 65/13. 9. 66, Engl. Prior. 26. 5. 64), May and Baker Ltd. / *B. J. Heywood, W. G. Leeds* u. *R. F. Collins.*

[27] Belg. P. 653355 (21. 9. 64/22. 3. 65, Engl. Prior. 24. 9. 63 u. 17. 12. 63), May and Baker Ltd. / *B. J. Heywood* u. *W. G. Leeds.*

[28] Proc. Weed Control Conf. I, 2 (1964).

[29] *Wain, R. L.*, (Univ. London): Mededel. Landbouwhogeschool Opzoekingssta. Staat Gent *29* (3), 628 (1964).

[30] *Carpenter, K., H. J. Cottrell, B. J. Heywood* u. *W. G. Leeds:* Mededel. Landbouwhogeschool Opzoekingssta. Staat Gent *29* (3), 644 (1964).

[31] — —, *W. H. De Silva, B. J. Heywood, W. G. Leeds, K. F. Rivett*, and *M. L. Soundy:* Weed Res. *4*, 175 (1964).

[32] Amchem Technical Data Sheet H-90 (1963).

[33] *Carpenter, K.*, and *B. J. Heywood:* Nature *200*, 28 (1963), ref. C. A. *60*, 1047f.

[34] *Hart, R. D., I. R. Bishop*, and *A. R. Cooke:* 7. Brit. Weed Control Conf. 1964, p. 3.

[35] E. P. 1067031 (24. 9. 62, 9. 1. 63 u. 28. 3. 63/26. 4. 67), May and Baker Ltd. / *B. J. Heywood* u. *W. G. Leeds.*

[36] E. P. 1067032 (24. 9. 62/26. 4. 67), May and Baker Ltd. / *B. J. Heywood* u. *W. G. Leeds.*

[37] E. P. 1067033 (24. 9. 62 u. 28. 3. 63/26. 4. 67), May and Baker Ltd. / *B. J. Heywood* u. *W. G. Leeds.*

[38] = D.P. (DDR) 33344 (20. 9. 63/25. 10. 64, Engl. Prior. 24. 9. 62, 9. 1. 63 u. 28. 3. 63).

[39] = Belg. P. 637794 (24. 9. 63/24. 3. 64, Engl. Prior. 24. 9. 62, 4. 1. 63 u. 28. 3. 63).

[40] *Kerr, M. W.*, and *R. L. Wain:* Ann. Appl. Biol. *54*, 441 (1964).

[41] Techn. Serv. Data, Amchem Prod. Inc., H. *90*, 24 (1964).

[42] *Terry, H. J.*, and *C. W. Wilson:* Weed Res. *4*, 196 (1964), ref. C. A. *62*, 5819c.

[43] *Desmoras, J.*, and *P. Jaquet:* Proc. 16. Int. Symp. and Crop. Prot. (1964), Ghent 633.

[44] *Paton, D.*, and *J. E. Smith:* Weed Res. *5*, 75 (1965).

[45] *Ugochukwu, E. N.*, and *R. L. Wain:* Chem. and Ind. *1*, 35 (1965), ref. C. A. *62*, 9705b.

[46] *Heywood, B. J.:* Chem. and Ind. *2*, 1946 (1966).

[47] *Linden, G.:* Z. Pflanzenkrankh. Pflanzenschutz *72*, 289 (1965).

[48] *Holly, K.:* PANS (Pesticide Abstracts and News Summary) Weed Control Sect. C Herbicides *10* [4], 29704 (1964).

[49] *Paton, D.*, and *J. E. Smith:* Nature *207*, 1211 (1965).

[50] E. P. 902586 (1. 1. 60/1. 8. 62), Shell Research Ltd. / *J. Yates.*

[51] Niederl. P. Anm. 6610042 (17. 7. 66/17. 1. 67, Engl. Prior. 16. 7. 65), May and Baker Ltd. / *R. F. Collins*, und *B. J. Heywood.*

[52] Niederl. P. Anm. 6411390 (30. 9. 64/2. 4. 65, Engl. Prior. 1. 10. 63), May and Baker / *R. F. Collins* u. *B. J. Heywood.*

[53] Südafr. P. Anm. 66/5229 (1965), Ciba.

54) *Ilnicki, R. D., V. Ischisaka,* and *H. P. Wilson:* Preplant, Pre-emergence and Post-emergence Herbicides for Weed Control in Peas, Proc. Northeast. Weed Control Conf. *22,* 54 (1968).

55) Niederl. P. Anm. 6613504 (23. 9. 66/28. 3. 67, Schwz. Prior. 24. 9. 65), Ciba Ltd. / *O. Rohr.*

56) Belg. P. 673984 (17. 12. 65/17. 6. 66, Schwz. Prior. 18. 12. 64), Ciba S. A. / *E. Niklas* u. *O. Rohr.*

57) Niederl. P. Anm. 6615212 (27. 10. 66/2. 5. 67, Dtsch. Prior. 28. 10. 65), Farbenfabriken Bayer AG.

58) F. P. 1494078 (8. 12. 65/31. 7. 67), Ciba AG.

59) E. P. 1096037 (20. 1. 66/20. 12. 67, Schwz. Prior. 22. 1. 65 u. 9. 7. 65), Ciba Ltd. / *A. Hubele.*

60) Jap. P. Anm. 18840/66 (18. 1. 64/31. 10. 66), Mitsubishi Chem. Ind. Co. Ltd.

61) Jap. P. Anm. 7451/67 (6. 11. 63/27. 3. 67), Mitsubishi Chem. Ind. Co. Ltd.

62) Jap. P. Anm. 3275/65 (29. 12. 62/20. 2. 65), Kanesho K. K.

63) Plant Physiol. *21,* 345 (1946).

64) A. P. 3080225 (13. 4. 60/5. 3. 63), Rohm & Haas Co. / *H. F. Wilson* u. *D. H. McRae.*

65) D. A. S. 1187852 (7. 4. 61/25. 2. 65, Am. Prior. 13. 4. 60), Rohm & Haas Co. / *H. F. Wilson* u. *D. H. McRae.*

66) Jap. P. Anm. 6353/66 (23. 5. 63/6. 4. 66), Mitsui Chem. Ind. Ltd.

67) A. P. 3231358 (3. 5. 62/25. 1. 66), Rohm & Haas Co. / *H. F. Wilson* u. *D. H. McRae.*

68) Niederl. P. Anm. 6702861 (23. 2. 67/4. 9. 67, Jap. Prior. 1. 3. 66), Rohm & Haas.

69) F. P. 1346122 (31. 1. 63/4. 11. 63, Schwz. Prior. 8. 2. 62), Ciba Ltd. / *H. Martin, H. Aebi* u. *L. Ebner.*

70) = A. P. 3322525 (18. 1. 66/30. 5. 67).

71) *Ebner, L., D. H. Green,* and *P. Pande:* Proc. 9. Brit. Weed Control Conf., Vol. 2, p. 1026 (1968).

72) F. P. 1502538 (30. 11. 66/9. 10. 67, Schwz. Prior. 9. 12. 65), Ciba S. A.

73) Belg. P. 648282 (22. 5. 64/16. 9. 64, Jap. Prior. 23. 5. 63), Mitsui Kagaku Kogyo Kabushiki Kaisha.

74) Jap. Chem. Quart. *2* [2], 42 (1966).

75) Jap. P. Anm. 19840/66 (18. 10. 63/17. 11. 66), Ishihara Sangyo Kaisha Ltd.

76) Jap. P. Anm. 9557/66 (4. 5. 64/21. 5. 66), Ihara Chem. Co. Ltd. & Dainippon Inc. and Chem. Inc.

77) E. P. 1023791 (30. 11. 62/23. 3. 66, Am. Prior. 19. 8. 62), Monsanto Co. / *R. E. Hatton* u. *J. R. Campbell.*

78) Jap. P. Anm. 12782/67 (2. 6. 65/20. 7. 67), Chugai Pharm. Co.

79) Jap. P. Anm. 12789/67 (13. 2. 65/20. 7. 67), Ihara Noyaku K. K.

80) Russ. P. 161731 (10. 9. 62), *Sh. A. M. Mamedov* u. Mitarb.

81) Jap. P. Anm. 1880/66 (28. 10. 63/9. 2. 66), Hodogaya Kagaku Kogyo K. K.

82) A. P. 3268573 (14. 8. 63/23. 8. 66), Monsanto Co. / *H. C. Godt jr.* (Pre-emergence-Herbizid).

83) Herbicide Handbook of the Weed Society of America, p. 132. Geneva - New York: W. F. Humphrey Press Inc. 1967.

84) — p. 151.

85) *Ilnicki, R. D.:* Proc. 17 Northeast. Weed Control Conf., 1963, p. 95.

86) E. P. 1111611 (1. 8. 63 u. 2. 11. 64/1. 5. 68), *R. L. Wain.*

87) D. A. S. 1285248 (12. 11. 63/12. 12. 68), C. H. Boehringer Sohn / *M. Becher, R. Sehring* u. *K. Zeile.*

88) Jap. P. Anm. 19514/66 (30. 3. 66/17. 10. 68), Mitsui Chem. Ind. Ltd.

89) L'industrie Chimique *55* [616], 490 (1968).

90) A. P. 3453099 (7. 7. 66/1. 7. 69), Pennsalt Chemicals Corp. / *I. C. Popoff* u. *R. L. Whitaker.*

91) *Popoff, I. C., J. R. Frank, R. L. Whitaker, H. J. Miller,* and *K. D. Demaree:* J. Agr. Food Chem. *17* (4), 810 (1969).

92) Ivon Watkins Dow Ltd.: Weed Abstr. *17,* Referat 2097 (1968).

93) *Mason, G. W.,* and *E. G. Brooker:* Weed Abstr. *18* (4) 308, Referat 1905 (1969).

94) D. O. S. 1493512 (7. 2. 63/7. 8. 69, Schwz. Prior. 8. 2. 62), Ciba AG / *H. Martin, H. Aebi* u. *L. Ebner.*

95) *Matsunaka, S.:* J. Agr. Food Chem. *17,* 171 (1969).

96) D. O. S. 1912600 (12. 3. 69/18. 9. 69, Jap. Prior. 13. 3. 68), Sumitomo Chemical Co. Ltd. / *A. Mine, K. Kamoshita, N. Hino* u. *S. Nakai.*

97) *Inoue, T.:* Weed Abstr. *18* (5) 390 Referat 2416 (1969).

5.5. Kohlensäure- und Thiokohlensäure-Derivate

5.5.1. Kohlensäure- und Thiokohlensäurediester

Von den Kohlensäurebisestern *aliphatischer Alkohole* ist nur vereinzelt eine herbizide Wirkung bekanntgeworden.

$$\text{Alkyl}-C\equiv C-C(R^1R^2)-O-\overset{\overset{\displaystyle O}{\|}}{C}-O-\text{Alkyl} \qquad R^1=R^2=\text{Alkyl, Phenyl usw.}$$ [1]

Vorwiegend wurden Derivate von herbizid wirksamen — z. B. ungesättigten — Alkoholen, Dichlorbenzylalkoholen sowie Thiolen beschrieben.
Ein *Kohlensäureester eines Thiophenols* war eine Zeitlang Versuchsprodukt der Farbenfabriken Bayer AG [2]:

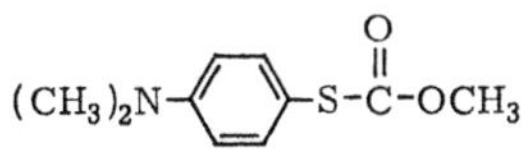

Kohlensäureester heterocyclischer Thiole sind zwar herbizid wirksam, doch ist schon das Mercaptobenzthiozol allein deutlich phytotoxisch [3].

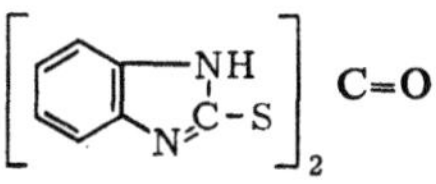

Thionokohlensäureester sind ebenfalls nur vereinzelt herbizid wirksam.
Dithiokohlensäureester der Formel

$$RS-\overset{\overset{\displaystyle X}{\|}}{C}-SR \qquad \begin{array}{l} R=\text{Alkyl,} \\ X=O,\ S \text{ oder } Cl_2 \end{array}$$

mit Halogen in den Alkylresten wurden als Herbizide in der Patentliteratur nur selten erwähnt [4].
Ein entsprechendes Disulfid ist in geringer praktischer Anwendung:

$$CH_3-O-\overset{\overset{\displaystyle S}{\|}}{C}-S-S-\overset{\overset{\displaystyle S}{\|}}{C}-O-CH_3$$

Di(methoxythiocarbonyl)-disulfid
Common name: *dimexan, DMXD*
Handelsname: *Tri-Pe* 40%® (Vondelingenplaat N. V. Fabriek van Chemische Produkten) 1959

LD$_{50}$: 240 mg/kg Ratte p. o. akut. Wirkungsweise: Kontakt- und Bodenherbizid, dringt z. T. aber in der Dampfphase in den Boden ein. Anwendungsweise: Pre-emergence. Anwendungsgebiet: In Schwarzwurzeln, gegen Dikotyledonen. Es dient auch in Kombination mit anderen Herbiziden zur Unkrautbekämpfung in Zuckerrüben. Wirkt auch fungizid. Darstellung: Oxydation des Xanthogenats mittels Hypochlorit.
Patente [5]. Literatur [7].

Äthylxanthogendisulfid

Common name: *EXD*
Handelsname: *Herbisan 5*®

LD$_{50}$: (603) mg/kg Ratte p. o. akut. Anwendungsweise: Pre-emergence. Anwendungsgebiet: Bohnen, Zwiebeln, Defoliant.
Patente [5].

5.5.2. Carbamidsäureester und entsprechende Thioverbindungen

Sehr viel größere Bedeutung als Herbizide haben Carbamidsäureester. Urethane erweisen sich biochemisch recht vielfältig als Wirkungsgruppen. So zeigen schon einfache Urethane merkliche biochemische Effekte. Wahrscheinlich ist ihr großes Lösungsvermögen sowie die damit zusammenhängende Durchdringungsfähigkeit für Zellwände für eine Wirksamkeit vorteilhaft.

a) Carbamidsäureester aliphatischer Amine mit Alkoholen und Phenolen

Einfache, am Stickstoff nicht substituierte Carbamidsäureester aliphatischer Alkohole vorwiegend verzweigter Natur sind bis heute nur durch die Patentliteratur als wirksam bekanntgeworden [26].

Herbizid gut wirksame Vertreter der Urethane aliphatischer Amine wurden erst nach 1965 entdeckt. Den Handels- und Versuchsprodukten liegen vorwiegend Ester von Phenolen zugrunde, doch sind in jüngster Zeit auch einige Carbamate von chlorierten Benzylalkoholen als herbizid gut wirksam erkannt worden.

Nur wenige Carbamidsäureester aliphatischer Amine mit *aliphatischen* bzw. *cyclo-aliphatischen Alkoholen* sind herbizid wirksam.

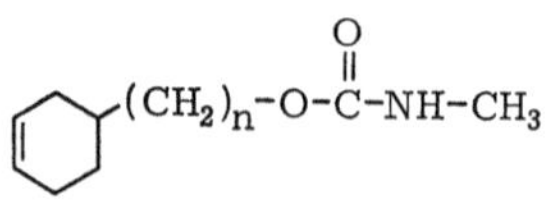

N-Methylcarbamidsäurephenylester besitzen sehr häufig gute insektizide Eigenschaften (s. Carbamate bei Insektiziden, Bd. 1); doch zeigen einige Vertreter auch verwertbare herbizide Wirksamkeit [8].

Erste Beobachtungen über eine herbizide Wirkung von *N-Methylcarbamidsäurephenylester* wurden 1953 bei der Fa. Geigy gemacht [9], anscheinend jedoch nicht weiter verfolgt. Erst 10 Jahre später wurden von anderer Seite gute Herbizide gefunden, und bis 1968 folgten weitere Herbizide mit speziellen Anwendungsgebieten. Das *4-Chlorphenyl-N-methyl-carbamat* wurde 1968 als Versuchsprodukt der PPG Industries, Inc. (*Garfield*) bekannt (Anwendung im Voraussaatverfahren [10]). Verbindungen mit -SCN statt Halogen sind gleichfalls herbizid wirksam [25].

Erst die Substitution des Benzolkernes durch z. B. zwei tertiäre Butylreste in 2,6-Stellung ergibt eine hohe herbizide Wirkung.

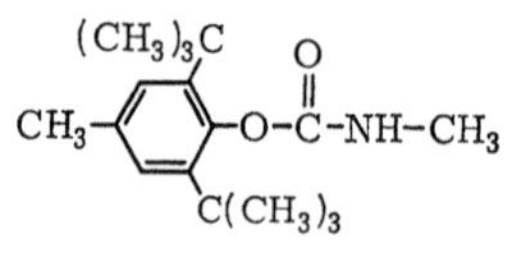

2,6-Di-tert.-butyl-4-methyl-phenyl-N-methyl-carbamat
Common name: *terbutol*
Handelsname: *Azak*® (Hercules Powder Co.) 1964

LD_{50}: > 34000 [15000] mg/kg Ratte p. o. akut. Wasserlöslichkeit: 6—7 ppm bei 20°C. Wirkungsweise: Vornehmlich Bodenherbizid. Anwendungsweise: Pre-emergence, auch post-emergence (gegen Gräser und Hirse). Anwendungsgebiet: Baumwolle, Mais, Tomaten, Sojabohnen.

Patente [11, 14, 27]. Literatur [12, 13].

Die Methylgruppe in 4-Stellung kann durch Cl, Br oder Methoxy ohne Wirkungseinbuße ersetzt werden. Größere Alkylreste in 4-Stellung führen zu einer Wirkungsabschwächung. Die Alkylreste können nicht vertauscht werden. Wohl aber führt, wenn in 2-Stellung tert. Butyl und in 6-Stellung Methyl steht, ein Isopropyl- oder ein Methylrest in 4-Stellung wie beim Azak zu sehr guter herbizider Wirkung [12]. Ein tertiärer Butylrest in 2- oder 6-Stellung kann gegen den Methallyl- oder iso-Butenylrest ausgewechselt werden [14].
N-Dimethylcarbamidsäureester sind, verglichen mit dem N-Methylester, unwirksam.

Als selektives Herbizid im Getreide gegen Flughafer wurde N-Isobutyl-carbamidsäure-2-chlorphenylester [15] patentiert. Zu erwähnen bleiben:

Aryl-N-chloracetylcarbamidsäureester [16], z. B.

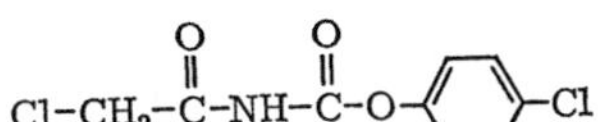

4-Chloraryl-N-4'-chlorbenzoyl-carbamidsäureester [17]

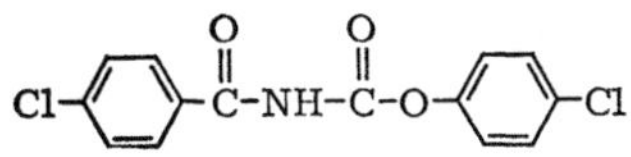

Bei einem anderen Carbamidsäurephenolester beruht die Wirkung wohl auf der quartären Ammoniumstruktur (s. Ss. 323 u. 327).

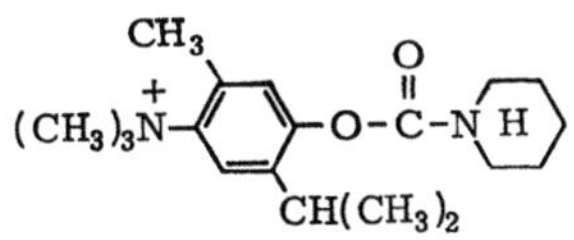

Carbamidsäureester araliphatischer Alkohole

Die Entdeckung einer herbiziden Wirkung dieser Verbindungsklasse ist gleichfalls jüngsten Datums.

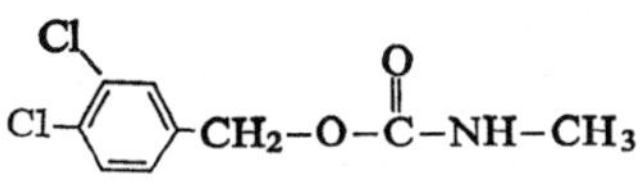

3,4-Dichlorbenzyl-N-methylcarbamat
Common name: *DMBC*
Handelsname: *Rowmate*®
(Union Carbide Chemicals Co.) 1966

Rowmate enthält bis 20% *2,3*-Dichlorverbindung.

LD_{50}: 2000 mg/kg Ratte p. o. akut. Wasserlöslichkeit: 170 ppm bei 25°C. Wirkungsweise: Bodenherbizid. Die Verbindung verhindert die Chlorophyllsynthese. Anwendungsweise: Pre-emergence, z. T. post-emergence. Anwendungsgebiet: Gegen Gräser und breitblättrige Unkräuter in Sojabohnen, Kartoffeln, Bohnen, Erbsen und Baumwolle. Post-emergence in Reis.
Patente [18–22]. Literatur [23].
Das *N-Methylcarbamat des 2,4-Dichlorbenzylalkohols* ist post-emergence hoch wirksam, aber pre-emergence ohne Wirkung. Im Gegensatz zu den N-Arylcarbamidsäureestern (s. dort) gibt nicht nur eine 3,4-Substitution des Benzylrestes, sondern auch eine 4-Substitution durch Chlor besonders wirksame Produkte. Über N-Methylcarbamidsäureester des 4-Cyan-2,6-dijodphenols s. bei Ioxynil.

N-Dialkylcarbamidsäureester mehrfach chlorierter Benzylalkohole sind auffallenderweise auch herbizid wirksam [24].

Carbamidsäureenolester

Die Alkohol- oder Phenol-Komponente in Carbamidsäureestern kann anscheinend durch bestimmte Enole ersetzt werden [6].

$$(CH_3)_2N-\overset{O}{\overset{\|}{C}}-\,\vert\,O-\underset{\underset{CH_3}{|}}{C}=CH-\overset{O}{\overset{\|}{C}}-CH_3$$ oder andere Diketone.

Carbamidsäureester von heterocyclischen Verbindungen werden in der neuen Literatur mehrfach erwähnt, so die N-Methyl-carbamidsäureester des 2-Oxy-tri- bzw. -tetrachlorpyridins sowie die Carbamidsäureester der entsprechenden 4-Oxypyridine. Es ist jedoch darauf hinzuweisen, daß hier die Grundsubstanz, das 2- bzw. 4-Oxytetrachlorpyridin, schon ein gutes Herbizid ist (s. bei Pyridinolen).

Literatur

5. Organische Herbizide

5.5. Kohlensäure- und Thiokohlensäure-Derivate — Abschnitt 5.5.1. bis 5.5.2. a

1) A. P. 3348939 (18. 5. 64/24. 10. 67), Chemagro Corp. / *D. W. Gier.*

2) D. A. S. 1211434 (20. 7. 63/24. 2. 66), Farbenfabriken Bayer AG / *K. Goliasch, W. Hahn, H. Pelster, L. Eue* u. *H. Hack.*

3) A. P. 3256294 (16. 10. 64/14. 6. 66), Monsanto Co. / *J. J. D'Amico.*

4) A. P. 3350191 (9. 6. 64/31. 10. 67), Stauffer Chemical Co. / *D. R. Baker, H. M. Pitt* u. *Y. C. St. Soong.*

5) A. P. 2615802 (28. 10. 52), Monsanto Chemical Co. / *H. E. Bruner*, ref. C. A. *47*, 1326 g.

6) Can. P. 741824 (8. 11. 60/30. 8. 66, Am. Prior. 10. 12. 59), Shell / *R. R. Whetstone* u. *J. G. Kudderna.*

7) *Feekes, F. H.*, u. *W. van Soest:* 6. Internat. Pflanzenschutzkongreß, Wien. Abstracta, 448 (1967).

8) Can. P. 727044 (7. 1. 64/1. 2. 66, Am. Prior. 2. 4. 63), Union Carbide Chemicals Co. / *R. A. Herrett.*

9) A. P. 2776196 (23. 8. 54/1. 1. 57, Schwz. Prior. 2. 9. 53), Geigy / *H. Gysin* u. *E. Knüsli.*

10) *Wagner, W. E.:* Vero Beach Laboratories, Inc., personal communication: *Gentner, W. A.*: An Evaluation of New Herbicides. Beltsville Weed Field Day, 9. 7. 1968.

11) A. P. 3140167 (7. 6. 62/7. 7. 64), Hercules Powder Co. / *A. H. Haubein.*

12) *Haubein, A. H.*, and *J. R. Hansen:* J. Agr. Food Chem. *13*, 555 (1965).

13) *Riggleman, J. D.:* Agr. Chem. *19* [2], 120 (1964).

14) A. P. 3391180 (23. 6. 64/2. 7. 68), Hercules Powder Co. / *A. H. Haubein.*

15) Russ. P. 186434 (17. 10. 63/Sept. 67), Chem. Plants Protection Research Inst. / *Ya. Baskakov* u. Mitarb.

16) A. P. 3337600 (13. 5. 65/22. 8. 67, Am. Prior. 4. 9. 62), Monsanto Co. / *A. J. Speziale* u. *L. R. Smith.*

17) A. P. 3359301 (13. 5. 65/19. 12. 67, Am. Prior. 4. 9. 62) Monsanto Co. / *A. J. Speziale* u. *L. R. Smith.*

18) Belg. P. 645752 (26. 3. 64/16. 7. 64, Am. Prior. 2. 4. 63), Union Carbide Corp. / *R. A. Herrett* u. *R. V. Berthold.*

19) = F. P. 1397525 (31. 3. 64/22. 3. 65, Am. Prior. 2. 4. 63).
20) = Niederl. P. Anm. 6403519 (2. 4. 64/5. 10. 64, Am. Prior. 2. 4. 63).
21) = E. P. 1055721 (16. 3. 64/18. 1. 67, Am. Prior. 2. 4. 63).
22) = Schwz. P. 418056 (2. 4. 64/31. 7. 66, Am. Prior. 2. 4. 63).
23) *Herrett, R. A.*, and *R. V. Berthold:* Science *149*, 191 (1965).
24) A. P. 3328154 (10. 3. 64/27. 6. 67, Am. Prior. 12. 9. 60 / Monsanto / *J. J. D'Amico.*
25) A. P. 3384472 (1. 11. 65/21. 5. 68), Dow Chemical Co. / *D. R. Mussell* u. *T. W. Holmsen.*
26) A. P. 3455673 (8. 12. 67/15. 7. 69, Am. Prior. 30. 12. 64), Smith Kline and French Laboratories / *H. F. Goonewardene* u. *B. Loev.*
27) A. P. 3445222 (8. 11. 67/20. 5. 69, Am. Prior. 23. 6. 64), Hercules Powder Co., Inc. / *A. H. Haubein.*

b) Mono- und Dithiocarbamidsäureester sekundärer aliphatischer Amine

Bis 1967 finden sich unter den Mono- und Dithiocarbamidsäureestern im Gegensatz zu den Sauerstoffanalogen (s. später) praktisch verwertbare Produkte nur unter den Vertretern aliphatischer Amine. Die Produkte sind außerdem auf Derivate sekundärer Amine beschränkt. Die mangelnde chemische Stabilität von Mono- und Dithiocarbamidsäureestern primärer Amine steht zum Teil einer Verwendung entgegen. Als von primären Aminen abgeleitetes Derivat findet lediglich der N-Methyl-dithiocarbamidsäureester Verwendung; hier wird aber gerade die Zersetzlichkeit in N-Methyl-isothiocyanat ausgenutzt.
N-Dialkyl-thiolcarbamidsäureester mit herbizider Wirkung sind durchweg jüngeren Datums [1,2,4], verglichen mit den N-Phenylcarbamidsäureestern (s. unten). Alle Thiolcarbamate sind Bodenherbizide.

Dialkyl-carbamidsäure-thiolester

$$(C_3H_7)_2N-\overset{\overset{\displaystyle O}{\|}}{C}-S-C_2H_5$$

N,N-Dipropyl-thioläthylcarbamat
Common name: *EPTC, diprolam*
Handelsname: *Eptam®*
(Stauffer Chem. Co.) 1954

LD$_{50}$: 1631 (1600—3160) mg/kg Ratte p. o. akut. Wasserlöslichkeit: 375 ppm bei 20°C. Wirkungsweise: Bodenherbizid. Anwendungsweise: Pre-emergence einarbeiten. Anwendungsgebiet: Rüben, Bohnen, Mais, Kartoffeln, Sojabohnen, Tomaten gegen mono- und dikotyle Unkräuter.
Patente [2–4]. Literatur [49].
Der dem Eptam entsprechende *Thiolpropylester* ist als Vernam im Handel:

$$(C_3H_7)_2N-\overset{\overset{\displaystyle O}{\|}}{C}-S-C_3H_7$$

N,N-Dipropyl-thiolpropylcarbamat
Common name: *vernolate*
Handelsname: *Vernam®*, *Stabam®*
(Stauffer Chem. Co.) 1965/66

LD$_{50}$: 1780 mg/kg Ratte p. o. akut. Wasserlöslichkeit: 107 ppm bei 20°C. Wirkungsweise: Bodenherbizid. Anwendungsweise: Pre-emergence einarbeiten. Anwendungsgebiet: Gegen mono- und dikotyle Unkräuter in Mais, Bohnen, Erdnüssen, Tomaten, Sojabohnen, Süß-Kartoffeln.

Patente [2–4]. Literatur [49].

Carbamidsäurethiolester unsymmetrischer Amine sollen eine besonders gute Selektivität zeigen.

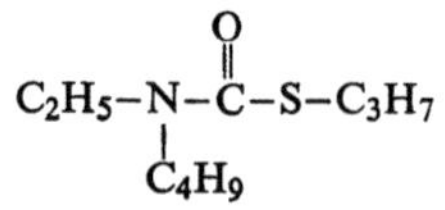

N-Äthyl-N-butylthiolpropylcarbamat
Common name: *pebulate*
Handelsname: *Tillam*®
(Stauffer Chemical Co.) 1960

LD$_{50}$: 1120 mg/kg Ratte p. o. akut. Wasserlöslichkeit: <30 ppm (92 ppm) [5]. Wirkungsweise: Bodenherbizid, hauptsächlich gegen Gräser. Anwendungsweise: Pre-emergence einarbeiten. Anwendungsgebiet: Selektiv in Tomaten, Spinat, Zuckerrüben, Erdnüssen, Tabak, Mais und Sojabohnen. Hauptsächlich gegen Gräser, z. T. aber auch gegen dikotyle Unkräuter.
Patente [6–8, 16]. Literatur [5].

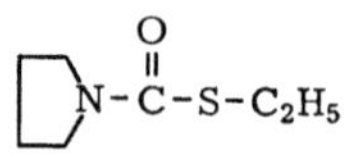

Versuchsprodukt

Wirkungsweise: Bodenherbizid. Anwendungsweise: Pre-emergence. Anwendungsgebiet: Herbizid in Reis.
Patente [9, 10].

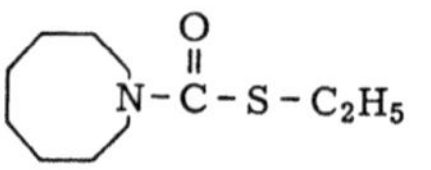

Hexahydro-1-H-azepin-1-carbamidsäure-thiol-äthylester
Common name: *molinate*
Handelsname: *Hydram*®, *Ordram*®
(Stauffer Chemical Co.) 1965

LD$_{50}$: 720 (484—720) mg/kg Ratte p. o. akut. Wirkungsweise: Bodenherbizid. Anwendungsweise: Pre-emergence einarbeiten. Anwendungsgebiet: Speziell gegen *Echinochloa crus galli* (Hühnerhirse) in Reis.
Patente [11, 12]. Literatur [13].
Ein ähnliches Versuchsprodukt der Monsanto enthält den Thiobenzylalkoholrest [27, 56].
Analoge Verbindungen, im *Thiolrest chloriert* s. [14, 15].

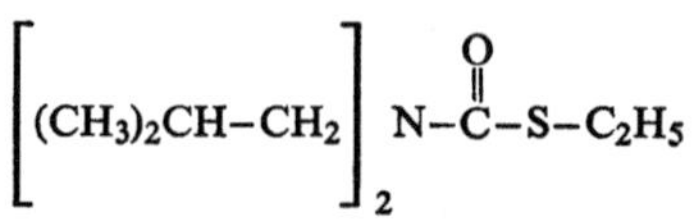

N,N-Diisobutyl-thioläthylcarbamat
Common name: *butylate*
Handelsname: *Sutan*®
(Stauffer Chemical Co.) 1954

LD$_{50}$: 3998 mg/kg Ratte p. o. akut. Wasserlöslichkeit: <0,03%. Wirkungsweise: Bodenherbizid. Anwendungsweise: Pre-emergence einarbeiten. Anwendungsgebiet: Zuckerrüben, Mais. Besonders wirksam gegen *Digitaria* sp..
Patente [2–4]. Literatur [49].

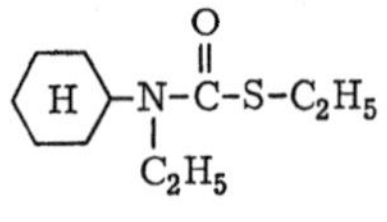

N-Äthyl-N-cyclohexyl-thioläthylcarbamat
Common name: *cycloate*
Handelsname: *RoNeet*®
(Stauffer Chemical Co.) 1966

LD$_{50}$: 3160—4100 mg/kg Ratte p. o. akut. Wasserlöslichkeit: 100 ppm. Wirkungsweise: Bodenherbizid. Anwendungsweise: Pre-emergence einarbeiten. Anwendungsgebiet: Zuckerrüben, Spinat. Gegen mono- und dikotyle Unkräuter.
Patente [8, 16–18]. Literatur [19].

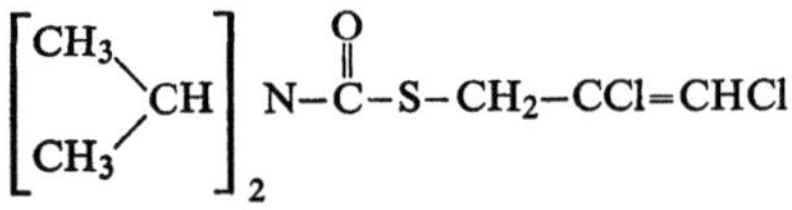

N,N-Diisopropyl-thiol-2,3-dichlorallylcarbamat
Common name: *diallate, DATC, DDTC* usw.
Handelsname: *Avadex*®
(Monsanto Chem. Co.) 1961

LD$_{50}$: 395 mg/kg Ratte p. o. akut; 510 mg/kg Hund. Wasserlöslichkeit: 40 ppm bei 25°C. Wirkungsweise: Bodenherbizid. Anwendungsweise: Pre-emergence einarbeiten. Anwendungsgebiet: Gegen Monokotyledonen, von größerer Bedeutung, da speziell wirksam gegen schwer bekämpfbaren Flughafer und Ackerfuchsschwanz, selektiv in Mais, Flachs, Kartoffeln, Zuckerrüben.
Patente [20–22, 57]. Literatur [50].

Als verwandte Substanz sei genannt [20]:

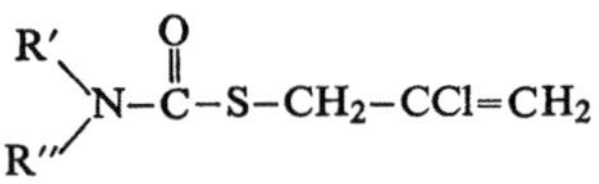

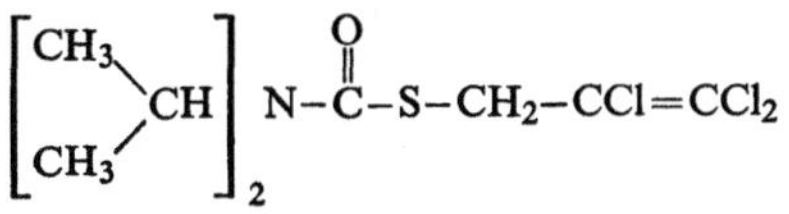

N, N-Diisopropyl-thiol-2,3,3-trichlorallylcarbamat
Common name: *triallate*
Handelsname: *Avadex BW*®
(Monsanto Chem. Co.) 1961

LD$_{50}$: 1675—2165 mg/kg Ratte p. o. akut. Wasserlöslichkeit: 4 ppm. Wirkungsweise: Bodenherbizid. Anwendungsweise: Pre-emergence einarbeiten. Anwendungsgebiet: Gegen Monokotyledonen, von Bedeutung speziell gegen Flughafer in Rüben und Gerste.
Patente s. Diallate [20–22]. Literatur [50].

Ergänzend seien genannt:

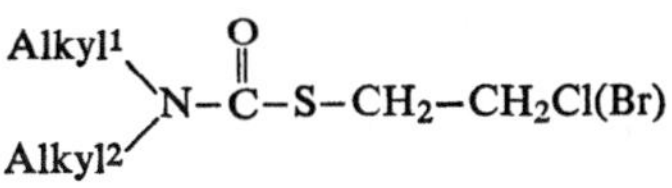 [23]

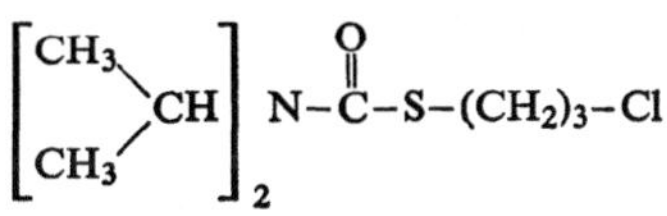 [24]

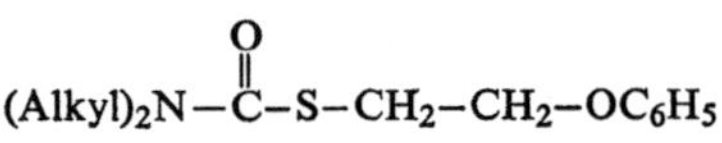 [25]

Die Benzylmercaptogruppe ist anscheinend für Herbizide auf Thiolcarbamatbasis von besonderer Wirkung, wie neue Patente zeigen: [26, 27]. Über Thiolcarbamate mit je einer Acetylenbindung im Thiol- und Aminrest s. [55].

Dialkyl-carbamidsäure-thionoester oder Thionourethane

Ein Verkaufsprodukt aus dieser Gruppe ist bis jetzt nicht bekannt.

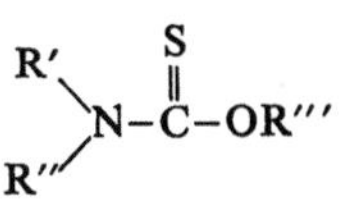

Allgemeine Patente [9, 28–32].

Carbamidsäure-dithioester, Dithiourethane

In dieser Gruppe befinden sich wieder einige wichtige Bodenherbizide.

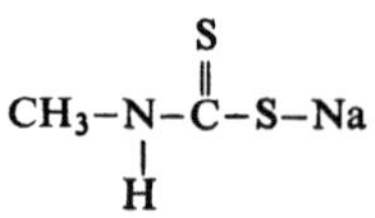

Natriumdithio-N-methyl-carbamat
Common name: *metham-Na*
Handelsname: *Vapam*®
(Stauffer Chemical Co.) 1954

LD$_{50}$: 820 mg/kg Ratte p. o. akut; 285 mg/kg Maus. Wirkungsweise: Zerfall in $CH_3{-}N{=}C{=}S$. Bodenherbizid. Anwendungsgebiet: Kurzzeitig wirksames Herbizid zur Bodensterilisation gegen Mono- und Dikotyledonen. Benutzung des Bodens nach der Anwendung schon rasch wieder möglich. Die Verbindung ist auch gut fungizid und nematizid wirksam.
Patente [33]. Literatur [52].
Als ein cyclisches Kondensationsprodukt der N-Methyl-dithiocarbamidsäure mit Formaldehyd und Methylamin ist die folgende Verbindung aufzufassen. Sie wirkt auch nur nach Maßgabe ihres Zerfalls in die N-Methyl-dithiocarbamidsäure bzw. deren weiteren Zerfall in Methylsenföl.

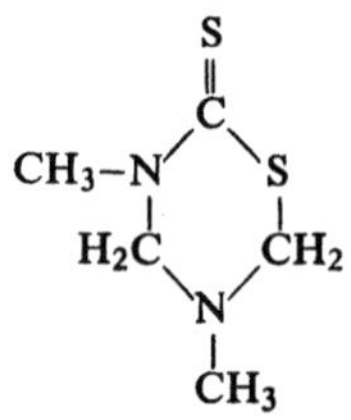

3,5-Dimethyl-tetrahydro-1,3,5-thiadiazin-2-thion
Common name: *dazomet, DMTT*
Handelsname: *Mylone*®
(Union Carbide Chemical Co.) 1952

LD$_{50}$: 500 mg/kg Ratte p. o. akut. Wasserlöslichkeit: 120 ppm. Wirkungsweise: Bodenherbizid. Zerfall in das wirksamere $CH_3{-}N{=}C{=}S$. Anwendungsgebiet: Gegen Mono- und Dikotyledonen. Darstellung: Methylamin + Schwefelkohlenstoff + Formaldehyd.
Patente [34]. Literatur [53,54].

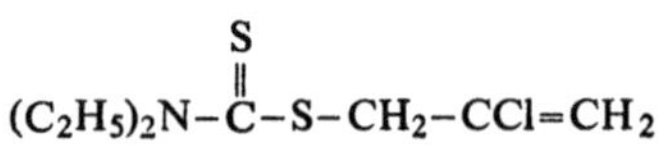

2-Chlorallyl-N,N-diäthyldithiocarbamat
Common name: *CDEC, calmate, sulfallate*
Handelsname: *Vegadex*®
(Monsanto Chem. Co.) 1954

LD$_{50}$: 850 mg/kg Ratte p. o. akut. Wasserlöslichkeit: 0,01 % bei 25 °C. Wirkungsweise: Bodenherbizid. Anwendungsweise: Pre-emergence. Anwendungsgebiet: In Mais, Möhren, Zwiebeln, Erbsen, Bohnen, Sellerie. Gegen Mono- und Dikotyledonen, vornehmlich gegen Gräser.
Patente [35–38]. Literatur [51].

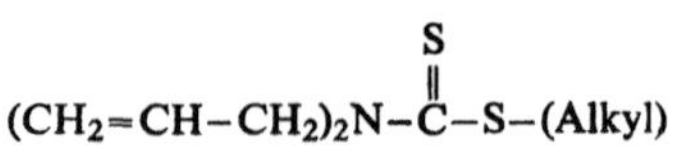 [39,58]

Carbamidsäureester chlorhaltiger Amine s. [40].

Dithiocarbamate des chlorierten Piperidins mit Chlorallylthiol[40].

Hexamethylen-iminodithio-carbamidsäureester s. [59].

Einige weitere Beispiele: 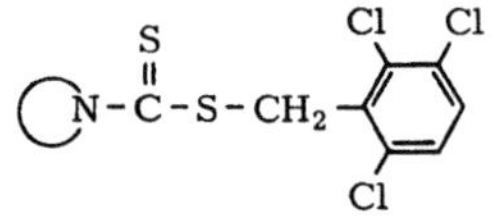 [28, 39]

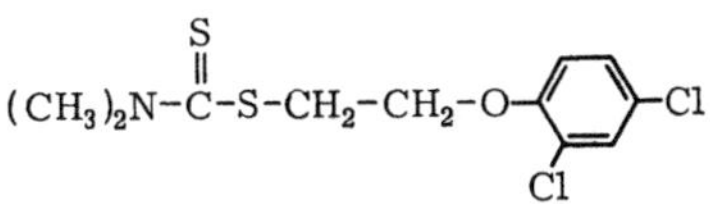 [41] 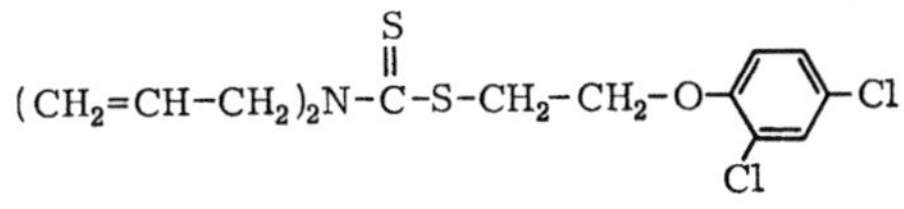 [39]

Über eine Wuchsstoffwirkung von $(\text{Alkyl})_2N-\overset{\overset{\displaystyle S(O)}{\|}}{C}-S(O)-CH_2-COOR$ s. bei aliphatischen Carbonsäuren.

Mn- oder Zn-*Salze der Dimethyldithiocarbamidsäure* sind speziell als Fungizide von Bedeutung (s. dort). Die As-Verbindungen sind Herbizide, doch beruht die Wirkung in der Hauptsache auf dem Arsengehalt. Die beste Wirkung soll

$\left[(C_4H_9)_2N-\overset{}{\underset{\underset{\displaystyle S}{\|}}{C}}-S)\right]_2 As$ aufweisen [43].

Dithiocarbamidsäureester-acetale [42]: 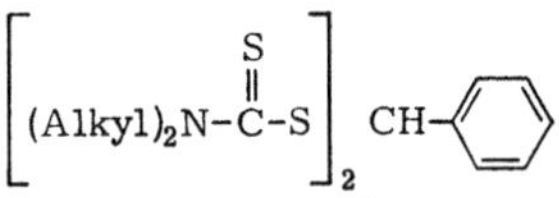

Dithiocarbazidsäureester [44–47]

Isothiocyanate

Isothiocyanate können als innere Anhydride von Thiocarbamidsäuren aufgefaßt werden und seien deshalb an dieser Stelle erwähnt. Aliphatische Isothiocyanate wurden als Entblätterungsmittel patentiert, z. B. das $C_{12}H_{25}NCS$ [48].

Literatur

5. Organische Herbizide

5.5.2. Carbamidsäureester und die entsprechenden Thioverbindungen — Abschnitt b

1) A. P. 3249619 (24. 7. 64/3. 5. 66), Dow Chemical Co. / *H. Johnston.*
2) D. A. S. 1031571 (17. 1. 57/4. 6. 58, Am. Prior. 17. 1. 56), Stauffer Chemical Co. / *H. Tilles* u. *J. Antognini.*
3) = A. P. 2913327 (17. 1. 56/17. 11. 59).
4) = F. P. 1171404 (15. 1. 57/6. 10. 58, Am. Prior. 17. 1. 56).
5) *Martin, H.:* Pesticide Manual, p. 339. British Crop Protection Council 1968.
6) A. P. 2977209 (13. 2. 57/28. 3. 61), Stauffer Chemical Co. / *H. Tilles* u. *J. Antognini.*

[7] A. P. 2983747 (28. 7. 58/9. 5. 61), Stauffer Chemical Co. / *R. G. Campbell* u. *G. E. Klingman.*

[8] A. P. 3175897 (21. 8. 62/30. 3. 65, Am. Prior. 11. 1. 57), Stauffer Chemical Co. / *H. Tilles* u. *J. Antognini* (Anwendungspatent).

[9] A. P. 3224862 (2. 4. 62/21. 12. 65, Am. Prior. 22. 5. 58, 2. 10. 59 u. 5. 10. 59), Monsanto Co. / *A. G. Weiss.*

[10] Can. P. 721766 (5. 1. 57/16. 11. 65, Am. Prior. 17. 1. 56), Stauffer Chemical Co. / *H. Tilles* u. *J. Antognini.*

[11] A. P. 3198786 (27. 4. 64/3. 8. 65, Am. Prior. 1. 5. 61), Stauffer Chemical Co. / *H. Tilles* u. *R. Curtis.*

[12] F. P. 1327964 (28. 4. 62/16. 4. 63, Am. Prior. 1. 5. 61), Stauffer Chemical Co. / *R. Curtis* u. *H. Tilles.*

[13] Chem. Ind. *19* (3), 136 (1967).

[14] A. P. 3330822 (18. 1. 67/11. 7. 67, Am. Prior. 19. 5. 61, 16. 5. 62, 19. 7. 65 u. 14. 7. 66), Monsanto Co. / *J. J. D'Amico.*

[15] A. P. 3357815 (31. 1. 67/12.12. 67, Am. Prior. 1. 3. 66), Monsanto Co. / *J. J. D'Amico.*

[16] A. P. 3185720 (21. 8. 62/25. 5. 65, Am. Prior. 11. 1. 57), Stauffer Chemical Co. / *H. Tilles* u. *J. Antognini.*

[17] = E. P. 995316 (13. 2. 64/16. 6. 65).

[18] Niederl. P. Anm. 6400713 (29. 1. 64/30. 7. 65, Am. Prior. 11. 1. 57 u. 21. 8. 62), Stauffer Chemical Co. / *H. Tilles* u. *J. Antognini.*

[19] *Riggleman, J. D.:* Agr. Chem. *19* [2], 120 (1964).

[20] E. P. 1010741 (2. 11. 60/24. 11. 65, Engl. Prior. 28. 2. 58), Monsanto Co. / *M. W. Harman* u. *J. J. D'Amico.*

[21] A. P. 3330643 (25. 6. 65/11. 7. 67, Am. Prior. 28. 2. 57 u. 19. 11. 59), Monsanto Co. / *M. W. Harman* u. *J. J. D'Amico.*

[22] A. P. 3330821 (25. 6. 65/11. 7. 67, Am. Prior. 28. 2. 57 u. 19. 11. 59), Monsanto Co. / *M. W. Harman* u. *J. J. D'Amico.*

[23] A. P. 3298817 (16. 4. 59/17. 1. 67, Am. Prior. 8. 8. 58), Stauffer Chemical Co. / *H. Tilles* u. *J. Antognini.*

[24] A. P. 3305576 (13. 11. 62/21. 2. 67, Am. Prior. 10. 7. 59), Monsanto Co. / *J. J. D'Amico* u. *M. W. Harman.*

[25] A. P. 3284184 (7. 8. 63/8. 11. 66, Am. Prior. 5. 10. 59), Monsanto Co. / *R. O. Zerbe* u. *A. G. Weiss.*

[26] D. A. S. 1243457 (3. 7. 62/29. 6. 67, Am. Prior. 3. 7. 61), Monsanto Co. / *M. W. Harman* u. *J. J. D'Amico.*

[27] A. P. 3303014 (22. 4. 66/7. 2. 67, Am. Prior. 3. 7. 61), Monsanto Co. / *J. J. D'Amico* (selektives Pre-emergence-Reisherbizid, besonders gegen „*Echinochloa crus galli*", Hirse).

[28] A. P. 3224861 (3. 7. 61/21. 12. 65), Monsanto Co. / *J. J. D'Amico.*

[29] A. P. 3224863 (13. 6. 62/21. 12. 65), Monsanto Co. / *J. J. D'Amico.*

[30] A. P. 3224864 (26. 9. 62/21. 12. 65), Monsanto Co. / *P. C. Hamm* u. *J. J. D'Amico.*

[31] A. P. 3230243 (9. 5. 61/18. 1. 66), Monsanto Co. / *J. J. D'Amico.*

[32] A. P. 3297680 (26. 9. 62/10. 1. 67, Am. Prior. 14. 3. 58), Monsanto Co. / *P. C Hamm* u. *J. J. D'Amico.*

[33] A. P. 2766554 (28. 7. 54/16. 10. 56), Stauffer Chemical Co. / *S. C. Dorman* u. *A. B. Lindquist* (Bodenfungizid).

[34] A. P. 2838389 (3. 9. 52/10. 6. 58), Union Carbide Corp. / *D. M. Yoder.*

[35] A. P. 2744898 (17. 3. 52/8. 5. 56), Monsanto Chemical Co. / *M. W. Harman* u. *J. J. D'Amico.*

[36] A. P. 2854467 (13. 12. 54/30. 9. 58), Monsanto Chemical Co. / *M. W. Harman* u. *J. J. D'Amico.*

[37] D. A. S. 1039303 (16. 12. 54/18. 9. 58, Am. Prior. 17. 12. 53 u. 23. 11. 54), Monsanto Chemical Co. / *M. W. Harman* u. *J. J. D'Amico.*

[38] A. P. 2919182 (23. 11. 54/29. 12. 59), Monsanto Chemical Co. / *M. W. Harman* u. *J. J. D'Amico.*

[39] A. P. 3225078 (26. 9. 62/21. 12. 65, Am. Prior. 7. 10. 59), Monsanto Co. / *A. G. Weiss* u. *P. C. Hamm.*

[40] A. P. 3224866 (31. 5. 63/21. 12. 65, Am. Prior. 12. 10. 59), Monsanto Co. / *R. O. Zerbe* u. *J. J. D'Amico.*

[41] A. P. 3205248 (26. 9. 62/7. 9. 65, Am. Prior. 7. 10. 59), Monsanto Co. / *A. G. Weiss* u. *P. C. Hamm.*

[42] A. P. 3257441 (13. 3. 62/21. 1. 66), Tenneco Chemicals Inc. / *M. A. Gradsten.*
[43] A. P. 3281234 (23. 6. 64/25. 10. 66), Pennsalt Chemicals Corp. / *A. C. Whiton* u. *I. C. Popoff.*
[44] A. P. 3244501 (18. 12. 63/5. 4. 66, Am. Prior. 25. 7. 62), Monsanto Co. / *J. J. D'Amico.*
[45] A. P. 3261858 (25. 7. 62/19. 7. 66), Monsanto Co. / *J. J. D'Amico.*
[46] A. P. 3287099 (30. 7. 62/22. 11. 66), Monsanto Co. / *J. J. D'Amico* u. *P. C. Hamm.*
[47] A. P. 3284482 (13. 10. 65/8. 11. 66, Am. Prior. 30. 7. 62), Monsanto Co. / *J. J. D'Amico* u. *P. C. Hamm.*
[48] A. P. 3352661 (7. 2. 64/14. 11. 67), Pennsalt Chemicals Corp. / *H. Q. Smith.*
[49] Herbicide Handbook of the Weed Society of America, p. 164. Geneva-New York: W. F. Humphrey Press Inc., 1967.
[50] — p. 79.
[51] — p. 38.
[52] *Fryer, J. D.*, and *S. A. Evans:* Weed Control Handbook, pp. 85 u. 394. Oxford-Edinburgh: Blackwell Scientific Publications 1968.
[53] — pp. 92 u. 416.
[54] *Martin, H.:* Pesticide Manual, p. 119. British Crop Protection Council 1968.
[55] Niederl. P. Anm. 6803170 (6. 3. 68/10. 9. 68, Dtsch. Prior. 9. 3. 67), BASF.
[56] *Binning:* 25. Annual Research Rep. North Central Weed Control Conf. 1968, p. 164.
[57] D. B. P. 1142464 (8. 5. 59/17. 1. 63, Am. Prior. 28. 2. 57), Monsanto Chem. Co. / *J. J. D'Amico* u. *M. W. Harman.*
[58] A. P. 3133810 (19. 4. 61/19. 5. 64), Monsanto Chemical Co. / *P. C. Hamm.*
[59] F. P. 1548878 (12. 12. 67/28. 10. 68 u. 6. 12. 68, Schwz. Prior. 30. 12. 66), Ciba S. A.

c) Carbamidsäureester aromatischer Amine

Carbamidsäureester aromatischer Amine mit aliphatischen Alkoholen sowie deren Abwandlungen

G. Friesen [1] hat schon 1929 auf die pflanzenschädigende Wirkung von N-Phenylurethan hingewiesen. Die Bedeutung seiner Beobachtung für die Unkrautbekämpfung wurde aber damals nicht erkannt. 1941 haben *Sexton* und *Templeman* die wachstumshemmende Wirkung der N-Phenylurethane auf keimende Kartoffeln und die allgemeine herbizide Wirkung durch Patente offenbart [2,3]. Aber erst nach dem 2. Weltkrieg (1945) berichten *Templeman* und *Sexton* (ICI) in der Literatur über die beachtenswerte wachstumsbeeinflussende Eigenschaft des N-Phenylurethans [4]. Neben der allgemeinen herbiziden Wirkung beobachteten sie bereits, daß Hafer in seinem Wachstum stark geschädigt wird, nicht aber der Ackersenf. Eine breitere Untersuchungsreihe zeigte die überragende pflanzenschädigende Wirkung des N-Phenylcarbamidsäure-isopropylesters. Die Firma Henkel hat auch schon 1948 ein Carbamat des Anthranilsäureesters als Keimhemmungsmittel zum Patent angemeldet [5–7]. Praktisch verwertbare Produkte entstanden aber nicht aus dieser Beobachtung.

Aus der Carbamidsäureester-Reihe *aromatischer* Amine sind rasch nacheinander zahlreiche bedeutende Herbizide hervorgegangen. Bis in die jüngste Zeit sogar werden immer wieder neue, selektiv wirksame Carbamidsäureester gefunden und in den Handel gebracht. Zusammenfassende Literatur [97].

Fast allen Carbamidsäureestern aromatischer Amine ist eine Wirkung über die Wurzel gemeinsam.

Der Wirkungsmechanismus der Carbamatherbizide ist vielfach untersucht worden. Einerseits stellen sie nach *Moreland* und *Hill* ähnlich wie die Harnstoffe oder die symmetrischen Triazinderivate Hemmstoffe der Photosynthese dar [99], andererseits wirken die Carbamate als Mitosegifte [100], eine Eigenschaft, die im Hinblick auf Rückstandsprobleme kritischer angesehen wird. Größere Konzentrationen aromatischer Amidokohlensäureester, z. B. des IPC, können die Zellteilung vollständig verhindern [101]. Von anderer Seite wird die Hemmwirkung auf die DNS zur Synthese von m-RNS hervorgehoben [102, 103]. Die durch Gibberellin beeinflußte Synthese von Amylase wird ebenfalls durch Carbamate gehemmt [105]. Eine neuere Zusammenfassung der Wirkungsmechanismen von Herbiziden, speziell auch Carbamaten, ist 1969 erschienen [104].

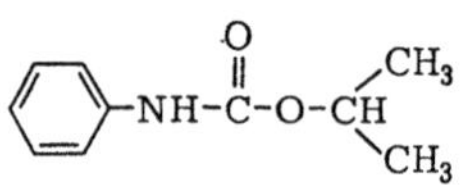

N-Phenyl-isopropyl-carbamat
Common name: *IPC, propham*
Handelsname: *Chem-hoe*®
(Pittsburgh Plate Glass Co.) 1946

LD_{50}: (1000—4420) (5000) mg/kg Ratte p. o. akut. Wasserlöslichkeit: 250 ppm bei 20°C (verschiedene Angaben). Wirkungsweise: Boden- und Blattherbizid, ferner Kartoffelkeimhemmer. Mitosegift. Anwendungsweise: Pre-emergence. Einpudern der Kartoffeln. Anwendungsgebiet: Vornehmlich gegen Gräser, weniger gegen breitblättrige Unkräuter. Unwirksam gegen Hirsearten. Einpudern von Lagerkartoffeln zur Keimhemmung.
Patente [2, 3]. Literatur [4, 8, 9].

Die Wirksamkeit der Alkoholkomponente in N-Phenylcarbamidsäureestern ist eingehend untersucht worden [10]. Der Isopropylrest ergibt eine sehr gute Wirkung gegen Monokotyledonen, aber weniger gegen Dikotyledonen. Gegen beide Pflanzenklassen gleich gut wirken der β-Chloräthyl-, der Allyl- und der β-Butinyl-Rest [11, 12], wobei das Optimum beim β-Chloräthyl-Rest liegt. Der γ-Chlorbutyl-Rest wirkt gegen Dikotyledonen deutlich schwächer. Ein weiterer Abfall der Wirkung gegen breitblättrige Pflanzen findet beim Isobutyl-Rest statt. Ester des Äthanols und höherer n-Alkohole ergeben für beide Pflanzenklassen fallende Werte, desgleichen Ester des Benzylalkohols und Cyclohexanols. Ester des Propargylalkohols s. [11, 12].

Auch beim Chlor-IPC (s. im folgenden) wurden gleichartige Gesetzmäßigkeiten hinsichtlich der Alkoholkomponente beobachtet [13]. Der Einfluß der Substituenten im Phenylrest ist mehrfach untersucht worden [10, 13, 14, 19–21]. Höchste Wirksamkeit weisen die Carbamidsäureester des *m*-Chloranilins auf. Chlor kann durch Br, F und CH_3 ersetzt werden, die Jodverbindung aber wirkt schwächer. Schwächer wirksam sind auch Verbindungen mit F in 4-Stellung, noch schwächer solche mit Br und J oder gar CH_3 in 4-Stellung. Nitroaniline ergeben weder in der 3- noch in der 4-Stellung Herbizide. Chlor in 2-Stellung ist ebenso wie die Methoxy-Verbindung gut, aber schwächer wirksam als ClPC. Ist eine 3-Stellung durch Cl besetzt, kann in 6-Stellung bei sehr guter Wirksamkeit noch ein Cl, eine Methyl- oder eine Methoxy-Gruppe stehen. 3,4-Dichloranilin-Derivate sind nur mittelmäßig wirksam, aber ausgesprochen selektiv gegen Gräser, weshalb die entsprechende Verbindung verwendet wird. Die 3,5-Dichlor-Verbindung ist nur ein ganz schwaches Herbizid.

Infolge der besonderen Wirksamkeit der Carbamidsäureester des 3-Chloranilins sind viele wichtige Produkte auf 3-Chloranilin-Grundlage aufgebaut.

3-Chlorphenylcarbamate

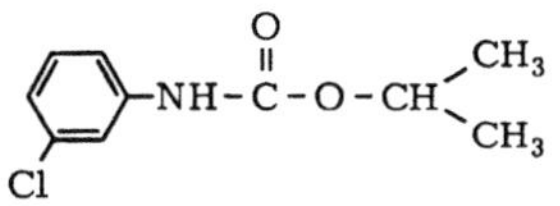

N-3-Chlorphenyl-isopropylcarbamat
Common name: *CIPC, chlor-IPC, chlorpropham*
Handelsname: *Nexoval*®, *Prevenol*®
(Columbia Southern Chem. Corp.)

LD_{50}: (3800—6000) mg/kg Ratte p. o. akut. Wasserlöslichkeit: 8,8 ppm bei 25°C. Wirkungsweise: Bodenherbizid mit geringer Kontaktwirkung. Anwendungsweise: Pre- und post-emergence. Anwendungsgebiet: Sojabohnen, Zwiebeln, Möhren, Baumwolle. Speziell wirksam gegen Gräser, aber auch gegen breitblättrige Unkräuter. Zum Unterschied von IPC auch gegen Hirsearten wirksam.
Patente [15,16], s. a. IPC. Literatur [17,18–21].
Kombinationen mit anderen Herbiziden liegen vor:
Mit IPC als *Aaservo*®, mit Linuron als *Profalon*® (Hoechst).

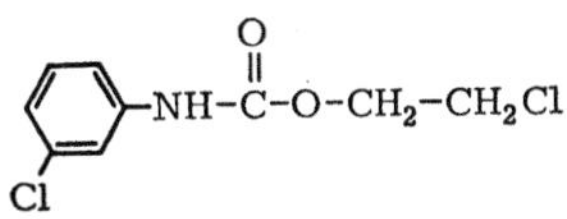

N-(3-Chlorphenyl)-carbamidsäure-2-chloräthylester
Common name: *CEPC*

Wirkungsweise: Bodenherbizid. Anwendungsweise: Pre-emergence. Anwendungsgebiet: Gegen mono- und dikotyle Unkräuter.
Patente [22]. Literatur [10].
Acetylen-Bindungen im Alkohol-Rest verstärken sehr häufig eine herbizide Wirkung.

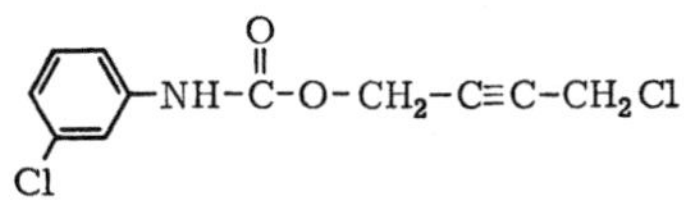

4-Chlor-2-butinyl-N-(3-chlorphenyl)-carbamat
Common name: *barban*
Handelsname: *Carbyne*®
(Spencer Chemical Co.) 1958

LD_{50}: 1300 (600) mg/kg Ratte p. o. akut. Wasserlöslichkeit: 11 ppm bei 25°C. Wirkungsweise: Blattherbizid mit systemischer Wirkung. Anwendungsweise: Post-emergence. Anwendungsgebiet: Gegen monokotyle Unkräuter. Spezielle Wirkung gegen Flughafer und Ackerfuchsschwanz in Getreide und Zuckerrüben.
Patente [26–28], s. a. (ohne Cl im Phenylrest) [29]. Literatur [30,31].

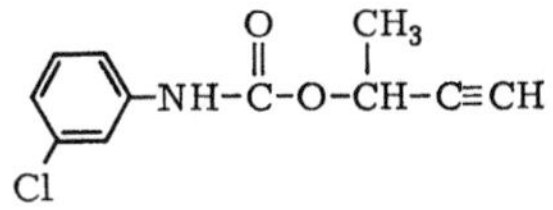

N-(3-Chlorphenyl)-1-methylpropionyl-carbamat
Zusammen mit Cyclooctyl-dimethylharnstoff als *Alipur*®
Common name: *chlorbufam, BiPC*
Handelsname: *Alipur*® (BASF) 1963

LD_{50}: 2500 mg/kg Ratte p. o. akut. Wasserlöslichkeit: 540 ppm bei 20°C. Wirkungsweise: Bodenherbizid. Anwendungsweise: Pre-emergence. Anwendungsgebiet: Gegen mono- und dikotyle Unkräuter selektiv in Rüben und Spinat.
Patente [32–35]. Literatur [36].

In geringer Anwendung ist: N-(3-Chlorphenyl)-carbamidsäure-sec. butylester. Bodenherbizid gegen mono- und dikotyle Unkräuter.

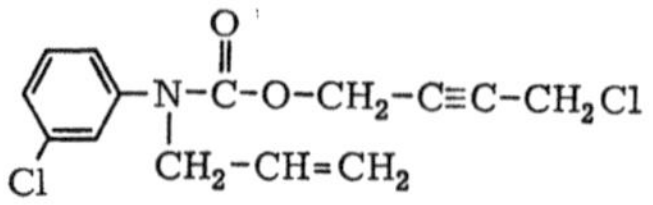 37)

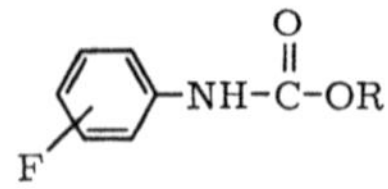 38)

N-3,4-Dichlorphenylcarbamate

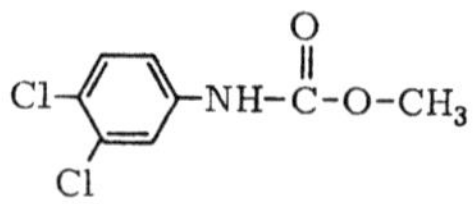

N-(3,4-Dichlorphenyl)-methylcarbamat
Nia 2995 (Food Machinery and Chemical Corp., Niagara Chemical Div.) etwa 1960
Common name: *swep*

LD_{50}: 522 (552) mg/kg Ratte p. o. akut. Wasserlöslichkeit: nur in organischen Lösungsmitteln löslich. Wirkungsweise: Bodenherbizid, mit geringer Wirkung als Blattherbizid mit Kontaktwirkung. Anwendungsweise: Pre-emergence. Anwendungsgebiet: Gegen mono- und dikotyle Unkräuter. In Reis (speziell in Wasserreis), Sojabohnen, Erdnüssen gegen Gräser. Weniger wirksam als CIPC aber selektiver.
Patente[39, 40]. Literatur[41, 42]
Eine große Anzahl weiterer Patente befaßt sich mit herbiziden N-Phenyl-carbamidsäureestern. Eine Auswahl wird im folgenden mitgeteilt:

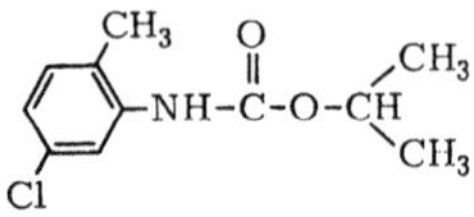 43)

Die Haupt*abwandlungen*, die auch für die herbizide Potenz sowie für die Selektivität von Bedeutung sind, betreffen spezielle *Alkohole und Substitutionen im Phenylkern:* Eine derartige Verbindung ist unter dem Namen *Carbamide* praktisch eingeführt:

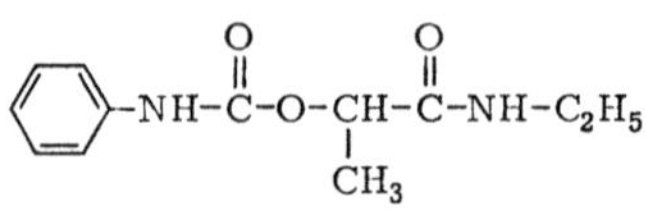

Verwendung als Blatt- und Bodenherbizid gegen Gräser.

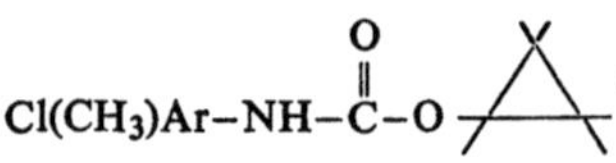 23)

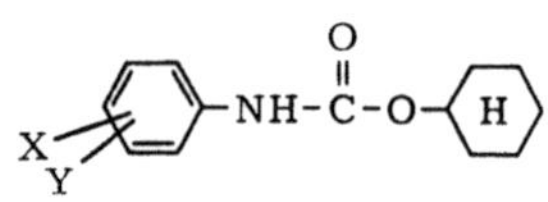 24)

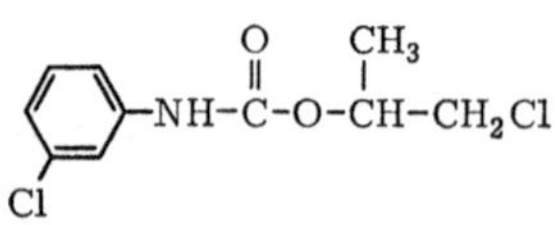 25)

$m\text{-}Cl\text{-}Ar\text{-}NH\text{-}\overset{O}{\overset{\|}{C}}\text{-}O\text{-}CH\langle^{CH_3}_{CH_2Cl}$ 44)

$Ar\text{-}NH\text{-}\overset{O}{\overset{\|}{C}}\text{-}O\text{-}CH\langle^{CH_2Cl}_{CH_2Cl}$ 45)

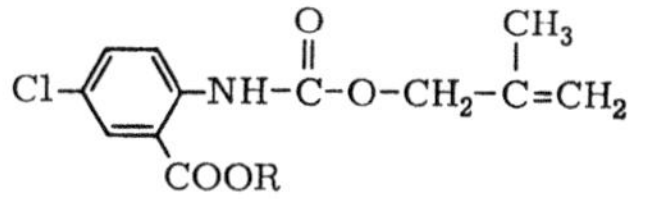 46)

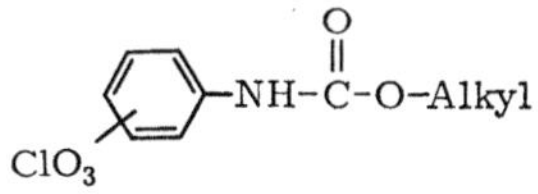 47)

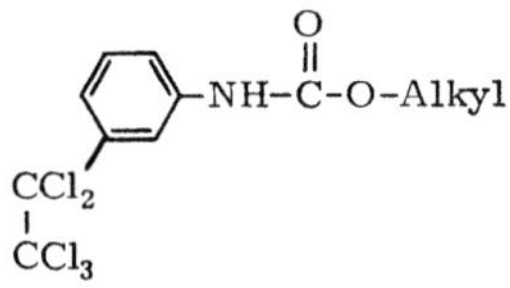 48, 49)

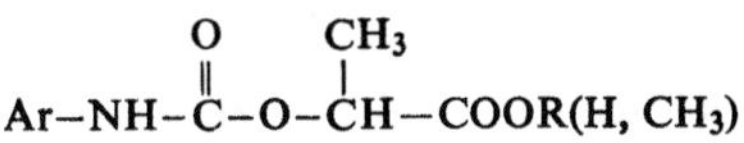 50)

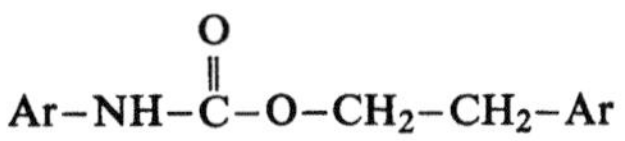 51, 52)

Carbamidsäureester rhodansubstituierter Alkohole [53–57].

N-acylierte Urethane [58]

Die Wirkung N-acylierter Carbamidsäureester beruht wahrscheinlich auf einer Hydrolyse in die Phenylcarbamidsäureester.

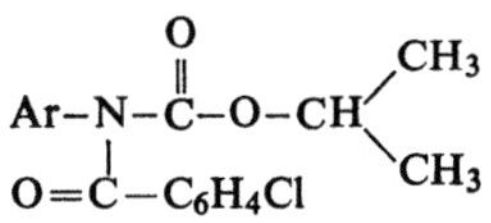 58)

Carbamidsäureester aromatischer Amine mit Phenolen

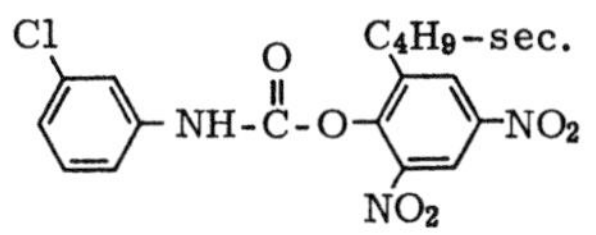 59, 106)

Kartoffelherbizid und Entblätterungsmittel. Der N-Phenyl-Rest kann durch N-Methyl ersetzt werden (s. auch Carbamidsäureester aliphatischer Amine).

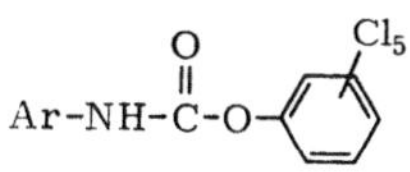 60)

Oximcarbamate

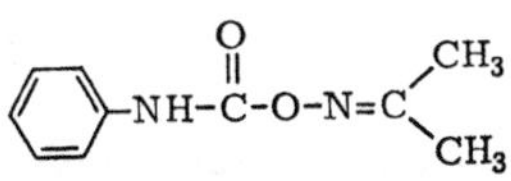

Common name: *proximpham*
Versuchsprodukt
(Fahlberg List) 1966/67

Kombiniert mit: Diuron u. IPC. Anwendungsgebiet: Selektiv in Rüben. Die Substanz wurde von den Farbenfabriken Bayer 1965 als Versuchsprodukt aufgegeben.
Patente [61, 62].

Carbamidsäureester mit zwei Urethangruppierungen oder einer Urethan- und einer Harnstoffgruppe

Als oft gültige Regel für eine biochemische Wirkung, speziell auch auf dem Gebiet des Pflanzenschutzes, gilt, daß die getrennte Einführung von *zwei herbiziden*

Gruppen keine bessere Wirkung ergibt. Doch sind solche empirischen Gesetzmäßigkeiten nicht streng gültig, wie ein neuer Dicarbamidsäureester zeigt:

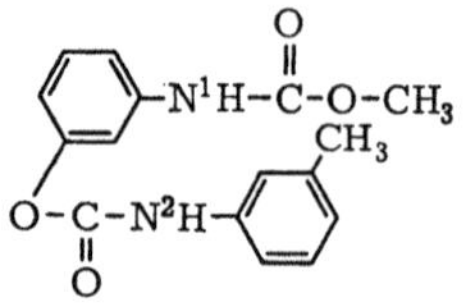

3-Methoxycarbonylaminophenyl-(3'-methyl-phenyl)-carbamat
Common name: *phenmedipham*
Handelsname: *Betanal*®
(Schering AG) 1968

LD_{50}: 8000 mg/kg Ratte p. o. akut. Wirkungsweise: Blattherbizid mit Kontaktwirkung. Hemmt die Hill-Reaktion isolierter Chloroplasten von Zuckerrüben ebenso wie von anderen empfindlichen Pflanzenarten. Die Rübenselektivität ist biophysikalisch durch die intakte Rübenpflanze bedingt. Anwendungsweise: Im frühen Nachauflaufverfahren. Anwendungsgebiet: Selektiv in Rüben.
Patente [63, 64], s. auch [65, 113]. Literatur [66]. Von anderer Seite wird eine ähnliche Verbindung mit Cyclohexyl statt Phenyl als Herbizid unter Schutz gestellt [111].
Ähnliche Verbindungen am NH alkyliert s. [67]; statt einer Urethangruppe eine Harnstoffgruppe s. [68]. Ähnliche Produkte, wobei der m-Toluidin-Rest durch einen aliphatischen Aminrest ausgetauscht ist, s. [69]. Das m-Aminophenol wurde noch in mannigfacher Weise abgewandelt, indem z. B. das Molekül 2 aliphat. Urethangruppen enthält oder 1 Urethan- und 1 Acylamidgruppe usw. [63, 65, 70, 107–110].
Weitere Beispiele von Carbamaten aus der Patentliteratur zeigen ebenfalls eine herbizide Wirkung bei zwei Wirkungsgruppen im Molekül:

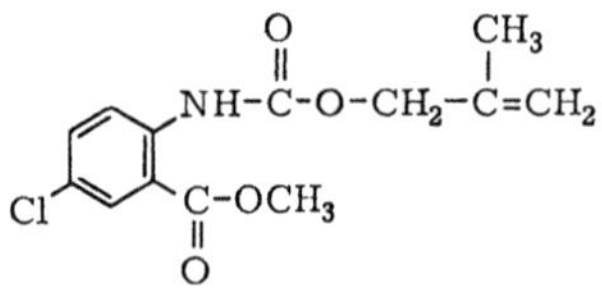

46)

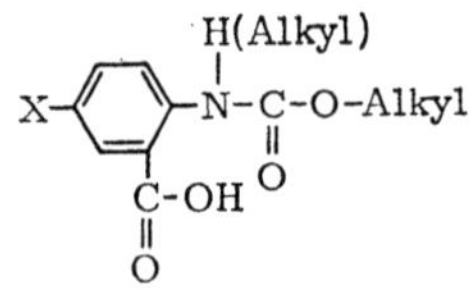

5)

X=H, Cl usw.

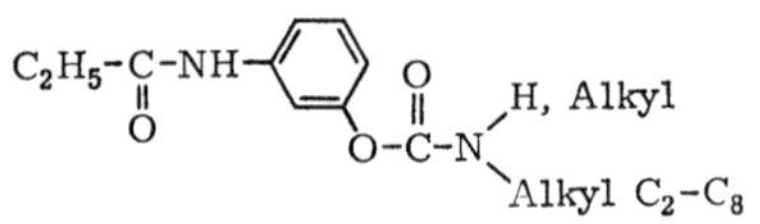

70)

S. a. die aromatisch-aliphatischen Harnstoffe.

N-Phenylcarbamate sind im Gegensatz zu Phenylharnstoffen oder Acylaniliden nur schwache Hemmstoffe der Photosynthese, gemessen an der Hill-Reaktion isolierter Chloroplasten. Die Hauptgiftwirkung für Pflanzen wird in einer Hemmung der Zellteilung gesehen [71, 72]. Carbamate hemmen auch die durch Gibberelline aktivierte Amylasebildung in Gerstenkörnern [73]. Auffallenderweise zeigen nach *Trebst* u. Mitarb. [74] die neuen 3-Alkoxycarbamyl-aminophenyl-N-aryl-(alkyl)carbamate wie auch das zuvor beschriebene Phenmedipham eine starke Hemmung der Hill-Reaktion.
Zusammenhänge zwischen Konstitution und Photosynthesehemmung: Als wichtigste Ergebnisse können herausgestellt werden: m-Stellung der beiden Carbamatgruppen

gibt gute Wirksamkeit. N-Phenyl wirkt besser als N-Alkyl, niedere Alkylreste (CH_3 am besten) in der Alkylestergruppierung sind möglich. Am N^1-Phenyl kann ohne große Wirkungseinbuße ein Wasserstoff durch ein Methyl ersetzt werden. Methylierung am N^2 gibt einen starken Wirkungsabfall. Hinsichtlich weiterer Gesetzmäßigkeiten vgl. [74].

N-Oxyphenyl-carbamidsäureester

Carbamidsäureester mit einem Alkylsubstituenten am Stickstoffatom sind meist nur wenig wirksam. N-Oxyphenylcarbamidsäureester wurden aber als Herbizide bekannt [75].

d) Mono- und Dithio-carbamidsäureester aromatischer Amine

Thiolcarbamate

Carbamidsäurethiolester (Ar—N(C_2H_5)—C(O)—S—Alkyl) sind vielfach untersucht und als herbizid wirksam befunden worden. Die Wirksamkeit ist aber deutlich geringer als die der aliphatischen Dialkylamin-Derivate. Dennoch gibt es zahlreiche Patente über entspr. Verbindungen.

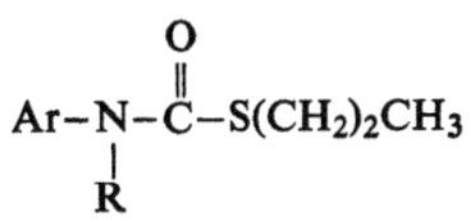

[77–81]

R = H, CH_3

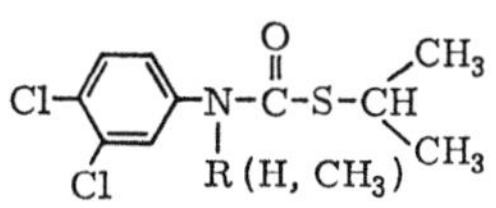

[76]

Thionocarbamate

Nur noch wenige Vertreter der Thionocarbamate aromatischer Amine sind als Herbizide bekanntgeworden, z. B. 3-Chlorthiocarbonylsäure-o-isopropylester s. [83,84].

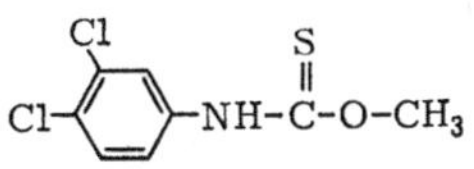

3,4-Dichlorthiocarbanilsäure-O-methylester
Versuchsprodukt
CP-43797
(Monsanto Chem. Co.)

Wirkungsweise: Blattherbizid. Anwendungsweise: Post-emergence. Anwendungsgebiet: Gegen Unkräuter in Baumwolle.
Patente [77]. Literatur [82].

Dithiocarbamate

Unter den *Dithiocarbamaten,* speziell mit ungesättigten, chlorierten Carbamaten, sind herbizide Stoffe patentiert worden [85,86].

Thiolcarbamidsäureester des Phenylhydroxylamins

Thiolcarbamidsäureester des Phenylhydroxylamins scheinen keine wesentlich herbizide Wirkung aufzuweisen [87].

e) Sulfonylcarbamidsäureester

Unter diesen Verbindungen befinden sich einige neue Entwicklungen. Der Firma May and Baker gelang 1961—63 die Auffindung neuartiger Carbamate mit herbizider Wirksamkeit. Benzolsulfonylcarbamate erwiesen sich als Herbizide mit Wirkung nicht nur gegen Gräser wie die zuvor beschriebenen N-Phenylcarbamidsäureester, sondern auch gegen breitblättrige Pflanzen.

Benzolsulfonylcarbamate

Vertreter aus dieser neu entdeckten Verbindungsklasse scheinen anderen Wirkungsmechanismen zu gehorchen als die vorher besprochenen Carbamate.

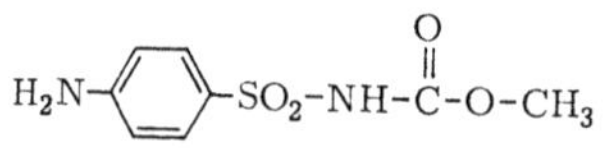

4-Aminobenzol-sulfonyl-carbamidsäure-methylester
Versuchsprodukt
M-B 9057
Common name: *asulam*
(May and Baker) 1965

LD_{50} des Natriumsalzes: 5000 mg/kg Ratte u. Maus p. o. akut. Wasserlöslichkeit: 0,1% von Ester als Na-Salz. Wirkungsweise: Blattherbizid mit Kontaktwirkung und Bodenherbizid. Systemische Eigenschaften. Anwendungsweise: Post- und pre-emergence. Anwendungsgebiet: Gegen Gräser und breitblättrige Pflanzen, spez. Ampfer, in Leinsaat und Zuckerrohr. Asulam verursacht Chlorose. Es hat keinen Einfluß auf die Hill-Reaktion.
Patente [88, 89, 95]. Literatur [90].

Die Wirkung derartiger Benzolsulfonylcarbamate setzt langsam ein (5—10 Wochen) und ist stark von der Temperatur abhängig. Die Zusammenhänge zwischen chemischer Konstitution und Wirkung sind weitgehend aufgeklärt [96, 98]. Die Substitutions-Gesetzmäßigkeiten, wie sie bei den N-Phenylurethanen gefunden wurden, lassen sich nicht auf die Benzolsulfonylurethane übertragen. Besonders aktiv sind Verbindungen mit NH_2, $NHCH_3$, CH_3—C(O)—NH, CH_3 und NO_2 in 4-Stellung. In 4-Stellung nicht substituierte Verbindungen sind ebenso wie in 3-Stellung durch Halogen substituierte unwirksam. Wird SO_2 durch SO oder S ersetzt, fällt die herbizide Wirkung stark ab. Die Aminogruppe in 4-Stellung darf nicht Teil einer Harnstoffgruppierung sein. Ein Wasserstoff an der Sulfonsäureamidgruppierung ist unerläßlich.

Die 4-Nitroverbindung ist als *M-B 8882* bekanntgeworden. Die N-Acylverbindung ist als *M-B 9555* im Versuchsstadium.

N,N'-Sulfonyl-biscarbaminate

N,N'-Sulfonyl-biscarbaminate, z. T. an N' durch $SCCl_3$ substituiert, sind als Fungizide und Herbizide bekanntgeworden [91].

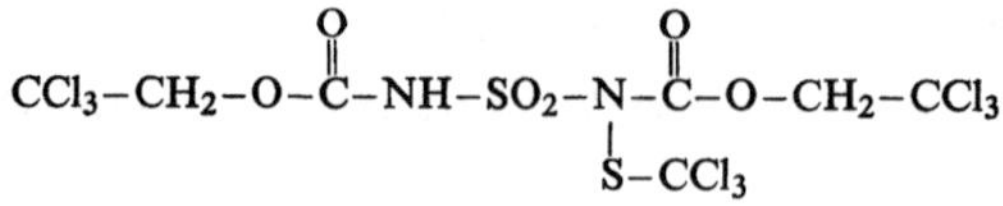

f) Carbamidsäureester heterocyclischer Amine

Carbamidsäureester heterocyclischer Amine sind z. T. vorwiegend fungizid wirksam, z. B.

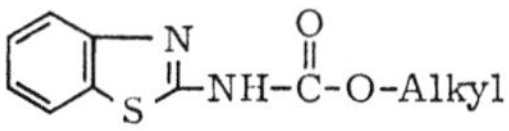

92–94) s. ferner 112):

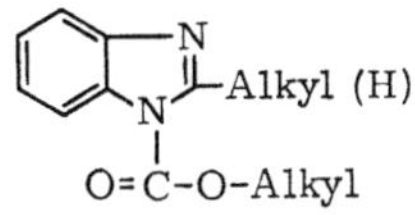

Erst die Einführung einer Dreifach-C≡C-Bindung in den Alkohol-Rest führt zu einer stärker herbiziden Wirkung [26].

g) Darstellung der Carbamidsäureester

Die Darstellung aller Carbamidsäureester sek. Amine sowie der Thiol- bzw. Thionocarbamidsäureester geschieht nach ähnlichen Verfahren:

$$(R)_2NH + ClC(=O(S))Cl \longrightarrow (R)_2N{-}C(=O(S))Cl$$

$$(R)_2N{-}C(=O(S))Cl + R'S(O)H \longrightarrow (R)_2N{-}C(=O(S)){-}O(S)R'$$

oder

$$R'O(S)H + ClC(=O(S))Cl \longrightarrow R'O{-}C(=O(S))Cl$$

$$R'O{-}C(=O(S))Cl + HN(R)_2 \longrightarrow (R)_2N{-}C(=O(S)){-}O(S)R'$$

Zu den Mono- bzw. Dithiocarbamidsäureestern führen einige spezielle Verfahren:

$$(R)_2NH + CS_2 \longrightarrow (R)_2N{-}C(=S){-}SH \text{ (bzw. Me)}$$

$$(R)_2N{-}C(=S){-}SMe + ClR' \longrightarrow (R)_2N{-}C(=S){-}SR'$$

$$\text{Analog statt mit } CS_2 \text{ mit } COS \longrightarrow (R)_2N{-}C(=O){-}SMe \quad \text{usw.}$$

Für Carbamidsäureester primärer aromatischer Amine ist der Weg über die Isocyanate der wirtschaftlichste, doch sind auch die zuvor beschriebenen Darstellungsverfahren gangbar.

$$ArNH_2 \cdot HCl + COCl_2 \longrightarrow ArNCO + HCl$$

$$ArNCO + R'O(S)H \longrightarrow ArNH{-}C(=O){-}OR' \ (S)$$

Literatur

5. Organische Herbizide

5.5.2. Carbamidsäureester und entsprechende Thioverbindungen — Abschnitte c–g

1) *Friesen, G.:* Planta, Abt. E. Z. wiss. Biol. *8* (1929), ref. C. A. *24* (1930, 2) 3310.
2) D. B. P. 833274 (23. 10. 48/31. 1. 52, Engl. Prior. 12. 5. 41), I. C. I. / *W. A. Sexton* u. *W. G. Templeman.*
3) = F. P. 915562 (6. 10. 45/22. 7. 46).
4) *Templeman, W. G.*, and *W. A. Sexton:* Nature *156*, 630 (1945).
5) Dtsch. P. Anm. p 18323 (14. 10. 48/19. 10. 50), Henkel & Cie. / *W. Gündel, W. Offermann, E. Meyer* u. *H. Fuchs.*
6) E. P. 633970 (25. 8. 47/30. 10. 49), I. C. I. / *F. Dawson.*
7) E. P. 657512 (13. 1. 49/19. 9. 51), I. C. I. / *A. Rhodes, L. G. Spencer, W. G. Templeman* u. *W. A. Sexton.*
8) *Templeman, W. G.*, and *W. A. Sexton:* Proc. Roy. Soc. (London), Ser. B *133*, 300 (1946), ref. C. A. *40*, 7491^4.
9) *Shaw, W. S.*, and *C. R. Swanson:* Chem. Eng. News *31*, Nr. 12, 1208 (1953).
10) *George, D. K., D. H. Moore, W. P. Brian*, and *J. A. Garman:* J. Agr. Food Chem. *2*, 356 (1954).
11) D. A. S. 1017407 (16. 3. 56/10. 10. 57, Am. Prior. 17. 3. 55), Columbia Southern Chemical Corp. / *J. A. Tursich.*
12) = A. P. 2788268 (17. 3. 55/9. 4. 57).
13) *Shaw, W. S.*, and *C. R. Swanson:* Weeds *2* (1), 43 (1953).
14) *Stefanye, D.*, and *H. R. DeRose:* J. Agr. Food Chem. *7*, 425 (1959).
15) A. P. 2695225 (23. 11. 54), Columbia Southern Chemical Corp.
16) A. P. 2734911 (7. 8. 52/14. 2. 56), Columbia Southern Chem. Corp. / *P. Strein.*
17) *Witman, E. D.*, and *W. F. Newton:* Proc. Northeast. Weed Control Conf. 1951, p. 4.
18) *De Rose, H. R.:* Agron. J. *43*, 139 (1951), ref. C. A. *45*, 8185i.
19) *Moore, D. H., D. K. George, V. O. Martin*, and *J. A. Garman:* J. Agr. Food Chem. *1*, 1154 (1953).
20) *Bucha, H. C.*, and *C. W. Todd:* Science *114*, 493 (1951).
21) *Wilson, I. R.:* Agr. Chem. *6*, Nr. 2, 34 (1951).
22) A. P. 2860166 (21. 1. 55/11. 11. 58), Hooker Chemical Corp. / *J. S. Newcomer, K. J. Smith* u. *J. Linder.*
23) A. P. 3333947 (6. 5. 66/1. 8. 67, Am. Prior. 3. 10. 63), Gulf Oil Corp. / *R. P. Neighbors.*
24) Can. P. 740811 (2. 9. 64/16. 8. 66, Am. Prior. 26. 9. 63), Du Pont / *R. W. Luckenbaugh.*
25) A. P. 3245774 (14. 5. 57/12. 4. 66), Pittsburgh Plate Glass Co. / *J. H. Bachmann.*
26) D. A. S. 1137255 (23. 3. 59/27. 9. 62, Am. Prior. 24. 3. 58, 29. 10. 58 u. 14. 1. 59), Spencer Chemical Co. / *T. R. Hopkins, J. W. Pullen* u. *P. D. Strickler.*
27) A. P. 2906614 (24. 3. 58/29. 9. 59), Spencer Chemical Co. / *T. R. Hopkins* u. *J. W. Pullen.*
28) F. P. 1238951 (28. 8. 59/11. 7. 60), Fisons Pest Control Ltd. / *T. R. Hopkins, J. W. Pullen* u. *P. D. Strickler.*
29) Belg. P. 577003 (23. 3. 59/23. 9. 59, Am. Prior. 24. 3. 58, 29. 10. 58 u. 14. 1. 59), Spencer Chemical Co. / *T. R. Hopkins, J. W. Pullen* u. *P. D. Strickler.*
30) *Hoffmann, O. L.:* Weeds *10*, 322 (1962).
31) Chem. Eng. News *37* [44], 60 (1959).
32) D. B. P. 1034912 (24. 7. 58/8. 1. 59), BASF / *H. Windel, A. Fischer* u. *H. Stummeyer.*
33) D. A. S. 1077477 (11. 11. 58/10. 3. 60), BASF / *A. Fischer.*
34) D. A. S. 1062482 (1. 2. 58/30. 7. 59), BASF / *A. Fischer.*
35) = A. P. 3075835 (28. 1. 59/29. 1. 63, Dtsch. Prior. 1. 2. 58).
36) *Fischer, A.:* Z. Pflanzenkrankh. Pflanzenschutz *67*, 577 (1960).
37) A. P. 3116322 (24. 8. 60/31. 12. 63, Am. Prior. 14. 1. 59), Spencer Chemical Co. / *T. R. Hopkins* u. *J. W. Pullen.*
38) Niederl. P. Anm. 6400802 (31. 1. 64/3. 8. 64, Can. Prior. 1. 2. 63, Am. Prior. 26. 9. 63 u. 1. 11. 63), Du Pont / *P. W. Luckenbaugh.*

39) D. A. S. 1195549 (11. 1. 62/24. 6. 65, Am. Prior. 24. 1. 61), Food Machinery and Chemical Corp. / *J. R. Willard* u. *K. P. Dorschner*.

40) A. P. 3116995 (24. 1. 61/7. 1. 64), Food Machinery and Chemical Corp. / *J. R. Willard* u. *K. P. Dorschner*.

41) *Siefken, W.:* Liebigs Ann. Chem. *562*, 76 (1949) (Darstellung beschrieben).

42) *Hudgins, H. R.:* Proc. Southern Weed Conf. *16*, 118 (1963).

43) A. P. 2857260 (23. 9. 52/21. 10. 58), Spencer Chemical Co. / *H. F. Woodward*.

44) E. P. 767673 (25. 3. 54/6. 2. 57), Food Machinery and Chemical Corp. / *J. A. Garman* u. *D. K. George*.

45) A. P. 2784072 (25. 3. 54/5. 3. 57), Food Machinery and Chemical Corp. / *J. A. Garman* u. *W. P. Brian*.

46) A. P. 3260590 (21. 12. 62/12. 7. 66), Food Machinery and Chemical Corp. / *M. H. Fischer* u. *K. L. Hill*.

47) D. A. S. 1101046 (8. 5. 59/2. 3. 61), Farbwerke Hoechst AG / *O. Scherer*, *H. Hahn* u. *G. Gassner*.

48) D. A. S. 1220194 (2. 8. 63/30. 6. 66), Farbwerke Hoechst AG / *O. Scherer* u. *H. Hahn*.

49) D. A. S. 1225165 (2. 8. 63/22. 9. 66), Farbwerke Hoechst AG / *O. Scherer* u. *H. Hahn*.

50) D. A. S. 1016057 (26. 5. 54/19. 9. 57, Am. Prior. 26. 5. 53 u. 29. 3. 54), Columbia Southern Chemical Corp. / *A. Pechukas*.

51) A. P. 2789128 (18. 1. 54/16. 4. 57), Columbia Southern Chemical Corp. / *J. A. Tursich*.

52) A. P. 2789129 (19. 1. 54/16. 4. 57), Columbia Southern Chemical Corp. / *W. E. Bissinger*.

53) A. P. 2617818 (25. 10. 49/11. 11. 52), Monsanto Chemical Co. / *D. T. Mowry*.

54) A. P. 3123463 (5. 6. 61/3. 3. 64), Spencer Chemical Co. / *T. R. Hopkins*, *J. H. Rea* u. *J. R. Epperly*.

55) Schwz. P. 359318 (16. 3. 56/15. 2. 62), Pittsburgh Plate Glass Co. / *J. A. Tursich*.

56) Schwz. P. 360245 (15. 3. 56/30. 3. 62, Am. Prior. 17. 3. 55), Pittsburgh Plate Glass Co. / *J. A. Tursich*.

57) Belg. P. 618052 (24. 5. 62/17. 9. 62, Schwz. Prior. 25. 5. 61), Ciba S. A.

58) E. P. 1017975 (11. 6. 64/25. 6. 63/26. 1. 66), Boots Pure Drug Co. Ltd. / *R. F. Brookes*, *D. H. Godson* u. *E. L. Leafe*.

59) E. P. 1042203 (13. 3. 64/14. 9. 66), *R. J. Geary*.

60) A. P. 3024269 (18. 3. 57/6. 3. 62), Du Pont / *E. Barthel jr.* u. *R. W. Luckenbaugh*.

61) D. A. S. 1024746 (21. 1. 57/20. 2. 58), Farbenfabriken Bayer AG / *E. Kühle*, *W. Schäfer*, *L. Eue* u. *R. Wegler*.

62) Belg. P. 672693 (22. 11. 65/16. 3. 66), VEB Fahlberg-List.

63) D. O. S. 1567151 (9. 4. 65/3. 7. 69), Schering AG / *G. Boroschewski*, *R. Rusch* u. *F. Arndt*.

64) Belg. P. 679283 (8. 4. 66/15. 9. 66, Dtsch. Prior. 9. 4. 65), Schering AG / *G. Boroschewski*, *F. Arndt* u. *R. Rusch*.

65) s. auch Niederl. P. Anm. 6709361 (5. 7. 67/8. 1. 68, Dtsch. Prior. 6. 7. 66), BASF.

66) *Arndt, F.*, u. *C. Kötter:* 6. Intern. Pflanzenschutzkongreß, Wien, Abstracta, 433 (1967).

67) Niederl. P. Anm. 6712205 (6. 9. 67/8. 3. 68, Dtsch. Prior. 7. 9. 66), Schering AG.

68) Niederl. P. Anm. 6712096 (4. 9. 67/6. 3. 68, Dtsch. Prior. 5. 9. 66 u. 7. 6. 67), Schering AG.

69) F. P. 1498834 (7. 11. 66/11. 9. 67, Am. Prior. 15. 11. 65), Food Machinery and Chemical Corp. / *K. R. Wilson* u. *K. L. Hill*.

70) Niederl. P. Anm. 6612360 (1. 9. 66/2. 3. 67, Am. Prior. 1. 9. 65), Stauffer Chemical Co.

71) *Audus, L. J.:* The Physiology and Biochemistry of Herbicides. London—New York: Academic Press 1964.

72) *Moreland, D. E.:* Ann. Rev. Plant Physiol. *18*, 365 (1967).

73) *Yung, K. H.*, and *J. D. Mann:* Plant Physiol. *42, (2)* 195 (1967).

74) *Trebst, A.*, *E. Pistorius*, *G. Boroschewski* u. *H. Schütz:* Z. Naturforsch. *23b*, 342 (1968).

75) Niederl. P. Anm. 6700253 (6. 1. 67/10. 7. 67, Dtsch. Prior. 7. 1. 66), BASF.

76) A. P. 2863899 (20. 2. 56/9. 12. 58), *G. H. Harris*.

77) A. P. 3066021 (29. 12. 55/27. 11. 62), Monsanto Chemical Co. / *D. J. Beaver*, *P. J. Stoffel* u. *P. C. Hamm*.

78) A. P. 2983747 (28. 7. 58/9. 5. 61), Stauffer Chemical Co. / *R. G. Campbell* u. *G. E. Klingman*.

79) D. A. S. 1081715 (6. 8. 57/12. 5. 60), Stauffer Chemical Co. / *H. Tilles* u. *J. Antognini*.

80) D. A. S. 1031571 (17. 1. 57/4. 6. 58), Stauffer Chemical Co. / *H. Tilles* u. *J. Antognini*.

81) = Belg. P. 554214 (16. 1. 57 / —, Am. Prior. 17. 1. 56).

82) Research Report prepared for the 20. Ann. Meeting Southern Weed Conf. 1967, p. 9.

83) Belg. P. 600558 (23. 2. 61/23. 8. 61, Schwz. Prior. 25. 2. 60) Ciba S. A. / *H. Martin* u. *H. Aebi.*

84) Belg. P. 618242 (29. 5. 62/17. 9. 62, Schwz. Prior. 30. 5. 61), Ciba S. A. / *H. Martin, H. Aebi* u. *L. Ebner.*

85) A. P. 2997381 (1. 4. 58/22. 8. 61), Monsanto Chemical Co. / *J. J. D'Amico.*

86) A. P. 3244501 (18. 12. 63/5. 4. 66, Am. Prior. 25. 7. 62), Monsanto Chem. Co. / *J. J. D'Amico.*

87) *Baskakov, Yu. A.*, u. *N. G. Rožkova:* Zh. Organ. Khim. *2,* 1323 (1966).

88) Belg. P. 622214 (6. 9. 62/6. 3. 63, Engl. Prior. 8. 9. 61), May and Baker Ltd. / *K. Carpenter, B. J. Heywood, E. W. Parnell, J. Metivier* u. *R. Boesch.*

89) E. P. 1052881 (7. 9. 62/30. 12. 66), May and Baker Ltd. / *K. Carpenter, B. J. Heywood, E. W. Parnell, J. Metivier* u. *R. Boesch.*

90) *Cottrell, H. J.*, and *B. J. Heywood:* Nature *207,* 655 (1965).

91) A. P. 3326967 (26. 11. 65/20. 6. 67), Olin Mathieson Chemical Corp. / *R. F. W. Rätz* u. *P. M. Pivawer.*

92) A. P. 2833689 (15. 3. 57/6. 5. 58), Du Pont / *H. J. Gerjovich.*

93) A. P. 2919278 (15. 3. 57/29. 12. 59), DuPont / *T. D. McGowan.*

94) D. B. P. 1060656 (19. 6. 56/2. 7. 59, Am. Prior. 30. 6. 55), Du Pont / *H. J. Gerjovich.*

95) E. P. 1040541 (8. 9. 61/1. 9. 66), May & Baker Ltd. / *K. Carpenter, B. J. Heywood, J. Metivier* u. *R. Boesch.*

96) *Heywood, B. J.*, and *W. G. Leeds:* J. Sci. Food Agr. Symp. of Pest. Carbamates, Suppl. issue, p. 3 (1968).

97) *Scheuerer, G.:* Fortschr. Chem. Forsch., Bd. 9, (2) 254 (1967/68).

98) *Heywood, B. J.*, and *W. G. Leeds:* J. Sci. Food Agr. Symp. of Pest. Carbamates, Suppl. issue, p. 1 (1968).

99) *Moreland, D. E.*, and *K. L. Hill:* J. Agr. Food Chem. *7,* 832 (1959).

100) *Ivens, G. W.*, and *G. E. Blackman:* Symp. Exp. Biol. III, 226 (1949).

101) *Canvin, D. T.*, and *G. Friesen:* Weeds *7,* 153 (1959).

102) *Keitt, jr., G. W.:* Physiol. Plantarum *20,* 1076 (1967).

103) *Mann, J. D.*, u. *W. B. Storey:* Cytologia (Tokyo) *31,* 203 (1966).

104) *Barth, A.*, u. *H. J. Michell:* Pharmazie *24,* (1) 11 (1969).

105) *Mann, J. D.*, u. Mitarbeiter: Biochim. Biophys. Acta (Holland) *238,* 133 (1967).

106) A. P. 3428669 (11. 3. 65/18. 2. 69), Chemagro Corp. / *D. W. Gier* u. *R. W. Pritchard II.*

107) D. O. S. 1567163 (7. 9. 66/11. 9. 69), Schering AG / *G. Boroschewski, R. Rusch* u. *F. Arndt.*

108) A. P. 3404975 (18. 12. 64 u. 15. 11. 65/8. 10. 68), Food Machinery and Chemical Corp. / *K. R. Wilson* u. *K. L. Hill.*

109) Niederl. P. Anm. 6614472 (14. 10. 66/17. 4. 67, Am. Prior. 14. 10. 65), Food Machinery and Chemical Corp.

110) D. O. S. 1518815 (20. 3. 65/30. 4. 69, Am. Prior. 23. 3. 64 u. 16. 2. 65), Food Machinery and Chemical Corp. / *K. R. Wilson* u. *K. L. Hill.*

111) F. P. 1558512 (5. 1. 68/20. 1. 69, Dtsch. Prior. 10. 1. 67), BASF.

112) D. O. S. 1803728 (18. 10. 68/19. 6. 69, Schwz. Prior. 26. 10. 67), Ciba AG / *S. Janiak* u. *O. Rohr.*

113) A. P. 3485923 (13. 7. 67/23. 12. 69) Sherwin-Williams Co. / *H. M. Foster.*

5.5.3. Harnstoffe

a) Aliphatische Harnstoffe und Thioharnstoffe

Fast alle aliphatischen Harnstoffe, selbst der als Stickstoffdüngemittel angewandte einfache Harnstoff, zeigen in höherer Konzentration wachstumsschädigende Eigenschaften. Unter den rein aliphatischen Vertretern hat sich aber bis jetzt kein Herbizid gefunden. Lediglich eine Chloral-Additionsverbindung hat geringe Bedeutung erlangt:

1,3-Bis-(1-hydroxy-2,2,2-trichloräthyl)-harnstoff
Common name: *DCU*
Handelsname: *Crag Experimental Herbizid 2®*
(Union Carbide Chemicals Co.) 1950

LD_{50}: 6680 mg/kg Ratte p. o. akut. Wasserlöslichkeit: Sehr schlecht. Wirkungsweise: Bodenherbizid. Anwendungsweise: Pre-emergence. Anwendungsgebiet: Wirksam gegen Mono- und Dikotyledonen. Die Wirkung, die jedoch nicht sehr bedeutend ist, ist wohl in erster Linie auf die Chloral-Anlagerung zurückzuführen. Chloral-Anlagerungsverbindungen zeigen immer eine Wirkung gegen Gräser.
Patente [1]. Literatur [2].

Additionsprodukte des Hexafluoracetons an aliphatische Harnstoffe sind 1969 in Patenten als Herbizide erwähnt [216].
Isothioharnstoffäther aliphatischer Natur sind in den letzten Jahren als Defoliants bekanntgeworden [3]. Die Alkyläthergruppe muß größere Alkylreste enthalten. Die nahe Verwandtschaft zu den Thiolcarbamidsäureestern ist offensichtlich.

An den rein aliphatischen 3-Propyl- oder 3-Butyl-1,1-dimethylharnstoffen hat *Searle* (Du Pont) 1954 zum ersten Mal eine wesentliche herbizide Wirksamkeit beobachtet, ohne daß diese jedoch zu einer praktischen Anwendbarkeit ausreichte [4]. Sie war aber sicher u. a. der Ausgangspunkt für eine weitere Bearbeitung des Harnstoffgebietes, besonders durch die Firma DuPont.
Auffallend ist, daß fast alle stark herbiziden Harnstoffe die Gruppierung $R-NH-C(O)-N(CH_3)_2$ aufweisen (R ist ein Aromat oder im nachfolgenden Abschnitt ein Cyclo-aliphat). In wenigen Fällen ist auch $R-NH-C(O)-NH-CH_3$ gut wirksam. Tetrasubstituierte Harnstoffe sind als Herbizide schwach wirksam. Einige Patente beanspruchen dennoch tetrasubstituierte Harnstoffe.
Die Gruppierung $-N(CH_3)_2$ kann in vielen Fällen ersetzt werden durch $-N(CH_3)OCH_3$. Alkylreste größer als $(CH_3)_2$ führen fast stets zu einer raschen Wirkungsabnahme. Ein höherer Alkylrest kann aber in Einzelfällen eine bessere Selektivität bedingen.

b) Cyclo-aliphatische Harnstoffe

Diese Verbindungsklasse ist erst in den letzten Jahren, besonders durch die BASF, eingehender untersucht worden. Neben Insektenrepellents finden sich unter den bicyclischen Harnstoffen gute selektive Herbizide, welche z. T. auch zu Handelsprodukten geführt haben. Selbst einfache cyclo-aliphatische Harnstoffe sind oft herbizid wirksam [5]. So ist der 3-Cyclooctyl-1,1-dimethylharnstoff Bestandteil des ersten selektiven Rübenherbizides der BASF, des *Alipur*®.

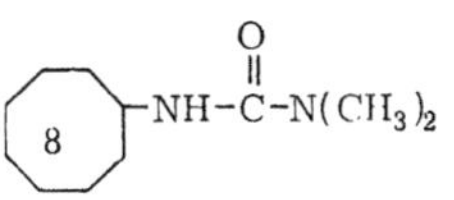

Alipur enthält außerdem:

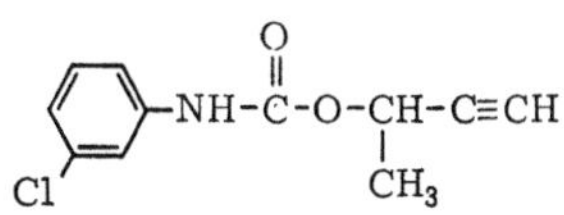

3-Cyclooctyl-1,1-dimethylharnstoff
Common name: *Cycluron, OMU*
Handelsname: *Alipur*® (BASF) 1958

LD_{50}: 1500 (2600) mg/kg Ratte p. o. akut, 300 mg/kg Maus p. o. akut. Wasserlöslichkeit: 150 ppm bei 20°C. Wirkungsweise: Boden- und Blattherbizid. An-

wendungsweise: Pre-emergence. Anwendungsgebiet: Zuckerrüben, Spinat. Gegen Mono- u. Dikotyledonen.
Patente [6–11]. Literatur [12, 13].

Cycloalkenylharnstoffe sind wie die gesättigten Harnstoffe ebenfalls herbizid [207].

c) Bicyclo-aliphatische Harnstoffe

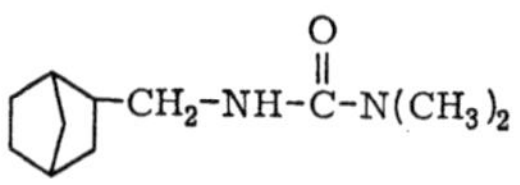

N-Bicycloheptylmethyl-N,N-dimethylharnstoff
Versuchsprodukt
(Farbenfabriken Bayer AG) 1960–62

LD_{50}: 150 mg/kg Ratte. Wasserlöslichkeit: 0,19%. Wirkungsweise: Bodenherbizid. Nicht weiter verfolgt wegen nicht ausreichender Wirkung. Anwendungsweise: Pre-emergence. Anwendungsgebiet: Selektiv in Baumwolle.
Patente [14, 15].
Darstellungsweise:

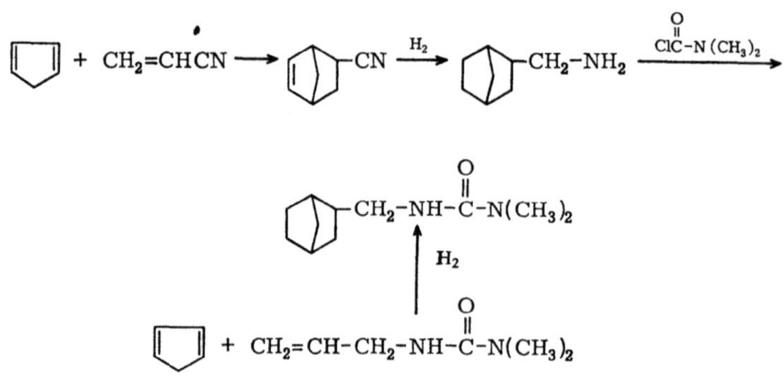

Wie so oft, ist auch hier eine herbizide mit einer fungitoxischen Wirkung verbunden. Die Verbindung mit $-N(C_3H_7)_2$ statt $-N(CH_3)_2$ ist z. B. gegen *Phytophthora infestans* wirksam [16].
Auch ein Isomerengemisch von Norbornylharnstoffen wurde als Herbizid beschrieben:

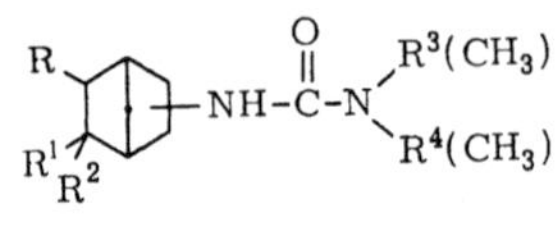

[17]

R, R¹, R² = H, Cl, Br, Chlormethyl oder Alkyl

1,1-Dimethyl-3-(5-nitro-5-alkylnorbornyl)harnstoff [18]:

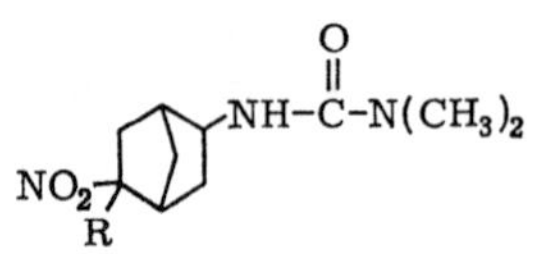

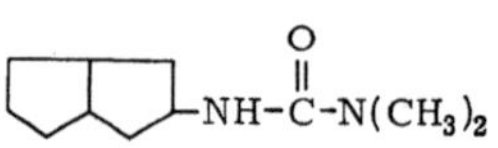

[21]

N-Bicyclo-(3,3,0)-octyl-N′-dimethylharnstoff
Versuchsprodukt
BAS 3310 H
(BASF) 1967

Anwendungsweise: Pre- und post-emergence. Anwendungsgebiet: Selektiv in Wintergetreide, Baumwolle und Mais. Kombination mit Pyridazinonen, um deren Wirkung gegen Ungräser zu verbessern.
Patente [19, 20]. CH_3 kann auch gegen OCH_3 (1×) ausgetauscht werden [19].
Literatur [21].

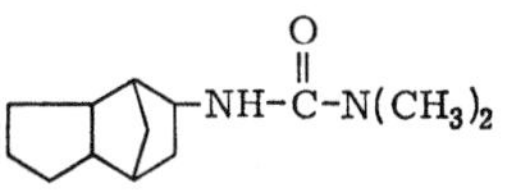

3-(Hexahydro-4,7-methanindan-5-yl)-1,1-dimethylharnstoff
Common name: *norea, noruron*
Handelsname: *Herban*® (Hercules Powder) 1962

LD_{50}: 2000—4000 mg/kg Ratte p. o. akut. Wasserlöslichkeit: 150 ppm bei 25°C. Wirkungsweise: Bodenherbizid, Photosynthesehemmer. Anwendungsweise: Pre-emergence u. z. T. post-emergence. Anwendungsgebiet: In Baumwolle, Bohnen, Erdnüssen, Spinat, Zuckerrohr, vorwiegend in Kombination mit anderen Herbiziden zur post-emergence-Anwendung.
Patente [22]. Literatur [23].

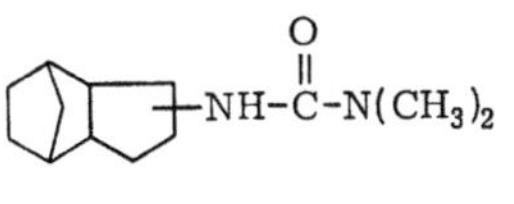

N-[1- oder 2-(3a,4,5,6,7,7a-Hexahydro)-4,7-methanoindanyl]-N'-dimethylharnstoff
Common name: *tricuron*
Handelsname: *Basanor*®
(BASF) 1967
In Kombination mit Brompyrazon (BAS 2430) siehe „Pyramin“

Anwendungsweise: Pre- u. post-emergence. Anwendungsgebiet: Gegen Ungräser, spez. Ackerfuchsschwanz, selektiv in Wintergetreide, Mais und Baumwolle.
Patente [24], s. auch [22, 25–29]. Literatur [21, 30].

d) Cyclo-aliphatische N-Oxy-methylharnstoffe

soweit nicht in vorangehenden Patenten erfaßt.

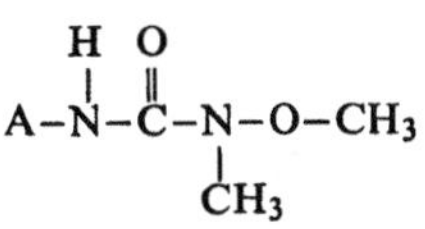
31)

A =  (auch die gesättigte Verbindung)

e) Aromatisch-aliphatische Harnstoffe und Thioharnstoffe

Die ausgezeichnete herbizide Wirkung der *aromatisch-aliphatischen Harnstoffe*

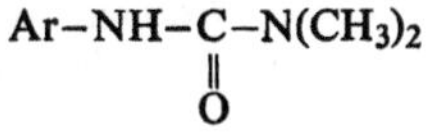

entdeckte man etwa zu der gleichen Zeit — oder wenig später — wie die entsprechende Wirkung der Carbamidsäureester. Die letzteren wurden vorwiegend in England (ICI) bearbeitet. Das Gebiet der Harnstoffe ist in den USA (Du Pont) erschlossen worden. Erst in den letzten Jahren sind die selektiv herbiziden Eigenschaften einiger spezieller Derivate der Harnstoffe auch von anderer Seite, besonders in Europa, aufgefunden worden. Die USA, in der Entwicklung großer Monokulturen weit vorangeschritten, haben zuerst die große Bedeutung allgemeiner und selektiver Herbizide erkannt (s. auch bei Wuchsstoffherbiziden 2,4-D), was sich in der ganzen Entwicklung der N-Phenylharnstoffe als Herbizide widerspiegelt. In der Gruppe der Harnstoffe finden sich neben den Phenoxyessigsäuren und den symmetrischen Triazinen die wirtschaftlich bedeutendsten Herbizide.
Fast alle aromatisch-aliphatischen Harnstoff-Herbizide sind *Bodenherbizide*, d. h. sie werden von den Wurzeln aufgenommen und wandern im Transpirationssystem. Ihre Wirkung beruht auf der *Hemmung der Photosynthese*, die in vitro durch die Messung der Hill-Reaktion kontrollierbar ist [32–37, 198]. Die *Hill-Reaktion* mißt die Photolyse des Wassers durch isolierte Chloroplasten. Das Wasser wird unter Bildung von Sauerstoff gespalten, der Wasserstoff wird über geeignete Akzeptoren wie Liponsäure auf Pyridin-Koenzyme übertragen und dient letzten Endes zur aufbauenden Hydrierung des Kohlendioxids zu Kohlenhydraten.
Registriert wird die im Licht stattfindende Umsetzung von CO_2 unter Freisetzung von Sauerstoff [38,39]. — Ferner wurde durch N-Phenylharnstoffe eine Cytochromreduktions-Hemmung beobachtet [40]. Die gesamte Harnstoffgruppe wird noch immer stark bearbeitet.

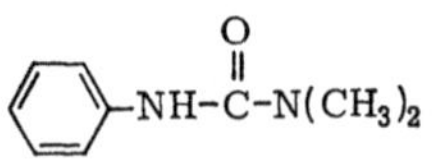

3-Phenyl-1,1-dimethylharnstoff
Common name: *fenuron, PDU*
Handelsname: *Dybar*® (Du Pont) 1953

LD_{50}: 7500 mg/kg Ratte p. o. akut. Wasserlöslichkeit: 2400 ppm bei 24°C. Wirkungsweise: Bodenherbizid und geringe Wirkung als Blattherbizid mit Kontaktwirkung. Photosynthesehemmer. Anwendungsweise: Pre- und post-emergence. Anwendungsgebiet: Gegen Mono- und Dikotyledonen. Die relativ große Wasserlöslichkeit ergibt auch gegen tiefer wurzelnde Unkräuter eine Wirkung. Gehölzbekämpfung.
Patente [41–43]. Literatur [44,45].

Fenuron wird in Kombination mit CCl_3—COOH als *Urab*® verkauft.

Common name: *fenuron + TCA.*
Handelsname: *Urab*®
(Allied Chemical Corp.) 1956.

LD_{50}: 4000—5700 (6400—7400) mg/kg Ratte p. o. akut. Wirkungsweise: Blatt- und Bodenherbizid. Anwendungsweise: Pre- und post-emergence. Anwendungsgebiet: Totalherbizid. Der Zusatz von CCl_3—COOH bewirkt eine zusätzliche Wirkung gegen Gräser.
Patente [41, 42, 46–49]. Literatur [44].

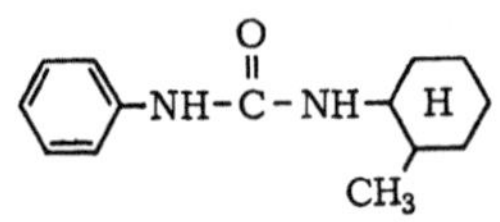

1-(2-Methyl-cyclohexyl)-3-phenylharnstoff
Common name: *siduron*
Handelsname: *Tupersan*® (Du Pont) 1965/66

LD_{50}: > 5000 mg/kg Ratte p. o. akut. Wasserlöslichkeit: 18 ppm bei 25°C. Wirkungsweise: Bodenherbizid. Anwendungsweise: Pre-emergence. Anwendungsgebiet: Speziell wirksam gegen Hirsearten und grasartige Unkräuter in Zierrasen. Literatur [201, 203].

Chemisch nahe verwandte, im Phenylkern alkylsubstituierte Verbindungen wurden zum Patent angemeldet [50].

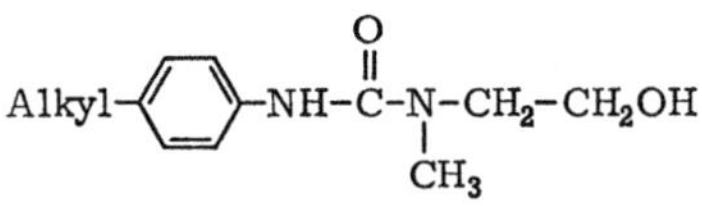

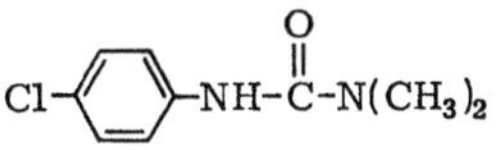

3-(4-Chlorphenyl)-1,1-dimethylharnstoff
Common name: *monuron, CMU*
Handelsname: *Telvar*® (Du Pont) 1951

LD_{50}: 3600 mg/kg männl. Ratte p. o. akut. 2500 mg/kg weibl. Ratte p. o. akut. Wasserlöslichkeit: 230 ppm bei 25 °C. Wirkungsweise: Bodenherbizid, mittlere Wirkung als Wasserherbizid. Kontaktwirkung. Lange Wirkungsdauer. Anwendungsgebiet: Totalherbizid. In geringen Konzentrationen selektiv wirksam in Spargel, Ananas, Zuckerrohr.
Patente [41, 42, 51–54]. Literatur [55–58].

Monuron war das erste Harnstoff-Herbizid. In Kombination mit Trichloressigsäure ist die Substanz als *Urox*® im Handel.

Common name: *monuron + TCA.*
Handelsname: *Urox*®
(Allied Chemical Corp.) 1956.

LD_{50}: 3700 mg/kg Ratte p. o. akut. Wirkungsweise: Bodenherbizid mit Blattherbizidwirkung. Anwendungsweise: Pre- und post-emergence. Anwendungsgebiet: Totalherbizid.
Patente [41, 42, 46–49, 51–54]. Literatur [55–58].

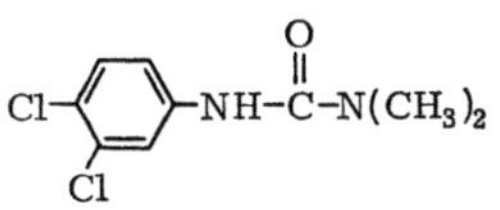

3-(3,4-Dichlorphenyl)-1,1-dimethylharnstoff
Common name: *diuron, DCMU*
Handelsname: *Karmex*® (Du Pont) 1955

LD_{50}: 3400 mg/kg Ratte p. o. akut. Wasserlöslichkeit: 42 ppm bei 25°C. Wirkungsweise: Bodenherbizid. Wird von den Blättern wenig aufgenommen, nach Aufnahme durch die Wurzeln nach oben transportiert. Anwendungsweise: Pre- und post-emergence. Anwendungsgebiet: Totalherbizid. Selektiv in niederen Konzentrationen in Baumwolle, Zuckerrohr, Citrus, Luzerne u. a. Diuron wird im Gegensatz zu Fenuron im Boden durch Bakterien nur langsam abgebaut. Es ist auch weniger wasserlöslich und daher auch bei starken Niederschlägen lange wirksam.
Patente [52]. Literatur [199].

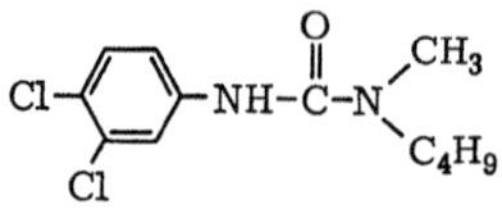

1-n-Butyl-1-methyl-3-(3,4-dichlor)-phenylharnstoff
Common name: *neburon.*
Handelsname: *Kloben®* (Du Pont) 1955.

LD_{50}: 11000 mg/kg Ratte p. o. akut. Wasserlöslichkeit: 4,8 ppm bei 24°C. Wirkungsweise: Bodenherbizid und Kontaktherbizid. Anwendungsweise: Pre-emergence. Anwendungsgebiet: Gegen Mono- und Dikotyledonen in Baumschulen, Zierpflanzen, Gehölzen. Ackerfuchsschwanzbekämpfung in Getreide.
Patente [54]. Literatur [55].
Oft läßt sich bei biologisch wirksamen Verbindungen Cl gegen CF_3 ersetzen, und die Wirkung bleibt erhalten.

Ein Harnstoff mit einer Trifluormethyl-Gruppe im Phenyl-Rest ist in jüngster Zeit als Herbizid in den Handel gekommen:

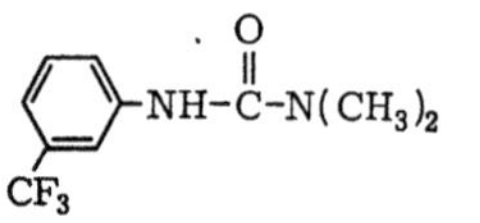

N-(3-Trifluormethylphenyl)-1,1-dimethyl-harnstoff
Common name: *fluomethuron*
Handelsname: *Cotoran®* (Ciba) 1966

LD_{50}: 8900 mg/kg Ratte p. o. akut. Wasserlöslichkeit: 90 ppm. Wirkungsweise: Bodenherbizid und Wirkung als Blattherbizid mit Kontaktwirkung. Anwendungsweise: Pre-emergence. Post-emergence. Anwendungsgebiet: Pre-emergence selektiv in Baumwolle, Zwiebeln, Getreide, Mais, Citrus, Zuckerrohr und Spargel, gegen breitblättrige Unkräuter und Gräser. Post-emergence selektiv in Getreide.
Patente [59,60] s. auch [61–65,217]. Literatur [200].
Größerer Alkylrest am N: [61,62].

Eine ähnliche Verbindung mit zusätzlichem Chlor in p-Stellung ist ebenfalls als wirksam beschrieben worden [63]. Es werden auch Verbindungen beansprucht, bei denen eine Methylgruppe am Stickstoff gegen andere Reste ausgetauscht ist.

Die Einführung der stark elektronenabziehenden Trifluormethylgruppe in m-Stellung ist eine Maßnahme, die verhältnismäßig aufwendig ist.

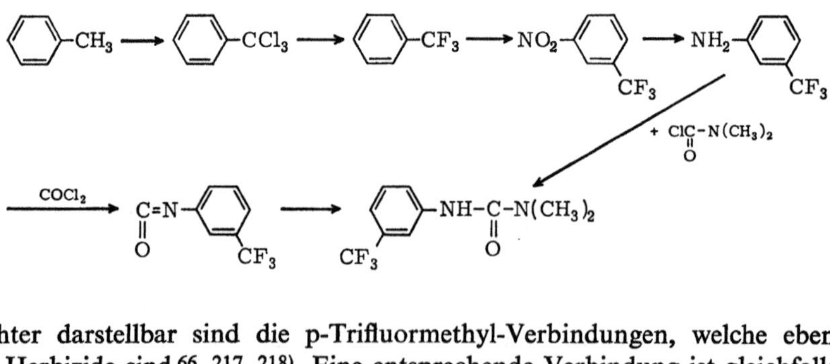

Leichter darstellbar sind die p-Trifluormethyl-Verbindungen, welche ebenfalls gute Herbizide sind [66, 217, 218]. Eine entsprechende Verbindung ist gleichfalls ein selektives Baumwoll-Herbizid:

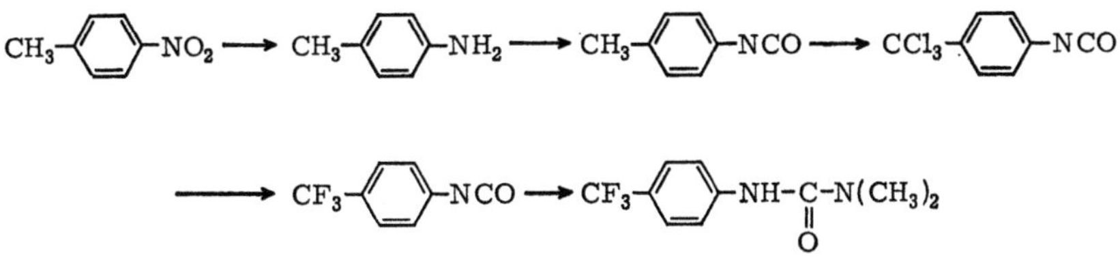

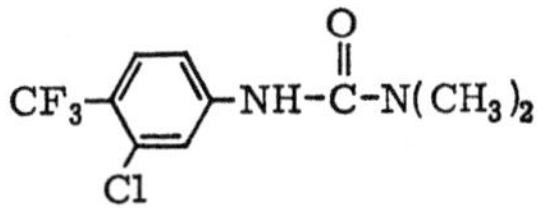

67)

Über eine m-Difluorchlormethylgruppe im Dimethyl-phenylharnstoff s.[214].

Zu nennen ist in diesem Zusammenhang auch die Verbindung

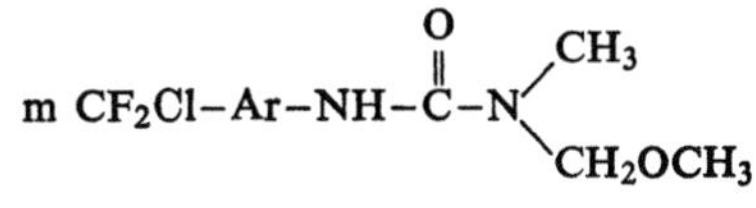

68)

Variationsmöglichkeiten

Die Variationsmöglichkeiten von im Kern zweimal substituierten Harnstoffen mit weiterer Abwandlung am N^1 und evtl. N^2 sind natürlich sehr groß, und es können im folgenden neben Handelsherbiziden nur einige ausgewählte Patente angeführt werden. Genannt sei als Beispiel[69, 70]:

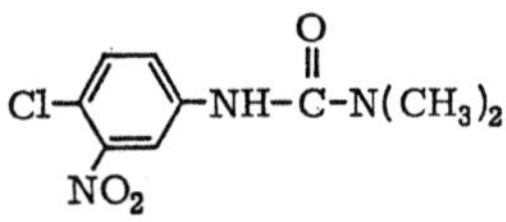

Eine ähnliche Verbindung mit Brom im Aryl-Rest ist bekannt[71–74], ferner Cl und Br oder Cl und Thiomethyl usw.[219]. Einige Beispiele für *N,N'-Di- und Trialkyl-substituierte aromatisch-aliphatische Harnstoffe*[75-96].

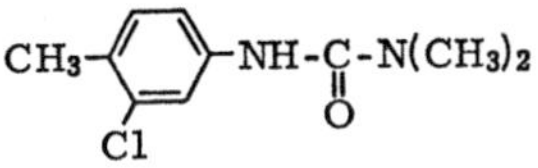

3-(3-Chlor-4-methylphenyl)-1,1-dimethylharnstoff
Handelsname: *Dicuran*® (Ciba) 1969

LD_{50}: 10000 mg/kg Ratte p. o. akut. Wasserlöslichkeit: 10 ppm. Anwendungsgebiet: Selektiv in Getreide. Patente[232].

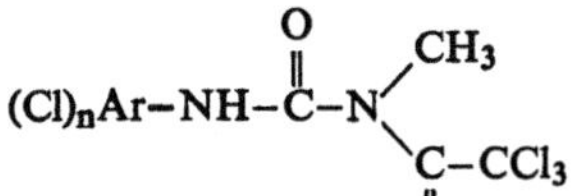

78)

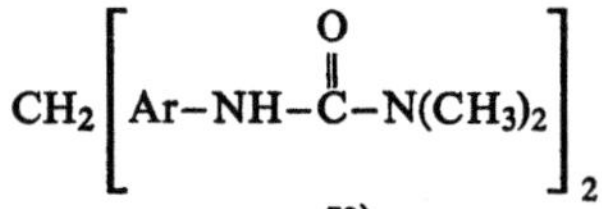

79)

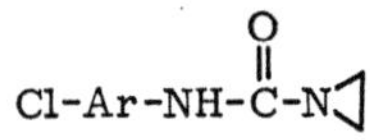

77)

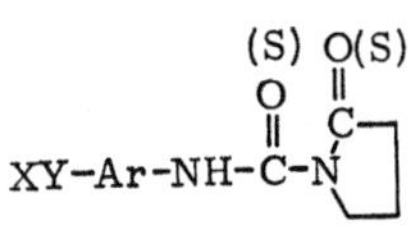

80)

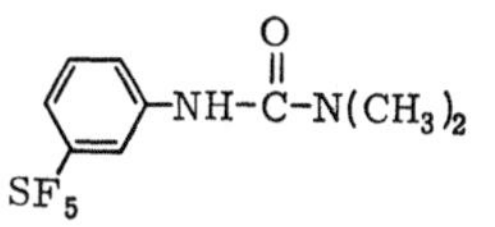

81)

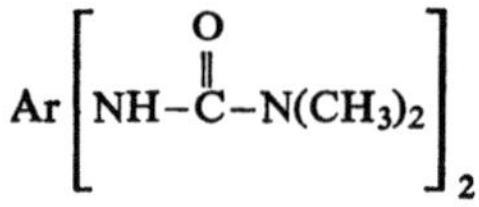

82, 83)

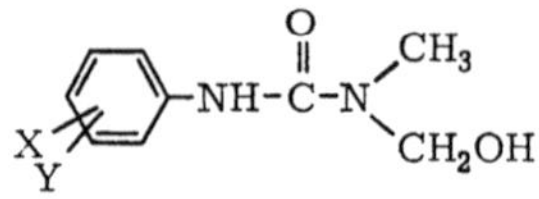

84)

Entsprechende Methoxyäther [88, 89], Methoxyester [91, 92].

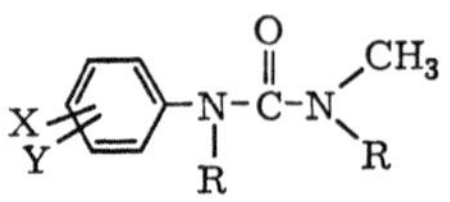

85)

R = H oder CN

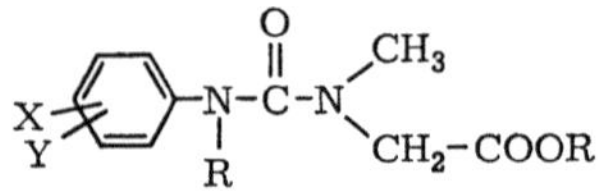

86)

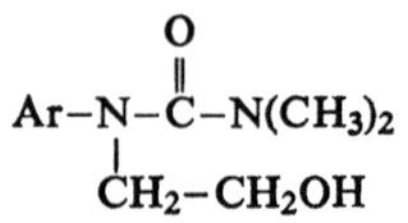

87, 95)

Weitere aromatisch-aliphatische Harnstoffe mit Substitutionen am N^1 oder N^2 s. [88–97]. Siehe ferner 4-Dimethylamino-phenyl-harnstoffe [213, 214].
Die Acetylen-Bindung erhöht wie eine C=C-Doppelbindung häufig die herbizide Wirkung. Einige Patente [98, 99] beschreiben Substanzen mit einem Propin- bzw. Butin-Substituenten am N^1 bzw. N^2.

Es gibt auch Handelsprodukte mit einer Acetylenbindung im Alkylsubstituenten:

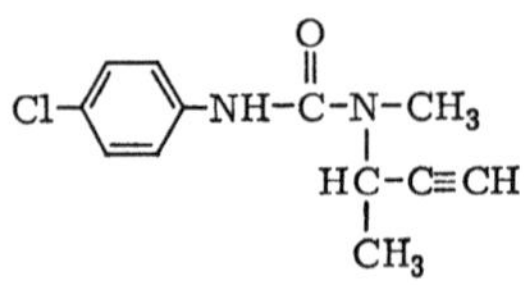

3-(4-Chlorphenyl)-1-methyl-1-(1-methyl-prop-2-ynyl)harnstoff
Common name: *buturon*
Handelsname: *Eptapur*® (BASF) 1965/66

LD_{50}: 3000 mg/kg Ratte p. o. akut. Wasserlöslichkeit: 0,003 g/100 ml bei 20°C. Wirkungsweise: Bodenherbizid und mittlere Wirkung als Blattherbizid. Anwendungsweise: Pre-emergence, vorwiegend aber post-emergence. Anwendungsgebiet: Getreide, gegen mono- und dikotyle Unkräuter.
Patente [100]. Literatur [205].

Harnstoffe mit cyclo-aliphatischem oder einfachem heterocyclischem Rest am N^2.

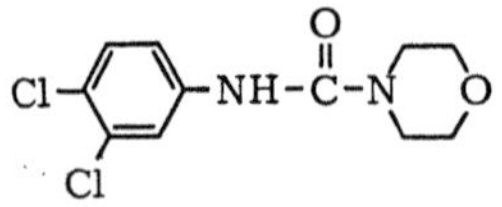

Versuchsprodukt
(Monsanto Chemical Co.)

Anwendungsgebiet: Selektiv in Baumwolle und Getreide. Der Morpholinorest soll kürzere Bodenrückstandszeiten geben.
Patente [101, 102].

Harnstoffe, die sich von Anthranilsäureestern ableiten oder eine Carbonsäureestergruppe in anderer Stellung enthalten, s. [212].

Morpholinoharnstoffe mit einer Carbonsäureestergruppe in o-Stellung zur Harnstoffgruppierung — ausgehend von den Anthranilsäureestern — sind als Herbizide bekannt [103, 104, 220]. (Über die Ringschließungsprodukte s. bei 6-Ring-Verbindungen mit 2 N. Eine Methylgruppe in den aromatisch-aliphatischen Harnstoffen kann durch kleinere heterocyclische Reste, z. B. den Furfuryl- oder Tetrahydrofurfuryl-Rest, ersetzt werden) [105]. Die herbizide Wirkung dieser Harnstoffderivate ist aber nicht hoch.

Einige Verbindungen enthalten zwei herbizid wirksame Gruppierungen. — Harnstoffe des Monoacyl-m-phenylendiamins sind als Herbizide in Patenten beansprucht [221].

Thioharnstoffe

Obwohl zahlreiche ältere Patente Thioharnstoffe mitumfassen, wurden speziell die N^1-Phenyl-methyl- bzw. N^1-Phenyl-oxymethyl-N^2-methyl- bzw. -dimethylharnstoffe in jüngerer Zeit als Herbizide patentiert [222].

Harnstoffe mit Äther-, Thioäther- und Sulfamidgruppen im Phenylkern

Die längere Zeit weniger beachteten, im Phenylkern Äthergruppen tragenden Harnstoffe haben in den letzten Jahren zu praktisch verwertbaren und zum Teil schon bedeutsamen Produkten geführt.

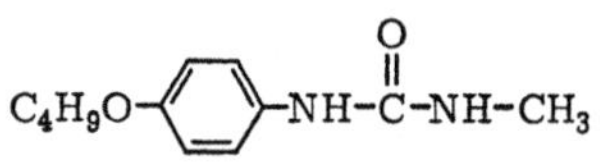

Handelsname: *Buron*® (Ciba) 1962
Patente [106, 107].

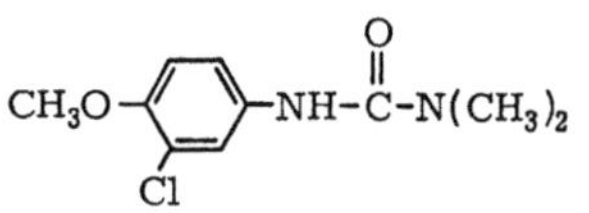

N′-(3-Chlor-4-methoxyphenyl)-N,N-dimethylharnstoff
Handelsname: *Dosanex*® (Sandoz) 1967

LD_{50}: 1600—2000 mg/kg Ratte p. o. akut. Anwendungsgebiet: Gegen mono- und dikotyle Unkräuter, selektiv in Winterweizen, Wintergerste, Karotten. Speziell gegen Ackerfuchsschwanz, Windhalm und Klettenlabkraut.
Patente [51, 108, 109, 223]. Literatur [110].

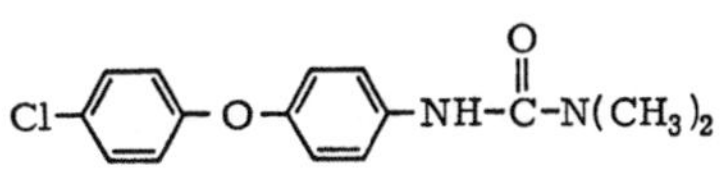

N′-4-(4-Chlorphenoxy)-phenyl-N,N-dimethylharnstoff
Common name: *chloroxuron*
Handelsname: *Tenoran*® (Ciba) 1966

LD_{50}: 3700 mg/kg Ratte p. o. akut. Wasserlöslichkeit: 3,7 ppm. Wirkungsweise: Bodenherbizid und Blattherbizid. Anwendungsweise: Pre- und post-emergence. Anwendungsgebiet: Pre-emergence in Möhren; Erdbeeren nach Verpflanzen. Gegen Mono- und Dikotyledonen. Ferner in Sojabohnen und Zwiebeln.
Patente [111, 112]. Literatur [113].
Ein weiteres Patent der Ciba weist auf aromatisch-aliphatische Harnstoffe und Oxyharnstoffe mit einer Äthergruppe in p-Stellung und zusätzlich der CF_3-Gruppe in m-Stellung hin [224].

Auch *Thioäthergruppen* enthaltende Harnstoffe sind als Herbizide bekannt [114]:

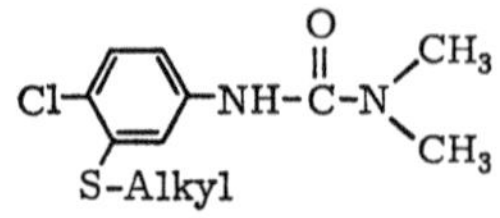

Auch ihr Isomeres [115] ist beschrieben worden und schließlich sind auch Isomere mit verschiedenen Substituenten im Phenylrest, Cl, NO_2, NH_2 neben S-Alkyl [116], zu nennen.

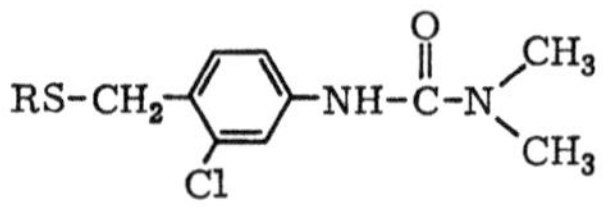

149)

Durch $R'SO_2$ im Phenylrest substituierte Harnstoffe mit herbizider Wirkung sind:

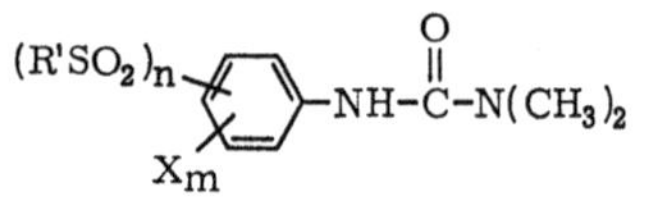

117)

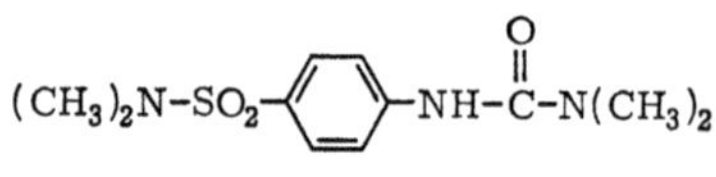

118, 119)

R' = Alkyl
X = Hal, NO_2, CF_3
m = 0–2,
n = 1–2

Harnstoffe mit Urethangruppierungen

Als Beispiel einer *Harnstoff- und m-Urethangruppierung* (s. auch bei Carbamidsäureestern) ist zu nennen:

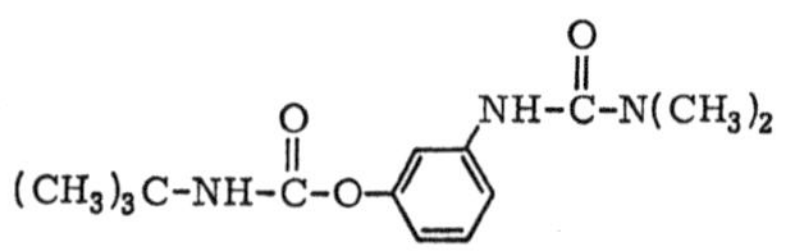

1,1-Dimethyl-3-(3-(N-tert.-butyl-carbamyloxy)-phenyl)-harnstoff
NIA 11092
Handelsname: *Tandex*®
(Niagara Chem. Div.)

LD_{50}: 3000 mg/kg Ratte p. o. akut. Wasserlöslichkeit: 325 ppm bei 20°C. Wirkungsweise: Blatt- und Bodenherbizid. Anwendungsweise: Post- und pre-emergence. Anwendungsgebiet: Totalherbizid.
Patente [120]. Literatur [121, 122, 215].

Derartige Kombinationen sind von vielen Seiten in intensiver Entwicklung.

Am N^1 acylierte Arylharnstoffe

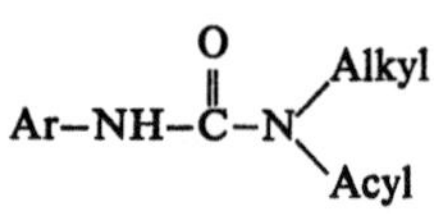

123)

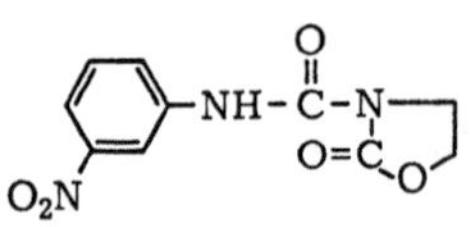

124)

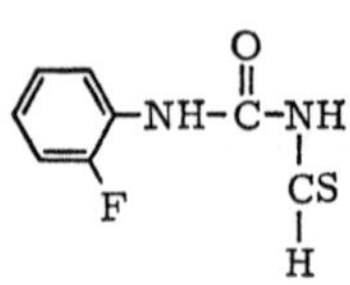

125)

Am N^2 acylierte Arylharnstoffe

Sehr viele *am N^2 acylierte Arylharnstoffe* sind bearbeitet worden, aber erst in den letzten Jahren wurden wirksame Produkte bekannt, die derzeit in der Feldprüfung sind.
Die Wirkung entsprechender Verbindungen wird wohl erst nach Abspaltung der Acylgruppe eintreten. Die Acylharnstoffe dürften wegen eines sehr unterschiedlichen Eindringungsvermögens in die Pflanzen eine besondere Selektivität besitzen.

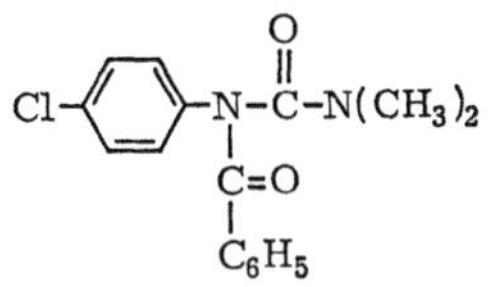

N-Benzoyl-N-(4-chlorphenyl)-N′,N′-dimethylharnstoff
Versuchsprodukt
(Péchiney Progil)
Common name: *monomarc*

Wasserlöslichkeit: 65 ppm. Wirkungsweise: Bodenherbizid. Anwendungsweise: Pre-emergence.
Anwendungsgebiet: Selektiv in Weizen.
Patente [126, 127]. Literatur [128].

Die entsprechende 3,4-Dichlorverbindung ist als *Benzomarc* bei derselben Firma im Versuchsstadium.

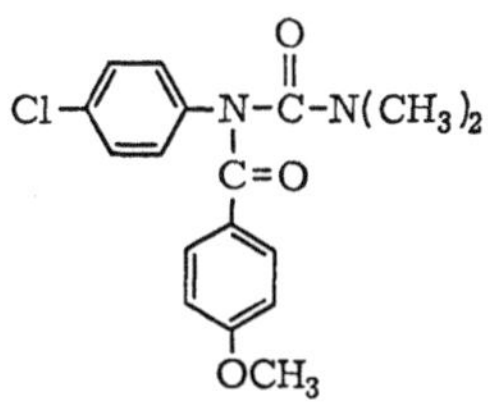

N-4-Methoxy-benzoyl-N-(4-chlorphenyl)-N,N′-dimethylharnstoff
Versuchsprodukt
(Péchiney Progil)
Common name: *methoxymarc*

Anwendungsgebiet: Selektiv in Flachs.
Patente [126, 127, 129]. Literatur [128].

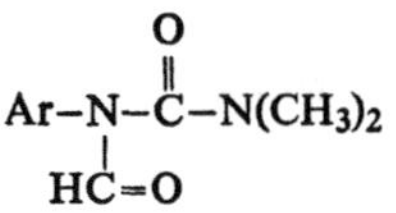

[123, 130]

N^2-Sulfenamidharnstoffe

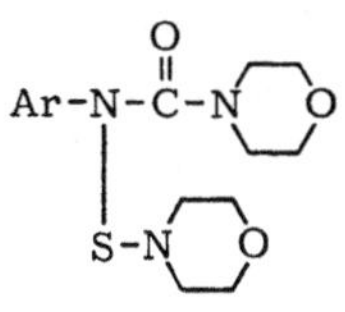

[131]

Ähnliche Verbindungen s. [225].

N^1-Methoxy-Harnstoffe

Eine besondere Bedeutung ergibt der Austausch einer NH_2-Gruppe gegen NH_2OH, bzw. von CH_3 gegen eine Methoxygruppe am N. Von Oxyharnstoffen sich ableitende Verbindungen sind meist nur wenig schwächer herbizid, bei oft erhöhter Selektivität.

Literatur s. S. 256

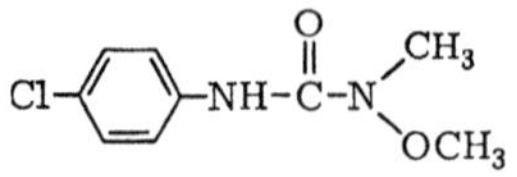

3-(4-Chlorphenyl)-1-methoxy-1-methylharnstoff
Common name: *monolinuron*
Handelsname: *Aresin®* (Hoechst) 1958

LD$_{50}$: 2250 mg/kg Ratte p. o. akut. Wasserlöslichkeit: 580 ppm bei 20°C. Wirkungsweise: Blatt- und Bodenherbizid. Anwendungsweise: Pre-emergence. Anwendungsgebiet: Selektiv in Kartoffeln, Getreide, Bohnen, Wein gegen Mono- und Dikotyledonen.
Patente [132, 133]. Literatur [134, 135].

Die entsprechende *p-Bromverbindung* ist als *Patoran®* im Handel.

N-(4′-Bromphenyl)-N′-methyl-N-methoxyharnstoff

Common name: *metobromuron*
Handelsname: *Patoran®* (Ciba) 1966

LD$_{50}$: (270—3000) mg/kg Ratte p. o. akut. Wasserlöslichkeit: 330 ppm bei 20°C. Wirkungsweise: Bodenherbizid mit geringer Blattherbizidwirkung. Anwendungsweise: Pre-emergence. Anwendungsgebiet: Kartoffeln, Mais, Lein, Bohnen.
Patente [73, 136]. Literatur [202, 204].
Auch die entsprechende 3,4-Dichlor-Verbindung wird benutzt:

N-(3,4-Dichlorphenyl)-N′-methoxy-N′-methyl-harnstoff

Common name: *linuron*
Handelsname: *Afalon®* (Farbwerke Hoechst AG)
Lorox® (Du Pont) 1960

LD$_{50}$: 1500 (1500—3500) mg/kg Ratte p. o. akut. Wasserlöslichkeit: 75 ppm. Wirkungsweise: Bodenherbizid und mittlere Wirkung als Blattherbizid. Anwendungsweise: Pre-emergence, post emergence. Anwendungsgebiet: Selektiv in Getreide, Sojabohnen, Möhren, Kartoffeln, Bohnen, Erbsen.
Patente [132, 133]. Literatur [135].
Folgerichtig ist auch die 3-Chlor-4-bromphenyl-Verbindung ein Herbizid:

N-(3-Chlor-4-bromphenyl)-N′-methoxy-N′-methylharnstoff

C 6313
(Ciba) 1966
Handelsname: *Maloran®*

LD$_{50}$: 2150 mg/kg Ratte p. o. akut. Wasserlöslichkeit: 50 ppm. Wirkungsweise: Bodenherbizid. Anwendungsweise: Pre-emergence und post-emergence. Anwendungsgebiet: Möhren, Erbsen, Getreide, Zuckerrohr, Kartoffeln, Süßkartoffeln, Mais.
Patente [73]. Literatur [137].
Weitere allgemeine Patente über Alkoxyharnstoffe: [139–148].
An Abwandlungsprodukten wurden bekannt:

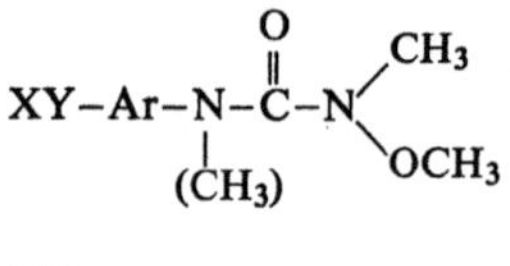
[8, 137]

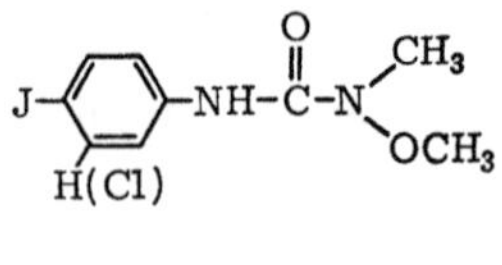
[148]

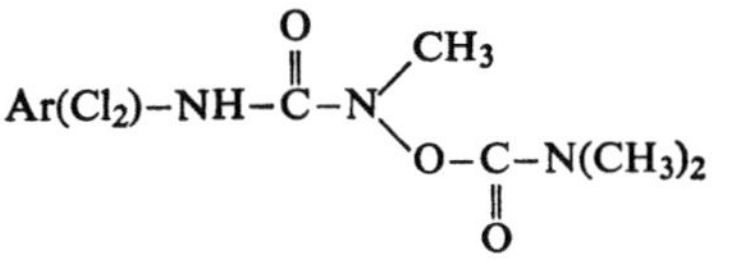

150)

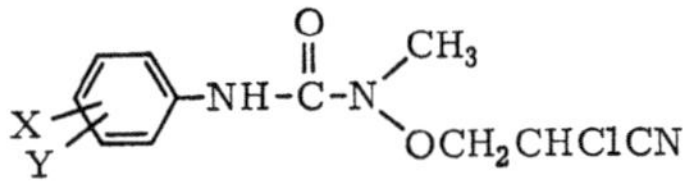

73, 151)

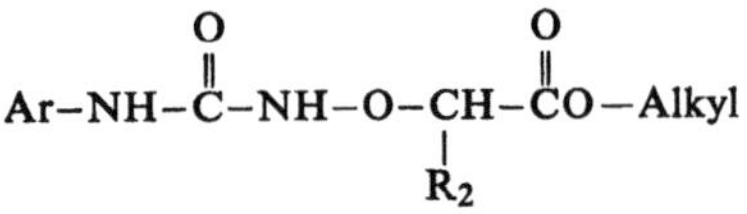

152)

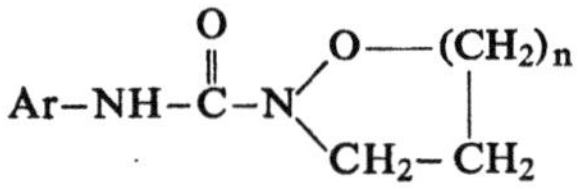

153)

n = 1 und 2

N^2-Oxyharnstoffe

Harnstoff-Derivate des Phenylhydroxylamins wurden mehrfach beschrieben, so das:

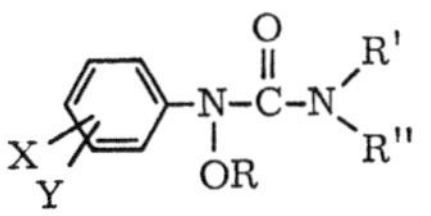

154)

Ein entsprechendes Patent mit R = Na wurde später von russischer Seite entnommen [155, 156].

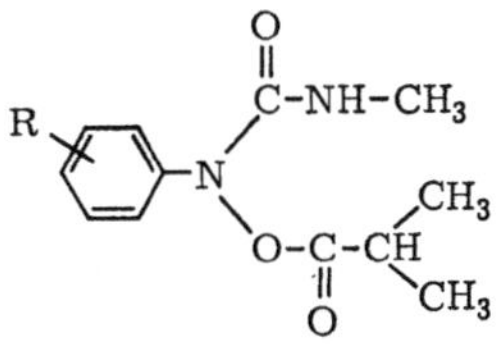

R = H, CH_3, Cl usw.

Selektiv wirksam in Baumwolle [157]

Thioharnstoffe

Die Thioharnstoffe werden in der Mehrzahl in den entsprechenden Patenten der herbiziden Harnstoffe angeführt. Ihre Wirkung ist meist wesentlich schwächer als die der Harnstoffe. Bis heute ist nur ein Versuchsprodukt bekanntgeworden:

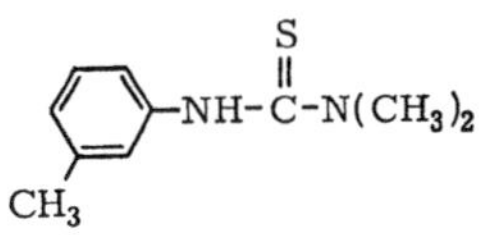

N-(3-Methyl-phenyl)-N,N′-dimethyl-thioharnstoff
Versuchsprodukt
MH 090
(Mirvale Chem. Co.)
(The Yorkshire Tar Distillers Ltd.) 1957
Common name: *thiuron, methiuron*

LD_{50}: 2200 mg/kg Ratte p. o. Wasserlöslichkeit: 400 ppm. Anwendungsweise: Pre- und post-emergence. Anwendungsgebiet: Selektiv pre-emergence in Zuckerrüben und Kartoffeln, post-emergence in Zwiebeln.
Patente [159, 160]. Literatur [158].

Von aromatisch-aliphatischen Harnstoffen und Thioharnstoffen sich ableitende Verbindungen wie Biurete, Isoharnstoffäther, Isothioharnstoffäther, Harnstoff-dichloride und Guanidine.

Biurete (Zweifach-Harnstoffe)

Diese sehr breit untersuchte Verbindungsklasse zeigt durchweg gute, aber für eine praktische Anwendung doch nicht ausreichende herbizide Wirkung. Die Reindarstellung ist im großen Maßstab außerdem schwierig, was ohne Zweifel ihrer praktischen Einführung im Wege steht. Genannt werden:

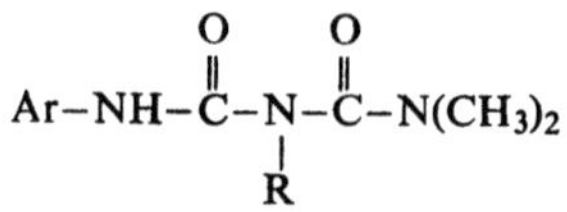

R = H [161]
R = Ar [162]

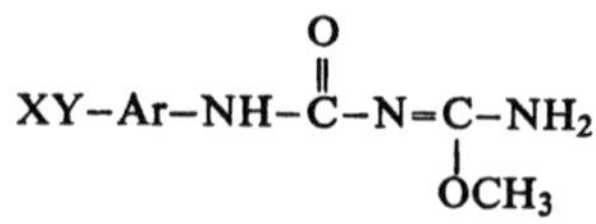 [163]

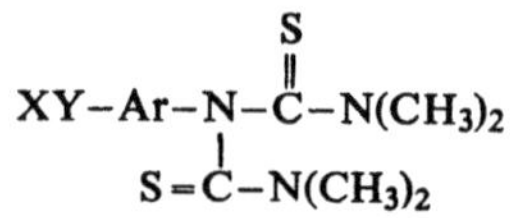 [164]

Isoharnstoffäther und Isothioharnstoffäther

Verbindungen dieser Reihe zeigen eine zwar noch gute, aber meist doch schwächer herbizide Wirkung als die entsprechenden Harnstoffe. Ihre Selektivität ist gegenüber jener der Harnstoffe meist unterschiedlich.

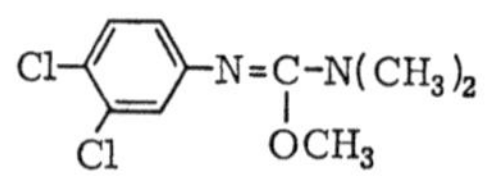

N-(3′,4′-Dichlorphenyl)-N-dimethyl-isoharnstoff-methyläther
Versuchsprodukt
(Farbenfabriken Bayer AG) 1965/66

LD_{50}: 2500 mg/kg Ratte p. o. akut. Wasserlöslichkeit: 300 ppm. Wirkungsweise: Bodenherbizid mit blattherbizider Wirkung. Anwendungsweise: Pre-emergence. Anwendungsgebiet: Selektiv in Mais, Getreide, Kartoffeln.
Patente [165].
Der entsprechende Thiomethyläther ist in jüngster Zeit als Herbizid mit fungizider Nebenwirkung patentiert worden [166]. Hinsichtlich allgemeiner Patente über die herbizide Wirkung von Isoharnstoff- und Thioharnstoffäther s. [166, 167].

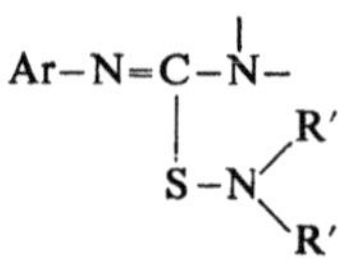 [168, 169]

Harnstoffdichloride, Guanidine und Biguanidine

Über die in letzter Zeit leicht zugänglichen sog. Isocyanid-dichloride [170, 171] sind sowohl Isoharnstoffäther, Isothioharnstoffäther als auch Halogenformamidine und beliebig substituierte Guanidine besonders leicht herstellbar geworden. Sie alle zeigen eine gegenüber den aromatisch-aliphatischen Harnstoffen meist geringere herbizide Wirkung. Typische Beispiele sind:

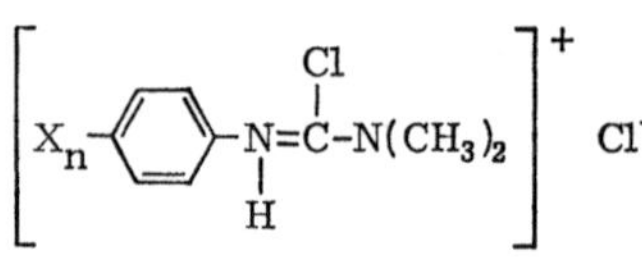 [172, 173]

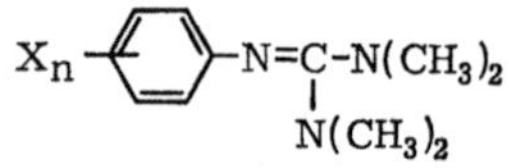 [176, 179]

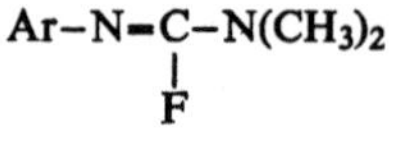 [174, 175]

Biguanidine wurden als Vorauflaufherbizide im Reis patentiert [180]:

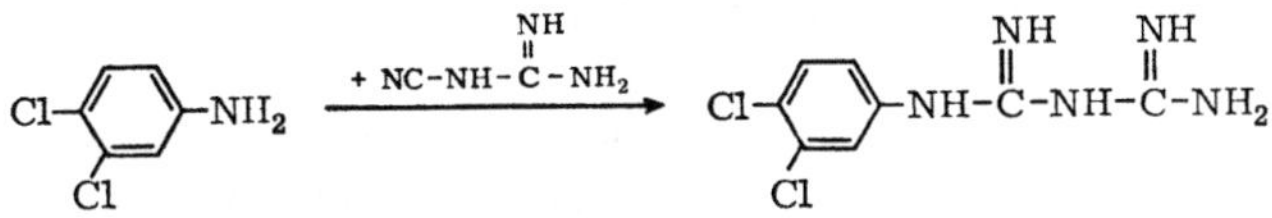

Einige *aus aromatisch-aliphatischen Harnstoffen* durch einfache chemische Umwandlung *sich ableitende cyclische Verbindungen,* denen die Struktur

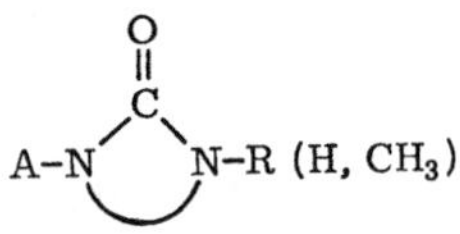

gemeinsam ist, finden sich unter den Heterocyclen (Perhydrotriazinone, Hydantoine bzw. Di- und Trioxo-imidazolidin usw.).

Semicarbazide

Derivate des N-Phenylsemicarbazids [181] sind erst in jüngerer Zeit als Herbizide entdeckt worden. Es ist anzunehmen, daß in der Klasse der Semicarbazide und Thiosemicarbazide [182], deren biologische Aktivität auf anderen Gebieten bekannt ist (Tuberkulostatika usw.), weitere Wirkstoffe gefunden werden.

Als Kondensationsprodukte der Harnstoffe sind die sog. Triazin-3-carbamidsäureamide [183, 184] aufzufassen:

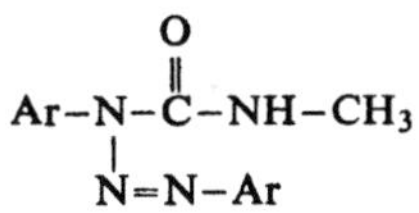

f) Benzylharnstoffe

Benzylharnstoffe, in der Patentliteratur erwähnt, haben bis jetzt im Gegensatz zu den entspr. Carbamidsäureestern keine Bedeutung erlangt. Am wirksamsten sind im Phenylkern in 3- und 4-Stellung chlorierte Verbindungen [185].

g) Heterocyclisch-aliphatische Harnstoffe

Da bei den im folgenden angeführten Verbindungen die Gruppierung

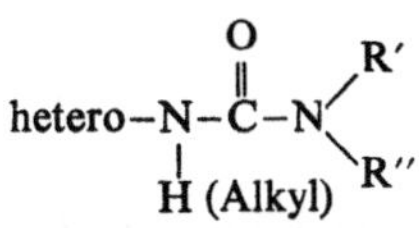

R′ = Alkyl
R″ = Alkyl, H, OCH_3

nicht oder höchstens durch etwas veränderte Gruppierungen ohne Verlust der Wirksamkeit ersetzbar ist, darf die herbizide Wirksamkeit als wesentlich durch die Harnstoff-Gruppierung bedingt angesehen werden. Aus diesem Grund werden die Verbindungen, obwohl sie einen heterocyclischen Bestandteil enthalten, bei den Harnstoffen angeführt.

5-Ring-Verbindungen mit 1 N und 1 S mit Harnstoffgruppierung

Ein allgem. Patentanspruch für diese Produkte stammt bereits aus dem Jahre 1955.

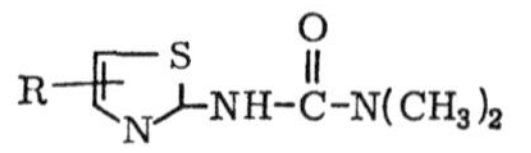

R = Cl, CF_3

Diese nebenstehende Substanz ist 1965/66 als Herbizid beansprucht worden [186]. Mit ihr verwandt ist die folgende Verbindung:

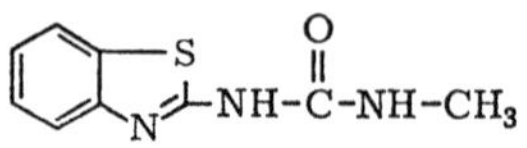

N-Methyl-N′-(2-benzthiazolyl)-harnstoff
Common name: *benzthiazuron*
Handelsname: *Gatnon*®
(Farbenfabriken Bayer AG) 1966/67

LD_{50}: 1280 mg/kg Ratte p. o. akut. Wasserlöslichkeit: 12 ppm bei 20°C. Wirkungsweise: Bodenherbizid mit mäßiger Wirkung als Blattherbizid. Anwendungsweise: Pre-emergence. Anwendungsgebiet: Selektiv in Rüben und Spinat.
Patente [187, 188]. Literatur [206].
In Anwendung ist auch eine Kombination mit einem Uracil (*Venzar*® von Du Pont) unter dem Namen *Merpelan*® (Farbenfabriken Bayer AG).

Von größerer Bedeutung ist die Verbindung:

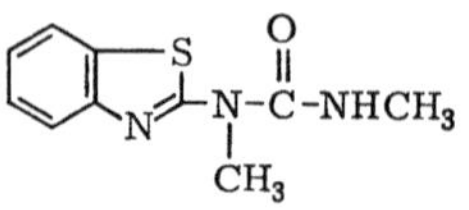

N-(2-Benzthiazolyl)-N,N′-dimethylharnstoff
Common name: methabenzthiazuron
Handelsname: *Tribunil*®
(Farbenfabriken Bayer AG) 1968

LD_{50}: >2500 mg/kg Ratte p. o. akut. Wasserlöslichkeit: 59 ppm bei 20°C. Wirkungsweise: Blatt- und Bodenherbizid. Anwendungsweise: Post- und pre-emergence. Anwendungsgebiet: Selektiv in Wintergetreide und Sommerweizen, Erbsen, Bohnen und anderen Kulturen.
Patente [189–191]. Literatur [192, 231].
Im Tribunil wurde von Bayer erstmalig gezeigt, daß heterocyclische Harnstoffe mit einer Methylgruppe in 2-Stellung sehr hohe herbizide Wirksamkeit aufweisen. Bei aromatisch-aliphatischen Harnstoffen dagegen muß die N^2-Gruppe ein H tragen.

Von den Isothiazolen bzw. 1,2-Thiazolverbindungen sei genannt [193, 208]:

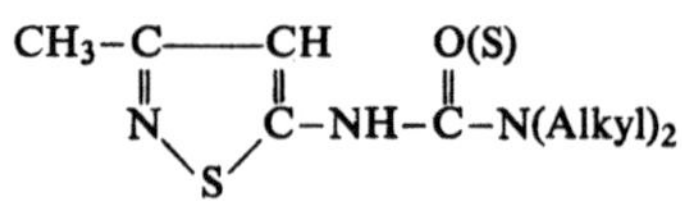

5-Ring-Verbindungen mit 2 N

Auch unter den Benzimidazolharnstoffen gibt es Verbindungen, die herbizid und meist auch fungizid wirksam sind [226]:

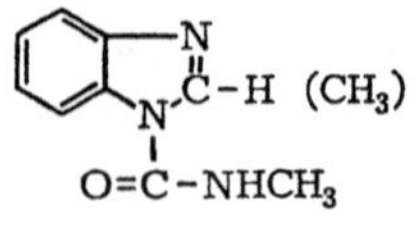

5-Ring-Verbindungen mit 2N und 1S

Unter den Harnstoffderivaten des Thiadiazols und des Isothiadiazols finden sich wirksame Herbizide, wie neueste Untersuchungen der Farbenfabriken Bayer, der Mobil Oil, der Hokko (Japan) und anderer Firmen zeigen.

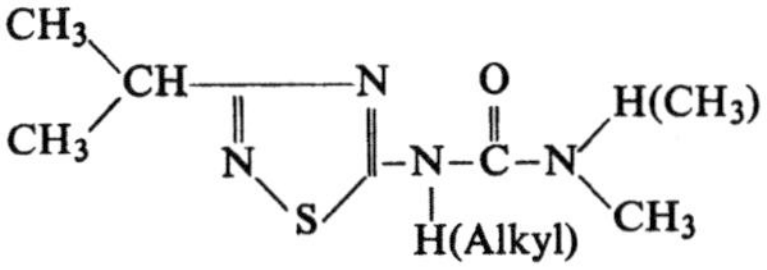

[209, 211, 227, 229, 230, 233]

Allerdings sind auch die Carbamidsäureester und die N-Acyl-Verbindungen in beiden Fällen gute, wenn auch deutlich schwächere Herbizide.

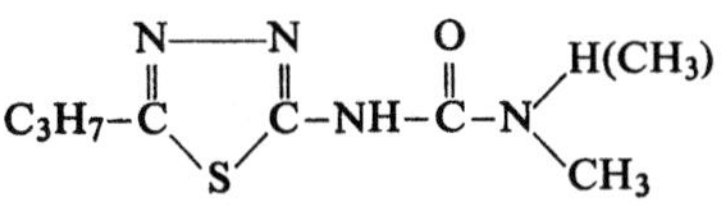

[210, 233]

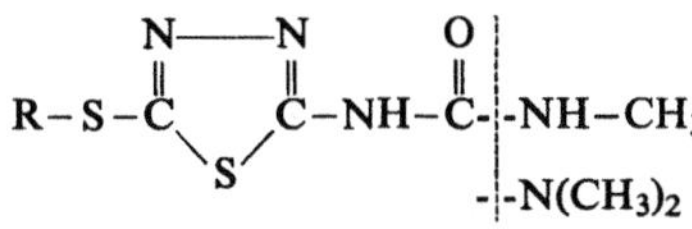

[210]

Analog mit C_3H_7S statt C_3H_7.

Besonders wirksam sind Harnstoffe mit CF_3 statt Alkyl [227] und mit tert. Butyl [234].

2-Amino-1,3,4-thiadiazolin-5-one bzw. Harnstoffe erfaßt ein jüngstes Patent der Firma Bayer [228], z. B.

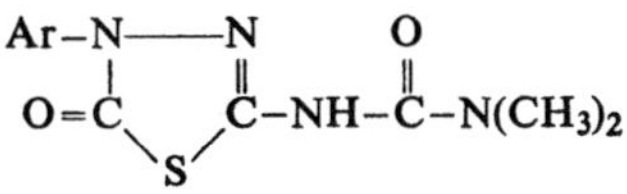

6-Ring-Verbindungen mit Harnstoffgruppierung

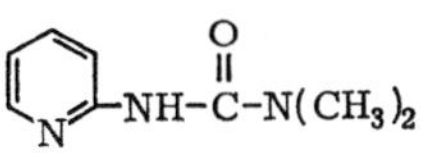

[194]

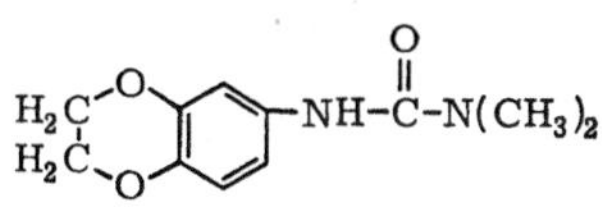

[196, 197]

Im Pyridinkern halogenierte Pyridylharnstoffe: [195]

5.6. Sulfamide

Die den araliphatischen Harnstoffen nahestehenden Sulfamide [138] zeigen zwar häufig herbizide Eigenschaften, doch ist bis 1969 keine Verbindung bekanntgeworden, welche verwertbare herbizide Wirksamkeit aufgewiesen hätte.

Literatur

5. Organische Herbizide

5.5.3. Harnstoffe — 5.6. Sulfamide

1) A. P. 2619416 (25. 11. 52), Union Carbide / *L. J. King*; ref. C. A. *47*, 2424b.
2) *King, L. J.:* Proc. Northeast. States Weed Control Conf. 1950, p. 302.
3) A. P. 3334989 (29. 12. 66/8. 8. 67, Am. Prior. 4. 5. 64), Stauffer Chemical Co. / *A. M. Imel* u. *S. Y. C. Soong*.
4) A. P. 2733988 (14. 11. 54/7. 2. 56), Du Pont / *N. E. Searle.*
5) A. P. 3347658 (16. 8. 66/17. 10. 67), Du Pont / *R. W. Luckenbaugh.*
6) D. A. S. 1062482 (1. 2. 58/30. 7. 59), BASF / *A. Fischer.*
7) E. P. 849794 (30. 1. 59/28. 9. 60, Dtsch. Prior. 1. 2. 58), BASF.
8) D. A. S. 1062059 (5. 12. 57/23. 7. 59), BASF / *G. Steinbrunn* u. *A. Fischer.*
9) D. A. S. 1027930 (14. 12. 56/10. 4. 58), BASF / *A. Fischer, G. Scheuerer, O. Schlichting* u. *H. Stummeyer.*
10) = F. P. 1195300 (12. 12. 57/19. 5. 59, Dtsch. Prior. 14. 12. 56).
11) D. A. S. 1076680 (17. 12. 58/3. 3. 60), BASF / *W. Geisel.*
12) *Fischer, A.:* Z. Pflanzenkrankh. Pflanzenschutz *67*, 577 (1960).
13) *Scheuerer, G.*, and *A. Fischer:* Weed Res. *2*, 130 (1962).
14) D. A. S. 1081453 (15. 1. 59/12. 5. 60), Farbenfabriken Bayer AG / *R. Hiltmann, H. Wollweber* u. *L. Eue.*
15) D. A. S. 1159432 (26. 7. 60/19. 12. 63), Farbenfabriken Bayer AG / *H. Wollweber, R. Hiltmann* u. *R. Wegler.*
16) D. A. S. 1188588 (31. 8. 63/11. 3. 65), Farbwerke Hoechst / *H. Frensch* u. *H. Boesenberg.*
17) D. A. S. 1202270 (5. 3. 64/7. 10. 65, Am. Prior. 7. 3. 63), Hercules Powder Co. / *G. A. Buntin.*
18) A. P. 3350194 (2. 12. 64/31. 10. 67), Hercules Powder Co. / *G. A. Buntin.*
19) D. A. S. 1221841 (22. 1. 65/28. 7. 66), BASF / *A. Fischer, H. Kiefer, L. Schuster* u. *G. Steinbrunn.*
20) F. P. 1465125 (21. 1. 66/28. 11. 66, Dtsch. Prior. 22. 1. 65), BASF / *A. Fischer, H. Kiefer, L. Schuster* u. *G. Steinbrunn.*
21) *Fischer, A.:* 6. Internat. Pflanzenschutzkongreß, Wien, Abstracta, p. 446 (1967).
22) A. P. 3150179 (23. 5. 62/22. 9. 64), Hercules Powder Co. / *W. R. Diveley* u. *M. M. Pombo.*
23) Chem. Eng. News *41*, Nr. 15, 109 (1963).
24) Niederl. P. Anm. 6500853 (22. 1. 65/26. 7. 65, Dtsch. Prior. 29. 1. 64), BASF.
25) D. A. S. 1226569 (20. 5. 65/13. 10. 66), BASF / *H. Kiefer, A. Fischer* u. *P. Raff.*
26) Belg. P. 644867 (6. 3. 64/7. 9. 64, Am. Prior. 7. 3. 63), Hercules Powder Co. / *G. A. Buntin.*
27) Belg. P. 652325 (26. 8. 64/4. 2. 65), Hercules Powder Co. / *G. A. Buntin.*
28) = A. P. 3161674 (7. 3. 63/29. 12. 64).
29) A. P. 3174843 (1. 5. 62/23. 3. 65), Hercules Powder Co. / *G. A. Buntin* u. *W. R. Diveley.*
30) *Sipos, L.:* Z. Pflanzenkrankh. Pflanzenschutz, Sonderheft IV, 275 (1968).
31) A. P. 3276855 (4. 1. 62/4. 10. 66), Velsicol Chemical Corp. / *S. B. Richter.*
32) *Hill, R.:* Proc. Roy. Soc. (London), Ser. B *127*, 192 (1939).
33) *Warburg, O., W. Schröder, G. Krippahl* u. *H. Klotzsch:* Angew. Chem. *69*, 627 (1957).
34) *Hill, R.*, and *C. P. Wittinghan:* Photosynthesis, p. 131. New York: John Wiley & Sons 1955.
35) —, Nature *139*, 881 (1937).
36) *Calvin, M.:* Angew. Chem. *74* (5), 165 (1962).
37) *Good, N. E.:* Plant Physiol. *36*, 788 (1961).
38) *Wessels, J. S. C.*, u. *R. van der Veen:* Biochim. Biophys. Acta (Amsterdam) *19*, 548 (1956)
39) *Cooke, A. R.:* Weeds *4*, 397 (1956).
40) *Duysens, L. N. M., J. Amesz*, and *B. M. Kamp:* Nature *190*, 510 (1961).
41) A. P. 2655447 (13. 10. 53), Du Pont / *C. W. Todd* (Formulierung), ref. C. A. *48*, 943h.
42) D. B. P. 935165 (6. 12. 50/18. 5. 55, Am. Prior. 6. 12. 49 u. 21. 9. 50), Du Pont / *H. E. Cupery, N. E. Searle* u. *C. W. Todd.*
43) E. P. 692589 (28. 11. 50/10. 6. 53, Am. Prior. 6. 12. 49 u. 21. 9. 50), Du Pont / *H. E. Cupery, N. E. Searle* u. *C. W. Todd.*
44) *Sharp, S. S., M. C. Swingle, G. L. McCall, M. B. Weed*, and *L. E. Cowart:* Agr. Chem. *8* (9), 56 (1953).

45) *Crafts, A. S.:* Substituierte Harnstoffe. The Chemistry and Mode of Action of Herbicides, Chapter 8. New York-London: Interscience Publishers Inc. 1963.

46) A. P. 2782112 (4. 1. 54/19. 2. 57), Allied Chemical & Dye Corp. / *E. E. Gilbert, J. A. Otto* u. *S. A. Pellerano.*

47) = D. B. P. 951181 (29. 12. 54/5. 4. 56, Am. Prior. 4. 1. 54), Allied Chemical & Dye Corp. / *E. E. Gilbert, J. A. Otto* u. *S. A. Pellerano.*

48) Can. P. 533425 (7. 2. 51/20. 11. 56, Am. Prior. 20. 3. 50), DuPont / *M. D. Snyder.*

49) A. P. 2728654 (13. 10. 53/27. 12. 55), DuPont / *H. J. Gerjovich.*

50) D. A. S. 1082765 (27. 8. 57/2. 6. 60), DuPont / *R. W. Luckenbaugh.*

51) A. P. 2655444 (14. 2. 52/13. 10. 53), Du Pont / *C. W. Todd,* ref. C. A. *48,* 943d.

52) A. P. 2655445 (14. 2. 52/13. 10. 53), DuPont / *C. W. Todd,* ref. C. A. *48,* 943f.

53) A. P. 2655534 (25. 10. 51/13. 10. 53), DuPont / *N. E. Searle.*

54) D. B. P. 968273 (7. 12. 50/27. 10. 55, Am. Prior. 6. 12. 49), DuPont / *C. W. Todd.*

55) *Bucha, H. C.,* and *C. W. Todd:* Science *114,* 493 (1951).

56) *McCall, G. L.:* Agr. Chem. *7* (5), 40, 127, 129 (1952).

57) *Carlson, A. E.:* Agr. Chem. *9* (6), 44, 155 (1954).

58) *Soyer, I. L.:* Chem. and Ind. *81* (2), 220 (1959).

59) D. A. S. 1206201 (21. 11. 61/2. 12. 65), Ciba / *H. Martin* u. *H. Aebi* (Statt $N(CH_3)_2$ hier $N(C_2H_5)_2$ oder $N(C_3H_7)_2$).

60) Belg. P. 594228 (19. 8. 60/20. 2. 61, Schwz. Prior. 21. 8. 59), Ciba S. A.

61) Belg. P. 610557 (21. 11. 61/21. 5. 62, Schwz. Prior. 22. 11. 60), Ciba S. A. / *H. Martin* u. *H. Aebi.*

62) Schwz. P. 379194 (21. 8. 59/30. 6. 64), Ciba AG / *H. Martin* u. *H. Aebi.*

63) D. A. S. 1110465 (9. 2. 60/9. 7. 61, Schwz. Prior. 10. 2. 59 u. 18. 12. 59), Ciba AG / *H. Martin* u. *H. Aebi.*

64) A. P. 3134665 (5. 8. 60 / 26. 5. 64, Schwz. Prior. 21. 8. 59), Ciba Ltd. / *H. Martin* u. *H. Aebi.*

65) D. A. S. 1278788 (21. 11. 61/28. 9. 68, Schwz. Prior. 22. 11. 60), Ciba AG / *H. Martin* u. *H. Aebi.* $(NH-\underset{\underset{O}{\|}}{C}-NH(Alkyl))$.

66) D. A. S. 1138391 (20. 2. 61/25. 10. 62), Farbenfabriken Bayer AG / *E. Klauke, H. Schwarz* u. *H. Holtschmidt.*

67) Schwz. P. 384283 (21. 8. 59/15. 11. 64), Ciba AG / *H. Martin* u. *H. Aebi.*

68) Niederl. P. Anm. 6709902 (17. 7. 67/23. 1. 68, Dtsch. Prior. 22. 7. 66), Farbwerke Hoechst.

69) E. P. 806989 (22. 11. 56/7. 1. 59), DuPont / *C. W. Todd.*

70) A. P. 3031292 (22. 6. 59/24. 4. 62), DuPont / *C. W. Todd.*

71) D. A. S. 1227445 (4. 5. 62/27. 10. 66, Schwz. Prior. 6. 5. 61), Ciba / *H. Martin, H. Aebi* u. *L. Ebner.*

72) = F. P. 1325926 (4. 5. 62/25. 3. 63).

73) D. A. S. 1210793 (4. 5. 62/17. 2. 66, Schwz. Prior. 6. 5. 61), Ciba / *H. Martin, H. Aebi* u. *L. Ebner.*

74) D. A. S. 1117561 (31. 5. 60/23. 11. 61), Farbenfabriken Bayer AG / *H. Wollweber, R. Hiltmann* u. *L. Eue.*

75) A. P. 2753251 (26. 10. 54/3. 7. 56), DuPont / *H. J. Gerjovich.*

76) D. A. S. 1039304 (30. 4. 54/18. 9. 58), DuPont / *N. E. Searle.*

77) A. P. 2775587 (23. 5. 55/25. 12. 56), Dow Chemical Co. / *B. C. Fischback* u. *G. H. Harris.*

78) D. A. S. 1112728 (23. 12. 59/17. 8. 61), Farbenfabriken Bayer AG / *W. Schäfer, R. Wegler* u. *L. Eue.*

79) A. P. 3101370 (24. 8. 60/20. 8. 63), DuPont / *J. Buchanan.*

80) A. P. 2829146 (30. 7. 56/1. 4. 58), Monsanto Chemical Co. / *D. J. Beaver* u. *P. J. Stoffel.*

81) A. P. 3073861 (13. 8. 59/15. 1. 63), DuPont / *M. S. Raasch.*

82) Schwz. P. 384284 (3. 9. 59/15. 11. 64), Ciba AG / *H. Martin* u. *H. Aebi.*

83) = Belg. P. 594665 (2. 9. 60/2. 3. 61, Schwz. Prior. 3. 9. 59).

84) A. P. 3125601 (11. 8. 60/17. 3. 64), DuPont / *M. T. Goebel.*

85) A. P. 3020144 (22. 12. 55/6. 2. 62), DuPont / *R. J. Gobeil* u. *R. W. Luckenbaugh.*

86) D. A. S. 1023628 (4. 10. 56/30. 1. 58), BASF / *H. Windel, L. Waschky, H. Stummeyer, A. Fischer* u. *C. Pfaff.*

[87] D. A. S. 1017406 (23. 5. 56 / 10. 10. 57), BASF / *A. Fischer, C. Pfaff, G. Steinbrunn* u. *H. Stummeyer.*
[88] Irl. P. 577/66 (4. 5. 65/6. 6. 66), BASF.
[89] Niederl. P. Anm. 6608102 (10. 6. 66/13. 12. 66, Dtsch. Prior. 12. 6. 65), BASF / *K. H. König* u. *A. Fischer.*
[90] F. P. 1311865 (26. 9. 61/5. 11. 62), DuPont.
[91] D. A. S. 1106548 (4. 6. 59/10. 5. 61), BASF / *G. Steinbrunn* u. *A. Fischer.*
[92] D. A. S. 1110943 (24. 11. 59/13. 7. 61), BASF / *G. Steinbrunn* u. *A. Fischer.*
[93] Belg. P. 618054 (24. 5. 62/17. 9. 62, Schwz. Prior. 25. 5. 61), Ciba / *H. Martin* u. *L. Ebner.*
[94] D. A. S. 1055286 (22. 11. 57/16. 4. 59), BASF / *G. Steinbrunn, A. Fischer* u. *H. Stummeyer.*
[95] F. P. 1332371 (21. 8. 62/4. 6. 63, Dtsch. Prior. 4. 9. 61), C. H. Boehringer Sohn.
[96] Belg. P. 631289 (19. 4. 63/18. 11. 63, Am. Prior. 20. 4. 62 u. 4. 9. 62), DuPont / *R. W. Luckenbaugh.*
[97] *Varner, R. W.*, u. Mitarbeiter: Proc. 7. Brit. Weed Control Conf. 1964, p. 38.
[98] D. A. S. 1129761 (8. 3. 61/11. 5. 62), BASF / *G. Steinbrunn, E. Flickinger, A. Fischer* u. *H. Stummeyer.*
[99] D. A. S. 1135703 (10. 7. 59/30. 8. 62), BASF / *G. Steinbrunn, E. Flickinger, H. Stummeyer* u. *A. Fischer.*
[100] D. A. S. 1108977 (10. 2. 60/15. 6. 61), BASF / *A. Fischer, E. Flickinger, G. Steinbrunn* u. *H. Stummeyer.*
[101] A. P. 2913322 (29. 12. 55/17. 11. 59), Monsanto Chemical Co. / *D. J. Beaver, P. J. Stoffel* u. *P. C. Hamm.*
[102] D. A. S. 1188861 (22. 12. 62/11. 3. 65), BASF / *W. Sanne, K. H. König* u. *A. Fischer.*
[103] Belg. P. 693233 (26. 1. 67/26. 7. 67, Am. Prior. 2. 2. 66 u. 5. 12. 66), U. S. Borax Chemical Corp. / *D. L. Hunter, K. Kitasaki* u. *C. W. Le Fevre.*
[104] = F. P. 1509718 (31. 1. 67/4. 12. 67, Am. Prior. 2. 2. 66 u. 5. 12. 66).
[105] A. P. 3393209 (4. 10. 65/16. 7. 68), Dow Chemical Co. / *T. E. Majewski.*
[106] D. A. S. 1215437 (28. 1. 63/28. 4. 66, Schwz. Prior. 29. 1. 62), Ciba / *H. Martin* u. *L. Ebner.*
[107] = F. P. 1344754 (22. 1. 63/21. 10. 63, Schwz. Prior. 29. 1. 62), Ciba S. A.
[108] Belg. P. 688018 (10. 10. 66/16. 3. 67, Schwz. Prior. 28. 10. 65), Sandoz S. A. / *M. Schuler.*
[109] Belg. P. 688019 (10. 10. 66/16. 3. 67, Schwz. Prior. 28. 10. 65 u. 10. 7. 66), Sandoz S. A. / *M. Schuler.*
[110] *Berg, W.:* Z. Pflanzenkrankh. Pflanzenschutz, Sonderh. IV, 233 (1968).
[111] Schwz. P. 384282 (5. 8. 59/15. 11. 64), Ciba AG / *H. Martin* u. *H. Aebi.*
[112] = D. A. S. 1142251 (4. 8. 60/10. 1. 63, Schwz. Prior. 5. 8. 59), Ciba AG / *H. Martin* u. *H. Aebi.*
[113] *Aebi, H.*, et *L. Ebner:* Comptes Rendus des Journées d'Etudes sur les Herbicides, Paris, p. 88 (1961).
[114] Südafr. P. 65/5165 (—/25. 3. 66, Am. Prior. 25. 9. 64), Shell Int. Res.
[115] F. P. 1501293 (16. 11. 66/10. 11. 67, Dtsch. Prior. 16. 11. 65), Farbenfabriken Bayer AG.
[116] Belg. P. 670034 (23. 9. 65/23. 3. 66, Am. Prior. 25. 9. 64), Shell Int. Res. Maatschappij / *S. B. Soloway* u. *K. D. Zwahlen.*
[117] D. O. S. 1518824 (3. 5. 65/23. 1. 69), Farbwerke Hoechst AG / *O. Scherer* u. *G. Hörlein.*
[118] Niederl. P. Anm. 6704076 (17. 3. 67/20. 9. 67, Dtsch. Prior. 19. 3. 66), Farbenfabriken Bayer AG / *K. Goliasch, R. Heiß, L. Eue* u. *H. Hack.*
[119] Niederl. P. Anm. 6709618 (11. 7. 67/17. 1. 68, Dtsch. Prior. 16. 7. 66), Farbwerke Hoechst.
[120] Niederl. P. Anm. 6503645 (23. 3. 65/24. 9. 65, Am. Prior. 23. 3. 64 u. 16. 2. 65), Food Machinery and Chemical Corp. / *K. R. Wilson* u. *K. L. Hill.*
[121] *Williams, J. L.:* Pre-emergence Weed Control in Corn 1965. 22. Annual Research Report North Central Weed Control Conf. 1965, p. 109.
[122] *Freeman, J. F.:* Pre-emergence Weed Control in Corn 1965. 22. Annual Research Report North Central Weed Control Conf. 1965, pp. 103 u. 125.
[123] A. P. 2762695 (22. 12. 54/11. 9. 56), DuPont / *H. J. Gerjovich* u. *R. S. Johnson.*
[124] A. P. 3247219 (24. 9. 62/19. 4. 66), Dow Chemical Co. / *R. C. Sovish.*
[125] Niederl. P. Anm. 6511107 (25. 8. 65/28. 2. 66, Am. Prior. 26. 8. 64), DuPont / *R. N. Knowles.*
[126] F. P. 1250422 (3. 7. 58/5. 12. 60), Péchiney Progil / *P. Poignant.*
[127] F. P. 1392499 (25. 10. 63/8. 2. 65), Péchiney Progil / *H. C. Pillon* u. *P. Poignant.*

128) *Poignant, P., D. Pillon, P. Crisinel, R. Caffiero, R. Richard, S. Gaillard* u. *P. Delage:* 2. Symposium über neue Herbizide, Paris, 1965, pp. 3 u. 13, Ed. Essor, Paris.
129) D. P. (DDR) 50768 (28. 11. 64/5. 10. 66), Péchiney Progil / *H. C. Pillon* u. *P. Poignant.*
130) F. P. 1125487 (17. 3. 55/16. 7. 56), DuPont / *H. J. Gerjovich* u. *R. S. Johnson.*
131) Belg. P. 624818 (14. 11. 62/14. 5. 63), Farbenfabriken Bayer AG / *H. Malz, G. Oertel* u. *H. Holtschmidt.*
132) D. A. S. 1028986 (17. 1. 56/30. 4. 58), Farbwerke Hoechst AG / *O. Scherer* u. *P. Heller.*
133) = A. P. 2960534 (11. 6. 57/15. 11. 60).
134) Mededel. Landbouwhogeschool Opzoekingssta. Staat Gent *27* Nr. 3 (1962).
135) *Soyez, J. L.:* Comptes Rendus des Journées d'Etudes sur les Herbicides, Paris 1961, p. 202.
136) Schwz. P. 398543 (6. 5. 61/15. 9. 65), Ciba AG / *H. Martin, H. Aebi* u. *L. Ebner.*
137) *Green, D. H., J. Schuler,* and *L. Ebner:* C 6313, A New Ciba Bromo-Substituted Urea-Herbicide. 8. Brit. Weed Control Conf. Proc. 2, 1966, p. 363.
138) F. P. 1124308 (13. 5. 55/25. 6. 56, Belg. Prior. 14. 5. 54), Union Chimique Belge / *P. Ochsner.*
139) F. P. 1240355 (12. 11. 59/25. 7. 60, Am. Prior. 20. 11. 58), DuPont / *R. S. Johnson.*
140) D. A. S. 1196639 (29. 12. 61/15. 7. 65, Am. Prior. 25. 1. 61), Allied Chemical Corp. / *E. E. Gilbert* u. *E. J. Rumanowski.*
141) = F. P. 1320068 (4. 1. 62/28. 1. 63, Am. Prior. 25. 1. 61).
142) A. P. 3228762 (8. 3. 63/11. 1. 66, Am. Prior. 3. 10. 60), DuPont / *R. W. Luckenbaugh.*
143) D. A. S. 1189980 (13. 8. 60/1. 4. 65), Farbwerke Hoechst AG / *O. Scherer, G. Hörlein* u. *R. Hübner.*
144) = Belg. P. 607204 (14. 8. 61/14. 2. 62).
145) D. A. S. 1140925 (25. 2. 61/13. 12. 62), Farbwerke Hoechst AG / *O. Scherer* u. *G. Hörlein.*
146) = Belg. P. 614417 (26. 2. 62/27. 8. 62, Dtsch. Prior. 25. 2. 61).
147) D. A. S. 1076117 (17. 4. 58/25. 2. 60), Farbwerke Hoechst AG / *O. Scherer, G. Hörlein* u. *R. Hübner.*
148) D. A. S. 1242936 (12. 3. 65/22. 6. 67), Schering AG / *H. E. Freund* u. *F. Arndt.*
149) D. A. S. 1192454 (3. 12. 63/6. 5. 65), BASF / *G. Steinbrunn, E. Flickinger* u. *A. Fischer.*
150) Niederl. P. Anm. 6709966 (18. 7. 67/22. 1. 68, Dtsch. Prior. 19. 7. 66 u. 17. 1. 67), BASF.
151) D. A. S. 1188361 (18. 1. 63/4. 3. 65), BASF / *G. Steinbrunn* u. *A. Fischer.*
152) A. P. 3282987 (29. 6. 62/1. 11. 66), DuPont / *L. M. Ellis.*
153) Niederl. P. Anm. 6716744 (18. 12. 67/10. 6. 68, Dtsch. Prior. 9. 12. 66, 19. 5. 67 u. 23. 5. 67), C. H. Boehringer Sohn.
154) Belg. P. 596661 (31. 10. 60/14. 11. 60, Am. Prior. 3. 11. 59 u. 3. 10. 60), DuPont / *R. S. Johnson* u. *R. W. Luckenbaugh.*
155) Russ. P. 184061 (7. 6. 65/6. 9. 66), *Yu. A. Baskakov.*
156) Russ. P. 191532 (21. 6. 65/27. 3. 67) Chem. Protection of Plants Res. Inst. / *Yu. A. Baskakov,* u. Mitarb.
157) Russ. P. 184062 (26. 6. 65/6. 9. 66), *Yu. A. Baskakov* u. Mitarb.
158) *Everest-Todd, S.:* 8. Brit. Weed Control Conf. Proc. 2, 1966, p. 451.
159) E. P. 839797 (14. 4. 58/29. 6. 60), Yorkshire Tar Distillers Ltd. / *E. C. Holdsworth* u. *S. Everest-Todd.*
160) E. P. 858758 (16. 9. 57/18. 1. 61), Yorkshire Tar Distillers Ltd. / *D. W. Milner, E. C. Holdsworth* u. *S. Everest-Todd.*
161) D. A. S. 1032595 (21. 12. 56/19. 6. 58), Farbenfabriken Bayer AG / *F. Münz, L. Eue* u. *D. Delfs.*
162) A. P. 3253902 (10. 12. 57/31. 5. 66, Dtsch. Prior. 21. 12. 56), Farbenfabriken Bayer AG / *F. Münz, L. Eue* u. *D. Delfs.*
163) A. P. 2780535 (18. 2. 54/5. 2. 57), Du Pont / *J. A. Snyder.*
164) A. P. 3092484 (15. 9. 60/4. 6. 63), DuPont / *P. L. Salzberg.*
165) D. A. S. 1138039 (4. 6. 59/18. 10. 62), Farbenfabriken Bayer AG / *E. Kühle* u. *L. Eue.*
166) Niederl. P. Anm. 6713501 (4. 10. 67/8. 4. 68, Schwz. Prior. 5. 10. 66 u. 3. 2. 67), Ciba Ltd.
167) A. P. 2849306 (19. 3. 54/26. 8. 58), DuPont / *N. E. Searle.*
168) D. A. S. 1255654 (17. 11. 64/7. 12. 67), Farbenfabriken Bayer AG / *U. Eholzer* u. *K. Ley.*
169) = Belg. P. 672446 (17. 11. 65/16. 3. 66, Dtsch. Prior. 17. 11. 64 u. 30. 7. 65), Farbenfabriken Bayer AG / *U. Eholzer, K. Ley, G. Zumach, L. Eue* u. *H. Hack.*
170) D. A. S. 1094737 (29. 5. 59/15. 12. 60), Farbenfabriken Bayer AG / *E. Kühle.*
171) *Kühle, E.:* Angew. Chem. *74,* 861 (1962).
172) D. A. S. 1129161 (19. 1. 60/10. 5. 62), Farbenfabn. Bayer / *E. Kühle, R. Wegler* u. *L. Eue.*

173) D. A. S. 1170931 (14. 9. 62/17. 5. 64), Farbenfabriken Bayer AG / *B. Anders* u. *E. Kühle*.
174) D. A. S. 1153743 (12. 8. 61/5. 9. 63), Farbenfabn. Bayer / *E. Kühle*, *E. Klauke* u. *L. Eue*.
175) = Belg. P. 621295 (10. 8. 62/11. 2. 63, Dtsch. Prior. 12. 8. 61).
176) D. A. S. 1089210 (8. 6. 59/15. 9. 60), Farbenfabriken Bayer AG / *E. Kühle* u. *L. Eue*.
177) D. A. S. 1125908 (29. 11. 60/22. 3. 62), BASF / *H. Weidinger* u. *H. Eilingsfeld*.
178) Russ. P. 179552 (15. 7. 64/Aug. 66), *N. N. Mel'nikov* u. Mitarb.
179) A. P. 3399233 (17. 12. 65/27. 8. 68), Marathon Oil Co. / *P. A. Argabright* u. *V. J. Sinkey*.
180) Jap. P. Anm. 13278/66 (21. 4. 64/26. 7. 66), Nippon Carbide Ind. Co. Ltd.
181) Niederl. P. Anm. 6706363 (5. 5. 67/8. 11. 67, Dtsch. Prior. 7. 5. 66), BASF.
182) A. P. 3318680 (6. 7. 64/9. 5. 67, Am. Prior. 24. 10. 61), Du Pont / *G. Levitt*.
183) A. P. 3382061 (22. 4. 65/7. 5. 68), Am. Cyanamid Co. / *D. D. Bondarenko* u. *B. L. Walworth*.
184) F. P. 1501734 (22. 4. 66/18. 11. 67, Am. Prior. 22. 4. 65), American Cyanamid Co. / *D. D. Bondarenko* u. *B. L. Walworth*.
185) A. P. 3388158 (9. 8. 65/11. 6. 68), Sterling Drug / *A. R. Surrey*.
186) Belg. P. 679138 (6. 4. 66/6. 10. 66, Franz. Prior. 6. 4. 65), Produits Chimiques Péchiney.
187) D. A. S. 1209801 (11. 5. 63/27. 1. 66), Farbenfabriken Bayer AG / *H. Hack*, *W. Schäfer*, *R. Wegler* u. *L. Eue* (Selektive Wirksamkeit in Rüben).
188) Belg. P. 684292 (18. 7. 66/18. 1. 67, Dtsch. Prior. 20. 7. 65 u. 19. 1. 66), Farbenfabn. Bayer.
189) A. P. 2756135 (13. 7. 55/24. 7. 56), Du Pont / *N. E. Searle*.
190) Belg. P. 687019 (16. 9. 66/16. 3. 67, Dtsch. Prior. 18. 9. 65), Farbenfabriken Bayer AG / *H. Hack*, *L. Eue* u. *W. Schäfer*.
191) E. P. 1085430 (7. 9. 66/4. 10. 67, Dtsch. Prior. 18. 9. 65), Farbenfabriken Bayer AG / *H. Hack*, *L. Eue* u. *W. Schäfer*.
192) *Hack, H.*: Z. Pflanzenkrankh. Pflanzenschutz, Sonderh. IV, 251 (1968).
193) Niederl. P. Anm. 6605902 (8. 5. 66/9. 11. 66, Dtsch. Prior. 8. 5. 65), Schering AG.
194) A. P. 3293257 (14. 9. 64/20. 12. 66), U. S. Borax and Chemical Corp. / *W. G. Woods* u. *R. F. Crawford*.
195) A. P. 3330641 (11. 7. 66/11. 7. 67), U. S. Borax and Chemical Corp. / *W. G. Woods* u. *R. F. Crawford*.
196) Niederl. P. Anm. 6504635 (12. 4. 65/25. 10. 65, Schwz. Prior. 22. 4. 64), Sandoz Ltd. / *M. Schuler*.
197) = Belg. P. 662197 (7. 4. 65/2. 8. 65).
198) *Hill, R.*: Advan. Enzymol. *12*, 1 (1951).
199) Herbicide Handbook of the Weed Society of America, p. 104, Geneva-New York: W. F. Humphrey Press Inc. 1967.
200) — p. 285.
201) — p. 206.
202) — p. 30.
203) *Fryer, J. D.*, and *S. A. Evans*: Weed Control Handbook, pp. 90 u. 412. Oxford - Edinburgh: Blackwell Scientific Publications 1968.
204) — pp. 89 u. 408.
205) — pp. 90 u. 410.
206) — pp. 90 u. 412.
207) A. P. 3385693 (22. 7. 65/28. 5. 68), Du Pont / *R. W. Luckenbaugh*.
208) Niederl. P. Anm. 6811320 (8. 8. 68/11. 2. 69, Am. Prior. 9. 8. 67), Food Machinery and Chemical Corp.
209) Belg. P. 721091 (19. 9. 68/19. 3. 69, Dtsch. Prior. 19. 9. 67), Farbenfabriken Bayer AG / *C. Metzger*, *D. Borrmann*, *R. Wegler*, *L. Eue* u. *H. Hack*.
210) Belg. P. 721034 (18. 9. 68/18. 3. 69, Dtsch. Prior. 19. 9. 67), Farbenfabriken Bayer AG / *C. Metzger*, *L. Eue* u. *H. Hack*.
211) Belg. P. 721035 (18. 9. 68/18. 3. 69, Dtsch. Prior. 19. 9. 67), Farbenfabriken Bayer AG / *C. Metzger*, *D. Borrmann*, *R. Wegler*, *L. Eue* u. *H. Hack*.
212) Jap. P. Anm. 1314/69 (3. 12. 66/21. 1. 69), Kureha Chem. Ind. Co. Ltd.
213) Niederl. P. Anm. 6810303 (19. 7. 68/23. 1. 69, Schwz. Prior. 21. 7. 67), Ciba Ltd.
214) F. P. 1532014 (21. 7. 67/29. 7. 68), Farbwerke Hoechst.
215) Techn. Inf. Fisons Ltd. Div. 1968 = Weed Abstr. *18*, 223 (1969).
216) D. O. S. 1518470 (15. 3. 65/28. 8. 69, Am. Prior. 24. 3. 64), Allied Chemical Corp. / *E. J. Rumanowski*.

217) D. O. S. 1802739 (12. 10. 68/4. 6. 69, Schwz. Prior. 17. 10. 67 u. 15. 11. 67), Ciba AG / *H. Martin, A. Lukaszczyk, D. Dürr, G. Pissiotas* u. *O. Rohr.*

218) Niederl. P. Anm. 6811378 (9. 8. 68/14. 2. 69, Dtsch. Prior. 12. 8. 67 u. 22. 3. 68), Farbenfabriken Bayer AG / *E. Klauke, E. Kühle, H. Hack* u. *L. Eue.*

219) D. O. S. 1905598 (5. 2. 69/18. 9. 69, Schwz. Prior. 13. 2. 68), Ciba AG / *H. Martin, S. Janiak W. Töpfl, D. Dürr, O. Rohr* u. *G. Pissiotas.*

220) *Behrens,* and *Nalewaja:* 25. Annual Research Report, North Central Weed Control Conf. 1968, p. 163.

221) Niederl. P. Anm. 6812045 (23. 8. 68/25. 2. 69, Am. Prior. 23. 8. 67 u. 19. 7. 68), Stauffer Chemical Co.

222) A. P. 3457292 (21. 10. 66/22. 7. 69, Am. Prior. 3. 10. 60 u. 11. 6. 63), Du Pont / *R. S. Johnson.*

223) Schwz. P. 472180 (28. 7. 66/15. 5. 69), Sandoz AG / *M. Schuler.*

224) D. O. S. 1901501 (14. 1. 69/28. 8. 69, Schwz. Prior. 23. 1. 68), Ciba AG / *O. Rohr.*

225) D. O. S. 1910490 (1. 3. 69/11. 9. 69, Am. Prior. 4. 3. 68), Chevron Research Co. / *M. Brown.*

226) D. O. S. 1803728 (18. 10. 68/19. 6. 69, Schwz. Prior. 26. 10. 67), Ciba AG / *S. Janiak* u. *O. Rohr.*

227) D. O. S. 1816696 (23. 12. 68/21. 8. 69, Schwz. Prior. 27. 12. 67 u. 11. 10. 68), Agripat S. A. / *K. Hoegerle, P. Rathgeb, H. J. Cellarius* u. *J. Rumpf.*

228) Niederl. P. Anm. 6817287 (3. 12. 68/10. 6. 69, Dtsch. Prior. 6. 12. 67), Farbenfabriken Bayer AG / *K. Sasse.*

229) D. O. S. 1901672 (14. 1. 69/27. 11. 69, Am. Prior. 1. 2. 68 u. 10. 12. 68), Mobil Oil Corp. / *P. R. Driscoll.*

230) D. O. S. 1921220 (25. 4. 69/27. 11. 69, Jap. Prior. 26. 4. 68 u. 19. 11. 68), Hokko Chemical Ind. Co. Ltd. / *R. Sato, T. Ooi* u. *H. Okamoto.*

231) *Hack, H.:* Pflanzenschutznachrichten Bayer, *22,* 341 (1969).

232) D. O. S. 1905598 (5. 2. 69/18. 9. 69, Schwz. Prior. 13. 2. 68 u. 11. 7. 68) Ciba AG / *H. Martin, S. Janiak, W. Töpfl, D. Dürr, O. Rohr* u. *G. Pissiotas.*

233) D. O. S. 1912543 (12. 3. 69/18. 12. 69, Am. Prior. 13. 3. 68 u. 25. 9. 68) Air Products and Chemicals Inc. / *T. Cebelo* u. *R. Walde.*

234) *Kubo, H., R. Sato, J. Hamura* u. *P. Ohi:* J. Agr. Food Chem. *18* (1), 60 (1970).

5.7. Carbonsäuren, Nitrile und Aldehyde

Zusammen mit Carbonsäuren werden hier auch die Nitrile und die Aldehyde besprochen, weil (besonders in der aromatischen Reihe) einige Nitrile auch als *Aldehydoxime* angewandt werden können und eben diese offensichtlich von der Pflanze oder durch Bakterien in Nitrile überführt werden. Nitrile wiederum lassen sich nicht nur formell als Derivate der Carbonsäuren ansehen, sondern oft wirken sie auch wie letztere. Andere Nitrile haben eine durchaus eigene, spezifische Wirksamkeit.

Die aliphatischen und auch fast alle aromatischen und araliphatischen Carbonsäuren entfalten eine stärkere herbizide Wirkung nur dann, wenn in der Nähe ihrer Carboxylgruppe *Halogen* steht. Ob hier ein Zusammenhang mit der Dissoziationskonstanten besteht, bleibt indessen zu bezweifeln. Andere Substituenten, die auf die COOH-Gruppe ähnlich wirken, bleiben nämlich ohne Effekt. Wahrscheinlich ist das Halogen für eine gewisse Löslichkeitsbeeinflussung und damit für das Eindringvermögen in die Pflanze von Bedeutung. Meist sind die Cl-Verbindungen die herbizid wirksamsten (Ausnahme in der Reihe der aromatischen Oxynitrile). — Die aliphatischen chlorierten Carbonsäuren haben (infolge ihres geringen Preises und ihrer spezifischen Wirkung gegen Gräser) heute noch einen erheblichen Anteil an den gängigen Marktprodukten der herbiziden Carbonsäuren.

5.7.1. Aliphatische Carbonsäuren

a) Monocarbonsäuren

$\mathrm{ClCH_2-COOH\ (Na)}$

Monochloressigsäure (1950)
Common name: *MCA*
Handelsname: *Monoxone*® (Plant Protection) 1956

LD_{50}: 76 (300—400) mg/kg Ratte p. o. akut. Wasserlöslichkeit: Sehr gut löslich. Wirkungsweise: Blattherbizid mit Kontaktwirkung. Anwendungsweise: Postemergence. Anwendungsgebiet: Selektiv in Porree und Zwiebeln. Anwendung auch als Defoliant.
Patente [1]. Literatur [2].
Zahlreiche Derivate (Ester, vornehmlich Amide) der Chloressigsäure dienen, da sie sehr preiswert sind, in begrenztem Maß als Herbizide gegen Ungräser. Auch Chloracetylverbindungen von Chloranilinen sind in Anwendung (s. bei Acylanilinen).

$$\mathrm{ClCH_2-\overset{\overset{O}{\|}}{C}-N(C_2H_5)_2}$$

Chloressigsäurediäthylamid
Common name: *CDEA*

LD_{50}: 500 mg/kg Ratte p. o. akut. Wirkungsweise: Bodenherbizid. Anwendungsweise: Pre-emergence. Anwendungsgebiet: Vornehmlich gegen Gräser in Mais, Möhren, Kohl, Erbsen und Bohnen.
Patente [3]. Literatur [41,42].

Die oft beachtliche Wirkungsverstärkung einer C=C-Doppelbindung zeigt sich im Chloressigsäure-diallylamid, das einige Bedeutung erlangt hat.

$$\mathrm{ClCH_2-\overset{\overset{O}{\|}}{C}-N(CH_2-CH{=}CH_2)_2}$$

N,N-Diallylchloracetamid
Common name: *CDAA, alamid*
Handelsname: *Randox*®
(Monsanto Chemical Co.) 1956

LD_{50}: 700 mg/kg Ratte p. o. akut. Wasserlöslichkeit: 1,97% bei 25°C. Wirkungsweise: Bodenherbizid. Anwendungsweise: Pre-emergence. Anwendungsgebiet: Mais, Möhren, Kartoffeln, Zwiebeln, Bohnen, Sojabohnen, Kohl, Tomaten, Sellerie, Zuckerrohr.
Patente [5,6]. Literatur [7].
Im *Randox T*® ist Chloressigsäure-diallylamid mit im Kern 3fach chloriertem Benzylchlorid kombiniert. Auch dieses Produkt ist von der Monsanto in den Verkehr gebracht worden.

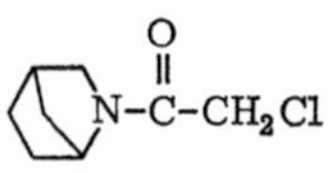

N-Chloracetyl-3-azabicyclo-[3,2,2]-nonan

Anwendungsgebiet: Selektiv in Getreide und Baumwolle.
Patente [4].

In jüngerer Zeit wurden mehrfach N-Methylol- oder Alkylolverbindungen des Chloracetamid und deren Derivate patentiert (s. auch bei Acylnitrilen).

$ClCH_2-C(=O)-NH-CH_2OH$ [8]

$ClCH_2-C(=O)-NH-CH_2OR$ [9]

$ClCH_2-C(=O)-N(R)(CH_2-CH_2-O)_nAlkyl$, R = (H, Alkyl) [10]

Chloracetyldi- und -tetrahydrochinoline und ihre Alkylsubstitutionsprodukte betreffend s. [11].

$CCl_3-C(=O)-OH(Na)$

Trichloressigsäure
Common name: *TCA*
Handelsname: *Nata*®
(Du Pont) (Dow Chemical Co.)
(Farbwerke Hoechst AG)

LD_{50}: 3200—5000 mg/kg Ratte p. o. akut. Wasserlöslichkeit: Sehr leicht löslich. Wirkungsweise: Bodenherbizid, Wirkung als Blattherbizid mit Kontakt- und systemischer Wirkung. Anwendungsweise: Post-emergence und pre-emergence. Anwendungsgebiet: Gegen einjährige und perennierende Gräser, nicht in stehenden Kulturen. Trichloressigsäure wird in Form ihrer Salze (Na, NH_4) sowie Ester bzw. besonders Amide [12] auch heute noch angewendet, speziell gegen Quecken und andere ausdauernde Ungräser. Außerdem dient Trichloressigsäure als Entblätterungs- und Blattaustrockungsmittel. Die Wirkung der Trichloressigsäure wird durch ihr Protein-Fällungsvermögen erklärt.
Patente [12]. Literatur [13–15].

$CCl_3-C(=O)O-CH_2-CH_2-OC(=O)-CCl_3$

Äthylenglykol- bis(trichloracetat)
Common name: *EGT*
Handelsname: *Glytac*®
(Hooker Chem. Co.)

Anwendungsgebiet: Gegen Hirsearten.

Auch eine Kombination von Trichloressigsäure-Ammonium mit Chlorcalcium wurde geschützt [17].
Der Trichloracetyl-Rest tritt, wo immer er auch abspaltbar in eine chemische Verbindung eingeführt wird, durch seine herbizide Wirkung gegen Gräser hervor (s. bei Acylanilinen). *Trichlorbutyl-zinntrichloracetat* mag als Beispiel für eine praktisch verwendete Verbindung dieser Art dienen. Es ist pre- und post-emergence gegen Mono- und Dikotyledonen wirksam.

Trichloressigsäure-Derivate wurden in mannigfacher Abwandlung als Herbizide patentiert. *Trichloracetamidine* sind in jüngster Zeit als Herbizide patentiert worden [16]. Ferner seien noch die *Thioamide* erwähnt [45]. *Trichloracetonitril* scheint nicht herbizid wirksam zu sein, sondern ist als insektizides Vergasungsmittel *Tritox*® in Anwendung (s. bei Insektiziden, Bd. I).

Unter den chlorierten aliphatischen Carbonsäuren kommt der α-Dichlorpropionsäure die weitaus größte Bedeutung zu.

$CH_3-CCl_2-COONa$

2,2-Dichlorpropionsaures Natrium
Common name: *dalapon*
Handelsname: *Dowpon*®
(Dow Chemical Co.) 1953

LD$_{50}$: 6590—9330 mg/kg Ratte p. o. akut. Wasserlöslichkeit: 90 g/100 ml bei 25°C. Wirkungsweise: Blattherbizid mit systemischer Wirkung sowie Bodenherbizid. Anwendungsweise: Post- und pre-emergence. Anwendungsgebiet: Gegen perennierende Gräser. α-Dichlorpropionsäure wird durch die Wurzeln und im Gegensatz zur Trichloressigsäure in bedeutenderem Maße auch durch die Blätter aufgenommen (Einfluß der Methylgruppe!). Dalapon ist Bestandteil vieler Totalherbizide, um deren oft nicht ganz ausreichende Gräserwirkung zu verstärken. Die Anwendung findet während der Wachstumsperiode statt. Pre-emergence ist eine selektive Anwendung gegen Gräser sogar in Kartoffeln und Rüben möglich. Das gleiche gilt für Zuckerrohr.
Patente [18]. Literatur [43].

Im Erbon ist die Dichlorpropionsäure mit 2,4,5-Trichlorphenoxyäthanol verestert.

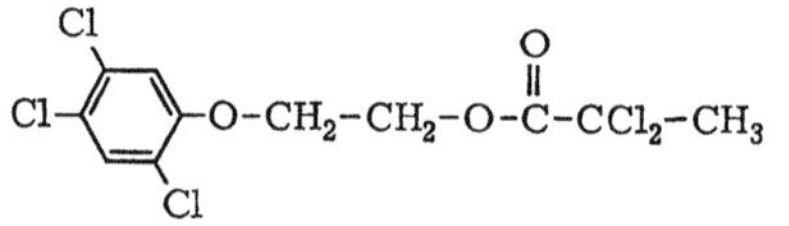

2-(2,4,5-Trichlorphenoxy)äthyl-2,2-dichlorpropionat
Common name: *erbon*
Handelsname: *Baron*®
(Dow Chemical Co.) 1955

LD$_{50}$: 1120 mg/kg Ratte p. o. akut. Wasserlöslichkeit: Unlöslich. Anwendungsweise: Post- und pre-emergence. Anwendungsgebiet: Gegen breitblättrige Unkräuter und Gräser als Totalherbizid. Die zu 2,4,5-T-abbaubare Komponente bedingt in diesem Fall die herbizide Wirkung auch gegen breitblättrige Pflanzen.
Patente [19]. Literatur [44].

2,2,3-Trichlorpropionsäure ist als Herbizid von geringerer Bedeutung.

$CH_2Cl{-}CCl_2{-}COOR$

R = Na, Amin usw.

2,2,3-Trichlorpropionsäure (Na-Salz)
Common name: *2,2,3-TPA, chloropon*

LD$_{50}$: 8300 mg/kg Ratte p. o. akut.
Patente [20, 21]. Literatur [22].

$CHFCl{-}CFCl{-}COOH$ soll ebenfalls gegen Gräser wirksam sein [23]. Weitere Polyfluorpropionsäuren s. [26]. Zu nennen wäre hier auch

$$CH_2Cl{-}\overset{\overset{\displaystyle O}{\|}}{C}{-}CHCl{-}CH_2{-}COOH$$ [24].

Der Methylester einer höheren aliphatischen Carbonsäure ruft eine hormonartige Wirkung mit Bildung großer Blüten bei Chrysanthemen hervor; Seitentriebe werden unterdrückt: ($C_9H_{19}COOCH_3$) [25].

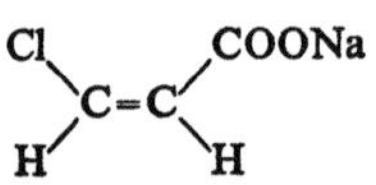

cis-3-Chloracrylsäure (Na-Salz)
Common name: *chloracrylsäure*
Handelsname: *Prep*®
(Union Carbide Chemicals Co.) 1963

LD$_{50}$: 160 mg/kg weibl. Ratte p. o. akut, 320 mg/kg männl. Ratte p. o. akut. Wasserlöslichkeit: 40% des Na-Salzes. Wirkungsweise: Ausgesprochenes Blattherbizid mit Kontaktwirkung. Anwendungsweise: Post-emergence. Anwendungsgebiet: Defoliant und Blattaustrocknungsmittel.

Darstellung:

$$HC{\equiv}C{-}COOH + HCl \xrightarrow{\text{(in } H_2O + CuCl_2)} CHCl{=}CHCOOH$$

Patente [28, 29, 31]. Literatur [32].

Acetylendicarbonsäure ist in jüngster Zeit als Austrocknungsmittel patentiert worden [33].
Ob die 1968 bekanntgewordenen Sulfonylglykolsäureamide [46] ihre herbizide Wirkung dem aliphatischen Carbonsäurerest verdanken, ist ungewiß.

$$R{-}SO_2OCH_2{-}\overset{\overset{\large O}{\|}}{C}{-}NH{-}R'$$

R = (Halogen)-Alkyl, Phenyl usw.
R' = Cycloalkyl, Phenyl usw.

Ähnliche Verbindungen sind bis heute nicht bekanntgeworden.

Azidoacetamide s. [47]

Aminocarbonsäuren

Sind Aminoessigsäuren und auch ihre Acylverbindungen nicht nennenswert herbizid, so steigt doch der wachstumshemmende Charakter bei *N-Acyl-hydroxyaminoessigsäuren* [27, 48].
Wissenschaftlich besonders interessant ist die pflanzenwachstumshemmende Wirkung des N-Amino-N-methylalanins [30]:

$$NH_2{-}\underset{\underset{\large CH_3}{|}}{N}{-}CH_2{-}CH_2{-}COOH$$

Versuchsprodukt
(International Minerals and Chem. Corp.)

Die Verbindung liefert eine so kräftige Wuchshemmung wie das Maleinsäurehydrazid (s. dort). Andere Hydrazinderivate sind von geringerer Wirkung. Über weitere *Hydrazinverbindungen* quartärer Natur s. bei quartären Ammoniumverbindungen (S. 324), s. auch im Folgenden: ein Hydrazid.

b) Dicarbonsäuren

Eine nennenswerte herbizide Wirkung niederer gesättigter aliphatischer *Dicarbonsäuren* ist bis heute nicht bekanntgeworden. Der *Sebazinsäuredimethylester* soll ein schwaches Vorauflaufherbizid sein [34]. Ungesättigte Dicarbonsäureester dagegen, wie z. B. der *Maleinsäurediäthylester*, weisen schon bemerkenswerte Phytotoxizität auf [35]. Eine Sonderstellung nehmen oft die Halbamide von Dicarbonsäuren ein.
Im Jahr 1965 wurde ein aliphatisches, offenkettiges Hydrazid mit ausgesprochener Wuchshemmung bekannt.

$$(CH_3)_2N{-}NH{-}\overset{\overset{\large O}{\|}}{C}{-}CH_2{-}CH_2{-}COOH$$

Bernsteinsäure-mono-N-dimethyl-hydrazid
Common name: *dimas, dimethazide*
Handelsname: *Alar*®, *B-Nine*®
(Naugatuck Chem. Co.) (U. S. Rubber Co.)

LD$_{50}$: 8400 mg/kg Ratte p. o. akut. Wirkungsweise: Wachstumsregulatur. Anwendungsweise: Post-emergence. Anwendungsgebiet: Wuchshemmstoff für zweikeimblättrige Pflanzen. Im Obstbau vermehrter Ansatz von Fruchtknospen, geringerer Fruchtabfall wurde beobachtet.
Literatur [36].
Auch das entsprechende *N'-Dimethyl-maleinsäurehydrazid* ist als Hemmstoff bekanntgeworden [37]. Es ist von besonderem Interesse, weil das cyclische Hydrazid der Maleinsäure als 6-Ring ebenfalls starke Hemmwirkung ausübt, die praktisch verwertet wird (s. bei 6-Ring-Verbindungen mit 2 N).

5.7.2. Cyclo-aliphatische Carbonsäuren

a) Cyclo-aliphatische Monocarbonsäuren

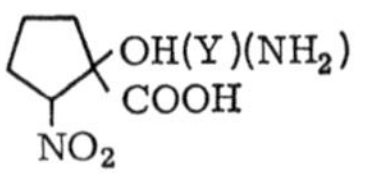

1-Hydroxy-2-nitro-cyclopentan-carbonsäure
Patente [38,39]

b) Cyclo-aliphatische Dicarbonsäuren

sind nur in hochchlorierter Form als Herbizide bekanntgeworden [40].

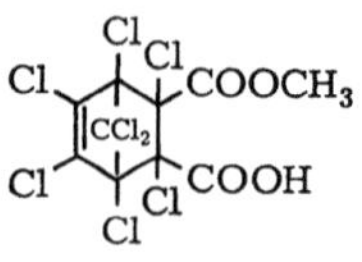

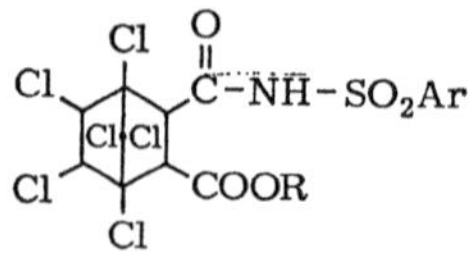

Herbizide und fungizide Wirkung [49]

Literatur

5. Organische Herbizide

5.7. Carbonsäuren, Nitrile und Aldehyde — 5.7.2. Cyclo-aliphatische Carbonsäuren

1) A. P. 2622976 (30. 6. 50/23. 12. 52), Boyce Thompson Institute for Plant Research / *A. E. Hitchcock* u. *P. W. Zimmerman.*
2) *Hitchcock, A. E.*, u. Mitarbeiter: Proc. Northeast. Weed Control Conf. 1951, p. 105.
3) A. P. 3261680 (11. 5. 65/19. 7. 66, Am. Prior. 7. 5. 62), Monsanto Co. / *J. M. Deming.*
4) A. P. 3346564 (8. 5. 63/10. 10. 67), Monsanto Co. / *J. J. D'Amico.*
5) A. P. 2864683 (13. 9. 54/16. 12. 58), Monsanto Chemical Co. / *P. C. Hamm* u. *A. J. Speziale.*
6) D. A. S. 1014380 (29. 10. 54/22. 8. 57, Am. Prior. 30. 10. 53 u. 13. 9. 54), Monsanto Chemical Co. / *P. C. Hamm* u. *A. J. Speziale.*
7) *Hamm, P. C.*, and *A. J. Speziale:* J. Agr. Food Chem. *4*, 518 (1956).

[8] Belg. P. 655805 (16. 11. 64/17. 5. 65, Am. Prior. 15. 11. 63), Monsanto Co. / *J. P. Chupp.*

[9] Belg. P. 655701 (13. 11. 64/13. 5. 65, Am. Prior. 15. 11. 63), Monsanto Co. / *J. P. Chupp.*

[10] A. P. 3268324 (11. 10. 65/23. 8. 66, Am. Prior. 30. 10. 53, 13. 9. 54, 29. 12. 55, 19. 2. 58 u. 8. 8. 61), Monsanto Co. / *P. C. Hamm* u. *A. J. Speziale.*

[11] E. P. 1052308 (25. 8. 64 u. 6. 7. 65/21. 12. 66, Monsanto Chemicals Ltd. / *J. P. Brown.*

[12] Jap. P. Anm. 15838/66 (6. 8. 64/6. 9. 66), Toa Agricultural Chem. Co., Ltd. u. Toyama Chemical Co., Ltd.

[13] DuPont, Research Report, North Central Weed Control Conf. 1947, p. 284.

[14] *Barrons, K. C.*, and *A. J. Watson:* Dow Chem. Co., Research Report, North Central Weed Control Conf. 1949, p. 43.

[15] *McCall, G. L.*, and *J. W. Zahnley:* Kansas Agr. Expt. Sta., Circ. *255*, 3 (1949).

[16] Jap. P. Anm. 6822/67 (19. 8. 64/18. 3. 67), Toyama Chemical Ind. Co., Ltd. u. Toa Nagaku K. K.

[17] A. P. 2393086 (28. 11. 44/15. 1. 46), DuPont / *E. W. Bousquet.*

[18] A. P. 2642354 (10. 9. 51/16. 6. 53), Dow Chemical Co. / *K. C. Barrons.*

[19] A. P. 2754324 (6. 4. 53/10. 7. 56), Dow Chemical Co. / *H. F. Brust* u. *H. O. Senkbeil.*

[20] D. A. S. 1004858 (14. 9. 55/21. 3. 57, Am. Prior. 6. 10. 54), Dow Chemical Co. / *K. C. Barrons.*

[21] = A. P. 2807530 (6. 10. 54/24. 9. 57).

[22] *Kurth, H.*, u. *E. Streuber:*Nachrbl. Deut. Pflanzenschutzdienst (Berlin) *19* (2), 35 (1965); ref. C. A. *63*, 12246c.

[23] Jap. P. Anm. 22399/66 (17. 6. 64/27. 12. 66), Sankyo Co., Ltd. u. Daikin Kogyo Co., Ltd.

[24] A. P. 3148049 (4. 8. 61/8. 9. 64), Crown-Zellerbach Corp. / *R. J. Herschler.*

[25] Chem. Week *131*, Nr. 7, 41 (1968).

[26] D. O. S. 1908338 (19. 2. 69/18. 9. 69, Jap. Prior. 19. 2. 68), Daikin Kogyo Co. Ltd. / *S. Watanabe, K. Maruo* u. *H. Ono.*

[27] D. A. S. 1231710 (4. 12. 62/5. 1. 67), Merck & Co. Inc. / *R. B. Kinnel* u. *E. F. Schoenewaldt.*

[28] Belg. P. 631355 (22. 4. 63/16. 8. 63, Am. Prior. 27. 4. 62), Union Carbide Chemicals Co. / *T. H. Vaughn.*

[29] F. P. 1360887 (17. 4. 63/6. 4. 64, Am. Prior. 18. 4. 62), Union Carbide Chemicals Co. / *A. N. Kurtz* u. *R. A. Herrett.*

[30] *Huffman, C. W., E. M. Godar, K. Ohki,* and *D. C. Torgeson:* J. Agr. Food Chem. *16*, (6), 1041 (1968).

[31] D. A. S. 1270876 (18. 4. 63/20. 6. 68), Union Carbide Corp. / *A. N. Kurtz* u. *R. A. Herrett.*

[32] *Herrett, R. A.*, and *A. N. Kurtz:* Science *141*, 1192 (1963).

[33] A. P. 3295948 (30. 4. 64/3. 1. 67), Pennsalt Chemicals Corp. / *H. Q. Smith, N. J. Trenton* u. *G. H. Singhal.*

[34] Jap. P. Anm. 6999/67 (3. 3. 65/22. 3. 67), Ihara Noyaku K. K.

[35] *Wegler, R., F. Lober* u. *R. Grewe:* Beobachtungen der Farbenfabriken Bayer AG (1950).

[36] *Tate, D. H.*, u. *B. v. Schmeling:* 6. Intern. Pflanzenschutzkongreß, Wien, Abstracta, S. 467 (1967).

[37] *Riddell, J. A., H. A. Hageman, C. M. J. Anthony,* and *W. L. Hubbard:* Science *136*, 391 (1962).

[38] E. P. 1040546 (12. 10. 62 u. 18. 11. 63/1. 9. 66), I. C. I. / *W. B. Turner* (Wuchsstoffwirkung).

[39] E. P. 1043508 (21. 4. 64/21. 9. 66), I. C. I. / *D. F. Burrows* u. *W. B. Turner.*

[40] A. P. 3299094 (2. 8. 65/17. 1. 67, Am. Prior. 12. 6. 61), Hooker Chem. Corp. / *E. D. Weil.*

[41] *Fletcher, W. W.:* Pest Technol. *3* (12), 272 (1961).

[42] *Green, D. H.:* PANS (Pest Articles and News Summaries) Section C: Weed Control *11*, (2), 147 (1965).

[43] Herbicide Handbook of the Weed Society of America, p. 120. Geneva-New York: W. F. Humphrey Press Inc. (1967).

[44] – p. 276.

[45] A. P. 3389985 (18. 4. 67/25. 6. 68, Am. Prior. 22. 7. 63), Monsanto Co. / *L. R. Smith* u. *A. J. Speziale.*

[46] A. P. 3399988 (15. 7. 66/3. 9. 68, Am. Prior. 13. 9. 63), Stauffer Chem. Co. / *S. Y. C. Soong, B. H. Lake* u. *D. R. Baker.*

[47] Belg. P. 713233 (4. 4. 68/4. 10. 68, Dtsch. Prior. 5. 4. 67), BASF.

[48] D. O. S. 1542936 (26. 2. 62/25. 9. 69), Merck & Co. / *E. A. Kaczka* u. *E. L. Dulaney.*

[49] A. P. 3184501 (3. 4. 61/18. 5. 65), Velsicol Chemical Corp. / *S. B. Richter.*

5.7.3. Araliphatische Carbonsäuren

a) Geschichtliche Entwicklung

Der Botaniker *Went*[1] wies 1928 auf die Bedeutung von Wuchsstoffen, sog. „Auxinen" für das Pflanzenwachstum hin. Dem Chemiker *Kögl*[2] gelang 1934 die Isolierung des sog. *Heteroauxins* und seine Identifizierung als *β-Indolylessigsäure*. In der Folgezeit wurde an vielen Stellen die Wirkung von heterocyclischen Essigsäuren und auch von Aryl-substituierten Essigsäuren auf das Pflanzenwachstum untersucht[3,4]. In der Literatur und in Patenten finden sich schon wenige Jahre später (1938) Hinweise auf eine Wachstumsbeeinflussung durch Phenyl- und α-Naphthylessigsäure und ihre Nitrile und Amide. Eine herbizide Wirkung aber wird nicht erwähnt[5,6].
Templeman (ICI) stellte 1939 die Wuchsstoffwirkung der α-Naphthylessigsäure fest[7,8]. 1941—1945 wurde von einem anderen Arbeitskreis in England die unterschiedliche Wuchsstoffwirkung des natürlichen Wuchsstoffes β-Indolylessigsäure und der *α-Naphthylessigsäure* gegenüber verschiedenen Pflanzen gefunden[9]. In Deutschland stellten *Höfner* und *Nagao*[10] schon 1937 fest, daß Wuchsstoffe auf verschiedene Pflanzen unterschiedlich wirken. In der ICI haben dann *Slade*, *Templeman* und *Sexton* beobachtet, daß höhere Konzentrationen von α-Naphthylessigsäure keimenden Ackersenf, nicht aber keimenden Hafer[11] töten. Dies ist wohl die *erste bewußte Herausstellung* einer *selektiven* herbiziden Wirkung durch wuchsstoffwirksame Verbindungen. Als auch praktische Bedeutung erlangendes, selektives Herbizid wurde (1941—1945) von dem gleichen Arbeitskreis die 2-Methyl-4-chlorphenoxyessigsäure, die speziell gegen breitblättrige Unkräuter wirkt, gefunden. Auch *Nutman*, *Thornton* und *Quastel* befaßten sich mit derartigen Wuchsstoffherbiziden[9]. *Templeman* und *Sexton* fanden wenig später die selektiv herbizide Wirkung ganz andersartig gebauter Verbindungen, z. B. des nicht wuchsstoffaktiven *N-Phenylcarbamidsäure-isopropylesters*, der speziell wegen seiner Wirkung gegen Gräser Bedeutung erlangte[12]; weitere Literatur s.[13,14].
Ohne Kenntnis der Arbeiten der ICI in England wurde in den USA von *E. Kraus* (1941) an der Universität Chicago der Gedanke ausgesprochen, Wuchsstoffe zur Vernichtung von Unkräutern zu benutzen[15]. Im Boyce Thompson-Institut (USA) entdeckte man 1942 die starken Wuchsstoffeigenschaften der *2,4-Dichlorphenoxyessigsäure*, ihrer Salze und Ester[16,17]. Ab 1944 dienten diese Verbindungen auch als Herbizide. 2,4-D kam 1944 als Herbizid durch die Amchem in den Handel[194]. (Weitere Literatur über Feldversuche mit 2,4-Dichlorphenoxyessigsäure s.[18] und zur Geschichte der Wuchsstoffherbizide s.[14]). Die Literatur über Zusammenhänge zwischen chemischer Konstitution und Wuchsstoffwirkung ist außerordentlich umfangreich. Hier sei lediglich auf einige zusammenfassende Arbeiten hingewiesen[19–22, 102].
Unabhängig von den vorgenannten Arbeiten war in Deutschland eine kleine Arbeitsgruppe (*Wegler*, *Steiner*, *Binder*) damit beschäftigt, die Entdeckungen von *Kögl* über die Heteroauxinwirkung von β-Indolylessigsäure auszuweiten. Sie entdeckte die Wuchsstoffeigenschaften des β-Indolylacetonitrils und einiger heterocyclisch substituierter Essigsäuren[23,156]. Aus diesen Arbeiten resultierten (1944 und 1948) in der IG-Farbenindustrie[24] die Untersuchungen über die keimungshemmende Wirkung des *α-Menaphthyläthers*.

Schon vor 1944 war in der IG-Farbenindustrie eine weitere Klasse keimungshemmender, wuchsstoffaktiver Verbindungen gefunden worden. Unter anderen erwiesen sich chlorierte Benzoesäuren, ihre Abkömmlinge und Derivate, wie Ester, Aldehyde und Nitrile, als wirksam (Patente s. bei chlorierten Benzoesäuren) [25].
Auch zahlreiche chlorierte Phenylessigsäureester wurden, als die Keimung von Kartoffeln hemmend, in der IG-Farbenindustrie, Werk Leverkusen, 1942—1948, von dem gleichen Arbeitskreis (*R. Wegler*, *B. Wehnelt* u. *Mitarb.*) gefunden [26]. Zweifelsohne aber wurde in Deutschland die herbizide Bedeutung dieser Keimhemmungsmittel nicht erkannt, sondern das geschah in England und etwas später in den USA.
Die Entdeckung, daß Wuchsstoffe in höheren Konzentrationen nicht nur Wuchshemmstoffe sondern auch Pflanzenvernichtungsmittel sein können, war — zusammen mit der Erkenntnis, daß die Wirkung der 2,4-Dichlorphenoxyessigsäure selektiv gegen breitblättrige Pflanzen ist — der eigentliche Anfang der Herbizidentwicklung und einer eingehenderen Forschung auf diesem Gebiet.
Schon wenige Jahre nach der Entdeckung der Phenoxyessigsäuren betrug die Herbizid-Jahresproduktion allein aus dieser Verbindungsklasse in den USA über 10000 Tonnen. Noch heute stellt die Klasse der wuchsstoffwirksamen Herbizide den größten Anteil an der Herbizid-Produktion.

b) Araliphatische Monocarbonsäuren und Nitrile

Phenylessigsäure-Derivate

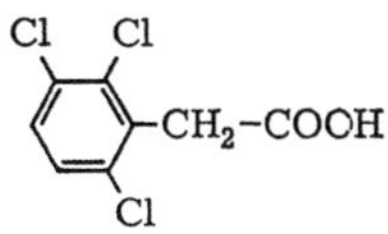

2,3,6-Trichlorphenyl-essigsäure
Common name: *fenac*
Handelsname: *Fenac*® (Na-Salz)
(Amchem Products) 1965

LD_{50}: 1780 mg/kg Ratte p. o. akut. Wasserlöslichkeit: 200 ppm bei 28°C. Wirkungsweise: Bodenherbizid und auch Blattherbizid mit systemischer Wirkung. Anwendungsweise: Pre- und post-emergence. Anwendungsgebiet: Gegen Gräser, speziell Queckenarten. Anwendung in Zuckerrohr, zur Totalunkrautbekämpfung und als Austrocknungsmittel.
Die Verbindung hat keine größere Bedeutung erlangt, da ihre Herstellung (s. 2,6-Dichlortoluol bei 2,6-Dichlorbenzaldehyd bzw. 2,6-Dichlorbenzonitril) zu teuer ist.
Patente [27, 28, 180]. Literatur [56].

Es sind auch mehrere Ester, z. B. der Glykolester, als Herbizide patentiert worden.

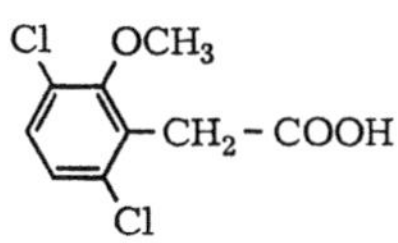

2-Methoxy-3,6-dichlor-phenylessigsäure
Versuchsprodukt
(Velsicol Chemical Corp.)
Common name: *methoxyfenac*

Patente [29–32]. Literatur [33].

Auf Grund vieler untersuchter, chlorierter Phenylessigsäuren darf als Regel gelten, daß für herbizide Wirksamkeit wenigstens eine o-Stellung durch Halogen besetzt sein muß. So sind z. B. die 2,3-Dichlorphenylessigsäure und ihre Ester herbizid wesentlich wirksamer als die 3,4-Dichlorverbindung [34], wie neuere Untersuchungen der Farbenfabriken Bayer AG gezeigt haben. Die 2,4-Dichlorphenyl-essigsäure ist wiederum schwächer herbizid als die 2,3-Verbindung. Wie die Säuren und ihre Ester sind auch die Nitrile in dieser Reihe gute Herbizide [35,36].

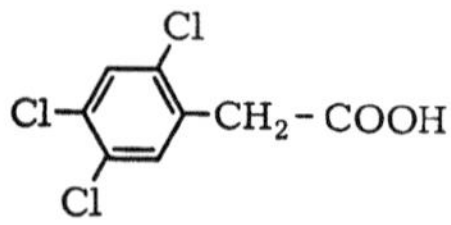
40)

Substitutionsprodukte der Phenylessigsäure

Die oft beobachtete Wirkungsverstärkung einer herbizid wirksamen aliphatischen Carbonsäure durch Einführung eines Chlor-Atoms in α-Stellung zur Carboxylgruppe ist auch bei den Arylessigsäuren geprüft worden, ohne aber bessere Herbizide zu ergeben.

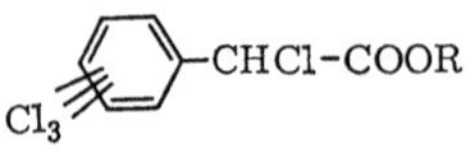
und
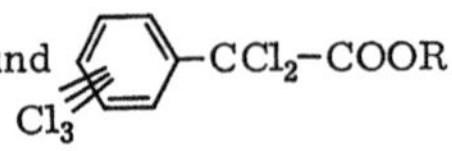
37) (Entsprechende Nitrile [38])

Die „verstärkende" Wirkung einer Nitrogruppe im Kern wurde in Patenten offenbart, scheint aber nicht von Bedeutung zu sein.

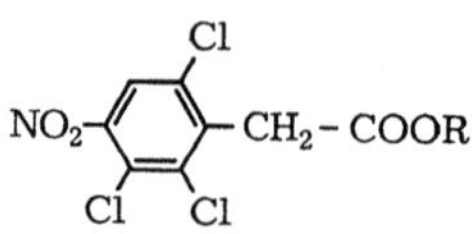
39)

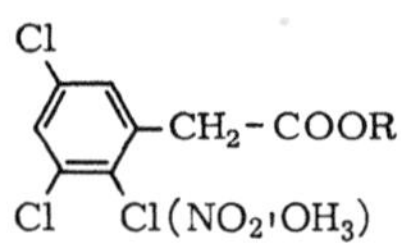
31)

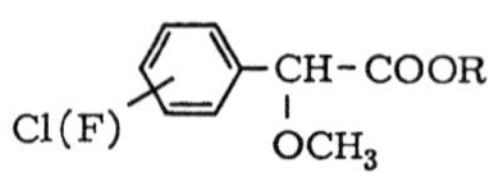
42, 43)

2,3,6-Trichlormandelsäure [41]

1966 ist ein nur durch Methyl substituiertes Phenylessigsäureamid als *Versuchsherbizid* bekanntgeworden [44,45].

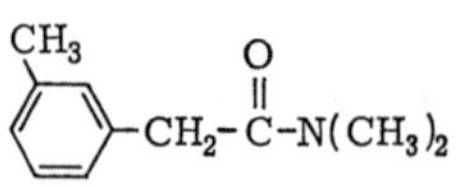

N,N-Dimethyl-2-(m-tolyl)-acetamid
Versuchsprodukt
(Monsanto Chemical Co.) 1966

Anwendungsweise: Pre-emergence. Anwendungsgebiet: Gegen Gräser und breitblättrige Unkräuter.
Patente [44]. Literatur [45].

Die Einführung einer Aminogruppe in den aromatischen Kern verstärkt mitunter bei Carbonsäuren (s. aromatische Carbonsäuren, Pyridincarbonsäuren) die herbizide Wirkung oder läßt sie wenigstens nicht wesentlich absinken. Auch bei mehrfach chlorierten Phenylessigsäuren sind amino-substituierte Derivate als Herbizide bekanntgeworden, z. B. die *2,4,6-Trichlor-3-amino-phenylessigsäure* [46] oder die *2,3,6-Trichlor-5-aminophenylessigsäure* [181].
Die Wuchsstoffwirksamkeit zahlreicher Phenylessigsäuren wird mit einer räumlichen Zuordnung der Carboxylgruppe zum Phenylrest erklärt. Bis in die jüngste Zeit setzt sich die Diskussion über Zusammenhänge zwischen chemischer Struktur und Wuchsstoffwirkung fort [47]. Besonders in der Reihe der β-substituierten Atropasäure wurden interessante Unterschiede in der Wirkung gefunden [3,47] und mit einer Beeinflussung der Elektronenstruktur durch Alkylsubstituenten erklärt.
So ist $Ar-C(=CH_2)-COOH$ weniger wuchsstoffwirksam als $Ar-C(=C(CH_3)_2)-COOH$.

Ob eine Wuchsstoffwirkung in allen Fällen aber mit einer herbiziden Wirkung, die zudem selektiv sein kann, parallel geht, ist wenig wahrscheinlich.

Diarylessigsäure-Derivate

Während die Phenylessigsäurederivate nur sehr begrenzt Anwendung als Herbizide gefunden haben, sind verwandte Diphenylessigsäure-Abkömmlinge wichtiger geworden.

$(C_6H_5)_2CH-C(=O)-N(CH_3)_2$

N,N-Dimethyl-2,2-diphenylacetamid
Common name: *diphenamid*
Handelsname: *Dymid®*, *Enide 50 W®*
(Eli Lilly) (Upjohn Co.) 1960

LD$_{50}$: 1050 mg/kg Ratte p. o. akut; 700 mg/kg Maus p. o. akut. Wasserlöslichkeit: 0,024 g/100 ml bei 25°C. Wirkungsweise: Bodenherbizid. Anwendungsweise: Pre-emergence. Anwendungsgebiet: In Erdbeeren, Pfeffer, Tomaten, Kartoffeln, Süßkartoffeln, Erdnüssen, Tabak, gegen breitblättrige Unkräuter und Gräser.

Patente [48–51]. Literatur [52–54].

Ähnliche Verbindungen s. [173].

$(C_6H_5)_2CH-CN$

Diphenylacetonitril
Common name: *diphenatril*

LD$_{50}$: >3500 mg/kg Maus p. o. akut. Wasserlöslichkeit: 320 ppm bei 25°C. Wirkungsweise: Bodenherbizid. Anwendungsweise: Pre-emergence. Anwendungsgebiet: Gegen Hirsearten in Zierrasen und Ziersträuchern.
Patente [55]. Literatur [176].

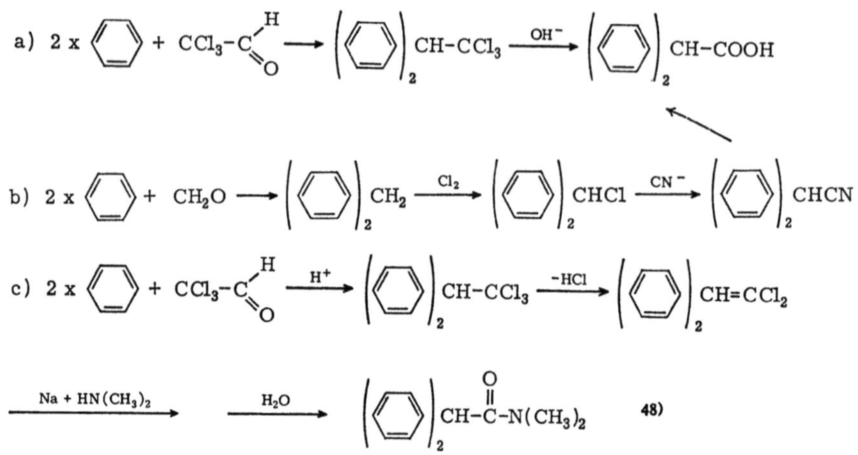

48)

Phenylpropionsäuren und höhere Carbonsäure-Derivate

In den höheren Reihen der *Aryl-alkylcarbonsäuren* wurden zahlreiche Herbizide gefunden. Zum Handelsprodukt wurde bis 1966 nur eine Verbindung:

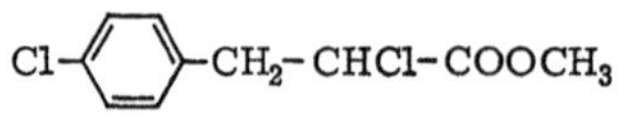

2-Chlor-3-(4-chlorphenyl)propionsäure-methylester
Common name: *chlorphenprop-methyl*
Handelsname: *Bidisin®*
(Farbenfabriken Bayer AG) 1968

LD_{50}: 1190 mg/kg Ratte p. o. akut. Wasserlöslichkeit: 690 mg/l bei 20 °C. Wirkungsweise: Blattherbizid mit Kontaktwirkung und geringer systemischer Wirkung. Anwendungsweise: Post-emergence im 2—4-Blattstadium des Flughafers. Anwendungsgebiet: Speziell wirksam gegen Flughafer in Rüben, Gerste, Weizen, Kartoffeln.
Patente [56–58]. Literatur [59].

Die Darstellung ist auf verschiedenen Wegen möglich:

$$[Cl{-}Ar{-}N{\equiv}N]^{+}Cl^{-} + CH_2{=}CH{-}COOR \longrightarrow Cl{-}Ar{-}CH_2{-}\underset{\displaystyle Cl}{\underset{|}{C}}H{-}COOR + N_2$$

oder

$$Cl{-}Ar{-}CH_2Cl + CH_2(COOR)_2 \longrightarrow Cl{-}Ar{-}CH_2{-}CH(COOR)_2 \xrightarrow{SO_2Cl_2}$$

$$Cl{-}Ar{-}CH_2{-}CCl(COOR)_2 \longrightarrow p{-}Cl{-}Ar{-}CH_2{-}CHCl{-}COOR$$

Die gute selektiv-herbizide Wirkung der β-(p-Chlorphenyl)-α-chlor-propionsäure zeigt, daß nicht, wie oft behauptet, eine Kette von 2 oder 4 Kohlenstoffatomen am Phenylrest erforderlich ist. Auch eine ungeradzahlige Kette von Kohlenstoffatomen kann zu herbizider Wirksamkeit führen.

Auffallend ist die hohe selektive Wirksamkeit des *p-Chlorphenyl-α-chlorpropionsäure-methylesters* gegen Flughafer. Dabei werden zahlreiche Kulturen nicht geschädigt! Hier liegt ein neuer Typ eines selektiven Herbizids vor, das hauptsächlich nur gegen ein bestimmtes Unkraut wirksam ist.

Höhere Glieder der Reihe, z. B. Phenylbuttersäure, sind wieder breit, jedoch nur schwach wirksam. Verzweigte Phenylpropionsäuren sind wenig wirksam. Chlor in der Seitenkette läßt sich unter Wirkungseinbuße durch die Azidgruppe und — noch schwächer wirkend — durch Brom, Jod oder SCN ersetzen. Die Methoxygruppe zeigt nur eine geringe herbizide Potenz.
In der Seitenkette chlorierte Phenylacrylsäureester sind ebenfalls Herbizide: (Cl)—Ar—CH=C(Halogen)—COOR [60] und Ar—CCl=CCl—COOR [61].

In jüngster Zeit ist ein Nitril mit wachstumsregulierenden Eigenschaften bekanntgeworden:

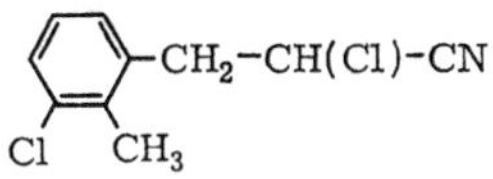

Versuchsprodukt P.R.B. 8
(Poudreries Réunies de Belgique S. A.)

LD_{50}: 640 mg/kg Ratte p. o. akut.
Patente [187]. Literatur [186].

Naphthylessigsäure-Derivate

Eine selektiv-herbizide Wirkung wurde zuerst an der α-Naphthylessigsäure gefunden (s. araliphatische Carbonsäuren, geschichtliche Entwicklung).

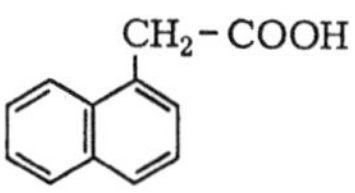

α-Naphthylessigsäure
Common name: α-*NAA*
Handelsname: *Fruitone*®
(American Chemical Paint Co.)

LD_{50}: 1000 mg/kg Ratte p. o. akut. Wasserlöslichkeit: Unlöslich. Anwendungsgebiet: Wird nur noch in begrenztem Umfang zum Teil im Frühjahr zur Fruchtausdünnung verwendet. Im späten Sommer angewendet, verhindert sie Fruchtabfall. Die unterschiedliche Wirkung dürfte auf den in verschiedenen Jahreszeiten wechselnden Gehalt der Pflanzen an Heteroauxin zurückzuführen sein.
Erste Anwendung fand die α-Naphthylessigsäure in Form der Ester 1946 bis 1949 gegen das vorzeitige Auskeimen von Saat- und Speisekartoffeln.

Fluorencarbonsäuren

Formal der Diphenylessigsäure verwandt sind Derivate der Fluorencarbonsäuren. In dieser Gruppe wurden in den letzten Jahren hochwirksame Wuchsstoffe gefunden, die aber nur geringe Herbizidwirkung aufweisen [62–64,67–76].

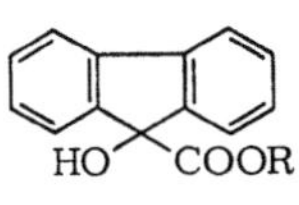

R=H, C_4H_9 usw.

9-Hydroxyfluoren-carbonsäure-(9) bzw. -ester
Common name: *flurenol*
flurenol-butyl für R = C_4H_9
Handelsname: *Aniten*®
(Mischung mit MCPA) (Merck) 1964

LD_{50}: 5000 mg/kg Ratte p. o. akut. Wasserlöslichkeit: 3,65 mg /ml bei 20°C. Wirkungsweise: Wuchshemmstoff mit systemischer Wirkung. Anwendungsweise:

Post-emergence. Anwendungsgebiet: In Mischung mit MCPA in Getreide. Patente [65, 66, 188]. Literatur [62–64, 189]. Literatur zur Wirkung [67–76].

2-Chlor-flurenol ist als *CF 125®* von Merck 1967 zur Bewuchsdämpfung eingeführt worden, früher lief es unter der Bezeichnung *HZ 3456*.
Wuchsstoffe der Fluorenolcarbonsäureester-Reihe sollen die Neubildung von Gewebe in der Pflanze hemmen (s. u.).
Die Fluorencarbonsäuren wurden als eine neue Gruppe von Wuchsstoffen 1963 von Merck (Deutschland) entdeckt. Charakteristischer Unterschied gegenüber 2,4-D usw. ist eine Wuchsshemmung über sehr große Konzentrationsbereiche hinweg, ohne daß herbizide Eigenschaften auftreten. Auf einige herbizide Wuchsstoffe der 2,4-D-Reihe sowie auf Maleinsäurehydrazid wirken sie synergistisch, für Gibberellinsäuren offensichtlich antagonistisch. Mit Flurenol kann eine dikotyle Unkrautflora in Getreide klein gehalten werden. 2-Chlorflurenol wirkt auf dikotyle und z. T. auf monokotyle Pflanzen. Wegen ihrer Fähigkeit, die Pflanzenform zu ändern, wird die ganze Klasse „*Morphaktine*" genannt. Die Photosynthese grüner Pflanzenteile wird nicht gestört, wohl aber die Neubildung von Gewebe. Die praktische Anwendung der Fluorenole ist noch nicht übersehbar. Breite Versuche zur Beeinflussung des Pflanzenwachstums, nicht nur zur Bewuchsdämpfung, sind im Gange.

Phenoxyessigsäuren

Aus der Klasse der im Phenylkern halogensubstituierten Phenoxyessigsäuren stammen die bekanntesten und wichtigsten Wuchsstoffherbizide.
Die 4-Chlor-phenoxyessigsäure hat aber nur als Hydroxamsäurederivat (geringes) Interesse gefunden.

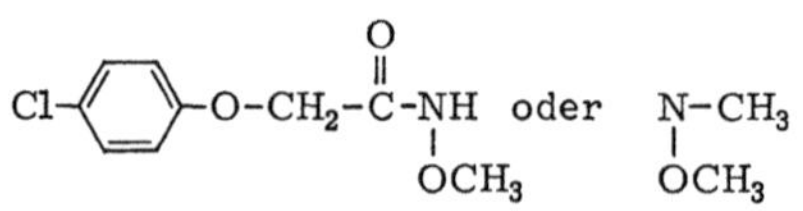

4-Chlor-phenoxyessigsäure-N,O-methylamid
(Velsicol Chemical Corp.)

LD_{50}: 175 mg/kg Ratte p. o. akut. Anwendungsweise: Pre-emergence. Anwendungsgebiet: Gegen breitblättrige Pflanzen und Gräser.
Patente [77, 78].

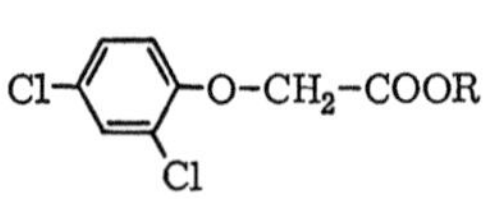

2,4-Dichlorphenoxyessigsäure
bedeutendstes Wuchsstoffherbizid
Common name: *2, 4-D*
Handelsname: *Weedone®*, *Weedar®*
(Amchem Products) 1944

R = H, Na, NH_4^+, Amine, wie z. B. $NH_2CH_2CH_2OH$, $N(CH_2CH_2OH)_3$,

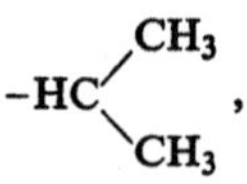

, $-CH_2CH_2OH$, höhere Alkylreste usw.

LD_{50}: 375 mg/kg Ratte p. o. akut (für das Na-Salz); R = H: 400–500 mg/kg. Wasserlöslichkeit: 0,06–0,07 g/100 g bei 20–23°C (Säure). Wirkungsweise: Blatt-

herbizid mit systemischer Wirkung und geringer Wirkung als Bodenherbizid. Anwendungsweise: Post-emergence. Anwendungsgebiet: Selektiv in Getreide, Mais, Reis, Zuckerrohr, Grünland.
Patente [79,80]. Literatur [16] s. auch [82,83].
Die Alkalisalze und Salze der niedrigen Amine, speziell des Äthanolamins und des Di- und Triäthanolamins, sind in Wasser gut löslich und werden besonders preiswert als wäßrige Lösungen angewandt. Ester, speziell solche höherer Alkohole, sind selbst in Petroleum löslich und werden z. T. in entsprechender Lösung verwendet. Über den Isooctenylester des 2,4-D siehe [81]. Gerne benutzt man auch die Glykolester. Sie zeigen nämlich nur eine geringe Flüchtigkeit, und somit wird die Gefahr von Schäden durch flüchtige Ester an Pflanzen auf Nachbargrundstücken vermieden.
2,4-D ist selektiv hochwirksam gegen zahlreiche breitblättrige Pflanzen. Eine Ursache der Selektivität ist in der großen Benetzungsfläche der breitblättrigen Pflanzen zu sehen, denn das 2,4-D wird vorwiegend durch die Blätter der Pflanzen aufgenommen und wandert im Leitsystem der Pflanze bis zur Wurzel. Die freie Säure und die Salze des 2,4-D werden auch von den Wurzeln resorbiert und dann im Transpirationssystem verteilt. Besonders während der Wachstumsperiode sind breitblättrige Pflanzen gegen 2,4-D empfindlich. Dabei reagieren aber nicht alle breitblättrigen Pflanzen gleich. Die Ursache dafür dürfte nicht nur in der verschieden hohen Aufnahme und im unterschiedlichen Transport der Präparate begründet sein, sondern auch in ihrem verschieden schnellen Abbau durch die Pflanze.
Dichlorphenoxyessigsäure greift in das Auxin-Cytokiningleichgewicht der Pflanze störend ein, verhindert auch eine Nucleinsäure-Synthese. Die tieferen Ursachen der herbiziden Wirkung sind jedoch noch nicht klar.
Von der vorzüglichen Selektivität macht man z. B. Gebrauch bei der Anwendung im Getreide sowie auf Weideflächen. Äußerlich erkennbare Merkmale einer wuchsstoffherbiziden Wirkung sind Verdickung, Verkrümmung und teilweises Aufplatzen der Stengel und außerdem eine Luftwurzelbildung. 2,4-D bewirkt in den betroffenen Pflanzen eine erhöhte Wasseraufnahme, bzw. Wasserzurückhaltung in den Zellen, ähnlich wie bei der β-Indolylessigsäure. Während aber die Pflanze in der Lage ist, durch ein pflanzeneigenes Regulationssystem β-Indolylessigsäure oxydativ abzubauen, versagt diese Regulierung beim 2,4-D weitestgehend. Die Folge der 2,4-D-Behandlung ist somit eine Störung des Wasserhaushalts der Pflanze. Es kommt nun zur Zellstreckung und -dehnung, erkennbar an den Verkrümmungen und Verdickungen der Pflanzenstengel [83].
Als Folge der unterschiedlichen Empfindlichkeit selbst unter breitblättrigen Pflanzen nehmen im Laufe der Anwendung über mehrere Jahre widerstandsfähigere Unkräuter, wie Kamille (*Matricaria* sp. und *Anthemis*), Labkraut (*Galium* sp.), Hohlzahn (*Galeopsis* sp.), z. T. auch Ehrenpreis (*Veronica*) und Vogelmiere (*Stellaria media*), stark überhand und erfordern zusätzlich Herbizide mit einem anderen Wirkungsspektrum. Aus diesem Grunde sucht die Forschung immer wieder nach neuen Wirkstoffen gegen widerstandsfähigere Unkräuter.
Chlorierte Phenoxyessigsäure-Derivate dienen auch als *Entblätterungsmittel*. Auch zur Bekämpfung der Brutstätten der Tsetsefliegen werden diese Verbindungen eingesetzt.

Die meisten Entblätterungsmittel [84] dürften ihre Wirkung über das pflanzeneigene „Hormon" Äthylen [85] entfalten. Eine Erhöhung einer Äthylen-Produktion wirkt sich auf den Blattabwurf aus [86].

Die sehr umfangreiche Literatur über 2,4-D und verwandte Verbindungen hinsichtlich der wachstumsregulierenden, herbiziden und physikalischen Eigenschaften ist in einigen zusammenfassenden Arbeiten niedergelegt, worauf hier verwiesen sei [118, 137–141].

Phenoxyessigsäuren werden aus entsprechenden Phenol-alkalisalzen und Chloressigsäure oder den Chloressigsäureestern meist in wäßriger oder alkoholischer Lösung dargestellt. Aus der fast unübersehbaren Zahl an Derivaten von 2,4-D, den Salzen, Estern und Amiden, seien noch einige neuere Verbindungen mit spezieller herbizider Wirkung angeführt, bei denen auch die Alkohol- oder Aminkomponente eine herbizide Wirkung aufweist (Dichlorphenoxy-Rest = R):

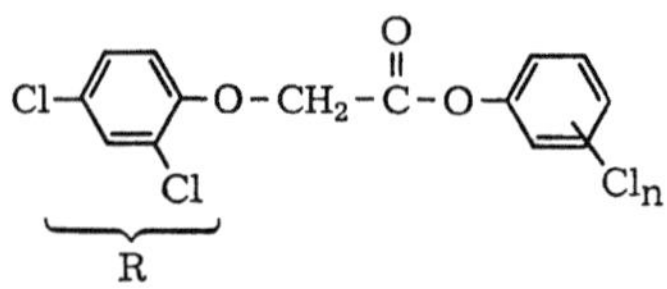

87)

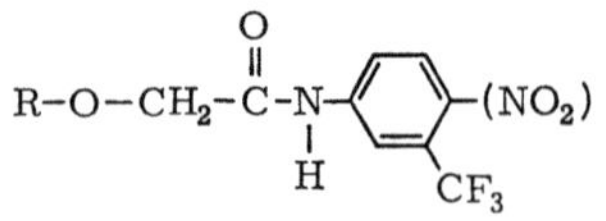

88)

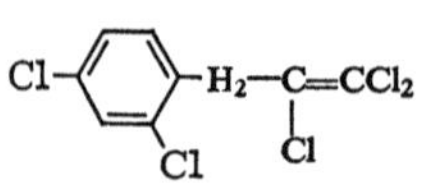

89)

R = H, CH_3

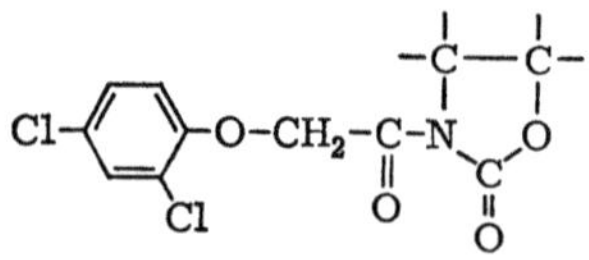

90, 91)

Als Pflanzenwuchsregulator kam 1962 in den Handel:

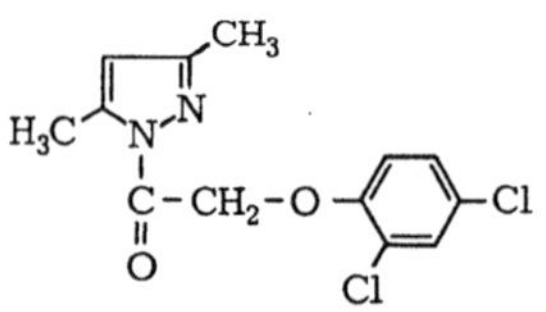

1-(2,4-Dichlorphenoxyacetyl)-3,5-dimethyl-pyrazol
Handelsname: *Tomacon®*, *TG-427*
(Takeda Chem. Ind.) 1962

LD_{50}: 1130 mg/kg Maus p. o. akut. Wasserlöslichkeit: Keine. Anwendungsgebiet: Pflanzenwuchsregulator.
Patente [177]. Literatur [178].

Offensichtlich zeigt Tomacon® nicht die Eigenschaften des zugrunde liegenden 2,4-D. Als Herbizid in Anwendung sind Mischungen von Tomacon mit 2,4-Dinitroalkylphenolen.

Andere 2,4-D-Ester haben als Alkoholkomponente eine Verbindung, die oxydativ in 2,4-D oder ähnliche Substanzen abbaubar ist [190].

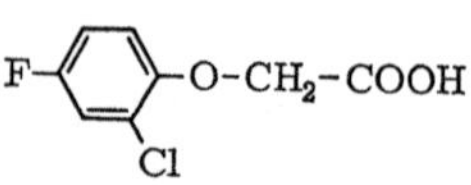

2-Chlor-4-fluor-phenoxyessigsäure bzw. ihr Butylester
Common name: 2– Cl– 4-FPA
Versuchsprodukt
(A. R. C. Weed Research Organisation, Oxford)

Wirkungsweise: Blattherbizid mit systemischer Wirkung. Anwendungsweise: Postemergence. Anwendungsgebiet: Bekämpfung von Weinbergslauch (*Allium vineale*) und Sauerklee (*Oxalis latifolia*) in Weizen.
Patente [92,93]. Literatur [94].
3,4-Dichlorphenoxyessigsäure (=3,4-D) wird in geringem Maß benutzt. Das gilt auch für *die 4-Chlorphenoxyessigsäure (=4-CPA)*. Wirkungsweise ist wie beim 2,4-D, nur schwächer.
Die Austauschbarkeit eines Chlors gegen Methyl (in der wesentlichen ortho-Stellung) zeigen das MCP und das CMPP (s. später).

Als wichtigstes Ergebnis der Untersuchung vieler Verbindungen aus der Phenoxyessigsäure-Reihe sei betont, daß eine Substitution am Phenylrest durch Cl oder CH_3 in 2- oder 4-Stellung für die phytotoxische Wirkung entscheidend ist: 3,5-Dichlor-phenoxyessigsäure-Derivate z. B. sind nur wenig aktiv! Die Bromverbindungen sind gut, aber schwächer als die Chlorderivate.

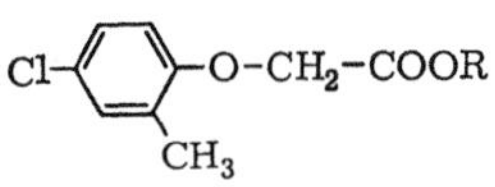

R = H, Na, NH_4, NH_3-Alkyl, Alkylreste usw.

4-Chlor-2-methylphenoxyessigsäure
Common name: *MCPA*
Handelsname: *Agroxone®*, *Methoxone®* (I. C. I.) 1945

LD_{50}: (R = H: 800 mg/kg Ratte p. o. akut). Wasserlöslichkeit: 825 ppm. Verschiedene Salze sind in Wasser leicht löslich. Wirkungsweise: Blattherbizid mit systemischer Wirkung und geringer Wirkung als Bodenherbizid. Anwendungsweise: Post-emergence. Anwendungsgebiet: Getreide, Lein, Zuckerrohr, Grünland. Anwendung als Salze, Ester und Amine ähnlich wie bei 2,4-D. MCPA wurde in England 1942 aufgefunden und wird dort auch heute noch besonders umfangreich angewandt. Die Wirkungsweise ist ähnlich wie 2,4-D, doch zeigen sich im Unkrautspektrum Unterschiede.
Patente [95,96]. Literatur [11].

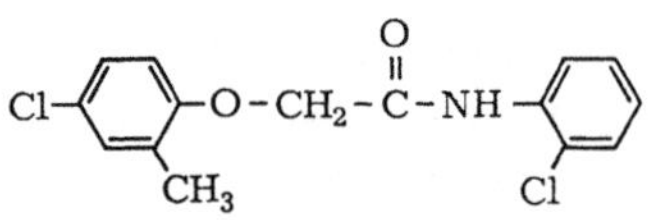

In jüngster Zeit dient diese Verbindung in Japan als selektives Wasser- und Reisherbizid mit geringer Fischgiftigkeit [97].

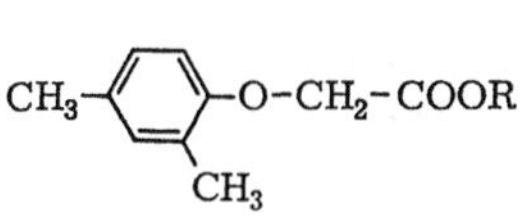

ist ein kräftiges Herbizid.

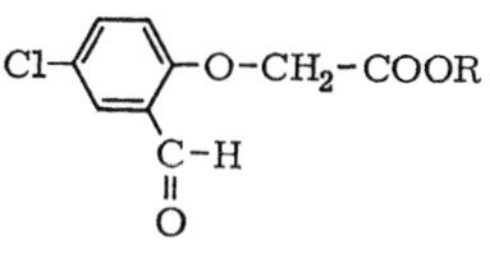
[98,99]

ist weniger herbizid, aber noch gut wirksam.

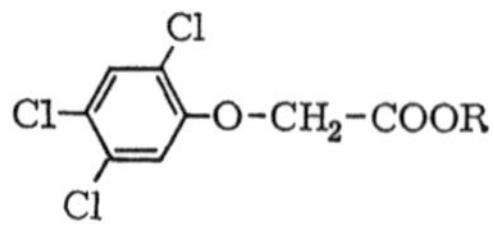

R = H (Na, Alkyl, Amine)

2,4,5-Trichlor-phenoxyessigsäure
Common name: *2,4,5-T, triphenac*
Handelsname: *Weedar T®*
Weedone Spezial®
(Amchem Products)

LD_{50}: (300—800) mg/kg Ratte p. o. akut; 100 mg/kg Hund p. o. akut. Wasserlöslichkeit: (R = H) 238 ppm bei 30°C. Wirkungsweise: Blattherbizid mit systemischer Wirkung. Anwendungsweise: Post-emergence. Anwendungsgebiet: Die Wirkung von 2,4,5-T ist ähnlich wie die von 2,4-D, doch ist die Verbindung auch wirksam gegen holzige Unkräuter (Sträucher und Bäume).
Darstellungspatent [100]. Literatur [18,84–86].
Kautschukpflanzen werden durch Anwendung entsprechender Entblätterungsmittel vorbeugend gegen den Befall durch die Blattfleckenkrankheit geschützt [84].
Die 2,3,4-Trichlorphenoxyessigsäure selbst wird in jüngster Zeit für das sog. Ringeln der Weinreben erprobt [101].
Einige Derivate, die in der Pflanze oder im Boden oxydativ in Phenoxyessigsäure übergehen können, haben seit längerer Zeit größeres wissenschaftliches, z. T. auch praktisches Interesse gefunden, weil sie eine entsprechende spezielle Anwendung gestatten.

Dichlorphenoxyäthanolester s. unter Alkoholen.

α-Phenoxypropionsäuren

Nicht nur chlorierte oder methylierte Phenoxy*essig*säuren sind sehr kräftige Herbizide von durchweg Wuchsstoffcharakter, sondern in gleicher Weise auch die entsprechenden α-Phenoxy*propion*säuren. Dabei ist nur die D(+)-Form aktiv, nicht aber der optische Antipode [19–21, 102].
Die α-Phenoxypropionsäuren zeigen gegenüber den entsprechenden Phenoxyessigsäuren ein verändertes Wirkungsspektrum. Man hat Grund zur Annahme, daß Phenoxyessigsäuren unter anderem durch Decarboxylierung unwirksam werden. Eine Methylierung in der α-Stellung verhindert diese Decarboxylierung in der Pflanze, wobei die Reaktion jeweils pflanzenspezifisch ist [104]; einige Unkräuter, die von den entsprechenden Phenoxyessigsäuren wenig angegriffen werden, erleiden durch die α-Phenoxypropionsäuren Schädigungen (z. B. *Galium aparine* = Klettenlabkraut) [104–106].

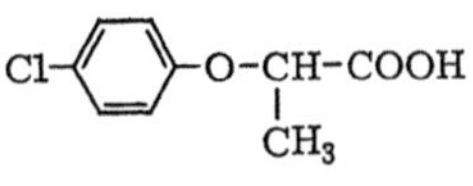

2-(4-Chlorphenoxy)-propionsäure
Common name: *2-(4-CPP)*

Anwendung als Alkalisalz oder Ester niederer Alkohole. Wirkungsweise: Blattherbizid mit systemischer Wirkung. Anwendungsweise: Post-emergence. Anwendungsgebiet: Von keiner großen Bedeutung.
Patente [107–109]; Ester [108, 109]. Literatur [103].

Bei zusätzlicher 2-Chlor-Substitution im Benzolring erhält man:

2-(2,4-Dichlorphenoxy)-propionsäure

Common name: *dichlorprop, 2-(2,4-DP), 2,4-DP*
Handelsname: *Cornox RK*®
(Boots Pure Drug Co.) 1961

Anwendung als Alkali- und Aminsalze sowie als Ester.
LD_{50}: 800 mg/kg Ratte p. o. akut. Wasserlöslichkeit: 710 ppm bei 28 °C. Wirkungsweise: Blattherbizid mit Wuchsstoffwirkung. Anwendungsweise: Post-emergence. Anwendungsgebiet: Spezielle Wirkung gegen Knöterich, Labkraut und Vogelmiere.
Sonst ähnliche Indikationen wie 2,4-D.
Patente [107, 110]. Literatur [113, 114].
Bei anderen Produkten steht in 2-Stellung eine Aldehydgruppe [111, 112].

Die 2-(3,4-Dichlorphenoxy)-propionsäure ist als 3,4-DP in geringem Maß in Anwendung, aber ohne praktisches Interesse.
Wirkungsweise: Blattherbizid mit Wuchsstoffwirkung. Anwendungsweise: Post-emergence.
Patente (Aminsalze) [115]. Literatur [116, 117].

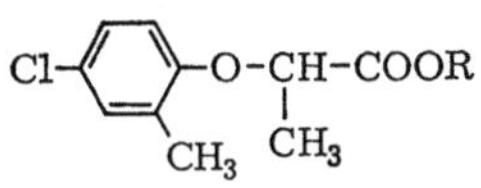

R = H(Na, Alkyl)

2-(2-Methyl-4-chlorphenoxy)-propionsäure
Common name: *CMPP, mecoprop*
Handelsname: *Isocornox*®
(Boots Pure Drug Co.) 1956

LD_{50}: 650 mg/kg Maus p. o. akut; 930 mg/kg Ratte p. o. akut. Wasserlöslichkeit: (R = H) 620 ppm bei 20°C. Wirkungsweise: Blattherbizid mit systemischer Wirkung, geringe Wirkung als Bodenherbizid. Anwendungsweise: Post-emergence. Anwendungsgebiet: Speziell wirksam gegen Labkraut und Vogelmiere, selektiv in Getreide.
Patente [107] (s. Dichlorprop). Literatur [11, 118, 119].

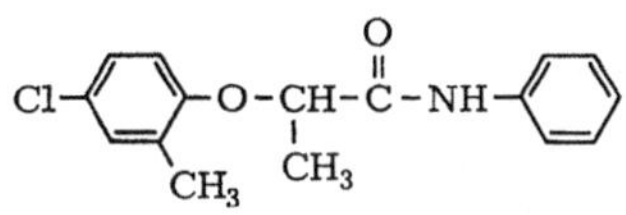

2-(4-Chlor-2-methylphenoxy)-propionanilid
Versuchsprodukt
U-22326
(Union Carbide Chemical Co.)

Anwendungsweise: Pre-emergence. Anwendungsgebiet: Bekämpfung von breitblättrigen Unkräutern und einjährigen Gräsern in Sojabohnen. Der Angriff auf Gräser dürfte auf der Acylanilidgruppierung beruhen.
Patente [120]. Literatur [121].

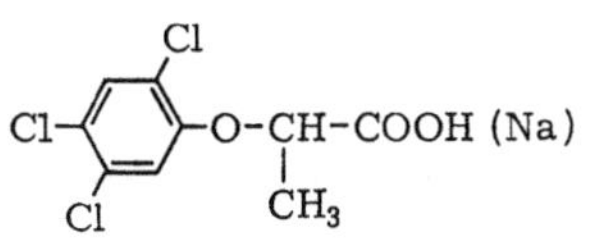

2-(2,4,5-Trichlorphenoxy)-propionsäure
Common name: *fenoprop, 2,4,5-TP*
Handelsname: *Silvex*® (Dow Chemical Co.) 1953

LD_{50}: 600 (650–1070) mg/kg Ratte p. o. akut. Der Butylglykolester zeigt eine LD_{50} von 500–1000 mg/kg Ratte p. o. akut. Wasserlöslichkeit: 14 mg/100 ml bei 25°C. Wirkungsweise: Blattherbizid mit systemischer Wirkung. Lange Wirkungs-

dauer. Anwendungsweise: Post-emergence. Anwendungsgebiet: Auch gegen holzige Unkräuter wirksam.
Patente [107, 122]. Literatur [123].

Besonders auffallend ist, daß einige α-Phenoxypropionsäure-phenyl*hydrazide*, ganz im Gegensatz zu den freien Säuren, ihren Salzen und Estern, speziell gegen Gräser herbizid wirksam sein sollen. Hier ist die herbizide Wirkung offensichtlich dem Gesamtmolekül eigen [124].

γ-Phenoxybuttersäuren

Während β-Phenoxypropionsäure bzw. die entsprechenden 2,4-Dichlor-derivate wenig herbizid wirksam sind, zeigt die γ-Phenoxybuttersäure wieder kräftige herbizide Potenz. Nach aller Erfahrung sind nur Säuren mit einer geraden Zahl von Kohlenstoffatomen — ab Sauerstoff einschließlich Carboxylgruppe gezählt — gute Herbizide. Diese Wirksamkeit wird mit einer β-Oxydation in der Pflanze erklärt, wodurch Phenoxyessigsäuren entstehen [125–127]. Damit steht in Übereinstimmung die fehlende Wirkung der γ-Phenoxybuttersäure auf Pflanzen ohne ein Enzymsystem mit β-Oxydationswirkung [128], z. B. Sellerie, Karotten und Leguminosen.

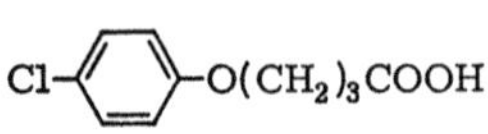

4-(4-Chlorphenoxy)-buttersäure
Common name: *4-(4-CPB)*

Anwendung als Alkali- und Aminsalze sowie Ester und niedere Alkohole.
Wirkungsweise: Blattherbizid mit systemischer Wirkung. Anwendungsweise: Post-emergence. Anwendungsgebiet: Grünland zur Schonung der Leguminosen, Luzerne.
Patente [129, 130].

Trägt die Verbindung zusätzlich in 2-Stellung Chlor, so erhält man die

4-(2,4-Dichlorphenoxy)-buttersäure
(Na, Alkyl usw. Dimethylaminsalz)

Common name: *2,4-DB* oder *4-(2,4-DB)*,
Handelsname: *Embutox*® (May and Baker Ltd.) 1957
Butyrac® (Amchem Products, Inc.)

LD_{50}: 700 mg/kg weibl. Ratte p. o. akut; 1500 mg/kg männl. Ratte p. o. akut. Wirkungsweise: Blattherbizid mit systemischer Wirkung. Anwendungsweise: Post-emergence. Anwendungsgebiet: Grünland zur Schonung der Leguminosen, Luzerne. Gegen Spitzklette in Sojabohnen [191].
Darstellung: Aus 2,4-Dichlorphenolnatrium und γ-Butyrolacton.
Patente [129, 130]. Literatur [128].

Die *3,4-Dichlorphenoxybuttersäure* ist in geringer Anwendung als *4-(3,4-DB)*.

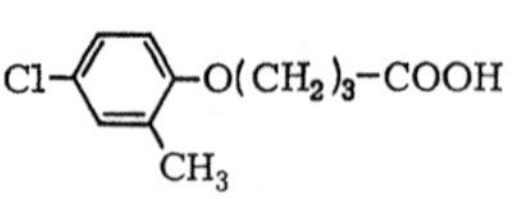

4-(4-Chlor-2-methylphenoxy)-buttersäure
Common name: *MCPB*
Handelsname: *Tropotox*® (May and Baker Ltd.) 1955 (= Na-Salz)

LD_{50}: 700 mg/kg Ratte p. o. akut. Wirkungsweise: Blattherbizid mit systemischer Wirkung. Anwendungsweise: Post-emergence. Anwendungsgebiet: Die Wirkung als Herbizid ist ähnlich wie die des MCPA. Letzteres soll durch β-Oxydation von MCPB in der Pflanze entstehen. Da dieser β-Oxydationsmechanismus nicht bei allen Pflanzenarten gleichermaßen ausgebildet ist (er fehlt bei Leguminosen z. B. Erbsen), kann MCPB zur selektiven Unkrautbekämpfung in Klee und Erbsen eingesetzt werden, Getreide mit Klee-Einsaat, Grünland.
Patente [131–133]. Literatur [174, 175].

4-(2,4,5-Trichlorphenoxy)buttersäure Common name: 4-(2,4,5-TB)
2,4,5-TB

Wirkungsweise: Kontaktherbizid mit Wuchsstoffwirkung. Anwendungsweise: Post-emergence. Anwendungsgebiet: Gegen Dikotyledonen. Patente [134].
Literatur [135].
Phenoxyessigsäurethioamide sind ebenfalls herbizide Ester von Thioalkoholen [136].

Phenoxyacrylsäuren

Chlorphenoxyacrylsäuren [142–146] sind vielfach als Herbizide bekanntgeworden, ohne aber Anwendung gefunden zu haben. Nach japanischen Patenten sollen derartige Verbindungen speziell auch gegen schmalblättrige Pflanzen wirksam sein [147, 148].

Naphthoxyessigsäuren

Aus dieser Reihe sind lediglich die β-Naphthoxyessigsäure-Derivate in praktischer Anwendung [149].

In jüngster Zeit sind auch die weniger wirksamen, aber vielleicht selektiveren *α-Naphthoxyessigsäure-Derivate* patentiert worden, speziell die Amide [151, 152].

N,N-Diäthyl-2-(α-naphthoxy)-propionamid *Versuchsprodukt R 7464* (Stauffer Chem. Co.)

Anwendungsgebiet: Selektiv in Gemüsekulturen, aber offensichtlich nicht immer ausreichend selektiv.
Patente [152]. Literatur [183].
Literatur über die Wuchsstoffwirkung verschiedener α-Naphthoxyessigsäuren s. [150].
Auf andere Verbindungen, bei denen Phenol selbst durch höhere Phenole oder durch Thiophenol ersetzt ist, sei nicht eingegangen, da sie nichts prinzipiell Neuartiges ergeben.

Heterocyclische Oxyessigsäuren

Zahlreiche Arbeiten befassen sich mit Konstitution und Wuchsstoffwirkung von *heterocyclischen Oxyessigsäuren*, z. B. der 2-Pyridoxyessigsäure und den Chlor-Substitutionsprodukten der Pyridin-Verbindungen [153, 154]. Aus der Reihe des Pyridazins wurden zahlreiche Äthercarbonsäuren als Herbizide patentiert (s. bei Maleinsäurehydrazid bzw. 6-Ring-Verbindungen mit 2 N).

Verschiedene $RO(S)-CH_2-COOH$-Verbindungen

Die Gruppierung $-O(S)-CH_2-COOH$ weist noch in verschiedenen Variationen eine Wuchsstoff- bzw. herbizide Wirkung auf, z. B. als N,N-Dimethyldithioessigsäure.

Als jüngstes Handelsprodukt sei angeführt:

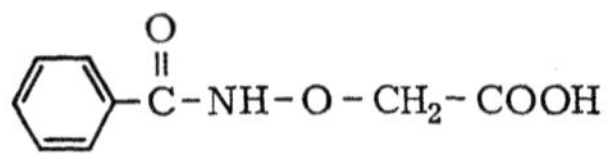

Benzamidooxyessigsäure
Common name: *benzadox*
Handelsname: *Topicide*®
(Gulf Research Development Co.)

Wasserlöslichkeit: 1,6 g/100 ml bei 20°C. Anwendungsgebiet: Zuckerrüben-Herbizid zur selektiven Bekämpfung der Radmelde (*Kochia scoparia*).
Patente [195]. Literatur: [192, 193].
Entsprechende im Kern chlorierte Verbindungen sind ebenfalls herbizid wirksam [182].

Heterocyclische Essigsäuren

Auf die Bedeutung der β-Indolylessigsäure als natürlich vorkommender und erster synthetisch dargestellter Wuchsstoff wurde schon mehrmals hingewiesen [2].

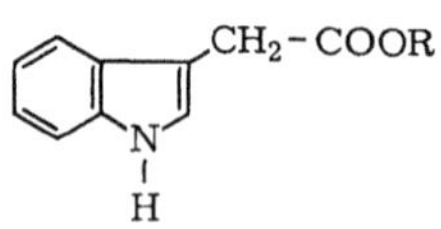

Indolyl-2-essigsäure
Common name: *Heteroauxin**, *β-IK*, *β-IAA*
Handelsname: *Belvitan*® (I. G. Farbenindustrie)

Anwendung: Zur Bewurzelung von Stecklingen.

Diese heterocyclische, in der Natur aus Tryptophan entstehende Essigsäure, die am Beginn der Synthese von Wuchsstoffen stand, regte zu zahlreichen neuen Versuchen an, ohne daß allerdings in der Reihe der Indolyl-alkyl-essigsäuren praktisch wichtige Verbindungen gefunden worden wären [160]. — Über *4-Chlorindolyl-(3)-essigsäuremethylester* als Wuchsstoff wurde 1968 berichtet [157]. — Literaturzusammenstellung über synergistische Wuchsstoffe [158]. — Literatur über Indolyl-carbonsäuren als Wuchsstoffe s. [150].
Die Wuchsstoffwirkung von β-Indolylacetonitril haben 1938 *R. Wegler*, *K. Binder* [23] und *M. Steiner* [156, 159] entdeckt und von letzterem wurde die Wirkung als wohl dem Nitril eigen und nicht auf der Verseifung beruhend geklärt. Über *Benzthiazolyloxyessigsäuren s.* [154].

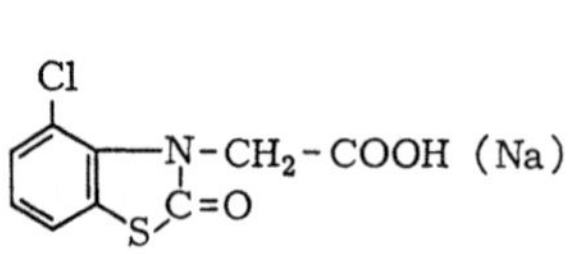

4-Chlor-2-oxobenzthiazolin-3-yl-essigsäure
Common name: *benazolin*
Handelsname: *Cornox CWK*®
(Boots Pure Drug Co.) 1965
Legumer Extra® (Fisons Pest Control Ltd.)

LD_{50}: 3000 mg/kg Ratte p. o. akut. Wasserlöslichkeit: Alkali- und Diäthanolaminsalze leicht löslich. Wirkungsweise: Blattherbizid mit systemischer Wirkung. Anwendungsweise: Postemergence. Anwendungsgebiet: Gegen *Stellaria media* und *Galium aparine* (Vogelmiere und Klebkraut) Patente [161, 162]. Literatur [163].

Über die herbizide Wirkung des Benzthiazol-Restes s. [179].

**Kögel 1934.*

Die herbizide Wirkung dieser Verbindung ist besonders bemerkenswert, nachdem Verbindungen des Typs

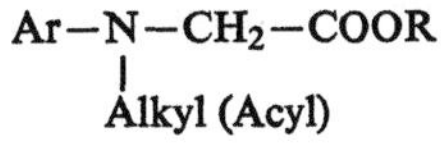

keine wesentliche herbizide Wirksamkeit aufweisen.
Die 4-Methoxybenzol-thionyl-3-essigsäure ist als wuchsstoffwirksam an Haferkeimlingen bekanntgeworden [164].

Die Verbindung

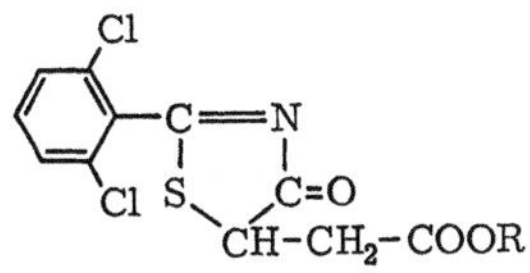

kann als Abwandlungsprodukt der 2,6-Dichlorbenzoesäure betrachtet werden [165] (s. auch S. 291). Essigsäurederivate des 3,6-Dioxo-tetrahydropyridazins sind 1967 als herbizid wirksam erkannt worden [166]. Nähere Einzelheiten über Art und Stärke der Wirkung fehlen [166].

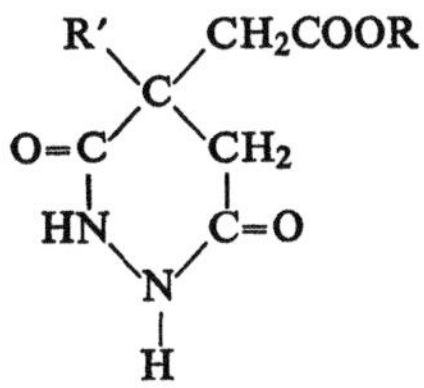

R' = H, OH

Über Zusammenhänge zwischen chemischer Konstitution und Wuchsstoffwirkung bei Ar- (bzw. Hetero)-$(CH_2)_nCOOH$ s. [155, 165].

Heterocyclisch-aliphatische Dicarbonsäuren

Eines der ältesten Kontaktherbizide mit Defoliantwirkung ist die 3,6-Endo-oxo-hexahydrophthalsäure.

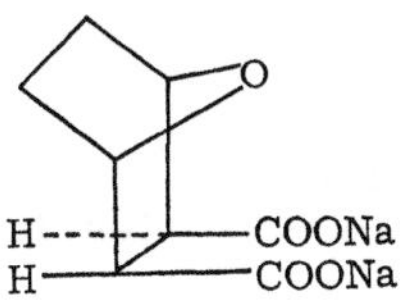

3,6-Endo-oxo-hexahydrophthalsäure
Common name: *ASA, BSI, WSA, endothal*
Handelsname: *Aquathol*®, *Des-i-cate*®
(Pennsalt Chem. Co.) 1951

LD_{50}: 38 (z. T. wird 80 angegeben) mg/kg Ratte p. o. akut. Wasserlöslichkeit: Na-Salz: 21 %; 10 g/100 ml für freie Säure bei 20°C. Wirkungsweise: Kontaktherbizid, Bodenherbizid. Anwendungsweise: Post- oder pre-emergence. Anwendungsgebiet: Pre-emergence in Zuckerrüben, Entblätterungsmittel, gegen Wasserunkräuter.

Patente [167, 168, 184, 185]. Salze des Dodecylamins [169]. Auch Halbester in Form ihrer Aminsalze sind als Herbizide patentiert worden [170]. Literatur [171].
Ein Zusatz von $(NH_4)_2SO_4$ zum Endothal ergibt eine Wirkungsverstärkung.
Die Darstellungsweise [172] verläuft wie folgt:

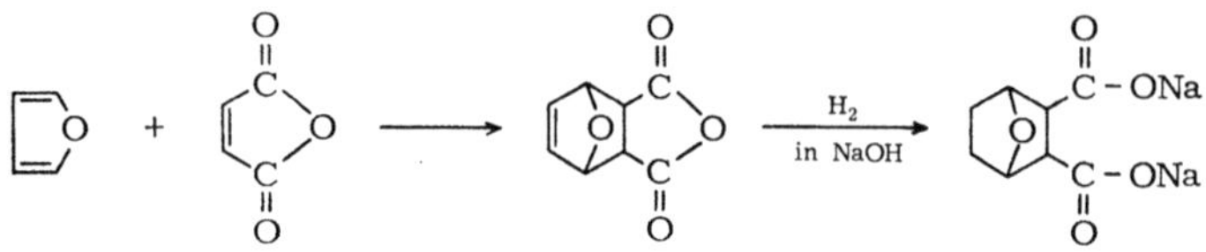

Verwandte Stoffe sind

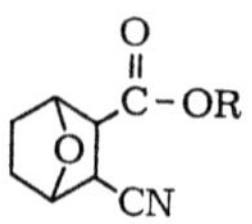

172)

Literatur

5. Organische Herbizide

5.7.3. Araliphatische Carbonsäuren

1) *Went, F. W.:* Rec. Trav. Bot. Néerl. *25*, 1 (1929).
2) *Kögl, F.:* Ber. dtsch. chem. Ges. 1935, A, 16, bzw. Vortrag 1. 12. 34.
3) *Veldstra, H.:* The Chemistry and Mode of Action of Plant Growth Substances. Proc. of a Symposium held at Wye College (University of London) July 1955, p. 117. Edited by *R. L. Wain* and *F. Wightman*, London: Butterworths Scientific Publications 1956.
4) *Zimmerman, P. W.*, and *F. Wilcoxon:* Contrib. Boyce Thompson Inst. 7, 209 (1935).
5) D. R. P. 716342 (23. 12. 39/18. 12. 41, Am. Prior. 23. 12. 38), American Chemical Paint Co. / *F. D. Jones.*
6) *Mitchell, J. W.*, u. *W. S. Stewart:* Botan. Gaz. *101*, 410 (1939); ref. C. A. *34*, 1712[6].
7) *Templeman, W. G.:* Empire J. Exptl. Agr. *7*, 76 (1939).
8) —, and *J. C. Marmoy:* Ann. Appl. Biol. *27*, 453 (1940).
9) *Nutman, P. S., H. G. Thornton*, and *J. H. Quastel:* Nature *155*, 498 (1945).
10) *Laibach, F.*, u. *O. Fischnich:* Pflanzenwuchsstoffe und ihre Bedeutung für Gartenbau, Land- und Forstwirtschaft. Stuttgart: Eugen Ulmer-Verlag 1950.
11) *Slade, R. E., W. G. Templeman*, and *W. A. Sexton:* Nature *155*, 497 (1945).
12) *Templeman, W. G.*, and *W. A. Sexton:* Nature *156*, 630 (1945).
13) *Polumin, N.:* Geschichte der Wuchsstoffherbizide. Plant Science Monographs.
14) *Audus, L. J.:* Plant Growth Substances, 2. Edition, S. 247. London: Leonhard Hill Ltd. 1953.
15) *Kraus, J. E.*, u. *J. W. Mitchell:* Wachstumsregulierende Substanzen als Herbizide. Botan. Gaz. *108*, Nr. 3, 301 (1947).
16) *Zimmerman, P. W.*, and *A. E. Hitchcock:* Contrib. Boyce Thompson Inst. *12*, 321 (1942).
17) *Marth, P. C.*, u. *J. W. Mitchell:* Botan. Gaz. *106*, 224 (1944).
18) *Hammer, C. L.*, and *H. B. Tukey:* Science *100*, 154 (1944).
19) *Åberg, B.:* The Chemistry and Mode of Action of Plant Growth Substances, Proceedings of a Symposium held at Wye College (University of London) July 1955, p. 93. Edited by *R. L. Wain* and *F. Wightman*, London: Butterworths Scientific Publications 1956.

20) *Burström, H.*, and *Berit A. M. Hansen*: The Chemistry and Mode of Action of Plant Growth Substances, Proceedings of a Symposium held at Wye College (University of London) July 1955, p. 134.
21) *Fawcett, C. H.*, *H. F. Taylor*, *R. L. Wain*, and *F. Wightman:* The Chemistry and Mode of Action of Plant Growth Substances, Proceedings of a Symposium held at Wye College (University of London) July 1955, p. 187.
22) *Linser, H.:* Angew. Chem. *78*, 895 (1966).
23) Diplomarbeit u. Dissertation *K. Binder*, (*R. Wegler*), TH Stuttgart 1938.
24) D. B. P. 810199 (4. 12. 48/31. 5. 51), Farbenfabriken Bayer AG / *R. Wegler* u. *A. Moenikes* (Belvitan K).
25) Zusammenfassende Mitteilung erfolgte von einem Mitarbeiter: *Offe, H. A.:* Angew. Chem. *62*, 453 (1950).
26) *Wegler, R.*, *F. Lober* u. *A. Moenikes:* Beobachtungen der Farbenfabriken Bayer AG.
27) A. P. 3299120 (12. 4. 65/17. 1. 67, Am. Prior. 22. 4. 58 u. 6. 4. 61), Hooker Chemical Corp. / *J. S. Newcomer*, *E. D. Weil* u. *D. Dorfman.*
28) A. P. 3325273 (12. 4. 65/13. 6. 67, Am. Prior. 22. 4. 58 u. 6. 4. 61), Hooker Chemical Corp. / *J. S. Newcomer* u. *E. D. Weil.*
29) A. P. 3012058 (15. 5. 58/5. 12. 61), Pennsalt Chemicals Corp. / *M. Hauptschein.*
30) A. P. 3118755 (28. 11. 61/21. 1. 64, Am. Prior. 15. 10. 58), Velsicol Chemical Corp. / *S. B. Richter.*
31) Belg. P. 589221 (30. 3. 60/30. 9. 60, Am. Prior. 4. 8. 58 u. a. mehr), Velsicol Chemical Corp. / *S. B. Richter.*
32) = Oe. P. 224976 (4. 8. 59/27. 12. 62, verschiedene Prioritäten der einzelnen Patentansprüche vom 4. 8. 58 bis 7. 4. 59), Velsicol Chemical Corp.
33) *Harris, C. J.:* Weeds *15* (3), 214 (1967).
34) Belg. P. 669658 (15. 9. 65/15. 3. 66, Dtsch. Prior. 18. 9. 64), Farbenfabriken Bayer AG / *K. Sasse*, *R. Wegler*, *L. Eue* u. *H. Hack.*
35) D. A. S. 1223608 (10. 9. 63/25. 8. 66), Farbenfabriken Bayer AG / *K. Sasse*, *R. Wegler*, *L. Eue* u. *H. Hack.*
36) = Belg. P. 652740 (7. 9. 64/8. 3. 65, Dtsch. Prior. 10. 9. 63).
37) A. P. 3218146 (10. 9. 62/16. 11. 65, Am. Prior. 9. 3. 59), Hooker Chemical Corp. / *E. D. Weil*, *E. Dorfman* u. *J. Linder.*
38) Niederl. P. Anm. 6514785 (15. 11. 65/2. 6. 66), Fa. Herbert Schwartz / *J. B. Skaptason.*
39) Can. P. 722724 (19. 5. 60/30. 11. 65, Am. Prior. 11. 9. 59), Hooker Electrochemicals Corp. / *E. D. Weil* u. *E. Dorfman.*
40) D. R. P. 830430 (30. 10. 48/3. 1. 52, Engl. Prior. 28. 6. 43), I. C. I. Ltd. / *W. A. Sexton.*
41) A. P. 3277160 (12. 6. 61/4. 10. 66), Hooker Chemical Corp. / *E. D. Weil*, *J. Linder* u. *E. Dorfman.*
42) A. P. 3086990 (10. 7. 59/23. 4. 63), Fundamental Research Inc. / *E. W. Reeve.*
43) A. P. 3038002 (19. 8. 57/5. 6. 62), Fundamental Research Inc. / *E. W. Reeve.*
44) A. P. 3301655 (11. 2. 63/31. 1. 67, Am. Prior. 2. 8. 60), Monsanto Co. / *R. E. Wann* u. *H. C. Godt.*
45) *Godt jr., H. C.*, *P. C. Hamm*, and *R. E. Wann:* J. Agr. Food Chem. *14*, Nr. 6, 602 (1966).
46) A. P. 3356711 (20. 2. 63/5. 12. 67, Am. Prior. 11. 9. 59), Hooker Chemical Corp. / *E. D. Weil* u. *E. Dorfman.*
47) *Kawazu, K.*, *T. Fujita*, and *T. Mitsui:* Agr. Biol. Chem. (Tokyo) *30* (3), 261 (1966).
48) D. A. S. 1263743 (9. 12. 64/21. 3. 68, Am. Prior. 19. 2. 63), Upjohn Co. / *J. N. Tilley* u. *A. A. R. Sayigh.*
49) A. P. 2009144 (6. 9. 34/23. 7. 35, Schwz. Prior. 13. 9. 33), Society of Chemical Industry in Basle / *K. Miescher*, *W. Meisel* u. *K. Hoffmann.*
50) A. P. 3120434 (9. 9. 60/4. 2. 64), Eli Lilly & Co. / *A. Pohland.*
51) A. P. 3141041 (6. 6. 62/19. 7. 64), Eli Lilly & Co. / *H. M. Taylor.*
52) *Alder, E. F.*, u. Mitarbeiter: Proc. N. Central Weed Control Conf. 1960, p. 55.
53) *Pizey, J. S.*, and *R. L. Wain:* J. Sci. Food Agr. *10* (11), 577 (1959); ref. C. A. *54*, 6013 g.
54) *Lemin, A. J.*, and *G. Swank:* Chem. Ind. (London) 1961, 552.
55) A. P. 3076699 (4. 10. 60/5. 2. 63), J. M. Scott & Sons Co. / *V. A. Renner* (Granulate).
56) Herbicide Handbook of the Weed Society of America, p. 279, Geneva-New York: W. F. Humphrey Press Inc. 1967.

57) E. P. 1077194 (25. 3. 66/26. 7. 67, Dtsch. Prior. 17. 4. 65), Farbenfabriken Bayer AG.

58) = F. P. 1476247 (15. 4. 66/27. 2. 67, Dtsch. Prior. 17. 4. 65).

59) *Eue, L.:* Z. Pflanzenkrankh. Pflanzenschutz, Sonderh. IV, 211 (1968).

60) *K. Westphal, H. Timmler, L. Eue* u. *H. Hack.* Untersuchungen der Farbenfabriken Bayer AG (zum Patent angemeldet).

61) A. P. 3183075 (3. 12. 62/11. 5. 65), American Cyanamid Co. / *B. L. Walworth.*

62) *Schneider, G.,* u. *H. Flemming:* Z. Pflanzenkrankh. Pflanzenschutz, Sonderh. III, 231 (1965).

63) *Harada, H.:* Naturwiss. *54,* 95 (1967).

64) *Erdmann, D.,* u. *G. Schneider:* Untersuchungen mit einem ^{14}C-markierten Morphaktin („Flurenol"), VI. Internat. Pflanzenschutzkongreß, Wien 1967, Abstracta, S. 418.

65) F. P. 1455554 (17. 11. 65/5. 9. 66, Dtsch. Prior. 27. 11. 64 u. 13. 3. 65), Merck AG / *G. Mohr, D. Erdmann* u. *K. Niethammer.*

66) = Niederl. P. Anm. 6515326 (25. 11. 65/31. 5. 66, Dtsch. Prior. 27. 11. 64 u. 13. 3. 65).

67) *Schneider, G.:* Eine neue Gruppe von synthetischen Pflanzenwachstumsregulatoren. Naturwiss. *51,* 416 (1964).

68) —, *D. Erdmann, S. Lust, G. Mohr,* and *K. Niethammer:* Nature *208,* 1013 (1965).

69) —, Zur Wirkung von Morphaktinen und Gibberellinsäure auf die Sproßentwicklung von Blütenpflanzen. Ber. dtsch. bot. Ges. *78,* [143] (1965, 1. Generalversammlungsheft).

70) E. Merck AG, Darmstadt: Technische Information Morphaktine, 1965.

71) *Mohr, G., D. Erdmann* u. *G. Schneider:* Derivate des Fluorens als neuartige, hochwirksame Pflanzenwachstumsregulatoren. European Weed Research Council (EWRC), 2. Symposium über neue Herbizide, Paris, S. 135 (1965) Ed. Essor, Paris.

72) *Ziegler, H., D. Köhler* u. *B. Streitz:* Ist 2-Chlor-9-fluorenol-9-carbonsäure ein Gibberellinantagonist? Z. Pflanzenphysiol. *54* (1—2), 118 (1966); ref. C. A. *65,* 17617 b.

73) *Krelle, E.:* Untersuchungen über die Wirkung des ‚Antigibberellins' 2-Chlor-fluorenol-9-carbonsäure-methylester. Symposium „Wachstumsregulatoren bei Pflanzen", Rostock 1966. Veröff. in Wiss. Z. d. Universität Rostock, Math.-naturwiss. Reihe, *16,* Heft 4/5, 691 (1967).

74) *Mohr, G., D. Erdmann* u. *G. Schneider:* Morphaktine — eine neue Klasse von Pflanzenwachstumsregulatoren. 6. Internat. Pflanzenschutzkongreß, Wien, Abstracta, S. 468 (1967).

75) Merck-Blätter — Beiträge zur Schädlingsbekämpfung *17* (1967).

76) *Schneider, G., G. Mohr* u. *D. Erdmann:* Möglichkeiten der Entwicklungssteuerung von Pflanzen mit Morphaktinen. 6. Internat. Pflanzenschutzkongreß, Wien, Abstracta, S. 473 (1967).

77) A. P. 3352897 (10. 4. 63/14. 6. 67), Velsicol Chemical Corp. / *S. B. Richter.*

78) = F. P. 1384011 (19. 11. 63/23. 11. 64, Am. Prior. 20. 11. 62 u. 10. 4. 63).

79) A. P. 2390942 (13. 10. 41/11. 12. 45), Emulsol Corp. / *M. Katzman* u. *A. K. Epstein.*

80) D. R. P. 915876 (16. 12. 48/16. 6. 54, Am. Prior. 18. 3., 20. 3., 1. 4., 4. 4. u. 17. 8. 44), American Chemical Paint Co. / *F. D. Jones.*

81) A. P. 3005016 (1. 6. 59/17. 10. 61), Sinclair Refining Co. / *D. W. Young.*

82) *King, L. J.,* and *J. A. Kramer jr.:* Contrib. Boyce Thompson Inst. *16,* 267 (1951).

83) *Crafts, A. S.:* The Physiology and Biochemistry of Herbicides, p. 75. Ed. by L. J. Audus. London-New York: Academic Press 1964.

84) *Osborne, D. J.:* Nature *219,* 564 (1968).

85) *Burg, S. P.:* Ann. Rev. Plant. Physiol. *13,* 265 (1962).

86) *Morgan, P. W.,* and *W. C. Hall:* Physiol. Plantarum *15,* 420 (1962).

87) A. P. 3219430 (5. 10. 64/23. 11. 65), Hooker Chemical Corp. / *J. S. Newcomer, E. D. Weil, E. Dorfman* u. *J. Linder.*

88) F. P. 1416095 (19. 11. 64/20. 9. 65), Daikin Kogyo Kabushiki Kaisha / *J. Kageyama* u. *K. Maruo.*

89) Belg. P. 644064 (19. 2. 64/19. 8. 64, Dtsch. Prior. 20. 2. 63), BASF / *A. Fischer, E. Flickinger* u. *G. Steinbrunn.*

90) A. P. 3221021 (24. 2. 64/30. 11. 65), Dow Chem. Co. / *R. A. Hickner.*

91) A. P. 3314985 (13. 6. 58/18. 4. 67), Olin Mathieson Chemical Co. / *F. F. Frulla* u. *M. M. Boudakian.*

92) D. A. S. 1115515 (16. 3. 59/19. 10. 61), Amchem Products, Inc. / *R. D. Hart.*

93) F. P. 1222916 (19. 3. 59/25. 1. 60, Am. Prior. 21. 3. 58), Amchem Products, Inc. / *R. D. Hart.*

94) *Parker, C.:* 8. Brit. Weed Control Conf., Proc. Vol. *1,* 126 u. Vol. *2,* 553 (1966).

95) D. R. P. 872206 (30. 10. 48/19. 2. 53, Engl. Prior. 21. 4. 43), I. C. I. / *R. T. Foster.*
96) A. P. 2740810 (4. 5. 54/3. 4. 56), Diamond Alkali Co. / *M. J. Skeeters.*
97) *Sugimoto, Y.:* Production of Agricultural Chemicals in Japan. Jap. Chem. Quart. *2,* [2] 38 (1966).
98) D. A. S. 1107445 (30. 9. 58/25. 5. 61, Franz. Prior. 18. 11. 57), Rhône Poulenc / *J. Metivier.*
99) = Belg. P. 572992 (14. 11. 58/14. 5. 59).
100) A. P. 2830083 (29. 4. 53/8. 4. 58), Allied Chemical & Dye Corp. / *E. E. Gilbert* u. *S. Tryon.*
101) *Antcliff, A. J.:* Vitis *6,* (1), 14 (1967).
102) *Linser, H.:* The Chemistry and Mode of Action of Plant Growth Substances, Proceedings of a Symposium held at Wye College (University of London) July 1955, p. 141. Edited by *R. L. Wain* and *F. Wightman,* London: Butterworths Scientific Publications 1956.
103) *Osborne, D. J.,* and *R. L. Wain:* Science *114,* 92 (1951).
104) *Luckwill, L. C.,* and *C. P. Lloyd-Jones:* Ann. Appl. Biol. *48,* 613 (1960).
105) *Edgerton, L. J.,* and *M. B. Hoffman:* Science *134,* 341 (1961).
106) *Leafe, E. L.:* Nature *193,* 485 (1962).
107) E. P. 822199 (17. 9. 57/19. 1. 59, Engl. Prior. 18. 9. 56 u. 26. 8. 57), Boots Pure Drug Co. Ltd. / *H. A. Stevenson* u. *R. F. Brookes.*
108) A. P. 2744818 (1. 12. 54/8. 5. 56), Pittsburgh Cooke & Chemical Corp. / *W. R. Davie.*
109) Belg. P. 581037 (24. 7. 59/14. 8. 59, Engl. Prior. 25. 7. 58 u. 20. 11. 58), Amchem Products, Inc. / *L. A. Sanderson.*
110) E. P. 573477 (21. 4. 43/22. 11. 45), R. T. Foster u. I. C. I. / *R. Ferry.*
111) E. P. 877830 (7. 4. 59/20. 9. 61, Franz. Prior. 30. 4. 58), Rhône Poulenc / *J. Metivier.*
112) = F. P. 1259993 (30. 4. 58/27. 3. 61).
113) *Zimmerman, P. W.,* and *A. E. Hitchcock:* Proc. Am. Soc. Hort. Sci. *45,* 353 (1944).
114) — —, Boyce Thompson Inst. Plant. Research, Proc. Paper *2,* (3), 13 (1944).
115) D. A. S. 1124296 (19. 3. 59/22. 2. 62, Am. Prior. 28. 3. 58), Amchem Products, Inc. / *A. W. Schneider.*
116) *Fawcett, C. H., R. L. Wain,* and *F. Wightman:* Ann. Appl. Biol. *43,* 342 (1955); ref. Chem. Zbl. *1960,* S. 14075.
117) *Seeley, R. C.,* and *R. L. Wain:* Ann. Appl. Biol. *43,* 355 (1955).
118) *Fawcett, C. H., D. J. Osborne, R. L. Wain,* and *R. D. Walker:* Ann. Appl. Biol. *40,* 231 (1953).
119) *Lush, G. B.,* and *E. L. Leafe:* 3. Brit. Weed Control Conf. 1956, p. 625.
120) E. P. 1041982 (30. 9. 63/7. 9. 66), Boots Pure Drug Co. / *R. F. Brookes, D. H. Godson* u. *E. L. Leafe.*
121) *Buchanan, G. A.:* Research Report; 20. Ann. Meeting. Southern Weed Conf., 1967, p. 57.
122) Belg. P. 560868 (17. 9. 57/15. 10. 57), Boots Pure Drug Co. Ltd. / *H. G. Stevenson* u. *R. F. Brookes.*
123) *Synerholm, M. E.,* and *P. W. Zimmerman:* Contrib. Boyce Thompson Inst. *14,* 91 (1945); ref. C. A. *40,* 1473[9].
124) F. P. 1452237 (21. 7. 65/1. 8. 66), Progil / *C. Cottin* u. *J. Mocotte.*
125) *Wain, R. L.:* Ann. Appl. Biol. *42,* 151 (1955).
126) —, The Physiology and Biochemistry of Herbicides, p. 472. Ed. by *L. J. Audus.* London-New York: Academic Press 1964.
127) Experimental Approaches to Pesticides Metabolism, Degradation and Mode of Action. August 1967, Nikko, Japan.
128) *Synerholm, M. E.,* and *P. W. Zimmerman:* Contrib. Boyce Thompson Inst. *14,* 369 (1945); ref. C. A. *41,* 4132c.
129) Can. P. 570065 (26. 6. 55/3. 2. 59, Engl. Prior. 6. 7. 54), National Research Development Corp. / *R. L. Wain.*
130) A. P. 3076025 (30. 9. 59/29. 1. 63), Union Carbide Corp. / *J. N. Hogsett.*
131) D. A. S. 1000632 (29. 6. 55/10. 1. 57, Engl. Prior. 6. 7. 54), National Research Development Corp. / *R. L. Wain.*
132) = E. P. 758980 (6. 7. 54/10. 10. 56).
133) E. P. 793513 (9. 9. 54, 22. 4. 55 u. 9. 9. 55/16. 4. 58), May and Baker Ltd. / *B. J. Heywood.*
134) Belg. P. 651695 (12. 8. 64/12. 2. 65), Chimac.
135) *Gaimster, K.:* J. Sci. Food Agr. *7,* 320 (1956); ref. Chem. Zbl. *1958,* 3074.
136) Schwz. P. 424761 (28. 6. 63/30. 11. 66), Sandoz AG / *M. Schuler.*

137) *McNew, G. L.*, and *O. L. Hoffmann:* J. Science *24*, 189 (1950); ref. C. A. *44*, 9105h.
138) *Smith, M. S., R. L. Wain*, and *F. Wightman:* Ann. Appl. Biol. *39*, 295 (1952).
139) *Wain, R. L.*, and *F. Wightman:* Ann. Appl. Biol. *40*, 244 (1953).
140) *Linder, P. J., J. W. Mitchell*, and *J. W. Wood:* Science *111*, 518 (1950).
141) *Weintraub, R. H.:* J. Agr. Food Chem. *1*, 250 (1953).
142) A. P. 3279911 (16. 10. 63/18. 10. 66, Am. Prior. 15. 11. 61), Monsanto Co. / *L. A. Miller.*
143) A. P. 3148204 (15. 11. 61/8. 9. 64), Monsanto Co. / *L. A. Miller.*
144) A. P. 3257422 (11. 2. 64/21. 6. 66, Am. Prior. 7. 10. 60), Monsanto Co. / *L. A. Miller.*
145) A. P. 3280170 (6. 8. 63/18. 10. 66, Am. Prior. 8. 10. 59), Monsanto Co. / *L. A. Miller.*
146) A. P. 3312541 (20. 10. 65/4. 4. 67, Am. Prior. 30. 12. 60), Monsanto Co. / *J. E. Katon* u. *L. A. Miller.*
147) Jap. P. Anm. 8952/67 (5. 2. 65/27. 4. 67), Sumitomo Chemical Ind. Co. Ltd.
148) Jap. P. Anm. 25434/67 (15. 5. 65/5. 12. 67), Sumitomo Chemical Ind. Co. Ltd.
149) D. R. P. 940946 (23. 10. 48/1. 3. 56, Engl. Prior. 7. 4. 41), I. C. I. / *W. A. Sexton, R. E. Slade* u. *W. G. Templeman.*
150) *Linser, H.:* The Chemistry and Mode of Action of Plant Growth Substances, Proceedings of a Symposium held at Wye College (University of London) July 1955, pp. 134, 141, 195. Edited by *R. L. Wain* u. *F. Wightman*, London: Butterworths Scientific Publications 1956.
151) E. P. 1066606 (18. 2. 65/26. 4. 67, Am. Prior. 16. 3. 64), Stauffer Chemical Co. / *H. Tilles, D. K. Baker* u. *C. L. Dewald.*
152) = D. A. S. 1290128 (10. 3. 65/6. 3. 69, Am. Prior. 16. 3. 64).
153) *Maas, J., G. B. R. de Graaff* u. *H. J. den Hertog:* Rec. Trav. Chim. *74*, 175 (1955).
154) A. P. 2468075 (7. 12. 45/26. 4. 49), American Cyanamid Co. / *D. W. Jayne jr., H. M. Day* u. *K. G. Nolan.*
155) *Koepfli, J. B., K. V. Thimann*, and *F. W. Went:* J. Biol. Chem. *122*, 763 (1938); ref. C. A. *32*, 2979[5].
156) *Steiner, M.:* Nachr. Akad. Wissenschaften, Göttingen, Mathem.-phys. Klasse, Biol.-Physiol.-Chem. Abt. 11 (1947).
157) *Marumo, S., H. Hattori, H. Abe*, and *K. Munakata:* Nature *219*, 959 (1968).
158) *Soding, H.*, and *E. Raadts:* The Chemistry and Mode of Action of Plant Growth Substances, Proceedings of a Symposium held at Wye College (University of London) July 1955, p. 52. Edited by *R. L. Wain* u. *F. Wightman*, London: Butterworths Scientific Publications 1956.
159) *Steiner, M.:* Planta *36*, 131 (1948).
160) A. P. 3256296 (27. 12. 63/14. 6. 66), Sinclair Research Inc. / *D. W. Young.*
161) E. P. 862226 (29. 10. 58/13. 10. 59), Boots Pure Drug Co. Ltd. / *D. H. Godson, E. L. Leafe, G. B. Lush* u. *H. A. Stevenson.*
162) = F. P. 1248459 (26. 10. 59/7. 11. 60, Engl. Prior. 29. 10. 58).
163) *Lush, G. B., E. L. Leafe* u. *A. J. Mayes:* 2. Symposium über neue Herbizide, Paris, S. 211 (1965), Ed. Essor, Paris.
164) *Schuetz, R. D.*, and *R. L. Titus:* J. Heterocyclic Chem. *4*, (4), 465 (1967).
165) E. P. 1022750 (28. 1. 65./16. 3. 66), Shell Internationale Research Maatschappij / *J. Yates* u. *E. Haddock.*
166) Niederl. P. Anm. 6617302 (9. 12. 66/12. 6. 67, Dtsch. Prior. 10. 12. 65), C. F. Spiess u. Sohn, Norddeutsche Affinerie.
167) A. P. 2576080 (—/20. 11. 51), Sharples Chemicals Inc. / *N. Tischler* u. *E. P. Bell* / ref. C. A. *46*, 1702a.
168) A. P. 2576081 (—/—), Sharples Chemicals Inc. / *N. Tischler* u. *E. P. Bell* / ref. C. A. *46*, 1702d.
169) A. P. 3321294 (1. 10. 65/23. 5. 67, Am. Prior. 18. 9. 62), Pennsalt Chemicals Corp. / *H. Miller* u. *R. Nelson.*
170) A. P. 3318679 (3. 12. 65/9. 5. 67, Am. Prior. 4. 11. 63), Pennsalt Chemicals Corp. / *H. Q. Smith* u. *T. E. Deger.*
171) *Linder, P. J.:* Proc. Northeast. Weed Control Conf. 1951, p. 7.
172) A. P. 3269823 (18. 6. 65/30. 8. 66, Am. Prior. 22. 1. 63), *H. Q. Smith.*
173) A. P. 3449114 (29. 10. 63/10. 6. 69, Am. Prior. 9. 9. 60), Eli Lilly and Co. / *A. Pohland.*
174) *Fryer, J. D.*, and *S. A. Evans:* Weed Control Handbook, p. 374. Oxford-Edinburgh: Blackwell Scientific Publications 1968.

175) *Thomson, W. T.:* Agricultural Chemicals — Book II Herbicides, p. 12. Davis, California: Simmons Publishing Co. 1964.
176) — p. 62.
177) F. P. 1369476 (4. 7. 63/6. 7. 64, Jap. Prior. 4. 7. 62, 10. 8. 62, 1. 12. 62 u. 20. 2. 63), Takeda Chem. Ind. Ltd. (Darstellungspatent).
178) *Spencer, E. Y.:* Guide to the Chemicals used in Crop Protection, p. 155. Ottawa: Roger Duhamel, F. R. S. C. Queen's Printer and Controller of Stationery, 1968.
179) *Brookes, R. F.*, and *E. L. Leafe:* Nature *198*, 589 (1963).
180) A. P. 2977212 (2. 6. 58/28. 3. 61, Am. Prior. 3. 12. 54), Heyden Newport Chemical Corp. / *N. Tischler.*
181) A. P. 3397055 (5. 5. 66/13. 8. 68, Am. Prior. 11. 9. 59 u. 20. 2. 63), Hooker Chemical Co. / *E. D. Weil* u. *E. Dorfman.*
182) A. P. 3449113 (26. 5. 67/10. 6. 69, Am. Prior. 12. 6. 64), Gulf Oil Corp. / *R. P. Neighbors.*
183) *Talbert, R. E.:* Field Evaluation of Herbicides in Vegetable Crops, 1968.
184) A. P. 3207593 (24. 11. 61/21. 9. 65), Pennsalt Chemicals Corp. / *H. L. Lindaberry.*
185) A. P. 3246015 (19. 6. 64/12. 4. 66, Am. Prior. 24. 11. 61), Pennsalt Chemicals Corp. / *H. L. Lindaberry* u. *W. W. Abramitis.*
186) 21. Internat. Symposium über Phytopharmazie und Phytriatrie, Gent 6. 5. 1969.
187) Belg. P. 701102 (7. 7. 67/8. 1. 68), Poudreries Réunies de Belgique S. A.
188) D. A. S. 1301173 (22. 9. 62/14. 8. 69), E. Merck AG / *E. Jacobi, D. Erdmann, S. Lust, G. Schneider* u. *K. Niethammer.*
189) *Lorenzen, H.:* Naturw. Rundschau *22*, 23 (1969).
190) D. A. S. 1300729 (18. 11. 64/7. 8. 69, Jap. Prior. 18. 11. 63), Kureha Chemical Industry Co. Ltd. / *M. Hatanaka, T. Ohtsuka, K. Aoki* u. *F. Nakoso.*
191) Chem. Eng. News *47*, (30) 45 (1969).
192) Farm. Chem. *131*, (1), 46 (1968).
193) Agr. Chem. *22* (10), 81 (1967).
194) Farm Technol. *25* (5), 12 (1969).
195) A. P. 3396009 (20. 4. 66/6. 8. 68, Am. Prior. 12. 6. 64), Gulf Research & Development Co.

5.7.4. Aromatische Carbonsäuren

a) Allgemeiner Überblick

Einige Jahre nach der Entdeckung der Wuchsstoffwirkung der β-Indolylessigsäure, anderer heterocyclischer Essigsäuren und Phenylessigsäuren entstanden zahlreiche Theorien, welche die spezielle Wuchsstoffwirkung der Gruppierung $Ar-CH_2-COOH$ zu erklären versuchten. Vielleicht haben diese Theorien lange Zeit die Auffindung neuer Herbizide mehr gehemmt als gefördert, einerseits weil sie sich auf ein zu begrenztes Versuchsmaterial begründeten und andererseits wohl auch, weil man vornehmlich die Wuchsstoffwirkung beachtete. Nur so ist verständlich, daß die kräftige *herbizide* Wirkung chlorierter Benzoesäuren, welche nach den ersten theoretischen Vorstellungen nicht zu erwarten war, nicht bald nach der Entdeckung der Wuchsstoffwirkung von Indolylessigsäure oder Phenylessigsäure gefunden wurde. Erst während des 2. Weltkrieges wurde in der I. G. Farbenindustrie (s. Einleitung: Aromatische und araliphatische Carbonsäuren) von zwei Arbeitsgruppen in den Werken Leverkusen (*Wegler*, *Wehnelt* u. Mitarb.) und Hoechst die keimhemmende und herbizide Wirkung von chlorierten Benzoesäuren [1] und in gleicher Weise auch von den Aldehyden und Nitrilen [2] entdeckt. Schon 1937/38 wurde die Wuchsstoffwirkung von Indolylacetonitril beobachtet (*Wegler*, *Steiner*)

und darauf verwiesen, daß den Nitrilen möglicherweise eine eigene, nicht über die Verseifung zu den Carbonsäuren zustande kommende Wuchsstoffwirkung zugrunde liegt [3, 4]. (Die Firma Henkel stellte 1948 acetylierte 5-Chlor-salicylsäure als Herbizid unter Patentschutz [5]). *Bentley* berichtete 1950 erneut über die wachstumsbeeinflussende Wirkung von *2,3,6-Trichlorbenzoesäure* [6].
Die chlorierten, aromatischen Carbonsäuren fanden nach dem 2. Weltkrieg in Deutschland in der Praxis kein Interesse. Erst etwa 10 Jahre später wurden sie in den USA als Herbizide bekannt und von dort aus in Deutschland eingeführt. Seit 1955 wird die herbizide Wirkung der 2,3,6-Trichlorbenzoesäure in der Praxis verwertet. Über die Zusammenhänge zwischen *Konstitution und Wirkung* der Wuchsstoffe bzw. Hemmstoffe, speziell der Benzoesäuren, gibt es eine sehr umfangreiche Literatur [14]. So sei auf die Zusammenstellung von *Linser* [7] hingewiesen. Dort finden sich weitere ausgezeichnete Zusammenfassungen über das Problem Konstitution und Wuchsstoff-Wirkung [8, 9]. Es muß aber darauf hingewiesen werden, daß die Wuchshemmung stets an eine bestimmte Pflanze gebunden ist, also kein Ausdruck der allgemeinen herbiziden Wirkung sein kann. Deshalb ist auch manche, das Wachstum einer Testpflanze hemmende Substanz hoher Aktivität dennoch nicht als Herbizid brauchbar, weil sie eben Unkräuter nicht beeinflußt. Über Zusammenhänge zwischen der 2,6-Substitution der Benzoesäure und ihre Wuchsstoffwirkung s. [10–12]. Eine o-Halogensubstitution soll die Carboxylgruppe aus der Ringebene herausdrehen [13], was als Voraussetzung für eine Wuchsstoffwirkung angesehen wird. Die entspr. Brombenzoesäuren sind jedoch fast inaktiv. Übereinstimmung mit der Theorie besteht aber bezüglich der Aktivität der 2-Chlornaphthoesäure. Es müssen aber noch weitere Faktoren für die Wirkung maßgebend sein, da eine o-Chlorstellung nicht durch eine Isopropylgruppe ersetzbar ist. Auffallend ist, daß bei den chlorierten Benzoesäuren im Gegensatz zu den Phenoxyessigsäuren eine p-Substitution zu einer starken Wirkungsminderung führt [15].
Die Carboxylgruppe am Phenylkern kann, unter Wirkungsabschwächung, z. B. durch $\underset{\underset{O}{\|}}{P}(OH)_2$ ersetzt werden.

b) Aromatische Monocarbonsäuren

Monohalogenbenzoesäuren

Benzoesäuren mit Chlor in o- oder p-Stellung sind herbizid aktiv.
Die herbizide Wirkung der 2-Methoxy-3-methyl-6-chlorbenzoesäure zeigt die Austauschbarkeit eines o-ständigen Chlors, hier gegen OCH_3.

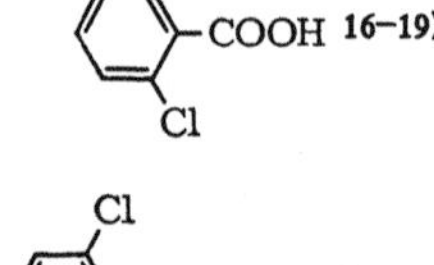

[16–19].

Versuchsprodukt
(Velsicol Chem. Corp.)

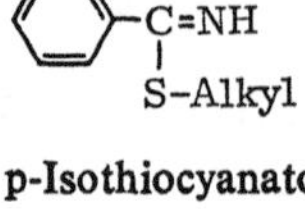

[20]

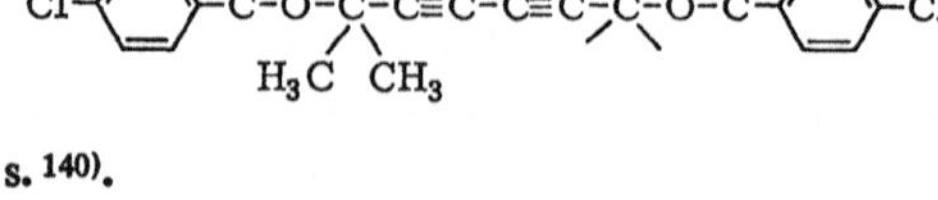

[21]

p-Isothiocyanato-benzoesäure s. [140].

Dihalogenbenzoesäuren

Die *2,6*-Dichlorbenzoesäure zeigt eine besonders starke herbizide Wirkung, und die Zahl der patentierten Substanzen, welche die entspr. Gruppierung enthalten, ist sehr umfangreich. Leider ist die Darstellung der 2,6-Dichlorbenzoesäure nicht ganz einfach. Die freie Säure und ihre Ester werden u. W. nicht benutzt. Patentiert sind auch die Anilide [22]. Praktische Bedeutung haben das Thioamid und das Nitril gewonnen.

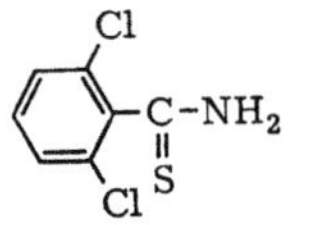

2,6-Dichlorbenzoesäure-thioamid
Common name: *chlorthiamid*
Handelsname: *Prefix*® (Shell) 1963

LD_{50}: Die Werte schwanken zwischen 500 und 2000 mg/kg Ratte p. o. akut. Wasserlöslichkeit: 950 ppm. Wirkungsweise: Blatt- und Wurzelherbizid mit systemischer Wirkung. Anwendungsweise: Post- und pre-emergence. Anwendungsgebiet: Totalherbizid, Obst- und Weinbau.
Patente [23, 132]. Literatur [24].

Die Verbindung soll nicht aufgrund ihrer Verseifbarkeit in 2,6-Dichlorbenzoesäure wirksam sein, sondern nach Maßgabe ihrer Umwandlung in das herbizid besonders wirksame Nitril ihre Wirkung entfalten. Damit wird auch die höhere herbizide Wirksamkeit des Thioamids gegenüber dem Sauerstoff-haltigen Amid der 2,6-Dichlorbenzoesäure erklärt. Über 2,6-Dichlorbenzonitril s. S. 303.

Einige weitere Abkömmlinge des 2,6-Dichlor-benzoesäurethioamids sind als Herbizide unter Patentschutz gestellt:

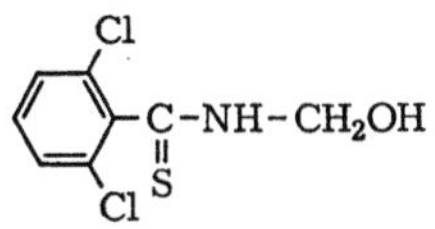

Versuchsprodukt
Handelsname: *PH 40—25* (Philips Duphar)

LD_{50}: 2000 mg/kg Ratte p. o. akut. Wasserlöslichkeit: 2700 ppm. Wirkungsweise: Bodenherbizid. Anwendungsweise: Pre- und post-emergence. Anwendungsgebiet: Gegen Gräser, breitblättrige Unkräuter. Verhalten und Wirkungsweise wie 2,6-Dichlorbenzonitril, dringt aber wegen der besseren Wasserlöslichkeit tiefer in den Boden ein.
Patente [25,26].
Abwandlungen des 2,6-Dichlorbenzoesäurethioamids

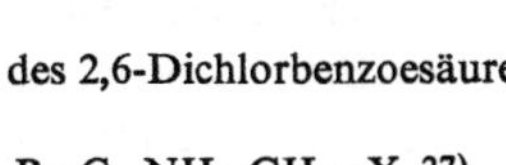

R = 2,6-Dichlorphenyl
X = O-Alkyl, N(Alkyl)$_2$

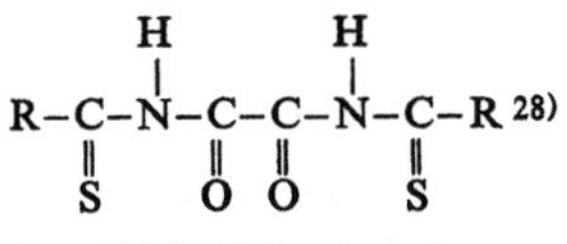

R = 2,6-Dichlorphenyl

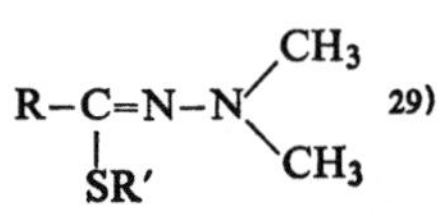

2,6-Dichlor-benzhydroxamsäuren

Benzhydroxamsäure-Derivate wurden in jüngerer Zeit intensiv bearbeitet. Möglicherweise gehen die Benzhydroxamsäuren in der Pflanze in das Nitril über (s. dort). Die Darstellung geht von z. B. 2,6-Dichlorbenzaldehydoxim aus:

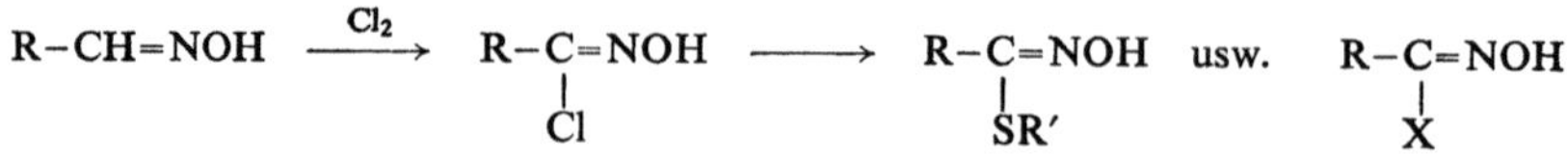
[30]

$X = OH, Cl, NO_2, SO_2R', NH_2$ usw.

Der Konfiguration der 2,6-Dichlorbenzoesäure begegnet man noch vielfach in heterocyclischen Verbindungen [31,32]. Als Beispiele seien angeführt:

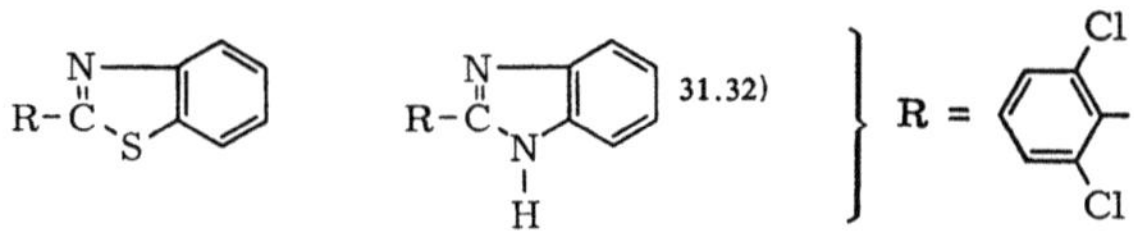

Überraschend ist die neu entdeckte Wirksamkeit von

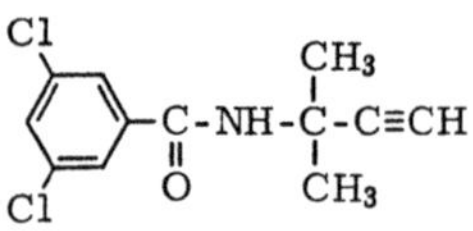
[141]

(Rohm & Haas)
LD_{55}: 8350 mg/kg Ratte p. o. akut

Substituierte Dichlorbenzoesäuren

In jüngster Zeit wird auf die wichtige, früher in ihrer Bedeutung nicht erkannte Substitution der β- bzw. m-Stellung durch Halogen usw. hingewiesen. Dieser Erkenntnis entspringen einige bedeutsame Herbizide. Es scheint aber, als ob die Bedeutung des Ortes der Halogensubstitution mit der Gruppe an der Carboxylfunktion zusammenhängt [33].

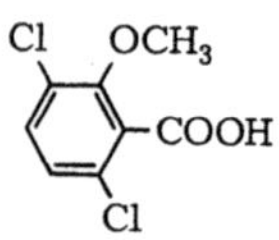

2-Methoxy-3,6-dichlorbenzoesäure
Common name: *dicamba, mediben*
Handelsname: *Banvel-D*®
(Velsicol Chemical Corp.)

LD_{50}: 1100—2900 mg/kg Ratte p. o. akut. Wasserlöslichkeit: 0,45 g/100 cm³; als Dimethylaminsalz: 75 g/100 cm³. Wirkungsweise: Blattherbizid mit systemischer Wirkung. Anwendungsweise: Pre- und post-emergence. Anwendungsgebiet: Gegen Gräser und breitblättrige Unkräuter, speziell gegen Unkräuter, die von 2,4-D nicht erfaßt werden. Selektiv in Getreide, Flachs, Sorghum (Mohrenhirse). Patente [34]. Literatur [35–38].

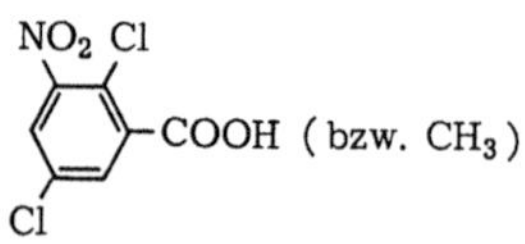

3-Nitro-2,5-dichlorbenzoesäure(ester)
Handelsname: *Dinoben*® (Amchem Products, Inc.)

LD_{50}: 3500 mg/kg Ratte p. o. akut. Wirkungsweise: Bodenherbizid. Anwendungsweise: Pre-emergence. Anwendungsgebiet: In Spargel, Möhren, Salat, Mais, Erbsen und Sojabohnen. Patente [39–41]. Literatur [42,43].

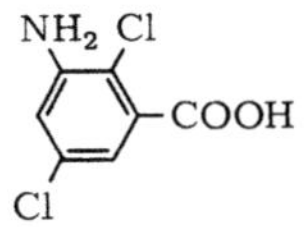

3-Amino-2,5-dichlorbenzoesäure
Common name: *chloramben*
Handelsname: *Amiben*®, *Vegiben*®
(Amchem Products, Inc.) 1958

LD_{50}: >3500 (3500—5600) mg/kg Ratte p. o. akut. Wasserlöslichkeit: 700 ppm bei 25°C. Wirkungsweise: Bodenherbizid, Unterdrückung der Wurzelbildung. Anwendungsweise: Pre-emergence. Anwendungsgebiet: Wuchsstoffherbizid gegen Gräser und breitblättrige Pflanzen. Pre-emergence in Tomaten, Spargel, Sojabohnen, Gurken, Möhren, Mais, Süßkartoffeln, Erdnüssen.
Patente [44–46]. Literatur [47].
Die 3,5-Dichlorbenzoesäure ist als *N-(1,1-dimethylpropinyl)-3,5-dichlorbenzamid* herbizid wirksam [48]. Die 3,4-Dichlorbenzoesäure zeigt offensichtlich besonders als Diisobutylamid herbizide Eigenschaften [137].

Weitere Dihalogenbenzoesäurederivate

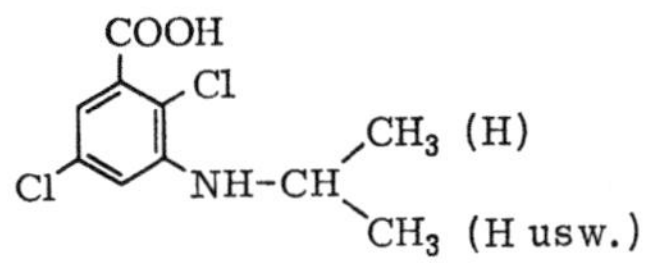

Selektives Herbizid [49]

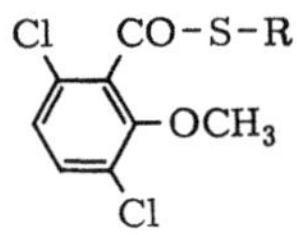

[50]

Cl ist z. T. durch OCH_3 ersetzbar [51]

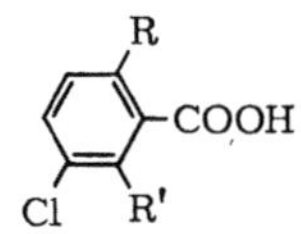

[52, 139]

R u. R′ = je 1 × Cl und Alkyl

Wuchsstoffherbizid, speziell wirksam gegen Knöterich.

2,3-Dichlor-6-methylbenzoesäure und 2-Methyl-3,6-dichlorbenzoesäure s. [138].

Dibrombenzoesäureamide s. [53].

Trihalogenbenzoesäuren

Im Gegensatz zur 2,6-Dichlorbenzoesäure und ihren Estern haben die Trichlorbenzoesäuren und ihre Ester breitere Anwendung gefunden.

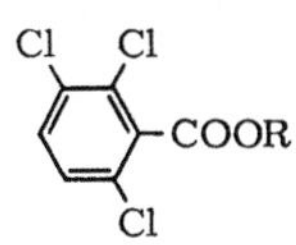

R = H (Na, NH_4, Amine)

2,3,6-Trichlorbenzoesäure
Common name: *2,3,6-TBA*
Handelsname: *Trysben 200 Weed Killer*®
(Du Pont) 1954
Benzac 1281®
(Amchem Products, Inc.)

LD_{50}: 750 (1500) mg/kg Ratte p. o. akut. Wasserlöslichkeit: 7700 ppm bei 22°C. Wirkungsweise: Blatt- und Bodenherbizid mit systemischer Wirkung. Anwendungsweise: Pre- und post-emergence. Anwendungsgebiet: Pre-emergence im

Mais. Kombination mit MCPA speziell zur Bekämpfung von Kamillearten der Gattungen *Matricaria* und *Anthemis*. Außerdem zur Bekämpfung tief wurzelnder, ausdauernder Unkräuter.
Patente [1]; Kombinationen geschützt [54–56]. Literatur [6, 14, 57, 58].

Bei allen chlorierten Benzoesäuren ist im Gegensatz zu den chlorierten Phenoxyessigsäuren (2,4-D) die 2,6-Stellung der Cl-Atome von besonderer Bedeutung für die herbizide Wirkung. Ein Chlor in m-Stellung ist auch hier offensichtlich wesentlich. *2,3,6-TBA* zeigt eine mäßige Wuchsstoff-, aber gute herbizide Wirkung und wird im Leitsystem der Pflanze transportiert. Sie wird im Boden nur langsam abgebaut. 2,3,6-Trichlorbenzoesäure soll auf Herbizide der symmetrischen Triazinreihe (s. 6-Ring mit 3 N) synergistisch wirken [59].

Ähnlich wie *3-Amino-2,5-dichlorbenzoesäure*, die ein kräftiges und auch praktisch angewendetes Herbizid darstellt, zeigt auch *3-Amino-2,5,6-trichlorbenzoesäure* herbizide Eigenschaften [60].

Über 2-Methoxy-3,6-dichloranilid s. bei Acylaniliden (S. 317). *2,4,5-Trichlorbenzoesäure* ist ebenfalls ein kräftiges, wenn auch schwächeres Herbizid als 2,3,6-Trichlorbenzoesäure. Mehrfach chlorierte Benzoesäuren und ihre z. T. schwierige Darstellung s. z. B. [61–71].

2,5,6-Trichlorbenzoylchlorid s. [72].

In den *Polychlorbenzoesäuren* kann man, wie schon erwähnt, ein Halogen durch eine Methylgruppe oder eine Methoxy-, Nitro- bzw. Aminogruppe ersetzen, wobei gute Herbizide selektiver Wirksamkeit entstehen, welche für die Praxis von Bedeutung sind [63, 73].

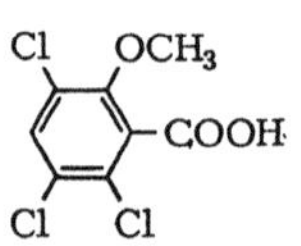

3,5,6-Trichlor-2-methoxy-benzoesäure
Common name: *metriben, tricamba*
Handelsname: *Banvel T*®
(Velsicol Chemical Corp.)

LD_{50}: 970 (300—450) mg/kg Ratte p. o. akut. Wasserlöslichkeit: Na-Salz: 48 g/100 cm^3. Anwendungsweise: Post-emergence. Anwendungsgebiet: Getreide. Patente (Darstellungspatente) [63, 73]. Literatur [74].

Über N-(2,3,6-Trichlorbenzoyl)-5-äthyl-2-methyl-piperidin und 4-(2,3,6-Trichlorbenzoyl)-morpholin vgl. [76].
Nitrierte Trichlorbenzoesäuren sind als Herbizide bekanntgeworden, z. B. die *2,3,6-Trichlor-5-nitro-benzoesäure* [75].

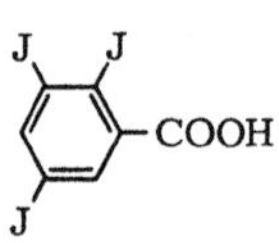

2,3,5-Trijodbenzoesäure
Common name: *TIBA*
Handelsname: *Rigime 8*®, *Floraltone*®
(Amchem Products, Inc.)

Wirkungsweise: Blatt- und Bodenherbizid mit systemischer Wirkung. Anwendungsweise: Pre- und post-emergence. Anwendungsgebiet: Pre-emergence in Mais z. Z. als Herbizid ohne praktische Bedeutung. Anwendung als Wuchsstoff.
Patente [78]. Literatur [77].

Nach einer Literaturangabe [77] ist die 2,3,5-Trijodbenzoesäure nicht wesentlich herbizid wirksam, sondern nur ein Wachstumshemmer [78]. Die Hemmwirkung beruht auf einem verminderten Transport des Auxins in der Pflanze. In Sojabohnen soll durch Wuchsbeeinflussung eine Ertragssteigerung erreicht werden, und eine solche Verwendung findet z. Z. großes Interesse. Auch für Erbsen soll ein entsprechender Einsatz bekannt sein [133]. Das Jod in 3- und 5-Stellung kann ohne wesentliche Wirkungsabnahme durch Brom ersetzt werden [77].

Tetrahalogenbenzoesäuren

Die 2,3,5,6-Tetrachlorbenzoesäure soll speziell gegen Knöterich wirksam sein.

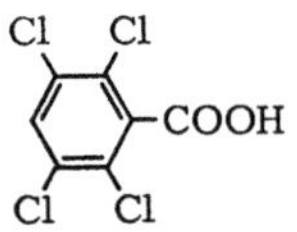

2,3,5,6-Tetrachlorbenzoesäure
Common name: *2,3,5,6-TBA*

Wirkungsweise: Herbizid mit systemischer Wirkung. Anwendungsgebiet: Gegen Dikotyledonen.
Patente [79–81]. Literatur [129].

Auch die entsprechende, zusätzlich in 4-Stellung methyl-substituierte Verbindung ist bekannt [82, 83].

Die Zusammenhänge zwischen Ort und Art der Halogensubstitution und Eigenschaften als Wachstumsregulatoren wurden 1969 breit untersucht. Chlor kann in o-Stellung durch Brom, nicht aber durch Jod ausgetauscht werden [77, 135, 136].

Ein sehr umfassendes, älteres Patent beansprucht *Benzoesäuren mit Alkyl*seitenketten, die in der *Seitenkette durch Cl substituiert* sind [84], z. B.

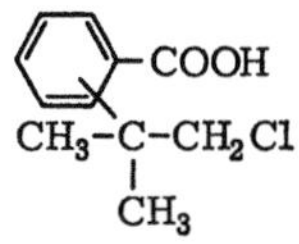

c) Aromatische Dicarbonsäuren und entsprechende Thioverbindungen

Auch unter den chlorierten aromatischen Dicarbonsäuren finden sich Herbizide: Chlorterephthalsäureester [85, 86]. Über Halbamide, speziell Anilide von aromatischen Dicarbonsäuren s. bei Arylaniliden.

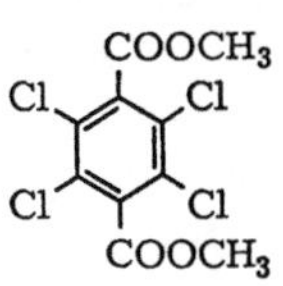

Dimethyl-2,3,5,6-tetrachlorterephthalat
Common name: *DCPA*, *chlorthal*
Handelsname: *Dacthal*®
(Diamond Alkali Co.) 1960

LD_{50}: >3000 mg/kg Ratte p. o. akut. Wasserlöslichkeit: 0,5 ppm bei 25°C. Wirkungsweise: Bodenherbizid. Anwendungsweise: Pre-emergence. Anwendungsgebiet: Selektiv in Gemüse, Zierpflanzen und Erdbeeren.
Patente [87–90]. Literatur [91–93].

Ersetzt man eine $-OCH_3$-Gruppierung durch $-SCH_3$, so erhält man den

2,3,5,6-Tetrachlorterephthalsäure-methyl-thiolmethylester

Handelsname: *Glenbar®* (Velsicol Chemical Corp.) 1965

LD_{50}: 3300 mg/kg Ratte p. o. akut. Wasserlöslichkeit: 0,36 ppm. Wirkungsweise: Bodenherbizid. Anwendungsweise: Pre-emergence. Anwendungsgebiet: Reis, Erdnüsse, Baumwolle, Erbsen, Bohnen, Kartoffeln.
Patente [94–99]; weitere gemischte Ester [95,100,101]. Literatur [130,131].

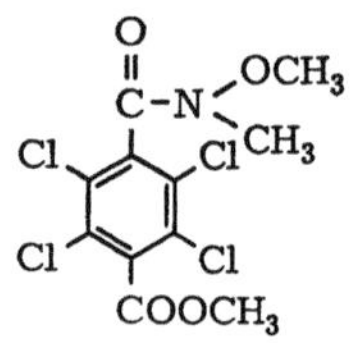

N-Methoxy-N-methyl-2,3,5,6-tetrachlor-4-carbomethoxy-benzamid
Versuchsprodukt
OCS 21693
(Velsicol Chemical Corp.)

LD_{50}: 1170 mg/kg Ratte p. o. akut. Wasserlöslichkeit: 5 ppm. Wirkungsweise: Bodenherbizid. Anwendungsweise: Pre-emergence. Anwendungsgebiet: Reis, Erdnüsse, Bohnen, Baumwolle, Kartoffeln, Sojabohnen.
Patente [102–105]. Literatur [106].

Zu den Herbiziden dieser chemischen Gruppe gehört neben

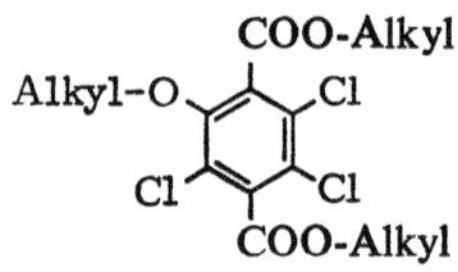

der *Trichlor-hemimellitsäure-methylester* [108,109]. Über Phthalsäuremononaphthylamid s. bei Acylaniliden.

5.7.5. Heterocyclische Carbonsäuren

a) Pyridincarbonsäuren

Einige wenige heterocyclische 5-Ring-Carbonsäuren sind in Form ihrer Amide als Herbizide patentiert worden. Größere Bedeutung haben Carbonsäuren des Pyridins erlangt. Aus diesem Grund seien diese bei der Besprechung vorweggenommen. Die Bearbeitung dieser Verbindungsklasse wurde angeregt durch die Beobachtung, daß Pyridincarbonsäuren das phytotoxische Prinzip der *Tomatenwelke* sind. Der Erreger der Tomatenwelke [110], das *Fusarium oxysporum* produziert unter anderem eine phytotoxische Alkyl-pyridincarbonsäure [111]. Dieselbe Verbindung ist auch in Kulturfiltraten von *Gibberella fujikuroi* (Reiskrankheit) und in anderen *Fusarium*-Pilzen gefunden worden. Die Wirksubstanz ist 5-Butyl-pyridin-2-carbonsäure [110]. Diese Konstitution gaben schon früher japanische Forscher für eine Welkesubstanz aus den Stoffwechselprodukten von *Fusarium heterosporum* an [112]. Die Synthese der Fusarinsäure (5-Butyl-pyridin-2-carbonsäure) [113,114] und verwandter Verbindungen [134] wurde mitgeteilt.

In letzter Zeit wurde unter anderem bekannt, daß 3-Butylisonicotin-carbonsäure eine ähnlich herbizide Wirkung aufweist [115], und bereits die Pyridin-3- oder -4-carbonsäuren sollen Wuchsstoffe sein [116]. Aber erst in den allerletzten Jahren ist offensichtlich die Gruppe der heterocyclischen Carbonsäuren systematisch und mit Erfolg auf herbizide Wirkung durchforscht worden, und dabei wurden hochwirksame Verbindungen entdeckt. Trotz des relativ hohen Preises konnten einzelne Verbindungen mit hoher Wirksamkeit zur Ergänzung bekannter Herbizide relativ rasch in die Praxis eingeführt werden.

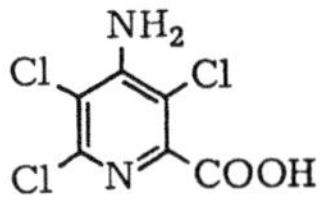

(K-Salz)

4-Amino-3,5,6-trichlorpyridincarbonsäure
Common name: *picloram*
Handelsname: *Tordon®*
(Dow Chemical Co.) 1963

LD_{50}: 8200 mg/kg Ratte p. o. akut. Wasserlöslichkeit: 430 ppm bei 25°C. Wirkungsweise: Blattherbizid mit systemischer Wirkung und Bodenherbzid. Anwendungsgebiet: Hochwirksam gegen Gehölze und tiefer wurzelnde Unkräuter. Lang anhaltende Rückstände im Boden sind zu beachten!
Patente [117–121]. Ein Patent umfaßt auch das entsprechende Nitril und die CCl_3-Gruppe [120]. Literatur [122–125].

b) Furancarbonsäurederivate

sind als Trichlorfuran-2-carbonsäureamide herbizid wirksam [126, 127].

c) Thiophencarbonsäuren

sind ebenfalls in Form der Chlorsubstitutionsprodukte als 2-Carbonsäureamide Herbizide [128].
Über 1,2-Pyridazin-oxyessigsäure s. bei 1,2-Pyridazin.

Literatur

5. Organische Herbizide

5.7.4. Aromatische Carbonsäuren — 5.7.5. Heterocyclische Carbonsäuren

1) D. B. P. 860639 (19. 5. 44/24. 4. 52), I. G. Farbenindustrie / *B. Wehnelt, R. Wegler, F. Lober, M. Erlenbach, O. Scherer* u. *W. Staudermann.*
2) *Offe, H. A.:* Angew. Chem. *62*, 453 (1950), (z. T. Vortrag über Ergebnisse der unter [1] genannten Autoren auf der GDCh-Tagung in Frankfurt).
3) Dissertation *K. Binder* (*R. Wegler*), TH Stuttgart (1938).
4) *Steiner, M.*, TH Stuttgart, Nachr. Akad. Wiss. Göttingen, Mathem.-phys. Klasse, Biol.-Physiol.-Chem. Abt. 11, (1947) (Berichtet hier aufbauend auf von anderer Seite [3] zur Verfügung gestellten Verbindungen).
5) D. R. P. 814806 (2. 11. 48/2. 8. 51), Henkel & Cie. / *W. Gündel, E. Meyer, W. Offermann* u. *H. Fuchs.*
6) *Bentley, J. A.:* Nature *165*, 449 (1950).
7) *Linser, H.:* The Chemistry and Mode of Action of Plant Growth Substances, Proc. of a Symposium held at Wye College (University of London) July 1955, p. 141. Ed. by *R. L. Wain* u. *F. Wightman*, London: Butterworths Scientific Publications 1956.

8) *Veldstra, H.:* The Chemistry and Mode of Action of Plant Growth Substances, Proc. of a Symposium held at Wye College (University of London) July 1955, p. 117. Ed. by *R. L. Wain* u. *F. Wightman*, London: Butterworths Scientific Publications 1956.

9) *Åberg, B.:* The Chemistry and Mode of Action of Plant Growth Substances, Proc. of a Symposium held at Wye College (University of London) July 1955, p. 93. Ed. by *R. L. Wain* u. *F. Wightman*, London: Butterworths Scientific Publications 1956.

10) *Veldstra, H.*, u. *H. L. Booij:* Biochim. Biophys. Acta *3*, 278 (1949); ref. C. A. *44*, 6490f.

11) —, Ann. Rev. Plant Physiol. *4*, 151 (1953).

12) —, Chem. Weekblad *51*, 158 (1955).

13) —, Rec. Trav. Chim. *71*, 15 (1952).

14) *Miller, H. J.:* Weeds *1*, [2], 185 (1952).

15) *Buchholtz, K. P.:* Weed Soc. of American Abstracts *2*, 23 (1958).

16) A. P. 3130206 (8. 11. 61/21. 4. 64), Velsicol Chemical Corp. / *S. B. Richter.*

17) = Belg. P. 644542 (28. 2. 64/28. 8. 64).

18) = F. P. 1394858 (24. 2. 64/1. 3. 65).

19) = Niederl. P. Anm. 6402014 (28. 2. 64/30. 8. 65).

20) E. P. 1039459 (1. 4. 65/17. 8. 66), Shell Internationale Research Maatschappij / *J. Yates* u. *E. Haddock.*

21) A. P. 2913485 (19. 5. 58/17. 11. 59), Dow Chemical Co. / *D. A. Gordon.*

22) A. P. 3357816 (8. 12. 64/12. 12. 67, Am. Prior. 18. 8. 59), Monsanto Co. / *J. W. Baker* u. *J. P. Chupp.*

23) F. P. 1421215 (3. 1. 63/12. 4. 66, Engl. Prior. 5. 1. 62), Shell Research Ltd.

24) *Sandfort, H.:* Proc. 7. Brit. Weed Control Conf. 1964, p. 208.

25) F. P. 1362906 (10. 7. 63/27. 4. 64), Philips Gloeilampenfabrieken.

26) = E. P. 1052888 (9. 7. 63/30. 12. 66, Niederl. Prior. 12. 7. 62).

27) Niederl. P. Anm. 6410300 (4. 9. 64/7. 3. 66), Philips N. V.

28) E. P. 1033389 (16. 12. 63/22. 6. 66), Shell Internationale Research Maatschappij / *S. E. Callander* u. *J. Yates.*

29) Niederl. P. Anm. 6608261 (15. 6. 66/19. 12. 66, Engl. Prior. 17. 6. 65 u. 9. 5. 66), Shell.

30) A. P. 3234255 (16. 11. 61/8. 2. 66), Shell Oil Corp. / *J. T. Hackmann, P. A. Harthoorn* u. *H. P. Rosinger.*

31) E. P. 1013441 (19. 10. 61/15. 12. 65), Shell Research Ltd. / *J. Yates, H. P. Rosinger* u. *J. T. Hackmann.*

32) E. P. 1022750 (28. 1. 65/16. 3. 66), Shell Internationale Research Maatschappij / *J. Yates* u. *E. Haddock.*

33) F. P. 1466959 (3. 2. 66/12. 12. 66, Am. Prior. 4. 2. 65), Upjohn Co. / *A. J. Lemin.*

34) A. P. 3013054 (4. 8. 58/12. 12. 61), Velsicol Chemical Corp. / *S. B. Richter.*

35) *Linder, P. J., J. W. Mitchell,* and *G. D. Freeman:* J. Agr. Food Chem. *12*, 437 (1964).

36) *Donaldson, T. W.*, and *C. L. Foy:* Weeds *13*, 195 (1965).

37) *Quimby jr., P. C.*, and *J. D. Nalewaja:* Weeds *14*, 229 (1966).

38) *Morton, H. L., E. D. Robison,* and *R. E. Meyer:* Weeds *15*, 268 (1967).

39) E. P. 830060 (11. 8. 58/9. 3. 60, Am. Prior. 19. 11. 57), Amchem Products, Inc. / *R. D. Hart* u. *H. P. Raman.*

40) = D. A. S. 1115514 (17. 10. 58/19. 10. 61).

41) A. P. 3013873 (19. 11. 57/19. 12. 61), Amchem Products, Inc. / *R. D. Hart* u. *H. P. Raman.*

42) *Hart, R. D.*, and *A. R. Cooke:* Proc. Northeast. Weed Control Conf. *18*, 71 (1964).

43) *Glaze, N. C.:* Proc. 21. Ann. Meeting Southern Weed Conf. 1968, p. 201.

44) D. A. S. 1115516 (13. 10. 59/19. 10. 61, Am. Prior. 15. 10. 58 u. 17. 12. 58), Amchem Products, Inc. / *J. R. Bishop, S. R. McLane* u. *H. P. Raman.*

45) F. P. 1270377 (14. 10. 60/17. 7. 61, Am. Prior. 16. 10. 59), Amchem Products, Inc. / *H. P. Raman* u. *S. R. McLane.*

46) Belg. P. 589220 (30. 3. 60/30. 9. 60, Am. Prior. 4. 8., 15. 9., 22. 9., 23. 9., 13. 10. u. 19. 11. 58), Velsicol Chemical Corp. / *S. B. Richter.*

47) *Sterry, J. R.:* Comptes Rendus des Journées d'Etudes sur les Herbicides, p. 23. Paris 1961.

48) Niederl. P. Anm. 6800322 (9. 1. 68/11. 7. 68, Am. Prior. 10. 1. 67 u. 2. 10. 67), Rohm & Haas.

49) A. P. 3257191 (15. 3. 63/21. 6. 66, Am. Prior. 8. 7. 59), Hooker Chemical Corp. / *E. D. Weil* u. *E. Dorfman.*

50) A. P. 3282977 (18. 2. 63/1. 11. 66), Velsicol Chemical Corp. / *E. E. Barnas.*

51) A. P. 3287404 (20. 8. 63/22. 11. 66), Velsicol Chemical Corp. / *D. L. Hanna.*

52) A. P. 3236623 (19. 6. 62/22. 2. 66, Am. Prior. 10. 2. 58), Tenneco Chemicals, Inc. / *D. X. Klein* u. *T. A. Girard.*

53) A. P. 3231360 (15. 6. 62/25. 1. 66, Am. Prior. 11. 9. 59), *P. E. Newallis, J. P. Chupp* u. *J. W. Baker.*

54) D. A. S. 1032971 (12. 6. 56/26. 6. 58, Am. Prior. 13. 6. 55), Heyden Newport Chemical Corp. / *N. Tischler.*

55) = F. P. 1167908 (13. 6. 56/25. 8. 58).

56) E. P. 821533 (13. 6. 55/Okt. 1959), Heyden Newport Chemical Co. / *N. Tischler.*

57) *Minarik, C. E., D. Ready, A. G. Norman, H. E. Thompson,* and *J. F. Owings jr.:* Botan. Gaz. *113,* 135 (1951).

58) *Zimmerman, P. W.,* and *A. E. Hitchcock:* Contrib. Boyce Thompson Inst. *16,* 209 (1950/52).

59) D. A. S. 1267903 (17. 12. 59/9. 5. 68, Am. Prior. 17. 12. 58), DuPont / *R. W. Luckenbaugh.*

60) A. P. 3391185 (17. 7. 59/2. 7. 68, Am. Prior. 18. 9. 56), DuPont / *M. T. Goebel.*

61) A. P. 2726947 (22. 12. 50/13. 12. 55), B. F. Goodrich Co. / *L. L. Baumgartner.*

62) A. P. 2847462 (2. 3. 56/12. 8. 58), Heyden Newport Chemical Corp. / *G. M. Sieger.*

63) A. P. 2890243 (15. 11. 56/9. 6. 59), DuPont / *R. L. Brown* u. *J. R. Gobeil.*

64) A. P. 3210415 (23. 8. 63/5. 11. 65), Diamond Alkali Co. / *R. A. Berkley* u. *H. Bluestone* (Darstellungspatent).

65) F. P. 1125728 (3. 6. 55/6. 11. 56, Am. Prior. 4. 6. 54), Diamond Alkali Co. / *C. E. Entemann.*

66) F. P. 1167303 (27. 2. 57/24. 11. 58, Am. Prior. 28. 2. 56), Heyden Newport Chemical Corp. / *T. A. Girard.*

67) F. P. 1167672 (24. 12. 57/23. 11. 59, Am. Prior. 21. 10. 55), Heyden Newport Chemical Corp. / *T. A. Girard, E. P. Di Bella* u. *H. Sidi.*

68) D. A. S. 1046394 (12. 9. 56/11. 12. 58, Am. Prior. 13. 6. 55), Heyden Newport Chemical Corp. / *N. Tischler.*

69) D. A. S. 1073238 (17. 5. 57/14. 1. 60, Engl. Prior. 18. 5., 31. 8. u. 3. 9. 56), Fisons Pest Control Ltd. / *R. K. Pfeiffer.*

70) E. P. 819127 (9. 4. 58/26. 8. 59), Amchem Products, Inc. / *A. W. Schneider.*

71) E. P. 1008563 (17. 10. 61/27. 10. 65), Philips Gloeilampenfabrieken.

72) A. P. 3261678 (27. 1. 64/19. 7. 66, Am. Prior. 8. 11. 56, 11. 5. 59 u. 1. 5. 61), DuPont / *N. E. Searle.*

73) Belg. P. 668358 (17. 8. 65/17. 2. 66, Dtsch. Prior. 20. 8. 64), Farbenfabriken Bayer AG / *E. Enders* u. *H. Wilms* (Zur Darstellung herbizid wirksamer 3-Amino-2,4,5-trichlorbenzoesäure und ihrer Salze).

74) *Callahan, L. M.,* and *R. E. Engel:* Proc. Northeast. Weed Control Conf. *18,* 535 (1964).

75) A. P. 3248208 (29. 11. 62/26. 4. 66, Am. Prior. 10. 6. 58), Hooker Chemical Corp. / *E. D. Weil.*

76) A. P. 3321295 (4. 11. 65/23. 5. 67, Am. Prior. 18. 8. 59 u. 12. 9. 62), Monsanto Co. / *P. E. Newallis, J. P. Chupp* u. *J. W. Baker.*

77) *Huffman, C. W., E. M. Godar,* and *D. C. Torgeson:* J. Agr. Food Chem. *15* (6), 976 (1967).

78) A. P. 3325274 (13. 8. 65/13. 6. 67, Am. Prior. 12. 12. 63), Iowa State University Research Foundation / *I. C. Anderson.*

79) D. B. P. 1019324 (3. 6. 55/—, Am. Prior. 4. 6. 54), Diamond Alkali Co. / *C. E. Entemann.*

80) E. P. 833218 (8. 2. 56/21. 4. 60, Am. Prior. 29. 4. 55), Hooker Electrochemical Co.

81) A. P. 3014965 (29. 4. 55/26. 12. 61), Hooker Chemical Corp. / *J. S. Newcomer, K. J. Smith* u. *J. Linder* (beansprucht die Säureamide).

82) D. A. S. 1079885 (29. 1. 59/14. 4. 60), BASF / *F. Becke, H. Bittermann, A. Fischer* u. *H. Stummeyer.*

83) F. P. 1224786 (21. 5. 59/8. 2. 60), Heyden Newport Chemical Corp. / *D. X. Klein* u. *T. A. Girard.*

84) A. P. 2724643 (4. 12. 50/22. 11. 55), Shell Development Co. / *R. C. Morris* u. *V. W. Buls.*

85) A. P. 3232737 (15. 11. 62/1. 2. 66), Food Machinery and Chem. Corp. / *J. R. Willard* u. *K. P. Dorschner.*

86) = F. P. 1387635 (26. 3. 64/21. 12. 64).

87) A. P. 2923634 (4. 4. 58/2. 2. 60), Diamond Alkali Co. / *R. F. Lindemann.*

88) A. P. 3052712 (11. 9. 59/4. 9. 62), Diamond Alkali Co. / *E. Zinn, C. E. Entemann, J. H. Perkins* u. *W. N. Wheeler.*
89) = Belg. P. 577333 (3. 4. 59/30. 4. 59, Am. Prior. 4. 4. 58).
90) Belg. P. 676953 (23. 2. 66/23. 8. 66, Am. Prior. 23. 2. 65), Velsicol Chemical Corp. / *R. F. Zimmermann.*
91) Chem. Eng. News *38* (4), 57 (1960).
92) —, (12), 24 (1960).
93) *Schuldt, P. H., L. E. Limpel,* and *D. Lamont:* Proc. 14. Annual Meeting Northeastern Weed Control Conf. 1960, p. 42.
94) A. P. 3309391 (13. 10. 64/14. 3. 67), Velsicol Chemical Corp. / *S. B. Richter* u. *A. A. Levin.*
95) A. P. 3311652 (13. 10. 64/28. 3. 67), Velsicol Chemical Corp. / *S. B. Richter* u. *A. A. Levin.*
96) A. P. 3333945 (31. 8. 66/1. 8. 67, Am. Prior. 13. 10. 64), Velsicol Chemical Corp. / *S. B. Richter* u. *A. A. Levin.*
97) E. P. 1005049 (6. 5. 64/22. 9. 65, Am. Prior. 17. 5. 63), Velsicol Chemical Corp. / *S. B. Richter* u. *A. A. Levin.*
98) Belg. P. 657829 (31. 12. 64/30. 6. 65), Velsicol Chemical Corp.
99) Niederl. P. Anm. 6405388 (14. 5. 64/15. 11. 65), Velsicol Chemical Corp.
100) A. P. 3343938 (31. 8. 66/26. 9. 67, Am. Prior. 13. 10. 64), Velsicol Chemical Corp. / *S. B. Richter* u. *A. A. Levin.*
101) A. P. 3333944 (10. 6. 66/1. 8. 67, Am. Prior. 17. 5. 63), Velsicol Chemical Corp. / *S. B. Richter* u. *A. A. Levin.*
102) A. P. 3278582 (27. 7. 62/11. 10. 66), Velsicol Chemical Corp. / *S. B. Richter* u. *A. A. Levin.*
103) F. P. 1375103 (23. 7. 63/7. 9. 64, Am. Prior. 27. 7. 62), Velsicol Chemical Corp. / *S. B. Richter* u. *A. A. Levin.*
104) E. P. 1031074 (25. 7. 63/25. 5. 66, Am. Prior. 23. 7. 62), Velsicol Chemical Corp. / *S. B. Richter* u. *A. A. Levin.*
105) = Belg. P. 635465 (26. 7. 63/27. 1. 64).
106) *Schulz, K. L., J. J. Keating, P. J. Reno, J. O. King, W. D. Carpenter,* and *D. W. Chisholm:* Agr. Chem. *22* (5), 20 (1967).
107) A. P. 3301892 (16. 6. 64/31. 1. 67), Velsicol Chemical Corp. / *S. B. Richter* u. *A. A. Levin.*
108) D. A. S. 1087590 (17. 7. 59/25. 8. 60), Ruhrchemie AG / *H. Feichtinger* u. *H. Linden.*
109) E. P. 833594 (15. 10. 57/27. 4. 60, Am. Prior. 15. 10. 56), Monsanto Chemical Co.
110) *Plattner, P. A., W. Keller* et *A. Boller:* Helv. Chim. Acta *37*, 1379 (1954).
111) *Gäumann, E., S. Naef-Roth, P. Reussner* u. *A. Ammann:* Phytopathol. Z. *19*, 2, 160 (1952).
112) *Yabuta, T.,* and *T. Hayasi:* J. Imp. Agr. Expt. Sta. (Japan) *3*, 365 (in Englisch 396) (1940); ref. C. A. *35*, 4803 (1941).
113) *Hardegger, E.,* et *E. Nikles:* Helv. Chim. Acta *39*, 505 (1956).
114) *Brokke, M. E.,* et *C. L. Dewald:* Helv. Chim. Acta *39*, 232 (1956).
115) *Ferles, M.,* u. *M. Jankovsky:* Collection Czech. Chem. Commun. *31*, Nr. 7, 3008 (1966); ref. C. A. *65*, 10556 f.
116) Russ. P. 179554 (7. 5. 65/Mai 1966), *B. V. Suvorov* u. Mitarbeiter.
117) A. P. 3234229 (6. 3. 62/8. 2. 66), Dow Chemical Co. / *C. T. Redemann, H. Johnston* u. *M. S. Tomita.*
118) = Belg. P. 628486 (15. 2. 63/16. 8. 63, Am. Prior. 6. 3. 62).
119) Belg. P. 628487 (15. 2. 63/16. 8. 63, Am. Prior. 6. 3. 62 u. 26. 10. 62), Dow Chemical Co. / *G. T. Redemann, H. Johnston* u. *M. S. Tomita.*
120) A. P. 3285925/15. 4. 64/15. 11. 66, Am. Prior. 6. 3. 62 u. 26. 10. 62), Dow Chemical Co. / *H. Johnston* u. *M. S. Tomita.*
121) Belg. P. 667097 (19. 7. 65/19. 1. 66, Franz. Prior. 20. 7. 64), Produits Chimiques Industriels et Agricols Procida.
122) *Richter, W.:* Gesunde Pflanzen *18*, 108 (1966).
123) *Schwartzbeck, R. A.,* and *M. G. Wiltse:* Proc. Northeast. Weed Control Conf. *18*, 414 (1964).
124) *Ferguson, R. H.:* Agressive Weeds in Grazing Areas, Biokemia *9*, 2 (1965).
125) *Nölle, H. H.:* Z. Pflanzenkrankh. Pflanzenschutz, Sonderh. III, 261 (1965).
126) A. P. 3266883 (23. 11. 64/16. 8. 66, Am. Prior. 2. 6. 61), Hooker Chemical Corp. / *E. Leon, E. D. Weil* u. *J. Linder.*

127) A. P. 3354157 (23. 11. 64/21. 11. 67, Am. Prior. 2. 6. 61), Hooker Chemical Corp. / *E. Leon, E. D. Weil* u. *J. Linder*.
128) Niederl. P. Anm. 6603112 (9. 3. 66/12. 9. 66, Engl. Prior. 10. 3. u. 3. 12. 65), May and Baker Ltd. / *D. R. Broad* u. *B. J. Heywood*.
129) *Faivre-Dupaige, R.:* Defense Vegetaux *18* (105), 27 (1964).
130) *Knake, E. L.:* 22. Annual Research Report, North Central Weed Control Conf. 1965, p. 83.
131) Herbicide Handbook of the Weed Society of America, p. 150. Geneva-New York: W. F. Humphrey Press Inc. 1967.
132) A. P. 3374084 (7. 6. 67/19. 3. 68, Am. Prior. 12. 6. 63 u. 26. 2. 65), North American Philips Co., Inc. / *J. Wijma*.
133) Niederl. P. Anm. 6802190 (15. 2. 68/16. 8. 68, Engl. Prior. 15. 2. 67), Amchem Products Inc.
134) *Jankovsky, M.*, and *M. Ferles:* Chem. Listy *62* (10), 1206 (1968).
135) *James, G. S.*, and *R. L. Wain:* Ann. Appl. Biol. *63* (2), 205 (1969).
136) *Huffman, C. W., E. M. Godar* and *D. C. Torgeson:* Weed Abstr. *17*, 228 (1968).
137) D. O. S. 1807509 (7. 11. 68/17. 7. 69, Ital. Prior. 9. 11. 67), Montecatini-Edison / *E. Arsura, G. Pellegrini, P. Scrivani, A. Baruffini, R. Ponci* u. *F. Gialdi*.
138) D. O. S. 1417413 (21. 5. 59/4. 9. 69), Tenneco Chemicals, Inc. / *D. X. Klein* u. *T. A. Girard*.
139) A. P. 3236625 (18. 7. 63/22. 2. 66, Am. Prior. 22. 5. 58), Tenneco Chemicals, Inc. / *D. X. Klein* u. *T. A. Girard*.
140) A. P. 3449112 (4. 2. 66/10. 6. 69), Upjohn Co. / *A. J. Lemin*.
141) *Viste, K. L., A. J. Crovetti* u. *B. W. Horrom:* Science *167*, 280 (1970).

5.8. Aromatische Aldehyde

Auf der Suche nach keimhemmenden wuchsstoffaktiven Verbindungen (speziell gegen die Kartoffelkeimung) wurde 1944 (s. die Einleitung bei aromatischen Carbonsäuren) in der I. G. Farbenindustrie, Werk Leverkusen, die Wirkung der chlorierten Benzaldehyde entdeckt [1]. Ob die Aldehydgruppe erst durch die Oxydation zur Carbonsäure wuchsstoffaktiv wird (wie oft angenommen wird), muß bezweifelt werden. Auch die oft entsprechende, durch Verseifung einer Nitrilgruppe erklärte Wirkung der Nitrile ist keinesfalls so einfach zu deuten, ist doch mitunter das Nitril ein viel kräftigerer Wuchshemmstoff als die Carbonsäure selbst, und schon sehr früh wurde auf die Möglichkeit einer Eigenwirkung der Nitrilgruppe hingewiesen [2,3].

Der *2,6-Dichlorbenzaldehyd* ist ähnlich der entsprechenden Säure zwar ein kräftiges Herbizid [4], aber auch nur schwierig darstellbar. Zahlreiche neuere Patente befassen sich mit seiner Darstellung [5,6] (s. auch 2,6-Dichlorbenzonitril). Herbizide Wirkung entfalten auch viele Kondensationsprodukte des 2,6-Dichlorbenzaldehyds.

Thioacetale:

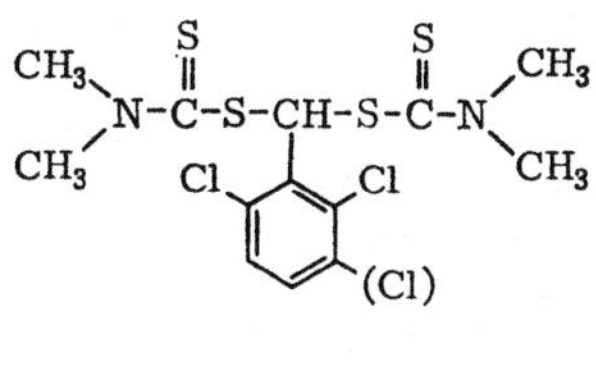

22)

2,4,6- und 2,4,5-Trichlorbenzaldehyde sind Wuchsstoffe, dagegen zeigt der 3,4,5-Trichlorbenzaldehyd keine Wuchsstoffwirkung. Dies weist auf die für die Wuchsstoffwirkung wichtige o-Halogensubstitution hin [23]. Schiffsche Basen des 2,3,6-Trichlorbenzaldehyds s. [26].

Auch aromatische, chlorierte *Dialdehyde* sind als Herbizide patentiert worden [24].

5.8.1. Schiffsche Basen und Oxime des 2,6-Dichlorbenzaldehyds

Schiffsche Basen

R–CH=NR′ [7,8].   R = 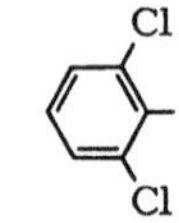

Der 2,6-Dichlorbenzaldehyd hat besonders auch deshalb größere Bedeutung erlangt, weil er in Form einiger Umsetzungsprodukte in das hochwirksame 2,6-Dichlorbenzonitril übergeht (s. Nitrile), z. B. R–CH=N–N(CH_3)$_2$ und entsprechende quartäre Salze [9, 10].

Derartige Verbindungen zerfallen leicht in das Nitril und das sekundäre bzw. tertiäre Amin. Patente [9–14].

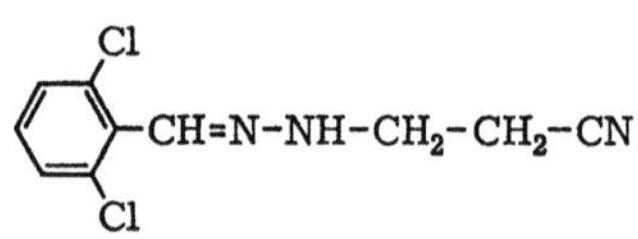

N-(2,6-Dichlorbenzyliden)-
N′-(2-cyanäthyl)-hydrazin
Versuchsprodukt
P.R.B. 591
Poudreries de Réunies de Belgique S. A.

LD_{50}: 120 mg/kg Ratte dermal akut. Wasserlöslichkeit: 0,0003%. Anwendungsgebiet: Wuchsstoffmittel.

Patente: [27].

O-Acylderivate und Urethane der Oxime [25] sind wie die Oxime selbst leicht in das Nitril überführbar [15] und wohl daher gute Herbizide.

R–CH=N–OR′

R = 2,6-Chlorphenyl (s. oben)   R′ = H [16, 17]   R′ = Alkyl [18]

R–CH=N–O–C(=O)–NH–R′ [19]
R = 2,6-Chlorphenyl

R–CH=N–O–C(=O)–R′ [17, 20, 21]
R = 2,6-Chlorphenyl

Literatur

5. Organische Herbizide

5.8. Aromatische Aldehyde

1) Untersuchungen in der I. G. Farbenindustrie, Werk Leverkusen, 1943–44, *R. Wegler, F. Lober* u. *B. Wehnelt.*

2) Dissertation *K. Binder* (*R. Wegler*), TH Stuttgart, 1938.

3) *Steiner, M.*, T. H. Stuttgart, Nachr. Akad. Wiss. Göttingen, Mathem.-phys. Klasse, Biol.-Physiol.-Chem. Abt., 11 (1947).

4) D. B. P. 860639 (19. 5. 44/24. 4. 52), I. G. Farbenindustrie / *B. Wehnelt, R. Wegler, F. Lober, M. Erlenbach, O. Scherer* u. *W. Staudermann.*

5) D. A. S. 1202774 (11. 12. 63/14. 10. 65), Shell Internationale Research Maatschappij / *G. Bernhardt, H. D. Scharf* u. *F. W. Korte.*

6) Belg. P. 590257 (28. 4. 60/28. 10. 60, Niederl. Prior. 28. 4. 59), Philips Gloeilampenfabrieken / *H. Koopman.*

7) A. P. 3253022 (9. 10. 61/24. 5. 66), Hooker Chem. Corp. / *J. Linder, E. D. Weil* u. *E. Dorfman.*

8) A. P. 3279907 (23. 6. 65/18. 10. 66, Am. Prior. 9. 10. 61), Hooker Chemical Corp. / *J. Linder, E. D. Weil* u. *E. Dorfman.*

9) D. A. S. 1205765 (30. 5. 63/25. 11. 65), Farbenfabriken Bayer AG / *E. Enders* u. *L. Eue*.

10) Niederl. P. Anm. 6503469 (18. 3. 65/20. 9. 65, Engl. Prior. 18. 3. 64), Shell.

11) E. P. 1019120 (18. 3. 64/2. 2. 66), Shell Internationale Research Maatschappij / *J. Yates* u. *E. Haddock*.

12) F. P. 1422405 (14. 12. 64/15. 11. 65, Engl. Prior. 12. 12. 63), Shell Internationale Research Maatschappij.

13) A. P. 3197504 (16. 2. 61/27. 7. 65), DuPont / *J. Harvey*.

14) Belg. P. 673984 (17. 12. 65/17. 6. 66, Schwz. Prior. 18. 12. 64), Ciba AG / *E. Nikles* u. *O. Rohr*.

15) *Mukaiyama, T.*, and *H. Nohira:* J. Org. Chem. *26*, 782 (1961).

16) A. P. 3234255 (16. 11. 61/8. 2. 66, Engl. Prior. 1. 1. 60), Shell Oil Co. / *J. T. Hackmann, P. A. Harthoorn* u. *H. P. Rosinger*.

17) D. A. S. 1136690 (26. 4. 60/20. 9. 62, Niederl. Prior. 28. 4. 59), Philips Gloeilampenfabrieken / *H. Koopman*.

18) Belg. P. 590259 (28. 4. 60/28. 10. 60, Niederl. Prior. 28. 4. 59 u. 30. 12. 59), Philips Gloeilampenfabrieken.

19) D. A. S. 1174757 (22. 12. 62/30. 7. 64), Farbenfabriken Bayer AG / *K. Dickoré, K. Sasse, L. Eue* u. *R. Heiss*.

20) Oe. P. 238165 (30. 11. 61/25. 1. 65, Engl. Prior. 20. 10. 61), Shell Research Ltd.

21) E. P. 898916 (3. 11. 59/14. 6. 62), Shell Research Ltd. / *J. Yates* u. *H. M. Higson*.

22) A. P. 3266882 (20. 9. 65/16. 8. 66, Am. Prior. 13. 3. 62), Tenneco Chemicals, Inc. / *M. A. Gradsten*.

23) *Linser, H.:* The Chemistry and Mode of Action of Plant Growth Substances, Proceedings of a Symposium held at Wye College (University of London) July 1955, p. 141. Ed. by *R. L. Wain* and *F. Wightman*, London: Butterworths Scientific Publications 1956.

24) Can. P. 726125 (26. 6. 64/18. 1. 66, Am. Prior. 5. 8. 63), Dominion Rubber Co. / *E. C. M. Coxworth, J. A. Riddel* u. *M. Kulka*.

25) D. A. S. 1300728 (30. 12. 60/7. 8. 69, Engl. Prior. 1. 1. 60), Shell Research Ltd. / *J. T. Hackmann, P. A. Harthoorn* u. *H. P. Rosinger*.

26) D. O. S. 1803696 (17. 10. 68/10. 7. 69, Am. Prior. 18. 10. 67), Tenneco Chemicals, Inc. / *E. J. Rumanowski*.

27) Belg. P. 709496 (17. 1. 68/17. 7. 68), Poudreries de Réunies de Belgique S. A.

5.9. Aromatische Nitrile

Auf die Wuchsstoffwirkung von Nitrilen wurde u. W. erstmals 1937/38 von deutscher Seite [1, 2] am Beispiel des β-Indolyl-acetonitrils hingewiesen. In der I. G. Farbenindustrie wurden später (1944) vom z. T. gleichen Arbeitskreis zahlreiche aromatische Nitrile hinsichtlich der Verhinderung des Auskeimens von Kartoffeln untersucht und ihre hohe Wuchsstoffhemmwirkung beobachtet [3]. Längere Zeit danach befaßten sich andere Arbeitsgruppen, vornehmlich der Firma Philips in Holland, speziell mit dem *2,6-Dichlorbenzonitril*. Diese Verbindung ist als Herbizid außerordentlich wirksam. Bei der Anwendung als Spritzpulver ergeben sich aber Schwierigkeiten, hauptsächlich wegen der Flüchtigkeit der Substanz. In neuerer Zeit ist es gelungen, durch spezielle Zurichtung in Form von Granulaten 2,6-Dichlorbenzonitril praktisch zu verwenden. 2,6-Dichlorbenzonitril besitzt eine gute selektive Wirksamkeit als Herbizid im Reisanbau.

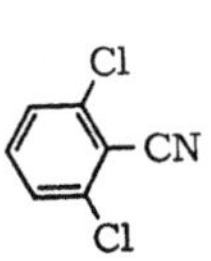

2,6-Dichlorbenzonitril
Common name: *2,6-DBN, dichlobenil*
Handelsname: *Casoron*® (Philips Duphar) 1960

LD_{50}: 3160 (2700–6000) mg/kg Ratte p. o. akut. Wasserlöslichkeit: 10 ppm bei 25°C. Wirkungsweise: Bodenherbizid und Wirkung als Blattherbizid mit systemischer Wirkung. Anwendungsweise: Pre- und post-emergence. Anwendungsgebiet: Totalherbizid, Obst- und Weinbau.
Patente [4–9]. Literatur [3, 10, 25, 26].

Wie beim 2,6-Dichlorbenzaldehyd befassen sich auch hier zahlreiche Verfahren mit der nicht einfachen technischen Darstellung. Schlüsselsubstanz der meisten Verfahren ist das nicht gut zugängliche 2,6-Dichlortoluol (I).
Einige wenige Verfahren sollen Wege zur Darstellung von 2,6-Dichlorbenzonitril (II) sowie des 2,6-Dichlorbenzaldehyd (III) zeigen:

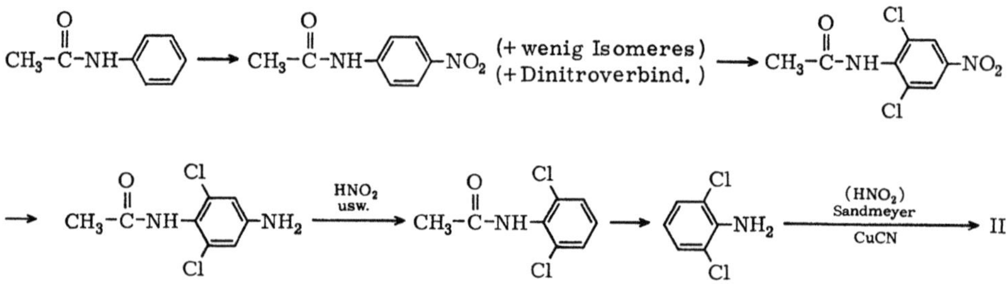

oder:

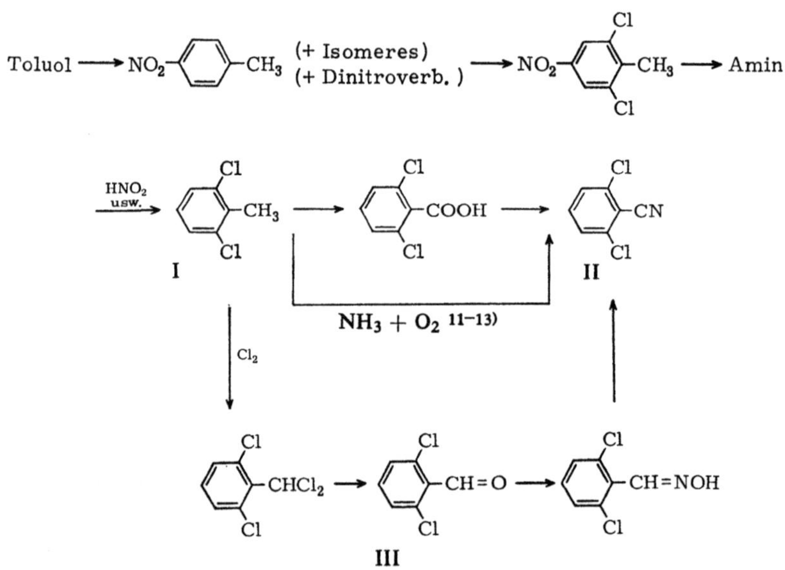

Weitere Darstellungsverfahren:

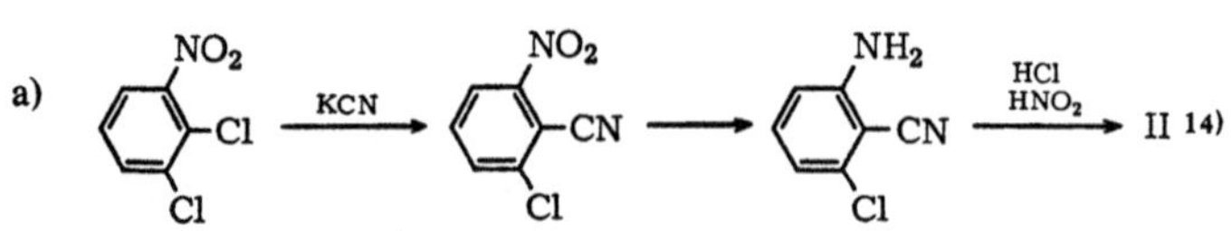

(schwer zugänglich)

b) 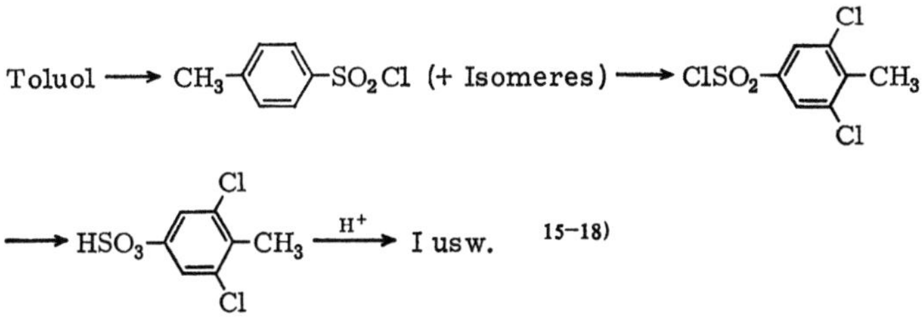

15–18)

c) 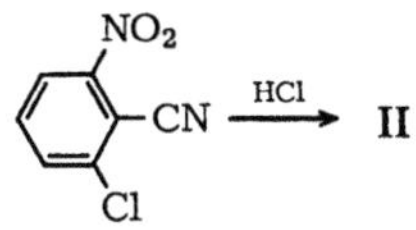

19–21)

Untersuchungen zwischen Struktur und herbizider Wirksamkeit substituierter Benzonitrile haben ergeben, daß nur dann eine hohe herbizide Wirksamkeit auftritt, wenn anstelle der Nitrilgruppe andere leicht in diese umwandelbare Gruppen vorliegen [22] (s. a. bei Schiffsche Basen u. Aldehydoximen im Vorangehenden). Die 2,6-Dichlor-Stellung zu einer Nitrilgruppe führt nur im Benzolring zu einer herbiziden Wirkung und ist nicht auf andere Ringsysteme übertragbar. 4,6-Dichlor-5-cyanpyrimidin z. B. ist herbizid fast wirkungslos [23].

Aromatische Oxynitrile mit Halogen im Kern
(s. bei Phenolen unter Oxynitrilen).

Besonders kennzeichnend ist bei den Oxybenzonitrilen (s. bei Ioxynil, 4-Hydroxy-3,5-dijodbenzonitril) die o-Halogen-Stellung zur Hydroxyl- und nicht jene zur Nitrilgruppe. — 4-Amino-2,3,5,6-tetrafluor-benzonitril ist 1965 als Herbizid bekanntgeworden [24].

Literatur

5. Organische Herbizide

5.9. Aromatische Nitrile

1) Dissertation *K. Binder* (*R. Wegler*), TH Stuttgart 1938.

2) *Steiner, M.*, T. H. Stuttgart, Nachr. Akad. Wiss. Göttingen, Mathem.-phys. Klasse, Biol.-Physiol.-Chem. Abt., 11 (1947).

3) s. zusammenfassenden Vortrag des Arbeitskreises *R. Wegler, F. Lober, B. Wehnelt* u. *F. Grewe* durch *H. A. Offe*: Angew. Chem. *62*, 453 (1950).

4) A. P. 3027248 (4. 11. 58/27. 3. 62, Am. Prior. 5. 11. 57), North American Philips Co. / *H. Koopman* u. *J. Daams*.

5) D. A. S. 1133176 (5. 11. 58/12. 7. 62, Niederl. Prior. 5. 11. 57 u. 25. 7. 58), Philips Gloeilampenfabrieken / *H. Koopman* u. *J. Daams*.

6) Belg. P. 590255 (28. 4. 60/28. 10. 60, Niederl. Prior. 28. 4. 59), Philips Gloeilampenfabrieken.

7) Belg. P. 572662 (4. 11. 58/4. 5. 59, Niederl. Prior. 5. 11. 57), Philips.

8) Belg. P. 587164 (1. 2. 60/1. 8. 60, Engl. Prior. 3. 2. 59, 14. 7. 59, 17. 7. 59, 3. 9. 59, 5. 10. 59 u. 24. 12. 59), Shell Research Ltd.

9) Belg. P. 657128 (15. 12. 64/15. 6. 65), Shell Internationale Research Maatschappij.

10) s. Einleitung und *H. Koopman* u. *J. Daams:* Nature *186*, 89 (1960).

11) D. A. S. 1206422 (20. 1. 64/9. 12. 65, Niederl. Prior. 22. 1. 63), Shell Internationale Research Maatschappij / *L. Hartstra* u. *H. J. Visser.*
12) D. A. S. 1116209 (26. 4. 60/2. 11. 61), Philips Gloeilampenfabrieken / *H. Koopman.*
13) Belg. P 590166 (26. 4. 60/26. 10. 60, Niederl. Prior. 28. 4. 59), Philips Gloeilampenfabrieken (Darstellung Polychlorbenzonitril).
14) Belg. Pr. 593212 (20. 7. 60/20. 1. 61, Engl. Prior. 23. 4. 59, 24. 7. 59, 1. 1. 60, 3. 3. 60 u. 30. 5. 60),. Shell Research Ltd.
15) Belg. P. 625993 (12. 12. 62/12. 6. 63, Engl. Prior. 14. 12. 61 u. 31. 10. 62), Shell Internationale Research Maatschappij.
16) D. A. S. 1169914 (14. 4. 61/14. 5. 64), Shell Internationale Research Maatschappij / *H. D. Scharf* u. *F. W. Korte.*
17) F. P. 1350923 (16. 1. 63/23. 12. 63, Engl. Prior. 18. 1. 62 u. 20. 12. 62), Shell Internationale Research Maatschappij / *R. Robinson* u. *G. I. Fray.*
18) = D. A. S. 1186846 (16. 1. 63/11. 2. 65).
19) A. P. 3265603 (6. 9. 63/9. 8. 66, Niederl. Prior. 25. 9. 62), Shell Oil Co. / *F. J. van der Plas.*
20) A. P. 3287393 (22. 4. 63/22. 11. 66), Aktiebolegat Bofors / *S. H. J. Åkerström.*
21) E. P. 1101779 (12. 12. 66/31. 1. 68), Shell Internationale Research Maatschappij / *C. F. Kohll* u. *N. Fekkes.*
22) *Koopman, H.*, and *J. Daams:* Weed Res. *5*, 319 (1965).
23) Untersuchungen der Farbenfabriken Bayer AG, 1967, *D. Rücker, R. Wegler* u. *L. Eue.*
24) A. P. 3375267 (21. 1. 65/26. 3. 68), Hooker Chemical Corp. / *E. Dorfman, R. L. K. Carr* u. *C. T. Bean.*
25) Herbicide Handbook of the Weed Society of America, p. 81. Geneva-New York: W. F. Humphrey Press Inc. 1967.
26) Farm Chem. *131* (4), 124 (1968).

5.10. Aromatische Sulfinsäuren

Die den Carbonsäuren in der Acidität nahestehenden aromatischen *Sulfinsäuren* zeigen deutlich phytotoxischen Charakter.
$(Cl)_nAr-SO_2Na$ und $Cl_nAr-CH_2-SO_2Na$ sind Herbizide, wobei der letztere Verbindungstyp Wuchsstoffcharakter aufweist [1].

5.11. Aromatische Sulfonsäuren

5.11.1. Sulfonsäureamide

Unter den freien Sulfonsäuren und ihren Salzen sind bis jetzt keine kräftig herbizid wirkenden Vertreter gefunden worden, wohl aber — wenn auch begrenzt — unter den Sulfonsäureamiden [2].

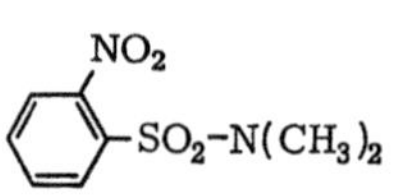
[3,7]

Versuchsprodukt
(Hodogaya Kagaku Kogyo KK)

Die entsprechende p-Nitroverbindung s. [8]. Vgl. auch [4,5].
Entsprechende am N nitrierte Verbindungen s. [6].
N-Acylierte Benzolsulfonsäureamide s. [9]. Benzolsulfonylcarbamate s. S. 234.

Literatur

5. Organische Herbizide

5.10. Aromatische Sulfinsäuren — 5.11. Aromatische Sulfonsäuren

1) Untersuchungen in der I. G. Farbenindustrie, Werk Leverkusen, *R. Wegler* u. Mitarbeiter 1944–45.
2) D. R. P. 823970 (22. 11. 48/28. 12. 50/11. 10. 51), Henkel Co. / *W. Gündel, E. Mayer* u. *H. Fuchs.*

3) Jap. P. Anm. 19316/66 (15. 12. 64/9. 11. 66), Hodogaya Kagaku Kogyo K. K.
4) A. P. 3246974 (16. 1. 63/19. 4. 66), Stauffer Chemical Co. / *M. E. Brokke* u. *C. L. Dewald.*
5) A. P. 3281233 (10. 9. 63/25. 10. 66), Dow Chem. Co. / *T. W. Holmsen.*
6) A. P. 3377379 (16. 1. 67/9. 4. 68, Am. Prior. 10. 9. 63 u. 21. 4. 66), Dow Chemical Co. / *S. J. Strycker.*
7) Belg. P. 706318 (10. 11. 67/10. 5. 68, Am. Prior. 10. 11. 66), The Upjohn Co. / *A. Steinhards.*
8) Belg. P. 706319 (10. 11. 67/10. 5. 68, Am. Prior. 10. 11. 66), The Upjohn Co. / *A. J. Lemin.*
9) Belg. P. 706317 (10. 11. 67/10. 5. 68, Am. Prior. 10. 11. 66), The Upjohn Co. / *A. J. Lemin.*

5.12. Amine

Einige aromatische, araliphatische und heterocyclische Amine weisen herbizide Wirkung auf. Oft wird bei aromatischen Aminen und ebenso bei heterocyclischen Aminen diese Wirkung durch eine Substitution im Ring, z. B. durch Halogene, gesteigert. Die Wirkung steigert sich bei Substitution mittels elektronenabziehender Gruppen, wie NO_2, SO_2R, CF_3 usw. in 2-, 4- oder 6-Stellung. Einige entsprechende aromatische Verbindungen haben in den letzten Jahren rasch größere Bedeutung erlangt. Mehrere *heterocyclische* Aminoverbindungen zeigen ebenfalls stärkere herbizide Wirkung. Da bei ihnen eine Aminogruppe auch gegen andere Substituenten ausgetauscht werden kann oder doch nur in Kombination mit bestimmten anderen Gruppen Wirksamkeit zeigt, in jedem Fall der heterocyclische Rest unerläßlich ist, werden diese Verbindungen bei den entsprechenden *Heterocyclen* abgehandelt (s. Aminotriazol, Aminopyrazinone, Aminotriazine). An dieser Stelle werden nur aliphatische, aromatische und araliphatische Amine besprochen.

5.12.1. Aliphatische Amine

Unter den *aliphatischen* Aminen finden sich keine Herbizide. Aliphatische und cyclo-aliphatische Amine sind zwar mehrfach in Patenten als Herbizide erwähnt worden, doch zeigt keine der Substanzen eine ausreichende Wirkung.

Weitere aliphatische Amine: N-Nitroamine und -diamine s. [1, 2]. — Dinitroäthylendiamin s. [3]. — Analog physiologisch bedenkliche N-Nitroso-Amine s. [4]. — Aliphatische $>N-CH_2-CH_2-Cl$-Derivate (N-Lost-Verbindung) s. [5]. — Analog cyclische N-Lost-Verbindungen siehe [6].

5.12.2. Aromatische Amine

Chlorierte Aniline wirken phytotoxisch. Oxäthyliertes 3,4-Dichloranilin zeigt im Vergleich zu dem 3,4-Dichloranilin eine wesentlich höhere Wirkung [7]. Eine Herabsetzung der Basizität des Anilins durch elektronenanziehende Gruppen in o- und p-Stellung führt ebenfalls zu deutlich herbizider Wirkung. Aber schon sekundäre Aniline wie N-tert. Butylanilin besitzen stärkere herbizide Wirkung [8], was auf andere Faktoren hinweist.

Mehrfach nitrierte, aromatische Amine und Diphenylamine sind als Herbizide bekannt [9]. Aus derartig substituierten Anilinen sind auch einige praktisch bedeutsame Herbizide dieser Reihe hervorgegangen.

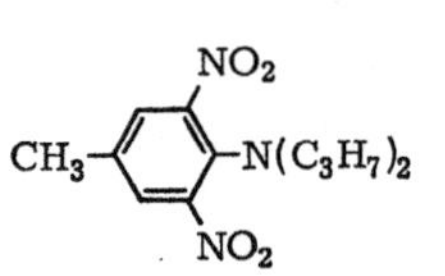

2,6-Dinitro-N,N-dipropyl-p-toluidin
Versuchsprodukt
L 35455
(Eli Lilly u. Co.)
Common name: *dipropalin*

LD_{50}: 3600 mg/kg Ratte p. o. akut. Wasserlöslichkeit: 304 ppm bei 27°C.
Patente [16–19], s. a. Benefin (s. unten). Literatur [10].

Phenylaminoessigsäuren sind herbizid nur schwach wirksam, deutlich stärkere Wirkung zeigen einige entsprechende Säurealkylamide [11] schwach basischer Amine.

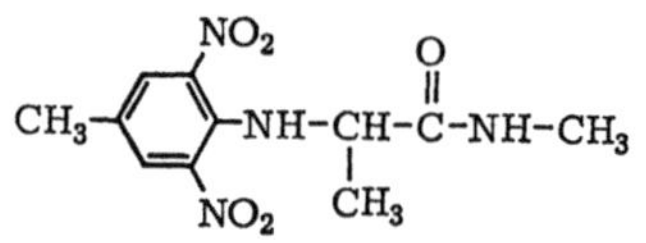

2-(2,6-Dinitro-4-toluidin)-N-propion-methylamid
Versuchsprodukt
SD 15179
(Shell) 1967

Die Verbindung hemmt nicht die Hill-Reaktion und zeigt auch keine Entkopplerwirkung auf die Energieübertragung. Die Ursache der herbiziden Wirkung ist noch unklar [12]. Auffallend ist die fast nur auf die d-Form beschränkte Wirksamkeit.
Patente [11, 16–19, 43]. Literatur [12].

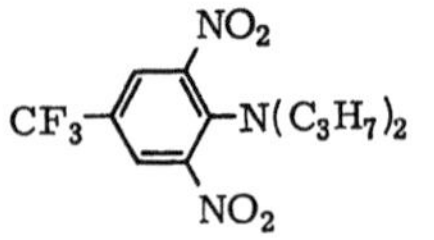

α,α,α-Trifluor-2,6-dinitro-N,N-dipropyl-p-toluidin
Common name: *trifluralin*
Handelsname: *Treflan*® (Eli Lilly u. Co.) 1965

LD_{50}: >10000 (5000—10000) mg/kg Ratte p. o. akut. Wirkungsweise: Bodenherbizid. Anwendungsweise: Vorsaat einarbeiten, pre-emergence. Anwendungsgebiet: In Baumwolle, Sojabohnen, Zuckerrüben, Erbsen.
Darstellung:

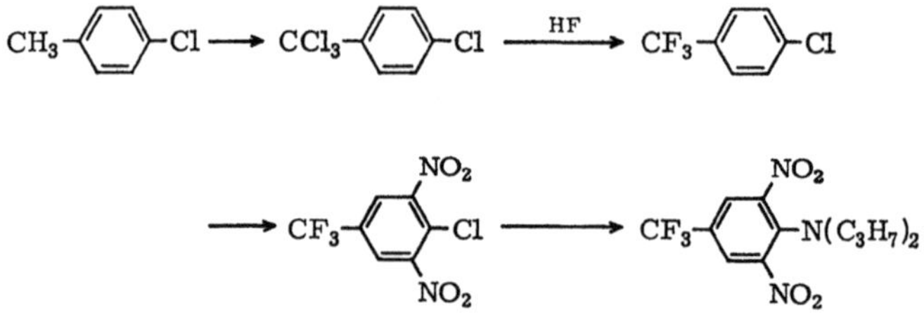

Patente [16–19], s. a. Benefin (s. nachstehend). Literatur [14, 15, 44].

Von anderer Seite wurde auch die N-Diäthylamino-Verbindung patentiert [13].

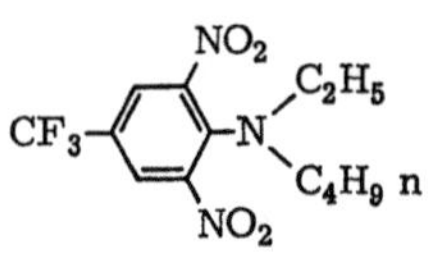

N-Butyl-N-äthyl-α,α,α-trifluor-2,6-dinitro-p-toluidin
Common name: *benefin*
Handelsname: *Balan*® (Eli Lilly u. Co.) 1965
Quilan® (Eli Lilly u. Co.)
Binnell® (Eli Lilly u. Co.)

LD_{50}: >5000 mg/kg Ratte p. o. Wasserlöslichkeit: 70 ppm. Wirkungsweise: Bodenherbizid. Anwendungsweise: Pre-emergence. Anwendungsgebiet: Salat, Luzerne, Hornklee, Möhren, Kohl, Tabak; gegen Gräser und breitblättrige Unkräuter.
Patente [16–19, 45]. Literatur [20, 21].

Die Shell hat die CF_3-Gruppe in p-Stellung zur Aminogruppe im Phenylrest durch die elektronenabziehende CH_3SO_2-Gruppe ersetzt:

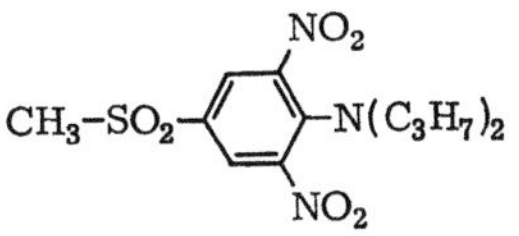

N-Dipropyl-2,6-dinitro-4-methylsulfonanilin
Common name: *nitralin*
Handelsname: *Planavin®* (Shell) 1966/67

LD$_{50}$: >2000 mg/kg Ratte p. o. akut. Wasserlöslichkeit: 0,6 ppm bei 25°C. Wirkungsweise: Bodenherbizid. Anwendungsweise: Pre-emergence. Anwendungsgebiet: Bekämpfung einjähriger Gräser und breitblättriger Unkräuter in Getreide, Baumwolle, Bohnen, Sojabohnen und Erbsen.
Patente [16–19, 22], s. a. Benefin (vorstehend), ferner [23]. Literatur [24].

Es sind auch Verbindungen mit p-Substituenten, die Elektronendonator-Eigenschaften aufweisen ($-N(CH_3)_2$), bekanntgeworden [42].

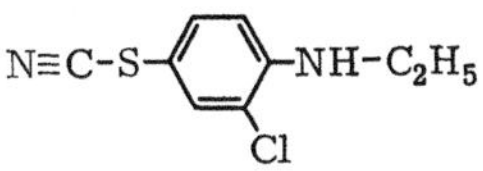

N-Äthyl-2-chlor-4-rhodananilin
Versuchsprodukt
Bayer 53427
(Farbenfabriken Bayer AG) 1965/66
Aus toxikologischen Gründen nicht eingeführt.
Common name: *rhodananin*

LD$_{50}$: 1410 mg/kg Ratte p. o. akut. Wirkungsweise: Blattherbizid mit Kontaktwirkung. Anwendungsweise: Post-emergence. Anwendungsgebiet: Zur Krautabtötung bei Kartoffeln.
Patente [25]; ähnlich auch [26–28].

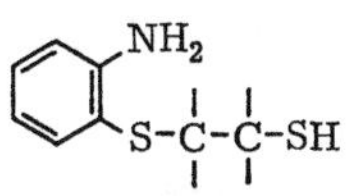

Dieses Produkt wurde 1963 in den USA patentiert [29].

*Anilin*derivate mit den verschiedensten *Substituenten an der Aminogruppe* sind in den letzten Jahren noch vielfach als Herbizide patentiert worden, ohne daß jedoch weitere, für die Anwendung wichtige Verbindungen bekanntgeworden sind:
$Ar-NH-C_{12}H_{25}$ [30,31]. $Ar-N(CH{=}CH-NO_2)_2$ soll Blüten- und Fruchtbildung stimulieren [32]. — Chlorierte *Diphenylamine* siehe [33]. — Am N durch den Acrylrest $-CH{=}CH-COOR$ substituierte Benzidinderivate siehe [34].

5.12.3. Aromatisch-aliphatische Amine

Aliphatisch-aromatische Amine mit einem Cl-Atom in β-Stellung sind als Herbizide patentrechtlich geschützt. Ihre phytotoxische Wirkung dürfte indessen speziell der β-Chloräthylamin-Gruppierung eigen sein:

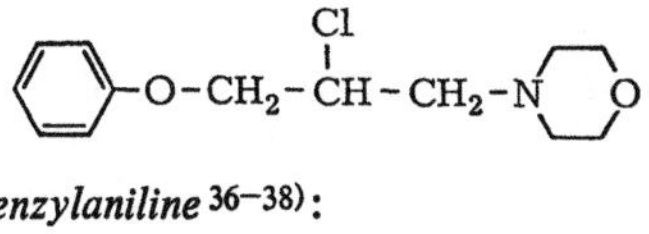

[35]

Zahlreiche Patente schützen *Benzylaniline* [36–38]:

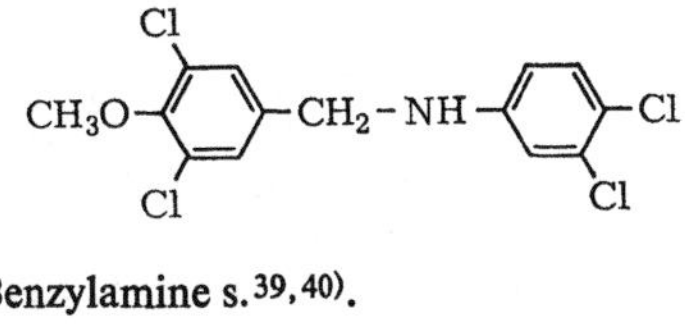

Hinsichtlich N-dialkylierter Benzylamine s. [39, 40].

Die häufig für eine herbizide Wirkungssteigerung benutzte Einführung von Substituenten mit Dreifach-Kohlenstoff-Kohlenstoffbindungen, z. B. in ein β-Phenyläthylamin, ist auch hier angewandt und patentrechtlich beansprucht worden [41].

Aminopyridincarbonsäuren s. 1. heterocyclische Carbonsäuren, 2. Amino-1,2,4-triazol (unter Heterocyclen).

Literatur

5. Organische Herbizide

5.12. Amine — 5.12.3. Aromatisch-aliphatische Amine

1) E. P. 1005860 (12. 10. 62/29. 9. 65), I. C. I. Ltd. / *R. J. Hardy, D. A. Spratt* u. *G. C. Mees.*

2) E. P. 997826 (5. 7. 62/7. 7. 65), I. C. I. Ltd. / *R. J. Hardy, W. S. Lindsay* u. *G. C. Mees.*

3) A. P. 3356483 (10. 9. 63/5. 12. 67, Am. Prior. 25. 4. 62), Dow Chemical Co. / *J. K. Leasure* u. *D. R. Mussell.*

4) A. P. 3251875 (31. 8. 62/17. 5. 66, Am. Prior. 3. 5. 61), DuPont / *H. J. Gerjovich* u. *J. B. Harrison.*

5) A. P. 3072472 (9. 9. 60/8. 1. 63), Dow Chemical Co. / *M. J. Josephs.*

6) D. A. S. 1114058 (22. 4. 60/21. 9. 61), BASF / *A. Fischer, K. H. König, H. Pommer* u. *H. Stummeyer.*

7) Eigene, unveröffentlichte Versuche in den Farbenfabriken Bayer AG.

8) A. P. 3351458 (30. 6. 64/7. 11. 67), American Cyanamid Co. / *D. D. Bondarenko.*

9) F. P. 1253176 (6. 4. 60/26. 12. 60, Am. Prior. 15. 4. 59), Monsanto Chemical Co. / *M. G. R. Wilder.*

10) *Inoue, Y., K. Ishizuka,* and *S. Mitsui:* Agr. Biol. Chem. (Tokyo) *31* (4), 422 (1967).

11) Niederl. P. Anm. 6707890 (6. 7. 67/11. 12. 67, Engl. Prior. 8. 6. 66 u. 2. 5. 67), Shell.

12) *Yates, J.:* Proc. Brit. Weed Control Conf., p. 659. Brighton, November 1968.

13) Russ. P. 186220 (1. 10. 65/Juli 67), *B. F. Malichenko* u. Mitarb.

14) *Alder, E. F., W. L. Wright,* and *Q. F. Soper:* Proc. 17. Ann. Meeting, North Central Weed Control Conf. 1960, p. 23.

15) *Engel, R. E.:* Proc. Northeast. Weed Control Conf. *17*, 490 (1963).

16) Belg. P. 661387 (19. 3. 65/20. 9. 65, Am. Prior. 7. 10. 63), Eli Lilly & Co. / *Q. F. Soper.*

17) F. P. 1298717 (26. 8. 61/4. 6. 62, Am. Prior. 31. 8. 60), Eli Lilly & Co. / *Q. F. Soper.*

18) A. P. 3111403 (31. 8. 60/19. 11. 63), Eli Lilly u. Co. / *Q. F. Soper.*

19) A. P. 3257190 (10. 12. 62/21. 6. 66, Am. Prior. 31. 8. 60), Eli Lilly & Co. / *Q. F. Soper.*

20) *Sallee, W. R.:* Calif. Agr. *21*, [4] 14 (1967).

21) *Guse, L.:* Proc. Southern Weed Control Conf. 1966, p. 121.

22) A. P. 3227734 (13. 11. 64/4. 1. 66), Shell Oil Co. / *S. B. Soloway* u. *K. D. Zwahlen.*

23) A. P. 3321292 (8. 10. 65/23. 5. 67, Am. Prior. 13. 11. 64), Shell Oil Co. / *S. B. Soloway* u. *K. D. Zwahlen.*

24) *Burgis, D. S.:* Weeds *15*, 180 (1967).

25) D. A. S. 1197678 (15. 3. 62/29. 7. 65), Farbenfabriken Bayer AG / *K. Weis, W. Hahn* u. *L. Eue.*

26) F. P. 1294804 (17. 4. 61/24. 4. 62), Rhône Poulenc / *J. Desmoras* u. *P. Jaquel.*

27) F. P. 1351772 (14. 3. 63/30. 12. 63), Dtsch. Prior. 15. 3. 62 / Farbenfabriken Bayer AG / *K. Weis, W. Hahn* u. *L. Eue.*

28) Jap. P. Anm. 7316/65 (1. 11. 62/13. 4. 65), Sankyo Co. Ltd.

29) A. P. 3111541 (1. 2. 60/19. 1. 63), American Cyanamid Co. / *D. W. Slocum.*

30) D. A. S. 1117939 (9. 10. 59/23. 11. 61, Franz. Prior. 9. 10. 58), Péchiney Progil / *F. d'Ogny.*

31) = F. P. 1211782 (9. 10. 58/18. 3. 60).

32) A. P. 3001859 (14. 5. 58/26. 9. 61), DuPont / *M. Paulshock.*

33) Jap. P. Anm. 9874/65 (21. 6. 61/20. 5. 65), Tokyo Yukikagaku Kogyo K. K.

34) A. P. 3161643 (24. 4. 61/15. 12. 64), Monsanto Co. / *L. A. Miller.*

35) A. P. 3275629 (20. 3. 63/27. 9. 66), Monsanto Co. / *M. M. Baizer.*

36) A. P. 3227757 (10. 7. 62/4. 1. 66), Velsicol Chemical Co. / *S. B. Richter* u. *D. P. Mayer.*

37) A. P. 3227758 (10. 7. 62/4. 1. 66), Velsicol Chemical Co. / *S. B. Richter* u. *D. P. Mayer.*

38) A. P. 3227759 (10. 7. 62/4. 1. 66), Velsicol Chemical Co. / *S. B. Richter* u. *D. P. Mayer.*
39) A. P. 3227760 (10. 7. 62/4. 1. 66), Velsicol Chemical Co. / *S. B. Richter* u. *D. P. Mayer.*
40) A. P. 3227756 (10. 7. 62/4. 1. 66), Velsicol Chemical Co. / *S. B. Richter* u. *D. P. Mayer.*
41) A. P. 2884455 (29. 10. 56/28. 4. 59), Dow Chemical Co. / *D. N. Robertson* u. *M. B. Chenoweth.*
42) Niederl. P. Anm. 6713615 (6. 10. 67/9. 4. 69), Eli Lilly & Co.
43) Belg. P. 699557 (6. 6. 67/6. 12. 67), Shell.
44) *Fryer, J. D.*, and *S. A. Evans:* Weed Control Handbook, pp. 96 u. 428. Oxford-Edinburgh: Blackwell Scientific Publications 1968.
45) D. A. S. 1300727 (21. 8. 61/7. 8. 69), Eli Lilly & Co. / *Q. F. Soper.*

5.12.4. Carbonsäureamide

a) Acylverbindungen aliphatischer Amine und Hydrazine

*Acyl*verbindungen *aliphatischer Amine und Hydrazine*, bei denen dem Aminrest eine wesentliche herbizide Wirkung zukommt, sind nicht bekannt. Bei den Chloracylamiden ist die Wirkung dem Chloracyl-Rest (s. Chloressigsäurediäthylamid) eigen (*Randox*®). *Dicycloformamid* soll ein Herbizid und Entblätterungsmittel sein [144].

b) Acylverbindungen aromatischer Amine

Die herbizide Wirkung der *Acylanilide* wurde mehrfach und unabhängig voneinander entdeckt. In der Hauptsache geschah dies in Deutschland durch die BASF und die Farbenfabriken Bayer, in den USA durch Rohm und Haas sowie Monsanto Chem. Co. Erst später wurde bei einzelnen Vertretern die gute Selektivität gefunden. Diese Selektivität ist heute die Grundlage der größeren praktischen Anwendung einiger Verbindungen dieser Klasse.

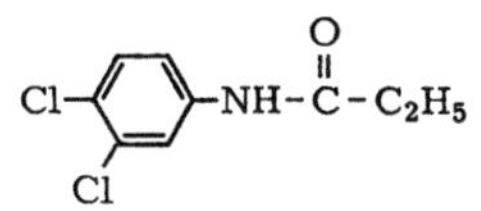

Propionsäure-3,4-dichloranilid
Common name: *propanil, DPA*
Handelsname: *Surcopur*® (Farbenfabriken Bayer AG) 1961
Stam F 34® (Rohm u. Haas)
Rogue® (Monsanto Chem. Co.)

LD_{50}: 1300—2270 mg/kg Ratte p. o. akut. Wasserlöslichkeit: 150—200 ppm. Wirkungsweise: Blattherbizid mit Kontaktwirkung und geringer systemischer Wirkung. Anwendungsweise: Post-emergence. Anwendungsgebiet: Vorwiegend in Reis, selektiv auch in Kartoffeln.

Die selektive Wirkung von Propionsäure-3,4-dichloranilid beruht auf einem gegenüber Ungräsern verminderten Eindringen in Reispflanzen. Außerdem wird die Verbindung in der Reispflanze schneller hydrolysiert. Spaltende Enzyme werden durch einige Phosphorsäureester-Insektizide [1] und Carbamate [2] gehemmt, daher verursacht eine Kombination von *Propanil* mit diesen Insektiziden Schädigungen an Reis [2].

Patente [3]. Die Anmeldungen von Rohm u. Haas sowie Monsanto in den USA sind noch nicht überall entschieden; siehe aber [4,5]. Spezielle Darstellungsverfahren [6,7]. Literatur [1,2,8,9,120–125].

Thiopropionsäure-3,4-dichloranilid

Versuchsprodukt
Bayer 61313
(Farbenfabriken Bayer AG) 1965/66

LD_{50}: 1250 mg/kg Ratte p. o. akut. Wirkungsweise: Blattherbizid, aber ohne wesentliche Vorteile gegenüber Propanil. Anwendungsweise: Post-emergence. Anwendungsgebiet: Unkrautbekämpfung in Reis.

Thiopropionsäure-3,4-dichloranilid hemmt die Hill-Reaktion etwa 60- bis 100mal weniger als die entsprechende Propionsäureverbindung, zeigt sich aber trotzdem als nahezu gleich gutes Herbizid [10].
Patente [3–7, 10]. Literatur [11].

Die Gruppe der Acylanilide wurde bis in die jüngste Zeit breit bearbeitet [12–16]. Sowohl eine Veränderung der Substituenten im Phenylkern als auch des Acylrestes bringen einen Wirkungsabfall oder eine spezielle Selektivität. Auch eine Änderung der Stellung des Chlors im Propionsäuredichloranilid vermindert deutlich die Wirkung. Der Austausch *eines* Chlors in p-Stellung gegen Methyl gibt bei den Propionyl-Verbindungen zwar ein noch wirksames Herbizid, doch ist diese Verbindung bei chronischer Aufnahme ein Methaemoglobinbildner [17].
Das *4-Brom-3-chlor-* und das *4-Chlor-3-brom-propionsäureanilid* sind gut herbizid wirksam [18]. Auffallend ist, daß der Ersatz des p-ständigen Chlors durch eine Nitrogruppe zu Fungiziden (speziell gegen Reismehltau) führt und die herbizide Wirkung praktisch wegfällt [19].

Als für gute herbizide Wirkung wesentlich wird eine Molekülausdehnung von 10—13 Å angesehen. Auch Verbindungen anderer Art, wie Carbamidsäureester und aromatisch-aliphatische Harnstoffe, haben etwa diese Molekülgröße. Ähnliches gilt für die Halbanilide von Dicarbonsäuren.

Die Ähnlichkeit der Molekülstruktur von Halbaniliden der Maleinsäure oder anderen 1,2-Dicarbonsäureaniliden mit z. B. Propionsäureanilid, wobei in ersteren lediglich eine Carboxyl- bzw. Estergruppe durch Alkylgruppen ersetzt wird, kann man als Stütze einer ähnlichen Wirkungsbegründung ansehen. Die Einflüsse unterschiedlicher Substituenten in verschiedener Stellung des Benzolringes sind mehrfach untersucht worden. Besonders die Trifluormethyl-Gruppe in 3-Stellung ist wesentlich für eine Wirksamkeit. Sehr viele Benzanilide wurden auf ihre herbizide Wirksamkeit gegen verschiedene Unkräuter geprüft, ebenso der Einfluß einer Substitution im Benzoyl-Rest. Eine Zusammenfassung dieser Arbeiten gaben *H. Schwartz* und *J. B. Skaptason* [12]. Über Zusammenhänge zwischen einer inhibierenden Wirkung bei der Hill-Reaktion und der chemischen Konstitution von Aniliden liegen ebenfalls umfangreiche, neue Untersuchungen vor [13]. Dabei zeigte sich u. a., daß auch bei diesen in-vitro-Testen das 3,4-Dichloranilid zu den wirksamsten Verbindungen gehört [12].

Einige Dicarbonsäurehalbanilide, die praktisch nur mäßige herbizide Wirkung aufweisen, hemmen die Hill-Reaktion kräftig. Ähnliche Untersuchungen wurden für die Dicarbonsäurehalbanilidester und Alkylanilide durchgeführt [14]. Nicht alle in-vitro-Teste ergeben Resultate, welche parallel mit der Wirksamkeit gegen Pflanzen gehen. Die herbizide Wirksamkeit gegen Pflanzen wird noch durch andere Faktoren, wie Eindringungsvermögen in die Pflanze, Abbau in derselben usw., bestimmt.

Acylanilide hemmen auch das Wachstum von Hefezellen, s.[15].
Über die Acylanilidgruppe als herbizide Wirkungsgruppe wurde in der chemischen Literatur zuletzt 1966 berichtet[16,20]. Über Trichloracetyldichloranilid s.[21].

Als weitere praktisch angewandte Herbizide, die aber bis jetzt nur geringe Bedeutung erlangten, sind bekanntgeworden:

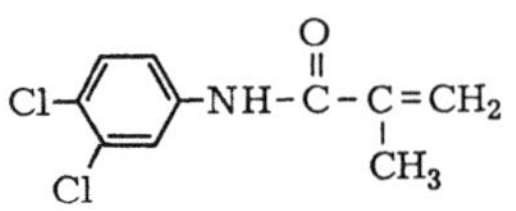

Methacryl-3,4-dichloranilid
Common name: *DCMA*
Handelsname: *Dicryl®* (Niagara Chem. Div., Food Machinery and Chemical Corp.) 1960

LD_{50}: 1800–3100 mg/kg Ratte p. o. akut. Wirkungsweise: Blattherbizid mit Kontaktwirkung und geringer systemischer Wirkung. Photosynthesehemmer. Anwendungsweise: Post-emergence. Anwendungsgebiet: Selektiv in Baumwolle gegen Gräser und breitblättrige Unkräuter.
Patente[22,23]. Literatur[24,25].
Über Crotonsäureanilide s.[132].

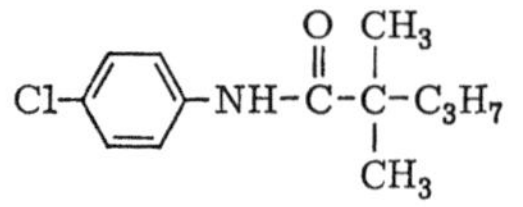

α,α-Dimethylvaleryl-p-chloranilid
N-(4-Chlorphenyl)-2,2-dimethylpentanamid
Common name: *monalide*
Handelsname: *Potablan®* (Schering) 1963/64

LD_{50}: 4000 mg/kg Ratte p. o. akut. Wasserlöslichkeit: 22,8 ppm. Wirkungsweise: Blattherbizid mit Kontaktwirkung. Bodenherbizid. Anwendungsweise: Post- und pre-emergence. Anwendungsgebiet: Post-emergence selektiv in Möhren und anderen Umbelliferen. Pre-emergence in Buschbohnen und Zwiebeln.
Patente[26–28]. Literatur[29].

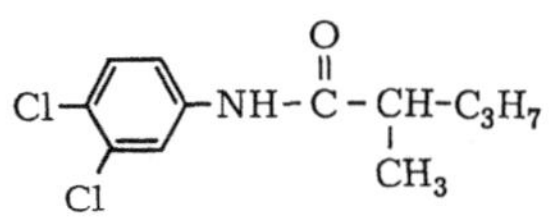

N-(3,4-Dichlorphenyl)-2-methylpentanamid
Common name: *NCA*
Handelsname: *Karsil®* (Niagara Chem. Div., Food Machinery and Chemical Corp.)

LD_{50}: 10000 mg/kg. Wirkungsweise: Blattherbizid mit Kontakt- und systemischer Wirkung. Anwendungsweise: Post-emergence. Anwendungsgebiet: Sellerie, Möhren, Petersilie, Erdbeeren.
Patente[26,30]. Literatur[31].

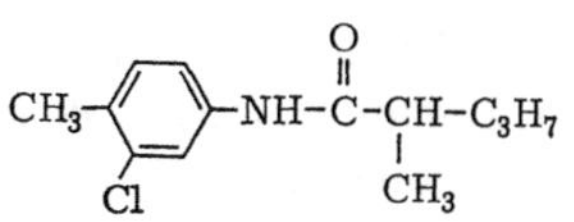

α-Methylvaleryl-3-chlor-4-methylanilid
Common name: *CMA*
Handelsname: *Solan®* (Niagara Chem. Div., Food Machinery and Chemical Corp.) 1958

LD_{50}: 10000 mg/kg Ratte p. o. akut. Wasserlöslichkeit: Unlöslich. Wirkungsweise: Kontaktherbizid mit geringer systemischer Wirkung. Anwendungsweise: Post-emergence. Anwendungsgebiet: Gegen breitblättrige Unkräuter in Tomaten, Möhren, Petersilie und Erdbeeren.
Patente[32,33]. Literatur[24].

Verwandte Produkte sind:

$p\text{-}NCS-Ar-NH-\overset{O}{\overset{\|}{C}}-C_2H_5$ [34)]

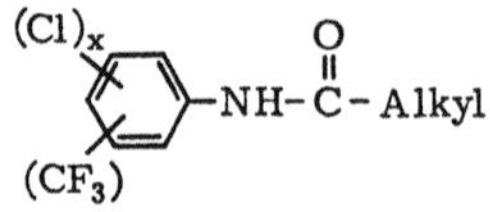

[35–37)]

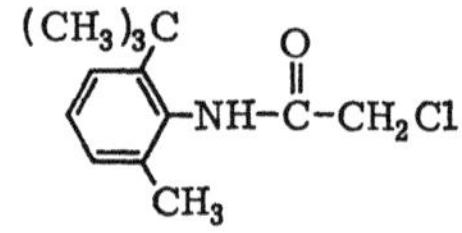

2′-Methyl-6′-tert.-butyl-2-chlor-acetanilid
Versuchsprodukt
CP 31675
(Monsanto Chem. Co.)

LD_{50}: 1780 mg/kg Ratte p. o. akut. Wasserlöslichkeit: ca. 300 ppm. Anwendungsweise: Preemergence, Vorsaat mit einarbeiten. Anwendungsgebiet: Speziell wirksam gegen *Digitaria*-Arten in Kartoffeln, Zuckerrohr, Baumwolle, Ziergehölzen.
Patente [39–41] (Alkyl = C_2H_5 [42,43]). Literatur [44,141].

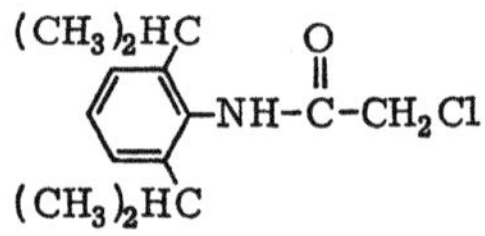

2′,6′-Diisopropyl-2-chlor-acetanilid
Versuchsprodukt
(Monsanto Chem. Co.) 1965/66

Patente [39,45]. (Chloracetylverbindungen von im Kern alkylierten α-Naphthylaminen beansprucht [39]) Literatur [44].
Verwandte Substanzen sind:

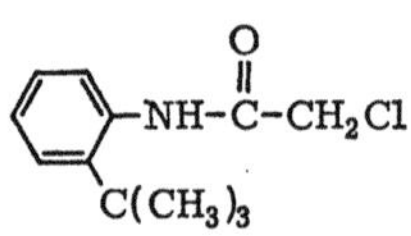

[46)]

oder andere tert. Alkylreste

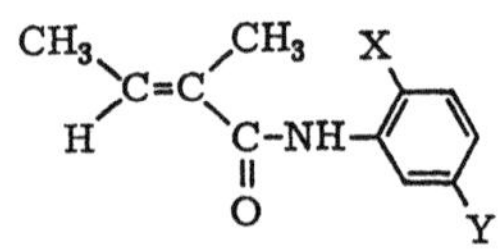

Tiglinsäureanilid [47]
cis-trans-Form
X = CH_3, Cl, Y = H, CH_3, Cl

2,3-Dihalogenacryl-chloranilide s. [134].
Zahlreiche Patente betreffen Benzoesäureanilide [48,49], ohne daß aber Versuchs- oder gar Handelsprodukte bekanntgeworden sind.
Anilide einer Ketocarbonsäure mit Acetylengruppierung s. [50].

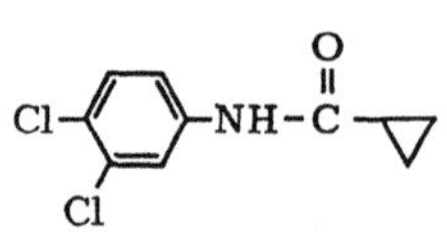

Cyclo-propan-carbonsäure-3,4-dichloranilid
Common name: *cypromid*
Handelsname: *Clobber*® (Spencer Chem. Div., Gulf Oil Corp.) 1965

LD_{50}: 218 (218–900) mg/kg Ratte p. o. akut. Wasserlöslichkeit: <100 ppm. Wirkungsweise: Blattherbizid mit Kontaktwirkung. Anwendungsweise: Postemergence. Anwendungsgebiet: Gegen breitblättrige Unkräuter und Ungräser in Getreide, in Mais, Umbelliferen, Zwiebeln, Baumwolle.
Patente [51–53]. Literatur [54].

H am Stickstoff kann durch CH_3 oder OCH_3 ersetzt werden [55–61]. Ein Patent betrifft u. a. auch *Cyclobutancarbonsäure-anilide* [55]. Statt Anilinen werden auch Aminoheterocyclen beansprucht, speziell das *2-Aminothiazol* [57]. Die BASF beansprucht *Isobuttersäureanilide* und das *Cyclopropancarbonsäureanilid* beliebiger Substitutionen speziell gegen Klebkraut und *Veronica*-Arten [58]. Andere cyclo-aromatische Carbonsäureanilide, 4–6-Ring-Verbindungen betreffend, s. [62].

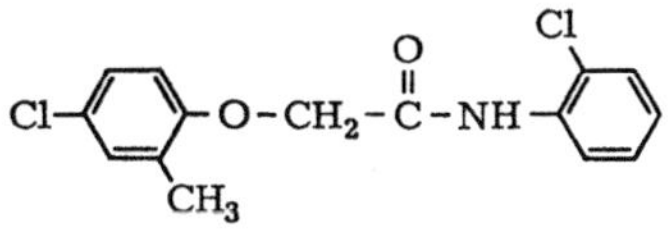

2-Methyl-4-chlor-phenoxyessigsäure-2-chloranilid
Common name: *MCPCA*
Handelsname: *Mapica*® (Ishihara Sangyo Kaisha Ltd.) 1966

Wirkungsweise: z. T. auf der Säurekomponente beruhend. Anwendungsgebiet: Selektives Reisherbizid.

Patente [63, 64]. Literatur [65].

Ein jüngeres Patent beansprucht *3-Chlor-4-methylmercapto-anilide*, speziell die Propionyl-Verbindung [137].

Oxalsäureesterhalbanilide

Obwohl die *Oxalsäureesterhalbanilide* nach den Untersuchungen der Verfasser nur wenig herbizid wirksam sind, wurden von anderer Seite einige Thio-Derivate als Pre-emergence-Herbizide patentiert [66]:

N-(3-Chlorphenyl)-dithiooxamid,
N-(3-Chlor-4-äthylphenyl)-dithiooxamid

Einige *Oxanilsäuren* zeigen eine gute Hemmung der Hill-Reaktion, wobei einzelne Vertreter auch an der Pflanze stark phytotoxisch sein sollen [67], z. B.:

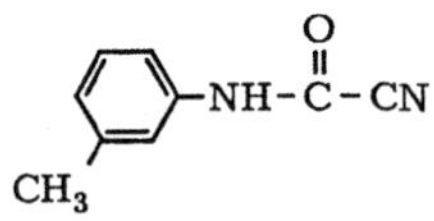

Weitere Beispiele aus dieser Substanzklasse sind:

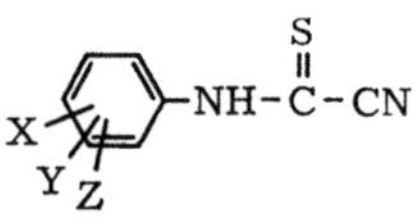 38)

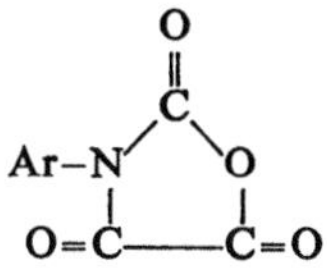 68)

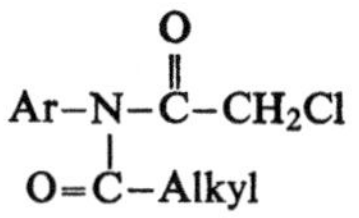 40)

Über cyclische Bernsteinsäureimide s. bei 5-Ring-Verbindungen mit 1 N-Atom.

Acylverbindungen der Anthranilsäure

Bekannt wurden die Verbindungen:

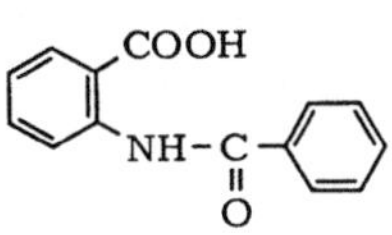

und

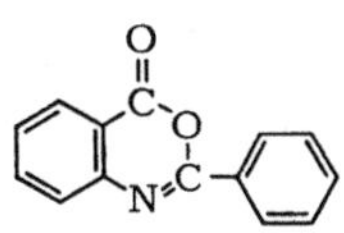

Blattherbizid mit Kontaktwirkung. Selektiv in Getreidearten [69, 100, 101].

Am Stickstoff alkylierte Acylanilide sowie Bisacylanilide

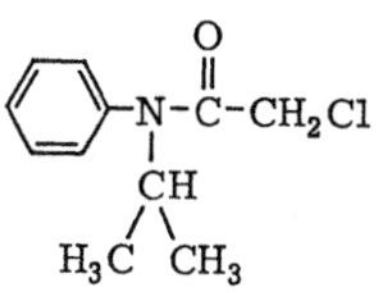

N-Isopropyl-α-chloracetanilid
Common name: *propanochlor, propachlor*
Handelsname: *Ramrod*® (Monsanto Chem. Co.)

LD$_{50}$: 1200 mg/kg Ratte p. o. akut. Wasserlöslichkeit: 700 ppm bei 20°C. Wirkungsweise: Bodenherbizid, Kontaktherbizid. Anwendungsweise: Pre-emergence und früh post-emergence. Anwendungsgebiet: Gegen Gräser und breitblättrige Unkräuter im Keimlingsstadium. Pre-emergence in Mais, Kohl, Bohnen, Zwiebeln, Baumwolle und Sojabohnen.

Patente [70, 71, 126]. (Diese Patente umfassen auch am Stickstoff alkylierte Aniline mit beliebigen Substituenten im Phenylrest); s. ferner [72], am N eine CH_2OH-Gruppe s. [73]. Literatur [74].

Nahe verwandt mit *Ramrod*® ist

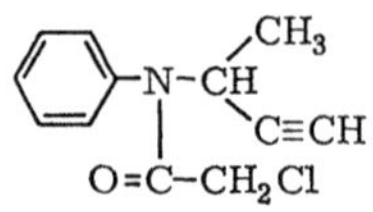

Common name: *chloretin*
Handelsname: *Butisan*® (BASF), 1968/69)

Anwendung: Selektiv in Raps, Kohl und Zwiebeln. Literatur [141].

Neuartige aussichtsreiche Herbizide enthalten eine Methoxyalkyläthergruppe am Stickstoff. Charakteristisch ist die 2,6-Dialkylsubstitution.

2′,6′-Dimethyl-N-(isopropoxymethyl)-2-chloracetanilid

Versuchsprodukt
CP 52665
(Monsanto Chem. Co.)

Anwendungsweise: Pre-emergence. Anwendungsgebiet: Selektiv in Kohl-Arten, Mais und Bohnen Patente [43]. Literatur [119].

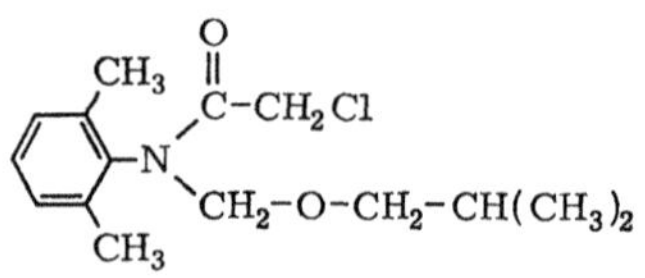

2′,6′-Dimethyl-N-(isobutoxymethyl)-2-chloracetanilid
Versuchsprodukt
CP 52223
(Monsanto Chem. Co.) 1967
Common name: *butachlor*

Wirkungsweise: Bodenherbizid. Anwendungsweise: Pre-emergence. Anwendungsgebiet: Selektiv in Zuckerrüben, Mais, Baumwolle, Soja. Wirkung vornehmlich gegen Gräser.
Patente [42, 43]. Literatur [75].

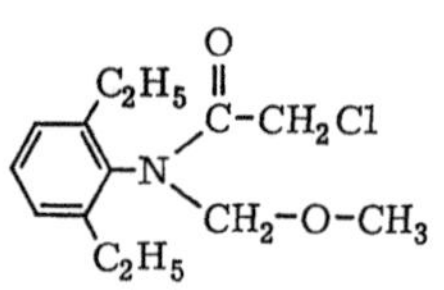

2′,6′-Diäthyl-N-(methoxymethyl)-2-chloracetanilid
Common name: *methachlor*
Handelsname: *Lasso*®
(Monsanto Chem. Co.)

LD$_{50}$: 1200 mg/kg Ratte p. o. akut. Wasserlöslichkeit: 148 ppm. Wirkungsweise: Bodenherbizid. Anwendungsweise: Pre- und post-emergence. Anwendungsgebiet: Selektiv in Baumwolle, Mais, Sojabohnen, Tomaten und Erdnüssen, gegen Gräser und breitblättrige Unkräuter.
Patente [39, 41–43, 126–131, 133, 135, 136, 139]. Literatur [75–78].

Darstellung:

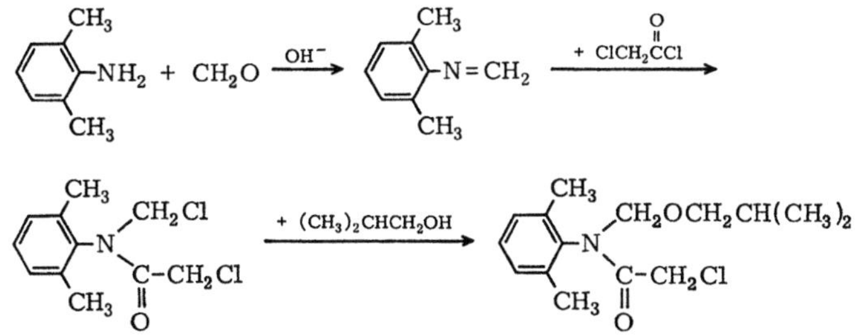

Eine dem *Methachlor* ähnliche Verbindung, das 2′,6′-Diäthyl-N-(butoxy-methyl)-2-chloracetanilid, ist ebenfalls ein Versuchsprodukt der Monsanto *(CP 53619)*. Anwendung: Aussichtsreich als selektives Pre-emergence-Herbizid in Mais, Sojabohnen und Buchweizen. Post-emergence ist die Verbindung weniger wirksam. Patente [43].

Ein Versuchsprodukt der Monsanto ist auch das 2′-tert.-Butyl-6′-methyl-N-(methoxymethyl)-2-chloracetanilid (*CP2507*). Anwendung wie zuvor. Patente [43]. Literatur [119].

Ebenfalls am Stickstoff alkylierte Acyl-, speziell Chloracetyl-Verbindungen von Anilinen umfaßt ein Patent der BASF [79]. Der Alkylrest ist 1-Methylbutin, der Phenylkern ist beliebig substituiert. Statt Alkyl am Stickstoff soll auch Halogen stehen können [138].

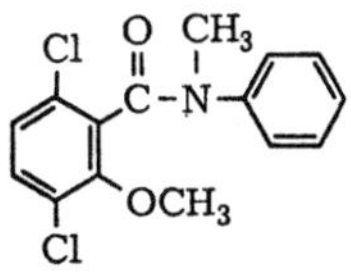

N-Methyl-2-methoxy-3,6-dichlor-benzanilid
Versuchsprodukt
JA 20696
(Takeda Chem. Co.) 1965

LD_{50}: 3000–6000 mg/kg Ratte p. o. akut. Wirkungsweise: Z. T. auf der Säurekomponente beruhend. Anwendungsgebiet: Selektiv in Reis gegen *Echinochloa crus galli* (Hühnerhirse). Literatur [80].

Phthalsäureester-anilide s. [140].

Mehrfach wurden Diacylverbindungen von Anilinen patentiert. Die herbizide Wirkung ist oft ausreichend gut, die Verbindungen sind aber im Vergleich zu den ähnlich wirkenden Monoacyl-Verbindungen schwieriger herstellbar.

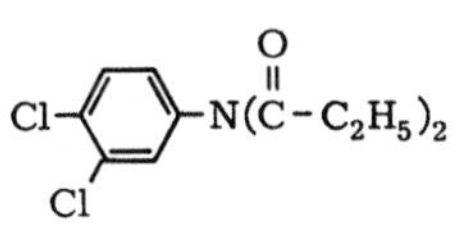

N-Dipropionyl-3,4-dichloranilid
Versuchsprodukt
(Farbenfabriken Bayer AG) 1965/66

LD_{50}: 1740 mg/kg Ratte p. o. akut. Wirkungsweise: Blattherbizid mit Kontaktwirkung und systemischer Wirkung. Anwendungsweise: Post-emergence. Anwendungsgebiet: Selektiv in Reis, auch in Mais und Kartoffeln. Nicht besser als die Monoacylverbindung.
Patente [81–83].

$$(XY){-}Ar{-}\underset{\substack{|\\ Acyl}}{N}{-}\overset{\substack{O\\ \|}}{C}H \quad {}^{88)}$$

Acylverbindung mit COOH im Säurerest s. [86]. Der Anilinrest kann auch eine Carboxylgruppe enthalten [87].

Acyl- und Diacylanilide von Carbonsäuren mit eingebauten Heteroatomen [84–88]

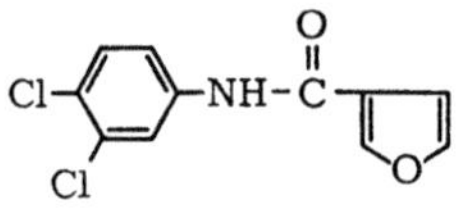

Furyl-carbonsäure-3,4-dichloranilid
Versuchsprodukt
(Schering) 1966

Anwendungsgebiet: Selektiv in Tomaten, Möhren und Zuckerrüben.
Patente [89].

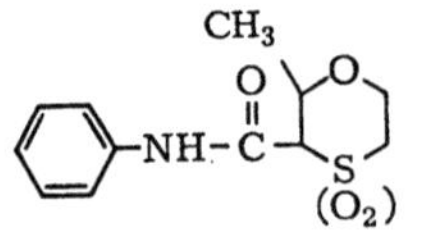

ist als Fungizid [90] bekanntgeworden. Es soll auch systemisch wirksam sein. Auf die häufige Verwandtschaft zwischen Herbiziden und Fungiziden sei hier besonders hingewiesen.

c) Acylphenylhydroxylanilide

Als eine Abwandlung der Acylanilide können Acylverbindungen des Phenylhydroxylamins aufgefaßt werden. Patente [91–93].

d) Monoacylanilide von Dicarbonsäuren, die zur cyclischen Imidbildung befähigt sind

Die meisten cyclischen N-Phenylimide besitzen nur geringe herbizide Wirkung. *F. G. Teubner* u. *S. H. Wittwer* [94] berichteten über eine Förderung der Blütenbildung derartiger Verbindungen bei Tomaten. Als Handelsprodukt ist bis 1966 lediglich eine Verbindung mit Wuchsstoffcharakter als Herbizid bekanntgeworden.

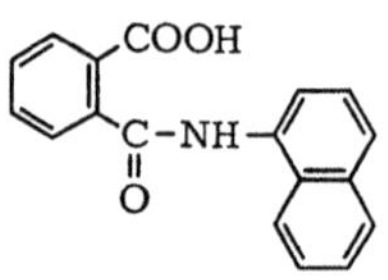

N-1-Naphthylphthalamid-säure
Common name: *NPA, naptalam*
Handelsname: *Alanap*® (Naugatuck Chem. Div., U. S. Rubber Co.)

LD_{50}: 2000 mg/kg Ratte p. o. akut. Wirkungsweise: Boden- und Blattherbizid mit systemischer Wirkung und etwas Wuchsstoffwirkung. Anwendungsweise: Pre-emergence. Anwendungsgebiet: Unkrautbekämpfung selektiv in Kürbis, Gurken, Baumschulen. Post-emergence zur Fruchtausdünnung im Obstbau.
In den IG-Farbenfabriken wurde schon 1942 der Wuchsstoff- und Hemmcharakter dieser Verbindung entdeckt [95]. *Naptalam* stört den Geotropismus der Pflanze (nach unten wachsende Wurzel). Wie mit vielen Wuchsstoffherbiziden kann man mit Naptalam *samenlose Früchte* züchten.
Patente [96]. Literatur [118].

Cyclische Imide einer ungesättigt substituierten Hexahydrophthalsäure vgl. [97]. — In jüngster Zeit erschienen zahlreiche Patente über N-Phenylimide der Itakonsäure [98–101].

e) Acylverbindungen des Diphenylamins

Acylverbindungen des Diphenylamins sind schon lange als Herbizide bekannt [102], ohne indessen Anwendung gefunden zu haben.

Diacylverbindungen von Phenylendiaminen

Auch Diacylverbindungen von Phenylendiaminen, speziell des m-Phenylendiamins sind als Herbizide bekanntgeworden [142].

5.12.5. Aromatisch-aliphatische Amidine

Amidine vorwiegend aromatisch-aliphatischer Natur sind mehrfach als biologisch aktive Verbindungen bekannt geworden (s. bei Akariziden). Auch herbizide Verbindungen wurden in der Patentliteratur erwähnt.

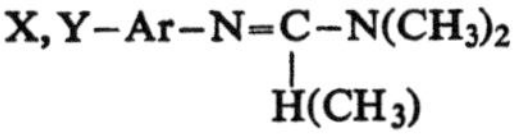

103)

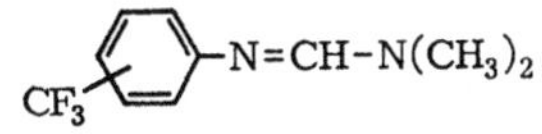

Selektiv in Rüben [104]

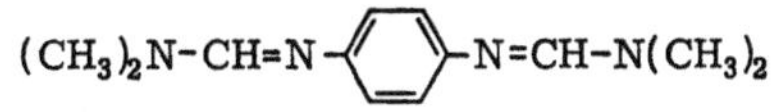

105)

5.12.6. Acylverbindungen heterocyclischer Amine

Siehe auch 5-Ring-Verbindungen mit jeweils 1O, 1N + 1O, 1N + 1S bzw. 2N + 1S.

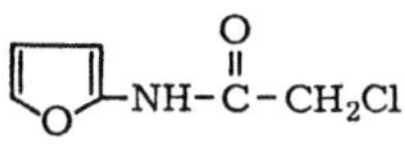

106)

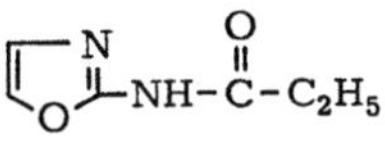

107, 108)

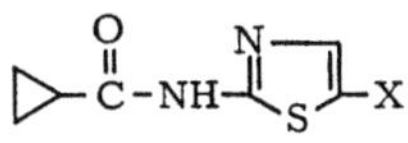

109)

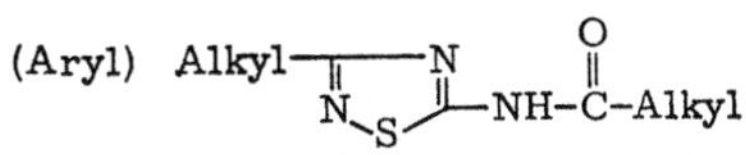

143)

Derartige Verbindungen werden in den vorstehend genannten Patenten mehrfach erwähnt. Ein brauchbares Herbizid aus dieser Verbindungsklasse ist aber bis heute nicht bekanntgeworden.

Über Acylverbindungen einiger Heterocyclen, die schon als Aminoheterocyclen starke Herbizide sind, wird bei den entsprechenden Grundverbindungen berichtet (s. Pyrazinone, Triazine usw.), da die Wirkung offensichtlich nur nach Maßgabe der Hydrolyse eintritt.

5.12.7. Sulfonsäureanilide

Sulfonsäureanilide sind, soweit bis heute bekannt ist, durchweg von geringer herbizider Potenz, verglichen mit den Carbonsäureaniliden. Immerhin weist die Patentliteratur einige Sulfonsäureanilide als Herbizide aus [110–117] z. B.:

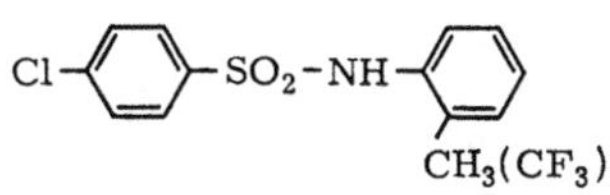

Literatur

5. Organische Herbizide

5.12.4. Carbonsäureamide — 5.12.7. Sulfonsäureanilide

1) *Adachi, M., K. Tonegawa,* and *T. Ueshima:* Pesticide Tech. (Tokyo) *14,* 19 (1966).
2) — — —, Pesticide Tech. (Tokyo) *15,* 11 (1966).
3) D. A. S. 1039779 (20. 4. 57/25. 9. 58), Farbenfabriken Bayer AG / *W. Schäfer, R. Wegler* u. *L. Eue.*
4) A. P. 3382280 (3. 2. 67/7. 5. 68, Am. Prior. 27. 5. 57 u. 8. 5. 61), Monsanto Co. / *C. W. Huffman.*

5) E. P. 903766 (22. 1. 59/22. 8. 62, Am. Prior. 13. 2. 58), Rohm u. Haas / *H. F. Wilson* u. *D. H. McRae.*
6) Belg. P. 624613 (9. 11. 62/9. 5. 63, Dtsch. Prior. 10. 11. 61), Farbenfabriken Bayer AG / *W. Schäfer* u. *R. Wegler.*
7) Belg. P. 619660 (2. 7. 62/2. 1. 63, Am. Prior. 10. 7. 61), Rohm u. Haas / *J. W. Nemec* u. *R. S. Cook.*
8) *Smith jr., R. J.:* Weeds *13*, 236 (1965).
9) *Taylorson, R. B.:* Weeds *13*, 306 (1965).
10) D. A. S. 1210622 (10. 9. 64/10. 2. 66), Farbenfabriken Bayer AG / *H. Hack, L. Eue, W. Meiser* u. *R. Wegler.*
11) *Good, N. E.:* Plant Physiol. *36*, 788 (1961).
12) *Schwartz, H.,* u. *J. B. Skaptason:* Chemical Weed Control in Cotton, Schotanus en Jens, Utrecht N. V., Utrecht 1965, s. bes. Kapitel 3, 4 u. 8.
13) *Kuprianova, A. S., N. A. Aliev, N. N. Mel'nikov* u. *M. I. Lužnova:* Chim. v sel'sk. Choz. 1967 (10), 29—31, 749—751.
14) *Baruffini, A., P. Borgna,* and *G. Pagani:* Farmaco (Pavia) Ed. Sci. *22* (10), 769 (1967).
15) *Inoue, Y., K. Ishizuka,* and *S. Mitsui:* Agr. Biol. Chem. *31*, Nr. 4, 422 (1967).
16) *Barth, A.,* u. *P. Schwenk:* J. Prakt. Chem. 4, *32*, 130 (1966).
17) Farbenfabriken Bayer AG, Toxikologisches Institut, *G. Kimmerle.*
18) Niederl. P. Anm. 6801152 (25. 1. 68/27. 9. 68, Dtsch. Prior. 28. 1. 67 u. 30. 3. 67), Farbenfabriken Bayer AG / *W. Schäfer, R. Wegler, L. Eue* u. *H. Hack* (zu phytotoxisch).
19) Jap. P. Anm. 6919/66 (31. 1. 64/19. 4. 66), Sankyo Co. & Daikin Kogyo Co., Ltd.
20) *Hopkins, T. R., R. P. Neighbors,* and *L. V. Phillips:* J. Agr. Food Chem. *15* (3), 501 (1967).
21) D. A. S. 1013460 (16. 6. 56/8. 8. 57), Farbenfabriken Bayer AG / *F. Muth, L. Eue* u. *R. Wegler.*
22) D. A. S. 1116469 (5. 5. 59/2. 11. 60, Am. Prior. 6. 5. 58 u. 31. 3. 59), Food Machinery and Chemical Corp. / *K. P. Dorschner* u. *J. R. Willard.*
23) = Belg. P. 578356 (2. 5. 59/3. 11. 59).
24) Chem. Eng. News *38* [7], 67 (1960).
25) *Blackburn, R. D.,* and *L. W. Weldon:* Weeds *12*, 295 (1964).
26) D. A. S. 1166547 (10. 4. 62/26. 3. 64), Schering AG / *H. E. Freund, H. F. Arndt* u. *R. Rusch.*
27) F. P. 1310207 (2. 1. 62/15. 10. 62, Am. Prior. 3. 1. 61), Hercules Powder Co. / *W. R. Diveley.*
28) F. P. 1335676 (25. 7. 62/15. 7. 63, Am. Prior. 25. 7. 61), Rohm u. Haas / *H. F. Wilson* u. *D. H. McRae.*
29) *Arndt, F.:* Z. Pflanzenkrankh. Pflanzenschutz, Sonderh. III, 277 (1965).
30) F. P. 1363964 (8. 4. 63/11. 4. 64, Dtsch. Prior. 10. 4. 62), Schering AG.
31) *Crafts, A. S.:* The Chemistry and Mode of Action of Herbicides, p. 37. New York: Interscience Publishers, Inc. 1961.
32) D. A. S. 1160236 (11. 4. 59/27. 12. 63, Am. Prior. 14. 4. 58), Food Machinery and Chemical Corp. / *K. P. Dorschner, R. L. Gates* u. *J. R. Willard.*
33) = A. P. 3020142 (14. 4. 58/6. 2. 62).
34) Jap. P. Anm. 27757/65 (27. 8. 63/7. 12. 65), Sankyo Co. Ltd.
35) Niederl. P. Anm. 6605488 (25. 4. 66/31. 10. 66, Am. Prior. 29. 4. 65 u. 17. 3. 66), Fa. Herbert Schwartz.
36) = Belg. P. 680367 (29. 4. 66/3. 10. 66), Fa. Herbert Schwartz.
37) Niederl. P. Anm. 6605609 (27. 4. 66/28. 11. 66, Am. Prior. 27. 5. 65), Fa. Herbert Schwartz.
38) A. P. 3287102 (6. 4. 64/22. 11. 66), Monsanto Co. / *J. F. Olin.*
39) A. P. 3255247 (18. 9. 64/7. 6. 66, Am. Prior. 28. 8. 61), Monsanto Co. / *J. F. Olin* (nur Naphthalinderivate).
40) = Belg. P. 622131 (5. 9. 62/31. 12. 62, Am. Prior. 28. 8. 61).
41) = F. P. 1337529 (27. 8. 62/5. 8. 63, Am. Prior. 28. 8. 61).
42) Belg. P. 677201 (1. 3. 66/1. 9. 66, Am. Prior. 14. 10. 65), Monsanto Co. / *J. F. Olin.*
43) = F. P. 1481107 (28. 2. 66/10. 4. 67, Am. Prior. 14. 10. 65).
44) *Riggleman, J. D.:* Proc. Northeast. Weed Control Conf. *18*, 14 (1964).
45) F. P. 1427613 (28. 8. 62/3. 1. 66, Am. Prior. 28. 8. 61), Monsanto Co. / *J. F. Olin.*
46) A. P. 3340043 (14. 6. 63/5. 9. 67, Am. Prior. 28. 8. 61), Monsanto Co. / *J. F. Olin.*
47) A. P. 3278597 (8. 5. 63/11. 10. 66), Gulf Oil Corp. / *R. P. Neighbors.*

48) Niederl. P. Anm. 6506607 (25. 5. 65/29. 11. 65, Am. Prior. 28. 5. 64), Velsicol Chemical Corp.

49) Belg. P. 672361 (16. 11. 65/16. 3. 66, Am. Prior. 30. 11. 64 u. 24. 6. 65), Fa. Herbert Schwartz u. J. B. Skaptason.

50) A. P. 3061643 (23. 3. 61/30. 10. 62), Dow Chemical Co. / *C. E. Pawloski.*

51) A. P. 3211544 (8. 5. 63/12. 10. 65), Gulf Oil Corp. / *K. P. Dubrovin.*

52) A. P. 3277107 (13. 11. 64/4. 10. 66, Am. Prior. 16. 3. 62), Gulf Oil Corp. / *R. P. Neighbors.*

53) A. P. 3328156 (19. 11. 65/27. 6. 67, Am. Prior. 28. 3. 63), Spencer Chemical Co. / *T. R. Hopkins.*

54) *Hopkins, T. R., R. P. Neighbors* u. *K. P. Dubrovin:* 1. Mitteilung: 2. Symposium über neue Herbizide, Paris, S. 187 (1965). Ed. Essor, Paris.

55) F. P. 1399615 (23. 3. 64/12. 4. 65, Am. Prior. 26. 3. 63 u. 8. 5. 63), Chemical Investors S. A. / *T. R. Hopkins* u. *K. P. Dubrovin.*

56) A. P. 3277171 (28. 3. 63/4. 10. 66), Gulf Oil Corp. / *T. R. Hopkins.*

57) A. P. 3246975 (16. 3. 62/19. 4. 66), Gulf Oil Corp. / *T. R. Hopkins* u. *R. P. Neighbors.*

58) D. A. S. 1005784 (3. 2. 56/4. 4. 57), BASF / *A. Fischer, D. Leuchs, C. Pfaff, C. Schuster, G. Steinbrunn* u. *H. Stummeyer.*

59) D. A. S. 1196424 (30. 12. 61/8. 7. 65, Am. Prior. 3. 1. 61), Hercules Powder Co. / *W. R. Diveley.*

60) Belg. P. 620639 (25. 7. 62/25. 1. 63, Am. Prior. 15. 7. 61), Rohm u. Haas / *H. F. Wilson* u. *D. H. McRae.*

61) Oe. P. 210885 (6. 2. 59/15. 8. 60, Am. Prior. 13. 2. 58), Rohm u. Haas / *H. F. Wilson* u. *D. H. McRae.*

62) A. P. 3362992 (27. 5. 65/9. 1. 68), Fa. Herbert Schwartz.

63) E. P. 972978 (27. 8. 63/21. 10. 64, Jap. Prior. 29. 8. 62), Shell Internationale Research Maatschappij.

64) Jap. P. Anm. 26088/64 (29. 8. 62/17. 11. 64), Ishihara Sankyo Kaisha, Ltd.

65) *Sugimoto, Y.:* Production of Agricultural Chemicals in Japan. Japan Chem. Quart. *2* [2], 38 (1966).

66) A. P. 3318675 (3. 2. 64/9. 5. 67), Monsanto Chemical Co. / *J. F. Olin.*

67) *Baruffini, A., P. Borgna,* and *G. Pagani:* Farmaco (Pavia) Ed. Sci. *22* (9), 717 (1967).

68) A. P. 3264317 (23. 9. 63/2. 8. 66), Monsanto Co. / *P. J. Stoffel.*

69) D. A. S. 1191171 (27. 9. 62/15. 4. 65), BASF / *M. Seefelder* u. *A. Fischer.*

70) A. P. 2863752 (13. 9. 54/9. 12. 58), Monsanto Chemical Co. / *P. C. Hamm* u. *A. J. Speziale.*

71) D. A. S. 1014380 (29. 10. 54/22. 8. 57, Am. Prior. 30. 10. 53), Monsanto Chemical Co. / *P. C. Hamm* u. *A. J. Speziale.*

72) D. A. S. 1172659 (15. 6. 62/25. 6. 64), Farbenfabriken Bayer AG / *W. Schäfer, R. Wegler, L. Eue* u. *H. Hack.*

73) F. P. 1419116 (8. 12. 64/18. 10. 65, Am. Prior. 9. 12. 63), Monsanto Co. / *J. F. Olin.*

74) PANS (Pest Articles and News Summaries), Section C, Weed Control *12*, 245 (1966) Technical Bulletin Ramrod®.

75) *Trevett, M. F.,* and *W. Gardner:* Proc. Northeast. Weed Control Conf. *22*, 459 (1968).

76) *Allott, J.:* 8. Brit. Weed Control Conf. Proc. Vol. 2, p. 631 (1966).

77) *Roberts, H. A.,* and *B. J. Wilson:* 8. Brit. Weed Control Conf. Proc. Vol. 2, p. 672 (1966).

78) *Evans, D. M., P. L. Berthet,* and *P. M. Vincent:* Proc. 9. Brit. Weed Control Conf. 1968, p. *1033.*

79) Niederl. P. Anm. 6617962 (21. 12. 66/26. 6. 67, Dtsch. Prior. 24. 12. 65), BASF.

80) *Hagimoto, H., T. Toyosato,* and *T. Yamamoto:* Weed Res. *7*, No. 1, 70 (1967).

81) D. A. S. 1197679 (11. 10. 63/29. 7. 65), Farbenfabriken Bayer AG / *W. Schäfer, R. Wegler, L. Eue* u. *H. Hack.*

82) A. P. 3158650 (25. 5. 61/24. 11. 64), Hooker Chem. Corp. / *E. D. Weil* u. *J. Linder.*

83) A. P. 3253901 (23. 11. 64/31. 5. 66, Am. Prior. 25. 5. 61), Hooker Chemical Corp. / *E. D. Weil* u. *J. Linder.*

84) A. P. 3072473 (7. 10. 59 /8. 1. 63), US. Rubber Co. / *W. D. Harris.*

85) Belg. P. 628523 (15. 2. 63/29. 5. 63, Am. Prior. 21. 2. 62), Fa. Herbert Schwartz.

86) A. P. 2821467 (28. 12. 55/28. 1. 58), Monsanto Chemical Co. / *N. J. Lewis.*

87) F. P. 1270377 (11. 10. 60/17. 7. 61, Am. Prior. 6. 10. 59), Amchem Products / *H. P. Raman* u. *S. R. McLane.*

88) Niederl. P. Anm. 6502547 (1. 3. 65/3. 9. 65, Am. Prior. 2. 3. 64), Monsanto Co.
89) D. A. S. 1187420 (26. 6. 63/18. 2. 65), Schering AG / *H. E. Freund, F. Arndt* u. *R. Rusch.*
90) *v. Schmeling, B.*, and *M. Kulka:* Science *152*, Nr. 3722, 659 (1966).
91) A. P. 3219428 (17. 4. 61/23. 11. 65), Hooker Electrochemical Corp. / *E. D. Weil* u. *J. Linder.*
92) A. P. 3253021 (17. 4. 61/24. 5. 66), Hooker Chemical Corp. / *J. Linder* u. *E. D. Weil.*
93) D. A. S. 1226364 (3. 3. 65/6. 10. 66), BASF / *G. Steinbrunn* u. *A. Fischer.*
94) *Teubner, F. G.*, and *S. H. Wittwer:* Science *122*, Nr. 3158, 74 (1955).
95) *Wegler, R., W. Flory* u. *B. Wehnelt:* Interne Berichte der I. G. Farbenindustrie, Werk Leverkusen, 1942.
96) E. P. 671153 (22. 2. 50/30. 4. 52, Am. Prior. 23. 2. 49), US. Rubber Co. / *O. L. Hoffmann* u. *A. E. Smith.*
97) A. P. 3123461 (17. 1. 61/3. 3. 64), Heyden Newport Chem. Co. / *R. T. Gottesman.*
98) D. A. S. 1194634 (17. 1. 62/10. 6. 65, Am. Prior. 1. 2. 61 u. 12. 10. 61), US. Rubber Co. / *J. A. Riddell.*
99) Belg. P. 612910 (22. 1. 62/16. 5. 62, Am. Prior. 1. 2. 61 u. 12. 10. 61), US. Rubber Co. / *J. A. Riddell* u. *B. v. Schmeling.*
100) F. P. 1373264 (26. 9. 63/17. 8. 64, Dtsch. Prior. 27. 9. 62), BASF / *M. Seefelder* u. *A. Fischer.*
101) = Belg. P. 648259 (21. 5. 64/16. 9. 64).
102) A. P. 2744817 (13. 10. 54/8. 5. 56), Dow Chemical Co. / *D. V. Toornman.*
103) A. P. 3189648 (11. 4. 62/15. 6. 65, Am. Prior. 23. 6. 55, 21. 2. 56 u. 11. 6. 58), DuPont / *H. J. Gerjovich.*
104) D. A. S. 1220195 (10. 12. 62/30. 6. 66), Schering AG / *H. Arndt, F. Arndt* u. *R. Rusch.*
105) A. P. 3121084 (17. 9. 62/11. 2. 64, Am. Prior. 27. 2. 61), DuPont / *H. E. Winberg.*
106) Can. P. 736883 (15. 10. 58/21. 6. 66, Can. Prior. 6. 10. 54), Monsanto Chem. Co. / *A. J. Speziale.*
107) D. A. S. 1211856 (29. 9. 62/3. 3. 66), Farbenfabriken Bayer AG / *W. Schäfer, R. Wegler, L. Eue* u. *H. Hack.*
108) = Belg. P. 637819 (25. 9. 63/25. 3. 64, Dtsch. Prior. 29. 9. 62).
109) Niederl. P. Anm. 6615037 (24. 10. 66/2. 5. 67, Engl. Prior. 1. 11. 65), May and Baker Ltd. / *M. S. Barber, D. R. Broad* u. *B. J. Heywood.*
110) A. P. 3246976 (18. 6. 62/19. 4. 66, Am. Prior. 30. 6. 61), Stauffer Chemical Co. / *M. E. Brokke* u. *C. L. Dewald.*
111) A. P. 2964538 (14. 7. 58/13. 12. 60), Dow Chemical Co. / *D. G. Kundiger* u. *C. R. Dick.*
112) D. A. S. 1107999 (11. 4. 59/31. 5. 61), Schering AG / *M. Ehlers, G. Liedtke* u. *H. Hilgert.*
113) A. P. 3046104 (15. 3. 60/24. 7. 62), Schering AG / *M. Ehlers, G. Liedtke* u. *H. Hilgert.*
114) F. P. 1315371 (14. 2. 62/10. 12. 62, Am. Prior. 14. 2. 61), Stauffer Chemical Co. / *P. F. Epstein* u. *C. L. Dewald.*
115) A. P. 3019259 (2. 11. 59/30. 1. 62), Dow Chemical Co. / *J. E. Dunbar.*
116) A. P. 3246974 (16. 1. 63/19. 4. 66), Stauffer Chemical Co. / *M. E. Brokke* u. *C. L. Dewald.*
117) Belg. P. 634962 (15. 7. 63/4. 11. 63, Am. Prior. 16. 7. 62), Monsanto Chemical Co. / *P. C. Hamm, C. C. Tung* u. *J. A. Stephens.*
118) *Hoffmann, O. L.*, and *A. E. Smith:* Science *109*, 588 (1949).
119) *Gentner, W. A.:* Evaluation Chemicals in Logarithmic Trials. Beltsville Weed Field Day, 9. 7. 1968.
120) *Smith jr., R. J.:* Weeds *9*, (2), 318 (1961).
121) *de Sarjas, P.:* Comptes Rendus des Journées d'Etudes sur les Herbicides, Paris: E. W. R. C. Columa Conf. p. 82 (1961). Ed. Essor, Paris.
122) *French, E. W.*, and *W. B. Gay:* World Crops *15* (5), 196 (1963).
123) *Kampmeier, C.:* Agr. Chem. *18* (2), 33 u. 115 (1963).
124) Herbicide Handbook of the Weed Society of America, p. 117. Geneva-New York: W. F. Humphrey Press Inc. 1967.
125) *Martin, H.:* Pesticide Manual. British Crop Protection Council, 1968, p. 354.
126) A. P. 3268584 (22. 9. 64/23. 8. 66, Am. Prior. 28. 8. 61), Monsanto Co. / *J. F. Olin.*
127) Niederl. P. Anm. 6409490 (18. 8. 64/23. 2. 65, Am. Prior. 22. 8. 63 u. 9. 12. 63), Monsanto Co. / *J. F. Olin.*
128) = Belg. P. 651984 (19. 8. 64/16. 12. 64, Am. Prior. 22. 8. 63 u. 9. 12. 63).
129) = E. P. 1078071 (20. 8. 64/2. 8. 67, Am. Prior. 22. 8. 63 u. 9. 12. 63).

130) = E. P. 1078072 (20. 8. 64/2. 8. 67, Am. Prior. 22. 8. 63).
131) Niederl. P. Anm. 6414212 (7. 12. 64/10. 6. 65, Am. Prior. 9. 12. 63), Monsanto Co.
132) D. O. S. 1693060 (13. 8. 65/25. 9. 69, Am. Prior. 18. 8. 64), *H. Schwartz* u. *J. B. Skaptason.*
133) Niederl. P. Anm. 6602564 (28. 2. 66/17. 4. 67, Am. Prior. 14. 10. 65), Monsanto Co. / *J. F. Olin.*
134) F. P. 1555167 (23. 2. 68/24. 1. 69, Am. Prior. 23. 2. 67 u. 13. 4. 67), General Aniline / *D. I. Randall.*
135) Belg. P. 662614 (16. 4. 65/18. 10. 65, Am. Prior. 20. 4. 64), Monsanto Co.
136) A. P. 3345151 (21. 3. 66/3. 10. 67, Am. Prior. 28. 8. 61 u. 22. 9. 64), Monsanto Co. / *J. F. Olin.*
137) Niederl. P. Anm. 6712371 (8. 9. 67/11. 3. 68, Dtsch. Prior. 9. 9. 66, 9. 3. 67 u. 11. 4. 67), Farbenfabriken Bayer AG / *R. Lauterbach, R. Wegler, L. Eue* u. *H. Hack.*
138) A. P. 3450521 (19. 1. 67/17. 6. 69, Am. Prior. 20. 4. 64), Monsanto Co. / *J. F. Olin* u. *P. C. Hamm.*
139) A. P. 3403994 (7. 11. 67/1. 10. 68, Am. Prior. 28. 8. 61 u. 15. 10. 64), Monsanto Co. / *J. F. Olin.*
140) D. O. S. 1900319 (3. 1. 69/31. 7. 69, Am. Prior. 5. 1. 68), Monsanto Co. / *R. F. Husted.*
141) 21. Internat. Sympos. über Phytopharmazie u. Phytiatrie, Gent 6. 5. 69.
142) Niederl. P. Anm. 6811359 (9. 8. 68/13. 2. 69, Am. Prior. 11. 8. 67 u. 1. 7. 68), Stauffer Chemical Co.
143) Niederl. P. Anm. 6813436 (19. 9. 68/21. 3. 69, Dtsch. Prior. 19. 9. 67), Farbenfabriken Bayer AG / *C. Metzger, D. Borrmann, R. Wegler, L. Eue* u. *H. Hack.*
144) D. P. (DDR) 60460 (17. 5. 67/20. 2. 68), VEB Elektrochem. Kombinat Bitterfeld / *M. Pallas, H. Krüger* u. *H. Damm.*

5.13. Quartäre Ammoniumverbindungen

5.13.1. Quartäre aliphatische Ammoniumverbindungen

In den letzten Jahren spielen einige aliphatische quartäre Ammoniumsalze auf einem neuen Grenzgebiet der Herbizide, der *Wuchsbeeinflussung speziell des Getreides durch Ausbildung kürzerer Halme*, in Europa eine bedeutende Rolle. Als wichtigstes Handelsprodukt ist hier das *C*hlor*c*holin*c*hlorid (*CCC*) zu nennen.

Schon 1908 haben *O. Schreiner* und *H. S. Reed* [1, 2] eine phytotoxische Beeinflussung von Pflanzen durch Cholin beobachtet. *Tolbert* [3, 4] hat 1958 und 1960 den Einfluß quartärer Verbindungen auf das Pflanzenwachstum detailliert untersucht und gefunden, daß einige Verbindungen, vornehmlich das Chlorcholinchlorid, eine kräftige Halmverkürzung und -verdickung ergeben. Damit wurde es möglich, das Getreide stärker zu düngen, ohne ein „Lagern" des Getreides befürchten zu müssen [5–10].

Besonders Weizen neigt, auch durch parasitären Befall, zum Umfallen („Lagern"). Dieser Übelstand wird durch Chlorcholinchlorid ebenfalls unterdrückt [11]. Die Beobachtung von *Tolbert* wurde in den USA weiterverfolgt und führte zu der Einführung des Chlorcholinchlorids durch die American Cyanamid Corp. In Deutschland und in Österreich befaßten sich die BASF und die Österreichischen Stickstoffwerke mit denselben Verbindungen, und der BASF gelang es 1967/68, neue, z. T. ähnliche Verbindungen zu finden (s. die im folgenden beschriebenen, neuen Versuchsprodukte CMH, BMH, AMH und IMH).

Weitere Anwendungsmöglichkeiten für CCC und seine Folgeprodukte sind z. Z. in der Ausprüfung: Vermehrung der Beerenernte, samenlose Früchte der Weintrauben (wenn während der Blüte mit CCC behandelt wurde), Frostresistenz bei Kohl, Tomaten, jungen Birnbäumen [12], um nur einige zu nennen.

$[Cl-CH_2-CH_2-\overset{\oplus}{N}(CH_3)_3]Cl^{\ominus}$

(2-Chloräthyl)-trimethyl-ammoniumchlorid
Common name: *CCC, chlormequat-chlorid*
Handelsname: *Cycocel®*
(American Cyanamid Co.) 1959
(BASF) 1965

LD_{50}: (670) mg/kg Ratte p. o. akut. Wasserlöslichkeit: Sehr gut. Wirkungsweise: Systemische Wirkung. Anwendungsweise: Post-emergence. Anwendungsgebiet: Allgemeine Wuchsbeeinflussung vieler Pflanzen, Halmverdickung und -verkürzung von Getreide, speziell Weizen.

Patente [5–10, 13, 14]; Patente, die Mischungen mit CCC, welche ungiftig sein sollen, schützen [15, 16]. Literatur (sehr umfangreich) [1–4, 11, 12, 17, 23–25].

1967 sind durch die BASF einige weitere quartäre Ammonium- bzw. Hydrazonium-Verbindungen als Versuchsprodukte mit Wuchshemmwirkung bekannt geworden [11, 17]. Es scheint danach, daß ein Halogen in β-Stellung nicht unter allen Umständen für eine Wirkung erforderlich ist. 3,5-Dichlorbenzoesäureester des Cholins s. [96].

Quartäre aliphatische Hydrazoniumverbindungen

Erstmalig 1955 wurde von *Gowing* u. *Leeper* [99] auf die wachstumshemmende Wirkung offenkettiger Hydrazinverbindungen am Beispiel des β-Hydroxyäthylhydrazins hingewiesen. 1968 wurde durch *Huffman* u. Mitarb. [100] eine breitere Untersuchung über offenkettige Hydrazine als Wachstumsinhibitoren bekannt. Zwischenzeitlich hat auch die BASF Hydrazinverbindungen quartärer Natur als Wuchshemmstoffe patentiert [18, 19]. Über Hydrazine u. Hydrazide s. S. 265.

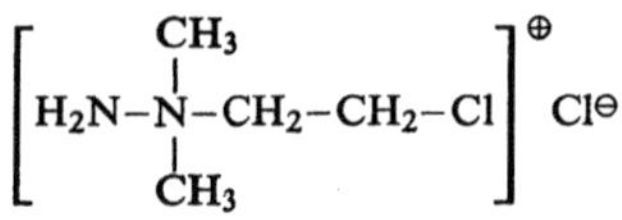

N,N-Dimethyl-N-(β-chloräthyl)-hydrazonium-chlorid
Versuchsprodukt
(BASF) 1967
Common name: *CMH*

Wirkungsweise: s. nachstehend. Anwendungsgebiet: Pflanzenwuchsregulator, Halmverkürzung. Patente [18, 19]. Literatur [11, 17, 20–22].

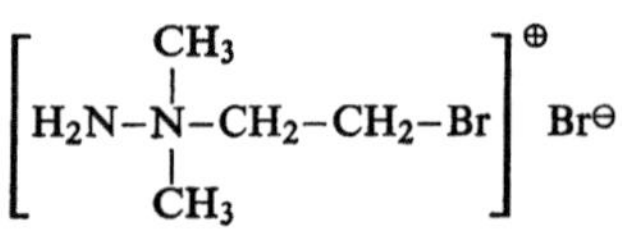

N,N-Dimethyl-N-(β-bromäthyl)-hydrazonium-bromid
Versuchsprodukt
(BASF) 1967
Common name: *BMH*

Wirkungsweise: s. nachstehend. Anwendungsgebiet: Pflanzenwuchsregulator, Halmverkürzung. Patente [18, 19, 83]. Literatur [11, 17, 20–22].

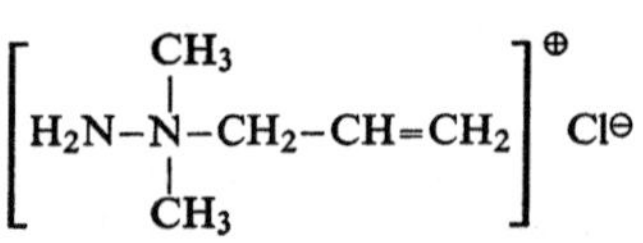

N,N-Dimethyl-N-allyl-hydrazoniumchlorid
Versuchsprodukt
(BASF)
Common name: *AMH*

Wirkungsweise: s. nachstehend. Anwendungsgebiet: Pflanzenwuchsregulator, Halmverkürzung. Patente [18, 19]. Literatur [11, 17, 20–22].

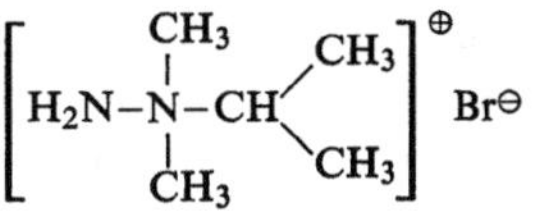

N,N-Dimethyl-N-isopropyl-hydrazoniumbromid
Versuchsprodukt
(BASF) 1967
Common name: *IMH*

Wirkungsweise: s. nachstehend. Anwendungsgebiet: Pflanzenwuchsregulator, Halmverkürzung. Patente [18, 19]. Literatur [11, 17, 20–22].

Ein wesentlicher Unterschied in der Wirkungsintensität wurde bei den vier Verbindungen nicht beobachtet. Für CMH, BMH, IMH und AMH ergeben sich gemeinsame Merkmale der *Wirkungsweise*: Alle sind über den Boden (die Wurzeln) und über die Blätter wirksam und verursachen Halmverkürzungen bis zu 30%. Das Anion ist ohne wesentlichen Einfluß. Einzelne Weizensorten reagieren verschieden stark. Außer Weizen werden auch andere Pflanzenarten in ihrem Längenwachstum beeinflußt [11, 17, 20–22].

Wirkungsweise der quartären Verbindungen

Eine wesentliche Wirksamkeit weisen besonders Verbindungen mit der Möglichkeit zur Bildung einer alkylierenden Substanz auf. Offensichtlich wird Chlorcholinchlorid zuerst unter Abspaltung von Methylchlorid gespalten und ist dann in der Lage, ein Äthylenimin-Derivat mit stark alkylierenden Eigenschaften zu bilden. Auch die neuen Verbindungen der BASF gehorchen dieser Möglichkeit zur Bildung cyclischer Ammoniumverbindungen — hier allerdings 4-Ringe — weitgehend.

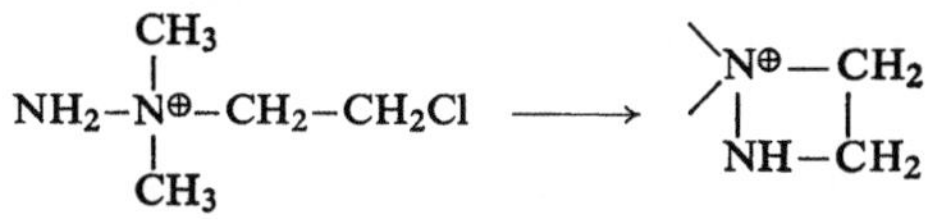

Der Wirkungsmechanismus scheint aber doch nicht ausschließlich mit der Zwischenbildung cyclischer Amine mit Alkylierungswirkung erklärbar, da einige Versuchsprodukte der BASF, z. B. IMH, entsprechende Zwischenformen nicht bilden können.
Einige Beobachtungen, die schon *Tolbert* gemacht hat, unterstützen die Annahme der Wirkung über Cyclisierungsprodukte. In der Formel

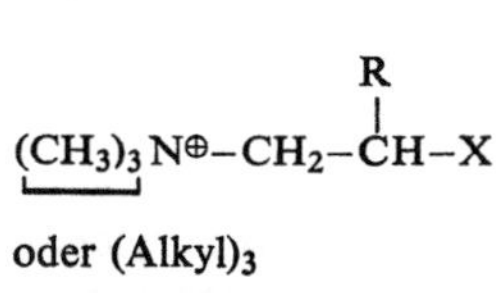

dürfen die Methylgruppen am Stickstoff nicht durch größere Alkylreste ersetzt sein. R darf gleichfalls nur CH_3, X muß Cl oder Br sein und kann nicht durch OH oder COOH ersetzt werden. Die Kohlenstoffkette zwischen $\rangle N^{\oplus}$ und X hat ein starkes Optimum bei zwei Gliedern.
In jüngster Zeit glaubt man, einen Anhaltspunkt für einen Antagonismus zwischen *Gibberellinen* und CCC festgestellt zu haben [26, 27]. Die Gibberellin-Synthese in der Pflanze soll durch CCC gehemmt werden, und außerdem soll die Bildung von β-Indolylessigsäure-oxidase angeregt werden [12].

Die wachstumshemmende, auf einem Gibberellin-Antagonismus beruhende Wirkung ist mit Sicherheit nicht auf die wenigen, bis jetzt bekanntgewordenen Verbindungstypen des CCC und die quartären Hydrazonium-Verbindungen beschränkt. Ganz aus der Reihe fällt z. B. das ebenfalls wirksame Bernsteinsäure-mono-N-dimethylhydrazid, s. S. 265.

Ganz andersartig aufgebaute quartäre Ammoniumverbindungen zeigen ebenfalls Wuchshemmwirkung, z. B.

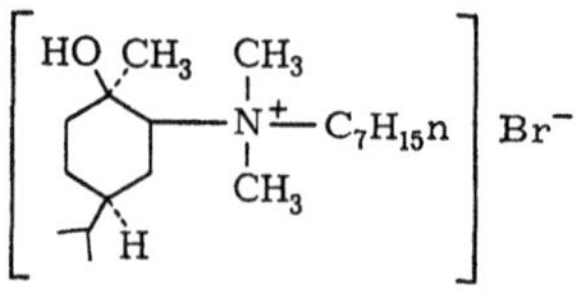

trans-2-(N,N-Dimethyl-N-n.heptyl-ammonio)-1-p-menthanolbromid [81]

5.13.2. Quartäre aromatische Stickstoffverbindungen

Auch aus dieser Verbindungsklasse ist ein Wuchshemmstoff bekanntgeworden.

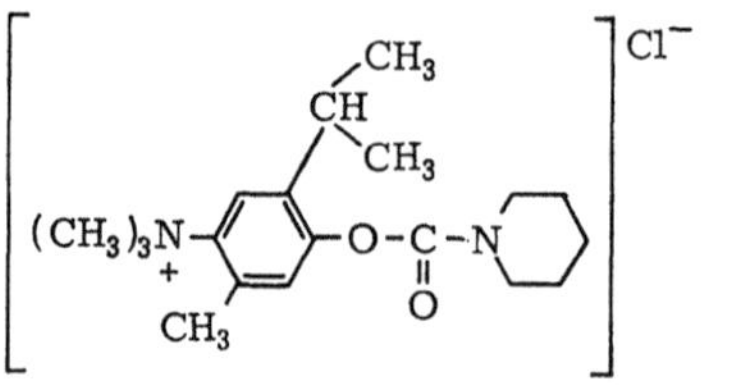

2-Isopropyl-4-dimethylamino-5-methylphenyl-1-piperidin-carboxylat-methylchlorid
Common name: *AMO 1618*
(Amchem Products Ltd.)

Wirkungsweise: Wuchshemmung wie durch Chlorcholinchlorid. Anwendungsgebiet: Wuchshemmstoff, mehr bei einigen breitblättrigen Pflanzen, weniger bei Weizen.

Die Wirkung von AMO soll sowohl auf der quartären Ammoniumgruppe als auch auf der Carbamatgruppierung beruhen [28].

Literatur [3,4,28].

Da die systematische Prüfung von Pflanzenwuchsregulatoren jüngsten Datums ist und noch in den Anfängen steckt, dürften in nächster Zeit zahlreiche neue Verbindungen mit Wuchshemmwirkung bekannt werden, ohne daß diese Verbindungen in ein vorhandenes Schema über Konstitution und Wirkung passen oder ihr Wirkungsmechanismus bekannt ist. Die folgenden Verbindungen mögen unter diesem Gesichtspunkt betrachtet werden:

$$\left[C_{12}H_{25}\underset{\underset{H}{|}}{\overset{+}{N}}(CH_3)_2\right]CH_2COO^-$$

Dimethyldodecylamin-acetat
Common name: *DMTDA*
Handelsname: *Penar*®
(Pennsalt Chem. Corp.)

LD_{50}: 800—1580 mg/kg Ratte p. o. Anwendungsgebiet: Zur Unterdrückung von Seitentrieben bei Tabakpflanzen.

Patente [93]. Literatur [94].

Auch quartäre Benzylamine mit drei Butylresten am Stickstoff zeigen Wuchshemmwirkung [95,96].

5.13.3. Quartäre heterocyclische Ammoniumverbindungen

Seit längerer Zeit ist bekannt, daß quartäre Ammoniumverbindungen Zellgifte sind und daher als Bakterizide angewandt werden können. Zahlreiche Verbindungen, denen fast allen ein längerer Alkylrest (C_{12}—C_{14}) gemeinsam ist, werden entsprechend benutzt. Dieselben oder ähnliche Verbindungen zeigen durchweg auch eine gute fungizide Wirksamkeit (s. bei Fungiziden, z. B. *Cyprex*®). Meist scheitert ihre praktische Anwendung als Blattfungizid aber an phytotoxischen Nebenwirkungen. Es hat in den beiden letzten Jahrzehnten nicht an Versuchen gefehlt, diese pflanzenschädigenden Eigenschaften systematisch zu verstärken, um so zu Herbiziden zu gelangen [29]. Mehrfach sind quartäre Ammoniumsalze als Herbizide patentiert worden [30–32]. Präparate aus der aliphatischen Reihe (s. zuvor) kamen auch, wenigstens als Wuchshemmstoffe, in den Handel.
Im Jahre 1954 erkannten Chemiker und Biologen der I. C. I., daß einige quartäre α,α'- und γ,γ'-Dipyridylsalze eine ausgezeichnete kontaktherbizide Wirksamkeit, speziell gegen breitblättrige Pflanzen, besitzen [29,33,34,92]. Beim α,α'-Dipyridyl genügt aber nicht eine beliebige Quarternisierung mit einfachen Alkylchloriden. Gute herbizide Wirksamkeit tritt vielmehr nur dann auf, wenn die Alkylierung zu einem neuen 6-Ring führt. Dies ist der Fall bei der Umsetzung von α,α'-Dipyridyl mit 1,2-Dibromäthan [35–37].
Diese Verbindung ist als *Diquat* oder *Reglone*® von der I. C. I. in den Handel gebracht und hat rasch große Bedeutung erlangt.

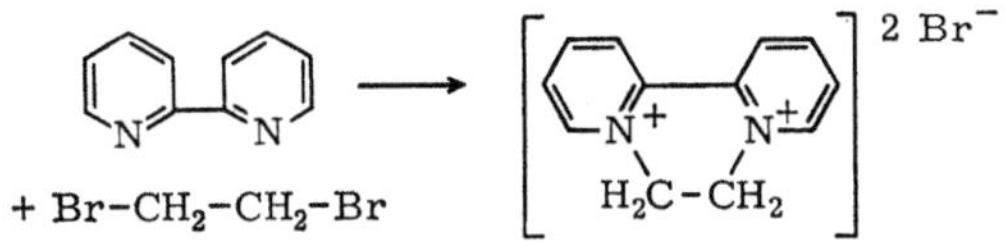

1,1'-Äthylen-2,2'-dipyridylium-dibromid
Common name: *diquat*
Handelsname: *Reglone*® (I. C. I.) 1955

LD$_{50}$: 400—440 mg/kg Ratte p. o. akut. Wasserlöslichkeit: 70 g/100 ml bei 20°C. Wirkungsweise: Blattherbizid mit Kontakt- und geringer systemischer Wirkung, außerdem Wasserherbizid. Anwendungsweise: Post-emergence-Spritzung wäßriger Lösungen. Anwendungsgebiet: Kartoffelkrautabtötung (Desiccant). Darstellung [38,39].Patente [35–37]. Literatur [29,33,34].

Nicht nur Verbindungen des 2,2'-Dipyridyls sind ausgezeichnete Kontaktherbizide, sondern auch quartäre Salze des 4,4'-Dipyridyls [39–45].

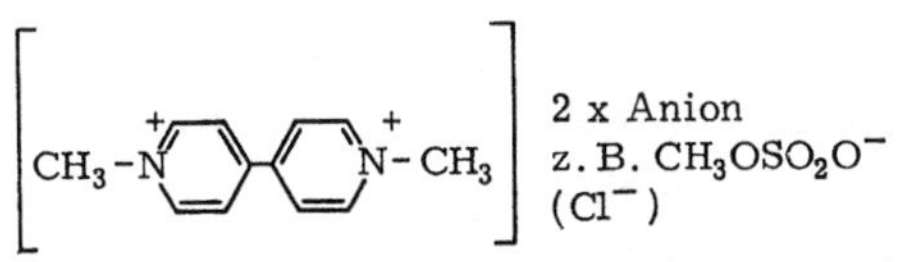

1,1'-Dimethyl-4,4'-bipyridinium-di-(methylsulfat)
Common name: *paraquat*
Handelsname: *Gramoxon*® (Plant Protection Ltd.) 1960 (I. C. I.)

LD$_{50}$: 157 mg/kg Ratte p. o. akut [88]. Wasserlöslichkeit: Gut löslich. Wirkungsweise: Wasserherbizid und Blattherbizid mit Kontakt- und systemischer Wirkung, auch gegen Gräser. Anwendungsweise: Post-emergence. Anwendungsgebiet: Ähnlich wie Diquat, aber auch gegen Gräser. Totalherbizid ohne Dauerwirkung. Unkrautbekämpfung in Kaffee, Sisal, Obstbau, Weinbau.
Patente [39–45,97]. Literatur [46,47].
Dipyridylverbindungen mit Phosphat-Anionen s. [89].

Neben der N,N'-Bismethyl-Verbindung haben noch einige andere quartäre Salze des 4,4'-Dipyridyls eine, bis jetzt allerdings noch beschränkte, praktische Bedeutung erlangt.

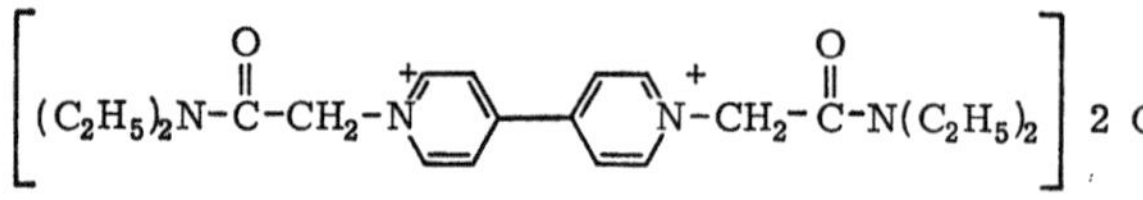

1,1'-Bis-(diäthylcarbamoylmethyl)-4,4'-dipyridylium-dichlorid
Versuchsprodukt
PP 831
(Plant Protection Ltd.) (I. C. I.)

LD$_{50}$: 644 mg/kg Ratte p. o. akut. Wasserlöslichkeit: Sehr gut. Wirkungsweise: Kontaktherbizid. Anwendungsweise: Post-emergence. Anwendungsgebiet: Selektiv in Getreide.
Patente [42,48]. Literatur [84,85].

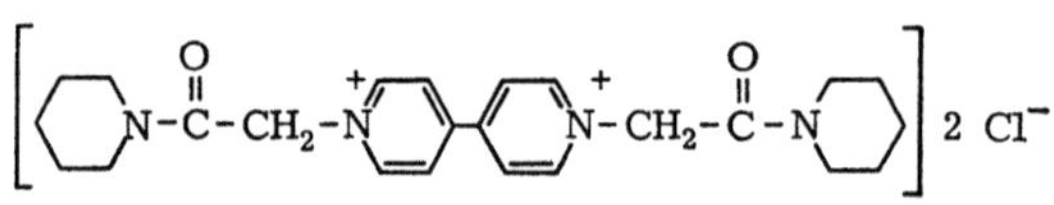

1,1'-Di-(pentamethylencarbamoylmethyl)-4,4'-dipyridylium-dichlorid
Versuchsprodukt
PP 407
(Plant Protection Ltd.) (I. C. I.)

LD$_{50}$: 800—1600 mg/kg Ratte p. o. akut. Wasserlöslichkeit: Sehr gut. Wirkungsweise: Post-emergence. Anwendungsweise: Spritzung wäßriger Lösungen post-emergence. Anwendungsgebiet: Getreide.
Patente [42,48,49].

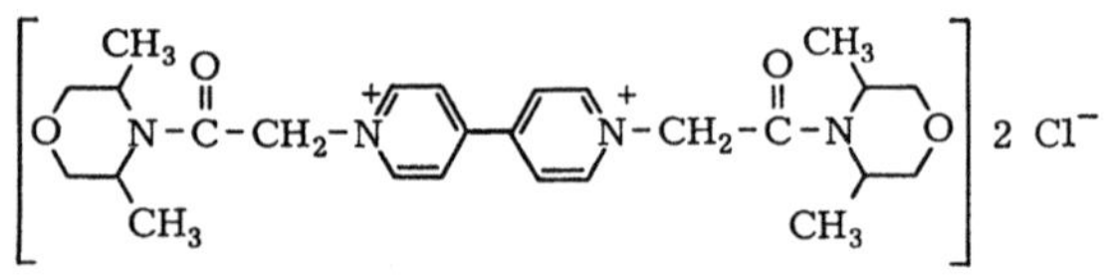

1,1'-Bis-(3,5-dimethylmorpholinocarbamoylmethyl)-4,4'-dipyridylium-dichlorid
Common name: *morfamquat*
(Plant Protection Ltd.) (I. C. I.)

LD$_{50}$: (400—800) mg/kg Ratte p. o. akut. Wasserlöslichkeit: Sehr gut. Wirkungsweise: Blattherbizid mit Kontaktwirkung. Anwendungsweise: Post-emergence. Anwendungsgebiet: *Morfamquat* ist ebenfalls ein Kontaktherbizid; es ist besonders wirksam gegen breitblättrige Unkräuter, speziell gegen die Saatwucherblume und wird post-emergence selektiv in Getreide angewandt.
Patente [42,48,49]. Literatur [86,87].

Paraquat und Diquat und ähnliche Verbindungen werden bei Kontakt mit dem Boden rasch unwirksam. Als wesentliche Ursache für die schnelle „Entgiftung" im Boden wird eine Adsorption speziell durch saure Böden angenommen [50]. Dabei dürfte ein Austausch des Anions durch höhermolekulare Anionen (z. B. Huminsäure usw.) eintreten, wobei die quartären Salze sehr unlöslich werden. Im Boden tritt außerdem ein bakterieller Abbau ein.

a) Chemische Konstitution und herbizide Wirkung bei heterocyclischen quartären Salzen

Zusammenhänge zwischen chemischer Konstitution und herbizider Wirkung bei heterocyclischen quartären Salzen sind in der Literatur eingehender beschrieben worden [50].

Beim *Paraquat* sind vielfache Variationen untersucht und bekanntgeworden. Auch höhermolekulare Verbindungen wurden patentiert [44,51].

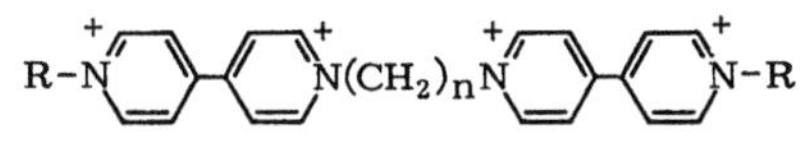

Die Konstitutionsspezifität der herbiziden Wirkung von 4,4'-Dipyridylverbindungen ist geringer als bei der α,α'-Dipyridyl-Verbindung.

Die herbizide Wirkung des *Diquat* ist sehr konstitutionsspezifisch. Das die beiden N-Atome quartärisierende Glied $-CH_2-CH_2-$ darf weder wesentlich verlängert noch kann es ohne Einbuße der hohen Wirksamkeit verkürzt werden. Benutzt man zum Ringschluß z. B. Methylenjodid anstelle von 1,2-Dibromäthan, so entsteht die nun zu erwartende Verbindung I nur als Nebenprodukt und infolge Dehydrierung die Verbindung II [52], die aber noch eine gute herbizide Wirksamkeit aufweist.

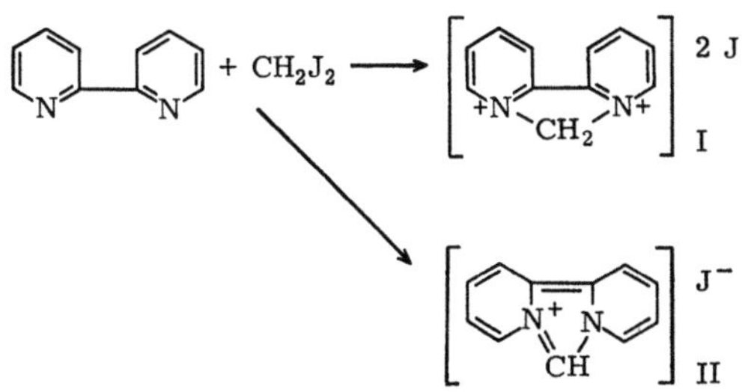

Ein Substituent an der Äthylengruppe vermindert die Wirkung. Einfache, nicht ringgeschlossene quartäre Salze des 2,2'-Dipyridyls ergeben fast wirkungslose Verbindungen.

Nur die 2,2'- und 4,4'-Dipyridylverbindungen weisen die hohe herbizide Wirksamkeit auf. 2,4-Dipyridylverbindungen sind weniger wirksam. 2,3- oder 3,3'-Dipyridylverbindungen haben als quartäre Salze keine nennenswerten herbiziden Eigenschaften.

Eine Substitution im Pyridinring vermindert die herbizide Potenz, erhöht aber mitunter die Selektivität; speziell 5,5'-methyl-substituierte Derivate sind bekanntgeworden [54–56]. Eine zweifache Methyl-Substitution in 6,6'-Stellung soll die Wirkung gegen Gräser erhöhen [57,58].

Anstelle von 2,2'-Dipyridyl kann auch 2,2'-Dipyridylsulfid benutzt werden. Auch hier entsteht mit 1,2-Dibromäthan ein herbizid wirksames diquartäres Salz. Die biologische Wirkung ist aber geringer [59]. Über chemische Konstitution und biologische Aktivität von Bipyridyliumsalzen s. [90].

Warum aus der Vielzahl quartärer Salze gerade speziell die Verbindungen des 2,2'- und 4,4'-Dipyridyl besonders starke herbizide Wirksamkeit aufweisen [60], glaubt man theoretisch begründen zu können. Als wesentlich für die herbizide Wirkung wird die Möglichkeit des Auftretens von *Diquat* und *Paraquat* in coplanarer Form angesehen. Auffallend ist, daß Di- und Paraquat bei der Reduktion relativ beständige, resonanzstabilisierte radikalische Zwischenstufen [34] bilden können [61,62]. Letztere werden unter Lichtausschluß durch Sauerstoff wieder in die Ausgangsverbindungen zurückverwandelt. Die radikalischen Zwischenstufen sollen nun in der Lage sein, die für die Photosynthese notwendige Energieübertragung in der Pflanze zu stören. Die Wirkung von Diquat und Paraquat in der Photosynthese und die Phosphorylierung wurden deshalb sehr eingehend untersucht [63–67]. Der Eingriff der beiden Herbizide in den Mechanismus der Photosynthese wird sehr durch die hohe Abhängigkeit der herbiziden Wirkung von der Gegenwart von Licht gestützt [63–67]. Im Dunkeln tritt fast keine Wirkung ein. Sauerstoffausschluß verhindert in gleicher Weise die Entfaltung der herbiziden Wirkung. Die auffallend rasche Wirkung von Di- und Paraquat ließ vermuten, daß die Photosynthese in der Weise gestört wird, daß sich übermäßig viel phytotoxisches Wasserstoffperoxid ansammeln kann. Einige experimentelle Befunde stützen diese Theorie [68]. Diquat erleidet im Sonnenlicht einen Abbau zu einem Amid [69,91]:

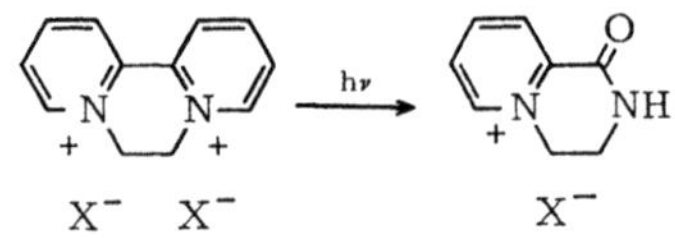

b) Anwendung von Di- und Paraquat

Die rasche Kontaktwirkung bei fehlenden Bodenrückständen führte für das Diquat und noch mehr für das Paraquat zu einigen speziellen Anwendungsmöglichkeiten. So ist mit ihrer Hilfe eine Totalerneuerung schlechter Viehweiden möglich: Die gesamte Flora wird vernichtet und schon in die absterbende Vegetation kann die Neueinsaat von Gras vorgenommen werden [70].

Auf einigen Gebieten der Landwirtschaft sind Diquat und Paraquat Anlaß zu wesentlichen Reformen der Bodenbearbeitung geworden. Alt eingeführte Praktiken, wie die mechanische Bodenbearbeitung, wurden eingehend untersucht und einer gut begründeten Kritik unterzogen [71]. Der wohl überwiegende Nutzen dieser Praktiken liegt in der Unkrautbekämpfung. Während eine mechanische Bearbeitung des Bodens eine Erosion durch Wasser und Wind zur Folge hat [72], fallen bei der Unkrautbekämpfung mittels Di- bzw. Paraquat diese schädlichen Nebenwirkungen weg. Zwar wurden schon früher für denselben Zweck auch andere Herbizide eingesetzt [73], jedoch mit geringerer Wirkung. Bei Anwendung der Phenoxyessigsäure-Derivate z. B. blieben gräserartige Unkräuter erhalten. Andere Herbizide ergaben zu lange Zeit Rückstände im Boden und waren dann nur für solche Folgekulturen brauchbar, die von dem Herbizid geschont werden (Atrazin bei Mais). Großversuche, Getreide im Herbst in nur mit Diquat behandelte Felder einzusäen, sind bisher erfolgreich verlaufen [74,75].

Die Verbindung von rascher Kontaktwirkung mit Blattaustrocknung bildet die Grundlage für eine Anwendung der Substanzen vor maschineller Ernte, z. B. von Kartoffeln.

Zusammenfassend wird 1968 über die „Bipyridiniumsalze als Herbizide" berichtet. Hierbei werden alle im vorangehenden Abschnitt angeschnittenen Probleme erwähnt: Synthese, Markierung mit Isotopen, herbizide Eigenschaften, Wirkungsweise, Metabolismus usw. [92].

Die *Darstellung des α-Dipyridyls* geschieht durch Dehydrierung mittels Nickel [101]. Über eine technisch brauchbare Darstellung von 4,4'-Dipyridyl ist nichts bekannt.

c) Konstitution und Wirkung anderer bisquartärer heterocyclischer Ammoniumverbindungen

Mehrfach werden dem Diquat entsprechende Verbindungen mit anelliertem Ring, also z. B. von Chinolin statt Pyridin ausgehend, in der Patentliteratur als Herbizide erwähnt [53, 82]. Die Wirksamkeit solcher Verbindungen ist aber offensichtlich stets erheblich schwächer.

Wie eng die herbizide Wirkung an die Konstitution des 2,2'- bzw. 4,4'-Dipyridyls geknüpft ist, sollen einige Beispiele von quartären Salzen zeigen, die keine wesentliche herbizide Wirksamkeit aufweisen [76, 103, 104]. Von anderer Seite wird für diese Verbindungen eine herbizide Wirkung angegeben,[78] nach unseren Beobachtungen ist sie allerdings bedeutungslos.

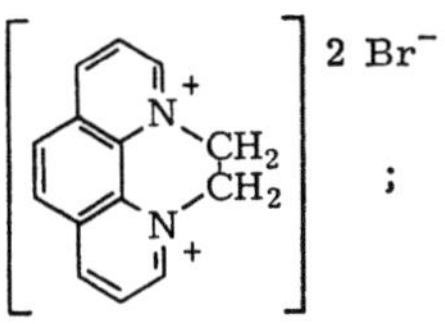
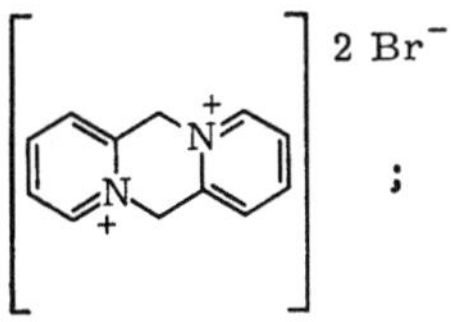
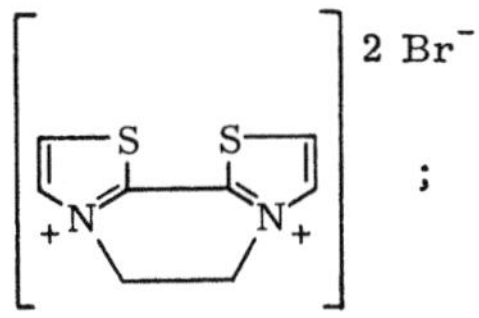

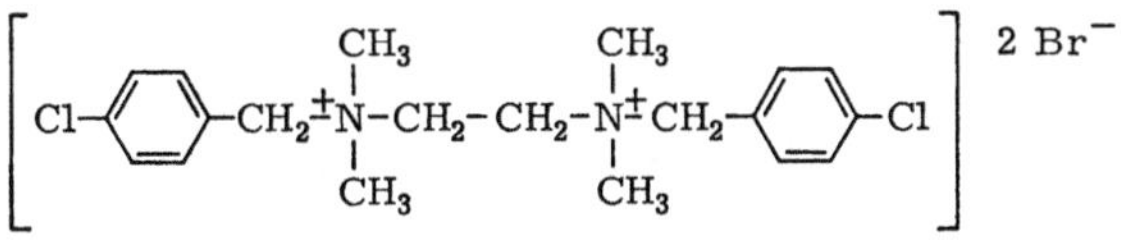

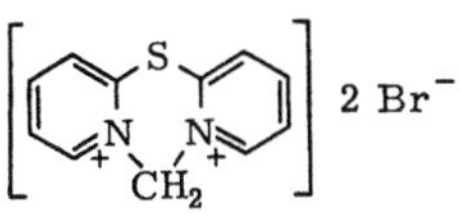

Die nebenstehende Verbindung wurde 1966 als potentielles Herbizid dargestellt [77], da sie bei der Reduktion in Radikale übergeht. Eine herbizide Wirksamkeit wurde bis jetzt aber nicht bekannt.

Auch ein einfaches Mono-N-oxid

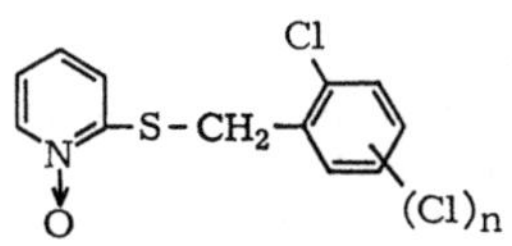

soll herbizid wirksam sein; doch scheint dem mehrfach chlorierten Phenylrest eine wesentlichere Bedeutung zuzukommen, wobei aber mindestens 1×Cl in 2- oder 6-Stellung stehen muß [79].

Auch Abwandlungen des 4,4'-Dipyridyls sind bekanntgeworden. So läßt sich z. B. die 4- bzw. 4'-Stellung durch verschiedene Heterocyclen verbinden, wobei eine herbizide Wirkung erhalten bleiben soll [102].

Bei ganz andersartigen heterocyclischen Verbindungsklassen mit einer quartären Ammoniumgruppe sind herbizide Eigenschaften beobachtet worden [80], ohne daß bis 1968 eine praktische Anwendung bekanntgeworden ist.

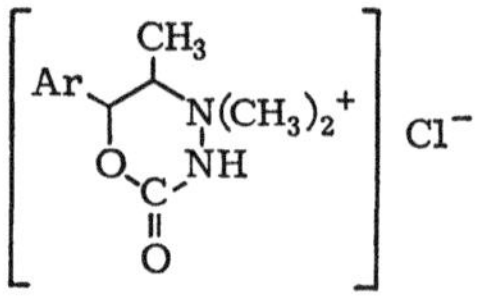

Auf die Hydrazoniumstruktur sei besonders hingewiesen (s. aliphatische quartäre Ammoniumsalze) [80].

Literatur

5. Organische Herbizide

5.13. Quartäre Ammoniumverbindungen

1) *Schreiner, O.*, u. *H. S. Reed:* Botan. Gaz. *45*, 73 (1908).
2) J. Agr. Food Chem. *6*, 336 (1958).
3) *Tolbert, N. E.:* J. Biol. Chem. *235*, 475 (1960).
4) – Plant Physiol. *35*, 380 (1960); ref. C. A. *45*, 16726a.
5) A. P. 3230069 (27. 8. 58/18. 1. 66), Plant Production Station / *W. H. Preston jr.*
6) F. P. 1264886 (10. 8. 60/15. 5. 61, Am. Prior. 10. 8. 59 u. 3. 8. 60), Research Corp. USA / *N. E. Tolbert.*
7) A. P. 3156554 (31. 1. 63/10. 11. 64, Am. Prior. 10. 8. 59 u. 3. 8. 60), Research Corp. USA / *N. E. Tolbert.*
8) Oe. P. 222145 (15. 12. 60/15. 12. 61), Österreichische Stickstoffwerke / *H. Linser, H. Mayr* u. *G. Bodo.*
9) Belg. P. 673815 (15. 12. 65/15. 6. 66), I. C. I. / *L. L. Duffy* (Darstellungspatent).
10) = E. P. 1082118 (16. 9. 64/6. 9. 67).
11) *Jung, J.:* 6. Internat. Pflanzenschutzkongreß, Wien, Abstracta, 469 (1967).
12) *Shafer, N. E.:* 6. Internat. Pflanzenschutzkongreß, Wien, Abstracta, 463 (1967).
13) D. A. S. 1238052 (29. 11. 61/6. 4. 67, Österr. Prior. 15. 12. 60), Lentia GmbH Chem. u. pharm. Erzeugnisse-Industriebedarf / *H. Linser, H. Mayr* u. *G. Bodo.*
14) E. P. 944807 (9. 8. 60/18. 12. 63, Am. Prior. 10. 8. 59 u. 3. 8. 60), Research Corp. USA / *N. E. Tolbert.*
15) D. A. S. 1199048 (13. 3. 64/19. 8. 65), BASF / *H. Oettel, H. Frohberg* u. *K. H. König.*
16) D. A. S. 1215436 (12. 2. 65/28. 4. 66), BASF / *H. Oettel, H. Frohberg* u. *K. H. König.*
17) *König, K. H.:* 6. Internat. Pflanzenschutzkongreß, Wien, Abstracta, 471 (1967).
18) Niederl. P. Anm. 6516589 (20. 12. 65/23. 6. 66, Dtsch. Prior. 22. 12. 64), BASF / *J. Jung* u. *K. H. König.*
19) = F. P. 1461144 (12. 12. 65/24. 10. 66, Dtsch. Prior. 22. 12. 64).
20) *Jung, J.:* Z. Acker-Pflanzenbau *125* (2), 124 (1967).
21) –, u. *H. Sturm:* 50 Jahre landwirtschaftliche Forschung in der BASF. Die landwirtschaftliche Versuchsstation Limburgerhof 1914–1964.
22) *König, K. H.:* Naturwiss. *55* (5), 217 (1968).
23) *Mayr, H. H.*, u. *S. Barbier:* Z. Pflanzenernähr., Düng., Bodenkunde *106* [1], 39 (1964).
24) *Linser, H.*, u. *H. Kuehn:* Z. Pflanzenernähr., Düng., Bodenkunde *101* [3], 206 (1963); ref. C. A. *59*, 10702 h.
25) *Jung, J.:* Naturwiss. *54* (14), 356 (1967).
26) Cycocel, Plant Growth Regulant, Selected Bibliography, Cyanamid International Technical Information Bulletin (Publication FHT – D 132), Cyanamid International. Wayne, New Jersey 1966.
27) *Wünsche, U.:* Naturwiss. *53* (15), 386 (1966).
28) *Krewson, C. F., J. W. Wood, W. C. Wolfe, J. W. Mitchell*, and *P. C. Marth:* J. Agr. Food Chem. *7*, 264 (1959).

29) *Schlesinger, A. H.*, and *D. T. Mowry:* J. Agr. Food Chem. *7*, 33 (1959).
30) A. P. 2734815 (28. 6. 51/14. 2. 56), Monsanto Chemical Co. / *D. T. Mowry* u. *A. H. Schlesinger.*
31) A. P. 2994699 (29. 1. 59/1. 8. 61), Rohm u. Haas / *P. L. de Benneville.*
32) A. P. 2970048 (11. 7. 56/31. 1. 61), Monsanto Chemical Co. / *P. C. Hamm* u. *R. E. Miller.*
33) *Brian, R. C., R. F. Homer, J. Stubbs,* and *R. L. Jones:* Nature *181*, 446 (1958).
34) *Homer, R. F., G. C. Mees,* and *T. E. Tomlinson:* J. Sci. Food Agr. *11*, (6), 309 (1960).
35) D. A. S. 1087610 (19. 7. 56/25. 8. 60, Engl. Prior. 20. 7. 55 u. 1. 6. 56), I. C. I. Ltd. / *R. J. Fielden, R. F. Homer* u. *R. L. Jones.*
36) E. P. 785732 (20. 7. 55/6. 11. 57), I. C. I. Ltd. / *R. J. Fielden, R. F. Homer* u. *R. L. Jones.*
37) A. P. 2823987 (9. 7. 56/18. 2. 58, Engl. Prior. 20. 7. 55), I. C. I. Ltd. / *R. J. Fielden, R. F. Homer* u. *R. L. Jones.*
38) E. P. 926326 (21. 8. 59/15. 5. 63, Engl. Prior. 1. 6. 56), I. C. I. Ltd. / *A. H. Jubb.*
39) Belg. P. 626303 (19. 12. 62/19. 6. 63, Engl. Prior. 20. 12. 61), I. C. I. Ltd. / *J. T. Braunholtz.*
40) D. A. S. 1048070 (4. 4. 57/31. 12. 58, Engl. Prior. 4. 4. 56), I. C. I. Ltd. / *R. C. Brian, G. W. Driver, R. F. Homer* u. *R. L. Jones.*
41) E. P. 991288 (26. 5. 61/5. 5. 65, Am. Prior. 3. 4. 57), I. C. I. Ltd. / *M. R. Middleton* u. *J. Stubbs*
42) Belg. P. 627246 (17. 1. 63/17. 7. 63, Engl. Prior. 22. 1. 62, 8. 11. 62 u. 9. 1. 63), I. C. I. Ltd. / *J. E. Downes* u. *D. W. R. Headford.*
43) F. P. 1356547 (25. 4. 63/17. 2. 64, Engl. Prior. 25. 4. 62), I. C. I. Ltd. / *R. F. Homer* (Verschiedene Alkylreste am N).
44) F. P. 1357238 (19. 4. 63/24. 2. 64, Engl. Prior. 19. 4. 62), I. C. I. Ltd. / *J. T. Braunholtz* (Verschiedene Alkylreste am N).
45) Niederl. P. Anm. 6404064 (15. 4. 64/19. 10. 64, Engl. Prior. 16. 4. 63 u. 13. 4. 64), I. C. I. Ltd. / (Darstellungsverfahren).
46) *Darter, J. E.:* Outlook Agr. *5* [5], 208 (1968).
47) Plant Protection Gramoxone, 4. 12. 1966.
48) F. P. 1354216 (22. 1. 63/27. 1. 64, Engl. Prior. 22. 1. 62, 8. 11. 62 u. 9. 1. 63), I. C. I. Ltd. / *J. E. Downes* u. *D. W. R. Headford.*
49) E. P. 999585 (22. 1. 62/28. 7. 65), I. C. I. Ltd. / *J. E. Downes* u. *D. W. R. Headford.*
50) *Boon, W. R.:* Endeavour *26* [97], 27 (1967).
51) F. P. 1373276 (1. 10. 63/17. 8. 64, Engl. Prior. 1. 10. 62), I. C. I. Ltd. / *J. T. Braunholtz.*
52) *Calder, J. C., T. M. Spotswood* and *W. H. F. Sasse:* Tetrahedron Letters *46* [2], 95 (1963).
53) E. P. 815348 (25. 2. 57/24. 6. 59), I. C. I. Ltd. / *W. R. Boon* u. *R. F. Homer.*
54) E. P. 857501 (23. 4. 58/29. 12. 60), I. C. I. Ltd. / *R. F. Homer.*
55) E. P. 862847 (4. 10. 58/15. 3. 61), I. C. I. Ltd. / *T. E. Tomlinson* u. *R. C. Clinch.*
56) = D. A. S. 1125714 (5. 10. 59/15. 3. 62, Engl. Prior. 4. 10. 58 u. 28. 9. 59). (Die D. A. S. beansprucht den Zusatz korrosionsverhindernder Mittel.)
57) D. A. S. 1213665 (21. 8. 62/31. 3. 66, Engl. Prior. 25. 8. 61), I. C. I. Ltd. / *R. F. Homer.*
58) E. P. 1070504 (31. 1. 63/1. 6. 67), I. C. I. Ltd. / *R. F. Homer* u. *J. E. Downes.*
59) *Summers, L. A.:* Nature *214*, 381 (1967).
60) *Boon, W. R.:* Outlook Agr. *4*, 163 (1964).
61) *Michaelis, L.*, and *E. S. Hill.:* J. Gen. Physiol. *16*, 859 (1933) (Ähnliche Verbindungen).
62) *Michaelis, L.*, and *E. S. Hill:* J. Am. Chem. Soc. *55*, 1481 (1933).
63) *Mees, G. C.:* Ann. Appl. Biol. *48*, 601 (1960).
64) *Arnon, D. I., M. Losada, M. Nozaki,* and *K. Tagawa:* Nature *190*, 601 (1961).
65) *Jagendorf, A. T.*, and *M. Avron:* J. Biol. Chem. *231*, 277 (1958).
66) *Hill, R.*, and *D. A. Walker:* Plant Physiol. *34*, 240 (1959).
67) *Kok, B., H. J. Rurainski* u. *O. v. H. Owens:* Biochim. Biophys. Acta (Amsterdam) *109*, 347 (1965).
68) *Davenport, H. E.:* Mechanism of Cyclic Phosphorylation by Illuminated Chloroplasts. Proc. Roy. Soc. (London) Ser. B, *157*, 332 (1963).
69) *Slade, P.*, and *A. E. Smith:* Nature *213*, 919 (1967).
70) *Allen, H. P.:* Outlook Agr. *5* [4], 149 (1967).
71) *Russell, E. W.:* Proc. Inst. Br. Agr. Engrs. *3*, 99 (1945).
72) *Ellison, W. D.:* Empire J. Exptl. Agr. *20*, 81 (1952).
73) *Slade, R. E., W. G. Templeman,* and *W. A. Sexton:* Nature *155*, 497 (1945).
74) *Hood, A. E. M., H. R. Jameson,* and *R. Cotterell:* Nature *197*, 748 (1963).
75) — — —, Nature *210*, 1070 (1964).

76) *Meiser, W., R. Wegler, L. Eue* u. *H. Hack.* (Untersuchungen der Farbenfabriken Bayer AG).
77) *Summers, L. A.:* 6H-Dipyrido[2,1-b:1',2'-e]-1,3,5-thiadiazinium Dibromide, p. 546. Chem. Commun. *1966*, Nr. 15.
78) D. P. (DDR) 55860 (9. 9. 66/5. 5. 67), VEB Elektrochem. Kombinat Bitterfeld / *G. Buchmann, H. Franz* u. *H .Krüger.*
79) A. P. 3295946 (20. 1. 64/3. 1. 67, Am. Prior. 19. 3. 62), Monsanto Co. / *J. J. D'Amico.*
80) A. P. 3378556 (23. 9. 66/16. 4. 68), Dow Chemical Co. / *D. L. Trepanier.*
81) *Pieringer, A. P.*, and *W. F. Newhall:* J. Agr. Food Chem. *16* (3), 523 (1968).
82) D. A. S. 1129016 (20. 2. 58/3. 5. 62), I. C. I. Ltd. / *W. R. Boon* u. *R. F. Homer.*
83) Belg. P. 696618 (5. 4. 67/5. 10. 67, Dtsch. Prior. 5. 4. 66), BASF.
84) *MacCrimmon, P. R.:* 2. Symposium über neue Herbizide, Paris, p. 39 (1965). Ed. Essor, Paris.
85) *Leonard, W. F.:* Proc. 19. New Zealand Weed and Pest Control Conf. 1966, p. 41.
86) *Fryer, J. D.*, and *S. A. Evans:* Weed Control Handbook, pp. 74 u. 366. Oxford—Edinburgh: Blackwell Scientific Publications 1968.
87) *Spencer, E. Y.:* Guide to the Chemicals Used in Crop Protection, p. 343. Ottawa: Ed. Roger Duhamel. F. R. S. C. Queen's Printer and Controller of Stationery 1968.
88) Brit. Med. J. *1*, 1272 (1966).
89) *Mel'nikov, N. N., B. A. Chaskin* u. *I. V. Sablina:* Zh. Obshch. Khim. *38*, Nr. 7, 1558 (1968).
90) *Summers, L. A.:* Tetrahedron *24*, 2697 (1968).
91) *Calderbank, A.*, and *T. E. Tomlinson:* Outlook Agr. *5*, (6), 252 (1968).
92) —, Advances in Pest Control Research, p. 127. Edited by *R. L. Metcalf*, London-New York: Interscience Publishers, Inc. 1968.
93) A. P. 3223517 (29. 6. 62/14. 12. 65), Armour & Co. / *W. W. Abramitis* u. *R. A. Reck.*
94) The Pesticide Roundup, Farm. Chem. [1] 60 (1969).
95) *Knight*, B. E. A., *H. S. Tailor*, and *R. L. Wain:* Ann. Appl. Biol. *63* (2), 211 (1969).
96) Jap. P. Anm. 6597/66 (17. 4. 63/13. 4. 66), Toyo Koatsu Ltd.
97) D. O. S. 1445951 (14. 4. 64/13. 2. 69, Engl. Prior. 16. 4. 63), I. C. I. Ltd. / *J. T. Braunholtz* u. *C. Shepherd.*
98) Niederl. P. Anm. 6809026 (26. 6. 68/27. 12. 68, Jap. Prior. 26. 6. 67), Toyo Koatsu Industries, Inc.
99) *Gowing, D. P.*, and *R. W. Leeper:* Science *122*, 1267 (1955).
100) *Huffman, C. W., E. M. Godar, K. Ohki*, and *D. C. Torgeson:* J. Agr. Food Chem. *16* (6), 1041 (1968).
101) *Sasse, W. H. F., V. A. Snieckus*, and *V. Boekelheide:* Org. Syn. *46*, 5 (1966).
102) A. P. 3458305 (24. 8. 66/29. 7. 69, Am. Prior. 24. 8. 66), Gulf Research & Development Co. / *W. C. Doyle.*
103) *Black, A. L.*, and *L. A. Summers:* Tetrahedron *24*, 6453 (1968).
104) *Summers, L. A.:* Tetrahedron *24*, 5433 (1968).

5.14. Heterocyclen

5.14.1. Heterocyclische 5-Ring-Verbindungen

a) 5-Ring-Verbindungen mit 1 O

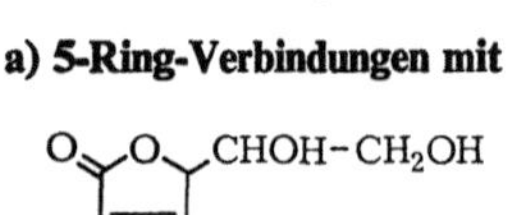

Ascorbinsäure (Vitamin C)

Das heute technisch billig hergestellte Vitamin C ergibt bei höherer Konzentration (0,2%) auf die Blätter von Citrusbäumen, speziell Apfelsinen, gespritzt, einen spezifischen Fruchtfall (ca.80%)[96].

b) 5-Ring-Verbindungen mit 1 N

Unter den Stickstoff enthaltenden heterocyclischen Verbindungen befinden sich zahlreiche, vornehmlich auch neuere Herbizide (s. auch bei heterocyclischen

Harnstoffen). Die Gruppe der einfachen 5-Ring-Verbindungen zeigte bis 1967, von einigen Ausnahmen abgesehen (z. B. Aminotriazol), verhältnismäßig wenige potente Herbizidvertreter. Verbindungen mit anelliertem 5-Ring dagegen haben gerade in den letzten Jahren (Benzimidazole, Benzthiazole) sowohl als Herbizide wie Fungizide (s. dort) steigende Bedeutung erlangt.

Substituierte Pyrrolidone

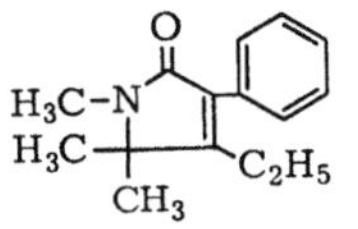

Versuchsprodukt
(Eli Lilly & Co.) 1965 [1]

Die herbizide Wirkung des nachfolgenden N-Phenylpyrrolidons beruht vielleicht auf der Acylanilin-Gruppierung.

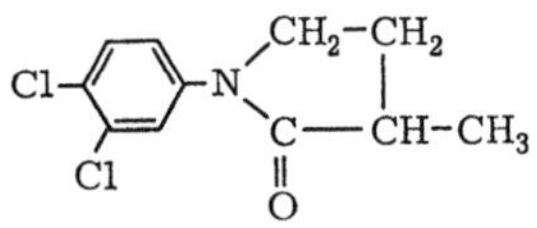

1-(3,4-Dichlorphenyl)-3-methyl-2-pyrrolidon
Versuchsprodukt
BV 201
(Rohm u. Haas Co.)

LD_{50}: 1000–1200 mg/kg Ratte p. o. akut. Wasserlöslichkeit: 45 ppm. Wirkungsweise: Bodenherbizid. Anwendungsweise: Pre-emergence. Anwendungsgebiet: Getreide, Baumwolle, Reis, Zuckerrohr, Sojabohnen.
Patente [2]. Literatur [3].

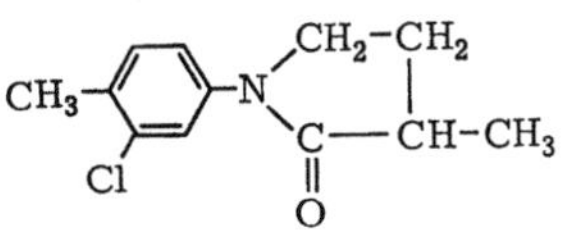

1-(3-Chlor-4-methylphenyl)-3-methyl-2-pyrrolidon
Versuchsprodukt
BV 207
(Rohm u. Haas)

LD_{50}: >10000 mg/kg Ratte p. o. akut. Wasserlöslichkeit: 150 ppm. Wirkungsweise: Bodenherbizid. Anwendungsweise: Pre-emergence. Anwendungsgebiet: Sojabohnen.
Patente [2]. Literatur [3].
Cyclische Phenylimide, z. B. N-(p-Chlorphenyl)-alkylsuccinimid. [4]

c) 5-Ring-Verbindungen mit 1 S

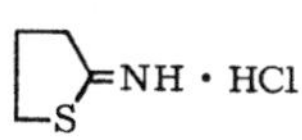

Nur diese Verbindung wurde als herbizid wirksam bekannt [5].

d) 5-Ring-Verbindungen mit 1N und 1O

s. auch Acylverbindungen von heterocyclischen Aminen.

Oxazole

Als cyclisches Carbamat und Amid kann ein Versuchsprodukt der BASF aufgefaßt werden:

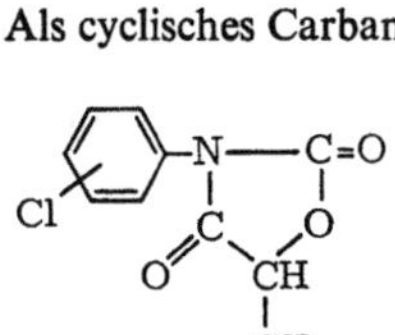

[6]

3-Chlorphenyl-5-methyl-oxazolidin-dion-(2,4)
Versuchsprodukt
(BASF) 1967

Zu erwähnen ist ferner folgende Verbindung [7]:

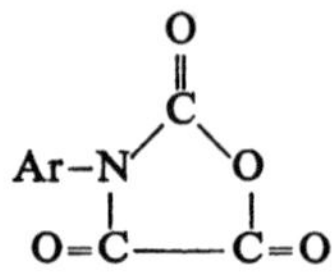

e) 5-Ring-Verbindungen mit 1N und 1S

s. auch Acylverbindungen von heterocyclischen Aminen

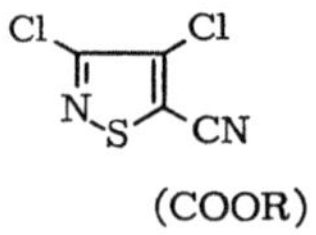

Baumwolldefoliant [8]

Thiazole

Eine Kombination der herbiziden Wirkung der 2,6-Dichlorbenzoesäure, eingebaut in das auch herbizid wirksame Thiazol, ergibt gegen Monokotyledonen wirksame Vorauflaufherbizide [9].

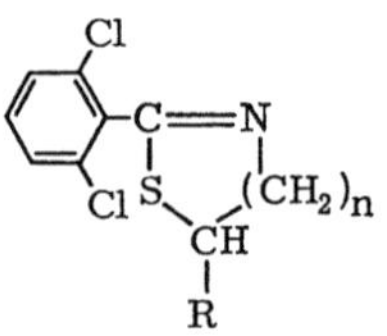

R = H, Alkylester
n = 1 u. 2

Thiazolidone

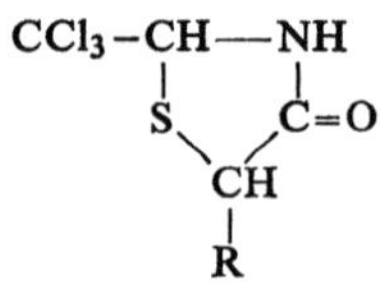

[10]

Benzthiazole zeigen in verschiedenen Abwandlungen pestizide Eigenschaften [11], unter anderem auch als Herbizide.

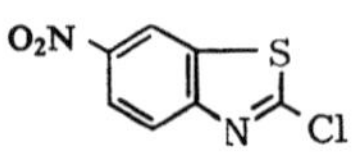

Soll sehr gut herbizid wirksam in Reis [12] sein. Ein Handelsprodukt ist u. W. nicht bekanntgeworden.

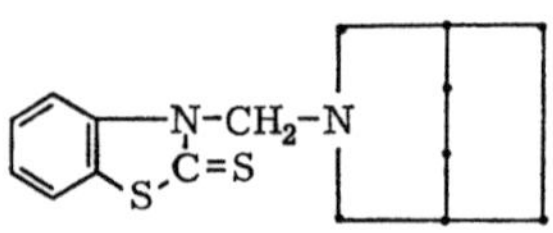

[13]

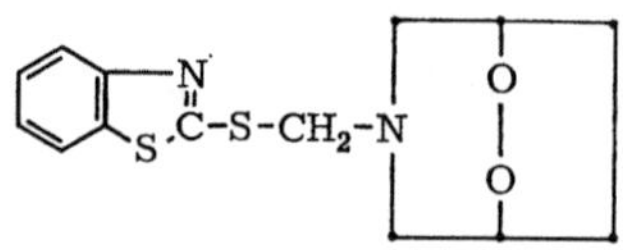

[14]

2-Phenylbenzthiazolverbindung

Mehrere Thioäther des Mercaptobenzthiazols sind als herbizid wirksam bekanntgeworden, z. B. wirkt

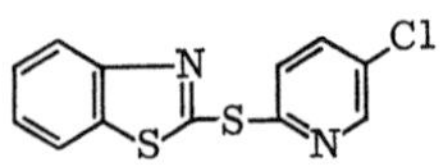

als Baumwollentblätterungsmittel [15].

Der *Aminothiazol-Rest* scheint für zahlreiche Herbizide von Bedeutung zu sein. Er begegnet uns in vielen verschiedenartigen Variationen, wobei die folgende auch als Cyclisierungsprodukt eines Isothioharnstoffes aufgefaßt werden kann.

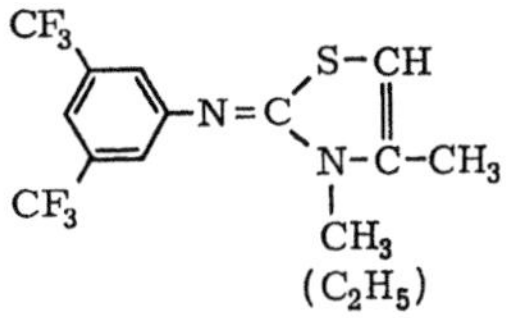

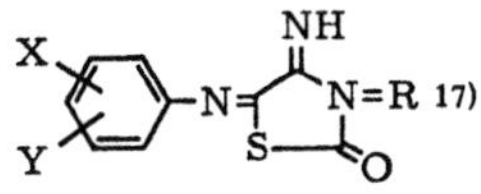

I

Herbizide und Fungizide [16]

Darstellung:

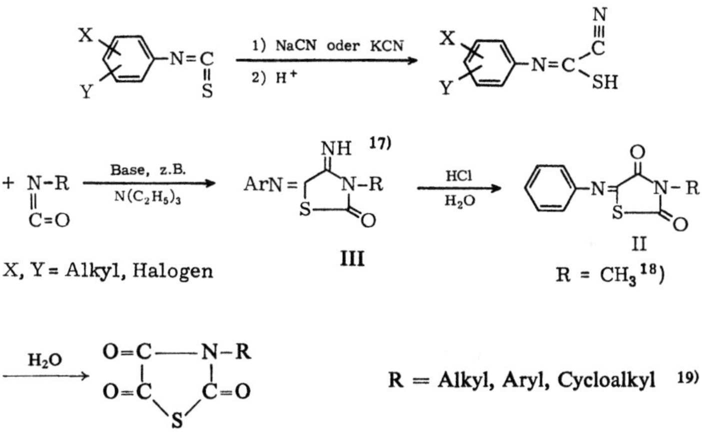

X, Y = Alkyl, Halogen

III

II

R = CH_3 [18]

R = Alkyl, Aryl, Cycloalkyl [19]

f) 5-Ring-Verbindungen mit 2N

Pyrazole

N-Phenyl-5-pyrazolone sind 1961 als Herbizide patentiert worden [104]. Besondere Wirksamkeit haben die 3-Methyl-4-chlor-Derivate. Sie weisen eine ähnliche Molekülstruktur auf, wie sie später in den Pyrazinonen (s. *Pyramin*®) vorkommt.

Imidazole

Die Imidazolgruppierung wird bis in die jüngste Zeit bei verschiedenen Firmen bearbeitet, was mehrere herbizide Verbindungen ergeben hat, z. B.:

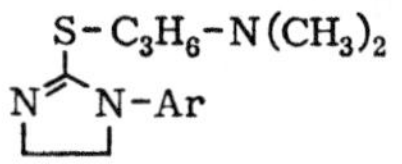

[20]

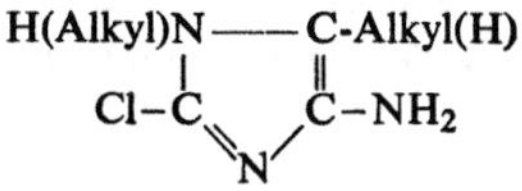

Aminoimidazol [21]

Mehrfach bromierte Imidazole sind in der japanischen Patentliteratur als Herbizide erwähnt [22].

Imidazolone

Die Wirkung dieser Gruppe dürfte auf der inneren Harnstoffgruppierung beruhen.

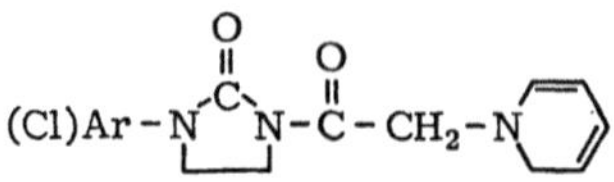
[20, 23]

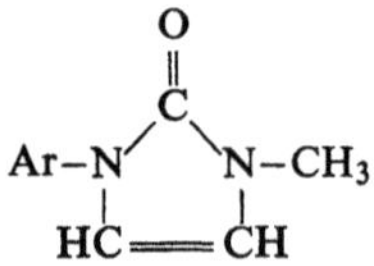
[24]

dargestellt aus

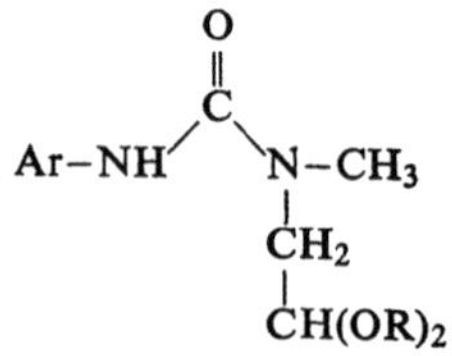

Dioxoimidazoline oder Hydantoine

Hydantoine wurden z. T. schon früher bei Abwandlungsprodukten aromatisch-aliphatischer Harnstoffe angeführt.

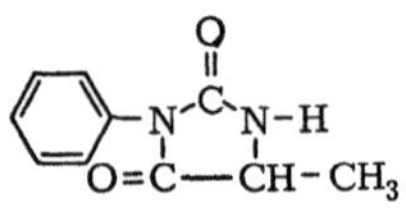
[25]

Alkyl statt Phenyl [26]

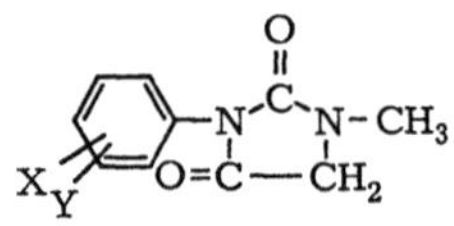
[27, 28]

aus

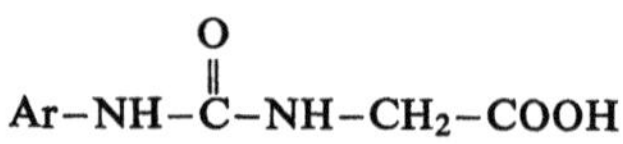

Ähnliche Derivate mit Benzyl statt Phenyl am Stickstoff und in der Methylengruppe alkyl-substituiert sind von anderer Seite beschrieben worden [29].

Trioxoimidazoline

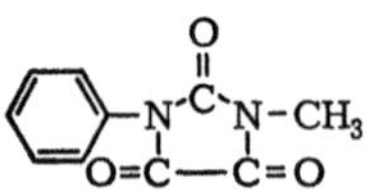
[30]

analog [31]:

aus

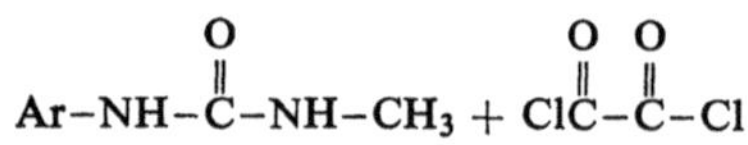

Im Benzolkern substituiert durch NO_2, Cl, CH_3, CF_3 usw.

Analoge Verbindungen aus 2-Aminobenzthiazol sind ebenfalls herbizid wirksam [32,33].

Benzimidazole

Benzimidazole zeigen eine breitere herbizide Wirkung [34,35], z. B. ist das 2-Methyl-5,6-dichlorbenzimidazol als herbizid wirksam bekannt [36]. Zeigt die Benzimidazol-Konfiguration schon als solche eine herbizide Wirkung, so wird ihr Effekt durch die Einführung der Trifluormethylgruppe noch wesentlich verstärkt [37–41].

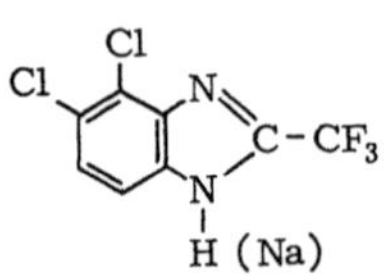

4,5-Dichlor-2-trifluormethyl-benzimidazol
Versuchsprodukt
NC 33 63
Common name: *chlorflurazol*
(Fisons Pest Control Ltd.) 1966

LD_{50}: Ziemlich giftig, dringt durch die Haut ein. (Für die Na-Verbindung: 300—400 mg/kg Ratte p. o. akut, 90 mg/kg Maus p. o. akut). Wasserlöslichkeit: 6 ppm als Salz. Wirkungsweise: Blattherbizid mit Kontaktwirkung, nicht systemisch, rasche Wirkung. Anwendungsweise: Post-emergence in Getreide. Anwendungsgebiet: Selektiv in Getreide, gegen alle breitblättrigen Unkräuter, auch in Mischung mit Phenoxy-alkyl-carbonsäuren.

Patente [42–46]. Literatur [37–40, 97].

Die herbizide Wirkung der 2-Trifluormethyl-benzimidazole beruht auf einer Hemmung der Photosynthese [47, 48]. Die Verbindungen sind Hemmstoffe des photosynthetischen Elektronentransportes im Bereich der 2. Lichtreaktion und hemmen die O_2-Entwicklung in der Hill-Reaktion [47, 48]. Außerdem sind die Trifluormethyl-benzimidazole Entkoppler der oxydativen Phosphorylierung (ähnlich wie die Dinitro-alkylphenole) und hemmen die Regulierung der Atmung durch Adenosindiphosphat [49, 50].

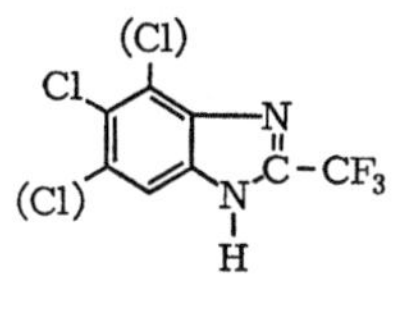

Versuchsprodukt
(Shell) 1966/67

LD_{50}: 1) 5,6-Dichlorverbindung 90 mg/kg Maus p. o. akut; 2) 6-Chlorverbindung 120 mg/kg Maus p. o. akut; 3) 3,4-Dichlorverbindung 283 mg/kg Maus p. o. akut. Wirkungsweise: Pre- und post-emergence.

Patente [42–46]. Literatur [37–40].

Ebenso ist auch *5-Jod-2-trifluormethyl-benzimidazol* unter der Bezeichnung NC 4762 als Versuchsprodukt bekanntgeworden [101].

Die Trifluormethyl-Gruppe in 2-Stellung der Benzimidazole scheint zwar ein Wirkungsmaximum zu ergeben, doch zeigt die Patentliteratur auch Beispiele von Herbiziden, bei denen statt der Trifluormethyl-Gruppe in 2-Stellung eine Alkyl-Gruppe steht; dafür befindet sich im Phenyl-Kern in 5- oder 6-Stellung eine Trifluormethyl-Gruppe [92,93].

2-Methyl-5-trifluormethyl-benzimidazol

Versuchsprodukt
BH 1715
(U. S. Borax and Chemical Corp.)

Anwendungsgebiet: Pre-sowing in *Brassica*-Arten.
Patente [93]. Literatur [94].

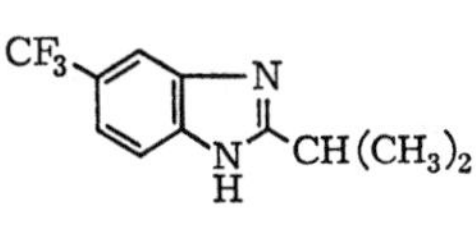

[98,99]

2-Isopropyl-5-trifluormethyl-benzimidazol
Versuchsprodukt
(U. S. Borax and Chemical Corp.)

Eine Verbindung, bei der die 2-Trifluormethylgruppe durch tert. Butyl ersetzt ist, trägt die Versuchsnummer *NC 6627* [102].

Die elektronenabziehende Wirkung einer Trifluormethylgruppe in 5-Stellung wird in einem Versuchsprodukt der Eli Lilly durch eine Nitrogruppe in 7-Stellung verstärkt. Das Versuchsprodukt scheint aber bei guter herbizider Wirkung nicht genügend selektiv zu sein [100].

Verschiedene andere Verbindungen sind bei den Firmen Shell und Fisons Pest Control im Feldversuchsstadium (1967). Trifluormethyl-benzimidazole, welche an einem Stickstoff die Gruppierung Alkyl-SO_2 tragen [95] oder durch COOR substituiert sind (R = Ar-Alkyl), wurden ebenfalls als Herbizide bekannt [88].

Die herbizide Wirkung der Trifluormethyl-benzimidazole wurde unabhängig voneinander von der Shell-Grundlagenforschung in Deutschland [48,49] und der Fisons Pest Control in England [37,51] gefunden. Offensichtlich ist die herbizide Wirkung der schwachsauren Verbindungen vom pK_A-Wert (4—8) sowie von der Lipophilie abhängig [47].

Die oft wiederkehrende Parallelität zwischen Herbiziden und Fungiziden tritt auch in der Reihe der Chlor-benzimidazole auf: Mit $-\overset{\parallel}{C}H$ statt $-\overset{\parallel}{C}-CF_3$ tritt fungizide Wirkung ein [52].

Der Benzolring im Benzimidazol kann durch einen Pyridinring ersetzt sein:

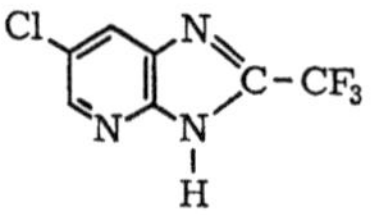

6-Chlor-2-trifluormethyl-3H-imidazo-[4,5-b]-pyridin
NC 4780
Common name: *flurimidin*
Handelsname: *Nortron*®
(Fisons Pest Control Ltd.)

Patente [53–55]. Literatur [37–40].

Die herbizide Aktivität der Grundverbindung wird auch hier durch die $-CF_3$-Gruppe verstärkt, s. Chlorflurazol [37–40].

Auch Imidazopyridine mit einer andersartigen Angliederung des Pyridinringes sind als Herbizide patentiert worden [103].

g) 5-Ring-Verbindungen mit 2N und 1O

Verschiedene Verbindungen aus der Reihe der Oxadiazolone sind in jüngster Zeit als herbizide Versuchsprodukte bekanntgeworden.

1-Oxa-3,4-diazol-2-one

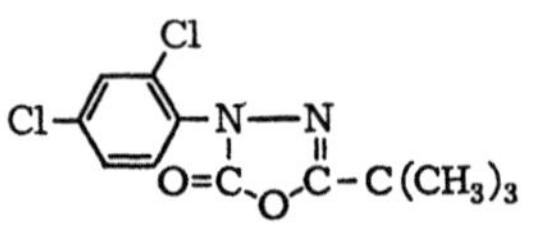

3-(2,4-Dichlorphenyl)-5-tert. butyl-1,3,4-oxadiazol-2-on
Versuchsprodukt
R. P. 15018
(Rhône Poulenc) 1966

LD_{50}: 4600 mg/kg Ratte p. o. akut. Wasserlöslichkeit: 2 mg/l. Anwendungsgebiet: Kontaktherbizid gegen Gräser und breitblättrige Pflanzen. Lange Wirkungsdauer im Boden.
Patente [56–58]. Literatur [59,60].

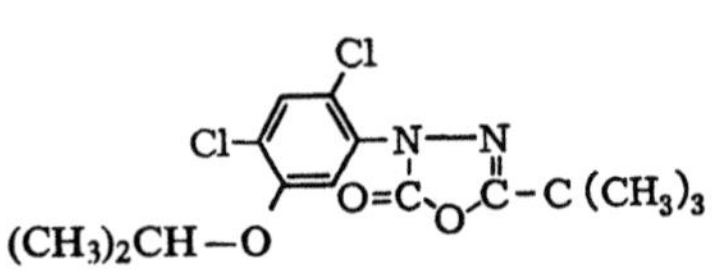

5-tert. Butyl-3-(2,4-dichlor-5-isopropoxy-phenyl)-1,3,4-oxadiazolon-(2)
Versuchsprodukt
R. P. 17623
(Rhône Poulenc)

Anwendungsweise: Pre- und post-emergence. Anwendungsgebiet: Selektives Herbizid gegen die meisten breitblättrigen Unkräuter, bei größeren Aufwandmengen auch gegen einjährige Gräser. Totalherbizid.

Patente [56–58]. Literatur [59,60].

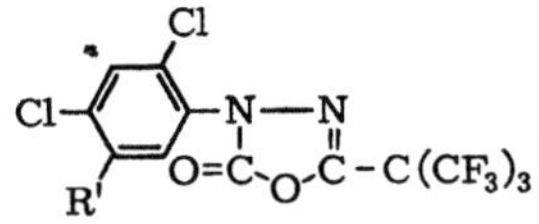

58)

1-Oxa-2,4-diazol-3,5-dion

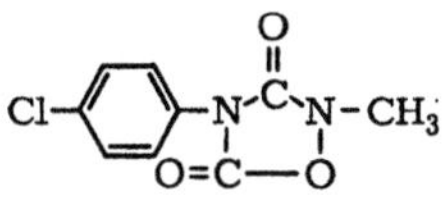

61)

Die Substanz verdankt ihre gute herbizide Wirkung wohl einer hydrolytischen Aufspaltung in den als bekannt wirksamen N^1-Oxy-N^2-arylharnstoff (s. dort).

Ebenso dürfte bei isomeren Oxadiazolidionen [62,63] die herbizide Wirkung auf einer Aufspaltung in N-Oxyharnstoffe beruhen:

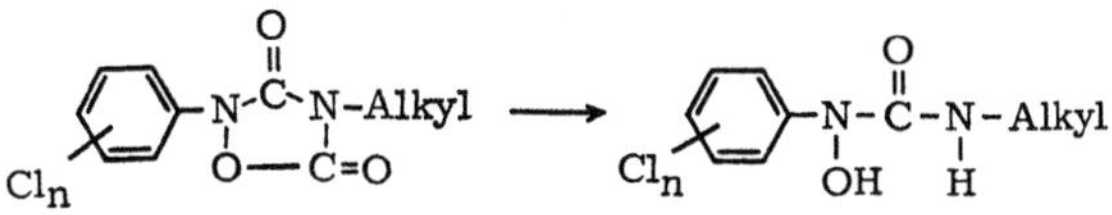

h) 5-Ring-Verbindungen mit 2N und 1S

Thiadiazole, Isothiadiazole, Thiadiazolone, Isothiadiazolone und Benzothiadiazole

Unter den Thiadiazolen und Isothiadiazolen finden sich einige gute neue Herbizide. Da aber vorwiegend die Harnstoffe, Carbamidsäureester- und N-Acylverbindungen herbizid wirksam sind, werden die Verbindungen bei den entsprechenden Verbindungsklassen abgehandelt (s. bei Harnstoffen heterocyclischer Verbindungen).
An vorliegender Stelle werden nur die entsprechenden Verbindungen mit der Carbonylgruppe im Heterocyclus abgehandelt.

1,2,4-Thiadiazol-3-one

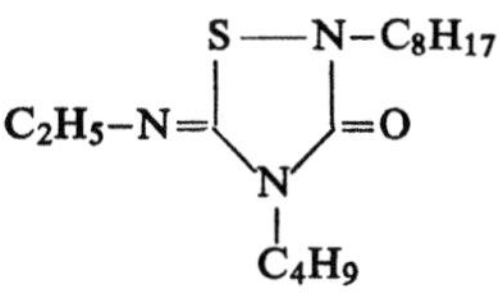

75)

Isothiazolidione oder 1-Thia-2,4-diazol-3,5-dione

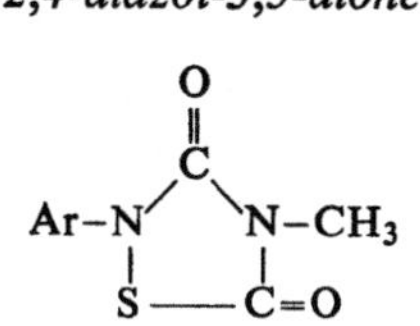

64, 65)

Darstellung z. B. aus:

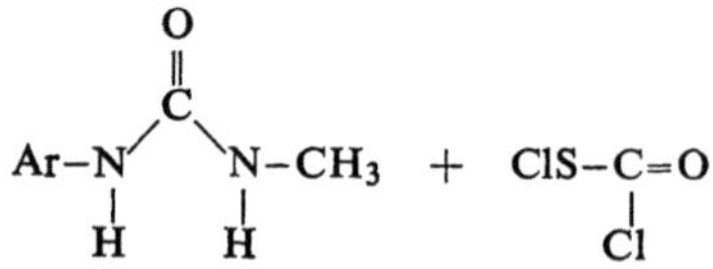

; letzteres aus $CCl_3SCl + H_2SO_4$

Benzothiadiazole

Aus der Gruppe der Benzothiadiazole wurden immer wieder Herbizide bekannt, ohne daß sich u. W. bisher ein größeres Handelsprodukt ergeben hätte.

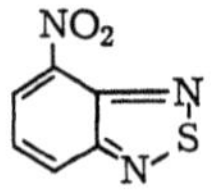

Versuchsprodukt
(Farbenfabriken Bayer AG) 1956

Die Verbindung wurde aber als nicht ausreichend wirksam befunden. Die BASF hat ähnliche Verbindungen als Herbizide unter Schutzrecht [66]. In Anwendung ist:

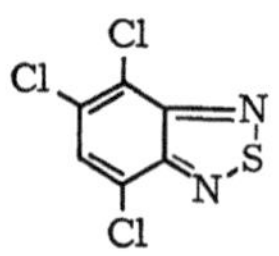

4,5,7-Trichlorbenzthiadiazol-2,1,3
Common name: *TCBT*
Handelsname: *PH-40-21, TH-052-H*
(Philips Duphar N. V.) 1962

LD_{50}: 1620 mg/kg Ratte p. o. akut. Wasserlöslichkeit: 2 ppm. Wirkungsweise: Bodenherbizid. Anwendungsweise: Pre-emergence und früh post-emergence. Anwendungsgebiet: Mais, Baumwolle, Bohnen, Erdnüsse.
Darstellung: Aus 3,4,6-Trichlor-1,2-phenylendiamin und Thionylchlorid in Pyridin.
Patente [67–69]. Literatur [70,71].

Für eine herbizide Wirksamkeit der 2,1,3-Benzothiadiazole ist eine Substitution in 4,5,7-Stellung besonders wichtig [72]. Halogene (Cl) ergeben die höchste herbizide Wirkung. Wird ein Chlor durch eine Nitrogruppe ersetzt, so vermindert sich die herbizide Wirkung weitgehend, und eine kräftige fungizide Wirksamkeit tritt zutage.

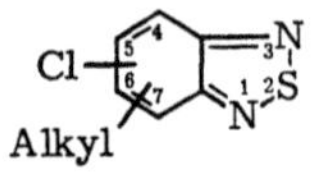
[73]

Im Benzolring in 4,7-Stellung CN s. [74].

i) 5-Ring-Verbindungen mit 3N

1,3,4-Triazole

In dieser Verbindungsklasse befindet sich ein bedeutendes Herbizid.

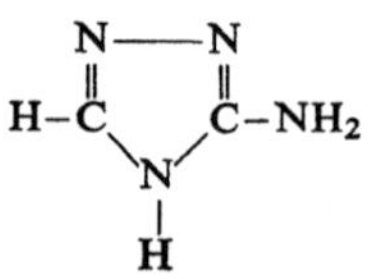

2-Amino-1,3,4-triazol oder 3-Amino-1,2,4-triazol
Common name: *amitrol, ATA, aminotriazol*
Handelsname: *Weedazol®* (American Chemical Paint Co., jetzt Amchem Products Ltd.) 1954

LD_{50}: 14000 (25000) mg/kg Ratte p. o. akut. Wasserlöslichkeit: 28 g/100 cm^3 bei 25°C. Wirkungsweise: Blattherbizid mit systemischer Wirkung und geringer Wirkung als Bodenherbizid [76]. Hemmt Chlorophyllbildung. Anwendungsweise: Post-emergence. Anwendungsgebiet: Wirksam gegen tief wurzelnde Unkräuter (Gräser und breitblättrige Unkräuter) und als synergistisch wirkender Zusatz bei vielen Totalherbiziden (Harnstoffe [77], Triazine).

Darstellung aus Ameisensäure und Aminoguanidin.

Patente [78]. Literatur [79–86].

Aminotriazol ist zwar ein schwaches Wurzel- aber ein rasch wirkendes systemisches Herbizid. Letztere Eigenschaft wird auch bei der Verwendung als Entblätterungsmittel, z. B. für Baumwolle, ausgenützt [79, 80]. Die Verbindung hemmt die Chlorophyll-Synthese der Pflanzen und verhindert das Austreiben ruhender Knospen. Äußere Merkmale sind eine starke Chlorose und ein fast Weißwerden der neu zuwachsenden Pflanzenteile sowie das Absterben der Blätter und ganzer Pflanzenteile. (Auch andere Verbindungen verursachen Chlorose, doch ohne die typische Weißfärbung des nachwachsenden Gewebes [81].)

Oft wird dem *Aminotriazol* zur Wirkungsverstärkung Ammoniumrhodanid beigegeben, obwohl die letztere Verbindung allein nur mäßig herbizid wirkt [82, 83]. Es wird angenommen, daß das Ammoniumrhodanid den Abbau des Aminotriazols in der Pflanze hemmt [82–84]. Handelsname = *Weedazol TL*®, (Amchem Products Ltd.), common name = *amitrol T* (s. auch S. 193).

Die in der Literatur, speziell in der Patentliteratur, beschriebenen *Abwandlungen des Aminotriazols* [87, 89] haben durchweg eine vergleichsweise geringere Wirkung [90]. Die 5-Stellung darf ohne Wirkungseinbuße nicht substituiert sein [90]. Besonders zahlreich bekannt sind Ringschluß-Reaktionen, von denen als Beispiel angeführt sei:

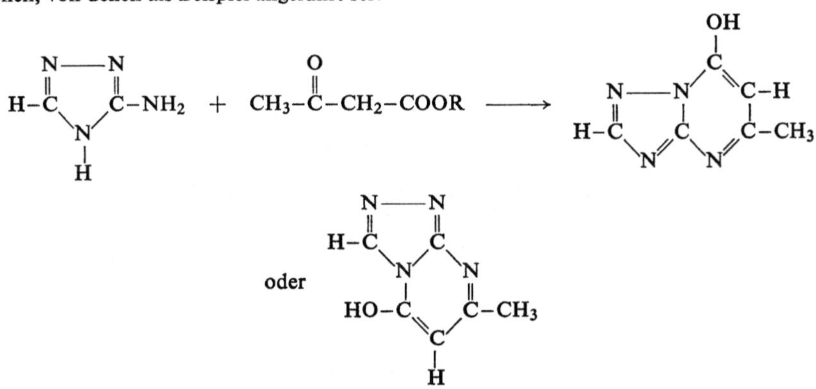

Umsetzungen von Aminotriazol mit sog. Mucochlorsäure [89] (Dichlormaleinaldehydsäure) führen zu:

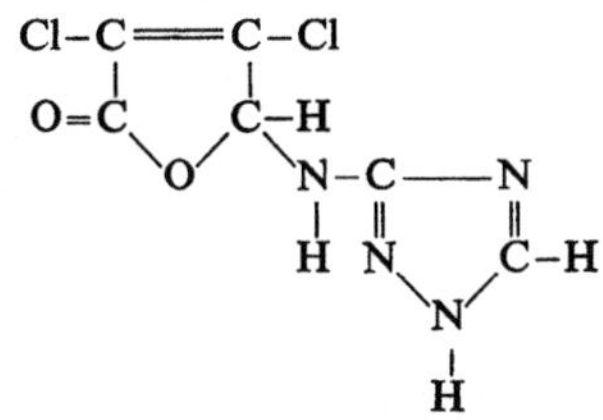

Zu den herbizid wirksamen Verwandten des Aminotriazols gehört z. B.[91]:

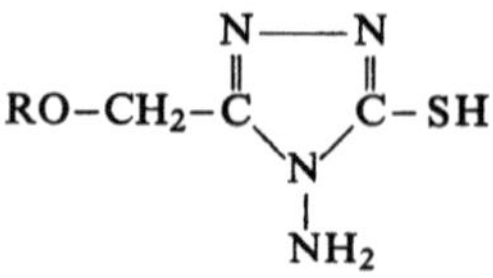

Literatur

5. Organische Herbizide

5.14. Heterocyclen — 5.14.1. Heterocyclische 5-Ring-Verbindungen

1) A. P. 3272842 (25. 6. 65/13. 9. 66), Eli Lilly & Co. / *N. R. Easton* u. *R. D. Dillard.*
2) Belg. P. 662762 (20. 4. 65/20. 10. 65, Am. Prior. 18. 8. 64), Rohm u. Haas / *H. F. Wilson, D. H. McRae* u. *B. M. Vittimberga.*
3) *McRae, D. H.*, et *P. de Sarjas:* 2. Symposium über neue Herbizide, Paris, S. 255 (1965). Ed. Essor, Paris.
4) Niederl. P. Anm. 6710977 (9. 8. 67/13. 2. 68, Dtsch. Prior. 12. 8. 66 u. 21. 6. 67), BASF.
5) A. P. 3318910 (5. 12. 63/9. 5. 67), American Cyanamid Co. / *R. W. Addor.*
6) A. P. 3280136 (3. 5. 65/18. 10. 66), General Electric Co. / *H. L. Finkbeiner.*
7) A. P. 3264317 (23. 9. 63/2. 8. 66), Monsanto Chemical Co. / *P. J. Stoffel.*
8) Niederl. P. Anm. 6613128 (16. 9. 66/3. 4. 67, Am. Prior. 1. 10. 65), Pennsalt Chemicals Corp.
9) D. A. S. 1262667 (17. 10. 62/7. 3. 68), Shell Research Ltd. / *J. Yates, H. P. Rosinger* u. *J. T. Hackmann.*
10) A. P. 3270027 (15. 10. 63/30. 8. 66), Sterling Drug Inc. / *A. R. Surrey.*
11) Niederl. P. Anm. 6703832 (14. 3. 67/24. 10. 67, Dtsch. Prior. 23. 4. 66), E. Merck AG.
12) Jap. P. Anm. 9476/67 (9. 3. 65/15. 5. 67), Toyo Koatsu Kogyo K. K.
13) Belg. P. 681763 (27. 5. 66/31. 10. 66, Am. Prior. 27. 5. 65 u. 27. 4. 66), W. C. Grace & Co. u. Fa. Herbert Schwartz.
14) A. P. 3257193 (13. 8. 65/21. 6. 66, Am. Prior. 19. 3. 62 u. 3. 9. 63), Monsanto Co. / *J. J. D'Amico.*
15) *Rožkova, N. K.*, u. *A. N. Bezumnova:* Chim. geterocikl. Soed. 1968, Nr. 2, 376.
16) D. A. S. 1218210 (18. 1. 63/2. 6. 66, Schwz. Prior. 19. 1. 62), Ciba / *D. Dürr, H. Aebi* u. *L. Ebner.*
17) A. P. 3287466 (12. 10. 64/22. 11. 66), DuPont / *H. L. Klopping.*
18) A. P. 3287467 (19. 7. 65/22. 11. 66), DuPont / *H. J. Gerjovich.*
19) A. P. 3252988 (23. 9. 63/24. 5. 66), Monsanto Co. / *P. J. Stoffel.*
20) A. P. 3334112 (7. 5. 64/1. 8. 67), American Cyanamid Co. / *W. B. Wright* u. *H. J. Brabander.*
21) A. P. 3261873 (26. 9. 62/19. 7. 66), Dow Chemical Co. / *F. Johnson* u. *W. A. Nasutavicus.*
22) Jap. P. Anm. 9473/67 (3. 3. 65/15. 5. 67), Toyo Koatsu Ind. Ltd.
23) A. P. 3334098 (7. 5. 64/1. 8. 67), American Cyanamid Co. / *W. B. Wright.*
24) A. P. 3148211 (16. 7. 63/8. 9. 64, Am. Prior. 13. 10. 60), DuPont / *R. W. Luckenbaugh.*
25) F. P. 1435829 (24. 11. 64/14. 3. 66, Am. Prior. 26. 11. 63), U. S. Borax & Chemical Corp. / *K. Kitasaki* u. *R. F. Crawford.*
26) A. P. 3134663 (23. 7. 57/26. 5. 64), Geigy Chemical Co. / *H. Kroll.*
27) D. A. S. 1018261 (20. 6. 56/24. 10. 57), BASF / *H. Windel, L. Weschky, A. Fischer, H. Stummeyer, C. Pfaff* u. *G. Steinbrunn.*
28) D. A. S. 1039302 (21. 6. 57/18. 9. 58), Farbenfabriken Bayer AG / *W. Siefken, O. Bayer* u. *L. Eue.*
29) E. P. 1074999 (1. 11. 65/5. 7. 67, Am. Prior. 16. 12. 64), U. S. Borax & Chemical Corp.
30) A. P. 2895817 (12. 4. 56/21. 7. 59), DuPont / *R. W. Luckenbaugh.*
31) Niederl. P. Anm. 6702435 (17. 2. 67/23. 8. 67, Dtsch. Prior. 22. 2. 66), BASF / *G. Steinbrunn, A. Fischer* u. *A. Zschocke.*
32) D. A. S. 1217963 (21. 2. 64/2. 6. 66), Farbenfabriken Bayer AG / *W. Schäfer, R. Wegler, L. Eue* u. *H. Hack.*
33) *Ulrich, H.*, and *A. A. R. Sayigh:* J. Org. Chem. *30* (2), 781 (1965).

34) F. P. 1491233 (21. 2. 66/3. 7. 67), *R. Aries.*
35) Niederl. P. Anm. 6705623 (21. 4. 67/24. 10. 67, Engl. Prior. 23. 4. 66), Fisons Pest Control Ltd.
36) A. P. 3369028 (3. 8. 66/13. 2. 68, Dtsch. Prior. 6. 8. 65), Shell Oil Co. / *K. H. Büchel.*
37) *Burton, D. E., A. J. Lambie, J. C. L. Ludgate, G. T. Newbold, A. Percival,* and *D. T. Saggers:* Nature *208*, 1166 (1965).
38) *Pfeiffer, R. K.:* 8. Brit. Weed Control Conf. Proc. Vol. 2, 394 (1966).
39) — 2. Symposium über neue Herbizide, Paris, S. 29 (1965). Ed. Essor, Paris.
40) E. P. 1104936 (27. 5. 64/6. 5. 68), Fisons Pest Control Ltd. / *D. E. Burton, A. J. Lambie, G. T. Newbold, A. Percival* u. *J. R. Senciall.*
41) Niederl. P. Anm. 6705871 (26. 4. 67/6. 11. 67, Engl. Prior. 4. 5. 66), Fisons Pest Control Ltd.
42) Belg. P. 677941 (16. 3. 66/16. 9. 66, Engl. Prior. 24. 3. 65 u. 25. 5. 65), Fisons Pest Control Ltd.
43) = Niederl. P. Anm. 6603719 (22. 3. 66/26. 9. 66).
44) Belg. P. 659384 (5. 2. 65/5. 8. 65), Fisons Pest Control Ltd. / *D. E. Burton, A. J. Lambie* u. *G. T. Newbold.*
45) = F. P. 1426887 (14. 2. 64/27. 12. 65, Engl. Prior. 16. 2. 63).
46) D. A. S. 1219282 (9. 9. 63/16. 6. 66), Shell Internationale Research Maatschappij / *K. H. Büchel* u. *F. W. Korte.*
47) *Büchel, K. H., W. Draber, A. Trebst* u. *E. Pistorius:* Z. Naturforsch. *21b*, 243 (1966).
48) —, *F. Korte, A. Trebst* u. *E. Pistorius:* Angew. Chem. *77*, 911 (1965).
49) — — u. *R. B. Beechey:* Angew. Chem. *77*, 814 (1965).
50) *Jones, O. T. G.,* and *W. A. Watson:* Nature *208*, 1169 (1965).
51) F. P. 1469504 (21. 10. 65/9. 1. 67, Engl. Prior. 22. 10. 64 u. 5. 11. 64, Fisons Pest Control Ltd.
52) E. P. 1063472 (23. 11. 62/30. 3. 67), Fisons Pest Control Ltd./ *D. W. J. Lane* u. *G. T. Newbold.*
53) Belg. P. 679235 (7. 4. 66/7. 10. 66, Engl. Prior. 15. 4. 65 u. 17.3.66), Fisons Pest Control Ltd.
54) = Niederl. P. Anm. 6605131 (15. 4. 66/17. 10. 66).
55) F. P. 1475588 (14. 4. 66/20. 2. 67, Engl. Prior. 15. 4. 65 u. 17. 3. 66), Fisons Pest Control Ltd. / *C. E. Dealtry, G. T. Newbold* u. *A. Percival.*
56) F. P. 1394774 (13. 12. 63/1. 3. 65), Rhône Poulenc / *R. Boesch* u. *J. Metivier.*
57) = E. P. 1063799 (11. 12. 64/30. 3. 67, Franz. Prior. 13. 12. 63).
58) Belg. P. 675562 (25. 1. 66/25. 7. 66, Franz. Prior. 29. 10. 65), Rhône Poulenc.
59) Firmenprospekt der Rhodia Inc. Chipman Div. (Enclosure VB-49/68 v. 26. 1.).
60) *Deloraine, J., P. Desaymard, J. Desmoras, J. B. Dodel, M. Guillot, P. Jaquet, J. Metivier* u. *A. Planard:* 2. Symposium über neue Herbizide, Paris Ss. 85 u. 99, (1965). Ed. Essor. Paris, ref. C. A. *65*, 14351 d.
61) Südafr. P. 67/0599 (13. 6. 67, Dtsch. Prior. 22. 2. 66), BASF (Stets Cl, beliebige Substituenten).
62) Niederl. P. Anm. 6704124 (20. 3. 67/19. 9. 67, Am. Prior. 18. 3. 66), Velsicol Chemical Corp.
63) Niederl. P. Anm. 6721780 (19. 9. 67/20. 3. 68, Am. Prior. 19. 9. 66), DuPont.
64) E. P. 1115350 (5. 5. 67/29. 5. 68, Dtsch. Prior. 23. 5. 66), Farbenfabriken Bayer AG / *G. Zumach, L. Eue, W. Weiß, E. Kühle* u. *H. Hack.*
65) Niederl. P. Anm. 6800946 (22. 1. 68/29. 7. 68, Dtsch. Prior. 27. 1. 67 u. 10. 8. 67), Farbenfabriken Bayer AG / *G. Zumach, L. Eue, W. Weiß, E. Kühle* u. *H. Hack.*
66) Niederl. P. Anm. 6708950 (27. 6. 67/2. 1. 68, Dtsch. Prior. 30. 6. 66), BASF.
67) Belg. P. 619371 (25. 6. 62/27. 12. 62, Niederl. Prior. 26. 6. 61 u. 17. 5. 62), Philips Gloeilampenfabrieken / *J. Daams* u. *H. Koopman.*
68) = E. P. 1017692 (22. 6. 62/19. 1. 66, Niederl. Prior. 26. 6. 61 u. 17. 5. 62).
69) A. P. 3322780 (3. 9. 65/30. 5. 67), Dow Chemical Co. / *R. Y. Wen.*
70) *Daams, J.,* u. Mitarb. 7. Brit. Weed Control Conf. 1964, p. 1091.
71) Weeds *15* (2), 180 (1967).
72) *van Daalen, J. J., J. Daams, H. Koopman* et *A. Tempel:* Rec. Trav. Chim. *86*, 1159 (1967).
73) A. P. 3279909 (9. 12. 63/18. 10. 66, Am. Prior. 19. 6. 62), North American Philips Co. / *J. Daams* u. *H. Koopman.*
74) Niederl. P. Anm. 6716629 (7. 12. 67/10. 6. 68, Am. Prior. 9. 12. 66), Shell.
75) A. P. 3282950 (21. 1. 65/1. 11. 66), Olin Mathieson Chemical Corp. / *G. F. Ottmann* u. *H. Hooks jr.*
76) *Naylor, A. W.:* J. Agr. Food Chem. *12*, [1], 21 (1964).

77) s. z. B. Aminotriazol und Phenylharnstoffe, wie Monuron bzw. Diuron.
78) D. B. P. 972405 (10. 6. 53/20. 9. 56, Am. Prior. 5. 3. 52), American Chemical Paint Co. / *W. W. Allen.*
79) *Hall, W. C., G. B. Truchelut*, and *H. C. Lane:* Texas Agr. Expt. Sta. Bull. *759*, 3 (1953); ref. C. A. *47*, 12734i.
80) *Miller, C. S.*, and *W. C. Hall:* Weeds *5*, 218 (1957).
81) *Ready, D., C. E. Minarik, D. Bradbury, H. E. Thompson*, and *J. F. Owings:* Plant Physiol. *27*, 210 (1952).
82) *Leuchs, F.:* Nachrbl. Deut. Pflanzenschutzdienst (Braunschweig) *13*, 172 (1961).
83) A. P. 2992089 (13. 2. 59/11. 7. 61), Amchem Products / *L. W. Melander, S. R. McLane* u. *M. L. Sutherland.*
84) *Donnalley, W. F.*, and *S. K. Ries:* Science *145*, 497 (1964).
85) *Alverson, R. A.:* Annotated Bibliography of Aminotriazole, Farm and Home Division American Cyanamid Co., 1957.
86) *Hall, W. C., S. P. Johnson*, and *C. L. Leinweber:* Texas Agr. Expt. Sta. Bull. 789 (1954).
87) F. P. 1433798 (30. 4. 65/21. 2. 66, Am. Prior. 1. 5. 64), Fairmount Chemical Co. / *F. v. Hessert* u. *I. Binzer.*
88) F. P. 1459782 (26. 5. 65/17. 10. 66, Engl. Prior. 27. 5. 64), Fisons Pest Control Ltd.
89) D. A. S. 1187850 (12. 10. 63/25. 2. 65), BASF / *F. Reicheneder, K. Dury* u. *A. Fischer.*
90) *Gomaa, E. A. A.:* Acta Phytopathol. (Budapest) *3* (2), 175 (1968).
91) Jap. P. Anm. 11480/66 (3. 6. 64/25. 6. 66), Chugai Pharm. Co. Ltd.
92) A. P. 3317555 (22. 10. 65/2. 5. 67, Am. Prior. 17. 7. 63, 22. 1. 64, 8. 5. 64 u. 1. 2. 65), US Borax & Chemical Corp. / *H. Goldsmith* u. *R. F. Crawford.*
93) E. P. 1015937 (3. 7. 64/5. 1. 66, Am. Prior. 17. 7. 63, 22. 1. 64, 12. 2. 64 u. 8. 5. 64), US Borax & Chemical Corp.
94) *Wagner, W. E.:* Vero Beach Laboratories, Inc., personal communication: *W. A. Gentner:* An Evaluation of New Herbicides. Weed Field Day, 9. 7. 1968, Beltsville.
95) Niederl. P. Anm. 6610554 (27. 7. 66/30. 1. 67, Engl. Prior. 29. 7. 65), Fisons Pest Control Ltd.
96) *Cooper, W. C.*, and *W. H. Henry:* Agr. Res. *16* (3), 15 (1967).
97) *Fryer, J. D.*, and *S. A. Evans:* Weed Control Handbook, pp. 97 u. 432. Oxford-Edinburgh: Blackwell Scientific Publications 1968.
98) A. P. 3284463 (22. 1. 64/8. 11. 66), U. S. Borax & Chemical Corp. / *H. Goldsmith* u. *R. F. Crawford.*
99) F. P. 1435785. (16. 7. 64/14. 3. 66, Am. Prior. 17. 7. 63, 22. 1. 64, 12. 2. 64 u. 8. 5. 64), U. S. Borax & Chemical Corp. / *H. Goldsmith* u. *R. F. Crawford.*
100) F. P. 1509499 (26. 1. 67/4. 12. 67, Am. Prior. 26. 1. 66), Eli Lilly and Co. / *Q. F. Soper.*
101) *Holly, K.*, and *A. K. Wilson:* Weed Abstr. *18* (1), 935 (1969).
102) Niederl. P. Anm. 6713923 (13. 10. 67/16. 4. 68, Engl. Prior. 15. 10. 66), Fisons Pest Control Ltd.
103) A. P. 3401030 (9. 9. 64/10. 9. 68), Union Carbide Corp. / *R. V. Berthold* u. *R. A. Herrett.*
104) D. A. S. 1112855 (3. 2. 60/17. 8. 61), Norddeutsche Affinerie / *W. Perkow.*

5.14.2. Heterocyclische 6-Ring-Verbindungen

a) 6-Ring-Verbindungen mit 1 N (Pyridinderivate)

Pyridine scheinen besonders phytotoxisch zu sein. Dies dürfte z. T. mit ihrem universellen Lösungsvermögen zusammenhängen. Schon einfache, alkylsubstituierte Pyridine sind phytotoxisch. Besonders wuchsstoffherbizid wirksam sind 2,3- oder 4-Styryl-pyridine [1].

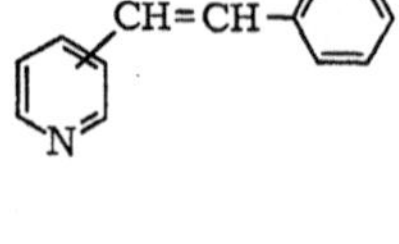

Die Wirkung von Pyridinderivaten wird verstärkt durch die Einführung mehrerer Halogenatome in den Pyridinkern [2]. Auch Halogenphenylpyridine sind als Herbizide bekannt [168].

Pyridine mit Oxygruppen

Die Einführung einer phenolischen Hydroxylgruppe in das chlorierte Pyridinmolekül gibt eine kräftige Steigerung der herbiziden Wirkung.

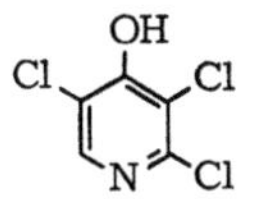

2,3,4-Trichlor-4-pyridinol
Common name: *pyriclor*
Handelsname: *Daxtron*®
(Dow Chemical Co.) 1965

LD_{50}: 80—130 mg/kg Ratte p. o. akut. Wirkungsweise: Blatt- und Bodenherbizid mit Kontaktwirkung und raschem Wirkungseintritt sowie systemischer Wirkung. Anwendungsweise: Pre- und post-emergence. Anwendungsgebiet: Breites Spektrum gegen Gräser aller Art und breitblättrige Pflanzen.

Patente [3]. Literatur [4].

4-Hydroxy-tetrachlor-pyridin ist in der Patentliteratur als Herbizid lediglich in der Form von Kombinationen mit anderen Verbindungen bekannt [3].

Im Tetrachloroxypyridin können ein oder zwei Chlor-Atome durch Fluor ersetzt sein [5].

3,5-Dichlor-2,6-difluor-4-hydroxypyridin ist ein *Versuchsprodukt* der I. C. I., *PP 493*.

LD_{50}: 217 mg/kg Ratte p. o. akut.

Patente [5]. Literatur [169].

Vom 2-Oxy-tetrachlor-pyridin sind Carbamate als Herbizide bekannt [6], ferner auch der Kohlensäureester [7]:

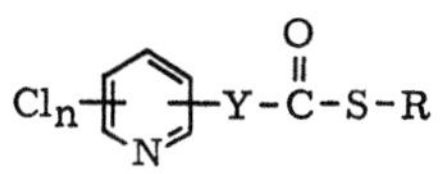

Y = O, S

Das Patent umfaßt gemischte Kohlensäureester des 2- bzw. 4-Oxytri- bzw. -tetrachlor-pyridins mit Mercaptanen. Statt der chlorierten Oxy-pyridine können auch die entsprechenden Thioverbindungen als Ester verwendet werden [8].

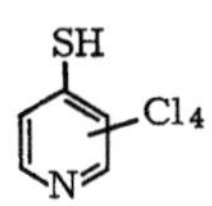

6-Ring-Verbindungen mit 1 N und einer Carbonylgruppe

α-Oxy-pyridine, ein- und mehrfach chloriert, sind tautomer mit α-Pyridonen. Die Pyridon-Form ist aber nur bei N-Alkylierung festgelegt. Derartige Verbindungen sind wie die Chlorpyridinole herbizid wirksam [9].

Pyridine mit einer Aminogruppe

Die phenolische Hydroxylgruppe in den Pyridinolen kann ohne wesentliche Wirkungseinbuße durch eine Aminogruppe ersetzt werden. (Über *Pyridincarbonsäuren*, speziell die hochwirksame 4-Amino-3,5,6-trichlorpyridin-2-carbonsäure = *picloram* = *Tordon*® (Dow Chemical Co.), s. bei heterocyclischen Carbonsäuren.)

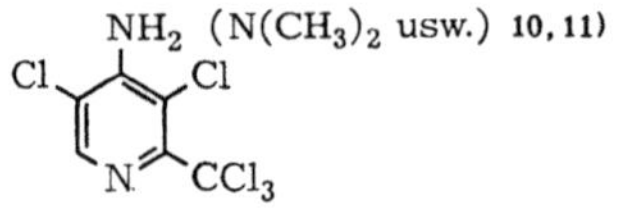

Ob hier die NH_2-Gruppe eine bestimmende Rolle spielt, ist fraglich, da die gleichen Verbindungen mit Cl statt NH_2 ebenfalls herbizid wirksam sind.

b) 6-Ring-Verbindungen mit 2O

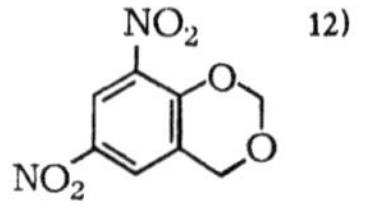

Diese Verbindung wird hier vorweggenommen, um die Reihe der weiteren wichtigeren N-haltigen Heterocyclen nicht zu unterbrechen.

c) 6-Ring-Verbindungen mit 1N und 1O

Unter den *Benzoxazolen* ist in den letzten Jahren nur eine Verbindung als Herbizid durch Patente bekanntgeworden [170] und hierbei dürfte die Trichlormethylgruppe bzw. die Aufspaltungsmöglichkeit in Trichloressigsäure wesentlich sein: 2-Trichlormethylbenzoxazol.

1,3-Oxazin-one-2 [13,14]

Erst neuere Untersuchungen haben herbizide Wirkung in dieser Verbindungsklasse ergeben.

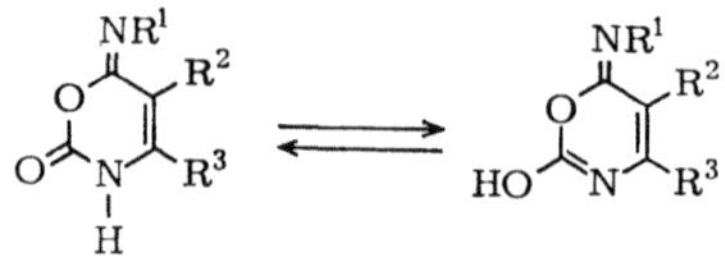

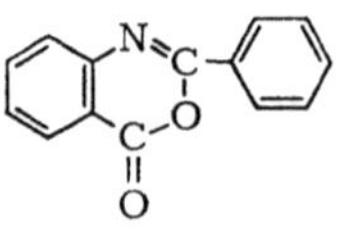

2-Phenyl-3,1-benzoxazinon-4
Versuchsprodukt
BAS 1701 H
(BASF) 1967

LD_{50}: 1600 mg/kg Maus. Wasserlöslichkeit: 6 ppm. Wirkungsweise: Kontaktherbizid. Anwendungsgebiet: Selektiv in Kartoffeln. Bis jetzt nur in Kombinationen verwendet. Herstellung: Aus N-Benzoyl-anthranilsäure mit Phosgen.

Patente [15,16]. Literatur [17,18].

d) 6-Ring-Verbindungen mit 2N

1,2-Pyridazine und 1,2-Pyridazinone

Von den 1,2-Pyridazinen sind nur die Mono- und Dion-Verbindungen als gut wirksam bekanntgeworden. Letztere sind als cyclische Säurehydrazide aufzufassen.

Nachdem schon seit 1949 die Wirkung des cyclischen Maleinsäurehydrazids (Tetrahydro-pyridazin-3,6-dion) bekannt war, gelang es der BASF in jüngerer Zeit, in den 5-Amino-1,2-pyridazinon-3-Verbindungen weitere hochwirksame selektive Herbizide zu finden. Unter den Verbindungen hat das 5-Amino-4-chlor-2,3-dihydro-3-oxo-2-phenyl-pyridazin große Bedeutung als selektives Herbizid im Rübenbau erlangt (vgl. auch [19]).

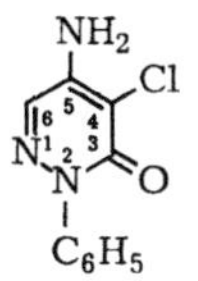

5-Amino-4-chlor-2-phenyl-3-pyrida*zon*
5-Amino-4-chlor-2-phenyl-3(2H)-pyrida*zi*non
(4-Amino-5-chlor-1-phenyl-6-pyridazon)*
Bezifferung nach BASF-Patenten*
Common name: *pyrazon, PCA*
Handelsname: *Pyramin®* (BASF) 1962

LD_{50}: 4200 mg/kg männl. Ratte p. o. akut, 2500 mg/kg weibl. Ratte p. o. akut. Wasserlöslichkeit: 0,03% bei 20°C. Wirkungsweise: Bodenherbizid und Blattherbizid mit systemischer Wirkung. Anwendungsweise: Pre-emergence, früh postemergence. Anwendungsgebiet: Selektive Unkrautbekämpfung in Rüben und Roten Beten.

Patente [20,21]. Literatur [22,23].

Die Darstellung der Pyridazone wird eingehend in der Literatur beschrieben [24]. Die Synthese geht meistens von der Mucochlorsäure (Dichlor-maleinaldehydsäure) aus. Diese Verbindung wird durch oxydative chlorierende Aufspaltung von Furfuraldehyd [25,26] bzw. aus der Furancarbonsäure [27,28] sowie aus Butindiol dargestellt [24].

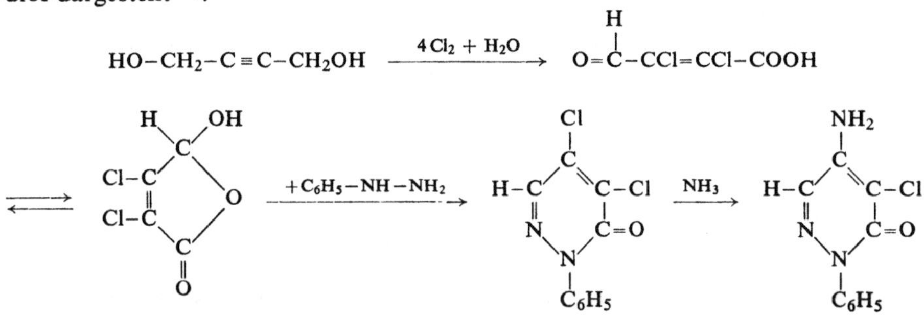

Über Zusammenhänge zwischen chemischer Konstitution und herbizider Wirkung bei den 1,2-Pyridazonen liegen ausführliche Untersuchungen vor [23,29–34].

4,5-Dichlor-pyridazone sind herbizid fast inaktiv. Das in 5-Stellung stehende Halogen läßt sich gegen nucleophile Reste leichter austauschen als das in 4-Stellung sich befindende.

Schon bei den Dichlorverbindungen zeigt sich, daß der Phenylrest, ebenso der Cyclohexyl-Rest, ein Optimum an herbizider Wirksamkeit ergibt. Wird Cl in 5-Stellung gegen OCH_3 ersetzt, zeigen wiederum die N-Phenyl- oder N-Cyclohexyl-Verbindungen maximale Wirkung [35].

Br statt Cl in 4-Stellung erhöht die Wirksamkeit [36]. Das Cl in 4-Stellung darf nicht durch OCH_3 ersetzt sein, soll kein Wirkungsverlust eintreten. Die höchste herbizide Wirkung aber gibt ein Ersatz des Cl in 5-Stellung durch NH_2. Anstelle

* Die BASF hat in ihren Pyridazone betreffenden Veröffentlichungen eine in umgekehrter Richtung verlaufende Substituenten-Numerierung.

eines Cl kann dann bei höchster Wirksamkeit ein Br stehen (die Selektivität der Wirkung läßt aber nach). Die NH_2-Gruppe kann durch hydrolytisch abspaltbare Reste, z. B. Acylgruppen, substituiert sein [37], doch nicht durch Alkylgruppen. Die Selektivität wird oft durch die schon erwähnte, hydrolytisch abspaltbare Substitution an der Aminogruppe [21,37] verbessert. An die Aminogruppe kann z. B. ein Aldehyd angelagert werden (speziell die Chloral-Additionsverbindung wird erwähnt [38–40]). Zahlreiche Untersuchungen befassen sich mit weiteren Substitutionen an der Aminogruppe, z. B.

$-N{=}CH{-}NH{-}CH_3$ [41], $-NH{-}C(=O){-}O{-}N{=}C(CH_3)_2$ [42], $-NH{-}C(=O){-}N(\text{Alkyl})_2$ [43],

$-NH{-}C(=O){-}NHR$ [44, 45]

Saure Malein- oder Oxalsäure-halbamide werden mehrfach in Patenten erwähnt [46,47], ferner werden Urethan-Gruppierungen [48] genannt.
Die bei den symmetrischen Triazinen (s. dort) erfolgreiche Substitution von Cl durch SCH_3 ist auch bei den 4,5-Dichlorpyridazonen erprobt worden [49]. Teilweise hat man ein [50] oder auch beide Halogenatome durch OCH_3 ersetzt; außerdem kann der Phenylrest Halogene enthalten [51].
Auf Grund dieser Variationsmöglichkeiten werden von der BASF weitere Produkte als Herbizide, z. T. in Kombination mit anderen Verbindungen, eingehender geprüft [34] (über Kombinationen mit speziell gegen Ungräser wirksamen bicyclischen Harnstoffen s. dort):

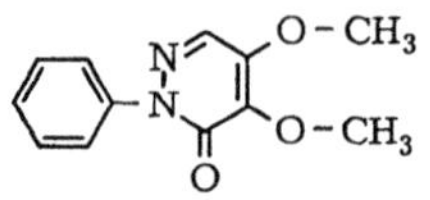

2-Phenyl-4,5-dimethoxy-pyridazon-(3)
Versuchsprodukt
BAS 2550 H
(BASF) 1965

Anwendungsweise: Pre- und post-emergence. Anwendungsgebiet: Selektives Herbizid für Baumwolle.
Patente [52,53]. Literatur [34].

Es wurde schon erwähnt, daß 2-Phenyl-4-brom-5-amino-pyridazinon-3 die höchste herbizide Wirkung aufweist. Die hier mitunter nicht ausreichende Selektivität wird verbessert durch Substitution an der Aminogruppe mittels Chloral- oder Oxalsäureester, wobei sich im Boden die freie Amino-Verbindung zurückbildet.

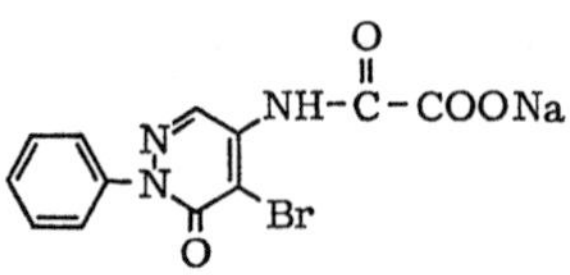

2-Phenyl-4-brom-5-oxaloamino-pyridazon-(3)
Versuchsprodukt
BAS 3380 H
(BASF) 1965

Anwendungsweise: Pre- und post-emergence. Anwendungsgebiet: Selektives Herbizid für Getreide und Mais. Speziell gegen Samenunkräuter und Ungräser in Reis.
Patente [54–57]. Literatur [34].

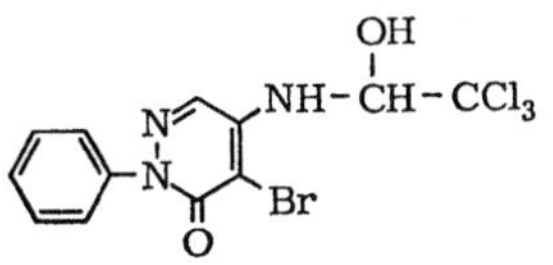

2-Phenyl-4-brom-5(α-hydroxy-β,β,β-trichlor-äthylamino)pyridazon-(3)
Versuchsprodukt
BAS 2570 H
(BASF) 1966

Anwendungsweise: Pre- und post-emergence. Anwendungsgebiet: Selektives Herbizid für Getreide, Reis und Mais.
Patente[38,58]. Literatur[34].

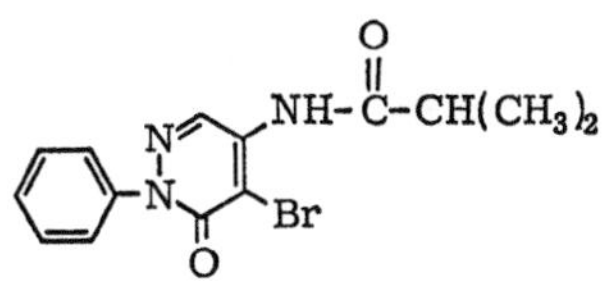

2-Phenyl-5-isobutyrylamino-4-brom-pyridazon-(3)
Versuchsprodukt
BAS 2910 H
(BASF) 1966

Anwendungsweise: Pre- und post-emergence. Anwendungsgebiet: Selektives Herbizid für Reis und Getreide.
Patente[36]. Literatur[34].

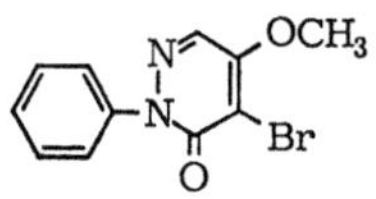

2-Phenyl-4-brom-5-methoxy-pyridazon-3
Versuchsprodukt
(BASF) 1967

Anwendungsweise: Post-emergence. Anwendungsgebiet: Selektiv in Kartoffeln.
Patente[50,59]. Literatur[17,29,31].

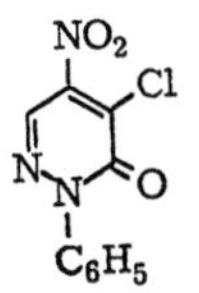

2-Phenyl-4-chlor-5-nitropyridazinon-3 beschreibt ein belgisches Patent[60] der BASF.

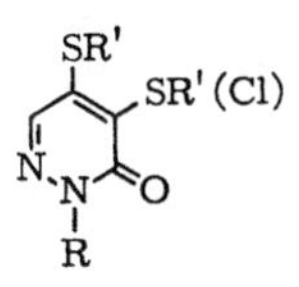

Von den vielfachen Variationsmöglichkeiten ist ein einfacher[165] oder zweifacher Austausch des Halogens durch S-Alkylgruppen bekannt[61].

Außer von der BASF wurden die Pyridazinone auch von anderer Seite bearbeitet, ohne daß aber bis heute sehr wirksame Herbizide gefunden wären[19,62]. (Siehe auch bei Abwandlungen des Maleinsäurehydrazids.)

Lediglich die Sandoz hat ein etwas aus der Reihe fallendes Versuchsprodukt herausgebracht, bei dem die Aminogruppe tertiär ist.

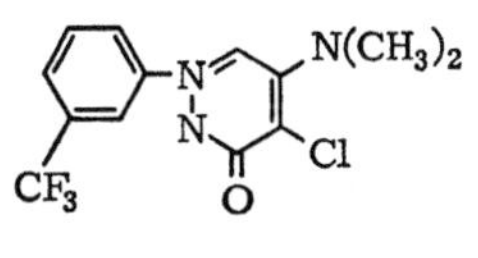

Versuchsprodukt
6707
(Sandoz AG) 1969

1,2-Tetrahydro-pyridazindione-3,6 (Cyclische Säurehydrazide)

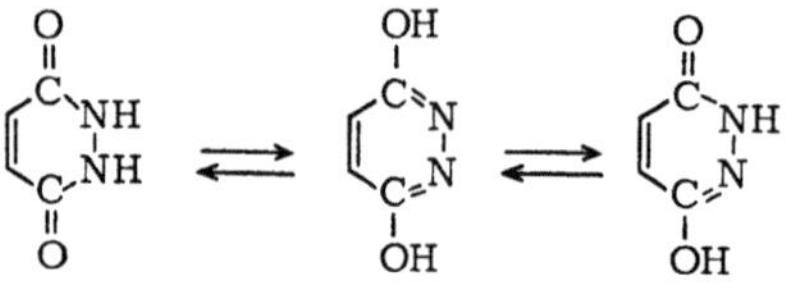

(I) (II) (III)

Maleinsäurehydrazid
1,2,3,6-Tetrahydropyridazin-3,6-dion
6-Hydroxy-3(2H)-pyridazinon
Common name: *MH*
Handelsname: *MH 30®*, *MH 40®*
(U. S. Rubber Co.) 1949

LD_{50}: 2200 (3800—6800) mg/kg Ratte p. o. akut. Wasserlöslichkeit: 6000 ppm bei 25°C, gute Wasserlöslichkeit (Alkali- und Diäthanolaminsalze). Wirkungsweise: Blattherbizid mit systemischer Wirkung. Anwendungsweise: Post-emergence. Anwendungsgebiet: Niederhaltung von Bewuchs. Hemmstoff.
Patente [63–67]. Literatur [68–70] (siehe auch im folgenden).

Die starke Hemmwirkung dieser Substanz auf das Pflanzenwachstum ist seit 1949 erkannt [69,71]. Aber erst in den letzten Jahren hat MH größere Bedeutung erlangt. Auch in Deutschland hat MH Zugang gefunden; nachdem es schon in England zur Niedrighaltung von Grünstreifen benutzt wurde, wird es für denselben Zweck hier an Autobahnrändern eingesetzt und erspart hohen Arbeitsaufwand. Die Anwendung in Zierrasen ist auf spezielle Gräsersorten beschränkt, da MH leicht schädigend wirkt (Anthocyan-Bildung). Beim Tabak und bei Tomaten dient MH zur Unterdrückung unerwünschter Seitentriebe nach dem Ausgeizen [72]. Die Wirkung des MH wird mit einer Unterdrückung der Heteroauxin-Bildung erklärt [73]. MH wird im Säftestrom der Pflanze transportiert. Der Einfluß von MH auf die *Indolylessigsäure* soll auf einer oxydativen Zerstörung der β-Indolylessigsäure in der Pflanze beruhen [74]. Weitere Literatur über biologische Wirkung [68, 75–79]. Weitere Patente [64, 66, 80–84].

Abwandlungen des Maleinsäurehydrazids bzw. des 1,2-Pyridazindions

Wegen seiner interessanten Hemmwirkung ist Maleinsäurehydrazid sehr mannigfaltig abgewandelt worden, und viele dieser Abwandlungsprodukte zeigen eine herbizide Wirkung, die aber stets deutlich schwächer ist als die des MH selbst. Am N oder O acylierte Verbindungen des 2,6-Pyridazindions bzw. des 6-Hydroxy-3(2H)-pyridazinons (MH) stellen die umfassendste Klasse der Abwandlungsprodukte dar.
Umsetzungsprodukte mit N-Dimethylcarbamidsäurechlorid erscheinen besonders interessant [85].
Durch die Möglichkeiten, in der tautomeren Form des MH (II) die beiden Hydroxylgruppen oder nur eine durch Halogen zu ersetzen und letztere durch nucleophile Substituenten auszutauschen, ist eine weitere große Mannigfaltigkeit an Abwandlungen gegeben. Das 3,6-Dichlorpyridazin kann weiterhin im Kern durch Cl bzw. OH substituiert werden, s. z. B.

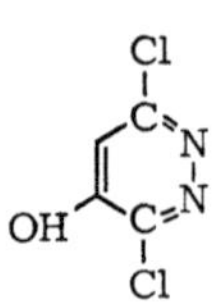

3,6-Dichlor-4-hydroxy-pyridazin [86, 87]

Erst 1966 ist eine Abwandlung des MH bekanntgeworden, welche als selektives Herbizid in größerer praktischer Erprobung ist.

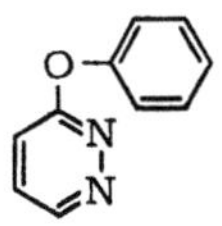

3-Phenoxy-pyridazin
Versuchsprodukt
(Sankyo Co. Ltd.)

LD_{50}: 200 mg/kg Maus p. o. akut. Anwendungsgebiet: Gegen Gräser und breitblättrige Unkräuter in Reis. Speziell gegen *Echinochloa crus galli* und *Eleocharis acicularis*.
Patente [88,171]. Literatur [89].

Darstellung:

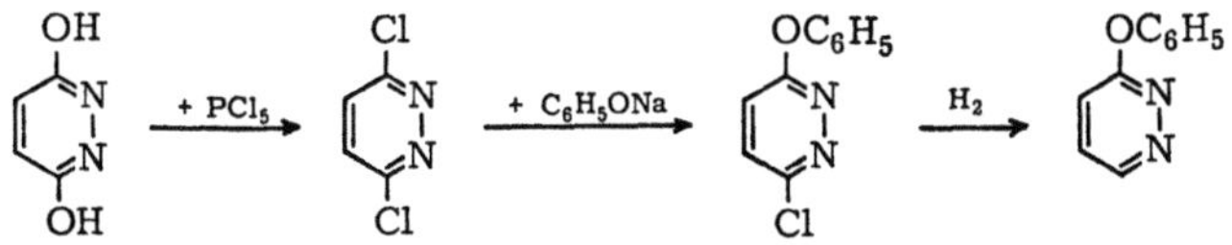

Auch das entsprechende 3-(2-Methylphenoxy)pyridazin sowie 3-(2-Äthylphenoxy)pyridazin sind von der Sankyo Co. in Japan als vielversprechende selektive Reisherbizide im Feldversuchsstadium [166]. Darstellung s. [167].

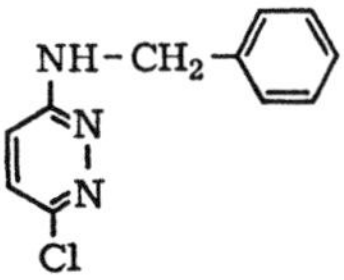

Die nebenstehende Verbindung wurde bekannt als ein Vorauflauf-Herbizid [90].

In 3-Stellung durch Chlor oder Anilingruppen substituierte 6-Phenoxypyridazine sind breit untersucht worden, wobei auch der Phenoxy-Rest durch Halogen substituiert wurde. Keine der Verbindungen übertraf aber das 3-Phenoxypyridazin [162–164].
Im Dichlorpyridazin kann ein Chlor durch OCH_2-COOR oder $S-CH_2-COOR$ usw. substituiert werden [91–97].

Pyrimidine

Die Pyrimidingruppe ist eine im letzten Jahrzehnt sehr intensiv bearbeitete und auf phytotoxische Wirkung untersuchte Verbindungsklasse. Pyrimidinbasen sind in der Natur von größter Bedeutung. Im Vitamin B_1 findet sich ein Aminopyrimidin. In Nucleinsäuren sind Dioxopyrimidine, sog. Uracile (s. im folgenden), entscheidende Bausteine. Synthetische Derivate finden als wichtige Schlafmittel (z. B. Barbitursäuren) Anwendung. Die wichtigsten herbiziden Verbindungen leiten sich von den Dioxopyrimidinen, den sogenannten Uracilen, ab. In jüngster Zeit sind aber auch einige *Mono-oxy-pyrimidin*-Derivate als Versuchsprodukte bekanntgeworden.

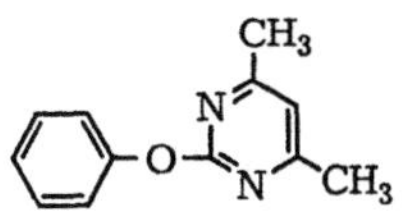

2-Phenoxy-4,6-dimethyl-pyrimidin
Versuchsprodukt
(Sankyo Co. Ltd.) 1966

Anwendungsweise: Post-emergence. Anwendungsgebiet: Totalherbizid.
Patente [98]. Literatur [99].

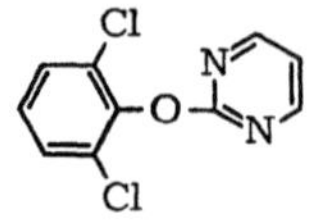

2-(2,6-Dichlorphenoxy)-pyrimidin
Versuchsprodukt
(Sankyo Co. Ltd.)

Anwendungsweise: Pre-emergence.
Literatur [99].

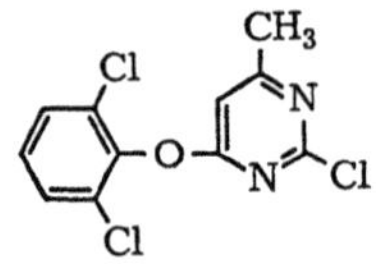

2-Chlor-4-(2,6-dichlorphenoxy)-6-methyl-pyrimidin
Versuchsprodukt
(Sankyo Co. Ltd.)

Anwendungsweise: Pre-emergence.
Literatur [99].

Daß nicht nur die 2,6-Dichlorphenyl-Gruppe für die phytotoxische Wirkung verantwortlich ist, zeigen weitere Pyrimidin-Derivate.

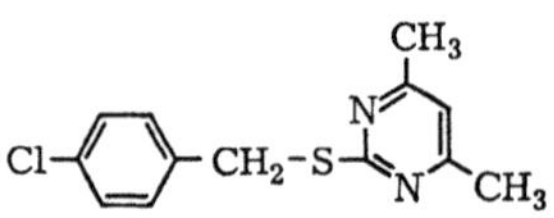

2-(4-Chlor-benzylmercapto)-4,6-dimethyl-pyrimidin
Versuchsprodukt
R 3408
(Stauffer Chemical Co.) 1966

Anwendungsweise: Pre-emergence. Anwendungsgebiet: Gegen Sauerklee (*Oxalis sp.*).
Patente [100,101]. Literatur [102,103].

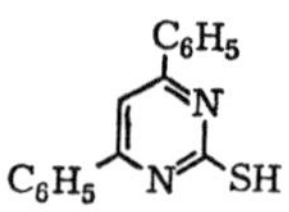

Ferner ist die nebenstehende Verbindung zu nennen [104].

Dioxopyrimidine und Uracile

Russische und tschechische Forscher fanden 1961—62 die wachstumshemmende Eigenschaft einiger Uracile [105,106]. Zu gleicher Zeit wurden aus den USA Arbeiten über die herbizide Wirkung ähnlicher Verbindungen bekannt [107]. Die Fa. DuPont hat wohl als erste die praktische Bedeutung dieser Verbindungsklasse erkannt und ihre Anwendung patentiert.
Unter den Uracilen sind zahlreiche hochwirksame Totalherbizide, aber auch einige selektive Herbizide.

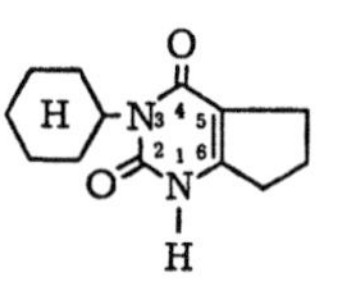

(I)

3-Cyclohexyl-5,6-trimethylen-uracil
Common name: *lenacil, CTMU*
Handelsname: *Venzar*® (DuPont) 1964.

LD$_{50}$: >11000 mg/kg (5200 mg/kg) Ratte p. o. akut. Wasserlöslichkeit: 6 ppm bei 20°C. Wirkungsweise: Bodenherbizid und geringe Wirkung als Blattherbizid. Hemmt die Photosynthese. Anwendungsweise: Pre-emergence. Anwendungsgebiet: Totalherbizid und selektiv in Zuckerrüben, Spinat, Erdbeeren und Citrus.

Darstellung:

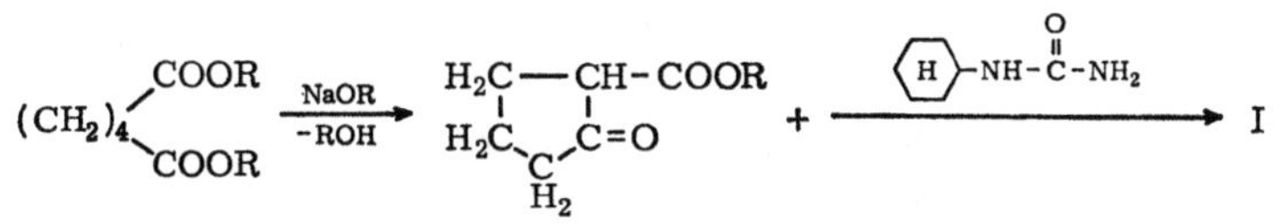

Patente [108–120]. Literatur [107, 152–156].

Unter dem Namen *Merpelan*® bringen die Farbenfabriken Bayer seit 1969 eine Kombination von *Venzar*® und *Gatnon*® (s. S. 254) im Verhältnis 1 : 5 als selektives Rüben-herbizid in den Handel. Anwendung vor der Saat und pre-emergence.
In den letzten Jahren wurden noch einige weitere wichtige Herbizide auf Uracil-Basis von der DuPont in den Handel gebracht. Hierbei wird von dem schon mehrmals erwähnten möglichen Ersatz einer Cyclohexyl-, oft auch einer Phenylgruppe durch eine Isopropyl- oder Isobutylgruppe usw. Gebrauch gemacht.

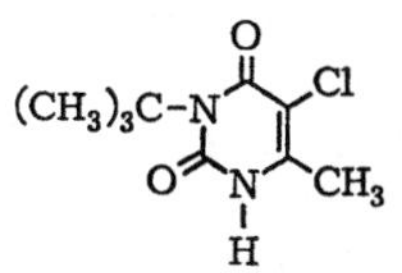

3-tert. Butyl-5-chlor-6-methyluracil
Common name: *terbacil*
Handelsname: *Sinbar*® (DuPont) 1966

LD$_{50}$: 5000–7500 mg/kg Ratte p. o. akut. Wirkungsweise: Photosynthesehemmer. Bodenherbizid. Anwendungsweise: Pre-emergence. Anwendungsgebiet: Totalherbizid, Obst- und Citrusbau.
Patente [109, 115]. Literatur [107, 157–161].

Die 3-Isopropylverbindung ohne Chlor in 5-Stellung ist ebenfalls als Herbizid patentiert [119, 120].

3-Isopropyl-5-brom-6-methyluracil
Common name: *isocil*
Handelsname: *Hyvar*® (DuPont) 1962

LD$_{50}$: 3250 (3400) mg/kg Ratte p. o. akut. Wasserlöslichkeit: 2150 ppm. Wirkungsweise: Bodenherbizid mit geringer Blattherbizidwirkung. Photosynthesehemmer [123]. Anwendungsweise: Pre-emergence, früh post-emergence. Anwendungsgebiet: Totalherbizid.
Patente [108–120], s. a. Venzar S. 354. Literatur [121–123].

3-sec. Butyl-5-brom-6-methyluracil
Common name: *bromacil*
Handelsname: *Hyvar X*® (DuPont) 1962

LD$_{50}$: 5200 mg/kg weibl. Ratte p. o. akut. Wasserlöslichkeit: 815 ppm bei 20°C. Wirkungsweise: Bodenherbizid mit Blattherbizidwirkung. Photosynthesehemmer.

Anwendungsweise: Pre- und post-emergence. Anwendungsgebiet: Totalherbizid. Patente [108–120]. s. a. Venzar S. 354. Literatur [107, 124, 125].

Unter der Bezeichnung *H 767* ist 5-Brom-3-(1-äthyl-propyl)-6-methyluracil als Versuchsprodukt der DuPont bekanntgeworden [126, 127].
Die entsprechenden Cl-Verbindungen sind ebenfalls starke Herbizide.
Der Abbau dieser Uracile im Boden erfolgt verhältnismäßig langsam, was aber für die Anwendung als Totalherbizide mitunter von Vorteil sein kann.
Aufgrund der zahlreichen (79 Patentbeispiele) hochwirksamen Herbizide lassen sich für die Uracile folgende Zusammenhänge zwischen chemischer Konstitution und herbizider Wirkung ableiten:
Das einfache Uracil ist ebenso wie das 2-Thiouracil nicht herbizid wirksam. Das gleiche gilt für 2,4,6-Trichlorpyrimidin. Die 1-Stellung am Stickstoff darf nicht oder höchstens durch eine hydrolytisch leicht abspaltbare Gruppe besetzt werden, wobei die Stellung 3 substituiert sein muß und sich eine maximale Wirksamkeit bei Substitution durch Phenyl, Cyclohexyl, Isopropyl oder andere verzweigte aliphatische Reste ergibt. In 5-Stellung können Cl, Br, J oder auch eine niedere Alkylgruppe stehen. Wesentlich für ein Wirkungsoptimum ist eine Methylgruppe in 6-Stellung. Die Positionen 5 und 6 können über Methylengruppen verbunden sein.
Im folgenden sind einige Patente, welche derartige Verbindungen beanspruchen, angeführt. Die D. A. S. 1240698 [118] umfaßt diese Variationen weitestgehend, auch die Substitution der Stellung 3 durch R_2NO- und —O-Äther.
Fast stets ist bei Herbiziden, die in die Photosynthese hemmend eingreifen, die Anwesenheit einer NH-Gruppierung notwendig. In den praktisch angewendeten Uracilen ist diese Bedingung immer erfüllt. Zwar gibt es auch Patente, in denen die 1-Stellung substituiert ist, doch handelt es sich jeweils um hydrolytisch abspaltbare Acylreste [128].
Immerhin gibt es auch einige Patente mit Phenyl- und Alkylsubstitutionen beider N-Atome [114, 129, 130].

Dimere Uracile, z. B. 3-Bicyclouracile [131], durch Bestrahlung erhalten, sollen ebenfalls Herbizide sein [132].
Uracile, welche am N^3 durch einen Aminrest substituiert sind, beschreibt ein sehr umfassendes Patent der DuPont:

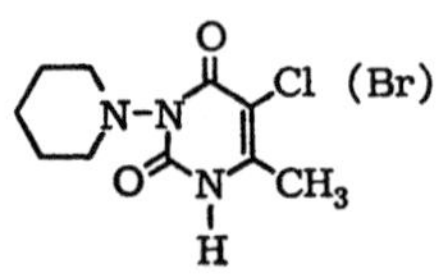

[133, 172]

Die Bedeutung einer SCH_3-Gruppierung bei Uracilen hebt ein japanisches Patent [134] hervor:

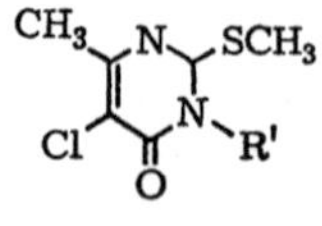

Hydrouracile

Cl in 5-Stellung kann durch OCH_3, SCH_3, Alkyl, NO_2 usw. ersetzt sein.

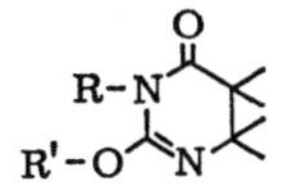

109, 133, 135, 136, 137, 172)

Chinazoline

Chinazoline bzw. 2,4-Dioxy-tetrahydro-chinazoline können in einer Verwandtschaft zu den Uracilen gesehen werden, und auch in dieser Klasse finden sich Herbizide[173].

Die *Tetrahydrochinazoline* wurden im Hinblick auf herbizide Wirkung besonders von der BASF eingehender untersucht. Daraus ergibt sich, daß ein verzweigter Alkylrest in 3-Stellung ähnlich wie bei den Uracilen ein Wirkungsmaximum zeigt. Im Gegensatz zu den Uracilen sind aber auch an beiden Stickstoffatomen substituierte Verbindungen herbizid — wenn auch schwach — wirksam. Dies gilt besonders bei Methylsubstitution. Der Benzolring darf nicht durch Halogen oder Nitrogruppen substituiert sein. Eine Acylierung am N^1 kann das Wirkungsbild erheblich verbessern und selbst fast nicht phytotoxische Verbindungen gut wirksam machen.

Decahydro-2,4-dioxochinazoline sind weitaus stärker wirksam als die Tetrahydro-Verbindungen (s. die folgenden Versuchsprodukte). Eine zusätzliche Acylierung am N^1 erhöht auch hier die Wirkung (s. unteres Versuchsprodukt). NH kann nicht ohne totale Wirkungseinbuße durch O ersetzt werden. CO in 4-Stellung ergibt durch SO_2 ausgetauscht gleichfalls totalen Wirkungsverlust. Dagegen führt die Carbonylgruppe, in 2-Stellung durch SO_2 ersetzt, zu wirksamen Verbindungen (s. 6-Ring-Verbindungen mit 2N + 1S)[174].

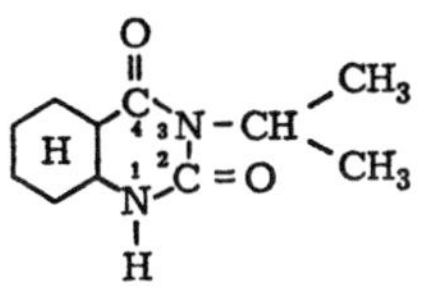

3-Isopropyl-2,4-dioxo-decahydrochinazolin
Versuchsprodukt
BAS 2580 H
(BASF)

Anwendungsgebiet: Gegen Dikotyledonen in Mais, Erdnüssen, Sojabohnen.
Patente[138, 139]. Literatur[140].

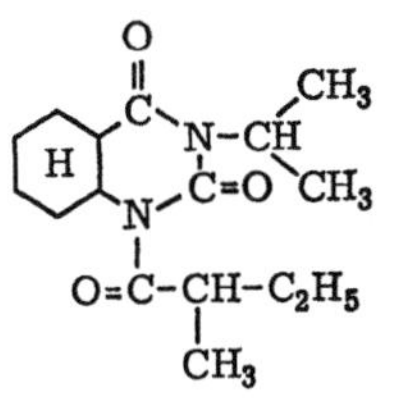

1-Methyläthylacetyl-3-isopropyl-2,4-dioxo-decahydrochinazolin
Versuchsprodukt
(BASF)

Anwendungsgebiet: Speziell gegen Ungräser und Hirsearten. Wird für Kombinationen mit 1,2-Pyridazinonen (s. bei Pyramin) vorgeschlagen [34]. Neuerdings auch als Post-emergence-Herbizid in Kartoffeln [17].
Patente [138,139]. Literatur [17,34].

Auffallend ist, daß auch die am N^1 und N^3 substituierten Derivate gut wirksam sein sollen.

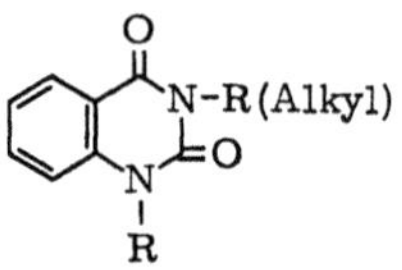

R = H [141]
R = Alkyl [142] s. auch [143,174]

3-Alkylenimino-chinazoline zeigen ebenfalls herbizide Potenz [175].

6-Ring-Verbindungen mit 2 N in 1,4-Stellung und anelliertem Benzolring

6-Ring-Verbindungen mit 2 Stickstoffatomen in 1,4-Stellung haben als Mehrringsysteme (Phenazine) ein begrenztes Interesse im Pflanzenschutz gefunden.

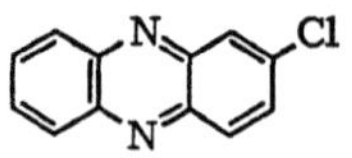

2-Chlorphenazin
Versuchsprodukt
(Shell) 1968

Patente [144,145]. Literatur [19].

Ähnliche Verbindungen mit zwei Chloratomen in 1,4-Stellung sind fungizid und akarizid wirksam [146].

1-Methylphenazin [144,176] *Versuchsprodukt* (Shell) 1969

Anwendungsweise: Pre-emergence

2-Methylphenazin [144,176] *Versuchsprodukt* (Shell) 1969

Anwendungsweise: Post-emergence

6-Ring-Verbindungen mit 2N und 1O sowie mit 2N und 1S

Nur wenige Verbindungen aus dieser heterocyclischen Verbindungsklasse sind als Versuchsherbizide bekanntgeworden. Wahrscheinlich verdanken sie ihre Wirkung einer hydrolytischen Aufspaltung in die aromatisch-aliphatischen Oxyharnstoffe oder Sulfamide.

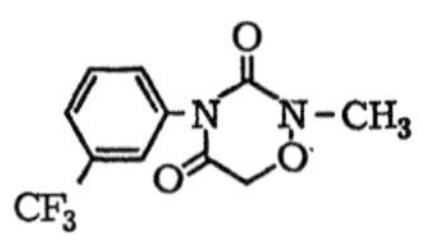

2-Methyl-4-(3′-trifluormethylphenyl)-tetrahydro-1,2,4-oxadiazin-3,5-dion
Versuchsprodukt
(BASF)

Gegen echte Kamille und andere Dikotyledonen selektiv in Getreide. Beste Wirkung beim Einsatz während des frühen Entwicklungsstadiums der Unkräuter.
Patente [147, 148]. Literatur [149].

Statt der CF_3-Gruppierung in 3-Stellung trägt eine andere Verbindung Fluor in 4-Stellung [149, 174].

Ein Kondensationsprodukt aus einem aromatisch-aliphatischen Harnstoff und Formaldehyd mit nachfolgender innerer Verätherung stellt folgende Verbindung dar:

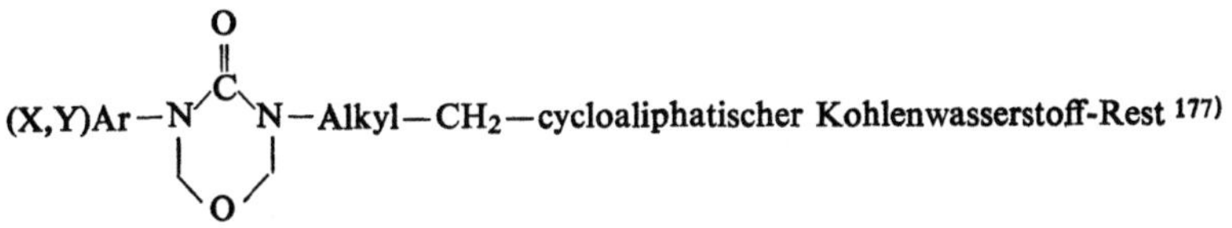

X, Y = Halogen

6-Ring-Verbindungen mit 2 N und 1 S entstehen aus Methyl-dithiocarbamidsäure, Formaldehyd und Methylamin, s. unter Dithiocarbamidsäureester aliphatischer Amine.

Die Carbonylgruppe läßt sich offenbar durch SO_2 ersetzen, wie die folgende Verbindung zeigt (s. a. S. 357):

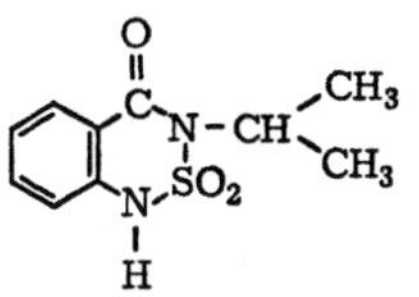

3-Isopropyl-2,1,3-benzothiadiazinon-(4)-2,2-dioxid
Versuchsprodukt
(BASF) 1968

Wirksam gegen Dikotyledonen, speziell gegen echte Kamille (*Matricaria chamomilla*), selektiv in Getreide.
Patente [150, 151]. Literatur [149, 174].

Darstellung:

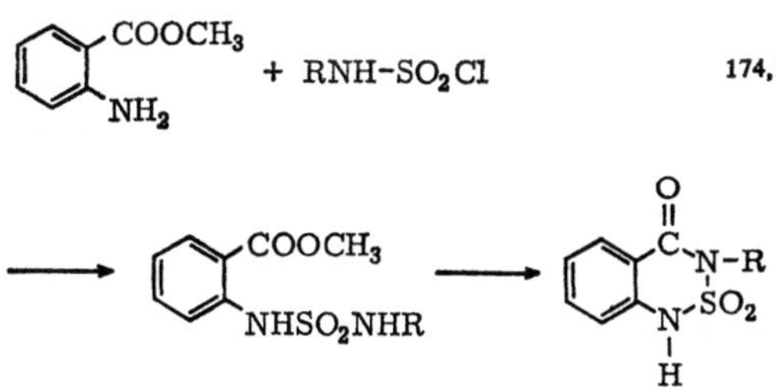

[174,178]

Literatur

5. Organische Herbizide

5.14.2. Heterocyclische 6-Ring-Verbindungen — Abschnitte a—d

1) *Vaculik, P., L. Sindelar* u. *O. Makovcova:* Biol. Plant. *8* (3), 220 (1966); ref. Weed Abstr. *15* [4], Ref. Nr. 1314 (1966).
2) Niederl. P. Anm. 6611766 (19. 8. 66/20. 2. 67, Engl. Prior. 19. 8. 65 u. 22. 7. 66), I. C. I. / *C. D. S. Tomlin, J. W. Slater* u. *D. Hartley.*
3) A. P. 3249419 (21. 6. 63/3. 5. 66), Dow Chemical Co. / *R. T. Martin.*
4) *Huraux, M. J.*, et *H. M. Lawson:* 2. Symposium über neue Herbicide, Paris, p. 269 (1965). Ed. Essor, Paris.
5) Niederl. P. Anm. 6611714 (19. 8. 66/20. 2. 67, Engl. Prior. 19. 8. 65), I. C. I. / *C. D. S. Tomlin, J. W. Slater* u. *D. Hartley.*
6) A. P. 3249619 (24. 7. 64/3. 5. 66), Dow Chemical Co. / *H. Johnston.*
7) A. P. 3234228 (28. 10. 63/8. 2. 66), Dow Chemical Co. / *H. Johnston* u. *M. S. Tomita.*
8) Belg. P. 673997 (19. 8. 65/17. 6. 66, Engl. Prior. 18. 12. 64), I. C. I. / *C. J. Clayton.*
9) A. P. 3355278 (27. 3. 64/28. 11. 67, Am. Prior. 13. 3. 61), Hooker Chemical Corp. / *E. D. Weil* u. *J. Linder.*
10) Belg. P. 628486 (15. 2. 63/16. 8. 63, Am. Prior. 6. 3. 62), Dow Chemical Co. / *C. T. Redemann.*
11) Belg. P. 628487 (15. 2. 63/16. 8. 63, Am. Prior. 6. 3. 62 u. 26. 10. 62), Dow Chemical Co. / *H. Johnston* u. *M. S. Tomita.*
12) A. P. 3341316 (6. 11. 64/12. 9. 67), Olin Mathieson Chemical Corp. / *J. H. Reinhart.*
13) F. P. 1394286 (26. 2. 64/22. 2. 65, Am. Prior. 27. 2. 63 u. 6. 2. 64), Du Pont / *H. L. Klopping* u. *H. M. Loux.*
14) A. P. 3352662 (6. 2. 64/14. 11. 67, Am. Prior. 27. 2. 63), DuPont / *H. L. Klopping* u. *H. M. Loux.*
15) *Rožkova, N. K.*, u. *A. N. Bezumnova:* Chim. geterocikl. Soed. *2*, 376 (1968).
16) A. P. 3232736 (27. 8. 63/1. 2. 66, Dtsch. Prior. 27. 9. 62), BASF / *M. Seefelder* u. *A. Fischer.*
17) *Fischer, A.:* Z. Pflanzenkrankh. Pflanzenschutz, Sonderh. IV, 227 (1968).
18) *Fischer, A.:* Mededel. Landbouwhogeschool Opzoekingssta. Staat Gent *30*, (3) (1965).
19) *Cross, B., C. L. Dunn, D. H. Payne*, and *J. D. Tipton:* J. Sci. Food Agr. *20* (1), 8 (1969).
20) D. A. S. 1105232 (21. 11. 58/20. 4. 61), BASF / *F. Reicheneder, K. Dury* u. *A. Fischer.*
21) D. A. S. 1107998 (19. 3. 60/31. 5. 61), BASF / *F. Reicheneder, K. Dury, H. Stummeyer* u. *A. Fischer.*
22) *Frank, R.:* Weeds *15*, (3), 197 (1967).
23) *Fischer, A.:* Weed Res. *2*, 177 (1962).
24) *Dury, K.:* Angew. Chem. *77*, 282 (1965).
25) *Simonis, H.:* Ber. *32*, 2084 (1899).
26) *Allen, C. F. H.*, and *F. W. Spangler:* Mucobromsäure, Org. Syn. *27*, 60 (1947).
27) *Hill, H. B.:* Am. Chem. J. *3*, 33, 98 (1881).
28) *Jackson, O. R.*, u. *H. B. Hill:* Ber. *11*, 1671 (1878).
29) *Dury, K.*, u. *A. Fischer:* 100 Jahre BASF — Aus der Forschung, Ludwigshafen/Rh. (1965), S. 307.
30) *Drescher, N.:* 100 Jahre BASF — Aus der Forschung. Ludwigshafen/Rh. S. 317, 1965.
31) *Fischer, A.:* 2. Symposium über neue Herbizide, Paris, S. 171 (1965). Ed. Essor, Paris; ref. C. A. *65*, 12797f.
32) —, Über die Wirkung neuer bromierter Pyridazonderivate. Internationale Studientagung über selektive Unkrautbekämpfung im Rübenanbau, 10. 3. 67, Paris, S. 327.
33) —, Deutsche Arbeitsbesprechung über Fragen der Unkrautbiologie und -bekämpfung. 4. 3. 65, Stuttgart-Hohenheim.
34) —, Neue Herbizide für Getreide, Mais und Baumwolle. 6. Internat. Pflanzenschutzkongreß, Wien, Abstracta, 446 (1967).
35) D. A. S. 1210241 (9. 9. 60/3. 2. 66), BASF / *F. Reicheneder, K. Dury, A. Fischer* u. *H. Stummeyer.*
36) Ir. P. 177/66 (26. 2. 65/28. 2. 66), BASF.
37) D. A. S. 1221842 (26. 2. 65/28. 7. 66), BASF / *F. Reicheneder, K. Dury* u. *A. Fischer.*

38) A. P. 3287105 (26. 1. 66/22. 11. 66, Dtsch. Prior. 5. 2. 65), BASF / *F. Reicheneder, K. Dury* u. *A. Fischer*.
39) Niederl. P. Anm. 6611405 (12. 8. 66/15. 2. 67, Dtsch. Prior. 14. 8. 65), BASF.
40) Niederl. P. Anm. 6700187 (5. 1. 67/6. 7. 67, Dtsch Prior. 5. 1. 66), BASF / *F. Reicheneder* u. *A. Fischer*.
41) D. A. S. 1224980 (5. 2. 65/15. 9. 66), BASF / *F. Reicheneder, K. Dury* u. *A. Fischer* (Auch Br statt Cl).
42) Niederl. P. Anm. 6700251 (6. 1. 67/10. 7. 67, Dtsch. Prior. 7. 1. 66), BASF.
43) Niederl. P. Anm. 6700252 (6. 1. 67/10. 7. 67, Dtsch. Prior. 7. 1. 66), BASF.
44) Belg. P. 615519 (23. 3. 62/24. 9. 62, Dtsch. Prior. 25. 3. 61), BASF / *F. Reicheneder, K. Dury, H. Stummeyer* u. *A. Fischer*.
45) D. A. S. 1224981 (16. 2. 65/15. 9. 66), BASF / *F. Reicheneder, K. Dury* u. *A. Fischer*.
46) E. P. 949132 (21. 3. 62/12. 2. 64, Dtsch. Prior. 25. 3. 61 u. 17. 11. 61), BASF.
47) Ir. P. 472/66 (7. 5. 65/9. 5. 66), BASF.
48) Niederl. P. Anm. 6611582 (17. 8. 66/20. 2. 67, Dtsch. Prior. 17. 8. 65 u. 25. 8. 65), BASF / *F. Reicheneder, F. Winter, A. Fischer* u. *K. Dury*.
49) Belg. P. 607934 (7. 9. 61/7. 3. 62), BASF / *F. Reicheneder, K. Dury, A. Fischer* u. *H. Stummeyer*.
50) D. A. S. 1245207 (22. 12. 64/20. 7. 67), BASF / *F. Reicheneder, K. Dury* u. *A. Fischer*.
51) Belg. P. 665583 (17. 6. 65/17. 12. 65, Dtsch. Prior. 19. 6. 64), BASF / *F. Reicheneder* u. *K. Dury*.
52) D. A. S. 1197676 (12. 2. 64/29. 7. 65), BASF / *F. Reicheneder, K. Dury* u. *A. Fischer*.
53) A. P. 3326660 (2. 2. 65/20. 6. 67, Dtsch. Prior. 12. 2. 64), BASF / *F. Reicheneder, K. Dury* u. *A. Fischer*.
54) D. A. S. 1200061 (21. 1. 64/2. 9. 65), BASF / *A. Fischer, F. Reicheneder* u. *K. Dury*.
55) = F. P. 1434994 (21. 1. 65/7. 3. 66, Dtsch. Prior. 21. 1. 64).
56) = E. P. 1086614 (20. 1. 65/11. 10. 67, Dtsch. Prior. 21. 1. 64).
57) Niederl. P. Anm. 6617508 (13. 12. 66/16. 6. 67, Dtsch. Prior. 15. 12. 65), BASF.
58) Niederl. P. Anm. 6601408 (3. 2. 66/8. 8. 66, Dtsch. Prior. 5. 2. 65), BASF / *F. Reicheneder, K. Dury* u. *A. Fischer*.
59) A. P. 3323892 (1. 12. 65/6. 8. 67, Dtsch. Prior. 22. 12. 64), BASF / *F. Reicheneder, K. Dury* u. *A. Fischer*.
60) Belg. P. 655278 (4. 11. 64/4. 5. 65, Dtsch. Prior. 8. 11. 63), BASF / *F. Reicheneder, K. Dury* u. *P. Dimroth*.
61) D. A. S. 1224557 (29. 12. 64/8. 9. 66), BASF / *F. Reicheneder, K. Dury* u. *A. Fischer*.
62) Schwz. P. 373919 (2. 2. 59/15. 12. 63), Ciba AG / *H. Martin*.
63) A. P. 2575954 (25. 1. 50/20. 11. 51), U. S. Rubber Co. / *W. D. Harris* u. *D. L. Schoene*.
64) A. P. 2614916 (20. 7. 49/21. 10. 52), U. S. Rubber Co. / *O. L. Hoffmann* u. *D. L. Schoene*; ref. C. A. *47*, 1327d.
65) A. P. 2805926 (11. 4. 56/10. 9. 57), U. S. Rubber Co. / *D. L. Schoene* u. *J. W. Zukel*.
66) D. B. P. 839039 (8. 10. 50/20. 9. 51, Am. Prior. 25. 1. 50), U. S. Rubber Co. / *W. D. Harris* u. *D. L. Schoene*.
67) E. P. 672596 (29. 9. 50/21. 5. 52, Am. Prior. 25. 1. 50), U. S. Rubber Co.
68) *Zukel, J. W.:* Agr. Chem. *9*, Nr. 10, 46 u. 113 (1954), ref. C. A. *49*, 2008h.
69) *Schoene, D. L.*, and *O. L. Hoffmann:* Science *109*, 588 (1949).
70) U. S. Rubber Co.: Farm Chem. *118* [1], 47 (1955).
71) *Currier, H. B.*, and *A. S. Crafts:* Science *111*, 152 (1950).
72) *Andrew, W. H.*, and *S. R. Andrew:* Can. J. Biol. *31*, 426 (1953).
73) *Leopold, A. C.*, and *W. H. Klein:* Plant Physiol. *5*, 91 (1952).
74) *Waygood, E. R., A. Oaks*, and *J. A. Maclachlan:* Can. J. Botany *34*, 54 (1956); ref. C. A. *50*, 5106a.
75) *Currier, H. B., B. E. Day* u. *A. S. Crafts:* Botan. Gaz. *112*, 272 (1951); ref. C. A. *45*, 4393b.
76) *White, D. G.:* Agr. Chem. *7*, (1), 40 u. 111 (1952).
77) *Zukel, J. W.:* Agr. Chem. *8*, (3), 45 u. 143 (1953); ref. C. A. *47*, 4539g.
78) *Tate, H. D.:* Farm Chem. *118*, (1), 47 u. 50 (1955); ref. C. A. *49*, 5752d.
79) *Massy, D. J. R.:* Mfg. Chemist *26*, 197 (1955); ref. C. A. *49*, 11939d.
80) A. P. 2614917 (4. 1. 51/21. 10. 52), U. S. Rubber Co. / *J. W. Zukel* u. *W. D. Harris*.
81) E. P. 693912 (30. 3. 50/8. 7. 53, Am. Prior. 1. 4. 49 u. 20. 7. 49), U. S. Rubber Co.

[82] E. P. 693960 (30. 3. 50/8. 7. 53, Am. Prior. 1. 4. 49 u. 20. 7. 49), U. S. Rubber Co.
[83] F. P. 1073931 (22. 7. 52/30. 9. 54), Etat France / *R. Lévy.*
[84] Oe. P. 176563 (10. 10. 52/10. 11. 53), Österreichische Stickstoffwerke AG / *H. Hinterbauer.*
[85] A. P. 3244714 (10. 10. 62/5. 4. 66), Plant Products Corp. / *R. I. Geay.*
[86] D. A. S. 1182469 (14. 11. 62/26. 11. 64), Lentia Gesellschaft mbH / *W. Frohner, R. Schönbeck, E. Presoly* u. *E. Kloimstein.*
[87] *Schönbeck, R.*, u. *E. Kloimstein:* Monatsh. Chem. *99* (1), 15 (1968).
[88] Niederl. P. Anm. 6604248 (31. 3. 66/28. 11. 66, Jap. Prior. 26. 5. 65, 6. 9. 65, 16. 10. 65 u. 19. 3. 66), Sankyo Co. Ltd.
[89] *Tamura, S., T. Jojima, K. Kawakubo, K. Nakamura,* and *T. Takematsu:* Agr. Biol. Chem. (Tokyo) *30,* (4), 423 (1966).
[90] Jap. P. Anm. 19519/66 (21. 7. 64/11. 11. 66), Sankyo Co. Ltd.
[91] Oe. P. 204560 (14. 12. 57/25. 7. 59), Österreichische Stickstoffwerke AG / *R. Schönbeck* u. *L. Holzer.*
[92] Oe. P. 206444 (10. 10. 58/15. 9. 59), Österreichische Stickstoffwerke AG / *L. Holzer* u. *R. Schönbeck.*
[93] = D. A. S. 1107233 (26. 11. 58/25. 5. 61).
[94] Oe. P. 216823 (25. 8. 59/25. 8. 61), Österreichische Stickstoffwerke AG / *R. Schönbeck, R. Kirschner, W. Frohner* u. *H. Linser.*
[95] Oe. P. 204049 (21. 12. 57/25. 6. 59), Österreichische Stickstoffwerke AG / *L. Holzer.*
[96] Oe. P. 205036 (21. 12. 57/25. 8. 59), Österreichische Stickstoffwerke AG / *L. Holzer* u. *R. Schönbeck.*
[97] Jap. P. Anm. 15716/66 (22. 4. 64/5. 9. 66), Sankyo K. K.
[98] Jap. P. Anm. 9474/67 (5. 3. 65/15. 5. 67), Sankyo Co. Ltd.
[99] *Jojima, T.*, and *S. Tamura:* Agr. Biol. Chem. (Tokyo) *30,* (9), 896 (1966).
[100] A. P. 3126271 (8. 1. 62/24. 3. 64), Stauffer Chemical Co. / *A. C. Thompson, C. L. Dewald, S. Y. C. Soong* u. *M. E. Brokke.*
[101] A. P. 3250775 (6. 2. 63/10. 5. 66), Stauffer Chemical Co. / *M. E. Brokke.*
[102] *Parker, C.:* 8. Brit. Weed Control Conf. Proc. Vol. 1, 126 (1966).
[103] *Trevett, M. F.*, and *R. Littlefield:* Proc. Northeast. Weed Control Conf. *16,* 255 (1962); ref. C. A. *56,* 915d.
[104] Russ. P. 179322 (5. 4. 65/Aug. 66), *B. S. Tanaseichuk* u. Mitarb.
[105] *Ogolevets, Ya. G.:* Soobshch. Mosk. Otd. Vses. Botan. Obshchestva *1960,* Nr. 1, 73; ref. C. A. *56,* 5150i.
[106] Sormova, Z.: C. A. *56,* 13289g.
[107] *Bucha, H. C., W. E. Cupery, J. E. Harrod, H. M. Loux,* and *L. M. Ellis:* Science *137,* 537 (1962).
[108] A. P. 3005015 (14. 8. 59/17. 10. 61), DuPont / *L. R. Melby.*
[109] A. P. 3235357 (17. 8. 62/15. 2. 66, Am. Prior. 14. 8. 59, 7. 3. 60, 11. 8. 60, 26. 1. 61 u. 15. 12. 61), DuPont / *H. M. Loux.*
[110] A. P. 3235358 (6. 9. 62/15. 2. 66), DuPont / *E. J. Soboczenski.*
[111] A. P. 3235360 (22. 10. 62/15. 2. 66, Am. Prior. 7. 3. 60 u. 16. 2. 61), DuPont / *E. J. Soboczenski.*
[112] A. P. 3235361 (29. 10. 62/15. 2. 66, Am. Prior. 14. 8. 59, 7. 3. 60, 16. 2. 61 u. 1. 2. 62), DuPont / *H. M. Loux.*
[113] A. P. 3235362 (26. 6. 63/15. 2. 66, Am. Prior. 30. 12. 58, 7. 3. 60 u. 31. 10. 61), DuPont / *L. M. Ellis.*
[114] A. P. 3235363 (1. 5. 64/15. 2. 66, Am. Prior. 10. 8. 60, 16. 2. 61 u. 30. 11. 62), DuPont / *R. W. Luckenbaugh* u. *E. J. Soboczenski* (Statt Cyclohexyl auch Isopropyl).
[115] A. P. 3352862 (27. 12. 65/14. 11. 67, Am. Prior. 14. 8. 59, 7. 3. 60, 11. 8. 60, 25. 1. 61, 15. 12. 61 u. 17. 8. 62), DuPont / *H. M. Loux.*
[116] A. P. 3352863 (27. 12. 65/14. 11. 67, Am. Prior. 7. 3. 60, 16. 2. 61 u. 6. 9. 62), DuPont / *E. J. Soboczenski.*
[117] A. P. 3360521 (27. 12. 65/26. 12. 67, Am. Prior. 7. 3. 60, 16. 2. 61 u. 22. 10. 62), DuPont / *E. J. Soboczenski.*
[118] D. A. S. 1240698 (12. 8. 60/18. 5. 67, Am. Prior. 14. 8. 59, 7. 3. 60 u. 10. 8. 60), DuPont / *L. M. Ellis, H. M. Loux, R. W. Luckenbaugh* u. *E. J. Soboczenski.*

119) E. P. 966290 (27. 6. 63/6. 8. 64, Am. Prior. 27. 8. 62), U. S. Borax & Chemical Corp. / *R. F. Crawford.*

120) = A. P. 3227541 (27. 8. 62/4. 1. 66), U. S. Borax & Chemical Corp. / *R. F. Crawford.*

121) *Hilton, J. L., T. J. Monaco, D. E. Mooreland,* and *W. A. Gentner:* Weeds *12*, 129 (1964).

122) Chem. Ind. *14*, 76 (1962).

123) *Hoffmann, C. E., J. W. McGahen,* and *P. B. Sweetser:* Nature *202*, 577 (1964).

124) *Varner, R. W.*, and *C. W. Bingeman:* A New Class of Chemicals for Industrial Weed Control. Proc. Southern Weed Conf. *15*, 215 (1962).

125) *Delp, C. J.*, u. Mitarb. Proc. 16, Southern Weed Conf. 1963, p. 290.

126) E. P. 1035098 (7. 12. 62/6. 7. 66, Engl. Prior. 15. 8. 60), Du Pont / *H. M. Loux* u. *R. W. Luckenbaugh.*

127) *Trevett, M. F., W. Gardner,* and *H. J. Murphy:* Proc. Northeast. Weed Control Conf. 1968, p. 411.

128) A. P. 3360520 (27. 12. 65/26. 12. 67, Am. Prior. 10. 8. 60, 16. 12. 61, 30. 11. 62 u. 1. 5. 64), Du Pont / *R. W. Luckenbaugh* u. *E. J. Soboczenski.*

129) Belg. P. 620174 (12. 7. 62/5. 11. 62, Am. Prior. 12. 8. 60 u. 13. 7. 61), Du Pont / *H. M. Loux* u. *E. J. Soboczenski* (Darstellungspatent).

130) A. P. 3254082 (3. 6. 63/31. 5. 66), Du Pont / *A. M. Loux* u. *E. J. Soboczenski.*

131) A. P. 3360522 (27. 12. 65/26. 12. 67, Am. Prior. 14. 8. 59, 7. 3. 60, 16. 2. 61, 1. 2. 62 u. 29. 10. 62), Du Pont / *H. M. Loux.*

132) Niederl. P. Anm. 6509373 (20. 7. 65/23. 1. 67), Du Pont.

133) F. P. 1461796 (6. 12. 65/2. 11. 66, Am. Prior. 7. 12. 64), Du Pont / *H. M. Loux.*

134) Jap. P. Anm. 4261/67 (27. 2. 64/22. 2. 67), Dai-Nippon Printing Ink Chem. Co. Ltd.

135) Belg. P. 625897 (10. 12. 62/2. 4. 63, Verschiedene Am. Prior. 11. 12. 61 bis 30. 11. 62), Du Pont / *H. M. Loux, R. W. Luckenbaugh* u. *E. J. Soboczenski.*

136) A. P. 3360523 (30. 3. 67/26. 12. 67, Am. Prior. 11. 12. 61 u. 17. 6. 64), Du Pont / *H. M. Loux.*

137) F. P. 1479259 (6. 12. 65/28. 3. 67, Am. Prior. 7. 12. 64), Du Pont / *H. M. Loux.*

138) F. P. 1498024 (28. 10. 66/4. 9. 67, Dtsch. Prior. 30. 10. 65), BASF / *G. Scheuerer, A. Zeidler* u. *A. Fischer.*

139) = Niederl. P. Anm. 6615301 (28. 10. 66/2. 5. 67, Dtsch. Prior. 30. 10. 65).

140) *Gentner, W. A.:* An Evaluation of Several Chemicals for their Herbicidal Properties, 1966 Field Results. Preliminary unpublished report, 23. 3. 1967.

141) D. A. S. 1210242 (20. 4. 64/3. 2. 66), BASF / *G. Scheuerer, A. Zeidler* u. *A. Fischer.*

142) D. A. S. 1227725 (31. 3. 65/27. 10. 66), BASF / *G. Scheuerer, A. Zeidler* u. *A. Fischer.*

143) A. P. 3244503 (14. 12. 64/5. 4. 66), Du Pont / *J. C. Watts.*

144) E. P. 1086522 (3. 9. 64/11. 10. 67), Shell Internationale Research Maatschappij.

145) Niederl. P. Anm. 6511395 (1. 9. 65/1. 3. 66, Engl. Prior. 3. 9. 64 u. 11. 8. 65), Shell.

146) F. P. 1451606 (1. 9. 65/25. 7. 66, Engl. Prior. 3. 9. 64 u. 11. 8. 65), Shell Internationale Research Maatschappij.

147) Belg. P. 700851 (3. 7. 67/3. 1. 68, Dtsch. Prior. 2. 7. 66), BASF.

148) Niederl. P. Anm. 6709023 (28. 6. 67/3. 1. 68), BASF.

149) *Fischer, A.:* 9. Brit. Weed Control Conf. 1968, Proc. Vol. 2, 1042.

150) Belg. P. 702877 (21. 8. 67/21. 8. 68, Dtsch. Prior. 30. 8. 66), BASF.

151) Niederl. P. Anm. 6711740 (25. 8. 67/1. 3. 68), BASF.

152) *Durgeat, L. A.:* Comptes Rendus des Journées d'Etudes sur les Herbicides, Paris: E. W. R. C. Columa Conf. p. 300 (1963).

153) *Schöll, S.:* Z. Pflanzenkrankh. Pflanzenschutz, Sonderh. III, 199 (1965).

154) *Gautier, J. L.:* Comptes Rendus des Journées d'Etudes sur les Herbicides, Paris: 3e Conférence du Columa, Part 1, p. 519 (1965). Ed. Essor, Paris 1966.

155) —, *H. Jacquemet* et *C. Vachette:* Journées Internationales d'Etudes sur le Désherbage Sélectif en Cultures de Betteraves, p. 303. Marly-Le-Roi, 9.—10. März 1967.

156) *Martin, H.:* Pesticide Manual. British Crop Protection Council, p. 268, 1968.

157) —, Pesticide Manual. British Crop Protection Council, p. 408, 1968.

158) *Fryer, J. D.*, and *S. A. Evans:* Weed Control Handbook, pp. 91 u. 416. Oxford - Edinburgh: Blackwell Scientific Publications 1968.

159) *Spencer, E. Y.:* Guide to the Chemicals Used in Crop Protection, p. 441. Ottawa: Ed. Roger Duhamel, F. R. S. C. Queen's Printer and Controller of Stationery 1968.

160) *Hill jr., G. D., C. W. Bingeman* u. *M. B. Weed:* 2. Symposium über neue Herbizide, Paris, S. 313 (1965).
161) World Crops *18* (1), 82 (1966).
162) *Jojima, T.*, and *S. Tamura:* Agr. Biol. Chem. (Tokyo) *29*, 151, 157 (1965).
163) *Tamura, S., T. Jojima, K. Kawakubo, K. Nakamura*, and *T. Takematsu:* Agr. Biol. Chem. (Tokyo) *30*, 423 (1966).
164) Weed Abstr. *17* (4), 316 u. 317 (1968).
165) D.O.S. 1445475 (2. 2. 62/7. 11. 68), BASF / *F. Reicheneder, K. Dury, A. Fischer* u. *H. Stummeyer.*
166) *Jojima, T., N. Yoshimura, T. Takematsu*, and *S. Tamura:* Agr. Biol. Chem. (Tokyo) *33* [1], 96 (1969).
167) —, K. Oyamada, and S. Tamura: Agr. Biol. Chem. (Tokyo) *32*, (11) 1376 (1968).
168) E. P. 1147438 (6. 7. 66 u. 20. 6. 67/2. 4. 69), Monsanto Chemicals Ltd. / *F. Long* u. *K. N. Ayad.*
169) I. C. I. Plant Protection: Weed Abstr. *18* (5) 391, Referat 2421 (1969).
170) A. P. 3423200 (16. 12. 65/21. 1. 69, Austral. Prior. 18. 12. 64), Monsanto Chemicals Ltd. (Australia) / *G. Holan.*
171) D. O. S. 1910620 (26. 2. 69/18. 9. 69, Jap. Prior. 28. 2. 68 u. 28. 6. 68), Sankyo Co. Ltd. / *T. Jojima.*
172) A. P. 3397050 (13. 12. 67/13. 8. 68, Am. Prior. 15. 12. 61, 7. 12. 64 u. 31. 10. 66), Du Pont / *H. M. Loux.*
173) A. P. 3436207 (23. 2. 65/1. 4. 69), Du Pont / *E. J. Soboczenski.*
174) *Zeidler, A., A. Fischer* u. *G. Scheuerer:* Z. Naturforsch. *24b*, 740 (1969).
175) E. P. 1139627 (27. 10. 67/8. 1. 69, Am. Prior. 15. 11. 66), U. S. Borax & Chemical Corp. / *R. Fish.*
176) *Cross, B., C. L. Dunn, D. H. Payne*, and *J. D. Tipton:* J. Sci. Food Agr. *20* (6), 340 (1969).
177) Niederl. P. Anm. 6714141 (18. 10. 67/6. 11. 68, Am. Prior. 5. 5. 67), Du Pont.
178) D. A. S. 1237582 (28. 7. 64/30. 3. 67), BASF / *G. Schulze* u. *G. Weiß.*

e) 6-Ring-Verbindungen mit 3N

Symmetrische Triazine

Konstitution und Wirkung

Die Schweizer Firma Geigy fand 1955 in den symmetrischen Triazinen eine neue Klasse hochwirksamer Herbizide, die in der folgenden Zeit zu größter praktischer Bedeutung gelangte. Obwohl der erste in den Verkehr gekommene Vertreter aus der Reihe der Triazine vorwiegend ein Totalherbizid war, liegt heute die Bedeutung dieser Substanzklasse fast noch mehr auf dem Gebiet der selektiven Anwendung. Selektivität wurde z. T. durch Anwendung niedrigerer Konzentrationen, andererseits noch mehr aber durch systematische chemische Abwandlung der Substituenten erreicht.

Vertreter der symmetrischen Triazine haben auch als Fungizide Bedeutung erlangt. Außerdem gibt es den Herbiziden nahe Verwandte mit diuretischer Wirkung sowie mit stimulierenden Eigenschaften, die auf das zentrale und parasympathische Nervensystem wirken [1].

Ausgangsprodukt für die Synthese aller symmetrischen Triazine ist das *Cyanurchlorid*, das durch Trimerisation von Chlorcyan gewonnen wird. Diese Verbindung war schon vorher für die Herstellung von Farbstoffen von großer Wichtigkeit. Alle drei Chloratome im Cyanurchlorid können nacheinander durch nucleophile Substituenten ausgetauscht werden. Herbizid wirksame Verbindungen entstehen, wenn zwei Halogenatome durch niedere aliphatische, primäre Amine substituiert werden. Das dritte Chloratom muß erhalten bleiben, oder es kann durch einen Mercaptomethyl- oder einen Methoxy-Rest ersetzt sein [2,3].

Über die Zusammenhänge zwischen chemischer Konstitution und herbizider Wirksamkeit ist eine umfassende Arbeit erschienen [4]. Natürlich sind quantitative Aussagen über eine allgemeine herbizide Potenz kaum möglich, da letztere pflanzenspezifisch ist.

Wird im Cyanurchlorid nur ein Cl gegen den Butoxy-Rest ausgetauscht, so entsteht eine Verbindung, die schon kräftig herbizid wirkt [4]. Eine Anwendung konnte diese Verbindung bis heute allerdings nicht finden, da zumindest ein Halogenatom leicht hydrolysiert wird. Der Ersatz eines Halogens durch den Thiobutyl-Rest führt ebenfalls zu herbizid wirksamen Verbindungen, aber mit schwächerer Wirkung.

Wird nur ein Halogenatom im Cyanurchlorid durch z. B. $-NH-C_2H_5$ oder andere niedere aliphatische, primäre Amine ($<C_4$) substituiert, so entstehen ebenfalls am Halogen hydrolyseempfindliche und zudem hautreizende Verbindungen mit herbizider Wirkung. Substitution eines Halogens durch einen p-Chloranilin-Rest gibt gleichfalls ein Herbizid. Dagegen führt ein Austausch durch o-Chloranilin, wie Untersuchungen von anderer Seite (Chemagro [5], USA) zeigen, zu einem Fungizid, welches praktische Bedeutung zur Bekämpfung von *Botrytis* erlangt hat. (Andere Fungizide aus der Triazin-Reihe s. [6].)

Die wichtigsten Herbizide der Triazin-Reihe gehören der Klasse der *Monochlor*triazine an, wobei zwei Chloratome durch niedere primäre Amine substituiert worden sind. Eine Umsetzung des Cyanurchlorids unter Austausch von zwei Halogenatomen mit sekundären Aminen führt zu schwächeren Herbiziden. Die Alkylgruppen der substituierenden primären Amine dürfen höchstens 4 C-Atome aufweisen, ohne daß deutlicher Wirkungsabfall eintritt.

Unter Bedingungen der praktischen Anwendung zeigte es sich, daß bei Verbindungen des Typs

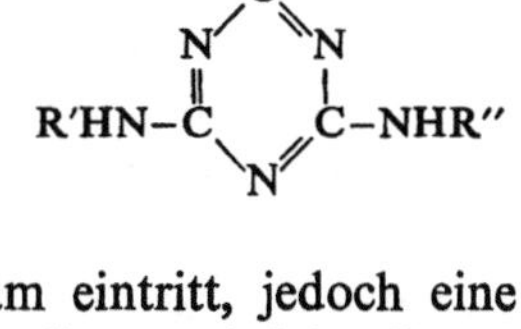

die Wirkung relativ langsam eintritt, jedoch eine starke und lang anhaltende herbizide Wirkungsdauer vorliegt. Wird in diesen Verbindungen Cl gegen eine Methoxygruppe ausgetauscht, so ergibt sich bei noch guter Wirkungsdauer ein rascher Wirkungseintritt. Der Austausch von Cl gegen SCH_3 führt ebenfalls zu guten Herbiziden mit schnell einsetzender Wirkung, doch ist nun die Wirkung von geringerer Dauer [7]. Herbizide dieser Variationen sind in praktischer Anwendung und werden im folgenden noch einzeln aufgeführt.

Wird Cl gegen OCH_3 oder SCH_3 ausgetauscht, so wird besonders die Wasserlöslichkeit verbessert. Dies führt bei der Anwendung zu einer Erhöhung der Blattherbizidwirkung. An den OCH_3- oder SCH_3-Gruppen setzt im Boden, vermutlich durch Bakterien, auch der Abbau ein, was die kürzere Verweildauer gegenüber den Cl-haltigen Verbindungen verständlich macht.

Der starke Wirkungsabfall bei der Substitution von zwei Halogenatomen durch sekundäre Amine wird auf eine stärkere Basizität dieser Verbindungen zurückgeführt, die infolge saurer Bodenbestandteile auch eine starke Absorption bedingen kann. Die blattherbizide Wirkung dürfte dadurch allerdings nicht beeinflußt werden. Tatsächlich zeigen solche Verbindungen bei Kleinversuchen im Gewächshaus gute Wirkung. Herbizide, durch Chloraustausch mit nur einer sekundären und einer primären Aminogruppe entstanden, sind in Anwendung. Am Stickstoff der Amin-Seitenkette acylierte Verbindungen wirken nur sehr langsam als Herbizide und offenbar nach Maßgabe ihrer Hydrolyse zu den basischen Verbindungen [8)].

Da eine gewisse Wasserlöslichkeit der Herbizide in der Triazin-Reihe maßgeblich ist, wurden umfassende Arbeiten über Zusammenhänge zwischen physikalischen Konstanten, wie Wasserlöslichkeit, und herbizider Wirkung durchgeführt. U. a. wurde statt der Methoxy-Gruppe die Gruppierung $OCH_2{-}COOH$ eingeführt [9)]. Die Vielzahl der Parameter, welche für die Wirksamkeit in der Pflanze von Bedeutung sind, wie Löslichkeit, Eindringungsvermögen, Verteilungskoeffizienten, Abbaufähigkeit, wurde mehrfach untersucht [10,11)]. Über den Einfluß einer Acylierung am Stickstoff der Amin-Seitenkette ist gleichfalls in der Literatur berichtet worden [12)].

Im Rahmen ähnlicher Untersuchungen wurden auch zwei Chloratome gegen Aminosäure-Reste ausgetauscht. Dabei wurden aber nur mittelmäßig wirksame Herbizide und zum Teil fungizid wirksame Stoffe erhalten [13)].

Die symmetrischen Triazine sind außer von der Firma Geigy auch von anderer Seite im Hinblick auf Konstitution und Wirkung untersucht worden [14,15)].

Die symmetrischen Triazin-Herbizide sind Photosynthesehemmer. Ihre pflanzenschädigende Wirkung kann im Laboratorium durch die Hemmung der Hill-Reaktion vereinfacht gemessen werden [16,17)]. Diese Prüfung gestattet aber nur wenig sichere Aussagen über eine Wirkung unter Feldbedingungen, da zahlreiche Faktoren die herbizide Wirkung beeinflussen. Neben die Photosynthese-Hemmung treten bei höheren Konzentrationen lichtunabhängige Einflüsse auf das Enzymsystem der Pflanzen. Zum Teil wird die Nitrataufnahme durch die Wurzeln erhöht, was sich nach Umwandlung des Nitratstickstoffes in einem höheren Stickstoffgehalt, d. h. Eiweißgehalt der Pflanzen, bemerkbar machen kann [18)] (s. auch [19)] S. 367).

Zahlreiche Umstände, welche neben der grundlegenden Beeinträchtigung der Hill-Reaktion für die Wirkung eines Triazin-Herbizids bedeutsam sind, werden in der Literatur erwähnt [21)]: Aufnahme durch Wurzeln und Blätter [22)], Abbau durch Bakterien sowie durch Hydrolyse [23)]. Hier kann nur eine sehr kleine Literaturübersicht genannt werden [18,24–41)].

Als Nebenwirkung symmetrischer Triazine wurde gelegentlich ein Abfall des Stärkegehaltes der Blätter der behandelten Pflanzen beobachtet [8)].

Die Wirkungsweise des in dieser Reihe besonders wichtigen Herbizides*, des *Simazin* (s. unten), auf pflanzliche Enzyme und die Hill-Reaktion ist Gegenstand vieler Arbeiten [16, 20].
Die *Ursache der Selektivität* der wichtigsten symmetrischen Triazine ist eingehend untersucht worden. Wenn auch noch nicht alle Zusammenhänge geklärt sind, wurden doch beachtenswerte Aufschlüsse erhalten. Die Selektivität des *Simazin* (s. unten) in Mais ist z. B. wesentlich durch das geringe Simazin-Aufnahmevermögen dieser Pflanze bedingt, wobei indessen die eigentliche Ursache dieser geringen Aufnahmefähigkeit bislang nicht bekannt ist. Andererseits verfügt Mais — wie auch andere gegenüber Simazin unempfindliche Pflanzen — über eine chemische Verbindung, welche in-vivo und in-vitro Simazin oxydativ abbaut [22]. Ein Glucosid des *2,4-Dihydroxy-7-methoxy-1,4-benzoxazin-3-on* konnte isoliert und für diesen Abbau verantwortlich gemacht werden:

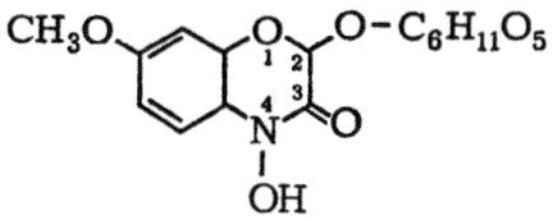

Auch das Spaltungsprodukt ohne Zuckerrest zeigt noch in gleicher Weise eine Abbaufähigkeit für Simazin.

Über die Umwandlung symmetrischer Triazine in der Pflanze gibt es einige Informationen [43]; Cl wird in der Pflanze durch OH ersetzt [44]. Die selektive Wirkung verschiedener symmetrischer Triazine in Sojabohnen wurde untersucht [45]. Interessant ist eine Mitteilung, wonach Simazin z. B. in Samen und Blättern von Erbsen und Roggen den Eiweißgehalt bis um 80% erhöht (s. o.). Die Ursache liegt in einer Steigerung der Nitrat-Reduktase-Aktivität. Bei Pflanzen, die ihren Stickstoffbedarf nicht durch Nitrataufnahme, sondern durch Ammoniumsalze decken, tritt dieser Effekt der Eiweißvermehrung nicht auf [18, 19].
Im folgenden werden die wichtigsten Herbizide (Handels- und Versuchsprodukte) aus der Reihe der 1,3,5-Triazine aufgeführt. Die Triazinherbizide sind fast ausnahmslos Produkte der Firma Geigy.

Symmetrische Triazine mit einem Chlor-Atom

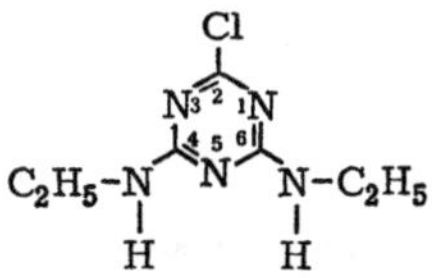

2-Chlor-4,6-bisäthylamino-1,3,5-triazin
Common name: *simazin*
Handelsname: *Gesatop*® (Geigy) 1955
Primatol S®

LD_{50}: 5000 mg/kg Ratte p. o. akut. Wasserlöslichkeit: 5 ppm bei 20—22°C. Wirkungsweise: Bodenherbizid, mittlere Wirkung als Wasserherbizid. Anwendungsweise: Pre-emergence.
Simazin ist wirksam gegen keimende Unkräuter und gegen bereits aufgelaufene, einjährige Unkräuter im Jugendstadium. Die Wirkung gegen Wurzelunkräuter ist meist nicht ausreichend. Es dient als Totalherbizid auf unkrautfreiem Boden zur Verhinderung von Unkrautauflauf oder in Mischung mit Blattherbiziden post-

* Über die Bedeutung der wichtigen selektiven Herbizide auf Triazin-Basis s. [42].

emergence. Simazin ist wirksam gegen Gräser und breitblättrige Unkräuter. Selektiv wirkt es bei Pre-emergence-Anwendung in Mais, Spargel, Erbsen, Zuckerrohr, Sisal, Hirse und Sorghum. In Getreide verwendet man es zur Ackerfuchsschwanzbekämpfung. In Zuckerrüben dient es nach dem Vereinzeln zur Unterblattspritzung gegen Spätverunkrautung. Außerdem findet Simazin Verwendung in tiefer wurzelnden Dauerkulturen wie Wein, Citrus, Tee, Kaffee, Kakao, Ananas, *Hévea* und im Beerenobst (einschließlich Erdbeeren).
Eine große Anzahl von Ziergehölzarten sind gegen Simazin widerstandsfähig und erlauben so die Benutzung von Simazin zur Bekämpfung vornehmlich einjähriger Unkräuter.
Bodenfeuchtigkeit begünstigt die herbizide Wirkung. Schwere und humusreiche Böden führen infolge Adsorption zu Wirkungsverminderung. Der nur langsame Abbau des Simazins im Boden durch Mikroorganismen und die geringe Wasserlöslichkeit bedingen die gute Dauerwirkung. Für die Anwendung als Totalherbizid und in Dauerkulturen ist das von Vorteil, doch begrenzt diese Eigenschaft den Zeitraum der Anwendung als selektives Herbizid und die Aussaat nachfolgender Kulturen [2,3].

Patente [46–48]. Literatur [2,3,18,24–41].

2-Chlor-4-äthylamino-6-isopropylamino-1,3,5-triazin — Common name: *atrazin*
Handelsname: *Gesaprim*® (Geigy) 1958

LD_{50}: 3080 (2000) mg/kg Ratte p. o. akut, 1750 mg/kg Maus p. o. akut. Wasserlöslichkeit: 70 ppm bei 27°C. Wirkungsweise: Bodenherbizid mit guter Blattherbizidwirkung. Anwendungsweise: Nicht nur pre-, sondern (im Gegensatz zum Simazin) auch post-emergence im frühen Wachstumsstadium. Anwendungsgebiet: Totalherbizid und selektives Herbizid, besonders im Mais-, Obst- und Weinbau, in Zuckerrohr und Ananas, gegen Gräser und breitblättrige Unkräuter. Atrazin stellt wie Simazin ein sehr bedeutendes Herbizid dar.
Die Einführung der organophilen Isopropylgruppe bedingt eine bessere blattherbizide Wirkung; langanhaltende Wirkung im Boden. Als Nachfolgekulturen sind speziell Mais und Kartoffeln möglich [2,49].

Patente [46]. Literatur [2,18,24–41,49].

2-Chlor-4,6-bisisopropylamino-1,3,5-triazin — Common name: *propazin*
Handelsname: *Gesamil*® (Geigy) 1960

LD_{50}: >5000 mg/kg Ratte p. o. akut. Wasserlöslichkeit: 8,6 ppm bei 20—22°C. Wirkungsweise: Bodenherbizid. Anwendungsweise: Pre-emergence gegen breitblättrige Unkräuter und Gräser. Anwendungsgebiet: Selektiv in Hirse, Möhren, Fenchel, Sellerie, Petersilie.

Patente [46–48]. Literatur [18,24–41,49].

2-Chlor-4-äthylamino-6-diäthylamino-1,3,5-triazin — Common name: *trietazin*
Handelsname: *Gesafloc*® (Geigy) 1960

LD_{50}: 1750–3800 mg/kg Ratte p. o. akut. Wasserlöslichkeit: 20 ppm bei 20°C. Wirkungsweise: Bodenherbizid. Anwendungsweise: Pre-emergence. Anwendungsgebiet: Selektiv in Chrysanthemen, Kartoffeln und Erdbeeren.
Patente [46–48]. Literatur [2,3,49–51].

2-Chlor-4,6-bisdiäthylamino-1,3,5-triazin

Versuchsprodukt
G 444 E; *G-25 804*
(Geigy)
Common name: *chlorazin*

Wirkungsweise: Blattherbizid. Anwendungsgebiet: Gegen Mono- und Dikotyledonen.
Patente [46–48]. Literatur [52].

2-Chlor-4-isopropylamino-6-diäthylamino-1,3,5-triazin

Common name: *ipazin*
Handelsname: *Gesabal*® (Geigy)

Wirkungsweise: Bodenherbizid. Anwendungsweise: Pre-emergence. Anwendungsgebiet: Sellerie, Erbsen, Möhren.
Patente [46–48]. Literatur [18,24–41].

Die Substitution eines Alkylcyan-Restes an einer Aminogruppe ist mehrfach Gegenstand von Patenten [53,54,182]. Auch einige Versuchsprodukte sind 1967 bekanntgeworden.

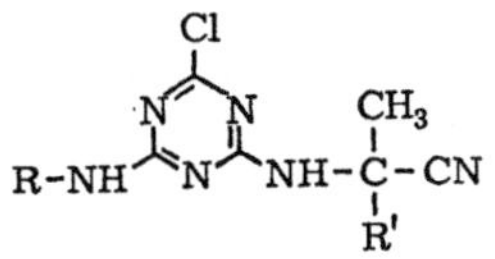

2-Chlor-4-methylamino-6-(amino-2′-propionitril)-1,3,5-triazin
Versuchsprodukt
SD 15417
(Shell Chemical Co.)

$R = CH_3$, $R' = CH_3$
$R = C_2H_5$, $R' = CH_3$
$R = C_2H_5$, $R' = C_2H_5$
$R = iso\text{-}C_3H_7$

Anscheinend ist eine Verbindung mit $R = C_2H_5$ und $R' = CH_3$ unter der Nr. *Shell WL 19805* z. Z. das aussichtsreichste Versuchsprodukt [55]. Die Verbindung ist genügend lange wirksam, reichert sich aber im Boden durch Abbau der Nitril-Seitenkette nicht an [55]. Eine Einführung ist für 1969 vorgesehen. Die Verbindung ist pre- und post-emergence wirksam, selektiv vornehmlich in Mais, Kartoffeln, Erbsen und Weizen.
Ähnliche Verbindungen, nur am Stickstoff alkyliert, sind gleichfalls gute Herbizide [56,174].

Symmetrische Triazine mit $O{-}CH_3$-Rest

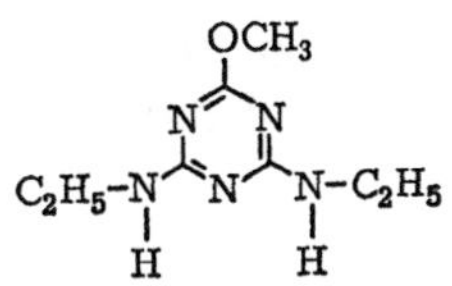

2-Methoxy-4,6-bisäthylamino-1,3,5-triazin
Common name: *methoxysimazin*, *simeton*
Handelsname: *Gesadural*® (Geigy) 1966

Wirkungsweise: Boden- und Blattherbizid. Anwendungsweise: Pre- und post-emergence.

Patente [46,57,58] (s. auch bei Atraton und Simazin). Literatur [59].

2-Methoxy-4-methylamino-6-isopropylamino-1,3,5-triazin	*Versuchsprodukt* *GS 32292* (Geigy) Common name: *noraton*

LD_{50}: 3500 mg/kg Ratte p. o. akut. Wirkungsweise: Bodenherbizid. Anwendungsweise: Pre-emergence. Anwendungsgebiet: Vor dem Pflügen gegen Quecke in Mais.
Patente [46,57,58,60]. Literatur [59].

2-Methoxy-4-äthylamino-6-isopropylamino-1,3,5-triazin	Common name: *atraton* Handelsname: *Gesatamin*® (Geigy) 1959

LD_{50}: 1465 mg/kg Ratte p. o. akut (wettable powder). 2400 mg/kg Ratte p. o. akut (Emulsionskonzentrat). Wasserlöslichkeit: 1800 ppm bei 20°C. Wirkungsweise: Bodenherbizid, mittlere Wirkung als Blattherbizid. Gute Initialwirkung, geringe Wirkungsdauer. Anwendungsweise: Pre- und post-emergence. Anwendungsgebiet: Lein, Baumwolle, Mais.
Patente [46,57,58,60]. Literatur [59].

2-Methoxy-4-äthylamino-6-tert.-butylamino-1,3,5-triazin	*Versuchsprodukt* *GS 14259* (Geigy)

Wasserlöslichkeit: 130 ppm. Wirkungsweise: Boden- und Blattherbizid. Anwendungsweise: Pre- und post-emergence. Anwendungsgebiet: Herbizid mit guter Dauerwirkung gegen *Setaria spec.* und *Panicum spec.* (Hirsearten), vielversprechend zur Gehölzbekämpfung.
Patente [46,57,58,60] (s. Atraton). Literatur [59].

2-Methoxy-4-äthylamino-6-sec.-butylamino-1,3,5-triazin	*Versuchsprodukt* *GS 14254* (Geigy) 1966

Wirkungsweise: Boden- und Blattherbizid. Herbizid mit guter Initial-, aber geringer Dauerwirkung. Anwendungsweise: Pre- und post-emergence. Anwendungsgebiet: Gute Wirkung gegen *Artemisia, Cynodon dactylon.*
Patente [46,57,58,60] (s. Atraton). Literatur [59].

2-Methoxy-4,6-bisisopropylamino-1,3,5-triazin	Common name: *prometon, methoxypropazin* Handelsname: *Primatol O*® (für nicht selektive Anwendung) *Pramitol 25 E*®, *Pramitol 5 P*® *Gesafram*® (für selektive Anwendung) (Geigy) 1958

LD_{50}: 2980 mg/kg Ratte p. o. akut. Wasserlöslichkeit: 750 ppm bei 20°C. Wirkungsweise: Boden- und Blattherbizid. Anwendungsweise: Pre- und post-emergence. Anwendungsgebiet: Totalherbizid.

Patente [46,57,58,61,172] (s. auch Atraton). Literatur [62,63].

2-Methoxy-4-γ-methoxypropylamino-6-isoamylamino-1,3,5-triazin — *Versuchsprodukt* *GS 17891* (Geigy)

Anwendungsgebiet: Bekämpfung von breitblättrigen Unkräutern und Gräsern, Wirkung nicht hervorragend.
Patente [46,57,58,60] (s. auch Atraton). Literatur [64].

2-Methoxy-4-isopropylamino-6-diäthylamino-1,3,5-triazin — Common name: *methoxy-ipazin, ipatone* (Geigy)

Wirkungsweise: Blatt- und Bodenherbizid. Anwendungsgebiet: Gegen Mono- und Dikotyledonen.
Patente [46,57,58,60] (s. auch Atraton).

An einem *seitenständigen Stickstoff acylierte Verbindungen* sind 1966/67 als Versuchsprodukte bekanntgeworden. Möglicherweise ist die Wirkung selektiver, weil einmal die Aufnahme durch die Pflanzen infolge veränderter Löslichkeit anders ist, zum anderen können derartige Verbindungen durch Hydrolyse nur langsam in die wirksameren Amine übergehen.

2-Methoxy-4-(N-acetyläthylamino)-6-isopropylamino-1,3,5-triazin — *Versuchsprodukt* *GS 16040* (Geigy)

Anwendungsgebiet: Bekämpfung von Unkräutern in Gemüse und Getreide.
Patente [60]. Literatur [65].

2-Methoxy-4-isopropylamino-6-(N-acetylamino)-1,3,5-triazin — *Versuchsprodukt* *A 896* (Geigy)

Anwendungsgebiet: Unkrautbekämpfung bei Zuckerrüben.
Patente [60]. Literatur [65].

Symmetrische Triazine mit einer Phenoxygruppe

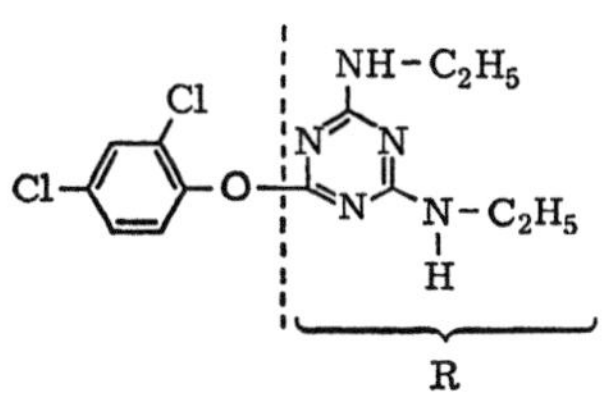

[66]

2-(2,4-Dichlorphenoxy)-4,6-bis-(äthylamino)-1,3,5-triazin
Versuchsprodukt
(Sankyo Co. Ltd.)

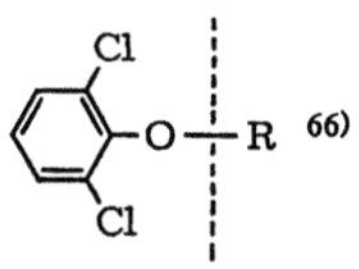

[66]

2-(2,6-Dichlorphenoxy)-4,6-bis-(äthylamino)-1,3,5-triazin
Versuchsprodukt
(Sankyo Co. Ltd.)

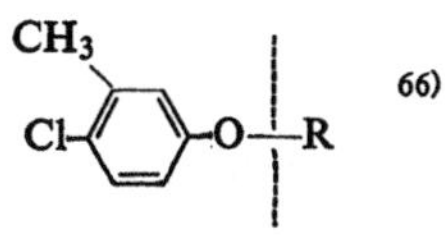

[66]

2-(3-Methyl-4-chlorphenoxy)-4,6-bis-(äthylamino)-1,3,5-triazin
Versuchsprodukt
(Sankyo Co. Ltd.)

Alle drei Verbindungen zeigen selektive Wirkung in Rettich [67]. Sie werden pre-emergence angewendet.

Symmetrische Triazine mit Thioalkyl-Rest

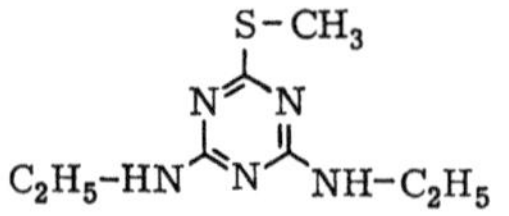

2-Methylthio-4,6-bisäthylamino-1,3,5-triazin
Common name: *simetryn*
(Geigy)

LD$_{50}$: Verschiedene Angaben (1830 mg/kg Ratte p. o. akut [166, 167], 750 mg/kg Ratte p. o. akut [168], 535 mg/kg Ratte p. o. akut [169]). Wasserlöslichkeit: 450 ppm bei 20—22°C. Wirkungsweise: Boden- und Blattherbizid. Anwendungsgebiet: Gegen Mono- und Dikotyledonen.
Patente [46,68–71]. Literatur [7, 78] (s. auch Desmetryn).

2-Methylthio-4-methylamino-6-n. propylamino-1,3,5-triazin

Versuchsprodukt
GS 11357 (Geigy) 1966

Patente [46,68–71]. Literatur [7, 78].

2-Methylthio-4-methylamino-6-isopropylamino-1,3,5-triazin

Common name: *desmetryn, norametryn* (1963)
Handelsname: *Semeron*® (Geigy) 1964

LD$_{50}$: 595, 1390 (1630—2375) mg/kg Ratte p. o. akut. Wasserlöslichkeit: 580 ppm. Wirkungsweise: Boden- und Blattherbizid. Es wird im Boden rasch abgebaut. Anwendungsweise: Pre-emergence. Anwendungsgebiet: Selektiv in Kohl nach dem Verpflanzen.
Patente [46,57,68–72]. Literatur [73–75].

2-Methylthio-4-methylamino-6-sec. butylamino-1,3,5-triazin

Versuchsprodukt
GS 17892 (Geigy)

Anwendungsgebiet: Bekämpfung von breitblättrigen Unkräutern und Gräsern, aber keine überragende Wirkung.
Patente [46,57,68–71, 76, 77] (s. auch bei Simetryn). Literatur [64].

2-Methylthio-4-äthylamino-6-n. propylamino-1,3,5-triazin

Versuchsprodukt
GS 11349 (Geigy) 1966

LD$_{50}$: 965 mg/kg Maus p. o. akut. 1110 mg/kg Ratte p. o. akut.
Patente [46,57,68–71, 76, 77]. Literatur [62, 78].

2-Methylthio-4-äthylamino-6-isopropylamino-1,3,5-triazin

Common name: *ametryn*
Handelsname: *Gesapax*® (Geigy) 1962

LD$_{50}$: 1110 mg/kg Ratte p. o. akut. Wasserlöslichkeit: 185 ppm. Wirkungsweise: Blattherbizid mit systemischer Wirkung und Bodenherbizid. Anwendungsweise: Pre- und post-emergence. Anwendungsgebiet: Selektiv in Zuckerrohr und Ananas (gegen Mono- und Dikotyledonen).
Patente [46,57,68–71, 76, 77]. Literatur [7,64, 78].

2-Methylthio-4-äthylamino-6-sec. butylamino-1,3,5-triazin

Versuchsprodukt
GS 14253 (Geigy) 1966

Patente [46,57,68–71,76,77]. Literatur [78].

2-Methylthio-4-äthylamino-6-tert. butylamino-1,3,5-triazin

Common name: *terbutryn*
Handelsname: *Igran 500®*, *Prebane®* (Geigy) 1965

LD_{50}: 2380—4000 mg/kg Ratte p. o. akut. Wasserlöslichkeit: 58 ppm bei 20°C. Wirkungsweise: Bodenherbizid. Anwendungsweise: Vorwiegend pre-emergence. Anwendungsgebiet: In Winterweizen selektiv gegen *Alopecurus myosuroides* (Ackerfuchsschwanz), außerdem gegen *Poa annua* (einjähriges Rispengras), *Lolium perenne* (Weidelgras) sowie im Herbst keimende, breitblättrige Unkräuter, mit Ausnahme von *Galium aparine* (Klebkraut).
Patente [46,57,68–71,76,77,79]. Literatur [2,3,80].

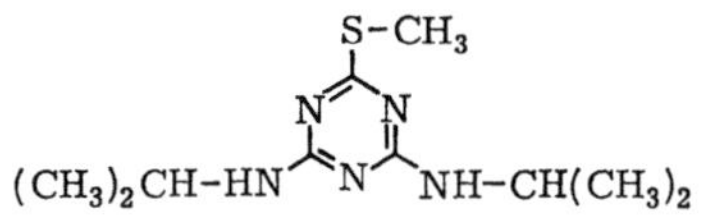

2-Methylthio-4,6-bisisopropylamino-1,3,5-triazin
Common name: *prometryn*
Handelsname: *Gesagard®* (Geigy) 1958

LD_{50}: 3750 (2500) mg/kg Ratte p. o. akut. Wasserlöslichkeit: 48 ppm bei 20°C. Wirkungsweise: Blattherbizid mit systemischer Wirkung und Bodenherbizid. Anwendungsweise: Pre- und post-emergence. Anwendungsgebiet: Selektiv besonders in Baumwolle, aber auch in Getreide, Sojabohnen, Kartoffeln, Erbsen und Zwiebeln. Speziell auch zur Ackerfuchsschwanzbekämpfung, Prometryn zeigt wesentlich kürzere Wirkungsdauer als Simazin und Atrazin, wodurch sich kaum Probleme hinsichtlich des Nachbaues ergeben.
Zunehmende herbizide Wirksamkeit: Semeron < Simetryn < Ametryn < Prometryn.
Patente [46,57,68–71,76,77]. Literatur [4,21].

Unter dem Namen *Primate®* ist eine Mischung von Atrazin und Prometryn als selektives Maisherbizid im Handel (spezielle Anwendung bei wechselnder Fruchtfolge [42]).

2-Methylthio-4-isopropylamino-6-isobutylamino-1,3,5-triazin

Versuchsprodukt
(Geigy) 1966

Anwendungsweise: Pre-emergence. Anwendungsgebiet: Unkrautbekämpfung in Tomaten, Kartoffeln und Bohnen.
Patente [46,57,68–71,76,77]. Literatur [81].

2-Methylthio-4-isopropylamino-6-methoxy-äthylamino-1,3,5-triazin

Versuchsprodukt
(Geigy) 1965

Anwendungsgebiet: Selektiv in Getreide.
Patente [46,57,68–71,76,77,82].

2-Methylthio-4-isopropylamino-6-(3-methoxypropylamino)-1,3,5-triazin

Common name: *methoprotryn*
Handelsname: *Gesaran®* (Geigy) 1965

LD_{50}: 5000 mg/kg Ratte p. o. akut. Wasserlöslichkeit: 320 ppm. Wirkungsweise: Bodenherbizid und Blattherbizid. Anwendungsweise: Pre- und post-emergence. Anwendungsgebiet: Speziell in Flachs, ferner in Mais, Sorghum, Winterweizen, Spargel.
Patente [46,57,68–71,76,77,83]. Literatur [80,107,170].

2-Methylthio-4,6-bis-(3-methoxy-propylamino)-1,3,5-triazin

Common name: *MPMT*
Handelsname: *Lambast*®
(Monsanto Chemical Co.) 1966

LD_{50}: 1400 mg/kg Ratte p. o. akut. Wasserlöslichkeit: Unlöslich. Wirkungsweise: Boden- und Blattherbizid. Anwendungsweise: Pre- und post-emergence. Anwendungsgebiet: Post-emergence: Erdnüsse, Sojabohnen. Pre-emergence: Bohnen.
Patente [46,57,68–71,76,77,84–91]. Literatur [92].

2-Methylthio-4-isopropylamino-6-amino-dimethylacetonitril-1,3,5-triazin

Versuchsprodukt
(Shell)

Anwendungsweise: Ausreichend beständig ohne lang anhaltende Rückstände im Boden. Anwendungsgebiet: In Mais, Sojabohnen und Flachs.
Patente [53]. Literatur [93].

Simazin-ähnliche Verbindungen mit Wasserlöslichkeit verbessernden Gruppen, wie OH und COOH in der Amino-Seitenkette, wurden bes. von der Fa. Geigy untersucht. Zwar ergab sich eine verbesserte Löslichkeit, aber auch eine deutlich geringere herbizide Wirkung.

2-Thiomethoxymethyl-4,6-bisalkylamino-1,3,5-triazin

Versuchsprodukt
(Geigy) 1965

Anwendungsgebiet: Selektiv in Getreide.
Patente [46,57,68–71,76,77,94].

2-Äthylthio-4-äthylamino-6-isopropylamino-1,3,5-triazin

Versuchsprodukt
GS 16065 (Geigy) 1966

Wirkungsweise: Boden- und Blattherbizid.
Patente [46,68–71,76,77].

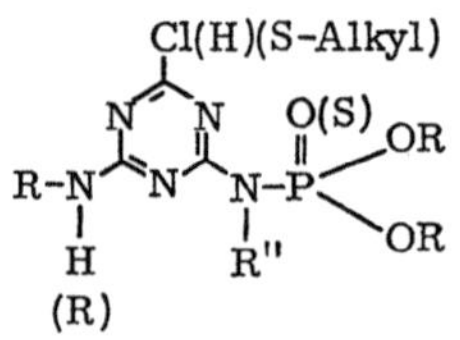

Statt einer Aminogruppe kann in das symmetrische Triazin eine Phosphamidgruppe eingeführt werden [95,96].

Symmetrische Triazine mit verschiedenen Substituenten (Azido- und Cyangruppe)

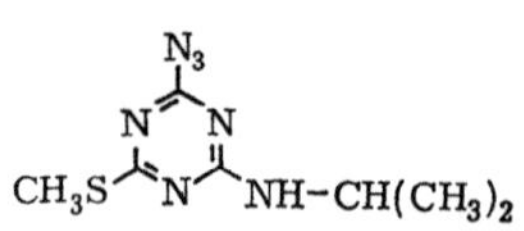

2-Azido-4-methylthio-6-isopropylamino-1,3,5-triazin
Common name: *aziprotryn*
Handelsname: *Brasoran*®, *Mesoran*®
(Ciba AG)

LD_{50}: 5833 mg/kg Ratte p. o. akut. Wasserlöslichkeit: 75 ppm. Wirkungsweise: Bodenherbizid. Wird rasch abgebaut. Anwendungsweise: Pre-emergence. Anwendungsgebiet: Pre-emergence in Kohl, Spinat, Bohnen und Erbsen. Pre-sowing einarbeiten bei Zwiebeln.
Patente [97–101]. Literatur [64, 102, 103].

2-Azido-4-methylthio-6-sec. butylamino-1,3,5-triazin — *Versuchsprodukt* *C-8250* (Ciba AG)

Anwendungsweise: Pre-emergence. Anwendungsgebiet: Bekämpfung breitblättriger Unkräuter und Gräser, vor allem Unkraut in Getreide, Kohl und Erdnüssen.
Patente [99, 108]. Literatur [64].

Eine dem Atrazin entsprechende Verbindung mit CN statt Cl wurde unter Feldbedingungen geprüft, erwies sich aber als nicht ausreichend wirksam.

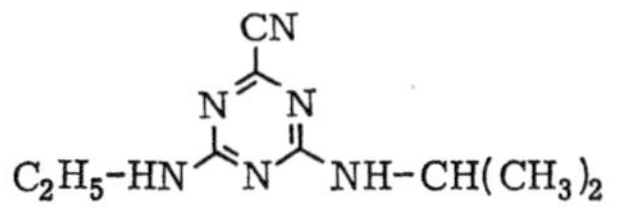

2-Cyano-4-äthylamino-6-isopropylamino-1,3,5-triazin
Versuchsprodukt
GS 10293 (Geigy)

Patente [104–106]. Literatur [107].

Symmetrische Triazine mit NH—OR statt NH—R

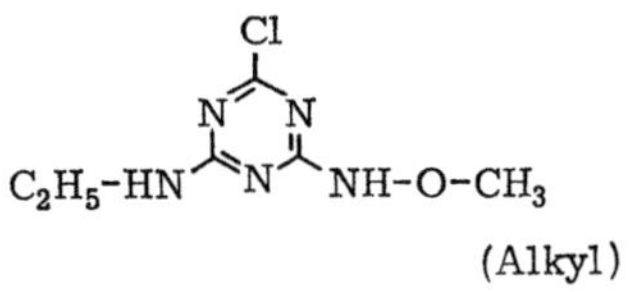

Der schon bei den araliphatischen Harnstoffen bekannte Austausch einer Aminogruppe gegen entsprechende Hydroxylamine ist auch bei den Triazinen (wenigstens in der Patentliteratur) bekanntgeworden [109].

Symmetrische Triazine, weitere Abwandlungen

Die hohe Bedeutung der Herbizide auf Basis symmetrischer Triazine hat dazu angeregt, alle nur irgend denkbaren Variationen zu erproben. Eine Vielzahl von Patenten kennzeichnet die verschiedenen Abwandlungen. Im folgenden wird eine Übersicht über die wichtigsten Variationen gegeben, wobei einzelne Vertreter als Versuchs- oder Handelsprodukte im vorangehenden schon erwähnt sind. Diese Übersicht umfaßt aber keineswegs alle denkbaren oder auch nur patentierten Abwandlungsmöglichkeiten.

1,3,5-Triazine mit 1 × Cl + 2 Aminresten, davon einmal ein niederer Cycloaliphat [175, 176].

Wie zuvor, jedoch OCH_3 statt Cl [179].

Wie zuvor, jedoch SCH_3 statt Cl [177].

Wie zuvor, jedoch eine Azidogruppe statt Cl [178].

Simazin-ähnliche Verbindungen mit F statt Cl [110, 111].

1,3,5-Triazine mit Br statt Cl [112–114]

1,3,5-Triazine mit SCN statt Cl [115–117]

1,3,5-Triazine mit einer Oxalkylamino- bzw. Thioalkylamino-Seitenkette (NH—(CH_2)$_n$—O(S)—Alkyl) und einem Chlor [118, 120, 171]

Wie zuvor, jedoch Br statt Cl [82, 86–89, 119]

2-Alkoxy- oder -Thioalkyl-4,6-bisalkoxy-alkylamino-1,3,5-triazin [121]

Simazin-Typen, am NH acyliert [122,123]

1,3,5-Triazine mit 1× S-Alkyl, 1× NH-Alkyl, 1× NH—C(=O)—Alkyl [124]

Simazin-ähnliche Verbindungen mit einem ungesättigten primären Amin [125]

1,3,5-Triazine mit 1× S—N(Alkyl)$_2$ + 2× NH-Alkyl [180].

Im Cyanurchlorid alle 3 Chloratome durch primäre Amine substituiert [126,127]

1,3,5-Triazine mit 1× OCH$_3$, 1× NHR, 1× Acyl—N(—)R (s. auch bei Atraton) [124,128]

1,3,5-Triazine mit 2× Cl, 1× S-Alkyl (Alkyl>CH$_3$) [129,130]

1,3,5-Triazine, H statt Cl, 1× O-Alkyl, 1× NH—SO$_2$-Aryl [131]

1,3,5-Triazine mit 1× Phosphamidgruppe [95]

1,3,5-Triazine mit 1× CN statt Cl [132]

1,3,5-Triazine mit 1× CF$_3$ statt Cl [133,134]

1,3,5-Triazine mit 1× CCl$_3$ oder CHCl$_2$ statt Cl [133,134]

1,3,5-Triazine mit quartären Aminogruppen [135]

1,3,5-Triazine mit 3× O-Alkyl oder S-Alkyl [136].

1,3,5-Triazine mit 1× Cl, 1× primärem Amin, 1× Harnstoffgruppe [137]

Simazin-ähnliche Verbindungen mit >N—NO [138]

Simazin-ähnliche Verbindungen, Cl ersetzt durch SCH$_2$CH=CCl$_2$ [139]

1,3,5-Triazine, durch einen Diaminrest verbunden (je 1× Cl, 1×NHR) [46]

1,3,5-Triazine, 1× Cl, 1× RNH, 1× Amino-Heterocyclus [140,141]

1,3,5-Triazine, 1× Cl, 1× RNH, 1× Alkyl—N(—)—S—CCl$_3$ [142,143]

1,3,5-Triazine, 2× O-Alkyl und 1× —PCl$_2$, —P(=O)(OC$_2$H$_5$)$_2$ [144]

1,3,5-Triazine mit 1× N$_3$, 1× SCH$_3$, 1× NH—CH(CH$_3$)$_2$ [181].

Fungizide aus der Reihe der symmetrischen Triazine wurden schon erwähnt, doch sind auch *Insektizide* aus dieser Verbindungsklasse bekannt [145].

Teilhydrierte 1,3,5-Triazine

Wegen ihrer gegenüber den symmetrischen Triazinen sehr untergeordneten Bedeutung werden die Dihydrotriazine und Perhydrotriazine erst hier am Ende des Abschnittes behandelt. Man hat sie auch erst nach 1962 bearbeitet.

N-substitutierte Dihydrotriazine

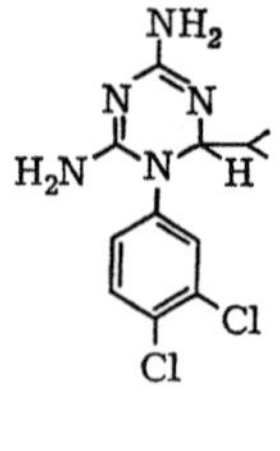

Pre-emergence gegen Flughafer [146].

C-substituierte Dihydrotriazine

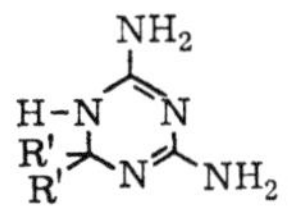

[147,148]

Perhydro-1,3,5-triazine

Symmetrische Perhydrotriazine, am N nicht substituiert, zeigen nur schwache herbizide Wirkung. Soweit in Einzelfällen eine Wirkung vorliegt, beruht diese auf der hydrolytischen Freisetzung eines herbiziden Bestandteiles (s. auch am Schluß der Harnstoffe). Die nachstehende Verbindung zeigt die typische Gräserwirkung des Chlorals[149].

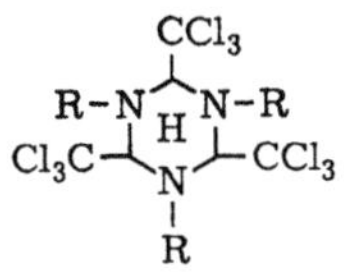

Hexahydro-1,3,5-triazin-2-one

Im folgenden Abschnitt werden einige sich von 1,3,5-Triazinen ableitende Verbindungen besprochen, denen alle die Struktur

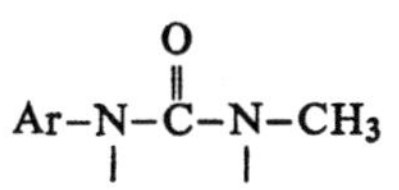

im heterocyclischen Ringsystem eigen ist.

Vielleicht werden derartige Verbindungen in die herbizid wirksamen „Grundharnstoffe“

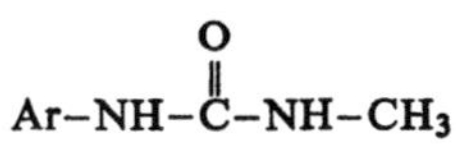

aufgespalten. Trotzdem zeigen sie, wohl bedingt durch andere Löslichkeit und anderes Eindringungsvermögen, gegenüber den Harnstoffen ein verändertes Wirkungsspektrum.

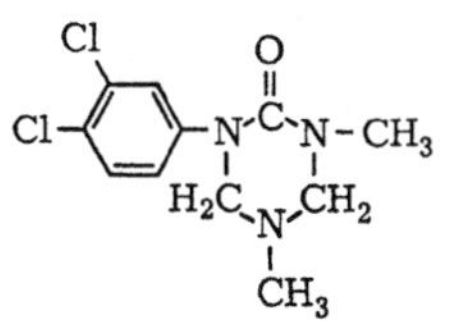

1-(3,4-Dichlorphenyl)-3,5-dimethyl-hexahydro-1,3,5-triazinon-2
Versuchsprodukt
Bayer 55962
(Farbenfabriken Bayer AG) 1965

LD_{50}: 1000 mg/kg Ratte p. o. akut. Wasserlöslichkeit: 3400 ppm bei 20°C. Wirkungsweise: Boden- und Blattherbizid. Anwendungsweise: Pre- und post-emergence. Anwendungsgebiet: Selektiv in Kartoffeln, Getreide, Mais, vornehmlich gegen breitblättrige Unkräuter.

Darstellung geschieht am einfachsten aus $Ar{-}NH{-}\overset{O}{\overset{\|}{C}}{-}NH{-}CH_3 + CH_2O + NH_2{-}CH_3$ oder anderen aliphatischen Aminen.
Patente [150–152].
Eine entsprechende Verbindung mit Benzthiazolyl statt Phenyl wurde 1964/65 patentiert [153].

1,2,4-Triazine bzw.-Triazinone

Die in zahlreichen bedeutenden Herbiziden mit Photosynthesehemmung (s. Harnstoffe, Triazole, Thiadiazole, Benzimidazole, symmetrische Triazine, Pyrimidine, Uracile) auftretende Gruppierung

spiegelt sich auch in der letzten und jüngsten Gruppe heterocyclischer Herbizide wider.
Im Jahre 1966 wurde von den Farbenfabriken Bayer eine neue Gruppe hochwirksamer Totalherbizide mit teilweise auch selektiver Wirkung gefunden. Es handelt sich hier fast durchweg um aus der Literatur [154–157] schon bekannte 3-Methylthio-4-amino-1,2,4-triazinon-(5)-6-alkyl- oder -aryl-Derivate. Etwas später hat auch die Du Pont gleichartige Verbindungen als Herbizide in den USA zum Patent angemeldet [173].

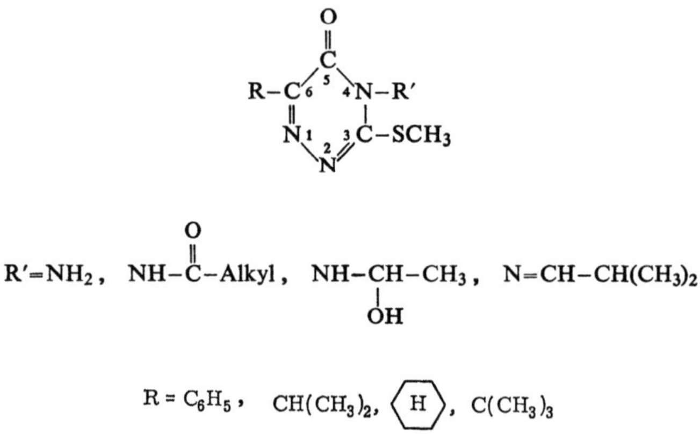

$R' = NH_2$, $R = C_6H_5$

Versuchsprodukt
Bayer 79758
(Farbenfabriken Bayer AG) 1969
Anwendungsweise: Pre- und post-emergence.
Anwendungsgebiet: Lein, Gerste

$R' = NH_2$, $R = C_6H_{11}$

Versuchsprodukt
Bayer 86791
(Farbenfabriken Bayer AG)
Anwendungsweise: Pre-emergence. Anwendungsgebiet: Selektiv in Lein, ferner in Mais, Lupinen, Bohnen, Erbsen, Sojabohnen und Kartoffeln. Postemergence in Ananas.

$R' = NH_2$, $R = C(CH_3)_3$

Versuchsprodukt
Bayer 94337
(Farbenfabriken Bayer AG) 1969
Anwendungsweise und -gebiet wie *86791*

$R' = NH_2$, $R = CH(CH_3)_2$

Versuchsprodukt
Bayer 88410
(Farbenfabriken Bayer AG)
Totalherbizid

Anwendungsweise: Post- und pre-emergence. Anwendungsgebiet: Totalherbizide und z. T. selektive Herbizide. Die Wirkungsdauer ist begrenzt, da ein guter Abbau im Boden eintritt.
Die 1,2,4-Triazine der oben beschriebenen Konstitution gehören zu den *stärksten Photosynthesehemmern*, die bis heute bekannt sind [158]. Sie inhibieren den photosynthetischen Elektronentransport im Bereich der zweiten Lichtreaktion.
Patente [159, 160]. Literatur [154–158, 161].

In Verfolgung der Arbeiten konnte gezeigt werden, daß die in 4-Stellung befindliche Aminogruppe auch durch einen kurzen Alkylrest ersetzt werden kann, wodurch die Wirkung schwächer wird.

Von anderer Seite [162] wurden ebenfalls Thio- und Oxotriazine als Herbizide patentiert, ohne daß offenbar die für eine hohe herbizide Wirkung wichtige S-Methylierung und Substitution am N^4 erkannt worden wäre.

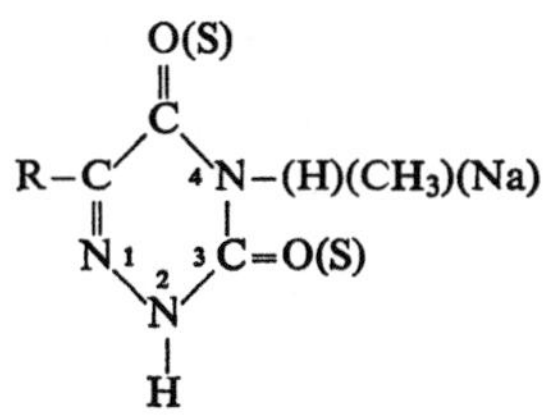

$R = H, Br, CH_3$ oder Phenyl [162]

3-Cyan-1,2,4-triazine beansprucht ein Patent der American Cyanamid Co. [163]:

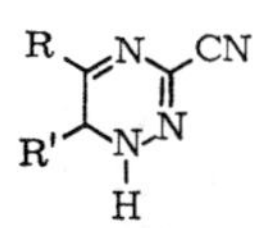

Als Ringschlußprodukt aus 1,2,4-Triazinen sei aufgeführt [164]:

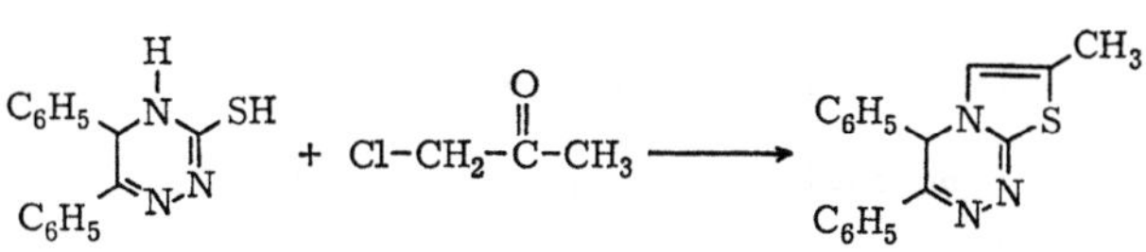

f) 6-Ring-Verbindungen mit 4 N

Die Verbindungsklasse der symmetrischen Tetrazine ist 1962 als herbizid wirksam erkannt worden[165].

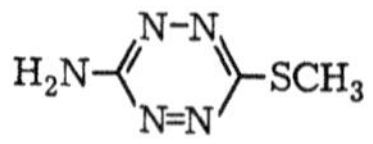

Literatur

5. Organische Herbizide

5.14.2. Heterocyclische 6-Ring-Verbindungen — Abschnitte e—f

1) *Chiba, S., Y. Saji, H. Hibino, Y. Takeo* u. *T. Yui:* Arzneimittel-Forsch. *18* [3], 303 (1968).
2) *Gast, A., E. Knüsli* u. *H. Gysin:* Experientia *11*, 107 (1955).
3) — — —, Experientia *12*, 146 (1956).
4) *Gysin, H.:* Chem. Ind. (London) *1963*, 1393.
5) *Wolf, C. N., P. H. Schuldt,* and *M. M. Baldwin:* Science *121*, 61 (1955).
6) D. A. S. 1217694 (15. 3. 62/26. 5. 66, Engl. Prior. 17. 5. 61), *D*eutsche *G*old- *u*nd *S*ilber-*S*cheide*a*nstalt (Degussa) / *W. Schwarze.*
7) *Cox, J. R.:* J. Sci. Food Agr. *13* (2), 99 (1962).
8) *Gast, A.:* Experientia *14*, 134 (1958).
9) *Matolcsy, G., J. Hamrán* u. *A. Vegh:* Magy. Kem. Folyoirat *65*, [10], 282 (1959); ref. C. A. *54*, 3446i.
10) *Koopman, H., J. H. Uhlenbroeck, H. H. Haeck, J. Daams* et *M. J. Koopmans:* Rec. Trav. Chim. *78* [11], 967 (1959); ref. C. A. *54*, 16463e.
11) —, u. *J. Daams:* Rec. Trav. Chim. *79* [1], 83 (1960); ref. C. A. *55*, 1643g.
12) *Nestler, H.,* u. *H. Fürst:* Chem. Tech. (Berlin) *12* [9], 546 (1960); ref. C. A. *55*, 7428b.
13) — —, J. Prakt. Chem. *23* [3—4], 173 (1963).
14) *Holstun jr., J. T.,* and *C. G. McWhorter:* J. Agr. Food Chem. *11* [5], 441 (1963).
15) *Sheets, T. J.,* and *W. C. Shaw:* Weeds *11* [1], 15 (1963).
16) *Exer, B.:* Experientia *14*, 136 (1958).
17) *Good, N. E.:* World Rev. Pest Control *1* [1], 19 (1962).
18) *Ebert, E.,* u. *P. W. Müller:* Experientia *24*, 1 (1968).
19) Chem. Eng. News [8], 23 (*1967*).
20) *Roth, W.:* Experientia *14*, 137 (1958).
21) *Gysin, H.,* and *E. Knüsli:* Proc. 4. Brit. Weed Control Conf. p. 225, (1958).
22) *Roth, W.,* u. *E. Knüsli:* Experientia *17*, 312 (1961).
23) *Velniceriu, A., L. Gavat* u. *L. Tiner:* Rev. Chim. (Bucharest) *13* [13], 513 (1962).
24) *Burschel, P.:* Weed Res. *1*, 131 (1961).
25) *Dewey, O. R.:* Proc. 5. Brit. Weed Control Conf. 1960, p. 91.
26) *Frissel, M. J.:* The adsorption of some organic compounds, especially herbicides, on clay minerals, Nr. *673*, p. 54. Wageningen/Holland: Verslag. Landbouwk. Onderzoek 1961; ref. C. A. *55*, 17987d.
27) *Guillemat, J., M. Charpentier, P. Tardieux,* et *J. Pochon:* Ann. Inst. Natl. Rech. Agron. Ser. C *11*, 261 (1960); ref. C. A. *55*, 27753a.
28) *Woodford, E. K.,* and *G. R. Sagar:* Herbicides and the soil. Oxford: Blackwell Scientific Publications 1960.
29) *Pochon, J., P. Tardieux* et *M. Charpentier:* Compt. Rend. *250*, 1555 (1960); ref. C. A. *54*, 16727b.
30) *Gast, A.:* Mededel. Landbouwhogeschool Opzoekingssta. Staat Gent *27* (3), 1252 (1962); ref. C. A. *63*, 13957a.

31) *Freed, V. H.*, and *M. L. Montgomery:* Residue Rev. *3*, 1 (1963).

32) *Harris, C. I.*, and *G. F. Warren:* Weeds *12*, 120 (1964).

33) *Löttge, W.:* Einiges über die Einflüsse der Umweltfaktoren auf die Wirkung von Herbiziden auf Triazinbasis. Dtsch. Akad. Landwirtsch.-Wiss. Berlin, Tagungsber. (62) 137 (1964); ref. in Landw. Zbl. Abt. Pflanzliche Produktion *9*, 1993 (1964).

34) *Talbert, R. E.*, and *O. H. Fletchall:* Weeds *13*, 46 (1965).

35) *Burschel, P.:* Z. Pflanzenkrankh. Pflanzenschutz, Sonderh. II, 116 (1964).

36) *Becker, H. G.*, (Diss. Rostock 1964): Untersuchungen über den Abbau herbizider Triazine in Ackerböden und zur Beeinflussung der Folgefrüchte durch verbliebene Herbizidrückstände; ref. in Landw. Zbl. Abt. Pflanzliche Produktion *10*, 2050 (1965).

37) *Hanf, M.:* Z. Pflanzenkrankh. Pflanzenschutz, Sonderh. III, 173 (1965).

38) *Kearney, P. C.*, *D. D. Kaufman*, and *T. J. Sheets:* J. Agr. Food Chem. *13*, 369 (1965).

39) *Knüsli, E.:* 7. Brit. Weed Control Conf. 1964, p. 287.

40) *van Oorschot, J. L. P.:* Weed Res. *5*, 84 (1965).

41) *Moreland, D. E.:* Ann. Rev. Plant Physiol. *18*, 365 (1967); ref. C. A. *67*, Nr. 13, 63136c.

42) *Ferguson, G.:* Farm Chem., Juli 1968, S. 11.

43) *Negi, N. S.*, *H. H. Funderburk jr.*, and *D. E. Davis:* Weeds *12*, 53 (1964).

44) *Castelfranco, P.*, *C. L. Foy*, and *D. B. Deutsch:* Weeds *9*, 580 (1961).

45) *McWhorter, C. G.:* Weeds *11* [4], 279 (1963).

46) D. A. S. 1011904 (16. 8. 55/11. 7. 57, Schwz. Prior. 16. 8. 54 u. 14. 1. 55), J. R. Geigy AG / *H. Gysin* u. *E. Knüsli.*

47) Schwz. P. 329277 (16. 8. 54/30. 4. 58), J. R. Geigy AG / *H. Gysin* u. *E. Knüsli.*

48) Schwz. P. 342784 (16. 8. 54/30. 11. 59), J. R. Geigy AG / *H. Gysin* u. *E. Knüsli.*

49) *Knüsli, E.:* Phytiat. Phytopharm. *7*, 81 (1958).

50) *McWhorter, C. G.*, and *J. T. Holstun jr.:* Weeds *9*, 592 (1961).

51) *Roberts, H. A.*, and *B. J. Wilson:* 5. Brit. Weed Control Conf. Proc. 2, S. 409 (1960).

52) *Koopman, H.*, *J. H. Uhlenbroeck*, and *J. Daams:* Nature *180*, 147 (1957).

53) Niederl. P. Anm. 6709805 (14. 7. 67/17. 1. 68, Dtsch. Prior. 16. 7. 66), Degussa.

54) Niederl. P. Anm. 6715520 (15. 11. 67/24. 5. 68, Dtsch. Prior. 22. 11. 66), Degussa.

55) *Chapman, T.*, *D. Jordan*, *D. H. Payne*, *W. J. Hughes*, and *R. H. Schieferstein:* Proc. 9. Brit. Weed Control Conf. 1968, p. 1018.

56) Niederl. P. Anm. 6801153 (25. 1. 68/29. 7. 68, Dtsch. Prior. 28. 1. 67 u. 31. 7. 67), Farbenfabriken Bayer AG / *E. Kühle, H. Disselnkötter, L. Eue* u. *H. Hack.*

57) Schwz. P. 337019 (14. 1. 55/15. 3. 59), J. R. Geigy AG / *H. Gysin* u. *E. Knüsli.*

58) = F. P. 1135848 (16. 8. 55/22. 12. 56, Schwz. Prior. 16. 8. 54 u. 14. 1. 55).

59) *Gast, A.*, and *E. Fankhauser:* 8. Brit. Weed Control Conf. Proc. Vol. 2, 485 (1966).

60) Schwz. P. 381699 (15. 10. 59/15. 9. 64), J. R. Geigy AG / *E. Knüsli, J. A. Rumpf* u. *H. Gysin.*

61) Schwz. P. 340372 (14. 1. 55/15. 8. 59), J. R. Geigy AG / *H. Gysin* u. *E. Knüsli.*

62) *Gysin, H.*, and *E. Knüsli:* Advan. Pest Control Res. *3*, 289 (1960). Ed. *R. L. Metcalf.* New York-London: Interscience Publishers Inc.; ref. C. A. *54*, 11364b.

63) *Hilton, J. L.*, and *L. L. Jansen:* Ann. Rev. Plant Physiol. *14*, 353 (1963); ref. C. A. *59*, 11882 g.

64) *Gentner, W. A.:* An Evaluation of Several Chemicals for their Herbicidal Properties, 1966 Field Results. Preliminary unpublished report, 23. 3. 1967.

65) Dtsch. Akad. Landwirtsch.-Wiss. Berlin, Tagungsbericht (71), 95 (1966).

66) Jap. P. Anm. 5098/66 (25. 12. 63/22. 3. 66), Nippon Kagaku Co. Ltd.

67) *Jojima, T.*, and *S. Tamura:* Agr. Biol. Chem. (Tokyo) *30* (9), 896 (1966).

68) D. A. S. 1179941 (19. 11. 62/22. 10. 64, Schwz. Prior. 20. 11. 61), J. R. Geigy AG / *H. Schramek* u. *S. Stäubli.*

69) = Schwz. P. 396021 (20. 11. 61/31. 7. 65), J. R. Geigy AG / *H. Schramek* u. *S. Stäubli.*

70) D. A. S. 1186070 (27. 8. 63/28. 1. 65, Schwz. Prior. 28. 8. 62), J. R. Geigy AG / *E. Knüsli* u. *W. Stammbach.*

71) D. A. S. 1219726 (4. 11. 59/23. 6. 66, Schwz. Prior. 5. 11. 58), J. R. Geigy AG / *E. Knüsli* u. *H. Gysin.*

72) Schwz. P. 375731 (28. 10. 59/15. 3. 64), J. R. Geigy AG / *E. Knüsli* u. *H. Gysin.*

73) *Amann, M.:* Gesunde Pflanzen *16*, 70 (1964).

74) *Baker, C.*, *H. M. Holmes*, and *R. K. Pfeiffer:* Weed Res. *3*, 109 (1963).

75) *Elliot, J. G.*, and *T. J. Cox:* Proc. 6. Brit. Weed Control Conf. 1962, p. 759.

[76] Schwz. P. 407138 (28. 8. 62/15. 2. 66), J. R. Geigy AG / *E. Knüsli* u. *W. Stammbach.*
[77] A. P. 3207756 (14. 8. 63/21. 9. 65, Schwz. Prior. 28. 8. 62), J. R. Geigy AG / *E. Knüsli* u. *W. Stammbach.*
[78] *Hocombe, S. D., K. Holly*, and *C. Parker:* 8. Brit. Weed Control Conf. Proc. Vol. 2, 605 (1966).
[79] Schwz. P. 393344 (20. 11. 61/15. 6. 65), J. R. Geigy AG / *E. Knüsli, W. Schäppi* u. *D. Berrer.*
[80] *Gast, A., H. Grob* u. *E. Fankhauser:* 2. Symposium über neue Herbizide, Paris S. 305. 1965. Ed. Essor, Paris.
[81] *Long, J. D., H. A. Hunter, W. A. Matthews, G. J. Stadelbacher, F. C. Stark*, and *D. A. Eiker:* 1966 Evaluation of Herbicides. Proc. Pest Control Conf. Florida, Vol. II (1968).
[82] Schwz. P. 379516 (15. 10. 59/15. 7. 64), J. R. Geigy AG / *E. Knüsli* u. *H. Gysin.*
[83] A. P. 3347657 (26. 7. 66/17. 10. 67, Am. Prior. 28. 5. 64 u. 6. 12. 63), J. R. Geigy AG / *E. Knüsli* u. *H. Gysin.*
[84] A. P. 3303015 (27. 12. 60/7. 2. 67, Am. Prior. 19. 1. 59), Monsanto Co. / *A. J. Speziale* u. *P. C. Hamm.*
[85] A. P. 3235359 (25. 9. 62/15. 2. 66, Am. Prior. 17. 8. 60), DuPont / *D. S. Acker.*
[86] Belg. P. 588357 (7. 3. 60/31. 3. 60, Am. Prior. 13. 3. 59), DuPont / *R. W. Luckenbaugh.*
[87] Belg. P. 565827 (18. 3. 58/15. 4. 58, Am. Prior. 18. 3. 57), DuPont / *D. S. Acker.*
[88] Belg. P. 566432 (3. 4. 58/3. 10. 58, Niederl. Prior. 5. 4. 57), Philips Gloeilampenfabrieken.
[89] Belg. P. 566433 (3. 4. 58/3. 10. 58, Niederl. Prior. 5. 4. 57), Philips Gloeilampenfabrieken.
[90] A. P. 3261835 (19. 1. 59/19. 7. 66), Monsanto Co. / *P. C. Hamm* u. *A. J. Speziale* (statt CH_3-S kann auch CH_3-O stehen).
[91] Schwz. P. 409516 (15. 10. 59/15. 3. 66), J. R. Geigy AG / *E. Knüsli* u. *H. Gysin.*
[92] Chem. Week *92* [10], 56 (1963).
[93] *Wagner, W. E.:* Vero Beach Laboratories, Inc., personal communication: *W. A. Gentner:* An Evaluation of New Herbicides, Beltsville Weed Field Day, 9. 7. 1968.
[94] D. A. S. 1219281 (4. 11. 59/16. 6. 66, Schwz. Prior. 5. 11. 58 u. 29. 12. 58), J. R. Geigy AG/ *E. Knüsli* u. *H. Gysin.*
[95] F. P. 1365650 (22. 7. 63/25. 5. 64, Dtsch. Prior. 1. 8. 62 u. 11. 4. 63), Degussa / *H. Schulz* u. *W. Schwarze.*
[96] Belg. P. 665127 (8. 6. 65/1. 10. 65, Dtsch. Prior. 13. 6. 64), Degussa.
[97] D. A. S. 1187241 (9. 5. 63/18. 2. 65), Degussa / *W. Schwarze.*
[98] D. A. S. 1196204 (30. 1. 64/8. 7. 65), Degussa / *H. Schulz, W. Schwarze, T. Lüssling* u. *E. Noll.*
[99] Niederl. P. Anm. 6413689 (25. 11. 64/28. 5. 65, Schwz. Prior. 26. 11. 63 u. 4. 6. 64), Ciba AG.
[100] A. P. 2951079 (15. 8. 57/30. 8. 60), Olin Mathieson Chemical Corp. / *H. A. Schroeder* u. *C. J. Grundmann.*
[101] A. P. 3014907 (21. 7. 59/26. 12. 61), Olin Mathieson Chemical Corp. / *E. H. Kober.*
[102] *Barnsley, G. E.*, and *P. A. Gabbot:* 8. Brit. Weed Control Conf. Proc. Vol. 2, 372 (1966).
[103] *Smith, J. M.*, and *T. G. Marks:* Proc. 9. Brit. Weed Control Conf. 1968, p. 300.
[104] Schwz. P. 389633 (2. 11. 60/31. 3. 65), J. R. Geigy AG / *E. Knüsli* (Hauptpatent).
[105] A. P. 3202499 (1. 11. 61/24. 8. 65, Schwz. Prior. 2. 11. 60), J. R. Geigy AG / *E. Knüsli.*
[106] A. P. 3293250 (13. 1. 65/20. 12. 66, Schwz. Prior. 2. 11. 60), J. R. Geigy AG / *E. Knüsli.*
[107] *Faivre-Dupaigre, R.*, et *J. Rognon:* Comptes Rendues des Journées d'Etudes sur les Herbicides, Paris: 3. Conf. du Columa Part. 1, p. 65 (1965).
[108] Belg. P. 656233 (25. 11. 64/25. 5. 65, Schwz. Prior. 26. 11. 63 u. 4. 6. 64), Ciba S. A.
[109] D. A. S. 1217135 (31. 1. 62/18. 5. 66, Schwz. Prior. 1. 2. 61), J. R. Geigy AG / *E. Knüsli* u. *J. Rumpf.*
[110] D. A. S. 1118206 (5. 5. 60/30. 11. 61, Schwz. Prior. 6. 5. 59), J. R. Geigy AG / *E. Knüsli, W. Stambach* u. *H. Gysin.*
[111] = Belg. P. 590511 (5. 5. 60/7. 11. 60, Schwz. Prior. 6. 5. 59), J. R. Geigy AG.
[112] Schwz. P. 378588 (27. 11. 59/15. 6. 64), J. R. Geigy AG / *W. Hungerbühler* (Hauptpatent).
[113] Belg. P. 562162 (6. 11. 57/6. 5. 58, Schwz. Prior. 7. 11. 56), J. R. Geigy AG / *E. Knüsli* u. *H. Gysin.*
[114] D. A. S. 1076696 (21. 8. 57/3. 3. 60), Farbenfabriken Bayer AG / *A. Dorlars.*
[115] D. A. S. 1053856 (12. 3. 57/26. 3. 59), Degussa / *W. Schwarze.*
[116] D. A. S. 1070636 (12. 3. 57/10. 12. 59), Degussa / *W. Schwarze.*
[117] E. P. 938900 (17. 5. 61/9. 10. 63), Degussa / *W. Schwarze.*
[118] Schwz. P. 379517 (15. 10. 59/15. 7. 64), J. R. Geigy AG / *E. Knüsli* u. *H. Gysin.*

119) Belg. P. 584306 (4. 11. 59/4. 5. 60, Schwz. Prior. 5. 11. 58), J. R. Geigy AG / *E. Knüsli* u. *H. Gysin.*
120) Schwz. P. 436837 (7. 4. 64/31. 5. 67), Sandoz AG / *M. Schuler.*
121) A. P. 3267099 (5. 4. 65/16. 8. 66, Am. Prior. 9. 4. 62), Du Pont / *D. S. Acker.*
122) Belg. P. 600372 (20. 2. 61/17. 8. 61, Schwz. Prior. 19. 2. 60), J. R. Geigy AG / *E. Knüsli, J. A. Rumpf* u. *G. A. Klein.*
123) Belg. P. 617033 (27. 4. 62/29. 10. 62, Engl. Prior. 28. 4. 61), Degussa / *W. Schwarze.*
124) D. A. S. 1271452 (4. 11. 59/27. 6. 68), J. R. Geigy AG / *E. Knüsli, J. A. Rumpf* u. *H. Gysin.*
125) Schwz. P. 384930 (11. 1. 61/30. 11. 64), J. R. Geigy AG / *H. Gysin* u. *E. Knüsli.*
126) Belg. P. 620431 (19. 7. 62/21. 1. 63, Schwz. Prior. 19. 7. 61), J. R. Geigy AG.
127) F. P. 1330398 (19. 7. 62/13. 5. 63, Schwz. Prior. 19. 7. 61), J. R. Geigy AG.
128) Belg. P. 584305 (4. 11. 59/4. 5. 60, Schwz. Prior. 4. 11. 58), J. R. Geigy AG.
129) D. A. S. 1125226 (12. 6. 57/8. 3. 62, Niederl. Prior. 15. 6. 56), Philips Gloeilampenfabrieken / *H. Uhlenbroeck, H. Koopman, H. H. Haeck, J. Daams* u. *J. D. Bijloo.*
130) = Belg. P. 558354 (13. 6. 57/13. 12. 57, Niederl. Prior. 15. 6. 56).
131) A. P. 3146229 (29. 10. 62/25. 8. 64), Sterling Drug Inc. / *R. A. Cutler.*
132) Belg. P. 609808 (31. 10. 61/30. 4. 62, Schwz. Prior. 2. 11. 60), J. R. Geigy AG / *E. Knüsli.*
133) D. A. S. 1107448 (4. 11. 59/25. 5. 61, Schwz. Prior. 5. 11. 58), J. R. Geigy AG / *E. Knüsli, K. Rüfenacht* u. *H. Gysin.*
134) = Belg. P. 593864 (8. 8. 60/21. 8. 60).
135) Belg. P. 636144 (13. 8. 63/13. 2. 64, Schwz. Prior. 15. 8. 62), Sandoz AG / *J. Benz.*
136) A. P. 3155487 (16. 1. 62/3. 11. 64, Am. Prior. 24. 11. 59), Stauffer Chemical Co. / *L. W. Fancher* u. *A. M. Imel.*
137) D. A. S. 1193725 (26. 2. 63/26. 5. 65), BASF / *H. Cordes, A. Fischer* u. *H. Stummeyer.*
138) D. A. S. 1184148 (6. 2. 63/23. 12. 64), BASF / *H. Cordes, A. Fischer* u. *H. Stummeyer.*
139) D. A. S. 1188862 (20. 2. 63/11. 3. 65), BASF / *G. Steinbrunn, A. Fischer* u. *E. Flickinger.*
140) D. A. S. 1094756 (28. 11. 57/15. 12. 60), Degussa / *W. Schwarze.*
141) = Oe. P. 209346 (25. 11. 58/25. 5. 60).
142) D. A. S. 1138978 (12. 5. 60/31. 10. 62), Degussa / *H. Huemer.*
143) Belg. P. 594081 (12. 8. 60/13. 2. 61, Dtsch. Prior. 20. 8. 59 u. 12. 5. 60), Degussa / *H. Huemer.*
144) A. P. 3299061 (15. 7. 64/17. 1. 67), Olin Mathieson Chemical Corp. / *H. A. Schroeder.*
145) A. P. 3316263 (2. 11. 64/25. 4. 67, Am. Prior. 13. 9. 62), Velsicol Chemical Corp. / *F. Ross* u. *S. B. Richter.*
146) E. P. 932493 (25. 7. 60/31. 7. 63), Boots Pure Drug Co. / *H. A. Stevenson* u. *E. L. Leafe.*
147) A. P. 3287365 (24. 12. 63/22. 11. 66), American Cyanamid Co. / *H. Newman, E. L. Moon* u. *J. P. English.*
148) A. P. 3287366 (24. 12. 63/22. 11. 66), American Cyanamid Co. / *H. Newman, E. L. Moon* u. *J. P. English.*
149) Jap. P. Anm. 119/67 (18. 9. 64/7. 1. 67), Mitsubishi Kasei Kogyo K. K.
150) D. A. S. 1249003 (1. 2. 62/31. 8. 67), Farbenfabriken Bayer AG / *W. Schäfer, R. Wegler* u. *L. Eue.*
151) = E. P. 966283 (31. 1. 63/6. 8. 64, Dtsch. Prior. 1. 2. 62 u. 24. 9. 62).
152) A. P. 2675382 (29. 1. 53/13. 4. 54), Rohm & Haas / *S. Melamed.*
153) Belg. P. 662235 (8. 4. 65/8. 10. 65, Dtsch. Prior. 9. 4. 64 u. 30. 5. 64), Farbenfabriken Bayer AG / *W. Schäfer, R. Wegler, L. Eue* u. *H. Hack.*
154) *Dornow, A., H. Menzel* u. *P. Marx:* Chem. Ber. *97*, 2173 (1964).
155) —, u. *P. Marx:* Chem. Ber. *97*, 2640 (1964).
156) —, *H. Pietsch* u. *P. Marx:* Chem. Ber. *97*, 2647 (1964).
157) — —, Chem. Ber. *100*, 2585 (1967).
158) *Draber, W., K. Dickoré* u. *K. H. Büchel:* Naturwiss. *55* (9), 446 (1968).
159) F. P. 1519180 (14. 4. 67/19. 2. 68, Dtsch. Prior. 16. 4. 66 u. 14. 11. 66, Farbenfabriken Bayer AG / *K. Westphal, W. Meiser, L. Eue* u. *H. Hack.*
160) = Belg. P. 697083 (14. 4. 67/16. 10. 67, Dtsch. Prior. 16. 4. 66).
161) *Draber, W., K. Dickoré, K. H. Büchel, A. Trebst* u. *E. Pistorius:* Struktur — Aktivität — Korrelation bei 1,2,4-Triazinonen, einer neuen Gruppe von Photosynthesehemmern. Progress in Photosynthesis Research, *3*, 1789 (1969). Ed. Tübingen: H. Metzner.
162) Niederl. P. Anm. 6612881 (13. 9. 66/14. 3. 67, Am. Prior. 13. 9. 65), The O. M. Scott & Sons Co.

163) Belg. P. 602165 (4. 4. 61/4. 10. 61, Am. Prior. 6. 5. 60), American Cyanamid Co. / *L. T. Morin* u. *K. Matsuda*.
164) Russ. P. 175968 (14. 7. 62/April 66), *V. E. Bogachev* u. *M. G. Fomenko*.
165) A. P. 3392167 (15. 7. 64/9. 7. 68, Am. Prior. 3. 12. 62), American Cyanamid Co. / *A. W. Lutz*.
166) *Woodford, E. K.*, and *S. A. Evans:* Weed Control Handbook. Brit. Weed Control Council. Oxford: Blackwell Scientific Publications 1965.
167) *Edson, E. F., D. M. Sanderson*, and *D. N. Noakes:* World Rev. Pest Control, Vol. 5, No. 3, 1966.
168) *Frear, D. E. H.:* Pesticide Index. College Science Publishers, P. O. Box 798, State College, Pa. 1965.
169) *Martin, H.:* Guide to the Chemicals Used in Crop Protection. Ed. Roger Duhamel. Ottawa: F. R. S. C. Queen's Printer and Controller of Stationery 1961.
170) *Gast, A.*, u. *I. Grob:* Z. Pflanzenkrankh. Pflanzenschutz *72*, 625 (1965).
171) Schwz. P. 373394 (5. 11. 58/30. 11. 63), J. R. Geigy AG / *E. Knüsli* u. *H. Gysin*.
172) A. P. 2909420 (1. 8. 55/20. 10. 59, Schwz. Prior. 14. 1. 55), J. R. Geigy AG / *H. Gysin* u. *E. Knüsli*.
173) F. P. 1547854 (27. 11. 67/29. 11. 68, Am. Prior. 28. 11. 66), Du Pont / *M. Fawzi*.
174) F. P. 1554985 (26. 1. 68/24. 1. 69, Dtsch. Prior. 28. 1. 67 u. 31. 7. 67), Farbenfabriken Bayer AG / *E. Kühle, H. Disselnkötter, L. Eue* u. *H. Hack*.
175) A. P. 3451802 (27. 6. 66/24. 6. 69), Gulf Research & Development Co. / *R. P. Neighbors* u. *L. V. Phillips*.
176) D. O. S. 1914015 (19. 3. 69/2. 10. 69, Schwz. Prior. 20. 3. 68), J. R. Geigy AG / *D. Berrer* u. *C. Vogel*.
177) D. O. S. 1914014 (19. 3. 69/2. 10. 69, Schwz. Prior. 20. 3. 68), Agripat S. A. / *D. Berrer* u. *C. Vogel*.
178) D. O. S. 1914012 (19. 3. 69/2. 10. 69, Schwz. Prior. 20. 3. 68), Agripat S. A. / *D. Berrer* u. *C. Vogel*.
179) D. O. S. 1914013 (19. 3. 69/2. 10. 69, Schwz. Prior. 20. 3. 68), Agripat S. A. / *D. Berrer* u. *C. Vogel*.
180) Niederl. P. Anm. 6716385 (1. 12. 67/3. 6. 69), Farbenfabrik Wolfen.
181) F. P. 1537312 (12. 9. 67/2. 9. 68, Schwz. Prior. 13. 9. 66), Ciba S. A.
182) E. P. 1132306 (12. 6. 67/30. 10. 68), Degussa.

5.15. Phosphor enthaltende organische Verbindungen

Zu Beginn ihrer Bearbeitung als Pestizide galten Phosphorsäureester nicht nur als vorwiegend insektizid wirksam, sondern auch als besonders pflanzenverträglich. Im Verlauf der weiteren Bearbeitung wurden aber einige Verbindungen mit herbizider Wirkung bekannt. Ohne Zweifel ist bei einem Teil dieser Verbindungen die Wirkung auf die erst durch Hydrolyse entstehende herbizide Komponente zurückzuführen. Die Phosphoresterbindung verstärkt nun diese Wirkung, weil sie die Eindringungsmöglichkeit des ganzen Moleküls in die Pflanze erhöht. Bei zahlreichen anderen Phosphorsäureester-Verbindungen aber ist die herbizide Wirkung wohl dem ursprünglichen Gesamtmolekül zuzuschreiben. Die nachfolgende Verbindung beispielsweise zeigt nicht nur die Wirkung der durch Hydrolyse und β-Oxydation entstehenden 2,4-D-Säure gegen breitblättrige Unkräuter, sondern auch gute Wirkung gegen Gräser.

5.15.1. Phosphite

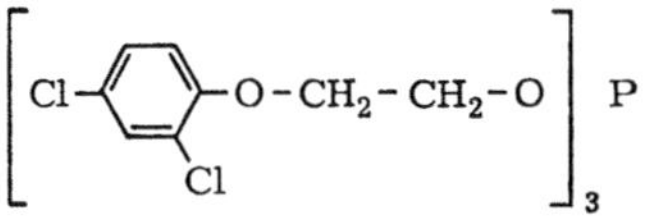

Tris-β-(2,4-dichlorphenoxy)-äthylphosphit

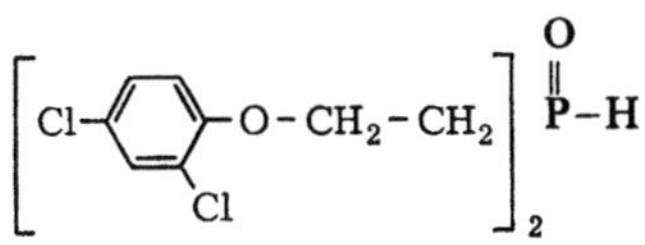

Bis-β-(2,4-dichlorphenoxy)-äthylphosphit

Common name: *3 Y 9*, *2,4-DEP*
Handelsname: *Falone*® (U. S. Rubber Co.)1958

LD_{50}: 850 mg/kg Ratte p. o. akut. Wasserlöslichkeit: Unlöslich. Wirkungsweise: Bodenherbizid. Anwendungsweise: Pre-emergence. Anwendungsgebiet: Gegen breitblättrige Unkräuter und Gräser in Spargel, Mais, Erdnüssen, Erdbeeren. Patente [1]. In einigen Patenten ist Cl durch andere Substituenten ersetzt, z. B. durch F [2]. Literatur [3,4].

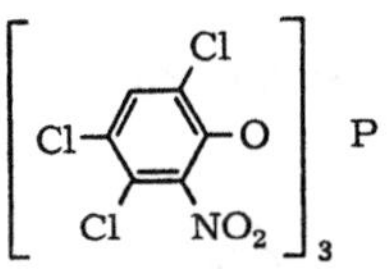

Versuchsprodukt
Chemagro 6134
(Chemagro Corp.) 1966

Anwendungsgebiet: Defoliant. Patente [95].

Erwähnt sei auch [5]:

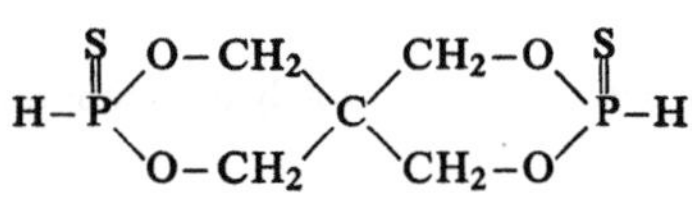

$(C_4H_9S)_3P$

Trithiobutylphosphit
Common name: *merphos*
Handelsname: *Folex*®
(Virginia Carolina Chemical Corp.)

LD_{50}: 1270 mg/kg Ratte p. o. akut. Wasserlöslichkeit: Nicht wasserlöslich. Wirkungsweise: Blattherbizid mit systemischer Wirkung. Anwendungsweise: Post-emergence. Anwendungsgebiet: Defoliant für Baumwolle.
Patente [6,7].

5.15.2. Phosphorsäureester

$(C_4H_9S)_3P{=}O$

Phosphorsäure-trithiobutylester
Handelsname: *DEF*®
(Chemagro Corp.) (Ethyl Corp.) 1956

LD$_{50}$: 325 mg/kg Ratte p. o. akut. Wasserlöslichkeit: Nicht wasserlöslich. Wirkungsweise: Blattherbizid mit systemischer Wirkung. Anwendungsweise: Postemergence. Anwendungsgebiet: Defoliant in Baumwolle.
Patente [7–9, 91].

Eines der ersten Phosphor enthaltenden Herbizide war das *Disan*®. Eine größere Anwendung ist dieser Verbindung bis jetzt nicht beschieden.

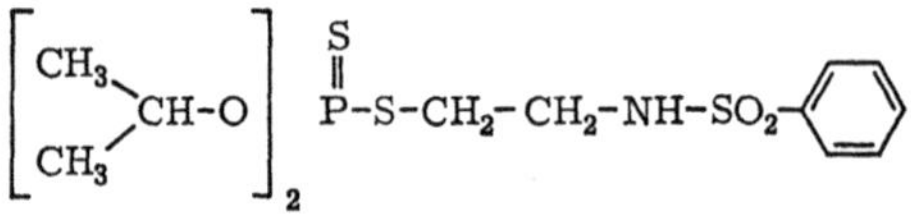

Common name: *bensulide*
Handelsname: *Disan*®, *Betasan*®, *Prefar*®
(Stauffer Chemical Co.) 1964

LD$_{50}$: 892 mg/kg Ratte p. o. akut. Wasserlöslichkeit: 50 ppm. Wirkungsweise: Bodenherbizid. Anwendungsweise: Pre-emergence. Anwendungsgebiet: Selektiv in Salat, Melonen und Zierrasen. Gegen Digitaria.
Patente [10]. Literatur [11].
Ähnliche Verbindungen s. [94].

Aus der Vielzahl der durch Patente bekanntgewordenen Phosphorsäureester oder -amide bzw. ihren Thiono- und Thiolverbindungen lassen sich bis heute keine Gesetzmäßigkeiten für die herbizide Wirksamkeit ableiten. Es wird deshalb im Anschluß an die einzelnen Abschnitte jeweils nur eine kleine Patentauswahl angeführt.
Nachstehende Formeln zeigen Beispiele weiterer herbizid wirksamer Phosphorsäureester:

$[(CH_3)_2N-CH_2-CH_2-O]_3P{=}O$ [12, 13]

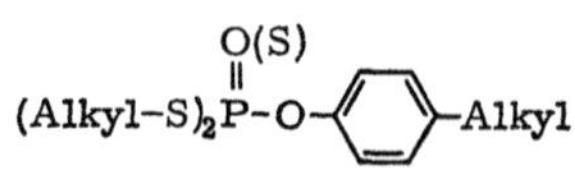

[14]

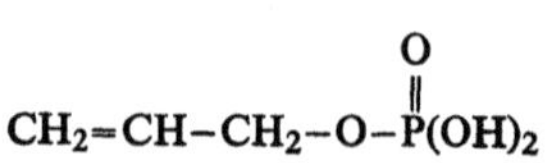

[15] O-Allylphosphorsäureester

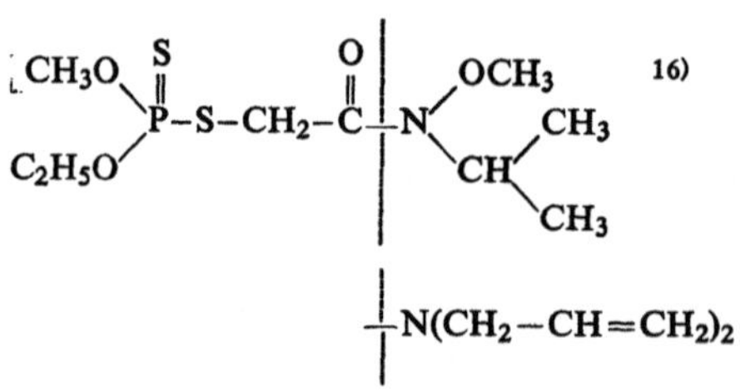

[16] [17]

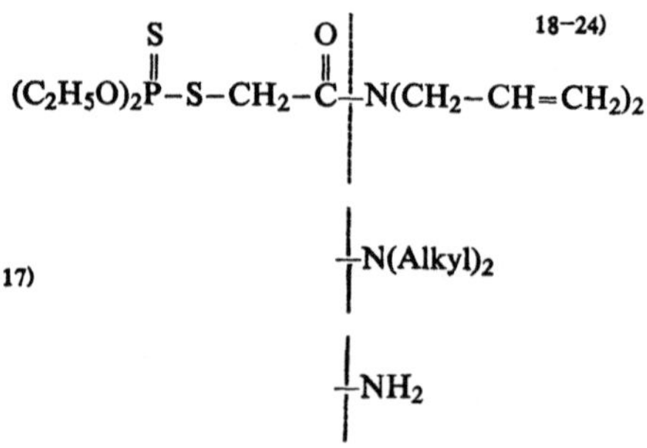

[18–24]

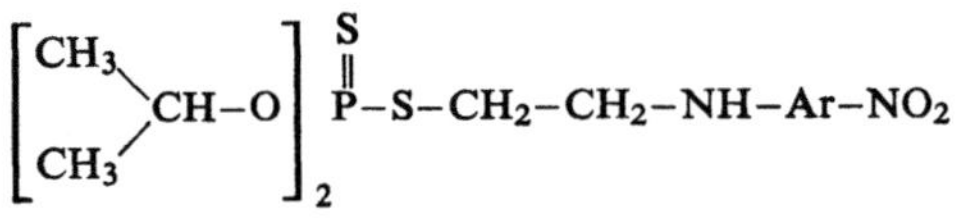
25,26)

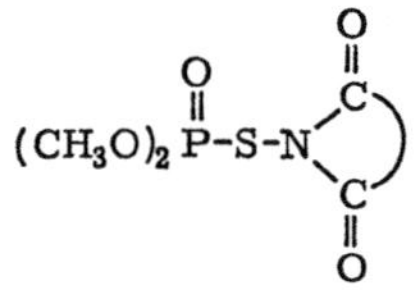
usw.[27]

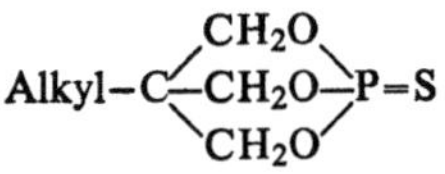
28)

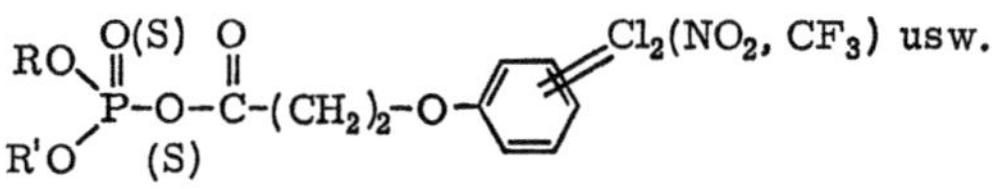
29)

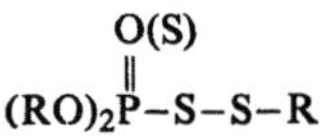
30)

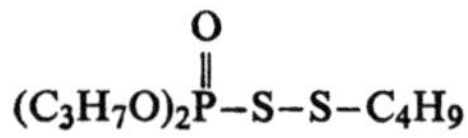
30)

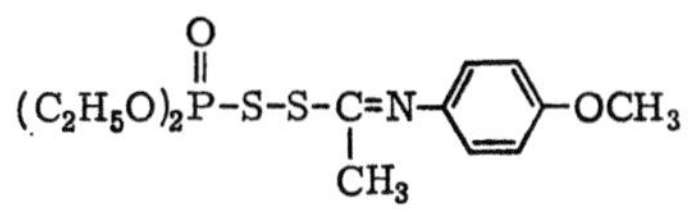
31)

a) Phosphorsäureesteramide

Die z. Z. wichtigsten Phosphor enthaltenden Herbizide entstammen den Phosphorsäureesteramiden.

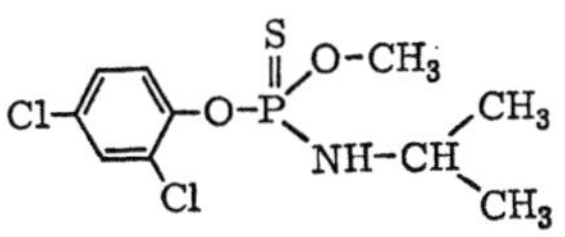

O-(2,4-Dichlorphenyl)-O-methyl-N-isopropyl-thiophosphorsäurediesteramid
Common name: *DMPA*
Handelsname: *Zytron*®
(Dow Chemical Co.) 1958

LD_{50}: 270—360 mg/kg Ratte p. o. akut. Wasserlöslichkeit: 5 ppm. Wirkungsweise: Bodenherbizid. Anwendungsweise: Pre-emergence. Anwendungsgebiet: Gegen *Digitaria*-Arten in Zierrasen. Pre-emergence vornehmlich gegen Gräser in Sojabohnen, Erbsen, Bohnen, Zwiebeln, Möhren.
Patente [32,33]. Literatur [34,35].

Die Dow Chemical Co. beschrieb einige weitere Phosphamidester [36,37].

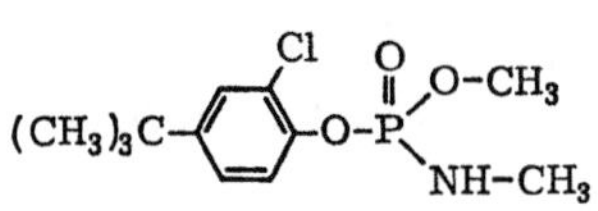

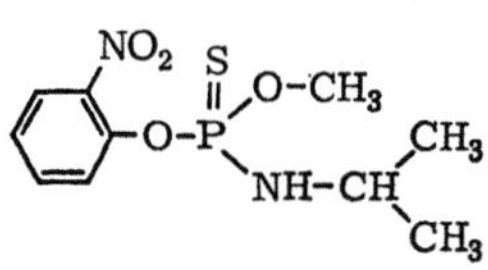

Ähnliche Verbindungen mit dem Äthoxy- statt Methoxy-Rest sind von Bayer-Nitokuno als Reisherbizide im Versuchsstadium [89,90].
Auch von anderer Seite wurden herbizide Phosphamidsäureester beschrieben [38]:

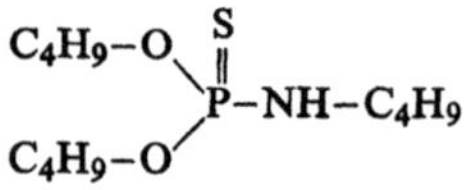

O,O-Dibutyl-N-butyl-thiophosphorsäurediesteramid soll das Wachstum von Weizen völlig verhindern, während Dikotyledonen wie Rettich nicht angegriffen werden.
Bei O,O-Diäthyl-N-isobutyl-thiophosphorsäurediesteramid kehrt sich die Wirkung um [39].

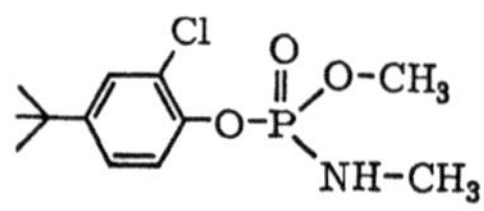

Ähnliche Verbindungen [39], s. auch [40].

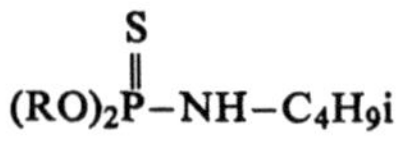 [38]

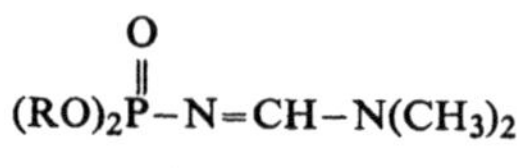 [41], s. auch [42]

b) Phosphorsäureester-diamide

Auch hier zeigt die Patentliteratur zahlreiche herbizid wirksame Vertreter.

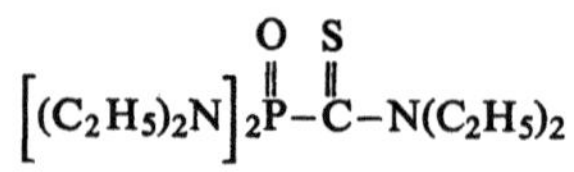 [43]

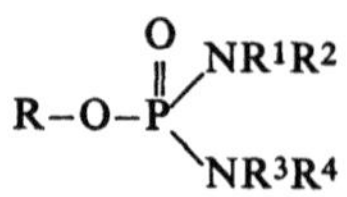 [44]

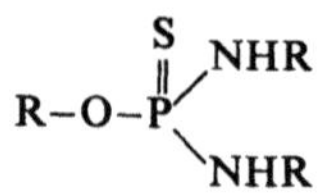 [45]

R = C_{1-5}-Alkyl

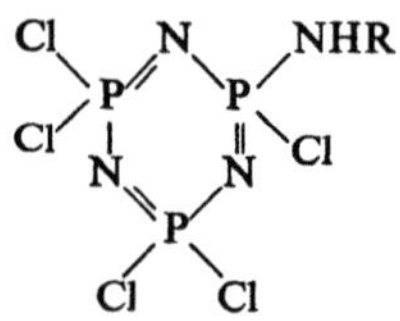 [46, 47]

5.15.3. Phosphonsäureester

Eine in ihrer Wirkung besonders interessante Verbindung wurde 1968 bekannt:

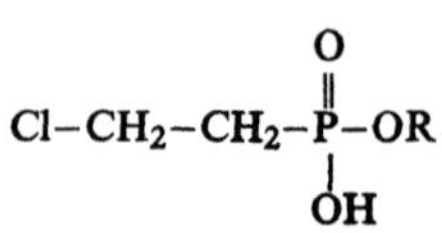

R = H, CH_2–CH_2–Cl

2-Chloräthanphosphonsäure bzw. -2-chloräthylester
Common name: *CEP*
Handelsname: *Ethrel®* (Amchem Products Ltd.)

LD$_{50}$: 5 mg/kg Ratte p. o. Wirkungsweise: Wuchsstoff. Anwendungsgebiet: Die Verbindung induziert bei Ananas die *Blütenbildung* [48]. Die Wirkung wird mit der Freisetzung von Äthylen erklärt. Auf dessen pflanzenhormonale Wirkung wurde bei den Wuchsstoffen schon hingewiesen. Literatur [48, 92].

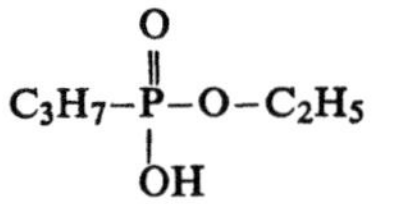

O-Äthyl-propanphosphonsäureester
Versuchsprodukt
Nia 10637
(Food Machinery and Chemical Corp., Niagara Chem. Div.)

LD_{50}: 2300 mg/kg Ratte p. o. akut.

Die Verbindung ist in gleicher Weise wie Ethrel ein Pflanzenwuchsstoff, bei dem aber die herbiziden Eigenschaften stärker hervortreten. Anwendung zur Hemmung des Wachstums von Obstbäumen und Koniferen, ferner zur Fruchtausdünnung und Blühbeeinflussung.
Literatur [93].

Andere Phosphonsäureester enthalten herbizid wirksame Komponenten:

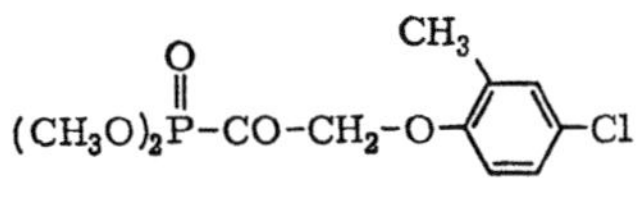

[29,49,50]

O,O-Dimethyl-1-oxo-2-(2-methyl-4-chlorphenoxy)-äthan-phosphonsäurediester
Versuchsprodukt
Chemagro 5533
(Chemagro Corp.)

Ganz allgemein entsprechen die Phenoxyacetylphosphonate in ihrer herbiziden Wirkung etwa den freien Phenoxyessigsäuren.

O,O-Diäthyl-1-oxo-2-(2-methyl-4-chlorphenoxy)-äthan-phosphonsäure-diester [29,49,50]
Versuchsprodukt
Chemagro 5511
(Chemagro Corp.)

O,O-Diäthyl-1-oxo-2-(2,4-dichlorphenoxy)-äthan-phosphonsäure-diester [29,49,50]
Versuchsprodukt
Chemagro 5960
(Chemagro Corp.)

Der entsprechende Diallylester — *Versuchsprodukt 6391 der Chemagro Corp.* — sowie der Dimethylester sind in näherer Untersuchung.
Patente [49,50]. Literatur [51].

O,O-(2-Cyano-isopropyl)-1-oxo-2-(4-chlorphenoxy)-äthan-phosphonsäurediester [29,49,50]
Versuchsprodukt
Chemagro 6101
(Chemagro Corp.)

O,O-(2-Cyano-isopropyl)-1-oxo-2-(2-methyl-4-chlorphenoxy)-äthan-phosphonsäurediester [29,49,50].
Versuchsprodukt
Chemagro 6103
(Chemagro Corp.)

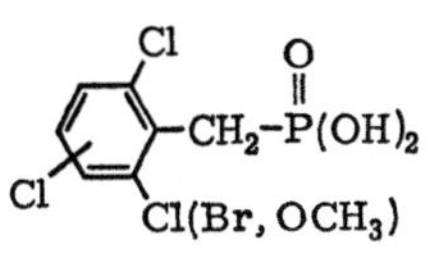

[52]

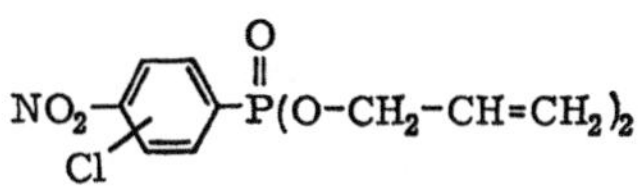

[53]

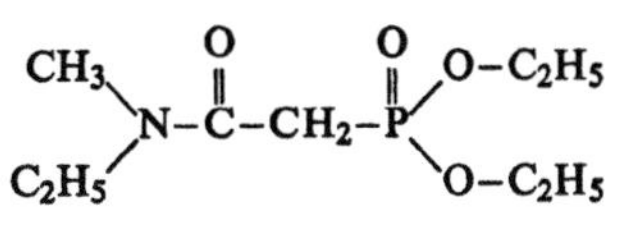

[54]

Herbizid und Entblätterungsmittel

5.15.4. Phosphinsäureester

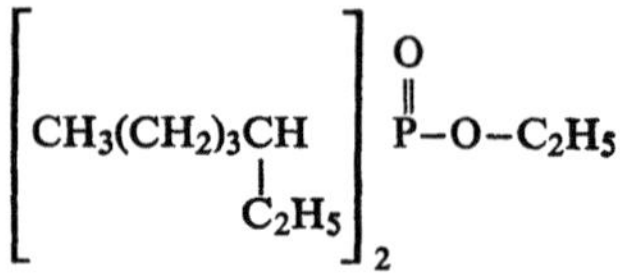

Versuchsprodukt
EBEP
(Virginia Carolina Chemical Corp.)

Patente [55].

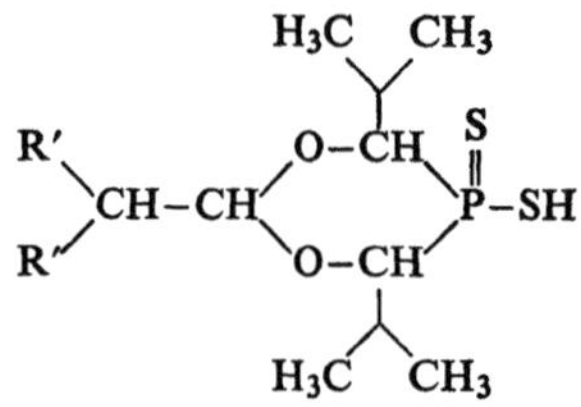

[56]

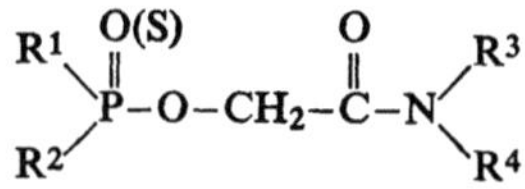

[57]

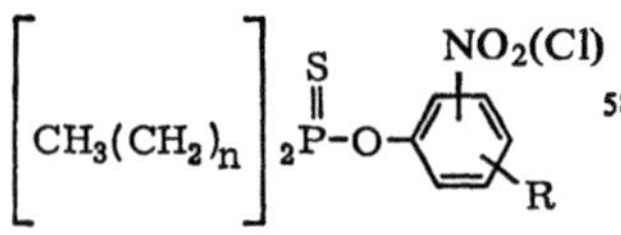

[58]

R = Alkyl

5.15.5. Phosphinamide

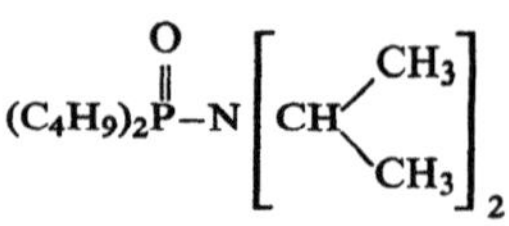

Handelsname: *Dipa®* (Shell)

Patente [59]. Literatur [60].

5.15.6. Phosphinoxide

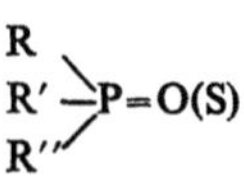

Der Vollständigkeit halber sei auf einen Patentanspruch gemäß nebenstehender Formel hingewiesen [61].

5.15.7. Phosphoniumverbindungen

In Anlehnung an die phytotoxischen Ammoniumverbindungen ist das *quartäre Phosfon®* als Wuchsstoffherbizid und Wuchshemmstoff bekanntgeworden.

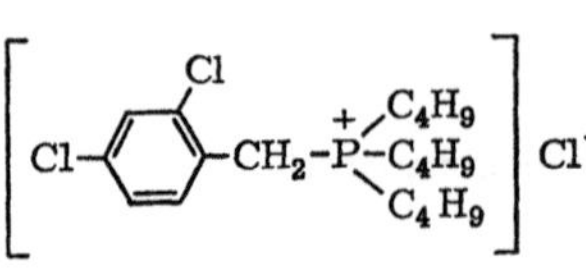

2,4-Dichlorbenzyl-tributyl-phosphoniumchlorid
Handelsname: *Phosfon®*
(Virginia Carolina Chemical Corp.)

LD$_{50}$: 178 mg/kg Ratte p. o. akut. Wirkungsweise: Blattherbizid mit systemischer Wirkung. Wachstumsverkürzende Wirkung auf Stengel. Anwendungsweise: Postemergence. Anwendungsgebiet: Wuchshemmstoff für Chrysanthemen und Förderung der Blüte.
Patente [62]. Literatur [63,64,86].

$$\left[(C_2H_5)_3\overset{+}{P}-CH_2-CH_2-C_2H_5\right]Cl^-$$

Ein weiteres Beispiel ist das nebenstehende Produkt. Derartige Verbindungen sollen auch als Defoliant wirksam sein [65].

5.16. Arsen enthaltende organische Verbindungen

Natriumarsenit ist ein starkes Herbizid, das in den USA zur Entblätterung angewandt wird (s. Anorganische Herbizide). Es ist somit wenig verwunderlich, daß auch Methylarsonsäuresalze phytotoxisch sind. Sie haben gegenüber dem Natriumarsenat die Vorteile größerer Selektivität und geringer Giftigkeit.

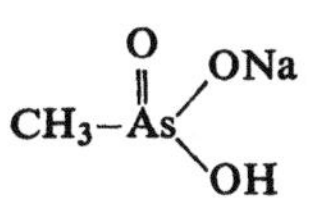

Mononatriumsalz der Methylarsonsäure
Common name: *MSMA*
Handelsname: *Ansar 170*®, *Ansar 529*® (Ansul Chemical Co.) 1964
LD$_{50}$: 1800 (1000) mg/kg Ratte p. o. akut

Dinatriumsalz
Common name: *DSMA*
Handelsname: *Ansar 184*®
LD$_{50}$: ca. 1000 mg/kg Ratte p. o. akut

Monoammoniumsalz
Common name: *MAMA*
Handelsname: *Ansar 157*®
LD$_{50}$: 720 mg/kg Ratte p. o. akut

Triäthanolammoniumsalz + 2,4-D
Handelsname: *Ansar 290 D*®
LD$_{50}$: 14000 mg/kg Ratte p. o. akut

MSMA: Wasserlöslichkeit: 100 g in 100 cm^3. Wirkungsweise: Blattherbizid mit Kontaktwirkung. Anwendungsweise: Post-emergence. Anwendungsgebiet: Zur Nesterbehandlung von *Sorghum halepense* in Baumwolle.
Patente [66–73].
Aminsalze sind besonders wirksame Herbizide [67,69,72]. Ursache ist wohl das bessere Eindringen in die Pflanze.

Methylarsonsäure wird durch an und für sich nicht oder nur schwach herbizid wirksame Verbindungen in ihrer Wirkung synergistisch beeinflußt [74], z. B. durch $Cl-Ar-S-CH_2-CH_2-N(C_2H_5)_2$.

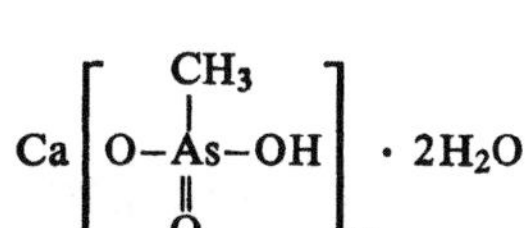

ist eine besonders wirksame Form der Methylarsonsäure. Im Gegensatz zu anderen Arsenverbindungen, speziell dem Methylarsonsäurenatrium, wirkt es post-emergence gegen *Digitaria* in Rasen [69, 75].
Patente [69, 74]. Literatur [75].

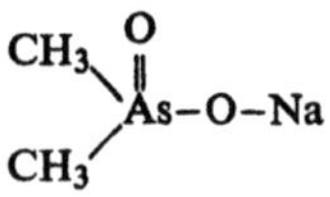

Mononatriumsalz der Dimethylarsinsäure (Cacodylsäure)
Handelsname: *Ansar 160*® (früher *Phytar*)
(Ansul Chemical Co.) 1958
LD_{50}: 3200 mg/kg Ratte p. o. akut

Dimethylarsinsäure
Handelsname: *Ansar* 138®
(Ansul Chemical Co.)
LD_{50}: 1350 mg/kg Maus p. o. akut

22,6% Ansar 160® + 3,9% Arsan®

Handelsname: *Ansar 560*®
LD_{50}: 3650 mg/kg Ratte p. o. akut
(Ansul Chemical Co.)

Ansar 160: Wasserlöslichkeit: 2:1 in Wasser von 25°C. Wirkungsweise: Blattherbizid. Anwendungsweise: Post-emergence. Anwendungsgebiet: Totalherbizid, Desiccant.
Patente [71, 76]. Literatur [77–80].

5.17. Bor, Zinn oder Silicium enthaltende organische Verbindungen

5.17.1. Borverbindungen

Anorganische Borverbindungen sind als Salze bekannte Herbizide, aber auch unter den organischen Borverbindungen gibt es Hinweise auf einen herbiziden Charakter [81].

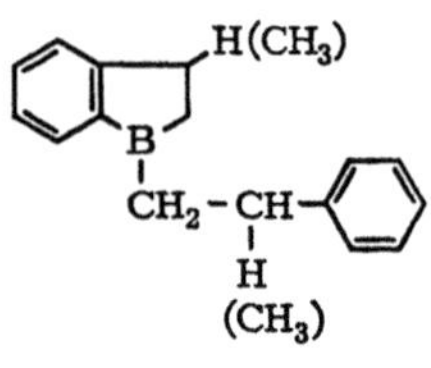

5.17.2. Zinnverbindungen

Zinnverbindungen sind vorwiegend fungizid wirksam, doch ist nicht selten auch eine phytotoxische [82–84] Wirkung zu verzeichnen.

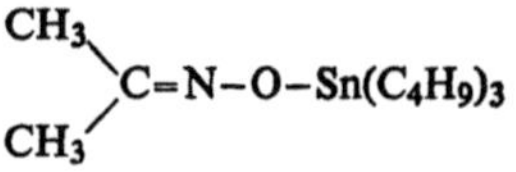 [82]

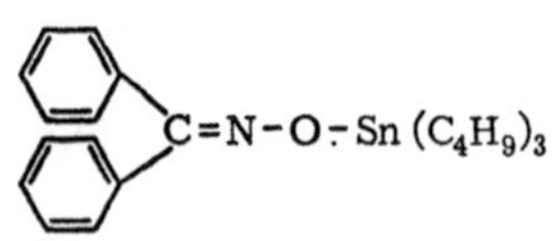 [82]

$(R)_3Sn{-}O{-}SO_2{-}NH_2$ [83]

$[(C_3H_7)_3Sn]_3PO_4$ [84]

$[(C_3H_7)_3Sn]_2SO_4$ [84]

5.17.3. Siliciumverbindungen

Obwohl einfache Siliciumverbindungen, wohl wegen ihrer Ähnlichkeit mit Kohlenwasserstoffen, keine besonderen herbiziden Eigenschaften aufweisen, wurde schon 1960 für einfache chlorierte Siliciumverbindungen, auch wieder in Parallele zu chlorierten Kohlenwasserstoffen, eine gute herbizide Wirksamkeit entdeckt [85]. Neuere Patente mit ähnlichem Inhalt s. [87, 88].

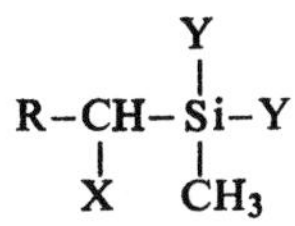

Besonders wirksam [85] ist:

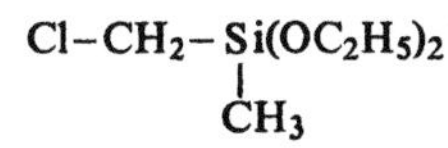

X = Cl, Br, J   Y = Cl, O, Alkyl

Literatur

5. Organische Herbizide

5.15. Phosphor enthaltende organische Verbindungen — 5.16. Arsen enthaltende organische Verbindungen — 5.17. Bor, Zinn oder Silicium enthaltende organische Verbindungen

1) A. P. 2828198 (21. 7. 55/25. 3. 58), U. S. Rubber Co. / *W. D. Harris* u. *A. W. Feldman.*

2) A. P. 3223516 (5. 10. 64/14. 12. 65, Am. Prior. 16. 7. 58), Allied Chem. Corp. / *E. E. Gilbert* u. *C. N. Yiannios.*

3) *Noll, C. J.*, and *M. L. Odland:* Proc. 9. Ann. Meeting, Northeast. Weed Control Conf. pp. 184 u. 225 (1955).

4) *Hauser, E. W., W. C. Shaw, H. F. Harrison,* and *S. A. Parham:* Weeds *10*, 139 (1962).

5) A. P. 3210398 (14. 1. 63/5. 10. 65), Olin Mathieson Chemical Corp. / *R. F. W. Rätz.*

6) A. P. 2955803 (9. 6. 58/11. 10. 60), Virginia Carolina Chemical Corp. / *L. E. Goyette.*

7) A. P. 3089807 (30. 8. 61/14. 5. 63, Am. Prior. 27. 4. 61), Chemagro Corp. / *L. Trademan* u. *F. R. Yagelowich.*

8) A. P. 2943107 (19. 11. 59/28. 6. 60), Chemagro Corp. / *K. H. Rattenbury* u. *J. R. Costello.*

9) A. P. 2965467 (16. 10. 56/20. 12. 60), Pittsburgh Coke & Chemical Co. / *F. X. Markley.*

10) A. P. 3205253 (28. 5. 63/7. 9. 65, Am. Prior. 1. 5. 61), Stauffer Chemical Co. / *L. W. Fancher* u. *C. L. Dewald.*

11) *Engel, R. E.:* Proc. Northeast. Weed Control Conf. *17*, 490 (1963).

12) E. P. 1027052 (5. 6. 63/20. 4. 66, Am. Prior. 20. 6. 62), Smith Kline & French Laboratories / *W. L. Holmes.*

13) = Belg. P. 633864 (20. 6. 63/20. 12. 64).

14) A. P. 3218145 (27. 6. 62/16. 11. 65), Socony Mobil Oil Co. / *L. E. Goyette.*

15) A. P. 3013874 (13. 1. 59/19. 12. 61), Shell Oil Co. / *R. R. Whetstone.*

16) Südafr. P. 65/4041 (28. 7. 65/20. 4. 66), Velsicol Chemical Corp.

17) F. P. 1310086 (7. 11. 61/15. 10. 62, Am. Prior. 8. 11. 60), Monsanto Chem. Co. / *A. J. Speziale* u. *J. P. Chupp.*

18) E. P. 952391 (6. 11. 61/18. 3. 64, Am. Prior. 8. 11. 60, 14. 11. 60 u. 29. 5. 61), Monsanto Chem. Co. / *A. J. Speziale* u. *J. P. Chupp.*

19) A. P. 3102018 (8. 11. 60/27. 8. 63), Monsanto Chem. Co. / *J. P. Chupp* u. *A. J. Speziale.*

[20] A. P. 3102019 (16. 8. 61/27. 8. 63), Monsanto Chem. Co. / *A. J. Speziale* u. *J. P. Chupp.*
[21] A. P. 3102020 (8. 11. 60/27. 8. 63), Monsanto Chem. Co. / *A. J. Speziale* u. *J. P. Chupp.*
[22] A. P. 3102021 (8. 11. 60/27. 8. 63), Monsanto Chem. Co. / *A. J. Speziale* u. *J. P. Chupp.*
[23] A. P. 3102022 (8. 11. 60/27. 8. 63), Monsanto Chem. Co. / *J. P. Chupp* u. *A. J. Speziale.*
[24] A. P. 3102023 (9. 11. 60/27. 8. 63), Monsanto Chem. Co. / *A. J. Speziale* u. *J. P. Chupp.*
[25] Jap. P. Anm. 23199/65 (26. 11. 63/13. 10. 65), Nihon Noyaku K. K.
[26] A. P. 3298819 (16. 7. 65/17. 1. 67, Am. Prior. 28. 5. 63), Stauffer Chemical Co. / *L. W. Fancher* u. *C. L. Dewald.*
[27] A. P. 3114761 (17. 11. 61/17. 12. 63), Stauffer Chemical Co. / *G. R. Price, E. N. Walsh* u. *J. T. Hallett.*
[28] A. P. 3134662 (26. 3. 61/26. 3. 64), Heyden Newport Chemical Corp. / *M. A. Gradsten.*
[29] Belg. P. 673589 (15. 12. 65/10. 6. 66, Schwz. Prior. 15. 12. 64), Ciba AG / *E. Beriger* u. *L. Ebner.*
[30] Russ. P. 174038 (14. 3. 64/7. 1. 66), *Ya. A. Mandelbaum* u. Mitarb.
[31] A. P. 3161498 (16. 8. 62/15. 12. 64), Stauffer Chemical Co. / *G. R. Price, E. N. Walsh, C. L. Dewald* u. *S. Y. C. Soong.*
[32] A. P. 2552574 (16. 8. 48/15. 5. 51), Dow Chemical Co. / *C. L. Moyle* u. *E. E. Kenaga.*
[33] A. P. 3074790 (30. 3. 60/22. 1. 63), Dow Chemical Co. / *J. K. Leasure.*
[34] *Roberts, E. C., F. E. Markland,* and *H. M. Pellett:* Weeds *14*, 157 (1966).
[35] *Riggleman, J. D.,* and *W. A. Matthews:* Proc. Northeast. Weed Control Conf. *17*, 58 (1963).
[36] A. P. 2552576 (30. 8. 48/15. 5. 51), Dow Chemical Co. / *C. L. Moyle.*
[37] = E. P. 659682 (23. 8. 49/24. 10. 51, Am. Prior. 30. 8. 48).
[38] Russ. P. 176145 (14. 3. 64/April 66), *Ya. A. Mandelbaum* u. Mitarb.
[39] D. A. S. 1226362 (29. 5. 59/6. 10. 66, Am. Prior. 22. 7. 58), Dow Chemical Co. / *J. L. Wasco, L. L. Wade* u. *J. F. Landram.*
[40] *Bakumenko, L. A., N. V. Lebedeva, L. V. Razvodovskaya, A. F. Grapov* u. *N. N. Melnikov:* Chim. v sel'skom Choz. *4* (9), 51 u. 691 (1966).
[41] A. P. 3121084 (17. 9. 62/11. 2. 64, Am. Prior. 27. 2. 61), Du Pont / *H. E. Winberg.*
[42] Russ. P. 166340 (23. 5. 63/Febr. 66), *G. J. Derkach.*
[43] A. P. 3294522 (21. 10. 65/27. 12. 66, Am. Prior. 6. 12. 63), Pennsalt Chemicals Corp. / *I. C. Popoff.*
[44] E. P. 885464 (10. 4. 58/28. 12. 61), Monsanto Chem. Co. / *J. W. Baker, J. P. Chupp* u. *K. L. Godfrey.*
[45] A. P. 3309429 (14. 6. 65/14. 3. 67, Am. Prior. 28. 12. 61), Dow Chemical Co. / *H. O. Senkbeil.*
[46] Belg. P. 637397 (13. 9. 63/13. 3. 64, Niederl. Prior. 4. 9. 62), Philips Gloeilampenfabrieken.
[47] Belg. P. 637399 (13. 9. 63/13. 3. 64, Niederl. Prior. 14. 9. 62), Philips Gloeilampenfabrieken.
[48] *Cooke, A. R.,* and *D. I. Randall:* Nature *218*, 974 (1968).
[49] A. P. 3382060 (18. 11. 64/7. 5. 68), Chemagro Corp. / *D. W. Gier.*
[50] A. P. 3378610 (20. 4. 65/16. 4. 68, Am. Prior. 18. 11. 64), Chemagro Corp. / *D. W. Gier.*
[51] *Gentner, W. A.:* An Evaluation of Several Chemicals for their Herbicidal Properties, 1966 Field Results. Preliminary unpublished report, 23. 3. 1967.
[52] A. P. 3223514 (10. 5. 61/14. 12. 65), Tenneco Chemicals Inc. / *M. A. Gradsten.*
[53] A. P. 3107164 (27. 3. 62/15. 10. 63), Stauffer Chemical Co. / *K. Szabo* u. *C. L. Dewald.*
[54] Russ. P. 173535 (14. 3. 64/Dez. 65), *N. N. Melnikov* u. Mitarb.
[55] A. P. 2927014 (14. 2. 57/1. 3. 60), Virginia Carolina Chemical Corp. / *L. E. Goyette.*
[56] A. P. 3261857 (8. 4. 65/19. 7. 66, Am. Prior. 6. 11. 62), American Cyanamid Co. / *M. McKay Rauhut.*
[57] Belg. P. 668003 (6. 8. 65/7. 2. 66, Am. Prior. 11. 12. 63, 11. 8. 64, 24. 8. 64 u. 8. 9. 64), Velsicol Chemical Corp. / *S. B. Richter.*
[58] A. P. 3231359 (30. 12. 64/25. 1. 66, Am. Prior. 18. 12. 59), Monsanto Co. / *P. E. Newallis, J. P. Chupp* u. *J. W. Baker.*
[59] A. P. 2714064 (7. 7. 52/26. 7. 55), Shell Development Co. / *R. C. Morris, J. L. van Winkle* u. *H. H. Wyrick.*
[60] *Davidson, L. G.:* Proc. Intern. Soc. Sugar-Cane Technologists *11*, 319 (1962); ref. C. A. *60*, 4707d.
[61] A. P. 3158461 (2. 5. 60/24. 11. 64), Hooker Chemical Corp. / *E. D. Weil.*
[62] A. P. 3103431 (20. 2. 61/10. 9. 63), Virginia Carolina Chemical Corp. / *J. H. Wilson.*
[63] *Preston jr., W. H.,* and *C. B. Link:* Plant Physiol. *33* Suppl. (1958).

64) *Wittwer, S. H.*, and *N. E. Tolbert:* Plant Physiol. *35*, 871 (1960); ref. C. A. *55*, 5847i.
65) A. P. 3268323 (24. 2. 61/23. 8. 66, Am. Prior. 19. 8. 58 u. 18. 8. 59), Mobil Oil Corp. / *L. E. Goyette.*
66) A. P. 2442372 (1. 2. 32/1. 6. 48), USA represented by the Secretary of War / *G. E. Miller* u. *S. G. Seaton.*
67) A. P. 2678265 (—/5. 7. 51), Vineland Chemical Co. / *A. Schwerdle.*
68) A. P. 2695306 (6. 5. 32/23. 11. 54), *G. E. Miller* u. *E. E. Reid.*
69) A. P. 3030199 (9. 8. 60/17. 4. 62), Vineland Chemical Co. / *A. Schwerdle.*
70) A. P. 3035910 (29. 2. 60/22. 5. 62), Upjohn Co. / *G. A. Boyack* u. *G. Swank.*
71) A. P. 3056670 (24. 10. 60/2. 10. 62), Ansul Chemical Co. / *G. D. Stevens* u. *M. L. Neuville.*
72) A. P. 3056821 (3. 4. 58/2. 10. 62), Vineland Chemical Co. / *A. Schwerdle.*
73) A. P. 3068088 (11. 7. 60/11. 12. 62), Vineland Chemical Co. / *A. Schwerdle.*
74) A. P. 3287101 (8. 1. 64/22. 11. 66), Stauffer Chemical Co. / *R. Curtis* u. *T. L. Snell.*
75) *Gallagher, J. E.*, and *R. J. Otten:* Proc. Northeast. Weed Control Conf. *16*, 498 (1962).
76) A. P. 3173937 (27. 9. 62/16. 3. 65), Ansul Chemical Co. / *R. M. Moyerman* u. *P. J. Ehman.*
77) *Mowev, R. G.*, and *J. F. Cornman:* Proc. Northeast. Weed Control Conf. *13*, 62 (1959).
78) *Rumburg, C. B.*, *R. E. Engel*, and *W. F. Meggitt:* Weeds *8* [4], 582 (1960).
79) *McWhorter, C. G.:* Weeds *14* [3], 191 (1966).
80) Ansul Co.: Farm Technol. *20* (11), 15 (1964).
81) A. P. 3279908 (4. 12. 62/18. 10. 66, Am. Prior. 22. 8. 61), U. S. Borax & Chemical Corp. / *R. F. Crawford* u. *W. D. English.*
82) A. P. 3282672 (24. 5. 65/1. 11. 66, Schwz. Prior. 28. 4. 61), Monsanto Co. / *G. Weissenberger.*
83) Jap. P. Anm. 18117/66 (13. 6. 64/18. 10. 66), Yoshitomi Seiyaku K. K. & Takeda Chem. Ind.
84) Jap. P. Anm. 13040/66 (26. 2. 62/22. 7. 66), Nitto Kasei K. K.
85) *Leasure, J. K.*, and *J. L. Speier:* J. Med. Chem. *9*, 949 (1966).
86) Virginia Carolina Chemical Corp., Richmond Va., „Phosfon" 1. 4. 59.
87) A. P. 3390976 (11. 5. 66/2. 7. 68), Dow Chemical Co. / *J. K. Leasure* u. *D. R. Mussell.*
88) A. P. 3390977 (11. 5. 66/2. 7. 68), Dow Chemical Co. / *J. K. Leasure* u. *D. R. Mussell.*
89) D. A. S. 1245952 (8. 12. 65/3. 8. 67), Farbenfabriken Bayer AG / *G. Schrader*, *L. Eue* u. *H. Hack.*
90) = Belg. P. 690911 (8. 12. 66/8. 6. 67).
91) Niederl. P. Anm. 6802633 (23. 2. 68/26. 8. 68, Am. Prior. 23. 2. 67 u. 27. 12. 67), Amchem Products, Inc.
92) Amchem Products Inc.: Weed Abstr. *18*, 60, Referat 402, (1969).
93) Techn. Inform. der Food Machinery and Chemical Corp. Niagara Chem. Div., Januar 1969.
94) Niederl. P. Anm. 6808024 (7. 6. 68/10. 7. 68, Am. Prior. 9. 6. 67), Stauffer Chem. Co.
95) A. P. 3416911 (9. 12. 65/17. 12. 68), Chemagro Corp. / *J. Hensel* u. *D. W. Gier.*

Natürliche Pflanzenwuchsstoffe – Phytohormone

Natürliche Pflanzenwuchsstoffe — Phytohormone

W. Draber und *R. Wegler*

Inhalt

1. Allgemeines

W. Draber

Farbenfabriken Bayer AG, Wuppertal-Elberfeld, Chemisch wissenschaftliches Laboratorium, Abteilung Pflanzenschutz

Man kennt heute vier nach Wirkung und chemischer Struktur verschiedene Gruppen von natürlichen Pflanzenwuchsstoffen, die Auxine, die Gibberelline und die Cytokinine, die alle Förderer des Wachstums sind, sowie die Abscisinsäure als bisher einzigen natürlichen Hemmstoff. Alle diese Stoffe sind bereits bei sehr niedrigen Konzentrationen (10^{-6}-M oder weniger) wirksam und werden daher auch als „Phyto-Hormone" bezeichnet. Sicher bewiesen ist der Hormoncharakter allerdings bisher erst für die ersten drei Gruppen und noch nicht für die Abscisinsäure, sofern man als charakteristisch für eine hormonartige Substanz ansieht, daß sie ihre Wirkung in einem anderen Organ entfaltet als in dem, das sie produziert.

Praktisch angewandt werden die Phytohormone in größerem Umfange allerdings zur Zeit noch nicht. Von erheblicher Bedeutung als Herbizide sind aber synthetische Analoga der Auxine, die Phenoxyessigsäuren, die bereits in einem anderen Kapitel besprochen wurden. Auf eine Behandlung der Auxine wird daher in diesem Zusammenhang verzichtet. Für Gibberellinsäure gibt es gewisse Anwendungsmöglichkeiten in hochentwickelten Landwirtschaften. Eine größere Rolle spielen die sog. „Antigibberelline", Substanzen, die in die Biosynthese der Gibberelline eingreifen. Ansätze zur Verwendung natürlicher oder synthetischer Cytokinine sind vorhanden. Die seit 1965 bekannte Abscisinsäure hat wegen ihrer relativ komplizierten Synthese bisher ausschließlich wissenschaftliches Interesse gefunden, obwohl für einen nativen Hemmstoff zweifellos potentielle Anwendungsmöglichkeiten gegeben sind.

Wenn auch die kommerzielle Bedeutung der natürlichen und synthetischen Wachstumsregulatoren zur Zeit noch nicht groß ist, etwa im Vergleich zu den Herbiziden, so sagen doch alle Prognosen voraus, daß sie in der nächsten Dekade mit der zunehmenden Differenzierung der Landwirtschaft in den entwickelten Ländern stark zunehmen wird. Für 1975 wird ein Marktvolumen von 50 bis 75 Mill. US-Dollar (Herstellungspreis) angesetzt[1]. Die Umsätze an Gibberellinsäure (hauptsächlich in USA und Japan) dürften gegenwärtig in der Größenordnung von 5 Mill. Dollar liegen [2].

Über die Physiologie und Chemie der Phytohormone liegen bereits Übersichten vor, die wegen der schnellen Entwicklung des Gebiets in den letzten Jahren lückenhaft sein müssen[3].

1.1. Literatur

1) *Shaw, W. C.:* Agr. Chem., Nov. *1966*, 18.
2) *Wittwer, S. H.:* Farm Chem. *131*, No. 2, p. 62 (1968).
3) Übersichtsartikel über Phytohormone allgemein:
Linser, H.: Angew. Chem. *78*, 895–904 (1966);
van Overbeek, J.: Science *152*, 721–731 (1966);
Shantz, E. M.: Ann. Rev. Plant Physiol. *17*, 409–438 (1966);

Osborne, D. J.: J. Sci. Food Agr. *16*, 1—13 (1965);
Zenk, M. H., in: Fortschr. Botan. *28*, 86—98 (1966); *29*, 128—143 (1967).
Schraudolf, H., in: Fortschr. Botan. *30*, 107—124 (1968);
Galston, A. W., and *P. J. Davies:* Science *163*, 1288—1297 (1967).

Gibberelline

Stowe, B. B., and *T. Yamiki:* Ann. Rev. Plant Physiol. *8*, 181—216 (1957);
Knapp, R.: Naturwiss. *45*, 408—413 (1958);
Brian, P. W., J. F. Grove u. *J. McMillan:* Fortschr. Chem. Org. Naturstoffe *18*, 350—433 (1960);
„Gibberellins", Advan. Chem. Ser. *28*, 1—167 (1961), Washington D. C.;
Stuart, N. W., and *H. M. Cathey:* Ann. Rev. Plant Physiol. *12*, 369—394 (1961);
Kaufmann, H.: Chimia (Aarau) *17*, 120—128 (1963);
Schneider, G., G. Sembdner u. *K. Schneider:* Kulturpflanze *13*, 267—493 (1965);
Grigor'eva, N. Y., u. *V. F. Kucherov:* Russ. Chem. Rev. (engl.) *35*, 850—863 (1966);
Schneider, G., G. Sembdner u. *K. Schreiber:* Gibberelline, ihre Derivate und Abbauprodukte, 232 S. Berlin: Akademie-Verlag 1966.

Cytokinine

Strong, F. M.: Topics in Microbiological Chemistry, pp. 98—157. New York: Wiley 1958;
Mothes, K.: Naturwiss. *47*, 337—351 (1960);
Miller, C. O.: Ann. Rev. Plant Physiol. *12*, 395—408 (1961);
Brown, A. C.: Kinin, Encyclopedia of Science and Technology, pp. 303—304. New York: McGraw-Hill 1963;
Mothes, K., in: Regulateurs Naturels de la Croissance Végétale, pp. 131—140. Centre Nat. Rech. Sci., Gif-sur-Yvette, 1964;
Letham, D. S.: Ann. Rev. Plant Physiol. *18*, 349—364 (1967);
Helgeson, J. P.: Science *161*, 974—981 (1968).

Abscisinsäure

Addicott, F. T., K. Ohkuma, O. E. Smith, and *W. E. Thiessen:* Advan. Chem. Ser. *53*, 97—105 (1966).

2. Gibberelline

W. Draber und *R. Wegler*

Farbenfabriken Bayer AG, Wuppertal-Elberfeld, Chemisch wissenschaftliches Laboratorium, Abteilung Pflanzenschutz

Die Erforschung der Gibberelline ist bis in die Mitte der Fünfziger Jahre eine Domäne der Japaner gewesen. Sie nahm ihren Ausgang mit der Entdeckung *Kurosawas* [1] im Jahre 1926, daß zellfreie Extrakte des Pilzes *Gibberella fujikuroi* an höheren Pflanzen hypertrophes Wachstum hervorrufen. Der Pilz war als Erreger der Bakanae-Krankheit junger Reispflanzen bereits seit 1898 [2] bekannt. *Yabuta* u. *Sumiki* [3] isolierten 1938 erstmals einen kristallisierten Stoff aus Kulturlösungen von *Gibberella fujikuroi*, das Gibberellin A, das sich als ein Gemisch erwies [4]. Das erste reine Präparat war Gibberellinsäure (GA_3), die 1954 von einer Arbeitsgruppe der ICI dargestellt wurde [5] und für deren technische Herstellung heute Verfahren vorliegen [6–8]. Aus einem Liter Kulturlösung von *Gibberella fujikuroi* kann bis zu 1 g GA_3 gewonnen werden[9]. Die Strukturaufklärung von GA_3 und einer Anzahl weiterer Gibberelline wurde ebenfalls weitgehend von Forschern der ICI geleistet [10–12]. Nachdem diese Grundlagen gelegt waren, setzte eine Flut von Publikationen über die biologische Wirkung der Gibberelline ein, die noch ständig zunimmt. Wichtig war der Nachweis des Auftretens von Gibberellinen in höheren Pflanzen [13,14]. Ihr Hormoncharakter, auf den zuerst 1956 hingewiesen wurde, ist heute allgemein akzeptiert [15–18].

a) Vorkommen in der Natur

Eine universelle Verbreitung von Gibberellinen in Pflanzen ist heute sichergestellt. Die ergiebigste Quelle für die Isolierung und Strukturaufklärung neuer Gibberelline waren allerdings lange Zeit Mutanten von *Gibberella fujikuroi**. Die Forschergruppe der ICI war hier besonders erfolgreich tätig, während in jüngster Zeit eine Reihe weiterer neuer Gibberelline von Japanern aus Pflanzen wie Lupine, Bambus und *Pharbitis nil* isoliert wurde. Bisher sind 26 Gibberelline sowie einige Derivate in der Natur gefunden worden (vgl. Tabelle 1).

Zur Nomenklatur existiert eine Übereinkunft zwischen der englischen und der japanischen Forschergruppe [19]. Danach sollen alle neu gefundenen nativen Gibberelline in der Reihenfolge ihrer Entdeckung als GA_n bezeichnet werden. Bisher waren einige Gibberelline zunächst mit Herkunftsbezeichnungen versehen worden wie z. B. Bambus-GA (GA_{19}) oder Canavalia-GA II (GA_{22}). Diese Numerierung soll auch C_{20}-Gibberelline einschließen, nicht jedoch Derivate wie Glucoside.

Die durch Fermentation leicht zugängliche Gibberellinsäure GA_3 sowie zehn weitere der zuerst entdeckten Gibberelline besitzen 19 C-Atome. GA_{12} und eine ganze Reihe weiterer Gibberelline sind echte Diterpene mit 20 C-Atomen. Sie werden als biogenetische Vorläufer der C_{19}-Gibberelline angesehen. Die wasserlöslichen Glucoside von GA_3 und GA_8 stellen wahrscheinlich Transport- und Speicherformen dar [47].

Gibberelline oder Substanzen mit gibberellinartiger Wirkung fand man außer in den in Tabelle 1 genannten Quellen u. a. in folgenden Pflanzen: Grün- und Braunalgen [48–51], Kartoffeln [52], Zitrusfrüchte [53,54], Weinrebe (*Vitis vinifera*) [55] und in relativ hoher Konzentration (0,5 ppm) in der schnell wachsenden Kudzu-Rebe [56].

Als Kennzeichen gibberellinartiger Substanzen wird vor allem die Aktivität in Tests angesehen, bei denen Zwergformen von Erbse, Bohne und Mais zu normalem Wachstum angeregt werden. Diese Systeme wurden besonders von der englischen Gruppe als Leittest benutzt. Die japanische Forschergruppe verwendet außerdem einen Test mit Reissämlingen [57]. Neuerdings tritt die Charakterisierung von Gibberellinen in biologischem Material auf rein chemischem Wege in den Vordergrund. So wurde GA_{16} ohne Zuhilfenahme biologischer Tests durch eine Kombination von Säulenchromatographie, Silylierung, Gaschromatographie und Massenspektrometrie identifiziert [36].

Die Überlegenheit chemisch-physikalischer Nachweismethoden wurde auch bei der Identifizierung von GA_{13} [58] und GA_{19} sowie beim Nachweis weiterer Gibberelline durch *MacMillan* u. Mitarb. demonstriert [59, 60].

---

* Identisch mit *Fusarium moniliforme*

Tabelle 1

Name	Struktur	Vorkommen	Lit.
Gibberellin A_1	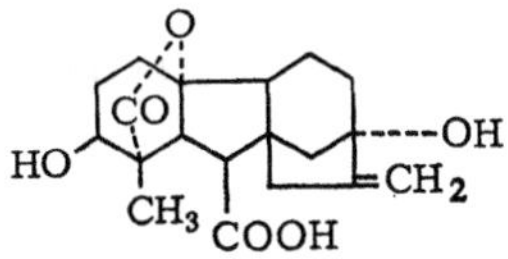	*Gibberella fujikuroi* Stämme ACC 917 und NRRL 2284 (12 mg/l) *Phaseolus multiflorus* (2 mg/kg)	20, 21)
Gibberellin A_2	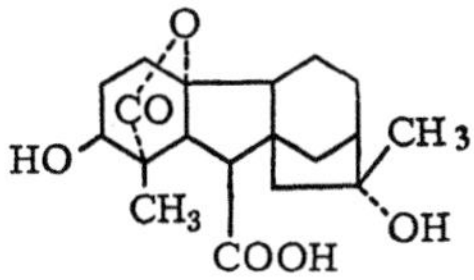	*Gibberella fujikuroi*	22)
Gibberellin A_3 Gibberellinsäure	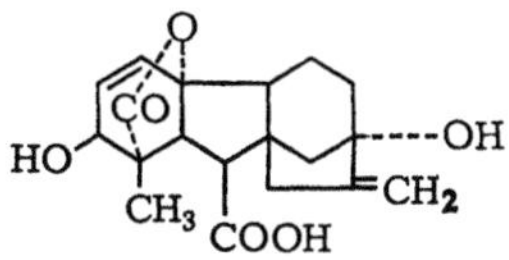	*Gibberella fujikuroi* (bis zu 1000 mg/l)	10–12) 23, 24)
Gibberellin A_4	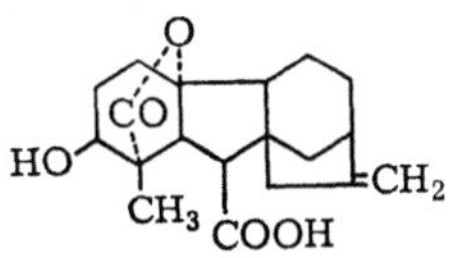	*Gibberella fujikuroi* NRRL 2284 (0,35 mg/l)	25)
Gibberellin A_5	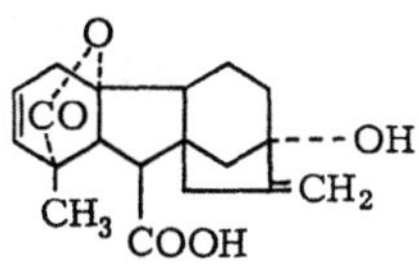	*Phaseolus multiflorus* (1 mg/kg) *Phaseolus vulgaris L.*	26, 27)
Gibberellin A_6	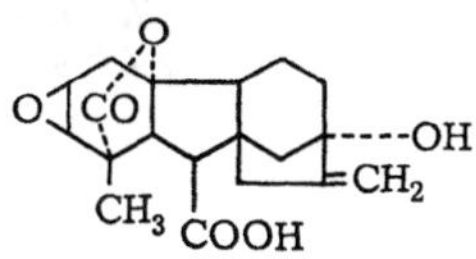	*Phaseolus multiflorus* (1 mg/kg)	28)
Gibberellin A_7	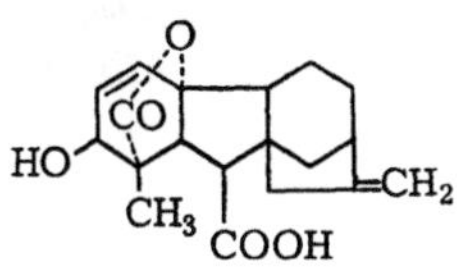	*Gibberella fujikuroi* (25 mg/l)	29)
Gibberellin A_8	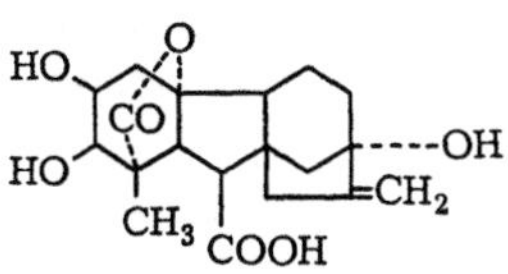	*Phaseolus multiflorus* (16 mg/kg)	28)

Tabelle 1 (Fortsetzung)

Name	Struktur	Vorkommen	Lit.
Gibberellin A_9	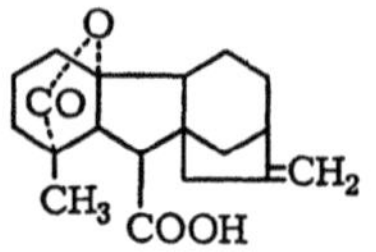	*Gibberella fujikuroi* (3 mg/l)	[29]
Gibberellin A_{10}	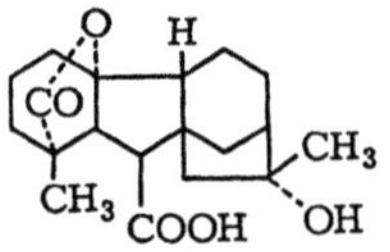	*Gibberella fujikuroi*	[30, 31]
Gibberellin A_{11}	nicht sicher bekannt	*Gibberella fujikuroi*	[30, 32]
Gibberellin A_{12}	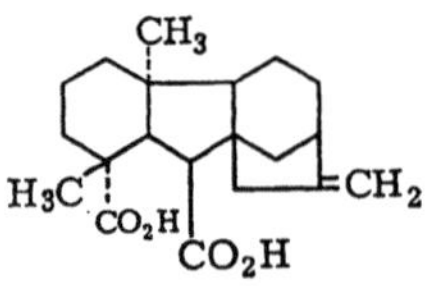	*Gibberella fujikuroi* ACC 917 (0,3 mg/l)	[32]
Gibberellin A_{13}	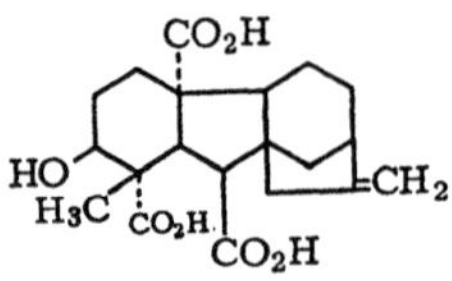	*Gibberella fujikuroi* ACC 917 od. Mutante B 47	[33]
Gibberellin A_{14}	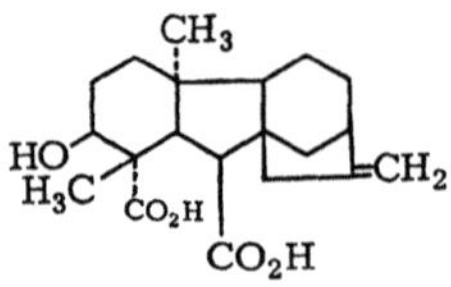	*Gibberella fujikuroi* ACC 917	[34]
Gibberellin A_{15}	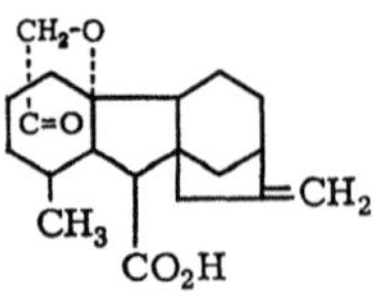	*Gibberella fujikuroi* ACC 917	[35]
Gibberellin A_{16}	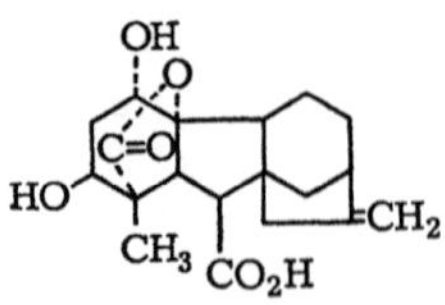	*Giberella fujikuroi* Mutante B 47	[36]

Tabelle 1 (Fortsetzung)

Name	Struktur	Vorkommen	Lit.
Gibberellin A_{17}	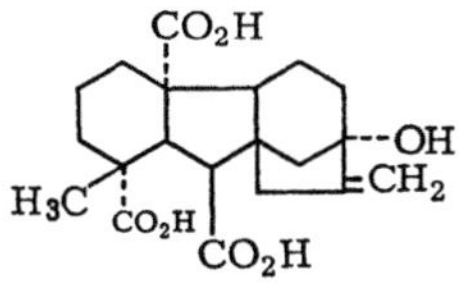	Unreife Samen von *Phaseolus multiflorus*	37)
Lupinus-Gibberellin I A_{18}	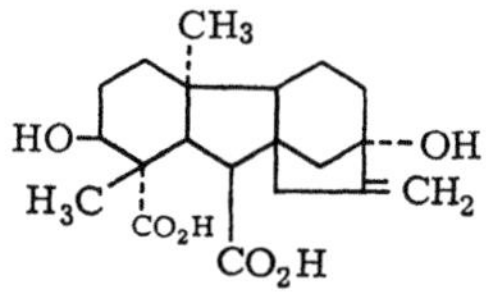	Unreife Samen von gelber Lupine (*Lupinus luteus*)	38)
Bambus-Gibberellin A_{19}	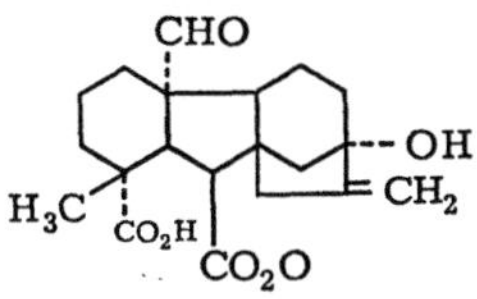	Wäßriger Extrakt von Bambusschößlingen	39)
Pharbitis-Gibberellin A_{20}	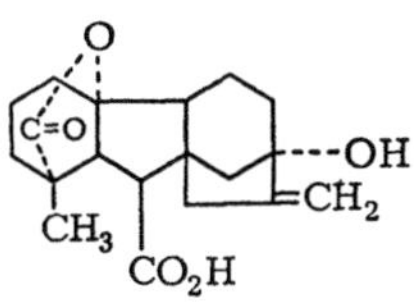	Unreife Samen von *Pharbitis nil*	40)
Canavalia-Gibberellin I A_{21}	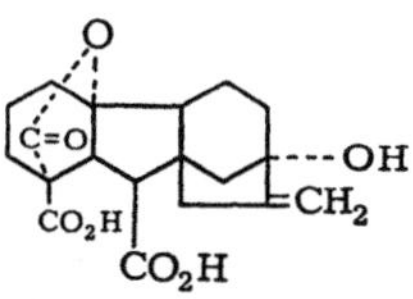	Unreife Samen der Schwertbohne (*Canavalia gladiata D. C.*)	41, 42)
Canavalia-Gibberellin II A_{22}	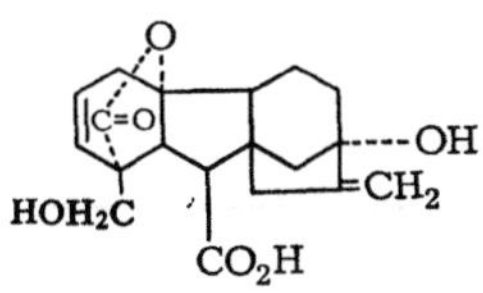	Unreife Samen der Schwertbohne (*Canavalia gladiata D. C.*)	41, 42)
Lupinus-Gibberellin II A_{23}	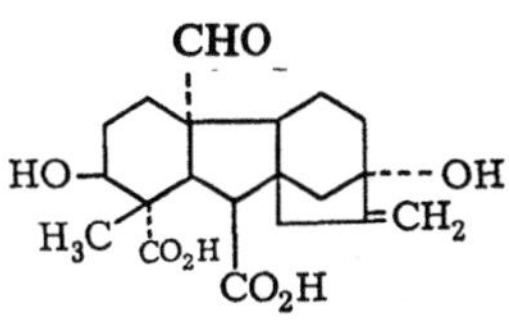	Unreife Samen von *Lupinus luteus* (0,04% im sauren Extrakt)	43)

Tabelle 1 (Fortsetzung)

Name	Struktur	Vorkommen	Lit.
Gibberellin A_{24}	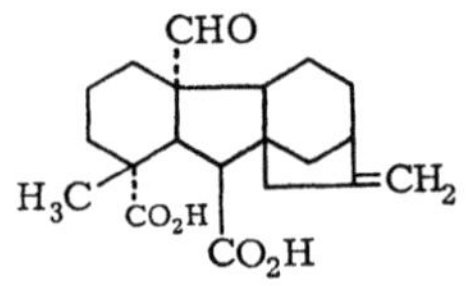	Kulturfiltrat von *Gibberella fujikuroi*	44)
Gibberellin A_{26}	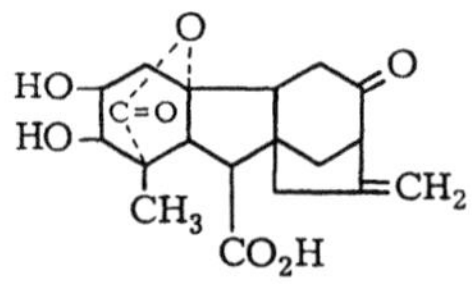	Unreife Samen von *Pharbitis nil*	44a)
Gibberellin A_{27}	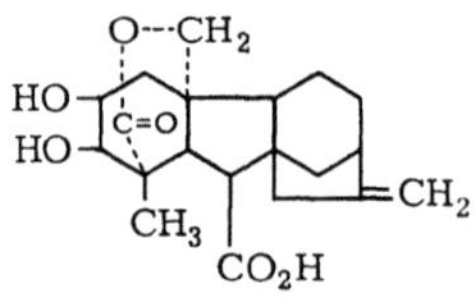	Unreife Samen von *Pharbitis nil*	44a)
2-0-Acetyl-gibberellin A_3	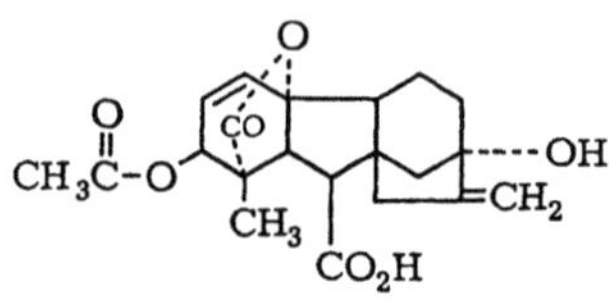	*Fusarium moniliforme* Sheld.	45)
2-β-o-Gluco-pyranosyl-gibberellin A_3	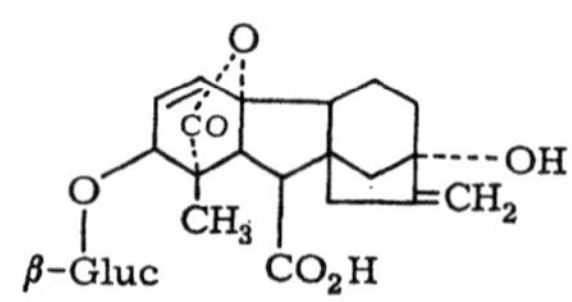	Samen von *Pharbitis nil*	46)
3-β-o-Gluco-pyranosyl-gibberellin A_8	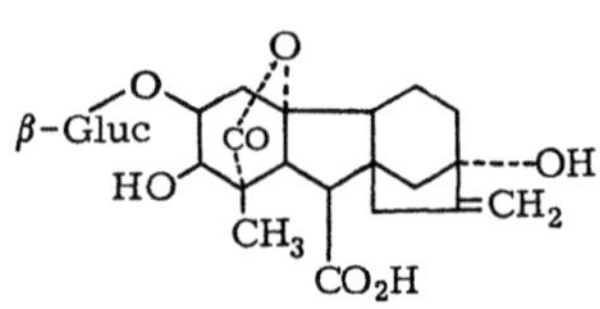	*Phaseolus coccineus L.* (0,4 ppm)	47)

b) Biosynthese und Hemmstoffe der Biosynthese

Das Grundgerüst der Gibberelline ist ein als „*Gibban*" bezeichneter Kohlenwasserstoff:

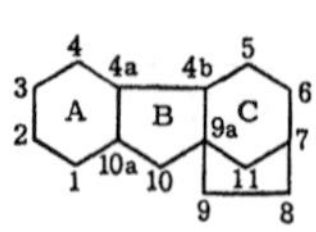

Für die ersten Schritte der Biogenese ist der normale biosynthetische Weg zu Diterpenen ausgehend von Mevalonolacton wahrscheinlich [61,62]. Eine Schlüsselstellung nimmt der Kohlenwasserstoff *Kauren* ein:

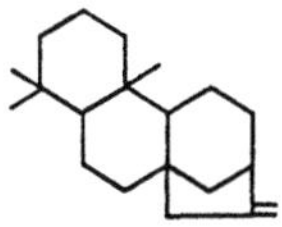

Kauren enthält noch nicht das Gibban-Gerüst. Der Ring B der Gibberelline entsteht durch Kontraktion des mittleren Sechsringes des Kaurens unter gleichzeitiger Ausbildung der Carboxylgruppe, die in allen Gibberellinen enthalten ist. Kauren wird, wie in zellfreien Systemen gezeigt werden konnte, durch Cyclisierung von Geranylgeranyl-pyrophosphat gebildet, das gleichzeitig auch Ausgangsprodukt für den Terpenalkohol Phytol und für Carotinoide sein kann.

Eine wichtige Rolle in der Untersuchung der Biosynthese der Gibberelline spielen zwei synthetische Hemmstoffe, die auch in der Praxis Anwendung finden: CCC und AMO-1618.

Chlorcholinchlorid

CCC, Cycocel®, $ClCH_2CH_2—N(CH_3)_3^{\oplus}$, $Cl^{\ominus}$, wird von der American Cyanamid Co., der BASF und den Österreichischen Stickstoffwerken hergestellt. Es führt bei einer Reihe von Getreidearten zu einer Halmverkürzung durch Verringerung des Internodienabstandes und wird besonders im Weizenbau eingesetzt [62a], wo es eine erhöhte Widerstandsfähigkeit gegen die Halmbruchkrankheit erzeugt. In zahlreichen Systemen wirkt es als Wachstumshemmer [63], es wurde daher auch als ein „Antigibberellin" [63a] bezeichnet. Tatsächlich hemmt es in vitro die Biosynthese von GA_3. Der genaue Ort des Angriffs ist noch nicht bekannt, er liegt wahrscheinlich hinter der Stufe des Kaurens, zumindest in höheren Pflanzen [67]. In *Gibb. fujikuroi* vermögen allerdings auch kleine Dosen von CCC die Synthese von Kauren zu blockieren [64].

AMO-1618

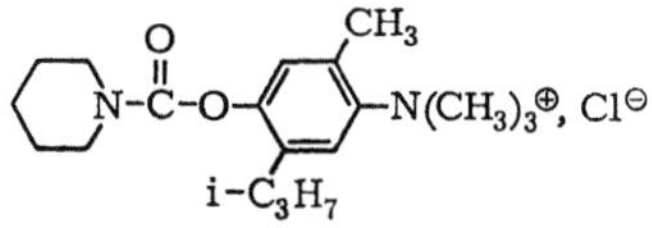

Die Substanz hat geringere praktische Bedeutung als CCC und wird vor allem bei Zierpflanzen (Chrysanthemen) zur Verkürzung der Stengel verwendet. Die Biosynthese von GA_3, z. B. in *Gibberella fujikuroi*, wird durch AMO-1618 gehemmt [65].

Es konnte gezeigt werden, daß diese Hemmung auf einer Blockierung der Kaurenbildung beruht [66, 67], und zwar auf der Stufe der Cyclisierung von Geranylgeranyl-pyrophosphat zu Kauren [68]. Gibberelline werden zwar von bestimmten Pilzen produziert, jedoch ist über ihre physiologische Bedeutung für diese Organismen wenig bekannt. Interessant sind in diesem Zusammenhang Berichte über fungizide Nebenwirkungen von AMO-1618 und CCC [69, 70].

c) Biologische Wirkung

Die Normalisierung des Wachstums von Zwergmutanten als typische Wirkung exogener Gibberelline wurde bereits erwähnt. Daneben sind, meistens mit GA_3, viele andere Effekte an höheren Pflanzen beobachtet worden: Förderung des Längenwachstums bei normalen Pflanzen, Förderung des Blattwachstums, was häufig mit Chlorose verbunden ist, Aufhebung der Winterruhe bei Samen und Stimulierung der Keimung, Induktion der Blüte in Langtagspflanzen unter Kurztagsbedingungen, Verzögerung des Blattabfalls, Aufhebung der Notwendigkeit einer Frostperiode (Vernalisierung) für Keimung, Blüte und Fruchtbildung [71–74].

Auch bei Tieren wurden Effekte beschrieben: Eine gibberellinarme Diät verzögert die Geschlechtsreifung der Wüstenheuschrecke, was durch Gabe von GA_3 (1 γ/Tag) wieder aufgehoben werden kann [75].

In einer künstlichen Diät für die Aufzucht von Bienenlarven erwies sich GA_3 als für die Entwicklung essentieller Bestandteil [76].

Bei Mäusen wird das Wachstum des Ehrlichschen Ascitestumors signifikant schon durch 2 ppm GA_3 gehemmt [77].

Einen Vergleich der biologischen Wirkung von 134 Gibberellinderivaten in vier Testsystemen führten *Brian* u. Mitarb. durch [78]. Als einzige allgemeine Aussage ergab sich, daß eine Carboxylgruppe am C-10 absolute Voraussetzung für Aktivität ist. In einer etwas älteren Untersuchung wurden die Gibberelline GA_1 bis GA_9 geprüft [79]. Neben GA_3 war in den meisten der sieben Testsysteme das um eine Hydroxylgruppe ärmere GA_7 die aktivste Substanz. In der Förderung des Längenwachstums sind auch GA_1 und GA_5 gut wirksam [79, 80]. Blütenbildung bei Vergißmeinnicht wird nur durch GA_1 und GA_7 hervorgerufen [81]. Über synthetische Analoge einfacher Struktur mit gibberellinartiger Wirkung ist bisher nichts bekannt geworden.

Eine gewisse gibberellinartige Wirkung besitzen die Helminthosporine, die wie ursprünglich auch die Gibberelline in pflanzenparasitierenden Pilzen nachgewiesen wurden [83]. Die Vertreter dieser Gruppe, wie die Helminthosporsäure, besitzen

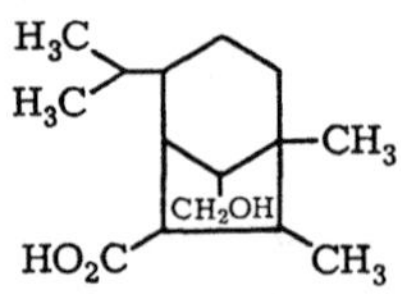

eine gewisse strukturelle Ähnlichkeit mit Gibberellinen, die aber wahrscheinlich zufällig ist. Die Aktivität in Elongationstesten ist weniger als 1% der von GA_3 bei ganz anderem Wirkungsmechanismus [84].

d) Wirkungsmechanismus

Eine bedeutende Rolle in der Diskussion des Wirkungsmechanismus spielt die Entdeckung von *Varner*, daß GA_3 in der Aleuronschicht des Gerstenkorns die Synthese von α-Amylase auslöst. Es ist heute gesichert, daß es sich dabei um die Neusynthese und nicht etwa nur um eine Aktivierung des Enzyms handelt [85,86].

Daneben findet man eine gesteigerte Aktivität weiterer Enzyme nach Inkubation mit GA_3, darunter Proteinasen und Ribonuclease [87]. Die Annahme liegt nahe, daß GA_3 auf der Stufe der Transkription die Synthese bestimmter Ribonucleinsäuren steuert, die für die Enzymsynthese erforderlich sind. Ein strenger Beweis fehlt bisher, jedoch konnte gezeigt werden, daß unter der Wirkung exogener GA eine hinsichtlich Basenfrequenz und Molekulargewicht verschiedene RNS gebildet wird [88].

Allerdings werden auch die DNS-Synthese und der Thymin-Einbau durch GA gefördert, wie an einem System aus Linsen-Hypokotyl gezeigt wurde [89].

Parallel damit findet Elongationswachstum statt. Setzt man einen Inhibitor der DNS-Synthese — 5-Fluordesoxyuridin — hinzu, so werden Wachstum und DNS-Gehalt unter den der Kontrolle gesenkt, während sich der RNS-Gehalt nicht verändert. Die Hemmung ist durch Thymidin aufhebbar. Diese Befunde scheinen auf eine Beeinflussung der DNS-Synthese zu deuten, schließen aber andere Möglichkeiten nicht aus. Das klassische System des Auxin-Tests, die Hafer-Koleoptile, reagiert auf GA und Auxin nicht, im Gegensatz zu Gurkenkeimlingen, die auf GA und Auxin reagieren. Werden beide Wuchsstoffe gleichzeitig verabreicht, so ist der Effekt nicht additiv, sondern nur wenig größer als mit einer Komponente allein [90].

Es scheint also so zu sein, als ob bestimmte Gewebe der Pflanze für ihr Wachstum oder ihre Entwicklung die Neusynthese von DNS benötigen, während andere mit der — durch Auxin induzierten — RNS- und Proteinsynthese allein auskommen.

e) Möglichkeiten der praktischen Anwendung

Nach anfänglichem Optimismus wird die Eignung von Gibberellinen zur Ertragssteigerung heute wieder skeptischer beurteilt, u. a. auch, weil der hohe Preis von GA_3 (700 Dollar/kg) ihrer Anwendung Grenzen setzt. Hoffnungen werden allerdings in die Verwendung roher Gibberellin-Präparationen zur Ertragssteigerung von Zuckerrohr gesetzt [91].

In den USA wird GA_3 bereits in größerem Umfang zur Erzeugung kernloser Tafeltrauben, zur Behandlung von Orangen und Zitronen und in der Produktion von Gemüsesamen eingesetzt. Die Anwendungskonzentrationen liegen in der Größenordnung von 1 bis 100 ppm. Zahlreiche weitere Möglichkeiten im Obst- und Gemüsebau bieten sich an, so daß mit einem rasch wachsenden Markt zu rechnen ist [92]. In der Mälzerei wird GA_3 zur Stimulierung der Keimung und zur Erhöhung des α-Amylase-Gehalts von Braugerste benutzt [93,94a].

Negative Berichte über Gibberelline sind nicht selten und kennzeichnen die Problematik der Anwendung von generell wachstumsfördernden Stoffen.

Die Wachstumsbeschleunigung durch GA_3 wirkte sich bei Wiesenheu in einer Abnahme der Erträge auf längere Sicht aus [71,95]. Der Fruchtansatz bei frostgeschädigten Birnen konnte durch Behandlung mit GA_3 verbessert werden. Bei bestimmten Apfelsorten wurde vor allem mit GA_3 und GA_7 parthenokarpe (bestäubungslose) Fruchtbildung erreicht, jedoch trat im nächsten Jahr eine Reduktion der Blütenanzahl ein [96]. Die Anwendung von GA_3 in Mischung mit anderen Stoffen als selektives Herbizid wurde beansprucht [97].

2.1. Literatur

1) *Kurosawa, E.:* Trans. Nat. Hist. Soc. Formosa *16*, 213 (1926).
2) *Hori, S.:* Agr. Exp. Sta. Rec. *1898*, 12.
3) *Yabuta, T.*, and *Y. Sumiki:* J. Agr. Chem. Soc. Japan *14*, 1526 (1938).
4) *Curtis, P. J.*, and *B. E. Cross:* Chem. and Ind. *35*, 1066 (1954).
5) *Stodola, F. H., G. E. Nelson*, and *D. J. Spence:* Arch. Biochem. Biophys. *66*, 438 (1957).
6) *Borrow, A., E. G. Jeffreys*, and *I. S. Nixon:* Brit. Pat. 803591 (1958), C. A. *53*, 4648 (1959).
7) *Brian, P. W., M. E. Radley, P. J. Curtis*, and *G. W. Elson:* Brit. Pat. 783611 (1957), C. A. *53*, 4348 (1959).
8) Phillips Petroleum Co.: U.S. Pat. 3084106 (1961), C. A. *59*, P 1054 h (1963).
9) *Muromtsev, G. S.*, u. *L. P. Dubovaya:* Mikrobiologiya, *33*, 1048 (1964)
10) *Cross, B. E., J. F. Grove, J. McMillan, J. S. Moffat, T. P. C. Mulholland*, and *J. C. Seaton:* Proc. Chem. Soc. *1959*, 302.
11) — —, *P. McCloskey, T. P. C. Mulholland*, and *W. Klyne:* Chem. Ind. (London) *1959*, 1345.
12) *Sheppard, N.:* J. Chem. Soc. *1960*, 3040.
13) *West, C. A.*, and *B. O. Phinney:* J. Am. Chem. Soc. *81*, 2424 (1959).
14) *Adler, N., T. Medwick, R. G. Johl*, and *M. A. Manzelli:* Advan. Chem. Ser. *28*, 26 (1961).
15) *Radley, P. W.:* Nature *178*, 1070 (1956).
16) *Brian, M. E.:* Symp. Soc. Exptl. Biol., *11*, 166 (1957); Nature *181*, 1122 (1958).
17) *Chailakhyan, M. K.:* Botan. Zh. *43*, 927 (1958).
18) *McMillan, J., J. C. Seaton*, and *P. J. Suter:* Advan. Chem. Ser. *28*, 18 (1961).
19) —, and *N. Takahashi:* Nature *217*, 170 (1967).
20) *Stodola, F. H., K. B. Raper, D. I. Fenell, H. F. Conway, V. E. Schus, C. T. Langford*, and *R. W. Jackson:* Arch. Biochem. Biophys. *54*, 240 (1955).
21) *Grove, J. F., P. W. Jeffs, T. P. C. Mulholland:* J. Chem. Soc. *1958*, 1236.
22) *Takahashi, N., H. Kitamura, A. Kawarada, Y. Seta, H. Takai, S. Tamura* u. *Y. Sumiki:* Bull. Agr. Chem. Soc. Japan *19*, 267 (1955); C. A. *50*, 10862 (1956).
23) *Curtis, P. J.*, and *B. E. Cross:* Chem. and Ind. *35*, 1066 (1954).
24) *Cross, B. E.:* J. Chem. Soc. *1954*, 4670.
25) *Grove, J. F., J. McMillan, T. P. C. Mulholland*, and *W. B. Turner:* J. Chem. Soc. *1960*, 3049.
26) *West, C. A.*, and *B. O. Phinney:* J. Am. Chem. Soc. *81*, 2424 (1959).
27) *McMillan, J., J. C. Seaton*, and *P. J. Suter:* Tetrahedron *11*, 60 (1960).
28) — — — Tetrahedron *18*, 349 (1962).
29) *Cross, B. E., R. H. B. Galt*, and *J. R. Hanson:* Tetrahedron *18*, 451 (1962).
30) — in: Regulateurs naturels de la croissance végétale, 265. Paris: CNRS 1964.
31) *Hanson, J. R.:* Tetrahedron *22*, 701 (1966).
32) *Cross, B. E.*, and *K. Norton:* J. Chem. Soc. *1965*, 1570.
33) *Galt, R. H. B.:* J. Chem. Soc. *1965*, 3143.
34) *Cross, B. E.:* J. Chem. Soc. *C 1966*, 501.
35) *Hanson, J. R.:* Tetrahedron *23*, 733 (1967).
36) *Galt, R. H. B.:* Tetrahedron *24*, 1337 (1968).
37) *Pryce, R. J.*, and *J. McMillan:* Tetrahedron Letters *1967*, 4173.
38) *Koshimizu, K., H. Fukui, T. Kusaki, T. Mitsui*, and *Y. Ogawa:* Tetrahedron Letters *1966*, 2459.
39) *Tamura, S., N. Takahashi, N. Murofushi, S. Iriuchijima, J. Kato, Y. Wada, E. Watanabe*, and *T. Aoyama:* Tetrahedron Letters *1966*, 279; Agr. Biol. Chem. (Tokyo) *30*, 917 (1966).
40) *Takahashi, N., N. Murofushi, T. Yokota*, and *S. Tamura:* Tetrahedron Letters *1967*, 1065.
41) *Tamura, S., N. Takahashi, N. Murofushi, T. Yokota, J. Kato* u. *Y. Shiotani:* Planta *75*, 279 (1967).

42) *Takahashi, N., N. Murofushi, T. Yokota*, and *S. Tamura:* Tetrahedron Letters *1967*, 4861.
43) *Koshimizu, K., H. Fukui, M. Inui, Y. Ogawa*, and *T. Mitsui:* Tetrahedron Letters *1968*, 1143.
44) *Harrison, D. M.*, and *R. H. B. Galt:* Tetrahedron Letters *1968*, 3137.
44a) *Takahashi, N., T. Yokota, N. Murofushi*, and *S. Tamura:* Tetrahedron Letters *1969*, 2077.
45) *Schreiber, K., G. Schneider, G. Sembdner*, and *I. Focke:* Phytochemistry *5*, 1221 (1966).
46) *Tamura, S., N. Takahashi, T. Yokota* u. *N. Murofushi:* Planta *78*, 208 (1968).
47) *Sembdner, G., J. Weiland, O. Aurich*, and *K. Schreiber*, in: Plant Growth Regulators, S. C. I. Monograph No. 31, p. 70. London 1968.
48) *Radley, M.:* Nature *191*, 684 (1961).
49) *Mowat, J. A.:* Botan. Marina *8*, 149 (1965).
50) *Jennings, R. C.*, and *A. J. McComb:* Nature *215*, 872 (1967).
51) — Planta *80*, 34 (1968).
52) *Smith, O. E.*, and *L. Rappaport:* Advan. Chem. Ser. *28*, 42 (1961).
53) *Karawada, A.*, and *Y. Sumiki:* Bull. Agr. Chem. Soc. Japan *23*, 343 (1959).
54) *Khalifah, R. A., L. N. Lewis*, and *C. W. Coggins:* Plant Physiol. *40*, 441 (1965).
55) *Weaver, R. J.*, and *R. M. Pool:* Plant. Physiol. *40*, 8970 (1965).
56) *Adler, N., T. Medwick, R. G. Johl*, and *M. A. Manzelli:* Advan. Chem. Ser. *28*, 26 (1961).
57) *Koshimizu, K.*, and *H. Fukui:* Agr. Biol. Chem. (Tokyo) *30*, 941 (1966).
58) *Cavell, B. D., J. McMillan, R. J. Pryce*, and *A. C. Sheppard:* Phytochemistry *6*, 867 (1967).
59) *Pryce, R. J., J. McMillan*, and *A. McCormick:* Tetrahedron Letters *1967*, 5009.
60) *McMillan, J.*, and *R. J. Pryce*, in: Plant Growth Regulators, S. C. I. Monograph No. 31, p. 36. London 1968.
61) *Birch, A. J., R. W. Richards, H. Smith, A. Harris*, and *W. B. Whalley:* Tetrahedron Letters *7*, 241 (1959).
62) *Graebe, J. E., D. T. Dennis, C. D. Upper*, and *C. A. West:* J. Biol. Chem. *240*, 1847 (1965).
62a) *Humphries, E. C.:* Field Crop Abstr. *21*, 91 (1968).
63) *Cathey, H. M.:* Physiology of Growth Retarding Chemicals. In: Ann. Rev. Plant Physiol. *15*, 271—302 (1965).
63a) *Tolbert, N. E.:* Advan. Chem. Ser. *28*, 145 (1961).
64) *Cross, B. E.*, and *P. L. Myers:* Phytochemistry *8*, 79 (1969).
65) *Ruddat, M., E. Heftmann* u. *A. Lang:* Naturwiss. *52*, 267 (1965).
66) *Dennis, D. T., C. D. Upper*, and *C. A. West:* Plant Physiol. *40*, 948 (1965).
67) *Anderson, J. D.*, and *T. C. Moore:* Plant Physiol. *42*, 1527 (1967).
68) *Graebe, J. E.:* Phytochemistry *7*, 2003 (1968).
69) *El-Foury, M. M.*, u. *J. Jung:* Phytopathol. Z. *57*, 192 (1966).
70) *Pommer, E. H.:* Z. Pflanzenkrankh. Pflanzenschutz *74*, 438 (1967).
71) *Knapp, R.:* Eigenschaften und Wirkungen der Gibberelline, Symposium der Oberhessischen Gesellschaft für Natur- und Heilkunde, Gießen *1960*. Berlin-Göttingen-Heidelberg: Springer 1962.
72) *Lang, A.:* Naturwiss. *43*, 257, 284 (1956).
73) *Moore, T. C.*, and *E. K. Bonde:* Physiol. Plantarum *11*, 572 (1958).
74) *Chailakhyan, M. K.*, u. *V. N. Lozhnikova:* Fiziol. Rast. *9*, 21 (1962); C. A. *56*, 14, 660d (1962).
75) *Ellis, P. E., D. B. Carlisle*, and *D. J. Osborne:* Science *149*, 546 (1965).
76) *Nation, J. L.*, and *F. A. Robinson:* Science *152*, 1765 (1966).
77) *Schwartz, E.:* Naturwiss. *54*, 371 (1967).
78) *Brian, P. W., J. F. Grove*, and *T. P. C. Mulholland:* Phytochemistry *6*, 1475 (1967).
79) *Lona, F.*, e *L. Fioretti:* Ann. Botan. (Rome) *27*, 309 (1962); C. A. *62*, 1018h (1965).
80) *Brian, P. W., H. G. Hemming*, and *D. Lowe:* Ann. Botany (London) *28*, 369 (1964).
81) *Michniewicz, M.*, u. *A. Lang:* Naturwiss. *49*, 211 (1962).
82) *Sell, H. M., S. Rafos, M. J. Bukovac*, and *S. H. Wittwer:* J. Org. Chem. *24*, 1822 (1959).
83) *Hashimoto, T., A. Sakuarai*, and *S. Tamura:* Plant Cell Physiol. (Tokyo) *8*, 23, (1967).
84) *Taniguchi, E.*, and *G. A. White:* Biochem. Biophys. Res. Commun. *28*, 879 (1967).
85) *Varner, J. E.*, and *G. R. Chandra:* Proc. Natl. Acad. Sci. *52*, 100 (1964).
86) *Filner, P.*, and *J. E. Varner:* Proc. Natl. Acad. Sci. *58*, 1520 (1967).
87) *Chrispeels, M. J.*, and *J. E. Varner:* Plant Physiol. *42*, 398 (1967).
88) *Johri, M. M.*, and *J. E. Varner:* Proc. Natl. Acad. Sci. *59*, 269 (1968).
89) *Nitsan, J.:* Develop. Biol. *12*, 358 (1965); Plant Physiol. *41*, 965 (1966); Ann. N. Y. Acad. Sci. *144*, 180 (1967).

90) *Katsumi, M., B. O. Phinney,* and *W. K. Purves:* Physiol. Plantarum. *18*, 462 (1965).
91) *Tanimoto, T.,* and *L. G. Nickell:* Proc. 25th Annual Meeting Hawaiian Sugar Technologists, 1966, p. 184.
92) *Wittwer, S. H.:* Farm Chem. *131*, 62 (1968).
93) *Macey, A.,* and *K. C. Stowell:* U.S. Pat. 3193470 (1965); C. A. *63*, 9027d (1965).
94) *Jung, J.:* Naturwiss. *54*, 356 (1967).
94a) *Banasik, A. J.:* Brewers Dig. *1969*, 44.
95) —, u. *C. Pfaff:* Z. Pflanzenernähr. Düng. Bodenk. *81*, 133 (1958).
96) *Varga, A.:* Mededel. Directeur Tuinbouw *27*, 332 (1964), Wageningen; C. A. *61*, 11258c (1964).
97) Eli Lilly Co., U.S. Pat. 3137562 (1961); C. A. *61*, P 4 890 f (1964).

3. Cytokinine

W. Draber

Die ersten Vertreter der Cytokinine [1], einer Klasse von Wuchsstoffen, zu der auch natürliche Pflanzenhormone gehören, wurden ähnlich wie die Gibberelline nicht aus pflanzlichem Material isoliert. Nachdem in Kokosnußmilch ein purinartiger Wachstumsfaktor nachgewiesen und angereichert worden war [2], fand man in DNS aus Hefe und Heringssperma eine geeignetere Quelle. 1956 gelang die Reindarstellung und Strukturaufklärung von Kinetin (6-N-Furfuryladenin) [3], einer hochaktiven Substanz, die schnell das Interesse zahlreicher Pflanzenphysiologen fand. Es zeigte sich jedoch bald, daß 6-Furfuryl-adenin nicht natürlicher Bestandteil der DNS war, sondern durch Abbau des darin enthaltenen Desoxyadenosins entstand.

a) Vorkommen in der Natur

Neben dem Kinetin selbst wurden synthetische Analoge, vor allem das Benzyladenin untersucht, ohne daß zunächst der Nachweis eines Cytokinins in Pflanzen gelang. Allerdings hielten Autoren von Übersichtsartikeln ein natürliches Vorkommen stets für sehr wahrscheinlich [4–8], bis *Letham* 1964 aus Mais (*Zea mays*), das Zeatin isolieren konnte [9,10]. Es wurde später auch in Pflaumen [11] und

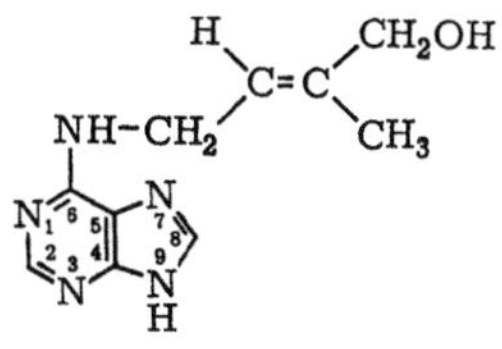

anderen Pflanzen nachgewiesen. Für Wuchsstoffe, deren biologische Wirkung dem Kinetin (6-Furfuryl-amino-purin) ähnelt, soll nach einer Übereinkunft der Entdecker dieser Stoffklasse [*F. Skoog*, *F. M. Strong* and *C. O. Miller:* Science *148*, 532 (1965)] nur noch die Bezeichnung Cytokinine verwendet werden. In älterer Literatur werden sie auch „Kinine“ oder „Phytokinine“ genannt.
Eine universelle Verbreitung wurde durch Nachweis von Zeatin oder cytokininähnlichen Substanzen in vielen höheren Pflanzen sichergestellt. Zeatin wurde auch als 9-N-Ribosid [12,13] sowie als Bestandteil von Ribonucleinsäure [14] aufgefunden.

Ein weiteres Purin mit hoher Cytokinin-Wirkung, 6-N-(2-Isopentenyl)-adenin wurde als freie Verbindung in *Corynebacterium fascians* [15–17] sowie als Ribonucleosid in serinspezifischer t-RNS [18–21] und in tyrosinspezifischer t-RNS [22,23] nachgewiesen. In s-RNS aus *E. coli* wurde ein Purinnucleosid mit Cytokinin-Wirkung, das eine Methylmercaptogruppe in 4-Stellung trägt, entdeckt [24].

Eine Übersicht über aus Pflanzen und Mikroorganismen isolierte Verbindungen mit Cytokinin-Wirksamkeit gibt Tabelle 1.

Tabelle 1. *Natürliches Vorkommen von Cytokininen*

Struktur	Vorkommen	Literatur
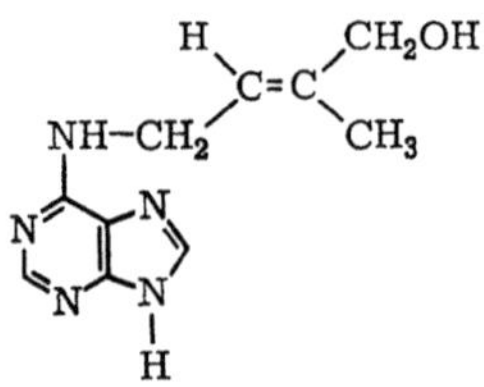 Zeatin (trans)	Mais (0,2 bis 1 mg aus 60 kg unreifen Körnern) Pflaumen	9–11) 28)
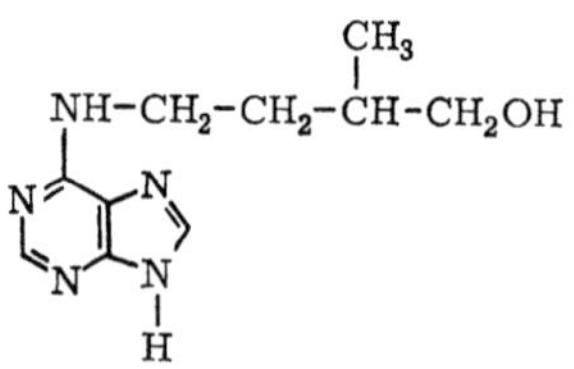 (-)-Dihydrozeatin	Lupine (*Lupinus luteus*)	29)
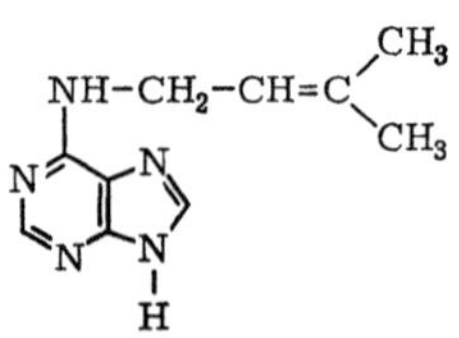 2-Isopentenyl-adenin	*Corynebacterium fascians* (bisher nicht in höheren Pflanzen nachgewiesen)	15–17)
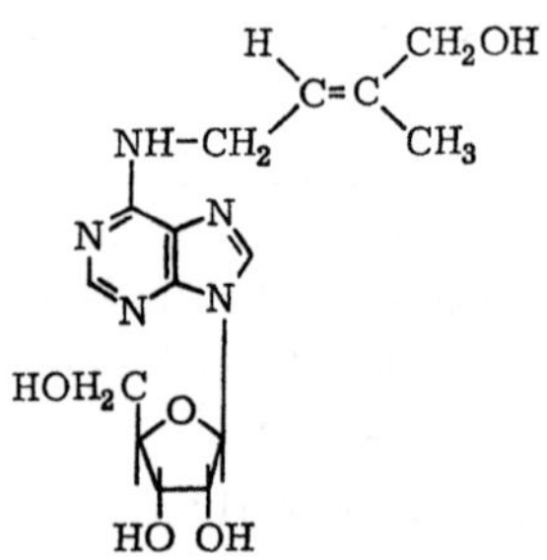 trans-Zeatin-9-ribosid	Mais	12, 13, 27)

Tabelle 1 (Fortsetzung)

Struktur	Vorkommen	Literatur
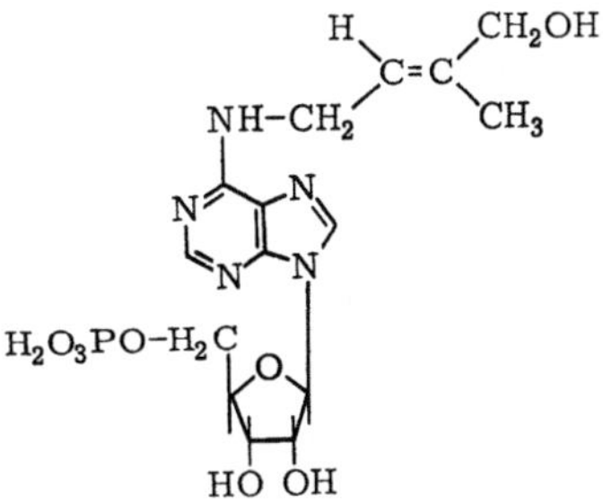 Zeatin-nucleotid	unreife Maiskörner	38)
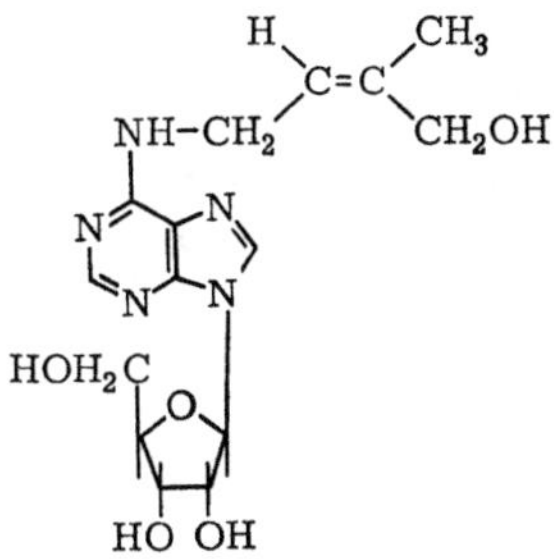 cis-Zeatin-9-ribosid	s-RNS-Fraktion aus Mais (0,4 mg aus 9 kg)	14)
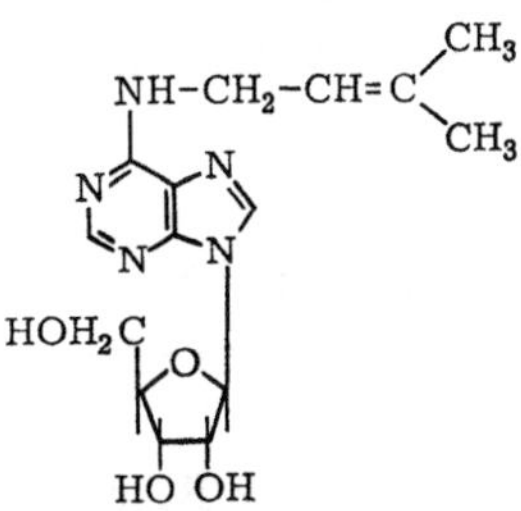	Bäckerhefe:	
	unfraktionierte s-RNS	20)
	serinspezifische t-RNS	18–21)
	tyrosinspezifische t-RNS	22–23)
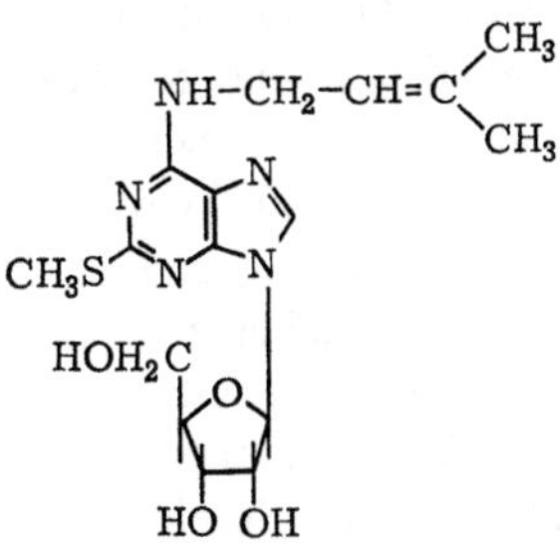	s-RNS aus *Escherichia coli*	24)

Tabelle 1 (Fortsetzung)

Struktur	Vorkommen	Lit.
Cytokinine unbestimmter Struktur (chromatographisch und durch Biotest identifiziert)	Apfel, Eukalyptus, Tabak	25)
	Zellsaft von Weintrauben	26)
	Sonnenblume	30, 31)
	Zuckerahorn (*Acer saccharum*)	32)
	Ananas, Tabak, Cichorie, Erbsen, Bohnen, Pappel	33)
	Samen verschiedener Pflanzenarten	27)
	Verschiedene grüne Pflanzen	34)
	Wassermelonensaft	35)
	Laubmoos (in den Sporophyten)	36)
	Citrus (Zitronensamen)	37)

Die große Anzahl von Hinweisen auf nachgewiesene, aber nicht isolierte Cytokinine ist wohl auf die geringe Konzentration von 0,01 bis 0,1 ppm [26,39] in pflanzlichem Material zurückzuführen. Es steht zu erwarten, daß sich die bisher kleine Zahl natürlicher, pflanzlicher Cytokinine mit der zunehmenden Anwendung verfeinerter physikalischer Analysenmethoden, besonders der hochauflösenden Massenspektrometrie, vergrößern wird.

b) Biologische Wirkung

Für die Prüfung von Pflanzenextrakten oder synthetisierten Substanzen auf Cytokinin-Wirkung stehen eine Reihe von Tests zur Verfügung, die kürzlich von *Letham* referiert wurden [1]. Die Tests beruhen auf den folgenden physiologischen Wirkungen der Cytokinine:

1. Zellteilung und
2. Zelldehnung in Gewebekulturen oder isolierten Pflanzenteilen;
3. Verzögerung der Seneszenz und des Chlorophyllabbaus in isolierten Pflanzenteilen;
4. Stimulierung der Dunkelkeimung von Samen, die normalerweise Belichtung brauchen (z. B. Salat).

Gibberelline interferieren mit einem Teil der Tests; bei den Methoden, die mit Gewebekulturen arbeiten (Tabakmark-Kallus, Sojabohnen-Kallus und Karottenwurzelgewebe), allerdings erst bei höheren Konzentrationen. Die Seneszenzverzögerung bei Gerste und Xanthiumblättern ist relativ spezifisch für Cytokinine. Am empfindlichsten ist wohl der Tabakmark-Kallusgewebetest, der bereits auf eine Konzentration von 10^{-9} Mol/l Kinetin anspricht. Von gleicher Leistungsfähigkeit soll eine verwandte Methode sein, bei der Kallusgewebekulturen aus Sojabohnen verwendet werden [40]. Eine Schwäche vieler Tests ist, daß die Abhängigkeit der Wirkung von der Dosis nur in einem relativ engen Bereich linear

ist, und daß sie viel Zeit in Anspruch nehmen (3 bis 5 Wochen bei den Gewebekultur-Tests). Diese Nachteile soll eine neue Prüfmethode von *Letham* nicht besitzen, bei der Radieschen-Kotyledonen benutzt werden, und die deshalb zur Serienprüfung besonders geeignet erscheint [41].
Auf ihre biologische Wirksamkeit hin untersucht wurden bisher vor allem die synthetisch leicht zugänglichen Cytokinine, Kinetin (6-N-Furfuryl-adenin), 6-N-Benzyl-adenin und das Benzyladenin-Derivat

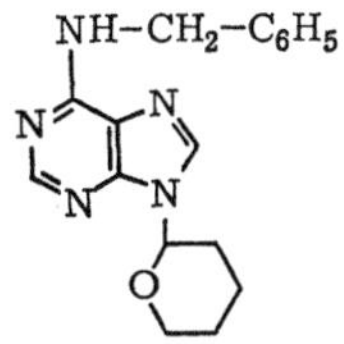

SD 8339 [42]

Nach dem heutigen Wissensstand haben exogene Cytokinine bei Pflanzen folgende Wirkungen:

1. Induktion oder Regulation der DNS-, RNS-, Protein- und Thiamin-Biosynthese.
2. Regulation von Organbildung apikaler Dominanz und Verzweigung.
3. Förderung von Blüte und Keimung.
4. Regulation des Transports von Stoffwechselprodukten im Phloem.
5. Verzögerung der Alterung von Blüten, Früchten, Gemüse und Blättern (Seneszenzverzögerung).

Eine Anzahl von Beispielen charakteristischer, biologischer Effekte ist in Tabelle 2 zusammengestellt.
Der aktive Konzentrationsbereich bei exogener Anwendung liegt zwischen 10^{-8} und 10^{-3} Mol/l bzw. 0,01 bis 100 ppm. Kombinationstests mit Indolylessigsäure oder Gibberellinsäure ergeben oft eine Wirkungsumkehr beim Übergang zu höheren Konzentrationen [64–66].

c) Struktur und Wirkung

Chemische Variation des Kinetins führte außer zu den bereits erwähnten Benzyladenin und SD 8339 zu einer Anzahl weiterer Substanzen mit Cytokininwirkung. Eine ganze Anzahl von Purinen der Struktur

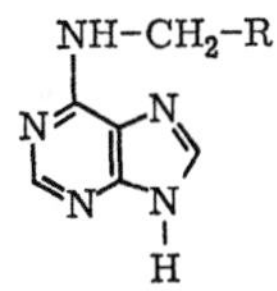

erwiesen sich als aktiv, wobei R = Thienyl, Tetrahydrofuryl, Pyridyl, Naphthyl, Cyclohexyl, Alkyl mit C_4 bis C_7 und Alkoxyalkyl [67,68] sein kann. 6-Phenylaminopurin und 6-Benzylmercapto-purin sind ebenfalls noch aktiv, wobei allerdings

Tabelle 2. *Biologische Effekte von Cytokininen*

Substanz	Testorganismus	Art der Aktivität	Literatur
Kinetin	Feuerbohne (*Phaseolus coccineus*)	Zellstreckung in Blattabschnitten	35, 43)
Kinetin	Lupine (*Lupinus hartewegii*)	Steigerung des lateralen Wurzelwachstums (0,1 ppm)	44)
Kinetin	*Xanthium* sp.	Verzögerung der Seneszenz in Blattausschnitten	45)
Kinetin	Löwenzahn (*Taraxacum officinalis*)	Verzögerung der Seneszenz in isolierten Blättern	46)
Kinetin	Tabakpflanze	Erhöhung der Hitzetoleranz in Blattausschnitten	47)
Kinetin	Tabakpflanze Kohl	Verzögerung des Vergilbens von Blattausschnitten	48)
Kinetin	Feuerbohne	Verzögerung der Abzission an Explanten	49)
Kinetin	Tomate, Kürbis, Erbse	Reduktion des Trockengewichts der oberirdischen Teile	50)
Kinetin	Tomate	Verzögerung der Blüte	50)
Kinetin	Erbse	Beschleunigung der Blüte	50)
Kinetin	Erbse	Wachstumsbeschleunigung bei jungen Sprossen (20 ppm)	51)
Kinetin	Salatsamen	Aufhebung der durch 200 ppm Morphactin verursachten Keimungshemmung (1 – 5 ppm)	52)
Kinetin	Erbse, Sonnenblume	Aufhebung der apikalen Dominanz	53)
Kinetin	*Triturus viridescens*	Anregung der mitotischen Aktivität (100 ppm), polyploide Teilungen und Abnormitäten	54)
Benzyladenin	Gerste	Verzögerung des Chlorophyllabbaus in Blattausschnitten	55)
Benzyladenin	verschiedene grüne Gemüse	Verbesserung der Wasser- und Protein-Retention	56)
Benzyladenin SD 8339	Weinrebe (*Vitis vinifera*)	Steigerung von Fruchtansatz und Ertrag	42, 57, 58)
SD 8339	Calimyrna-Feige	Erzeugung von Parthenokarpie (18 ppm, injiziert)	
Zeatin	Sojabohne	Wachstumsförderung an Kallusgewebe	60)
Kinetin	Tabakpflanze	Anhäufung bestimmter Metaboliten (z. B. Alanin) in mit Kinetin behandelten Blattflächen	47, 61, 62)
Benzyladenin	Embryonen von *Agrostemma githago*	Induktion von Nitratreduktase	63)
Benzyladenin	*Protonema* von Moos	Induktion der Knospenbildung	94)

in den verschiedenen Testsystemen Unterschiede bestehen [6]. Befindet sich die Benzylaminogruppe in 4-Stellung des Purinkerns, so geht die Aktivität praktisch verloren [71]. Von den 9-substituierten Benzyladeninen sind SD 8339 [42,57,58] und das β-D-Ribofuranosid hochwirksam, während das β-D-Glucopyranosid [70] nahezu inaktiv sein soll. Ein 6-N-Alkyladenin mit einem Pyridinium-Rest in der Seitenkette

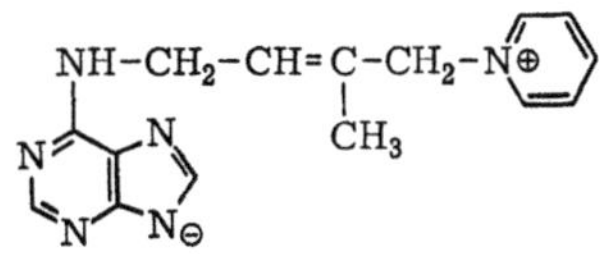

zeigte hohe Cytokinin-Aktivität [69].

Einige neue 9-N-Tetrahydropyranyl-adenine sollen im Seneszenz-Test wirksamer als Zeatin sein [71a].
Verallgemeinernd läßt sich sagen, daß unter den synthetischen Cytokininen mit Purinstruktur offenbar nur Adenine mit einem Substituenten in 6-N hohe Cytokininwirkung zeigen. Ein leicht abspaltbarer Rest am 9-N, wie z. B. in Ribosiden oder der Tetrahydropyranyl-Verbindung SD 8339, kann die Aktivität erhöhen. Weitere Substituenten in anderen Positionen reduzieren die Wirkung oder führen zu Inaktivität [31,72].
Allerdings bleibt die Wirkung des Zeatins nach Methylierung von 3-, 7- oder 9-Stellung im Test mit Explanten von Karotten (Zellteilung und Zelldehnung) voll erhalten [73]. Auch für Verbindungen, die keine Purinstruktur besitzen, wird Cytokinin-Aktivität beansprucht. Dazu gehören substituierte Phenylharnstoffe und Thioharnstoffe [74,75], N-6-Furfuryl-amino-8-azapurin (8-Azakinetin) [76], Nicotinamid-Derivate [78] sowie Pyrimidine [79].
Da die verschiedenen Autoren nicht die gleichen Biotests verwenden, ist es schwer zu entscheiden, ob in allen diesen Fällen echte Cytokinin-Wirkung vorliegt. Ein einzelnes Testsystem dürfte sicher nicht genügen, um eine Verbindung einer bestimmten Klasse von Pflanzenhormonen zuzuordnen. So läßt sich z. B. Parthenokarpie bei der Calimyrna-Feige mit so verschiedenen Stoffen wie dem Cytokinin SD 8339, GA_3 und dem Herbizid Tordon® (2,3,5-Chlor-4-aminopyridin) erzeugen [59].

d) Wirkungsmechanismus

Die Rolle der Cytokinine im pflanzlichen Organismus kann nur im Zusammenhang mit den anderen bisher bekannten Pflanzenhormonen, den Auxinen, Gibberellinen und dem Dormin gesehen werden. Alle diese Substanzen beeinflussen nach heutiger Anschauung die Proteinsynthese und den Metabolismus der Nucleinsäuren [54,80–85]. Es gibt Hinweise dafür, daß Cytokinine die RNS-Synthese unspezifisch stimulieren [86,87], was makroskopische Effekte wie Verzögerung der Seneszenz, Auslösung der Zellteilung und Wachstumsbeschleunigung erklären würde. Dazu nicht in Widerspruch steht eine Spekulation von *van Overbeek* [88], wonach Cytokinin als natürlicher Gegenspieler von Dormin die allosterische Umlagerung [89] von DNS-(oder RNS)-Polymerase steuert und damit über die RNS-Synthese die Bildung von Enzymen, Wachstum und Differenzierung. Eine Derepressor-Funktion von Cytokininen wurde auch von *Osborne* [92] angenommen. Cytokinine wirken nicht als „Trigger" von Differenzierungsprozessen [90], wie an Protonema von Laubmoos (*Funaria hygrometrica* L.) gezeigt wurde, sondern müssen während einer längeren kritischen Phase in einer bestimmten Konzentration vorhanden sein. Andernfalls ist der Differenzierungsprozeß rückläufig [72].

Der Einfluß von Cytokininen auf die Zellteilung wurde auch als die Stimulierung der Synthese eines speziellen, die Zellteilung auslösenden Faktors interpretiert [90,91]. Dieser Zellteilungsfaktor, der bisher nicht identifiziert wurde, tritt in Pflanzentumoren auf und ist nach Zusatz von Benzyladenin in normalen Zellen (*Vinca rosea* L.) ebenfalls nachweisbar. Cytokinine heben die Chloramphenicol-Hemmung der Eiweiß-Synthese auf [86], sollen *in vivo* jedoch als Synergist von Chloramphenicol (bei *Bacillus subtilis*) wirken [95]. Cytokinine können die Richtung des Substratstroms in isolierten Pflanzenteilen dirigieren [8,96,106].

Der Befund, daß 6-N-Isopentenyl-adenin in unmittelbarer Nähe des Anticodons von serin- oder tyrosin-spezifischer t-RNS aus verschiedenen Quellen vorkommt, hat zu Vermutungen Anlaß gegeben, daß hier ein Zusammenhang mit der biologischen Wirkung zu suchen sei [71,93,97,100]. Man schätzt, daß auf etwa 20 Moleküle t-RNS eine unnatürliche Base vom Cytokinin-Typ kommt [21,98,99]. Bisher gibt es jedoch keine Beweise dafür, daß die biologische Wirkung exogener Cytokinine etwas mit dem Vorkommen etwa von Isopentenyl-adenin in t-RNS zu tun hat [73].

e) Möglichkeiten der Anwendung

Da die synthetischen Cytokinine über 6-Chlorpurin relativ leicht zugänglich sind, existiert eine ganze Reihe von Anwendungspatenten. Darin werden Cytokinine beansprucht zur Stimulierung von Knospenbildung und Wurzelwachstum [101], zur Ertragserhöhung bei Gerste und Weizen [102], zur Stimulierung des Wachstums von Blättern und Trieben von Obstbäumen [103], zur Beschleunigung der Keimung [104], als Synergist für Antibiotica [95] und zur Defoliation von Baumwollpflanzen [105]. Weintrauben sollen nach Behandlung der Blüten mit 1000 ppm SD 8339 dreimal größer als die Kontrollen werden [107] und 6-Benzyladenin soll zusammen mit Indolylessigsäure die Lebensdauer von Schnittblumen verlängern [108].

Eine kommerzielle Anwendung von Cytokininen findet bisher jedoch nicht in größerem Umfange statt. Der Grund dafür dürfte in diesem Falle nicht in der Preissituation liegen, sondern in der im Vergleich zu Herbiziden erheblich schwierigere Probleme aufgebenden Anwendungstechnik.

3.1. Literatur

1) Neuere Übersichtsreferate über Cytokinine: *Letham, D. S.:* Ann. Rev. Plant Physiol. *18*, 349 (1967); *Srivastava, B. I. S.:* Intern. Rev. Cytol. *22*, 349 (1967); *Helgeson, J. P.:* Science *161*, 974 (1968).

2) *Mattney, J. R., W. S. Hillmann, C. O. Miller, F. Skoog, R. A. Clayton,* and *F. M. Strong:* Physiol. Plantarum *5,* 485 (1952).
3) *Miller, C. O., F. Skoog, F. S. Okumata, M. H. von Saltza,* and *F. M. Strong:* J. Am. Chem. Soc. *77,* 2662 (1955); *78,* 1375 (1956).
4) *Strong, F. M.:* Topics in Microbial Chemistry. New York: Wiley 1958.
5) *Jablonski, J. R.,* and *F. Skoog:* Physiol. Plantarum *7,* 16 (1954).
6) *Miller, C. O.:* Ann. Rev. Plant Physiol. *12,* 395—408 (1961).
7) *Brown, C. A.:* Kinin. Encyclopedia of Science and Technology, Yearbook, 303—304. New York: McGraw-Hill 1963.
8) *Mothes, K.:* Naturwiss. *47,* 337—351 (1960); *Mothes, K.:* Régulateurs Naturels de la Croissance Végétale, 131—140. Gif-sur-Yvette: Centre Nat. Rech. Sci. 1964.
9) *Letham, D. S., J. S. Shannon,* and *I. R. McDonald:* Proc. Chem. Soc. *1964,* 230.
10) — Régulateurs Naturels de la Croissance Végétale, 109—117, Paris: Centre. Nat. Rech. Sci. 1964.
11) *Miller, C. O.:* Proc. Natl. Acad. Sci. U. S. *54,* 1052 (1965).
12) *Letham, D. S.:* Life Sci. *5,* 551 (1966).
13) *Miller, C. O.:* Ann. N. Y. Acad. Sci. *144,* 251 (1967).
14) *Hall, R. H., L. Csonka, H. David,* and *B. McLennan:* Science *156,* 69 (1967).
15) *Klämbt, D., G. Thies,* and *F. Skoog:* Proc. Natl. Acad. Sci. U. S. *56,* 52 (1966).
16) *Helgeson, J. P.,* and *N. J. Leonard:* Proc. Natl. Acad. Sci. U. S. *56,* 60 (1966).
17) *Hecht, S. M.,* and *N. J. Leonard:* Chem. Commun. *1967,* 973.
18) *Biemann, K., S. Tsunakawa, J. Sonnenbichler, H. Feldmann, D. Dütting* u. *H. G. Zachau:* Angew. Chem. *78,* 600 (1966).
19) *Zachau, H. G., D. Dütting* u. *H. Feldmann:* Angew. Chem. *78,* 392 (1966).
20) *Hall, R. H., M. J. Robins, L. Stasiuk,* and *R. Thedford:* J. Am. Chem. Soc. *88,* 2614 (1966).
21) *Robins, M. J., R. H. Hall,* and *R. Thedford:* Biochemistry *6,* 1837 (1967).
22) *Madison, J. T., G. A. Everett,* and *H. K. Kung:* J. Biol. Chem. *242,* 1318 (1967).
23) —, and *H. K. Kung:* J. Biol. Chem. *242,* 1324 (1967).
24) *Burrows, W. J., D. J. Armstrong, F. Skoog, S. M. Hecht, J. T. A. Boyle, N. J. Leonard,* and *J. Occolowitz:* Science *161,* 691 (1968).
25) *Bottomley, W., N. P. Kefford, J. A. Zwar,* and *P. L. Goldacre:* Australian. J. Biol. Sci. *16,* 395, 407 (1967).
26) *Loeffler, J. E.,* and *J. van Oberbeek:* Colloq. Intern. Centre Natl. Rech. Sci. (Paris) *123,* 77 (1964).
27) *Miller, C. O.:* Proc. Natl. Acad. Sci. U. S. *46,* 170 (1961).
28) *Letham, D. S.:* Life Sci. *2,* 152 (1963).
29) *Koshimizu, K., S. Matsubara, T. Kusaki,* and *T. Mitsui:* Agr. Biol. Chem. (Tokyo) *31,* 795 (1967).
30) *Kende, H.:* Science *145,* 1066 (1964); Proc. Natl. Acad. Sci. U. S. *53,* 1302 (1964).
31) *Weiss, C.,* and *Y. Vaadia:* Life Sci. *4,* 1323 (1965).
32) *Nitsch, J. P.,* et *C. Nitsch:* Bull. Soc. Botan. France *112,* 11 (1965).
33) — Ann. N. Y. Acad. Sci. *144,* 279 (1967).
34) *Zwar, J. A., M. I. Bruce, W. Bottomley* et *N. P. Kefford:* Régulateurs Naturels de la Croissance Végétale, S. 123. Gif-sur-Yvette; Centre Nat. Rech. Sci. 1964.
35) *Masheshwari, S. C.,* u. *R. Prakash:* Naturwiss. *53,* 558 (1966).
36) *Bauer, L.:* Z. Pflanzenphysiol. *54,* 241 (1966).
37) *Khalifah, R. A.,* and *L. N. Lewis:* Nature *212,* 1472 (1966).
38) *Letham, D. S.:* Life Sci. *5,* 1999 (1966).
39) — Phytochemistry *5,* 269 (1966).
40) *Miller, C. O.,* in: Modern Methods of Plant Analysis (Ed. *H. F. Linskens,* and *M. V. Tracey*), Vol. 6, p. 194ff. Berlin-Göttingen-Heidelberg: Springer 1963.
41) *Letham, D. S.* in: Biochemistry and Physiology of Plant Growth Substances (Ed. F. Wightman, and G. Setterfield), p. 19. Ottawa: Runge Press. 1968.
42) *Weaver, R. J., J. van Overbeek,* and *R. M. Pool:* Nature *206,* 952 (1965).
43) *Miller, C. O.:* Plant Physiol. *31,* 318 (1956); *Powell, R. D.,* and *M. M. Griffith:* Plant Physiol. *35,* 273 (1960).
44) *Fries, N.:* Physiol. Plantarum *13,* 468 (1960).
45) *Richmond, A. E.,* and *A. Lang:* Science, *125,* 650 (1957).
46) *Fletcher, R. A.,* and *D. J. Osborne:* Nature *207,* 1175 (1965).

47) *Mothes, K.*, and *L. Engelbrecht:* Life Sci. *2*, 852 (1963).
48) *Engelbrecht, L.*, u. *K. Conrad:* Ber. Deut. Botan. Ges. *74*, 42 (1961).
49) *Osborne, D. J.*, and *S. E. Moss:* Nature *200*, 199 (1963).
50) *Wittwer, S. H.*, and *R. R. Dedolph:* Am. J. Botany *50*, 330 (1963).
51) *Denizci, R.:* Planta *68*, 141 (1966).
52) *Sankhla, N.*, and *D. Sankhla:* Planta *76*, 47 (1967).
53) *Sachs, T.*, and *K. V. Thimann:* Nature *201*, 939 (1964).
54) *Kevin, S. P., E. R. Witkus*, and *C. A. Berger:* Exptl. Cell Res. *41*, 259 (1966).
55) *Kulayeva, O. N., E. A. Chernysheva, L. A. Kolotenko, N. E. Dolgova, I. P. Vorobyeva, E. A. Popova*, and *M. E. Klyachko:* Fiziol. Rast. *12*, 902 (1965).
56) *Hansen, H.:* Gartenbauwissenschaft *28*, 463 (1963).
57) *Weaver, R. J.*, and *J. van Overbeek:* Calif. Agr. *17*, 12 (1963).
58) — —, and *R. M. Pool:* Hilgardia *36*, 181 (1966).
59) *Crane, J. C.:* Plant Physiol. *40*, 606 (1965).
60) *Lehmann, D. S.*, and *C. O. Miller:* Plant Cell Physiol. (Tokyo) *6*, 355 (1965).
61) *Mothes, K.*, and *L. Engelbrecht:* Phytochemistry *1*, 58 (1961).
62) *Lagerstedt, H. B.*, and *R. G. Langston:* Life Sci. *6*, 145 (1967).
63) *Borris, H.*, u. *K. Hofmann*, in: Wachstumsregulatoren bei Pflanzen, S. 629. Intern. Vortragstagung, Rostock/Kühlungsborn 1966.
64) *Deysson, G.:* Bull. Soc. Botan. France. *106*, 369 (1959).
65) *Shono, K.*, and *T. Yamaki:* Sci. Papers Coll. Gen. Educ. Univ. Tokyo *13*, 203 (1963).
66) *Ikuma, H.*, u. *K. V. Thimann:* Plant Cell Physiol. (Tokyo) *4*, 113 (1963).
67) *Rothwell, K.*, and *S. T. C. Wright:* Proc. Roy. Soc. (London) Ser. B *167*, 202 (1967).
68) *Wain, R. L.:* Ann. N. Y. Acad. Sci. *144*, 223 (1967).
69) *Shaw, G.:* Experientia *23*, 515 (1967).
70) *Guerin, J.*, et *E. Hugon:* Compt. Rend. Ser. D *262*, 354 (1966).
71) *Skoog, F., H. Q. Hamzi, A.M. Sweykowska, N. J. Leonard, K. L. Carraway, T. Fuji, J. P. Helgeson*, and *R. N. Loeppky:* Phytochemistry *6*, 1169 (1967).
71a) *Young, H.*, et al.: Phytochemistry *8*, 1199 (1969).
72) *Brandes, H.*, and *H. Kende:* Plant Physiol. *43*, 827 (1968).
73) *Shaw, G., B. M. Smallwood* u. *F. C. Steward:* Experientia *24*, 1089 (1968).
74) *Bruce, M. I., J. A. Zwar*, and *N. P. Kefford:* Life Sci. *4*, 461 (1965).
75) *Kefford, N. P., M. I. Bruce*, and *J. A. Zwar:* Planta *68*, 292 (1966).
76) *Shantz, E. M., K. Mears*, and *F. C. Steward:* Plant Physiol. *33*, Suppl. XXVI (1958).
77) *Steward, F. C.*, in: Synthesis of Molecular and Cellular Structure. 19th Growth Symposium (Ed. *D. Rudnick*), p. 193–246. New York: Ronald Press 1961.
78) *Wood, H. N.:* Régulateurs Naturels de la Croissance Végétale. p. 97–102. Colloq. Inter. Centre Natl. Rech. Sci. Gif-sur-Yvette, France 1964.
79) *Kulayeva, O. N., E. A. Cherysheva, L. A. Kolotenko, N. E. Dolgova, I. P. Vorobyova, E. A. Popova* u. *M. E. Klyachko:* USSR Acad. Sci. Mosc. *12*, 902 (1965).
80) *Thimann, K. V.*, and *M. M. Laloraya:* Physiol. Plantarum *13*, 165 (1960).
81) *Osborne, D. J.:* Plant Physiol. *37*, 595 (1962).
82) *Suguira, M., K. Umemura*, and *Y. Oota:* Physiol. Plantarum *15*, 457 (1962).
83) *Srivastava, B. I. S.:* Arch. Biochem. Biophys. *110*, 97 (1965).
84) *Shaw, M., P. K. Bhattacharya*, and *W. A. Quick:* Can. J. Botany *43*, 739 (1965).
85) *Anderson, J. W.*, and *K. S. Rowan:* Biochem. J. *98*, 401 (1966).
86) *Srivastava, B. I. S.:* Ann. N. Y. Acad. Sci. *144*, 260 (1967).
87) *Cherry, J. H.:* Ann. N. Y. Acad. Sci. *144*, 154 (1967).
88) *van Overbeek, J., J. E. Loeffler*, and *M. I. R. Mason:* Science *156*, 1497 (1967).
89) *Monod, J.:* Science *154*, 475 (1966).
90) *Torrey, J. G.:* Exptl. Cell Res. *23*, 281 (1961).
91) *Wood, H. N.*, and *A. C. Braun:* Proc. Natl. Acad. Sci. U. S. *47*, 1907 (1961); Ann. N. Y. Acad. Sci. *144*, 244 (1967).
92) *Osborne, D. J.*, and *C. C. McCready:* Nature *206*, 679 (1965).
93) *Fox, J. E.*, and *C. M. Chen* in: Biochemistry and Physiology of Plant Growth Substances (Ed. F. Wightman, and G. Setterfield), p. 777. Ottawa: Runge Press 1968.
94) *Brandes, H.:* Planta *74*, 55 (1967).
95) A. P. 3126318 / 24. 3. 1964 / Shell Oil Co. / *M. Legator* / C. A. *60*, 14 879 (1964).

96) *Mothes, K., L. Engelbrecht*, and *O. N. Kulasewa:* Flora (Jena) *147*, 445 (1959).
97) *Fittler, F.*, and *R. Hall:* Biochem. Biophys. Res. Commun. *25*, 441 (1966).
98) *Skoog, F., D. Armstrong, J. D. Cherayil, A. C. Hampel*, and *R. M. Bock:* Science *154*, 1354 (1966).
99) *Peterkofsky, A.:* Biochemistry 7, 472 (1968).
100) *Helgeson, J. P.:* Science *161*, 974 (1968).
101) A. P. 3070432 / 25. 12. 1962 / *F. M. Strong, C. O. Miller* / C. A. *58*, 9102 (1963).
102) E. P. 961092 / 17. 7. 1964 / Shell Res. Ltd. / *G. E. Barnsley.*
103) F. P. 1438006 / Cheskoslovenska Akademie.
104) A. P. 3118753 / 21. 1. 1964 / *W. Shire, C. G. Shinner* / C. A. *60*, 16348d (1964).
105) A. P. 3321293 / 23. 5. 1967 / *A. A. Sousa*, Union Carbide Corp.
106) *Seth, A. K., C. R. Davies*, and *P. F. Wareing:* Science *151*, 587 (1966).
107) Niederl. P. Anm. 6408055 / 18. 1. 1965 / Shell Intern. Res. Maatsch. N. V. / C. A. *62*, 16273f (1965).
108) *Ballantyne, D. J.:* Nature *205*, 819 (1965).

4. Abscisinsäure — Abscisin II, Dormin

W. Draber

Als Abscisin II bezeichneten *Addicott* u. Mitarb. [1–3] eine Carbonsäure der Formel $C_{15}H_{20}O_4$, die sie aus jungen Kapseln der Baumwollpflanze (9 mg aus 225 kg) isolierten. Die Substanz war biologisch dadurch charakterisiert, daß sie den Blattabfall (*abscission*) an Baumwollexplanten beschleunigte. Die Arbeitsgruppe von *Ohkuma* und *Addicott* teilte 1965 die Struktur des Abscisins mit [4, 5].

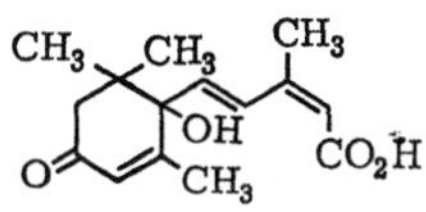

Bereits kurze Zeit darauf publizierten *Cornforth* u. Mitarb. die Synthese des Racemats [6]. Abscisin II erwies sich als identisch mit dem von *Wareing* [8–10] beschriebenen Dormin, einem Inhibitor aus Blättern des Bergahorns (*sycamore*; *Acer pseudoplatanus*) [7].

Da der höchste Gehalt in im Spätsommer geernteten Blättern gefunden wurde, schien die Substanz eine Rolle bei der Einleitung der Ruheperiode (*dormancy*) zu spielen. Weitere Untersuchungen bestätigten, daß die Bezeichnung Dormin [a] den Eigenschaften des neuen Inhibitors angemessen entspricht, da er auch während der Samenruhe in höheren Konzentrationen auftritt. Im Unterschied zu den drei

[a] Nach einer Übereinkunft der Arbeitskreise um *Addicott* (University of California), *Cornforth* (Shell Research Ltd., Sittingbourne/Kent) und *Wareing* (University of South Wales) soll für Dormin oder Abscisin II die Bezeichnung Abscisinsäure (abscisic acid) gebraucht werden. [*F. T. Addicott, J. L. Lyon, K. Ohkuma, W. E. Thiessen, H. R. Carns, O. E. Smith, J. W. Cornforth, B. V. Milborrow, G. Ryback*, and *P. F. Wareing*: Science *159*, 1493 (1968).]

bereits länger bekannten Gruppen von Pflanzenhormonen, den Auxinen, Gibberellinen und Cytokininen, die in physiologischen Konzentrationen Wachstums- und Entwicklungsprozesse fördern [11], ist Abscisinsäure das erste natürliche Phytohormon mit Inhibitorwirkung.
Wesentlich länger bekannt ist zwar, daß in bestimmten Pflanzenteilen Äthylen gebildet wird, und daß dieses Gas bei exogener Anwendung schon in niedrigen Konzentrationen (einige ppm) wuchshemmende Wirkung entfaltet. Man zögert jedoch, Äthylen als ein ubiquitäres Phytohormon zu betrachten; auf seine Behandlung in diesem Rahmen soll daher verzichtet werden.

a) Vorkommen in der Natur

Nachdem synthetisches Vergleichsmaterial zur Verfügung stand, mehrten sich die Hinweise auf eine weite Verbreitung von Abscisinsäure in höheren Pflanzen. In verschiedenen Laboratorien aufgefundene Substanzen mit Inhibitorwirkung erwiesen sich als identisch damit, so der Lupinenfaktor von *Wain* [12,13]. Auch der aus Kartoffelkeimen und einigen anderen Pflanzen isolierte β-Inhibitor [14–16] enthält wahrscheinlich Abscisin als aktive Komponente [17,18]. Eine Übersicht über die Pflanzen, in denen bisher sicher Abscisinsäure nachgewiesen wurde, gibt Tabelle 1.

Tabelle 1. *Vorkommen von (S)-Abscisinsäure*

Pflanze	Literatur
Baumwolle *(Gossypium hirsutum)*	
Birke *(Betula pubescens)*	
Bergahorn (*Acer pseudoplatanus*)	7)
Kartoffel (*Solanum tuberosum*)	15)
Kohl (*Brassica oleracea*)	19)
Avocado (*Persea grandissima*)	
Zitrone (*Citrus medica*)	
Rose (*Rosa arvensis*)	
Lupine (*Lupinus luteus*)	12, 13, 20–22)
Pfirsich (*Prunus persica*)	23)
Balsamfichte	24)
Erbse (*Pisum sativum*)	25)
Weide (*Salix viminalis*)	26)
Erdbeerblätter (*Fragaria* sp.)	27)

In der sauren ätherlöslichen Fraktion aus Extrakten von 20 weiteren Pflanzenarten einschließlich eines Farns konnte *Milborrow* (S)-Abscisinsäure nachweisen [28].
Die Pflanzen wurden in der Regel in der Ruheperiode gesammelt, in der der höchste Gehalt an Abscisinsäure zu erwarten ist. Die größte Konzentration wurde in *Rosa arvensis* gefunden. Das Pseudokarp trockener Früchte enthielt 4,1 ppm, zehn- bis hundertmal mehr als in den meisten anderen Pflanzen nachgewiesen werden konnte.

Aus *Phaseolus multiflorus* isolierte *MacMillan* eine Phaseinsäure genannte Verbindung [29] mit einer der Abscisinsäure nahe verwandten Struktur. Bei Abbaustudien mit markiertem Abscisin fand *Milborrow* einen sauren Metaboliten, der sich nach Methylierung rasch in Phaseinsäure-methylester umwandelte [29a]. Phaseinsäure hat die Struktur

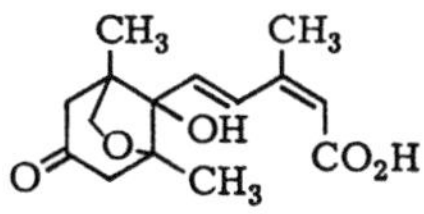

Sie besitzt nur geringe Aktivität als Keimungshemmer, ist aber deutlich wirksam im Test mit Baumwollexplanten [29, 29a].

b) Biologische Wirkung

Beschleunigung des Blattabfalls (*abscission*) ist keineswegs eine besonders charakteristische Eigenschaft der Abscisinsäure; sie wird darin von einigen kommerziellen Defoliantien übertroffen. Auch als Auslöser der Ruheperiode ist sie nicht hinreichend charakterisiert. Abscisinsäure scheint vielmehr eine generelle Rolle als Hemmstoff bei einer großen Zahl von hormongesteuerten Prozessen zu spielen, wobei jedoch nicht ein kompetitiver Antagonismus zu einer der drei anderen Pflanzenhormon-Gruppen anzunehmen ist. Der Name Abscisinsäure bezeichnet somit lediglich die Geschichte der Entdeckung dieses Phytohormons [30,31].
Seitdem synthetische Abscisinsäure für pflanzenphysiologische Untersuchungen zur Verfügung steht, sind zahlreiche Arbeiten darüber erschienen. Einen Überblick gibt Tabelle 2.
Die aktiven Konzentrationen exogen angewendeter Abscisinsäure liegen in der Größenordnung von 10^{-6} bis 10^{-8} Mol/l. Sie ist daher um mindestens zwei Zehnerpotenzen aktiver als Phenole, Hydroxyzimtsäuren und Cumarin, die aus pflanzlichem Material isoliert wurden und keimungshemmende Wirkung zeigen.
Pflanzen aus Samen, deren Keimung durch Abscisinsäure oder ihre Ester verzögert wurde, zeigen keine Wachstumsanomalien [27,41,48]. Auch die vollständige Wachstumshemmung an jungen Reispflanzen ist nach Überführung in ein abscisinfreies Medium reversibel [22].

c) Wirkungsmechanismus

Da Abscisinsäure der erste und bisher einzige definierte natürliche Hemmstoff ist, setzten bald nach ihrer Entdeckung Studien zum Wirkungsmechanismus ein, wobei besonders die Wechselwirkung mit anderen Pflanzenhormonen untersucht wurde. Abscisinsäure hemmt die durch GA_3 induzierte Bildung von α-Amylase in der Aleuronschicht von Gerstenkörnern [32]. Andrerseits fördert sie ähnlich wie GA_3 den Fruchtansatz bei emaskulierten Rosen der Art *Rosa sherardii* [37]. Das durch Indolylessigsäure und GA geförderte Wachstum von Hafer-Mesokotylen wird durch Dormin gehemmt. Die Hemmung läßt sich durch Kinetin nicht auf-

Tabelle 2. *Biologische Effekte von Abscisinsäure*

Testorganismus	Art der Aktivität	Lit.
Gerste (isolierte Aleuronschicht)	Hemmung der gibberellin-induzierten Bildung von α-Amylase	32)
Verschiedene Kurztagspflanzen (*Ipomoea nil*, *Chenopodium rubrum*, Brombeeren)	Induktion der Blüte	33)
Birke (*Betula pubescens*); Bergahorn (*Acer pseudoplatanus*), Kartoffeln, verschiedene Lang- und Kurztagspflanzen	Bei Keimlingen Verhinderung des Dehnungswachstums. Bei Langtagspflanzen Verhinderung, bei Kurztagspflanzen Förderung der Blüte.	34)
Lolium temulentum (Langtagspflanze)	Reduktion der Blütenzahl	35)
Reis	Wachstumshemmung bei 7 Tage alten Keimlingen	36)
Pfirsich	Keimhemmung	23)
Rose (*Rosa sherardii*)	Förderung des Fruchtansatzes bei emaskulierten Blüten, Verzögerung des Abwerfens	37)
Hafer (*Avena sativa*)	Hemmung von durch Indolylessigsäure und GA_3 induziertem Wachstum der Hypokotylen	38)
Baumwolle (*Gossypium hirsutum*)	Lysogener Abbau von Zellen in der Abszissionszone von Explanten	39)
Plumbago indica	Bildung von Infloreszenzen unter kurzen Photoperioden (Kurztagsbedingungen)	40)
Arabidopsis thaliana	Keimungshemmung (0,1 — 0,2 ppm) Aufhebung durch Cytokinine (0,5 — 5 ppm)	41)
Arabidopsis thaliana	Beschleunigung der Seneszenz von Blattscheiben (1 — 5 ppm), Aufhebung durch Kinetin (5 ppm)	42)
Mais	Hemmung der Biosynthese von Chlorophyll, Carotinoiden und isoprenoiden Chinonen (5 ppm)	43)
Begonia cheimantha	Förderung der Bildung von Seitenknospen (10^{-7} M)	44)
Lemna polyrhiza L.	Reversible morphologische Veränderungen (10^{-7} M)	45)
Chromatin aus *Raphanus sativa* (Radieschen-Hypokotyl)	Hemmung des Uridin-Einbaus in RNS	46)
Taraxacum officinale (Blattscheiben)	Hemmung des ^{32}P-Einbaus in m-RNS	47)

heben. Dagegen heben Cytokinine die Verzögerung der Keimung von Salatsamen durch Abscisinsäure auf[36]. Die Wachstumshemmung bei *Lemna* sp. wird ebenfalls durch Cytokinine wie Benzyladenin, nicht dagegen durch GA_3 oder Indolylessigsäure aufgehoben. Die Beobachtung, daß die DNS-Synthese in *Lemna* durch Dormin rasch gehemmt und daß diese Hemmung durch Benzyladenin ebenso

schnell wieder aufgehoben wird (0,1 bis 1 ppm), führte *van Overbeek* und *Loeffler* zu der Spekulation [49,50], daß Abscisinsäure und Benzyladenin als allosterische Effektoren einer DNS-Polymerase [51] die DNS-Synthese steuern. Auch die Wirkung tierischer Hormone wird neuerdings häufig auf diese Weise erklärt [52].
In der Arbeitsgruppe von *Wareing* wird ebenfalls der Wirkungsmechanismus von Abscisinsäure untersucht. In isolierten Blattscheiben von Radieschen und anderen Systemen konnte eine signifikante Reduktion der RNS-Synthese gefunden werden. Ein direkter Antagonismus zwischen Abscisinsäure und GA oder Cytokinin ließ sich nicht generell bestätigen, obwohl in einzelnen Testsystemen eine Aufhebung der Hemmwirkung durch GA oder Cytokinin möglich ist. Über die partielle Blockierung der RNS-Synthese könnte Abscisinsäure die Bildung bestimmter Enzyme, darunter auch solcher, die für die GA-Biosynthese erforderlich sind, beeinflussen. Genauere Angaben über den Angriffsort in der RNS-Synthese hält *Wareing* noch nicht für möglich [30,31].
Sicher ist jedoch, daß sich die Bedeutung der Abscisinsäure für die Steuerung von Keimung und Wachstum nur im Zusammenhang mit der Wirkung anderer Pflanzenhormone sehen läßt, zu denen außer den Cytokininen und GA möglicherweise auch noch weitere Substanzen gehören.

d) Chemie

Abscisinsäure (Abscisin II, Dormin) ist ein Sesquiterpen mit drei verschiedenen Sauerstoffunktionen:

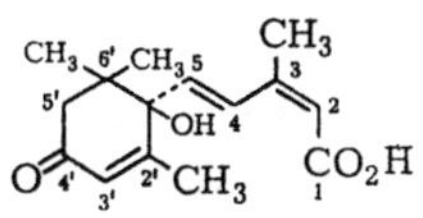

(S)-(+)-5-(1-Hydroxy-4-oxo-2,6,6-trimethylcyclohex-2-en-1-yl)-3-methyl-cis,trans-2,4-pentadiensäure
Die Synthese von *Cornforth* u. Mitarb. [6] aus dem Milstead Laboratorium der Shell Research Ltd. benutzte ein aus der Vitamin A-Chemie bekanntes Ausgangsprodukt:

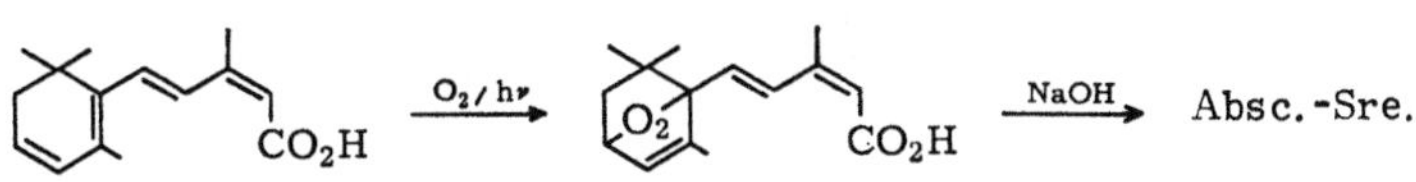

Französische Autoren stellten den Methylester auf dem gleichen Weg her [53]. In Patenten der Hoffmann-La Roche AG [54] und der Reynolds Tobacco Co. [55,56] werden Synthesen beschrieben, die die Photooxydation vermeiden.
Die Reynolds Tobacco Co. verkauft für Forschungszwecke eine 1 : 1-Mischung von (RS)-Abscisinsäure mit dem biologisch fast inaktiven trans-trans-Isomeren.

Abscisinsäure schmilzt bei 191° C und ist im Dunkeln stabil. Beim Belichten von Lösungen lagert sich die Säure, besonders aber der Ester, teilweise in das trans-trans-Isomere um.

Die optisch aktive Form zeigt einen ungewöhnlich großen Cotton-Effekt (287 mμ: [α] = +24000°; 245 mμ [α] = —69000°), so daß sich die Substanz in rohen Pflanzenextrakten spektropolarimetrisch nachweisen läßt, da andere Verbindungen kaum stören [19].

Von *Milborrow* wurde dazu eine der inversen Isotopenverdünnung analoge Methode ausgearbeitet, die empfindlicher ist und exaktere Bestimmungen ermöglicht als die Biotests [28].

Die Ermittlung der absoluten Konfiguration mit Hilfe der Millsschen Regeln [57] sowie die Synthese von (R,S)-(2-^{14}C)-Abscisinsäure [58] erfolgten durch den Arbeitskreis um *Cornforth.*

Als mögliche biosynthetische Vorstufe wurden Carotinoide wie etwa das Violaxanthin [59]

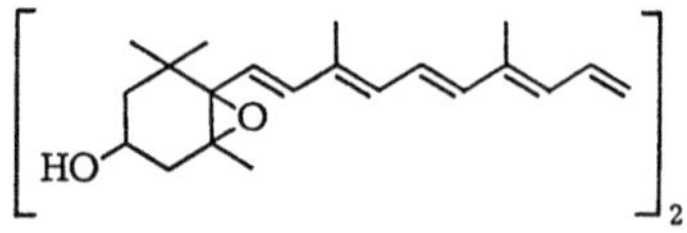

vorgeschlagen.

Dafür spricht, daß Rohcarotenoide aus Nesseln, die man künstlich belichtete, keimungshemmende Aktivität zeigten [60,61].

Die Synthese von Analogen der Abscisinsäure führte bisher nicht zu wesentlich einfacheren Verbindungen vergleichbarer Aktivität. Einige Ester sind unter bestimmten Testbedingungen aktiver als die freie Säure, da sie wahrscheinlich besser penetrieren. Von den Strukturelementen des Moleküls — Sauerstoffunktionen, Cyclohexenring, 2-cis, 4-trans-Konfiguration der Seitenkette — sind fast alle unentbehrlich für biologische Wirksamkeit [62]. So ist 2,4-trans-trans-Abscisinsäure je nach Testbedingungen 10- bis 100mal weniger aktiv [38]; das gleiche gilt für die partiell hydrierte Verbindung. Ersatz einer Doppel- durch eine Dreifach-Bindung in der Seitenkette führt ebenfalls zu starkem Aktivitätsabfall [63]. Lediglich die tertiäre Hydroxylgruppe scheint entbehrlich zu sein. So besitzt der Desoxyester

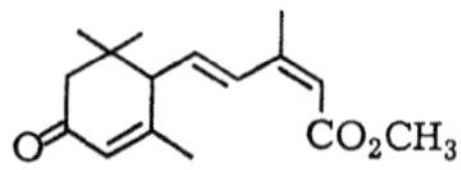

noch etwa zwei Drittel der keimungshemmenden Aktivität des 1′-Hydroxyesters [62].

Japanische Autoren [62a] schreiben allerdings auch der einfacher gebauten 1,2-Epoxy-β-ionylidenessigsäure

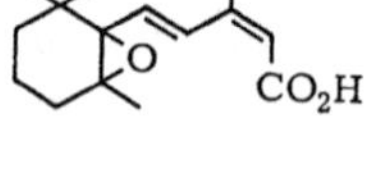

eine wachstumshemmende Wirkung zu, die der der Abscisinsäure gleichkommen oder sie sogar übertreffen soll. Ähnliche Verbindungen werden in einem Patent der Shell beansprucht[62b)].

Über praktische Anwendungen der synthetischen Abscisinsäure oder von Analogen ist noch nichts bekannt geworden. Einige Patente der Shell Research Ltd. beanspruchen Abscisinsäure und eine ganze Reihe von Derivaten und Analogen[64–67)].

Als Anwendungsmöglichkeiten werden angegeben: Herbizide Wirksamkeit (in Wirklichkeit wohl eher Keimungs- oder Wachstumsverzögerung), Defoliation, Beschleunigung der Fruchtreife, Saatbehandlung und Beeinflussung der Blüte. Auch eine Ertragserhöhung bei Weizen wird beansprucht, was allerdings mit den sonstigen biologischen Eigenschaften der Abscisinsäure schwer in Einklang zu bringen ist[67)]. Eine der für die praktische Anwendung wichtigsten Eigenschaften dürfte wohl sein, daß irreversible Schädigungen selbst bei hohen Dosen kaum auftreten. Trotz des zur Zeit noch prohibitiv hohen Preises scheint ein reversibler Hemmstoff geringer Persistenz, wie ihn die Abscisinsäure darstellt, im Lichte von Prognosen über die zunehmende Bedeutung von Wachstumsregulatoren[68, 69)] nicht uninteressant zu sein.

4.1. Literatur

1) *Addicott, F. T., H. R. Carns, J. L. Lyon, O. E. Smith* et *J. L. McMeans*, in: Régulateurs Naturels de la Croissance Végétale, p. 687—703. Paris: Centre National de Recherche Scientique 1964.

2) *Ohkuma, K., J. L. Lyon, F. T. Addicott*, and *O. E. Smith:* Science *142*, 1592 (1963).

3) *Addicott, F. T., K. Ohkuma, O. E. Smith*, and *W. E. Thiessen:* Natural Pest Control Agents *53*, 97—105 (1966).

4) *Ohkuma, K., L. J. Lyon, F. T. Addicott, O. E. Smith*, and *W. E. Thiessen:* Tetrahedron Letters *1965*, 2529.

5) — Agr. Biol. Chem. (Tokyo) *29*, 962 (1965).

6) *Cornforth, J. W., B. V. Milborrow*, and *G. Ryback:* Nature *206*, 715 (1965).

7) — — —, and *P. F. Wareing:* Nature *205*, 1269 (1965).

8) *Eagles, C. F.*, and *P. F. Wareing:* Nature *199*, 874 (1963).

9) — — Physiol. Plantarum *17*, 697 (1964).

10) *Wareing, P. F.:* Proc. 10th Intern. Botan. Congr., Edinburgh 1964, Abstr. 017.

11) *van Overbeek, J.:* Science *152*, 721 (1966).

12) *Cornforth, J. W., B. V. Milborrow, G. Ryback, K. Rothwell*, and *R. L. Wain:* Nature *211*, 742 (1966).

13) *Porter, N. G.*, and *R. F. M. Steveninck:* Life Sci. *5*, 2301 (1966).

14) *Rappaport, L., S. Blumenthal-Goldschmidt, M. D. Clegg*, and *O. E. Smith:* Plant Cell Physiol. (Tokyo) *6*, 587 (1965).

15) *Blumenthal-Goldschmidt, S.*, and *L. Rappaport:* Plant Cell Physiol. (Tokyo) *6*, 601 (1965).

16) *Clark, J.*, and *J. M. Bonga:* Forest Sci. *12*, 319 (1966).

17) *Hemberg, T.:* Physiol. Plantarum *2*, 24 (1949).

18) — Acta Chem. Scand. *21*, 1665 (1967).

19) *Cornforth, J. W., B. V. Milborrow*, and *G. Ryback:* Nature *210*, 627 (1966).

20) *van Steveninck, R. F. M.:* Nature *183*, 1246 (1959).

21) *Rothwell, K.*, and *R. L. Wain:* Proc. 5. Intern. Conf. Natural Plant Growth Regulators, 363 (1964).

22) *Koshimizu, K., H. Fukui, T. Mitsui*, and *Y. Ogawa:* Agr. Biol. Chem. (Tokyo) *30*, 941 (1966).

23) *Lipe, W. N.*, and *J. C. Crane:* Science *153*, 541 (1966).

24) *Clark, J.*, and *J. M. Bonga:* Forest Sci. *12*, 319 (1966).

25) *Dörfling, K.:* Naturwiss. *54*, 23 (1967).
26) *Hoad, G. V.:* Life Sci. *6*, 1113 (1967).
27) *Gabr, O. M. K.*, and *C. G. Guttridge:* Planta *78*, 305 (1968).
28) *Milborrow, B. V.:* Planta *76*, 93 (1967).
29) *MacMillan, J.*, and *R. J. Price*, in: Plant Growth Regulators, S. C. I. Monograph No. 31, p. 36. London 1968.
29a) *Milborrow, B. V.:* Chem. Commun. 966 (1969).
30) *Wareing, P. F., J. Good* and *J. Manuel* in: Biochemistry and Physiology of Plant Growth Substances (Ed. F. Wightman, and G. Setterfield), p. 1561. Ottawa: Runge Press 1968.
31) —, *J. Good, H. Potter*, and *A. Pearson*, in: Plant Growth Regulators, S. C. I. Monograph No. 31, p. 191. London 1968.
32) *Crispeels, M. J.*, and *J. E. Varner:* Nature *212*, 1066 (1966).
33) *El-Antably, H. M. M.*, and *P. F. Wareing:* Nature *210*, 328 (1966).
34) — —, and *J. Hillmann:* Planta *73*, 74 (1967).
35) *Evans, L. T.:* Science *151*, 107 (1966).
36) *Khan, A. A.:* Nature *216*, 166 (1967).
37) *Jackson, G. A. D.*, and *J. B. Blundell:* Nature *212*, 1470 (1966).
38) *Milborrow, B. V.:* Planta *70*, 155 (1966).
39) *Bornman, C. H., A. R. Spurr*, and *F. T. Addicott:* Am. J. Botany. *54*, 125 (1967).
40) *Nitsch, C.*, and *J. P. Nitsch:* Planta *72*, 371 (1967).
41) *Sankhla, N.*, u. *D. Sankhla:* Z. Pflanzenphysiol. *58*, 402 (1968).
42) — — Experientia *24*, 294 (1968).
43) *Mercer, E. I.*, and *J. E. Pughe:* Phytochemistry *8*, 115 (1968).
44) *Heide, O. M.:* Nature *219*, 960 (1968).
45) *Stewart, G. R.:* Nature *221*, 62 (1969).
46) *Pearson, J. A.*, and *P. F. Wareing:* Nature *221*, 672 (1969).
47) *Wareing, P. F., H. M. M. El-Antably, J. Good* u. *J. Manuel*, in: Wachstumsregulatoren bei Pflanzen. Intern. Vortragstagung, S. 667. Rostock/Kühlungsborn 1966.
48) *Sumner, D. C.:* Planta *75*, 28 (1967).
49) *van Overbeek, J., J. E. Loeffler*, and *M. I. R. Mason:* Science *156*, 1497 (1967).
50) —, in: Plant Growth Regulators, S. C. I. Monograph No. 31, p. 181. London 1968.
51) *Monod, J.:* Science *154*, 475 (1966).
52) *Karlson, P.:* Perspectives. Biol. Med. *6*, 203 (1963).
53) *Mousseron-Canet, M., J. C. Mani, J. P. Dalle* et *J. L. Olivé:* Bull. Soc. Chim. France *1966*, 3874.
54) Hoffmann-La Roche AG, Niederl. Pat. 6801967 (14. 2. 67/15. 8. 68).
55) R. J. Reynolds Tobacco Co., Belg. Pat. 702110 (2. 11. 66/31. 1. 68).
56) *Roberts, D. L., R. A. Heckman, B. P. Hege*, and *S. A. Bellin:* J. Org. Chem. *33*, 3566 (1968).
57) *Cornforth, J. W., W. Draber, B. V. Milborrow*, and *G. Ryback:* Chem. Commun. *1967*, 114.
58) —, *R. Mallaby*, and *G. Ryback*: J. Chem. Soc. C *1968*, 1565.
59) *Karrer, W.:* Konstitution und Vorkommen der organischen Pflanzenstoffe, S. 732. Basel: Birkhäuser, 1958.
60) *Taylor, H. F.*, and *T. A. Smith:* Nature *215*, 1513 (1967).
61) —, in: Plant Growth Regulators, S. C. I. Monograph No. 31, p. 22. London 1968.
62) *Draber, W., P. A. Gabott* u. *R. Leach:* unveröffentlicht.
62a) *Tamura, S.*, and *M. Nagao:* Agr. Biol. Chem. (Tokyo) *33*, 296 (1969).
62b) Shell Intern. Res. Ltd., Niederl. Pat. 6811769 (19. 8. 68/25. 2. 69).
63) *Ohkuma, K.:* Agr. Biol. Chem. (Tokyo) *30*, 434 (1966).
64) Shell Intern. Res. Ltd., Brit. Pat. 679383 (12. 4. 66/12. 10. 66).
65) —, Niederl. Pat. 6703020 (27. 2. 67/5. 9. 67).
66) —, Niederl. Pat. 6703449 (3. 3. 67/5. 9. 67); C. A. *68*, 21131 (1968).
67) —, Belg. Pat. 717656 (7. 7. 67/6. 1. 69).
68) *Shaw, W. C.:* Agr. Chem., Nov. *1966*, 18.
69) *Wittwer, S. H.:* Farm Chem. *131*, (2) 62 (1968).

Rückstände von Pflanzenschutzmitteln in Nahrung und Umwelt

Rückstände von Pflanzenschutzmitteln in Nahrung und Umwelt

Analytische, toxikologische und gesetzliche Fragen

H. Frehse

Farbenfabriken Bayer AG, Leverkusen, Pflanzenschutz Biologische Forschung

Inhalt

1. Einleitung

Die Anwendung von Pflanzenschutz- und Schädlingsbekämpfungsmitteln wirft vom lebensmittelhygienischen und -rechtlichen Standpunkt die Frage auf, ob Restmengen — *Rückstände* — dieser Mittel auf und in die eßbaren Teile behandelter Pflanzen gelangen. Wenn das der Fall ist, ergeben sich die weiteren Fragen nach der Menge der Rückstände und nach ihrem Verhalten im Erntegut. Es gilt also zu klären:

1. Welche Stoffe sind Rückstände eines bestimmten Pflanzenschutzmittels?
2. Wie verhalten sie sich in lebenden Systemen?
3. Wie kann man sie identifizieren und quantitativ bestimmen?
4. In welchen Mengen liegen sie vor?
5. In welchen Mengen gelangen sie letztlich zum Verzehr?
6. Welche toxikologische Bedeutung haben sie für den Menschen?
7. Welchen gesetzlichen bzw. behördlichen Maßnahmen unterliegen sie?

Die Beantwortung der Fragen 1 bis 5 ist Aufgabe der *Rückstandsanalytik*. Die Summe der Erfahrungen aus 1 bis 6 schließlich ermöglicht die Regelung der Frage 7.

Der aus landwirtschaftlicher Notwendigkeit erwachsende weltweite Gebrauch chemischer Pflanzenschutzmittel ([1]; s. a. den Beitrag von *Cramer*) und die Intensität ihrer Anwendung sind in den letzten Jahren Gegenstand lebhafter Erörterungen in der „Öffentlichkeit“ geworden (vgl. S. 495ff.). Wie in ähnlichen Fällen erschweren emotionelle und somit eher unsachliche Diskussionen eine objektive Meinungsbildung. Vor allem die laienhafte Verwendung des Begriffs „Gift“ hat zu Verwirrungen geführt. Die arbeitsmedizinischen Aspekte bei der *Anwendung* von Pflanzenschutzmitteln[2–6] und vollends die möglichen Gefahren durch Fahrlässigkeit oder Mißbrauch[7] reflektieren in keiner Weise die durch Rückstände entstehenden toxikologischen Fragestellungen (vgl. a. S. 439). Ähnlich verwirrend erwiesen sich z. T. Diskussionen über die Gefährdung der freilebenden Tierwelt durch Pflanzenschutzmittelanwendung. Es bedarf sehr sorgfältiger Untersuchungen, wenn hier stichhaltige Zusammenhänge aufgezeigt werden sollen.

Dieser Beitrag gilt hauptsächlich dem Rückstandsproblem in *Lebensmitteln* und seinen Randgebieten; einige Aspekte der Auswirkungen auf unsere „Umwelt“ werden abschließend diskutiert (S. 495ff.). Nachweis und Identifizierung von Pflanzenschutzmitteln in forensischem Zusammenhang[8] werden nicht behandelt.

Die *Rückstandsanalytik* nimmt heute eine zentrale Stellung innerhalb der komplexen Prozesse ein, mit denen die Entwicklung eines neuen Pestizids verbunden ist. Ursprünglich hervorgegangen aus dem Bestreben, neben biologischen auch chemisch-analytische Anhaltspunkte für die Wirkungsdauer neuer Mittel zu gewinnen, weitete sie sich bald aus auf die Fragestellung, in welcher Form diese Mittel wirken. Seit die amtliche Zulassung neuer Handelspräparate und auch die Lebensmittelgesetzgebung in vielen Ländern mit der Frage nach Art und Höhe der Rückstände unlösbar verknüpft sind, ist die Rückstandsanalytik zur obligaten Stufe innerhalb der Entwicklungsschritte neuer Pestizide geworden. Folgendes Schema versucht dies zu umreißen (s. auch den Beitrag von *Bartels*, Abb. 4, Band 1, S. 32):

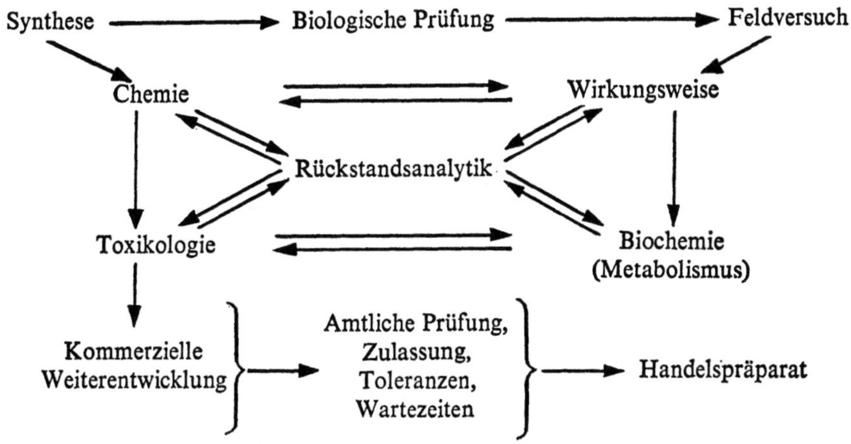

Infolge ihrer Komplexität kann hier nur ein Umriß der gesamten Themenstellung „Rückstände“ gegeben werden, der aufzeigen soll, in welchem Maße sich neue Gebiete der Spurenanalytik, der Biochemie und der Toxikologie durch das Aufkommen der synthetischen Pflanzenschutzmittel eröffnet haben.

2. Das Aufgabengebiet der Rückstandsanalytik

Von den etwa 150 Wirkstoffen, die in der Bundesrepublik Deutschland als Pflanzenschutz- und Schädlingsbekämpfungsmittel (im folgenden kurz als „*Pestizide*“ bezeichnet) auf dem Markt sind, kommen etwa 130 als Rückstandsbildner für Lebensmittel in Betracht. Daneben existieren etwa 15 „Wirkstoffgruppen“ (wie z. B. kupferhaltige Fungizide), von denen wiederum etwa die Hälfte (z. B. Mittel zur Veredelung) nicht zur Bildung von Rückständen führen kann. 1967 wurden in der Bundesrepublik Deutschland 956 anerkannte Pflanzenschutzmittel angeboten, von denen 764 Mittel in irgendeiner Form mit Lebensmitteln in Berührung kommen können; die restlichen 192 Präparate sind Wildverbißmittel, Rodentizide, Herbizide zur Anwendung auf Wegen und Plätzen usw.[9]. Das Argument, durch die Vielzahl der Mittel seien Anwender und Pflanzenschutzberater überfordert, trifft zumindest für den Rückstandsanalytiker und Toxikologen nicht zu, weil die Zahl der den Mitteln zugrunde liegenden Wirkstoffe innerhalb der einzelnen Anwendungsgebiete überschaubar ist.

Zur Aufschlüsselung von etwa 10000 U.S.-amerikanischen Präparaten wurden vom amerikanischen Landwirtschaftsministerium (USDA) interessante Zahlen für das Jahr 1964 veröffentlicht [10]. 42% der produzierten Pestizide = 208000 t wurden von Farmern verbraucht (der Rest von der Industrie, der Regierung, in Hausgärten und durch den Export). 93% davon wurden auf Pflanzen ausgebracht, 3% an Tieren angewendet, 3% für sonstige Zwecke eingesetzt. Von den 208000 t waren

37,1 %	Fungizide
34,1 %	Insektizide
18,3 %	Herbizide
5,45%	Fumigantien
3,5 %	Defoliantien
0,68%	Akarizide
0,57%	Wuchsstoffe
0,15%	Rodentizide
0,15%	sonstige Mittel

Die verwendeten Mittel basieren auf rund 250 Wirkstoffen, unter denen zwei Herbizide 55% aller verwendeten Herbizide, sechs Insektizide 75% aller verwendeten Insektizide und ein Fungizid 80% aller verwendeten Fungizide ausmachen. Diese Angaben zeigen, daß es unrealistisch ist, aus der Zahl der angebotenen Präparate ein Maß für den Umfang einer möglichen Gefährdung ableiten zu wollen.

Verwirrend gestaltet sich allerdings die *Nomenklatur* der Pestizide. Nicht nur die chemische Bezeichnung der Wirkstoffe bedarf einer Vereinheitlichung (in europäischen Ländern werden in zunehmendem Maße Nomenklaturregeln der IUPAC verwendet). Es ist vor allem die Fülle von Handelsnamen, Codebezeichnungen und Abkürzungen, die auch den Fachmann zur Verwendung umfangreicher Nachschlagewerke zwingt (z. B.[11,12,12a]; vgl. [13], für Herbizide: [13a]). Man ist jedoch bemüht, zumindest die Wirkstoffe unter Betreuung der International Organization for Standardization („ISO") einheitlich durch sog. *Gruppenbezeichnungen* [14] (engl.: *common names*) zu charakterisieren [15,16]. Diese Bezeichnungen lehnen sich, stark simplifiziert, an die chemische Nomenklatur für den betreffenden Wirkstoff an. In diesem Beitrag werden sie, soweit sie vorliegen, durchgehend verwendet. Parathion ist z. B. der *common name* für den Wirkstoff des Präparates „E 605".

Die Bezeichnung *Pestizid* ist aus dem anglo-amerikanischen Sprachgebrauch übernommen worden. Obwohl er den Vorteil der Prägnanz hat, wird im deutschen Sprachraum bevorzugt von „Pflanzenschutzmitteln" oder „Schädlingsbekämpfungsmitteln" (die sich im engeren Sinne nur gegen zoologische Objekte richten) gesprochen. Der Ausdruck „Pestizid" hat demgegenüber den Vorteil, daß sowohl die kommerziellen Pflanzenschutz*mittel* als auch deren aktive Bestandteile, die *Wirkstoffe*, damit bezeichnet werden können.

Pflanzenschutzmaßnahmen richten sich primär auf die Erhaltung von Kulturpflanzen und dementsprechend vorwiegend auf die Sicherung von Ernteerträgen. Die Bekämpfung von Schädlingen und Pflanzenkrankheiten im *Zierpflanzenbau* und im *Forst* wirft allenfalls „akademische" Rückstandsprobleme auf, wenn nicht Sekundärfaktoren (Kontamination der „Umwelt", s. S. 495ff.) hineinspielen. Dennoch ist eine Bildung von Rückständen in Lebensmitteln nicht nur als Folge von Maßnahmen an Pflanzen „im Bestand" möglich.

Zahlreiche Feinde schädigen oder vernichten lagernde Erntegüter und genußfertige Lebensmittel. Darunter sind überwiegend die Käfer und Kleinschmetterlinge (Motten) vertreten. Außerdem werden die bei uns heimischen Schädlinge ständig mit importiertem Handelsgut vermehrt. Der Schaden, den sie anrichten, ist so groß, daß im Vergleich zu ihm nur noch die durch Nager bedingten Verluste ins Gewicht fallen. Die Bekämpfung dieser Schädlinge fällt unter den Begriff *Vorratsschutz*. Er unterscheidet sich vom Pflanzenschutz insofern, als eine Relation Schädling/Feind des Schädlings nicht besteht. Mehr als auf dem Feld muß deshalb im Voratsschutz das Ziel jeder Maßnahme die Ausrottung der Schädlinge sein.

Zum Vorratsschutz dienen entweder Begasungsmittel oder Kontaktmittel, die in fester oder flüssiger Form mit dem Lagergut in Berührung kommen. Infolgedessen stellt sich das Rückstandsproblem von der analytischen Seite her nicht so fest umrissen dar wie in der Landwirtschaft. Der Einfluß von Witterungsfaktoren fehlt weitgehend, ebenso ein „aktives“ Eingreifen in den Pestizidabbau, wie ihn die Pflanze im Freiland entwickelt. Bei der Anwendung von Begasungsmitteln treten weitere Parameter hinzu, die sich in weiten Grenzen bewegen können (Einwirkungsdauer, Belüftungszeit, Verhalten des Lagergutes als „chromatographische Säule“; unterschiedlich ist auch die Fähigkeit der Begasungsmittel, chemisch mit Inhaltsstoffen des Substrats zu reagieren). Methoden und Befunde der Rückstandsanalytik im Vorratsschutz weisen deshalb Besonderheiten auf, die beachtet werden müssen [16a, 17–20].

Auch Lebensmittel *tierischer* Herkunft können Rückstände enthalten, entweder durch Verabreichung rückstandshaltigen Futters [21] als Folge einer Behandlung von Weideland oder Stallungen, oder durch unmittelbare Behandlung der Tiere mit Insektiziden im Rahmen veterinärmedizinischer Maßnahmen [22–24]. In diesem Zusammenhang wird dem Übertritt von Rückständen in Milch besondere Aufmerksamkeit geschenkt, wobei wiederum die persistenten Mittel, vor allem aus der Gruppe der Organochlor-Insektizide, im Vordergrund stehen [25,26]. Weniger persistente, d. h. leicht zu hydrophilen Produkten metabolisierbare, Wirkstoffe gelangen nur selten in nennenswerten Mengen in die Milch.

Einige Organochlor-Insektizide, deren Verbreitung inzwischen nahezu ubiquitär ist (vgl. S. 498), treten fast unvermeidbar, wenn auch in geringen Mengen, als Rückstand in der Milch auf. Die U.S.-amerikanischen Behörden, die ursprünglich „keine“ Rückstände in Milch erlaubten, mußten dem Rechnung tragen. Seit März 1967 sind Rückstände von DDT, DDD und DDE (einzeln oder in Kombination) bis zu 0,05 ppm in der Milch zulässig, in Milchprodukten entsprechend 1,25 ppm, bezogen auf Fettbasis. Für andere Organochlor-Insektizide wird aufgrund der praktischen Rückstandssituation [262] eine ähnliche Regelung erfolgen müssen; vgl. a. [26a].

Auch der Einsatz von Pestiziden auf dem sogenannten *Hygienesektor* kann zur Kontamination von Lebensmitteln mit Rückständen führen. Dieses Einsatzgebiet umfaßt die Bekämpfung von Insekten und anderem „Ungeziefer“, das den Menschen unmittelbar schädigt (z. B. Mückenbekämpfung zur Ausrottung der Malaria) oder belästigt. Werden solche Maßnahmen im Haushalt vorgenommen, z. B. durch Verwendung der weit verbreiteten Insektizid-Sprühdosen, so ist bei gedankenloser Anwendung durchaus eine Kontamination von Lebensmitteln in einem Maße möglich, das weit über die Bildung von Rückständen durch Pestizidanwendung in Feld, Vorratslager und Hausgarten hinausgehen kann.

Zu einer unbeabsichtigten Bildung von Rückständen auf landwirtschaftlichem Gebiet kann es kommen, wenn bei Spritz- oder Sprüh-Verfahren Pflanzenschutzmittel auf angrenzende Kulturen verwehen (*Abtrift* [27]) oder wenn Spritzmittelüberschuß von den behandelten Pflanzen auf *Unterkulturen* [28, 29], z. B. Weideflächen, abtropft. Allerdings können aus solchen „Sekundärbehandlungen“ gesetzliche Probleme entstehen, wenn nämlich die betroffenen Erntegüter anderen Regulierungen bezüglich Wartezeiten oder Toleranzen unterliegen (vgl. S. 489ff.) als die primär behandelten Kulturen.

Ein „Rückstandsproblem“ besonderer Art ist die mögliche *Geschmacksbeeinflussung* von Lebensmitteln als Folge von Pestizidanwendungen [30–33]. Sie entzieht sich jedoch meist der analytischen Erfaßbarkeit und ist in solchen Fällen eher eine Frage der Wahl geeigneter Mittel oder Anwendungstermine.

Das Problem der Rückstände von Pflanzenschutzmitteln ist nicht im engeren Sinne auf Lebensmittel beschränkt. Pestizide, die in den *Boden* gegeben werden oder — z. B. durch Abtropfen von behandelten Pflanzen — auf den Boden gelangen, werfen die Frage nach ihrer Haltbarkeit in den verschiedensten Bodenarten auf. Je nach den Adsorptionsverhältnissen (vgl. S. 446) wird im Zusammenhang mit Niederschlägen und Wasserbewegungen in der oberen Bodenschicht mit beträchtlichen Verhaltensunterschieden zu rechnen sein. Längere Zeit im Boden verbleibende Mittel können ein Rückstandsproblem in später wachsenden Kulturpflanzen erzeugen (s. S. 445). Ausschließlich biologische Fragestellungen erwachsen aus der möglichen Einwirkung von Pestiziden auf die Fruchtbarkeit des Bodens (die offensichtlich nicht beeinträchtigt wird[34]) und auf seine Fauna und Flora[35–38, 37a, 38a].

Hiermit verbunden muß die Möglichkeit eines Abwanderns von Pestiziden aus dem Boden in das *Grundwasser* verfolgt werden, obwohl bisherige Untersuchungen zeigten, daß eine Wasserverunreinigung auf diesem Wege wenig wahrscheinlich ist[39, 39a]. Die Bildung von Rückständen im *Oberflächenwasser* aufgrund von Abschwemmungen aus behandelten Flächen liegt demgegenüber eher im Bereich der Möglichkeit, kann jedoch kaum zu nennenswerten Konzentrationen im Trinkwasser führen[40,41]. Andererseits ist die Behandlung von Wasserläufen, z. B. mit Herbiziden zur Grabenentkrautung[41a], oder von größeren Gewässern, z. B. zur Mückenbekämpfung, vielerorts durchaus üblich. Man kann, anders als auf landwirtschaftlichem Gebiet, bei Gewässern schwer von „der" Rückstandssituation sprechen. Die physikalische Beschaffenheit der Wässer und ihre Biologie können einen ganz entscheidenden Einfluß auf die Haltbarkeit von Rückständen nehmen[42]. Nicht nur ist die Löslichkeit der Pestizide in Wasser außerordentlich unterschiedlich[13]. Beträchtliche Mengen von Pestiziden können auch von Schwebstoffen adsorbiert oder von Plankton und Wasserpflanzen aufgenommen und um- oder abgebaut werden (vgl. a. S. 499). Das Rückstandsverhalten eines Pestizids im Wasser kann sinnvoll nur in stehenden Gewässern verfolgt und nur im Zusammenhang mit einer chemischen und biologischen Charakterisierung des betreffenden Wassers interpretiert werden. Wir werden auf einige Probleme, die aus der Kontamination von Gewässern mit Pestiziden resultieren, in Kap. 10 zurückkommen (S. 498f.).

Die Wasseranalyse auf Pestizide ist methodisch im allgemeinen einfach[42–44], sie erfordert jedoch in den meisten Fällen eine Anreicherung der Rückstände, entweder durch Extraktion mit organischen Lösungsmitteln[45, 45a] oder durch Adsorption an Aktivkohle[46].

Zum eingehenderen Studium der Wechselbeziehungen zwischen Pestiziden einerseits und Boden und Wasser andererseits muß auf die zusammenfassende Literatur verwiesen werden[42,47–49].

3. Wirkstoffdepot und Rückstand

Ein mit der Pflanzenoberfläche in Kontakt gebrachtes Pestizid bildet an oder in dieser Oberfläche zunächst ein Wirkstoff*depot*. Art und Höhe der Depotbildung hängen weitgehend ab von der Beschaffenheit der Pflanzenoberfläche und der

Applikationsform des Wirkstoffs [50]. Die an der Depotbildung beteiligten Faktoren sind grundlegend von *Ebeling* [51] dargestellt worden.

Über die Größenordnung eines Depots gibt folgendes schematische Beispiel nach *Maier-Bode* [52] einen Überblick: Bei Ausbringung von 3000 l „Spritzbrühe" mit einem Gehalt an 0,1 % Wirkstoff auf eine Apfelanlage von 1 ha Größe (1500 Bäume) kommen 3 kg Wirkstoff auf die Gesamtfläche und somit 2 g Wirkstoff auf jeden Baum und seine nächste Umgebung. Auf die Früchte entfällt davon etwa ein Zehntel, also 200 mg. Beträgt der Fruchtbehang 50 kg/Baum, so enthält im Durchschnitt jedes kg Äpfel ein Depot von 4 mg = 4 ppm (s. S. 457). Diese Größenordnung wird tatsächlich in der Praxis gefunden. Selbstverständlich ergeben sich Variationen vor allem durch die Applikationstechnik und den Habitus der behandelten Pflanzen.
In neuerer Zeit werden Pestizide aus Rationalisierungsgründen vielfach in hoch konzentrierter Form (ULV- = *ultra low volume*-Verfahren) ausgebracht. Diese Anwendungstechnik kann — im Vergleich mit herkömmlichen Applikationsformen — zur Bildung höherer Depots und zu langsamerem Abbau der daraus resultierenden höheren Rückstände führen [53].
Es erscheint hier am Platze, auf das Problem der *Überdosierung* kurz einzugehen. Die amtlichen Empfehlungen für den Einsatz von Pflanzenschutzmitteln schreiben eindeutig Anwendungs*mengen* (z. B. für Granulate sowie bei Fungiziden und Herbiziden, die zur Flächenbehandlung angewendet werden) oder Anwendungs*konzentrationen* vor, jeweils bezogen auf die Handelsware [14]. In diesem zweiten Fall ist Voraussetzung, daß sich die sog. „Aufwandmenge" an applizierbarer Verdünnung („Spritzbrühe") an herkömmliche Einheitsmengen hält (z. B. 600 oder 1000 l/ha im Gemüsebau, 2000 l/ha im Obstbau) oder nach ortsüblichen Gepflogenheiten (im Weinbau z. B. 6000 l/ha an der Untermosel, 1600 l/ha im Rheingau) richtet [14]. Damit sind freilich Spielräume für Abweichungen geschaffen, die sich in einer landwirtschaftlichen Praxis nicht vermeiden lassen und in diesem Rahmen auch nicht zu unerlaubten oder gar bedenklichen Rückständen führen, zumal diese möglichen Schwankungen sich durch zahlreiche andere Faktoren bis zur Ernte ausgleichen können.
Unerlaubt oder unerwünscht hohe Rückstände sind dagegen möglich

a) nach Applikation zu großer Mengen festen Präparates oder durch Ansetzen zu konzentrierter Spritzbrühe,
b) nach zu häufigem Applizieren,
c) nach Applizieren in zu kurzem Abstand von der Ernte.

Abgesehen davon, daß solche Fehlmaßnahmen sich effektiv nur durch Belehrung oder Überwachung unter Kontrolle bringen ließen, stehen den Bedenken hinsichtlich gesundheitlicher Gefahren durch „zu hohe" Rückstände folgende Überlegungen gegenüber: 1. Die Anwendung von Pflanzenschutzmaßnahmen ist unter Umständen kostspielig. Der bäuerliche Kleinbetrieb wird diese Kosten abwägen gegen die vielleicht vorhandene Neigung, nach dem Grundsatz „viel hilft viel" zu verfahren. 2. Großbetriebe werden häufig von sogenannten Lohnspritzunternehmen bedient, die Gewähr für vorschriftsmäßige Anwendung bieten. 3. Die „Pflanzenverträglichkeit", d. h. die Toleranz von Kulturpflanzen gegenüber Pflanzenschutzmitteln, ist begrenzt. Eklatante Überdosierungen können irreversible Blatt- und Fruchtschädigungen hervorrufen. 4. Bei der Ausbringung von Pflanzenschutzmitteln in flüssiger Form sind nennenswerte Überdosierungen schon deshalb nicht möglich, weil die Pflanzenoberfläche nur eine begrenzte Menge von Spritzbrühe aufnehmen kann; der Überschuß tropft ab. 5. In Ländern, die zulässige Höchstmengen von Rückständen gesetzlich festlegen, läuft der Erzeuger bei Überdosierung oder falscher Anwendung Gefahr, seine Produkte nicht verkaufen zu können und sich strafrechtlicher Verfolgung auszusetzen.
Eine unmittelbare Gefährdung des Konsumenten durch Verzehr von Lebensmitteln mit überhöhten Rückständen ist jedenfalls kaum möglich. Das läßt sich einmal rechnerisch zeigen (vgl. S. 481); zum anderen ergibt es sich daraus, daß Vorschriften und Gesetze über die zulässige Höhe der Rückstände auf den Größenordnungen der *chronischen* Toxizität basieren, die mehrere Zehnerpotenzen unter denen der akuten Toxizität liegen (vgl. S. 487).

Der als Depot vorliegende Wirkstoff verbleibt entweder auf der Pflanzenoberfläche, oder er wird in das Pflanzengewebe aufgenommen. Das geschieht wiederum in Abhängigkeit von der Natur des Wirkstoffs, der Art seiner Formulierung und vor allem der Beschaffenheit der Pflanzenoberfläche, besonders der Kutikula[54,55].

Noch vor wenigen Jahrzehnten waren die verfügbaren Insektizide, Fungizide und Herbizide überwiegend anorganischer Herkunft. Sie bedeckten als echte Beläge die Pflanzenoberfläche. Analysenergebnisse aus jener Zeit wurden überwiegend als Gewichtseinheit/Flächeneinheit ausgedrückt. Mit der Frage, welchen Wirkungsgrad kommerzielles Waschen oder Bürsten auf die Entfernung z. B. von Arsen- oder Bleiresten von Früchten hat, war der Begriff „Rückstand" geboren; aus dem „Depot-Analytiker" wurde der lebensmittelchemisch und -hygienisch arbeitende „Rückstandsanalytiker".

„Depot" und „Rückstand" sind nicht Synonyme. Das Depot wird zum *Rückstand*, sobald es Einflüssen unterliegt, die eine Verdünnung, eine chemische Umwandlung oder eine Abwanderung des deponierten Pestizids bewirken können. Solche Einflüsse sind entweder physikalischer Natur (Wind, Regen, Codestillation bei der Respiration der Pflanze, Formulierung, Wasserlöslichkeit und Dampfdruck des Wirkstoffs, Beschaffenheit der Pflanzenoberfläche, Sonnenlicht, Temperatur, Löslichkeit des Wirkstoffs in bestimmten Pflanzenteilen, Transport mit dem Transpirationsstrom) oder chemischer Natur (Hydrolyse, Oxydation durch Luftsauerstoff, enzymatische Umwandlung); vgl.[56]. Hierbei ist zu berücksichtigen, daß die „innere Oberfläche" eines Blattes dank des Interzellularsystems wie ein Reservoir funktionieren und allen eindringenden Fremdstoffen gegenüber eine große Oberfläche für direkten Kontakt mit den lebenden Zellen anbieten kann. Sobald eine Verbindung die Kutikula durchdrungen hat, kann sie entweder durch den nicht lebenden Apoplasten — die kontinuierliche Zellwandphase — oder durch den Symplasten — die kontinuierliche Protoplasmaphase — weiterbefördert werden. Polare Verbindungen können aber auch durch das Mesophyll in das Phloem eintreten und vom Assimilatestrom fortbewegt werden.

Rückstände können somit — nach einer Definition von *Gunther*[57] — vorliegen als

A. extrakutikuläre (eigentliche Oberflächen-)Rückstände, die der Kutikula anhaften,
B. kutikuläre Rückstände, die in der Kutikula gelöst oder eingebettet sind,
C. subkutikuläre Rückstände, die die Kutikula passiert haben.

Man spricht von „A-B-C-Technik", wenn diese drei Arten von Rückständen getrennt bestimmt und verfolgt werden[57].

Alle diese Faktoren haben bereits eine Bedeutung für die spätere Rückstandsanalyse, vor allem bei der Entscheidung über die Wahl einer geeigneten Aufarbeitung des Analysengutes. Da Rückstände im allgemeinen auf eine Gewichtseinheit bezogen werden (s. S. 457), liegen sie in den Fällen A und B an Blättern von vornherein höher als an „sphärischen" Pflanzenteilen, wie Früchten. So beträgt z. B. die Oberfläche von 1 kg Kirschen 0,24 m^2, von 1 kg Kirschblättern 12 m^2 [5]; mit anderen Worten: ein Wirkstoffdepot von 1 $\mu g/cm^2$ entspräche einem Rückstand von ca. 2,4 ppm auf den Kirschen, von ca. 120 ppm auf den Blättern. Rückstände, die sich unter vergleichbaren Behandlungsbedingungen einmal z. B. für Salat, einmal für Äpfel ergeben und widersprüchlich erscheinen, finden hierin oft ihre Erklärung. Bei Untersuchungen, die auf Oberflächenrückstände gerichtet sind — z. B. über die Wirkungsdauer eines Präparates —, müssen jedenfalls die absoluten Rückstände je cm^2 Oberfläche den relativen, in ppm ausdrückbaren, vorgezogen werden. Dabei ist weiter zu beachten, daß zwar das Verhältnis von Dosierung bzw. Konzentration zur Höhe des Depots angenähert eine arithmetische Funktion ist, daß aber die biologische Wirkung des Depots durchaus nicht demselben Verhältnis folgen muß [51].

Die Summe physikalischer, chemischer und enzymatischer Faktoren, die bei der Umwandlung Depot → Rückstand tätig werden können, führt im Normalfall auch weiter zu einer mehr oder weniger stetigen Abnahme des ursprünglichen Wirkstoffs (Wirkstoffabbau, s. unten). Diesen Prozessen geht häufig eine durchgreifende chemische Umwandlung des Wirkstoffs voraus oder parallel (Metabolitenbildung, s. S. 448ff.). Diese Erscheinungen wiederum sind eng mit dem Grad der Aufnahme in die Pflanze und ebenso mit der Persistenz und dem Transport der Rückstände in der Pflanze verknüpft [57a].

4. Abbau und Stabilität von Rückständen

Wenn man die Rückstände nach der letzten Anwendung eines Mittels bis zu ihrem „Verschwinden" oder bis zur Ernte des behandelten Gutes verfolgt und sie graphisch gegen die Zeit aufträgt, erhält man „Abbaukurven". Da der Abbau meist wie nach einer Reaktion 1. Ordnung verläuft, liefert diese Darstellung im Prinzip eine Gerade, wenn man die Logarithmen der Rückstände einsetzt. Man spricht deshalb von Rückstands-„Halbwertszeiten" oder nach *Gunther* [58] von RL_{50} („*residue life 50 percent*")-Zeiten.

Der Wirkstoffverlust ($-\Delta r$) in der Zeit Δt ist proportional der jeweils vorhandenen Menge des Rückstands r:

$$-\Delta r \sim r \cdot \Delta t$$

Nach Umformen in

$$\frac{-dr}{r} = k_1 . dt$$

ergibt sich durch Integration

$$\log r = -k_1 t + \log k_2 .$$

k_1 ist die Steigung der Abbaugeraden, k_2 gibt die (theoretische) Höhe des Initialdepots an. Die Beziehung besagt, wie beim Zerfall von Radioisotopen, daß die Abbaurate unabhängig ist von der jeweils vorliegenden Menge des Rückstands.

In der Praxis erhält man häufig Kurven, die aus zwei oder mehreren geraden Abschnitten bestehen (Abb. 1), wobei der erste (*a*) vorwiegend physikalische Verluste ausdrückt, der zweite (*b*) den „normalen" Abbau widerspiegelt. Ein dritter Abschnitt (*c*) kann auftreten, wenn der Rückstand sich an geschützten Stellen, z. B. in Wachsschichten oder Ölzellen, einem weiteren durchgreifenden Abbau entzieht. Die Beziehungen zwischen k_1, k_2 und t gelten sinngemäß für jeden Teilabschnitt. Die Verwendung von k_1 und k_2 gestattet es auch, umfangreiches Zahlenmaterial über Rückstände in Kurzform zu sammeln [59] (Beispiele s. [60]).

Aus verschiedenen Abbaureihen an einer Kulturpflanzenart lassen sich Grenzkurven erstellen, die den Bereich von k_1 für einen gegebenen Wirkstoff umschließen (Abb. 1). Setzt man eine Höchstmenge für den Rückstand fest, die nicht über-

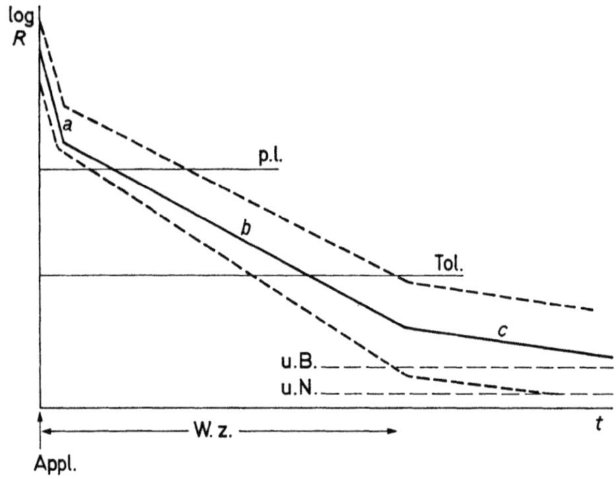

Abb. 1. Schematische Darstellung des Wirkstoffabbaus. R = Rückstand; p. l. = permissible level (s. S. 485); Tol. = „Toleranz" (s. S. 489); u. B. = untere Bestimmungsgrenze, u. N. = untere Nachweisgrenze (s. S. 469); W. z. = Wartezeit (s. S. 491). Weitere Erklärungen im Text

schritten werden soll, so läßt sich die zur Unterschreitung notwendige Zeitspanne nach der letzten Anwendung des Mittels auf diese Weise recht gut umreißen (vgl. S. 491).

Abbaukurven drücken nicht nur die „echten" physikalischen und chemischen Verluste an Rückstand aus, sondern schließen auch die „Verdünnung" ein, die ein Rückstand infolge des Pflanzenwachstums erfährt. Der Anteil des Pflanzenzuwachses am Gesamtschwund des Rückstands läßt sich, ähnlich den vorhin beschriebenen Zusammenhängen, auch rechnerisch erfassen [59,61]. Im Prinzip ist es möglich, alle am Abbau beteiligten Einzelfaktoren auf diese Weise zu behandeln, wenn sie experimentell isoliert faßbar sind. Besonderes Interesse findet in neuerer Zeit z. B. die Abgabe von Pestizidrückständen seitens der Pflanze an die umgebende Atmosphäre durch Evaporation und Transpiration. Zur experimentellen Erfassung dieser Erscheinungen sind besondere Versuchsanordnungen erforderlich [62] (vgl. z. B. [62a]).

Die Abbaugeschwindigkeit eines Wirkstoffs kann von Pflanze zu Pflanze sehr unterschiedlich sein; wenn man eine bestimmte Pflanze betrachtet, können sich beträchtliche Unterschiede von Wirkstoff zu Wirkstoff ergeben [63].

Bei wiederholter Anwendung eines Pestizids kommt es zu einer *Akkumulierung* zwangsläufig dann, wenn aus der jeweils vorangegangenen Anwendung noch Rückstände vorhanden sind. Nimmt man den zwischenzeitlichen Abbau als eine Reaktion 1. Ordnung und die Halbwertszeit als konstant an, so resultiert daraus (bei Applikation gleicher Mengen in regelmäßigen Abständen) im allgemeinen zu irgendeinem Zeitpunkt eine Wirkstoffkonzentration, bei der der Wirkstoffverlust bis zur nächsten Applikation gleich der applizierten Dosis ist. Der akkumulierte Rückstand erreicht dann einen Grenzwert (in Abb. 2 z. B. das Zweifache der jeweils applizierten Menge).

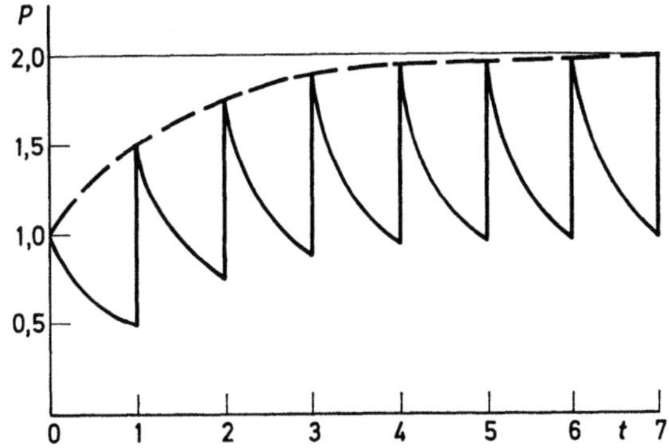

Abb. 2. Schematische Darstellung der Akkumulierung von Rückständen bei jeweils einmaliger Applikation der Präparatmenge $P = 1$ pro Zeiteinheit t. Reaktion 1. Ordnung, Halbwertszeit = 1 Zeiteinheit. Aus [64]

Dieser Grenzwert (r/C_0) ist gegeben durch die einfache Beziehung $1/1-f$. Dabei bedeuten:

C_0 = Ausgangskonzentration an Pestizid; im obigen Beispiel identisch mit der bei jeder Wiederholung applizierten Pestizidmenge,

C = Pestizidkonzentration zur Zeit t; im obigen Beispiel ist t = Zeitraum bis zur folgenden Anwendung,

$$f = \frac{C}{Co} \qquad \left(t_{1/2} = \frac{0{,}3\,t}{\log f}\right),$$

r = akkumulierter Rückstand unmittelbar nach der wiederholten Applikation.

Diese Betrachtungsweise [64] hat zunächst weitgehend theoretischen Charakter, zumindest soweit wiederholte Pestizidanwendungen an Obst oder Gemüse erfolgen. In solchen Fällen reicht die Exaktheit der Prämissen nicht aus, um „Vorhersagen" über Rückstände machen zu können. Auch erlauben die meist stark variierenden Wachstumsbedingungen und Umweltfaktoren zwischen den Behandlungsterminen keine Extrapolationen. Günstiger ist es, längere Zeiträume in Betracht zu ziehen und ein Substrat zu wählen, das in seinem Verhalten gegenüber Rückständen mehr „statisch" ist. Eine Akkumulierung von Rückständen persistenter Pestizide im Boden läßt sich auf diese Weise häufig recht zutreffend abschätzen. Tabelle 1 gibt ein Beispiel für verschiedene

Tabelle 1. *Maximale akkumulierte Rückstände eines Pestizids im Boden, berechnet für Abbaureaktionen 1. Ordnung* [64]

Halbwertszeit des Rückstands	Verhältnis des maximalen akkumulierten Rückstands (r) zur jährlich applizierten Dosis (C_0)
1 Monat	1,00
2 Monate	1,02
3 Monate	1,07
6 Monate	1,33
1 Jahr	2,00
2 Jahre	3,40
3 Jahre	4,84
4 Jahre	6,29
10 Jahre	14,90

Halbwertszeiten ($t_{1/2}$) bei einmaliger Applikation/Jahr und einer Abbaureaktion 1. Ordnung. Andere Reaktionsabläufe sind auch im Boden möglich; je höher die Reaktionsordnung ist, um so niedriger der maximal akkumulierbare Rückstand. Um den Reaktionstyp erkennen zu können, müssen Rückstandsanalysen über einen möglichst weiten Konzentrationsbereich durchgeführt werden. Die Abbaukurven verlaufen bei Darstellung entsprechend Abb. 1 bei niedrigerer Reaktionsordnung konkav abwärts, bei höherer konkav aufwärts. Bei komplizierteren Reaktionsabläufen werden numerische Ableitungen aus praktischen Messungen jedoch schneller als theoretische Erwägungen zum Ziel einer Abschätzung möglicher Akkumulation führen.

Abbaustudien lassen sich nur an einem Substrat durchführen, das mit dem Pestizid primär in Berührung kommt. Der Abbau eines Pflanzenschutzmittels, das z. B. in den Boden gegeben wird, kann nur dort verfolgt werden, nicht aber in Teilen von Pflanzen, die in dem behandelten Boden wachsen. Denn ein Übertritt von Wirkstoff aus dem Boden in die Pflanze (s. S. 445) erfolgt nicht kontinuierlich, sondern — z. B. abhängig von Niederschlägen — möglicherweise in Schüben. Das gilt besonders für Granulate, aus denen der Wirkstoff sukzessive freigesetzt wird.

Im allgemeinen gilt das Hauptaugenmerk der Rückstandsanalytik auf landwirtschaftlichem Sektor den im Freiland wachsenden Kulturen. Gemüse aus *Unterglaskulturen* gewinnt aber — besonders in den Monaten, in denen in Mitteleuropa Freilandgemüse nicht zur Verfügung steht — zunehmend an Bedeutung. Auch solche Kulturen werden mit Pflanzenschutzmitteln behandelt. Die Fläche der Unterglasanlagen in der Bundesrepublik Deutschland beläuft sich auf etwa 800 ha (1,5% der Gesamtanbaufläche von Gemüse), aber auch importierte Gemüse stammen vielfach aus Gewächshauskulturen [65]. Die Depotbildung und die Beständigkeit der Rückstände bei unter Glas wachsenden Pflanzen unterliegt z. T. geringeren „äußeren" Beeinflussungen, als es im Freiland der Fall ist. Wirkstoffverluste durch Abtrift oder Verdampfen können herabgesetzt sein, UV-Einflüsse fehlen weitgehend, und ein Abwaschen von Oberflächenrückständen durch Niederschläge entfällt. Andererseits kann unter Glas infolge der dort herrschenden höheren Temperaturen im Einzelfall auch ein schnellerer Abbau von Rückständen erfolgen. Die bisher vorliegenden Untersuchungsergebnisse sind noch spärlich; sie deuten jedoch darauf hin, daß im allgemeinen die Rückstände unter Glas langsamer abnehmen als im Freiland [65]. Für die Anwendung von Pflanzenschutzmitteln unter Glas gelten deshalb besondere Wartezeiten (s. S. 491).

Die *Stabilität der Pestizide* spielt naturgemäß eine wesentliche Rolle für ihre Verwendbarkeit in der Praxis. Zum Teil werden rasch abbauende Mittel benötigt, wenn nahe vor der Ernte noch Pflanzenschutzmaßnahmen erforderlich sind; andererseits entspricht es dem Rationalisierungsbestreben und dem Bemühen um Wirtschaftlichkeit, mit möglichst wenigen Applikationen lange wirkender Präparate einen dauerhaften Erfolg zu erzielen. Aus der Langlebigkeit von Pestiziden und mithin von Rückständen können aber auch durchaus unerwünschte Begleiterscheinungen erwachsen, insbesondere dann, wenn die *Persistenz* der Mittel merkbar über den gewünschten oder notwendigen Rahmen hinausgeht. Diese Problematik wurde bereits erwähnt und wir werden wiederholt darauf zurückzukommen haben. Wenn nach Anwendung an Pflanzen oder Tieren ein solches Problem in Erscheinung tritt, so läßt es sich aus Kenntnis der Rückstandssituation beherrschen: entweder ist die Höhe der verbleibenden Rückstände toxikologisch vertretbar und die Anwendungsform wird behördlich geregelt, oder aber die

Anwendungsbedingungen müssen entsprechend geändert werden, wenn sich nicht sogar der Einsatz des Mittels für den betreffenden Zweck gänzlich verbietet. In dieser Beziehung ist seit einigen Jahren besondere Aufmerksamkeit auf die Persistenz der Organochlor-Insektizide in Boden, Wasser, Pflanze, Tier und Mensch gerichtet worden[66]. Die Ursache für die Beständigkeit dieser Verbindungen ist in ihrer geringen Zugänglichkeit für enzymatische Angriffe und einer markanten Apolarität zu suchen.

Andere Verhältnisse liegen dann vor, wenn die Anwesenheit persistenter Mittel nicht regulierbar ist. So verdichteten sich in den letzten Jahren allenthalben die Beobachtungen, daß sich manche Organochlor-Insektizide aus Anwendungen in früheren Jahren in beachtlichen Mengen *im Boden* angereichert haben und darin nur langsam abnehmen. Ihre Halbwertszeiten im Boden können bis zu mehreren Jahren betragen; Durchschnittswerte[67] für verschiedene Bodenarten unter wechselnden Klimabedingungen sind z. B. für

Aldrin	ca. 3– 8 Monate
Heptachlor	ca. 8–10 Monate
Chlordan	ca. 10—12 Monate
Lindan	ca. 12–20 Monate
Dieldrin	ca. 27 Monate
DDT	ca. 30 Monate

Von anderen Untersuchern wurden wesentlich längere Zeiten gefunden[67a]. In diesem Zusammenhang ist interessant, daß — wie Versuche mit Abwasserschlamm ergaben — der Abbau einiger Organochlor-Insektizide unter anaeroben Bedingungen schneller verläuft als unter aeroben[68]. Seitdem die Beständigkeit dieser Mittel erkannt wurde, ist ihre Anwendung als Bodeninsektizide in vielen Ländern eingeschränkt oder verboten worden.

Über längere Zeiträume im Boden verbleibende Insektizide[67] und Herbizide[69,70] werfen Rückstandsprobleme insofern auf, als die Möglichkeit besteht, daß in solchen Böden wachsende Pflanzen Wirkstoff aufnehmen können[71]. Das trifft naturgemäß in erster Linie für Wurzelgemüse zu[72]. In oberirdischen Pflanzenteilen verteilen sich die Rückstände nicht in jedem Falle homogen. Z. B. enthielten Weizenpflanzen, die auf aldrin- und endrin-haltigem Boden gewachsen waren, zwar Rückstände im Stroh, nicht aber in den Samen[73]. Relativ hohe Konzentrationen von Dieldrin im Boden führten dagegen zur Bildung von Rückständen auch in den Samen[74]. Es bestehen offenbar quantitative Zusammenhänge zwischen der Wirkstoffkonzentration im Boden und dem sich daraus in der Pflanze ergebenden Rückstand[75,75b], was jedoch in einer neueren Übersichtsarbeit[75c] verneint wird; demnach wären Rückstände in den oberirdischen Pflanzenteilen vorwiegend durch mechanische Kontamination oder durch Niederschlagen aus der Gasphase zu erklären.

Besonders von Möhren ist bekannt, daß sie ein auffälliges Speicherungsvermögen für lipophile Wirkstoffe haben[75a]; die Rückstände reichern sich offenbar innerhalb der Exkretschläuche des Rindenteils und der Seitenwurzelanlagen in den ätherischen Ölen an[76] und können darin nahezu konstant erhalten bleiben. Die Speicherungstendenz der Möhre gegenüber lipophilen Pestiziden ist so intensiv, daß auch solche Wirkstoffe davon betroffen werden, die im Boden nicht persistent sind. Diese Fixierung von Rückständen in der Möhre kann so exakt erfolgen, daß die vertikale Verteilung in der Wurzel genau dem Gehalt an Rückständen in den umgebenden Bodenschichten entspricht.

Ergebnisse aus *Bodenanalysen* lassen sich nicht leicht generalisieren. Schon eine repräsentative Entnahme von Bodenproben ist schwierig (s. S. 471). Die Bodenart, die von leichtem Sand bis zu Ton variieren kann, ist einer der wichtigsten Faktoren bei der Bildung und für die Beständigkeit von Bodenrückständen. Dabei gilt die Regel, daß die Persistenz der Insektizide mit dem Humusgehalt des Bodens zunimmt. *Lichtenstein* [77] führt 10 Faktoren an, die die Persistenz von Pestiziden im Boden wesentlich beeinflussen (Reihenfolge abnehmender Wichtigkeit z. T. nach[67]): 1. die chemische Struktur des Wirkstoffs, seine Stabilität, Löslichkeit und Flüchtigkeit, 2. die Bodenart, 3. die Bodenfeuchtigkeit (Rückstände sollten nur auf Trockensubstanz bezogen werden!), 4. die Bodentemperatur, 5. Bodenmikroorganismen, 6. die Art der Applikation des Pestizids an oder in den Boden, 7. die Formulierung (und Konzentration) des Pestizids, 8. die Bodenbearbeitung, 9. Wind oder Luftbewegung, 10. Deckkulturen; vgl. auch [69].

Die physikalische Adsorption von Pestiziden im Boden[70,78], die von der chemischen Struktur des Wirkstoffs und der Art des Bodens bestimmt wird, läßt sich in guter Annäherung durch die *Freundlich*'sche *Adsorptionsisotherme* beschreiben[70,79–81]. Danach folgt über einen weiten Konzentrationsbereich das Verhältnis von fixiertem (x/m) zu — bei Gleichgewicht — im Wasser gelöstem (μg/ml = C) Wirkstoff der empirischen Beziehung

$$\frac{x}{m} = k \cdot C^n,$$

worin x = μg Wirkstoff, adsorbiert,
m = g Boden,
k = Adsorptionskonstante,
C = Konzentration des Wirkstoffs in der Wasserphase (μg/ml = ppm),
n = eine „Materialkonstante"; nach den vorliegenden Daten ist sie annähernd = 1 [70,79,80].
Die Isotherme verläuft dann geradlinig, und n entspricht der Steigung, wenn man x/m gegen C auf log/log-Basis darstellt: $\log (x/m) = \log k + n \log C$.
Für Harnstoff-Herbizide wurden Werte von >1 gefunden ($1/n = 0{,}75$)[81].

Extrapoliert man die Gerade auf die Einheit der Lösungskonzentration ($C = 1$), so erhält man k aus dem zugehörigen (x/m)-Wert. Die Gesamtmenge (kg/ha) des zu applizierenden Wirkstoffs, aus der eine bestimmte Konzentration (1 ppm) von in Lösung befindlichem Wirkstoff resultieren soll, läßt sich für feuchte Böden abschätzen aus einer Faustregel, wonach die auszubringende Menge (kg/ha) zahlenmäßig ungefähr einem Zehntel der bei $C = 1$ fixierten Konzentration (x/m) entspricht[80]. Ist z. B. x/m (bei $C = 1$) = 40 μg/g, so ist die auszubringende Wirkstoffmenge = 4 kg/ha.

Wenn man anstelle der Gesamtheit des Bodens dessen Humusgehalt als Berechnungsbasis wählt (k/Gew.-% Humus)[70,83], so erhält man „Adsorptions-Indices", die für ein gegebenes Pestizid, unabhängig von der Herkunft des Bodens, konstant sind. Für einige Herbizide werden z. B. folgende relative Sorptionswerte gefunden[70]:

Neburon	1680
Diuron	340
Monuron	132
Dichlobenil	167
Chlorthiamid	57

Lambert[82] baute diese Beobachtungen weiter aus, indem er einen neuen Index, „Omega", einführte. Dieser Index Ω repräsentiert den „aktiven Anteil" an Humussubstanz in einem Boden. Er ist unabhängig vom adsorbierten Chemikal und allein abhängig von der Bodenart. Aus dem

Verhalten von Leitsubstanzen an Standardböden läßt sich so, aus Kenntnis ihrer relativen Ω-Werte, das Adsorptionsvermögen der verschiedensten Böden gegenüber anderen Substanzen wirksam abschätzen.
Ähnliche Betrachtungen, wie sie hier für die Adsorptionserscheinungen angedeutet wurden, lassen sich entsprechend auf das Auswaschen (Desorption) von Wirkstoffen aus Böden anwenden.

Für eine Beurteilung der Aufnahme von Pestiziden aus dem Boden durch die Pflanze ebenso wie auch für die Betrachtung des Transportes von Pestiziden im Boden ist es nötig, den herkömmlichen Begriff der „Unlöslichkeit" zu revidieren. Anorganische Verbindungen, die als so „unlöslich" gelten, daß klassische Verfahren der quantitativen Analyse allein auf dieser Eigenschaft beruhen, sind durchaus im Bereich einiger ppm wasserlöslich (z. B. AgCl 1,5 ppm bei 20°C). Die lipophilen oder doch als „unlöslich" in Wasser geltenden Pestizide sind dies im absoluten Sinne ebensowenig; bei Zimmertemperatur gelten z. B. folgende Werte[13]: DDT 0,001—1 ppm, Aldrin 0,2 ppm, Simazin 5 ppm, Zineb 10 ppm, Parathion 20—25 ppm. In der Rückstandsanalytik können diese Größenordnungen von wesentlicher Bedeutung sein.
Nicht jedes Erntegut wird sofort verzehrt; viele Produkte werden erst durch entsprechende Aufarbeitung genußfertig. In solchen Fällen können die Rückstände während *Transport, Lagerung und Verarbeitung* des Erntegutes beträchtlich abnehmen. Entscheidend sind diese Faktoren besonders im „Vorratsschutz"[20]; ob Rückstände letztlich zum Verzehr gelangen, entscheidet der Einfluß des Lagerns sowie — bei Getreide — vor allem des Vermahlens und Verbackens[17,18].

Als Beispiel seien Ergebnisse eines Großversuchs mit Malathion-Staub an Roggen[17] ausgewählt:

Roggen frisch behandelt	10,0 ppm
Roggen 2 Wochen gelagert	5,3 ppm
Roggen 6 Monate gelagert	2,6 ppm
Roggen 11 Monate gelagert und zweimal umgeschaufelt	3,3 ppm

Weiterverarbeitung des 11 Monate gelagerten Roggens:

Roggen, gereinigt	3,0 ppm
Schmachtkorn (Fein- und Halbkörner)	6,7 ppm
Flugkleie (Staub)	60,0 ppm
Mehl, Type 1150[a]	1,9 ppm
Mehl Type 815[a]	1,2 ppm
Blaumehl (aus dem Korninneren)	0,6 ppm
Futtermehl (aus den Randschichten des Korns)	13,5 ppm
Kleie	16,8 ppm
Flachbrot aus Mehl 1150	0,4 ppm[b]
Flachbrot aus Mehl 815	0,2 ppm[b]

Ähnliche Ergebnisse lieferte ein Modellversuch mit Malathion-Staub bei der Herstellung von Braugerste[84]:

Gerste vor dem Einweichen	10,0 ppm
Gerste nach 48stündiger Weiche	1,2 ppm
Gerste nach 8 Tagen Keimung	0,13 ppm
Gerste nach Keimung und 7stündigem Trocknen bei 70 °C	0,08 ppm

---

[a] Die Typenzahlen geben den mittleren Aschegehalt in mg/100 g an, d. h. in diesen Fällen 1,1—1,25 bzw. 0,79—0,87% Aschegehalt, bezogen auf Mehltrockensubstanz; höherer Aschegehalt = höherer „Ausmahlungsgrad" = höherer Anteil an Bestandteilen aus den äußeren Schichten des Korns.

[b] Bezogen auf den Mehlanteil.

Der Einfluß von *Nacherntefaktoren* auf Rückstände, die in Obst und Gemüse bereits vorlagen, wurde von *Stobwasser* et al.[85] eingehend dargestellt. Die Autoren heben hervor, daß für die heutige Marktwirtschaft die räumliche und zeitliche Trennung von Produktion und Verbrauch charakteristisch ist und mit dem Streben nach Rationalisierung zunehmend solche Nahrungsmittel bevorzugt werden, die sich schnell und bequem zu Mahlzeiten bereiten lassen. Höhere Temperaturen führen, wie zu erwarten, im allgemeinen zu einer Verminderung der Rückstände; bei Tiefkühlung ergibt sich eine weitgehende Konstanz. Der Erfolg von Wasch- und Reinigungsprozessen hängt davon ab, ob die Rückstände auf oder in der Oberfläche der behandelten Güter verbleiben oder ob sie in Schalen oder Fruchtinneres eindringen. Die Verarbeitung geernteter Produkte zu Konserven (vgl.[86]) führt im allgemeinen zu erheblichem Wirkstoffabbau. In der Regel ist Autoklavieren von Obst und Gemüse in der Wirkung dem Kochen und Blanchieren überlegen. Bei der Herstellung von Preßsäften wird der Hauptanteil der Pestizide in den Trestern zurückgehalten. Beim Dörren von Obst können Rückstände ebenfalls herabgesetzt werden, doch gleicht der Wasserverlust dies oft aus.
Die Stabilität von Rückständen bei Tiefkühlung macht der Analytiker sich zunutze, wenn Rückstandsanalysen nicht unmittelbar nach der Ernte möglich sind.
Die Verluste an Rückständen zwischen Ernte des Lebensmittels und Verzehr rücken in den Vordergrund des Interesses, seit sie in steigendem Maße — anstelle der für das frisch geerntete oder rohe Lebensmittel bekannten Situation — bei der Abwägung einer möglichen „Gefährdung" des Lebensmittel-Konsumenten herangezogen werden. Auch die internationalen Bemühungen um Vereinheitlichung von gesetzgeberischen Maßnahmen bedienen sich dieser Erkenntnisse (s. S. 492). Allerdings ist das bisher vorliegende Datenmaterial noch spärlich; zur Ergänzung sei deshalb noch auf einige neuere Spezialarbeiten verwiesen[56, 87–89].
Die Rückstandssituation in Lebensmitteln nach haushaltsmäßiger Zubereitung wird an anderer Stelle besprochen (s. S. 478f.).

5. Wirkstoffumwandlung und -metabolisierung

Die Bildung von „Metaboliten" aus Pflanzenschutzmittel-Wirkstoffen in biologischen Systemen ist eine viel beachtete Seite des Rückstandsproblems. Hierunter fallen nicht nur die Metaboliten, die als Folge einer Pflanzenschutzmittelanwendung unmittelbar auf und in der Pflanze sich bilden, sondern auch diejenigen, die nach oraler Einnahme von Rückständen im menschlichen Organismus entstehen können. Selbstverständlich müssen Umwandlungsprozesse, denen ein Wirkstoff unterliegen kann, so lange beachtet werden, wie die Umwandlungsprodukte von toxikologischer Bedeutung sind in den Größenordnungen, die mit dem Erntegut zum Verzehr gelangen können. „Metabolismus" ist hier im erweiterten Sinne zu verstehen nicht nur als die Summe der „normalen" biochemischen Umbildungen von Nährstoffen in Energie und Körperbestandteile, sondern als die Gesamtheit chemischer Umwandlungen jener Vielzahl von — natürlichen und synthetischen — Fremdmolekülen, die in den Organismus aufgenommen werden.
Vier Grundtatsachen sind hieran beteiligt[90]:
1) Die biologische Wirkung ist verknüpft mit der Geschwindigkeit und mit der Art und Weise des Metabolisierungsvorgangs.

2) Ob eine Verbindung ihren Wirkungsort erreicht, wird entschieden durch die Umwandlungsgeschwindigkeit und die Eigenschaften der entstehenden Verbindungen.
3) Die Toxizität einer Verbindung kann durch Metabolitenbildung zu- oder abnehmen.
4) Die Ausscheidungsrate aus dem Körper hängt von den physikochemischen Eigenschaften der Metaboliten ab.

Mithin ist die Metabolitenbildung aus Pestiziden ein spezieller Sektor innerhalb der Fähigkeit des lebenden Organismus, unnatürliche und unerwünschte Komponenten chemisch zu modifizieren und aus dem Zellsystem auszuscheiden. Im Grunde liegt hier auch der Schlüssel zum Verständnis der Frage nach der selektiven Wirkung von Pestiziden[91–93].
Die *biochemischen Reaktionen von Pestiziden* lassen sich folgendermaßen umreißen (nach *Metcalf*[94]):

I. Nicht-Synthese-Reaktionen
(Oxydation, Reduktion, Hydrolyse)
  a) *Inaktivierung* des aktiven Pestizids zu nicht aktiver Verbindung. Die Hemmung der Inaktivierung durch eine andere Substanz erhöht die pestizide Wirkung: Synergismus.
  b) *Umwandlung* des aktiven Pestizids in eine andere aktive Form.
  c) *Aktivierung*. Das inaktive Pestizid wird metabolisiert zu einem aktiven Wirkstoff. Die Hemmung der Aktivierung durch eine andere Substanz setzt die pestizide Wirkung herab: Antagonismus.

II. Synthese-Reaktionen (Biosynthese aus Pestizid und einem endogenen Metaboliten)
  a) *Entgiftung*. Umwandlung des aktiven Pestizids oder eines Metaboliten in eine inaktive Verbindung durch Synthese.
  b) *Intoxikation*. Umwandlung des inaktiven Pestizids in eine aktive Verbindung durch „Letal-Synthese“.

Als charakteristische Beispiele für diese einzelnen Gruppen können folgende Reaktionen gelten:

I. a) Inaktivierung durch Hydrolyse vorwiegend bei Pestiziden, die Ester sind (Organophosphate, Carbamate); dabei entstehen wasserlösliche Produkte.
Inaktivierung durch Oxydation z. B. bei der Ring-Hydroxylierung von Carbamaten, die Ausscheidung in Form von phenolischen Derivaten mit dem Urin ermöglicht.
Inaktivierung durch Reduktion vorwiegend bei Verbindungen mit aromatischen Nitrogruppen, die zum Amin reduziert werden, z. B. DNOC → 6-Acetamido-4-nitro-o-kresol → Konjugat.

I. b) Umwandlung von Aldrin zu Dieldrin, von Heptachlor in Heptachlorepoxid; Oxydation von Wirkstoffen der Demeton-Gruppe zu den entsprechenden Sulfoxiden und/oder Sulfonen.

I. c) Bei Organothiophosphaten Umwandlung der P=S-(Thiono-) in die P=O-Form. In der Phosphatform ist der Phosphor elektrophiler und deshalb reaktiver als in der Thionoform.

II. a) Hierzu zählen die bekannten Veresterungen von phenolischen Gruppen zu Glucuroniden oder Sulfaten im Warmblüter, zu Glucosiden im Insekt. Auch Reaktion mit Mercaptogruppen (z. B. des Cysteins) unter Einführung der Thiolgruppe in das Molekül, das dann konjugiert und eliminiert werden kann; diese Entgiftung ist für Lindan bekannt.

II. b) In Ausnahmefällen greift der Metabolit an Stoffwechselzentren an, z. B. im Fall der Fluoressigsäure:

Fluoracetat + Coenzym A + Oxalessigsäure
→ Fluorcitronensäure
↓
hemmt cis-Aconitase
↓
Umwandlung Citronensäure/Isocitronensäure und weitere oxydative Decarboxylierung im Krebs-Cyclus sind blockiert.

Das Prinzip der letalen Synthese ist es, daß eine Substanz Zeit hat, sich in letaler Konzentration am Wirkungsort anzureichern (s. auch bei Fenthion, S. 456 und S. 457).

Wenn man die Einteilung nach vorwiegend *chemischen Gesichtspunkten* vornimmt, lassen sich im wesentlichen sieben Reaktionstypen unterscheiden (nach[90]):

1. *Oxydation* (Sauerstoff ist z. T. als Hydroxyl beteiligt)
   a) Hydroxylierung an aromatischen Ringen, z. B. bei Carbamaten, Triazin- und Harnstoff-Herbiziden
   b) Oxydation von Seitenketten zu Alkoholen, Ketonen oder Carboxylen
   z. B. DDT ⟶ Dicofol
   c) Entalkylierung, Entalkoxylierung an O, S, N oder P, als Ätherspaltung z. B. bei 2,4-D
   d) Sulfoxid- und/oder Sulfonbildung aus Thioäthern, z. B. bei Demeton, Disulfoton, Fenthion usw.

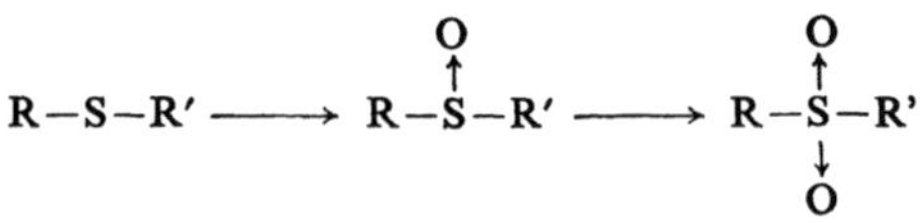

   e) Epoxidbildung
   z. B. Aldrin ⟶ Dieldrin
   Heptachlor ⟶ Heptachlorepoxid
   Isodrin ⟶ Endrin
   f) N-Oxid-Bildung
   z. B. bei Schradan

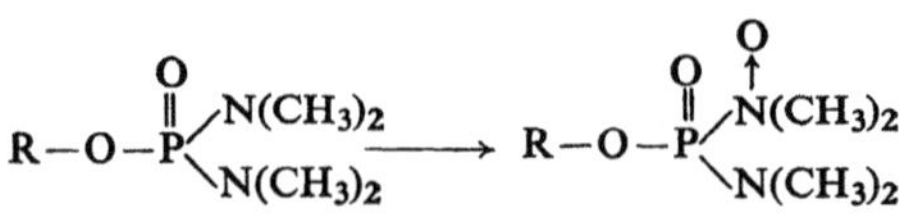

(nicht gesichert)

2. *Dehydrogenierung und Dehydrohalogenierung*
   z. B. DDT ⟶ DDE
3. *Reduktion*
   z. B. Parathion ⟶ Aminoparathion
4. *Konjugation*
   a) Amidbildung
   z. B. bei Amitrol

$$R{-}NH_2 + R'{-}COOH \longrightarrow R{-}NH{-}CO{-}R' \quad \text{(nicht gesichert)}$$

   b) Metallkomplex-Bildung
   c) Glucosid- und Glucuronsäure-Konjugation, bei zahlreichen Abbauprodukten von Pestiziden
   d) Sulfatbildung
   z. B. bei o-Phenyl-phenol

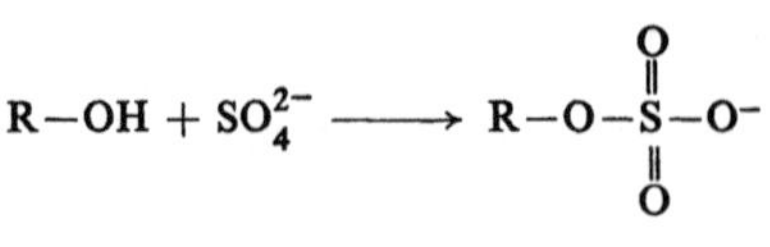

5. *Hydrolyse*
   a) Esterspaltung
   z. B. Malathion ⟶ „Malathionsäure"
   $R-CO-O-R' \longrightarrow R-CO-OH + R'OH$
   b) Amidspaltung
   z. B. Dimethoat ⟶ „Thiocarboxy-dimethoat"
   $R-CO-NH-R' \longrightarrow R-CO-OH + R'NH_2$
6. *Austauschreaktionen*
   z. B. Parathion → Paraoxon

7. *Isomerisierung* (z. B. bei vielen Organophosphaten)

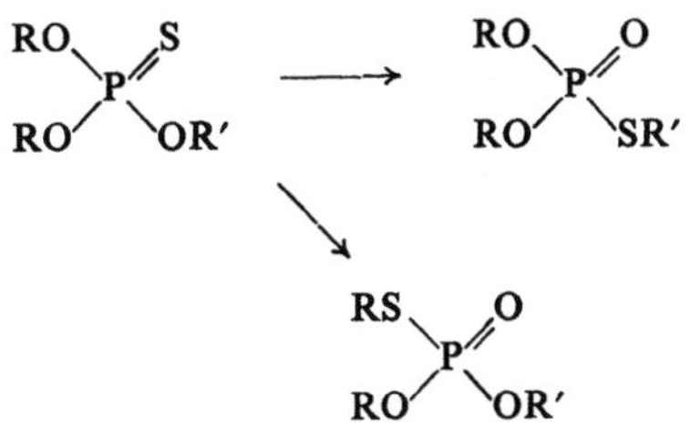

Die angeführten Beispiele repräsentieren nicht in jedem Fall den einzigen oder hauptsächlichen Metabolisierungsschritt. Einen ähnlichen Überblick über prinzipielle Entgiftungsschritte im Insekt gibt *Jarczyk* [95].

Im Prinzip kann ein als Rückstand mit der Nahrung aufgenommenes Pestizid sich während der Körperpassage nach folgendem Schema im Säuger verteilen [96]:

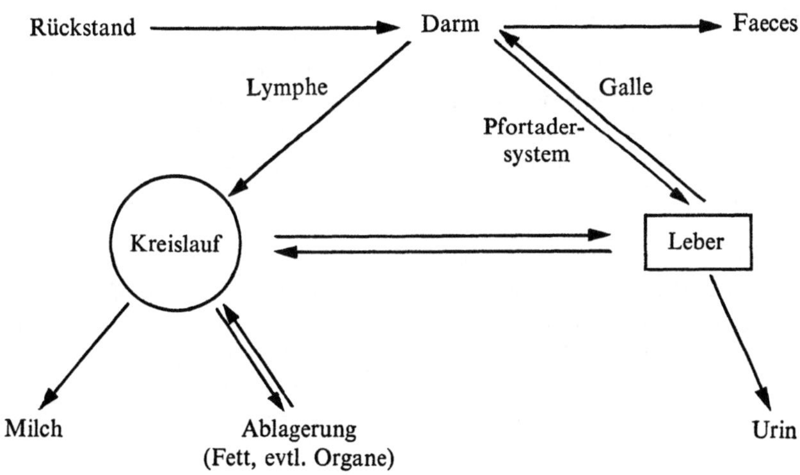

Innerhalb dieser Mechanismen entfaltet der Organismus sein Entgiftungs- und Ausscheidungspotential, als dessen äußere Erscheinungsform auch die Bildung von Metaboliten gelten muß [97,98]. Nur die „Peripherie" des oben dargestellten

Schemas ist dem Experiment zugänglich. Jedoch kann bereits eine Bilanz über Einnahme/Ausscheidung wesentliche Aufschlüsse über die hauptsächlichen Metabolisierungsprozesse liefern. Ist die Ausscheidungsrate gering, so liegt der Verdacht auf Speicherung im Organismus nahe, wenn nicht die Ausscheidung sich in einer unbekannten und deshalb analytisch nicht faßbaren Form des applizierten Wirkstoffs vollzieht, was sich aber auf andere Weise klären läßt (s. S. 453).
Es ist nicht Aufgabe der Rückstandsforschung, das Schicksal von Pestizidmolekülen bis zum terminalen Abbau zu elementaren Bausteinen des katobolischen Stoffwechsels in Pflanze, Tier und Mensch zu verfolgen. Vielmehr geht die Fragestellung, was nochmals betont sei, auf eine mögliche Bildung noch toxischer oder biologisch aktiver Umwandlungs- und Abbauprodukte hinaus, d. h. darauf, ob eine Gesundheitsgefährdung durch Konsum von Lebensmitteln, die solche Rückstände enthalten, eintreten kann. Die Grenzziehung ist nicht immer einfach. Bei Organophosphaten und insektiziden Carbamaten wird man eine cholinergische Wirkung (vgl. S. 465) der Metaboliten als Maßstab nehmen. Viele andere Pestizide können aber nur in ihrem individuellen Verhalten beurteilt werden, wobei mutmaßliche oder identifizierbare Metaboliten, sofern sie in nennenswerten Anteilen auftreten, toxikologisch charakterisiert werden müssen. Es hat sich in vielen Fällen zeigen lassen, daß Um- und Abbau von Pestiziden in Pflanze und Warmblüter gleichsinnig verlaufen. Das heißt: Metaboliten, die auf oder in der Pflanze aus einem Pestizidmolekül entstehen können, entstehen dann auch im Warmblüter, wenn man die pestizide Substanz im toxikologischen Tierversuch verabreicht. In diesem Fall gibt der Tierversuch Einblick in die toxikologischen Eigenschaften des Pestizids und dessen Metaboliten, die als Rückstände mit einem Lebensmittel zum Verzehr gelangen können (vgl. S. 482). Erst wenn prinzipielle oder schwerwiegende quantitative Unterschiede in der Metabolisierung zwischen Pflanze und Warmblüter erkennbar sind, müssen die als „Rückstand“ zu betrachtenden Metaboliten synthetisiert und, wie die Ausgangssubstanz, toxikologisch untersucht werden. Es darf jedoch nicht übersehen werden, daß ein entscheidendes Kriterium auch der Anteil des oder der betreffenden Metaboliten am Gesamtrückstand ist. Ein Metabolit, der mit wenigen (z. B. <5) Prozent am Rückstand des applizierten Pestizids beteiligt ist, kann im allgemeinen auch dann vernachlässigt werden, wenn er mehrfach toxischer ist als das Pestizid selbst, solange ihm nicht, was ein Extremfall wäre, eine spezifische toxische Wirkung zukommt (vgl. S. 482).
Die Definition „*toxischer Rückstand*“ wird dann problematisch, wenn sich Metaboliten oder Molekülbruchstücke bilden, die im Zuge von Entgiftungsprozessen eine Verbindung mit physiologischen Substanzen eingehen. Freie Aminogruppen (z. B. aus Hydrolyse substituierter Harnstoffe, Reduktion von Nitrogruppen, N-Entalkylierung von Aminen) können Proteinkomplexe bilden, Carboxylgruppen (z. B. aus Hydrolyse von Nitrilen, β-Oxydation von Phenoxyalkancarbonsäuren) Zuckerester liefern, Phenole (z. B. aus Hydrolyse von Phenylphosphaten und -carbamaten oder Phenoxysäuren, Hydroxylierung aromatischer Ringe) ergeben möglicherweise wasserlösliche Esterkonjugate (Glucuronide u. ähnliche) [99]. Es erscheint zweifelhaft, ob es im Sinne der Rückstandstoxikologie gerechtfertigt ist, den entsprechenden Pestizidteil durch chemische oder enzymatische Hydrolyse wieder in Freiheit zu setzen. Als „Rückstand“ sollten vielmehr nur die Substanzen

gelten, die in gelöster, nicht in gebundener, Form vorliegen. Davon bleibt unberührt, daß für Metabolisierungs-„Bilanzen" auch die gebundenen Formen erfaßt werden müssen.

Quantitative Untersuchungen über diesen Fragenkomplex sind deshalb in der Praxis nur mit radioaktiv markierten Verbindungen möglich[99a)] (vgl. S. 466). Für den Erfolg der Untersuchungen ist dann jedoch entscheidend, wie das Wirkstoffmolekül markiert wird. Im Fall eines insektiziden Carbamats wären z. B. folgende Überlegungen anzustellen:
Markierung an der Carbonylgruppe gestattet es, nichthydrolytische Wege zu verfolgen, denn Hydrolyse würde zur Bildung von $^{14}CO_2$

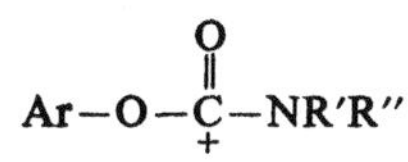

führen. Markierung im Ringsystem macht eine Verfolgung des Kerns möglich, ohne daß er freilich noch Carbamatstruktur haben muß. In beiden Fällen ginge auch eine leicht meßbare physiologische Funktion, die Cholinesterasehemmung (s. S. 465), verloren. Markierung von Substituenten am Ring unter Wahrung der Hemmwirkung würde anzeigen, wenn die Substituenten verändert werden. Durch Mehrfachmarkierung lassen sich selbstverständlich weitergehende Aussagen erreichen (vgl. jedoch S. 466).
Es hat sich in vielen Fällen bewährt, die Tendenz des Wirkstoffumbaus auf toten Unterlagen unter Einwirkung von Luft, Licht, Feuchtigkeit (evtl. Temperaturerhöhung) zu untersuchen. Solche Versuche können mit reinem, nicht markiertem Ausgangswirkstoff durchgeführt werden, den man als feinen Film (wenige $\mu g/cm^2$) z. B. auf Glasplatten bringt. Sie geben zumindest Aufschluß über die Einwirkungen aller nicht biologischen Faktoren auf das Molekül, wobei sich die Abwesenheit biologischer Störstoffe arbeitstechnisch als besonderer Vorteil erweist; vgl.[99b)].
Umfangreiche papierchromatographische Untersuchungen von *Mitchell*[100)] an 141 Pestiziden demonstrieren den durchgreifenden Effekt der Belichtung: 21% der Substanzen blieben praktisch unverändert, 23% wurden vollständig und 42% teilweise verändert; 14% lieferten keine eindeutigen Ergebnisse. Dünnschicht- und gaschromatographische Untersuchungen an einer kleinen Gruppe von Organophosphaten ergänzen diese Befunde[101)].

Obwohl die Aufklärung der *„Verstoffwechselung" von Pflanzenschutzmittel-Wirkstoffen* komplex und methodisch schwierig ist, liegen inzwischen doch recht umfangreiche Kenntnisse über den Um- und Abbau wichtiger Pestizide und Pestizidgruppen vor. Einen knappen Überblick über *alle Gruppen von Pestiziden* geben *Menzie*[90)] für Pflanzen und Tiere sowie *Ernst*[102)] für Säugetiere. Allgemeine Gesichtspunkte der *Herbizid*-Metabolisierung behandeln *Freed* und *Montgomery*[103)]; neuere Übersichtsarbeiten gelten dem Um- und Abbau von Herbiziden im Boden[104, 104a)], besonders unter mikrobiologischen Aspekten[105)] und im Zusammenhang mit der Struktur der Wirkstoffe[106)]; Harnstoffherbizide wurden von *Börner* untersucht[107)] (vgl.[107a)]), Triazin-Herbizide von *Böhme* und *Bär*[108)].
Eine zusammenfassende Darstellung über Wirkungsweise und Umwandlung der *Insektizide* gibt *O'Brien*[93)] (vgl. auch *Spencer*[109)]). Über *Fungizide* liegt keine Übersicht aus neuerer Zeit vor. Zahlreiche Faktoren (chemische, physikalische, enzymatische, physiologische) beteiligen sich an der Wirkungsweise und an den Umwandlungsmechanismen der Pestizide. Diese komplexen Wechselbeziehungen wurden eingehend von *Durham* dargestellt[110)], s. a.[110a)]; über Wechselwirkungen mit dem Metabolismus von Drogen und Steroiden s. z. B.[110b,c)].
Bei den umfangreichen Untersuchungen zum Metabolismus der Pestizide kam den Untersuchern häufig zustatten, daß sich wichtige Wirkstoffe auf eine über-

schaubare Zahl von Gruppen reduzieren lassen, innerhalb derer Analogieschlüsse möglich sind. Als Beispiel seien die Phosphorsäureester herausgegriffen, die eine Thioäthergruppierung R—S—R′ enthalten.

Mitte der 50er Jahre gelang dem Arbeitskreis um *Metcalf* in Riverside (Kalifornien) am Beispiel von Demeton der Nachweis, daß in biologischen Systemen eine Oxydation des Thioäther-Schwefels zu Sulfoxid und Sulfon erfolgt, obwohl die Oxydation zum Sulfon in vitro ein hohes Oxydationspotential erfordert. Auch Arylphosphate folgen diesem Reaktionsschema, wie wir am Beispiel des Fenthion (*1*) zeigen konnten[111]. Unsere Untersuchungen wurden an Pflanzen vorgenommen, während *Brady* und *Arthur* zu ähnlichen Ergebnissen mit Ratten kamen[112]. Die wesentlichen Befunde dieser Arbeiten wurden später mehrfach bestätigt bzw. ergänzt [113a,b,c,d,e].

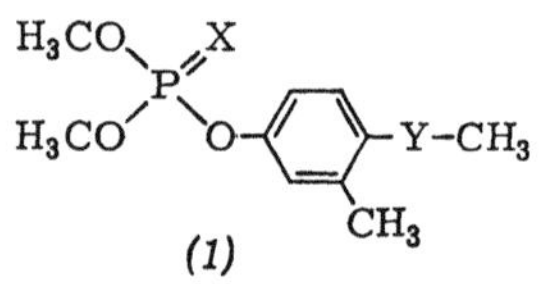

(*1*) X = S, Y = S

Das Thionophosphat Fenthion wird in biologischen Systemen nicht nur zu Sulfoxid und Sulfon, sondern auch zum entsprechenden Phosphat oxydiert. Die quantitativen Zusammenhänge sind in Pflanze, Warmblüter und Insekt nicht identisch. Abb. 3 zeigt Bildung und Abbau dieser Verbindungen in der Pflanze[111]. Tab. 2 stellt ihre Toxizität gegenüber Warmblütern und Insekten dar. Die Umwandlung in die Phosphatform erfolgt vorwiegend enzymatisch, die Oxydation zu Sulfoxid und Sulfon photokatalytisch[111]. Eine mögliche Isomerisierung von (*1*) zur Thiolform $H_3C{-}S{-}P(O)R_2$ als Folge thermischer Einflüsse kommt in vivo nicht in Betracht; diese isomere Wirkstofform (*7*) war in dem ^{32}P-markierten Präparat (Abb. 3) mit 4,5% enthalten, so daß auch ihr Sulfoxid (*8*) sich nach der Applikation bildete. Der Nachweis der Metaboliten (*2*), (*3*), (*5*) und (*6*) (s. Tab. 2) wurde papierchromatographisch[116] und infrarotspektrometrisch[117] erbracht. Die

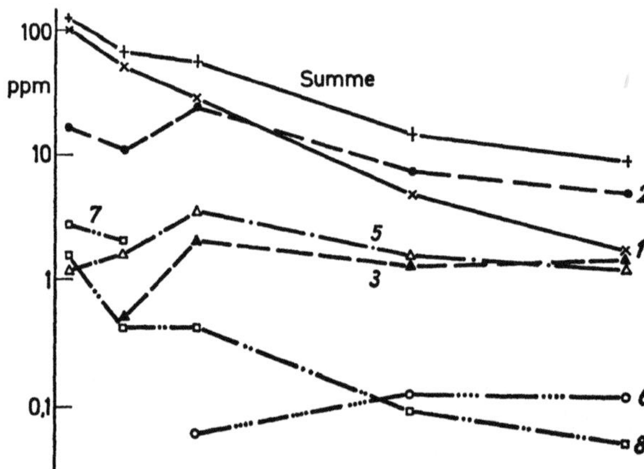

Abb. 3. Zusammensetzung der Chloroformextrakte aus Bohnenpflanzen nach Applikation von ^{32}P-markiertem Fenthion (s. oben), ausgedrückt als ppm Fenthion[111]. Zur Kennzeichnung der Verbindungen s. Tab. 2 (*7* und *8* s. im Text). Applizierte Wirkstoffmenge aus versuchstechnischen Gründen überhöht.

Tabelle 2. *Toxizität von Fenthion (Formel s. S. 454) und seinen biologisch aktiven Umwandlungsprodukten. Die Zahlen geben die für eine 50%ige Abtötung der Tiere bzw. eine 50%ige Cholinesterasehemmung erforderlichen Mengen (LD_{50}) oder Konzentrationen (LC_{50}) an.*

Verbindung	X	Y	Mückenlarven, LC_{50} in ppm						Hausfliege				Ratte				Mensch	
			Aedes		Anopheles [1]		Culex		LD_{50} [2]		Cholinesterase aus Köpfen		LD_{50} oral		Hirn-Cholinesterase		Erythrozyten-Cholinesterase	
				f		*f*	*	*f**	µg/Tier	*f*	pI_{50} [3]	*f*	mg/kg	*f*	pI_{50} [3]	*f*	pI_{50} [3]	*f*
(*1*)	S	S	0,0025	*1,0*	0,016	*1,0*	0,0045	*1,0*	0,046	*1,0*	3,6	*1*	230	*1,0*	3,6	*1,0*	<3,3	*<1*
(*2*)	S	SO	0,5	*0,005*	0,072	*0,22*	0,015	*0,30*	0,048	*0,96*	6,3	*500*	125	*1,8*	5,3	*44*	4,35	*11*
(*3*)	S	SO_2	5,0	*0,0005*	0,25	*0,064*	0,11	*0,041*	0,072	*0,64*	5,5	*90*	125	*1,8*	4,3	*5,1*	3,3	*1,1*
(*4*)	O	S	0,01	*0,25*	0,20	*0,080*	0,034	*0,13*	0,026	*1,8*	6,9	*2000*	100	*2,3*	—	—	5,6	*190*
(*5*)	O	SO	0,5	*0,005*	0,37	*0,043*	0,17	*0,026*	0,036	*1,3*	6,0	*280*	50	*4,6*	—	—	4,3	*10*
(*6*)	O	SO_2	0,1	*0,025*	0,57	*0,028*	0,19	*0,024*	0,035	*1,3*	7,0	*2400*	25	*9,2*	—	—	4,5	*16*
Mittelwert von f																		
für (*2*) + (*3*)				*0,003*		*0,14*		*0,17*		*0,8*		*300*		*1,8*		*25*		*6*
für (*2*) − (*6*)				*0,06*		*0,09*		*0,10*		*1,2*		*1000*		*3,9*		—		*46*
Literaturzitat			4		113c)		113c)		113c)		113c)		114)		114)		115)	

1 Resistenter Stamm
2 Bei „topikaler" Applikation
3 Erläuterung s. Tabelle 7
4 Daten aus dem Biologischen Institut der Farbenfabriken Bayer AG, Leverkusen

Die Kennzeichnung der Verbindungen (*1*–*6*) ist identisch mit der in Abb. 3. *f* = „*Toxizitätsfaktor*"; gibt an, um wieviel toxischer die Verbindung gegenüber (*1*) ist.

* *Stone* (J. Econ. Entomol. *62*, 977–981 (1969)) gibt für die Verbindung (*1*) einen LC_{50}-Wert von 0,002 ppm an und kommt zu folgenden Werten für *f*: *0,026* (*2*); *0,12* (*3*); *0,25* (*4*); *0,026* (*5*); *0,029* (*6*); Mittelwert (*2*) + (*3*) = *0,07*, (*2*) − (*6*) = *0,09*.

Bestimmung der Rückstände (*1*–*3*, *5* und *6*) ist möglich durch Gesamtphosphoranalyse [117,118] oder durch Gaschromatographie, entweder in kleinen Gruppen (*1* + *3*, *2* + *4* + *6*, *5*) [119], oder gemeinsam nach Oxydation aller Verbindungen zum Sulfon (*6*) [120,121].
Interessant sind Toxizitätsvergleiche zwischen Fenthion (*1*) und seinen Oxydationsprodukten (*2*–*6*), s. Tab. 2. Die Verbindungen (*2*–*6*) sind deutlich toxischer gegenüber Warmblütern, während sie allenfalls gleich oder – bei Mückenlarven – wesentlich weniger insektizid wirksam sind. Bei Fliegen fällt im Vergleich zur topikalen (d. h. äußerlich erfolgten) Applikation die starke Erhöhung der Cholinesterasehemmung (s. S. 465f.) auf, – ein Effekt, der bei der Ratte weniger ausgeprägt wiederkehrt. Allerdings ist für den Ausgang solcher Untersuchungen der Reinheitsgrad der Verbindungen entscheidend.
Sind im Phosphorsäureester-Molekül neben dem Thionoschwefel noch andere Schwefelgruppierungen enthalten, dann werden sie bevorzugt oxydiert, was sich auch präparativ verifizieren läßt [122]. In Anbetracht der veränderten physikalischen und chemisch-physiologischen Eigenschaften der Oxydationsprodukte könnte man im Fenthion-Molekül die „Transportform" des Wirkstoffs sehen, die im Organismus in die verschiedenen Wirkformen übergeht. Das Molekül ist so lange gegen hydrolytische Desaktivierung geschützt, bis die leicht hydrolysierbaren oxydierten Phosphatformen entstehen. Hierdurch ist in gewisser Weise das Prinzip der „Letalsynthese" verwirklicht (s. S. 450 und 457).

Über die Intensität des Wirkstoffum- und abbaus lassen sich keine generellen Regeln aufstellen. Wirkstoffen mit vielfältiger Metabolitenbildung, wie sie am Beispiel des Fenthion gezeigt wurde, stehen solche gegenüber, die keine Metaboliten in dem Sinne bilden, wie wir sie im Rahmen des Rückstandsproblems zu verstehen haben. In diesem Fall werden die Wirkstoffe entweder „in situ" unmittelbar zu untoxischen Bruchstücken abgebaut, oder sie bilden Metaboliten, die ihrerseits so schnell abgebaut werden, daß sie praktisch nicht in Erscheinung treten.

Aus Parathion und Parathion-methyl z. B. entstehen auf der Pflanze in geringem Maße Paraoxon und Paraoxon-methyl (auf Salat z. B. maximal 2,3% des jeweils vorhandenen Parathion-Rückstandes [123]). Paraoxon, in vergleichbarer Menge auf die Pflanze gebracht, zeigt eine vielfach höhere Abbaurate (Tab. 3). Diese Erfahrung bestätigt sich in vitro: die Oxone verseifen schneller als die entsprechenden Thionophosphate und die Dimethylester schneller als die Diäthylester (Tab. 4). Zur unterschiedlichen Toxizität dieser Verbindungen s. Tab. 7.

Tabelle 3. *Abbau von Verbindungen der Parathion-Reihe auf Salat* [123] *(Vergleichende Versuche im Freiland; n. n. = nicht nachweisbar)*

Tage nach der Applikation	Parathion ppm	Parathion %	Parathion-methyl ppm	Parathion-methyl %	Paraoxon ppm	Paraoxon %	Paraoxon-methyl ppm	Paraoxon-methyl %
0	1,74	*100*	1,64	*100*	2,38	*100*	2,33	*100*
1	0,59	*34*	0,32	*19,5*	0,058	*2,4*	0,11	*4,7*
2	0,42	*24*	0,23	*14*	0,034	*1,4*	0,032	*1,4*
3	0,24	*14*	0,21	*13*	0,024	*1,0*	0,024	*1,0*
7	0,12	*6,9*	0,04	*2,4*	n. n.	–	<0,02	*<0,85*
10	0,07	*4,0*	0,017	*1,0*	n. n.	–	n. n.	–
14	0,02	*1,15*	n. n.	–	–	–	–	–

Wirkstoffe, die auf oder „in" der Oberfläche von Pflanzenteilen verbleiben, sind fast ausschließlich physikalischen Einflüssen (Licht, Feuchtigkeit, Temperatur) und allenfalls dem Einfluß eines bestimmten pH ausgesetzt. Wirkstoffe, die in das pflanzliche Gewebe eindringen oder sogar in ihm transportiert werden (*systemische*

Tabelle 4. *Hydrolyse von Verbindungen der Parathion-Reihe* in vitro

	k[1]	Zeit für 50%ige Verseifung (Stunden) 30° pH 1–5	70° pH 6	70° pH 6 20% Äthanol	70° neutral 20% Methanol	70° pH 8	Umsatz bei enzymat. Hydrolyse[2]
Parathion-methyl	0,69	1080	10	8,4	13	2,7	0,1
Paraoxon-methyl	7,7	—	—	—	—	—	0,34
Parathion	0,23	4320	13	43	64	4,1	0,009
Paraoxon	1,7	2230	18	28	—	9,2	0,09
Literaturzitat	124)	125)	125)	126)	125)	125)	95)

1 Hydrolysekonstante für 1 n NaOH (Min^{-1}), 10^{-5} molar, 37 °C.
2 μMol/mg Gesamt-N (Enzympräparat)/60 Min.; Darmhydrolasen (Rohextrakt) von Lepidopterenraupen.

Pestizide) unterliegen zusätzlich enzymatischen Einflüssen; dabei hängt es wiederum von der Struktur des Wirkstoffmoleküls und vom enzymatischen Rüstzeug des biologischen Systems ab, ob daraus ein schnellerer Abbau oder mannigfaltigere Metabolitenbildung resultiert. Sicherlich ist es aber nicht gerechtfertigt, in der systemischen Eigenschaft eines Wirkstoffs per se eine rückstandstoxikologische Belastung zu erblicken. Einige Länder setzten für systemische Wirkstoffe einheitlich besonders verlängerte Wartezeiten (s. S. 491) fest. Wartezeiten sollten jedoch das individuelle Verhalten eines Wirkstoffs auf und in der Pflanze reflektieren und nicht seine Eigenschaft, systemisch oder nicht systemisch zu sein.

Es muß allerdings eingeräumt werden, daß der Begriff „systemisches Pestizid"[127,127a)] nicht exakt definierbar ist. Die Definition „systemisch" ist an biologischen Phänomenen orientiert, sie schließt folglich das Problem einer wirksamen Konzentration mit ein. Der Pflanzenschutzpraktiker versteht hierunter im allgemeinen Mittel, die auch an oder in solchen Teilen der Pflanze die beabsichtigte Wirkung entfalten können, die nicht unmittelbar behandelt worden sind. Der Rückstandsanalytiker wird, wenn er die Verteilung von Wirkstoffen und/oder ihrer Metaboliten in der Pflanze verfolgt, den Begriff „systemisch" in vielen Fällen anders sehen.
Metcalf et al.[128)] haben die wünschenswerten Eigenschaften eines systemischen Wirkstoffs umrissen: 1. ausreichende Lipoidlöslichkeit, die einen Eintritt durch die Kutikula ermöglicht, 2. ausreichende Stabilität, die eine Translokation der intakten Verbindung zu den Blättern und Früchten ermöglicht in Mengen, die eine biologische Wirkung gewährleisten, 3. Eintritt einer „Letalsynthese" (vgl. S. 450), die einen Verzögerungsfaktor schafft, der optimale Absorption und Translokation gestattet.
Die Metabolisierung von Pestiziden im *Warmblüterorganismus* stellt sich unter diesen Gesichtspunkten als akutisierte Form einer systemischen Wirkung dar, weil der Organismus imstande ist, seine Umwandlungs- und Entgiftungsmechanismen gegenüber dem Fremdstoff (s. S. 451) zu mobilisieren. Die Ablagerung lipophiler Substanzen im Körperfett (s. S. 500) ist ein Sonderfall innerhalb dieser Prozesse.

6. Analytik der Rückstände

Die Höhe der Rückstände wird heute fast ausschließlich als Anteil am Frischgewicht des untersuchten Materials ausgedrückt und in ppm angegeben (1 ppm = 1 part per million = 0,0001% = z. B. 1 mg/kg). Bei der Analyse geht man meist von etwa 100—200 g Untersuchungsmaterial aus; das erfordert bei einem Rückstand in Höhe von 0,1 ppm in pflanzlichem Material (80–90% H_2O) die quantitative Erfassung von 10–20 µg in etwa 10–40 g Trockensubstanz. Bei extremer Nachweisempfindlichkeit wird das eingesetzte Analysenmaterial proportional verringert. Die mengenmäßigen Relationen von etwa $1:10^6$ bis $1:10^7$ weisen die Rückstandsanalytik eindeutig als *Spurenanalyse* aus.

Die Bestimmung von µg-Mengen organischer Pestizide ist mit den heutigen analytischen Hilfsmitteln im allgemeinen mit ausreichender Genauigkeit und Reproduzierbarkeit möglich, jedoch kann die gezielte Anreicherung solch geringer Mengen aus dem Ballastmaterial beträchtliche Schwierigkeiten bereiten.

Die ersten Versuche bei der Ausarbeitung einer Rückstandsmethode gelten der *Nachweisbarkeit des Wirkstoffs*, der dafür in möglichst reiner Form vorliegen oder aus technischem Material rein hergestellt werden muß. Die Reinigung, wenn Umkristallisieren nicht möglich ist, wird am besten durch Adsorptionschromatographie vorgenommen[129]. Es ist keineswegs die Regel, daß ein Pestizidmolekül „in sich" eine leicht nachweisbare Konfiguration hat. Häufig kann aber eine Betrachtung seiner funktionellen Gruppen und ihrer Reaktivität erste Möglichkeiten aufzeigen. Oft gibt auch der Syntheseweg Hinweise auf mögliche Umsetzungen oder Derivate, mit deren Hilfe eine quantitative Bestimmung gelingen könnte. Ähnliches gilt für eine „theoretische" Abwägung der möglicherweise zu erwartenden Umwandlungs- und Abbauprodukte.

Rückstandsanalysen bestehen normalerweise aus drei Phasen:

1. der Extraktion der Rückstände aus dem Analysenmaterial,
2. der Abtrennung der Rückstände von mitextrahierten Stoffen, die die Endbestimmung stören würden,
3. der (Identifizierung und) quantitativen Bestimmung der Rückstände.

Wir können hierzu nur auf wenige wichtige oder neuere Aspekte eingehen und müssen im übrigen auf die Spezialliteratur verweisen, z. B. allgemeine Darstellungen zur Problematik und Methodik[99, 130–134]; zusammenfassende Darstellungen mit Angaben zur allgemeinen und speziellen Analysen-Methodik:[135] [außer Herbiziden],[136, 137] [Organochlor-Pestizide],[138] [Organophosphor-Pestizide]; ausführliche Methodensammlungen[57, 139–142]; laufende Serien über Neuentwicklungen[143, 144]; Literaturzusammenstellung[144a]. Hinzu kommt, daß die Methodenentwicklung ständig im Fluß ist und auch flexibel bleiben muß, um den wachsenden Anforderungen an Schnelligkeit, Nachweisgenauigkeit und Differenzierbarkeit gegenüber Rückständen anderer Wirkstoffe gewachsen zu sein.

a) Extraktion der Rückstände und Extraktreinigung

Da die meisten Pestizide lipophilen Charakter haben, muß die *Extraktion* der Rückstände aus dem Untersuchungsmaterial mit organischen Lösungsmitteln erfolgen. In aller Regel sollte das Analysengut als Ganzes mazeriert und extrahiert werden. Nur ausnahmsweise, wenn der Wirkstoff nachweislich intakt auf der Pflanzenoberfläche verbleibt, ist äußerliches Ablösen des Rückstands (engl.: *stripping*) erlaubt. Die Wahl eines geeigneten Extraktionsmittels muß sich auch danach richten, daß mit einem Wirkstoffumbau Änderungen der Polarität des Moleküls verbunden sein können. Zur Analyse wasserhaltigen Analysengutes sind in jedem Fall mit Wasser mischbare, niedrigsiedende Lösungsmittel zu bevorzugen,

z. B. Aceton. Häufig wird Acetonitril verwendet, besonders wenn Rückstände aus trockenem Material oder Fetten, Wachsen usw. (die z. B. in Petroläther gelöst sind) extrahiert werden müssen [145,146]. Als Hilfsmittel bei der Extraktion ist gelegentlich Ultraschall empfehlenswert [146a].
Meistens schließt sich eine Verteilung zwischen Wasser und einer organischen Phase an, wobei in der Regel wasserlösliche Störstoffe und Abbauprodukte des Wirkstoffs im Wasser zurückbleiben. Die — wenn nötig — weitere *Reinigung der Extrakte* (im englischen Schrifttum als „*clean-up*" bezeichnet) kann durch Säulenchromatographie [147], zusätzliche Verteilungsschritte, Dialyse, Destillation, Sublimation, Ausfrieren und Ausfällen von Störstoffen oder auch durch chemische Umsetzung erfolgen. Die Wahl zwischen den zahllosen Möglichkeiten richtet sich weitgehend nach dem Rückstand und dem Untersuchungsmaterial.

Nur selten sind die Nachweisreaktionen empfindlich genug, um zur Analyse direkt einen — zwecks Vermeidung von Störungen bei der Bestimmung — hochverdünnten Extrakt verwenden zu können. Die für eine Anreicherung des Rückstands und seine Abtrennung von Störstoffen meist benutzte Adsorptions- (selten: Austausch- [148]) Chromatographie an Säulen bietet vielfältige Variationsmöglichkeiten. Neben „klassischen" Adsorbenzien wie Aluminiumoxid und Aktivkohle [149] bewähren sich Magnesiumsilicate (z. B. „Florisil" [150,151]); in jüngster Zeit eröffnet auch die Gelchromatographie [152,153] neue Möglichkeiten. Die Adsorbenzien müssen in standardisierten Spezifikationen, oft (z. B. bei Aluminiumoxid und Florisil) in definierten Aktivitätsstufen verwendet werden.
Seit einiger Zeit wird, vor allem in den USA, vielfach das sogen. „sweep-codistillation"-Verfahren [154–156] angewendet, um Rückstände aus konzentrierten Extrakten anzureichern. Das Funktionsprinzip ist gewissermaßen eine Kombination aus Destillation und Gaschromatographie. Die Rückstände werden bei erhöhter Temperatur mit Stickstoff aus dem Extrakt ausgetrieben. Der Gasstrom wird durch ein Glasrohr, das z. B. mit Glaswolle gefüllt ist, geleitet, wobei mitgeführte Extraktstoffe sich niederschlagen, während die leichter flüchtigen Rückstände am Ende der Säule in einer Falle aufgefangen werden.

Bestrebungen, die Vorreinigungsschritte zu vereinheitlichen, waren bislang wenig erfolgreich. Lediglich für kleinere Gruppen verwandter Wirkstoffe bestehen solche Möglichkeiten, z. B. für Organochlor-Insektizide [157] (vgl. S. 472ff.). Bei manchen Pestizidgruppen, z. B. den Organophosphaten, scheitern die Bemühungen um ein gleichzeitig für alle betreffenden Pestizide und alle in Frage kommenden Untersuchungsmaterialien brauchbares „clean-up" an der Vielzahl der möglichen Wirkstoffe einschließlich ihrer Metaboliten, die in ihrem chemischen und physikalischen Verhalten so verschiedenartig sind, daß sich im Kompromißfall entweder Verluste an bestimmten Stoffen oder aber Störungen durch mitgeschleppte Inhaltsstoffe aus dem Analysenmaterial einer befriedigenden quantitativen Auswertung entgegenstellen. Es gelingt weder säulen- noch papier- oder dünnschicht-chromatographisch, Trennsysteme zu finden, mit denen die Mehrzahl dieser Verbindungen aus reinen Lösungen quantitativ in sicher identifizierbare Einzelglieder aufgetrennt werden könnte (vgl. S. 464). Bei Anwesenheit von Pflanzenextraktstoffen sind die Möglichkeiten dazu weiter eingeschränkt insofern, als die Wirkstoffe und/oder Metaboliten z. T. dazu neigen, mit den Extraktstoffen zu wandern. *Beroza* und *Bowman* haben es neuerdings unternommen, die Verteilungskoeffizienten für Pestizide und für typische Pflanzenextrakte in verschiedenen Lösungsmittelpaaren zu untersuchen [158,159]. Aus Kenntnis solcher Daten lassen sich wertvolle Hinweise auf Trennmöglichkeiten der Pestizide voneinander für die Zwecke der Extraktreinigung gewinnen.

Die „Mehrstufigkeit" von Rückstandsanalysen führt zwangsläufig zu additiven Verlusten an Rückstand während der einzelnen Arbeitsprozesse [160], vgl. [160 a]. Die Verfahrensverluste sind zudem für ein gegebenes Analysenverfahren nicht konstant, sondern sie hängen von der Natur des zu untersuchenden Materials ab, wiederum in Abhängigkeit von den Lösungseigenschaften des Rückstands (ein ausgeprägt lipophiler Rückstand ist z. B. aus Ölen und Fetten schwerer extrahierbar als aus einem überwiegend wäßrigen Substrat). Um diese Verfahrensverluste zu erfassen, muß bei der Ausarbeitung und bei der Anwendung von Analysenmethoden die sog. „*Ausbeute*" ermittelt werden. Man versteht darunter den Prozentsatz des aus dem gesamten Analysengang wiedergewinnbaren Rückstands. Man setzt bekannte Mengen der zu analysierenden Rückstände einem entsprechenden, möglichst unbehandelten Untersuchungsmaterial vor der Extraktion zu und führt die Analyse aus. Die Ausbeuten sind, besonders in den unteren Bereichen, den zugesetzten Mengen nicht proportional; man muß sie deshalb mit abgestuften Mengen des betreffenden Wirkstoffs bzw. in der Größenordnung des zu erwartenden Rückstands ermitteln. Die Analysenergebnisse werden mit einem „Ausbeutefaktor" auf die theoretische, d. h. eine 100%ige, Ausbeute umgerechnet.

Eine Unsicherheit bei der experimentellen Bestimmung der Ausbeute liegt darin, daß es nicht ideal realisierbar ist, eine definierte Menge des Wirkstoffrückstands in eine Probe des Untersuchungsmaterials künstlich so einzubringen, als ob sie als das Resultat einer praktischen Anwendung des Pestizids darin vorläge. Die außerordentlich feine Verteilung und „Auflösung" eines Rückstands in den Geweben, an der zahlreiche chemische, physikalische und biologische Prozesse beteiligt sind, läßt sich nicht einwandfrei simulieren. Experimentelle Überprüfungen mit markierten Wirkstoffen und variierten Extraktionstechniken [160 b] zeigen jedoch, daß das herkömmliche Verfahren die bestmögliche Näherung an die tatsächlich vorliegende Situation ist (vgl. [161]). Ausbeuten oberhalb von 75% werden in der Rückstandsanalytik als hinreichend angesehen, solange sie konstant ausfallen.

b) Rückstandsnachweis und -bestimmung

Die Methoden der Identifizierung und Endbestimmung von Rückständen sind vielseitig, s. Tab. 5. Trotzdem schälen sich aus der bisherigen Erfahrung deutliche Schwerpunkte heraus: Photometrie, Dünnschichtchromatographie und in ständig wachsendem Ausmaß die Gaschromatographie. Der Rückstandsanalytiker muß nicht notwendig ein Spezialist für alle diese Verfahren sein. Er muß jedoch wissen, welche Informationen sie ihm im Idealfall *und* in der Praxis geben können, damit er die Kapazitäten dieses Instrumentariums für seine Fragestellungen so einsetzen kann, daß über Menge und Identität der gefundenen Stoffe größtmögliche Sicherheit besteht.

Rückstandsanalysen erfordern Erfahrung und sind oft zeitraubend. Zuweilen kann an einem besonderen Erntegut ein bisher bewährtes Analysenverfahren scheitern, so daß andere Aufarbeitungsgänge notwendig werden. Versuche, Rückstandsanalysen zu schematieren oder zu automatisieren, ließen sich deshalb bisher nur in wenigen Spezialfällen verwirklichen.

Tabelle 5. *Geräte und Verfahren, die zur Endbestimmung von Rückständen vorwiegend benutzt werden (nach* [132]*)*

Technik	Anwendungsprinzip
Photometrie (Kolorimetrie)	Messung, kaum Identifizierung, empfindlich
UV-Spektrometrie	Messung, gelegentlich Identifizierung, empfindlich
Fluoreszenzspektrometrie[1]	Messung, Identifizierung, sehr empfindlich
IR-Spektrometrie	Messung, sehr gut für vergleichende Identifizierung, normalerweise wenig empfindlich
Massenspektrometrie	Messung, Identifizierung, nicht empfindlich
Kernresonanz-Spektrometrie[2]	Vergleichende Identifizierung, nicht empfindlich
Neutronenaktivierung	Messung, sehr empfindlich, nur elementspezifisch
Papierchromatographie Dünnschichtchromatographie	Auftrennung, mit Einschränkung vergleichende Identifizierung, empfindlich; Dünnschichtchromatographie praktischer und schneller
Gaschromatographie, zahlreiche Detektortypen	Auftrennung, Messung, mit Einschränkung vergleichende Identifizierung, sehr empfindlich
Polarographie	Messung, oft gut für Identifizierung, empfindlich
Gegenstromverteilung	Auftrennung, Identifizierung über p-Werte möglich, wenig empfindlich
Titrimetrie	Messung, empfindlich
Biotest	Messung, keine Identifizierung, zum Teil sehr empfindlich

1 Kurze Übersicht s.[161a)]
2 Spektren von 40 Organophosphaten s. bei [161b)]

Geräte zur automatischen quantitativen Ausführung bestimmter Nachweisreaktionen wurden in den letzten Jahren zu beachtlicher Präzision entwickelt, obwohl die Kosten dafür z. T. erheblich sind. Infolge des großen Zeitbedarfs der Rückstandsanalytik wäre eine möglichst weitgehende Automatisierung auf diesem Gebiet hocherwünscht[162)]. Ansätze dazu sind vorhanden in Form von Verfahren zur Chlorid-[163)] und Phosphat-Bestimmung[164)] im Anschluß an normale Aufarbeitung der Analysenproben „von Hand". Die gut ausgearbeiteten Verfahren der automatischen Cholinesterasebestimmung (vgl. S. 466)[165–168)] ermöglichen den Nachweis von Organophosphaten [168a)] und insektiziden Carbamaten und gestatten die routinemäßige Prüfung von Extrakten auf Rückstände aus diesen Substanzklassen. Auch zur Auswertung von Chromatogramm-„Flecken" von Cholinesterasehemmern ist das Verfahren geeignet[164)]. Freilich handelt es sich bei solchen Methoden eher um eine Mechanisierung als um eine echte Automatisierung, von der man erst dann sprechen dürfte, wenn die gesamten Analysenschritte in dem Prozeß aufgehen könnten. Auf rückstandsanalytischem Gebiet ist das bisher nur für die Bestimmung einer Komponenten in einem einheitlichen Material (Diphenyl in manuell isolierten Citrusschalen) realisiert worden[169)]. Inzwischen gehen aber die Bemühungen weiter, zumindest Teilschritte der Analysengänge zu mechanisieren, z. B. Auftragen auf Dünnschichtplatten[170)] oder Injizieren in einen Gaschromatographen[171)].

Photometrische, und im besonderen *kolorimetrische*, Endbestimmungen waren jahrelang die gängigsten Verfahren und sind auch heute noch immer dann unersetzlich, wenn modernere, z. B. gaschromatographische, Techniken versagen. Apparativ anspruchslos und meist durch hohe Nachweisempfindlichkeit ausgezeichnet, sind sie auch für solche Labors geeignet, die apparativ aufwendige Methoden nicht einsetzen können. Leider haben die kolorimetrischen Bestimmungen in der Regel den Nachteil, wenig spezifisch (vgl. S. 472) zu sein. Entweder werden uncharakteristische Bruchstücke von Pestizidmolekülen erfaßt (z. B. H_2S aus Organothiophosphaten, CS_2 aus Dithiocarbamaten, im Extremfall nur P aus Organophosphaten oder Cl aus Organochlor-Insektiziden nach weitgehender

Ausschaltung der entsprechenden pflanzeneigenen Elemente), oder die Reaktion weist zwar charakteristische Gruppen nach (z. B. zum Amin reduziertes Parathion durch Diazotieren und Kuppeln mit N-(1-Naphthyl)-äthylendiamin oder 1-Naphthylamin), kann jedoch durch andere Pestizide mit gleichen Gruppen gestört werden.

Kolorimetrische Bestimmungen erfordern deshalb im Zweifelsfall eine zusätzliche Identifizierung des mit der Farbreaktion quantitativ erfaßbaren Rückstandes durch eine prinzipiell andere Methodik.

Zu diesem Zweck sind einfache chromatographische Verfahren (z. B. auf Papier oder Dünnschichten) am besten geeignet. Unter den Methoden der „Flächen-Chromatographie" ist die *Dünnschichtchromatographie*[172, 173, 173a] in den letzten Jahren in den Vordergrund gerückt, vor allem dank der Schnelligkeit, mit der sich sowohl geeignete Trennsysteme ermitteln als auch Resultate erzielen lassen. Jedoch wird sie auf rückstandsanalytischem Gebiet häufig durch mitextrahierte Gewebeinhaltsstoffe erschwert. Sie stören oder verhindern entweder den Nachweis der gesuchten Substanzen auf dem Chromatogramm, oder sie beeinflussen die R_F-Werte so stark, daß hinlänglich sichere Identifizierungen nur mit Hilfe von Vergleichssubstanzen, die Extrakten aus unbehandeltem Untersuchungsmaterial zugesetzt werden müssen, möglich sind. Um chromatographierbare Extrakte zu erhalten, die weitgehend frei von solchen Störstoffen sind, müssen meist so gründliche Vorreinigungen unternommen werden, daß der Kreis der nachweisbaren Pestizide dadurch stark eingeengt wird, was wiederum die Abgrenzung der gesuchten Rückstände gegenüber anderen, möglicherweise gleichzeitig vorhandenen Rückständen erschwert. Ideale „Vorreinigung" erhält man nur durch Gaschromatographie[156]. Vielfältig sind demgegenüber die Möglichkeiten des eigentlichen Nachweises der Pestizide auf dem Chromatogramm im Bereich weniger μg und oft auch darunter durch Besprühen mit den verschiedensten Reagenzien oder durch Ausnutzung von Fluoreszenzerscheinungen[174].

Das Sichtbarmachen von Organophosphor-Pestiziden und ihren Metaboliten auf Chromatogrammen ist wegen der Vielfalt dieser Verbindungen nicht immer befriedigend gelungen; infolgedessen wurden zahlreiche verschiedenartige Verfahren entwickelt[175]. Sehr bewährt haben sich neuerdings 4-(p-Nitrobenzyl)-pyridin als Sprühreagenz[176], das auch auf N-heterocyclische Pestizide anspricht[176a], und der — auch auf Carbamate anwendbare — äußerst empfindliche Nachweis mittels Cholinesterasehemmung[177a,b,c,d].

Die Dünnschichtchromatographie kann in allen Stadien der Rückstandsanalyse eingesetzt werden: zum clean-up, zur Auftrennung, zum Nachweis, zur Identifizierung und halbquantitativ zur Bestimmung. Verschiedene Variationen gegenüber der Standardtechnik sind möglich: Verwendung von Keilschichten (Schichtdickengefälle), Stufenschichten, oder Gradientenschichten. Interessant ist die „Kanal-" oder „Streifen-Dünnschichtchromatographie", wobei die Schicht in parallele, voneinander unabhängige Streifen unterbrochen wird; dadurch erhält man eine Serie von Mikro-Chromatographiesäulen, die alle unter vergleichbaren Bedingungen arbeiten[178, 179, 179a]. Aus allen diesen Gründen kann die Dünnschichtchromatographie auch heute noch für viele Zwecke neben der Gaschromatographie ihren Platz behaupten[180]; als Prüfmethode auf eventuelle Anwesenheit von Rückständen kommt sie allerdings nur in Ausnahmefällen in Betracht (z. B.[181, 181a]).

Die *Gaschromatographie* hat vor allem deshalb eine explosionsartige Entwicklung durchlaufen, weil sie bei sachgemäßer Anwendung gewisse Idealfälle der Rückstandsanalytik realisiert:

1. Erfaßbarkeit kleinster Substanzmengen (Nanogrammbereich),
2. bei Einsatz geeigneter Detektoren kaum Störung durch Pflanzenextraktstoffe; deshalb weniger gründliche Extraktreinigung notwendig,
3. gleichzeitige und zum Teil zerstörungslose Erfaßbarkeit mehrerer Komponenten; deshalb direkte (durch Vergleich mit Standardsubstanzen) oder nachträgliche (z. B. durch Dünnschichtchromatographie oder Infrarot-[182] oder Massenspektrometrie[183]) Identifizierung möglich,
4. geringer Zeitbedarf für die eigentliche Bestimmung.

Nur wenige von den zahlreichen Detektortypen[184] haben bisher breitere praktische Bedeutung erlangen können, jedoch ist die Entwicklung stark im Fluß:

„Unspezifische" Detektoren:

a) *Flammenionisations-Detektor*; nur beschränkte Verwendbarkeit infolge Ansprache aller C-Atome,
b) *Elektroneneinfang-Detektor* unter Verwendung von Tritium (seltener: Radium, Strontium, Nickel-63, elektrische Entladung) als Elektronenquelle; elektronenübertragende Gruppen sprechen an, z. B. Halogene, —NO_2, ≡P=S.

„Spezifische" Detektoren:

a) *Mikrocoulometrisch*, geeignet für Halogene, Schwefel, Stickstoff; das austretende Gas wird oxydativ zu Halogenion bzw. Schwefeldioxid verbrannt oder zu Chlorwasserstoff, Schwefelwasserstoff oder Ammoniak reduziert. Die Reaktionsprodukte werden automatisch coulometrisch titriert. Eine Variante ist der
b) *Leitfähigkeitsdetektor.*
c) *Thermionisch* („Phosphor-Detektor"); beruht auf extremer Sensibilisierung eines Flammenionisationsdetektors, durch gleichzeitige Verbrennung eines Alkalisalzes, gegenüber Phosphor und — in geringerem Maße — Halogenen. Von großer Bedeutung für die Bestimmung schwefel-, halogen- oder NO_2-freier Phosphorsäureester. Auf einem ähnlichen Prinzip beruht neuerdings auch ein „Stickstoff-Detektor".
d) *Flammen-* oder e) *Mikrowellen-Emissions-Detektoren.*
   Durch einen Monochromator oder ein Interferenzfilter wird eine starke Linie im Emissionsspektrum eines bestimmten Elementes (hauptsächlich Phosphor und Schwefel, bei e) auch Halogen) herausgeschnitten und ausgewertet.

Es ist im allgemeinen nicht möglich, ungereinigte Pflanzenextrakte in den Gaschromatographen zu geben. Wegen des geringen Substanzbedarfs für den Nachweis bzw. die Identifizierung ist es jedoch möglich, von kleineren Einwaagen auszugehen, wodurch sich das „clean-up" vereinfacht und beschleunigt. Diese Vorteile dürfen nicht übersehen lassen, daß auch die Gaschromatographie bei qualitativen Aussagen leicht zu Fehlinterpretationen führen kann. Bei der Vielzahl der in Betracht kommenden Verbindungen sind Verwechslungen mit anderen Substanzen gleicher Retentionszeit möglich; auch können Umwandlungsprodukte anderer Pestizide oder Extraktstoffe aus dem Untersuchungsmaterial Wirkstoffe vortäuschen. So wurde z. B. elementarer Schwefel (aus Fungizidanwendungen) mit Aldrin[185] und o,p-Dicofol (als Verunreinigung in Kelthane enthalten) mit Heptachlor[186] verwechselt.

Bemerkenswert war auch der Befund, daß Extrakte aus Bodenproben, die seit 1940 in einem verschlossenen Behälter aufbewahrt worden waren, mit dem Elektroneneinfangdetektor „Aldrin"-, „DDE"- und „DDT"-peaks lieferten[187]. Blindanalysen ohne Einsatz von Boden bewiesen die Herkunft dieser Signale aus natürlich vorkommenden Bodenkomponenten. Wie bei jeder chromatographischen Technik, erfordern deshalb im Zweifelsfall die Befunde eine Bestätigung unter anderen Bedingungen (andere Trennsäulen, evtl. anderer Detektor). Sicherer ist es, die Identifizierung der gaschromatographisch getrennten Substanzen mittels gänzlich anderer Techniken zu erhärten (z. B. dünnschichtchromatographisch, durch Aufnahme eines Infrarotspektrums oder mittels Massenspektrometrie; s. S. 466). Viele Gaschromatographen bieten heute die Möglichkeit, die aus dem Detektor (der selbstverständlich zerstörungsfrei arbeiten muß) austretenden oder vor dem Detektor abgezweigten Substanzen quantitativ für solche Zwecke aufzufangen. Durch chemische Umsetzungen vor der Chromatographie (s. z. B.[187a, b]) oder durch gleichzeitige Verwendung verschiedener Detektoren[187c] können in vielen Fällen „Phantompeaks" eliminiert und bessere Identifizierungen erzielt werden.

Die auf dem Pestizidgebiet bereits gewonnenen Erfahrungen sind außerordentlich vielfältig, wenn auch nicht für alle Substanzklassen gleichmäßig gründlich. Das ist nicht nur eine Folge des unterschiedlichen Interesses an den einzelnen Verbindungen, sondern geht auch darauf zurück, daß erst die Entwicklung besonderer Detektortypen eine Bearbeitung bestimmter Verbindungsklassen ermöglichte, wie z. B. der „Phosphordetektor" für eine große Zahl von Organophosphat-Insektiziden einsetzbar wurde.

Wenn auch inzwischen die Gaschromatographie als „das" Werkzeug in der Rückstandsanalytik gilt, so ist doch Zurückhaltung bei der Beurteilung ihres Wertes vonnöten, denn sie ist nicht „die" Lösung in der Rückstandsanalytik. Viele Pestizide zersetzen sich unter den Bedingungen der Gaschromatographie und können peaks liefern, die nicht repräsentativ für den gesuchten Stoff sind; andere Substanzen sind per se oder in Gegenwart von Extraktstoffen nicht chromatographierbar. Die Lage (Retentionszeit) oder Höhe (Menge) der peaks ändern sich evtl. mit der Reinheit der injizierten Extrakte, mit dem Alter und der Kondition der Trennsäule, mit der Beschaffenheit des Detektors usw. Der Analytiker muß sich darüber im klaren sein, daß diese Technik eben nur eines ist: eine „Chromatographie", die im Prinzip den gleichen Einschränkungen unterliegt wie jede andere Art von Chromatographie. Hierunter fällt vor allem ein Gesichtspunkt, der häufig nicht gebührend berücksichtigt wird: zahlreiche Publikationen befassen sich mit der chromatographischen Auftrennung von Gemischen *reiner* Substanzen unter bestimmten Bedingungen. Solche Systeme sind nur dann für Rückstandsanalysen interessant, wenn zwei Bedingungen gleichzeitig erfüllbar sind: wesentliche Störungen durch andere Substanzen dürften nicht eintreten (vgl. hierzu die relativen Retentionszeiten von 85 Pestiziden[188]), und für die chromatographierbaren Substanzen müßte ein gemeinsames clean-up möglich sein (vgl. S. 474).

Aus dem Bemühen heraus, neben quantitativen Aussagen möglichst auch Sicherheit über die Identität der quantitativ bestimmten Substanz(en) zu erzielen, sind gelegentlich auch *Infrarotspektren* für die Rückstandsanalytik herangezogen worden[189]. Sie erfordern allerdings eine gründliche Vorreinigung und ermangeln außerdem bei Verwendung normaler Küvetten einer ausreichenden Empfindlichkeit (Erfassungsgrenze ca. 50 μg). Es ist jedoch möglich, auswertbare Spektren mit

nur wenigen μg Substanz zu erhalten, wenn man mit Mikrozellen (Mikropreßlingen) und Strahlenkondensoren arbeitet.
Von den elektrochemischen Verfahren hat die *Polarographie* eine gewisse Bedeutung erlangt. Zahlreiche Pestizide liefern oxydativ oder reduktiv auswertbare Strom-Spannungs-Kurven. Jedoch sind die meisten dieser Verbindungen mit andersartigen Methoden besser zu erfassen. Hinzu kommt, daß Pflanzeninhaltsstoffe die Potentialstufe unterdrücken können und so die Methode unbrauchbar machen.
Für die Bestimmung von Oberflächenrückständen ist die Polarographie dann die Methode der Wahl, wenn andere Verfahren versagen, wie z. B. im Falle der Dithiocarbamat-Fungizide[190)], deren Bestimmung auf CS_2-Basis[190, 191)] wenig befriedigt.
Mit konventioneller Gleichstrom-Polarographie sind noch Substanzen in Konzentrationen von 10^{-5} bis 10^{-6} Mol/l bestimmbar, mit anderen Arten der Polarographie (z. B. oszillographisch) noch 1—2 Zehnerpotenzen darunter. *Rybakov*[192)] und *Nangniot*[193)] geben eingehende Übersichtstabellen über die Möglichkeiten der Pestizid-Polarographie (s. a. *Vogeler*[194)]).
In Ermangelung geeigneter chemischer und physikalischer Verfahren sind häufig auch *biologische* Endbestimmungen in der Rückstandsanalytik angewendet worden. Ihre Bedeutung für die Zwecke spezieller Rückstandsanalysen nimmt allerdings ständig ab. Diese Methoden umfassen enzymatische Verfahren und sogen. „Biotests", d. h. die Verwendung lebender Organismen (vorwiegend Insekten oder Kleinkrebse [Daphnien][195–198)], gelegentlich auch niedere Pilze oder höhere Pflanzen) als Indikator für die Anwesenheit von Pestiziden (vgl. S. 473). Solche biologischen Methoden lassen sich zu quantitativen Bestimmungsverfahren ausbauen, wenn man auf Eichkurven bezieht, die mit bekannten Mengen der zu bestimmenden Verbindung aufgestellt werden. Voraussetzung ist, daß das zu untersuchende Material — in pestizidfreier Form — in die Eichkurve mit eingeht.
Die „*Biotests*" im eigentlichen Sinne können sehr empfindlich sein. Ihr größter Nachteil ist der, daß sie nur dann für eine quantitative Auswertung verwendet werden können, wenn nur *eine einzige Substanz* (mit der die Eichkurve aufgestellt wurde) bestimmt werden soll. In solchen Fällen deuten Abweichungen beim Vergleich mit chemischen oder physikalischen Methoden auf Metabolitenbildung hin [199)], vgl. S. 467. Sobald ein Wirkstoff einen oder mehrere Metaboliten bildet, auf den — oder die — das Testobjekt anspricht, ist eine exakte Aussage nicht mehr möglich, weil der Komplex Wirkstoffabbau/Metabolitenbildung/Metabolitenabbau mit seinen ständig wechselnden Relationen einer quantitativen Auswertung die Bezugsbasis entzieht (vgl. Tab. 2). Solche Versuche haben allenfalls qualitativen Charakter. Auf die bemerkenswerten Unterschiede in der „Ansprechbarkeit" der Testorganismen gegenüber den verschiedenen Pestiziden kommen wir noch kurz zurück (S. 473).
Unter den *enzymatischen Methoden* ragen allein die auf einer Hemmung der *Cholinesterase* beruhenden hervor. Die fast über das gesamte Tierreich verbreiteten Cholinesterasen, die im wesentlichen in zwei Typen vorkommen (die „echte" oder Acetylcholinesterase [200)] u. a. in Erythrozyten und Insektengeweben; die „Pseudocholinesterase" [201)] u. a. im Blutserum), werden durch Organophosphate [200)] und insektizide Carbamate [202,203)] inhibiert (s. S. 483). Auf dieser Wirkung beruht, zu-

mindest zu einem wesentlichen Teil, die Toxizität dieser Verbindungen gegenüber Warmblütern, da die Acetylcholinesterase eine physiologische Funktion bei der Reizübertragung im Nervensystem hat. Die Hemmwirkung der Phosphate und Carbamate auf das Ferment läßt sich, ähnlich wie bei einem „Biotest", zu quantitativen Bestimmungsmethoden ausbauen. Allerdings ist auch hier der z. T. sehr unterschiedliche Grad — und bei Carbamaten die Reversibilität — der Hemmung für die Analyse von Bedeutung. Da insektizide Phosphate die Cholinesterase stärker hemmen als insektizide Thionophosphate, läßt sich durch deren Oxydation zu Phosphaten der Kreis der im Rückstandsbereich erfaßbaren Verbindungen erweitern. Im übrigen gelten dieselben Vorbehalte wie bei den „Biotests". Das Bestimmungsprinzip der Cholinesterase-Methoden besteht darin, das Ausmaß der Enzymhemmung am verringerten Umsatz Substrat (meist ein Cholinester)/Spaltprodukt zu messen, entweder über die freigesetzte Säure (pH-Verschiebung) oder über die freigesetzte Cholinkomponente (z. B. Thiocholin[204]). Auch kolorimetrische Erfassung des nicht umgesetzten Substrates ist möglich. Sehr empfindliche Bestimmungen gelingen mit 1-^{14}C-Acetylcholin; das freigesetzte Acetat wird isoliert und die Restaktivität gemessen[205,205a]. Rückstandsanalysen können zuweilen durch pflanzeneigene Inhibitoren gestört werden[206,206a].

Eine Anzahl von Laboratorien hat sich mit der *Massenspektroskopie* von Pestiziden befaßt (s. [207,207a]), so daß sie in den letzten Jahren auch auf die Rückstandsanalytik angewendet wurde[208,209]. Ihre Vorteile liegen darin, daß sie auf raschem Wege sichere Angaben über Schlüsselbruchstücke aus halogenhaltigen und aromatischen Verbindungen, Zahl und Art der Heteroatome und das Molekulargewicht der untersuchten Substanzen liefert. Ohne vorherige Anreicherung sind allerdings nur Größenordnungen von etwa 1 ppm erfaßbar[209]. Eine besondere Bedeutung dürfte künftig der Massenspektrometrie als ergänzender Aussage zu flächen- und vor allem gaschromatographischen Befunden zukommen.

Andere Bestimmungsverfahren, die in Tab. 5 nicht aufgeführt sind (Röntgen- und Gammastrahlenspektrometrie, Phosphoreszenzspektrometrie, Elektrophorese), sind nur in Ausnahmefällen von Nutzen. Von eminenter Bedeutung ist demgegenüber für Rückstandsanalysen und zur Aufklärung des Metabolismus (vgl. S. 453) die Anwendung von *Radioisotopentechniken*[210,211], meist in Form von Studien mit markierten Wirkstoffen (im wesentlichen unter Verwendung der β-Strahler ^{3}H, ^{14}C, ^{32}P, ^{35}S, ^{36}Cl; Halbwertszeiten ca. 12,26a, 5760a, 14,3d, 87,2d, $3 \cdot 10^{5}$a, [211a]), in Spezialfällen auch mittels *Neutronenaktivierung*. Die Verwendung markierter Verbindungen bietet wesentliche arbeitstechnische Erleichterungen. Gleichzeitig erfordert sie aber Umsicht bei der Interpretation der Ergebnisse. Häufig wird der Kunstfehler begangen, eine meßbare oder im Radioautogramm sichtbar gemachte Radioaktivität mit dem ursprünglich applizierten Wirkstoff zu identifizieren. Bei dem intensiven Um- und Abbau, dem pestizide Wirkstoffe in biologischen Systemen unterworfen sind, ist es aber unerläßlich, während aller Untersuchungsstadien zu klären, in Form welcher Verbindung das markierte Atom jeweils vorliegt. Aus demselben Grund ist es notwendig, Markierungen im Molekül so vorzunehmen, daß sie eine bestmögliche Aussage über das weitere Schicksal des Moleküls im Sinne des Begriffs „Rückstand" gestatten (vgl. S. 453).

Radioisotope können eine wesentliche Hilfe auch bei der Entwicklung von Analysenmethoden bedeuten (vgl. a. S. 460), besonders dann, wenn Metaboliten neben dem ursprünglichen Wirkstoff von der Methode erfaßt werden müssen. Man läßt in solchen Fällen das Gemisch von der Pflanze (oder vom Tier) „synthetisieren". Mit diesem Gemisch können geeignete Extraktions- und „clean-up"-Verfahren schnell ermittelt werden. Auch für Verteilungs-, Penetrations- und Adsorptionsversuche, sowohl unter Labor- als auch unter natürlichen Umweltbedingungen, werden Radioisotope zuweilen mit Erfolg eingesetzt [212)]. Die wichtigsten Pestizide sind in markierter Form kommerziell verfügbar; die Aktivitäten liegen zwischen einigen μC und einigen mC, die Preise zwischen einigen Hundert und einigen Tausend DM pro mMol [212)].

Abschließend sei die Frage der *Verläßlichkeit von Rückstandsmethoden* kurz berührt. Mancherlei Gründe können es ratsam erscheinen lassen, vor allem bei Untersuchungen über den Abbau von Pestiziden, die mit einer Bestimmungsmethode gewonnenen Daten mit einer zweiten, nach anderem Prinzip arbeitenden, Methode zu kontrollieren [213)]. Metaboliten oder Isomeren könnten z. B. von einer kolorimetrischen Methode mit erfaßt werden, von einer gaschromatographischen nicht oder zwar gemeinsam, aber mit unterschiedlicher Ansprache, und das Ergebnis eines Biotests wiederum könnte durch Extraktstoffe oder geringe Mengen eines Metaboliten oder eines anderen Rückstands gestört werden.

Als Beispiel seien Ergebnisse mit Parathion-Rückständen in Broccoli (Spargelkohl) angeführt [214)]. Es wurden zwei Extraktionsverfahren und drei Bestimmungsmethoden (kolorimetrisch, gaschromatographisch (G. C.), Biotest mit *Drosophila*) verglichen; die Aufwandmenge an Parathion war 0,56 kg Wirkstoff/ha. Die Ergebnisse aus jeweils mindestens 4 Parallelanalysen betrugen im Mittel (ppm):

Tage nach Anwendung	*kolorimetrisch* Extraktion A	Extraktion B	*G. C.* [1]	*Biotest* [1]
0	6,0	6,1	4,3	5,1
1	4,0	3,2	3,5	4,5
3	1,0	1,6	1,0	1,2
5	0,5	0,5	0,5	0,8
7	0,1	n.n.	n.n.	0,6(!)

n.n. = nicht nachweisbar
[1] Extraktion nach Verfahren B

Es liegt in der Verantwortung des Analytikers, aus Kenntnis seiner Methode zu entscheiden welche Werte die „richtigen" sind; er kann diese Entscheidung allerdings nur fällen, wenn ihm die Gründe für solche Abweichungen bekannt sind und wenn der Toxikologe ihm sagen kann, welche Metaboliten er bei der Analyse mit zu erfassen hat. Im hier dargestellten Beispiel dürften die gaschromatographischen Werte die verläßlichsten sein.

Es stehen zahlreiche Möglichkeiten zur Verfügung, Endbestimmungen mit Hilfe anderer Techniken zu ergänzen oder zu erhärten. Man könnte die Zusammenhänge folgendermaßen schematisch darstellen (unterstrichene Verfahren können auch als clean-up-Schritt dienen):

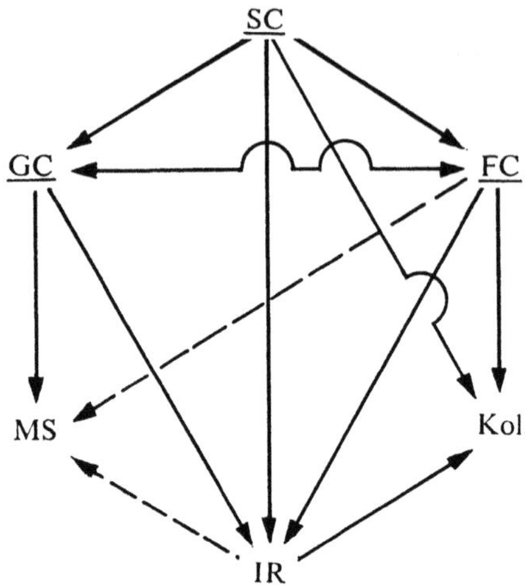

SC = Säulenchromatographie
GC = Gaschromatographie
FC = „Flächen"-Chromatographie (Papier- und Dünnschichtchromatographie)
MS = Massenspektrometrie
Kol. = Kolorimetrie
IR = Infrarotspektrometrie

c) Nachweisgrenzen, „Nulltoleranzen", Angabe von Rückstandsdaten

Ein Problem besonderer Art ist in der Rückstandsanalytik mit der Notwendigkeit verknüpft, gegebenenfalls die Existenz sehr kleiner Rückstandsmengen (z. B. wenige Hundertstel ppm) aufzuzeigen oder gar Rückstandsfreiheit nachzuweisen. Diätetische Lebensmittel dürfen „keine" Rückstände enthalten, und eine Reihe von Pflanzenschutzmitteln darf nur angewendet werden unter der Bedingung, daß „keine" Rückstände bei „Inverkehrbringen" im Erntegut vorhanden sind (s. S. 494). Nun ist es normalerweise nicht Aufgabe des Analytikers, die Abwesenheit von Stoffen nachzuweisen; Konzentrationen und Mengen können ihrer Natur nach nur positive Zahlenwerte haben, und der Wert „Null" im absoluten Sinne kommt in der Analytik nicht vor (1 ng DDT = $2 \cdot 10^{12}$ Moleküle!). Somit ist entscheidend für beide Fragestellungen, bis zu welcher Grenze hinab Rückstände erfaßbar sind. Folglich definiert sich der Begriff der „Rückstandsfreiheit" als Funktion der analytischen Erfaßbarkeit.

Eine sichere Aussage ist nur möglich, wenn sich das vom gesuchten Stoff gelieferte Signal in ausreichender Weise aus dem Störpegel heraushebt, den jedes Nachweisverfahren notwendig zum Hintergrund hat („Rauschen" eines Schreibers; „Blindwerte" als Folge von Begleitstoffen, die dieselbe Reaktion liefern). Ob die Differenz zwischen Signal und Störpegel „ausreichend" erscheint, hängt von den Anforderungen ab, die man an die Signifikanz der Aussage stellt[215]. Rückstandsanalysen sind wegen der komplexen Natur des Analysenmaterials in besonderem Maße störanfällig. Für exakte Analysen ist es in den meisten Fällen geradezu unerläßlich, parallel zum Analysenwert einen „Blindwert" aus vergleichbarem, jedoch mit dem gesuchten Pestizid nicht behandeltem Material zu bestimmen. Mitunter muß sogar gefordert werden, daß dieses Vergleichsmaterial auch frei ist von anderen Pestiziden, wenn sie bei der Analyse dieselbe Reaktion liefern würden. Bei „Marktanalysen" auf (zunächst) unbekannte Rückstände (s. S. 472 ff.) steht im Normalfall kein garantiert pestizidfreies Vergleichsmaterial zur Verfügung. Solche Analysen müssen deshalb gegen eine mögliche Verwechslung mit Blindwerten abgesichert werden. Analytische Schwierigkeiten ergeben sich hierbei zwangsläufig dann, wenn z. B. die gesetzlich festgelegten Höchstmengen sich dem Blindwertbereich nähern (vgl. S. 470 und 494).

Wieweit Extraktstoffe aus dem Untersuchungsmaterial, die in die Endbestimmung eingeschleppt werden, diese Bestimmung stören, hängt wesentlich von der Bestimmungsmethode ab. Spektrometrische Verfahren sind im allgemeinen störanfälliger als z. B. chromatographische; bei den gaschromatographischen Methoden gibt oft der verwendete Detektortyp den Ausschlag. Der sog. „Phosphor-Detektor" (s. S. 463) zeigt wegen seiner hohen Empfindlichkeit gegenüber P im normalen Meßbereich keine anderen Elemente an und kann deshalb zur Bestimmung von Organophosphaten in Anwesenheit eines großen Überschusses (bis zu ca. 10^3fach) von Organochlor-Insektiziden benutzt werden.

Analysenverfahren, die auf den quantitativen Nachweis von Mikrogramm-Mengen ausgelegt sind, können freilich auch durch Spurenverunreinigungen in den verwendeten Reagenzien merklich gestört werden. Der „*Reagenzienblindwert*" geht aber in den Probenblindwert mit ein. In jedem Fall müssen die verwendeten Reagenzien von besonderer Reinheit sein, vornehmlich die in großen Mengen verwendeten Lösungsmittel. Diese werden meist im Laufe der Analyse „eingeengt", wodurch Verunreinigungen in konzentrierter Form weitergetragen werden. Im Handel sind hochgereinigte Lösungsmittel teuer, jedoch lassen sich die „technischen" für Zwecke der Rückstandsanalyse durch Destillation und chromatographische Adsorptions-Methoden zu ausreichender Reinheit aufbereiten[215a)].

Aus diesen Zusammenhängen ergibt sich, daß die untere Grenze der mit einer gegebenen Analysenmethode erfaßbaren Rückstände in größtmöglicher Näherung aus den „Schwankungen" des *Probenblindwertes* abgeleitet werden kann. Es ist in der quantitativen Analyse üblich, als Nachweiskriterium dafür, welche Meßwerte als reell anerkannt werden sollen, ein bestimmtes *Vielfaches der Standardabweichung* ($\pm s$) des „Störpegels" (Blindwertes) anzusetzen, z. B. den Wert von $3\,s$[215)]. Für Rückstandsanalysen erscheint es ratsam, den Faktor nicht zu hoch zu wählen. Es liegt nur im Interesse des Lebensmittelverbrauchers, wenn dann im einen oder anderen Fall noch ein Meßwert als Rückstand angegeben wird, auch wenn er nicht reell ist. Deshalb ist für die Zwecke der Rückstandsanalytik verschiedentlich der Wert von $1{,}5\,s$ als untere Grenze vorgeschlagen worden[216, 217)]. Bei dieser Verfahrensweise beträgt die Wahrscheinlichkeit, daß man einen Nettowert (Analysenwert minus Blindwert, beide doppelt bestimmt) in Höhe von $1{,}5\,s$ mit einer zufälligen Blindwertschwankung verwechselt, nur noch 6,5% (statistische Sicherheit = 87%[c]). Wir nennen den Wert von $1{,}5\,s$ die „*untere Bestimmungsgrenze*", den von $0{,}5\,s$ die „*untere Nachweisgrenze*" (statistische Sicherheit = 38%, Wahrscheinlichkeit des Verwechselns mit einer zufälligen Blindwertschwankung: 31%). Rückstände unterhalb von $0{,}5\,s$ geben wir als „*nicht nachweisbar*" (n.n.) an, Rückstände von $0{,}5\,s$ bis $1{,}5\,s$ als „$<$ (Zahlenwert von) $1{,}5\,s$".

Während für diese Verwendung von s als Kriterium für die Erfaßbarkeitsgrenzen zweckmäßig Blindwertserien zugrunde gelegt werden, kann man die Standardabweichung nach *Dean* und *Dixon*[218)] auch aus nur wenigen Blindwerten wirksam abschätzen. Es lassen sich dann nach einem Vorschlag von *Gorbach*([219)]; vgl.[142)]) völlig analoge Gesichtspunkte anwenden. Man berechnet einen Näherungsvertrauensbereich (q_w) des Mittelwertes. Dazu wird die Variationsbreite (w) der Meßwerte (Differenz zwischen größtem und kleinstem Wert) bestimmt und mit einem statistischen

[c] Im allgemeinen kann man für die Häufigkeitsverteilung von Meßwerten (und Blindwerten) eine Gauß'sche Normalverteilung annehmen. Für deren statistische Sicherheit P (in %) darf man nur den einen Flügel der Kurve berücksichtigen, denn nur die gegenüber dem Mittelwert beträchtlich zu großen, nicht die zu kleinen Blindwerte könnten für reelle Meßwerte gehalten werden. Bei der Definition der unteren Nachweis- und Bestimmungsgrenzen geht man von rechnerisch sich ergebenden Mittelwerten oder Differenzen aus, die den Analytiker jedoch nicht von

Faktor (t_w) multipliziert. Bei drei Meßwerten — $n = 3$ — ist (t_w) = 1,3. Als untere Bestimmungsgrenze gilt 1,3 w ($q_w = 95\%$), als untere Nachweisgrenze 0,3 w ($q_w = 38\%$). Rückstandswerte, die nicht die Größe 0,3 w erreichen, werden als „nicht nachweisbar" angesehen.
Nach beiden Verfahren lassen sich somit die drei von uns vorgeschlagenen Angabenmöglichkeiten bis in die Größenordnung der Blindwertschwankung praktizieren. Es sei z. B. im Fall a) $\pm s =$ 0,06, im Fall b) $w = 0{,}10$ ppm, dann ist die untere Bestimmungsgrenze

a) = 0,09 ppm, b) = 0,13 ppm,

die untere Nachweisgrenze

a) = 0,03 ppm, b) = 0,03 ppm.

Die Angabe der Analysenergebnisse würde dann folgendermaßen erfolgen:

Nettowert (Analysenwert minus Probenblindwert)	*Angabe des Ergebnisses der Analyse* a)	b)
0,20 ppm	0,20 ppm	0,20 ppm
0,10 ppm	0,10 ppm	<0,13 ppm
0,08 ppm	<0,09 ppm	<0,13 ppm
0,04 ppm	<0,09 ppm	<0,13 ppm
0,02 ppm	n.n.	n.n.

Voraussetzung für die Gültigkeit der so ermittelten Grenzwerte ist, daß sowohl der Wirkstoffnachweis als auch die Ausbeute in diesem Bereich noch befriedigend gelingen.
Dieses Interpretationsverfahren ist direkt anwendbar auf Zahlenwerte (z. B. Extinktionen bei kolorimetrischen Verfahren). Wenn der Meßwert z. B. die peak-Höhe eines Gaschromatogramms ist (vgl. [220)]), muß sinngemäß verfahren werden. Sitzt bei rauscharmer Basislinie an der Meßstelle ein „Blindpeak", wird er nach dem beschriebenen Verfahren behandelt; anderenfalls kann die graphisch bestimmbare „mittlere Breite des Rauschbandes" $\approx 1{,}5\, s$ gesetzt werden [221)].

Ein anderer Berechnungsmodus für die Interpretation von Rückstandsanalysen wurde von *Sutherland* [222)] vorgeschlagen. Er legt die Varianz von N und eine t-Verteilung mit einseitiger Fragestellung zugrunde.

Über die *Angabegenauigkeit* lassen sich keine generellen Regeln aufstellen; der Analytiker muß sie in ein vertretbares Verhältnis zur Analysengenauigkeit setzen, die sich wiederum aus der Summe aller Teilfehler ergibt [223)]. Jedenfalls werden diese Definitionen für die unteren Grenzen den praktischen Erfordernissen der Rückstandsanalytik gerecht, die Analysenergebnisse werden ohne ausreichende Sicherung nicht mehr als Zahlenwerte angegeben, und die unkorrekte Angabe „Null ppm" wird vermieden. Ob man für Kontrollmaßnahmen auf Toleranz-Überschreitungen (s. S. 489ff.) höhere Anforderungen an die Aussagegenauigkeit stellen müßte (z. B. durch Verwendung größerer Vielfacher von s), wird noch zu diskutieren sein.

---

der Verantwortung entbinden ,darauf zu achten, daß die Stellenzahl von Meßergebnissen die Genauigkeit der Messung erkennen lassen muß. Wir dürfen daran erinnern, daß die vorletzte Stelle als *sicher*, die letzte Stelle als unsicher gelten soll. Die rein rechnerische Ermittlung der unteren Grenzen kann nur dazu dienen, Hinweise auf die Größenordnung zu geben, in der die Grenzen liegen. Es ist unglücklich, daß der Gesetzgeber den Analytiker durch Festsetzung z. T. äußerst geringer Höchstmengen (z. B. 0,01 ppm für 2,4,5-T) dazu zwingt, Zahlenakrobatik zu betreiben. Es steht zu hoffen, daß in Grenzfällen die Interpretation von Toleranzüberschreitungen auf entsprechendes Verständnis stößt. Bei der Interpretation des Begriffes „Null" hat sich mancherorts bereits Einsicht in die Unsinnigkeit dieser Forderung durchgesetzt (s. S. 494).

Zur *Interpretation von Rückstandsdaten* haben sich Erfahrungen darüber herausgeschält, welche zusätzlichen Informationen notwendig sein können [142)]. Sie umfassen im wesentlichen Angaben über Konzentration und Menge des angewendeten Präparates bzw. Wirkstoffs, das Entwicklungsstadium der behandelten Pflanzen, Zahl und Termine der Anwendungen, Angaben über die Verwendung anderer Präparate, über Niederschlagsmengen, Bodenart, Vorbereitungen des Analysengutes zur Analyse, das Prinzip der Analysenmethode und selbstverständlich die Entnahmetermine der Proben. Bei der Angabe, daß Rückstände „nicht nachweisbar" waren, ist es erforderlich, die untere Bestimmungsgrenze anzugeben.
Natürlich sind Ergebnisse aus Analysen, die an einem biologischen und somit heterogenen Material vorgenommen werden, von vornherein mit Unsicherheiten behaftet, die weitaus größer sein können als der Gesamtfehler des eigentlichen Analysenverfahrens ist. Die beherrschende Fehlerquelle kann bei Spurenanalysen vor allem in der Probenahme liegen [223)]. Schon die Bedingung, daß Pestizide von außen an die Pflanze herangebracht werden müssen, schafft gänzlich andere Verhältnisse, als sie etwa für eine Vitamin-Bestimmung in einer bestimmten Apfelsorte gegeben sind.

Maier-Bode machte das Problem der *repräsentativen* Probenahme für Rückstandsanalysen aus einer Obstanlage an zwei Beispielen deutlich. Nach Behandlung mit einem Methoxychlor- (M) und einem Fenthion-Präparat (F) an Kirschen lagen die Rückstände nach einem Tag [224)]

in der oberen Baumregion	bei 0,03 (F) und 4,55 (M) ppm,
in der mittleren Baumregion	bei 0,5 (F) und 6,2 (M) ppm,
in der unteren Baumregion	bei 2,3 (F) und 6,7 (M) ppm.

Ebenso erfordert die repräsentative Entnahme von Bodenproben besondere Sorgfalt, wenn sich nicht sinnentstellende Fehler einschleichen sollen [225)]. Ein einfaches Rechenbeispiel (nach *Lisk* [99)]) zeigt: Wenn 1 kg eines Pestizids pro ha ausgebracht und eingearbeitet wird und der Boden später bis zur Pflugtiefe untersucht werden soll (Gewicht dieser Bodenschicht ca. 400000 kg), so beträgt der maximal mögliche Rückstand (gleichmäßige Verteilung des Wirkstoffs angenommen) 2,5 ppm. Wenn 0,4 kg des Bodens zur Analyse extrahiert werden, man den Extrakt nach Reinigung auf 10 ml bringt und davon 1 μl in einen Gaschromatographen gibt, so repräsentiert die injizierte Extraktmenge die behandelte Fläche im Verhältnis $1:10^{11}$.

Hinsichtlich der *Größe* der aus Beständen auf dem Feld oder aus Gewächshäusern zu entnehmenden Proben erscheint es ausreichend, nach folgendem einfachen Schema zu verfahren [142)]:

Gewicht der Individuen	Probengröße
Saatgut	0,5 kg
<25 g (außer Saatgut)	1 kg
ca. 25–100 g	40 Stück
ca. 100–200 g	20 Stück
>200 g	10 Stück

Das Schema hat den Vorteil, automatisch zu berücksichtigen, daß für Rückstandsanalysen (z. B. zur Ermittlung von Abbaukurven, s. S. 441 f.) oft unreife und deshalb kleinere Individuen entnommen werden. Für Marktkontrollen gelten im allgemeinen andere Richtlinien [226)], die hier nicht diskutiert werden können, jedoch dürfte das genannte Schema auch für diese Zwecke eine praktikable Richtschnur sein.

d) Methoden der Lebensmittelkontrolle

Rückstandsanalysen haben zwei grundsätzlich voneinander verschiedene Zwecke zu erfüllen; entsprechend unterschiedlich ist ihre Handhabung.

Auf der einen Seite sind Rückstandsanalysen notwendig, um das Verhalten eines bestimmten Wirkstoffs auf und in der Pflanze (evtl. auch im Tier) studieren zu können. Die Ergebnisse aus solchen Untersuchungen sind Grundlage für die Ausarbeitung von Gebrauchsanweisungen, für die Empfehlung von „Wartezeiten" (s. S. 476 und S. 491) und nicht zuletzt für die Erstellung von gesetzlich zulässigen Höchstmengen (s. S. 490). Versuche, die solche Informationen liefern, müssen unter kontrollierten, praxisgerechten Bedingungen durchgeführt werden. Wer den Versuch anstellt, weiß jederzeit, mit welchen anderen Pestiziden sein Versuchsmaterial in Berührung kommt, und er kann verhindern, daß Wirkstoffe darunter sind, die bei der späteren Rückstandsanalyse Störungen verursachen könnten.

Die Mehrzahl der heute zur Verfügung stehenden Analysenmethoden ist mit der Zielrichtung erarbeitet worden, Rückstände aus Proben mit bekannter Pflanzenschutz-Vorgeschichte quantitativ zu erfassen. Man bezeichnet sie zweckmäßig als „*spezielle Methoden*". Sie sind häufig für den betreffenden Wirkstoff spezifisch, d. h. sie basieren entweder auf Reaktionen mit charakteristischen funktionellen Gruppen der Wirkstoffe, oder sie weisen die Wirkstoffe selbst nach. Zum Teil wirken sie selektiv, da durch Trennungsverfahren andere Pestizide sowie solche Störstoffe weitgehend aus der Endbestimmung herausgenommen werden, die den gesuchten Wirkstoff vortäuschen könnten. Auf die Spezifität und Selektivität ist im allgemeinen jedoch nur in begrenztem Umfang Verlaß.

Die *Kontrolle von Lebensmitteln auf unerlaubte Rückstände* schafft gänzlich andere Probleme. Wenn die Kontrolle sich auf *bestimmte* Rückstände erstrecken soll, sind spezielle Methoden nur dann anwendbar, wenn eine Verwechslung mit anderen Rückständen unmöglich ist oder durch zusätzliche qualitative Tests ausgeschlossen werden kann. Meist wird aber die Fragestellung weiter gespannt sein und sich auf *mögliche* und (zunächst) unbekannte Rückstände beziehen. Eine Anwendung spezieller Methoden ist dann nicht möglich.

Eine systematische Prüfung auf Art und Höhe von Rückständen in Lebensmitteln (engl.: screening) kann drei Ziele haben [184] (vgl. auch [227, 228]):

1) *Aussondernde Prüfung (segregative screening)*; Trennung der Proben nach „oberhalb/unterhalb" einer bestimmten Grenze (z. B. Toleranzgrenze), meist in bezug auf einen bestimmten Stoff. Dieses Verfahren erfordert einen Spielraum für die Grenzziehung, im allgemeinen nach dem Schema [228 a)]

>1	ppm ±	10%
0,1	ppm ±	20%
0,01	ppm ±	50%
0,001	ppm ±	100%

2) *Komponentenprüfung (constituent screening)*; Suche nach einer Reihe oder Gruppe von Pestiziden; vorherige Festlegung der unteren Nachweisgrenzen ist erforderlich.

3) *Quantitative Prüfung*; Ermittlung oder Bestimmung der Menge definierter Pestizide, ebenfalls nach vorheriger Festlegung von Nachweisgrenzen, aber auch unter Kenntnis der Verläßlichkeit und Reproduzierbarkeit des Verfahrens.

Obwohl die Festsetzung von duldbaren Pestizid-Rückständen in Lebensmitteln (s. S. 489 ff.) logischerweise nur dann sinnvoll ist, wenn es Möglichkeiten für eine Kontrolle gibt, ob Überschreitungen vorliegen, ist die Gesetzgebung hier in vielen Ländern leider den technischen Möglichkeiten vorausgeeilt. Daß es noch nicht genügend viele Institutionen gibt, die sich qualifiziert dieser Aufgabe annehmen könnten, fällt dabei weniger ins Gewicht als die analytische Problematik.

Eine wirksame Lebensmittelkontrolle muß zur Voraussetzung haben, daß für *alle* in Frage kommenden Wirkstoffe eine Analysenmöglichkeit besteht. Diese Voraussetzung ist weitgehend erfüllt. Wenn Rückstände mehrerer Pestizide nebeneinander vorliegen, können sie unter Umständen den quantitativen Nachweis gegenseitig stören, da die wenigsten Rückstandsmethoden streng spezifisch sind.

Es stellt sich somit die Frage, inwieweit die Möglichkeit besteht, unbekannte Rückstände erkennen und möglichst viele von ihnen nebeneinander bestimmen zu können. Ein quantitativ arbeitender analytischer „Trennungsgang" für alle in Betracht kommenden Lebensmittel und alle darin möglicherweise vorhandenen Rückstände ist Illusion, zumindest insofern, als der Zeitbedarf dafür so groß wäre, daß er mit dem Ziel der Lebensmittelkontrolle (innerhalb angemessener Zeit das „Inverkehrbringen" bestimmter Lebensmittel zu verhindern) nicht mehr vereinbar wäre. Er müßte jedenfalls zwei Bedingungen erfüllen:

1) die Extraktion und Reinigung der Extrakte müßte für alle Rückstände quantitativ erfolgen,
2) es müßte ein System der Endbestimmung gefunden werden, das alle Rückstände zu identifizieren und quantitativ zu bestimmen gestattet.

Es ist wenig wahrscheinlich, daß eine solche „Totalmethode" jemals erarbeitet werden kann.

Häufig werden *biologische Testmethoden* als Mittel der Wahl angesehen, um evtl. rückstandshaltige Proben erkennen und rückstandsfreie eliminieren zu können. Obwohl Fungizide und Herbizide grundsätzlich auch mit biologischen Testobjekten erkannt werden können, wird in diesem Zusammenhang meist an Insekten oder z. B. Kleinkrebse (Daphnien) als Indikatoren für insektizide Rückstände gedacht. Man muß jedoch berücksichtigen, daß die „Ansprechbarkeit" eines Testtieres auf Pestizide sehr unterschiedlich sein kann.

Eine Untersuchung der Toxizität echter Lösungen von 56 Pestiziden gegenüber Daphnien ergab, daß Unterschiede von mehr als 6 Zehnerpotenzen möglich sind (LC_{50} von Carbophenothion = Trithion-Wirkstoff: 9 pp*t* [1 pp*t* = $1:10^{12}$], LC_{50} von Prometon: 35 pp*m*) [229]. Zu ähnlichen Ergebnissen waren 1960 *Bringmann* und *Kühn* mit Insektiziden gekommen [230]. Derartige Toxizitätsunterschiede sind auch gegenüber Insekten bekannt. Der Biotest vermag ebensowenig ein Maß für die „Giftigkeit" eines Lebensmittels zu sein, denn Testtier- und Warmblütertoxizität gehen nicht parallel (s. Tab. 2, vgl. [60]). Somit engt sich die Verwendungsmöglichkeit des Biotests als Mittel zum Vortesten stark ein: fällt er *negativ* aus, ist damit keineswegs die Abwesenheit nennenswerter Rückstände erwiesen. Demgegenüber können *bestimmte* Rückstände zuweilen mit geeigneten Testtieren noch in außerordentlich geringen Konzentrationen erfaßt werden; vgl. S. 465.

Für quantitative „screening"-Zwecke kommen nur physikalische oder chemische Methoden in Betracht. Dabei ist es notwendig, die Fragestellung einzuengen. Hierfür gibt es im Prinzip verschiedene Möglichkeiten:

a) eine — bereits erwähnte — stichprobenartige Prüfung auf bestimmte Pestizide oder Pestizidgruppen (vgl. c)),
b) Selektionieren besonders verdächtiger Proben durch Anwendung eines quantitativen Vortests,
c) aus Kenntnis der Herkunft des Untersuchungsmaterials Prüfung auf Rückstände derjenigen Mittel, die im Erzeugergebiet mutmaßlich angewendet worden sind,
d) gleichzeitige Anwendung mehrerer „Gruppenmethoden" nebeneinander, mit denen die wichtigsten Rückstände erfaßt werden können,

e) Beschränkung auf die Ermittlung *wesentlicher* Toleranz-Überschreitungen, wodurch die Anwendung „gröberer" Methoden (mit Einschränkung evtl. auch eines Biotests) möglich wird.

Für den Rückstandsanalytiker schält sich aus diesem Komplex eine Aufgabe heraus, die realisierbar ist: die Anwendung von Analysenverfahren, mit denen *Gruppen von Rückständen* gemeinsam erfaßt werden können. Hierunter sind meist Gruppen von miteinander chemisch verwandten Wirkstoffen zu verstehen. Solche „Gruppenmethoden" werden im englischsprachigen Schrifttum als „*multidetection methods*" oder „*-systems*" oder auch „*multiresidue methods*" bezeichnet.

Mit dieser Entwicklung bahnt sich gewissermaßen das Ende einer Periode an, in der spezielle „nasse" Analysenmethoden vorherrschten oder solche, die im Prinzip auf einer klassischen Elementaranalyse beruhten. Während diese Verfahren in „Rezeptform" greifbar und mithin auch vergleichenden Gemeinschaftsuntersuchungen zugänglich waren, lassen sich Gruppenmethoden schwer im vollen Detail spezifizieren, da sie viel mehr komplex sind als die „klassischen" Methoden. Die Herstellung einer Trennsäule für den Gaschromatographen ist sicher ein subjektiverer Vorgang als ein säulenchromatographischer Schritt im Rahmen einer alten kolorimetrischen Methode. Analysen für Kontrollzwecke müssen diese Faktoren berücksichtigen, besonders unter dem Aspekt, daß sie — anders als „akademische" Methoden — gegebenenfalls den Belastungen eines Rechtsstreits standzuhalten haben. Die wachsenden Anforderungen an die „Empfindlichkeit" der Methoden kommen hinzu. Sie sollte für Rückstände mit hohen Toleranzen bis zu einem Zehntel der Toleranz gehen und bei niedrigen Toleranzen zumindest die Hälfte des Toleranzwertes erreichen [228]. Für das Gebot der „Rückstandsfreiheit" müssen praktikable Grenzen („actionable levels") vereinbart werden.
Gruppenmethoden sind auch nicht identisch mit „Schnellmethoden". Nicht nur die Interpretation z. B. eines Gaschromatogramms braucht Zeit, — der Analytiker muß evtl. auch warten, bis die Grundlinie des Schreibers sich stabilisiert hat oder (möglicherweise nicht vorhandene) Verbindungen mit langer Retentionszeit aus der Säule austreten konnten, bevor er einen weiteren Extrakt analysieren kann, wenn er nicht sogar den Detektor oder die Trennsäule auswechseln muß, um eine entscheidende Aussage treffen zu können.

Bei der Beurteilung von Gruppenanalysen muß man trennen zwischen

a) der Möglichkeit, Substanzen, die in reiner Form vorliegen, voneinander unterscheiden zu können,
b) kompletten Analysenverfahren, die eine gemeinsame Anreicherung mit nachfolgender Identifizierung und quantitativer Bestimmung der einzelnen Komponenten erlauben.

Zu a) haben wir schon betont (S. 464), daß solche Untersuchungen zwar wertvolle Hinweise geben können, daß sie für Rückstandsanalysen jedoch nur dann brauchbar sind, wenn für die so unterscheidbaren Stoffe ein einheitliches, quantitatives clean-up verfügbar ist. In vielen dieser Beiträge finden sich zudem nur Angaben über die Ausgangswirkstoffe und nicht über die zugehörigen Metaboliten.
Zu b) liegen inzwischen durchaus Erfahrungen vor, obwohl auch hier strenge Maßstäbe anzulegen und vor allem diejenigen Verfahren kritisch zu beurteilen sind, die keine quantitativen Angaben über die Ausbeuten der untersuchten Wirkstoffe und ihrer bekannten Metaboliten machen. *Samuel* und *Hodges* [231] haben die für *Insektizide* vorliegenden Möglichkeiten dargestellt, ohne jedoch „Rezepte" zu geben.

Das bisher umfangreichste Verfahren ist die in den USA für Kontroll- und „Marktkorbanalysen" (s. S. 478) angewendete Methode der A. O. A. C. (Association of Official Analytical Chemists) [232, 232 a]. Sie wurde an 80 verschiedenen Lebensmitteln erprobt und erfaßt etwa 50 Pestizide quantitativ. Das Verfahren besteht im wesentlichen aus folgenden Schritten: Extraktion mit Acetonitril, Verteilung wäßr. Acetonitril/Petroläther, Reinigung der Petrolätherphase über Florisil, Identifizierung und Bestimmung papier-, dünnschicht- und gaschromatographisch; es ist als A. O. A. C.-Methode für einen kleineren Kreis von Wirkstoffen und Lebensmitteln offiziell [233].

Laufend erscheinen Beiträge zu a) und b) in der Literatur, und es ist kaum möglich, sie auf allgemein anwendbare gemeinsame Grundzüge zu reduzieren. Ohne deshalb auf Einzelheiten eingehen zu können, seien hier lediglich einige Hinweise auf Rückstandsanalysen von Pestizidgruppen aus jüngster Zeit gegeben:

Organochlor- + Organophosphor-Insektizide:
Camoni et al. [234], *Kadoum* [235],

Organochlor-Insektizide:
Singh und *Lanthier* [236], *Sissons* et al. [237],

Organophosphor-Insektizide:
Möllhoff [238], *Wessel* [239], *Nelson* [240], *Bowman* und *Beroza* [241], *Storherr* und *Watts* [242]; nur Oberflächenrückstände: *Broderick* et al. [243]; papierchromatographisch: [244]; vgl. a. [245a]. Zum unspezifischen flächen- und gaschromatographischen Nachweis von Phosphorsäurederivaten aus Organophosphor-Insektiziden s. [246–248].

Triazin-Herbizide:
Delley et al. [249], *Tindle* et al. [250],

Harnstoff-Herbizide:
Geissbühler und *Schredt* [251], *Baunok* und *Geissbühler* [252],

Phenoxyalkan-carbonsäure-Herbizide:
Yip [253],

Dithiocarbamat-Fungizide s. S. 465.

Das Gesamtproblem der Lebensmittelkontrolle ist mit der Existenz solcher Gruppenmethoden jedoch nicht gelöst, denn sie alle gelten nur für sich selbst, d. h. sie können bei Anwesenheit von Rückständen aus anderen Gruppen versagen oder verfälscht werden.

Andererseits sind die Möglichkeiten, die sich aus den Untersuchungen zahlreicher auf dem Rückstandsgebiet arbeitenden Forschungslabors ergeben, noch keineswegs ausgeschöpft. Viele Untersuchungen neuerer Zeit beschäftigen sich z. B. mit der Frage einer gemeinsamen Anreicherung vieler Pestizide aus organischem Material. Es wäre eine dankenswerte Aufgabe, durch Kombination dieser Methoden mit den Erfahrungen, die aus „Fall a)" (S. 474) bereits vorliegen, möglichst breit und zuverlässig arbeitende Gruppenmethoden zu konstruieren und auf Brauchbarkeit zu prüfen. Obwohl eine wirklich umfassende Lösung noch nicht in Sicht ist, so wird man in der Praxis doch mit Näherungslösungen Fortschritte machen können, wenn auch *Duggan* [254] aufzeigt, daß die potentielle Anwendung von nur 50 Pestiziden an 12 Lebensmittelgruppen $1{,}35 \cdot 10^{16}$ verschiedene Kombinationsmöglichkeiten aufwirft. Für die nüchterne Praxis der Lebensmittelkontrolle dürfte jedenfalls feststehen, daß der „erzieherische" oder abschreckende Wert von Kontrollmaßnahmen nicht in der Vielfalt, sondern vielmehr in der Stichhaltigkeit liegen muß.

 Literatur s. S. 504

7. Die Rückstandssituation in der Praxis

Für den Lebensmittelverbraucher erhebt sich die Frage, ob der menschlichen Gesundheit durch Rückstände von Pflanzenschutzmitteln in Lebensmitteln Gefahren drohen. Wir haben uns zur Klärung dieser Frage mit zwei Komplexen zu befassen:

1) wie ist die „praktische" Rückstandssituation und
2) wie hat man sie vom toxikologischen Standpunkt aus zu sehen (s. S. 481 ff.).

Wenn man die Frage nach der Rückstandssituation in der Praxis stellt, muß man dreierlei unterscheiden:
einmal die Rückstandssituation in Rohprodukten beim Erzeuger (auf die sich die gesetzgeberischen Maßnahmen überwiegend erstrecken, vgl. S. 493),
zum anderen die Situation im gehandelten Lebensmittel,
und schließlich die Situation im Durchschnitt der tischfertigen Nahrung (die letzlich allein entscheidend ist für die Frage nach einer möglichen Gefährdung).

Wir werden sehen, daß hier bemerkenswerte Unterschiede bestehen können.

a) „Akademische" Untersuchungen

Zahllose Untersuchungen über die Persistenz, den Abbau und die zum *Erntezeitpunkt* vorliegenden Rückstände von Pestiziden an und in den verschiedensten Erntegütern sind seit etwa 2 Jahrzehnten unternommen worden. Ausmaß und Umfang solcher Studien nehmen ständig zu, seit es nicht nur in der Verantwortung der Pestizidhersteller liegt, Kenntnisse über die neu entwickelten Mittel zu erlangen, sondern auch den Pflanzenschutz- und Zulassungsbehörden umfangreiches Belegmaterial vorgelegt werden muß, bevor ein neues Pflanzenschutzmittel auf den Markt kommen kann (s. S. 434). Universitätsinstitute, staatliche Institutionen und nicht zuletzt firmeneigene Rückstandslabors der Pestizidindustrie in aller Welt haben dieses Material erarbeitet. Es wird kaum jemals in seiner Gesamtheit zugänglich sein, so wertvoll eine Kenntnis der „Gesamtsituation" auch wäre, um den mannigfachen Einflüssen der verschiedenen, am Rückstandsverhalten eines Wirkstoffs beteiligten Parameter nachgehen zu können. Auf die Bedeutung von Daten dieser Art für die Erstellung von Toleranzen und Wartezeiten und selbstredend die Aufstellung von Gebrauchsanweisungen wurde bereits hingewiesen (s. S. 472). Es ist bemerkenswert, daß die überwiegende Zahl der Publikationen auf dem Rückstandsgebiet in der Hauptsache allerdings den Analysen*verfahren* gilt, nicht den damit erarbeiteten Ergebnissen.

Maier-Bode hat es in den letzten Jahren unternommen, verfügbares Material unter Einschluß unveröffentlichter Daten über Rückstände in Ernteprodukten zusammenzustellen [255)], vgl. [256)]. Vielseitige Angaben aus den USA liegen uns vor aus Untersuchungen an Universitäten (z. B. aus Kalifornien [59)] und Pennsylvanien [257)]). Ältere Arbeiten (bis 1957) wurden von *Zeumer* in einer Literaturübersicht zusammengestellt [258)].

b) Rückstände in gehandelten Lebensmitteln

Während die Fülle der erarbeiteten Rückstandsdaten aus Gründen der Präparatentwicklung und -zulassung sich auf rohe, d. h. frische Ernteprodukte bezieht, sind Angaben über Rückstände in Lebensmitteln, die auf dem Markt erscheinen, zumindest in Europa noch spärlich. Sie zu erarbeiten ist nicht ohne Bedeutung,

seit bekannt ist, daß zwischen Ernte und Verzehr von frischem Obst und Gemüse eine erhebliche Abnahme von Rückständen erfolgen kann, vgl. S. 447 f.
Es ist deshalb interessant, das gewaltige Datenmaterial der *USA* zu verfolgen, wo derzeitig allein etwa 25000 Proben jährlich im Rahmen des sog. „objective sampling" (d. h. von Untersuchungen *ohne* Verdacht auf Toleranzüberschreitungen) analysiert werden. Unabhängig davon werden von der F. D. A. (s. S. 490) Kontrollen auf vorschriftsmäßige Anwendung von Pflanzenschutzmitteln durchgeführt. Eine ausführliche Übersicht liegt z. B. vor über die Untersuchung von 49044 im Verkehr befindlichen Lebensmitteln im Zeitraum vom 1. Juli 1963 bis zum 30. Juni 1966[259]. 50% aller Proben enthielten Rückstände, 30% der Proben enthielten Rückstände von mehr als einem Pestizid. 81 verschiedene Wirkstoffe waren an diesen Rückständen beteiligt, 33 davon traten in allen drei Jahren auf. Die 10 am häufigsten in einheimischen *und* importierten Proben auftretenden Rückstände waren DDT, DDE, Dieldrin, TDE, Heptachlorepoxid, Lindan, BHC, Endrin, Aldrin (Reihenfolge der Häufigkeit in Inlandsproben); hinzu kommen noch Toxaphen in einheimischen und Dicofol in Importproben. 58% der einheimischen und 45% der importierten Proben enthielten weniger als 0,03 ppm; 78% der einheimischen und 65% der importierten Proben weniger als 0,1 ppm, 95% der einheimischen und 88% der importierten Proben weniger als 0,5 ppm. Bei nur 3% der einheimischen und 1,5% der importierten Proben lagen Toleranzüberschreitungen vor, wobei für Hauptnahrungsmittel die Zahlen noch niedriger liegen (1,5 bzw. 0,9%).
Weitere, bisher nicht veröffentlichte, Zahlen aus Untersuchungen der letzten vier Jahre liegen inzwischen vor und bestätigen im Prinzip die hier als Beispiel angegebenen Daten [260] (inzwischen steht auch das gesamte Zahlenmaterial bis einschl. 1967 zur Verfügung [260a]). Spezialuntersuchungen galten Ölsaaten und pflanzlichen Ölen [261] sowie Milch und Milchprodukten [262].
Aus *Kanada* wurden Ergebnisse von 3300 im Jahr 1965 untersuchten Proben mitgeteilt, die vornehmlich aus Provinzen gezogen worden waren, in denen eine erhöhte Wahrscheinlichkeit für das Auftreten von Rückständen bestand [263]. 1,2 bis 4,7% aller untersuchten Muster enthielten Rückstände oberhalb der zugelassenen Höchstmengen; nur in Britisch-Kolumbien und Alberta war ein höherer Anteil (16,3%) der Muster zu beanstanden. An den Überschreitungen waren ausschließlich Organochlor-Insektizide beteiligt.
Eine über 10 Jahre (1956 bis 1965) sich erstreckende, vorwiegend auf Insektizide ausgerichtete, Untersuchung liegt aus der *Schweiz* vor[264]. Insgesamt wurden 2585 Obst- und Gemüseproben untersucht, davon 1132 (44%) aus Importsendungen. 966 Muster (37,4%) enthielten Rückstände, bei 55 (2,1%) waren die zulässigen Grenzwerte überschritten, was in einer interessanten Übereinstimmung mit den amerikanischen Werten steht. Unter 605 in Jahre 1967 in Zürich erhobenen Lebensmittelproben (302 davon stammten aus Importen) fanden sich nur 8 (1,3%) mit Überschreitungen [264a].
In *Großbritannien* wurden 1967 1095 Obst- und Gemüseproben untersucht, alle auf Organochlor-Rückstände, 349 auf Organophosphor-Rückstände [265]. Von diesen 349 Proben enthielten 7 (=2 %) Rückstände, von denen 4 nach deutscher Gesetzgebung eine Toleranzüberschreitung bedeutet hätten. Ähnliche Ergebnisse für Organochlor-Insektizide liegen aus früheren Jahren vor[266], s. auch [134, 267].

c) Rückstände in der täglichen Nahrung

Auch der Frage, welche Mengen von Rückständen nun tatsächlich „in den Mund des Konsumenten gelangen", ist nachgegangen worden. Die USA haben 1961 das System der „Marktkorbanalysen" (auch „total diet studies" genannt) eingeführt. Bei Einzelhändlern wird anhand einer inzwischen 82 Lebensmittel enthaltenden Liste[268] der 2-Wochen-Bedarf eines starken Essers (17- bis 19jährige männliche Jugendliche) eingekauft. Alle beteiligten Lebensmittel werden in dem Zustand analysiert, wie sie haushaltsüblich auf den Tisch kommen. Aus technischen Gründen werden sie in 12 Gruppen eingeteilt und innerhalb dieser Gruppen gemeinsam analysiert[268]. Zur Zeit werden pro Jahr 30 solcher „2-Wochen-Marktkörbe" aus 30 Städten untersucht. Bis zum April 1966 ergaben sich folgende Durchschnittsgehalte[259]:

Organochlor-Verbindungen	0,02 ppm
Organophosphor-Verbindungen	0,003 ppm
Chlorphenoxy-Verbindungen	0,003 ppm
Carbamate	0,05 ppm

Am häufigsten fanden sich aus diesen vier Gruppen die Wirkstoffe Carbaryl (82), DDT (37), DDE (24), TDE (16), Dicofol (11), Malathion (9), Dieldrin (6), Lindan — 2,4-D — PCP (4), Heptachlorepoxid — BHC (3), Aldrin (2), Diazinon (1), wovon DDT, DDE, TDE, Dieldrin, Lindan und Heptachlorepoxid bereits 90% aller gefundenen Rückstände ausmachten. Die Klammerwerte geben die tägliche Aufnahme in Mikrogramm an.

Ausgedrückt als durchschnittliche Tagesaufnahme besagen diese Zahlen folgendes[269]: Rückstände von Organochlor-Pestiziden, die außer in Getränken in allen Lebensmitteln gefunden wurden, machen 0,0014 mg/kg/Tag aus. Die Hälfte davon stammt aus Fleisch, Fisch, Geflügel und Milch(produkten). DDT stellt ein Drittel aller Organochlor-Rückstände. Organophosphor-Pestizide, 1964/65 nicht gefunden, machten 1965/66 0,01 mg/Person/Tag aus, 80% davon waren Malathion. Herbizide wurden nur gelegentlich angetroffen und beliefen sich auf etwa 0,01 mg/Person/Tag; ein Drittel davon war 2,4-D, die Hälfte MCPA + PCP. Carbaryl, im ersten Jahr 0,15 mg/Person/Tag ausmachend, fiel auf 0,025 mg ab. Dithiocarbamate wurden nur begrenzt gefunden und konnten deshalb nicht als regelmäßige Bestandteile der Nahrung angesehen werden.

Ausführliche Daten über die mit einzelnen Nahrungsmittelgruppen durchschnittlich aufgenommenen Rückstände, nach Wirkstoffen aufgeschlüsselt, werden seit 7 Jahren laufend und auf immer breiter werdender Basis erarbeitet. Die älteren Ergebnisse[270–272] dürften dank verbesserter Analysenmethodik von den neueren Untersuchungen[273–276] an Zuverlässigkeit übertroffen werden (s. a. [260a]).
Aus dem Datenmaterial der U.S.-Untersuchungen von 1964—1967 ergibt sich zusammengefaßt folgendes Gesamtbild:

Das Verhältnis der „annehmbaren Tagesdosis" (a. d. i., s. S. 484) zur tatsächlichen mit der Nahrung aufgenommenen Pestizidmenge (bei etwa doppelter Verzehrsmenge gegenüber einem Durchschnittsmenschen) beträgt (berechnet nach[260]) für:

Aldrin + Dieldrin	1 : 1
DDT + DDE + TDE	11 : 1
Heptachlor + -epoxid	16 : 1
Carbaryl	22 : 1
Lindan	180 : 1
Malathion	200 : 1
Diazinon	400 : 1

Die absolute durchschnittliche Tagesaufnahme im gleichen Zeitraum betrug[260]:

für alle Organochlor-Insektizide	1,3 μg/kg
für alle Organophosphor-Insektizide	0,13 μg/kg
für alle Herbizide	0,13 μg/kg

Jüngste Befunde aus England über Organochlorrückstände in tischfertiger Nahrung[277] lagen in der Größenordnung der U.S.-Werte:

72 μg DDT-Gruppe/Person/Tag und
21 μg Dieldrin/Person/Tag.

Die Ergebnisse aus den USA lassen sich kurz zusammenfassen: der Hauptanteil der Rückstände in genußfertiger Nahrung wird von nur wenigen Pflanzenschutzmitteln geliefert. In keinem Fall wird die von internationalen Organisationen (WHO/FAO, s. S. 492) empfohlene „annehmbare Tagesdosis" (a. d. i., s. S. 484) überschritten, vielmehr liegt die tatsächliche Aufnahme, außer bei Aldrin/Dieldrin, um mehr als 1—2 Zehnerpotenzen unter dem a. d. i.-Wert (s. auch[278]). Wir werden hierauf bei der Diskussion der Toleranzenfestsetzung zurückkommen (s. S. 492).

8. Zur Toxikologie der Pestizide und ihrer Rückstände[d]

Die meisten Pflanzenschutzmittel sind in unverdünnter Form „giftig". Wenn es auch elementar erscheint, daß die Eigenschaft „giftig" einer Substanz nicht inhärent ist wie etwa die Eigenschaft „rot", wird doch häufig der Aspekt der Giftigkeit von Pflanzenschutzmitteln vorbehaltlos in den Bereich der Rückstände übertragen, obwohl aus manchen anderen Bereichen des täglichen Lebens bekannt ist, wie unlösbar der Begriff „Gift" mit der Menge oder auch der Konzentration einer Substanz verbunden ist (Alkohol-, Schlafmittelvergiftung; vgl. Homöopathie!). Der „moderne Mensch" lebt einerseits innerhalb seiner Umwelt in einer diffusen Giftangst („Toxikophobie"[280]), die z. T. von fachlicher Seite noch geschürt wird („toxische Gesamtsituation" nach *Eichholtz*[281]), andererseits übt er sich mit „erstaunlicher Bedenkenlosigkeit im Gebrauch moderner Zivilisationsmittel, vor allem im Umgang mit Arznei- und Genußmitteln, deren Abusus mit Sicherheit zu schweren Gesundheitsstörungen führt"[282]. Innerhalb der vielfältigen — einmal über-, einmal unterschätzten — Intoxikationsquellen, denen wir ausgesetzt sind

---
[d] S. auch[279, 279a].

oder uns selbst aussetzen, haben wir die Pflanzenschutzmittel-Rückstände an den ihnen zukommenden Platz zu stellen.

Der Toxikologe unterscheidet zwischen akuter und chronischer Toxizität. Es ist die *akute Toxizität*, d. h. die unmittelbare Giftwirkung (meist nach Aufnahme durch den Mund oder über die Atmungsorgane), die auch der Laie mit dem Begriff der „Giftigkeit" eines Stoffes verbindet. Maßzahl für die akute Toxizität ist der LD_{50}-(oder DL_{50}-)Wert. Man versteht darunter (im Tierversuch) diejenige Dosis, die eine Sterblichkeit von 50% der Versuchstiere bewirkt („halbletale Dosis"), angegeben als mg Substanz pro kg Tiergewicht. Je höher der LD_{50}-Wert, um so weniger toxisch ist der betreffende Stoff. Ausführliche Angaben über die akute Toxizität von Pestiziden finden sich z. B. bei *Jones* et al. [282a)] und *Gaines* [282b)].

In Abb. 4 sind jeweils die 20 vermutlich meist verwendeten Insektizide, Fungizide und Herbizide nach der akuten oralen Toxizität in 5 Gruppen eingestuft (nach *Maier-Bode* [283)]). Es ist ersichtlich, daß die Gruppe der Wirkstoffe von höchster Toxizität (LD_{50} unterhalb 20 mg/kg) nur bei den Insektiziden vertreten ist und daß sich auch in der nächsten Gruppe (LD_{50} zwischen 20 und 100 mg/kg) viel mehr Insektizide als Herbizide und Fungizide befinden.

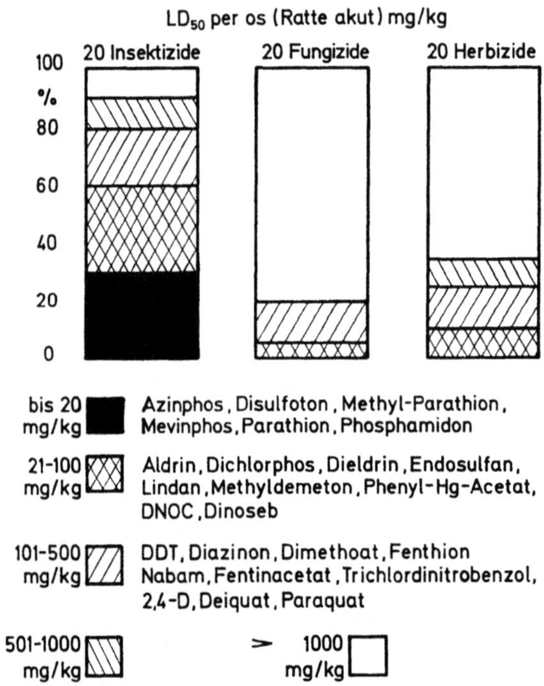

Abb. 4. Akute orale Toxizität von je 20 Insektiziden, Fungiziden und Herbiziden für Ratten (aus [283)])

Dieser Übersicht seien zum Vergleich einige akute orale LD_{50}-Werte an Ratten für andere Stoffe entgegengestellt (aus *Spector* [284)]):

Strychnin	ca. 16 mg/kg
Thalliumsulfat	23 mg/kg
Nikotin (Base)	ca. 55 mg/kg
Arsentrioxid	138 mg/kg
Coffein	233 mg/kg
Luminal	660 mg/kg
Phenacetin	1700 mg/kg
Lupulon (Hopfenharz)	1800 mg/kg
Kochsalz	3750 mg/kg [1] [285]
	6140 mg/kg [2] [285]
Äthanol	13660 mg/kg

[1] Nüchtern
[2] Normal gefüttert

In den Größenordnungen, in denen Pflanzenschutzmittel-Rückstände vorliegen, ist eine akute Vergiftungsgefahr ausgeschlossen. Äpfel mit 1 ppm E 605-Rückstand — das entspricht etwa dem Gehalt unmittelbar nach der Spritzung — enthalten pro Frucht etwa 0,15 mg Parathion; ein Mensch von 60 kg Gewicht müßte ca. 180 bis 300 kg davon auf einmal verzehren, um die tödliche Dosis (3—5 mg/kg, FAO/WHO 1965[286a]) aufzunehmen.

Die Möglichkeit einer ständigen Zufuhr kleinster Rückstandsmengen mit der täglichen Nahrung verlagert das Schwergewicht der Fragestellung auf das Gebiet der sog. *chronischen Toxizität*. Jeder Konsument kann mit Recht verlangen, daß seine Nahrung keine unmittelbar oder auf die Dauer schädlichen Bestandteile enthält. Die Beurteilung der Rückstände darf sich in dieser Hinsicht nur auf Fakten stützen, nicht auf Spekulationen. Der Toxikologe muß sich vor allem auf die Ergebnisse *langdauernder Tierversuche* stützen.

Tabelle 6. *Vergleichende Beispiele für „no-effect-levels" von Pestiziden, ausgedrückt in mg/kg Körpergewicht/Tag, für verschiedene Warmblüter und den Menschen*[286a,b,d]

	Ratte	Hund	Affe, Schwein	Mensch
Aldrin	ca. 0,025	ca. 0,025		
Captan	50	100	19 (S)	
Carbaryl	10	1,8		
Chlordan	1	0,075		
Demeton	0,05	0,025		0,07
Demeton-methyl-sulfoxid[1]	0,5	0,25		
Diazinon	0,10	0,02	0,05 (A)	0,02
Dichlorvos	0,25	0,08		0,033
Dieldrin	0,025	0,025		
Dimethoat	0,4			0,2
Diphenyl	25	25	50 (A)	
Ferbam	12,5	5		
Heptachlor	0,25	0,0625		
Malathion	5			0,2
Parathion	0,05			0,05
Phosphamidon	0,1	0,5		
Piperonylbutoxid	5	3		
Thiram	2,5	5		
Ziram	12,5	5		

[1] Thiolform; common name für das Sulfoxid: Oxydemeton-methyl

Solche Versuche werden an mindestens zwei Säugetierarten (z. B. Ratten und Hunden) in verschiedener, z. T. extrem hoher Dosierung über 2 Jahre durchgeführt, was bei Ratten fast der gesamten Lebensdauer entspricht. Häufig werden zusätzlich auch Nicht-Säuger, z. B. Hühner, in die Untersuchungen einbezogen. Für Anlage und Durchführung solcher Versuche bestehen — besonders in den USA — ausführliche Richtlinien[287-290] und auch die Deutsche Forschungsgemeinschaft hat 1966 Empfehlungen dazu ausgearbeitet[291]. Durch Beobachtung der Wachstums- und Reproduktionsraten und unter Heranziehung biochemischer und histologischer Untersuchungen läßt sich die maximale untoxische (d. h. bei täglicher Verfütterung unwirksame) Menge des Pflanzenschutzmittel-Wirkstoffs in mg/kg Tiergewicht ermitteln. Sie wird als „no-effect-level" (*n. e. l.*) bezeichnet. Tab. 6 gibt einige vergleichende Beispiele dafür (vgl. [292]).
Dem sog. „chronischen Fütterungsversuch" geht häufig ein „subchronischer" Versuch über 3—4 Monate voraus. Er dient dazu, charakteristische Dosierungen für den chronischen Versuch aufzufinden; er kann aber auch für eine erste Abschätzung der chronischen Toxizität herangezogen werden. Wie *Weil* und *McCollister*[293] an 33 Substanzen zeigten, war in mehr als 50% der Fälle das Verhältnis der wirksamen Dosierungen zwischen Kurz- und Langzeitversuch kleiner als 2:1, d. h. es reichte in diesen Fällen in den Kurzzeitversuchen weniger als die doppelte Dosierung bereits aus, um den gleichen Effekt wie beim 2-Jahres-Versuch zu erzielen. Unter besonderen Voraussetzungen können deshalb die subchronischen Versuche zur Erstellung vorläufiger a. d. i.-Werte oder Toleranzen herangezogen werden (s. S. 485), es sei denn, daß bestimmte Verdachtsmomente, z. B. auf carcinogene Effekte[294, 295], bestehen.
Die Beurteilung chronischer Effekte erfordert nicht nur toxikologische Erfahrung, sondern auch die Zusammenarbeit von Toxikologen, Pathologen und Histologen. Der Chemiker ist von diesen Fragen durch die Bildung möglicher Metaboliten berührt, deren Identität er erkennen und deren Auf-, Um- und Abbau er untersuchen muß, damit er wiederum dem Toxikologen Hinweise darauf geben kann, welche Komponenten Träger der toxischen Wirkung sein könnten.

Wenn die Toxizität von Rückständen, die in Lebensmitteln enthalten sein können, untersucht werden muß, gibt der Tierversuch Aufklärung über die „Rückstandstoxizität" dann, wenn im Tier qualitativ und annähernd quantitativ dieselben Metaboliten entstehen wie auf der Pflanze (s. auch S. 452). Nach den bisherigen Erfahrungen scheint das bei der Mehrzahl der Pestizide der Fall zu sein. Diese Erwägungen, wie generell in der Toxikologie, sind allein eine Funktion der Größenordnungen. Es wäre unrealistisch, für einen nur in der Pflanze auftretenden Metaboliten, der z. B. mit 5% an einem Rückstand von 0,2 ppm beteiligt ist (d. h. der in „Mengen" von ca. $1 \cdot 10^{-6}$ g in einem Apfel vorläge) separate chronische Fütterungsversuche zu verlangen. Würde dagegen der Wirkstoff eines mit durchgehender Spritzfolge angewandten Präparates z. B. zur Hälfte in einen Metaboliten umgewandelt und in dieser Form mit 1 ppm im Erntegut vorliegen, dann müßte der Metabolit möglicherweise separat toxikologisch untersucht werden. Es ist insofern verständlich, daß keine verbindlichen Regulierungen darüber bestehen, wie Metabolitenstudien zu betreiben sind.
Andererseits ist es ebensowenig vertretbar, daß die Zulassung eines neuen Produktes deshalb aufgehalten wird, weil akademische Untersuchungen mit einem radioaktiv markierten Wirkstoff gezeigt haben, daß in lebenden Systemen unidentifizierte Metaboliten in der Größenordnung von wenigen % des Gesamtrückstands auftreten können. Diese Möglichkeit und ihre Konsequenz sind nicht konstruiert.
Unter den biochemischen Effekten der Pestizide sind die Wechselwirkungen mit Enzymen[296, 297] interessant und häufig charakteristisch, vor allem die Hemmung der Cholinesterasen durch Organo-

phosphate[298–300] und Carbamate[301], von der schon in Kap. 6b) die Rede war (S. 465). Wenn die Hemmung auch ein sicherer Indikator für Intoxikationen durch diese Stoffe ist[302], so kann doch offenbar die gesamttoxische Wirkung der Cholinesterasehemmer nicht ausschließlich auf diesem Prinzip beruhen. Denn die „Toxizität" der Cholinesterasehemmer geht bei den verschiedenen Tierarten keineswegs mit ihrer Inhibitorwirkung parallel[303]. Dies geht auch aus Vergleichen zwischen Cholinesterasehemmung und oraler LD_{50} von Verbindungen aus der Parathion-Reihe hervor (Tab. 7; s. a. Tab. 2). Wir haben diese Beispiele ausgewählt, um den evtl. Einfluß von Metabolisierungsprozessen und Isomerisierungen auf die Toxizität von Pestiziden an einem einfachen Fall zu demonstrieren. Thionophosphate sind schwache Cholinesterasehemmer. Die Fähigkeit, das Ferment zu phosphorylieren (und damit zu blockieren) wird bestimmt durch die Stärke der elektrophilen Eigenschaft des Phosphoratoms, die wiederum eine Funktion der relativen Elektronegativität der am Phosphor (= 2,1) gebundenen Atome ist (O = 3,5, S = 2,5)[94]. Für aromatische Phosphorsäureester läßt sich der Einfluß der Substituenten am Ring auf die Cholinesterasehemmung durch die Hammet'sche Substituentenkonstante σ beschreiben (Diskussion s. z. B. bei[298,298a]). Die Daten in Tab. 7 belegen auch die Erfahrungstatsache, daß Diäthylphosphate im allgemeinen eine höhere Toxizität besitzen als die entsprechenden Methylhomologen. Die Hemmung der Cholinesterase ist bei chronischer Verfütterung nicht so ausgeprägt wie bei akuter Intoxikation[307]. Die Hemmung anderer Esterasen durch Organophosphate hat kaum mehr als akademisches Interesse[308,309,309a].

Tabelle 7. *Serumcholinesterase-Hemmung und Warmblütertoxizität von Verbindungen der Parathion-Reihe. Serumquelle: Pferd*[304,306], *Mensch*[305].

Me = CH_3 Ät = C_2H_5 R = $C_6H_4.NO_2(p)$	X = S pI_{50}*[304,306]	X = S pI_{50}*[305]	X = S LD_{50}[114,304] Ratte, oral	X = O pI_{50}*[304,306]	X = O pI_{50}*[305]	X = O LD_{50}[304] Ratte, oral
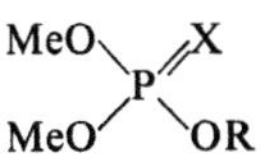	4,2 3,1[306]	<2	15–20[304]	6,9	6,0	3,4–6,8
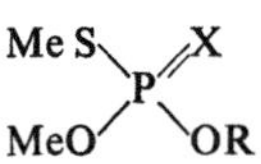				5,6 5,8[306]		200
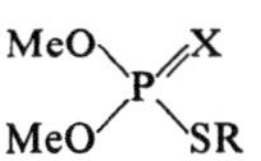			1000[114]	7,2	6,5	45
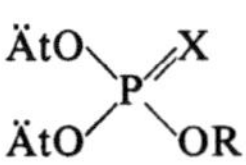	5,6	<4	6,4[304]	7,9	8,2	3
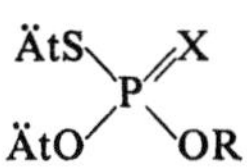				6,1	ca. 6	50–100
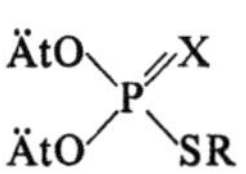			10[114]	8,85	8,55	2,5–5

* pI_{50} = negativer Logarithmus der für 50% Hemmung erforderlichen molaren Konzentration (hohe Zahlen kennzeichnen *starke* Hemmer); LD_{50} in mg/kg (hohe Zahlen bedeuten *geringe* Toxizität).

31 *

Ziel aller langfristigen toxikologischen Untersuchungen ist es, zu einer Vorstellung darüber zu kommen, welche Mengen der betreffenden Substanz für den Menschen toxikologisch zumutbar sind. Die Interpretation der Ergebnisse aus dem Tierversuch läßt sich dabei von dem Konzept leiten, daß auch der Mensch „chronisch" diese Substanz als Rückstand mit seiner Nahrung einnimmt. Zu diesem Zweck müssen die in den Tierversuchen ermittelten no-effect-levels (n. e. l.) auf den Menschen übertragen werden.

Um Spielraum für eine mutmaßlich im Vergleich zum Versuchstier größere Empfindlichkeit des Menschen gegenüber dem untersuchten Stoff zu schaffen, ist dazu die Verwendung einer Sicherheitsspanne *S* (meist als „Sicherheitsfaktor" bezeichnet) notwendig. Daraus ergibt sich sinngemäß ein für den Menschen annehmbarer „no-effect-level", der ebenfalls unter der Voraussetzung gelten muß, daß der Mensch den Stoff täglich gleichbleibend mit der Nahrung aufnimmt. Man bezeichnet diese Menge als „acceptable daily intake" (*a. d. i.*) und drückt sie als mg (der Verbindung)/kg (Körpergewicht)/Tag aus. Nach internationaler Gepflogenheit wird als Sicherheitsfaktor *S* üblicherweise 1/100 des niedrigsten n. e. l. als Berechnungsgrundlage genommen. Dem Faktor 1/100 liegt der einfache Gedanke zugrunde, man sollte unterstellen, der Durchschnittsmensch könne 10fach empfindlicher sein als das empfindlichste Versuchstier, ein besonders empfindlicher Personenkreis wiederum 10fach empfindlicher als der Durchschnittsmensch. Der Sicherheitsfaktor ist insofern nicht wissenschaftlich begründet, reicht aber für den praktischen Gebrauch aus. Einige Autoren, wie *Gaddum* und *Mantel* und *Bryan* haben ihn wissenschaftlich bestimmt und konnten zeigen, daß der Faktor 1/100 eher zu hoch als zu niedrig ist (zit. in [288)]). Jedenfalls fängt er auch Artunterschiede aus dem Tierversuch, ungewöhnliche Ernährungsgewohnheiten

Tabelle 8. *„Acceptable daily intake"-Werte für den Menschen (Stand: Anfang 1968* [286 a,b,d)]*)*

a. d. i. (mg/kg/Tag)	Wirkstoff
1,0	„anorganisches Brom"
0,125	Diphenyl
0,1	Captan, Methoxychlor
0,05[2]	Cyanwasserstoff
0,04[1]	Pyrethrine
0,03[1]	Piperonylbutoxid
0,025[1]	6 Dithiocarbamate
0,02	Carbaryl, Dimethoat, Malathion
0,0125	Lindan
0,01	Chlorbenside, Chlorfenson, DDT, Parathion-methyl
0,005	Parathion
0,004	Dichlorvos
0,0025	Azinphos-methyl, Demeton, Demeton-methyl (-sulfoxid)[3]
0,002	Diazinon
0,001	Chlordan, Phosphamidon
0,0005	Heptachlor
0,0001	Aldrin, Dieldrin

[1] Vorläufig [2] Aus [16a)] [3] s. Fußnote zu Tabelle 6

und eventuelle synergistische Effekte durch andere Nahrungsbestandteile auf [310]. Wenn die toxikologischen Daten unvollständig sind, muß der Faktor kleiner sein[•]; z. B. wenden die U.S.-Behörden den Faktor 1/2000 an, wenn nur subchronische 90-Tage-Versuche vorliegen; Unterlagen, die für eine „negligible tolerance" (s. S. 494) zu erarbeiten sind, werden auf diese Weise behandelt.

Wie streng diese Maßstäbe sind, sei an einer physiologischen Substanz demonstriert. Der n. e. l. für Kochsalz wurde im 100-Tage-Versuch an Ratten zu ca. 2000 mg/kg/Tag ermittelt [285]. Wäre Kochsalz ein neu entwickeltes Pflanzenschutzmittel, würde der a. d. i.-Wert aufgrund des subchronischen Versuches auf 1 mg/kg gesetzt, d. h. der erwachsene Mensch dürfte maximal 60—70 mg Kochsalz-„Rückstände" pro Tag zu sich nehmen, den Bruchteil einer „Prise".

Andererseits kann der Faktor auch vergrößert werden, z. B. bis auf 1/10, wenn als erste Effekte oberhalb des n. e. l. sehr empfindliche Phänomene (z. B. Cholinesterasehemmung) registriert werden. Wenn immer verschiedene Berechnungsweisen möglich sind (z. B. n. e. l. bei Tierart A/2000 und n. e. l. bei Tierart B/10), dann gilt der kleinere sich ergebende Wert als a. d. i. Größere Faktoren werden auch dann angewendet, wenn Erfahrungen über chronische Verabreichungen an Menschen zur Verfügung stehen. Solche Daten aus Versuchen mit Freiwilligen liegen für einige Pestizide vor [310a,311].

Die von internationalen Gremien (FAO und WHO, s. S. 492) erarbeiteten a. d. i.-Werte sind in Tab. 8 zusammengestellt.

Zur Abschätzung von toxikologisch duldbaren Höchstmengen in Lebensmitteln sind nun folgende Überlegungen anzustellen. Ein aus Tierversuchen für den Menschen abgeleiteter a. d. i.-Wert besagt, daß täglich und im Schnitt gleichbleibend die betreffende Menge des Stoffs je kg Körpergewicht aufgenommen werden kann. Legt man ein Durchschnittskörpergewicht (*K. G.*) zugrunde, so erhält man die für den Durchschnittsmenschen akzeptierbare absolute Menge *R* des betrachteten Stoffes in mg. Sie dürfte in seiner täglichen Nahrung enthalten sein. Setzt man die Menge derjenigen Nahrungsbestandteile, z. B. Gemüse und Obst, in denen der Stoff als Rückstand vorliegen könnte, mit *N* kg an, so dürften diese Lebensmittel $\frac{R}{N}$ ppm des betreffenden Stoffes als toxikologisch unbedenkliche, erlaubbare Menge („permissible level" = *p. l.*) enthalten (s. a. Abb. 1).

Es bestehen also folgende Beziehungen:

$$\frac{\text{n. e. l.}}{S} = \text{a. d. i.}$$

$$\text{a. d. i.} \times \text{K. G.} = R$$

$$\frac{R}{N} = \text{p. l.}$$

Daraus ergibt sich:

$$\text{p. l.} = \frac{\text{a. d. i.} \times \text{K. G.}}{N}$$

• Es wird häufig von einem „Sicherheits*faktor* 100" gesprochen, der jedoch in Wahrheit ein Divisor ist; in diesem Sinne müßte man hier von einem „größeren Sicherheitsfaktor" sprechen, was dem Sprachempfinden wohl näher läge.

Der p. l.-Wert wäre die toxikologisch vertretbare „Toleranz“ für diejenigen Lebensmittel, die mit einem Anteil von N kg in der täglichen Nahrung enthalten sind. Im allgemeinen setzt man K. G. = 60 kg und für Obst und Gemüse N = 0,4 kg. In allen Fällen, in denen das betrachtete Lebensmittel einen geringeren Anteil an der Durchschnittsnahrung hat, sind infolge des geringeren Wertes von N höhere p. l.-Werte möglich. Ein Stoff mit einem a. d. i.-Wert von 0,01 mg/kg/Tag ergäbe z. B.

a) für N = 0,4 kg einen p. l.-Wert von 1,5 ppm,
b) für N = 0,02 kg einen p. l.-Wert von 30 ppm.

Die oben dargestellte Beziehung zur Berechnung von p. l.-Werten ist als die „*vereinfachte holländische Umrechnungsformel*“ bekannt worden. Sie wird im Prinzip in vielen Ländern und auch von der FAO angewendet. Kritik an diesem Berechnungsmodus zielt darauf ab, den Sicherheitsfaktor 1/100 für bestimmte Personenkreise (z. B. Kinder, die eine höhere Kalorienaufnahme pro Körpergewicht haben) als nicht ausreichend zu erachten[312)] bzw. den a. d. i.-Wert statt auf Nahrungsgewicht auf Kalorieneinnahme zu beziehen[313)]. Dem steht gegenüber, daß diese Bedenken eine ausreichende Berücksichtigung durch die holländische Formel insofern finden, als hier eine lebenslange tägliche Aufnahme des betreffenden Stoffes in Höhe des „permissible level“ vorausgesetzt wird. Das trifft aber nicht zu, weder bezüglich der tatsächlich mit der Nahrung aufgenommenen Menge (s. S. 478f.) noch bezüglich der Kontinuität der Aufnahme.

Einwände gegenüber der „holländischen Formel“ wenden sich gelegentlich auch gegen die Verwendung des Durchschnittskörpergewichtes von 60 kg. Wenn man nicht einräumen mag, daß der Sicherheitsfaktor und die weite Spanne zwischen chronischer und akuter Toxizität (s. S. 487) diese Differenzen auffängt, so bietet sich der Ausweg an, z. B. Babynahrung aus dieser Berechnungsweise auszuklammern und separat zu beurteilen[314)]; die Verordnung über diätetische Lebensmittel (s. S. 494) verbietet z. B. Rückstände für Babykost gänzlich.

Der Nahrungsfaktor N gestattet nicht nur, duldbare Höchstmengen für beliebige Lebensmittel oder Lebensmittelgruppen zu ermitteln; er dient auch dazu, international empfohlene a. d. i.-Werte zu verwenden und trotzdem unterschiedliche Ernährungsgewohnheiten der Völker berücksichtigen zu können. Die FAO[286)] legte bei der Zuordnung der für N jeweils geltenden kg-Mengen statistisch ermittelte Durchschnittswerte des gehobenen U.S.-amerikanischen Konsums zugrunde[315)]. Diese Zahlen sind möglicherweise zu hoch und müssen revidiert werden. Die U.S.-Behörden selbst arbeiten bei der Erstellung von gesetzlich zulässigen Höchstmengen („Toleranzen“) (s. S. 489ff.) nicht mit kg-Anteilen, sondern sie setzen statt dessen den durchschnittlichen Prozentsatz der betrachteten Lebensmittel an der Gesamtkost in die Kalkulation ein; der Sicherheitsfaktor wird auf den als ppm im Tierfutter ausgedrückten n. e. l. bezogen. Andererseits ist die Wahl eines geeigneten Nahrungsfaktors nur für solche Lebensmittel kritisch, die mit einem hohen Anteil an der täglichen Kost beteiligt sind *und* gleichzeitig eine hohe Wahrscheinlichkeit mitbringen, Träger von Pestizidrückständen zu sein (z. B. ist Fleisch in diesem Zusammenhang nicht von Bedeutung, unter Umständen aber Milch und tierisches Fett); vgl.[315a)]. Die EWG schlägt zur Zeit folgende Nahrungsfaktoren vor[316)]:

Obst, Gemüse (außer Kartoffeln)	0,4 kg
Getreideprodukte	0,3 kg
Öle und Fette (außer Milch und Milchprodukten, die rückstandsfrei sein sollten)	0,1 kg

Eine Substanz, die in unserer Umwelt überall vorhanden ist (s. S. 498), macht gegebenenfalls einen anderen Nahrungsfaktor erforderlich, z. B. 1,5 kg[288)].

Der „permissible level" dient in Form einer oberen Grenze allgemein als Richtschnur für die Festsetzung zulässiger Höchstmengen von Rückständen in Lebensmitteln, die S. 490ff. besprochen wird. Dabei sei noch einmal hervorgehoben, daß die Ergebnisse *chronischer* Einflüsse in die Berechnung des p. l. eingehen. In Tab. 9 sind akute und chronische Toxizitäten für einige Insektizide an Ratten gegenübergestellt, und zwar als LD_{50} und als n. e. l. Die LD_{50}-Werte liegen in der Mehrzahl der Fälle 100- bis mehr als 1000fach höher als die im Dauerversuch ermittelten verträglichen Tagesdosen. Dieser Aspekt ist vor allem deshalb von Interesse, weil er Bedenken zerstreut hinsichtlich evtl. Gefährdung durch Verzehr von Lebensmitteln, bei denen die zulässigen Höchstmengen, z. B. durch Überdosierung bei der Ausbringung, überschritten sind. Betrachtet man die Reihenfolge: zulässige Höchstmenge $\overset{\mathrm{I}}{<}$ p. l. $\sim$ a. d. i. $\overset{\mathrm{II}}{<}$ n. e. l. $\overset{\mathrm{III}}{<}$ LD_{50}, so betragen die „Toxizitätsspannen" bei I 0 bis 2 Zehnerpotenzen, bei II 2 Zehnerpotenzen, bei III 1 bis > 3 Zehnerpotenzen, so daß die Gesamtspanne zwischen den Größenordnungen der zulässigen Höchstmengen und denen der akuten Toxizität etwa 3 bis 7 Zehnerpotenzen ausmacht.

Tabelle 9. *Akute und chronische orale Toxizität von Insektiziden bei Ratten (mg/kg)* [1]

Wirkstoff	LD_{50} (p. o.)	Symptomlos vertragene Tagesdosis (Dauerversuch)	Verhältnis akut: chronisch 10- bis 100fach	100- bis 1000fach	mehr als 1000fach
Organochlor-Insektizide					
Aldrin	38– 67	ca. 0,025			×
Chlordan	150– 430	1		×	
DDT	150– 800	ca. 0,05 (?)			×
Dieldrin	25– 87	ca. 0,025		×	
Heptachlor	60– 142	0,25		×	
Lindan	125– 230	1,25		×	
Methoxychlor	5000– 7000	10		×	
Organophosphor-Insektizide					
Azinphos-methyl	11– 25	0,25	×		
Demeton-methyl-sulfoxid[2]	30– 75	0,5	×		
Diazinon	76– 108	0,1		×	
Dichlorvos	56– 80	0,25		×	
Dimethoat	280– 680	0,4		×	
Malathion	ca. 400–ca. 6000	5		×	
Mevinphos	3,7– 6,8	0,05 (?)	×	×	
Parathion	1,75–30	0,05	×	×	
Phosphamidon	17– 20	0,1		×	

[1] nach Daten der FAO/WHO [286a, b, d]; [2] s. Fußnote zu Tab. 6. Vgl. Anonym, Bemerkungen zur Toxizität von Pflanzenschutzmitteln, Gesunde Pflanzen *18*, 180–181 (1966).
(?) = noch nicht gesichert.

Chronische toxische Effekte durch die Einnahme von Rückständen mit der Nahrung sind bisher nicht bekannt geworden [134, 317], wenn man von der Speicherung einiger Organochlor-Insektizide im Depotfett (s. S. 500) absieht, die nicht unmittelbar als toxischer Effekt zu werten ist. Eine unmittelbare ernährungsphysiologische Signifikanz von Rückständen ist bisher nicht aufgezeigt worden; ob bei ernährungsphysiologischen Stress-Situationen andere Toxizitätskriterien anzulegen sind, sei dahingestellt (vgl. [134]).

Vor einem Vierteljahrhundert wurden die synthetischen organischen Pestizide eingeführt. Daß man im Anfang manche Mittel weniger streng beurteilt hat, liegt einesteils daran, daß es sich um ein unbekanntes Gebiet handelte, daß man also viele Daten, die man heute für unerläßlich hält, noch nicht kannte, — anderseits daran, daß viele der neuen Mittel in der akuten Giftigkeit wesentlich geringer waren als die früher verwendeten starken Gifte, so daß man ohnehin zu einer milderen Beurteilung dieser Stoffe neigte [318]. Heute ist man sich der Vorteile der Pestizide ebenso bewußt wie ihrer Nachteile. Aus einem fast vollständigen Bild der Rückstandssituation lassen sich Schwerpunkte möglicher Risiken erkennen und — was die vielzitierten Langzeiteffekte angeht — in ein abgewogenes „psychologisches" Gleichgewicht bringen mit anderen Risiken des täglichen Lebens wie es Rauchen, Autoabgase, radioaktiver „fall-out", oder der Genuß tierischer Fette beispielsweise sind [134]. Überdies verfügen wir inzwischen auf dem Pestizidgebiet über internationale Mechanismen, mittels derer notwendige Bemühungen international auf die Sektoren gerichtet werden können, auf denen weitere Informationen erwünscht sind. Hierfür ist es aber notwendig, daß künftig der Toxikologe ein größeres Maß an Verantwortung auf sich zu nehmen bereit ist. Diese Verantwortung darf sich nicht darin erschöpfen, vor Gefahren zu warnen, sie sollte auch imstande sein, Ratschläge über Sicherheiten zu geben [292].

9. Gesetze und Verordnungen über Rückstände

Ein um das Wohlergehen seiner Bürger bemühter Staat wird nicht nur die Produktion landwirtschaftlicher Erzeugnisse fördern, sondern auch darüber wachen, daß die produzierten und importierten Lebensmittel qualitativ einwandfrei und nicht gesundheitsschädlich sind. Nun sind „naturbelassene" Lebensmittel noch keineswegs ohne weiteres Zutun in jedem Fall auch hochwertige Lebensmittel, so sehr dies dem Lebensmittelkonsumenten häufig suggeriert werden mag. Vermeidung oder Vernachlässigung von Pflanzenschutzmaßnahmen kann zu einer unhygienischen oder gar gesundheitsschädlichen Beschaffenheit der Lebensmittel führen (Insektenfragmente oder Pilztoxine [z. B. Ergotamin und Ergotoxin aus Mutterkorn, Aflatoxin aus *Aspergillus flavus*] als „Inhaltsstoffe" von Lebensmitteln [319]); aber auch die Verwendung z. B. insektenpathogener Pilze zur „biologischen Schädlingsbekämpfung" könnte ähnliche Probleme aufwerfen [320]. Schutz vor Fäulnis und Verderb erfordert den Einsatz von Konservierungsmitteln und Antioxydantien; andere Verfahren, z. B. Bleichen oder Färben, dienen mehr der „Kosmetik" des Lebensmittels im Sinne eines oft schwer deutbaren Käufergeschmacks. Diese Maßnahmen erfordern den Einsatz echter Lebensmittel*zusätze*, deren Verwendung und Dosierung in vielen Ländern durch Gesetze geregelt ist. Der Übertritt von Pflanzenschutzmittelresten in Lebensmittel hat demgegenüber den Charakter eines Zusatzes von Stoffen, die ihrem Wesen oder ihrer Verwendung nach nicht dazu bestimmt sind, gegessen zu werden, die folglich keine Lebensmittel nach § 1 des Lebensmittelgesetzes sind. Sie erfordern eine besondere gesetzliche Handhabung. Viele Länder sind deshalb dazu übergegangen, *zulässige Höchstmengen* („Toleranzen“) von Pflanzenschutzmitteln in Lebensmitteln im Rahmen ihrer Lebensmittelgesetze festzulegen.

Das Lebensmittelgesetz der Bundesrepublik Deutschland (Neufassung vom 21. 12. 1958) besagt hierzu im wesentlichen: Es ist verboten, Lebensmittel ... in den Verkehr zu bringen, wenn in oder auf ihnen Pflanzenschutz- und Schädlingsbekämpfungsmittel ..... oder deren Umwandlungsprodukte vorhanden sind, die die zulässigen Höchstmengen überschreiten (§ 4b 4.). Die zuständigen Ministerien können für Pflanzenschutz- und Schädlingsbekämpfungsmittel .... Höchstmengen festsetzen, die in oder auf Lebensmitteln beim Inverkehrbringen als Reste noch vorhanden sein dürfen, sowie bestimmte Stoffe von der Verwendung ... ausschließen, soweit dies

Tabelle 10. *Beispiele für Toleranzen und Wartezeiten (Stand: Anfang 1968). Die Wirkstoffe wurden nach Tab. 8 ausgewählt. Es sind nur die hauptsächlich geltenden Werte für Obst und Gemüse angegeben, bei den Wartezeiten in ( ) zusätzlich auch Sonderfälle. Die angegebenen Wartezeiten gelten für die BRD*

Verbindungen	Toleranzen (ppm)		Wartezeit im Freiland (Tage)		
	BRD	USA	O	G	A
Diphenyl	Citrus 70[1]	Citrus 110	–	–	–
Captan	15	100	3 (7)	7 (4)	N
Methoxychlor	10	14	14 (7)	14	14
Cyanwasserstoff	6 V	90–200 V	–	–	–
Pyrethrine	1	1	frei	frei	frei
Piperonylbutoxid	8	8	frei	frei	frei
Dithiocarbamate	3	7	7	3	7
Ferbam	1	7	7	3	7
Thiram	3	7	7	3	7
Carbaryl	3	10	7	7	7
Dimethoat	0,5	2	21	21 (S)	21
Malathion	0,5; 3 V	8	7	7 (4)	7
Lindan	2	10	30	21 (S)	21
Chlorbenside	1,5	3	–	–	–
Chlorfenson	1,5	3	–	–	–
DDT	1,0	7	42 (S)	30 (S)	30
Parathion-methyl	0,5	1	–	–	–
Parathion	0,5	1	14	14 (S)	14
Dichlorvos	–	–	7	7	7
Azinphos-methyl	0,4	2	14	14	14
Demeton	–	0,75	–	–	–
Demeton-methyl-sulfoxid[2]	0,4	–	21	21	21
Diazinon	0,5	0,75	10	10 (S)	10
Chlordan	Null	0,3	N	S	S
Phosphamidon	0,1; 0,5	–	21	14	21
Heptachlor	Null	Null–0,1	N	S	S
Aldrin	Null	Null–0,1	N	S	S
Dieldrin	Null	0,1–0,25	N	S	S

[1] Lt. Konservierungs-Verordnung, s. Fußnote zu Tabelle 6.

BRD = Bundesrepublik Deutschland; O = Obstbau; G = Gemüsebau; A = Acker- und Feldbau; S = Besondere Regelungen; N = Kein Einsatz in dem betreffenden Bereich; V = Vorratsschutz; frei = Einsatz bis zum Tag vor der Ernte möglich.

zum Schutz des Verbrauchers erforderlich ist, um einer Beschaffenheit von Lebensmitteln vorzubeugen, die geeignet ist, die menschliche Gesundheit zu gefährden (§ 5a (1)5.).
Inzwischen sind die vom Gesetz vorgesehenen Höchstmengen durch die „Höchstmengenverordnung-Pflanzenschutz" vom 30. 11. 1966 bekanntgemacht worden und seit dem 1. Januar 1968 in Kraft [321]. Es ist vorgesehen, daß sie von Zeit zu Zeit revidiert und ergänzt werden, um mit der Entwicklung der Pflanzenschutzpraxis und der zunehmenden Kenntnis toxikologischer Zusammenhänge Schritt halten zu können. Die Verordnung in ihrer derzeitigen Form wirft eine Reihe von technischen und rechtlichen Schwierigkeiten auf [322]. Sie gibt Höchstmengen nur für ca. 80 Wirkstoffe an, für die restlichen im Handel befindlichen nicht (vgl. S. 493); die nicht aufgeführten Stoffe sind praktisch ohne Höchstmengenbeschränkung anwendbar, wenn sie nicht einer Wartezeitenregulierung unterliegen (s. S. 491). Lebensmittel mit Rückständen dieser Stoffe können z. Z. allenfalls nach dem wenig definitiven § 3 des Lebensmittelgesetzes beurteilt werden; sie dürfen nicht in Verkehr gebracht werden, wenn „ihr Genuß die menschliche Gesundheit zu schädigen geeignet ist". Die Höchstmengen beziehen sich auf bestimmte Lebensmittel(gruppen), die namentlich genannt sind. Für nicht aufgeführte Lebensmittel gilt $^1/_{10}$ der niedrigsten für den jeweiligen Stoff festgesetzten Höchstmenge, mindestens jedoch 0,01 ppm, als Höchstgrenze. Die Verordnung ist von verschiedenen Seiten für Erzeuger und Verbraucher von Lebensmitteln kommentiert worden [323–329, 323a, 328a, 329a].
Das Verfahren, zulässige Höchstmengen von Pestiziden in Lebensmitteln gesetzlich festzulegen, ist nicht neu. Die USA haben bereits 1954 damit begonnen, ebenfalls aufgrund einer Lebensmittelgesetzänderung (sogen. „Miller-Bill"). Etwa 2700 einzelne Toleranzwerte (ausgedrückt als ppm) für ca. 150 Pestizide an ca. 100 verschiedenen Erntegütern sind dort inzwischen erarbeitet worden. Einige Beispiele für bundesdeutsche und U.S.-Toleranzen gibt Tab. 10.
Das U.S.-Verfahren (kurzer Abriß s. [25]) kann ohne Zweifel als das strikteste und umfangreichste aller Länder bezeichnet werden. 1947 wurde als Ersatz für das seit 1910 bestehende Insektizid-Gesetz das Bundesgesetz über Insektizide, Fungizide und Rodentizide (auch Herbizide betreffend) erlassen [330,331]. Es fällt in den Kompetenzbereich des Landwirtschaftsministeriums (U.S. Department of Agriculture, U.S.D.A.). Das Gesetz wurde 1959 erweitert, um auch Nematizide, Wuchsstoffe und Entblätterungsmittel einzubeziehen (Public Law 86—139), und durch Erlaß von 1962 wurden auch bestimmte Pflanzen, Tiere und Viren als „Schädlinge" (pests) mit einbezogen (Public Law 87—781). 1938 hatte bereits das Bundesgesetz über Lebensmittel, Drogen und Kosmetika [332,333] die Verantwortung für die Sicherheit von rückstandshaltigen Lebensmitteln dem Gesundheitsministerium übertragen (U. S. Department of Health, Education, and Welfare, H.E.W.), das solche Aufgaben an die ihm unterstehende Food and Drug Administration (F.D.A.) delegiert. Dabei war auch vorgesehen, Sicherheitsgrenzen, „Toleranzen", festzusetzen. Den neuen Verhältnissen angepaßt, wurde das „FDC"-Gesetz wesentlich ergänzt durch das bekannte Pesticide-(auch: Miller-)Amendment (Public Law 83—518, Section 408). Die F.D.A. setzt Toleranzen fest, anschließend „registriert" das U.S.D.A. das betreffende Mittel und genehmigt seinen Verkauf im Rahmen festgelegter Auflagen. Ein Lebensmittel, das Rückstände eines Pestizids enthält, gilt nach der „Miller-Bill" als verfälscht, sofern nicht seitens der F.D.A. für das Mittel eine Toleranz bzw. eine Befreiung von der Notwendigkeit einer Toleranzenfestsetzung erlassen worden ist. Neben anderen Ergänzungen wurde das Gesetz von 1938 noch 1958 durch eine Zusatzstoff-Verordnung (Food Additives Amendment, Public Law 85—929, Section 409) erweitert; hiervon sind Stoffe betroffen, die absichtlich oder unbeabsichtigt in (z. B. verarbeitete) Lebensmittel gelangen, solange sie nicht ausdrücklich als „sicher" deklariert oder vom Pesticides Amendment bereits erfaßt sind. Die Anforderungen, die aufgrund dieser Gesetze bei der Registrierung von Pflanzenschutzmitteln an die Herstellerfirmen gestellt werden, sind ungemein vielfältig [260a, 333a, b].

Toleranzen sollen dazu dienen, wirksamen chemischen Pflanzenschutz betreiben und trotzdem hygienisch einwandfreie, toxikologisch unbedenkliche Lebensmittel anbieten zu können. Toleranzen sind deshalb an der aus praxisgerechter und vorschriftsmäßiger Mittelanwendung resultierenden Rückstandssituation orientiert. Voraussetzung ist allerdings, daß sie unterhalb des aus toxikologischen Untersuchungen ermittelten „permissible level" bleiben (s. S. 487), oder — in Ausnahmefällen — zumindest beim *Verzehr* des Lebensmittels diese Voraussetzung erfüllen (z. B. können Toleranzen für Getreide höher sein als der p.l.-Wert).

Der a.d.i.-Wert für Dimethoat ist z. B. 0,02 mg/kg/Tag, daraus ergibt sich ein p.l.-Wert (bei $N = 0{,}4$ kg) von 3,0 ppm; die deutsche Toleranz beträgt aber nur 0,5 ppm (USA: 2 ppm).

Es muß deshalb besonders ein Umstand betont werden, der häufig mißverstanden wird: Toleranzen sind *keine* toxikologischen „Schwellenwerte", deren Überschreitung gesundheitliche Konsequenzen mit sich brächte. Sie sind lediglich vom Gesetzgeber festgesetzte Limitationen, die den Gebrauch von Pflanzenschutzmitteln regulieren sollen. Ihre Beachtung ist allein vom juristischen Standpunkt aus vonnöten, denn die Vorschriften des Lebensmittelgesetzes sind mit Strafvorschriften verbunden, die ihrerseits zivilrechtliche Schadensersatzansprüche nach sich ziehen können. Eine toxikologische Gefahr ist in aller Regel schon dadurch ausgeschlossen, daß die Höchstmengen-Verordnungen auf den Gesichtspunkten der chronischen Toxizität basieren. Diese aber bewegen sich in Größenordnungen, die weit unterhalb derjenigen der akuten Toxizität liegen (vgl. S. 487).

Toleranzen besitzen gewissermaßen „akademischen" Charakter, da der Landwirt nicht die Möglichkeit hat, seine Erzeugnisse auf die Höhe der möglichen Rückstände zu prüfen. Der amtliche Pflanzenschutzdienst berücksichtigt das durch Festsetzung von „*Wartezeiten*"[14]. Darunter versteht man den Zeitraum, der zwischen letzter Pflanzenschutzmittel-Anwendung und Ernte des behandelten Gutes verstreichen muß. Diese Wartezeiten (einige Beispiele, gültig für die Bundesrepublik, gibt Tab. 10) werden anhand umfangreichen Datenmaterials über die Abbaurate und die Höhe der eventuell verbleibenden Rückstände festgelegt (vgl. Abb. 1). Sie sind so bemessen, daß bei vorschriftsmäßiger Anwendung des betreffenden Mittels eine Toleranzüberschreitung nicht zu erwarten ist. Allerdings sollen sich Wartezeiten im Rahmen der Höchstmengen-Festsetzungen in besonderem Maße den Belangen der Pflanzenschutzpraxis anpassen und dem Landwirt eine Hilfe sein, bestimmte Mittel für einen besonderen Verwendungszweck auswählen zu können (z. B. bei Schädlingsbefall noch kurz vor dem mutmaßlichen Erntetermin). Wartezeiten sind deshalb ebensowenig als Spiegelbild der Toxizität von Wirkstoffen zu verstehen wie Toleranzen (vgl. auch Tab. 10).

Ständig erweitert sich unsere Kenntnis über das Rückstandsverhalten der Pestizid-Wirkstoffe auf den verschiedensten Pflanzen. Ebenso werden die Toleranzenlisten von Zeit zu Zeit neueren Erkenntnissen angepaßt werden müssen. Damit verknüpft werden auch die Wartezeiten sich verändern können. Seit für verschiedene Wirkstoffe gezeigt werden konnte, daß sie von Gewächshaus- und Frühbeetkulturen langsamer als im Freiland abgebaut werden (s. S. 444), hat die Biologische Bundesanstalt für Land- und Forstwirtschaft besondere Wartezeiten für „Unterglaskulturen" festgesetzt[14]. Wartezeiten sind Gebote der Zulassungsbehörden; maßgebend für das Inverkehrbringen von Lebensmitteln ist aber nur die Tatsache des zulässigen Gehaltes an Rückständen.

Bedauerlicherweise verfahren viele Länder bei der Festsetzung von Toleranzen und Wartezeiten sehr individuell, wie ein Vergleich zwischen den deutschen und den U.S.-Höchstmengen (Tab. 10) zeigt. Aus solchen Divergenzen können beachtliche Schwierigkeiten für den internationalen Handel mit landwirtschaftlichen Produkten erwachsen. Jedenfalls liegt es weder im Erzeuger- noch im Verbraucherinteresse, wenn Lebensmittel durch Grenzübertritt „illegal" werden. Eine Vereinheitlichung über nationale Grenzen hinaus ist hier auf die Dauer unerläßlich.

Immerhin sind seitens der U.S.-amerikanischen Wirtschaft schon Besorgnisse über die „unnötig niedrigen" deutschen Toleranzen laut geworden [334,335].
Die Food and Agriculture Organization der Vereinten Nationen (FAO, Rom) hat deshalb begonnen, in Zusammenarbeit mit der Weltgesundheitsorganisation (WGO, engl.: WHO, franz.: OMS; Genf) Vorschläge für Toleranzen auszuarbeiten, die für Nahrungsgüter im internationalen Verkehr gelten sollen, und zwar auch dann, wenn nationale oder regionale Toleranzen gegebenenfalls niedriger liegen [286b,c,d]). Diese Vorschläge der FAO/WHO haben allerdings nur Empfehlungscharakter. Die Bearbeitung einzelner Wirkstoffe geschieht auf Vorschlag der Codex Alimentarius Commission der FAO, in der alle Mitgliedsstaaten durch offizielle Personen vertreten sind [335a,b].

Die WHO sammelt toxikologische Daten und erarbeitet Vorstellungen über „no-effect-levels" und „acceptable daily intakes". Für 31 Stoffe lagen 1968 a.d.i.-Werte vor (s. Tab. 8). Die FAO sammelt Informationen über Rückstände und Methoden zu ihrer Bestimmung. Ziel der gemeinsamen Bemühungen ist es letztlich, aus Kenntnis der toxikologischen Daten und der aus landwirtschaftlicher Praxis resultierenden Rückstandssituation Empfehlungen für möglichst einheitliche Toleranzen zu erarbeiten [286]. Wenn toxikologische Gesichtspunkte und praktische Rückstandssituation nicht in Einklang zu bringen sind (z. B. bei persistenten Mitteln mit sehr niedrigem a.d.i.-Wert), wird die Empfehlung „praktischer Rückstandsgrenzen" erwogen, die sich an der Höhe der z. Z. unvermeidbaren — d. h. nicht primär aus einer beabsichtigten Mittelanwendung resultierenden — Sekundärrückstände orientieren.
Toleranzen beziehen sich in aller Regel auf das Frischgewicht der Ernteprodukte, um eine möglichst einheitliche Bezugsbasis zu gewährleisten. Da zahlreiche Lebensmittel zum Teil oder auch ausschließlich im verarbeiteten Zustand konsumiert werden, wobei häufig eine weitere Reduktion oder sogar ein vollständiger Abbau der in oder auf frischem Material noch vorhanden gewesenen Rückstände eintritt (s. S. 447f.), ist ein weiterer „Sicherheitsfaktor" gegenüber dem Lebensmittelkonsumenten eingeschaltet (vgl. S. 486). Die Höchstmengenvorschläge der FAO/WHO versuchen vor allem gerade diesem Verlust an Rückständen durch „Nacherntefaktoren" Beachtung zu schenken. Daß tatsächlich die effektiv mit der fertigen Nahrung aufgenommenen Rückstände wesentlich unter den Gehalten liegen, die zum Erntezeitpunkt im frischen Material vorliegen können, wurde bereits dargelegt (S. 478f.).
Probleme chemischer Natur, die sich aus den Beratungen dieser Gremien ergeben, werden der Internationalen Union für Reine und Angewandte Chemie (engl.: IUPAC) übergeben, wenn eine Bearbeitung seitens anderer Institutionen oder Institute sich nicht abzeichnet. Die IUPAC verfügt innerhalb der Division VI (Angewandte Chemie) über eine spezielle Sektion (Pestizide), deren Arbeitsgruppen sich mit solchen Fragen beschäftigen [245,336]. Auch die Europäische Wirtschaftsgemeinschaft (EWG, franz.: CEE, engl.: EEC; Brüssel) [316] und die Europäische und Mittelmeerländische Pflanzenschutzorganisation (engl.: EPPO, franz.: OEPP; Paris) und die Organisation für Wirtschaftliche Zusammenarbeit und Entwicklung (franz.: OCDE, engl.: OECD; Paris) bemühen sich um gemeinsame und gemeinnützige Lösungen auf gesetzgeberischem und analytischem Gebiet (s. „Pesticides and International Organizations" [337]; vgl. [337a]).

1968 hatten außer der Bundesrepublik Deutschland z. B. folgende Länder umfangreichere Toleranzen- (T) oder Wartezeiten-(W)Regulierungen (s. a. [337b]): Australien (W), Belgien (W)[f], Brasilien (T, W), Bulgarien (W), Dänemark (W), DDR (W), Finnland (W), Frankreich (W), Griechenland (W), Großbritannien (W), Indien (T), Israel (W), Italien (T, W), Japan (T,W), Jugoslawien (W), Kanada (T), Luxemburg (W)[f], Neuseeland (W), Niederlande (T,W)[f], Norwegen (W), Österreich (W), Polen (W), Portugal (W), Schweden (W), Schweiz (T, W,), Spanien (W), Südafrika (T, W), UdSSR (T,) Ungarn (T), USA (T).

---

f Gemeinsame Regelung (Benelux) in Vorbereitung.

Toleranzen beziehen sich meistens auf Lebensmittel im Rohzustand, häufig auch dann, wenn das Lebensmittel in diesem Zustand nicht verzehrt wird (z. B. Getreide). Als zeitlicher Bezugspunkt gilt vielfach, auch in der Bundesrepublik, das „Inverkehrbringen", d. h. ein „Überlassen an andere, durch das diese die Möglichkeit erhalten, über das Lebensmittel in einer dem Wesen desselben entsprechenden Weise nach eigenem Entschluß zu verfügen"[338,339] Eine Ausnahme wird in der BRD nur in solchen Fällen gemacht, wenn Lebensmittel mit unerlaubten Rückständen „an Betriebe abgegeben werden, die vor Abgabe an den Verbraucher die über die festgesetzten Höchstmengen hinaus vorhandenen Reste der Stoffe durch Lagerung oder sonstige Behandlung der Lebensmittel beseitigen"[321].

Zahlreiche *Sonderprobleme* sind meist mit Toleranzenfestsetzungen verknüpft, die hier nicht besprochen werden können. Sie betreffen z. B. die Behandlung von Erntegütern, die nicht ausdrücklich genannt sind; die sinnvolle Zusammenfassung von Lebensmitteln zu Gruppen, die sich bei der Interpretation von Rückstandsdaten gegenseitig vertreten können (vgl. S. 494); die Handhabung der Rückstände von Wirkstoffen, die in den Regulierungen nicht genannt sind; die Frage, ob Toleranzen (und mithin Rückstandsanalysen) sich jeweils auf das *gesamte* pflanzliche Lebensmittel beziehen oder nur auf die eßbaren Teile (z. B. Kirschen ohne Steine und Stiele, Blumenkohl ohne Hüllblätter usw.).
Auch die Frage, wie nebeneinander vorliegende Rückstände verschiedener Pestizide zu betrachten sind, ist gesetzlich nicht einheitlich geregelt. „Potenzierungseffekte" oder additive Wirkungen chemisch nicht verwandter Stoffe sind in den Größenordnungen, in denen Rückstände auftreten, nicht zu erwarten. Man könnte jedoch daran denken, Rückstände chemisch verwandter Pestizide (z. B. Organophosphate, insektizide Carbamate, Dithiocarbamate, herbizide Harnstoffe oder Triazine), wenn sie als Rückstände nebeneinander vorliegen, nicht unabhängig voneinander zu beurteilen. In den USA dürfen in solchen Fällen die summierten Prozentsätze der einzelnen Rückstände, bezogen auf die jeweilige Toleranz, 100% nicht überschreiten (z. B. Toleranz A = 0,4 ppm, Toleranz B = 0,75 ppm; Rückstand A = 0,2 ppm = 50%, Rückstand B = 0,3 ppm = 40%, Summe = 90%, ist zulässig; Rückstand A = 0,3 ppm = 75%, Rückstand B = 0,45 ppm = 60%, Summe = 135%, ist nicht zulässig). Im allgemeinen macht es ein ökonomisch betriebener Pflanzenschutz wenig wahrscheinlich, daß Präparate aus einer Stoffklasse nebeneinander und zudem so angewendet werden, daß sie gleichzeitig als Rückstand noch vorliegen. Es muß jedoch dem Gesetzgeber zugebilligt werden, daß er auch Eventualfälle einkalkuliert.

Wenn auch internationale Bemühungen auf überstaatliche Toleranzen gerichtet sind, werden sich nationale Sonderbestrebungen nicht immer vermeiden lassen. Auf die Diskrepanzen zwischen U.S.-amerikanischen und deutschen Toleranzen haben wir hingewiesen. Es ist anzunehmen, daß EWG-Toleranzen künftig eher den deutschen und holländischen Toleranzen, die bereits weitgehend identisch sind, entsprechen werden. Die international gültigen a.d.i.-Werte bieten jedenfalls die Möglichkeit, auch die zulässigen Höchstmengen einander anzugleichen. Nur in Ausnahmefällen werden spezielle Verzehrsgewohnheiten wesentliche Sonderregelungen erfordern. Der Einwand, unterschiedliche klimatische Faktoren müßten durch unterschiedliche Toleranzen oder Wartezeiten berücksichtigt werden, kann nicht immer stichhaltig sein, denn in den USA sind nahezu sämtliche Klimaten vertreten und trotzdem die Toleranzen einheitlich.
Die Höchstmengen sollen sich innerhalb der „permissible levels" der praktischen Rückstandssituation anpassen. Das ist sinnvoll, wenn die Anpassung einen ausreichenden Spielraum zwischen „praktischer Situation" und festgesetzter Höchstmenge läßt. Dieser Spielraum muß berücksichtigen, daß die Anwendung eines Mittels, sein Abbau unter verschiedensten Einflüssen und die Bestimmungsmethodik in adaequaten Grenzen variabel sind. Im Prinzip muß hier sinngemäß eine Forde-

rung erhoben werden, wie sie für die Festlegung von Nachweisgrenzen gilt (S. 469 f.): wenn man sich die „praktische Rückstandssituation“ als Normalverteilung um einen gedachten Mittelwert vorstellt, dann muß die festzusetzende Höchstmenge um ein bestimmtes Vielfaches der „Standardabweichung“ oberhalb dieses Mittelwertes liegen. Dieser Gesichtspunkt ist offenbar bisher zugunsten freien Ermessens noch nicht angewendet worden. Die Erfahrung zeigt auch, daß Anforderungen an die „Reinheit“ der Nahrungsmittel eine Funktion des Wohlstandes sind. Dabei ist es durchaus denkbar, daß in nicht zu ferner Zukunft höhere Toleranzen die Alternative zum Hunger sein könnten[340].

Wir haben abschließend noch das Problem der „*Nulltoleranzen*“ zu streifen. Höchstmengen-Regulierungen dienen häufig dem Zweck, unerwünschte Rückstände gänzlich auszuschließen, entweder durch Verbot der Anwendung bestimmter Pestizide (evtl. nur für bestimmte Zwecke) oder durch Einschränkung der Anwendung insofern, als beim „Inverkehrbringen“ keine Rückstände in oder auf Lebensmitteln vorhanden sein dürfen. Die deutsche Verordnung nennt 14 solcher Wirkstoffe: Aldrin, Amitrol, Aramite, Arsen, Chlordan, Dieldrin, Endrin, Fluoressigsäure und Derivate davon, Heptachlor, Heptachlorepoxid, Isobenzan, Isodrin, Quecksilber, Selen. Ein Sonderfall in der Gesetzgebung über Rückstände ist mit der „Verordnung über diätetische Lebensmittel“ (in Kraft seit 31. 12. 1965) gegeben, in der es heißt: Lebensmittel dürfen mit einem Hinweis darauf, daß sie für Säuglinge oder als diätetische Lebensmittel für Säuglinge oder Kleinkinder bestimmt sind, gewerbsmäßig nur in den Verkehr gebracht werden, wenn sie ... keine Rückstände an Pflanzenschutzmitteln ... enthalten (§ 14 (1) 1.).

In den USA waren bis 1967 35000 Pestizidformulierungen (etwa 260 Wirkstoffe umfassend [273]) auf Basis einer Rückstandsfreiheit im Erntegut registriert [341]. Mit der Verfeinerung der Analysenverfahren, vor allem seit der Einführung der Gaschromatographie, verschoben sich ständig die Nachweisbarkeitsgrenzen weiter nach unten; außerdem war es unmöglich, bei dem breiten System von Kontroll-Labors in den USA selbst bei vereinbarter Analysenmethodik einen bestimmten Wert einheitlich als untere Grenze festzulegen [342]. Allenthalben wurden nunmehr Rückstände gefunden, wo vorher „keine“ waren. Aufgrund der Stellungnahme eines Fachgremiums im Jahr 1965 [343] ist diese Form der Zulassung wissenschaftlich und administrativ als unhaltbar zu betrachten und sollte aufgegeben werden. Die bisherige „Null“-Toleranz muß deshalb in allen Fällen, in denen die Möglichkeit nicht ausgeschlossen werden kann, daß — wenn auch sehr geringfügige — Rückstände im Erntegut verbleiben, durch einen definitiven Zahlenwert ersetzt werden („negligible tolerance“). Die Registrierung eines Präparates ohne fixen Toleranzwert ist nur noch zulässig, wenn bewiesen wird, daß sie in dieser Form ohne Gefährdung des Konsumenten bestehen bleiben kann. Der Begriff des „geringfügigen Rückstands“ (negligible residue) wurde definiert (Federal Register vom 15. 4. 1967) als „diejenige Menge eines in oder auf rohen Ernteprodukten oder Gruppen von Ernteprodukten zurückbleibenden Pestizids, die bei täglicher Aufnahme aufgrund wissenschaftlicher Beurteilung ausreichender Sicherheitsdaten als toxikologisch unbedeutend angesehen wird. Normalerweise ist dies eine Menge, die weniger als 1/2000 derjenigen ausmacht, die in Fütterungsversuchen bei der empfindlichsten Tierart keinen Effekt hervorruft. Diese Toxizitätsuntersuchungen müssen üblicherweise mindestens 90tägige Fütterungsversuche an zwei Säugerarten umfassen.“ Bis spätestens Ende 1970 müssen alle bisherigen „Null“-Registrierungen auf „negligible tolerances“ umgestellt sein. Das Gesetz führt 17 Gruppen von Erntegütern an, innerhalb derer die einzelnen Lebensmittel sich gegenseitig vertreten können, d. h. eine „negligible tolerance“ gilt stets für alle Vertreter einer solchen Gruppe. Während der Übergangszeit sind für unvermeidbare Rückstände von Organochlor-Insektiziden, die nicht aus mißbräuchlicher Anwendung resultieren, von der FDA erlaubte „action levels“ bekanntgegeben worden (z. B. 0,05 ppm Aldrin, Dieldrin und Endrin für Obst und Gemüse; 0,5 ppm Lindan für Obst und Gemüse, 0,1 ppm für Getreide usw.). Das normale Verfahren, aufgrund zweijähriger Fütterungsversuche Toleranzen für „permissible residues“ beantragen zu können, bleibt unberührt.

In europäischen Ländern gibt es z. Z. keine verbindlichen Regeln, wie „Rückstandsfreiheit" zu definieren ist. Man wird sich, wie bisher in den USA, an den Nachweisgrenzen der jeweils „empfindlichsten" Analysenmethode orientieren müssen.
Das neue „Pflanzenschutzgesetz" der BRD vom 10. Mai 1968 [344] berührt die Rückstandssituation kaum. Es regelt die Zulassung und Anwendung von Pflanzenschutzmitteln. Wichtig ist, daß die Zulassung neuer Mittel u. a. nur dann erteilt wird, wenn die Biologische Bundesanstalt im Einvernehmen mit dem Bundesgesundheitsamt entscheidet, daß das Mittel bei sachgerechter Anwendung „keine schädlichen Auswirkungen für die Gesundheit von Mensch und Tier hat" (§ 8).

10. Pflanzenschutz und „Umwelt"

Heute besteht kein Zweifel mehr an der wirtschaftlichen Notwendigkeit eines wirksamen Pflanzenschutzes mit chemischen Mitteln. Seine unmittelbare Auswirkung auf die Erzeugung und Erhaltung von Speise, Trank und Kleidung ist offenbar. Vor dem Hintergrund, daß z. Z. 3,5 Milliarden Menschen von einer landwirtschaftlichen Nutzfläche von ca. 15 Millionen km^2, d. h. ca. 2 bis 3 Menschen von einem ha, leben müssen, erscheint somit die Produktion an Pestiziden (z. B. in den USA ca. 400000 t im Jahr 1965, von denen 3/4 im eigenen Land verbraucht wurden) kaum sensationell. Auch wenn man berücksichtigt, daß nach üblicher Schätzung nur 5% der landwirtschaftlichen Nutzfläche mit Pestiziden behandelt werden, läßt sich daraus keine „Belastung" mit Pflanzenschutzmitteln ableiten, weil der überwiegende Teil der angewendeten Mittel durch Abbau wieder verlorengeht. Einem Abriß der Probleme, die die in der Natur verbleibenden Mengen aufwerfen, gilt dieses Kapitel.
Die Problematik der modernen Pestizide liegt in ihrer Potenz, mehr zu tun, als man von ihnen erwartet oder wünscht. Da das Ziel ihrer Anwendung der Schutz der Pflanzen ist, lagen über viele Jahre hinweg die pflanzlichen Produkte allein im Brennpunkt bei der Betrachtung möglicher Auswirkungen der Anwendung von Pestiziden. Heute rückt ein anderer Gesichtspunkt mehr als früher in den Vordergrund. Es ist die Erkenntnis, daß Pestizide nicht nur ihr „Ziel" treffen [345,345a], sondern daß sie zu einem gewissen Teil auch als ubiquitärer Bestandteil unserer Umwelt gesehen werden müssen. Zwar ist ihr Anteil gering, gemessen an „Umwelt-Verunreinigungen", die aus industriellen und „zivilisatorischen" Emissionen und Abfällen jeder Art auf uns kommen. Sie deshalb jedoch vernachlässigen zu wollen, entspräche nicht den Gepflogenheiten wissenschaftlicher Verantwortung.
Alle diese zwangsläufigen Begleiterscheinungen einer intensiv funktionierenden Wirtschaft und Zivilisation lassen sich nicht eliminieren, sondern bestenfalls kontrollieren und gegebenenfalls auf ein akzeptierbares Maß bringen.

Als Beispiel sei auf ein nicht allzu bekanntes Phänomen möglicher Lebensmittel-Kontaminierung hingewiesen. Von dem als „Antiklopfmittel" dem Kraftfahrzeugbenzin zugesetzten Bleitetraäthyl (Anteil: 0,02–0,06 Vol.-%) werden 50–70% mit den Auspuffgasen an die Luft abgegeben [346]. Ein Automobil, das 10 l Benzin/100 km verbraucht, gibt also auf dieser Strecke 2–3 g Blei an die Luft ab. Bei einer Verkehrsdichte von 2000 Fahrzeugen/Std., z. B. auf einer Autobahn, ergibt dies eine Bleimenge von 40–60 g je Kilometer und Stunde [346]. *Kloke* et al. [346] machen unter anderem z. B. folgende Angaben für Gras, entnommen an einer Autobahn im Ruhrgebiet:

Pb in der Trockensubstanz	
Mittelstreifen	178 ppm
1–2 m abseits der Fahrbahn	118 ppm
4–5 m abseits der Fahrbahn	41 ppm
autobahnfern	20 ppm

Die Bleibeläge sind zum Teil abwaschbar, sie bilden jedoch unbestreitbar die Gefahrenquelle für eine unerwünscht hohe Aufnahme von Blei mit der Nahrung, sei es unmittelbar oder mittelbar (z. B. durch Übertritt in die Milch). Im Blut von Einwohnern amerikanischer Großstädte wurden im Durchschnitt 0,25 ppm Blei gefunden, das ist etwa das Hundertfache vom „Normalwert", den Menschen aus industriefreien Gegenden aufweisen [347)] (nach anderen Angaben liegen die „Normalwerte" im Blut bei <0,0005 ppm [348)]). Dieser alarmierende Wert (oberhalb von 0,5 ppm machen sich bereits typische Symptome einer Bleivergiftung bemerkbar [347)]) wird auf den Genuß „abgasvergifteter" Lebensmittel zurückgeführt. Andere Untersucher führen den Bleigehalt in der Atmosphäre als unmittelbare Ursache für den überhöhten Bleigehalt des Blutes von Großstädtern an [348a)].

Mit dem Bemühen, alle Teilgebiete des „Umweltproblems" zu bearbeiten, muß allerdings auch die Bereitschaft zu einer objektiven Betrachtungsweise verbunden sein. So konnte der unvoreingenommene, weil ahnungslose, Lebensmittelverbraucher es in den letzten Jahren erleben, daß ihm der chemische Pflanzenschutz als quasi „das" Zivilisationsübel unserer Zeit vor Augen geführt wurde. Solche Tendenzen wurden durch *Rachel Carson*'s „Silent Spring" [349)] ungeheuer stimuliert. Leider stehen im „Stummen Frühling" „Wahrheiten neben Irrtümern, Realitäten neben Illusionen, klare Urteile neben Verallgemeinerungen" [350)], so daß der Fachmann resignieren muß und dem Laien nicht zu einer sachdienlichen Instruktion verholfen wird. Als Illustration für die Bewertung des *Carson*-Buches durch Vertreter des amtlichen Pflanzenschutzdienstes und Toxikologen sei auf die Besprechungen von *Beran* [351)], *Zeumer* und *Klimmer* [352)] und *Hey* [350)] verwiesen.

Sachlicher ist demgegenüber z. B. die Darstellung von *Mellanby* [353)]. Er „sieht vom Standort des Naturschützers aus keinen Grund für eine pessimistische Beurteilung der Situation, verlangt aber in seiner durchaus nicht einseitigen oder betont emotionell gestalteten Schrift eine positive Einstellung des ganzen Volkes (hier: Großbritannien) zu den Problemen des Naturschutzes" (*Beran* [354)]).

Das weltweite Echo, das „Silent Spring" hervorrief, fand einen konstruktiven Widerhall in der Legislative wie auch in der Überwachung hinsichtlich der Pestizide.

In den USA wurde im Auftrage des Präsidenten ein Wissenschaftlicher Beratungsausschuß mit einer Untersuchung über die Auswirkungen des Gebrauchs von Pestiziden beauftragt. Er erstattete seinen Bericht („*Wiesner*-Report" [355)]) im Mai 1963. Einige Zeit später setzte der Bewilligungsausschuß des Repräsentantenhauses einen Gutachtens- und Untersuchungsstab beim Unterausschuß für das Landwirtschaftsministerium ein; er legte seinen umfangreichen Bericht („*Whitten*-Report" [356)], Besprechung s. z. B. [356a)]) über „Wirkung, Anwendung, Überwachung und Erforschung von Pflanzenschutzmitteln" 1965 vor. Im Anschluß an den *Wiesner*-Bericht begann der Unterausschuß für Reorganisation und Internationale Organisationen des Senats unter Vorsitz von *Ribicoff* öffentliche Anhörungen über Art und Umfang der Zusammenarbeit zwischen den mit Pestiziden befaßten staatlichen Stellen und über die Wirkung von Pestiziden auf Mensch und Umwelt. Eine kritische Sichtung des umfassenden Materials wurde 1966 veröffentlicht [357)]. Diese Berichte ragen durch sachliche und fachliche Qualität hervor. Sie geben eine Darstellung des in den USA seit Jahren geübten Zulassungs- und Überwachungssystems, legen Empfehlungen für notwendig erscheinende Untersuchungen vor und setzen sich kritisch mit den Darstellungen von *R. Carson* auseinander.

Indessen wurden und werden in vielen Ländern neue Gesetze, Verordnungen usw. für Pflanzenschutzmittel und ihre Rückstände vorbereitet, revidiert bzw. für eine Revision vorgesehen und zahlreiche Untersuchungen zum Thema „Umwelt" durchgeführt oder eingeleitet. Den wesentlichsten Ergebnissen und einer Diskussion der gesamten Problematik galten in neuerer Zeit große Symposien in den USA (U.S. Public Health Service, Oktober 1964 [358]; American Chemical Society, September 1965 [359]; National Academy of Sciences, Februar 1966 [360]) und in England (Juli 1965 [361]; November 1967 [361a]), deren Beiträge einen umfassenden Überblick unter den verschiedensten Aspekten vermitteln. Es können hier nur wenige Grundzüge dieses Themenkreises hervorgehoben werden (s. auch *Maier-Bode* [278]).

Wichtig ist zunächst die Feststellung, daß von einer Kontamination der Umwelt durch „die" Pestizide nicht gesprochen werden kann. Es sind nur wenige Mittel so langlebig („persistent"), daß sie die vielen Verbreitungs- und Übertragungsschritte, die zu einer — wie wir sehen werden — ubiquitären Existenz dieser Mittel erst führen konnten, unbeschadet überstehen. Alle übrigen Pestizide kommen nur insofern in Betracht, als sie eine *unmittelbare* Nebenwirkung auf die Tierwelt oder den Menschen haben könnten. Solche unmittelbaren Auswirkungen werden sich niemals völlig vermeiden lassen. Gelegentliche Berichte über dramatische Wildverluste durch Pestizidanwendungen führen oft fälschlicherweise zu der Meinung, daß hierin der typische Effekt von Pestiziden auf Fische und freilebende Tiere zu sehen sei. So bedauerlich solche Vorfälle sein können, muß man sie doch als lokale Unfälle ansehen, die in keiner Beziehung stehen zur großräumigen Durchschnittssituation, wie sie aus den indirekten Effekten einer „Umwelt-Verunreinigung" resultiert.

Für eine Kontamination der Umwelt mit Pestiziden kommen als Ursachen in Betracht (nach *Westlake* und *Gunther* [362], s. auch [362a]):

A. Beabsichtigte (direkte) Applikation

1. Pflanzen
2. Tiere
3. Boden
4. Wasser (Mückenbekämpfung, Unkrautbekämpfung)
5. Haushalt und Kleingarten
6. Textilien (Mottenschutz)

B. Unbeabsichtigte (indirekte) Kontamination

Quelle:	*Es werden betroffen:*
1. Industrieabwässer	Wasser, Boden, Luft
a) Pestizidhersteller	
b) Lebensmittelindustrie	
c) Textilindustrie (Mottenschutz)	
2. Abtrift (Luftströmungen), „fall-out" mit Niederschlägen	Wasser, Boden, Luft
3. Abfälle aus und Reinigung von Spritzgeräten	Wasser, Boden
4. Tanks für Tierbäder („dips")	Wasser, Boden

5. Hausgebrauch (Abflüsse)	Wasser
6. Wegen Toleranzüberschreitung verworfene Milch und andere Produkte	Wasser, Boden
7. Verendete Tiere und tierische Exkremente	Wasser, Boden
8. Verrottende Pflanzen (Abfall, Kompost)	Wasser, Boden
9. Pflanzenschutzmaßnahmen, Verdampfen von der Pflanzenoberfläche und Verwehen mit dem Wind	Luft
10. Auswaschen, Ablauf und Erosion aus behandelten Flächen	Wasser, Boden

Weitere Anwendungsformen erstrecken sich, wenn auch in weitaus geringerem Maße als in der Landwirtschaft, auf den Forst, auf Weideland und öffentliche Hygienemaßnahmen.

Obwohl diese Quellen für eine Kontamination der „Umwelt" zum Teil nur gelegentlich, vielfach auch nur lokal in Frage kommen, ist es doch unbestritten, daß sich die persistenten Wirkstoffe heute über den gesamten Erdball verbreitet haben. Ob und wo man sie findet, ist offenbar allein eine Frage der Analysenempfindlichkeit. Als vielzitierter Beleg dafür gilt das Vorkommen von DDT im Körperfett von Eskimos in Alaska und von Pinguinen und anderen Meerestieren in der Antarktis [362b)] (weitere Literatur hierzu s. z. B. bei [278)] u. [363,364)]), wo Pestizide niemals angewendet wurden. Nur über die Luft oder durch das Wasser können die Wirkstoffe dorthin gelangen. Meeresströmungen und Meerestiere dürften in erster Linie als „Überträger" in Frage kommen [364a)], wenngleich auch bekannt ist, daß feinste Staubpartikel — und warum nicht mit ihnen adsorbierte Pestizide [365)] — bis in große Höhen und um den Erdball getragen werden können; in Wasser und Schneeproben der Antarktis war allerdings kein DDT nachweisbar (Nachweisgrenze 0,0005 ppm), während in Großstädten (z. B. London) meßbare Mengen von Lindan, Dieldrin und DDT (+ Metaboliten) im Regenwasser nachweisbar sind [366)].

Diese antarktischen Pestizide sind ein eigenartiges Phänomen (vgl. [353)]). Die im Körperfett der Pinguine gefundenen DDT-Mengen sind geringfügig (bis zu 0,2 ppm). Enthielten alle Adeliepinguine (ca. 10 Millionen) die gleiche Menge DDT, so beliefe sich der Gesamtbetrag an DDT auf weniger als ein halbes Pfund. Die Kontaminationsquelle ist ungewiß. Wenn die *gesamte* bisherige DDT-Produktion (schätzungsweise 1 Million t) homogen in den obersten 10 m des Weltmeeres verteilt worden wäre, läge der DDT-Gehalt dieser Wasserschicht bei 0,0003 ppm. Wäre 1% der Gesamtproduktion in der Natur verblieben und quantitativ in diese Wasserschicht gelangt, so wäre der DDT-Gehalt darin = 3 $\mu g/m^3$. Kein lebender Organismus ist wohl imstande, den Wirkstoff aus solchen Verdünnungen anzureichern. Die Kontamination kann also keine globale, sie muß eine irgendwie „gerichtete" sein (Schiffahrtswege?, Einschleppen durch weit wandernde Tiere?, Militär- und Forschungsstützpunkte?).

Normalerweise sind die Pestizid-Konzentrationen, die sich durch Kontamination im Wasser des menschlichen Lebensbereichs bilden, so gering (<0,001 ppm), daß sie zu vernachlässigen wären, wenn es nicht einen Akkumulierungseffekt innerhalb der sogenannten „Nahrungskette" gäbe und wenn nicht die persistenten Pestizide aufgrund ihrer ausgeprägten Apolarität dazu neigten, sich in tierischen und pflanzlichen Fetten anzureichern. Wir wollen diese beiden Phänomene kurz streifen und abschließend noch auf den möglichen Einfluß der Pestizide auf die freilebende Tierwelt zurückkommen.

Die „Nahrungskette“

Die unter diesen Prozeß fallenden Erscheinungen findet man auch als „biologische Vervielfältigung“ (*biological magnification*) bezeichnet. Sie kennzeichnen sich durch die häufig bestätigte Beobachtung, daß die Kleinlebewelt des Wassers einschließlich des Planktons offenbar imstande ist, bestimmte Pestizide in nahezu unbeschränkten Mengen zu speichern. Dies wiederum führt zu einer Anreicherung der Rückstände in den Fischen, die von der Wassermikrofauna und -flora leben. Auch Muscheln sind für ein enormes Speicherungsvermögen gegenüber diesen Stoffen bekannt; sie filtrieren sie geradezu aus dem Wasser heraus. Damit wiederum ist eine Kontaminationsquelle für weitergehende Übertragungen (z. B. auf Vögel und so fort) geschaffen.

Als herausragendes Beispiel dafür gilt eine Untersuchung aus dem Gebiet des Clear Lake in Kalifornien. Er wurde 1949, 1954 und 1957 mit DDD bis zu einer Konzentration von 0,02 ppm gegen Schnaken behandelt. 1 Jahr später wurden im Plankton 5—10 ppm und im Fett der von Plankton lebenden Fische 40—2500 ppm Rückstand gefunden, woraus wiederum eine hohe Sterblichkeit unter Tauchervögeln resultierte, in deren Körperfett Gehalte bis zu maximal 1600 ppm auftraten (zit. nach [362] und [367]). Einzelheiten über diese Befunde scheinen allerdings kaum zugänglich zu sein.

Aufgrund solcher Beobachtungen geht man jetzt in den USA der Frage über Verteilung und Anreicherung von Pestiziden in Binnengewässern, im Meer und in Meerestieren verstärkt nach[364,368]. Es dürfte allerdings schwierig sein, jeweils die Quellen der Verunreinigungen auszumachen. Das Problem verdient besondere Beachtung, weil nicht nur die Speicherung eine bedenkliche Erscheinung ist, sondern weil auch Fische und Krebse zum Teil außerordentlich empfindlich gegenüber bestimmten Pestiziden sind. Durch Adsorption an Aktivkohle lassen sich Pestizide wenn nötig, z. B. zur Trinkwasserbereitung, aus dem Wasser entfernen[369].

Im weiteren Sinne erstreckt sich der Begriff der biologischen Vervielfältigung generell auf den Aufbau von Pestizid-Rückständen durch Akkumulierung in Pflanzen, Tieren und Umwelt. Neben den Organochlor-Insektiziden[369a] kommen deshalb auch metallhaltige Pestizide dafür in Frage (im wesentlichen diejenigen auf Cu-, Pb-, As- und Hg-Basis); außerdem sind nicht nur Folgereaktionen wie im Clear Lake als Beispiel dafür in Betracht zu ziehen, sondern alle möglichen Übergänge zwischen den auf S. 497 f. aufgezählten Einzelfaktoren.

So schwierig es einerseits ist, sowohl einen repräsentativen Überblick über das Ausmaß der Anreicherungen in der Natur zu erlangen, als auch beurteilen zu können, ob damit eine Gefährdung der Tierwelt und indirekt wieder der menschlichen Gesundheit auf lange Sicht verbunden sein kann, so unumgänglich ist es andererseits, diese Erscheinungen ebenso unter Kontrolle zu bringen, wie es für die in der menschlichen Nahrung auftretenden Rückstände gelungen ist.

Der Clear Lake-Fall ist ein Beispiel für die möglichen Folgen einer gezielten Pestizid-Applikation in einem Gewässer; die Anwendung nichtpersistenter Mittel kann solche Konsequenzen reduzieren[370]. Andere Untersuchungen weisen freilich auch aus, daß biologische Vervielfältigungen in Gewässern und ihren Ökosystemen ebenso von Pestiziden bekannt sind, die regulär für landwirtschaftliche Zwecke verwendet wurden. Zudem ist die Möglichkeit einer Akkumulierung innerhalb der Nahrungsketten auch in terrestrischen Ökosystemen gegeben, etwa in Vögeln, die wirbellose Tiere verzehren, die ihrerseits auf und in pestizidhaltigen Pflanzen und Böden leben (z. B. Regenwürmer[371]); vgl.[371a]. Um die möglichen Effekte der biologischen Vervielfältigungsprozesse besser abschätzen zu können, wird es nötig sein, die Höhe der Rückstände innerhalb der Nahrungsketten Glied für Glied quantitativ, möglichst auf weltweiter Basis, zu verfolgen. Die Bemühungen dazu sind in den letzten Jahren erheblich verstärkt worden. Allerdings sind diese Untersuchungen langfristig, deshalb zeitraubend, komplex und kostspielig.

Probleme der menschlichen Gesundheit

Die S. 476 ff. besprochenen Daten über die Pestizid-Aufnahme mit der Nahrung sind in diesem Zusammenhang verknüpft zu betrachten mit den Einflüssen, die aus der „kontaminierten Umwelt" auf den Menschen zukommen. Wiederum ist hier allein von persistenten Mitteln zu sprechen. Aus Erfahrungen auf dem Arzneimittelgebiet kann es fast als allgemeine Regel gelten, daß alle dem Körper zugeführten Fremdstoffe wieder ausgeschieden werden in einem Maße, das pro Zeiteinheit proportional ist der jeweils im Körper vorliegenden Menge. Die Ausscheidung kann in ursprünglicher Form (z. B. bei wasserlöslichen Stoffen) oder als Folge eines Metabolisierungsvorgangs (vgl. S. 448 ff.) erfolgen. Nicht alle Stoffe folgen dieser einfachen Regel (Radium wird z. B. schneller in den Knochen abgelagert als ausgeschieden, möglicherweise infolge Störung des Ausscheidungsmechanismus; Blei ist ein typisch kumulatives Gift). Das vorherrschende Prinzip ist es jedenfalls, daß alle Verbindungen einen Speicherungs-Grenzwert erreichen oder sich ihm nähern, falls die Zufuhr konstant ist und vom Organismus toleriert wird, d. h. auch die Abbaurate in irgendeiner Weise konstant ist (vgl. Abb. 2). Daraus folgt, daß unser Organismus, zumindest in Spuren, alle jene Stoffe enthält, die wir absorbieren. Anders als Blei oder andere Schwermetalle, können die synthetischen Pestizide vom Organismus entgiftet werden, — die meisten von ihnen so schnell, daß sie in Geweben oder Exkreten nur dann nachweisbar sind, wenn eine besonders heftige Exposition stattgefunden hat; der Nachweis läßt sich auch dann nur über kurze Zeit erbringen. Eine Ausnahme bilden nur die Organochlor-Insektizide, die aufgrund ihres langsameren Abbaus im Organismus gespeichert werden. Über diesen Effekt ist inzwischen eine umfangreiche Literatur entstanden (Übersichten s. z. B. bei[278,363,372,372a,387]). Es ist kaum möglich, einen „Durchschnittsgehalt" für den Durchschnittsmenschen anzugeben; Anreicherungen von einigen ppm (und oft wesentlich mehr) im Körperfett sind nicht ungewöhnlich. Die Frage, die sich hier natürlicherweise stellt: hat diese Ablagerung im Körperfett schädliche Folgen?, läßt sich leider nur schwer beantworten. Eine Aufklärung wird auch durch den komplizierten und noch nicht völlig geklärten Wirkungsmechanismus der Organochlor-Insektizide erschwert. Auf der einen Seite haben mehrjährige Experimente mit freiwilligen Versuchspersonen, denen täglich bis zum 200fachen der normalen durchschnittlichen Tagesaufnahme an DDT verabreicht wurde, keinen Hinweis auf subjektive oder objektive Schäden ergeben. Andererseits stellt sich die Frage, ob nicht — wenn schon die Ablagerung im Fett einer „Inaktivierung" der Wirkstoffe gleichkommt — in Zeiten von Krankheit oder Hunger mit der Mobilisierung der Fettreserven schädliche Dosen des Pestizids in den Organismus zurückgeschwemmt werden. Tierversuche geben zumindest beruhigende Anhaltspunkte dafür, daß der Warmblüterorganismus offenbar ohne Schädigung und auch über lange Zeit Dosen solcher Pestizide vertragen kann, die weit über den normalerweise in den menschlichen Körper gelangenden liegen. Vorhersagen über mögliche Auswirkungen der Pestizid-Speicherung lassen sich nicht machen. In den erwähnten Experimenten mit Versuchspersonen wurden 35 mg/Person/Tag über 21 Monate ohne Schädigung vertragen. Ratten vertragen etwa das Zehnfache dieser Dosis (relativ zum Körpergewicht) über 90 Tage (= 1/8 ihrer Lebenszeit). Arbeiter in Formulierungsbetrieben sind vielfach ohne erkennbaren Schaden bereits länger als über 1/8 ihrer Lebenszeit DDT-Expositionen ausgesetzt gewesen, die 200- bis 1000fach größer waren, als die „normale" DDT-Aufnahme mit der Nahrung ist. Es erscheint deshalb unwahrscheinlich, daß die Bevölkerung durch Rückstände von DDT und anderen persistenten Organochlor-Pestiziden in der Nahrung gefährdet ist. Trotzdem sieht man die Speicherung solcher Stoffe im Körperfett von Mensch und Tier als eine durchaus unerwünschte Erscheinung an und ist bemüht, sie durch entsprechende Restriktionen bezüglich der Anwendung und der Rückstände dieser Mittel zu reduzieren. Beobachtungen aus jüngster Zeit scheinen darauf hinzuweisen, daß sich bereits Abnahmen der gespeicherten Mengen bemerkbar machen [373)]. Die gesamte Entwicklung wird jedenfalls aufmerksam verfolgt [374, 374a)].

Die freilebende Tierwelt

Durch die vielfach geäußerte, wenn auch selten stichhaltig belegte, These von der „Gefährdung alles Lebendigen durch den chemischen Pflanzenschutz" fühlen sich auch Tierfreunde und Jäger zur Besorgnis aufgerufen. Wer sich mit Rückstandsanalytik befaßt, weiß zu beurteilen, wie schwierig es ist, den plötzlichen Tod von Wild, von Vögeln und auch von Weidevieh auf den Einfluß von Pflanzenschutzmaßnahmen zurückzuführen. Es kann nicht bestritten werden, daß lokal durch großangelegte Bekämpfungsmaßnahmen Verluste in der Tierwelt des betreffenden Gebietes, vor allem unter Vögeln und Fischen, eingetreten sind [375)]. In vielen Fällen zeigten die Untersuchungen später, daß mangelnde Sorgfalt, unglückliche Zufälle oder Experimente die Ursache waren. Wenn ein *nicht* persistentes Mittel die Ursache war, dann sind die Folgen nicht gravierend. Ein entvölkertes Areal wird schnell wieder besiedelt, sobald des Pestizid abgebaut ist. Die Natur ist „daran gewöhnt", lokale Katastrophen solcher Art auszugleichen. Auch dies ist ein Grund, weshalb fast ausschließlich den langlebigen Mitteln das allgemeine Interesse gilt [376)]. Wirbellose sind im allgemeinen empfindlicher gegenüber Pestiziden als Wirbeltiere, und unter diesen sind wieder Vögel anfälliger als Säuger. Hier bestehen große Unterschiede zwischen den einzelnen Tierarten und ebenso in der Wirkung der einzelnen Pestizide auf die Tiere, eine experimentelle Erfassung solcher Zusammenhänge ist schwierig [362a)].

Im allgemeinen steht die Nahrungsaufnahme der Tiere im umgekehrten Verhältnis zu ihrem Gewicht. Ein im Futter enthaltener Fremdstoff wird deshalb relativ zum Gewicht des Tieres umso weniger aufgenommen, je größer das Tier ist. Einem Gehalt von 1 ppm im Futter würden z. B. folgende Tagesdosen entsprechen [377)]:

Maus	0,15 [1] mg/kg Tier/Tag
Ratte	0,10–0,05 [1] mg/kg Tier/Tag
Hund	0,075 mg/kg Tier/Tag
Katze	0,05 mg/kg Tier/Tag
Schaf, Schwein	0,04 mg/kg Tier/Tag
Kaninchen	0,03 [1] mg/kg Tier/Tag
Pferd	0,02 mg/kg Tier/Tag
Milchvieh	0,015 mg/kg Tier/Tag

[1] Bei Verabreichung trockenen Laborfutters.

Kleine Tiere sind deshalb bei einem plötzlichen „Pestiziddruck" stärker gefährdet als große. Bei Vögeln können Rückstände auch in den Eiern gefunden werden, was jedoch meist ohne Folgen auf deren Schlupffähigkeit bleibt [378,379], s. a. [379a].

Bei der Untersuchung von tierischen Geweben auf Organochlor-Rückstände ist man in den letzten Jahren wiederholt auf Derivate von Polychlorbiphenylen gestoßen, die industriell als Weichmacher oder Isoliermittel Verwendung finden [380]. Da sie sich den Organochlor-Insektiziden ähnlich verhalten, sind bei Rückstandsanalysen leicht Verwechslungen möglich.

Wenn in den letzten Jahren Beobachtungen darauf hindeuteten, daß bestimmte Spezies von Tieren im Bestand abnahmen, so wurden häufig Pestizide dafür verantwortlich gemacht. Dabei wird übersehen, daß auch andere mögliche Ursachen an Bedeutung gewonnen haben, wie etwa verschlechterte Lebensbedingungen für die Tiere (infolge Urbarmachung, Bebauung, Rodung, Mechanisierung der Landwirtschaft) oder der hochintensivierte Straßenverkehr. Auf Faktoren solcher Art führen z. B. österreichische Untersucher den Rückgang der Bestände an Rebhühnern, Fasanen und Hasen in ihrem Bereich zurück. Sie betonen ferner: „Auch scheint es, daß dem seuchenhaften Auftreten gewisser Krankheiten bzw. dem Einfluß ungünstiger Witterungseinflüsse viel zu wenig Beachtung ... geschenkt wird" [381]. Indirekte Pestizideinflüsse erscheinen als Ursache z. T. plausibel, wie etwa eine Veränderung der Unkrautflora infolge Herbizidanwendung. Andere Industrieprodukte könnten ebenfalls eine Rolle spielen, aber man findet sie nicht, weil niemand danach sucht. Alle diese Faktoren mögen von Land zu Land verschieden sein; so wenig die entstehenden Fragen quantitativ geklärt sind, so begrenzt ist auch der Raum, aus dem überhaupt Kenntnisse vorliegen, fast ausschließlich nämlich aus den gemäßigten Zonen der nördlichen Hemisphäre.

Im Bereich des Pflanzenschutzamtes Hannover hat auf einem Gebiet von 2200 km² über 20 Jahre der alljährliche großräumige Einsatz von Pestiziden niemals zu Verlusten bei Wildtieren geführt; Leichtsinn und grobe Fahrlässigkeit waren die Ursachen für Schäden auf einigen Randgebieten des Pflanzenschutzes (z. B. bei der Mäusebekämpfung [382]). Es ist die mißbräuchliche Anwendung von Pflanzenschutzmitteln zur gewollten Vergiftung, die alljährlich Opfer unter den jagdbaren und nicht jagdbaren Tieren fordert [382]. Andere Quellen bestätigen, daß sich der Wildbestand in Westdeutschland bei Rehen und Rotwild nach dem letzten Weltkrieg um das 5- bis 10fache vermehrt hat (vgl. [383]).

Die jährlichen Durchschnittsstrecken auf dem Gebiet der Bundesrepublik Deutschland betrugen z. B. (gerundet) [384] im Zeitraum

	1936–39	*1956–65*
bei Rotwild	21000	24000
bei Rehwild	380000	500000
bei Schwarzwild	10000	20000
bei Feldhasen	1180000	1150000
bei Fasanen + Rebhühnern	1200000	950000

Englert (zit. bei [381]) ermittelte im Rahmen mehrjähriger Untersuchungen den sicher durch Pflanzenschutzmaßnahmen bedingten Fallwildanfall mit 2,6% (1950 bis 1960) bzw. 1,5% (1960 bis 1965), wobei die Mehrzahl dieser Fälle wiederum auf falsche bzw. fahrlässige Anwendung zurückzuführen war. Demgegenüber werden für 36% der Fallwildfunde seuchenhaft auftretende Infektionskrankheiten, für 30% reine Infektionskrankheiten, für 27% Einzelerkrankungen als Todesursache angegeben. Sorgfältige Ermittlungen in Österreich, bei denen alles Fallwild der Vegetationsperiode 1967 (25 Stück auf einer landwirtschaftlich genutzten, intensiv mit Pflanzenschutzmitteln behandelten Fläche von ca. 580 ha) auf die Todesursache und einen möglichen Insektizidgehalt untersucht wurde [381], ergaben, daß Intoxikationen durch Pflanzenschutzmittel als Todesursache ausschieden und Rückstände in den Tieren nur in Spuren nachweisbar waren.

Einige Beachtung bei der Anwendung von Insektiziden gilt auch den *Nutzinsekten*. Nur wenige Insektizide wirken so selektiv, daß sie nicht auch „nützliche" Insekten abtöten könnten. Dem Schutz der Bienen während der Blütezeit gelten ohnehin besondere Vorschriften über die um diese Zeit anzuwendenden Bekämpfungsmaßnahmen und Mittel [385]. Systemische Präparate reduzieren im allgemeinen die Gefahr, weil sie nur gegen saugende Insekten wirken, zu denen wichtige Schädlinge gehören (z. B. Blattläuse). Anwendungsart und -zeitpunkt können das Risiko weiter reduzieren (vgl. [385a]; zur Bienentoxizität von Insektiziden s. [385b]).

Ein unter Nutzinsekten angerichteter Schaden ist in Anbetracht ihrer enormen Vermehrungsfähigkeit ohnehin niemals von Dauer; ein von Insekten entvölkertes Areal wird durch Wiedereinwanderung aus der Nachbarschaft oder durch Vermehrung der Restpopulationen schnell wieder besiedelt. Für die Anwendung von Insektiziden im Forst, wo in der Regel Nutz- und Schadinsekten in Zoocönose „ungestört" existieren, zieht *Schwerdtfeger* [386] einen Schluß, der diesen Punkt unterstreicht: „Wenn wir unterstellen, daß ... im allgemeinen etwa 95% der Schädlingspopulation abgetötet werden und die Vernichtungswerte für andere Arthropoden ähnlich ... liegen, dann bleibt die ... Abundanzminderung[g] im Rahmen der normalen Dichteschwankungen. Daraus wäre zu folgern, daß auch die vom Insektizid bewirkte Änderung im Dichteverhältnis der Populationen durch die als Selbstregulation bezeichneten Vorgänge ausgeglichen wird".

Welche Forderungen ergeben sich nun aus der Relation Pestizide/Umwelt?
Die Anwendung der chemischen Pflanzenschutzmittel wird in absehbarer Zeit nicht geringer werden. Als Konsequenz werden wir mit einer zunehmenden „Verunreinigung" durch Pestizide zu leben haben. Vom Standpunkt der Gesundheit des Menschen aus scheint keine alarmierende Situation zu bestehen, denn die mit Wasser und Luft aufnehmbaren Mengen sind verschwindend gering. Die bedeutendste Pestizidquelle für den Menschen ist seine Nahrung. Sie wird intensiv kontrolliert und bietet aufs Ganze gesehen keinen Grund zur Besorgnis.
Die Phänomene der Anreicherung von Pestiziden sind weder genügend untermauert, um alarmieren zu können, noch so gelöst, daß man sie übergehen dürfte. Es fällt ohnehin schwer, trotz der zahlreichen Untersuchungen über „Pestizide am falschen Platz" in diesen Zahlen ein allgemeingültiges Spiegelbild „der" Rückstandssituation in der Natur zu sehen. Auch wenn die Qualität der Aussagen unbestritten bleibt, muß man sich doch vergegenwärtigen, daß hier das Außergewöhnliche bemerkt und wissenschaftlich bearbeitet wurde. Das „normale" Verhalten aller anderen Pestizide, das im natürlichen Um- und Abbau innerhalb kurzer Zeiträume aufgeht, ist in diesem Zusammenhang so wenig auffällig wie die Zahl

[g] Abundanz = Häufigkeit einer Tierart an einem Standort oder in einer Population.

der nicht abgestürzten Flugzeuge. Nachdem man die Problemstellung erkannt hat, werden intensive Bemühungen darauf gerichtet, bessere Kenntnis über die quantitativen Zusammenhänge in allen Lebensbereichen zu erlangen. Die USA gehen hier mit nachahmenswertem Beispiel voran.

Ein weit angelegtes staatliches Programm arbeitet nach folgender Zielsetzung: „Um ihre indirekten Effekte ermessen zu können, ist es notwendig, Kenntnisse zu erlangen über die Verteilung von Pestiziden in den verschiedenen Bereichen der Umwelt und über die Veränderungen, die hierbei in Abhängigkeit von der Zeit eintreten. Der Erarbeitung solcher Informationen dient die Aktion, die das Federal Committee on Pest Control als „Pestizid-Warnsystem" („pesticide monitoring") bezeichnet"[368]; zur Analytik s. a.[388].

Da die Probleme in den USA eher schwererwiegend sind, werden die Ergebnisse aus diesen Studien allen Ländern zugute kommen können. Bevor noch diese komplexen Zusammenhänge völlig geklärt sein werden, bietet sich vermutlich eine einfachere Lösung an. Große Fortschritte sind seit langem zu verzeichnen in der Entwicklung von wirksamen Mitteln für alle möglichen Einsatzgebiete, deren Rückstände in der Umwelt nur über Tage und Wochen verbleiben, nicht über Monate oder Jahre. Andere Bestrebungen gehen dahin, spezifisch wirkende Mittel zu finden, die — im Idealfall — nur einen bestimmten Schädling treffen und für alle anderen Tiere ungefährlich sind. Ob sich diese Bemühungen bald — oder überhaupt — auf breiter Basis realisieren lassen, ist nicht vorhersehbar. Bis dahin sollten die bestehenden Möglichkeiten mit Sachverstand und Beschränkung auf das Verantwortbare ausgeschöpft werden: Auswahl der zu verwendenden Mittel nach sorgfältiger Prüfung ihres Verwendungszwecks und ihrer Potenz; Bevorzugung der am meisten selektiv wirkenden Mittel; Anwendung nur auf begrenzten Flächen und mit minimal möglichen Aufwandmengen unter Vermeidung großzügiger Ganzflächenbehandlungen mit persistenten Mitteln.

Man sollte nicht die mit der Anwendung chemischer Pflanzenschutzmaßnahmen möglicherweise verbundenen Risiken isoliert sehen, ohne den unbestrittenen Nutzen dieser Mittel dagegen abzuwägen. Das müßte möglich sein, ohne daß das Für und Wider zur Heftigkeit weltanschaulicher Auseinandersetzungen entartet. Den Rückstandsanalytiker berührt in diesem Rahmen nur die Frage: was und wieviel? Am „Streit der Gelehrten" (*Eichholtz*) ist er freilich nicht unschuldig, denn er hat den ppb-Bereich[h] erst erschlossen, dem nun weltweit die Bedenken der „Öffentlichkeit" gelten. Er mag es darum als Warnung empfinden, was *E. O. Haenni* (F. D. A.) folgendermaßen formulierte (zit. von *Gunther*[132]): wir suchten gestern kleine Mengen von wenigem in einigem, heute suchen wir weniger von mehr in beliebigem, und morgen nichts in allem.

11. Literatur

Die Literatur wurde bis Ende 1968 berücksichtigt, ergänzt durch einige Übersichtsarbeiten aus 1969. In vielen Fällen sind nur die jeweils jüngsten Veröffentlichungen zitiert, die den Zugang zu vorangegangenen Arbeiten eröffnen. Die beiden wichtigsten Zeitschriften auf dem Gebiet der Rückstandsanalytik sind die in den USA erscheinenden „Journal of the Association of Official Analytical (bis 1965: Agricultural) Chemists" und „Journal of Agricultural and Food Chemistry", beide mit 6 Ausgaben pro Jahr. Allgemeines zur Literatur über Pestizide s. z. B. bei *Benson* u. *Jones*[390].

---

[h] 1 ppb = 1 part per *billion* = $1:10^9$

1) *Cramer, H. H.:* Pflanzenschutz und Welternte. Pflanzenschutz-Nachr. BAYER *20*, 1–523 (1967).
2) *Durham, W. F.:* Arch. Environ. Health *10*, 842–846 (1965).
3) *Wolfe, H. R., J. F. Armstrong*, and *W. F. Durham:* Arch. Environ. Health *13*, 340–344 (1966).
4) *Stevenson, D. E.:* Chem. Ind. (London) *1966*, 690–694.
5) *Maier-Bode, H.:* Pflanzenschutzberichte (Wien) *36*, 1–11 (1967).
6) *Lloyd, G. A.*, and *G. J. Bell:* Ann. Occupational Hyg. *10*, 97–104 (1967).
7) *Lykken, L.:* Agr. Chem. *22*, No. 8, 14–16 (1967).
8) *Sperlich, H.:* Forensisch-chemischer Nachweis von Insektiziden. In: [389], Kap. 10.
9) Anonym: Pflanzenschutz-Kurzinformation („PiP") *11*, Nr. 9, 1 (1967).
10) U.S. Department of Agriculture, Economic Research Service: Quantities of pesticides used by farmers in 1964. Washington: Agricultural Economic Report No. 131, 1968.
11) *Frear, D. E. H.:* Pesticide index. 4th ed. Pennsylvania, USA: College Science Publishers, State College 1969.
12) *Spencer, E. Y.:* Guide to the chemicals used in crop protection. Canada Department of Agriculture, Publication 1093, 5th ed. Ottawa: Queen's Printer 1968.
12a) *Martin, H.:* Pesticide manual. British Crop Protection Council, May 1968 (zu beziehen durch Mr. A. W. Billitt, Clacks Farm, Boreley, Ombersley, Droitwich, Worcester).
13) *Gunther, F. A., W. E. Westlake*, and *P. S. Jaglan:* Residue Rev. *20*, 1–148 (1968).
13a) *Beran, F.*, u. *J. Neururer:* Z. Pflanzenkrankh. (Pflanzenpathol.) Pflanzenschutz *74*, 317–331 (1967).
14) Biologische Bundesanstalt für Land- und Forstwirtschaft in Braunschweig: Pflanzenschutzmittel-Verzeichnis (Merkblatt Nr. 1), 22. Aufl., 1969.
15) *Schmidt, G.:* Gesunde Pflanzen *19*, 212–216 (1967).
16) *Langley, M.:* Intern. Pest Control *10*, No. 2, 19–20, 24 (1968).
16a) FAO/WHO: Meeting report: Evaluation of the hazards to consumers resulting from the use of fumigants in the protection of food. FAO PL/1965/10/2; WHO/Food Add./28.65 (1965).
17) *Bressau, G.:* Dtsch. Lebensmittel-Rdsch. *62*, 390–395 (1966).
18) *Frehse, H.:* Die Mühle + Mischfuttertechnik *104*, 413–416 (1967).
19) *Rowlands, D. G.:* Residue Rev. *17*, 105–177 (1967).
20) *Lindgren, D. L., W. B. Sinclair*, and *L. E. Vincent:* Residue Rev. *21*, 1–121 (1968).
21) *Mitchell, L. E.*, and *L. Lykken:* Residue Rev. *4*, 130–149 (1963).
22) *Knipling, E. F.*, and *W. E. Westlake:* Residue Rev. *13*, 1–32 (1966).
23) *Möllhoff, E.:* Veterinär-Med. Nachr. *1967*, 240–252.
24) *Stendel, W.:* Pflanzenschutz-Nachr. BAYER *21*, 99–106 (1968).
25) *Henderson, J. L.:* Residue Rev. *8*, 74–115 (1965).
26) *Saha, J. G.:* Residue Rev. *26*, 89–126 (1969).
26a) *Moubry, R. J., G. R. Myrdal*, and *A. Sturges:* Pesticides Monitoring J. *2*, No. 2, 72–79 (1968).
27) *Akesson, N. B.*, and *W. E. Yates:* Ann. Rev. Entomol. *9*, 285–318 (1964).
28) *Maier-Bode, H.:* Gesunde Pflanzen *15*, 44–46 (1963).
29) – Z. Pflanzenkrankh. (Pflanzenpathol.) Pflanzenschutz *70*, 449–459 (1963).
30) *Mahoney, C. H.:* Residue Rev. *1*, 11–23 (1962).
31) *Arthey, V. D.*, and *W. B. Adam:* The tainting of canned and quick frozen fruit and vegetables. The Fruit and Vegetable Canning and Quick Freezing Research Association, Chipping Campden, Gloustershire, Bull. No. 8, Nov. 1963.
32) *Beran, F.:* Pflanzenschutzberichte (Wien) *32*, 85–101 (1965).
33) *Jones, D. P.:* World Crops *19*, No. 2, 12–13 (1967).
34) *Kämpf, R.:* Bayer. landwirtschaftl. Jahrb. *44*, 430–443 (1967); Z. Pflanzenkrankh. (Pflanzenpathol.) Pflanzenschutz, Sonderh. IV, 169–174 (1968).
35) *Domsch, K.:* Mitt. biol. Bundesanst. Land- u. Forstwirtsch., Berlin-Dahlem, Heft *107* (1963).
36) *Martin, J. P.:* Residue Rev. *4*, 96–129 (1963).
37) *Bauer, K.:* Mitt. biol. Bundesanst. Land- u. Forstwirtsch., Berlin-Dahlem, Heft *112* (1964).
37a) *Karg, W.:* Nachrichtenbl. dtsch. Pflanzenschutzdienst (Berlin) *19*, 97–105 (1965).
38) *Martin, J. P.:* In: [48], S. 95–108.
38a) *Wallnöfer, P.:* Bayer. landwirtschaftl. Jahrb. *44*, 740–747 (1967).
39) *Beran, F.*, u. *J. A. Guth:* Pflanzenschutzberichte (Wien) *33*, 65–117 (1965).
39a) *Leh, H. O.:* Nachrichtenbl. dtsch. Pflanzenschutzdienstes (Braunschweig) *20*, 99–106 (1968).
40) *Sparr, B. I., W. G. Appleby, D. M. DeVries, J. V. Osmun, J. M. McBride*, and *G. L. Foster:* In: [359], pp. 146–162.

41) *Moubry, R. J., J. M. Helm,* and *G. R. Myrdal:* Pesticides Monitoring. J. *1*, No. 4, 27–29 (1968).
41a) *Johannes, H.:* Mitt. biol. Bundesanst. Land- u. Forstwirtsch., Berlin-Dahlem, Heft *126* (1967).
42) *Faust, S. D.,* and *I. H. Suffet:* Residue Rev. *15*, 44–116 (1966).
43) *Hindin, E., D. S. May,* and *G. H. Dunstan:* Residue Rev. *7*, 130–156 (1964).
44) *Abbott, D. C.,* and *J. Thomson:* Proc. Soc. Water Treat. Exam. *14*, 70–80 (1965).
45) *Lamar, W. L., D. F. Goerlitz,* and *Le Roy M. Law:* In: [359], pp. 187–199.
45a) *Drescher, N.:* Vom Wasser *34*, 224–234 (1967).
46) *Hindin, E.:* In: [139], Vol. V, S. 83–114.
47) U.S. Department of Health, Education and Welfare; Public Health Service; Division of Water Supply and Pollution Control: Pesticides in soil and water. An annotated bibliography. Cincinnati, Ohio: Sept. 1964.
48) Soil Science Society of America: Pesticides and their effects on soil and water. Madison: ASA Special Publication No. 8, Nov. 1966.
49) *Gamrasni, M. A.:* L'Eau *54*, 579–584 (1967), *55*, 23–31 (1968).
50) *Hoskins, W. M.:* Residue Rev. *1*, 66–91 (1962).
51) *Ebeling, W.:* Residue Rev. *3*, 35–163 (1963).
52) *Maier-Bode, H.:* Dtsch. Lebensmittel-Rdsch. *62*, 337–342 (1966).
53) *Dorough, H. W.,* and *N. M. Randolph:* Bull. Environ. Contam. Toxicol. *2*, 340–348 (1967).
54) *Linskens, H. F., W. Heinen,* and *A. L. Stoffers:* Residue Rev. *8*, 136–178 (1965).
55) *Martin, J. T.:* In: [210], S. 59–66.
56) *van Middelem, C. H.:* In: [359], S. 228–249.
57) *Gunther, F. A.,* and *R. C. Blinn:* Analysis of insecticides and acaricides. New York-London: Interscience Publishers 1955.
57a) *Finlayson, D. G.,* and *H. R. MacCarthy:* Residue Rev. *9*, 114–152 (1965).
58) *Gunther, F. A.:* XVII. Intern. Kongr. für Reine u. Angewandte Chemie, München 1959, Bd. II, S. 387 bis 426. Weinheim/Bergstraße: Verlag Chemie 1960.
59) *Hoskins, W. M.:* Methods for expressing the persistence of insecticidal residues on plants. Final report on California's contributing project to Regional Project W-45. Berkeley: University of California 1961.
60) *Frehse, H.:* Residue Rev. *5*, 1–20 (1964).
61) *Hoskins, W. M.:* FAO Plant Protect. Bull. *9*, 163–168 (1961).
62) *Starr, R. I.,* and *R. E. Johnsen:* J. Agr. Food Chem. *16*, 411–414 (1968).
62a) *Klein, W., F. Korte, I. Weisgerber, R. Kaul, W. Müller,* and *A. Djirsarai:* Qualitas Plant. Mater. Vegetabiles *15*, 225–238 (1967/68).
63) *Frehse, H.:* Ärztl. Praxis *19*, 785, 801–807 (1967).
64) *Hamaker, J. W.:* In: [359], S. 122–131.
65) *Stobwasser, H.,* u. *J. Kirchhoff:* Qualitas Plant. Mater. Vegetabiles *15*, 273–279 (1968).
66) *Marth, E. H.:* Residue Rev. *9*, 1–89 (1965).
67) *Edwards, C. A.:* Residue Rev. *13*, 83–132 (1966).
67a) *Nash, R. G.,* and *E. A. Woolson:* Science *157*, 924–927 (1967).
68) *Hill, D. W.,* and *P. L. McCarty:* J. Water Pollution Control Federation *39*, 1259–1277 (1967).
69) *Upchurch, R. P.:* Residue Rev. *16*, 46–85 (1966).
70) *Furmidge, C. G. L.,* and *J. M. Osgerby:* J. Sci. Food Agr. *18*, 269–273 (1967).
71) *Sheets, T. J.,* and *C. I. Harris:* Residue Rev. *11*, 119–140 (1965).
72) *Harris, C. R.,* and *W. W. Sans:* J. Agr. Food Chem. *15*, 861–863 (1967).
73) *Saha, J. G.,* and *H. McDonald:* J. Agr. Food Chem. *15*, 205–207 (1967).
74) *Morley, H. V.,* and *M. Chiba:* Can. J. Plant Sci. *45*, 209–210 (1965).
75) *Wheeler, W. B., D. E. H. Frear, R. O. Mumma, R. H. Hamilton,* and *R. C. Cotner:* J. Agr. Food Chem. *15*, 231–234 (1967).
75a) *Engst, R.:* Qualitas Plant. Mater. Vegetabiles *14*, 305–316 (1967).
75b) *Nash, R. G.:* Agronomy J. *60*, 217–219 (1968).
75c) *Caro, J. H.:* Phytopathology *59*, 1191–1197 (1969).
76) *Schuphan, W.,* and *K. Boek:* Qualitas Plant. Mater. Vegetabiles *7*, 213–228 (1960).
77) *Lichtenstein, E. P.:* In: [358], pp. 199–203.
78) *Kunze, G. W.:* In: [48], pp. 49–70.
79) *Yuen, Q. H.,* and *H. W. Hilton:* J. Agr. Food Chem. *10*, 386–392 (1962).
80) *Geissbühler, H., C. Haselbach* and *H. Aebi:* Weed Res. *3*, 140–153 (1963).
81) *Hance, R. J.:* Weed Res. *5*, 98–107 (1965).

82) *Lambert, S. M.:* J. Agr. Food Chem. *16*, 340—343 (1968).
83) —, *P. E. Porter*, and *R. H. Schieferstein:* Weeds *13*, 185—190 (1965).
84) *Hill, E. G.*, and *B. S. J. Border:* Chem. Ind. (Lodon) *1967*, 363—364.
85) *Stobwasser, H., B. Rademacher* u. *E. Lange:* Residue Rev. *22*, 45—112 (1968).
86) *Biston, R., L. Bolly* u. *P. H. Martens:* Ind. Obst- u. Gemüseverwert. *52*, 509—513 (1967).
87) *Crosby, D. G.:* In: [358], S. 213—223.
88) *Hemphill, D. D., R. E. Baldwin, A. Deguzman*, and *H. K. Deloach:* J. Agr. Food Chem. *15*, 290—294 (1967).
89) *Askew, J., T. H. Mitchell, J. Thomson*, and *B. B. Wheals:* J. Chromatog. *32*, 417—418 (1968).
90) *Menzie, C. M.:* Metabolism of pesticides. Washington: U.S. Department of the Interior, Special Scientific Report — Wildlife No. 96, May 1966.
91) *Moorefield, H. H.:* In: [358], S. 41—51.
92) *O'Brien, R. D.:* Ann. Rev. Entomol. *11*, 369—402 (1966).
93) — Insecticides — Action and metabolism. New York-London: Academic Press 1967.
94) *Metcalf, R. L.:* In: [360], S. 230—250.
95) *Jarczyk, H. J.:* Pflanzenschutz-Nachr. BAYER *19*, 1—35 (1966).
96) *Street, J. C.:* In: [358], pp. 151—157.
97) *Shuster, L.:* Ann. Rev. Biochem. *33*, 571—596 (1964).
98) *Stolman, A.*, and *C. P. Stewart:* In: *Stolman, A.:* Progr. Chem. Toxicol. *2*, 1—181 (1965). New York-London: Academic Press.
99) *Lisk, D. J.:* Science *154*, 93—98 (1966).
99a) *Casida, J. E.:* In: U.S.-Japan Seminar 1967, Abdruck in: Residue Rev. *25*, 149—159 (1969).
99b) *Crosby, D. G.:* In: U.S.-Japan Seminar 1967, Abdruck in: Residue Rev. *25*, 1—12 (1969).
100) *Mitchell, L. C.:* J. Assoc. Offic. Agr. Chemists *44*, 643—712 (1961).
101) *Mitchell, T. H., J. H. Ruzicka, J. Thomson*, and *B. B. Wheals:* J. Chromatog. *32*, 17—23 (1968).
102) *Ernst, W.:* Residue Rev. *18*, 131—157 (1967).
103) *Freed, V. H.*, and *M. L. Montgomery:* Residue Rev. *3*, 1—18 (1963).
104) *Kearney, P. C., D. D. Kaufman*, and *M. Alexander:* In: *McLaren, A. D.*, and *G. H. Peterson:* Soil biochemistry. New York: Marcel Dekker 1967, S. 318—342.
104a) —, and *C. S. Helling:* In: U.S.-Japan Seminar 1967, Abdruck in: Residue Rev. *25*, 25—44 (1969).
105) — In: [359], pp. 250—262.
106) *Kaufman, D. D.:* In: [48], pp. 85—94.
107) *Börner, H.:* Z. Pflanzenkrankh. (Pflanzenpathol.) Pflanzenschutz *74*, 135—143 (1967).
107a) *Chakraborty, T. K.*, u. *V. S. Mani:* PANS (Pest Articles and News Summaries), Sect. C, *14*, 364—374 (1968).
108) *Böhme, C.*, u. *F. Bär:* Food Cosmet. Toxicol. *5*, 23—28 (1967).
109) *Spencer, E. Y.:* Residue Rev. *9*, 153—168 (1965).
110) *Durham, W. F.:* Residue Rev. *18*, 21—103 (1967).
110a) *Murphy, S. D.:* In: U.S.-Japan Seminar 1967, Abdruck in: Residue Rev. *25*, 201—221 (1969).
110b) *Conney, A. H., R. M. Welch, R. Kuntzman*, and *J. J. Burns:* Clin. Pharmacol. Therap. *8*, 2—10 (1967).
110c) *Kupfer, D.:* Residue Rev. *19*, 11—30 (1967).
111) *Niessen, H., H. Tietz* u. *H. Frehse:* Pflanzenschutz-Nachr. BAYER *15*, 129—151 (1962).
112) *Brady jr., U. E.*, and *B. W. Arthur:* J. Econ. Entomol. *54*, 1232—1236 (1961).
113) *Metcalf, R. L., T. R. Fukuto*, and *M. Y. Winton:* Bull. World Health Organ. *29*, 219—226 (1963).
113a) *Fukuda, H., T. Masuda, Y. Miyahara*, and *Ch. Tomizawa:* Japan. J. Appl. Entomol. Zool. *6*,2 30—236 (1962).
113b) *Tomizawa, Ch., H. Fukuda, T. Masuda*, and *Y. Miyahara:* Japan. J. Appl. Entomol. Zool. *6*, 237—241 (1962).
113c) Siehe Literaturzitat [113].
113d) *Knowles, C. O.*, and *B. W. Arthur:* J. Econ. Entomol. *59*, 1346—1352 (1966).
113e) *Leuck, D. B.*, and *M. C. Bowman:* J. Econ. Entomol. *61*, 1594—1597 (1968).
114) *Schrader, G.:* Die Entwicklung neuer insektizider Phosphorsäure-Ester, 3. Aufl. Weinheim/Bergstraße: Verlag Chemie 1963.
115) *Francis, J. I.*, and *J. M. Barnes:* Bull. World Health Organ. *29*, 205—212 (1963).
116) *Niessen, H., H. Tietz* u. *H. Frehse:* J. Chromatog. *9*, 111—113 (1962).
117) *Frehse, H., H. Niessen* u. *H. Tietz:* Pflanzenschutz-Nachr. BAYER *15*, 152—163 (1962).
118) — — — Pflanzenschutz-Nachr. BAYER *15*, 164—169 (1962).

119) *Bowman, M. C.*, and *M. Beroza:* J. Agr. Food Chem. *16*, 399–402 (1968).
120) *Anderson, R. J., J. S. Thornton, C. A. Anderson*, and *D. B. Katague:* J. Agr. Food Chem. *14*, 619–622 (1966).
121) *Olson, T. J.:* Chemagro Corp., Research Dept., Reports Nos. 20 417 and 22933, Kansas City, USA, 27. 4. 1967 and 26. 7. 1968.
122) *Schmidt, K.-J.:* Chemische und biochemische Aspekte der Toxizität von Phosphorsäureestern. Vortr. Inst. Pharmakol. u. Toxikol., Göttingen, 5. 1. 1968.
123) *Möllhoff, E.:* Pflanzenschutz-Nachr. Bayer *21*, 331–358 (1968).
124) *Metcalf, R. L.*, and *R. B. March:* J. Econ. Entomol. *46*, 288–294 (1953).
125) *Mühlmann, R.*, u. *G. Schrader:* Z. Naturforsch. *12b*, 196–209 (1957).
126) *Ruzicka, J. H., J. Thomson*, and *B. B. Wheals:* J. Chromatog. *31*, 37–47 (1967).
127) *Unterstenhöfer, G.*, u. *H. Frehse:* Pflanzenschutz-Nachr. BAYER *16*, 165–181 (1963).
127a) *v. Rümker, R., T. Parr, C. A. Anderson, J. W. Young, J. Hensel*, and *G. Schrader* (Part IV): Systemics. Farm Chem. *127*, Nos. 9–12 (1964).
128) *Metcalf, R. L., H. T. Reynolds, T. R. Fukuto*, and *C. Collins:* J. Econ. Entomol. *57*, 531-536 (1964).
129) *Patchett, G. G.*, and *G. H. Batchelder:* J. Agr. Food Chem. *9*, 395–396 (1961).
130) *Gunther, F. A.:* Advan. Pest Control Res. *5*, 191–319 (1962).
131) *Frehse, H.*, u. *H. Niessen:* Z. Anal. Chem. *192*, 94–136 (1963).
132) *Gunther, F. A.:* In: [360], S. 276–302.
133) *Egan, H.:* J. Assoc. Offic. Analyt. Chemists *50*, 74–84 (1967).
134) – Chem. Ind. (London) *1967*, 1721–1730.
135) *Franck, R.*, u. *G. Bressau:* In: *Schormüller, J.*, u. *W. Diemair*, Handbuch der Lebensmittelchemie, Bd. II/2, S. 977–1050. Berlin-Heidelberg-New York: Springer 1967.
136) *Niessen, H., H. Frehse, E. Möllhoff* u. *K. Vogeler:* In: [389], Kap. 9.
137) *Beynon, K. I.*, and *K. E. Elgar:* Analyst *91*, 143–175 (1966).
138) *Abbott, D. C.*, and *H. Egan:* Analyst *92*, 475–492 (1967).
139) *Zweig, G:* Analytical Methods for Pesticides, Plant Growth Regulators, and Food Additives, New York-London: Academic Press. Vol. I: Principles, methods, and general applications, 1963; Vol. II: Insecticides, 1964; Vol. III: Fungicides, nematocides, and soil fumigants, rodenticides, and food and feed additives, 1964; Vol. IV: Herbicides, 1964; Vol. V: Additional principles and methods of analysis, 1967.
140) *Barry, H. C., J. G. Hundley*, and *L. Y. Johnson:* Pesticide analytical manual, Vol. I u. II, U.S. Department of Health, Education, and Welfare; Food and Drug Administration, Washington 1963–1968, mit Nachträgen.
141) *Burchfield, H. P., D. E. Johnson*, and *E. E. Storrs:* Guide to the analysis of pesticide residues, Vol. I u. II, U. S. Government Printing Office, 2nd ed. Washington 1965.
142) Deutsche Forschungsgemeinschaft, Arbeitsgruppe „Analytische Fragen" der „Kommission für Pflanzenschutz-, Pflanzenbehandlungs- und Vorratsschutzmittel": Rückstandanalytik von Pflanzenschutzmitteln. Weinheim/Bergstraße: Verlag Chemie 1969.
143) *Abbott, D. C.:* Rept. Progr. Appl. Chem. *52*, 319–338 (1967).
144) *Thornburg, W.*, and *H. Beckman:* Anal. Chem. *41*, 140 R–152 R (1969).
144a) *Bressau, G.:* Bundesgesundheitsblatt *9*, 381–387 (1966).
145) *Bertuzzi, P. F., L. Kamps*, and *C. I. Miles:* J. Assoc. Offic. Analyt. Chemists *50*, 623–627 (1967).
146) *Kadoum, A. M.:* Bull. Environm. Contam. Toxicol. *3*, 247–253 (1968).
146a) *Johnsen, R. E.*, and *R. I. Starr:* J. Econ. Entomol. *60*, 1679–1682 (1967).
147) *Morley, H. V.:* Residue Rev. *16*, 1–29 (1966).
148) *Calderbank, A.:* Residue Rev. *12*, 14–34 (1966).
149) *McLeod, H. A., C. Mendoza, P. Wales*, and *W. P. McKinley:* J. Assoc. Offic. Analyt. Chemists *50*, 1216–1228 (1967).
150) *Beckman, H.*, u. Mitarb.: J. Assoc. Offic. Analyt. Chemists *50*, 1251–1257 (1967).
151) *Mills, P. A.:* J. Assoc. Offic. Analyt. Chemists *51*, 29–32 (1968).
152) *Horler, D. F.:* J. Sci. Food Agr. *19*, 229–231 (1968).
153) *Ruzicka, J. H., J. Thomson, B. B. Wheals*, and *N. F. Wood:* J. Chromatog. *34*, 14–20 (1968).
154) *Watts, R. R.*, and *R. W. Storherr:* J. Assoc. Offic. Analyt. Chemists *50*, 581–585 (1967).
155) *Storherr, R. W., E. J. Murray, I. Klein*, and *L. A. Rosenberg:* J. Assoc. Offic. Analyt. Chemists *50*, 605–615 (1967).
156) *Hartman, K. T.:* J. Assoc. Offic. Analyt. Chemists *50*, 615–623 (1967).
157) *Weehler, W. B.*, and *D. E. H. Frear:* Residue Rev. *16*, 86–102 (1966).

158) *Beroza, M.*, and *M. C. Bowman:* Anal. Chem. *37*, 291–292 (1965), *38*, 837–842 (1966); J. Assoc. Offic. Agr. Chemists *48*, 358–370 (1965); J. Assoc. Offic. Analyt. Chemists *49*, 1007–1012 (1966).

159) *Bowman, M. C.*, and *M. Beroza:* J. Assoc. Offic. Agr. Chemists *48*, 943–952 (1965); Anal. Chem. *38*, 1427–1428 (1966).

160) *Chiba, M.*, and *H. V. Morley:* J. Assoc. Offic. Analyt. Chemists *51*, 55–62 (1968).

160a) *Zislavsky, W.:* Pflanzenschutzberichte (Wien) *36*, 113–141 (1967).

160b) *Bowman, M. C., M. Beroza*, and *D. B. Leuck:* J. Agr. Food Chem. *16*, 796–802 (1968).

161) *Wheeler, W. B., D. E. H. Frear, R. O. Mumma, R. H. Hamilton*, and *R. C. Cotner:* J. Agr. Food Chem. *15*, 227–230 (1967).

161a) *Bowman, M. C.*, and *M. Beroza:* Residue Rev. *17*, 23–34 (1967).

161b) *Keith, L. H., A. W. Garrison*, and *A. L. Alford:* J. Assoc. Offic. Analyt. Chemists *51*, 1063–1094 (1968).

162) *Gunther, F. A.*, and *D. E. Ott:* Residue Rev. *14*, 12–38 (1966).

163) —, *T. A. Miller*, and *T. E. Jenkins:* Anal. Chem. *37*, 1386–1391 (1965).

164) *Ott, D. E.*, and *F. A. Gunther:* J. Assoc. Offic. Analyt. Chemists *51*, 697–708 (1968).

165) — — J. Assoc. Offic. Analyt. Chemists *49*, 662–669 (1966).

166) *Humiston, C. G.*, and *G. J. Wright:* Toxicol. Appl. Pharmacol. *10*, 467–480 (1967).

167) *Voss, G.*, and *H. Geissbühler:* Mededel. Rijksfac. Landbouwwetenschappen Gent *32*, 877–889 (1967).

168) — Residue Rev. *23*, 71–95 (1968).

168a) *Ott, D. E.:* J. Agr. Food Chem. *16*, 874–879 (1968).

169) *Gunther, F. A.*, and *D. E. Ott:* Analyst *91*, 475–481 (1966).

170) *Beroza, M., M. E. Getz*, and *C. W. Collier:* Bull. Environ. Contam. Toxicol. *3*, 18–25 (1968).

171) *Applegate, H. G.*, and *G. Chittwood:* Bull. Environ. Contam. Toxicol. *3*, 211–226 (1968).

172) *Conkin, R. A.:* Residue Rev. *6*, 136–161 (1964).

173) *Abbott, D. C.*, and *J. Thomson:* Residue Rev. *11*, 1–59 (1965).

173a) *Barbeau, J.:* Ann. Fals. Expert. Chim. *60*, 367–385 (1967).

174) *Ragab, M. T. H.:* J. Assoc. Offic. Analyt. Chemists *50*, 1088–1098 (1967).

175) *Watts, R. R.:* Residue Rev. *18*, 105–129 (1967).

176) *Ragab, M. T. H.:* Bull. Environ. Contam. Toxicol. *2*, 279–288 (1967).

176a) *Guth, J. A.*, and *L. P. Manner:* J. Chromatog. *30*, 514–521 (1967).

177a) *Mendoza, C. E., P. J. Wales, H. A. McLeod*, and *W. P. McKinley:* Analyst *93*, 34–38 (1968).

177b) *Winterlin, W., G. Walker*, and *H. Frank:* J. Agr. Food Chem. *16*, 808–812 (1968).

177c) *Wales, P. J., H. A. McLeod*, and *W. P. McKinley:* J. Assoc. Offic. Analyt. Chemists *51*, 1239–1242 (1968).

177d) *Ackermann, H.:* J. Chromatog. *36*, 309–317 (1968).

178) *Matherne jr., M. J.*, and *W. H. Bathalter:* J. Assoc. Offic. Analyt. Chemists *49*, 1012–1017 (1966).

179) *Beckman, H.*, and *W. Winterlin:* Bull. Environ. Contam. Toxicol. *1*, 78–85 (1966).

179a) *Berthold, I.:* Z. Anal. Chem. *240*, 320–322 (1968).

180) *Beynon, K. I.*, and *J. G. Reynolds:* Mededel. Rijksfac.Landbouwwetenschappen Gent *31*, 426–446 (1966).

181) *Abbott, D. C., A. S. Burridge, J. Thomson* and *K. S. Webb:* Analyst *92*, 170–175 (1967).

181a) *Mendoza, C. E., P. J. Wales, H. A. McLeod*, and *W. P. McKinley:* Analyst *93*, 173–177 (1968).

182) *Littlewood, B.:* Chromatographia *1*, 223–230 (1968).

183) *Littlewood, A. B.:* Chromatographia *1*, 37–42 (1968).

184) *Westlake, W. E.*, and *F. A. Gunther:* Residue Rev. *18*, 175–217 (1967).

185) *Pearson, J. R., F. D. Aldrich*, and *A. W. Stone:* J. Agr. Food Chem. *15*, 938–939 (1967).

186) *Westlake, W. E., R. T. Murphy*, and *F. A. Gunther:* Bull. Environ. Contam. Toxicol. *1*, 29–38 (1966).

187) *Bowman, M. C., H. C. Young*, and *W. F. Barthel:* J. Econ. Entomol. *58*, 896–902 (1965).

187a) *Sans, W. W.:* J. Agr. Food Chem. *15*, 192–198 (1967).

187b) *Osadchuck, M.*, and *E. B. Wanless:* J. Assoc. Offic. Analyt. Chemists *51*, 1264–1265 (1968).

187c) *Wessel, J. R.:* J. Assoc. Offic. Analyt. Chemists *51*, 666–675 (1968).

188) *Burke, J. A.*, and *W. Holswade:* J. Assoc. Offic. Analyt. Chemists *49*, 374–385 (1966).

189) *Frehse, H.:* Pflanzenschutz-Nachr. BAYER *16*, 182–204 (1963).

190) *Vogeler, K.:* Pflanzenschutz-Nachr. BAYER *20*, 525—533 (1967).
191) *Gordon, C. F., R. J. Schuckert*, and *W. E. Bornak:* J. Assoc. Offic. Analyt. Chemists *50*, 1102—1108 (1967).
192) *Rybakov, B. N.:* Documentat. East-Europ. Agricult. Liter. *8*, 903—911 (1967).
193) *Nangniot, P.:* Mededel. Rijksfac. Landbouwwetenschappen Gent *31*, 447—473 (1966).
194) *Vogeler, K.:* In: 136).
195) *Coulon, J.:* Mededel. Rijksfac. Landbouwwetenschappen Gent *31*, 474—488 (1966).
196) *Crosby, D. G., R. K. Tucker*, and *N. Aharonson:* Food Cosmet. Toxicol. *4*, 503—514 (1966).
197) *Schmidt, G.:* Nachrichtenbl. dtsch. Pflanzenschutzdienstes (Braunschweig) *18*, 87—92 (1966).
198) *Rothert, H.:* Dtsch. Lebensmittel-Rdsch. *63*, 81—85 (1967).
199) *Frear, D. E. H.*, and *N. S. Kawar:* J. Econ. Entomol. *60*, 1236—1239 (1967).
200) *Koelle, G. B.:* Cholinesterases and anticholinesterase agents. In: Handbuch der experimentellen Pharmakologie — Ergänzungswerk, Bd. 15. Berlin-Göttingen-Heidelberg: Springer 1963.
201) *Goedde, H. W., A. Doenicke* u. *K. Altland:* Pseudocholinesterasen. Pharmakogenetik. Biochemie. Klinik. Berlin-Heidelberg-New York: Springer 1967.
202) *Hellenbrand, K.:* J. Agr. Food Chem. *15*, 825—829 (1967).
203) *Metcalf, R. L.*, and *T. R. Fukuto:* J. Agr. Food Chem. *15*, 1022—1029 (1967).
204) *Voss, G.*, and *J. Schuler:* Bull. Environ. Contam. Toxicol. *2*, 357—363 (1967).
205) *Marchart, H.:* Mikrochim. Acta (Wien) *1968*, 669—673.
205a) *Gaballah, S.:* Proc. Soc. Exptl. Biol. Med. *129*, 376—380 (1968).
206) *Crosby, D. G.:* In: National Academy of Sciences, National Research Council, Publ. 1354, Washington 1966, p. 112—116.
206a) *Ackermann, H.:* Nahrung *12*, 357—362 (1968).
207) *Benson, W. R.*, and *J. N. Damico:* J. Assoc. Offic. Analyt. Chemists *51*, 347—365 (1968).
207a) *Damico, J. N., R. P. Barron*, and *J. M. Ruth:* J. Org. Mass Spectrometry *1*, 331—342 (1968).
208) *Kantner, T. R.*, and *R. O. Mumma:* Residue Rev. *16*, 138—151 (1966).
209) *Jörg, J., M. Spiteller-Friedmann* u. *G. Spiteller:* Pflanzenschutzberichte (Wien) *36*, 157—165 (1967).
210) International Atomic Energy Agency: Radioisotopes in the detection of pesticide residues. Wien 1966.
211) International Atomic Energy Agency: Isotopes in weed research. Wien 1966.
211a) *Wilson, B. J.:* The radiochemical manual. The Radiochemical Centre, Amersham, England, 2nd ed. 1966.
212) *Peterle, T. J:* In: 361), pp. 181—191.
213) *Krause, C.:* Z. Pflanzenkrankh. (Pflanzenpathol.) Pflanzenschutz *73*, 335—345 (1966).
214) *Lippold, P. C., A. C. Davis, A. W. Avens*, and *S. D. Gibbs:* J. Econ. Entomol. *60*, 1364—1367 (1967).
215) *Kaiser, H.:* Z. Anal. Chem. *209*, 1—18 (1965).
215a) *Beckman, H.*, and *W. O. Gauer:* Residue Rev. *18*, 1—19 (1967).
216) *Frehse, H., H. Niessen* u. *H. Tietz:* Pflanzenschutz-Nachr. BAYER *15*, 113—128 (1962).
217) *Bates, J. A. R.:* Chem. Ind. (London) *1964*, 1591—1592.
218) *Dean, R. B.*, and *W. J. Dixon:* Anal. Chem. *23*, 636—638 (1951).
219) *Gorbach, S.:* Farbwerke Hoechst A.G., Analytisches Laboratorium, Persönliche Mitteilung, 6. 10. 1967.
220) *Gaul, J. A.:* J. Assoc. Offic. Analyt. Chemists *49*, 389—399 (1966).
221) EURATOM: Beurteilung von Analysenverfahren und -ergebnissen (Fehlerrechnung), EUR/CIS/509/68d, Ispra (Italien), 9. 4. 1968.
222) *Sutherland, G. L.:* Residue Rev. *10*, 85—96 (1965).
223) *Schüller, H.:* Mikrochim. Acta (Wien) *1966*, 742—750.
224) *Maier-Bode, H.:* Anz. Schädlingskunde *35*, 49—53 (1962).
225) *Wheatley, G. A.:* Ann. Appl. Biol. *55*, 325—329 (1965).
226) *Quackenbush, F. W.*, and *R. C. Rund:* J. Assoc. Offic. Analyt. Chemists *50*, 997—1006 (1967).
227) *Duggan, R. E.:* J. Assoc. Offic. Analyt. Chemists *50*, 1052—1056 (1967).
228) *Schechter, M. S.*, and *M. E. Getz:* J. Assoc. Offic. Analyt. Chemists *50*, 1056—1061 (1967).
229) *Frear, D. E. H.*, and *J. E. Boyd:* J. Econ. Entomol. *60*, 1228—1236 (1967).
230) *Bringmann, G.*, u. *R. Kühn:* Gesundheits-Ing. *81*, 243—244 (1960).
231) *Samuel, B. L.*, and *H. K. Hodges:* Residue Rev. *17*, 35—72 (1967).
232) *Wells, C. E.:* J. Assoc. Offic. Analyt. Chemists *50*, 1205—1215 (1967).

232a) *Cook, J. W.:* FDA Pap. *2*, No. 9, 4–10 (1968).
233) Anonym: J. Assoc. Offic. Analyt. Chemists *49*, 222–229 (1966).
234) *Camoni, I., N. Gandolfo, G. Ramelli, A. Sampaolo* e. *L. Binetti:* Boll. Lab. Chim. Provinciali (Bologna) *18*, 579–612 (1967).
235) *Kadoum, A. M.:* Bull. Environ. Contam. Toxicol. *3*, 354–359 (1968).
236) *Singh, J.*, and *J. D. Lanthier:* J. Assoc. Offic. Analyt. Chemists *51*, 45–47 (1968).
237) *Sissons, D. J., G. M. Telling*, and *C. D. Usher:* J. Chromatog. *33*, 435–449 (1968).
238) *Möllhoff, E.:* Pflanzenschutz-Nachr. BAYER *20*, 557–574 (1967).
239) *Wessel, J. R.:* J. Assoc. Offic. Analyt. Chemists *50*, 430–439 (1967).
240) *Nelson, R. C.:* J. Assoc. Offic. Analyt. Chemists *50*, 922–926 (1967).
241) *Bowman, M. C.*, and *M. Beroza:* J. Assoc. Offic. Analyt. Chemists *50*, 1228–1236 (1967).
242) *Storherr, R. W.*, and *R. R. Watts:* J. Assoc. Offic. Analyt. Chemists *51*, 662–665 (1968).
243) *Broderick, E. J., E. F. Taschenberg, L. J. Hicks, A. W. Avens*, and *J. B. Bourke:* J. Agr. Food Chem. *15*, 454–456 (1967).
244) *Bates, J. A. R.:* Analyst *90*, 453–466 (1965).
245) International Union of Pure and Applied Chemistry: Information Bulletin No. *32*, 81–163 (1968).
245a) *Frehse, H.:* In: 245), S. 137–147.
246) *Fischer, R.:* Arch. Toxikol. *23*, 129–135 (1968).
246a) *Romann, E.:* Mitt. Gebiete Lebensmittelunters. Hyg. *59*, 339–347 (1968).
247) *St. John jr., L. E.*, and *D. J. Lisk:* J. Agr. Food Chem. *16*, 48–49 (1968).
248) — — J. Agr. Food Chem. *16*, 408–410 (1968).
249) *Delley, R., K. Friedrich, B. Karlhuber, G. Székely* u. *K. Stammbach:* Z. Anal. Chem. *228*, 23–88 (1967).
250) *Tindle, R. C., C. W. Gehrke*, and *W. A. Aue:* J. Assoc. Offic. Analyt. Chemists *51*, 682–688 (1968).
251) *Geissbühler, H.*, and *H. Schredt:* Weed Res. *7*, 168–170 (1967).
252) *Baunok, I.*, and *Geissbühler, H.:* Bull. Environ. Contam. Toxicol. *3*, 7–17 (1968).
253) *Yip, G.:* J. Assoc. Offic. Agr. Chemists *47*, 343–345 (1964).
254) *Duggan, R. E.:* J. Assoc. Offic. Analyt. Chemists *49*, 456–459 (1966).
255) *Maier-Bode, H.:* Pflanzenschutzmittel-Rückstände. Insektizide. Stuttgart: Ulmer *1965*. 2. Teil (Herbizide) in Vorbereitung.
256) — Untersuchungen über den Gehalt landwirtschaftlicher und gärtnerischer Ernteprodukte an Pflanzenschutzmittelrückständen. Der Ministerpräsident des Landes Nordrhein-Westfalen, Landesamt für Forschung, Jahrb. 1967, S. 391–412. Köln und Opladen: Westdeutscher Verlag.
257) Pennsylvania State University, College of Agriculture: Pesticide residue investigations on raw agricultural commodities, Bulletin 703, May 1963.
258) *Zeumer, H.:* Mitt. biol. Bundesanst. Land- u. Forstwirtsch., Berlin-Dahlem, Heft 94, (1958).
259) *Duggan, R. E.*, and *K. Dawson:* FDA Pap. *1*, No. 5, 4–8 (1967).
260) — Pesticides Monitoring J. *2*, No. 1, 2–46 (1968).
260a) U.S. Department of Agriculture; U.S. Department of Health, Education, and Welfare, Food and Drug Administration: The regulation of pesticides in the United States. U.S. Government Printing Office, 1968, (305–329, ARS-240).
261) *Duggan, R. E.:* Pesticides Monitoring J. *1*, No. 4, 2–7 (1968).
262) — Pesticides Monitoring J. *1*, No. 3, 2–8 (1967).
263) Canada, Food and Drug Directorate, Ottawa, unveröffentlicht.
264) *Weilenmann, H. R.:* Mitt. Gebiete Lebensmittelunters. Hyg. *57*, 1–26 (1966).
265) *Dickes, G. J.*, and *P. V. Nicholas:* J. Assoc. Publ. Analysts *6*, 60–66 (1968).
266) — — J. Assoc. Publ. Analysts *5*, 52–57 (1967).
267) *Rymer, T. E.*, and *J. H. Hamence:* J. Assoc. Publ. Analysts *5*, 24–26 (1967).
268) *Duggan, R. E.*, and *F. J. McFarland:* Pesticides Monitoring J. *1*, No. 1, 1–5 (1967).
269) —, and *J. R. Weatherwax:* Science *157*, 1006–1010 (1967).
270) *Mills, P. A.:* J. Assoc. Offic. Agr. Chemists *46*, 762–767 (1963).
271) *Williams, S.:* J. Assoc. Offic. Agr. Chemists *47*, 815–821 (1964).
272) *Cummings, J. G.:* J. Assoc. Offic. Agr. Chemists *48*, 1177–1180 (1965).
273) — Residue Rev. *16*, 30–45 (1966).
274) *Duggan, R. E., H. C. Barry*, and *L. Y. Johnson:* Science *151*, 101–104 (1966).

275) — — — Pesticides Monitoring J. *1*, No. 2, 2—12 (1967).
276) *Martin, R. J.*, and *R. E. Duggan:* Pesticides Monitoring J. *1*, No. 4, 11—20 (1968).
277) *McGill, A. E. J.*, and *J. Robinson:* Food Cosmet. Toxicol. *6*, 45—57 (1968).
278) *Maier-Bode, H.:* Naturwissenschaften *55*, 470—473 (1968).
279) *Lehman, A. J.:* Summaries of pesticide toxicity. Association of Food and Drug Officials of the United States, P. O. B. 1494, Topeka, Kansas.
279a) *Bär, F.*, u. *W. Ernst:* Schädlingsbekämpfungsmittel (Medizinisch-toxikologische und biochemische Gesichtspunkte). In: 389), Kap. 8.
280) *Oettel, H.:* Med. Monatsschr. *21*, 340—346 (1967).
281) *Eichholtz, F.:* Die toxische Gesamtsituation auf dem Gebiet der menschlichen Ernährung. Berlin-Göttingen-Heidelberg: Springer 1956.
282) *Klimmer, O. R.:* Med. u. Ernährung *5*, 193—198 (1964); Arbeitsgemeinschaft für Forschung des Landes Nordrhein-Westfalen. Heft 162, S. 29—66, Westdeutscher Verlag, Köln und Opladen, 1966.
282a) *Jones, K. H., D. M. Sanderson*, and *D. N. Noakes:* World Rev. Pest Control *7*, 135—143 (1968).
282b) *Gaines, T. B.:* Toxicol. Appl. Pharmacol. *14*, 515—534 (1969).
283) *Maier-Bode, H.:* Z. Präventivmed. *10*, 285—294 (1965).
284) *Spector, W. S.:* Handbook of toxicology, Vol. I: Acute toxicities. Philadelphia-London: Saunders Comp. 1956.
285) *Boyd, E. M., M. M. Abel*, and *L. M. Knight:* Can. J. Physiol. Pharmacol. *44*, 157—172 (1966).
286) FAO/WHO: Meeting reports: a) FAO/PL/1965/10/1; WHO/Food Add./27.65 (1965); b) FAO/PL:CP/15; WHO/Food Add./67.32 (1967); c) FAO/PL:1967/M/11; Wld. Hlth. Org. Techn. Rep. Ser. *391* (1968); d) FAO/PL: 1967/M/11/1; WHO/Food Add./86.30 (1968).
287) *Fitzhugh, O. G.:* In: 358), S. 59—67.
288) *van Esch, G. J.:* Dtsch. Lebensmittel.-Rdsch. *62*, 342—346 (1966).
289) *Kingma, F. J.:* FDA Pap. *1*, No. 6, 8—9, 31—33 (1967).
290) *Goldenthal, E. I.:* FDA Pap. *2*, No. 4, 13—18 (1968).
291) Deutsche Forschungsgemeinschaft — Kommission für Pflanzenschutz-, Pflanzenbehandlungs- und Vorratsschutzmittel: Toxikologische Untersuchungen zur Bewertung von Pflanzenschutz-, Pflanzenbehandlungs- und Vorratsschutzmittelrückständen. Mitt. V, Bad Godesberg, 16. 5. 1966.
292) *Hayes jr., W. J.:* Proc. Roy. Soc. (London) *167 B*, No. 1007, 101—127 (1967).
293) *Weil, C. S.*, and *D. D. McCollister:* J. Agr. Food Chem. *11*, 486—491 (1963).
294) *Nelson, N.:* In: 358), S. 85—91.
295) *Barnes, J. M.:* Residue Rev. *13*, 69—82 (1966).
296) *Hochster, R. M.*, and *J. H. Quastel:* Metabolic inhibitors, Vol. II. New York-London: Academic Press 1963.
297) *Kay, K.:* In: 359), pp. 54—66.
298) *O'Brien, R. D.:* Toxic phosphorus esters. New York-London: Academic Press 1960.
298a) *Fukuto, T. R.:* In: U.S.-Japan Seminar 1967, Abdruck in: Residue Rev. *25*, 326—339 (1969).
299) *Heath, D. F.:* Organophosphorus poisons. Oxford-London-New York-Paris: Pergamon Press 1961.
300) *Kimmerle, G.*, u. *D. Lorke:* Pflanzenschutz-Nachr. BAYER *21*, 111—142 (1968).
301) *Metcalf, R. L.*, and *T. R. Fukuto:* Agr. J. Food Chem. *13*, 220—231 (1965).
302) *Gage, J. C.:* Residue Rev. *18*, 159—173 (1967).
303) *Murphy, S. D., R. R. Lauwerys*, and *K. L. Cheever:* Toxicol. Appl. Pharmacol. *12*, 22—35 (1968).
304) *Hecht, G.*, u. *W. Wirth:* Naunyn-Schmiedebergs Arch. Exptl. Pathol. Pharmakol. *211*, 264—277 (1950).
305) *Augustinsson, K.-B.*, and *G. Jonsson:* Acta Chem. Scand. *11*, 275—282 (1957).
306) *Cheymol, J., P. Chabrier, N. T. Thuong, P. Rioult* et *R. Goyer:* Med. Pharmacol. exp. *14*, 305—310 (1966).
307) *DuBois, K. P.:* Arch. Environ. Health *10*, 837—841 (1965).
308) *Villeneuve, D. C.*, and *W. P. McKinley:* J. Agr. Food Chem. *16*, 290—294 (1968).
309) *Bunyan, P. J., D. M. Jennings*, and *A. Taylor:* J. Agr. Food Chem. *16*, 326—331 (1968).
309a) *Murphy, S. D.*, and *K. L. Cheever:* Arch. Environ. Health *17*, 749—758 (1968).
310) *Chapman, R. A.:* Can. J. Public Health *55*, 207—210 (1964).

310a) *Durham, W. F.:* In: 358), S. 93–102.
311) *Hayes jr., W. J.:* In 358), S. 329–355.
312) *Hötzel, D.:* Arzneimittel-Forsch. *15*, 573–577 (1965).
313) *Hansen, S. C.:* Food Cosmet. Toxicol. *4*, 427–432 (1966).
314) *Heinisch, E.:* Nachrichtenbl. dtsch. Pflanzenschutzdienst (Berlin) *21*, 15–16 (1967).
315) FAO/WHO: Wld. Hlth. Org. Techn. Rep. Ser. *370* (1967); FAO Agricultural Studies No. 73 (1967).
315a) *Drees, H.:* Gesunde Pflanzen *20*, 53–58 u. 193–195 (1968).
316) *Dormal-van den Bruel, S.:* Residue Rev. *17*, 73–79 (1967).
317) Ministry of Agriculture, Fisheries and Food: Report of the research study group on toxic chemicals in agriculture and food storage. London 1961.
318) *Böning, K.:* Med. u. Ernährung *5*, 199–201 (1964).
319) *Bartels, W.*, u. *H. H. Cramer:* Pflanzenschutz-Nachr. BAYER *19*, 129–191 (1966).
320) *Müller-Kögler, E.:* Entomophaga *12*, 429–441 (1967).
321) Bundesgesetzblatt, Teil I, Nr. 53, 10. 12. 1966.
322) *Haupt, H. G.:* Ind. Obst- u. Gemüseverwert. *52*, 513–516, 653–656 (1967).
323) *Baumeister, J.:* Mitt. Obstbauversuchsring. Alten Land. *22*, 142–146 (1967).
323a) *Reich, H.:* Mitt. Obstbauversuchsring. Alten Land. *22*, 343–346 (1967).
324) *Crüger, G.:* Gemüse *3*, 96–97 (1967).
325) *Drees, H.:* Gesunde Pflanzen *19*, 46–51 (1967).
326) *Leib, E.:* Pflanzenarzt *20*, 75–77 (1967).
327) *Maier-Bode, H.:* Anz. Schädlingskunde *40*, 33–37 (1967).
328) *Neussel, R.:* Ernährungs-Umschau *14*, 326–327 (1967).
328a) *Vierkötter, S.*, u. *R. Walz:* Lebensmittelchemie u. Gerichtliche Chemie *21*, 304–308 (1967).
329) *Schuphan, W.:* Ind. Obst- u. Gemüseverwert. *53*, 117–122 (1968).
329a) *Heddergott, H.:* Erwerbsobstbau *10*, 52–54 (1968).
330) *Harris, T. H.*, u. *J. G. Cummings:* Residue Rev. *6*, 104–135 (1964).
331) *Anderson, R. J.:* In: 360), S. 385–391.
332) *Kirk, J. K.:* In: 360), S. 392–398.
333) *Depew, F. M.:* FDA Pap. *2*, No. 5, 10–16 (1968).
333a) U.S. Department of Agriculture; U.S. Department of Health, Education, and Welfare: NAC News Pesticide Rev. *26*, No. 5, 3–4; No. 6, 8–13 (1968).
333b) *Rohrman, D. F.:* Food, Drug, Cosm. Law. J. *1968*, 142–161, 172–184.
334) Anonym: NAC News Pesticide Rev. *25*, No. 5, 13–14 (1967).
335) *Whitten, J. L.:* NAC News Pesticide Rev. *26*, No. 2, 6–10 (1967).
335a) *Davies, J. H. V.:* Food Technol. *22*, 68–70 (1968).
335b) *Haller, H. L.:* Agr. Chem. *22*, No. 9, 58–62 (1967).
336) *Egan, H.:* J. Assoc. Offic. Analyt. Chemists *50*, 1067–1088 (1967); *51*, 365–378 (1968).
337) *Miller, E. J.:* Intern. Pest Control. *9*, No. 1, 21–27 (1967).
337a) *Kampmeier, C.:* NAC News Pesticide Rev. *27*, No. 1, 6–7 (1968).
337b) *Bates, J. A. R.:* Chem. Ind. (London) *1968*, 1324–1332.
338) *Holthöfer, H., H. Juckenack, K. H. Nüse* u. *R. Franck:* Deutsches Lebensmittelrecht, 4. Aufl., Bd. I, S. 188. Berlin-Köln-München-Bonn: Heymanns Verlag 1961.
339) *Klein, G., H. J. Rabe* u. *H. Weiss:* Lebensmittelgesetz und lebensmittelrechtliche Verordnungen, 3. Aufl., Bd. I, LMG § 3, S. 8. Hamburg-Berlin-Düsseldorf: Behr's Verlag 1966.
340) *Barnes, J. M.:* Intern. Pest Control. *9*, No. 4, 25–28 (1967).
341) Anonym: World Rev. Pest Control. *5*, 4–5 (1966).
342) *Ramsey, L. L.:* J. Assoc. Offic. Analyt. Chemists *50*, 1013–1021 (1965).
343) Pesticide Residues Committee. Washington: Report of the Pesticide Residues Committee, National Academy of Sciences — National Research Council 1965.
344) Bundesgesetzblatt, Teil I, Nr. 28, 15. 5. 1968.
345) *Newsom, L. D.:* Ann. Rev. Entomol. *12*, 257–286 (1967).
345a) *Niering, W. A.:* Bio Science *18*, 869–875 (1968).
346) *Kloke, A., K. Riebartsch* u. *H. O. Leh:* Landwirtschaftl. Forsch. *19*, Sonderh. 20, 119–123 (1966).
347) Anonym: Pflanzenarzt *21*, 72 (1968).
348) *Goldwater, L. J.*, and *A. W. Hoover:* Arch. Environ. Health *15*, 60–63 (1967).

348a) *Thomas, H. V., B. K. Milmore, G. A. Heidbreder,* and *B. A. Kogan:* Arch. Environ. Health *15*, 695–702 (1967).
349) *Carson, R.:* Der stumme Frühling. München: Biederstein 1962 (Deutsche Ausgabe).
350) *Hey, A.:* Nachrichtenbl. dtsch. Pflanzenschutzdienst (Berlin) *19*, 179–181 (1965).
351) *Beran, F.:* Pflanzenschutzberichte (Wien) *29*, 167–168 (1963).
352) *Zeumer, H.,* u. *O. R. Klimmer:* Nachrichtenbl. dtsch. Pflanzenschutzdienstes (Braunschweig) *16*, 1–5 (1964).
353) *Mellanby, K.:* Pesticides and pollution. London: Collins, St. James's Place 1967.
354) *Beran, F.:* (Besprechung von [353]). Pflanzenschutzberichte (Wien) *38*, 97–99 (1968).
355) The President's Advisory Committee. Residue Rev. *6*, 1–22 (1964).
356) *Whitten, J. L.:* Hearings before a Subcommittee of the Committee on Appropriations, House of Representatives, on Department of Agriculture Appropriations for 1966, 89. Congress, 1. Session, Part 1, p. 165–208. Washington 1965.
356a) *Klimmer, O. R.:* (Besprechung von [356]). Z. Lebensmittel-Unters. u. Forschg. *136*, 339–341 (1968).
357) Committee on Government Operations, United States Senate, 89. Congress, 2. Session, Rep. No. 1379. Washington 1966.
358) *Chichester, C. O.:* Research in pesticides. New York-London: Academic Press 1965.
359) *Rosen, A. A.,* and *H. F. Kraybill:* Organic pesticides in the environment. Advan. Chem. Ser. *60* (1966).
360) National Academy of Sciences — National Research Council: Scientific aspects of pest control. Publication No. 1402. Washington 1966.
361) *Moore, N. W.:* J. Appl. Ecology *3*, Supplement, 1966.
361a) —, and *W. P. Evans:* Some safety aspects of pesticides in the countryside. Joint A.B.M.A.C./Wild Life Education and Communications Committee, Alembic House, London, S. E. 1, 1968.
362) *Westlake, W. E.,* and *F. A. Gunther:* In: [359], S. 110–121.
362a) *Kenaga, E. E.:* Down Earth *23*, No. 4, 11–14, 16–18 (1968).
362b) *Tatton, J. O'G.,* and *J. H. A. Ruzicka:* Nature *215*, 346–348 (1968).
363) *Hayes jr., W. J.:* In [360], S. 314–342.
364) *Dustman, E. H.:* In: [360], S. 343–351.
364a) *Risebrough, R. W., R. J. Huggett, J. J. Griffin,* and *E. D. Goldberg:* Science *159*, 1233–1236 (1968).
365) *Cohen, J. M.,* and *C. Pinkerton:* In: [359], S. 163–176.
366) *Tarrant, K. R.,* and *J. O'G. Tatton:* Nature *219*, 725–727 (1968).
367) U.S. Department of the Interior — Fish and Wildlife Service: Fish, wildlife and pesticides. U.S. Government Printing Office, No. 0-796-260 (1966).
368) Federal Committee on Pest Control: Pesticides Monitoring J. *1*, No. 1 (Juni 1967).
369) *Weber jr., W. J.,* and *J. P. Gould:* In: [359], S. 280–304.
369a) *Stickel, L. F.:* Organochlorine pesticides in the environment. Washington: U. S. Department of the Interior, Special Scientific Report — Wildlife No. 119, Oct. 1968.
370) *Warnick, S. L., R. F. Gaufin,* and *A. R. Gaufin:* J. Am. Water Works Assoc. *58*, 601–608 (1966).
371) *Wheatley, G. A.,* and *J. A. Hardman:* J. Sci. Food Agr. *19*, 219–225 (1968).
371a) *Davis, B. N. K.:* Ann. Appl. Biol. *61*, 29–45 (1968).
372) *Lewis, D. T.:* Proc. Roy. Soc. (London) *167 B*, No. 1007, 89–100 (1967).
372a) *Hunter, C. G.,* and *J. Robinson:* Food Cosmet. Toxicol. *6*, 253–260 (1968).
373) *Abbott, D. C., R. Goulding,* and *J. O'G. Tatton:* Brit. med. J. *3*, 146–149 (1968).
374) *Yobs, A. R.:* Pesticides Monitoring J. *1*, No. 1, 6–7 (1967).
374a) *Davies, J. E., W. F. Edmundson, N. J. Schneider,* and *J. C. Cassady:* Pesticides Monitoring J. *2*, No. 2, 80–85 (1968).
375) *Dustman, E. H.,* and *L. F. Stickel:* In: [48], S. 109–121.
376) *Moore, N. W.:* Proc. Roy. Soc. (London) *167 B*, No. 1007, 128–133 (1967).
377) Food and Drug Administration: Appraisal of the safety of chemicals in foods, drugs and cosmetics. Austin 1, Texas, USA: Texas State Department of Health 1959.
378) *Koeman, J. H., R. C. H. M. Oudejans,* and *E. A. Huisman:* Nature *215*, 1094–1096 (1967).
379) *Potts, G. R.:* Nature *217*, 1282–1284 (1968).
379a) *Robinson, J.:* Chem. Brit. *4*, 158–161 (1968).

380) *Holmes, D. C., J. H. Simmons,* and *J. O'G. Tatton:* Nature *216*, 227–229 (1967).
381) *Beck, W., J. Gebeshuber, D. Geßwagner, E. Glofke, E. Kahl, K. Lebeda* u. *E. Stastny:* Pflanzenschutzberichte (Wien) *38*, 69–96 (1968).
382) *von Horn, A.:* Nachrichtenbl. dtsch. Pflanzenschutzdienstes (Braunschweig) *19*, 17–21 (1967).
383) Anonym (Steiner, P.): Umschau *1968*, 240–244.
384) *Nüßlein, F.:* Allg. Forstzeitschr. *23*, 444 (1968).
385) Biologische Bundesanstalt für Land- und Forstwirtschaft in Braunschweig: Verzeichnis der als bienenunschädlich anerkannten Pflanzenschutzmittel (Merkblatt Nr. 29), 1. Aufl. 1968.
385a) *Anderson. L. D.,* and *E. L. Atkins jr.:* Ann. Rev. Entomol. *13*, 213–238 (1968).
385b) *Stevenson, J. H.:* Ann. Appl. Biol. *61*, 467–472 (1968).
386) *Schwerdtfeger, F.:* Z. Angew. Entomol. *58*, 252–265 (1966).
387) *West, I.:* In: [359], pp. 38–53.
388) *Hunt, E. G.,* and *J. O. Keith:* In: [139], Vol. V, pp. 147–189.
389) *Preuß, Fr. R.:* Gadamers Lehrbuch der chemischen Toxikologie und Anleitung zur Ausmittelung der Gifte, 3. Aufl., Bd. I/1. Göttingen: Vandenhoeck & Ruprecht 1969.
390) *Benson, W. R.,* and *H. A. Jones:* J. Assoc. Offic. Analyt. Chemists *50*, 22–28 (1967).

Namenregister

Dieses Register enthält alle Namen, die im laufenden Text angeführt sind

Sachregister

Dieses Register umfaßt im wesentlichen grundlegende Begriffe, Definitionen und Sachverhalte allgemeiner Bedeutung. Fragen der Analytik, Angaben über Toxizitäten, über zu bekämpfende Schädlinge und dergleichen finden sich stets in Verbindung mit den betreffenden Substanzen. Um sie nachzuschlagen, bediene man sich des Stoffregisters

Stoffregister

Errata Band 1

Seite XXIX: Mitarbeiter *Telle, O.*: streichen „Dr.“

Seite 156, LD_{50} von Endosulfan

Nach Mitteilung der Farbwerke Hoechst AG ist der LD_{50}-Wert von 2 mg für Katzen statistisch nicht gesichert (nur 1 Versuchstier) und entfällt damit. – Die LD_{50}-Werte für Ratten scheinen nach neueren Untersuchungen je nach Applikationsart größeren Schwankungen unterworfen zu sein.

Literatur

Kenaga, E. E., and *W. E. Allison:* Commercial and Experimental Organic Insecticides (1969 Revision): Bulletin of the Entomological Society of America *15*, (2) 85 (1969). – *Maier-Bode, H.:* Residue Reviews (*F. A. Gunther*, Riverside) *22*, 1 (1968). – Eine vergleichende Untersuchung von 98 Pestiziden siehe *Gaines, T. B.:* Toxicology and Applied Pharmacology *14*, 515 (1969). – Die WHO hat 1969 für Endosulfan einen Acceptable Daily Intake von 0,0075 mg/kg erteilt. – WHO Technical Report Series No. 417, 26, 1969, Geneva.

Seite 20	8. und 12. Zeile von oben: „Indikationsgebiete“ ersetzen durch „Präparategruppen“
Seite 25	Überschrift zur Tabelle 9: streichen „und botanischen“
Seite 84	4. Abschnitt, 3. Zeile von unten: Saligenin anstatt Saligeum
Seite 203	5. Absatz, 1. Zeile: nicht Quiscalus quiscala, sondern Quiscalus quisc*u*la
Seite 204	Schema 3, 3. Zeile von unten: nicht DDMU → DDMU, sondern DDMU → DD*N*U
Seite 210	Zwischen dem 1. und 2. Absatz fehlt vor ‚In Versuchen ...‘ die Überschrift „Mikroorganismen“
Seite 211	Zwischen dem 2. und 3. Absatz fehlt vor ‚Kürzlich wurde ...‘ die Überschrift „Höhere Pflanzen“
Seite 213	Absatz f) Chlorden, 6. Zeile: nicht Stereoiden, sondern Ste*ro*iden
Seite 215	Absatz i) β-Dihydroheptachlor, 1. Zeile: nicht (1,2,3,4,5,8,8-Heptachlor ...), sondern (1,2,3,4,*6*,8,8-Heptachlor ...)
Seite 216	[55)], 2. Zeile: nicht Z. Palar, sondern Z. Pa*r*lar

Seite 271 8. und 9. Zeile von oben: streichen „und Soman (15)"

Seite 271 10. Zeile von oben: einfügen nach „verwendbar waren": „Soman (15) wurde dagegen im Auftrage des damaligen Heereswaffenamtes 1944 in Heidelberg synthetisiert [*A. Riser:* Protar *16* (11/12), 132 (1950)]."

Seite 300 8. Zeile von oben: ändern in „Die hochtoxische Verbindung wurde kurz vor dem Ende des zweiten Weltkrieges in Heidelberg entdeckt [*A. Riser:* Protar *16* (11/12), 132 (1950)]."

Seite 345 10. Zeile: anstelle [64] lies [22].

Seite 378 1. Formelzeile, Verbdg. *13*: 0,001 ändern in „1,0". 100 ändern in „0,001". an den bisher freien Platz, unter % Mort. einfügen „100".

Seite 413 Schema 28: anstelle „Primärschrift" lies „Primärschritt".

Seite 479 d) Aphamide, Aphomide, letzte Formel ändern:

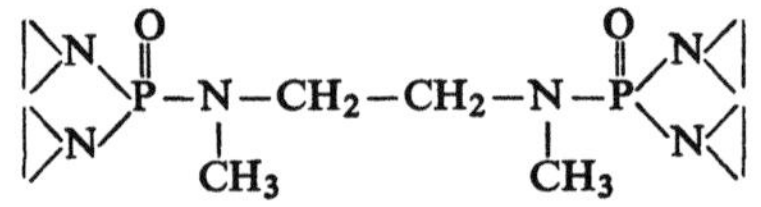

N,N'-Äthylen-bis-[P,P-bis-(1-aziridinyl)-N-methyl]-phosphorsäureamid

Seite 586 2. Zeile von unten: „Fenthion" ersetzen durch „Queletox"

Seite 587 7. Zeile von oben: „Fenthion" ersetzen durch „Queletox"

Berichtigungen

Chemie der Pflanzenschutz- und Schädlingsbekämpfungsmittel
Band 2 · Herausgegeben von R. Wegler

Folgende Stoffnamen sind im Register nachzutragen:

GPSR Compliance

The European Union's (EU) General Product Safety Regulation (GPSR) is a set of rules that requires consumer products to be safe and our obligations to ensure this.

If you have any concerns about our products, you can contact us on ProductSafety@springernature.com

In case Publisher is established outside the EU, the EU authorized representative is:

Springer Nature Customer Service Center GmbH
Europaplatz 3
69115 Heidelberg, Germany

Batch number: 10577878

Printed by Printforce, the Netherlands